15. Kolloquium
Bauen in Boden und Fels
3. und 4. Februar 2026
Technische Akademie Esslingen

Herausgegeben von
Univ.-Prof. Dr.-Ing. habil. Christian Moormann und Prof. Dr.-Ing. Carola Vogt-Breyer

# 15. Kolloquium
# Bauen in Boden und Fels

Die Fachtagung zu aktuellen Herausforderungen in der Geotechnik

Tagungshandbuch 2026

**Medienpartner**

GEORESOURCES
Mining, Tunnelling, Geotechnics and Equipment
www.georesources.net

geotechnik

Wichmann

expert

TAE
weiterbilden
weiterkommen

**Bibliografische Information der Deutschen Nationalbibliothek**

Die Deutsche Nationalbibliothek verzeichnet diese Publikation in der Deutschen Nationalbibliografie; detaillierte bibliografische Daten sind im Internet über http://dnb.dnb.de abrufbar.



expert verlag
Ein Unternehmen der
Narr Francke Attempto Verlag GmbH + Co. KG
Dischingerweg 5 · D-72070 Tübingen
E-Mail: info@verlag.expert
Internet: www.expertverlag.de

Technische Akademie Esslingen e. V.
An der Akademie 5 · D-73760 Ostfildern
E-Mail: bauwesen@tae.de
Internet: www.tae.de

Printed in Germany

ISBN 978-3-381-15501-9
eISBN 978-3-381-15502-6

# Vorwort

Der fortschreitende Infrastrukturausbau, die Energiewende sowie die zunehmende Verdichtung in urbanen Räumen führen dazu, dass das Bauen in Boden und Fels stetig komplexer und anspruchsvoller wird. Unterirdische Bauwerke müssen heute nicht nur wirtschaftlich und sicher geplant, sondern auch im Hinblick auf Nachhaltigkeit, Ressourcenschonung und Resilienz gegenüber den Folgen des Klimawandels konzipiert und betrieben werden.

Vor diesem Hintergrund widmet sich das 15. Kolloquium „Bauen in Boden und Fels" den aktuellen ingenieurtechnischen Herausforderungen und Entwicklungen in der Geotechnik. Die Themen reichen von Baugruben, Gründungen und Baugrunderkundungen über Digitalisierung, Messtechnik und Nachhaltigkeit bis hin zu Georisiken, Hangsicherungen und innovativen Forschungsergebnissen.

Die zweitägige Fachtagung mit begleitender Fachausstellung bietet eine Plattform zum fachübergreifenden Austausch zwischen Wissenschaft und Praxis. Rund 50 Fach- und Plenarvorträge geben Einblicke in neueste Verfahren, aktuelle Regelwerke und innovative Lösungsansätze, die zeigen, wie sich technologische Entwicklungen mit ökologischen und wirtschaftlichen Anforderungen verbinden lassen.

Das Kolloquium richtet sich an Ingenieurinnen und Ingenieure, Geowissenschaftlerinnen und Geowissenschaftler, Sachverständige, Vertreter von Behörden, ausführende Unternehmen sowie Lehrende und Forschende, die an der Weiterentwicklung von Berechnungsansätzen und modernen Bauverfahren arbeiten, um das Bauen in Boden und Fels nachhaltiger, effizienter und sicherer zu machen.

Der Programmausschuss unter Leitung von Univ.-Prof. Dr.-Ing. habil. Christian Moormann, Universität Stuttgart, und Prof. Dr.-Ing. Carola Vogt-Breyer, Hochschule für Technik Stuttgart, hat ein vielseitiges Programm zusammengestellt, das die ganze Bandbreite der aktuellen Themen abbildet und zum interdisziplinären Dialog anregt.

Der vorliegende Tagungsband dokumentiert die eingereichten Beiträge und vermittelt einen aktuellen Überblick über den Stand von Wissenschaft und Technik sowie über praxisorientierte Entwicklungen in der Geotechnik.

Ostfildern, im Februar 2026

www.tae.de/50018

Univ.-Prof. Dr.-Ing. habil. Christian Moormann
Prof. Dr.-Ing. Carola Vogt-Breyer

Inhaltsverzeichnis

TAE

# Plenarvorträge

# Gründungsbemessung auf Basis der zweiten Generation des Eurocode 7

**Univ.-Prof. Dr.-Ing. habil. Christian Moormann**
Universität Stuttgart, Institut für Geotechnik, Deutschland,
Vorsitzender des Vorstandes der Deutschen Gesellschaft für Geotechnik e.V. (DGGT),
Head of Delegation im TC 250/SC 7

**Zusammenfassung**
Nach einer langen Entwicklungs- und Bearbeitungsphase ist die zweite Generation des Eurocode 7 im Herbst 2024 und Frühjahr 2025 in drei Teilen neu erschienen. Die zweite Generation des Eurocode 7 wird die Baugrunderkundung, die Bestimmung von geotechnischen Kennwerten und insbesondere die Bemessung von geotechnischen Bauwerken für die nächsten Jahrzehnte in Europa und damit auch in Deutschland prägen. Bis Ende September 2027 müssen die aktuell in Anwendung befindlichen Normenhandbücher Eurocode 7, Band 1 und 2, der ersten Generation zurückgezogen und durch die neuen Ausgaben ersetzt werden. Aktuell werden von den deutschen Spiegelausschüssen die Nationalen Anhänge erarbeitet. In dem Beitrag wird über die zukünftigen Regelungen aus erster Hand berichtet. Der Fokus wird dabei auf die neuen Regeln für die Gründungsbemessung, i. e. die Bemessung von Flachgründungen, Flachgründungen in Verbindung mit Baugrundverbesserungen, z. B. mit steifen Säulen (*rigid inclusions*) sowie Pfahlgründungen und Kombinierte Pfahl-Plattengründungen (KPP) gelegt. In dem Beitrag wird u. a. gezeigt, dass der neue Eurocode 7 eine unterbrechungsfreie Bemessung von Flachgründungen, über Baugrundverbesserungen mit starren Säulen mit und ohne lastverteilenden Tragschichten über Kombinierte Pfahl-Plattengründungen bis hin zu Pfahlgründungen ermöglicht.

## 1. Einführung

Für die Prüfung, Bemessung und Ausführung von Gründungen ergeben sich auf nationaler und europäischer Ebene bedingt durch die Veröffentlichung neuer Normen und Regelwerke veränderte Randbedingungen, über die in diesem Beitrag berichtet wird. Die maßgebenden Veränderungen ergibt sich dabei aus der Einführung der zweiten Generation des Eurocode 7.
Im April 2025 wurde nach einer fünfzehnjährigen Entwicklungs- und Bearbeitungsphase (Moormann 2010) der neue Eurocode 7, Teil 3, ´Geotechnische Bauwerke´ (*Geotechnical Structures*) veröffentlicht. Dieser EN 1997-3:2025 behandelt im Kapitel 5 ´Flachgründungen´ (*Spread Foundations*) und im Kapitel 6 ´Pfahlgründungen´ (*Piled Foundations*). Zudem wird erstmalig im Kapitel 12 die Bemessung von ´Baugrundverbesserungen´ (*Ground improvement*) geregelt, darunter auch Baugrundverbesserungsmaßnahmen im Kontext mit Gründungen.
Gegenüber dem Eurocode 7 der ersten Generation wurden auch die Bestandskapitel deutlich überarbeitet und ergänzt. So wurde beispielsweise das Kapitel 6 gegenüber den Regelungen der aktuellen ersten Generation (EN 1997-1, Kapitel 7) grundlegend überarbeitet und erweitert. Pfahlgruppen und Kombinierte Pfahl-Plattengründungen (KPP) werden jetzt gleichberechtigt zu Einzelpfählen behandelt. Es gibt neue Ansätze für die Nachweiskonzepte hinsichtlich Modellfaktoren, Streuungsfaktoren und Teilsicherheitsbeiwerten. Deutlich erweitert wurden die Regelungen für die Beanspruchung von Pfählen aus vertikalen und horizontalen Verschiebungen des Bodens. Diese Modifikationen werden nachfolgend strukturiert vorgestellt.
Der Fokus wird dabei auf die neuen Regeln für die Gründungsbemessung, i. e. die Bemessung von Flachgründungen, Flachgründungen in Verbindung mit Baugrundverbesserungen sowie Pfahlgründungen und Kombinierte Pfahl-Plattengründungen (KPP) gelegt. Hinsichtlich der Baugrundverbesserungen sollen insbesondere auch Baugrundverbesserungen mit steifen Säulen (*rigid inclusions*) betrachtet werden, die in der Ingenieurpraxis zunehmend eingesetzt werden.

## 2. Zweite Generation des Eurocode 7

### 2.1 Status

Die Erarbeitung des Eurocodes 7 in seiner zweiten Generation wurde mit der Schlussumfrage, dem sogenannten ´Formal Vote´, für die Teile 1 und 2 im Juni 2024 und für den Teil 3 im November 2024 abgeschlossen. Die Teile EN 1997-1 und EN 1997-2 wurden nach positiven Abstimmungsergebnissen bereits im August 2024 final veröffentlicht. An dem für die Bemessung von ´Geotechnischen Bauwerken´ und damit für die Bemessung von Gründungen besonders wichtigen Teil 3 (EN 1997-3) waren letzte Modifikation im Nachgang zu den mehr als 2.400 Kommentaren, die allein zu diesem Teil des EN 1997 im Zuge der Entwurfsumfrage (´Formal Enquiry´) eingegangen waren, noch bis April 2024 eingepflegt worden, bevor auch dieser Teil mit sechsmonatiger Verzögerung zum ´Formal Vote´ eingereicht wurde. Von den vorgenannten 2.400 Kommentare zum finalen Entwurf des EN 1997-3 entfielen übrigens 542 Kommentare

nur auf das Kapitel 6 'Pfahlgründungen', das damit – vor allen anderen, zum Teil neuen Kapiteln – im Zentrum des Interesses und der Diskussionen stand.
Im Ergebnis des 'Formal Vote' wurde aber auch der wichtige Teil 3 des Eurocode 7 im Dezember 2024 von den 25 an der Abstimmung teilnehmenden europäischen Ländern einstimmig positiv beschieden, so dass die europaweite Veröffentlichung dieses letzten Teils des EN 1997 durch das CEN im April 2025 erfolgte.
Auf nationaler Ebene muss die Veröffentlichung aller drei Teile des Eurocode 7 spätestens bis zum 30. September 2027 erfolgen. Bis zu diesem Zeitpunkt müssen auch die Nationalen Anhänge vorliegen. In diesem Kontext wird aus nationaler Sicht auf eine neue Ausgabe der deutschen Ergänzungsnorm DIN 1054 zukünftig verzichtet und die ergänzenden nationalen Regelungen unmittelbar in den Nationalen Anhang zu Eurocode 7, Teil 1 und 3 integriert werden.

für die *Verification Cases* VC1 bis VC4 (früher: *Design Classes*) definiert und zwar ausdrücklich auch für geotechnische Nachweise.
Der neue Eurocode 7, Teil 1, wird nur noch die Grundlagen der Bemessung in der Geotechnik regeln. Dazu zählen die Prinzipien und Anforderungen hinsichtlich Sicherheit, Gebrauchstauglichkeit, Robustheit und Dauerhaftigkeit von geotechnischen Konstruktionen. In EN 1997-1 werden in diesem Sinne u. a. die Geotechnischen Kategorien (*Geotechnical Category* GC), die auf Bodenkennwerte anzusetzenden Teilsicherheiten $\gamma_M$, die Konsequenzfaktoren $K_M$ und $K_R$, Anforderungen zur Berücksichtigung von Grundwasser und auch die grundsätzlichen Anforderungen an den Nachweis der Standsicherheit und Gebrauchstauglichkeit geotechnischer Konstruktionen spezifiziert (WEIHRAUCH ET AL. 2022).
Die neue Version der Eurocode 7, Teil 2, trägt den Titel „Baugrundeigenschaften" (*Ground properties*). Die

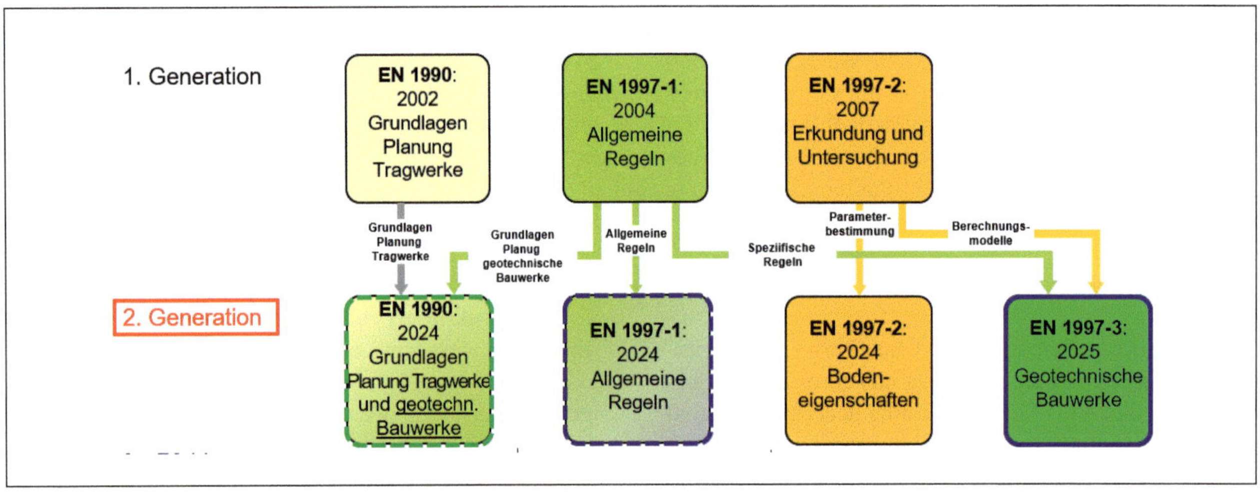


Abb. 1: Struktur des Eurocode 7, erste und zweite Generation.

## 2.2 Eurocode 0 und Eurocode 7:2024 mit drei Teilen

Der Eurocode 7 (EN 1997) wird in seiner zweiten Generation, wie bereits angedeutet, aus drei Teilen bestehen (MOORMANN & VAN SETERS 2024):

- Teil 1 Allgemeine Regeln (*General Rules*),
- Teil 2 Baugrundeigenschaften (*Ground Properties*) und
- Teil 3 Geotechnische Bauwerke (*Geotechnical Structures*)

wobei Teil 3, wie erläutert, auch die Flach- und Tiefgründungen und erstmals die Baugrundverbesserungen behandelt.
Wie Abbildung 1 verdeutlicht, gewinnt in der 2. Generation der Eurocode EN 1990 für die Geotechnik an Bedeutung, da er zukünftig nicht nur Bemessungsgrundlagen für die Tragwerksplanung, sondern auch für die Geotechnik beinhaltet, für die Inhalte aus dem heutigen EC 7-1 in den EC 0 transferiert wurden. Im Eurocode 0 werden im Hinblick auf die Gründungsbemessung u. a. sowohl die Schadensfolgeklassen als auch die Teilsicherheitsbeiwerte $\gamma_F$ und $\gamma_E$ auf Einwirkungen und Beanspruchungen

Änderung des Titels von vormals „Baugrunderkundung" (*Ground investigation*) ist mit einer vollständigen Neuordnung der inhaltlichen Struktur des Dokumentes verbunden, das nunmehr darauf ausgerichtet ist, die Bestimmung der einzelnen boden- und felsmechanischen Kennwerte zu regeln (NORBURY ET AL. 2019). Die aktuell noch im Anhang des Eurocode 7, Teil 2 enthaltenen Berechnungsverfahren, z. B. für die empirische Ableitung von Pfahlwiderständen aus Drucksondierungen (CPT), werden zukünftig sinnvoller Weise in den Teil 3 des EC 7 integriert sein.
Der neue Eurocode 7, Teil 3, auf den nachfolgend detaillierter eingegangen wird, hat für die Anwendung in der Ingenieurpraxis die größte Relevanz, da er für die Bemessung aller geotechnischer Konstruktionen die erforderlichen Nachweise im Grenzzustand der Tragfähigkeit (ULS) und im Grenzzustand der Gebrauchstauglichkeit (SLS) spezifiziert, Berechnungsmodelle vorgibt und allgemein alle für die Bemessung relevanten Aspekte regelt.

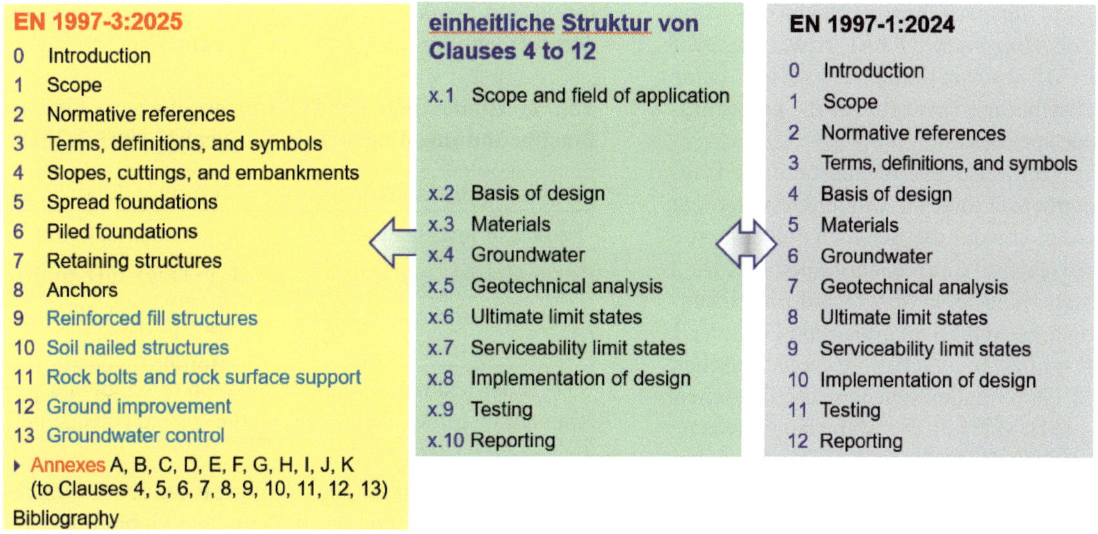


Abb. 2: Inhaltliche Struktur der zweiten Generation des Eurocode.

## 2.3 EN 1997-3:2025 ´Geotechnische Bauwerke´

Der neue Teil 3 des Eurocode 7 ´Geotechnische Bauwerke´ wurde im Wesentlichen aus den bisherigen Kapiteln 5 bis 12 des bestehenden EN 1997-1 entwickelt, wobei die bisherigen Regelungen grundlegend überüberarbeitet und ergänzt wurden (Bond et al. 2019). Zusätzlich wurden fünf Kapitel vollständig neu erarbeitet, die erstmals im Regelungsbereich des Eurocode 7 die Bemessungsaufgaben ´Bewehrte Schüttkonstruktionen´ (*Reinforced fill structures*), ´Bodenvernagelung´ (*Soil nailed structures*), ´Felsnägel und Systeme zur Sicherung der Felsoberfläche´ (*Rock bolts and rock surface support*), ´Baugrundverbesserung´ (*Ground improvement*) und ´Grundwasserhaltungsmaßnahmen´ (*Groundwater control*) umfänglich abdecken.

Die Struktur des EN 1997-3:2025 umfasst somit 13 Kapitel (*Clauses*), die sich entsprechend Tabelle 1 gliedern. Tabelle 1 verdeutlicht ferner, wie die Kapitel des aktuellen EN 1997-1, also der bestehenden 1. Generation in den neuen Teil 3 überführt wurden.

Dementsprechend wurde das heutige Kapitel 7 ´Pile foundations´ in den neuen Clause 6 ´Piled foundations´ überführt, dabei aber grundlegend überarbeitet.

Im Sinne der Benutzerfreundlichkeit (*Ease of use*) wurde für die Kapitel 4 bis 12 des neuen EN 1997-3 eine einheitliche Struktur, d. h. eine einheitliche Gliederung der Abschnitte gewählt, die der Struktur des neuen EN 1997-1 folgt und in Abbildung 2 dargestellt ist.

In den neuen Abschnitten x.3 ´Baustoffe´ (*Materials*) erfolgt primär ein Verweis auf EN 1997-2 ´Baugrundeigenschaften´, es wird aber auch auf durch andere ECs bisher nicht abgedeckte materialspezifische Regelungen z. B. zu Geokunststoffen, Suspensionen, Mörtel etc. verwiesen.

In dem ebenfalls neuen Abschnitten x.4 ´Grundwasser´ (*Groundwater*) wird primär auf die Regelungen in EN 1997-1, Kapitel 6, verwiesen, die in EN 1997-3 um wenige zusätzliche Regelungen für spezifische Anwendungen bei den einzelnen geotechnischen Konstruktionen ergänzt werden.

**Tab. 1: Struktur des neuen EN 1997-3:2025 im Abgleich mit dem bestehenden EN 1997-1.**

| EN 1997-3:2025 | EN 1997-1:2004 |
|---|---|
| Scope | - |
| Normative references | - |
| Terms, definitions, and symbols | - |
| Slopes, cuttings, and embankments | *11 ´Overall Stability´ und 12 ´Embankments´* |
| Spread foundations | *6 ´Spread Foundations´* |
| Piled foundations | *7 ´Pile Foundations´* |
| Retaining structures | *9 ´Retaining Structures´* |
| Anchors | *8 ´Anchorages´* |
| Reinforced fill structures | *neu (Abs. 5.5 ´Ground improvement & reinforcement´)* |
| Soil nailed structures | *neu* |
| Rock bolts ad rock surface support | *neu* |
| Ground improvement | *neu (Abs. 5.5)* |
| Groundwater control | *neu (Abs. 5.4 ´Dewatering´)* |
| Annexes A÷G (zu Clauses 4 ÷ 13 | |

In dem Abschnitt x.5 ´Geotechnische Berechnung´ (*Geotechnical analysis*) jedes Kapitels werden die Rechenmodelle und Berechnungsansätze spezifiziert, die den Anspruch haben, im europäischen Maßstab weit verbreitet und allgemein akzeptiert zu sein. Teils stammen diese Berechnungsansätze aus den Anhängen des aktuellen Eurocode 7, Teil 1 und 2, teils sind diese neu.

In den Abschnitten 6 ´Grenzzustände der Tragfähigkeit´ (*Ultimate Limit States*) aller Kapitel des Teils 3 werden für jede Anwendung die zu betrachtenden Nachweise sowie für jeden Nachweis die maßgebenden Nachweiskombinationen, d. h. der maßgebende *Ve-*

*rification Case* und das zugehörige Nachweisformat *Resistance Factor Approach* (RFA) bzw. *Material Factor Approach* (MFA) sowie für den *Resistance Factor Approach* die Teilsicherheitsbeiwerte für die geotechnischen Widerstände spezifiziert.
Das Vorgehen für Nachweise im Grenzzustand der Tragfähigkeit kann damit wie folgt zusammenfasst werden: Im EN 1990 werden sowohl die Schadensfolgeklassen (*Consequence Classes*) (mit *Consequence Factors* $K_F/K_M$) als auch die Teilsicherheitsbeiwerte $\gamma_F/\gamma_E$ auf Einwirkungen und Beanspruchungen für die *Verification Cases* VC1 bis VC4 definiert und zwar auch für die geotechnischen Nachweise. In EN 1997-1 finden sich dann die Teilsicherheitsbeiwerte $\gamma_M$ (M1/M2) auf die Materialkennwerte, während im EN 1997-3 die Definition des Nachweisformats für jede Anwendung/Struktur sowie die Teilsicherheitsbeiwerte $\gamma_R$ für die Widerstände spezifiziert werden. Analoges gilt für die Abschnitte x.7 'Grenzzustände der Gebrauchstauglichkeit (*Serviceability limit states*).
Die neuen Abschnitte x.8 'Umsetzung des Entwurfs' (*Implementation of design*) widmen sich der Übertragung der Bemessung in die Ausführung, wobei hier primär auf die Ausführungsnormen des Spezialtiefbaus (TC 288) verwiesen wird und ergänzende Regelungen zu '*Inspection, Monitoring and Maintenance*' aufgenommen wurden.
Die neuen Abschnitte x.9 'Prüfung' (*Testing*) sind insbesondere für die Kapitel 6 'Pfahlgründungen', 8 'Anker' und 11 'Baugrundverbesserungen' relevant und beinhalten u. a. Verweise auf Ausführungsnormen für Anker- und Pfahlprobebelastungen (EN ISO 22477).
In den neuen Abschnitten x.10 'Berichterstattung' (*Reporting*) erfolgt primär ein Verweis auf die Regelungen in EN 1997-1, Kapitel 12, die um wenige zusätzliche Regelungen für spezifische Anwendungen ergänzt werden.

## 3. Bemessung von Flachgründungen

### 3.1 Grundlagen der Bemessung

Gemäß Abbildung 2 befasst sich Unterabschnitt 5.2 von Kapitel 5 'Flachgründungen' mit den grundlegenden Entwurfsinformationen. Dazu gehören Entwurfsbedingungen, geometrische Eigenschaften, Einwirkungen und Umwelteinflüsse sowie die Grenzzustände und die erforderlichen Bodenuntersuchungen.
Eine wichtige Begleitmaßnahme zur Erreichung des erforderlichen Zuverlässigkeitsniveaus bei einer Bemessung nach Eurocode 7 ist die Forderung nach einem Mindestumfang an Bodenuntersuchungen. Während die Baugrunduntersuchungsmethoden und ihre Anordnung Gegenstand von EN 1997-2 sind, werden die Mindesterkundungstiefen in Teil 3 für jede geotechnische Konstruktion in Abhängigkeit von ihrem spezifischen Tragverhalten definiert. Tabelle 2 zeigt die in Abschnitt 5.2 angegebenen Mindesttiefen der Baugrunderkundung für Flachgründungen. Diese Werte sind mit den Empfehlungen in Anhang B des aktuellen Eurocode 7, Teil 2 vergleichbar. Die Tabelle ist als NDP (*Nationally determined parameters*) gekennzeichnet, kann also national in Inhalt und Struktur in den nationalen Anhängen geändert werden.

**Tab. 2: Mindesttiefe der Felduntersuchungen für Flachgründungen nach Tab. 5.1 des EN 1997-3:2025.**

| Type of spread foundation | Minimum depth |
|---|---|
| Square or circular footing | $d_{min}$ = max (3B; 6m) |
| Strip footing | $d_{min}$ = max (5B; 6m) |
| Raft or structure supported by a group of footings | $d_{min}$ = max (1.5B; 6m) |
| B = either width of a single foundation or width of a foundation group, depending on the system considered | |

Die für Flachgründungen zu überprüfenden Grenzzustände der Tragfähigkeit (ULS) und der Gebrauchstauglichkeit (SLS) sind in Abbildung 3 zusammengefasst. Im Falle eines Rotationsversagens der Konstruktion unterscheidet der neue Eurocode 7 klar zwischen Umkippen, d. h. einem Verlust des statischen Gleichgewichts ohne Versagen des Bodens, und Umstürzen, das aus einem Rotationsversagen des Bodens resultiert. Während das Umkippen gemäß Teil 1 zusammen mit prEN 1990-1 durch einen Vergleich der stabilisierenden und destabilisierenden Momente um einen erwarteten Drehpunkt zu überprüfen ist, wird das Umstürzen implizit durch die Überprüfung auf Tragfähigkeitsversagen gemäß Abschnitt 5 abgedeckt.
Abbildung 3 erwähnt auch strukturelle Schäden aufgrund übermäßiger Fundamentbewegungen. Abschnitt 5 enthält jedoch keine Bestimmungen zur Überprüfung dieses Grenzzustands, sondern verweist auf die allgemeinen Anforderungen in Teil 1. Daher unterliegen spezifische Regeln den nationalen Anhängen.

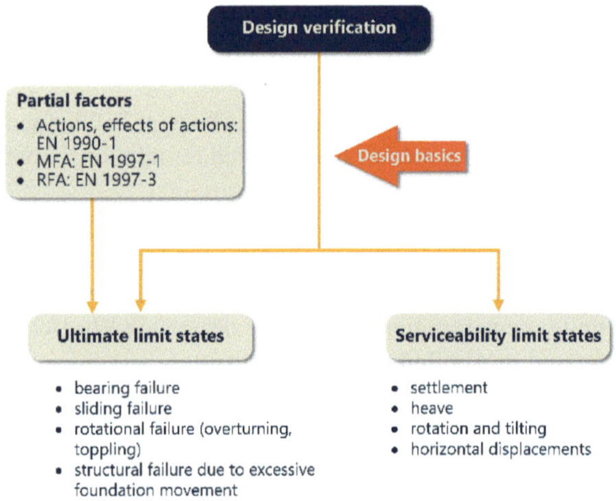


Abb. 3: Grenzzustände der Tragfähigkeit und Gebrauchstauglichkeit von Streifenfundamenten.

Die bei der Bemessung zu berücksichtigenden Materialien sind Gegenstand des Abschnitts 5.3. Für die Bestimmung der erforderlichen Bodeneigenschaften wird auf Teil 2 verwiesen. Je nach Bemessungssituation wird die Verwendung von Materialkennwerten für effektive oder totale Spannungszustände empfohlen. Darüber hinaus verlangt Abschnitt 5.4 ausdrücklich die Berücksichtigung der Grundwasserverhältnisse und der daraus resultierenden Drücke, die das Tragverhalten des Fundaments beeinflussen können.

### 3.2 Geotechnische Bemessung

Kapitel 5, Abschnitt 5.5 enthält Regeln für die Auswahl und Anwendung von Berechnungsmodellen zur Überprüfung der Grenzzustände ULS und SLS einer Flachgründung. Während sich die Regeln für die Berechnung des Gleitwiderstands sowie der Setzung oder Hebung im Vergleich zum aktuellen Eurocode 7 nicht wesentlich geändert haben, sind bei der Berechnung der Tragfähigkeit mehrere Änderungen vorgenommen worden.

Ein deutlicher Hinweis auf die durch den neuen Eurocode 7 erreichte stärkere Harmonisierung ist, dass die bekannten Terzaghi-Buisman-Formeln für die Tragfähigkeit von Böden und Aufschüttungen für entwässerte und unentwässerte Analysen (Terzaghi, 1943) im Haupttext der Norm empfohlen werden und nicht mehr in einem informativen Anhang. Die Parameter für die Tragfähigkeitsformeln sind jedoch im neuen Anhang B.4 definiert, da sie aufgrund nationaler Entwurfspraktiken variieren können.

Die Formeln für die Tragfähigkeit von Boden und Aufschüttung enthalten nun auch Tiefenfaktoren und Bodenneigungsfaktoren. Für die Tiefenfaktoren werden die von Brinch Hansen (1970) vorgeschlagenen und von Vesic (1973) übernommenen Formeln empfohlen, für die Bodenneigungsfaktoren die von Vesic (1975) angegebenen Formeln. Die Tiefenfaktoren sollten jedoch nur mit großer Vorsicht und nur dann verwendet werden, wenn die Festigkeit des Bodens oder der Aufschüttung in der Einbettungszone gleich oder größer ist als die Festigkeit des Bodens unterhalb der Fundamentebene. Der Kohäsionsfaktor in den Lastneigungsfaktoren wird nicht mehr berücksichtigt. Der Tragfähigkeitsfaktor $N_\gamma$ wurde ebenfalls geändert, um ihn an international verwendete Formulierungen anzupassen. Dementsprechend wird in Anhang B.4 nun die von Caquot & Kérisel (1953) und Vesic (1973) vorgestellte Formel empfohlen, d. h. $N_\gamma = 2\times(N_q + 1)\times\tan \varphi'$, während Anhang D des aktuellen Eurocode 7 Folgendes definiert $N_\gamma = 2\times(N_q - 1)\times\tan \varphi'$. Abbildung 4 zeigt, dass beide Formeln zu sehr ähnlichen Ergebnissen für Reibungswinkel größer als ≈ 25° führen. Sie veranschaulicht außerdem die große Streuung, die mit unterschiedlichen Formulierungen für $N_\gamma$ verbunden ist und auf eine erhebliche Unsicherheit bei diesem Parameter hinweist. Vor diesem Hintergrund ist diese Änderung daher akzeptabel.

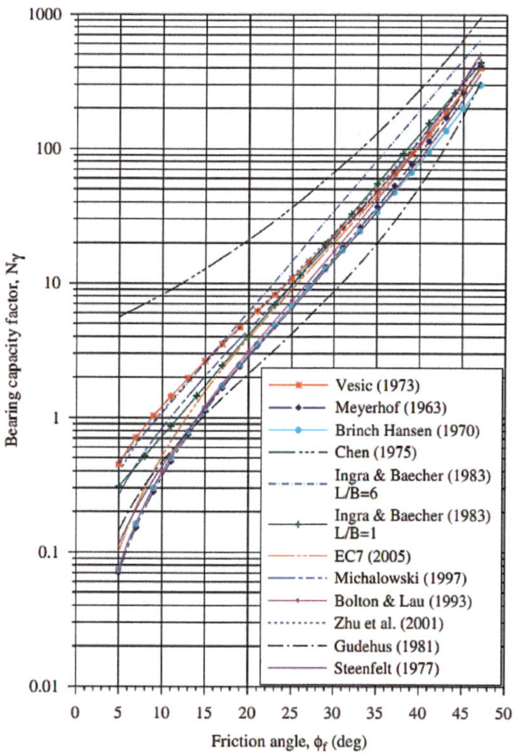


Abb. 4: Tragfähigkeitsbeiwert Ng in Abhängigkeit vom Reibungswinkel j´ nach verschiedenen Ansätzen aus der Literatur (übernommen aus Paikowsky et al., 2011, nach Moormann & Lesny, 2026).

Abschnitt 5.5 enthält weiter Angaben zur Bestimmung der Tragfähigkeit von Flachgründungen im Festgestein. Ermöglicht wird auch die Ableitung der Tragfähigkeit mit empirischen Ansätzen, sofern diese durch vergleichbare Erfahrungen verifiziert sind. Außerdem stehen nun Regeln für die Auswahl geeigneter Sohldruckverteilungen für statisch-konstruktive Berechnung zur Verfügung.

Kapitel 5 wird durch einen erheblich erweiterten Anhang B ergänzt, in dem zusätzliche Berechnungsansätze für Tragfähigkeitsberechnung und die Setzungsbewertung zur Verfügung gestellt werden.

### 3.3 Nachweise Grenzzustand der Tragfähigkeit (ULS)

Gemäß Abschnitt 5.6 kann für Nachweise des Grenzzustandes der Tragfähigkeit (ULS) von Flachfundamenten entweder der Materialfaktoransatz (MFA) oder der Widerstandsfaktoransatz (RFA) verwendet werden. Wie bereits in Abbildung 3 dargestellt, sind die Teilsicherheitsbeiwerte für die Bemessungswerte der Baugrundeigenschaften im MFA in EN 1997-1, Tabelle 4.8 angegeben, während die Teilsicherheitsbeiwerte für die Bemessungswiderstände im RFA in Abschnitt 5.6 von EN 1997-3, Tabelle 5.2 aufgeführt sind. Die Teilsicherheitsbeiwerte für Einwirkungen und Auswirkungen von Einwirkungen sind für verschiedene Nachweisfälle (VC) in prEN 1990-1, Tabelle A.1.8 definiert. Alle Tabellen sind NDP. Daher ist es Sache der nationalen Anhänge,

zu entscheiden, welcher Ansatz und welche Teilsicherheitsbeiwerte verwendet werden sollen.
Im Allgemeinen ergeben sich aus den beiden Ansätzen die möglichen Kombinationen (a) bis (c) für MFA sowie (d) und (e) für RFA, für die die relevanten Teilsicherheitsfaktoren für dauerhafte und vorübergehende Bemessungssituationen in Tabelle 3 zusammengefasst sind. EN 1997 und prEN 1990-1 erlauben eine Reduzierung der Teilsicherheitsbeiwerte für transiente, d. h. vorübergehende Bemessungssituationen. Bei MFA muss entweder die Kombination (a) und (b) oder die Kombination (c) nachgewiesen werden. Bei RFA-Nachweisen ist die Kombination (e) auf Bemessungssituationen beschränkt, bei denen die repräsentative Lastneigung 20 % nicht überschreitet.

**Tab. 3: Teilsicherheitsbeiwerte für den Nachweis des Grenzzustandes der Tragfähigkeit von Flachgründungen für ständige und vorübergehende Bemessungssituationen (Tabelle 5.2, EN 1997-3:2025).**

| | MFA | | | RFA | |
|---|---|---|---|---|---|
| | **a** | **b** | **c** | **d** | **e** |
| | VC1 | VC3 | VC1 | VC1 | VC4 |
| $\gamma_G$ | 1.35 | 1.0 | 1.35 | 1.35 | 1.0 |
| $\gamma_{G,fav}$ | 1.0 | 1.0 | 1.0 | 1.0 | 1.0 |
| $\gamma_Q$ | 1.5 | 1.3 | 1.5 | 1.5 | 1.11 |
| $\gamma_E$ | 1.0 | 1.0 | 1.0 | 1.0 | 1.35 |
| $\gamma_{\tan\varphi,p}$ | 1.0 | 1.25 | 1.25 | 1.0 | 1.0 |
| $\gamma_{\tan\delta}$ | 1.0 | 1.25 | 1.25 | 1.0 | 1.0 |
| $\gamma_{RN}$ | 1.0 | 1.0 | 1.0 | 1.4 | 1.4 |
| $\gamma_{RT}$ | 1.0 | 1.0 | 1.0 | 1.1 | 1.1 |

Die Nachweisverfahren für drainierte und undrainierte Grundbruch- und Gleitwiderstände selbst haben sich nicht geändert. Wie bereits in Abschnitt 2.1 erwähnt, wird der Grenzzustand des Kippens über den Tragwiderstandnachweis unter Verwendung der in Abschnitt 5.5 angegebenen Formeln nachgewiesen (siehe Abschnitt 2.2). In diesem Zusammenhang muss sichergestellt werden, dass die Lastexzentrizität in einem moderaten Bereich bleibt, der durch die Tragwiderstandsformeln abgedeckt ist. Daher wird in Abschnitt 5.6 unter anderem betont, dass die Verringerung der Fundamentgrundfläche A auf die wirksame Fläche A‘ begrenzt werden muss, damit die resultierende Rotation keinen Grenzzustand im Fundament oder in der darüber liegenden Struktur verursacht. Darüber hinaus können nationale Anhänge Grenzwerte für die Exzentrizität unter Bemessungseinwirkungen im ULS vorgeben. Abschließend wird darauf hingewiesen, dass numerische Methoden bei großer Exzentrizität besser geeignet sein können.
Zum Nachweis der undrainierten Gleitfestigkeit ist eine zusätzliche Überprüfung erforderlich, dass der Bemessungswert des undrainierten Grundbruchwiderstandes nicht größer ist als das 0,4fache der repräsentativen Kraft, die senkrecht auf die Fundamentsohle wirkt und als günstige Einwirkung angesehen wird. Diese Anforderung ist auch in der aktuellen Fassung des Eurocode 7 enthalten. Der Zweck dieser Einschränkung besteht darin, die Lastneigung zu begrenzen, wenn eine unregelmäßige Auflagefläche mit schlechtem Kontakt zwischen der Fundamentsohle und dem Baugrund und damit einer verringerten Kontaktfläche vorliegt, um sicherzustellen, dass es nicht gleichzeitig zu einem Grundbruch- und Gleitversagen kommt.
Neben den Regeln für die Nachweisführung nach dem Teilsicherheitskonzept enthält Abschnitt 5.6 die Option den Nachweis der Grenztragfähigkeit durch vergleichbare Erfahrungen (*prescriptive rules*), normative Regeln, Probebelastungen oder die Beobachtungsmethode zu führen.

### 3.4 Nachweise Grenzzustand der Gebrauchstauglichkeit (SLS)

Abschnitt 5.7 befasst sich mit dem Nachweise des Grenzzustandes der Gebrauchstauglichkeit (SLS). Hier wurden gegenüber der aktuellen Fassung des Eurocode 7 keine wesentlichen Änderungen vorgenommen. Allerdings wird nun klarer zwischen Setzungen und Verkantung bzw. Rotation aufgrund von Lastexzentrizitäten unterschieden. Bei exzentrisch belasteten Fundamenten ist zusätzlich zu überprüfen, ob die Lastexzentrizität innerhalb bestimmter Grenzen bleibt, um das Auftreten einer klaffenden Fuge am Rand des Fundaments zu begrenzen. Typische Werte sind in einer Tabelle als NDP angegeben, die somit durch die nationalen Anhänge geändert werden können.

### 3.5 Bewertung der neuen Regelungen für Flachgründungen

Die Bemessung von Flachgründungen gemäß EN 1997-3, Kapitel 5 folgt einem klaren und einheitlichen Verfahren, das in Teil 1 des neuen Eurocodes 7 festgelegt ist und für alle geotechnischen Bauwerke gilt, die durch EN 1997-3 abgedeckt sind. Während sich die allgemeine Bemessungsmethodik im Vergleich zur aktuellen Fassung der Norm nicht geändert hat, erfordert das Nachweisverfahren mit neuen Nachweisfällen in Kombination mit MFA oder RFA zumindest eine Anpassung an die neue Terminologie.
Darüber hinaus zeigen Vergleichsberechnungen in JRC (2024) oder Lesny & Orr (2024), dass die verschiedenen Alternativen zur Kombination der Teilsicherheitsfaktoren (siehe Tabelle 3) zu Unterschieden in den Bemessungsergebnissen führen, d. h. bezüglich der ermittelten erforderlichen Breite eines Fundaments oder hinsichtlich des resultierenden Auslastungsgrads. Andererseits zeigen die Berechnungen in JRC (2024) Ergebnisse, die mit einer Bemessung nach dem aktuellen Eurocode 7 vergleichbar sind. Letztendlich bleibt es die Aufgabe des nationalen Anhangs unter Berücksichtigung der nationalen Erfahrungen festzulegen, welcher Bemessungsansatz angewendet werden soll.

In der Summe ist das Kapitel Flachgründungen im neuen EN 1997-3 gegenüber den bisherigen Regelungen der ersten Generation als Fortschritt zu werten, da neben dem stringent formulierten Bemessungsansatz die stärkere Harmonisierung des Ansatzes zur Ermittlung des Grundbruchwiderstandes, die Ergänzung von Ansätzen zur Tragfähigkeitsermittlung in Festgestein und ein deutlich erweiterter informativer Anhang B mit verschiedenen Berechnungsmodellen positive Entwicklungen darstellen.

## 4. Bemessung von Pfahlgründungen

### 4.1 Grundlagen der Bemessung

Gegenüber dem Kapitel 7 des heutigen Eurocode 7, Teil 1, wurde das neue Kapitel 6 des EN 1997-3:2025 umfassend überarbeitet und revidiert. Der Umfang des Kapitels 6 *'Piled Foundations'* im EN 1997-3 ist gegenüber dem heutigen Kapitel 7 im Eurocode 7, Teil 1, angewachsen, deckt dabei aber auch zahlreiche neue, bisher im Eurocode 7 nicht geregelte Aspekte wie die Bemessung von Pfahlgruppen und Kombinierten Pfahl-Plattengründungen (KPP) ab.

Der Text im Kapitel 6 wird durch den Anhang C des neuen EN 1997-3:2025 ergänzt, der umfangreiche weitere Regelungen zur Bemessung von Pfählen enthält. Wesentliche Inhalte dieses informativen Anhangs C sind in Tabelle 4 in einer Übersicht zusammengefasst. Bemerkenswert ist u. a., dass exemplarisch für Bohrpfähle die Tabellen mit den Erfahrungswerten nach 'EA-Pfähle', Abs. 5.4, als Anhang C.8 Eingang in die europäische Norm gefunden haben.

**Tab. 4: Inhalt informativen Anhangs C *'Piled Foundations'* der EN 1997-3:2025.**

| | |
|---|---|
| C.3 | Examples of pile types (Classification)<br>Calculation of axial pile resistance based on |
| C.4, C.5 | … ground parameters |
| C.6 | … CPT profiles |
| C.7 | … Ménard pressuremeter profiles (PMT) |
| C.8 | … empirical tables |
| C.9 | Downdrag due to vertical ground movements |
| C.10 | Pile groups subject to axial tension |
| C.11 | Calculation model for single pile settlement using load transfer functions |
| C.12 | Calculation model for single pile lateral displacement using load transfer functions |
| C.13 | Buckling and second order effects |
| C.14 | Determination of axial pile resistance under cyclic loading |

Nachfolgend werden wesentliche Modifikationen und Erweiterungen gegenüber dem heutigen Kapitel 7 des Eurocode 7, Band 1, vorgestellt.

In dem einleitenden Abschnitt 6.1 *'Scope and field of application'* wird der Anwendungsbereich des neuen Kapitels 6 *'Piled foundations'* spezifiziert und klargestellt, dass das Kapitel gleichberechtigt für Einzelpfähle, Pfahlgruppen und Kombinierte Pfahl-Plattengründungen (KPP) gilt. Während sich die aktuelle Fassung des Kapitels 6 im EN 1997-1 ausschließlich mit der Bemessung von Einzelpfählen beschäftigt, werden in der Revision konsequent Pfahlgruppen und Kombinierte Pfahl-Plattengründungen (KPP) gleichberechtigt behandelt, was eine wesentliche positive Fortentwicklung ist.

Eine zunächst prominent das Kapitel 6 prägende Klassifikation der Pfahltypen ist zwar noch im Abschnitt 6.1 enthalten, wird aber nur noch bei der Festlegung der Teilsicherheitsbeiwerte für die Pfahlwiderstände erwähnt und kann hier durch nationale Regelungen entsprechend der bisherigen deutschen Verfahrensweise egalisiert werden.

Im Abschnitt 6.2 werden die Bemessungsgrundlagen für Pfahlgründungen spezifiziert, wobei die Spezifikationen überwiegend aus um wenige pfahlspezifische Regelungen ergänzte Verweise auf die entsprechenden Abschnitte des EN 1997-1:2024 bestehen. Anzumerken ist, dass u. a. die Berücksichtigung von herstellungsbedingten Imperfektionen und Toleranzen bei Standsicherheitsnachweisen gefordert wird. Hervorzuheben ist auch, dass spezifiziert wird, dass ungünstig wirkende Einwirkungen aus Baugrundverformungen, i. e. negative Mantelreibung und Seitendruck, als ständig wirkende Einwirkungen zu berücksichtigen sind.

Im Hinblick auf zyklische beanspruchte Pfähle wird auf mögliche widerstandsreduzierende Effekte in Abhängigkeit von der Signifikanz der zyklischen Beanspruchung verwiesen. Als Beurteilungskriterium für zyklisch axial belastete Pfähle werden im Anhang C.14 der EN 1997-3:2025 weitere Angaben gemacht und vereinfachte Überprüfung ein Interaktionsdiagramms in Anlehnung an POULOS (1988) zur Verfügung gestellt.

Während die grundsätzlichen Anforderungen an den Umfang einer Baugrunderkundung in EN 1997-2 definiert werden, werden in EN 1997-3, wie erläutert, für jede geotechnische Konstruktion individuelle Vorgaben zur minimal erforderlichen Erkundungstiefe formuliert, so auch in Abschnitt 6.2.7 *'Ground investigation'* Anforderungen an die erforderliche Erkundungstiefe von Pfahlgründungen (Tab. 5). Die Spezifikationen erhalten Angaben für Einzelpfähle, Pfahlgruppen und KPPs. Der Richtwert für die Mindesterkundungstiefe von Einzelpfählen im Lockergestein und verwitterten Festgestein beträgt danach $d_{min} = \max (5\text{ m}, 3 \times B_{n,eq})$. Bei Pfahlgruppen und KPPs ist zusätzlich die Ausdehnung der Pfahlgruppe bei der Festlegung der Mindesterkundungstiefe zu berücksichtigen, $d_{min} = \max (5\text{ m}, 3 \times B_{b,eq}; p_{group})$, wobei $p_{group}$ die kleinere Längsseite der Pfahlgruppe ist. Die vorstehenden Regelungen entsprechen den bisherigen nationalen Anforderungen. Für Pfähle im unverwitterten Fels werden reduzierte Mindesterkundungstiefen in Form von $d_{min} = \max (3\text{ m}, 3 \times B_{b,eq})$ gefordert.

**Tab. 5: Mindesttiefe der Felduntersuchungen für Pfahlgründungen nach Tab. 6.2 des EN 1997-3:2025.**

| Application | Minimum depth |
|---|---|
| Single piled foundation | $d_{min}$ = max (5 m; $3 \cdot B_{n,eq}$) |
| Pile groups or piled rafts in soils and in very weak and weak rock masses | $d_{min}$ = max (5 m; $3 \cdot B_{n,eq}$; $p_{group}$) |
| Pile groups or piled rafts in strong rock masses | $d_{min}$ = max (3 m; $3 \cdot B_{n,eq}$) |

$d_{min}$ is the minimum investigation depth beneath pile base level.

$B_{n,eq}$ is the equivalent size of the pile base, equal to $B_b$ (for square piles), $D_b$ (for circular piles), or $p_b/\pi$ (for other piles);

$B_b$ is the base width of the pile with the largest base (for square piles);

$D_b$ is the base diameter of the pile with the largest base (for circular piles);

$P_{group}$ is the smaller dimension of a rectangle circumscribing the group of piles forming the foundation, limited to the depth of the zone of influence.

Der Abschnitt 6.4 *'Groundwater'* enthält keine pfahlspezifischen Regelungen und verweist stattdessen auf die übergeordneten Regelungen in EN 1997-1, Abs. 6 'Groundwater'.

### 4.2 Geotechnische Bemessung

Von besonderer Relevanz ist Abschnitt 6.5 *'Geotechnical Analysis'*, in dem die Berechnungsverfahren für die Bemessung von Pfählen und die dabei zu berücksichtigenden Anforderungen spezifiziert werden.

Umfangreiche und detaillierte Anforderungen werden zu der Berücksichtigung der aus Baugrundverformungen resultierenden Beanspruchungen hinsichtlich

- negativer Mantelreibung *('Downdrag')*,
- Hebungen *('Heave')* und
- passiven laterale Beanspruchungen *('Transverse loading')*

formuliert. So werden u. a. detaillierte Regelungen für die Ermittlung der Einwirkungen aus negativer Mantelreibung formuliert. Dabei ist es gelungen, den verschiebungsorientierten Ansatz der 'EA-Pfähle', Abs. 4.4, weitgehend inhaltsgleich in EN 1997-3, Abs. 6.5.2.2, zu integrieren (siehe Abb. 5).

Der axiale Widerstand von Einzelpfählen kann nach EN 1997-3, Abs.6.5.3 durch

- Berechnung (*'Calculation'*),
- Pfahlprobebelastungen (*'Testing'*) bzw.
- spezielle nationale Erfahrungswerte (*'prescriptive rules'*)

ermittelt werden, was der heutigen Bemessungspraxis entspricht.

Für das *'Design by calculation'*, also die rechnerische Ermittlung des Pfahlwiderstandes werden zwei Ansätze definiert, die sich dem Grunde nach in dieser Form auch in der heutigen Fassung des EC 7-1 finden:

- 'Baugrundmodellverfahren' (Ground Model Method): Bei diesem Verfahren werden die Baugrundkennwerte auf der Basis aller verfügbaren Ergebnisse von Feld- und Laborversuchen für Homogenbereiche ermittelt und für diese Homogenbereiche Pfahltragfähigkeiten abgeleitet;
- 'Pfahlmodellverfahren' (Model Pile Method): Bei diesem Verfahren werden aus jeder einzelnen Sondierung bzw. für jedes Baugrundprofil auf der Basis von Korrelationen individuell Pfahlwiderstände abgeleitet.

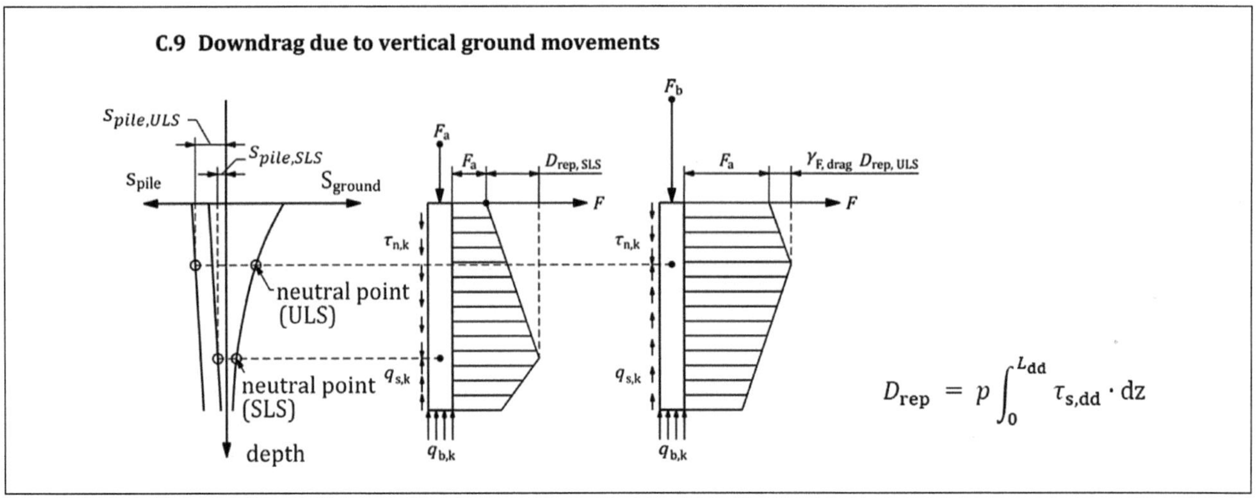


Abb. 5: Regelungen nach EN 1997-3:2025, Anhang C.9 zur Ermittlung der negativen Mantelreibung.

Das 'Baugrundmodellverfahren' entspricht dabei dem in Deutschland üblichen Vorgehen bei Anwendung der Erfahrungswerte nach 'EA-Pfähle', Abs. 5.4. Hinsichtlich möglicher Verfahren zur rechnerischen bzw. empirischen E rmittlung des axialen Pfahlwider-standes verweist EN 1997-3, Abs. 6.5 auf die in den informellen Anhängen C.4 bis C.8 (siehe Tab. 2) aufgeführten Verfahren.
Für das *'Design by testing'*, also die Ermittlung des Pfahlwiderstandes auf der Basis von Pfahlprobebelastungen können nach EN 1997-3, Abs. 6.5.2, statische Pfahlprobebelastungen für ULS- und SLS-Bemessungen sowohl bei auf Druck als auch auf Zug belastete Pfähle zum Einsatz kommen, während dynamische Pfahlprobebelastungen (inklusive Rapid-Load Tests) nur für ULS-Bemessungen von auf Druck belasteten Pfählen eingesetzt werden dürfen.
In Abschnitt 6.5 werden neben der Ermittlung des Widerstandes von Einzelpfählen bei axialer und im Übrigen auch transversaler Beanspruchung auch Angaben zur Ermittlung des Widerstandes von Pfahlgruppen und Kombinierten Pfahl-Plattengründungen gemacht. Bei Pfahlgruppen (*'pile groups'*) ist der Widerstand zu ermitteln als

$$R_{\text{group}} = min\left\{\sum_{i}^{n} R_{\text{i}}\,;\, R_{\text{block}}\right\}$$

d. h. als kleinerer Wert der a) unter Berücksichtigung der Pfahlgruppenwirkung ermittelten Summe der Widerstände aller individuellen Pfähle in der Gruppe und b) als Widerstand eines großen Ersatzpfahls (*'block'*), der sich als Einhüllende um die äußeren Pfähle der Pfahlgruppe ergibt. Dieser Ansatz deckt sich mit dem Verständnis des deutschen Normenausschusses 'Pfähle' gemäß Jahresbericht „EA-Pfähle" von 2020 (Moormann 2021).

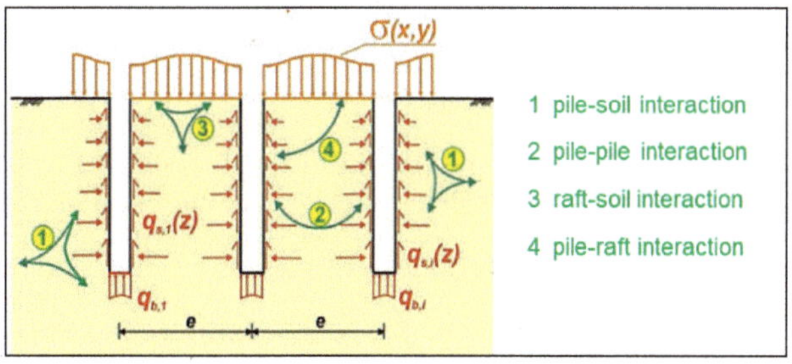


Abb. 6: Bei der Bemessung von Kombinierten Pfahl-Plattengründungen nach EN 1997-3:2025, Abs. 6.5.6 zu erfassende Wechselwirkungen.

Bei Kombinierten Pfahl-Plattengründungen (*'piled rafts'*) ist der Widerstand zu ermitteln als

$$R_{\text{piled-raft}} = \left(\sum_{i}^{n} R_{\text{c,i}} + R_{\text{raft}}\right)$$

d. h. als Summe der Widerstände aller individuellen Pfähle in der Gruppe und des Plattenwiderstandes, der sich aus der Integration der unter der Pfahlkopfplatte verschiebungskompatibel ermittelten Sohlspannungen ergibt. Dabei sind nach EN 1997-3, Abs. 6.5.6, alle die das Tragverhalten von Kombinierten Pfahl-Plattengründungen prägenden Wechselwirkungen rechnerisch zu berücksichtigen. Die in Abbildung 6 dargestellte, an die deutsche „Richtlinie für den Entwurf, die Bemessung und den Bau von kombinierten Pfahl-Platten-Gründungen (KPP)" (Katzenbach et al. 2000) angelehnte Darstellung wurde nach langen Diskussionen und Widerständen in den normativen Teil von EN 1997-3, Abs. 6.5.6 übernommen. Daneben wurden auf Druck einzelner Länder noch vereinfachte Ansätze zur Ermittlung des Widerstandes einer KPP aufgenommen, die teilweise nur als bedingt tauglich zu werten sind.
Im Abschnitt 6.5 *'Geotechnical Analysis'* finden sich ferner Angaben zur Ermittlung der Setzungen von Einzelpfählen sowie Pfahlgruppen und KPPs, wobei diese Spezifikationen knapp und wenig spezifisch sind; u. a. wird der Einsatz numerischer Methoden für Verformungsprognosen hingewiesen.
Soweit die Ermittlung des Pfahlwiderstandes allein auf der Basis von Berechnungen und Erfahrungswerten bzw. Korrelationen erfolgt (*'Design by calculation'*), soll nach prEN 1997-3, Abs. 6.5.8, eine Validierung mittels statischen axialen Pfahlprobebelastungen, sogenannten*'Control Tests'*, auf dem projektspezifischen Baufeld erfolgen, die nur dann entfallen können, wenn umfangreiche vergleichbare Erfahrungen vorliegen. Nur bei auf Druck beanspruchten Pfählen dürfen anstelle statischer axialer Pfahlprobebelastungen auch dynamische bzw. Rapid Load Tests als *Control Tests* eingesetzt werden. Der minimale Umfang bzw. Anzahl an Pfahlprobebelastungen wird EN 1997-3:2025, Abs. 6.5, Table 6.3 vorgegeben.

### 4.3 Nachweise Grenzzustand der Tragfähigkeit (ULS)

Der umfangreiche Abschnitt 6.6 *'Ultimate Limit States'* enthält detaillierte Regelungen für die Nachweisführung von Pfahlgründungen im Grenzzustand der Tragfähigkeit (ULS) und spezifiziert die diesbezüglich Sets der notwendigkeiten Modellfaktoren, Streuungsfaktoren und Teilsicherheitsbeiwerte auf der Pfahlwiderstandsseite.
Der repräsentative (früher: 'charakteristische') Wert des Widerstandes eines axial belasteten Einzelpfahls ist im Falle eines *'Design by testing'* wie auch im Falle eines *'Design by calculation'* in Verbindung mit der *'Model Pile Method'* unter Berücksichtigung der räumlichen Variabilität unter Ansatz von Streuungsfaktoren zu ermitteln, was der bisherigen Vorgehensweise entspricht. Nachdem zwischenzeitlich ein stochastischer Ansatz für die Ermittlung der Streuungsfaktoren in Abhängigkeit von der Intensität der Baugrundvariabilität vorgesehen war, werden die Streuungsfaktoren $\xi$ nunmehr wieder im Wesentlichen in Abhängigkeit von der Anzahl der ausgeführten Pfahlprobebelastungen (Abb. 13) bzw. in Abhängigkeit von der Anzahl der Sondierungen im Baufeld angegeben.

Der repräsentative Pfahlwiderstand ist dann, wie von den charakteristischen Pfahlwiderständen bekannt, als kleinerer Wert aus der Betrachtung des Mittelwertes und des kleinsten Einzelwert der Pfahlwiderstände wie folgt zu ermitteln:

$$R_{c,rep} = min\left\{\frac{(R_{cal})_{mean}}{\xi_{mean}};\frac{(R_{cal})_{min}}{\xi_{min}}\right\}$$

Die nach EN 1997-3, Abs. 6.6.2.4.2 vorgegebenen Streuungsfaktoren bei einer rechnerischen Pfahlbemessung (*'Design by calculation'*) mit der *'Model Pile Method'*. Abbildung 9 enthält die nach EN 1997-3, Abs. 6.6.2.4.3 vorgegebenen Streuungsfaktoren ξ bei der Ermittlung des Pfahlwiderstandes aus statischen und dynamischen Probebelastungen (*'Design by testing'*).

Ursprünglich war vorgesehen, das Nachweiskonzept dahingehend zu modifizieren, dass mit den Streuungsfaktoren allein die räumliche Variabilität der Baugrundeigenschaften im Baufeld abgedeckt wird und davon unabhängig die Unschärfe bzw. Unsicherheit, die sich aus der Art der Pfahlprobebelastung oder dem eingesetzten rechnerischen Bemessungsansatz ergibt, separat über Modellfaktoren erfasst wird (Abb. 14). Ein Vergleich der Streuungsfaktoren für statische Probebelastungen einerseits und dynamische Probebelastungen andererseits (Tab. 6) zeigt indes, dass die Streuungsfaktoren weiterhin auch in Abhängigkeit von der Art der Probebelastung variieren.

Neu ist die Möglichkeit, den Streuungsfaktor bei dem 'Pfahlmodellverfahren' nicht allein in Abhängigkeit von der Anzahl der Sondierprofile zu bestimmen, sondern auch die Erkundungsdichte, d. h. den räumliche Abstand der Baugrundaufschlüsse zu berücksichtigen und so den aus einer intensiveren Baugrunderkundung resultierenden verbesserten Kenntnisstand zu berücksichtigen. Auf diese Weise können die Streuungsfaktoren bei Erkundungsabständen kleiner als dref = 30 m reduziert werden, was als eine sinnvolle Ergänzung anzusehen ist:

$$\xi_{\text{mean}}(S) = 1 + \frac{d_{ave}}{d_{ref}}(\xi_{\text{mean}} - 1) \text{ or } \xi_{\text{min}}(S) = 1 + \frac{d_{ave}}{d_{ref}}(\xi_{\text{min}} - 1)$$

Lediglich bei einem *'Design by calculation'* in Verbindung mit der 'Baugrundmodellverfahren' ergibt sich der repräsentative Widerstand unmittelbar aus dem berechneten Wert, da hier die räumliche Variabilität der Bodeneigenschaften bei der Ableitung der für die Pfahlbemessung relevanten Bodenkennwerte berücksichtigt werden muss:

$$R_{c,rep} = R_{cal}$$

**Tab. 6: Streuungsfaktoren für die Ermittlung des repräsentativen Pfahlwiderstandes bei 'Design by testing', nach EN 1997-3:2025, Abs. 6.6.2.4.3,**

**Table 6.7 (NDP) — Correlation factors for design by testing with static load tests**

| Correlation factor[a] | Number of tests | | | | |
|---|---|---|---|---|---|
| | 1 | 2 | 3 | 4 | ≥ 5 |
| $\xi_{mean}$ | 1,4 | 1,3 | 1,2 | 1,1 | 1,05 |
| $\xi_{min}$ | 1,4 | 1,2 | 1,05 | 1,0 | 1,00 |

[a] If all piles in a group are tested, use $\xi_{mean}$ = 1,0 provided load can be transferred through the pile cap. For individually tested piles, use $\xi_{mean} = \xi_{min}$ = 1,0.

**Table 6.8 (NDP) — Correlation factors for design by testing with rapid load or dynamic impact tests**

| Correlation factor[a] | Correlation factor[b] | Number of tests | | | | | | | |
|---|---|---|---|---|---|---|---|---|---|
| | | 1 | 2 | 3 | 4 | 5 | 7 | 10 | ≥ 20 |
| Rapid load test | $\xi_{mean}$ | 1,4 | 1,36 | 1,32 | 1,29 | 1,28 | 1,25 | 1,23 | 1,19 |
| | $\xi_{min}$ | 1,4 | 1,28 | 1,23 | 1,19 | 1,15 | 1,13 | 1,1 | 1,06 |
| Dynamic impact test | $\xi_{mean}$ | 1,4 | 1,36 | 1,32 | 1,29 | 1,28 | 1,25 | 1,23 | 1,19 |
| | $\xi_{min}$ | 1,4 | 1,28 | 1,23 | 1,19 | 1,15 | 1,13 | 1,1 | 1,06 |

[a] If all piles in a group are tested, use $\xi_{mean}$ = 1,0 provided load can be transferred through the pile cap. For individually tested piles, use $\xi_{mean} = \xi_{min}$ = 1,0

[b] The correlation factors given are based on a coefficient of variation of pile load test results of 12 %

Mit dem repräsentativen Wert des Pfahlwiderstandes kann der Bemessungswert des axialen Pfahlwiderstandes, hier angegeben für einen auf Druck belasteten Pfahles, wie folgt ermittelt werden:

$$R_{cd} = \frac{R_{c,rep}}{\gamma_{Rc} \cdot \gamma_{Rd,pile}} \quad or \quad \left( \frac{R_{b,rep}}{\gamma_{Rb} \cdot \gamma_{Rd,pile}} + \frac{R_{s,rep}}{\gamma_{Rs} \cdot \gamma_{Rd,pile}} \right)$$

wobei gilt:

$\gamma_{Rc}$, $\gamma_{Rb}$, $\gamma_{Rs}$ Teilsicherheitsbeiwerte für Pfahlwiderstände im ULS,
$\gamma_{Rd,pile}$ Modellfaktor,
$R_{c,rep}$, $R_{b,rep}$, $R_{s,rep}$ repräsentativer Pfahlwiderstand.

Die bei einer rechnerischen Ermittlung der Pfahlwiderstände nach EN 1997-3, Abs. 6.6.2 anzusetzen Modellfaktoren $\gamma_{Rd,pile}$ getrennt für den Fall der Nutzung des 'Baugrundmodellverfahren' und des 'Pfahlmodellverfahrens' sind in Tabelle 7 wiedergegeben. Die Darstellung zeigt, dass die Modellfaktoren in Abhängigkeit von dem (empirischen) Berechnungsansatz, den Erfahrungen mit diesem Ansatz und dem Umfang der ausgeführten *'Control tests'* variieren.

**Tab. 7: Modellfaktoren $\gamma_{Rd}$ für die Ermittlung des Bemessungswertes des Pfahlwiderstandes bei *'Design by calculation'*, nach EN 1997-3:2025, Abs. 6.6.2, Tabelle 6.4.**

| Verification by | Based on | Model factor $\gamma_{Rd}$ | |
|---|---|---|---|
| Ground Model Method | Ultimate pile tests | 1.15 | |
| | Extensive comparable experience without site-specific control tests | 1.3 | |
| | Serviceability pile tests | 1.35 | |
| | No pile load tests and limited comparable experience | 1.55 | |
| Model Pile Method | | Compressive resistance | Tensile resistance |
| | Pressuremeter test | 1.15 | 1.4 |
| | Cone penetration test | 1.1 | 1.1 |
| | Profiles of ground properties based on field or laboratory tests | 1.2 | 1.2 |

Tabelle 8 gibt die Modellfaktoren wieder, die bei einer Ermittlung des axialen Pfahlwiderstandes auf der Basis von Pfahlprobebelastungen anzusetzen sind.

**Tab. 8: Modellfaktoren $\gamma_{Rd,pile}$ für die Ermittlung des Bemessungswertes des Pfahlwiderstandes bei *'Design by testing'*, nach EN 1997-3:2025, Abs. 6.6.2, Tabelle 6.5.**

| Verification by | | Model factor $\gamma_{Rd}$ Fine soils | Coarse soils | Rock mass |
|---|---|---|---|---|
| Static load tests | | 1.0 | 1.0 | 1.0 |
| Rapid load tests (multiple load cycles) | | 1.4 | 1.1 | 1.2 |
| Rapid load tests (single load cycle) | | 1.4 | 1.1 | 1.2 |
| Dynamic impact tests (signal matching) | Shaft bearing | 1.5 | 1.1 | 1.2 |
| | End bearing | 1.4 | 1.25 | 1.25 |
| Dynamic impact tests (multiple blow) | Shaft bearing | 1.5 | 1.1 | 1.2 |
| | End bearing | 1.4 | 1.2 | 1.2 |
| Dynamic impact tests (closed form solutions) | Shaft bearing | Not permitted | Not permitted | Not permitted |
| | End bearing | Not permitted | 1.3 | 1.3 |
| Wave equation analysis | | Not permitted | 1.6 | 1.5 |
| Pile driving formulae | | Not permitted | 1.8 | 1.7 |

Nach EN 1997-3, Abs. 6.6.2 sehen danach für dynamische Probebelastungen und Rapid Load Tests identische Modellfaktoren vor; auf nationaler Ebene können hier, wie auch darüber hinaus am gesamten als *'NDP'* markierten Tabelleninhalt noch Änderungen vorgenommen werden. Anzumerken ist, dass nach den Fußnoten zu o. g. Tabelle 6.5 die für dynamische Probebelastungen und Rapid Load Tests genannten Modellfaktoren zu erhöhen sind, soweit keine Validierung durch umfangreiche Erfahrungswerte bzw. zusätzlich ausgeführte statische Probebelastungen erfolgt. Ferner wurde aufgenommen, dass die Modellfaktoren zu erhöhen sind, wenn die dynamische Probebelastungen und Rapid Load Tests an Ortbetonpfählen ausgeführt wurden.

Harmonisiert werden konnte das Nachweisformat für Pfähle: Entsprechend Abschnitt 6.6 'Ultimate limit states' ist in Europa für axial beanspruchte Pfähle künftig einheitlich der *'Resistance Factor Approach'* (RFA) in Verbindung mit dem *Verification Case* VC1 anzuwenden, bei dem die Faktorisierung von Einwirkungen und Widerständen auf „Kraftebene" erfolgt, so wie dies u. a. in Deutschland schon immer Usus war (Moormann 2016). Hingengen ist für lateral beanspruchte Pfähle im Regelfall der *'Material Factor Approch'* (MFA) anzuwenden, bei dem die Faktorisierung der Widerstände bereits auf der Ebene der Bodenkennwerte erfolgt.

**Tab. 9: Teilsicherheitsbeiwerte $\gamma_{Rc}$, $\gamma_{Rb}$, $\gamma_{Rs}$ für die Ermittlung des Bemessungswertes des Pfahlwiderstandes bei *'Design by calculation'* in Verbindung mit der *'Ground Model Method'*, nach EN 1997-3:2025, Abs. 6.6, Tabelle 6.9.**

| Verification of | Partial factor on | Symbol | Material Factor Approach – both combinations | | Resistance Factor Approach | | |
|---|---|---|---|---|---|---|---|
| | | | (a) | (b) | Pile class | Ground Model | |
| Axial compressive resistance | Actions, Effects of actions[a] | $\gamma_F$, $\gamma_E$ | Not Used | | All | VC1 | |
| | Drag force | $\gamma_{F,drag}$ | | | | 1,35 | |
| | Ground properties[b] | $\gamma_M$ | | | | Not factored | |
| | Base and shaft resistance in compression | $\gamma_{Rb}$, $\gamma_{Rs}$ | | | | Base | Shaft |
| | | | | | Full displacement | 1,2 | 1,05 |
| | | | | | Partial displacement | 1,3 | 1,1 |
| | | | | | Replacement | 1,4 | 1,15 |
| | | | | | Unclassified | 1,5 | 1,25 |
| | Total resistance in compression | $\gamma_{Rc}$ | | | Full displacement | 1,1 | |
| | | | | | Partial displacement | 1,2 | |
| | | | | | Replacement | 1,3[d] | |
| | | | | | Unclassified | 1,4 | |
| Axial tensile resistance | Actions, Effects of actions[a] | $\gamma_F$, $\gamma_E$ | Not Used | | All | VC1 | |
| | Ground properties[b] | $\gamma_M$ | | | | Not factored | |
| | Shaft resistance in tension | $\gamma_{Rst}$ | | | Full displacement | 1,2 | |
| | | | | | Partial | 1,25 | |
| | | | | | Replacement | 1,3 | |
| | | | | | Unclassified | 1,5 | |
| Transverse resistance | Actions, Effects of actions[a] | $\gamma_F$, $\gamma_E$ | VC4 or VC1 | VC3 | All | VC4 or VC1 | |
| | Transverse ground load | $\gamma_{F,tr}$ | | | All | 1,35 | |
| | Ground properties[b] | $\gamma_M$ | M1 | M2 | All | Not factored | |
| | Transverse resistance | $\gamma_{Rtr}$ | Not factored | | All | 1,4 | |

[a] Values of the partial factors for Verification Cases (VCs) 1, 3, and 4 are given in EN 1990:2023, Annex A

[b] Values of the partial factors for Sets M1 and M2 are given in FprEN 1997-1:2024, 4.4.1.3

Tabelle 9 gibt die entsprechende Tabelle 6.9 aus EN 1997-3, Abs. 6.6, wieder, die für die Ermittlung des Bemessungswertes des Pfahlwiderstandes bei einem *'Design by calculation'* in Verbindung mit der *'Ground Model Method'* anzuwenden ist. Tabelle 6.9 kann entnommen werden, dass sowohl einheitliche Teilsicherheitsbeiwerte, als auch für den Mantel- und den Fußwiderstand differenzierte Teilsicherheitsbeiwerte angewendet werden könnnen. Ferner ist eine Differenzierung der Teilsicherheitsbeiwerte nach dem Pfahltyp möglich, aber nicht zwingend.
In weiteren Tabellen werden Teilsicherheitseiwerte für die *'Model Pile Method'* und für ein *'Design by testing'* (siehe Tab. 10) vorgegeben. Tabelle 10 zeigt, dass die Teilsicherheitsbeiwerte für die Ermittlung des Bemessungswertes des Pfahlwiderstandes aus den Ergebnissen von Pfahlprobebelastungen sehr einfach gehalten sind und bei auf Druck belasteten Pfählen als Default-Wert unabhängig vom Pfahltyp grundsätzlich $\gamma_{Rc}$ = 1,1 und für axial auf Zug beanspruchte Pfähle $\gamma_{R,st}$ = 1,25 betragen.
Negative Mantelreibung wird als ständig wirkende ungünstige Einwirkung mit $\gamma_{F,drag}$ = 1,35 berücksichtigt.
In Abbildung 7 wird das Vorgehen zur Ermittlung des Bemessungswertes des Pfahlwiderstandes nach EN 1997-3, Abs. 6.6, zusammenfassend visualisiert.
In EN 1997-3, Abschnitt 6.6.3 werden auch die Nachweise im Grenzzustand der Tragfähigkeit für Pfahlgruppen und Kombinierte Pfahl-Plattengrün-dungen (KPP) spezifiziert. Der Nachweis für solche Konstruktionen erfolgt grundsätzlich für den Gesamtwiderstand der Pfahlgruppe bzw. der Kombinierte Pfahl-Plattengründung, d. h. ein Nachweis für den einzelnen Pfahl kann entfallen, was der aktuellen nationalen Anwendung entspricht.

Für eine Pfahlgruppe wird das Nachweisformat ULS wie folgt vorgegeben:

$$F_{\mathrm{d}} \leq R_{\mathrm{group,d}}$$

mit:

$$R_{\mathrm{group,d}} = \frac{R_{\mathrm{group,rep}}}{\gamma_{\mathrm{R,group}}\,\gamma_{\mathrm{Rd,group}}}$$

Für eine Kombinierte Pfahl-Plattengründung (KPP) wird das Nachweisformat ULS analog wie folgt vorgegeben:

$$F_{\mathrm{d}} \leq R_{\mathrm{piled-raft,d}}$$

mit:

$$R_{\mathrm{piled-raft,d}} = \frac{R_{\mathrm{piled-raft,rep}}}{\gamma_{\mathrm{R,piled-raft}}\,\gamma_{\mathrm{Rd,piled-raft}}}$$

In einer separaten Tabelle, hier in Abbildung 15 wiedergegeben, werden die Teilsicherheitsbeiwerte für Pfahlgruppen und Kombinierte Pfahl-Plattengründungen vorgegeben, die dem Betrage nach sicher stellen, dass ein vergleichbares äquivalentes globales Sicherheitsniveau wie bei Einzelpfählen oder auch bei Flachgründungen erreicht wird. Die Modellfaktoren sind in diesem Fall auf der Basis von nationalen Erfahrungen in Abhängigkeit von dem eingesetzten Berechnungsverfahren festzulegen.

**Tab. 10: Teilsicherheitsbeiwerte , , für die Ermittlung des Bemessungswertes des Pfahlwiderstandes für *'Design by testing'* nach EN 1997-3:2025, Abs. 6.6, Tabelle 6.11.**

| Verification of | Partial factor on | Symbol | Material Factor Approach – both combinations | | Resistance Factor Approach | |
|---|---|---|---|---|---|---|
| | | | (a) | (b) | Pile class | |
| Axial compressive resistance | Actions, Effects of actions[a] | $\gamma_F$, $\gamma_E$ | Not Used | | All | VC1 |
| | Drag force | $\gamma_{F,drag}$ | | | | 1,35 |
| | Ground properties[b] | $\gamma_M$ | | | | Not factored |
| | Total resistance in compression | $\gamma_{Rc}$ | | | Full displacement | 1,1 |
| | | | | | Partial displacement | 1,1 |
| | | | | | Replacement | 1,1 |
| | | | | | Unclassified | 1,1 |
| Axial tensile resistance | Actions, Effects of actions[a] | $\gamma_F$, $\gamma_E$ | Not Used | | All | VC1 |
| | Ground properties[b] | $\gamma_M$ | | | | Not factored |
| | Shaft resistance in tension | $\gamma_{R,st}$ | | | Full displacement | 1,25 |
| | | | | | Partial displacemen | 1,25 |
| | | | | | Replacement | 1,25 |
| | | | | | Unclassified | 1,25 |

a Values of the partial factors for Verification Cases (VCs) 1, 3, and 4 are given in EN 1990:2023, Annex A

b Values of the partial factors for Sets M1 and M2 are given in FprEN 1997-1:2024, 4.4.1.3

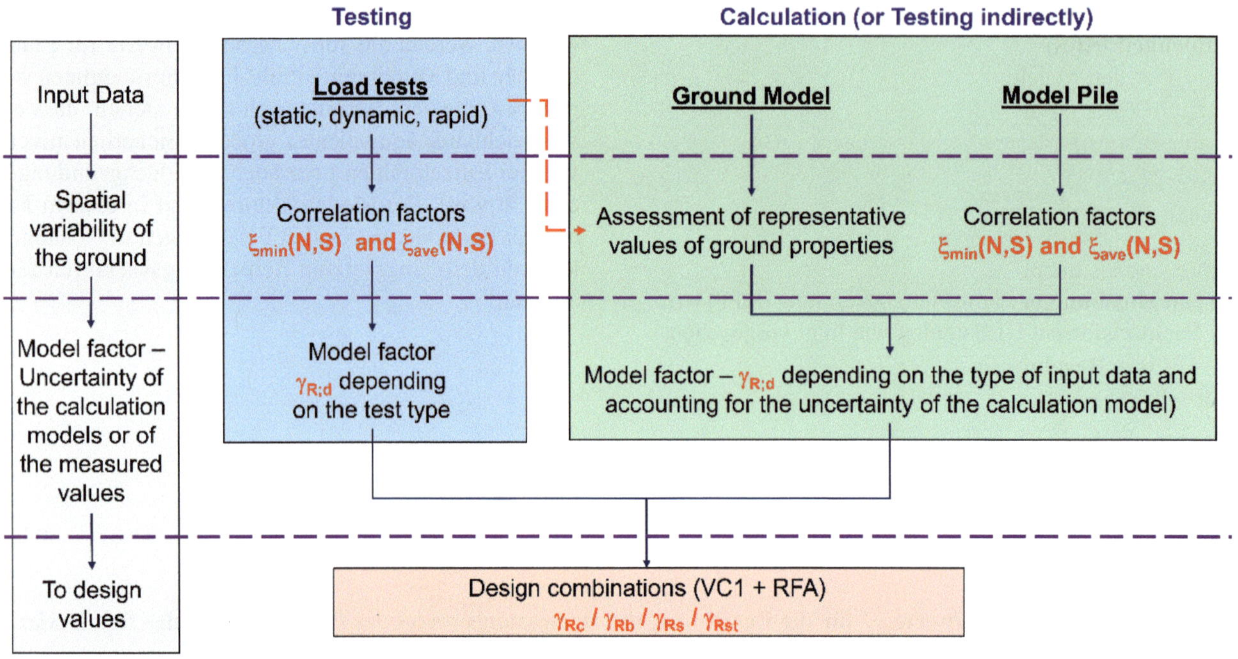


Abb. 7: Vorgehen für die Bemessung von axial belasteten Einzel-pfählen im Grenzzustand der Tragfähig-keit nach EN 1997-3:2025, Abs. 6.6 (Moormann & Burlon 2024).

**Tab. 11: Teilsicherheitsbeiwerte und für die Ermittlung des Bemessungswertes des Widerstandes von Pfahlgruppen und Kombinierten Pfahl-Plattengründungen nach EN 1997-3:2025, Abs. 6.6, Tabellen 6.12.**

| Verification of | Partial factor on | Symbol | Material Factor Approach – both combinations (a) | (b) | Resistance Factor Approach |
|---|---|---|---|---|---|
| Vertical resistance | Actions, Effects of actions[a] | $\gamma_F$, $\gamma_E$ | VC4 | VC3 | VC1 |
| | Ground properties[b] | $\gamma_M$ | M1 | M2 | Not factored |
| | Vertical resistance | $\gamma_{R,group}$ | | | 1,4 |
| | | $\gamma_{R,piled\text{-}raft}$ | | | 1,4 |
| Combined axial and transverse resistance (see FprEN 1997-1:2024, 8.2) | Actions, Effects of actions[a] | $\gamma_F$, $\gamma_E$ | VC4 or VC1 | VC3 | Not used |
| | Ground properties[b] | $\gamma_M$ | M1 | M2 | |
| | Compressive and transverse resistance | $\gamma_{R,group}$ | Not factored | | |

a Values of the partial factors for Verification Cases (VCs) 3 and 4 are given in EN 1990:2023, Annex A

b Values of the partial factors for Sets M1 and M2 are given in FprEN 1997-1:2024, Table 4.8

### 4.4 Nachweise Grenzzustand der Gebrauchstauglichkeit (SLS)

Gegenüber den Regelungen für die ULS-Nachweise im Abschnitt 6.6 sind die im Abschnitt 6.7 der EN 1997-3 formulierten Anforderungen an die Nachweise von Pfahlgründungen im Grenzzustand der Gebrauchstauglichkeit sehr knapp formuliert: wie bisher ist nachzuweisen, dass die unter Gebrauchslasten zu erwartenden Verformungen kleiner sind als die projektspezifisch festzulegenden zulässigen Verformungen.

### 4.5 Weitere Regelungen in Kapitel 6

Auch der Abschnitt 6.8 *'Implementation of design'* ist kurz und enthält im Wesentlichen Verweise auf die Ausführungsnormen von Pfählen und pfahlähnlichen Elementen. Ferner wird auf die Regelungen im prEN 1997-1, Kapitel 10, zu den Themen *'Inspection'*, *'Monitoring'* und *'Maintenance'* verwiesen und nur stichpunktartig spezifischen Anforderungen für Pfahlgründungen formuliert. So werden beispielsweise im Kontext mit einem Qualitätssicherungskonzept die automatische Aufzeichnung von Herstellparametern sowie die Durchführung von Messungen bzw. Untersuchungen zur Überprüfung der Pfahlintegrität erwähnt.

Gegenüber den Regelungen für die ULS-Nachweise im Abschnitt 6.6 sind die im Abschnitt 6.7 der EN 1997-3 formulierten Anforderungen an die Nachweise von Pfahlgründungen im Grenzzustand der Gebrauchstauglichkeit sehr knapp formuliert: wie bisher ist nachzuweisen, dass die unter Gebrauchslasten zu erwartenden Verformungen kleiner sind als die projektspezifisch festzulegenden zulässigen Verformungen.

Auch der Abschnitt 6.8 *'Implementation of design'* ist kurz und enthält im Wesentlichen Verweise auf die Ausführungsnormen von Pfählen und pfahlähnlichen Elementen. Ferner wird auf die Regelungen im prEN 1997-1, Kapitel 10, zu den Themen *'Inspection'*, *'Monitoring'* und *'Maintenance'* verwiesen und nur stichpunktartig spezifischen Anforderungen für Pfahlgründungen formuliert. So werden beispielsweise im Kontext mit einem Qualitätssicherungskonzept die automatische Aufzeichnung von Herstellparametern sowie die Durchführung von Messungen bzw. Untersuchungen zur Überprüfung der Pfahlintegrität erwähnt.

Neben einem Verweis auf die Pahlprüfungsnormen (EN ISO 22477-x) enthält der Abschnitt 6.9 *'Testing'* der prEN 1997-3 u. a. konkrete Vorgaben zur Ermittlung der Prüflast von axialen Pfahlprobebelastungen sowie recht umfangreiche Angaben zur Planung und zur Interpretation von Pfahlprobebelastungen.

Der Abschnitt 6.9 *'Reporting'* der prEN 1997-3 ist wieder kurz und enthält lediglich Verweise auf die europäischen Pfahlausführungs- und Pfahlprüfungsnormen und die dort definierten Dokumentationspflichten, aber keine darüber hinausgehenden pfahlspezifischen Regelungen.

### 4.6 Bewertung der neuen Regelungen für Pfahlgründungen

Der Umfang des Kapitels 6 *'Piled Foundations'* im EN 1997-3:2025 ist gegenüber dem heutigen Kapitel 7 im Eurocode 7, Teil 1, um etwa 40 % angewachsen wobei zu berücksichtigen ist, dass das Kapitel 6 einige Aspekte der Pfahlbemessung abdecken wird, die nicht Gegenstand des derzeitigen Eurocode 7, Teil 1, sind; hierzu zählen u. a.:

- Bemessung von Pfahlgruppen,
- Bemessung von Kombinierten Pfahl-Plattengründungen (KPP),
- Beanspruchung von Pfählen durch negative Mantelreibung,
- Ermittlung der Prüflast von Pfahlprobebelastungen.

Das Kapitel 6 stand im Ergebnis der wiederholten Kommentierung durch die europäischen Spiegelausschüsse immer besonders im Fokus. Bei der wiederholten Kommentierung der Entwürfe wurden regelmäßig mehr als 1.000 Kommentare nur zu diesem Kapitel formuliert, so dass phasenweise mehr als 50 % aller zu prEN 1997-3 abgegebenen Kommentare allein auf dieses Pfahl-Kapitel entfielen. Dabei wurde deutlich, dass die Kommentare teilweise diametral ambivalent waren, so dass eine weitergehende europäische Harmonisierung der offenbar durch starke nationale Traditionen geprägten Pfahlbemessung nur sehr schwierig zu realisieren war.

In der Gesamtschau ist das neue Kapitel 6 *'Piled Foundations'* weitgehend mit der aktuellen nationalen Bemessungspraxis für Pfähle gemäß des deutschen Handbuchs Eurocode 7, Band 1, und auch mit der EA-Pfähle kompatibel, so dass sich keine tiefgreifenden Veränderungen bei der Bemessung von Pfählen mit Einführung der zweiten Generation des Eurocode 7 ergeben werden.

In diesen Kontext ist auch zu berücksichtigen, dass alle Tabellen als *'Nationally Determined Parameters'* (NDP) markiert sind und daher von den nationalen Spiegelausschüssen nicht nur die Zahlenwerte der hier dokumentierten Parameter national angepasst werden können, sondern auch die Struktur der Tabellen modifiziert und zum Beispiel durch weitere Zeilen oder Spalten mit zusätzlichen Werten, beispielsweise für vorübergehende Bemessungssituation, ergänzt werden können.

## 5. Bemessung von Flachgründungen in Verbindung mit einer Baugrundverbesserung

Das Kapitel 12 'Baugrundverbesserung' (*Ground Improvement)* ist ebenfalls vollständig neu. Nach viele Jahre währenden Diskussionen, wie Baugrundverbesserungen im Hinblick auf die Vielzahl von verschiedenen Verfahrenstechniken und Anwendungen überhaupt strukturiert in eine europäische Bemessungsnorm aufgenommen werden können, hat man sich letztlich dafür entschieden, eine Klassifikation nach den Bemessungsansätzen vorzunehmen. Es erfolgt daher eine grundlegende Unterscheidung in 'volumenhafte Baugrundverbesserung'(*Diffused Ground Improvement)* (*'A'*), bei denen der verbesserte

Baugrund mit seinen veränderten Eigenschaftenn weiterhin als Kontinuum betrachtet werden kann, und ′diskrete Baugrundverbesserung′*(Discrete Ground Improvement′)* (*′B′*), bei denen diskret wirkende Elemente in den Baugrund eingebracht werden, die eine deutlich höhere Steifigkeit bzw. Scherfestigkeit gegenüber dem umgebenden Baugrund besitzen (Tabelle 12).

Insbesondere die Abgrenzungskriterien und Bemessungsansätze für Baugrundverbesserungen des Typs BII *′Discrete ground improvement with rigid inclusions′* waren dabei Gegenstand intensiver Diskussionen. Letztlich ist es aber gelungen, für alle Klassen von Baugrundverbesserungen Ansätze für die Bemessung wie auch für die Nachweisformate im EN 1997-3 zu etablieren.

Im Abschnitt 12.5.3 ′Widerstand diskreter Baugrundverbesserung (Klasse B)′ werden im neuen EN 1997-3 klare Vorgaben zur Bemessung von Baugrundverbesserungen mit starren Säulen formuliert. Demnach muss, in dem Fall, dass eine Baugrundverbesserung der Klasse B verwendet wird, um ein Bauwerk abzustützen oder zu halten, d. h. also auch als Teil einer Gründung, das Rechenmodell Folgendes einschließen:

- die Berücksichtigung der Auswirkungen von Interaktion zwischen Baugrund, diskreten Säulen und dem/der darüberliegenden Bauwerk, Böschung oder Lastverteilungsschicht; und
- für Baugrundverbesserungen der Klasse BII einen Nachweis des inneren Tragwiderstands der einzelnen Säulen.

**Tab. 12: Klassifikation von Baugrundverbesserungen nach EN 1997-3:2024, Kapitel 12.**

| Klasse | A – Volumenhaft | B – Diskret |
|---|---|---|
| I | **AI – Volumenhaft ohne messbare einaxiale Druckfestigkeit**<br>Die Scherfestigkeit des verbesserten Baugrunds ist über den Wert des ursprünglichen Baugrunds hinaus erhöht. Der verbesserte Baugrund kann als Baugrund mit verbesserten Eigenschaften modelliert werden. | **BI – Diskret mit nicht starren Säulen**<br>In den Baugrund eingebrachte Säulen mit einer höheren Schertragfähigkeit und Steifigkeit im Vergleich zum umgebenden Baugrund. Die einaxiale Druckfestigkeit der Säule ist nicht messbar. |
| II | **AII – Baugrundverbesserungszone mit messbarer einaxialer Druckfestigkeit**<br>Der verbesserte Baugrund ist im Vergleich zu seinem ursprünglichen natürlichen Zustand verändert und weist eine messbare einaxiale Druckfestigkeit sowie eine signifikant höhere Steifigkeit als der umgebende Baugrund auf. Gewöhnlich besteht er aus einem Verbund aus Bindemittel und Baugrund. | **BII – Diskret mit starren Säulen**<br>In den Baugrund eingebrachte starre Säulen mit einaxialer Druckfestigkeit und signifikant höherer Steifigkeit als der umgebende Baugrund. Die Säulen können aus ingenieurmäßig hergestelltem Baustoff, wie z. B. Holz, Beton/Mörtel oder Stahl, oder aus einem Verbund aus Bindemittel und Boden bestehen |

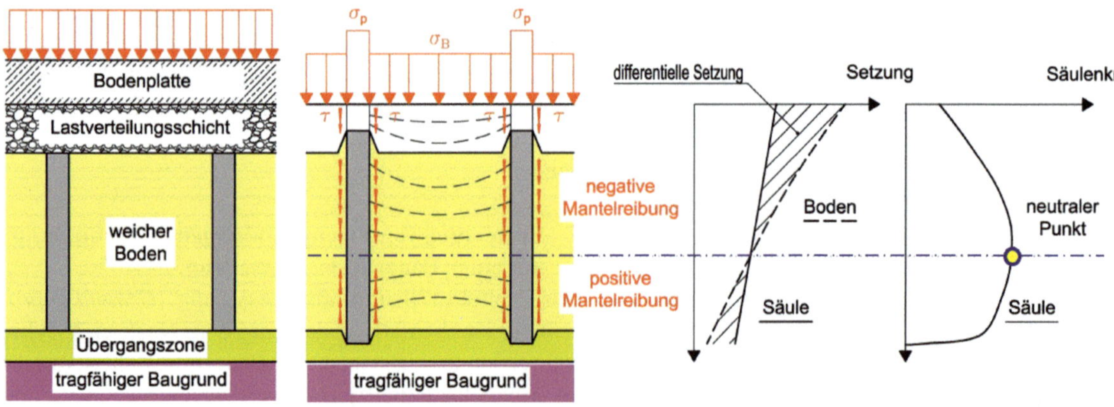


Abb. 8: Rechnerisch zu berücksichtigende Interaktionseffekte bei einer als Gründung genutzten Baugrundverbesserung mit starren Säulen und einer granularen Lastverteilungsschicht (analog zu EN 1997-3, Bild 12.2)

Die für Baugrundverbesserungen der Klasse BII maßgebenden Interaktionen sind in Abbildung 8 dargestellt und ähneln in vielerlei Hinsicht den bei Kombinierten Pfahl-Plattengründungen (KPP) zu berücksichtigenden Interaktionseffekten (siehe Abb¨6).

Dementsprechend formuliert EN 1997-3 die Anforderungen an ein Berechnungsmodell für eine Baugrundverbesserung mit starren Säulen zutreffend wie folgt: Wird eine Baugrundverbesserung der Klasse B verwendet, um ein Bauwerk abzustützen, muss ein Rechenmodell für die Interaktion Folgendes einschließen:

- die Ableitung des Verteilungsverhältnisses zur Bestimmung des Anteils der Last, die auf einzelne Säulen aufgebracht wird; und
- für Baugrundverbesserungen der Klasse BII die Ableitung der neutralen Ebene, die dem Punkt entspricht, an dem die Setzung der Säulen gleich der des Baugrunds ist (siehe Abb. 8).

Dabei sollte das gewählte Berechnungsverfahren das Steifigkeitsverhältnis von Baugrundverbesserungssäulen der Klasse B zum umgebenden Baugrund berücksichtigen.

Das in Abbildung 9 noch einmal visualisierte Ziel eines stringenten Sicherheitskonzeptes für alle Gründungsformen von der reinen Flachgründung nach EN 1997-3, Kapitel 4, über Baugrundverbesserungen mit Rigid Inclusions mit und ohne Lastverteilender Tragschicht nach EN 1997-3, Kapitel 12, die in ihrem Tragverhalten und Interaktionswirkungen sehr ähnlich zu einer in EN 1997-3, Kapitel 6, geregelten Kombinierten Pfahl-Plattengründung (KPP) sind bis hin zu einer konventionellen Pfahlgründung nach EN 1997-3, Kapitel 6, wird so im Sinne eines unterbrechungsfreien Übergangs mit einem vergleichbaren äquivalenten globalen Sicherheitsniveau erreicht.

## 6. Resümee und Ausblick

In der Gesamtschau wird der Eurocode 7 der zweiten Generation weitgehend mit der aktuellen nationalen Bemessungspraxis gemäß des deutschen Handbuchs Eurocode 7, Band 1, kompatibel sein, so dass mit Einführung der zweiten Generation des Eurocode 7 keine tiefgreifenden Veränderungen bei der geotechnischen Bemessung zu erwarten sein werden, wohl aber umfangreiche Änderungen bei Anforderungen und Nachweisen im Detail. Das gilt allgemein, insbesondere aber auch für Flach und Tiefgründungen – auch in Verbindung mit Baugrundverbesserungen.

In diesen Kontext ist auch zu berücksichtigen, dass alle Tabellen als *'Nationally Determined Parameters'* (NDP) markiert sind und daher von den nationalen Spiegelausschüssen nicht nur die Zahlenwerte der hier dokumentierten Parameter national angepasst werden können, sondern auch die Struktur der Tabellen modifiziert und zum Beispiel durch weitere Zeilen oder Spalten mit zusätzlichen Werten, beispielsweise für vorübergehende Bemessungssituation, ergänzt werden können.

Erste Vergleichsberechnungen zeigen, dass für wesentliche repräsentative Bemessungsaufgaben mit den Default-Werten des EN 1997-3:2025 vergleichbare Ergebnisse zu der aktuellen Fassung des Normenhandbuchs Eurocode 7, Band 1, erzielt werden.

Es ist als Fortschritt zu werten, dass zahlreiche regelmäßige Bemessungsaufgaben, wie Baugrundverbesserungen, Pfahlgruppen oder Kombinierte Pfahl-Plattengründungen etc. neu aufgenommen wurden und nunmehr europaweit einheitlich durch den Eurocode 7 abgedeckt werden.

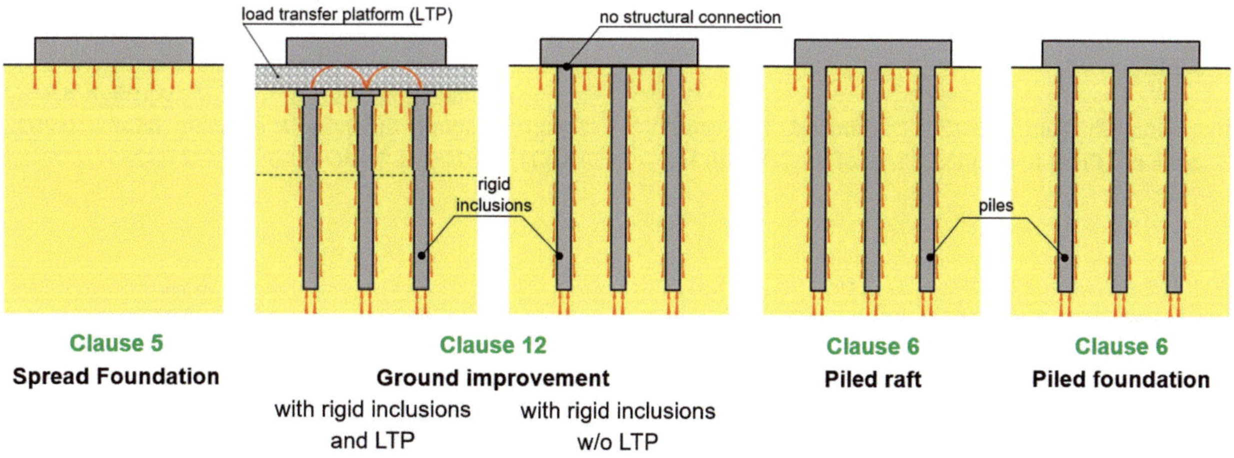


Abb. 9: Stringentes Bemessungskonzept für alle Gründungskonzepte: unterbrechungsfreier Übergang mit vergleichbarem äquivalenten globalen Sicherheitsniveau nach EN 1997-3.

**Literatur**


Brinch Hansen, J. 1970. A revised and extended formula for bearing capacity. Bulletin No. 28, 5-11, The Danish Geotechnical Institute, Copenhagen.

Bond, A.J.; Jenner, C.; Moormann, Ch. (2019): Tomorrow's geotechnical toolbox: EN 1997-3:202x Geotechnical Structures. Proc. 17th European Conf. on Soil Mechanics and Geotechnical Engineering, ECSMGE 2019, Reykjavik, Iceland

JRC 2024. Design examples using 2nd Generation Eurocode 7. Prepared by SC7 TG B2, Working draft, 11/2024.

Katzenbach, R.; Arslan, U.; Moormann, Ch.; König, G.; Soukhov, D.; Ahner, C. (2000): Richtlinie für den Entwurf, die Bemessung und den Bau von kombinierten Pfahl-Platten-Gründungen (KPP). Fraunhofer IRB Verlag, Bauforschung, Band T 2907, 2000, 170 S.

Moormann, Ch. (2010): Die Geotechnische Normung auf dem Weg zum Eurocode 7. Der Prüfingenieur, Ausgabe 36 (2010), Heft 4, 41-54

Moormann, Ch. (2016): Design of piles – German practice. ISSMGE-ETC3 Int. Symp. on Design of Piles in Europe. Leuven, Belgium, Volume I: National Reports, 161-190

Moormann, Ch. (2021): Jahresbericht 2020 des Arbeitskreises „Pfähle" der Deutschen Gesellschaft für Geotechnik (DGGT). Bautechnik, Vol. 98, Heft 2, 2021, S. 163-185

Moormann, Ch.; van Seters, A. (2024): EN 1997:2024 - Die zweite Generation des Eurocode 7. 14. Kolloquium Bauen in Boden und Fels, Technische Akademie Esslingen, Ostfildern, Tagungshandbuch, expert Verlag, 2024, S. 13-24.

Moormann, Ch.; Burlon, S. (2024): Eurocode 7 – Second Generation – Piled foundation. Proc. of the XVIIIth European Conference in Soil Mechanics and Geotechnical Engineering × ECMGE 2024, 26.-30.08.2024, Lisbon, Portugal, CRC Press, Taylor & Francis Group, Balkema, pp. 1840-1845.

Moormann, Ch.; Lesny, K. (2026): 2nd generation of Eurocode 7 – Foundations. Proc. of the 21st International Conference on Soil Mechanics and Geotechnical Engineering (ICSMGE), Vienna 2026 (eingereicht).

Norbury, D., Arroyo, M., Foti, S., Garin, H., Reiffsteck, P., Bond, A.J. (2019): Tomorrow's geotechnical toolbox: EN 1997-2:202x Ground investigation. Proc. 17th ECSMGE 2019, Reykjavik, Iceland, ISBN 978-9935-9436-1-3.

Paikowsky, S. G.; Canniff, M. C.; Lesny, K.; Kisse, A.; Amatya, S.; Muganga, R. 2010. LRFD Design and Construction of Shallow Foundations for Highway Bridge Structures. NCHRP Report 651, National Cooperative Highway Research Program Transportation Research Board. Washington, D.C., National Academies Press.Terzaghi, K. 1943. *Theoretical Soil Mechanics*. John Wiley & Sons.

Poulos, H.G. (1988): Cyclic stability diagram for axially loaded piles. Journal of Geotechn. Engineering, Vol. 114 (8), 877-895

Vesic, A.S. 1973. Analysis of ultimate loads of shallow foundations. *Journal of Soil Mechanics and Foundation Division* 99(1), 45-76.

Vesic, A.S. 1975. *Bearing capacity of shallow foundations*. In Foundation Engineering Handbook, H.F Winterkorn and H.Y. Fang (eds.), pp.121-147. Van Nostrand Reinhold Co.

Weihrauch, S.; Moormann, Ch.; Wudtke, R.-B.; Vogt, N. (2022): Aktuelle Entwicklungen zur Finalisierung der zweiten Generation des Eurocode 7. Vorträge der 37. Baugrundtagung 2022 in Wiesbaden, 05.-07.10.2022, DGGT, ISBN 978-3-946039-09-9, S. 245-256

# Fernbahnhof am Flughafen Stuttgart – untertägiger Massivbau im Grenzbereich des Machbaren

**Dipl.-Ing. Alexander Schleith**
Ed. Züblin AG, Zentrale Technik, Direktion Ingenieur- und Verkehrswegebau, Technisches Büro Stuttgart

**Dipl.-Ing. (FH) Bernd Wiesiolek**
Ed. Züblin AG, Zentrale Technik, Direktion Ingenieur- und Verkehrswegebau, Technisches Büro Tunnelbau

**Dipl.-Ing. (FH) Jörg Bay**
Arbeitsgemeinschaft Neubaustrecke – Flughafentunnel (Ed. Züblin AG – Max Bögl Stiftung)

**Dipl.-Ing. Dirk Hammerschmidt**
Arbeitsgemeinschaft Neubaustrecke – Flughafentunnel (Ed. Züblin AG – Max Bögl Stiftung)

**Zusammenfassung**
Im Rahmen des Projekts Stuttgart 21 entsteht am Flughafen Stuttgart und der Landesmesse eine zentrale Verkehrsdrehscheibe, die alle Verkehrsträger verknüpft. Kernstück ist der neue unterirdische Fernbahnhof Stuttgart Flughafen, der den Flughafen direkt an das Fern- und Regionalbahnnetz der Deutschen Bahn anbindet. Die Fahrzeit von der Innenstadt zum Flughafen verkürzt sich künftig auf 6 – 8 Minuten. Der Fernbahnhof wird als erster bergmännisch in Tunnelröhren errichteter Fernbahnhof der Deutschen Bahn realisiert. Er liegt unter der Messepiazza und umfasst zwei 435 m lange Bahnsteige in einer Tunnelröhre mit einem Innendurchmesser von 11,5 m. Die größten Herausforderungen lagen in der komplexen Planung und Ausführung der Zugangsbauwerke, insbesondere des Zentralen Zugangs mit einem 30 m tiefen Rundschacht und sechs Panoramaaufzügen. Die Rohbauarbeiten wurden Ende 2024 abgeschlossen, die Übergabe an die Deutsche Bahn für den Einbau der technischen Ausrüstung ist erfolgt. Das Projekt setzt neue Maßstäbe im untertägigen Massivbau und zeigt die Leistungsfähigkeit moderner Ingenieurtechnik.

## 1. Einführung

Im Rahmen des Großprojektes Stuttgart 21 entsteht am Stuttgarter Flughafen und der Landesmesse eine einzigartige Verkehrsdrehscheibe. Alle Verkehrsträger, vom Flugzeug übers Auto, Fernbus, S- und U-Bahn, bis hin zum Fern- und Regionalverkehr, werden hier künftig verknüpft sein. Von der Anbindung des Flughafens und der Landesmesse an das Schienennetz werden allein im unmittelbaren Einzugsgebiet auf den Fildern rund 250.000 Einwohner profitieren.

Die Neubaustrecke Stuttgart–Ulm bindet den Stuttgarter Flughafen in das Fern- und Regionalbahnnetz der Deutschen Bahn ein. Dafür entsteht unter der Messepiazza ein neuer Bahnhof. Der moderne unterirdische Bahnhof Stuttgart Flughafen Fernbahnhof liegt direkt gegenüber dem Hauptgebäude des Flughafens und in unmittelbarer Nähe zur heute schon bestehenden S-Bahn-Station Stuttgart Flughafen/Messe. Reisende benötigen von der Innenstadt zur neuen Station am Flughafen künftig nur noch sechs bis acht Minuten. Heute dauert die Fahrt rund eine halbe Stunde. Der Fernbahnhof Stuttgart Flughafen ist der bisher erste bergmännisch in Tunnelröhren erbaute Personenbahnhof für den Fernverkehr der Deutschen Bahn in Deutschland. Im Zuge der Planung und des Baus wurde die Grenzen des Machbaren erreicht und teilweise auch überschritten und neue Maßstäbe im untertätigen Massivbau gesetzt.

## 2. Stuttgart 21 – Fernbahnhof Stuttgart Flughafen

### 2.1 Übersicht über das Projekt Stuttgart 21

Das Großprojekt Stuttgart 21 ist ein umfassendes Verkehrs- und Städtebauprojekt, das den Eisenbahnknoten Stuttgart grundlegend modernisiert. Im Zentrum steht der Umbau des bisherigen Kopfbahnhofs im Zentrum des Stuttgarter Talkessels in einen unterirdischen Durchgangsbahnhof, ergänzt durch neue Tunnelstrecken, Bahnhöfe und eine direkte Anbindung an die Neubaustrecke Wendlingen–Ulm und weiter nach München.

Abb. 1: Animation des Empfangsgebäudes

Der neue Stuttgarter Hauptbahnhof wird vollständig unterirdisch errichtet. Charakteristisch ist seine lichtdurchflutete Architektur mit sogenannten Kelchstützen, die Tageslicht in die Bahnsteighalle leiten. Auch der neue Fernbahnhof Flughafen/Messe entsteht unterirdisch und wird den Flughafen Stuttgart direkt an das Fernverkehrsnetz anbinden.
Ziel des Projekts ist es, die Leistungsfähigkeit des Bahnverkehrs zu erhöhen. Die Digitalisierung des Bahnknotens Stuttgart ist ein zentraler Bestandteil des Projekts Stuttgart 21 und wird unter dem Namen „Digitaler Knoten Stuttgart“ (DKS) umgesetzt. Der Bahnbetrieb in der Region Stuttgart soll durch moderne digitale Technik effizienter, leistungsfähiger und zuverlässiger gemacht werden. Der gesamte Konten Stuttgart soll Reisezeiten verkürzen und gleichzeitig Flächen in der Innenstadt für neue Wohn- und Gewerbeprojekte freigeben. Durch die Verlagerung der Gleisanlagen entstehen große städtebauliche Entwicklungsmöglichkeiten im Herzen Stuttgarts.
Die Inbetriebnahme des neuen Bahnhofs ist für Dezember 2026 geplant, die vollständige Fertigstellung des Projekts für 2027. Die Kosten haben sich im Laufe der Jahre deutlich erhöht und liegen inzwischen bei über 11 Milliarden Euro. Trotz Kritik und Protesten in der Vergangenheit gilt Stuttgart 21 heute als ein zentrales Projekt für die Zukunft des Bahnverkehrs in Süddeutschland und darüber hinaus.

## 2.2 Fernbahnhof am Flughafen Stuttgart

Der Fernbahnhof am Flughafen Stuttgart wird komplett in bergmännischer Bauweise errichtet.

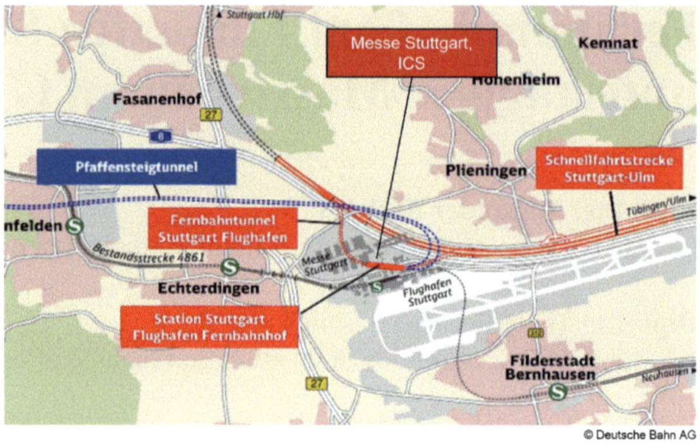


Abb. 2: Überblick Anbindung Fernbahnhof Stuttgart Flughafen

Die Zulaufstrecken zweigen von der Hochgeschwindigkeitsstrecke ab und unterfahren in je zwei eingleisigen Tunneln die dicht bebauten Flächen der Messe Stuttgart und des Flughafen Stuttgart. Im Zuge des Projektfortschritts wurde eine maßgebliche Veränderung am Entwurf vorgenommen, die zukunftsweisend für den Bahnverkehr in Süddeutschland ist: Ursprünglich war vorgehen, die S-Bahn über die in Abb. 3 in grün dargestellte „Flughafenkurve“ mit der Strecke nach Stuttgart zu verbinden.

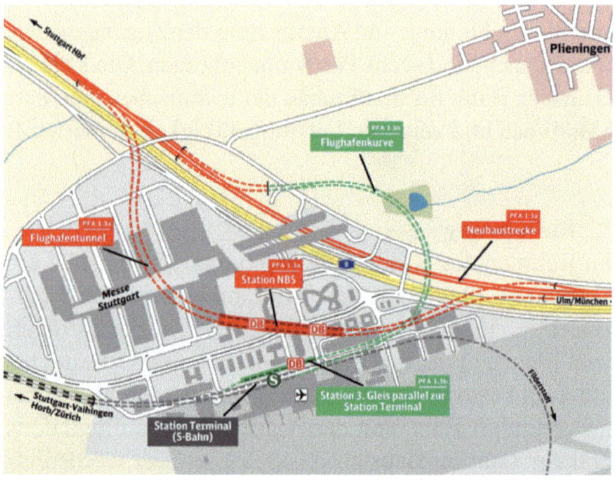


© Deutsche Bahn AG

Abb. 3: Überblick Anbindung Fernbahnhof Stuttgart Flughafen, ursprünglicher Entwurf

Es wurde jedoch, während die Planungen und die Arbeiten bereits im Gang waren, entschieden, den Pfaffensteigtunnel – dem künftig längsten Eisenbahntunnel in Deutschland mit ca. 11 km Länge (in blau in Abb. 2) – zu planen und im Projekt Fernbahnhof alle notwenigen Vorkehrungen zu treffen, um diesen Tunnel an später an die Station unter laufendem Verkehr anschließen zu können. Diese Umplanung erforderte von den Planern der Zentralen Technik und der ausführenden Einheiten ein hohes Maß an Flexibilität, Kreativität und Einsatz.

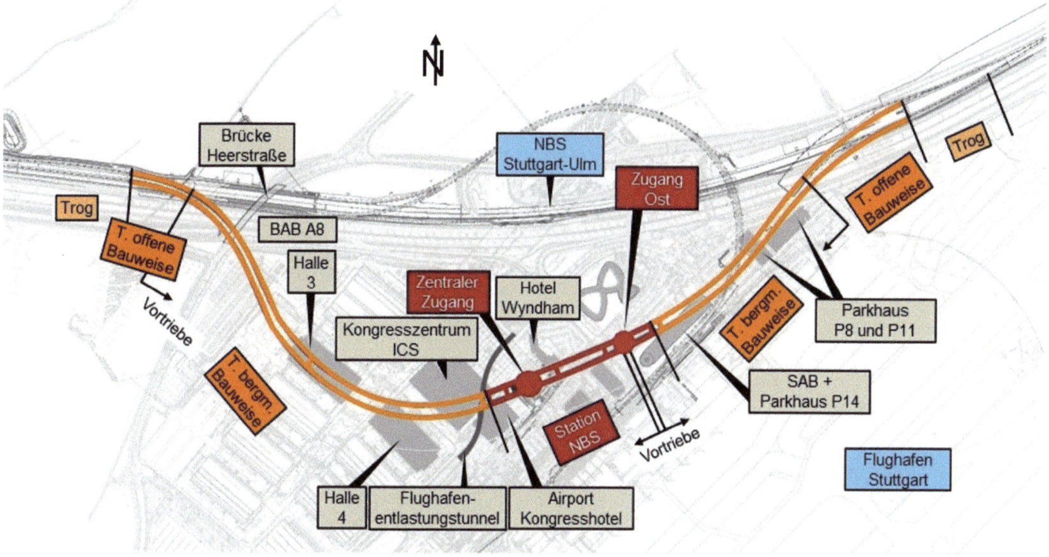


Abb. 4: Überblick Fernbahnhof– unterirdischer Teil

Die Abb. 4 und Abb. 5 zeigen die Bebauung, die mit den beiden Tunneln und dem erweiterten Stationsröhrenquerschnitt unterquert werden. Die sind die setzungsempfindlichen Hallen der Messe Stuttgart, das Internationale Congress-Centrum, mehrere Hotels und ein auf Pfählen tief gegründetes Parkhaus.

Abb. 5: Lage der Baustelle nahe der Messe und der Infrastruktur des Stuttgart Flughafen

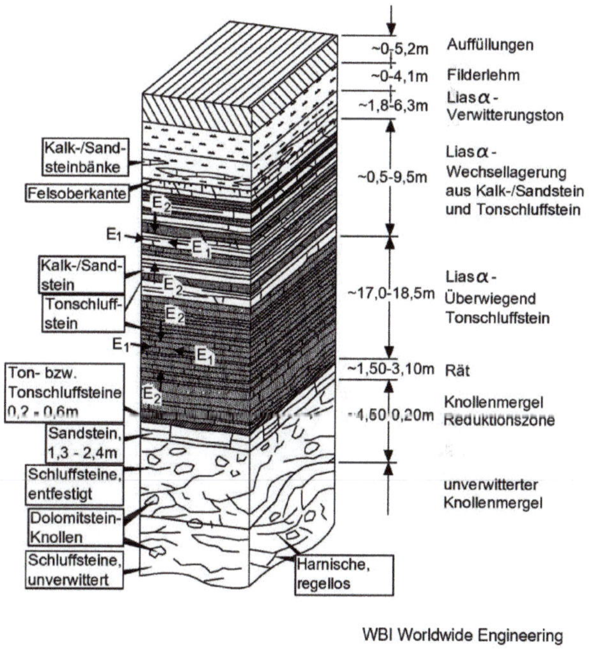


Abb. 6: Geologische Verhältnisse

## 3. Randbedingungen

Die anstehende Geologie erlaubt, die Tunnel in NATM (New Austrian Tunneling Method) aufzufahren. Die Vortriebe erfolgten im Vollausbruch mit möglichst frühem Schließen der Sohle und mit Kalottenvortrieb mit nachlaufendem Ausbruch von Strosse und Sohle. Der Ausbruch erfolgte mit Baggern ohne Sprengungen.

Abb. 7: Geologische Verhältnisse im Vortrieb

Die Tunnel und die Station liegen in den ca. 30 m Tiefe in den Schichten des Lias α, die überwiegend aus Ton-Schluffsteinen bestehen.

## 4. Planung und Bau der Bahnsteigröhren mit Zugangsbauwerken

Der Fernbahnhof am Flughafen Stuttgart erhält zwei 435 m lange Bahnsteige in einer Tunnelröhre mit einem lichten Innendurchmesser von 11,46 m.

Bautechnisch waren die Planung und Herstellung der Zugangsbauwerke die größte Herausforderung bei der Realisierung des Fernbahnhofs.

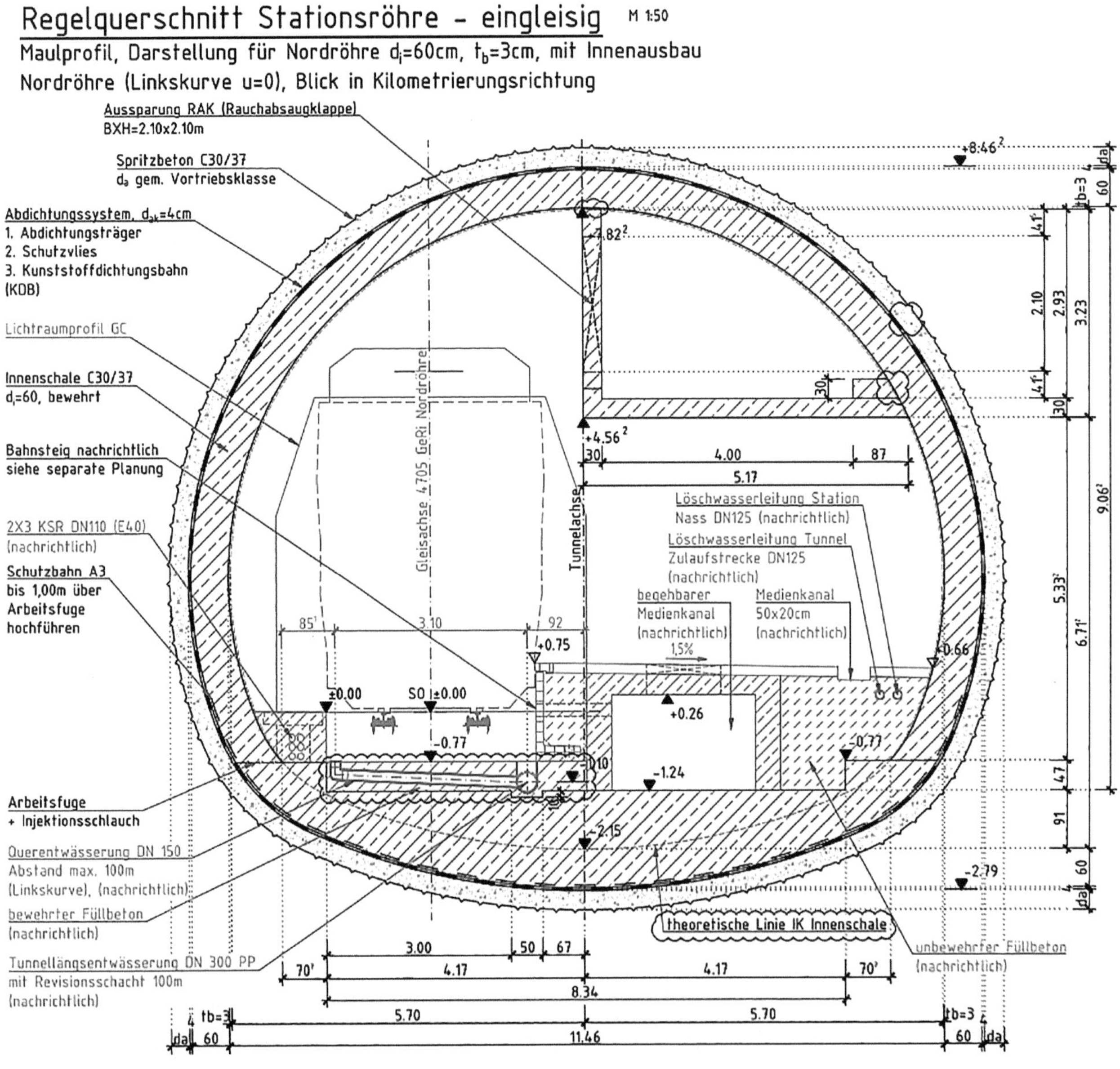


Abb. 8: Regelquerschnitt Bahnsteigröhre

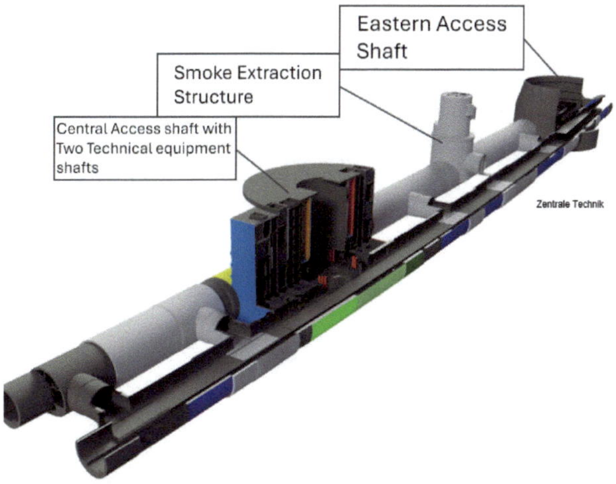


Abb. 9: 3D Modell der Stationsröhren mit den beiden Zugangsbauwerken und dem Entrauchungsbauwerk

Die Stationsröhre wird von der Geländeoberkante aus erschlossen. Der Hauptzugang erfolgt durch den Zentralen Zugang. Am westlichen Ende wird die Station durch eine weiteres Zugangsbauwerk erschlossen. Der Zugang Ost wird in einer Baugrube klassisch in bottom-up Methode erstellt. Der Zentrale Zugang hingegen wird im Wesentlichen unterirdische in bergmännischer Bauweise errichtet.

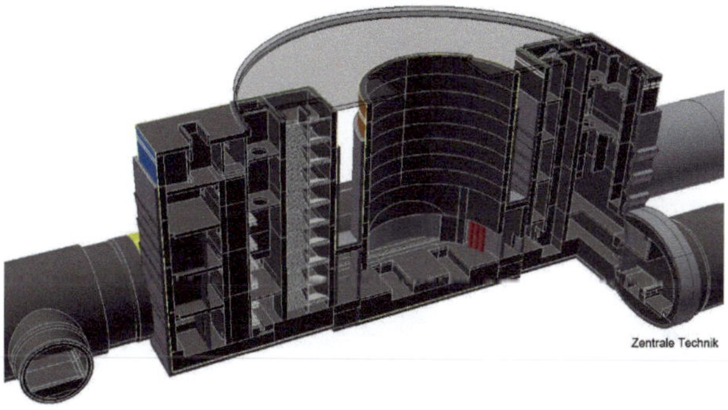


Abb. 10: Querschnitt Zentraler Zugang

Der Zentrale Zugang besteht aus 3 Bauteilen: dem Technikgebäude West und dem Technikgebäude Ost, die neben dem Fluchttreppenhaus die gesamte ME-Installation beinhalten und dem eigentlichen Zugangsbauwerk, einem ca. 30 m tiefen runden Schacht. In diesem Schacht sind 6 Panoramaaufzüge installiert, die die Passagiere befördern. Alle 3 Schächte wurden in Spritzbetonbauweise, zusätzlich mit Felsnägeln gesichert, vor dem Auffahren der beiden Stationsröhren abgeteuft. Die Berechnungen erfolgten mittels finiter Elemente an einem gekoppelten Baugrund-Bauwerksmodell. In diesem Modell wurden sämtliche Bauzustände und der Endzustand mit verschiedenen Lastfallkombinationen berechnet und ausgewertet. Die Modellierung umfasste das abschnittsweise Abteufen der beiden rechteckigen Schächte, die Aktivierung der Spritzbetonsicherung, das Abteufen des Rundschachts, das abschlagsweise Auffahren der beiden Tunnelröhren und die abschnittsweise Herstellung der Ortbetoninnenschale unter Berücksichtigung der Tragfähigkeit der Außenschale. Im Endzustand wurde das Verrotten der Außenschale betrachtet und der komplette Lastabtrag über die Innenschale. Neben den Betrachtungen der Tragfähigkeit wurden ebenso die gesamten Nachweise der Gebrauchstauglichkeit geführt.

Damit mussten weite über 100 Rechenschritte in dem FE-Modell ausgewertet werden und die jeweils maßgebenden Zustände für die Wahl der Bewehrung berücksichtigt werden.

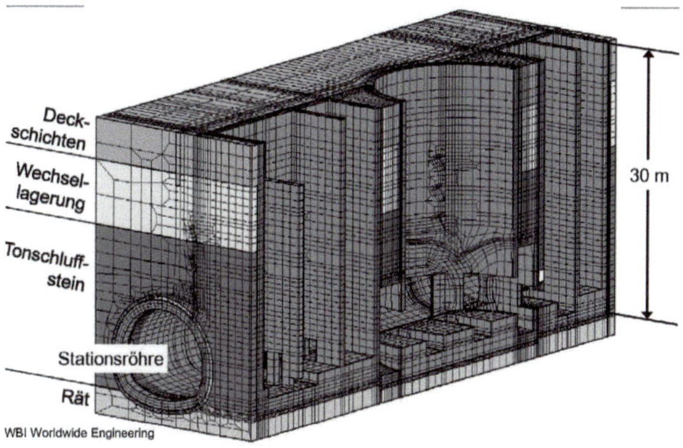


Abb. 11: FE Modell Zentraler Zugang

Die Auswertung und Bemessung des Massivbaus erfolgten in dem FE-System. Betrachtet wird ein halbes System, das in der Mittelachse des Systems als Symmetrieachse

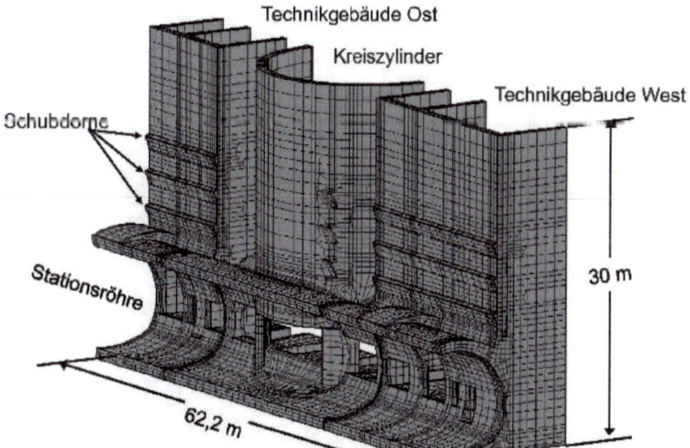


Abb. 12: E Modell Massivbau Zentraler Zugang

Die technischen Herausforderungen bestehen in den komplexen Bauabläufen, die sich aus den Verschneidungen der Tunnelröhren mit den Schachtbauwerken im Bauzustand und Endzustand ergeben. Aus diesen Bauzuständen ergeben sich maßgebende Belastungszustände, die in der Planung zu berücksichtigen sind. Hierfür war die Erstellung detaillierter Bauphasenpläne erforderlich, die sich nach den Bauterminplänen richten mussten. Infolge von mehrfachen Umstellungen im Bauablauf zur Beschleunigung, mussten diese Phasenpläne und in der Konsequenz auch die Statik mehrfach nachgezogen.

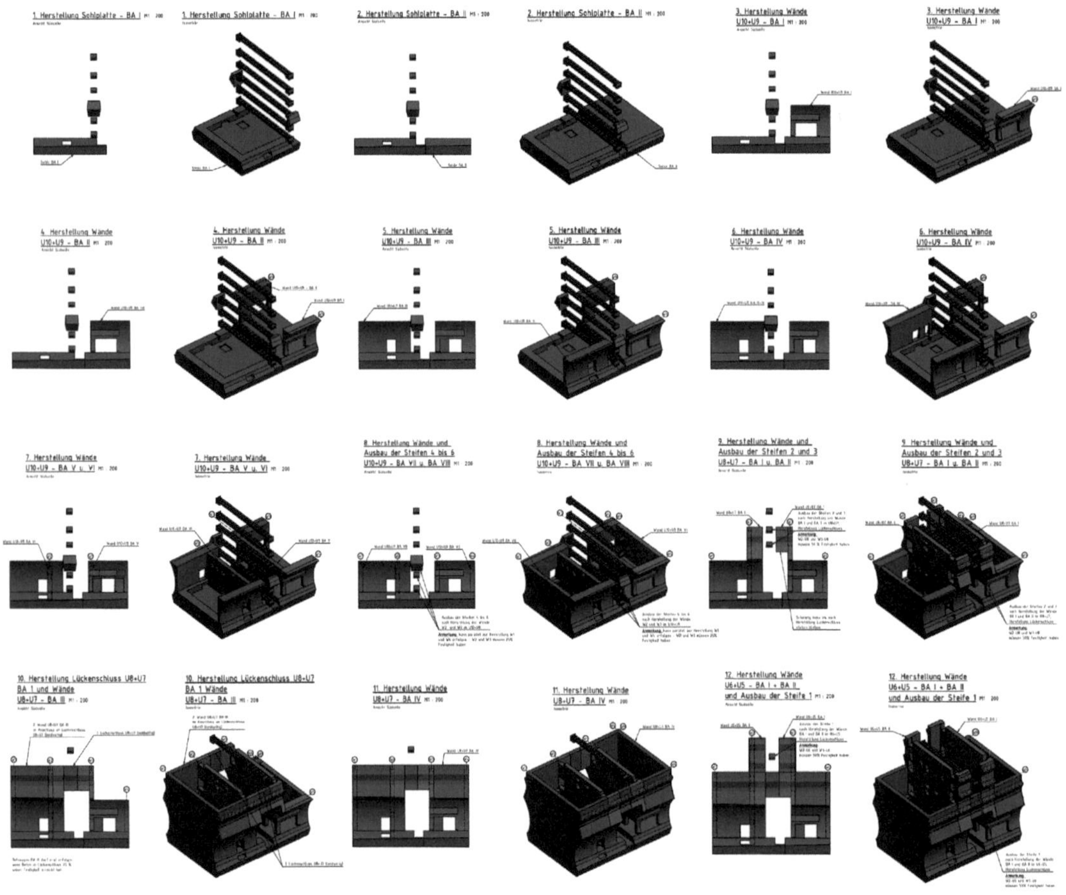

Abb. 13: Bauphasen Zentraler Zugang Technikgebäude West 1

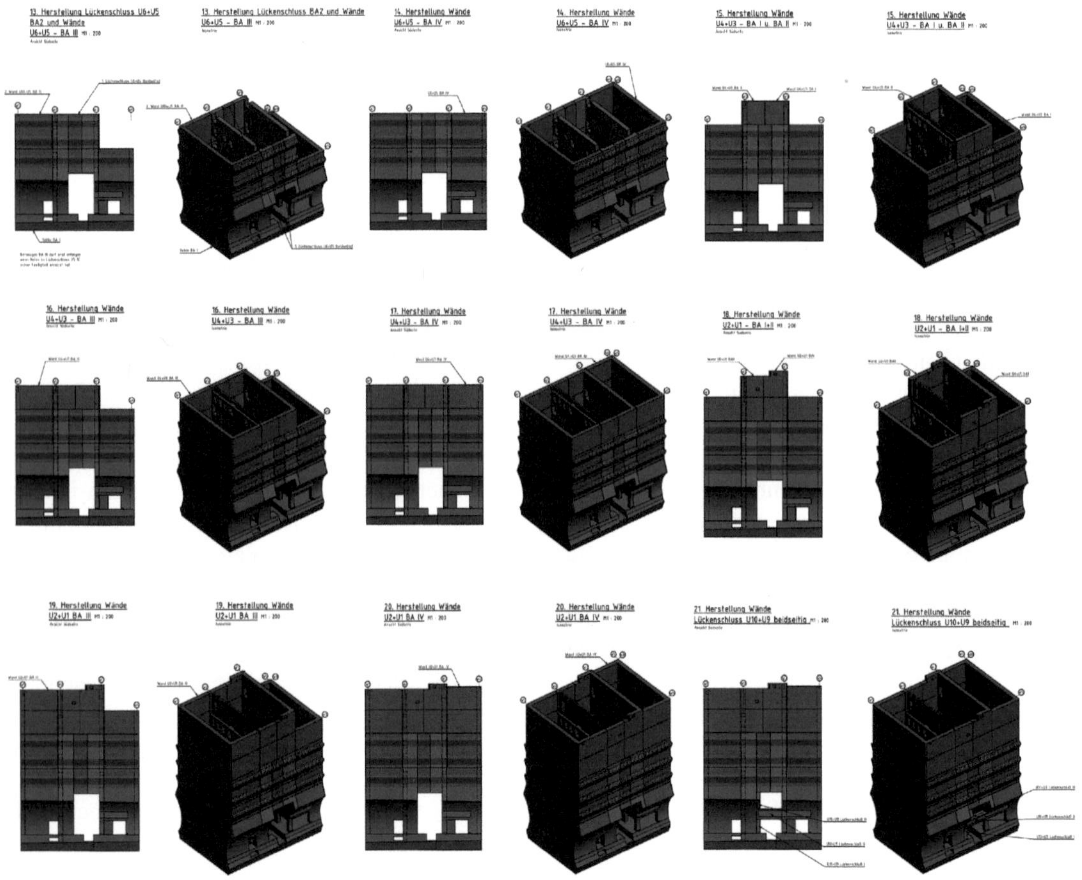

Abb. 14: Bauphasen Zentraler Zugang Technikgebäude West 2

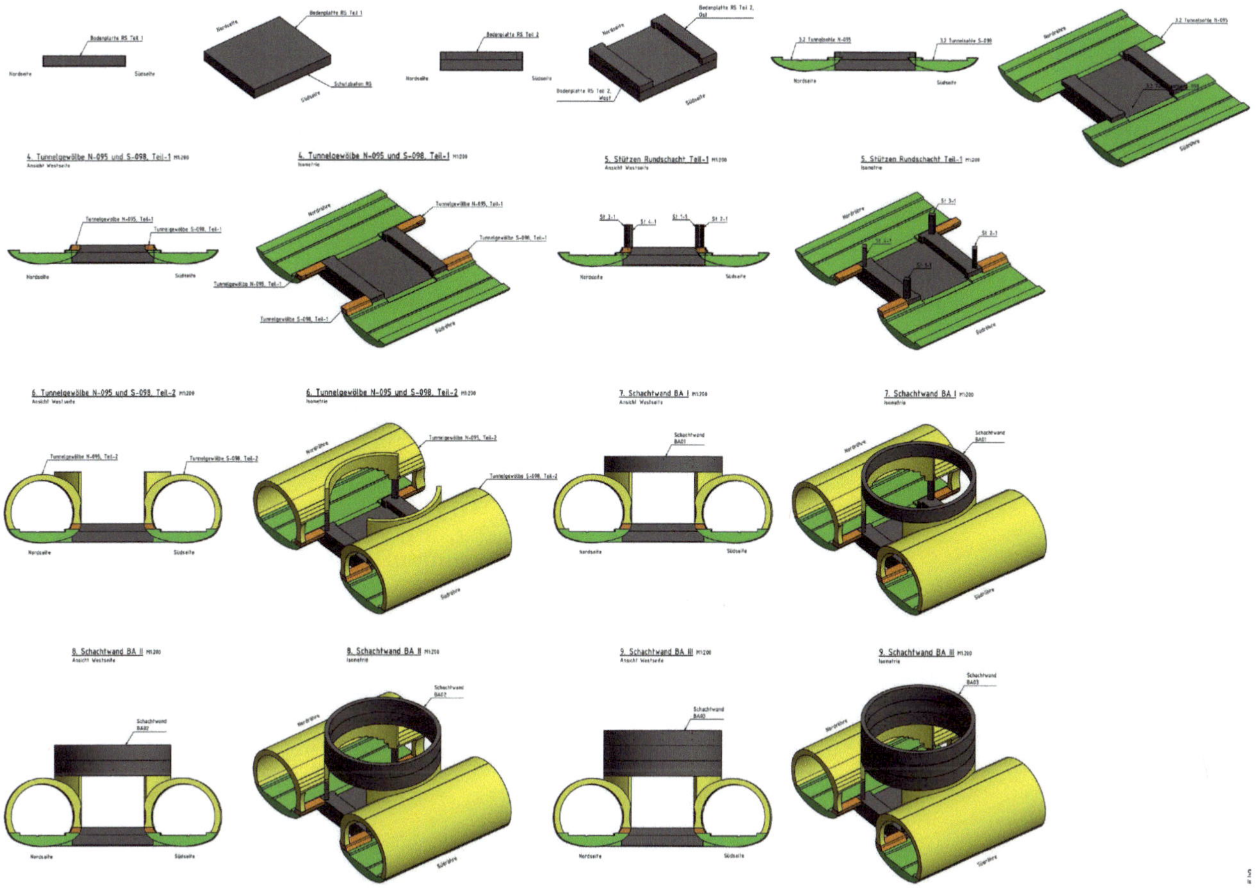

Abb. 15: Interaktion Tunnelbau-Ingenieurbau

Die wesentliche Herausforderung besteht in der Vorbeifahrt der Tunnelröhren an den bereits hergestellten Massivbauteilen der Technikgebäuden, dem ausgehobenen Rundschacht, in dem bereits zuvor die Bodenplatten und Teile der Innenschale herzustellen waren. Im Zuge der Herstellung der Außenschale des Zentralen Zugangs sind alle notwendigen Bewehrungsanschlüsse in die später herzustellende Außenschale der Tunnelröhren vorzusehen unter Berücksichtigung der im Tunnelbau üblichen Toleranzen. Das gleiche muss bei der Herstellung der Innenschale berücksichtigt werden, um die Innenschalen der Tunnelröhren und Zugangsbauwerke monolithisch miteinander verbinden zu können.

Die Verbindung der Außenschale konnte größtenteils mit zurückgebogenen Bewehrungseisen erfolgen, die entsprechend zu schützen und verwahren waren. Die Verbindung der Innenschale stellte aufgrund des hohen Bewehrungsgehaltes (meist doppellagige Bewehrung) und der meist großen Durchmesser von DU 25 mm große Anforderungen an die Planung und Ausführung. Sämtliche Bewehrungsverbindungen mussten mit Schraubanschlüssen ausgeführt werden. Hierbei war es zwingend erforderlich die angrenzenden Bauteile, die zum Teil deutlich später gebaut wurden, bereits mit zu planen, um die Schraubanschlüssen entsprechend planen zu können. Diese mussten dann aufwändig geschützt und in ihrer Lage so gesichert werden, dass nach Herstellung des Tunnels und der Außenschale die Muffen für den Einbau der Bewehrung aufgefunden, freigelegt und verwendet werden konnten. Dafür war es notwendig, Stahlkästen zu planen und zu bauen, die dann auf einer exakt eingemessenen Negativschalung ausgerichtet wurden.

Abb. 16: Verwahrkästen für Schraubmuffen

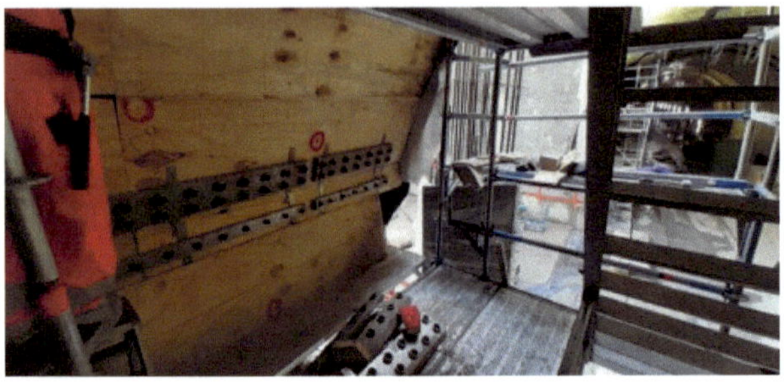

Abb. 17: Einbau der Verwahrkästen auf Negativschalung

Nach dem Auffahren des Tunnels konnten die Negativschalungen zurückgebaut und die Muffenanschlüsse freigelegt werden.

Abb. 18: Rückseite der Negativschalung nach dem Auffahren des Tunnels

## 5. Herausforderungen bei der Erstellung der Bewehrungspläne

### 5.1 Bau Grundlagen der Planerstellung

Die Erstellung der Schal- und Bewehrungspläne für diese komplexen Bauwerke stellte eine große Herausforderung dar, da hier doppelt gekrümmt Flächen zu verschneiden waren. Im Ergebnis musste auf den Ausführungsplänen eine für die Umsetzung vor Ort verständliche und zum Einmessen verwendbare Geometrie mit allen Angaben dargestellt werden. Die reine Verwendung von 3D Modellen auf der Baustelle war nicht möglich, da hierfür die vertraglichen Regelungen im Bereich der Deutschen Bahn noch nicht gelegt sind. Zum Teil musste die Geometrie gegenüber der Entwurfsplanung der Architektur vereinfacht werden, um überhaupt eine baubare Geometrie zu erhalten. In ähnlicher Weise galt dies schon für die statischen Modelle und FEM Modelle.

Abb. 19: Verschneidung des Rundschachtes mit den beiden Tunnelröhren

### 5.2 Bewehrungsplanerstellung

Die Erstellung der Bewehrungspläne erfolgte mit dem Programm Allplan Nemetschek in 3D. Mit konventioneller 2D Planung wären die komplexen Verschneidungen, engen Platzverhältnisse, Übergreifungen in mehreren Lagen und die zahllosen Muffenanschlüssen nicht planbar gewesen.

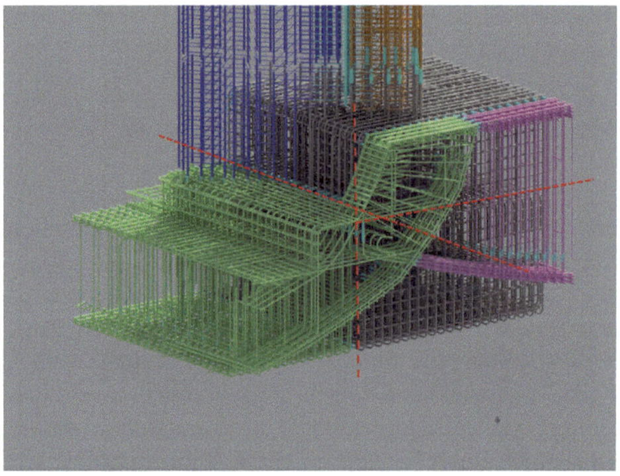

Abb. 20: 3D Bewehrungsmodell der Verschneidung von Sohle Tunnelgewölbe, Bodenplatte Schacht und Stützen der Innenschale mit Arbeitsfugen

Sehr komplex war darüber hinaus die Bewehrungsführung im Bereich der Öffnungen zwischen Rundschacht und Tunnelröhre, da hier ein statisch wirksamer Unterzug in einem zweiten Betonierschritt herzustellen war.

Abb. 21: Übergang vor Herstellung des Unterzuges

Mittels der 3D Planung konnte hier eine baubare Lösung entworfen und realisiert werden.

Abb. 22: 3D Bewehrung, Modell des Unterzuges

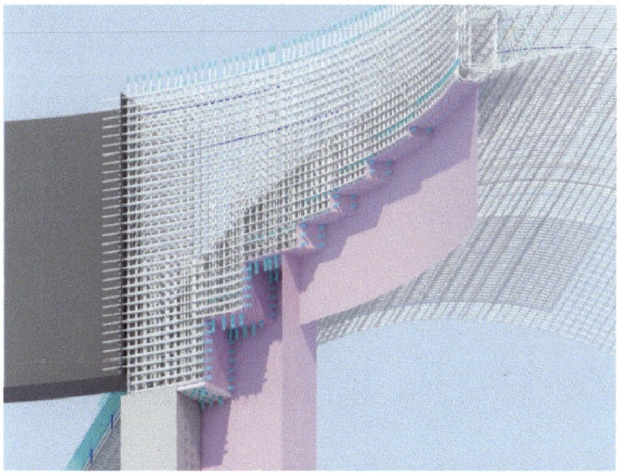

Abb. 23: 3D Bewehrung, Modell des Unterzuges im Überblick

Die einzubauende Bewehrung mussten in mehreren Lagen eingebaut und positioniert werden:

Abb. 24: 3D Bewehrung, Modell des Unterzuges im Überblick

## 6. Fazit

Für die Erstellung des Zentralen Zugangsbauwerks, des Zugangs Ost und den beiden Stationsröhren wurden über 7.600 to Bewehrungsstahl verbaut. Der Bewehrungsgehalt lag im Mittel bei über 250 kg/m³. Hinzu kamen 130.000 Schraubanschlüsse in Form von Standard- und Positionsmuffen vorwiegend in den Durchmesser DU 25 mm und DU28 mm.

Die Bewehrung wurde auf über 600 Plänen dargestellt und für die Schalung waren 150 Pläne erforderlich. Die statischen Berechnungen füllen mehr als 100.000 Seiten. Sowohl die Schalplanerstellung als auch die Erstellung der Bewehrungspläne erfolgt vollständig in 3D Bearbeitung. Mit konventioneller 2D Bearbeitung wären die geometrischen und statischen Anforderungen nicht beherrschbar gewesen.

Abb. 25: 3D Bewehrung, Modell des Unterzuges

Auch bautechnisch wurden die Grenzen des Machbaren erreicht: Es musste ein höchst anspruchsvoller Ingenieurbau mit kleinen Toleranzen aufgrund des hohen Bewehrungsgehaltes mit den deutlich größeren, tatsächlichen Toleranzen und Verformungen vereinbart werden.
Die Rohbauarbeiten konnten Ende 2024 erfolgreich abgeschlossen werden und die Station der Deutschen Bahn für den Einbau der Ausrüstung und technischen Gebäudeausstattung übergeben werden. Es ist eine Eröffnung des Fernbahnhofs in 2028 geplant.

**Literatur/Quellen**

[1] Deutsche Bahn AG, Projektgesellschaft Stuttgart-Ulm GmbH: Abb. 1, Abb. 2, Abb. 3, Abb. 5.

[2] Wittke Beratende Ingenieure GmbH Weinheim: Abb. 6, Abb. 11, Abb. 12.

[3] Ed. Züblin AG, Zentrale Technik, Technisches Büro Stuttgart: alle übrigen Abbildungen.

# Sicherheit und Effizienz beim Einsatz von Baumaschinen – Die neue EFFC/DFI-Richtlinie für temporäre Arbeitsplattformen

**Moritz Schleeh, M. Sc.**
Universität Stuttgart, Institut für Geotechnik

**Univ.-Prof. Dr.-Ing. habil. Christian Moormann**
Universität Stuttgart, Institut für Geotechnik

**Zusammenfassung**
Mit der ersten Ausgabe des EFFC/DFI *„Guide to Working Platforms“* [1] wurde erstmals eine international abgestimmte Zusammenstellung grundlegender Empfehlungen zur Planung temporärer Arbeitsebenen veröffentlicht. Die 2025 erschienene zweite Ausgabe [2] stellt eine forschungsbasierte, aber gleichwohl strikt anwendungsorientierte Weiterentwicklung dar, die die Interaktionen zwischen Baumaschinen und mehrlagigen Tragsystemen detailliert analysiert. Im Hinblick auf die oft durch hohe lokale Einwirkungen, ungünstige Lastverteilungen und nicht-monotonen Betrieb geprägte Beanspruchungen zählen unzureichend bemessene bzw. ausgeführte Plattformen weiterhin zu den Hauptursachen von Maschinenumstürzen. Die neue Ausgabe der Richtlinie behandelt zentral drei Schwerpunkte: die Bewertung gebräuchlicher Bemessungs- und Berechnungsmodelle für Tragschichten, die Ermittlung realistischer Sohldruckverteilungen unter Raupenfahrwerken und Feldprüfverfahren für ausgeführte Arbeitsplattformen. Vergleichsberechnungen zeigen dabei, dass die gebräuchlichen Berechnungsverfahren zu stark unterschiedlichen Plattformdicken führen, wobei der Reibungswinkel der Tragschicht und die undrainierte Scherfestigkeit einer unterlagernden Weichschicht die wesentlichen Einflussfaktoren sind. Ein auf Baustellen an über 40 Standorten international durchgeführter Feldversuch erlaubt die Beurteilung der eingesetzten Prüfverfahren und verdeutlicht im Hinblick auf die große Variabilität die Notwendigkeit standortspezifischer Feldprüfungen in ausreichendem Umfang. Die zweite Ausgabe der Richtlinie bietet damit einen aktuellen, praxisorientierten Rahmen für eine sichere und wirtschaftliche Bemessung von Arbeitsebenen.

## 1. Einführung

Schwere Spezialtiefbaugeräte wie Drehbohrgeräte und Pfahlrammen stellen im Baustellenbetrieb besonders hohe Anforderungen an die Standsicherheit des Baugrunds. Ihr großes Eigengewicht, der erhöhte Massenschwerpunkt und die, je nach maßgebendem Lastfall, im Verhältnis kleine Aufstandsfläche der Kettenfahrwerke führen dazu, dass bereits moderate Inhomogenitäten oder Verformungen in der Arbeitsebene ausreichen können, um kritische Kippzustände zu erzeugen. Gerät eine solche Maschine ins Kippen, sind die Folgen in der Regel gravierend (Abbildung 1). Neben schweren oder gar tödlichen Verletzungen von Projektbeteiligten oder unbeteiligten Dritten können erhebliche Schäden an Baugerät und Nachbarbebauung auftreten, Bauabläufe geraten ins Stocken, und für die beteiligten Unternehmen entstehen nicht selten langfristige Reputations- und Haftungsrisiken.

Abb. 1: Geräteumsturz USA, 2022
(Quelle: Salt Lake Tribune)

Eine Auswertung von mehr als 75 dokumentierten Umsturzereignissen zeigt, dass der überwiegende Teil dieser Unfälle auf unzureichend bemessene, schlecht ausgeführte oder unzureichend instand gehaltene Arbeitsebenen zurückzuführen ist [3]. Daneben spielen organisatorische und menschliche Faktoren eine wesentliche Rolle: Qualifikation und Erfahrung des Bedien- und Baustellenpersonals, klare Verantwortlichkeiten, Baustellenkoordination, Kommunikation sowie laufende Kontrolle des Plattformzustands. Beschädigungen, Verschmutzungen, Durchfeuchtungen oder lokale Aufweichungen der Tragschicht können die ursprünglich vorhandene Tragfähigkeit erheblich reduzieren [4]. Demgegenüber waren reine Gerätemängel oder konstruktive Defizite der Maschinen nur in wenigen Fällen hauptursächlich für Umstürze.
Vor diesem Hintergrund wird deutlich, dass die Arbeitsebene nicht als „Nebenthema“ der Gründungsplanung betrachtet werden darf, sondern als sicherheitsrelevantes, eigenständig zu bemessendes Tragwerk [5]. In der ingenieurpraktischen Praxis erfolgt die Auslegung temporärer Arbeitsebenen dennoch häufig auf Basis von Erfahrungswerten, pauschalen Annahmen oder vereinfachten Modellen. Aus bodenmechanischer Sicht handelt es sich jedoch um ein Mehrschichtsystem mit deutlich unterschiedlichen Steifigkeiten und Festigkeiten, das unter nicht-monotonen und teilweise dynamischen Einwirkungen Verwendung findet. Gerade unter Kettenfahrwerken treten Lastumlagerungen, räumlich variable Spannungszustände und plastische Verformungen im Untergrund auf, die durch idealisierte, rein linear-elastische Modelle nur unzureichend erfasst werden können [6, 7, 8, 9]. Hinzu kommt, dass es bislang keinen weltweit einheitlich anerkannten Standard für die Bemessung temporärer Arbeitsebenen gibt. Im europäischen Kontext sind zwar Baugrunderkundung und Nachweise nach EN 1997-1/-2 [10, 11] zu führen, und in Deutschland bestehen Prüf- und Hinweispflichten nach VOB/B [12]. Ergänzend nennen Merkblätter, wie das HDB-Merkblatt zur Vermeidung von Maschinenumstürzen im Spezialtiefbau [13], Orientierungswerte für Bodenpressungen typischer Geräte. Diese Werte beruhen jedoch auf idealisierten Lastbildern und müssen für konkrete Projekte mit Berechnungen durch tatsächliche Gerätedaten und Betriebszustände abgeglichen werden. Untersuchungen zeigen, dass reale Sohldruckspannungen insbesondere unter Raupenfahrwerken bei hohen Lastniveaus deutlich über den vereinfachten Annahmen liegen können und dass einfache Bemessungsmodelle diese Effekte systematisch unterschätzen [14, 15].
Die Einführung der BRE-Richtlinie BR470 im Jahr 2004 in Groß-Britannien und der dort beobachtete Rückgang der Umstürze von Spezialtiefbaugeräten um etwa 50 % innerhalb eines Jahres [16] zeigen eindrücklich, welches Potenzial in strukturierten, geotechnisch fundierten Bemessungskonzepten liegt. Klassische Ansätze in Abbildung 2 wie der Projektionsflächenansatz von Terzaghi & Peck [17] oder das Durchstanzmodell nach Meyerhof [18] sind nach wie vor weit verbreitet, stoßen jedoch aufgrund ihrer vereinfachenden Annahmen grundsätzlich an Grenzen. Neuere Entwicklungen mit beispielsweise geokunststoffbewehrten Tragelementen können das Tragverhalten und die Systemstabilität zwar verbessern, sind aber häufig produkt- oder herstellerspezifisch und basieren auf empirischen Modellen, deren allgemeine Übertragbarkeit bisher noch begrenzt ist [19].

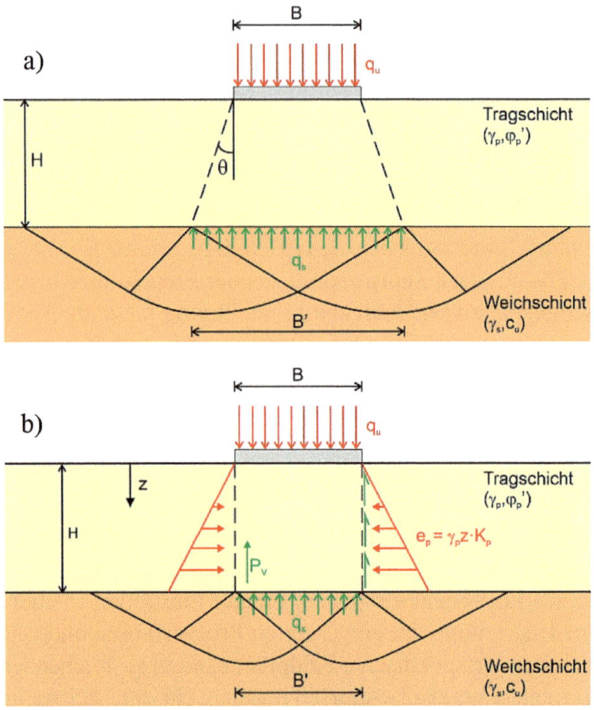


Abb. 2: a) Projektionsflächenmethode
b) Durchstanzen nach [Meyerhof 1974]

## 2. EFFC/DFI-Richtline, 2. Auflage 2025 – Forschungsstand und systematische Struktur

Um diese Lücken zu schließen und die vorhandenen praktischen Erfahrungen mit aktuellen Forschungsergebnissen zu verbinden, veröffentlichten die European Federation of Foundation Contractors (EFFC) und das Deep Foundations Institute (DFI) im Jahr 2025 die zweite Ausgabe des EFFC/DFI *„Guide to Working Platforms“*. Aufbauend auf der ersten Ausgabe von 2019 wurde der Leitfaden grundlegend überarbeitet und durch ein umfassendes Forschungsprogramm ergänzt. Im Mittelpunkt stehen drei Themenfelder mit besonderem Entwicklungsbedarf:

I. die systematische Analyse und Gegenüberstellung verbreiteter Bemessungs- und Berechnungsansätze einschließlich ihrer Sicherheitskonzepte,
II. die realitätsnahe Ermittlung von Sohldruckspannungen unter Kettenfahrwerken sowie
III. die Identifikation und Bewertung praxistauglicher Feldprüfverfahren zur Überprüfung ausgeführter Arbeitsebenen.

Das Institut für Geotechnik der Universität Stuttgart wurde von EFFC und DFI mit wissenschaftlichen und ingenieurtechnischen Untersuchungen zu den zentralen Themenfeldern beauftragt. Die vollständigen Forschungsberichte [20, 21] sind öffentlich über die Webseiten von EFFC und DFI verfügbar und bilden die wissenschaftliche Grundlage der überarbeiteten Ausgabe der EFFC/DFI-Richtlinie.

## 2.1 Forschungsprogramm und Kernergebnisse

Im Rahmen des Forschungsprogramms erfolgte eine detaillierte Analyse anerkannter Berechnungsansätze für Arbeitsplattformen. Ferner wurden umfangreiche Vergleichsberechnungen für unterschiedliche Gerätekonfigurationen, Baugrundsituationen sowie unterschiedlich Tragschichtaufbauten durchgeführt. Diese Analysen zeigen in Abhängigkeit von den angewendeten Berechnungsansätzen teils erhebliche Unterschiede in den rechnerisch resultierenden Tragschichtmächtigkeiten. Eine in einem weiteren Schritt durchgeführte Sensitivitäts- und Parameterstudie identifiziert den Einfluss der verschiedenen Randbedingungen, wobei insbesondere der Reibungswinkel der granularen Tragschicht und die undrainierte Scherfestigkeit einer unterlagernden Weichschicht als maßgebende Einflussgrößen identifiziert wurden.
Parallel dazu wurden an über 40 Standorten in Europa, und den USA Feldversuche unter Baustellenbedingungen zum Einsatz unterschiedlicher Feldversuche zur Überprüfung der Qualität ausgeführter Tragschichten durchgeführt, wobei die Versuche unter realistischen Randbedingungen von Baustellenpersonal vorgenommen wurden. Dieser Feldversuch erlaubt die Beurteilung der Eignung und der Anwendungsgrenzen dieser Feldversuche und mündet in Empfehlungen zur Auswahl geeigneter Testmethoden. Die Auswertung dieser Untersuchungen liefert zudem eine Indikation zur räumlichen Variabilität der Untergrund- und Tragschichteigenschaften und belegt, dass pauschale Standardannahmen der Komplexität der Baugrundverhältnisse nur selten gerecht werden.

## 2.2 Prozessorientierter Aufbau der Richtlinie (2025)

Die zweite Ausgabe der EFFC-/DFI-Richtlinie bildet den gesamten Lebenszyklus temporärer Arbeitsebenen erstmals in einer durchgängig prozessorientierten Struktur ab. Abbildung 3 verdeutlicht diesen Ansatz, indem sie die Abfolge zentraler Arbeitsschritte – von der frühen Risiko- und Lastkommunikation über die geotechnische Bemessung bis hin zu Verifizierung, Betrieb und Instandhaltung einer Tragschicht – in einem zusammenhängenden Ablauf darstellt. Die Abbildung 3 macht sichtbar, dass die Sicherheit schwerer Baugeräte nicht aus einzelnen Maßnahmen resultiert, sondern aus dem abgestimmten Zusammenwirken aller Planungsebenen. Vor diesem Hintergrund beschreiben der folgende Abschnitt Kapitel die wesentlichen Inhalte der neuen Ausgabe der Richtlinie und ordnet sie systematisch entlang dieses Prozessgedankens: von den grundlegenden Rahmenbedingungen über realistische Lasteingaben und Bemessungsmodelle bis hin zur Prüfung, Überwachung und nachhaltigen Nutzung einer Arbeitsebene.

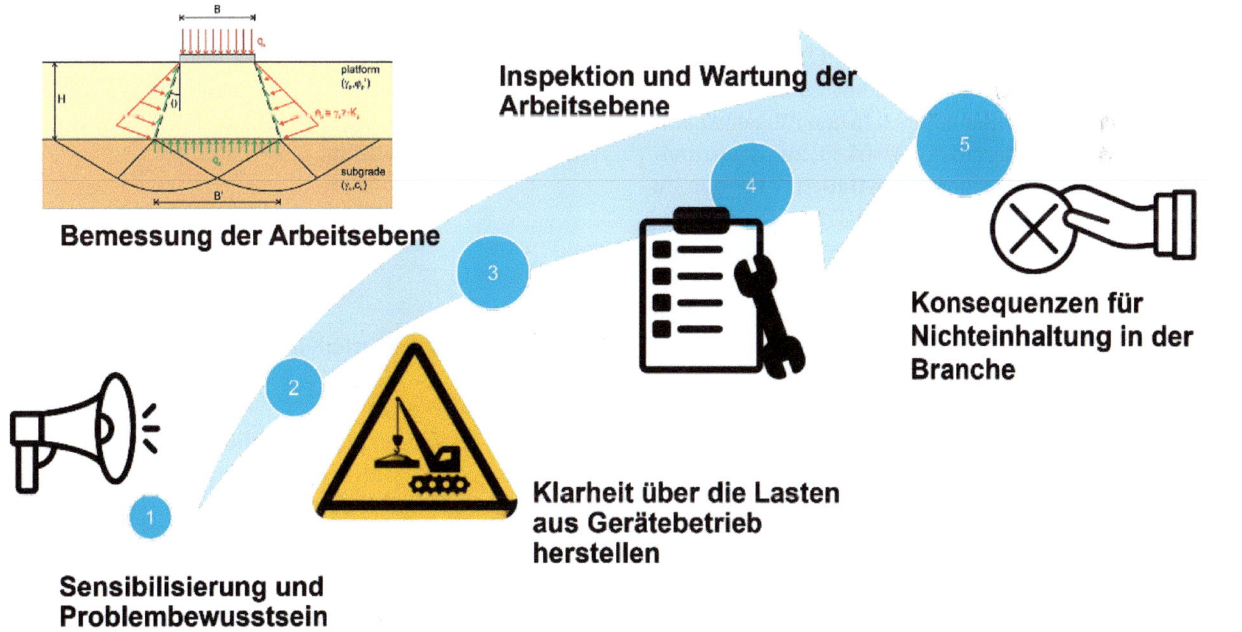


Abb. 3: Schematische Darstellung des prozessorientierten Ablaufs zur Planung, Bemessung, Herstellung und Verifizierung temporärer Arbeitsebenen

## 3. Grundlagen, Verantwortlichkeiten und systemische Voraussetzungen

Die einleitenden Abschnitte (Kapitel 1 – 3) der Richtlinie verdeutlichen zunächst die grundlegenden geotechnischen und organisatorischen Voraussetzungen, die für eine verlässliche Planung und Nutzung temporärer Arbeitsebenen erforderlich sind. Entscheidend ist, dass bereits geringfügige strukturelle Schwächen – etwa lokale Setzungen, plastische Verformungszonen oder reduzierte Tragfähigkeiten in den oberflächennahen Bodenschichten – zu einer ungleichmäßigen Lastabtragung führen. Dadurch entstehen exzentrische oder kippanfällige Lastsituationen, die kritische Neigungen des Oberwagens oder der Baumaschine begünstigen und letztlich Umsturzmechanismen auslösen können. Gefordert ist daher ein konsequent geotechnisch begründeter Entwurfsprozess, der sowohl Lastannahmen als auch Bodenparameter realitätsnah abbildet.

Einen zweiten Schwerpunkt bildet die funktionale Struktur der am Prozess beteiligten Akteure. Die Qualität einer Arbeitsebene hängt nicht allein von geotechnischen Parametern ab, sondern ebenso von der organisatorischen Konsistenz der bereitgestellten Informationen. Lasteingaben, Baugrundmodelle, Ausführungsunterlagen sowie Prüf- und Inspektionsprozesse müssen zweifelsfrei zugeordnet und nachvollziehbar dokumentiert sein. Praxiserfahrungen aus unterschiedlichen Ländern zeigen, dass unklare Verantwortlichkeiten häufig zu Verzögerungen, widersprüchlichen Planungsannahmen oder mangelhaften Dokumentationsständen führen – mit unmittelbaren Auswirkungen auf die Sicherheit.

Eine tragfähige Bemessung ist nur auf Grundlage eines gemeinsamen technischen Verständnisses aller Projektbeteiligten möglich. Fehlannahmen in den Eingangsparametern – etwa zur Materialverfügbarkeit, zur Baugrundvariabilität oder zu relevanten Lastfällen – können zu erheblichen Abweichungen im realen Tragverhalten führen. Ein frühzeitiger, bewusst geführter Umgang mit diesen Unsicherheiten bildet daher eine zentrale Voraussetzung für eine sichere, wirtschaftliche und nachhaltige Auslegung temporärer Arbeitsebenen.

## 4. Lastannahmen und Ableitung repräsentativer Beanspruchungen

Die Ableitung repräsentativer Sohldruckspannungen und Kontaktlängen für mit Kettenfahrwerk (Raupen) ausgestatteten (Spezialtiefbau-)Geräten in Abbildung 4 ist eine zwingende und maßgebende Eingangsgröße für die zutreffende Bemessung temporärer Arbeitsebenen (Kapitel 4 des Leitfadens). Zentrales Element ist die Feststellung, dass sämtliche relevanten Betriebsszenarien – darunter Rüsten und Abrüsten, Arbeits- und Fahrbetrieb – gesondert zu betrachten sind, da sie stark voneinander abweichende Lastbilder erzeugen können. Die verfügbaren Bemessungs- und Berechnungsansätze erfordern - bis dato – jedoch noch durchweg eine äquivalente rechteckige Sohlspannungsverteilung. Normative Vorgaben wie EN 16228 [22] liefern hingegen trapez- oder dreiecksförmige Verteilungen, die mittels MEYERHOF-Transformation [23] in rechteckige Äquivalente überführt werden müssen. Tatsächlich treten aber stark nichtlineare Sohldruckverteilungen unter Kettenfahrwerken auf.

Die Herstellerdaten nach EN 16228 enthalten Lastkombinationen mit monotonen und nicht-monotonen Eigenlasten sowie Betriebs-, Trägheits- und Windkräften und bilden damit den vollständigen Satz an Eingangsgrößen ab, der für die Ableitung der äquivalenten Sohldruckpressungen und Kontaktlängen erforderlich ist.

Außerhalb Europas liegt kein vergleichbares verpflichtendes Format vor, sodass Lastangaben teilweise fehlen oder nicht in geeigneter Form vorliegen. Für ältere oder unzureichend dokumentierte Geräte existieren vereinfachte Näherungsverfahren, z. B. über das Eigengewicht und eine angenommene vereinfachte Druckverteilung oder über tabellierte Richtwerte gemäß des Merkblatts *„Stopp Maschinenumstürze – Merkblatt zur Vermeidung von Maschinenumstürzen im Spezialtiefbau.* [13] oder aus *„Arbeitsebenen für Geotechnische Baumaßnahmen"* [24] basierend auf Maschinen- und Werkzeug-Gewichten sowie maximalen Beanspruchungen infolge ungünstiger betrieblicher Lastzustände auf zwei Dritteln der Kettenauflagerfläche.

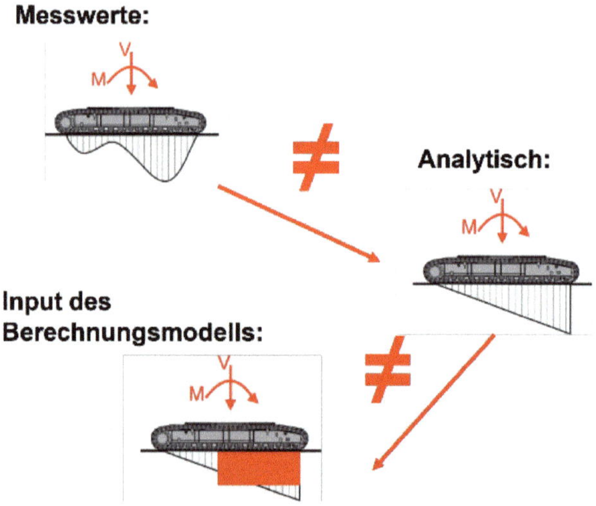


Abb. 4: Sohldruckverteilungen und MEYERHOF-Transformation [18]

Das FPS-Verfahren [25] ermöglicht eine detaillierte Berechnung der Sohldruckverteilungen für verschiedene Betriebsmodi und liefert zusätzlich Informationen zur Maschinenstabilität. Die Methode erfordert vollständige Geräteparameter, setzt einen ebenen, horizontalen Untergrund und vertikale Arbeitspositionen voraus und berücksichtigt keine dynamischen oder Windlasten. Die Berechnung der Mastfußlasten erfolgt iterativ, um statische Unbestimmtheiten in Konfigurationen mit Mastfußauflage zu lösen.

Im Rahmen der Erstellung der Richtlinie wurden umfangreiche Datensätze aus über 90 realen Maschinenkonfigurationen (Kelly und CFA) ausgewertet, darunter Werte nach EN 16228, FPS und der FSV-Methode Die Tabellen enthalten äquivalente rechteckige Sohldruckspannungen und effektive Kontaktlängen für unterschiedliche

Geräte, Hersteller und Betriebssituationen. Für die Auswertung wurde die MEYERHOF-Transformation genutzt, wonach dreieckige Verteilungen zu einer äquivalenten rechteckigen Spannung von drei Vierteln der Spitzenspannung und einer effektiven Länge von zwei Dritteln der Kontaktlänge der Raupenkette führen.

Eine Tabelle mit konkreten Sohldruckwerten zur Orientierung in Anhang B der neuen Richtlinie [2] wurden auf Kelly- und CFA-Betrieb beschränkt, da die vollständige Abbildung aller Gerätetypen eine zu große Zahl von Kombinationen ergeben hätte. Berücksichtigt wurden vertikale Mastausrichtung, horizontaler Untergrund, maximale Arbeitsradien, maximale Zugkräfte sowie verschiedene Betriebsmodi (K1, K2, C1, C2, C3). Für Betriebsmodi mit Mastfußauflage ergibt sich eine separate Belastung unter der Fußplatte, deren Größe im Verhältnis zu den Kettenlasten zu prüfen ist. Die in der Tabelle ausgewiesenen äquivalenten Sohldruckspannungen und Kontaktlängen wurden unmittelbar als Eingangsgrößen in die Tragschichtbemessungen übernommen und dienten als Grundlage für die vergleichenden Berechnungen in den Forschungsberichten [20, 21].

Diese Berechnungen zeigen deutlich, Änderungen in der Maschinenwahl oder der Gerätekonfiguration können die maßgebenden Bodenpressungen erheblich verändern und erfordern daher stets eine erneute Bewertung der zugrunde gelegten Bemessungsannahmen. Dies gilt insbesondere bei Geräteaustausch, variierenden Werkzeugparametern oder dem Wechsel zwischen unterschiedlichen Betriebsmodi, da sich Lastniveau, Lastposition und Schwerpunktlage der Geräte signifikant verschieben können. Zusätzlich treten auf Arbeitsebenen häufig weitere Nutzfahrzeuge und Baumaschinen auf, deren lokale Beanspruchungen durch hohe punktuelle Vertikallasten für eine Bemessung der Tragschicht maßgebend werden können. Ergänzend sind in modernen Baumaschinen zunehmend digitale Assistenz- und Überwachungssysteme integriert, welche auf Basis maschineninterner Sensorik relevante Betriebs- und Lastparameter erfassen und dem Maschinenführer in aufbereiteter Form zur Verfügung stellen. Die daraus abgeleiteten Kenngrößen erlauben eine qualitative Einschätzung der aktuellen maschinenseitigen Beanspruchung und unterstützen eine lastbewusste Geräteführung. Eine direkte Erfassung der tatsächlichen Sohldruckspannungen im Baugrund sowie eine automatisierte Bewertung der zulässigen Tragfähigkeit der Arbeitsebene sind damit jedoch nicht verbunden und verbleiben im Verantwortungsbereich der vorgelagerten geotechnischen Bemessung.

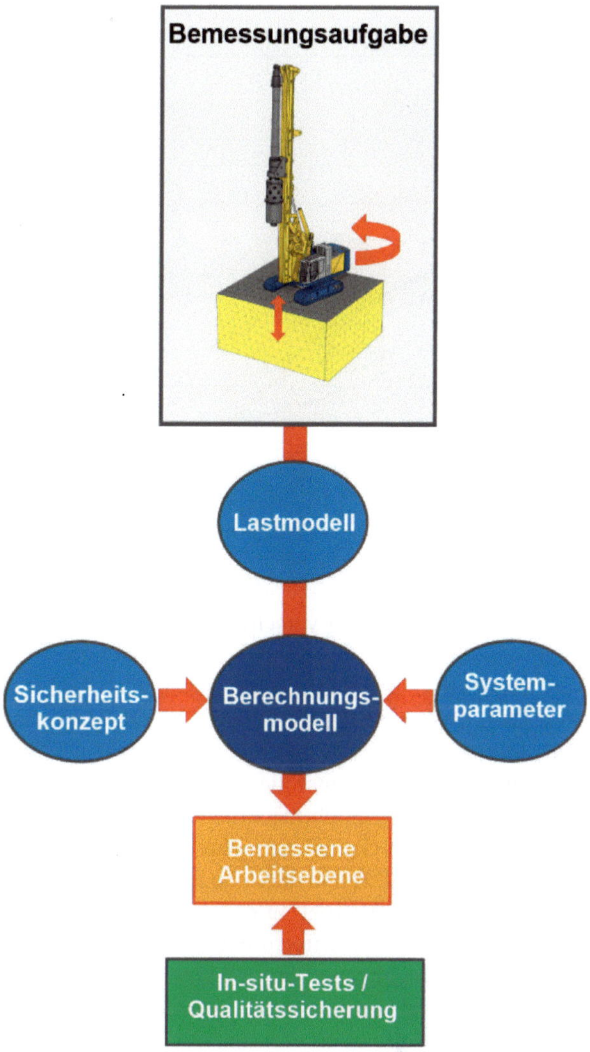


Abb. 5: Schematische Darstellung des Bemessungsprozesses für temporäre Arbeitsebenen

## 5. Geotechnische Bemessungsgrundlagen

Die Bemessung von Arbeitsplattformen gehört zum Bereich der temporären Tragwerke und erfordert eine systematische technische Planung (Kapitel 5 des Guides). Die Bemessung temporärer Arbeitsebenen sollte einem strukturierten, modellbasierten Vorgehen folgen, das in der in Abbildung 5 dargestellten Systematik zusammengefasst ist. Ausgangspunkt ist die präzise Definition der Bemessungsaufgabe, auf deren Grundlage Lastmodell, geotechnisches Berechnungsmodell und Sicherheitskonzept festgelegt werden. Diese drei Elemente bilden gemeinsam den Kern des Berechnungsmodells, mit dem die Tragfähigkeit und die Gebrauchstauglichkeit von Tragschicht und Untergrund untersucht werden. Die zugehörigen Nachweisformate sind methodenspezifisch aufeinander abzustimmen und können nicht beliebig kombiniert werden. Die rechnerischen Ergebnisse sind anschließend durch geeignete In-situ-Prüfungen und Qualitätssicherungsmaßnahmen zu verifizieren.

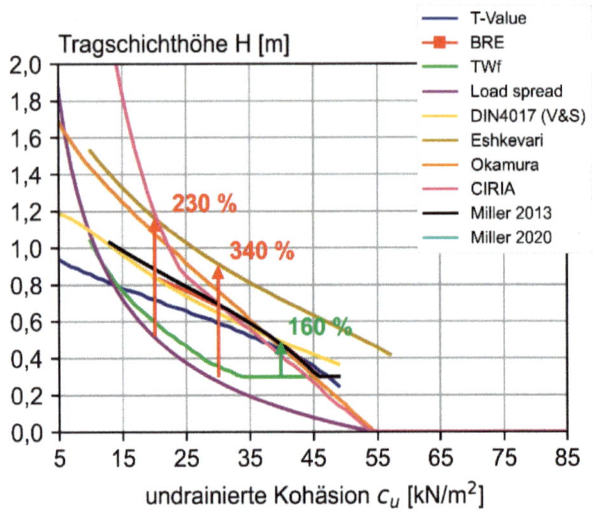


Abb. 6: Exemplarische Vergleichsberechnung mit verschiedenen Berechnungsansätzen

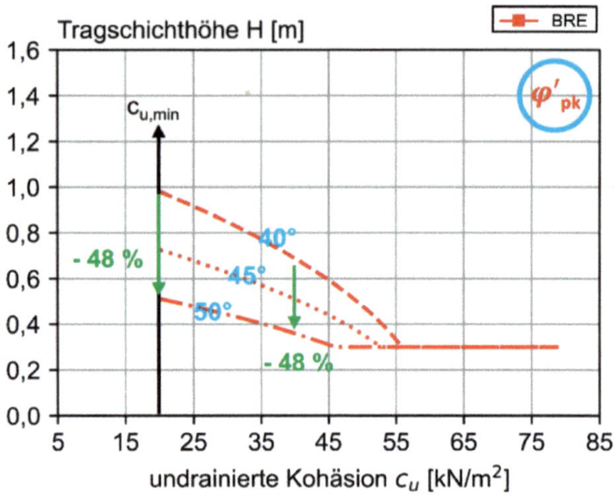


Abb. 7: BRE-Sensitivitätsanalyse unter Variation des Reibungswinkel des Tragschichtmaterials

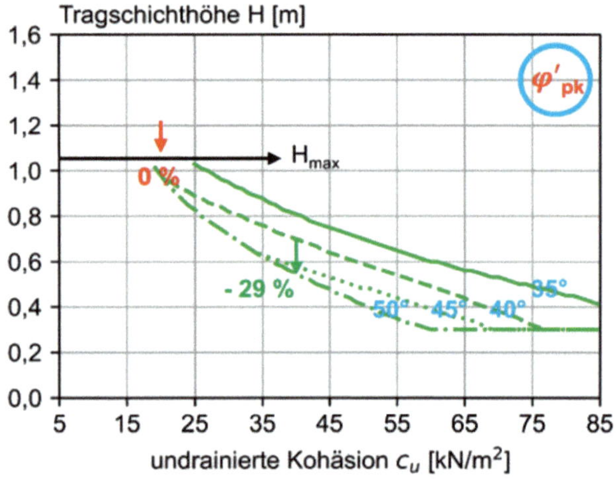


Abb. 8: TWf-Sensitivitätsanalyse unter Variation des Reibungswinkels des Tragschichtmaterials

Vergleichende Analysen verschiedener etablierter Berechnungsmethoden für ungebundene, nicht bewehrte oder stabilisierte granulare Arbeitsebenen – darunter BRE [26], CIRIA SP123 [27], TWf [28] sowie neuere modellbasierte Ansätze [20] – zeigen eine erhebliche Diskrepanz bezüglich der unter gleichen Randbedingungen resultierenden Tragschichtmächtigkeiten. Die Berechnungen wurden auf Grundlage mehrerer repräsentativer Lastfälle durchgeführt und durch Sensitivitäts- bzw. Variantenrechnungen ergänzt, in denen insbesondere der Reibungswinkel des Plattformmaterials sowie weitere maßgebende Eingangsparameter systematisch variiert wurden, um ihren Einfluss auf die erforderliche Tragschichtdicke quantitativ zu erfassen.

Abbildung 6 zeigt eine exemplarische Gegenüberstellung der mit unterschiedlichen Berechnungsverfahren berechneten Tragschichtmächtigkeiten in Abhängigkeit von der undrainierten Kohäsion $c_u$ der unterlagernden Weichschicht für einen ausgewählten Lastfall. Die Abweichungen entstehen vor allem aus methodischen Unterschieden im Berechnungsmodell, aber auch durch das mit dem Ansatz verknüpfte Sicherheitskonzept. Eine hohe Sensitivität gegenüber den Eingangsparametern – insbesondere dem Reibungswinkel des Plattformmaterials und der undrainierten Scherfestigkeit bindigen Untergrunds – führen dazu, dass bereits geringe Parameteränderungen deutliche Unterschiede in der erforderlichen Tragschichthöhe ergeben können. Dies unterstreicht die Notwendigkeit, Materialparameter realitätsnah zu bestimmen und im Zweifelsfall messtechnisch abzusichern. Abbildung 7 zeigt dabei einen Auszug aus der Sensitivitätsanalyse unter Variation des Reibungswinkels des Tragschichtmaterials unter Ansatz des BRE-Berechnungsmodells. Die erkennbar hohe Sensitivität gegenüber dem Reibungswinkel wird durch die Ergebnisse des TWf-Ansatzes in Abbildung 8 bestätigt.

Neben den rechnerischen Nachweisen zur erforderlichen Tragschichtdicke sind konstruktive und betriebliche Randbedingungen zu berücksichtigen. Hierzu zählen Mindestabstände zwischen den Lastangriffsflächen von Baumaschinen und freien Plattformrändern zur Vermeidung von Kipp- und lokalen Versagensmechanismen. Darüber hinaus ist sicherzustellen, dass die Trag- und Gebrauchstauglichkeit der Arbeitsebene auch bei baubedingten Durchdringungen oder lokalen Beschädigungen, etwa durch Pfähle oder Wandelemente, erhalten bleibt. Nach solchen Eingriffen ist die Arbeitsebene entsprechend den zugrunde gelegten Bemessungsannahmen und geltenden Regelwerken fachgerecht wiederherzustellen.

Geokunststoffbewehrte Tragschichten erfordern eigene qualifizierte Bemessungsansätze, wobei heute überwiegend herstellerspezifische Verfahren zur Anwendung kommen. Hydraulisch gebundene Tragschichten wiederum verlangen oft projektspezifische Laboruntersuchungen zum eingesetzten Bindemittel, zur Festigkeitsentwicklung und zur Dauerhaftigkeit unter standorttypischen Feuchte- und Temperaturbedingungen.

Insgesamt zeigt sich, dass die zuverlässige Bemessung einer Arbeitsebene nur durch eine methodenkonforme

Kombination von zutreffenden Lastannahmen, geeigneter geotechnischer Modellierung und einem hierzu kompatiblen Sicherheitskonzept sowie realistisch gewählten Eingangsparametern erreicht werden kann. Detaillierte Vergleichsberechnungen zu unterschiedlichen Berechnungs- und Bemessungsansätzen sowie umfassende Sensitivitätsanalysen der maßgebenden Eingangsparameter sind in den zugehörigen Forschungsberichten [20, 21] ausführlich dokumentiert. Diese Auswertungen bilden die quantitative Grundlage der in der Richtlinie formulierten Empfehlungen und verdeutlichen die Spannweite möglicher Plattformmächtigkeiten in Abhängigkeit der getroffenen Modell- und Parameterannahmen.

## 6. Prüfung und Verifizierung.

Kapitel 6 des neuen Leitfadens behandelt die Prüfung und Verifizierung ausgeführter temporärer Arbeitsplattformen mit dem Ziel, die Übereinstimmung zwischen bemessener und ausgeführter Tragschicht sowie deren fortlaufende Gebrauchstauglichkeit nachzuweisen. Dabei ist zu berücksichtigen, dass Herstellung, Prüfung und Nutzung organisatorisch getrennt erfolgen. Daraus ergibt sich die Notwendigkeit klar definierter Prüfkonzepte: Der planende Geotechniker muss Art, Umfang, Prüffrequenz und Prüftiefe festlegen und für eine Dokumentation sorgen, die eine formale Abnahme zwischen ausführendem Erdbauer, Spezialtiefbauunternehmen und dem für die Baustellensicherheit verantwortlichen Hauptunternehmer ermöglicht. Prüfungen vor Beginn der Spezialtiefbauarbeiten sind dabei unverzichtbar, können die vorgelagerte geotechnische Erkundung des Untergrunds jedoch nicht ersetzen, sondern dienen der Plausibilisierung der im Entwurf angesetzten Kennwerte.

Feldversuche sind stets im Kontext des Schichtaufbaus und der geotechnischen Randbedingungen zu interpretieren. Der Vergleich zwischen den Belastungsfiguren eines großen Baugeräts und eines statischen Plattendruckversuchs zeigt, dass bei gleicher Oberflächenspannung u. a. hinsichtlich der Einflusstiefe unterschiedliche Bodenvolumina mobilisiert werden, was für die Beurteilung der Gesamttragfähigkeit des Systems maßgebend ist. Entsprechend unterscheiden sich die Einsatzbereiche der Prüfverfahren: Oberflächennahe Versuche wie Plattendruckversuche erfassen primär Steifigkeit und Verdichtungsgrad der Tragschicht, Tiefensondierungen wie Ramm- und Drucksondierungen liefern zusätzliche Informationen zur Mächtigkeit der Arbeitsebene und zur Festigkeit des Untergrunds.

Vor diesem Hintergrund wurden im Rahmen der Feldstudie FRS#1 vier praxistaugliche Verfahren systematisch erprobt (Bewertung in Tab. 1):

1. Leichte Rammsondierung (DPL – *Dynamic Probing Light*) [29] mit motorgetriebenem Kompressor und Pneumatikhammer, mit Rammspitze 5 cm².
2. Leichte dynamische Rammsondierung mit variabler Energie („Panda®-Sonde“) [30] mit handgeführtem Hammer oder motorgetriebenem Generator und stromgetriebenem Hammer und automatischem Messchrieb, Rammspitze 2 cm².
3. Statischer Lastplattendruckversuch (PLT - *Plate Load Test*) [31] bzw. [32] mit Handhydraulikpumpe und halbautomatischem Messchrieb, Platte 300 mm.
4. Dynamischer Lastplattendruckversuch (LWD - *Light Weight Deflectometer*) [33] mit manueller Bedienung und automatischem Messschrieb, Platte 300 mm.

Die Auswahlkriterien umfassten einfache Handhabung, geringer Geräte- und Logistikaufwand, wirtschaftliche Durchführbarkeit, Robustheit gegenüber äußeren Einflüssen sowie die Möglichkeit, Messgrößen mit geotechnischen Kennwerten für die Bemessung zu korrelieren. Zur Verbesserung der Vergleichbarkeit wurden verschiedene Versuche stets rasterförmig mit einem typischen Punktabstand von etwa 0,5 m × 0,5 m zu einander angeordnet (Abbildung 9) und in dieser Konstellation an verschiedenen Stellen der Arbeitsebene ausgeführt.

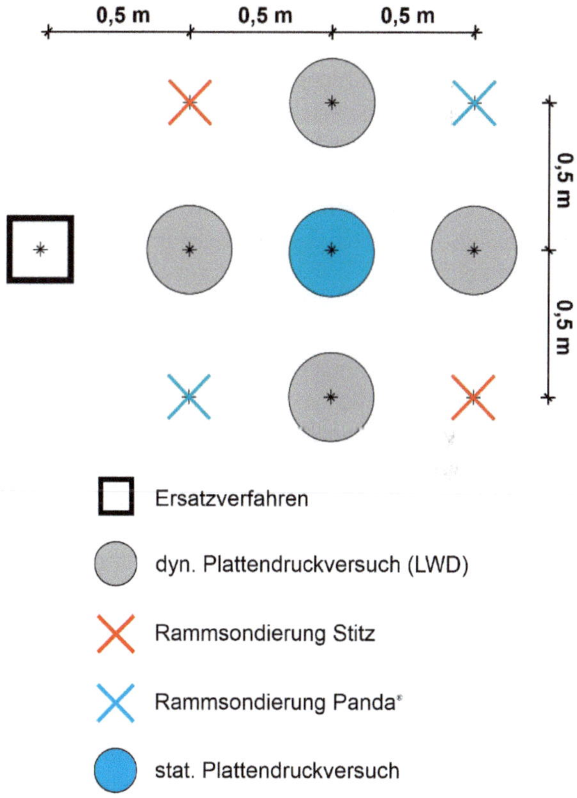


Abb. 9: Konzept für Feldversuche: Anordnung unterschiedlicher Prüfverfahren im Grundriss

**Tab. 1: Vor- und Nachteile der Feldversuche**

| Nr. | Vorteile | Nachteile |
|---|---|---|
| 1 | große Sondiertiefe, hohe Versuchszahl, Einfachheit, Robustheit | körperlich fordernd, zwei Personen für Bedienung besser, viele Teile, Quetschgefahr |
| 2 | große Sondiertiefe, hohe Versuchszahl, Einfachheit, Robustheit, kurze Versuchsdauer, automatischer Messschrieb, viele Korrelationen | Schwierigkeiten bei Grobkorn und hoher Dichte, Anzahl Teile, Elektrohammer erfordert Stromanschluss, Erfahrung nötig |
| 3 | Standardausrüstung, realitätsnahe Belastung, direkte Auswertung, zu verlässliche Korrelationen | geringe Tiefenwirkung, aufwändige Oberflächenvorbereitung, Erfahrung nötig, hohes Gewicht, komplexer Aufbau, Zeitbedarf, schweres Kontergewicht nötig |
| 4 | hohe Versuchszahl, Einfachheit, rel. geringes Gewicht, Robustheit, automatischer Messchrieb, direkte Auswertung | geringe Tiefenwirkung, Oberflächenvorbereitung, Kalibrierung durch statischen PLT erforderlich, starke Variabilität der Versuchsergebnisse |

Die in dieser Form auf über 40 Baustellen ausgeführten Feldversuche zeigten in der Regel eine ausgeprägte räumliche Streuung der Ergebnisse, teilweise mit signifikanten Abweichungen innerhalb weniger Meter. Daraus folgt, dass wenige Einzelprüfungen nicht repräsentativ für eine gesamte Arbeitsebene sein können und daher Prüfraster ausreichend dicht gewählt werden müssen, dass Ausreißer bewusst bewertet und charakteristische Kennwerte tendenziell konservativ abgeleitet werden müssen. Im Ergebnis bestätigte sich, dass statische und dynamische Plattendruckversuche insbesondere zur Beurteilung des Verdichtungszustands der Plattform geeignet sind, während die Leichten Rammsondierungen vor allem eine Erfassung der Plattformmächtigkeit und der Untergrundeigenschaften ermöglichen.

Abbildung 10 ergänzt diese Ergebnisse um eine Auswertung der Verformungsmodul-Korrelationen zwischen PLT und LWD. Die Messwerte zeigen, dass die in [34] und [35] sowie nach [36] häufig verwendete Abschätzung $E_{vd} \approx 0{,}5 \cdot E_{v2}$ nur bedingt anwendbar ist und bei grobkörnigen bzw. stark verdichteten Plattformen ($D_{max} > 63$ mm) deutlich abweichen kann. Während $E_{vd}$-Werte die geforderten Mindestmoduli meist überschreiten, variieren die Verhältnisse $E_{v2}/E_{vd}$ und $E_{v2}/E_{v1}$ materialabhängig stark. Höhere Quotienten, wie in Abbildung 10 dargestellt, sind daher nicht zwingend ein Hinweis auf unzureichende Verdichtung bzw. Tragfähigkeit. In Übereinstimmung mit Erfahrungen aus der Schweiz und Österreich [37] zeigte sich zudem, dass $E_{v1}$ – $E_{vd}$-Korrelationen teilweise stabiler ausfallen als die Beziehung zwischen $E_{v2}$ und $E_{vd}$. Dies unterstreicht, dass projektspezifische Kalibrierungen der LWD-Ergebnisse mittels statischer Plattendruckversuche zwingend erforderlich sind.

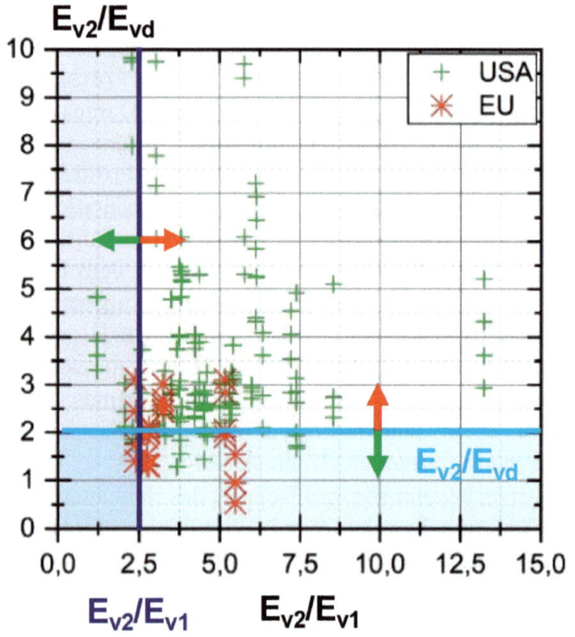


Abb. 10: Ausgewählte Versuchsergebnisse der in den USA und Europa ausgeführten dynamischen und statischen Plattendruckversuche $E_{v2}/E_{vd}$ zu $E_{v2}/E_{v1}$

Nationale Regelwerke legen für die Qualitätssicherung von Arbeitsebenen keine verbindlichen Prüfraster, sondern lediglich Orientierungswerte zum Umfang und zur Intensität der Prüfungen fest. Diese reichen – abhängig von Bauvorhaben, Baugrundverhältnissen und Risikoklasse – von einzelnen Prüfungen pro Baustelle bis hin zu mehreren Prüfungen je einige hundert Quadratmeter Fläche. Die Ergebnisse dieser Prüfungen werden anschließend anhand definierter Qualitätskriterien bewertet, etwa über Verformungsmodule ($E_{v2}$, $E_{v2}/E_{v1}$-Verhältnis), Eindringwiderstände oder über Testüberfahren (*Proof Rolling*). Aufgrund der typischerweise starken räumlichen Streuung der Messwerte ist eine bewusste Auswahl des maßgebenden Kennwerts erforderlich: je nach Anforderung kann der kleinste Wert, ein Mittelwert oder ein statistisch abgeleiteter Bemessungswert herangezogen werden. Werden die geforderten Zielwerte nicht erreicht, stehen verschiedene technische Maßnahmen zur Verfügung – beispielsweise Nachverdichtung, eine Erhöhung der Schichtmächtigkeit, temporäre Lastverteilungselemente (z. B. Holzbohlen oder Stahlplatten), der Einsatz von Geokunststoffen oder hydraulisch gebundenen Schichten, zusätzliche Entwässerungsmaßnahmen oder – falls möglich – die Nutzung von Geräten mit geringeren Sohldruckspannungen.

Insgesamt wird deutlich, dass eine belastbare Verifizierung von Arbeitsebenen nur durch ein objekt- und risikoadaptiertes Prüfkonzept erreichbar ist, das die spezifischen Stärken und Grenzen der verfügbaren Feldversuche berücksichtigt und eng mit der geotechnischen Bemessung rückgekoppelt wird.

## 7. Betrieb, Kontrolle und Nachhaltigkeit

Die Kapitel 7 bis 12 der EFFC-/DFI-Richtlinie legen ein technisches und organisatorisches Gesamtsystem vor, das erforderlich ist, um temporäre Arbeitsplattformen über ihren gesamten Einsatzzeitraum hinweg zuverlässig funktionsfähig zu halten. Ein zentrales Element ist die kontinuierliche Zustandsbewertung der Plattform. Merkmale wie Spurrillenbildung, Wasseransammlungen, Materialverdrängung, Setzungen oder *Pumping* können auf eine Reduktion der Tragfähigkeit hindeuten. Lokale Störungen – etwa verfüllte Leitungsgräben – gelten als besonders sensible Zonen, da sie häufig ein heterogenes Last-Verformungsverhalten aufweisen. Ebenso wesentlich ist eine funktionsfähige Entwässerung, da anhaltende Durchfeuchtung die Scherfestigkeit der Plattformmaterialien und des Untergrunds signifikant reduziert. In kalten Klimazonen können Frost-Tau-Zyklen zusätzlich zu zyklischen Degradationsmechanismen führen.

Die langfristige Zuverlässigkeit von Arbeitsplattformen hängt zudem von klaren Rollen und Verantwortlichkeiten ab. Die relevanten Akteure – von der Bauherrenseite über die Bauleitung bis zum Spezialtiefbauunternehmen – müssen konsistente Lastannahmen bereitstellen, den Einbau der Plattform nachvollziehbar dokumentieren und bei erkennbaren Risiken angemessen reagieren. Eine weitere Komponente betrifft die Einhaltung und Kontrolle der Umsetzung definierter Mindeststandards. Durch strukturierte Prüf- und Abnahmeprozesse, regelmäßige Audits oder interne Vorgaben können Abweichungen systematisch erkannt und korrigiert werden. Die Qualifikation der unmittelbar Beteiligten ist dabei zentral: Das Erkennen kritischer Zustände, das Verständnis der Wechselwirkungen zwischen Baugerät und Arbeitsebene sowie der sachgerechte Umgang mit Prüf- und Messverfahren erfordern fundiertes fachtechnisches Wissen und praktische Erfahrung.

Im Hinblick auf Ressourceneffizienz und Nachhaltigkeit zeigt sich, dass sowohl die Materialwahl als auch die spätere Wiederverwendbarkeit des Plattformaufbaus maßgebende Einflussgrößen darstellen. Sekundär- und Recyclingbaustoffe können – bei ausreichender mechanischer Stabilität, kontrolliertem Schadstoffgehalt und verlässlichen Entwässerungseigenschaften – einen erheblichen Beitrag zur Reduktion des Primärrohstoffbedarfs leisten. Ihre Nutzung erfordert jedoch ein hohes Maß an Qualitätssicherung, um Verunreinigungen oder eine unerwünschte Variabilität der Materialzusammensetzung und -eigenschaften zu vermeiden. Maßnahmen wie die konsequente Trennung von Schichten, der Einsatz von Geotextilien als Schutz- und Filterelemente sowie regelmäßige Zustandskontrollen erhöhen das Potential, dass Plattformmaterialien nach Abschluss der Baumaßnahme in tragfähiger Form wiederverwendet werden können.

## 8. Fazit und Ausblick

Die zweite Ausgabe der EFFC/DFI-Richtlinie zur Planung und Ausführung von Arbeitsplattformen stellt einen wesentlichen Fortschritt gegenüber der Erstauflage dar. Sie integriert die Ergebnisse von aktuellen Forschungsvorhaben sowie internationale Projekterfahrungen und schafft damit eine wissenschaftlich fundierte und praxisorientierte Grundlage für den Entwurf, die Ausführung und die Prüfung temporärer Arbeitsplattformen.

Die Berechnungsstudien der Forschungsberichte zeigen eindeutig, dass die Wahl des Bemessungs- und Berechnungsmodells – einschließlich Lastverteilungsannahmen, Teilsicherheitskonzepten und Modellparametern – maßgeblichen Einfluss auf die erforderliche Tragschichtmächtigkeit besitzt. Die beobachteten Unterschiede unterstreichen die Notwendigkeit einer konsistenten, methodengerechten Anwendung der jeweiligen Nachweisverfahren; Mischanwendungen (*pick and mix*) führen zu inkonsistenten Sicherheitsniveaus und sind fachlich nicht zulässig.

Die Sensitivitätsanalysen belegen, dass der effektive Reibungswinkel des Plattformmaterials sowie die undrainierte bzw. effektive Scherfestigkeit des Untergrunds die zentralen Einflussgrößen für die Tragfähigkeit darstellen. Eine belastbare Parameterbestimmung durch Labor- und Feldversuche ist daher unverzichtbar.

Zugleich zeigen die Ergebnisse der Studie zu den Feldversuchen eine ausgeprägte räumliche Variabilität der Messwerte sowie, dass keine Prüfmethode universell geeignet ist, so dass eine kombinierte Anwendung komplementärer Verfahren erforderlich bleibt, um sowohl Tragschicht als auch Untergrund zuverlässig zu untersuchen.

Die Untersuchungen zu realistischen Beanspruchungsansätzen unter Kettenfahrwerken bilden einen wesentlichen Bestandteil der Erweiterung der Richtlinie. Auf Basis einer von Maschinenherstellern zusammengestellten Datenbank wurden unter festgelegten Annahmen äquivalente Sohldruckpressungen und effektive Kontaktlängen für typische Gerätekonfigurationen und Betriebszustände abgeleitet. Diese Größen stellen eine belastbare Grundlage für Vergleichsrechnungen, Vorbemessung und Plausibilitätsprüfungen der angesetzten Lastannahmen dar.

Durch die systematische Zusammenführung von Lastmodell, Berechnungsmodell, Sicherheitskonzept und Systemparametern schafft die neue Richtlinie einen konsistenten Rahmen für eine ganzheitliche Lebenszyklusbetrachtung temporärer Arbeitsebenen. Die Einbindung zusätzlicher Aspekte wie Betrieb, Instandhaltung,

Entwässerung, Materialqualität und Nachhaltigkeit erweitert den klassischen Bemessungsfokus zu einem umfassenden technischen Gesamtsystem.
Insgesamt bietet die zweite Ausgabe der Richtlinie – gestützt durch die Ergebnisse der Forschungsberichte und begleitenden Publikationen – einen belastbaren, international anschlussfähigen Standard für die ingenieurtechnische Praxis. Die Richtlinie stärkt die methodische Klarheit, erhöht die Qualitätssicherung auf der Baustelle und liefert ein wissenschaftlich fundiertes Fundament für sichere, wirtschaftliche und nachhaltige Arbeitsplattformen im Spezialtiefbau und generell auf Baustellen.

**Literatur**

[1] EFFC/DFI: Guide to Working Platforms. 1. Auflage. Joint EFFC/DFI Working Platforms Task Group 2019. Online verfügbar.
[2] EFFC/DFI: Guide to Working Platforms. 2. Auflage. Joint EFFC/DFI Working Platforms Task Group 2025. Online verfügbar.
[3] Hinzmann, U.; Siewert, D.: Verhinderung von Maschinenumstürzen im Spezialtiefbau. In: Pfahl-Symposium 2019, Mitteilungen des Instituts für Grundbau und Bodenmechanik der TU Braunschweig 2019, S. 339–346.
[4] CIRIA: Crane stability on site. CIRIA C703, 2. Auflage. London: CIRIA 2003.
[5] De Waele, J.: Working Platforms for Specialty Geo-Construction. In: GeoStrata Magazine 25(3)/2021, American Society of Civil Engineers, S. 28–33.
[6] Meißner, H.; Becker, A.; Geib, S.: Zur Bodendruckverteilung unter Raupenketten hoher Baumaschinen bei Schwerpunktwanderungen. In: Tiefbau 8/1992.
[7] Kummeter, B.: Bodenpressung unter Raupenkranen. In: Tiefbau 6/2001, S. 350–355.
[8] Moormann, Ch.: Tragschichten für Arbeitsplattformen von mobilen Baumaschinen und für Kranstellflächen. Abschlussbericht IGF-Vorhaben Nr. 18833 N/1. Stuttgart: Universität Stuttgart 2018.
[9] Faust, P.; Hubbard, P.; Soga, K.: Field measurements of in-situ equipment track pressure and working platform deformation using earth pressure cells and fiber optics. In: DFI–EFFC International Conference on Deep Foundations and Ground Improvement, Berlin 2022.
[10] DIN EN 1997-1: Eurocode 7 – Entwurf, Berechnung und Bemessung in der Geotechnik – Teil 1: Allgemeine Regeln. Berlin: Beuth-Verlag 2014.
[11] DIN EN 1997-2: Eurocode 7 – Entwurf, Berechnung und Bemessung in der Geotechnik – Teil 2: Erkundung und Untersuchung des Baugrunds. Berlin: Beuth-Verlag 2010.
[12] DIN 1961: VOB – Vergabe- und Vertragsordnung für Bauleistungen – Teil B: Allgemeine Vertragsbedingungen für die Ausführung von Bauleistungen. Berlin: Beuth-Verlag 2016.
[13] HDB: Stopp Maschinenumstürze – Merkblatt zur Vermeidung von Maschinenumstürzen im Spezialtiefbau. 1. Auflage. Berlin: Hauptverband der Deutschen Bauindustrie e.V.; Verein zur Förderung fairer Bedingungen am Bau e.V. 2019.
[14] Topolnicki, M.; Wäger, J.; Schweizer, S.; Koller, A.; Brzozowski, T.; Sołtys, G.: Field test verification of ground bearing pressure under rig tracks and implications for working platform design. In: Ground Engineering 2021, S. 26–38.
[15] Larisch, M. D.; Damen, R.; Johnstone, G.; Attewell, B.: Temporary working platforms – Technical guidance on New Zealand Good Practice. In: NZGS Symposium „Good grounds for the future“, New Zealand 2021.
[16] Gildea, P. A.; Faust, P.; Richards, T. D.: Working Platforms for Tracked Piling Plant – Current Worldwide Practice and Guidance for the USA. In: IFCEE EXPO 2021, 10.–14. Mai 2021.
[17] Terzaghi, K.; Peck, R.B.: Soil mechanics in engineering practice. 1. Auflage. New York: John Wiley & Sons 1948.
[18] Meyerhof, G.G.: Ultimate bearing capacity of footings on sand layer overlying clay. In: Canadian Geotechnical Journal 11(2), 1974, S. 223–229.
[19] Schleeh, M.; Moormann, Ch.: Verifikation von analytisch-empirischen Bemessungsansätzen zum Tragverhalten von Arbeitsplattformen auf Basis physikalischer Versuche. In: FS-KGEO 2023, DGGT Würzburg, 2023, S. 546–553.
[20] Moormann, Ch.; Schleeh, M.: DFI / EFFC Working Platform Task Group – Track Pressure FRS#2 & Design Methods FRS#3. DFI/EFFC Research Report. Hawthorne (NJ): Deep Foundations Institute 2025.
[21] Moormann, Ch.; Schleeh, M.: DFI / EFFC Working Platform Task Group – Field Test Research Study FRS#1. DFI/EFFC Research Report. Hawthorne (NJ): Deep Foundations Institute 2025.
[22] DIN EN 16228-1: Geräte für Bohr- und Gründungsarbeiten – Sicherheit – Teil 1: Gemeinsame Anforderungen. Berlin: Beuth-Verlag 2022.
[23] Meyerhof, G.G.: The bearing capacity of foundations under eccentric and inclined loads. In: Proceedings of the 3rd International Conference on Soil Mechanics and Foundation Engineering, Zürich 1953, Vol. 1, S. 440–445.
[24] Fachverband Spezialtiefbau Österreich (FSV): Arbeitsebenen für Geotechnische Baumaßnahmen. Wien: FSV 2018.
[25] Federation of Piling Specialists (FPS): Rig Track Pressure Calculation Tool – Guidelines. London: FPS 2024. Online verfügbar.
[26] BRE – Building Research Establishment: Working platforms for tracked plant: good practice guide to the design, installation, maintenance and repair of ground-supported working platforms (BR 470). Bracknell: IHS BRE Press 2004/2007.
[27] CIRIA: Soil reinforcement with geotextiles. Special Publication 123. London: CIRIA 1996.

[28] Temporary Works Forum (TWf): Design and construction of granular working platforms for construction plant – A guide to good practice (TWf2024.03, revised Nov. 2024, published 18 Feb 2025). London: TWf 2025. Online verfügbar.
[29] EN ISO 22476-2: Geotechnical investigation and testing – Field testing – Part 2: Dynamic probing. Genf: ISO 2012.
[30] NF P94-105: Grounds: Investigation and Testing – Measuring Compaction Quality. Method Using Variable Energy Dynamic Penetrometer. Penetrometer Calibration Principle and Method. Processing Results. Interpretation. La Plaine Saint-Denis: AFNOR 2012.
[31] DIN 18134: Baugrund – Versuche und Versuchsgeräte – Plattendruckversuch. Berlin: Beuth-Verlag 2012.
[32] ASTM: ASTM D1194-94. Test Method for Bearing Capacity of Soil for Static Load and Spread Footing. In: Annual Book of ASTM Standards, Vol. 04.08. ASTM International 2003.
[33] ASTM: ASTM E2835-21. Standard Test Method for Measuring Deflections Using a Portable Impulse Plate Load Test Device. In: Annual Book of ASTM Standards, Vol. 04.03. ASTM International 2021.
[34] FGSV: ZTV E-StB – Zusätzliche Technische Vertragsbedingungen und Richtlinien für Erdarbeiten im Straßenbau. Köln: FGSV 2009.
[35] FGSV: SoB-StB 20 – Zusätzliche Technische Vertragsbedingungen und Richtlinien für den Bau von Schichten ohne Bindemittel im Straßenbau. Köln: FGSV 2020.
[36] Bräu, G.; Vogt, S.: s/v-Wert beim dynamischen Plattendruckversuch. Bericht zum Forschungsprojekt 05.0187. Bergisch Gladbach: Bundesanstalt für Straßenwesen, Reihe S: Straßenbau (143) 2020.
[37] Bodmer, P.; Byland, H.; De Witte, H.: Leichtes Fallgewichtsgerät für die Verdichtungskontrolle von Fundationsschichten. Forschungsprojekt VSS 2002/ 501. Zürich: VSS 2014.

# Ökologischer Umbau der Emschermündung – Erd- und Gewässerbau zwischen Dortmund und Dinslaken – Planung, Umsetzung, Lehren

**Diplom-Geologe Michael Mackenbach**
Fichtner Water & Transportation GmbH, Bauüberwachung, Boden & Umwelt, Essen

**Nicole Fleck**
Emschergenossenschaft/Lippeverband, 22-GM-10 Geschäftsbereich Planung und Bau, Essen

**Zusammenfassung**

Die Emschermündung wurde im Zeitraum 2015 bis 2025 auf etwa 1,5 km Gewässerlänge für rund 85 Mio. Euro ökologisch umgebaut.

Dabei wurde die Emschermündung um rund 500 m nach Norden verlegt, das kanalisierte Altbett auf mehr als 350 m abgeworfen und verfüllt. Das Absturzbauwerk – 6 m Höhenunterschied MW Emscher zu MW Rhein – sowie die Altmündung wurden erhalten.

Das neue Emscherbett wurde in der Lauflänge deutlich verlängert – rund 700 m – und verbreitert – bis zu 45 m – sowie im Bereich der neuen Emscheraue mittels Strömungsteilern in drei Wasserläufe aufgeteilt. Es wurde in Abstimmung mit dem WSA ein komplett neuer Mündungszulauf in den Rhein erstellt.

Insgesamt wurden im Laufe der Gesamtmaßnahme rund 1,9 Mio. m³ Boden ausgehoben, zwei Kilometer Deiche verlegt bzw. ertüchtigt und etwa 400.000 t Wasserbausteine sowie 600.000 m³ Boden verbaut. Etwa 1,3 Mio. m³ Sand/Kies wurden als Baumaterial in anderen Bauprojekten verwendet.

## 1. Einführung

Die Emscher wurde 180 Jahre lang als offener Abwassergewässer, die sogenannte „Köttelbecke“, für die Montanregion Ruhrgebiet genutzt, um die Trinkwassergewinnung aus der Lippe im Norden und der Ruhr im Süden zu schützen.

Der heutige Fluss entspringt bei Holzwickede und mündet nach gut 83 Fließkilometern und ca. 129 Höhenmetern in Voerde in den Rhein.

Bereits in den 1970er Jahren begannen nach einigen Hochwasserereignissen in den 1960ern Überlegungen den komplett kanalisierten Gewässerverlauf naturnäher auszubauen und die Abwässer über eine große Kanalbaumaßnahme zu erfassen und abzuleiten.

Die Planungen für Emschermündung begannen in den 2000er Jahren, der Genehmigungsbescheid erfolgte 2009 und 2012/2013 begannen die Baufeldreifmachung und Erschließung mittels Baustraße. Seit 2015 begannen die eigentlichen Baumaßnahmen an der Emscheraue und Emschermündung.

Abb. 1: Lage der Emscher im Ruhrgebiet (Quelle: Wikipedia, 2025)

## 2. Bauablauf

Die gesamte Baumaßnahme wurde in drei Baulosen ausgeschrieben, die sich wie folgt weiter untergliederten:

- Los 1 a – Baufeldreifmachung
- Los 1 b – Baufelderschließung mittels Baustraße
- Los 1 c – Voraushub der Emscheraue und Umbau der vorhandenen Hochwasserschutzanlagen
- Los 2 – Bau der neuen Brücke Hagelstraße
- Los 3.1 – Bau der Sohlgleite 2/3
- Los 3.2 – Gewässerneubau mit Herstellung der Sohlgleite 1, den Böschungsfüßen im Gewässerverlauf, der neuen Mündung und Rückbau des Altgewässers

Die erdbautechnischen und gewässerbaulichen Maßnahmen bildeten den Schwerpunkt in den Losen 1 c, 3.1 und 3.2.

### 2.1 Maßnahmen im Los 1 c

Das Baulos 1 c wurde in 2015/2016 umgesetzt. Hier wurden die Hochwasserschutzanlagen HWS HUV Nord und HWS HUV Süd bis zu 30 m vom Ufer zurückversetzt und erhöht, um das Gewässerbett aufweiten zu können und die neuen Anforderungen des HQ 200 zu erfüllen. Die Freibordverwallung Nord wurde ebenfalls erhöht. Teile des Emscherdeiches Nord und der Luftseite des Rheindeiches wurden zum Landschaftsbauwerk „Leitdeich“ umgebaut und im zukünftigen Auenfeld wurde das Gelände bis zu 6 m abgetragen und damit der Voraushub für das zukünftige Gewässerbett der Emscher ausgeführt. Die folgende Abbildung stellt einen Regelschnitt da, der die Umverlegung der Hochwasserschutzanlagen im Los 1 c und in grau den im späteren Baulos 3 umgesetzten Gewässerausbau zeigt.

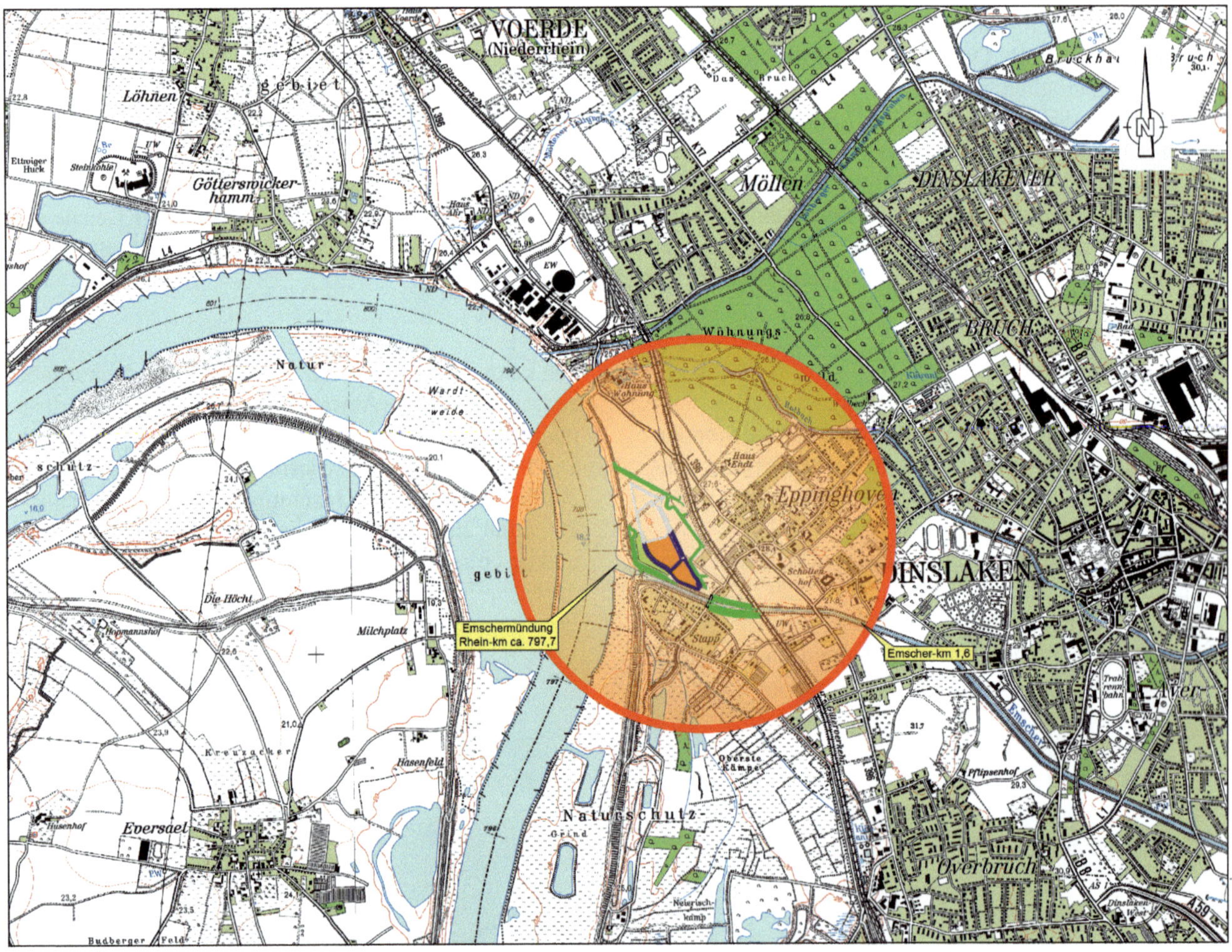


Abb. 2: Übersichtslage des Baufeldes mit Maßnahmen des Bauloses 1 (Quelle: EG, 2014)

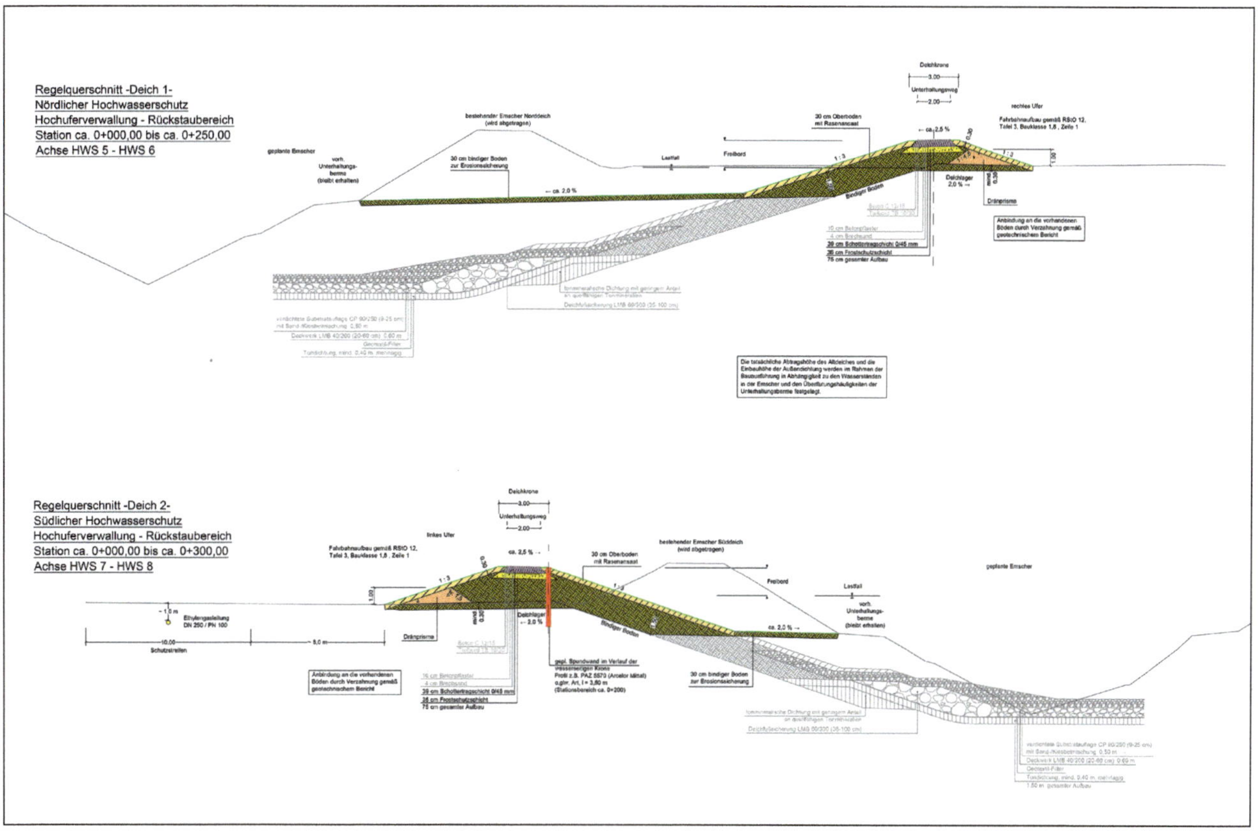


Abb. 3: Plan mit Regelquerschnitten zum Baulos 1 (Quelle: EG, 2014)

Der Aushub erfolgte gemäß den heutigen Vorgaben zum Bodenschutz lagenweise und substratgetrennt. Der Oberboden (30–60 cm stark) und die bindigen Bodenschichten mit Mächtigkeiten bis 2,0 m wurden getrennt aufgemietet und über die Bauzeit zwischengelagert. Die Sande und Kiese wurden großteils direkt auf LKW verladen und zu anderen Baumaßnahmen in NRW – z. B. dem Hafenbau in Wesel – als Baumaterial transportiert. Das Luftbild (Abb. 7) zeigt die Situation zum Ende von Baulos 3.1 und die Bilder (Abb. 4–6) geben einen Eindruck von den Erdarbeiten in Los 1.

Abb. 4: Abtrag Bestandsdeich HWS HUV Nord (Quelle: ARGE BCE/FWT)

Abb. 5: Abtrag luftseitiger Teil Leitdeich, aus Bergematerial (Quelle: ARGE BCE/FWT)

Abb. 6: Abtrag Kies und Sand im Auenfeld 2 (Quelle: ARGE BCE/FWT)

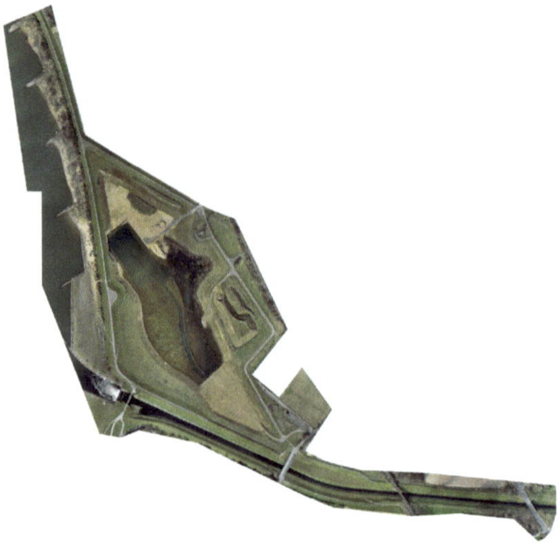

Abb. 7: Luftbild der Baumaßnahme zum Ende Los 3.1 (Quelle: Strabag, 2022)

## 2.2 Maßnahmen in Los 3.1

Im Rahmen des Bauloses 3.1 wurde in 2019/2020 im Auenfeld 2 der Emscherschlauch eingetieft und die Sohlgleite 2/3 erstellt. Mit dieser Sohlgleite werden knapp drei Höhenmeter der Differenz von 6 m zwischen Mittelwasser Emscher und Mittelwasser Rhein in 19 „Pools" der Fischaufstiegsanlage und einer rauen Rampe links und rechts davon überwunden. Die Baugrube für die Sohlgleite wurde mit Spundwänden bis 18 m Länge eingefasst und die bis zu 5 m Aushub, ausschließlich Sand und Kies, wurden direkt als Baumaterial an andere Baustellen geliefert.

Der Korpus der Sohlgleite wurde mittels Steinriegeln und der im Untergund verbleibenden Spundwandteile eingefasst. Die Riegel der Fischtreppe wurden in Ortbeton gesetzt und die Sohle sowie die Rauen-Rampen und die Uferböschungen wurden komplett in Wasserbausteinen geschüttet. Dabei wurde die Hauptmasse aus LMB 40/200 und untergeordnet aus LMB 60/300 hergestellt. Auf diese grobe Schüttung wurde eine Lage CP 45/125 aufgelegt und oberhalb der Wasserlinie lokal mit bindigem Substrat bis zu 30 cm abgedeckt, um eine Begrünung zu unterstützen.

Die folgenden Abbildungen zeigen die Planung und Eindrücke vom Bau der Sohlgleite.

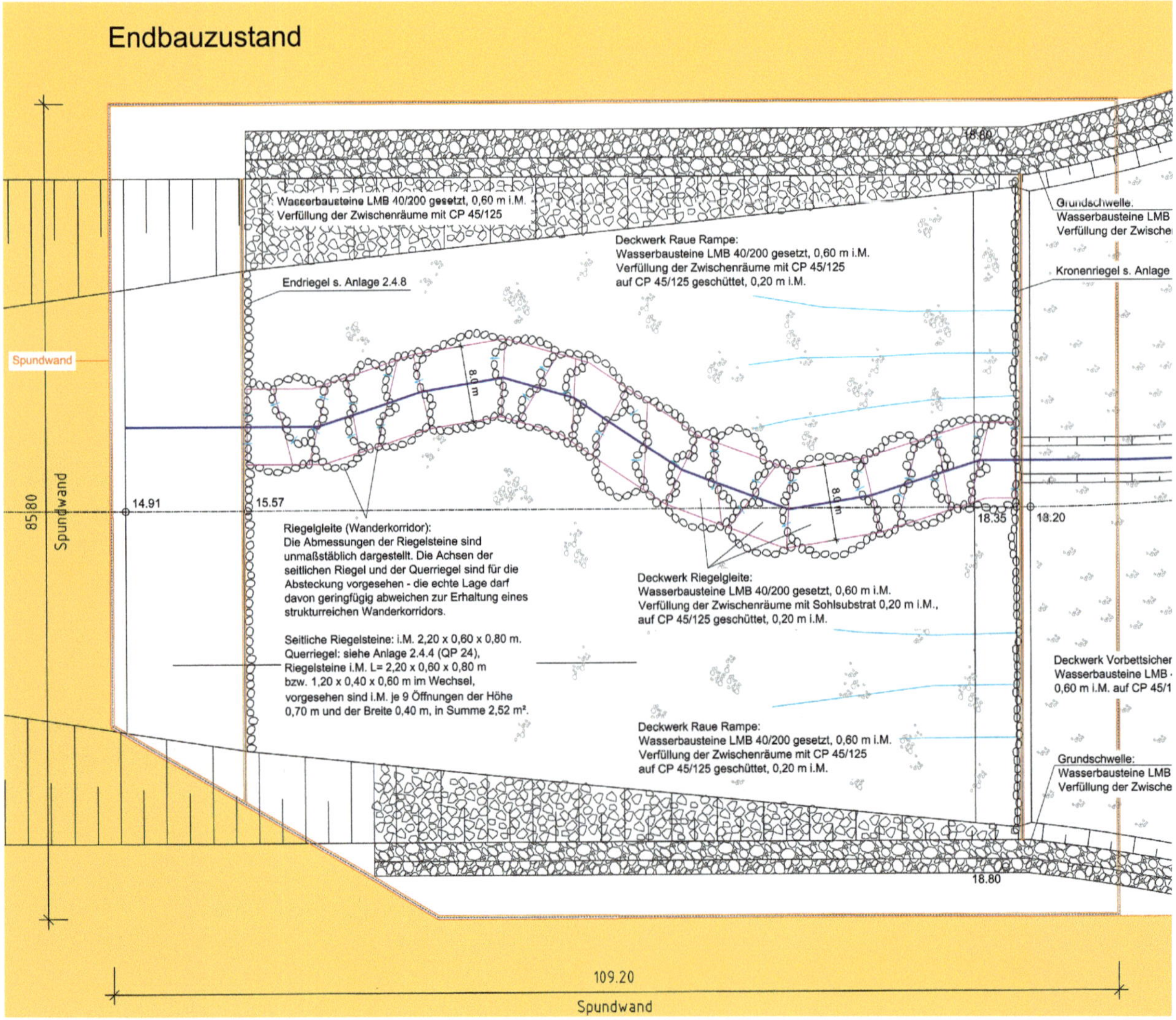


Abb. 8: Planausschnitt Sohlgleite 2/3 (Quelle: EG, 2018)

Abb. 9: Steinschüttung in Sohlgleite 2/3 (Quelle: ARGE BCE/FWT)

Abb. 10: Riegeleinbau in der Sohlgleite 2/3 (Quelle: ARGE BCE/FWT)

### 2.3 Maßnahmen in Los 3.2

Das Baulos 3.2 erstreckte sich zeitlich über den Zeitraum 2021 bis 2025. Im Rahmen der Maßnahmen wurde der Gewässerlauf mit seinen langgezogenen Böschungen erdbau- und gewässerbautechnisch fertiggestellt. Außerdem wurde die Sohlgleite 1 erstellt, die ebenfalls etwa drei Meter des Mittelwasserunterschiedes der beiden Fließgewässer (insg. 6 m) überwindet. In Folge des Böschungserosion im Jahr 2023 – oberhalb der Emschermündungsmaßnahme – wurden 21 weitere Flussriegel gebaut, um das Strömungsbild der Emscher hochwassersicherer zu entwickeln. Die folgende Abbildung zeigt einen Planauszug für das Los 3.2.

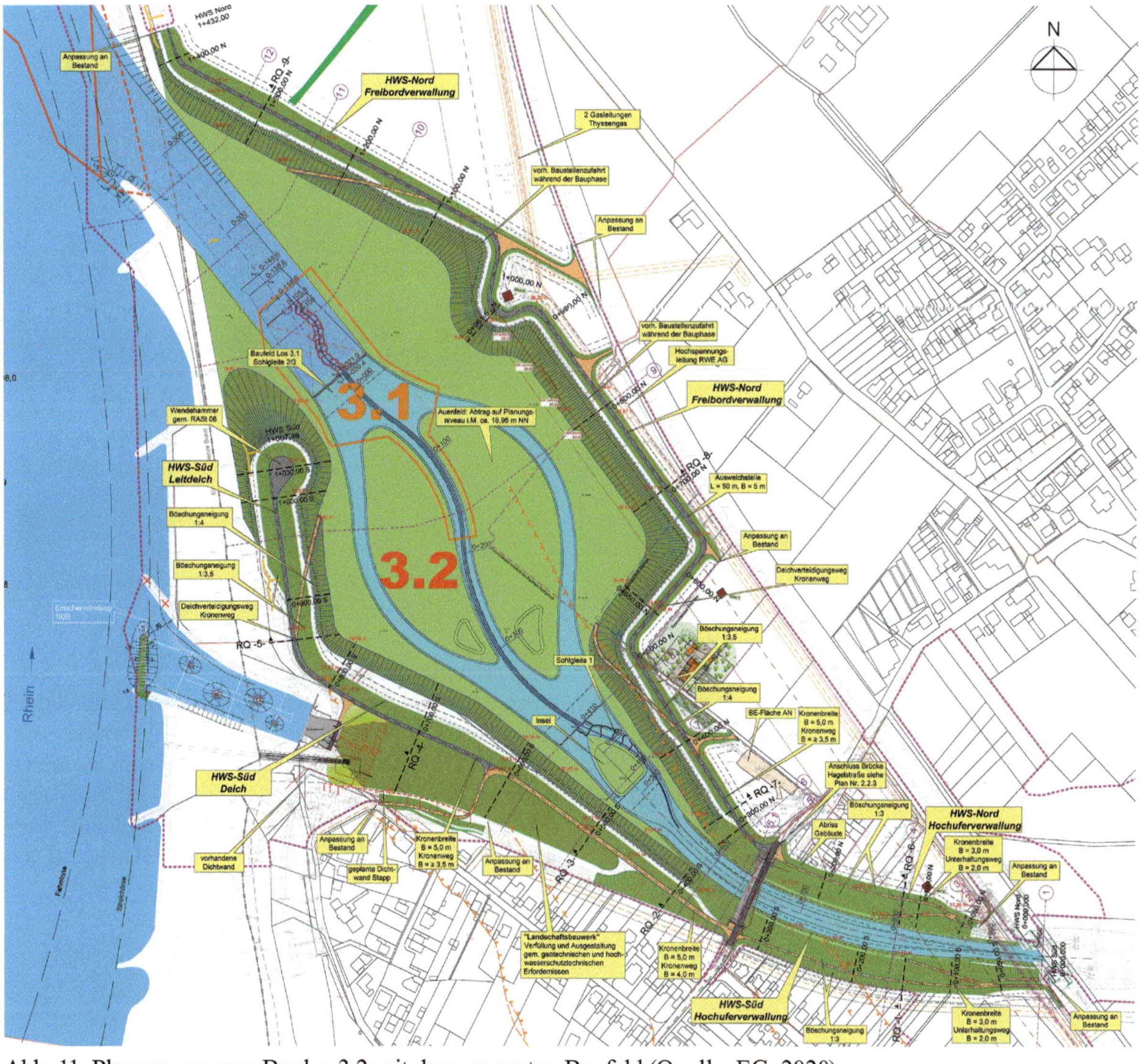


Abb. 11: Planauszug zum Baulos 3.2 mit dem gesamten Baufeld (Quelle: EG, 2020)

Im Gegensatz zum früheren Losteil 3.1 wurde im Los 3.2 ein Großteil der Wasserbausteinschüttungen in der Größenklasse CP nicht mehr einfach geschüttet, sondern mit den Wasserbausteinen wurden Steinmatrazen hergestellt, die miteinander verknüpft und teilweise in den Untergrund vernagelt wurden. Ziel dieser Maßnahme war es insbesondere die Böschungsfüße gegen Hochwassereinflüsse besser zu schützen. Die Abbildungen 12 bis 13 vermitteln Arbeitseindrücke.

Abb. 12: Erosionssicherung und Bodenabdeckung der Hochwasserschutzanlage (Quelle: ARGE BCE/FWT)

Abb. 13: Einbau Sicherungselemente (Steinmatrazen) ins Gewässer und den Böschungsfuß (Quelle: ARGE BCE/FWT)

Die folgende Abbildung zeigt die Sohlgleite 1 nach dem Umschluss der Emscher in ihr neues Bett. Klar erkennbar sind die Riegelsteine und die hydraulischen Fenster dazwischen.

Abb. 14: Sohlgleite 1 mit der Fischaufstiegsanlage (Quelle: ARGE BCE/FWT)

Das folgende Luftbild zeigt die Situation zum Ende der Bautätigkeiten.

Abb. 15: Luftbild zum Ende der Baumaßnahmen der Lose 1 bis 3 (Quelle: Strabag, 2025)

### 3. Massenbilanz und Fazit

In den gut 10 Jahren Bauzeit wurden etwa 1.900.000 m³ Boden und andere Materialien ausgehoben. Ca. 600.000 m³ wurden innerhalb der Maßnahme umverlagert/wieder eingebaut. Rund 1.300.000 m³ Sand/Kies wurden als Baumaterial verwertet und ca. 400.000 t Wasserbausteine sowie rund 150.000 m² Geovlies/-textil u.ä. wurden verbaut.

**Tab. 1: Mengen der verschiedenen Wasserbausteine in Tonnen**

| CP 45/125 | CP 90/150 | Sonstige CP | LMB 40/200 | LMB 60/300 | Großsteine | Sonstiges |
|---|---|---|---|---|---|---|
| 115.000 | 65.000 | 20.000 | 95.000 | 65.000 | 4.000 | ca. 30.000 |

In den Bauzeiten mit hohem Geräteaufwand wurden bis zu 10.000 Liter Diesel pro Woche verbraucht, es gab rund 200.000 Transporte mit ca. 6 Millionen Kilometern Strecke (150-mal um die Erde).
Das Bauprojekt Ökologischer Schwerpunkt Emschermündung ist erfolgreich durchgeführt worden. Die Natur hat sich bereits während der verschiedenen Bauausführungsphasen die neugeschaffene Aue mit Pflanzen und Tieren erobert und wird dies überwacht bis 2028 weiterhin tun.

# Wasserdrücke auf unterirdische Gebäudeteile – neue Regelungen in DIN 4095-1

**Dr.-Ing. Bernhard Odenwald**
Bundesanstalt für Wasserbau (BAW), Karlsruhe

**Prof. Dr.-Ing. Wolfgang Krajewski**
ö.b.u.v. Sachverständiger sowie Prüfsachverständiger für Geotechnik Darmstadt/Rossdorf
Hochschule Darmstadt (University of Applied Sciences)

**Zusammenfassung**
Da bisher keine geeigneten Regelungen zur Festlegung der aus dem Wasser im Baugrund oberhalb des Bemessungsgrundwasserstands resultierenden Einwirkungen auf unterirdische Gebäudeteile existieren, wurden dazu im neu erstellten Teil 1 der DIN 4095 vereinfachte, jedoch ausreichend differenzierte und geohydraulisch begründete Regelungen in Abhängigkeit der Baugrundeigenschaften und der hydraulischen Randbedingungen entworfen. Zum besseren Verständnis werden im vorliegenden Beitrag zunächst die bisher verwendeten Regelungen beschrieben und diskutiert. Danach werden die wesentlichen neuen Regelungen der DIN 4095-1 kurz dargestellt. Den Abschluss bildet die Beschreibung eines Praxisbeispiels zur Veranschaulichung der aus dem Wasser im Baugrund resultierenden Einwirkungen. Die Autoren sind der Obmann und der stellvertretende Obmann des mit der Überarbeitung der DIN 4095 beauftragten DIN-Arbeitsausschusses NA 005-05-10 AA „Baugrund, Gebäudedränung".

## 1. Einführung

Aus dem Baugrund resultierende Wasserdrücke auf unterirdische (erdberührte) Gebäudeteile können in Abhängigkeit der Baugrundverhältnisse und der geohydraulischen Randbedingungen auch oberhalb des Bemessungsgrundwasserstands auftreten. Sie sind dann in den baustatischen und geotechnischen Nachweisen sowie bei der Auswahl und Ausfuhrung von Bauwerksabdichtungen oder wasserundurchlässigen Betonteilen zu berücksichtigen. Die über 35 Jahre alte Baugrundnorm DIN 4095 [1] für Dränanlagen zum Schutz von Gebäuden enthält lediglich die Darstellung von Wassereinwirkungen aus dem Baugrund in Abhängigkeit unterschiedlicher geohydraulischer Randbedingungen. Eine klare Abgrenzung dieser beispielhaft angegebenen Fälle zur Festlegung von Wassereinwirkungen auf erdberührte Gebäudeteile existiert nicht und auch nicht in einer anderen Baugrundnorm. Dagegen werden in der Norm für die Abdichtung erdberührter Bauteile mit bituminösen Stoffen DIN 18533-1 [2] unterschiedliche Wassereinwirkungen definiert. Dabei werden jedoch geohydraulisch stark vereinfachte, im Allg. sehr auf der sicheren Seite liegende Annahmen getroffen. Mangels geeigneter Festlegungen in einer Baugrundnorm werden diese Regelungen für bituminöse Bauwerksabdichtungen von Baugrundgutachtern häufig auch für die im Geotechnischen Bericht anzugebenden allgemeinen Wassereinwirkungen auf erdberührte Gebäudeteile verwendet. In diesem Fall stellen sie auch die Grundlage für die Bauwerksbemessung dar, was in vielen Fällen zu einer deutlichen Überschätzung der aus dem Wasser im Baugrund resultierenden Einwirkungen führt. Im Rahmen der Überarbeitung der DIN 4095 wurden deshalb differenzierte, geohydraulisch fundierte Regelungen für die Einwirkungen aus Wasser im Baugrund in Abhängigkeit der Baugrundeigenschaften und der hydraulischen Randbedingungen erstellt (DIN 4095-1 [3]). Die auf Basis einer einfachen Fallunterscheidung anzuwendenden Regelungen sollen dem Baugrundgutachter zur Festlegung fundierter Einwirkungen aus Wasser im Baugrund oberhalb des Bemessungsgrundwasserstand dienen. Dies kann gegenüber den vereinfachten Regelungen der DIN 18533-1 zu einer deutlichen Kosten- und Materialeinsparung bei der Ausführung der erdberührten Gebäudeteile führen.

## 2. Bisherige Regelungen

Die bisherigen Regelungen zur Festlegung von Einwirkungen aus Wasser im Baugrund auf erdberührte Gebäudeteile wurden von Odenwald et al [4], Krajewski und Odenwald [5] Odenwald und Letzelter [6] und Odenwald et al. [7] bereits ausführlich beschrieben und diskutiert. Nachstehend werden sie zum besseren Verständnis nochmals kurz dargestellt und bewertet.

### 2.1 DIN 4095

Die DIN 4095 [1] wurde im Juni 1990 mit dem Titel „Baugrund – Dränung zum Schutz baulicher Anlagen – Planung, Bemessung und Ausführung" veröffentlicht. Sie dient demnach als Grundlage für die Planung, Bemessung und Ausführung von Dränanlagen zur Begrenzung von Einwirkungen von Wasser im Baugrund auf erdberührte bauliche Anlagen. Zur Festlegung der Dränmaßnahmen wird dabei in die Fälle a), b) und c) unterschieden.
In Fall a) wird angenommen, dass nur Bodenfeuchtigkeit auftritt und kein Wasserdruck auf die erdberührten Außenwände und die Sohle des Bauwerks einwirkt und deshalb keine Dränmaßnahmen erforderlich sind (Abb. 1).

Für diesen Fall wird ein stark durchlässiger Boden mit einer hydraulischen Durchlässigkeit von $k > 10^{-4}$ m/s (sowohl für den Baugrund seitlich und unterhalb des Bauwerks als auch für die an die Bauwerkswand angrenzende Arbeitsraumverfüllung) vorausgesetzt.

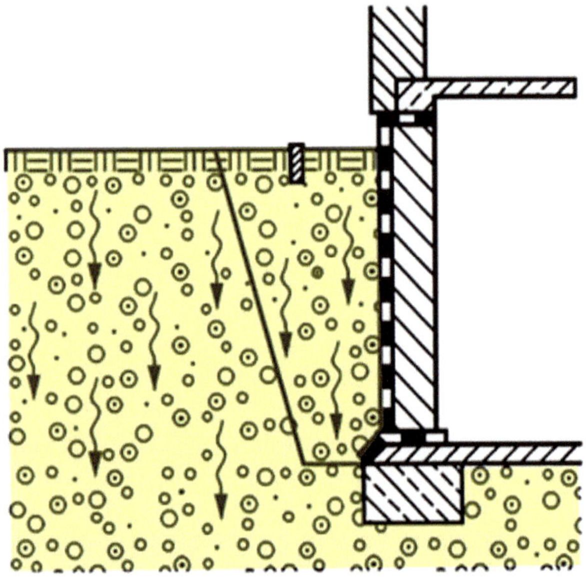

Abb. 1: Fall a) nach DIN 4095 [1]

In Fall b) wird vorausgesetzt, dass das anfallende Wasser über eine Dränung beseitigt werden kann und dadurch kein Wasserdruck auf die Abdichtung auftritt (Abb. 2).

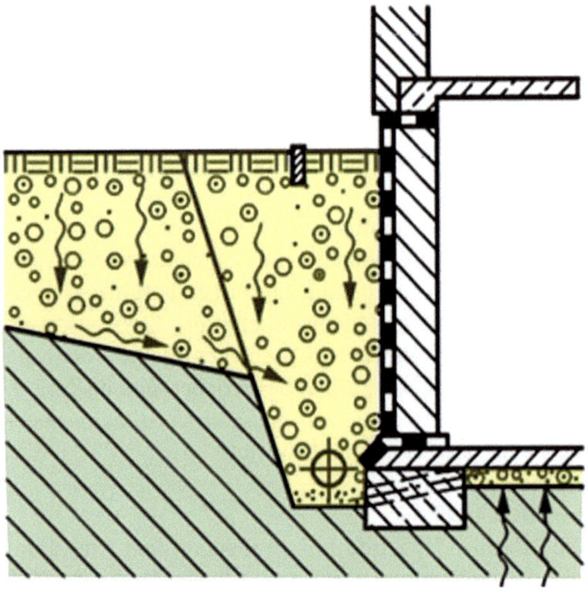

Abb. 2: Fall b) nach DIN 4095 [1]

Für diesen Fall mit erforderlicher Dränung werden folgende Annahmen getroffen:

- Der unterlagernde Baugrund besteht aus einem schwach durchlässigen Boden ($k \leq 10^{-6}$ m/s).
- Darüber befindet sich eine durchlässigere Arbeitsraumverfüllung, an deren Sohle sich Stauwasser bilden kann, das in der Dränleitung gefasst und abgeleitet wird.
- Zusätzlich existiert eine oberflächennahe, ebenfalls durchlässigere Bodenschicht, deren Sohle eine Neigung zum Gebäude aufweist und auf der ein zusätzlicher Zufluss zur Arbeitsraumverfüllung angenommen wird.
- Weiterhin wird von einem vertikalen Wasserzufluss in die unterhalb der Bodenplatte des Bauwerks angeordnete Dränschicht ausgegangen. Dies setzt voraus, dass sich die Grundwasserdruckhöhe in dem unterhalb des Gebäudes anstehenden schwach durchlässigen Baugrunds oberhalb der Dränschicht befindet.

In Fall c) wird angenommen, dass der Grundwasserspiegel oberhalb der Bauwerkssohle ansteht und dass eine Ableitung des Wassers über eine Dränung nicht möglich ist. Dieser Fall wird im Folgenden nicht betrachtet.
Es ist ersichtlich, dass es sich bei den oben genannten Fällen zur Bestimmung geeigneter Dränmaßnahmen lediglich um Beispiele mit sehr unterschiedlichen Voraussetzungen, nicht jedoch um klar abgrenzbare Fälle handelt. Deshalb ist auf Grundlage der dargestellten Fälle keine eindeutige Bestimmung der aus Wasser im Baugrund auf erdberührte Bauteile resultierenden Wassereinwirkungen möglich. Insbesondere kann eine eindeutige Abgrenzung zwischen Fällen, in denen an den einzelnen erdberührten Bauteilen nur mit Bodenfeuchte zu rechnen ist und in denen eine Dränung zur Vermeidung von Wassereinwirkungen durch Stauwasser erforderlich ist, auf Grundlage der in DIN 4095 dargestellten Fälle nicht durchgeführt werden. Dies führt in der Baupraxis oft dazu, dass eine Dränung angeordnet wird, sobald der Boden nicht stark durchlässig ist – unabhängig davon, ob Wasser anfällt oder nicht.

## 2.2 DIN 18533-1

In der DIN 18533-1 [2] werden Wassereinwirkungen für die Planung, Wahl und Ausführung der Abdichtung von erdberührten Bauteilen mit bahnenförmigen oder flüssig aufzubringenden Stoffen festgelegt. In Ermangelung geeigneter Regelungen in der DIN 4095 erfolgt hier eine stark vereinfachte Festlegung der Wassereinwirkungen. Dabei wird zunächst der Bemessungswasserstand als der höhere Wert des Bemessungsgrundwasserstands (HGW) oder des ggf. auftretenden Bemessungshochwasserstands (HHW) definiert. Dabei wird stets von einer hydrostatischen Wasserdruckverteilung auf die erdberührten Bauteile unterhalb des Bemessungswasserstands ausgegangen. Für die Festlegung der Wassereinwirkungsklasse wird nur nach stark wasserdurchlässigem Baugrund mit einer Durchlässigkeit $k > 10^{-4}$ m/s und einem hier als wenig wasserdurchlässig beschriebenem Baugrund mit einer Durchlässigkeit $k \leq 10^{-4}$ m/s unterschieden. In Abhängigkeit von der Lage des Bemessungswasserstands, der Durchlässigkeit des Baugrunds und der Einbindetiefe des Bauwerks in den Baugrund werden unterschiedliche Wassereinwirkungsklassen definiert. Beispielhaft sind nachstehend die Randbedingungen für zwei Wassereinwirkungsklassen dargestellt.

In der Wassereinwirkungsklasse W1-E wird nur Bodenfeuchte und nichtdrückendes Wasser berücksichtigt. Die Wassereinwirkungsklasse W1.1-E darf nur angesetzt werden, wenn sowohl der Baugrund wie auch das Verfüllmaterial der Arbeitsräume aus stark durchlässigen Böden ($k > 10^{-4}$ m/s) bestehen und die Unterkante der Abdichtungsebene mindestens 50 cm oberhalb des Bemessungswasserstandes liegt (Abb. 3). Diese Wassereinwirkungsklasse entspricht im Wesentlichen dem in DIN 4095 beispielhaft dargestellten Fall a) für Wassereinwirkungen ausschließlich aus Bodenfeuchte.

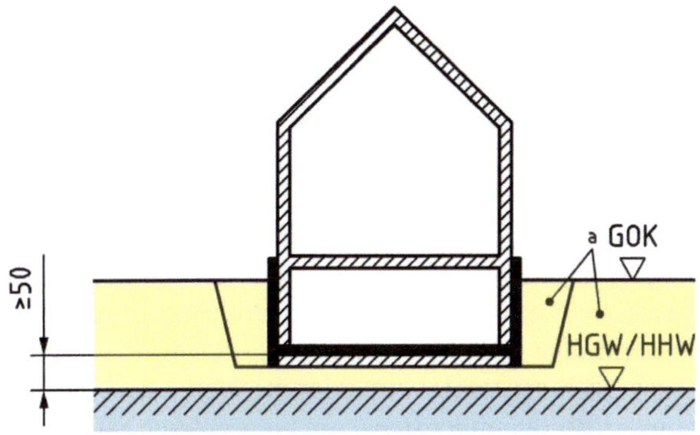


Abb. 3: Wassereinwirkungsklasse W1.1-E nach DIN 18533-1 [2], a: $k > 10^{-4}$ m/s k

In der Wassereinwirkungsklasse W2.1-E wird drückendes Wasser mit mäßiger Wasserdruckeinwirkung bis 3 m Wassersäule auf die erdseitige Abdichtung des Bauwerks berücksichtigt. Die Wassereinwirkungsklasse W2.1-E nach DIN 18533-1 ist anzusetzen, wenn die erdberührten Bauteile sich in einem als wenig durchlässig bezeichneten Boden ($k \leq 10^{-4}$ m/s) befinden und die unterste Abdichtungsebene oberhalb des Bemessungsgrundwasserstands sowie bis zu 3 m unter der Geländeoberfläche liegt (Abb. 4).

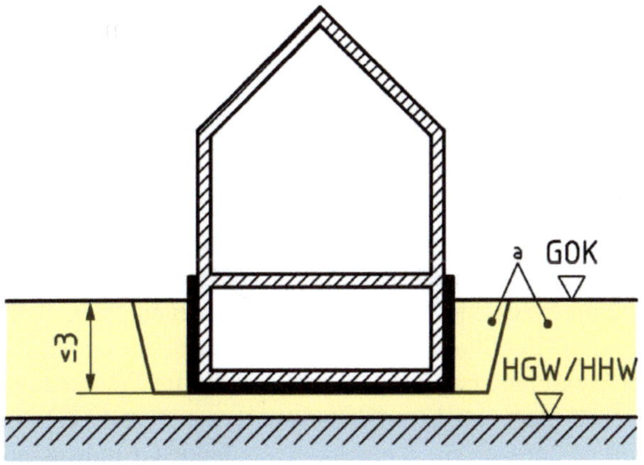


Abb. 4: Wassereinwirkungsklasse W2.1-E nach DIN 18533-1 [2], a: $k \leq 10^{-4}$ m/s k

In diesem Fall ist nach DIN 18533-1 zu erwarten, dass Stauwasser auf die erdseitige Abdichtung des Bauwerks einwirkt und bis zur Geländeoberfläche ansteigen kann.. Deshalb muss auch bei einem unterhalb der Bauwerkssohle anstehenden Bemessungsgrundwasserstand bei einem als wenig durchlässig bezeichnetem Baugrund ($k \leq 10^{-4}$ m/s) ein hydrostatischer Stauwasserdruck von der Geländeoberfläche bis zur Bauwerksunterkante sowohl auf die erdberührten Bauwerkswände als auch auf den Bauwerksboden angesetzt werden.

### 2.3 Schlussfolgerungen

Es ist ersichtlich, dass die bisher in DIN 4095 beispielhaft aufgeführten Fälle nicht geeignet sind, um Wassereinwirkungen aus dem Baugrund auf erdberührte Bauwerksteile festzulegen. Dies ist insbesondere begründet durch fehlende Kriterien zur Abgrenzung der unterschiedlichen Fälle sowie durch ungenaue Festlegungen der maßgebenden Wasserstände und der auf die Bauwerksteile einwirkenden Wasserdrücke. Diese Regelungslücken wurden in der DIN 18533-1 für Bauwerksabdichtungen weitgehend geschlossen. Dabei wurden jedoch sehr stark vereinfachte Regelungen getroffen, die die tatsächlichen, aus dem Baugrund und den Grundwasserverhältnissen resultierenden Einwirkungen auf die erdberührten Bauwerksteile nur unzureichend beschreiben.

Deshalb war eine umfangreiche Überarbeitung der DIN 4095 zur ausreichend differenzierten Festlegung der Wassereinwirkungen als Grundlage für eine einerseits sichere und andererseits wirtschaftliche Bemessung der erdberührten Bauteile und Dränanlagen erforderlich. Vor allem auch vor dem Hintergrund wasserwirtschaftlicher Aspekte ist eine realistische Einschätzung der Erfordernis einer Dränung und des anfallenden Dränwassers erforderlich, um auch in Zukunft Dränanlagen zu ermöglichen. Dabei muss die Festlegung der Einwirkungen aus Wasser im Baugrund auf Grundlage der neuen DIN 4095-1 durch den Geotechnischen Sachverständigen erfolgen und nicht durch den Architekten oder Bauunternehmer.

## 3. Neue Regelungen in der DIN 4095-1

Zur besseren Strukturierung und zur Aufnahme der Regelungen zu den Einwirkungen aus Wasser im Baugrund wird die DIN 4095 zukünftig in drei Teile aufgeteilt und erhält den allgemeinen Titel:

„Baugrund – Einwirkungen auf erdberührte Bauteile durch Wasser im Baugrund und Dränung zum Schutz der Bauteile“

- Teil 1: Begriffe und Wassereinwirkungen
- Teil 2: Dränung von Stauwasser
- Teil 3: Dränung von Grundwasser

### 3.1 Bearbeitungsstand

Seit 2018 wird der erste Teil der Norm von dem zuständigen DIN-Arbeitsausschuss bearbeitet. Der Entwurf der DIN 4095-1 [3] wurde im März 2023 nach langen Diskussionen innerhalb des Ausschusses veröffentlicht. Dazu wurde eine Vielzahl von Einsprüchen eingereicht. Die Einsprüche stammen zu einem großen Teil von Vertretern der Bauwerksabdichtung, die die Beibehaltung der bisherigen Regelungen der DIN 18533-1 mit Nachdruck, jedoch ohne wirkliche fachliche Diskussion vertreten. Es waren jedoch auch konstruktive Einsprüche vorhanden, insbesondere zur Komplexität der Regelungen Auf Grundlage dieser Einsprüche wurden gegenüber dem Entwurf mehrere Vereinfachungen der Regelungen sowie zusätzliche Erläuterungen aufgenommen. Die Bearbeitung der Einsprüche durch den Arbeitsausschuss ist mittlerweile abgeschlossen und der Arbeitsausschuss hat die Veröffentlichung der Norm auf Grundlage des Entwurf der DIN 4095-1 [3] unter Berücksichtigung der auf Basis der Einsprüche vorgenommenen Änderungen beschlossen.

### 3.2 Grundlagen

Kapitel 4 der DIN 4095-1 enthält die Darstellung wesentlicher Grundlagen für die Ermittlung der Einwirkungen auf erdberührte Bauteilflächen durch Wasser im Baugrund. In Kapitel 4.2 werden detaillierte Erläuterungen zur Ermittlung des Bemessungsgrundwasserstands gegeben. Um die Schwankungsbreite der Grundwasserstände während der rechnerischen Nutzungsdauer des Bauwerks zu berücksichtigen, ist der Bemessungsgrundwasserstand als oberer charakteristischer Wert einer klimabedingt veränderlichen Einwirkungen nach DIN EN 1990 [8] festzulegen. Der Bemessungsgrundwasserstand hat grundlegende Bedeutung für die Festlegung von Wassereinwirkungen, da oberhalb des Bemessungsgrundwasserstands nur Einwirkungen aus Stauwasser und nicht aus Grundwasser zu berücksichtigen sind. Im Gegensatz zur dauerhaften Absenkung von Grundwasser durch eine Dränanlage ist eine Dränung von Stauwasser prinzipiell möglich. In Kapitel 4.3 werden Planungs- und Ausführungsgrundsätze erläutert. Dabei wird unterschieden nach Anforderungen, die auch Voraussetzung für die nachfolgenden Regelungen zu den Einwirkungen aus Wasser im Baugrund sind, und Empfehlungen, deren Einhaltung jedoch nicht unbedingt vorausgesetzt wird. Z. B. wird gefordert, dass Niederschlagswasser, das außerhalb der Arbeitsraumverfüllung auf der Geländeoberfläche anfällt, nicht in diese eingeleitet werden darf. Empfehlungen werden z. B. für die Verfüllung des Arbeitsraums gegeben und es werden Hinweise für die Bewertung der Homogenität von Arbeitsraumverfüllungen angegeben. In Kapitel 4.4 werden Auswirkungen von Hochwasser, Starkniederschlägen und Grundwasserunterleitung auf die Einwirkungen durch Wasser im Baugrund beschrieben. Weiterhin werden Erläuterungen zu den Wassereinwirkungen an der Sockelzone von Gebäuden gegeben.

### 3.3 Einwirkungen durch Wasser im Baugrund

Auf Grundlage der Regelungen zur Ermittlung des Bemessungsgrundwasserstands und der Planungs- und Ausführungsgrundsätze enthält Kapitel 5 detaillierte Festlegungen der Einwirkungen auf erdberührte Bauteilflächen durch Wasser im Baugrund anhand einer Fallunterscheidung. Diese stellt eine Arbeitshilfe für Geotechnische Sachverständige dar, um die Erfordernisse einer Dränung oder des Wasserdruckansatzes oberhalb des Bemessungswasserstands festlegen zu können. Dazu erfolgt in Kapitel 5.1 zunächst eine Unterscheidung in die Einwirkungen E1 für Einwirkungen lediglich durch Bodenfeuchte und nichtstauendes Wasser sowie E2-S für Einwirkungen durch Stauwasser oberhalb des Bemessungsgrundwasserstands (BGW) und E2-G für Einwirkungen durch Grundwasser unterhalb des Bemessungsgrundwasserstands. In Kapitel 5.2 werden Grundlagen der Fallunterscheidung erläutert. Basierend darauf werden in Kapitel 5.3 die Einwirkungen auf erdberührte Bauwerksteile von Bauwerken, die sich vollständig oberhalb des Bemessungsgrundwasserspiegels befinden und in Kapitel 5.3 von Bauwerken, die sich teilweise auch unterhalb des Bemessungsgrundwasserspiegels befinden, festgelegt.

Für vollständig oberhalb des Bemessungsgrundwasserspiegels liegende Bauwerke werden in Kapitel 5.3 zwei Fälle festgelegt. Im Fall 1 wird vorausgesetzt, dass kein unterirdischer Zufluss auf einer Stauschicht zur Arbeitsraumverfüllung erfolgt und dass die Tiefe t der Arbeitsraumverfüllung mindestens 2 m beträgt (Abb. 5).

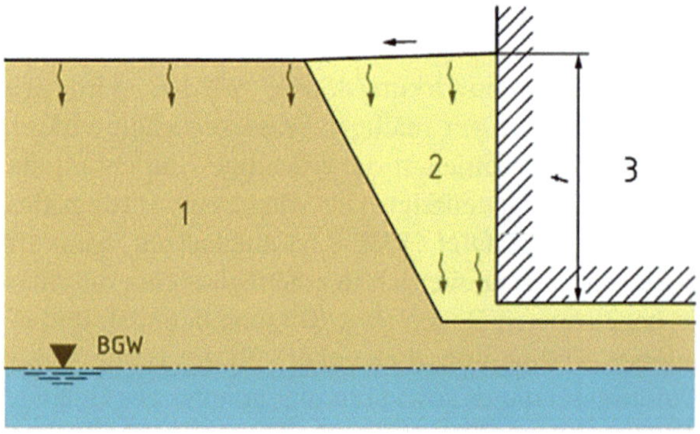


Abb. 5: Fall 1nach DIN 4095-1

Fall 2 wird maßgebend, wenn ein unterirdischer seitlicher Stauwasserzufluss zur Arbeitsraumverfüllung zu berücksichtigen ist (Abb. 6) oder die Tiefe t der Arbeitsraumverfüllung weniger als 2 m beträgt. Hierdurch wird ein möglicher, temporärer unterirdischer Zufluss zur Arbeitsraumverfüllung auf einer unterirdischen Stauschicht mit einer lokalen Ausdehnung berücksichtigt. Das Gelände und die Stauschicht können eben oder geneigt sein. Falls oberhalb der Stauschicht nicht nur ein zeitweiliger, lokaler Wasseraufstau, sondern ein dauerhafter Wasserstand auftritt, liegt ein oberer Grundwasserleiter vor. In diesem Fall ist der sich am Bauwerk einstellende Grundwasserstand bei der Festlegung des Bemessungsgrundwasserstands zu berücksichtigen.

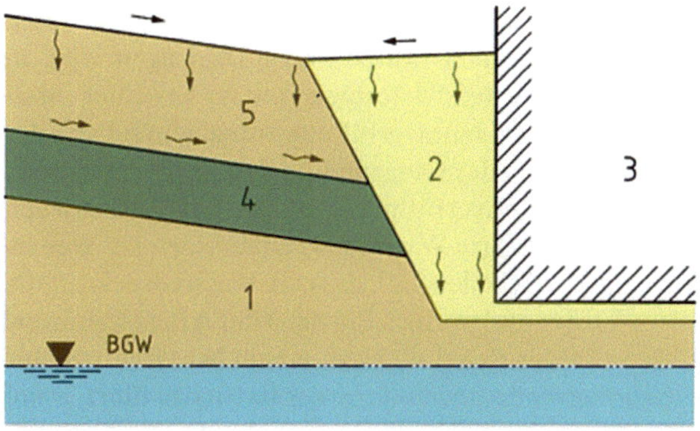

Abb. 6: Fall 2 (Variante 1) nach DIN 4095-1

Für diese beiden Fälle werden in Abhängigkeit der Durchlässigkeit des Baugrunds und der Homogenität der Arbeitsraumverfüllung folgende Einwirkungskombinationen festgelegt:

a. E1 an der erdberührten Wandfläche und an der Bauwerksunterseite,
b. E2-S an der erdberührten Wandfläche und E1 an der Bauwerksunterseite und
c. E2-S an der erdberührten Wandfläche und an der Bauwerksunterseite.

Die für die unterschiedlichen Einwirkungskombinationen die auf die erdberührten Bauteile anzusetzenden Wasserdrücke sind schematisch dargestellt. Weiterhin angegeben sind die Auswirkungen von Dränungen auf die Einwirkungen durch Wasser im Baugrund. Die auf die unterschiedlichen Bauteilflächen in den Einwirkungskombinationen a), b) und c) für die bautechnischen Nachweise anzusetzenden Wasserdrücke und die für den Nachweis gegen Aufschwimmen maßgebenden Wasserdrücke wer den detailliert beschrieben und begründet.
In Kapitel 5.4 werden die Einwirkungen durch Wasser im Baugrund für Bauwerke, die teilweise unterhalb des Bemessungsgrundwasserstands liegen, angegeben. Danach ist für Bauteilflächen, die sich unterhalb des Bemessungsgrundwasserstands befinden, grundsätzlich die Einwirkung E2-G anzusetzen. Für die oberhalb des Bemessungsgrundwasserstands liegenden, erdberührten Bauteilflächen gelten sinngemäß die Regelungen aus Kapitel 5.3. Zur Veranschaulichung werden die anzusetzenden Einwirkungen aus Wasser im Baugrund beispielhaft für den Fall 3 beschrieben. Dieser entspricht dem Fall 1, jedoch wird ein oberhalb der Bauwerkssohle liegender Bemessungsgrundwasserstand (BGW) angenommen. Für diesen Fall werden ebenfalls drei Einwirkungskombinationen in Abhängigkeit der Durchlässigkeit des Baugrunds, der Homogenität der Arbeitsraumverfüllung und der Lage oberhalb bzw. unterhalb des Bemessungsgrundwasserstands (BGW) festgelegt. Wie in Kapitel 5.3 werden die anzusetzenden Wasserdrücke sowie die Auswirkungen von Dränungen oberhalb des BGW für die unterschiedlichen Einwirkungskombinationen beschrieben.

## 4. Praxisbeispiel

Im Bereich einer Konversionsfläche in Hessen wurden mehrere Meter mächtige Fein- und Mittelsande aufgefüllt, die lokal schluffige Beimengungen aufweisen. Die hydraulische Durchlässigkeit der Böden wurde mit zu $k = 1 \cdot 10^{-4}$ bis $5 \cdot 10^{-4}$ m/s ermittelt. Die Böden wurden lagenweise eingebaut und verdichtet. Unter den Auffüllungen folgen stark wasserdurchlässige quartäre Sande und Kiese. Das Untergeschoss des Neubaus wurde auf Streifenfundamenten gegründet und gemauert (Abb. 7). Die erdberührten Wände erhielten eine bituminöse Abdichtung. Die 25 cm dicke Bodenplatte wurde auf den sandigen Boden aufgelegt. Für den Beton der Bodenplatte wurde eine WU-Rezeptur gewählt. Die Platte wurde jedoch nicht wasserdruckhaltend konzipiert und bemessen. Die Arbeitsräume wurden mit den zuvor ausgehobenen sandigen Böden verfüllt.

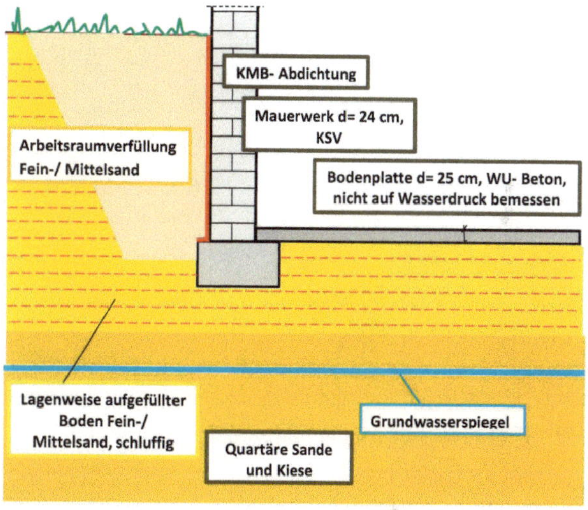

Abb. 7: Schematischer Querschnitt Untergeschoss Wohnhaus mit Baugrund

Nach der Fertigstellung des Hauses wurden im Untergeschoss des Hauses an den Außenwänden Feuchteschäden festgestellt (Abb. 8). Die Freilegung der Außenwände zeigte mehrere Dezimeter hoch Stauwasser (Abb. 9). Der Aufstau resultierte im Wesentlichen aus der Tatsache, dass die Kontur des Arbeitsraums mit Baustellenabfällen, Mörtel, etc. regelrecht „verkleistert" war. Es hatte sich aus geohydraulischer Sicht eine Wanne gebildet, in welcher sich ein hydrostatischer Wasserdruck aufbaute, für den die bituminöse Wandabdichtung zu schwach ausgelegt war (Abb. 10). Maßgebend für die Wasserbeanspruchung war in diesem Fall weder die Durchlässigkeit des anstehenden Bodens noch der Arbeitsraumverfüllung, sondern die sehr geringe Durchlässigkeit der im Arbeitsraum verbliebenen Baustellenabfälle. Im Weiteren wurde die Bodenplatte an zwei Stellen mittels Kernbohrungen geöffnet. Dabei wurde festgestellt, dass der unter der Bodenplatte vorhandene Sandboden erdfeucht war, jedoch keine Durchfeuchtung aufgrund des seitlich im Arbeitsraum vorhandenen Wasseraufstaus zeigte. Die Untersuchung ergab, dass keine Wasserdruckbelastung an der Sohlfläche der Bodenplatte aufgetreten ist.

Abb. 8: Feuchteschäden im Untergeschoss des Wohnhauses

Abb. 9: Stauwasser im ehemaligen Arbeitsraum

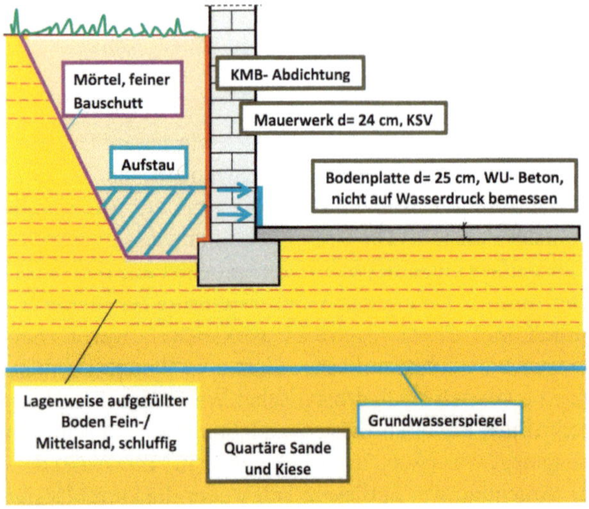


Abb. 10: Veranschaulichung der Schadensursache

Der in dem Praxisbeispiel dargestellte Schadensfall zeigt deutlich, dass eine unsachgemäße Verfüllung des Arbeitsraums, wie sie leider häufig anzutreffen ist, zu einer Druckwasserbeanspruchung der angrenzenden, erdberührten Wand führen kann. Deswegen wird in der neuen DIN 4095-1 festgelegt, dass bei einer inhomogenen Arbeitsraumverfüllung – unabhängig von der Durchlässigkeit des Baugrunds und des Bodenmaterials der Arbeitsraumverfüllung – immer ein Wasserdruck auf die erdberührte Wandfläche anzusetzen ist. Weiterhin zeigt der Schadensfall, dass ein Wasserdruck auf die Wandfläche infolge eines Einstaus der Arbeitsraumverfüllung in der Regel nicht zu einem Wasserdruck auf die angrenzende Bodenfläche des Gebäudes führt, wenn der darunter anstehende Baugrund eine ausreichende Durchlässigkeit aufweist. Dies wird in der neuen DIN 4095-1 durch die Einwirkungskombination b) berücksichtigt, in der eine Einwirkung durch Stauwasserdruck (E2-S) auf die erdberührte Wandfläche berücksichtigt wird, auf der Bauwerksunterseite jedoch lediglich eine Einwirkung durch Bodenfeuchte und nichtstauendes Wasser (E1).

**Literatur**

[1] DIN 4095:1990-06: Baugrund; Dränung zum Schutz baulicher Anlagen; Planung, Bemessung und Ausführung.

[2] DIN 18533-1:2017-07: Abdichtung von erdberührten Bauteilen – Teil 1: Anforderungen, Planungs- und Ausführungsgrundsätze.

[3] DIN 4095-1:2023-03: Entwurf – Baugrund, Dränung zum Schutz baulicher Anlagen, Teil 1: Begriffe und Wassereinwirkungen.

[4] Odenwald, B., Letzelter, S.; Maier, D.: Stauwasser nach künftiger DIN 4095-1: (seltene) Ausnahme von der Regel? 47. Aachener Bausachverständigentage, Untersuchen – Instandsetzen – Modernisieren, 2021; Tagungsband Teil 2, S. 227–252.

[5] Krajewski, W.; Odenwald, B.: Grundwasser, Sickerwasser, Stauwasser? Wassereinwirkungen auf erdberührte Bauwerksflächen; der bauschaden, Oktober/November 2021, S. 47–53.

[6] Odenwald, B.; Letzelter, S.: Hochwasser- und Starkregeneinfluss auf erdberührte Gebäudeteile; 32. Hanseatische Sanierungstage, Mängel – Schäden – Prävention, Lübeck 2022, Tagungsband, S. 59–76.

[7] Odenwald, B., Krajewski, W., Zöller, M., Hilliges, R.: Wassereinwirkungen im Baugrund nach E DIN 4095-1, Teil 2: Bisherige Regelungen, Überarbeitungsbedarf, vorgesehene neue Regelungen, Praxisbeispiele, Der Bausachverständige 5/2023, S. 10–19.

[8] DIN EN 1990:2021-10 Eurocode: Grundlagen der Tragwerksplanung; Deutsche Fassung EN 1990:2002 + A1:2005 + A1:2005/AC:2010.

TAE

# Nachhaltigkeit in der Geotechnik

# Ökologische Aspekte in der Ausschreibung und Ausführung einer innerstädtischen Baugrube in Basel – 22 m tiefe Baugrube mit nur einer Sprießdecke

**Konrad Westermann**
Gruner AG, Basel, Schweiz

**Davide Tarchini**
Gruner AG, Basel, Schweiz

**Laurent Pitteloud**
Gruner AG, Basel, Schweiz

**Zusammenfassung**
Für den Neubau eines Forschungshochhaus wurde eine 70 m lange, 35 m breite und 22 m tiefe Baugrube in Basel erstellt. Die Baugrube liegt im innerstädtischen Bereich, inmitten des Industrie- und Forschungsareals eines Pharmakonzerns mit sensibler Nachbarbebauung (angrenzend an das mit 205 m höchste Gebäude der Schweiz). Zur Sicherung gegen den Erddruck und den bis zu 9 m hohen Wasserdruck im stark durchlässigen Baugrund wurde nur eine Zwischenabstützung in Form einer Sprießdecke ausgeführt. Dies sowohl auf Wunsch einer ankerfreien Baugrube des Bauherrn als auch im Sinne einer Optimierung der Planung. Bei diesem Projekt wurde sowohl in der Planung als auch in der Ausschreibung eine Optimierung der Ökobilanz der Baumaßnahme angestrebt. So wurden die maßgebenden Einflussfaktoren auf den $CO_2$-Fußabdruck der Bauteile identifiziert und gezielte Produkte bzw. Maßnahmen ausgeschrieben, um eine Reduktion des $CO_2$-Fußabrucks zu erreichen. In der Ausführung konnten die ausgeschriebenen Maßnahmen zur Reduktion der $CO_2$-Emissionen nur teilweise umgesetzt werden. Damit ist ein erhebliches Potential zur $CO_2$-Einsparung nicht genutzt worden. Der Endaushub der Baugrube konnte im Juni 2025 erreicht und der Hochbau begonnen werden.

## 1. Allgemeines

### 1.1 Projektübersicht

Für den Neubau eines hochmodernen Forschungshochhauses wurde im Stadtgebiet von Basel eine Baugrube mit 70 m Länge, 35 m Breite und 22 m Tiefe ausgehoben. Der Standort befindet sich im innerstädtischen Bereich und ist in das Industrie- und Forschungsareal eines internationalen Pharmaunternehmens eingebettet (siehe Abb. 1).

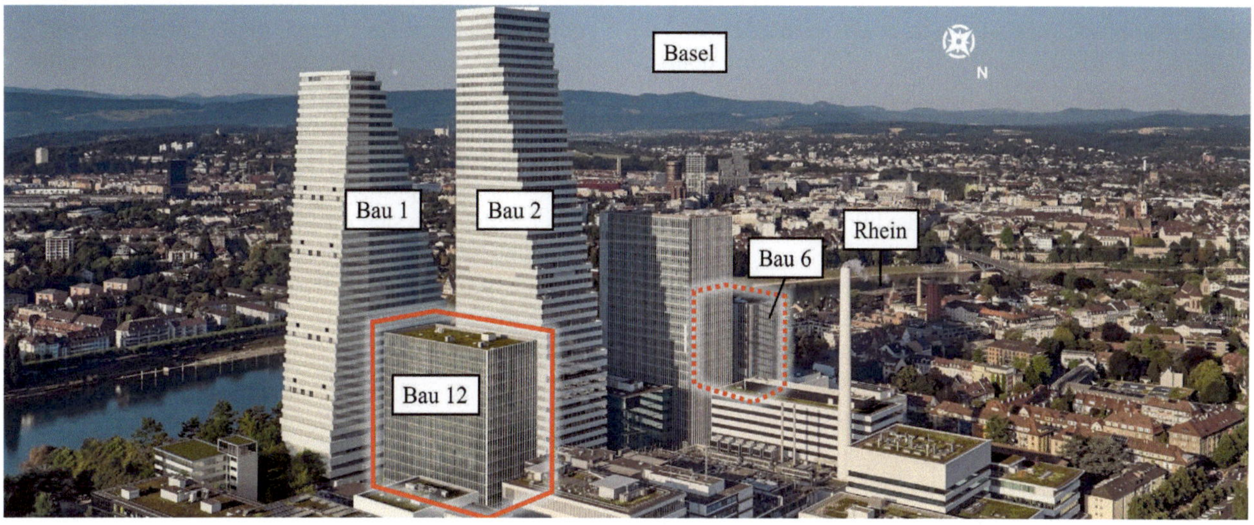


Abb. 1: Ausblick auf die zukünftige Entwicklung des Projekts Bau 12

### 1.2 Baugrube und Gründung

Das Baugrubenkonzept sieht den Einsatz einer überschnittenen Bohrpfahlwand vor, welche durch eine horizontal verlaufende, 1 m dicke aussteifende Decke (im Folgenden als „Sprießdecke" bezeichnet) gestützt wird. Die Gründung des neuen Gebäudes erfolgt flach über eine 2 m dicke Bodenplatte. Die Bauwerkslasten werden dabei unmittelbar in den tragfähigen Untergrund (Molasse) eingeleitet. Eine schematische Darstellung der Baugrube aus dem 3D-Modell ist in Abb. 2 dargestellt.

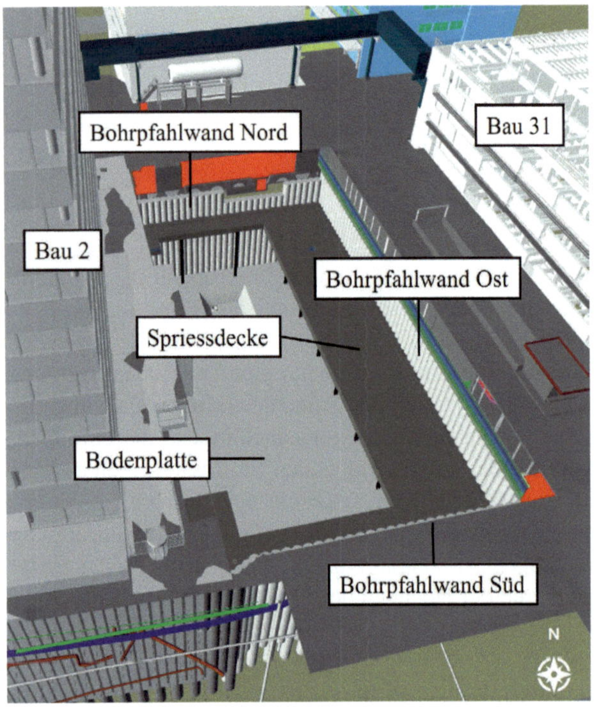


Abb. 2: Ansicht der Baugrube von Bau 12 aus dem BIM-Modell mit den zugehörigen Bauteilen der Baugrubensicherung und der Gründung

### 1.3 Instrumente zur Bewertung der Ökobilanz

Um die Ökobilanz dieses Projekts analysieren und quantifizieren zu können, wurde auf die derzeit auf dem Schweizer Markt verfügbaren Hilfsmittel und Werkzeuge zur Ökobilanzierung zurückgegriffen.

Für die ökologische Bewertung dieses Projekts wurden die KBOB-Tabellen [2] sowie der zugehörige Ökobilanzrechner für Betonsorten verwendet [3], da diese frei verfügbar und schweizweit anerkannt sind.

Da gerade im Bereich Spezialtiefbau die Datengrundlage der KBOB-Tabellen [2] gering bzw. teilweise nicht vorhanden ist, werden auch weitere Quellen für die Abschätzung des ökologischen Fußabdrucks herangezogen (z. B. Angaben von Lieferanten zum ökologischen Fußabdruck der Baumaterialien). Dabei sei angemerkt, dass Werte aus unterschiedlichen Quellen nicht eins zu eins miteinander vergleichbar sind, da unterschiedliche Grundsätze der Ökobilanzierung (z. B. bei der Systemgrenze oder Wiederverwertung) bei ihrer Ermittlung verwendet werden. Die im Folgenden angegebenen Zahlenwerte der Ökobilanz des Projekts sind daher nicht als präzise Werte zu verstehen, sondern sollen eine vergleichende Bewertung ermöglichen. Eine exakte Ermittlung ist nicht praxisnah und übersteigt die Kompetenz der Autoren bei Weitem.

Auf Basis der Dokumentation des EFFC Carbon Calculators [4] zeigt sich, dass durch die Emissionen der primären Baustoffe im Spezialtiefbau bereits der Großteil (ca. 90 %) der Gesamtemissionen abgedeckt wird. Primäre Baustoffe umfassen im Spezialtiefbau die zentralen, volumenbestimmenden Baumaterialien wie Beton und Stahl, deren Herstellung den größten Anteil an den Umweltauswirkungen verursacht. Daher wird diese Vereinfachung – nur Emissionen der Baustoffe zu berücksichtigen – als ausreichend genau angenommen.

## 2. Optimierung in der Planung

### 2.1 Baugrubensicherung

Durch die Optimierung des Baugrubenkonzepts in der Planungsphase von Bau 12 konnte auf zwei Ankerlagen verzichtet werden. Dies führte zu einer erheblichen Vereinfachung der Baugrubensicherung sowie zu einer signifikanten Reduktion der Baukosten.

Zur Validierung und präziseren Bestimmung der maßgebenden Bodenparameter des anstehenden Niederterrassenschotters wurden zusätzlich großmaßstäbliche Laborversuche (Großtriaxialversuche) durchgeführt.

Als Ergebnis der Großtriaxialversuche konnte der effektive Reibungswinkel des Niederterrassenschotters von ursprünglich 38° auf 45° erhöht werden. Diese signifikante Verbesserung der geotechnischen Parameter hatte unmittelbare Auswirkungen auf die Baugrubensicherung. Ein Nachteil des Verzichts auf Rückverankerungen war der erhöhte Bewehrungsbedarf in den Bohrpfahlwänden. Zur Gewährleistung der Standsicherheit wurden die Sekundärpfähle mit einer massiven Bewehrung von 20 x Ø 40 mm ausgeführt. Die Primärpfähle wurden zusätzlich mit Stahlprofilen aus HEB 500-Trägern verstärkt. Tab. 1 zeigt, dass sich dies in der Ökobilanz durch eine Erhöhung der Treibhausgasemissionen um 146,7 t $CO_2$-eq niederschlägt. Die Differenz zwischen den zusätzlichen Kosten und den Einsparungen führt schlussendlich zu einer Einsparung von 36 t $CO_2$-eq.

**Tab. 1: Auswirkungen der Optimierung der Planung der Baugrubenumschließung auf die Ökobilanz (Grün: Einsparungen, Rot: Mehraufwendungen)**

| Bauteil | Ausmaß | $CO_2$-eq / Ausmaß | $CO_2$-eq [kg $CO_2$-eq] |
|---|---|---|---|
| **Anker:** | -2.728 m | | |
| Stahl (Zugglieder) | -15.004 kg | 0,737 kg $CO_2$-eq/kg | -11.058 |
| Zementstein | -120.032 kg | 0,641 kg $CO_2$-eq/kg | -76.941 |
| **Bohrpfahlwand:** | | | |
| Ortbetonpfähle | -250 m | 379 kg $CO_2$-eq/m | -94.750 |
| Stahlträger HEB 500 | +199.000 kg | 0,737 kg $CO_2$-eq/kg | +146.663 |
| **TOTAL** | | | -36.085 |

## 2.2 Gründung

Ein weiterer Wunsch des Bauherrn war die Gründung des Gebäudes Bau 12 als Flachgründung auszuführen, sodass vollständig auf eine Pfahlgründung verzichtet werden konnte.

Zur Überprüfung der Tragfähigkeit und Gebrauchstauglichkeit dieser Gründungsart wurde ein aufwändiges numerisches Modell basierend auf der Finite-Elemente-Methode (FEM) erstellt.

Zur Quantifizierung der ökologischen Auswirkungen der gewählten Gründungsoptimierung wurde ein Vergleich mit dem Gebäude Bau 6 [5] herangezogen, das hinsichtlich Höhe und Nutzung mit dem geplanten Bau 12 vergleichbar ist.

Tab. 2 zeigt, dass durch die Wahl einer Flachgründung in der Planung für Bau 12 eine Verschlechterung der Ökobilanz um rund 93 t $CO_2$-eq entsteht.

**Tab. 2: Auswirkungen der Optimierung der Planung der Gründung auf die Ökobilanz (Grün: Einsparungen, Rot: Mehraufwendungen)**

| Bauteil | Ausmaß | $CO_2$-eq / Ausmaß | $CO_2$-eq [kg $CO_2$-eq] |
|---|---|---|---|
| **Gründungspfähle:** | -1.050 m | | |
| Ortbetonpfahl 1200mm | -1.050 m | 379 kg $CO_2$-eq/m | -397.950 |
| **Bodenplatte:** | +0,5 m Dicke | | |
| Hochbaubeton | +2.173.750 kg | 0,109 kg $CO_2$-eq/kg | +236.939 |
| Bewehrung | +323.750 kg | 0,785 kg $CO_2$-eq/kg | +254.144 |
| **TOTAL** | | | +93.133 |

## 3. Nachhaltigkeit in der Ausschreibung

Bei diesem Projekt wurde nicht nur in der Planung, sondern auch in der Ausschreibung eine Optimierung der Ökobilanz der Baumaßnahme angestrebt.

In dieser Phase wurden alternative Baustoffe zur Verminderung des ökologischen Fußabdrucks abgefragt.

Im Rahmen der Ausschreibung wurden spezifische Anforderungen zur Förderung nachhaltiger Baumaterialien explizit formuliert. Dazu zählt insbesondere der gezielte Einsatz von Recyclingbeton, unter der Voraussetzung, dass alle technischen Mindestanforderungen in vollem Umfang eingehalten werden.

Durch die Verwendung von ZN/D-Zement kann der ökologische Fußabdruck von Beton deutlich reduziert werden. Entsprechend wurden Zusatzpositionen für Mehr- oder Minderkosten bei einer Ausführung von Beton mit ZN/D abgefragt.

Durch den Einsatz von $CO_2$-reduziertem Stahl kann ein erhebliches Einsparpotential beim ökologischen Fußabdruck erreicht werden. Gegenüber einem „herkömmlichen“ Stahl ergibt sich dadurch eine Einsparung von 337 kg $CO_2$-eq pro Tonne.

## 4. Ökobilanz der Baugrube und Gründung

### 4.1 Ausgangslage

Als Referenzprojekt zur Bewertung der $CO_2$-Einsparungen bzw. -Mehrbelastungen bei Bau 12 wurde der direkt vergleichbaren Baugrubenverbau von benachbarten Roche Bau 2 herangezogen.

In Summe ergäbe sich eine Ökobilanz von rund 3.679 t $CO_2$-eq.

### 4.2 Einsparpotential durch Optimierung in der Planung

Wie die Ergebnisse der Bilanzen in Tab. 1 und Tab. 2 zeigen, hat die Optimierung der Baugrube in der Planung keinen positiven Einfluss auf die Ökobilanz der Baugrube. Stattdessen führt sie zu einem Mehrverbrauch von 57 t $CO_2$-eq.

### 4.3 Einsparpotential durch ausgeschriebene Baumaterialien

Das Ergebnis der Ökobilanz unter Verwendung von $CO_2$-reduziertem Stahl zeigt nun eine Verbesserung der Ökobilanz durch die Optimierung der Planung mit einem Einsparpotential von rund 130 t $CO_2$-eq im Vergleich zur Verschlechterung nach 4.2.

Das Ergebnis der Ökobilanz zeigt durch den Einsatz von ZN/D-Zement bei allen Betonbauteilen (außer der Bodenplatte), Stahl mit reduziertem $CO_2$-Fußabruck und einer Optimierung der Baugrube und Gründung eine Verbesserung der Ökobilanz von rund 1.204 t $CO_2$-eq im Vergleich zum Referenzprojekt.

Die im Rahmen der Planungs- und Ausschreibungsphase umgesetzten Maßnahmen führten zu einem Gesamteinsparungspotenzial von rund 1.204 t $CO_2$-eq.

### 4.4 Bilanz des ausgeführten Werks

Trotz geplanter $CO_2$-Reduktionsmaßnahmen wurden nicht alle Potenziale im Projekt ausgeschöpft. Besonders der Einsatz von ZN/D-Zement wurde wegen angeblicher Nichtverfügbarkeit weitgehend ausgelassen; nur bei der Ausgleichsschicht der Bohrpfahlwand kam ein vergleichbares Produkt zum Einsatz. Bei der Bewehrung und den Steckträgern hingegen konnte durch $CO_2$-reduzierte Stahlprodukte eine deutliche Einsparung erzielt werden.

Im Nordwesten erfolgte ein Lückenschluss zwischen der neu hergestellten Bohrpfahlwand von Bau 12 und der bestehenden Bohrpfahlwand von Bau 2. Aufgrund beengter Platzverhältnisse war dort die Herstellung weiterer Bohrpfähle nicht möglich. Als Lösung wurde daher eine Bodenvereisung mit flüssigem Stickstoff eingesetzt. Die $CO_2$-Bilanz des Stickstoffs beträgt 48,8 kg $CO_2$-eq/t, inklusive Transport. Der gesamte ökologische Beitrag der Vereisung ist in Tab. 3 und Tab. 4 aufgeführt, zusammen mit den gesamten $CO_2$-Emissionen für Baugrube und Gründung, die sich auf etwa 2.415 t $CO_2$-eq belaufen. Den größten Anteil an den $CO_2$-Emissionen verursacht die Bohrpfahlwand mit 42,6 %, gefolgt von der Bodenplatte mit 38,0 %. Hauptursache sind die großen Mengen an Beton und Bewehrung sowie der Einsatz massiver Steckträger. Die Sprießdecke trägt etwa 12 % der Gesamtemissionen bei, bezogen auf die Baugrubensicherung rund 20 %. Vereisung und Aushub haben mit 6.7 % resp. 0.5 % einen vergleichsweisen geringen Anteil.

Es sind im Rahmen des gesamten Projekts rund 1.262 t $CO_2$-eq eingespart worden. Das entspricht einer Einsparung von rund 34 % im Vergleich zum Referenzprojekt und könnte bis zu 40 % betragen, bezogen auf das theoretische Einsparpotenzial, sofern das Unternehmen den ZN/D-Zement eingesetzt hätte.

**Tab. 3: Gesamte $CO_2$-Emissionen der Baugrube und Gründung des Projekts Bau 12, unterteilt nach Bauteilen**

| Bauteil | Ausmaß | $CO_2$-eq/Ausmaß | $CO_2$-eq [kg $CO_2$-eq] |
|---|---|---|---|
| **Anker:** | entfallen | | |
| **Bohrpfahlwand:** | 2.600 m | | |
| Pfahlbeton | 6.836.734 kg | 0,115 kg $CO_2$-eq/kg | 786.224 |
| Pfahlarmierung | 302.648 kg | 0,379 kg $CO_2$-eq/kg | 114.704 |
| Bohrschablone | 230.000 kg | 0,101 kg $CO_2$-eq/kg | 23.230 |
| Pfahlwandoberfläche | 989.000 kg | 0,040 kg $CO_2$-eq/kg | 39.560 |
| Stahlträger HEB 500 | 199.000 kg | 0,333 kg $CO_2$-eq/kg | 66.267 |
| **Sprießdecke:** | 950 $m^3$ | | |
| Hochbaubeton | 2.185.000 kg | 0,101 kg $CO_2$-eq/kg | 220.685 |
| Bewehrung | 147.250 kg | 0,400 kg $CO_2$-eq/kg | 58.900 |
| Sauberkeitsschicht | 204.250 kg | 0,063 kg $CO_2$-eq/kg | 12.868 |
| **Bodenplatte:** | 3.700 $m^3$ | | |
| Hochbaubeton | 3.700 $m^3$ | 128 kg $CO_2$-eq/m3 | 473.600 |
| Bewehrung | 1.221.000 kg | 0,348 kg $CO_2$-eq/kg | 424.908 |
| Sauberkeitsschicht | 397.750 kg | 0,050 kg $CO_2$-eq/kg | 19.888 |
| **Aushub:** | 36.465 $m^3$ | | |
| Aushub (maschinell) | 36.465 $m^3$ | 0,433 $CO_2$-eq/m3 | 15.789 |
| Aushub (Transport) | 802.230 tkm | 0,181 $CO_2$-eq/tkm | 145.204 |
| **Gründungspfähle:** | entfallen | | |
| **Vereisung:** | | | |
| Stickstoff | 204 t | 48,8 kg $CO_2$-eq/t | 9.955 |
| Ausfachungsbeton | 22.770 kg | 0,101 kg $CO_2$-eq/kg | 2.300 |
| Ausfachungsbewehrung | 2.280 kg | 0,400 kg $CO_2$-eq/kg | 912 |
| **TOTAL** | | | **2.414.993** |

**Tab. 4: Gesamte $CO_2$-Emissionen der Baugrube und Gründung des Projekts Bau 12, unterteilt nach Bauteilen und in Prozent**

| Bauteil | $CO_2$-eq [kg $CO_2$-eq] | Prozentuale Verteilung |
|---|---|---|
| Bohrpfahlwand | 1.029.985 | 42,6 % |
| Sprießdecke | 292.453 | 12,1 % |
| Bodenplatte | 918.396 | 38,0 % |
| Aushub | 160.993 | 6,7 % |
| Vereisung | 13.167 kg | 0,5 % |
| **TOTAL** | **2.414.993** | **100 %** |

## 5. Fazit

Die $CO_2$-Analyse der Baugrube von Bau 12 zeigt, dass die größten Einsparpotenziale in der Ausschreibungsphase liegen, vor allem durch den gezielten Einsatz von Materialien wie Green Steel oder ZN/D-Zement. In der Planungsphase konnten ohne klare ökologische Vorgaben kaum $CO_2$-Reduktionen erzielt werden. Am Ende der Ausschreibung betrug das Einsparpotenzial rund 1.204 t $CO_2$-eq.

Obwohl das Einsparpotenzial von 1.262 t $CO_2$-eq in der Ausführung sogar übertroffen wurde, stiegen die $CO_2$-Emissionen bei Bauteilen wie der Bohrpfahlwand und Sprießdecke zwischen Ausschreibung und Ausführung. Viele Maßnahmen wurden von den ausführenden Unternehmen nicht umgesetzt oder durch weniger umweltfreundliche Alternativen ersetzt. Effektive $CO_2$-Reduktionen sind vor allem in der Ausschreibungsphase mit minimalen Mehrkosten möglich. Die Ausführung zeigt jedoch Widerstand bei der Umsetzung, weshalb strengere oder motivierende vertragliche Vorgaben notwendig sind. Analog zur Festlegung eines $CO_2$-eq-Maximalwertes für Stahl empfiehlt es sich, auch für Beton entsprechende

Grenzwerte auszuschreiben. Dabei ist zu berücksichtigen, dass der Einsatz von rezyklierten Gesteinskörnungen (RC-Zuschlägen) in der Regel zu höheren $CO_2$-eq-Emissionen der Betonsorten führt.

Auf Basis der Berechnung hat die Baugrundvereisung einen unerwartet geringen Einfluss auf die Ökobilanz und beläuft sich von der Größenordnung auch gleich, wie eine alternative Ausführung mittels Jetting.

Generell lässt sich zusammenfassen, dass die großen Massenbauteile (hier überwiegend aus Beton) entscheidend für die Ökobilanz der Baugrube sind. Die Bohrpfahlwand, die Bodenplatte und in untergeordneter Größe die Sprießdecke sind die wichtigsten Emissionsquellen. Deshalb haben hier Optimierungen – wie beispielsweise der Einsatz von ZN/D-Zement – die größte Hebelwirkung auf die Gesamtbilanz.

**Literatur:**

[1] CEM Suisse. (2025). CEM Suisse: Association des producteurs de ciment de Suisse. https://www.cemsuisse.ch/

[2] KBOB (2022). Liste der Ökobilanzdaten im Baubereich (2009/1:2022, Version 6.2). https://www.kbob.admin.ch/de/oekobilanzdaten-im-baubereich

[3] KBOB (2025). Ökobilanzrechner für Betonsorten. https://rechner.pawis.ch/betonrechner/frontend

[4] EFFC/DFI (2025). EFFC/DFI Carbon Calculator. https://www.effc.org/how-we-operate/eco%E2%82%82-foundations/

[5] Westermann, K. et al (2020), Automatisierungsaspekte bei der Planung von Baugrube und Gründung eines Forschungszentrums. Bautechnik, 97: 878–885. https://doi.org/10.1002/bate.202000062

# Tragverhalten von Gründungskörpern aus Abbruchmaterial – ein Beitrag zur Ressourceneffizienz und Reduktion von Kohlendioxidemissionen im Bauwesen

**Dr.-Ing. Tunç Kendir**
Technische Universität Berlin, Fachgebiet Architektur und Tragwerk

**Hakan Gülay**
HG Ingenieure

**Prof. Dr.-Ing. Kerstin Wolff**
Technische Universität Berlin, Fachgebiet Architektur und Tragwerk

**Zusammenfassung**
Der Beitrag stellt die Idee einer alternativen Gründungskonstruktion vor, die weitgehend neuen Beton und mit stark reduziertem Stahlanteil auskommt. Ziel dabei ist es, Kohlendioxidemissionen zu senken, Primärrohstoffe zu schonen und eine Rückführbarkeit der eingesetzten Materialien zu ermöglichen. Die vorgestellte Konzeption beruht auf einem starren Körper aus umschnürtem Abbruchmaterial, der den Einsatz neuen Zements herkömmlicher Gründungskörper vollständig ersetzt und reversibel konstruiert werden kann. Anhand der planerischen Überlegungen und der im Rahmen des Realisierungsprojekts „TULIUM" der Technischen Universität Berlin entwickelten Ansätze wird erläutert, welche konstruktiven und bemessungstechnischen Fragen derzeit untersucht werden.

## 1. Einleitung

Das Bauwesen ist weltweit für etwa vierzig Prozent der energiebedingten Emissionen verantwortlich [1]. In Europa entfallen rund ein Drittel des Energieverbrauchs und der Treibhausgasemissionen auf Gebäude [2]. Etwa ein Viertel dieser Emissionen entsteht bereits vor der Nutzungsphase durch die Herstellung von Baustoffen, Transporte und Bauprozesse [3].
Zement zählt dabei zu den größten Einzelfaktoren. Die globale Zementproduktion verursacht jährlich mehr als zweieinhalb Milliarden Tonnen Kohlendioxid, was etwa sieben bis acht Prozent der gesamten Emissionen entspricht [3]. Diese Werte verdeutlichen, dass eine Reduktion des Zementanteils im Bauwesen unvermeidlich ist.
Während in Europa leichte Rückgänge bei Neubauten und Emissionen verzeichnet werden, steigt der Ressourcenbedarf in anderen Weltregionen deutlich an. Der anhaltende Urbanisierungsprozess kompensiert technologische Fortschritte und führt global weiterhin zu steigenden Gesamtemissionen [3].
Damit gewinnt die Entwicklung neuer Baukonzepte an Bedeutung, die den Einsatz von Primärwerkstoffen begrenzen und gleichzeitig tragfähige und dauerhafte Lösungen ermöglichen.

## 2. Fehlender Materialkreislauf

Der Bausektor funktioniert überwiegend linear [4], [3]. Rohstoffe werden abgebaut, genutzt und entsorgt. In Deutschland stammen mehr als fünfzig Prozent des gesamten Abfallaufkommens aus Bau- und Abbruchmaßnahmen [4]. Zwar wird ein großer Teil davon rechnerisch als verwertet geführt, tatsächlich handelt es sich aber in der Regel um Downcycling, bei dem Betonbruch beispielsweise als Füllmaterial im Straßenbau endet.
Ein geschlossener Kreislauf existiert derzeit nicht. Tragende Bauteile, insbesondere Fundamente, können bislang kaum sortenrein zurückgebaut oder wiederverwendet werden [3]. Dadurch gehen enorme Mengen grauer Energie dauerhaft verloren.
Ziel zukunftsweisender Forschung ist es, Konzepte zu entwickeln, bei denen Materialien nach Ende der Nutzungsphase wiederverwendet oder als Sekundärrohstoffe in neue Bauteile integriert werden können. Der vorgestellte Ansatz eines Gründungskörpers aus Abbruchmaterial ist ein Beitrag zu dieser Entwicklung.

## 3. Kohlendioxid und Ressourceneinsatz in der Gründung

Fundamente sind zentrale, aber bislang wenig beachtete Quellen grauer Emissionen. Untersuchungen zeigen, dass sie zwischen fünfzehn und dreißig Prozent der gesamten Emissionen eines Gebäudes ausmachen können [3]. Bei tiefen Gründungen und schlechten Baugrundverhältnissen steigt der Anteil weiter an.
Die Ursache liegt im hohen Zementklinkeranteil des Betons, im Verbrauch von Stahl und im Umstand, dass Fundamente in der Regel nicht rückgebaut werden. Ein einzelnes Fundament mit fünf Kubikmetern Beton der Festigkeitsklasse C25/30 verursacht etwa eine Tonne Kohlendioxid [3]. Da jedes Bauwerk eine Gründung benötigt, bietet gerade dieser Bauteil ein erhebliches Potenzial zur Verringerung der Emissionen. Eine Substitution von Beton

durch rezyklierte mineralische Stoffe könnte den Ausstoß von Treibhausgasen im Fundamentbereich deutlich senken.

## 4. Forschungskontext TULIUM der Technischen Universität Berlin

Anhand des Realisierungsprojekts „TULIUM" auf dem Campus der Technischen Universität Berlin, werden in Kooperation mit dem Natural Building Lab und dem Fachgebiet für Entwerfen und Konstruieren – Verbundstrukturen Ansätze für die Entwicklung und Umsetzung kreislaufgerechter Tragkonstruktionen aus Sekundärmaterialien untersucht. Das Bauvorhaben und Reallabor der Technischen Universität Berlin wird im Rahmen der Gemeinschaftsaufgabe „Verbesserung der regionalen Wirtschaftsstruktur" (GRW) mit zweckgebundenen Bundes- und Landesmitteln gefördert. [3].

Abbildung 1 – Visualisierung des Museums-Pavilons „TULIUM" der Technischen Universität Berlin (© ZRS Architekten)

Im Rahmen des begleitenden Forschungsprojekts, gefördert durch die Deutsche Bundesstiftung Umwelt, wurde die Idee einer betonarmen beziehungsweise betonfreien Gründung erstmals konzeptionell ausgearbeitet. Sie stellt eine mögliche Alternative zu klassischen Fundamenten aus neuem Stahlbeton dar.

Die Grundidee besteht darin, die Lasten über einen kompakten Körper aus grobem mineralischem Füllmaterial abzutragen, der über äußere Verspannungen zu einem tragfähigen Verbund zusammengehalten wird. Die Konstruktion soll ohne Bindemittel auskommen und im Rückbau vollständig demontierbar bleiben. Die Gründungskörper ähneln somit dem Aufbau von Gabbionen, die aktuelle insbesondere bei oberirdischen Konstruktionen Anwendung finden.

Abbildung 2: geschosshoher, einteiliger Gabbion, hier: Anwendung als Fassadenelement bei einem Parkhaus (© AUT)

Die bisherige Arbeit konzentriert sich auf die theoretische Auslegung, auf Materialuntersuchungen und auf die Vorbereitung von großskaligen Versuchen. Praktische Belastungstests stehen noch aus.

## 5. Aufbau und Funktionsprinzip des geplanten Gründungskörpers

Der Gründungskörper ist als zylindrischer Verbundkörper aus mineralischem Füllmaterial vorgesehen, der von einem äußeren Stahlkorb, bestehend aus Einzelstäben, umschlossen wird. Die äußeren Umschnürungen und vertikalen Stäbe dienen der Vorspannung und sorgen für eine mehraxiale Druckbeanspruchung des Füllmaterials [5].

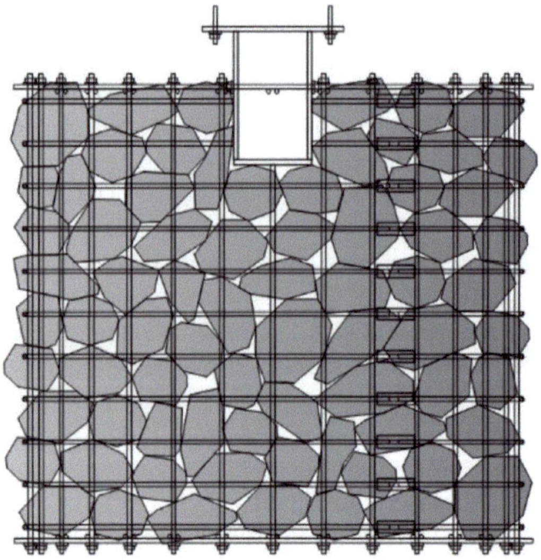

Abbildung 3: Schematische Ansicht des Gründungskörper mit Lasteinleitungsstempel im Kopfbereich [5]

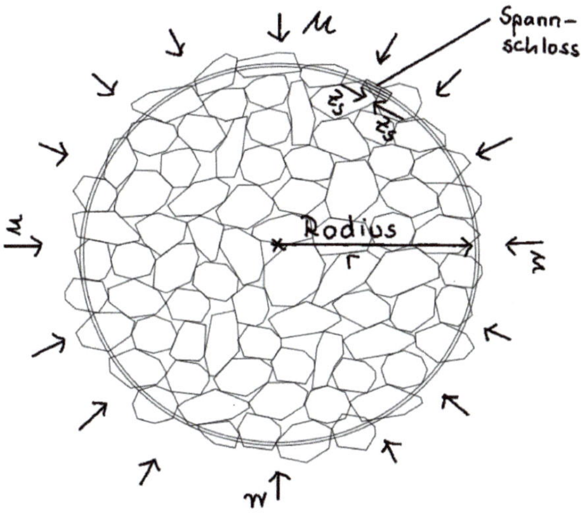


Abbildung 4: Grundrissdarstellung des Gründungskörpers [5]

Das Füllmaterial kann aus gebrochenem Naturstein, recyceltem Beton oder Mischgranulat bestehen. Die Maschenweite des Korbs muss gewährleisten, dass kein Stein durch die Öffnungen gedrückt wird. Der geometrische Nachweis erfolgt über das Verhältnis aus Maschenweite und kleinster Steingröße.

Der Durchmesser des Gründungskörpers liegt im Bereich von etwa einem Meter, die Einbindetiefe bei rund achtzig Zentimetern.

Das nachfolgend dargestellte Stabwerkmodell zeigt den prinzipiellen Lastabtrag im Gründungskörper. Die Druckkräfte werden über das Füllmaterial aufgenommen, die Zugkräfte über die Umschnürungen. Durch die Vorspannung entsteht eine gleichmäßige Kompression, die das Füllmaterial zu einem stabilen, nahezu starren Körper zusammenfügt. Für den Nachweis der äußeren Standsicherheit können somit die bekannten Nachweisformen angewendet werden.

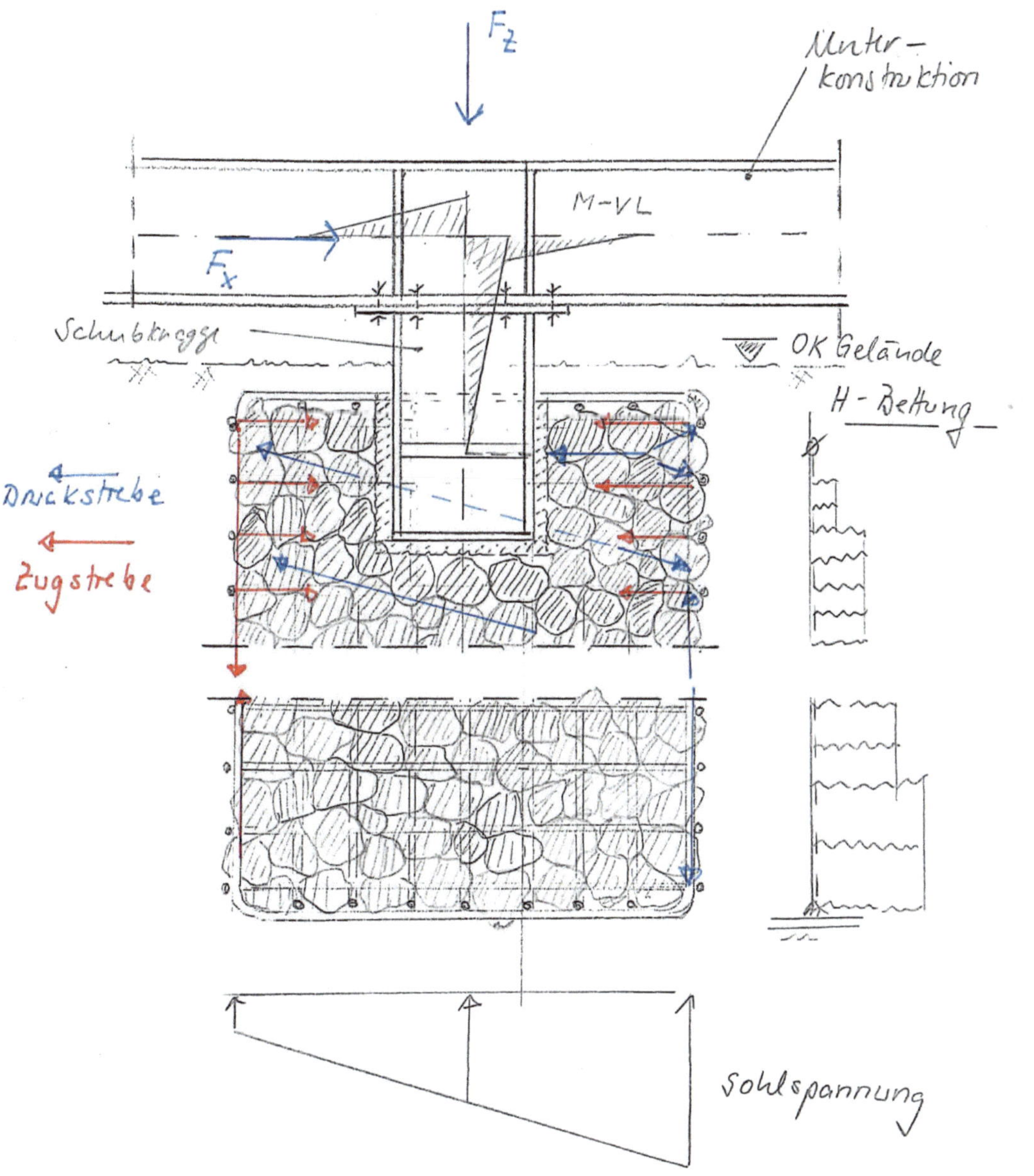


Abbildung 5: Prinzip Kraftflussverlauf vertikal und horizontal [5]

Im Gegensatz zu Betonfundamenten werden keine chemischen Bindungen benötigt. Das System folgt einem rein mechanischen Wirkprinzip. Die Konstruktion erinnert an die Tragmechanismen von Trockenmauerwerken, wird jedoch durch definierte Vorspannung technisch kontrollierbar gemacht.

## 6. Geplanter Versuchsansatz und Nachweisführung

Um die Tragfähigkeit und die innere Standsicherheit des beschriebenen Systems künftig rechnerisch erfassen zu können, ist ein großmaßstäblicher Versuch vorgesehen [5].

Der geplante Aufbau umfasst einen Rundstahlkorb mit einer Maschenweite von etwa zehn Zentimetern und einer Füllung aus Bruchstein mit einer kleinsten Korngröße von neunzig Millimetern. Die Belastung soll zentrisch über eine Druckplatte erfolgen.

Ziel des Versuchs ist es, folgende Parameter zu ermitteln:

- den Zusammenhang zwischen Vorspannkraft und Verformung,
- die Lagesicherheit der Bruchsteine unter Druck,
- das Setzungsverhalten des Füllmaterials,
- und die Ausbildung von inneren Drucktrajektorien.

Für den rechnerischen Nachweis wird ein Stabmodell aus Druck und Zuggliedern vorgesehen. Die Druckglieder repräsentieren die Lastpfade im Füllmaterial, die Zugglieder die vorgespannten Umschnürungen.

Die resultierenden Druckkräfte aus der Vorspannung werden theoretisch als Umlenkkräfte beschrieben, die sich radial auf das Füllmaterial verteilen. Der entsprechende Nachweis soll künftig experimentell überprüft werden.

## 7. Erwartete Erkenntnisse und offene Fragen

Auf Basis der theoretischen Untersuchungen wird erwartet, dass der Gründungskörper bei ausreichender Vorspannung ein quasi monolithisches Tragverhalten aufweist. Offen ist bislang, wie stark die Vorspannung über die Zeit abnimmt und welche Kornformen eine stabile Verkeilung begünstigen.

Auch das Setzungsverhalten des Füllmaterials und die Interaktion zwischen Stahlkorb und Gestein müssen noch untersucht werden. Die geplanten Versuche sollen diese Fragen klären und eine Grundlage für die Entwicklung eines vereinfachten Bemessungsmodells liefern.

Ökobilanzielle Vorabschätzungen deuten darauf hin, dass das System weniger als ein Viertel der Treibhausgasemissionen eines herkömmlichen Betonfundaments verursachen könnte [5]. Diese Werte müssen jedoch durch belastbare Daten aus den zukünftigen Untersuchungen bestätigt werden.

## 8. Ausblick

Das vorgestellte Konzept beschreibt eine mögliche Alternative zu herkömmlichen Fundamenten. Die Idee basiert auf der Nutzung lokal verfügbarer mineralischer Reststoffe, die durch Vorspannung in eine tragfähige Form gebracht werden.

Die nächsten Arbeitsschritte umfassen Materialversuche, die Ermittlung von Steifigkeitskennwerten und die Entwicklung eines numerischen Modells. Auf dieser Basis soll ein experimenteller Prototyp entstehen, an dem die theoretischen Annahmen überprüft werden können.

Langfristig ist das Ziel, ein Bemessungsmodell zu entwickeln, das die innere Standsicherheit und das Tragverhalten solcher Gründungen nachweist. Damit könnte ein Fundamenttyp entstehen, der vollständig rückbaubar, emissionsarm und ressourceneffizient ist.

**Danksagung**

Das Forschungsprojekt ist gefördert durch die Deutsche Bundesstiftung Umwelt.

**Literatur**

[1] International Energy Agency, Global Status Report for Buildings and Construction, Paris: IEA, 2023.

[2] Umweltbundesamt, Bauwirtschaft und Materialkreisläufe in Deutschland, Dessau Rosslau: UBA, 2022.

[3] Deutsche Bundesstiftung Umwelt, Neubau des Museums Pavillons der Technischen Universität Berlin als Reallabor Bauen, Abschlussbericht, Az 38392 01, 2024.

[4] Umweltbundesamt, Bauwirtschaft und Materialkreisläufe..., Dessau Rosslau: UBA, 2022, S. 6.

[5] H. Guelay, *Entwicklung und Untersuchung eines vorgespannten Stahlkorbs aus Naturstein- oder Betonrecyclingmaterialien für nachhaltige Hochbauanwendungen.* Dissertation in Vorbereitung, Fachgebiet Architektur und Tragwerk, TU Berlin, voraussichtlich 2026.

# Nachhaltige Gründungen mit Fertigbetonpfählen

**Dipl.-Ing. Thomas Garbers**
AARSLEFF Spezialtiefbau GmbH, Hamburg

**Dipl.-Ing. Bahne Jess**
AARSLEFF Spezialtiefbau GmbH, Hamburg

**Thomas Keller**
AARSLEFF Spezialtiefbau GmbH, Germaringen

**Zusammenfassung**
Um Gebäude standsicher zu gründen, braucht es in vielen Bereichen Pfahlgründungen. Die erforderlichen Baustoffe Zement und Stahl sind aufgrund des sehr hohen $CO_2$-Ausstosses bei der Produktion bei den Diskussionen über Klimawandel und nachhaltigem Bauen in den Fokus gerückt. Da dies durch die ausführenden Firmen nicht direkt beeinflusst werden, sucht die AARSLEFF nach Wegen, neben der Materialproduktion, um den $CO_2$-Footprint zu reduzieren. Im Beitrag werden verschiedene Ansätze und Neuentwicklungen vorgestellt, um bei Pfahlgründungen $CO_2$ bei der Herstellung und der Ausführung zu reduzieren sowie über den Lebenszyklus des Gebäudes auszugleichen.

## 1. $Co_2$-Emissionen im Spezialtiefbau

Das Thema Nachhaltigkeit bzw. $CO_2$-Reduzierungen ist im Spezialtiefbau kein neues Thema. Es war schon immer Ziel wirtschaftlich zu arbeiten, sei es durch Reduzierung der Materialen oder des Maschineneinsatzes, um einen Auftrag zu erhalten oder das Ergebnis der Baustelle zu verbessern. Wie aus der Abbildung 1 zu ersehen ist, entfallen mehr als 86 % des $CO_2$-Verbrauches auf die Produktion der verwendeten Baustoffe.
Nachwachsende Baustoffe wir Holz stehen nicht in ausreichendem Maße zu Verfügung und haben zudem nicht die Tragfähigkeiten der zurzeit eingesetzten Stahlbeton- oder Stahlpfähle (Abb. 2). Hier ist die Bauindustrie auf die Beton- und Stahlproduzenten angewiesen, um in diesem Bereich nachhaltiger zu werden. Die Emissionen durch die auf der Baustelle eingesetzten Geräte lässt sich nur im geringen Umfang reduzieren, auch wenn hier die ersten Geräte mit alternativen Antrieben wie Strom oder HVO-Diesel zur Verfügung stehen. Somit bleibt in erster Linie die Optimierung der Gründung der wichtigste Punkt für die ausführenden Firmen und Planungsbüros.

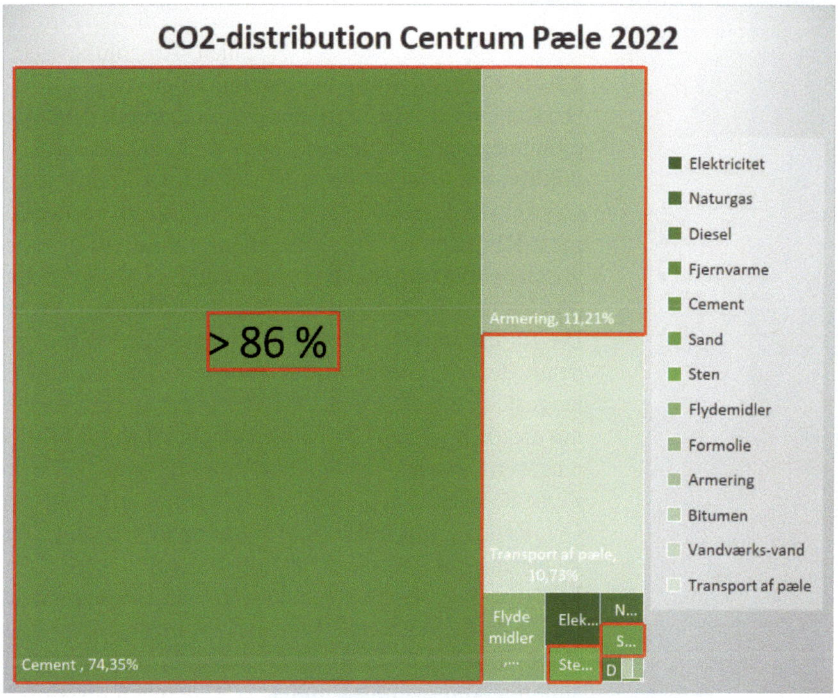


Abb. 1: $CO_2$-Verbrauch für Gründungsarbeiten

| Pfahltyp | Dimensionen | Max. Last ($E_k$) |
|---|---|---|
| Verrohrter Bohrpfahl | ≥ 300 bis 3000 mm | 25 MN |
| Erdgestützter Bohrpfahl durchgehende Schnecke (SOB) | 370 bis 1200 mm | 4,0 MN |
| Erdgestützter Bohrpfahl durchgehende Schnecke (TVB) | 420 bis 780 mm | 2,5 MN |
| Fertigpfähle, Beton | 20 * 20 cm bis 45 * 45 cm | 2,0 MN |
| Fertigpfähle Stahl, (lotrecht) | h / d < 1800 mm | 10 MN |
| Fertigpfähle, Duktilpfähle | 98 bis 170 mm (Rohr) | 0,2 – 1,5 MN |
| Fertigpfähle, Holz | 15 bis 35 cm | 100 – 600 kN |
| Ortbetonrammpfahl, Franki | 42 bis 71 cm | 1 – 6 MN |
| Ortbetonrammpfahl, Simplex | 34 bis 61 cm | 0,5 – 2,5 MN |
| Schraubpfähle, Atlas | 31/41 cm bis 51/61 cm | 0,5 – 2,0 MN |
| Schraubpfähle, Fundex | 38/45 cm bis 44/56 cm | 0,5 – 1,5 MN |

EA-Pfähle, 3. Auflage, Übersicht Pfahlsysteme

Abb. 2: Tragfähigkeiten unterschiedlicher Pfahlsysteme

Durch die Bauindustrie wurden zudem Programme entwickelt mit deren Hilfe für unterschiedliche Spezialtiefbauverfahren die $CO_2$-Verbräuche ermittelt und verglichen werden können. Durch den EFFC (European Federation of Foundation Contractor) wurde z. B. der Carbon Calculator entwickelt und der Guide No. 1 Carbon Reduction veröffentlicht (Abb. 3). Dieser Weg müsste zukünftig von den Bauherren in den Ausschreibungen und Vergaben berücksichtigt werden, um auch von dieser Seite ein deutliches Zeichen Richtung nachhaltigem Bauen im Spezialtiefbau zu setzen.

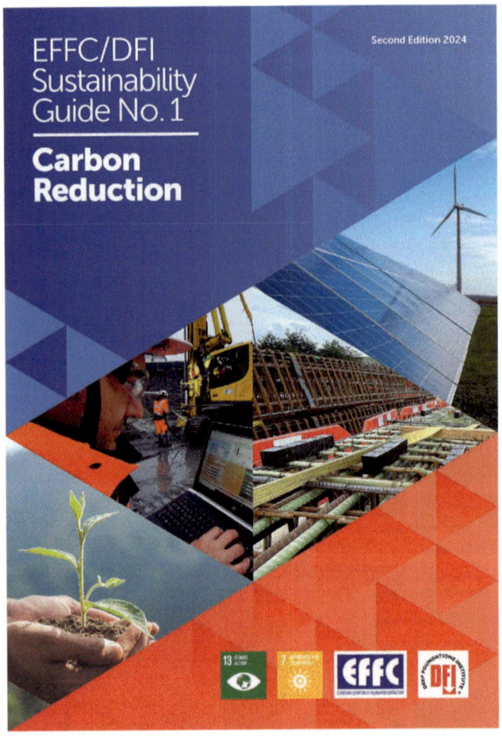


Abb. 3: EFFC Guide No.1 Carbon Reduction

## 2. Entwicklungen bei fertigbetonpfählen

Fertigbetonpfähle bieten den Vorteil mit einer stationären Produktion, diese unter kontrollierten Bedingungen, mit automatisierten Arbeitsschritten durchführen zu können. Auf diese Weise können die Herstellbedingungen, die Produktion und die eingesetzten Mittel optimiert und den jeweiligen Anforderungen angepasst werden. Zum Thema Nachhaltigkeit werden zurzeit folgende Ideen oder Verbesserungen umgesetzt:

- Verwendung verbesserter Betonrezepturen und neuer Zementarten
- Nutzung von Recyclingbeton
- Volumenreduzierung durch Hohlpfähle
- Neue Pfahlsysteme

### 2.1 Betonherstellung bei Fertigpfählen

Die Bauindustrie ist beim Einsatz von Beton stark von der produzierenden Zementindustrie abhängig, da die Produktion der entscheidende Faktor bei der Reduzierung von $CO_2$-Reduzierung ist. 2/3 der Emissionen bei der Zement-Klinkerherstellung entstehen damit allerdings chemisch bedingt durch die Freisetzung des $CO_2$ im Brennprozess und können nur unwesentlich reduziert werden. Die für die Herstellung von Fertigbetonpfählen verwendeten Betone wurden bisher mit einem Zement CEM I hergestellt, um eine hohen Frühfestigkeit zu erzielen, damit die eingesetzten Schalungen möglichst wirtschaftlich eingesetzt werden können. Die Umstellung auf CEM II-Zemente mit einem geringerem Klinkeranteil bringt eine $CO_2$-Reduzierung um 10 – 20 % und eine akzeptable Verlängerung der Ausschalfristen.

Eine direkte Eingriffsmöglichkeit bei der Herstellung der Pfähle bietet sich durch die Reduzierung des Betonvolumens. Hierfür können Hohlquerschnitte, die bei gleichen äußeren Abmessungen und Tragfähigkeiten die Betonmenge reduzieren sowie Schraubformen, die die Oberfläche zur Lastübertragung vergrößern, verwendet werden. Beide Systeme erfordern eine veränderte Schalung und die Umstellung der Herstellung selbst. Bei hohlen Rammpfählen kann die äußere Schalung unverändert bleiben. Es muss aber eine Innenschalung (Rohr) in die normale Schalung eingebaut und nach Beginn des Abbindeprozesses zum richtigen Zeitpunkt wieder gezogen werden. Erste Versuche unter Verwendung Stahlrohren als Innenschalung und das spätere Einrammen der Pfähle wurden erfolgreich ausgeführt (Abb. 4). Weitere Proberammungen und die Verwendung anderer Materialen für die Innenschalung sind in der Planung.

Abb. 4: Quadratischer hohler Rammpfahl

Durch die Reduzierung des Betonvolumens, kann auch das Gewicht reduziert werden, sodass die Pfahlanzahl für die einzelnen LKW-Transporte erhöht werden kann. Dieses reduziert dann auch hier die $CO_2$-Emissionen.

### 2.2 Fertigbetonschraubpfahl

Bei der Herstellung eines Fertigbetonschraubpfahls ist eine deutlich aufwändigere Schalung erforderlich, da die Außenschalung die spätere Schraubenform abbilden und zudem eine Innenschalung integriert werden muss. In der Seele des Pfahls werden zwei Aussparungen ausgebildet, in die ein Stahlrohr mit Mitnehmerleisten das Drehmoment zu Einbringen des Pfahles übertragen kann (Abb. 5). Durch die spezielle Ausbildung der Nuten wird eine gleichmäßige Übertragung des Drehmomentes über die gesamte Pfahllänge auf den Pfahl gewährleistet. Wie auch der bekannte CENTRUM-Rammpfahl kann der Centrum Prefabricated Screw Pile (CPSP) über patentierte Pfahlkupplungen verlängert werden, sodass beliebige Pfahllängen ausgeführt werden können (Abb. 6). Zur Abtragung von Zuglasten wurde eine spezielle Spitze (Abb. 7) entwickelt, in die ein GEWI-Stab eingeschraubt werden kann, sodass Zuglasten über den Pfahlfuß als Drucklast in den Pfahl eingeleitet werden. Somit können normal bewehrte Pfähle als Zugpfähle verwendet werden, da der Beton dann auf Druck belastet wird. Der CPSP-Pfahl kann im oberen Bereich auch ohne Schraubengänge hergestellt werden, da hier keine Lasten auf den Baugrund übertragen werden müssen. Dadurch kann weiteres Material eingespart und zudem die in diesem Bereich möglicherweise auftretende Einwirkung aus negativer Mantelreibung reduziert werden.

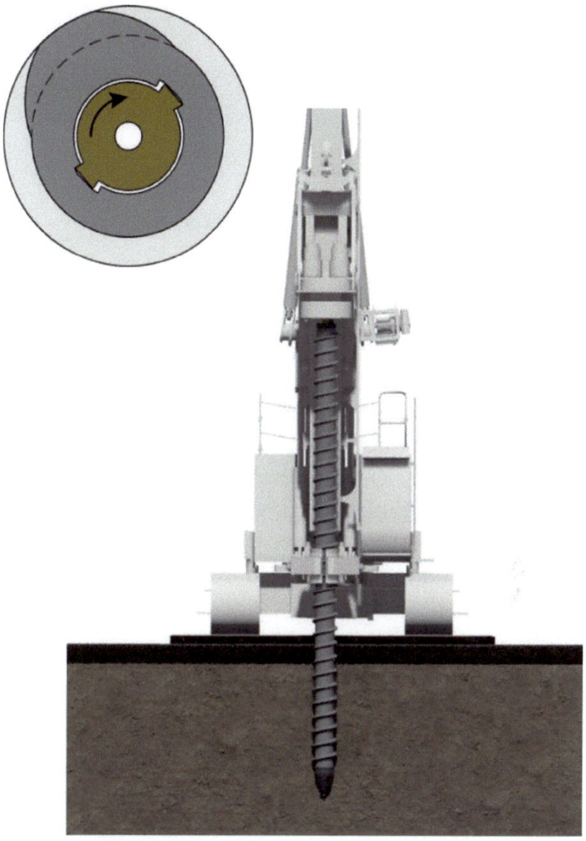

Abb. 5: CPSP-Pfahl

Abb. 6: Kupplung CPSP-Pfahl

Abb. 7: Schraubspitze mit Zugverankerung

### 2.3 Energiepfähle

Sowohl beim Rammpfahl als auch beim Schraubpfahl kann die Seele zur geothermischen Aktivierung der Pfähle genutzt werden. Durch die Entwicklung spezieller Kupplungen sollen zukünftig auch die unteren Pfahlsegmente für die Energiegewinnung verwendet werden. Da der Einbau der entsprechenden Leitungen nach dem Einbringen der Pfähle erfolgt, sind ein zielsicherer Einbau und die Überprüfung der Leitungen vor dem Vergießen des Hohlraumes möglich. Somit kann sichergestellt werden, dass alles Pfähle aktiviert werden können.

### 2.4 Mastfundamentpfähle

Ein Pfahlsystem, das schon seit vielen Jahren in Skandinavien für die Gründung von Oberleitungsmasten der Eisenbahnen eingesetzt wird, ist der Mastfundamentpfahl (Abb. 8). Der Mastfundamentpfahl zeichnet sich durch die Möglichkeit der Abstandmontage des Oberleitungsmastes aus. Dadurch

Abb. 8: Einbringen Mastfundamentpfahl

besteht die Möglichkeit diese direkt nach dem Einbringen des Pfahles zu montieren. Die zurzeit in Deutschland verwendeten Stahlrohrpfähle müssen zumindest am Pfahlkopf mit den für die Mastmontage erforderlichen Bolzen ergänzt und ausbetoniert werden. Zudem ist es erforderlich den Zwischenraum zwischen dem Pfahlbeton und der Fußplatte des Mastes zu verfüllen. Sowohl der Beton als die Unterfütterung der Platte erfordern Zeit für die Ausführung und die Erhärtung des Materials. Dieses kann beim Mastfundamentpfahl entfallen, was die Anzahl der, in den Sperrpausen, ausgeführten Pfähle deutlich erhöht (Abb. 9). Durch die Verwendung von Bolzen aus Edelstahl wird der Korrosionsschutz gewährleistet, sodass auch hier keine zusätzlichen Maßnahmen erforderlich sind. Da es zurzeit in Europa keine Bemessungsnorm für die Nachweise von Biegung und Querkräften für Gewinde gibt, wurden durch die MPA Stuttgart umfangreiche Versuche ausgeführt. Mit den Ergebnissen wurde eine Typenstatik erstellt, die es Planern ermöglicht auftretende Einwirkung nachzuweisen. Die Versuche und die Typenstatik sind die Grundlage für die geplanten Betriebserprobungen der DB InfraGo und die allgemeine Bauartgenehmigung

Abb. 9: Mastfundamentpfahl mit Oberleitungsmast

(aBG) des DIBt.

Neben der Anwendung als Gründungselement für Oberleitungsmasten werden die Pfähle auch zur Gründung von Photovoltaikanlagen eingesetzt (Abb. 10). Auch hier kann mit dem Pfahl auf aufwändigen Fundamentbau verzichtet werden und die Bauzeiten erheblich verkürzt werden. Da mit diesem System der Eingriff für genutzte Flächen gering ist, können hiermit auch gut große Parkplatzflächen überbaut werden. So können diese Fläche zur Stromerzeugung genutzt werden, ohne Parkflächen zu reduzieren. Zudem werden dem Parkplatznutzer Schutz gegen die Sonneneinstrahlung bzw. Niederschläge gegeben. Wenn es die geotechnischen Bedingungen erfordern, können die bis zu sechs Meter langen Mastfundamentpfähle über Pfahlkupplungen beliebig mit Standardrammpfählen verlängert werden.

Abb. 10: Freizeitpark Mojo (NL), 2750 Pfähle

## 3. Reduzierungen durch Planungsoptimierung

Ein weiterer Mosaikstein ist die Optimierung der erforderlichen Gründung durch eine möglichst gute Ausnutzung der in der DIN EN 1997 gegebenen Möglichkeiten zur Reduzierung der Teilsicherheitsbeiwerte der Widerstände. Hierfür sind eine ausreichende Baugrunderkundung und eine geotechnische Auswertung der Untersuchungen und die Beratung des Bauherrn sowie die frühzeitige Einbindung ausführender Pfahlfirmen erforderlich und die Ausführung vorzeitiger Pfahlprobebelastungen erforderlich. Dies erfordert am Anfang größere Investitionen und Planungszeit, aber bei größeren Projekten können die Investitionen in der Regel mehr als ausgeglichen werden. Aufgrund der besseren Kenntnisse über die erreichbaren Pfahlwiderstände können die Teilsicherheitsbeiwerte reduziert und das aufgehende Tragwerk mit realistischen Widerständen und Federkonstanten für Gründung geplant werden. Auch für die Ausführung können die Bauzeiten besser geplant und der Umfang für Umplanungen aus Änderungen des Baugrunds erheblich reduziert werden. In den folgenden Projektbeispielen wird vertiefend darauf eingegangen.

Ein weiterer Punkt bei der Ausführung von Fertigbetonpfählen ist die Messung und Dokumentation der Geräteinformationen wie z. B. Rammenergie oder Drehmoment über die Tiefe. Durch die Messung und Auswertung dieser Daten können dem Geräteführer wichtige Informationen beim Einbringen der Pfähle an die Hand gegeben werden, die eine zielsichere Einbringung gewährleisten damit die Pfähle in dieser Phase nicht überbeansprucht und beschädigt werden. Zudem können diese Daten als zusätzliche Baugrunderkundung genutzt werden, um die geplanten Pfahllängen zu überprüfen und ggf. anzupassen. Mit diesen Informationen können Fehlausführungen auf der Baustelle reduziert und der Ressourceneinsatz optimiert werden.

## 4. Projekte

### 4.1 Forschungsprojekt SEBRO

Die AARSLEFF Spezialtiefbau ist Projektpartner bei dem durch die Bayerische Forschungsstiftung geförderten und durch die TU München -Zentrum Geotechnik- geleitetem Forschungsvorhabens „Effizientes und nachhaltiges Bauen auf strukturempfindlichem gering tragfähigem Untergrund“ (sebro.gbft.ed.tum.de/).

Abb. 11: Projektpartner SEBRO

Bei diesem Projekt werden das Einbringen und dessen Auswirkungen auf die Tragfähigkeit des anstehenden Seetons sowie die Widerstände der unterschiedlichen Systeme sowohl als Einzel- als auch Gruppenelement in einer kombinierten Pfahlplattengründung untersucht. Die Gruppenversuche werden als Langzeitbelastungen über die Dauer von ca. 6 Monaten ausgeführt und durch Messtechnik in den Pfählen als auch im umgebenden Baugrund überwacht. Abb. 12 zeigt den Aufbau des Baugrundes, der durch tiefreichende Seetone in weicher Konsistenz, die sehr empfindlich auf dynamische Einwirkungen reagieren, besteht. Die Pfähle werden mit einer Länge von 11 m in den weichen Seeton abgesetzt, um zielsicher eine schwimmende Gründung und die mittragende Wirkung der anschließenden Stahlbetonplatte zu erreichen. Die Untersuchungen in den ersten Testfeldern sind bereits abgeschlossen. Abb. 13 zeigt den Belastungsstapel für eine Gruppenbelastung sowie das Einbringen der Fertigbetonrammpfähle auf dem anschließenden Testfeld.

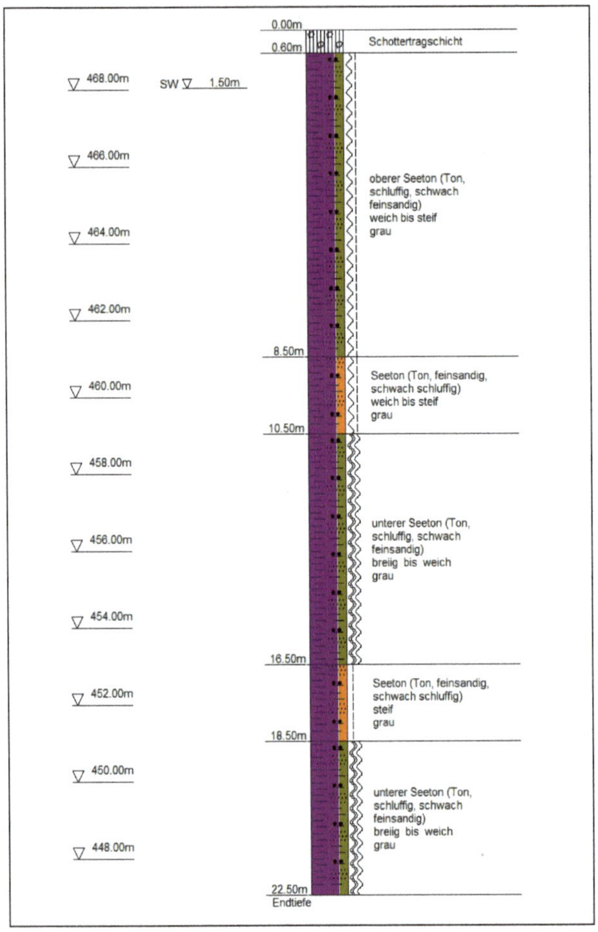


Abb. 12: Grundsätzlicher Baugrundaufbau

Abb. 13: Langzeitbelastung und Pfahleinbringung

### 4.2 Seniorenresidenz Bad Schussenried

Für den Neubau der Seniorenresidenz in Bad Schussenried waren 313 Fertigrammpfähle 30/30 cm mit einer Länge von 14–16 m und einem Bemessungswiderstand von Nd = 750 kN geplant. Für die Baugrunderkundung waren Bohrungen und Rammsondierungen bis in eine Tiefe von 8 m ausgeführt worden. Wie aus dem Abb. 14 zu erkennen ist, standen bis zur Erkundungstiefe Beckenablagerungen aus Becken- und Feinsanden an. Um den Untergrund in der von der DIN EN 1997-2 geforderten Tiefe zu erkunden, wurden vor Baubeginn Drucksondierungen ausgeführt. Die Ergebnisse der Drucksondierungen zeigten nur eine unzureichende Lagerungsdichte der anstehenden Beckenablagerungen, sodass es erforderlich war die Pfahllängen auf 24 m zu vergrößern. Um die Pfahllängen zu optimieren und Federsteifigkeiten für das aufgehende Tragwerk zu gewinnen, wurde entschieden die Tragfähigkeit der geplanten Pfähle durch statische Pfahlprobebelastungen nach DIN EN ISO 22477-1 zu überprüfen.

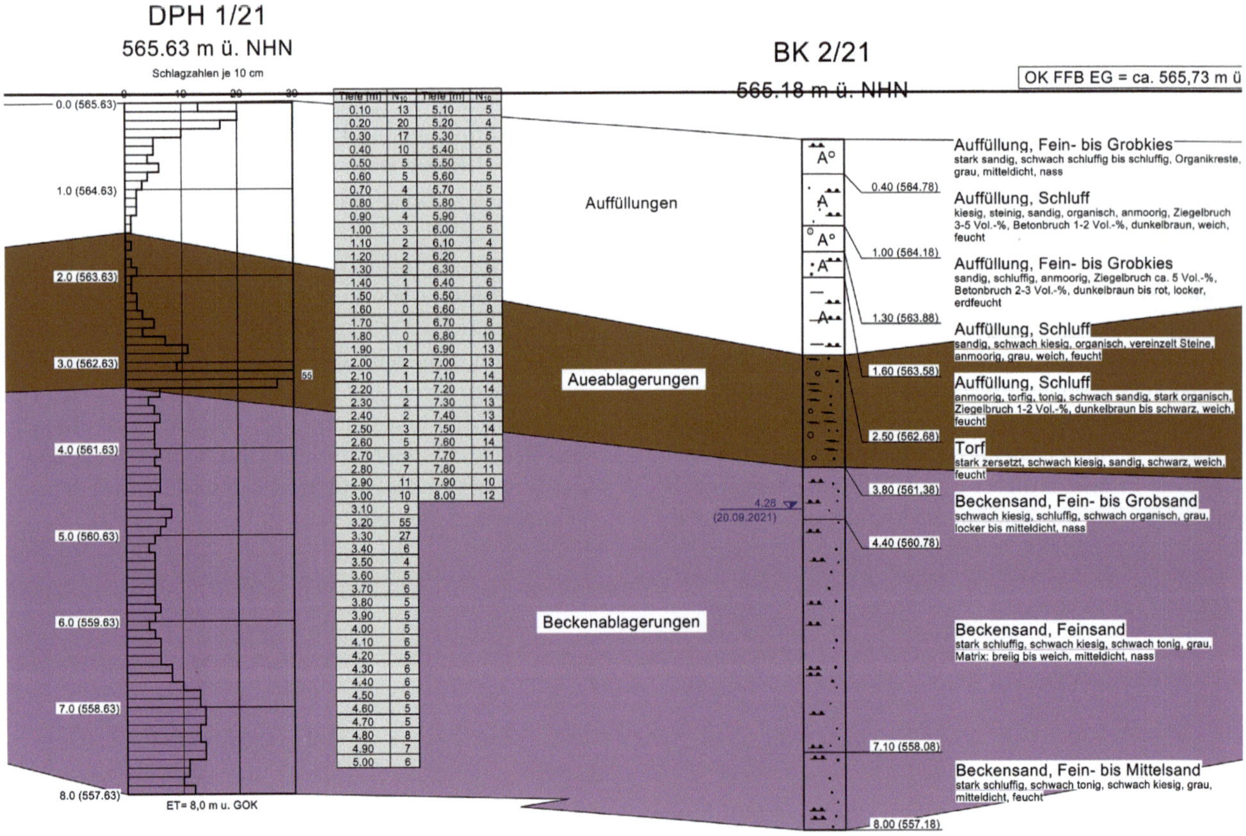


| Tiefe [m] | $N_{10}$ | Tiefe [m] | $N_{10}$ |
|---|---|---|---|
| 0.10 | 13 | 5.10 | 5 |
| 0.20 | 20 | 5.20 | 4 |
| 0.30 | 17 | 5.30 | 5 |
| 0.40 | 10 | 5.40 | 5 |
| 0.50 | 5 | 5.50 | 5 |
| 0.60 | 5 | 5.60 | 5 |
| 0.70 | 4 | 5.70 | 5 |
| 0.80 | 6 | 5.80 | 5 |
| 0.90 | 4 | 5.90 | 6 |
| 1.00 | 3 | 6.00 | 5 |
| 1.10 | 2 | 6.10 | 4 |
| 1.20 | 2 | 6.20 | 5 |
| 1.30 | 2 | 6.30 | 6 |
| 1.40 | 1 | 6.40 | 6 |
| 1.50 | 1 | 6.50 | 6 |
| 1.60 | 0 | 6.60 | 8 |
| 1.70 | 1 | 6.70 | 8 |
| 1.80 | 0 | 6.80 | 10 |
| 1.90 | 1 | 6.90 | 13 |
| 2.00 | 2 | 7.00 | 13 |
| 2.10 | 1 | 7.10 | 14 |
| 2.20 | 1 | 7.20 | 14 |
| 2.30 | 2 | 7.30 | 13 |
| 2.40 | 2 | 7.40 | 13 |
| 2.50 | 3 | 7.50 | 14 |
| 2.60 | 5 | 7.60 | 14 |
| 2.70 | 3 | 7.70 | 11 |
| 2.80 | 7 | 7.80 | 11 |
| 2.90 | 11 | 7.90 | 10 |
| 3.00 | 10 | 8.00 | 12 |
| 3.10 | 9 | | |
| 3.20 | 55 | | |
| 3.30 | 27 | | |
| 3.40 | 6 | | |
| 3.50 | 4 | | |
| 3.60 | 5 | | |
| 3.70 | 6 | | |
| 3.80 | 5 | | |
| 3.90 | 5 | | |
| 4.00 | 5 | | |
| 4.10 | 6 | | |
| 4.20 | 5 | | |
| 4.30 | 6 | | |
| 4.40 | 6 | | |
| 4.50 | 6 | | |
| 4.60 | 5 | | |
| 4.70 | 5 | | |
| 4.80 | 8 | | |
| 4.90 | 7 | | |
| 5.00 | 6 | | |

Abb. 14: Baugrundaufbau aus Erkundungen 2022

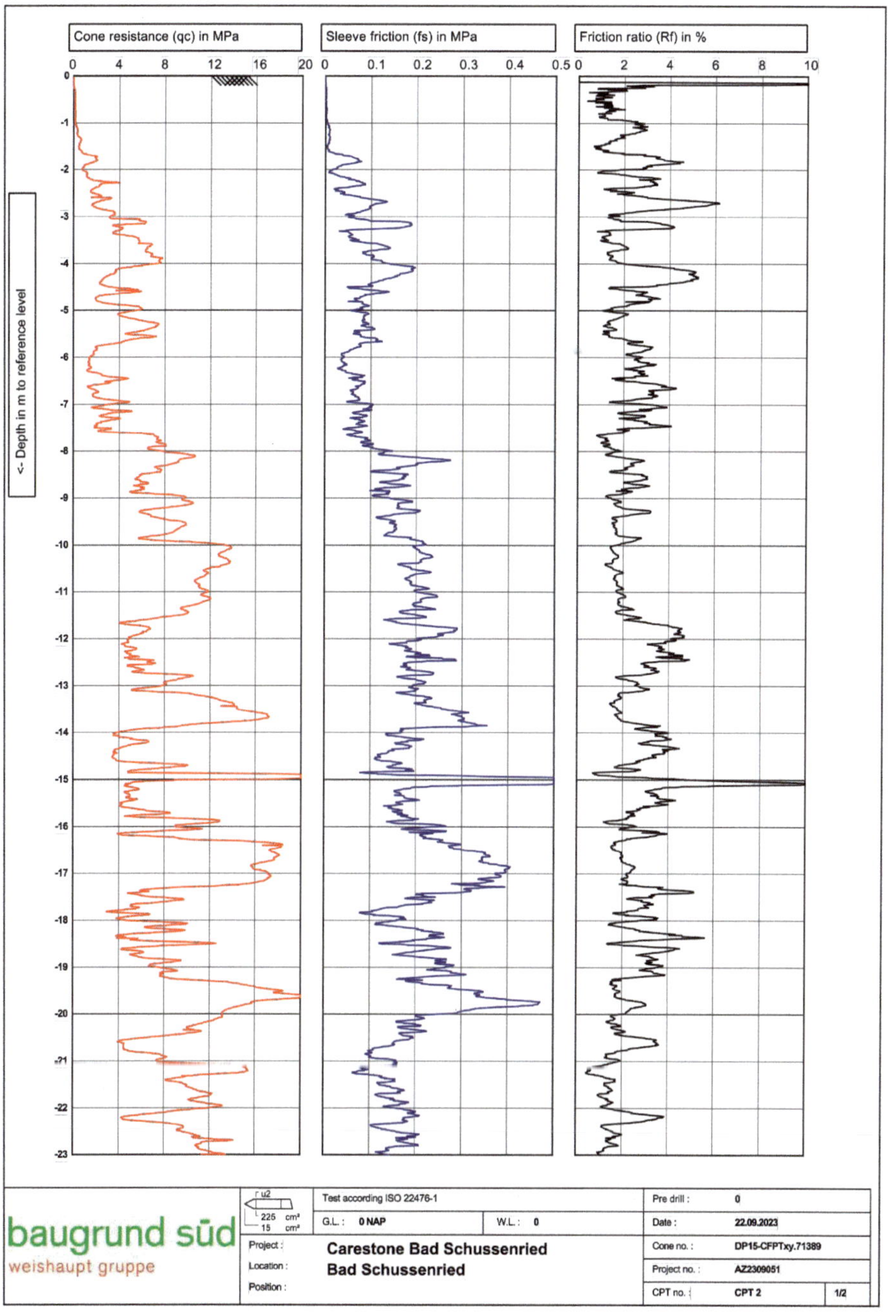


Abb. 15: Ergebnis Drucksondierung CPT 2

Um die Längen der Bauwerkspfähle zu optimieren, wurden vier statische Belastungen mit Pfahllängen zwischen 18 und 24 m ausgeführt. Die Widerstandsetzungslinie des Pfahles P1 ist im Abb. 16 dargestellt. Durch die ausgeführten Belastungen konnten die erforderlichen Pfahllängen auf 19–20 m reduziert werden. aus. Durch die Ausführung der statischen Belastungen konnten die erforderlichen Pfahlmeter von 7500 lfm auf 6200 lfm reduziert werden.

Die Pfähle wurden auf den oberen 12 m als Energiepfähle genutzt und geothermisch aktiviert. Dies führt zu einer Reduzierung des zukünftigen Energiebedarfs für die Heizung des Seniorenheims um den Faktor 4, sodass der $CO_2$-Verbrauch zur Herstellung der Gründung bereits nach gut fünf Jahren ausgeglichen wird.

Das Beispiel zeigt wie wichtig eine frühzeitige, ausreichend tiefe Baugrunderkundung ist und welche Vorteile Pfahlprobebelastungen bieten, um Pfahlgründungen optimieren zu können. Zudem können auch kurze Pfähle einen wichtigen Beitrag zur Reduzierung des zusätzlichen Energiebedarfs beim Heizen und Kühlen von Gebäuden liefern. Mit den Möglichkeiten zukünftig Fertigpfähle auch auf ganzer Länge nutzen zu können, wird sich das Potential weiter erhöhen.

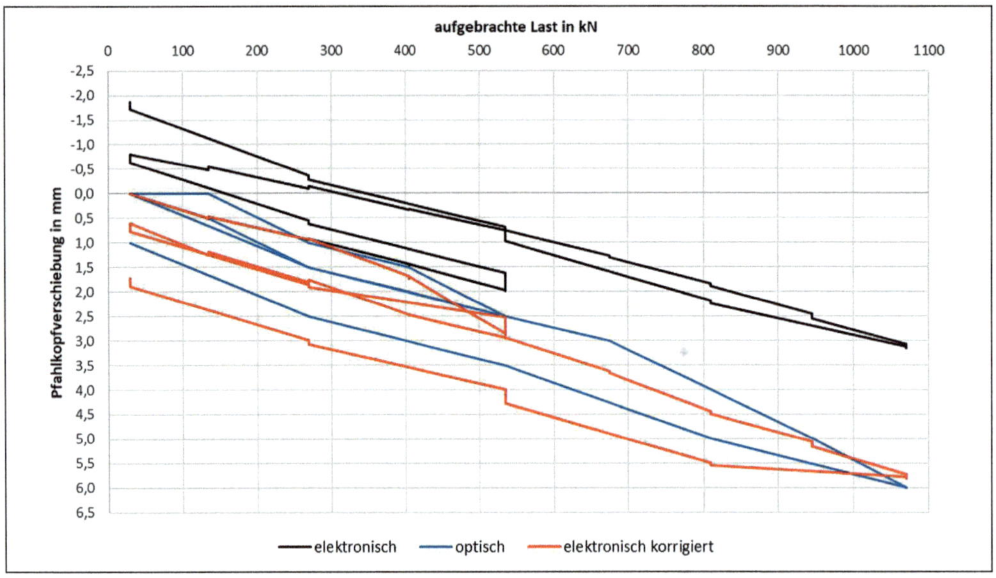


Abb. 16: Widerstands-Setzungs-Linie Pfahl P1

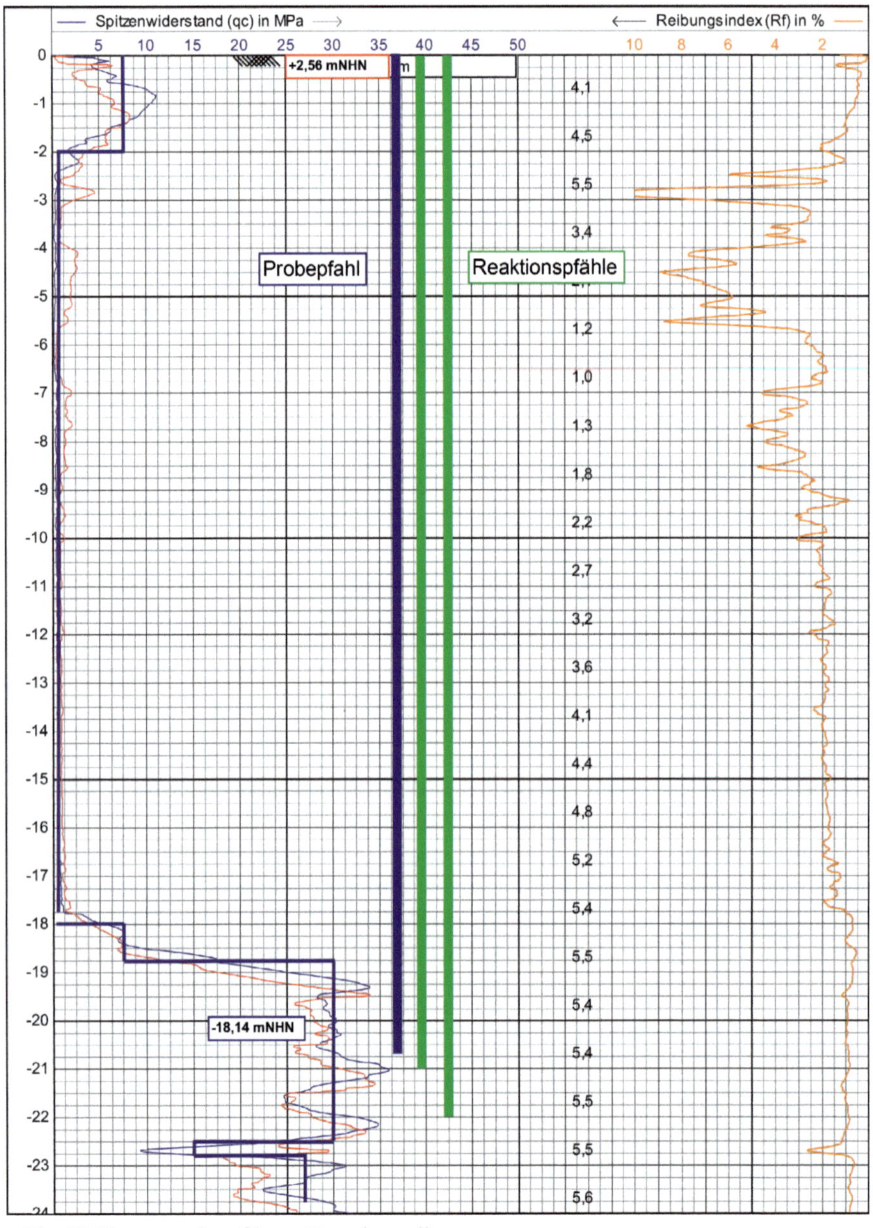


Abb. 17: Baugrundprofil aus Drucksondierung

### 4.3 Umrichterstation SuedLink, Brunsbüttel

Für den Neubau der Umrichterstation SuedLink in Brunsbüttel wurde eine große Anzahl von Pfählen erforderlich. Der Baugrund in Brunsbüttel ist geprägt durch mächtige Weichschichten aus Klei und Torf und ab ca. 18–19 m Tiefe anstehende, pleistozäne, dicht bis sehr dicht gelagerte Sande (Abb. 17). Der Bauherr TenneT und der Auftraggeber Siemens Energy hatten geplant die, in der Entwurfsplanung ermittelten, Pfahlwiderstände durch vorlaufenden statische und dynamische Pfahlprobebelastungen zu überprüfen und somit die Genehmigungsplanung auf der Basis der Ergebnisse anzupassen.

**Tab. 1: Ausgeschriebene Massen**

| Stück | Beschreibung |
|---|---|
| 6 | Stat. Druckprobebelastungen |
| 6 | Dyn. Druckprobebelastungen |
| 2062 | Pfähle 35/35 cm, Rd = 1400 kN, L = 23 m |
| 298 | Pfähle 40/40 cm, Rd = 1750 kN, L = 23 m |
| 28 | Pfähle 45/45 cm, Rd = 2150 kN, L = 23 m |

Die dynamischen Probebelastungen wurden an den statischen Belastungen mit einer CAPWAP-Analyse kalibriert. Dieses Vorgehens ermöglichte es bei der Bauausführung Pfähle mit abweichenden Rammenergien zu überprüfen und deren Widerstand zu ermitteln.

Aufgrund der hohen Lagerungsdichte der anstehenden Sande wurde für die Festlegung der Rammtiefen für die Probepfähle wurden neben den Ergebnissen der Drucksondierungen auch eine Rammanalyse durchgeführt, um die erforderlichen Absetztiefen zu ermitteln und zu überprüfen. Aufgrund der Probebelastungen konnten die Sicherheiten der EN DIN 1997-2 auf ein Minimum reduziert werden und die oberen Erfahrungswerte der EA-Pfähle für die Entwurfsplanung angesetzt werden. Dadurch konnten die Massen erheblich reduziert werden (Tab. 2).

**Tab. 2: Ausgeführte Massen**

| Stück | Beschreibung |
|---|---|
| 551 | Pfähle 30/30 cm, Rd = 1100 kN, L = 21 m |
| 1395 | Pfähle 35/35 cm, Rd = 1400 kN, L = 21 m |
| 442 | Pfähle 40/40 cm, Rd = 1750 kN, L = 21 m |

Neben den Kostenersparnissen konnte auch eine erhebliche Einsparung der $CO_2$-Emmissionen erzielt werden. Abb. 18 zeigt, dass 350.000 kg $CO_2$-Äquivalente eingespart werden konnten. Dies entspricht ca. fünf Erdumrundungen mit einem Diesel-Pkw.

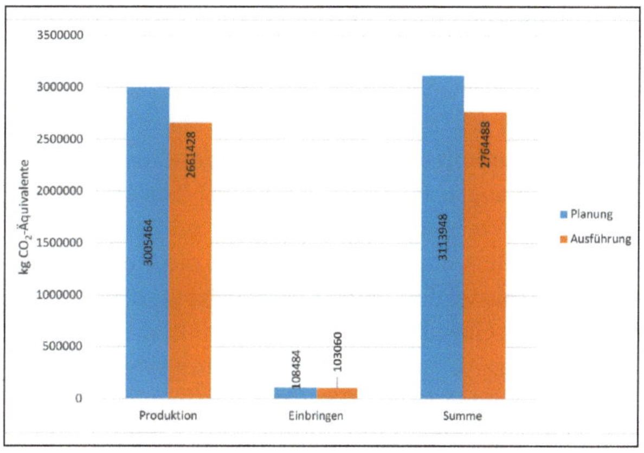


Abb. 18: Gegenüberstellung der $CO_2$-Äquivalte

Dieses Projekt zeigt gut, dass eine frühzeitige, gemeinsame Planung der Projektbeteiligten erhebliche Einsparpotentiale sowohl in wirtschaftlicher als auch in ökologischer Sicht bringen kann. Auch wurden durch die Ausführung von dynamischen und statischen Belastungen Möglichkeiten geschaffen, Unsicherheiten bei der Ausführung sicher überprüfen zu können.

## 5. Ausblick

### 5.1 Materialien, Verbrauchsstoffe

Für die Fertigbetonpfähle soll zukünftig ein Zement CEM II verwendet werden. Dadurch reduziert sich die $CO_2$-Emission bei der Herstellung der Pfähle um ca. 11 %. Eine weitere Möglichkeit ist die Herstellung von hohlen Fertigbetonrammpfählen, wie sie schon es beim Schraubpfahl, aufgrund des Einbringvorgangs üblich ist. Dadurch lassen sich bis zu 30 % Beton und $CO_2$-Emissionen einsparen. Durch die damit verbundene Gewichtseinsparung können die Anzahl der Pfähle pro Transport erhöht und die Anzahl der erforderlichen Transporte reduziert werden Die auf den Baustellen eingesetzten Geräte sollen zukünftig mit HVO-Diesel bzw. elektrisch betrieben werden. Eine erste elektrisch betriebene Ramme ist im Einsatz (Abb. 19) und die ersten Versuche bei konventionell betriebenen Rammen mit HVO-Diesel verliefen erfolgreich.

Abb. 19: Elektro-Ramme Junttan PMx2e

## 5.2 Optimierung der Planung

Bei der Optimierung der Planung von Gründungsmaßnahmen stehen der Bauherr bzw. seine Fachplaner im Vordergrund. Die wirtschaftliche und damit nachhaltige Planung beginnt schon mit der ausreichenden Erkundung des anstehenden Baugrunds. Die DIN EN 1997-2 macht dort entsprechende Vorgaben, die leider bisher oftmals aufgrund der als zu hoch empfundenen Kosten nicht erfüllt werden. Umso besser der Baugrund erkundet wird, umso besser kann die Gründung geplant werden. In diesem Sinne beweist die Bayerische Forschungsstiftung mit dem Forschungsprojekt SEBRO Weitsicht für das geplante Projekt Nordanbindung Brennerbasistunnel. Auch für die spätere Ausführung sind die Erkenntnisse über den Baugrund von entscheidender Bedeutung. Nur so lassen sich der Einsatz der Geräte richtig planen und die Leistung auf der Baustelle richtig einschätzen. Dies führt zu weniger Störungen im Bauablauf und damit verbundenen Bauzeitverlängerungen und Kostensteigerungen. Ein weiterer wichtiger Punkt ist die richtige Einschätzung der möglichen Pfahlwiderstände im anstehenden Baugrund. Die EA-Pfähle gibt dem Planer zwar Erfahrungswerte für die unterschiedlichen Pfahlsysteme an die Hand, diese liegen aber natürlich auf der sicheren Seite. Zudem ist, aufgrund der Verwendung allgemeiner Erfahrungen, der anzusetzende Teilsicherheitsbeiwert $Y = 1{,}4$ relativ hoch. Mit der Ausführung von statischen Probebelastungen, lässt sich dieser Wert bis auf $Y = 1{,}1$ reduzieren. Das größte Einsparpotential wird mit der Ausführung der Belastungen vor Beginn der Tragwerksplanung erzielt, da dann die Ergebnisse möglicher Widerstand und Widerstands-Setzungs-Verhalten optimal eingesetzt werden können.

## 5.3 Verwendung neuer Anschlussmöglichkeiten

Durch die Verwendung von Edelstahlbolzen für die Abstandsmontage von Oberleitungsmaste können bisher erforderliche Arbeitsschritte und Wartezeiten reduziert werden und die Sperrzeiten optimal nutzen. Die vorgestellten Mastfundamentpfählen helfen somit die Bauzeiten für Infrastrukturmaßnahmen zu verkürzen.

## 5.4 BIM

Mit der Verwendung der Herstelldaten der Pfahleinbringung lässt sich das Baugrundmodell aus den Baugrunderkundungen validieren. Somit werden die Erkenntnisse über den anstehenden Baugrund erweitert und noch auszuführende Pfähle könne mit diesem Wissen ggf., wenn erforderlich angepasst werden. Dies reduziert Fehlausführungen, erforderliche Umplanungen und Bauverzögerungen. Durch die durchgehende Nutzung von Barcodes können die Pfähle unverwechselbar identifiziert, dies vermeidet werden. Dies führt zu einem exakten Überblick über die eingebrachten, auf die Baustelle gelieferten und den noch zu liefernden Pfählen. Fehlausführungen und falsche Bestellen können somit reduziert werden.

## 5.5 Geothermische Nutzung

Wenn die Pfähle zukünftig als Hohlquerschnitt hergestellt werden, können diese dann auf ganzer Länge geothermisch genutzt werden. Zudem kann der Einbau der Leitungen nach dem Einbringen der Pfähle erfolgen. Beschädigte Leitungen können somit ausgetauscht und die geplante Entzugsleistung mit allen Pfählen auch erreicht werden.

# Der Hybridkanal als innovatives Konzept zur kombinierten Nutzung von Geothermie und Abwasserwärme

**Julius Rieckert, M. Sc.**
Universität Stuttgart, Institut für Geotechnik

**Till Kugler, M. Sc.**
Universität Stuttgart, Institut für Geotechnik

**Univ.-Prof. Dr.-Ing. habil. Christian Moormann**
Universität Stuttgart, Institut für Geotechnik

**Zusammenfassung**
Für die nachhaltige Wärme- und Kälteversorgung von Stadtquartieren kommt hybriden Kollektorsystemen eine stetig wachsende Bedeutung zu. Die kombinierte Nutzung von Abwasserwärme und oberflächennaher Geothermie stellt einen leistungsfähigen Bestandteil möglicher Versorgungskonzepte dar. Im Rahmen des Forschungsprojektes IWAES 2 wurden am Institut für Geotechnik der Universität Stuttgart umfassende experimentelle Untersuchungen am thermisch aktivierten Abwasserkanal (Hybridkanal) durchgeführt. Hierbei wurde das thermische Verhalten des Systems im Labor- und Realbetrieb beobachtet und messtechnisch erfasst. Auf Grundlage der Ergebnisse wurde ein numerisches Modell entwickelt und validiert sowie reale Betriebsszenarien unter Variation von Systemabmessungen und Klimarandbedingungen simuliert. Anhand umfangreicher Parameterstudien konnte die Grundlastfähigkeit des Hybridkanals als Wärmequelle nachgewiesen sowie ein vereinfachter Bemessungsansatz entwickelt werden.

## 1. Einführung

Städtische und industrielle Abwässer bergen ein erhebliches thermisches Potential. Nach [1] ließen sich durch die Nutzung von Abwasserwärme etwa 5 bis 10 Prozent des deutschen Wärmebedarfs bereitstellen. Deutschland- und europaweit sind mehrere Anlagen zur Nutzung dieser nachhaltigen Wärmequelle in Betrieb. Dabei wird diese üblicherweise mithilfe innerhalb des Kanals liegender Wärmetauscher, sogenannter Rinnenabsorber extrahiert, die jedoch einen bestimmten Mindestabfluss benötigen – eine Voraussetzung, die in vielen, gerade kleineren bestehenden Kanalsystemen nicht erfüllt ist. Daher werden Konzepte zur Abwasserwärmenutzung oft bereits in frühen Planungsphasen verworfen. Um dennoch auf diese Wärmequelle zugreifen zu können, wurde der thermisch aktivierte Abwasserkanal – der „Hybridkanal“ – entwickelt. Dieser zeichnet sich, im Gegensatz zu anderen marktüblichen Lösungen dadurch aus, dass die Absorberleitungen an der erdberührten Kanalaußenseite angeordnet sind. Die Wärme kann somit sowohl dem Abwasser selbst als auch dem umgebenden Erdreich entzogen werden. Im Forschungsprojekt IWAES (Integrative Betrachtung einer nachhaltigen Wärmebewirtschaftung von Stadtquartieren im Stadtentwicklungsprozess) wurden umfangreiche experimentelle und numerische Analysen dieses neuartigen Systems durchgeführt. Die gewonnenen Erkenntnisse führten zur Entwicklung eines vereinfachten Verfahrens zur Bemessung solcher Hybridkanäle.

## 2. Oberflächennahe Geothermie

Nutzungskonzepte, die bis in eine Tiefe von 400 Metern reichen, werden der oberflächennahen Geothermie zugeordnet. Dabei wird insbesondere zwischen vertikal angeordneten Erdwärmesonden und horizontal verlegten Kollektoren unterschieden, wobei des Weiteren die thermische Aktivierung von Gründungsbauteilen, wie beispielsweise Energiepfähle, sowie auch die Wärmenutzung von Tunnelbauwerken der oberflächennahen Geothermie zugeordnet werden. Im Vergleich zur tiefen Geothermie sind in der Regel sowohl der Aufwand für Erkundung und Herstellung geringer als auch die Standortabhängigkeit deutlich reduziert. Daher gilt die oberflächennahe Geothermie als ein wichtiger Baustein der Energie- und Wärmewende. Üblicherweise erfolgt der Wärmeentzug hierbei mithilfe eines Wärmeträgerfluids, das zwischen Erdreich (Quelle) und einer Wärmepumpe zirkuliert, die das Temperaturniveau anhebt und die Wärme über einen Sekundärkreislauf dem Nutzer zuführt (Senke). Als Trägerfluid werden in den meisten Fällen Wasser oder ein Wasser-Glykol-Gemisch verwendet. Je höher die Ausgangstemperatur der Wärmequelle ist, desto weniger zusätzliche Energie benötigt die Wärmepumpe – ein Grund, weshalb Abwasser mit seinem vergleichsweise hohen Temperaturniveau von 11 °C bis 22 °C eine besonders geeignete Wärmequelle darstellt [2]. Das Prinzip kann auch umgekehrt zur sommerlichen Kühlung genutzt werden. Wird das Verfahren oberhalb des Grundwasserspiegels eingesetzt, erfolgt der Wärmetransport zwischen Erdwärmesonde oder Kollektor ausschließlich durch Wärmeleitung (Konduktion), während strömendes Grundwasser für einen erhöhten äußeren Wärmeübergang (Konvektion) und damit eine höhere mögliche Entzugsleistung sorgt. Mit einer zunehmenden Nutzungsdauer kann sich die Systemleistung eines Kollektorsystems reduzieren, wenn sich das Erdreich infolge des Heizbetriebs abkühlt und keine Wärmeenergie nachgeführt wird.

## 3. Wärmepotential des Abwassers

Im Vergleich zu geschlossenen, oberflächennahen Erdwärmeanlagen, die primär die im Boden gespeicherte Wärme nutzen, bietet die Abwasserwärmenutzung den Vorteil eines stetigen Zuflusses an Wärmeinhalt (Enthalpie). Dadurch ergibt sich ein besonderes Synergiepotenzial aus der hybriden Nutzung von Geothermie und Abwasserthermie. Abwassersysteme werden grundsätzlich in Trenn- und Mischsysteme unterteilt. Trennsysteme führen ausschließlich Schmutzwasser ab und weisen daher in der Regel höhere Temperaturen auf als Mischsysteme, mit denen zusätzlich Niederschlagswasser abgeführt wird. Für Mischsysteme kann gemäß [3] von mittleren Abwassertemperaturen von etwa 10 bis 12 °C im Winter und rund 20 °C im Sommer ausgegangen werden. Das theoretische Wärmepotential des Abwassers ergibt sich also aus den tages- bzw. jahreszeitlich verfügbaren Temperaturen und Abflussmengen des jeweiligen Systems. Dieses Wärmepotential eines Abwassersystems wird dabei allerdings durch technische Rahmenbedingungen, wie beispielsweise die zulässige Temperaturänderung des Abwassers, oder auch durch ökonomische Randbedingungen begrenzt. Häufig wird in diesem Zusammenhang ein Trockenwetterabfluss von 10 l/s als Mindestvolumenstrom für einen wirtschaftlichen Betrieb genannt [4]. Die Begrenzung der zulässigen Erwärmung oder Abkühlung infolge thermischer Nutzung hängt dabei mit der Nitrifikationsleistung (Stickstoffelimination) biologischer Abwasserreinigung zusammen. Diese reduziert sich nach [5] bereits bei einer Verringerung der Abwassertemperatur um 1 K erheblich. Die Deutsche Vereinigung für Wasserwirtschaft, Abwasser und Abfall (DWA) empfiehlt eine maximale Abkühlung infolge thermischer Abwassernutzung von 0,5 K sowie eine Mindesttemperatur im Zulauf von Abwasserreinigungsanlagen (ARA) von 10 °C (vgl. [6]). Eine infolge von sommerlicher Kühlung erhöhte Abwassertemperatur und deren mögliche Auswirkungen müssen nach [6] im Einzelfall geprüft werden.

## 4. Abwasserthermische Anlagen

Marktverfügbare sowie technisch erprobte abwasserthermische Anlagen können in kanalintegrierte und externe Anlagen unterschieden werden. Kanalintegrierte Anlagen sind dabei entweder Rohr- oder Rinnenwärmeübertrager, die in der Kanalsohle angeordnet und daher überströmt sind. Abbildung 1 stellt dabei beide Varianten dar. Rinnenwärmetauscher besitzen den Vorteil, dass sie in bestehenden Abwasserkanälen nachgerüstet werden können. Zudem kann die Begehbarkeit des Kanals weiterhin gewährleistet bleiben. Allerdings neigen überströmte Wärmeübertrager aufgrund der für das Wachstum von Mikroorganismen idealen Bedingungen im warmen, nährstoffreichen Wasser zur Verschmutzung durch Biofilmbildung. Infolgedessen ist eine Abnahme der übertragenen Wärme um bis zu 60 % möglich [5].

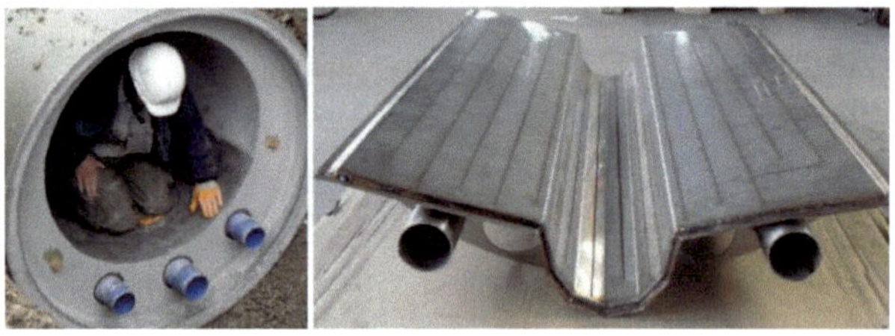

Abb. 1: Innenliegende Abwasserwärmtauscher,
links: kanalintegrierter Rohrwärmeübertrager,
rechts: nach-träglich installierbarer Rinnenwärmeübertrager (aus [3])

### 4.1 Temperaturverteilung im Abwasserkanal

Die Auslegung einer abwasserthermischen Anlage ist eng mit der Kenntnis der Temperaturverteilung entlang der Stränge eines Kanalnetzes verknüpft. Die in Abwasserkanälen verfügbare und nutzbare Wärmeenergie ist dabei in den drei Elementen Kanalabwasser, Kanalluft und Erdreich enthalten [7]. Diese stehen dabei sowohl in konduktivem als auch konvektivem thermischen Kontakt zueinander. Abbildung 2 stellt diese Elemente sowie deren Wechselwirkungen am Kanalquerschnitt schematisch dar.

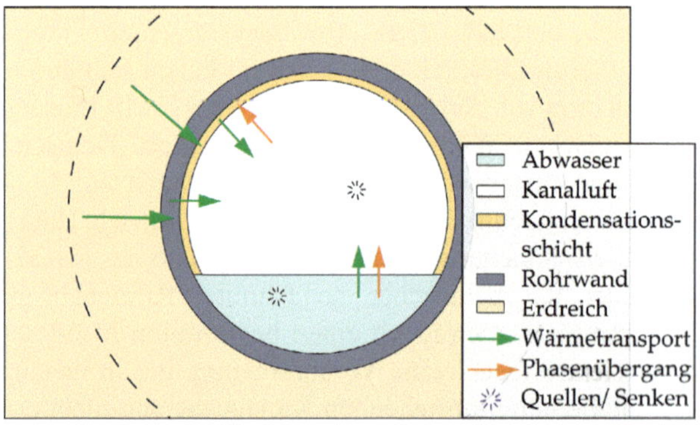


Abb.2: Wärmeübertragungsvorgänge im Abwasserkanal, nach [7]

Neben der Übertragung sensibler Wärme (grüne Pfeile) findet insbesondere an der Kondensationsgrenzschicht zwischen Rohrwand und Kanalluft ein Wärmeeintrag infolge Phasenübergang statt. In den vergangenen Jahrzehnten wurden mehrere Verfahren zur Ermittlung der Temperaturentwicklung in Abwasserkanälen unter Berücksichtigung dieser beschriebenen Phänomene entwickelt. Als Pioniere der Wärmerückgewinnung aus Abwasser im deutschsprachigen Raum zählen Bischofsberger & Seyfried [8], auf deren Arbeit ein vereinfachtes, stationäres Modell auf Basis der Massen- und Energiebilanz zur Berechnung des Temperaturverlaufes entlang eines Kanalstrangs zurückgeht. Dabei wird die Wärmeübertragung zwischen Luft und Abwasser, sowie zwischen Erdreich und Abwasser berücksichtigt. Das Modell berücksichtigt die Relativgeschwindigkeit zwischen Kanalluft und Abwasser in einer Freispiegelleitung, nimmt die Temperatur und Wasserdampfbeladung der Kanalluft jedoch als unveränderliche Größen an und fordert deren Kenntnis als Eingangsgrößen. Wanner et al. [5] erweitern das Modell um die axial und zeitlich veränderliche Lufttemperatur sowie die Wasserdampfbeladung und führen damit eine instationäre Betrachtung ein. Hierbei geht die Austauschrate der Kanalluft in die Berechnung mit ein. Anhand ihres Modells zeigen Wanner et al., dass die Außenlufttemperatur nur bei langen Fließstrecken einen hohen Einfluss hat. Abdel-Aal [9] entwickelt einen stationären Ansatz, mit dem die zu erwartende Abwassertemperatur nach einer Fließstrecke in Abhängigkeit der Abwasser-, Luft- und Erdreichtemperatur am Ausgangspunkt berechnet werden kann. Für den Wärmeübergang zwischen Abwasser und Kanalwandung sowie Kanalluft ist lediglich die Kenntnis von Materialparametern und Strömungsgeschwindigkeit erforderlich. Das Modell eignet sich aufgrund der überschaubaren Anzahl an Eingangsparametern besonders für die Implementierung in rechnergestützte Netzwerkmodelle. Hierbei muss ergänzend jedoch die Temperaturänderung infolge Vermischung an den Netzknoten berücksichtigt werden.

### 4.2 Dimensionierung abwasserthermischer Anlagen

Die Momentanleistung von Wärmeübertragern, die ausschließlich mit dem Kanalabwasser in direktem thermischem Kontakt stehen, ergibt sich nach [6] zu dem in Formel [1] dargestellten Zusammenhang.

$$P_w = U \cdot A_{w0} \cdot \Delta T \text{ [W]} \qquad [1]$$

Dabei sind $\Delta T$ die logarithmische Temperaturdifferenz, $U$ der konvektive Wärmeübergangskoeffizient sowie $A_{w0}$ die Übertragerfläche des Wärmetauschers. Die übertragene Wärmeleistung entspricht dabei dem Wärmestrom, der durch das Bauteil fließt. Für einen außenliegenden Absorber, wie er im Falle des Hybridkanals vorliegt, ist diese Herangehensweise zur Ermittlung der Wärmeleistung jedoch nicht hinreichend. Daraus ergibt sich die Notwendigkeit für den im Folgenden erläuterten, numerischen und experimentellen Ansatz.

## 5. Hybridkanal

Der Hybridkanal kann nach [10] als eine optimierte waagrechte Geothermiesonde betrachtet werden. Wie in Abbildung 3 dargestellt handelt es sich um einen Kanal aus Polyethylen zur Schmutzwasserabfuhr. An der Außenseite ist ein helikaler Absorber, ein Rohrwendel-Wärmetauscher, angeordnet, der sowohl mit dem Kanal als auch mit dem umgebenden Erdreich im thermischen Kontakt steht. Für die Ermittlung der Leistungsfähigkeit des Absorbers des Hybridkanals in Abhängigkeit der Abwassertemperatur ist die einfache Berechnung nach Formel [1] auch näherungsweise nicht ausreichend. Aufgrund ihres helikalen Verlaufes steht die Absorberleitung im diskontinuierlichen thermischen Kontakt mit den anderen Elementen. Es müssen daher sämtliche Wärmeströme berücksichtigt werden, die zwischen dem Element „Absorber“ und allen anderen Elementen (Abwasser, Kanalluft, Erdreich) wirken. Verdeutlicht wird dies in Abbildung 5. Hier ist der Hybridkanal im Freispiegelbetrieb mit gefüllter Absorberleitung schematisch dargestellt. Es lässt sich auch erkennen, dass der Hybridkanal zwar mit Abwasser und Kanalluft im konvektiven, mit dem Erdreich jedoch nur im konduktiven thermischen Kontakt steht. Damit kann die thermische Leistung des Hybridkanals selbst für stationäre Verhältnisse nicht einfach geschlossen analytisch ermittelt werden. Insbesondere der zeitabhängige Speichereffekt des umgebenden Erdreichs macht daher eine instationäre, thermisch-hydraulisch gekoppelte Simulation zur Untersuchung der Leistung des Hybridkanals notwendig.

Abb. 3: Hybridkanal mit außenliegender Absorber-leitung (ThermPipe®, Frank GmbH) [11]

## 6. Experimentelle Modellierung

Als Grundlage für eine Betriebssimulation des Hybridkanals wurden mit einem realmaßstäblichen Labormodell an der Universität Stuttgart und einem Realmodell im bayerischen Essing zwei Versuchsanlagen eingerichtet und umfangreich messtechnisch ausgestattet. Im Rahmen von Langzeitversuchen wurden hierbei sowohl die Fluidals auch Bodentemperaturen kontinuierlich ausgewertet und zur Validierung eines numerischen Simulationsmodells des Hybridkanals herangezogen.

### 6.1 Realmaßstäblicher Laborversuch

Abbildung 4 zeigt das realmaßstäbliche Labormodell des Hybridkanals während der Installation. Der Versuchsstand besteht aus einem 3,74 Meter langen Hybridkanalsegment mit einem DN 200-Querschnitt, das in eine umfassend wärmegedämmte und abgedichtete Sandgrube (Länge 4,0 m, Breite 2,6 m, Höhe 1,5 m) mit definierter Feuchte eingebaut ist.

Abb. 4: Realmaßstäbliches Labormodell des Hybridkanals während des Einbaus

Die Anlage ist mit 15 vertikal sowie 8 horizontal angeordneten Bodentemperaturfühlern ausgestattet, die jeweils in mehreren Ebenen verlegt sind. Diese Sensoren liefern sowohl während des Versuchsbetriebs als auch der Stillstandszeiten minütlich Daten, die zur numerischen Modellvalidierung herangezogen werden.

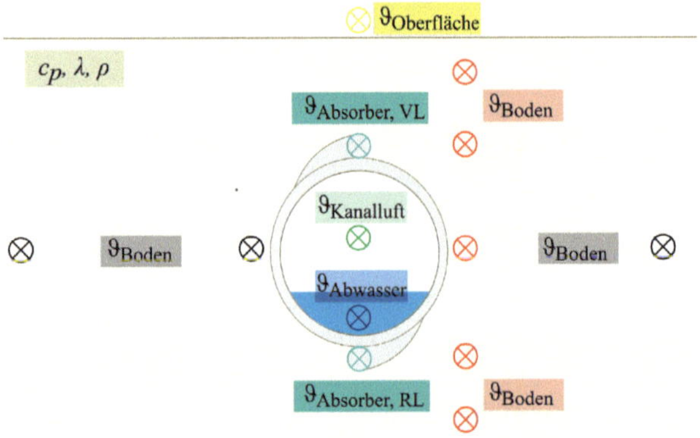


Abb. 5: Messtechnische Ausstattung des Bodenkörpers und Hybridkanals (Labormodell) im Querschnitt (VL: Vorlauftemperatur, RL: Rücklauftemperatur) [12]

Die Positionen der Bodentemperaturfühler im Querschnitt der Versuchsanlage sind in Abbildung 5 schematisch dargestellt. Die Abwasserströmung im Kanal wird dabei über zwei Druckbehälter durch gewöhnliches Leitungswasser mit konstantem Durchfluss simuliert. Die Abflussmengen betragen dabei zwischen 6 und 12 l/min, die Abwassertemperaturen zwischen 20 °C und 30 °C. Das konstante Temperaturniveau wird durch eine kontinuierliche Kühlung und Erwärmung des Abwassers gewährleistet. Auch als Wärmeträgerfluid im Absorber wird Wasser verwendet, das die Rohrwendel im Gleich- oder Gegenstromprinzip relativ zur Abwasserfließrichtung durchströmt. Dessen Vorlauftemperatur wird mithilfe eines Durchlaufkühlers dauerhaft konstant gehalten, der Volumenstrom im Absorber beträgt dabei konstant zwischen 6 und 15,5 l/min, sodass sich die Absorberströmung stets im leicht turbulenten Bereich befindet. Für beide Kreisläufe findet eine dauerhafte Überwachung der Vor- und Rücklauftemperaturen statt, wie in Abbildung 5 dargestellt ist. Des Weiteren werden die Lufttemperatur an der Oberfläche, der Wasserstand wie auch die Bodenfeuchte ständig aufgezeichnet. Das Labormodell ermöglicht damit die messtechnische Erfassung der thermischen Systemantwort von Hybridkanal und Boden bei mehrtägigem Betrieb und unterschiedlichsten, realitätsnahen Randbedingungen. Anhand von Langzeitversuchen mit Laufzeiten von über 100 Stunden können Messdaten generiert werden, die das instationäre thermische Verhalten des Bodenkörpers abbilden und somit zur Validierung eines numerischen Modells verwendet werden können (siehe Abschnitt 7, Abbildung 8). Des Weiteren können Kurzzeitversuche durchgeführt werden, um den kurzfristigen Einfluss verschiedener Eingangsgrößen auf die Entzugsleistung der Versuchsanlage quantifizieren zu können.

### 6.2 Feldversuch an bestehendem Druckwasserstollen

Als Reallabor und weitere Grundlage für die Validierung wurde der verdolte Abfluss eines natürlichen Quelltopfes im bayerischen Essing, der ganzjährig eine nahezu konstante Temperatur von rund 10 °C besitzt und mit insgesamt 36 m eines DN 800-ThermPipe®-Kanals ausgebaut ist, ebenfalls messtechnisch ausgestattet. Die aus dem kontinuierlichen Druckabfluss von rund 100 l/s entzogene Wärmeenergie wird dabei zur Beheizung eines benachbarten Mehrfamilienhauses verwendet. Dabei werden die Leistungsdaten der Anlage mithilfe einer kontinuierlichen Aufzeichnung der Vor- und Rücklauftemperaturen des Absorberfluids dauerhaft messtechnisch überwacht. Des Weiteren findet eine Aufzeichnung der Quellwassertemperaturen am Ein- und Auslauf sowie der Umgebungstemperatur statt. Abbildung 6 zeigt das Realmodell des Hybridkanals während des Einbaus der insgesamt sechs Kanalsegmente. In Summe erreicht die Anlage in Essing aufgrund des dauerhaften Druckabflusses im Durchschnitt eine Wärmeleistung von rund 560 Watt pro Meter Kanallänge.

Abb. 6: Hybridkanal am Druckwasserstollen Essing während des Einbaus

## 7. Numerische Modellierung

Parallel zu den experimentellen Untersuchungen wurde mithilfe der Softwareumgebung COMSOL Multiphysics® für jede der beiden Versuchsanlagen unter Berücksichtigung der Geometrie ein Finite-Elemente-Modell erstellt. Aufgrund der hohen Anzahl der möglichen Einflüsse sowie der deutlichen Unterschiede zwischen beiden Versuchsanlagen mussten die Randbedingungen hierfür individuell festgelegt werden.

### 7.1 Randbedingungen

Die Außenränder des realmaßstäblichen Versuchsstands (Abs. 6.1) des Bodenkörpers werden im Rahmen der numerischen Analyse als adiabat (wärmedicht) angenommen. Aufgrund der stark wärmegedämmten Seitenflächen ist dies physikalisch gerechtfertigt. An der Unterkante des Modells wird ein mit 0,06 W/m² konstant konduktiv angenommener geothermischer Tiefenstrom als Randbedingung angesetzt, was einer in der Fachliteratur üblichen Größenordnung entspricht [13]. An der Oberfläche des Modells wirkt hingegen eine Luftströmung und damit ein konvektiver Wärmestrom. Der Einfluss der Oberflächentemperatur auf oberflächennahe Bodenschichten vergrößert sich aufgrund des infolge Konvektion erhöhten Wärmeübergangs deutlich [14]. Für den entsprechenden konvektiven Wärmeübergangskoeffizienten an der Geländeoberfläche existieren dabei zahlreiche empirische Korrelationen. Dieser Wärmeübergangskoeffizient ist dabei sowohl von der Luftströmungsgeschwindigkeit als auch von der Struktur der Geländeoberfläche abhängig. Im konkreten Kontext der Bemessung von Erdwärmekollektoren ergibt sich nach [15] die in Formel [2] dargestellte empirische Korrelation des Wärmeübergangskoeffizienten $\alpha$ zur Windgeschwindigkeit $v$:

$$\alpha = \begin{cases} 1{,}8 + 4{,}1 \cdot v & v \leq 5\frac{m}{s} \\ 7{,}3 \cdot v^{0{,}73} & v > 5\frac{m}{s} \end{cases} \qquad [2]$$

Für das Labormodell wird das Abwasser im Kanal als konstante, eindimensionale Gerinneströmung abgebildet. Im Falle des Druckwasserstollens wird hier eine vollständig ausgebildete Rohrströmung zugrunde gelegt. Das Absorberfluid wird dabei als helikale Linienströmung mit konstantem Durchfluss modelliert. Die Wärmeleitfähigkeit des im Labor- sowie Realmodell vorliegenden Bodens wurde entweder durch Laborversuche ermittelt oder – in Abhängigkeit des jeweils vorliegenden Wassergehalts – aus einschlägiger Fachliteratur übernommen.

### 7.2 Back-Analysis und Validierung

Im Rahmen der durchgeführten numerischen Analyse wird jeder der durchgeführten Langzeitversuche in einem Finite-Elemente-Modell nachgerechnet. Hierbei werden die bei jedem dieser Versuche gemessenen Vorlauftemperaturen von Abwasser, Absorberfluid und Kanalluft für jeden Zeitschritt als Eingangswerte der Simulation verwendet. Aus dem jeweiligen Simulationsergebnis werden Absorber- und Abwasserrücklauftemperaturen sowie die Bodentemperaturen an den Sensorpositionen ausgewertet und den gemessenen Ergebnissen gegenübergestellt. Mit einer maximal zulässigen Abweichung zwischen numerischem und gemessenem Ergebnis von 0,15 K bzw. 0,25 K für die Boden- und Fluidtemperaturen kann auf diesem Wege die Validität des numerischen Modells überprüft oder dieses gegebenenfalls optimiert werden. Eines der dabei verwendeten Versuchsdatensätze ist beispielhaft in Abbildung 7 dargestellt.

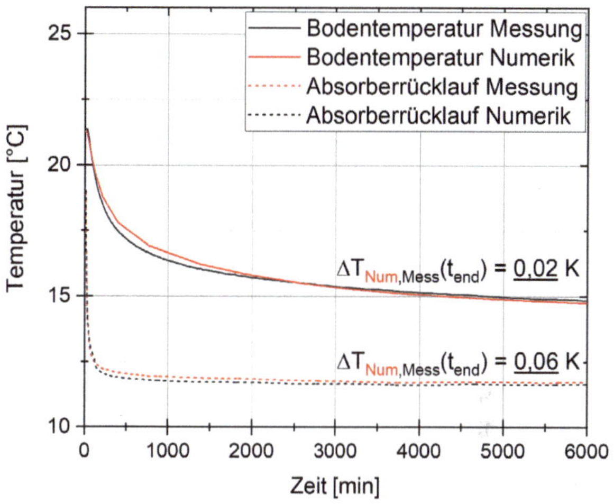


Abb. 7: Beispieldatensatz eines Langzeitversuchs zur Validierung des Simulationsmodells mit Bodentemperatur (obere Kurven) und Absorbertemperatur (untere Kurven)

Die mögliche Wärmeentzugsleistung $\dot{Q}$ der beiden Testanlagen wird auf Grundlage der Temperaturspreizung $(\vartheta_{Rücklauf} - \vartheta_{Vorlauf})$ sowie des Wärmekapazitätsstroms $\dot{V} \cdot c_p \cdot \rho$ des Absorberfluids nach dem Zusammenhang in Formel [3] berechnet.

$$\dot{Q} = \dot{V} \cdot c_p \cdot \rho \cdot (\vartheta_{Rücklauf} - \vartheta_{Vorlauf})\ [W] \qquad [3]$$

Die so ermittelte Wärmeleistung entspricht dem Enthalpiestrom des Absorberfluids. Der Einfluss unterschiedlicher Parameteränderungen auf diese Entzugsleistung wurde im Rahmen umfassender Parameterstudien am anhand der Versuchsergebnisse validierten Simulationsmodell untersucht.

## 8. Parameterstudie und Bemessungsansatz

Die Bemessung oberflächennaher Geothermieanlagen erfolgt üblicherweise unter Berücksichtigung der Betriebszeit (Volllaststunden) [16]. Die kontinuierlich nachströmende Wärme des Abwassers ist in diesem Zusammenhang ein signifikanter Vorteil des Hybridkanals. Mit dem Ziel der Entwicklung eines vereinfachten Bemessungsansatzes wurde eine umfassende numerische Parameterstudie an einem größeren, auf die Werksabmessungen des Hybridkanals optimierten Geometriemodell (Länge 6,0 m, Breite 10,0 m, Höhe 10,0 m) durchgeführt, welches in Abbildung 8 beispielhaft dargestellt ist.

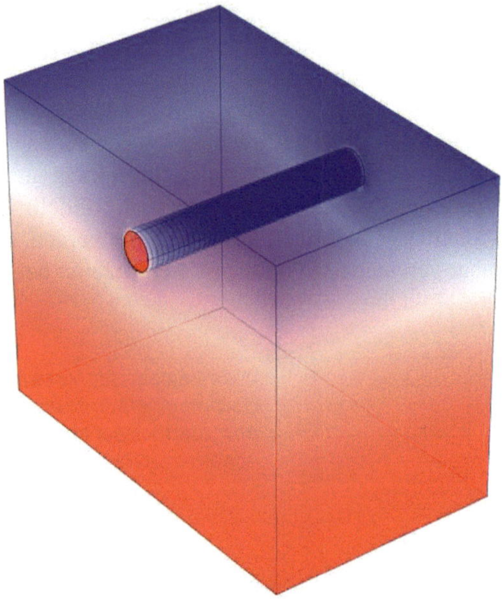

Abb. 8: Finite-Elemente-Modell des Hybridkanals (DN 900), beispielhafte Visualisierung im Heizbetrieb

Die zentralen Variationsgrößen im Rahmen der Parameterstudie sind die Kanalquerschnitte (DN 200 bis DN 1000), der Kanalnetztyp (Trenn- oder Mischsystem) sowie das Wärmeträgerfluid (Wasser oder Wasser-Glykol-Gemisch). Die Temperaturen von Abwasser und Kanalluft wurden auf Grundlage der Ergebnisse von [2] zu einer Mindesttemperatur von 10 °C festgelegt, die Strömungsgeschwindigkeiten von Abwasser und Kanalluft auf Basis der Untersuchungen von [11] und [17] auf 0,1 bis 0,2 m/s gesetzt. Der jeweils zu Beginn unbekannte thermische Initialzustand des betrachteten Bodenkörpers wird vor jeder Simulation durch eine einjährige Vorstudie unter Berücksichtigung der Klimarandbedingungen für den Standort Stuttgart-Vaihingen ohne Absorberbetrieb in das Modell eingeprägt. In der darauffolgenden Hauptstudie wird die Anlage unter Variation der nachgefragten Leistung (Wärmebedarf) im Dauerbetrieb simuliert. Als Ergebnis dieser Berechnungen ergibt sich für jeden jeweiligen Wärmebedarf eine zeitabhängige Leistungskurve. Hieraus kann für jeden untersuchten Kanalquerschnitt die unter Berücksichtigung der Fluidgrenztemperatur (Wasser 3,0 °C, Wasser-Glykol 0,0 °C) die maximale, betriebszeitabhängige Entzugsleistung ermittelt werden. Aus diesen Ergebnissen folgen die in Abbildung 9 dargestellten Bemessungsdiagramme für den Hybridkanal im Betrieb mit Wasser und Wasser-Glykol. Der Bemessungsansatz schafft dabei einen anwenderfreundlichen Zusammenhang zwischen Geometrie und möglicher Entzugsleistung von thermisch aktivierten Abwasserkanälen, für Kanalnetze im Trenn- und Mischsystem. Aufgrund der diesen Ergebnissen zugrunde liegenden Betriebszeit von > 2.400 Volllaststunden kann der Hybridkanal als ein grundlastfähiges, innovatives Konzept zur nachhaltigen, urbanen Wärme- und Kälteversorgung bezeichnet werden.

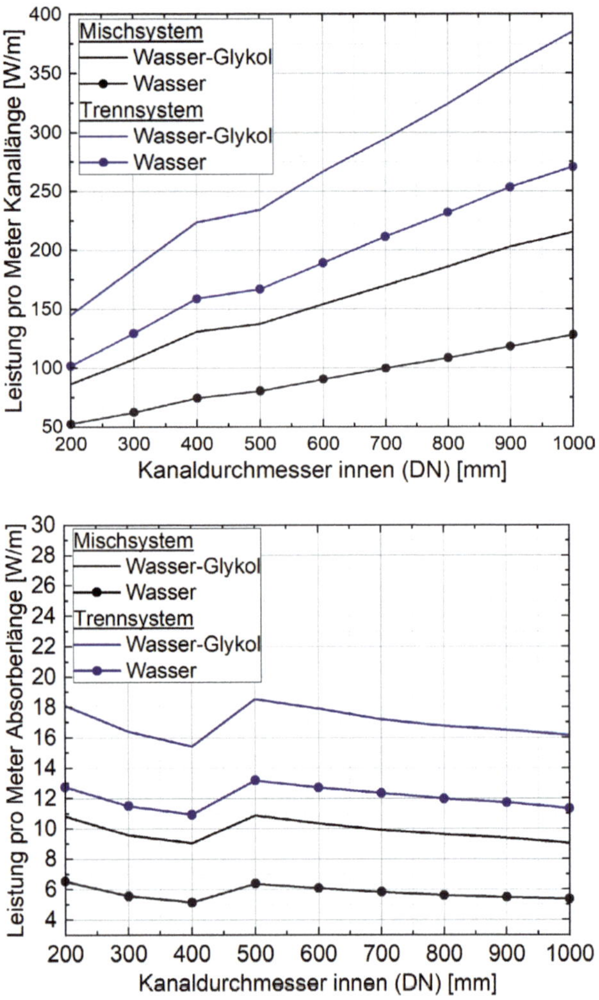


Abb. 9: Bemessungsdiagramme für den thermisch aktivierten Abwasserkanal, nach Kanallänge (oben) und Absorberlänge (unten), nach [17] und [18]

## 9. Resümee und Ausblick

Anhand der im Rahmen dieses Forschungsvorhabens durchgeführten experimentellen und numerischen Untersuchungen konnte gezeigt werden, dass der thermisch aktivierte Abwasserkanal eine nachhaltige, innovative und vor allem grundlastfähige Quelle für erneuerbare Wärme und Kälte darstellen kann. Außerdem weisen die Ergebnisse darauf hin, dass die Abwasserwärmenutzung bei Einsatz des Hybridkanals mit deutlich geringeren Abflussmengen als allgemein angenommen bereits nennenswerte Leistungen erzielt. Der entwickelte Bemessungsansatz schließt die Forschungsarbeiten mit einem anwenderfreundlichen Tool für die baupraktische Umsetzung des Konzepts ab und öffnet das Konzept der hybriden Abwasser- und Erdwärmenutzung damit der breiten Anwendung. Für die Zukunft besteht insbesondere hinsichtlich des allgemein nur wenig bekannten Einflusses von Kanalluftströmung und Kondensationseffekten auf die Wärmeübertragung im Bereich der Abwasserwärmenutzung jedoch weiterhin ein großer Forschungsbedarf.

## 10. Danksagung

Das Forschungsprojekt IWAES wurde vom deutschen Bundesministerium für Bildung und Forschung im Rahmen der Forschungsoffensive „Ressourceneffiziente Standquartiere für die Zukunft“ (RESZ) gefördert (Förderkennzeichen 033W106A), wofür gedankt wird.

## Literatur

[1] „Stodtmeister, W. (Hrsg.). (2015). *Wärmerückgewinnung aus Abwassersystemen: Wärmetauscher, Wärmepumpen, Verbundsysteme; direkte und indirekte Nutzung Abwasser/Luft; Handbuch*. Essen: PP PUBLICO Publications.“

[2] Cipolla, S. S., & Maglionico, M. (2014). Heat recovery from urban wastewater: analysis of the variability of flow rate and temperature in the sewer of Bologna, Italy. *Energy procedia, 45*, 288-297.

[3] Bolle, F.W. (2012). *Potenziale und technische Optimierung der Abwasserwärmenutzung*. Abschlussbericht. Aachen: FiW an der RWTH Aachen.

[4] Müller, P. (2021). Modellierung der Verteilung ungenutzter industrieller und gewerblicher Abwärme über die Abwasserkanalisation. Dissertation, Technische Universität Kaiserslautern.

[5] Wanner, O., Delavy, P., Eugster, J., Panagiotidis, V., & Siegrist, H. (2004). *Wärmerückgewinnung aus Abwassersystemen*. Schlussbericht. Dübendorf: Eidgenössische Anstalt für Wasserwirtschaft, Abwasserreinigung und Gewässerschutz (EAWAG).

[6] Deutsche Vereinigung für Wasserwirtschaft, Abwasser und Abfall e. V. (Hrsg.). (2021). Merkblatt DWA-M 114: *Abwasserwärmenutzung*.

[7] Dürrenmatt, D. J., & Wanner, O. (2008). Simulation of the wastewater temperature in sewers with TEMPEST. *Water Science and Technology*, 57(11), 1809-1815.

[8] Bischofsberger, W., Seyfried, C. F. (1984). Wärmeentnahme aus Abwasser. *Berichte aus Wassergütewirtschaft und Gesundheitsingenieurwesen der Technischen Universität München*, 56, 1-178.

[9] Abdel-Aal, M. (2015). *Modelling the Viability of Heat Recovery from Underground Pipes. Deterministic modelling of wastewater temperatures in a 3000-sewer pipe network*. Dissertation, University of Bradford.

[10] „Läufle, B. (2015). Wärme aus Abwasser und dem umgebenden erwärmten Erdreich mit dem System PKS-Thermpipe®. *Wärmerückgewinnung aus Abwassersystemen. Wärmetauscher, Wärmepumpen, Verbundsysteme; direkte und indirekte Nutzung. Essen*: PP PUBLICO Publications.“

[11] Kugler, T., Schittenhelm, C., Volkmer, S., Ryba, M., Moormann, C., Kurth, D., & Koenigsdorff, R. (2022). Sustainable heating and cooling management of urban quarters. *Sustainability*, 14(7), 4353.

[12] „Rieckert, J.; Kugler, T.; Moormann, Ch.: „Experimentelle und numerische Untersuchungen des thermisch aktivierten Abwasserkanals. (2025). *11. Symposium Umweltgeotechnik, Tagungsband Fachsektionstage Geotechnik: Interdisziplinäres Forum, Würzburg, 07.-08. Oktober 2025*. Essen: Deutsche Gesellschaft für Geotechnik (DGGT), S. 508-513.

[13] Koenigsdorff, R. (2011). *Oberflächennahe Geothermie für Gebäude: Grundlagen und Anwendungen zukunftsfähiger Heizung und Kühlung*. Stuttgart: Fraunhofer IRB Verlag.

[14] Moormann, C., & Kugler, T. (2024). Oberflächennahe Geothermie. *Beton-Kalender 2025: Tunnelbau Betonbauqualität (BBQ)*, 571-632.

[15] Beisel, S. (1999). *Vermessung, Modellierung und Bewertung des Erdreichwärmeübertragers beim Passiv-Solarhaus Cölbe*. Diplomarbeit, Universität Marburg.

[16] VDI 4620 Blatt 2. (2019). Thermische Nutzung des Untergrunds – Erdgekoppelte Wärmepumpenanlagen.

[17] Kugler, T. (2026): Energetische Untersuchung thermisch aktivierter Abwasserkanäle. Dissertation, Mitteilungen des Instituts für Geotechnik der Universität Stuttgart.

[18] Moormann, C., Kurth, D., Koenigsdorff, R., Hahn, R., Kugler, T., Herrmann, L., Volkmer, S., Kühl, S., Jekel, S. & Seitz, M. (2025). Forschungsvorhaben IWAES II-Integrative Betrachtung einer nachhaltigen Wärmebewirtschaftung von Stadtquartieren im Stadtentwicklungsprozess. Umsetzungs- und Verstetigungsphase – BMBF-Fördermaßnahme „RES:Z-Ressourceneffiziente Stadtquartiere für die Zukunft“. Hannover: Technische Informationsbibliothek.

# Dekarbonisierung im Spezialtiefbau – Pyrolysekohle als Bestandteil innovativer Bindemittelsysteme

**Martin Riedrich, M. Sc.**
PORR Spezialtiefbau GmbH, Leinfelden-Echterdingen

**Dipl.-Geol. Dr. Holger Maurer**
Geosystems Spezialbaustoffe, Rohrdorf

**Zusammenfassung**

Der Spezialtiefbau steht unter massivem Dekarbonisierungsdruck – hohe Zementintensität, energieaufwendige Prozesse und knappe Materialbudgets. Entsprechend rückt die Substitution klassischer Bindemittelsysteme und die gezielte $CO_2$-Reduktion entlang der gesamten Wertschöpfungskette in den Fokus. Zement verursacht im Spezialtiefbau einen erheblichen $CO_2$-Impact, da die rohstoffbedingte Mineralogie während des Klinkerbrennens prozessbedingt große Mengen an $CO_2$ freisetzt. Die Entwicklung klinkerarmer Zemente (CEM II–CEM VI) reduziert das $CO_2$-Äquivalent bereits von 665 auf bis zu 350 kg $CO_2$/t. Im Rahmen des Forschungsprojekts wurde klar: Die Beimischung von Pyrolysekohle in die Bindemittelsuspension für das Düsenstrahlverfahren verbessert die ökologische Gesamtbilanz nochmals deutlich – ohne nennenswerte Einschränkungen bei der Verarbeitung. Die Frühfestigkeit geht moderat zurück, der Wasserbedarf steigt, und die Suspensionsstabilität wird spürbar erhöht, bleibt jedoch weiterhin voll kompatibel mit den Anforderungen des Düsenstrahlverfahrens. Die Feldversuche untermauerten die vollständige baustofftechnische Einsatzfähigkeit unter Realbedingungen. Ergänzende chemische und geotechnische Untersuchungen bestätigten die Umweltverträglichkeit gemäß EBV/LAGA. [1] Damit ermöglicht Pyrolysekohle eine deutliche Absenkung des $CO_2$-Fußabdrucks des Bindemittels und zugleich eine dauerhafte $CO_2$-Speicherung im Untergrund– ein unmittelbar wirksamer Ansatz zur Dekarbonisierung im Spezialtiefbau.

## Zement in der Bauindustrie

Im Spezialtiefbau werden erhebliche Zementmengen verbraucht, insbesondere in Form von Suspensionen für Mikropfähle, Rückverankerungen oder das Düsenstrahlverfahren. Viele dieser Anwendungen sichern primär den temporären Bauzustand, verbleiben jedoch langfristig im Untergrund – etwa Unterfangungen oder Dichtsäulen. Daraus entsteht ein Zielkonflikt: Formal bestehen keine strengen Anforderungen an die Dauerhaftigkeit, faktisch liegt das Material aber über Jahrzehnte bis Jahrhunderte im Boden.

Vor diesem Hintergrund rückt die Optimierung der Bindemittel selbst zunehmend in den Fokus. Insbesondere die Zementindustrie hat in den vergangenen zwei Jahrzehnten erhebliche Fortschritte erzielt, um den $CO_2$-Fußabdruck ihrer Produkte zu reduzieren. Während der klassische Portlandzement (CEM I) noch bis zu 665 kg $CO_2$ pro Tonne Zement freisetzt, konnte dieser Wert durch moderne klinkerreduzierte Zemente und neuartige Bindemittelsysteme deutlich gesenkt werden.

Auch die mechanischen Eigenschaften der im Düsenstrahlverfahren hergestellten Körper zeigen, dass grundsätzlich geeignete Festigkeitsniveaus erreicht werden. Herausforderungen ergeben sich jedoch im Bereich der Frühfestigkeit. Mit sinkendem Klinkeranteil nimmt die Erhärtungsrate typischerweise ab, [2] was in der Baupraxis zu relevanten Einschränkungen führt. Besonders kritisch ist die Festigkeit nach den ersten etwa 12 Stunden, da in diesem Zeitraum das rückströmende Suspensionsmaterial („Rückfluss") entsorgt werden muss. Wird die erforderliche Frühfestigkeit nicht erreicht, verlängern sich Standzeiten, es entstehen zusätzliche Logistik- und Entsorgungskosten, und die Wirtschaftlichkeit der Ausführung wird maßgeblich beeinträchtigt.

## Baustofftechnik

Im Rahmen der laufenden Bestrebungen zur $CO_2$-Reduktion im Spezialtiefbau wurde der Einsatz von Pyrolysekohle (Biochar) als Zusatzkomponente in zementären Bindemittelsystemen im Baustofflabor systematisch

**Tab. 1: $CO_2$ Ausstoß verschiedener Zementsorten**

| Zementtyp (nach EN 197-1) | Hauptbestandteile | $CO_2$-Ausstoß [kg/t] |
|---|---|---|
| CEM I (Portlandzement) | 95 – 100 % Klinker | 665 |
| CEM II/A-B | 80 – 94 % Klinker + Hüttensand/Flugasche | 540 |
| CEM III | 35 – 64 % Klinker + Hüttensand + Zusatzstoffe | 350 |

untersucht. Ziel war es, das Potenzial der Kohlezugabe hinsichtlich technischer Leistungsfähigkeit, Verarbeitbarkeit und möglicher $CO_2$-Minderung im Düsenstrahlmischverfahren zu bewerten. Eingesetzt wurde eine von der Carbuna AG gesiebte Pyrolysekohle, die die relevanten baustofftechnischen Anforderungen hinsichtlich Kornband, Wassergehalt und chemischer Parameter erfüllt.

Pyrolyse ist ein thermochemischer Konversionsprozess, bei dem organische Biomasse unter definiertem Sauerstoffausschluss auf etwa 400 – 800 °C erhitzt wird. Die biogenen Bestandteile zerfallen dabei in drei Produktfraktionen: ein fester Kohlenstoffträger (Pflanzenkohle), flüchtige Gase und kondensierbare Pyrolyseöle. Die Pflanzenkohle bildet eine stark karbonisierte Kohlenstoffmatrix mit hoher Porosität, großer spezifischer Oberfläche und sehr stabilen, wasserarmen Strukturen. Das Ergebnis ist eine hochporöse und dauerhafte Kohlefraktion, die sich aufgrund ihrer physikalischen Struktur und chemischen Stabilität für baustofftechnische Systeme eignet. Aufgrund dieser Langlebigkeit kann der gebundene Kohlenstoff über lange Zeiträume im Boden verbleiben und wirkt als dauerhafte Kohlenstoffsenke. Die Eigenschaften – wie Oberflächenaktivität, Reaktivität, Aschegehalt und Korngrößenverteilung – hängen stark von der eingesetzten Biomasse sowie den Prozessparametern ab.

Die zur Untersuchung verwendete Pyrolysekohle wurde aus regionaler, überwiegend holzbasierter Biomasse gewonnen. Für das Material CPK 0,2 wurde im Vorfeld eine Erstprüfung gemäß EN 12878:2011 [3] durchgeführt. Im baustofftechnischen Labor wurden verschiedene Bindemittelrezepturen mit Pyrolysekohleanteilen von 5 % und 10 % (bezogen auf die Bindemittelmasse) entwickelt und getestet. Parallel dazu wurden Nullserien ohne Kohlezugabe erzeugt, um eine belastbare Referenzbasis sicherzustellen. Die Rezepturen basieren auf über Jahrzehnte bewährten DSV-Bindemittelsystemen und setzen sich aus Zement (DIN EN 197) [4], gemahlener Hochofenschlacke (DIN EN 15167) [5], Flugasche (DIN EN 450) [6] sowie Kalksteinmehl (DIN EN 12620) [7] zusammen.

Für die Suspensionsversuche wurden jeweils 2,5 l Suspension im Ultraturraxmischer (5.000 U/min, 5 min Mischzeit) mit einem W/B-Wert von 1,0 hergestellt. Anschließend wurden Fließgrenze (Kugelharfe), Marshzeit, Suspensionsdichte und das Wasserabsetzverhalten nach 24 Stunden bestimmt. Die Suspensionen wurden anschließend in Prismenformen abgegossen und im Feuchtekasten gelagert. Die rheologischen Prüfungen lieferten die für das Düsenstrahlverfahren relevanten Kennwerte für Pump- und Verarbeitbarkeit. In der Erhärtungsphase wurden einaxiale Druckfestigkeiten nach 1, 7, 28, 56 und 90 Tagen bestimmt, um die Festigkeitsentwicklung unter variierenden Kohleanteilen differenziert abzubilden.

In einem zweiten Schritt wurden Mörtelversuche mit der Pyrolysekohle durchgeführt, um das baustofftechnische System in einem bodenmörtelähnlichen Gefüge zu untersuchen. Dazu wird wie bei den Suspensionsversuchen auch zunächst eine Suspension mit einem W/B-Wert von 1,0 hergestellt, diese anschließend mit Bentonit stabilisiert und mit Normsand versetzt. An dem flüssigen Mörtel wurden Dichte und Wasserabsetzmaß bestimmt. Nach der Erhärtung wurde die einaxiale Druckfestigkeit an 1:1-Zylinderproben nach 1, 7 und 28 Tagen bestimmt. Ergänzend wurden lichtmikroskopische Gefügeanalysen zur räumlichen Verteilung der Kohlepartikel im Zementstein durchgeführt. Dadurch konnten potenzielle Einflüsse auf Mikrostruktur, Porenraum und Hydratationsgefüge eingeordnet werden. Chemische Analysen lieferten zusätzliche Informationen zu Zusammensetzung, Reaktivität und möglichen Wechselwirkungen zwischen Pyrolysekohle und den hydratisierten Phasen des zementären Systems.

Abb. 1 Reine Pflanzkohle und mit Pflanzkohle versetzte Zementsuspension

**Ergebnisse**

Die Ergebnisse zeigen, dass die Zugabe von Pyrolysekohle die rheologischen Eigenschaften der Suspensionen sowie die Hydratationsprozesse und Festigkeitsentwicklung in unterschiedlichem Maße beeinflusst. Hinsichtlich der einaxialen Druckfestigkeit ist im Suspensionsversuch ein nahezu identischer Verlauf der Erhärtung beim Nullversuch und mit 5 % Pyrolysekohle zu erkennen. Mit 10 % Pflanzenkohle wird die Festigkeitsentwicklung vor allem nach 1 und 7 Tagen etwas abgeschwächt, liegt jedoch insgesamt auf ausreichend hohem Niveau. Beim Mörtelversuch, der die Bodenmörtelsäule simulieren soll, ist die Festigkeitsentwicklungen mit und ohne Pyrolysekohle im Anfangsstadium des Erhärtungsverlaufs noch näher beisammen. Die Endfestigkeit ist mit 10 % Pflanzenkohle jedoch circa 15 % geringer. Ein Grund für die niedrigere Festigkeit ist, dass die Kohle keinen Beitrag zur Stützwirkung des Korngefüges leistet und zudem durch die hohe Wasseraufnahme den effektiven W/B-Wert erhöht. Hierzu sind in Abb. 2 und Abb. 3 die Entwicklung der einaxialen Druckfestigkeit dargestellt.

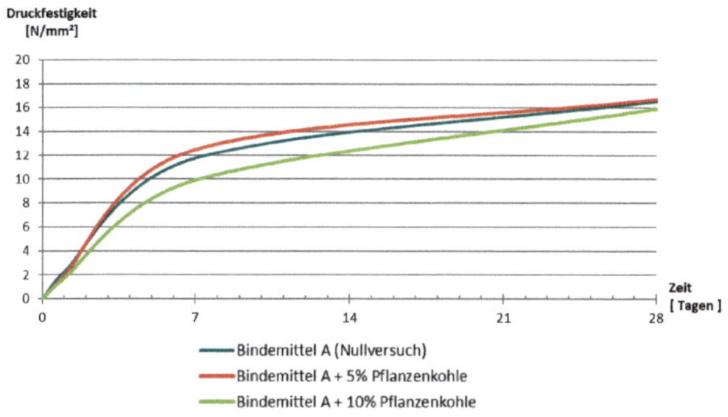


Abb. 2: Entwicklung der einaxialen Druckfestigkeit nach DIN EN 196 im Suspensionsversuch

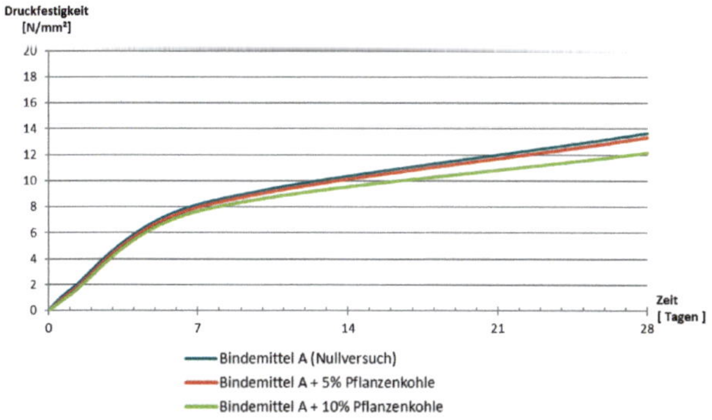


Abb. 3: Entwicklung der einaxialen Druckfestigkeit in Anlehnung an EN ISO 17892-7 (Mörtelversuch)

Bei den Versuchen zum Wasserabsetzmaß zeigt sich deutlich der höhere Wasseranspruch einer Suspension mit Pyrolysekohle. Durch die hohe Oberfläche der Pflanzenkohle wird deutlich mehr Wasser gebunden als in einer Bindemittelsuspension ohne Kohle. Der erhöhte Wasseranspruch führt bei den Messungen zur Fließgrenze und zur Marshzeit dann auch dort zu höheren Werten, wodurch die Stabilität der Suspension deutlich erhöht wird. Die Aufnahmen am Auflichtmikroskop zeigen an den Suspensionsproben eine homogene Verteilung der Kohlepartikel über den Probenkörper (Abb. 5). Nur an der Oberfläche können sich durch die Oberflächenspannung Kohlepartikel in einer dünnen Schicht ansammeln. Auch in den untersuchten Proben des Bodenmörtels aus dem DSV-Rücklauf und den DSV-Bohrkernen ist eine gleichmäßige Verteilung der Pflanzenkohle zu erkennen. Durch strömungsmechanische Effekte konnten sich in manchen Bereichen plattige Kohlepartikel richtungsabhängig ins Bodengefüge einregeln.

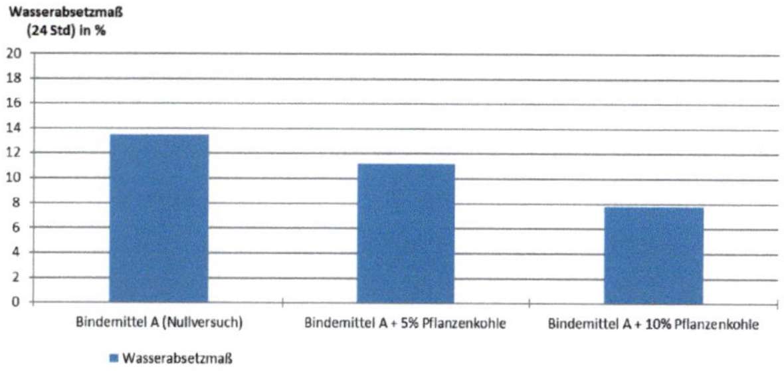


Abb. 4: Wasserabsetzmaß in % nach 24 Std

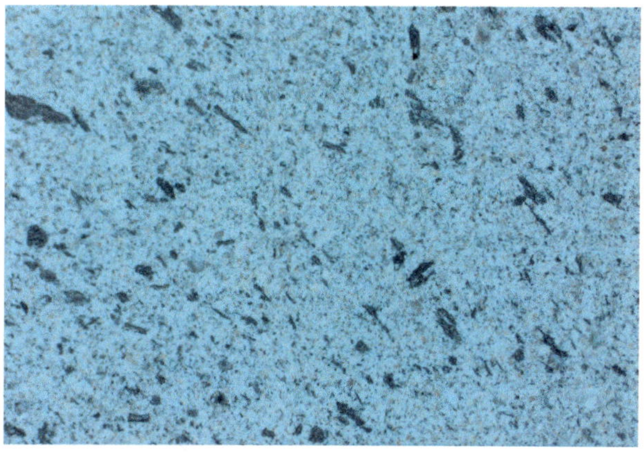

Abb. 5: Lichtmikroskopische Aufnahme (Auflicht) einer erhärteten Probe aus einem Bohrkern (Baustellenversuch) Bilddurchmesser ca. 3cm

## $CO_2$-Fußabdruck

Durch die Zugabe von Pyrolysekohle lässt sich der $CO_2$-Eintrag durch das Bindemittel signifikant reduzieren. Die im Projekt eingesetzte Pyrolysekohle der Carbuna wurde mit einem nachgewiesenen negativen $CO_2$-Äquivalent (EPD- Zertifikat [8]) von −2,7 t $CO_2$ pro Tonne in die $CO_2$-Bilanz des Bindemittels einbezogen. Das DSV-Bindemittel allein liegt mit einem $CO_2$-Äquivalent von 420 kg schon deutlich niedriger als ein Normzement mit im Schnitt 600 kg. Mit einem Pyrolysekohlegehalt von 5-Gew-% wird ein $CO_2$-Äquivalent von 247 kg und mit der Zugabe von 10-Gew % ein Wert von 74 kg erreicht. Mit dem geeigneten Zement als Ausgangsmaterial können mit Pyrolysekohle auch negative $CO_2$-Werte erreicht werden.

## Feldversuch

Nachdem die grundsätzliche baustofftechnische Eignung im Labor nachgewiesen werden konnte, wurde gemeinsam mit der Firma PORR Spezialtiefbau ein Konzept für den praktischen Baustelleneinsatz entwickelt. Dabei zeigte sich eine breite Unterstützung der Bauherren für das Forschungsprojekt. Die Feldversuche dienten der Überprüfung der Praxistauglichkeit der entwickelten Rezepturen unter realen Einsatzbedingungen.

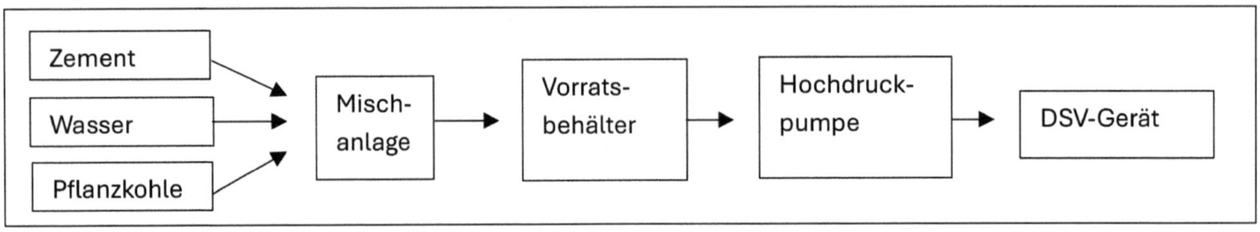


Abb. 6: Schematische Darstellung

Die Zugabe der Pflanzenkohle erfolgt über die Mischanlage, welche die Dosierung mehrerer Komponenten ermöglicht. Nach dem Einmischen wird die Suspension zunächst in den Vorratsbehälter überführt und anschließend über die Hochdruckpumpe an das Bohrgerät gefördert (siehe Abb. 6).

Aktuell wird die Pflanzenkohle als zusätzliche Komponente in die Mischanlage eingebracht. Perspektivisch ist jedoch anzustreben, dass das Düsbindemittel bereits werkseitig mit einem definierten Anteil an Pflanzenkohle versetzt wird, um eine reproduzierbare Qualität und eine gleichmäßigere Verteilung sicherzustellen.

In den ersten Versuchsreihen wurde die Pflanzenkohle noch händisch aus Sackware zudosiert, was sich im Baustellenbetrieb als arbeitsintensiv und potenziell fehleranfällig erwies.

Die in den Feldversuchen eingesetzten Zementsuspensionen mit einer Pflanzenkohlezugabe von bis zu 10 Masse-% zeigten keine signifikanten Auswirkungen auf die Verarbeitbarkeit. Weder die Pumpfähigkeit noch das Suspensionsverhalten im Misch- und Fördersystem wiesen im Vergleich zur Referenzsuspension ohne Pflanzenkohle erkennbare Abweichungen auf.

**Fazit und Ausblick**

Die bisherigen Untersuchungen zeigen deutlich, dass der Einsatz von Pflanzenkohle als Zusatzstoff in zementgebundenen Suspensionen ein technisch und ökologisch vielversprechender Ansatz zur Reduktion der $CO_2$-Emissionen im Spezialtiefbau ist. Durch den teilweisen Ersatz des klinkerhaltigen Bindemittels kann der $CO_2$-intensive Anteil des Zements signifikant verringert werden, ohne dass dabei negative Auswirkungen auf die Verarbeitbarkeit oder die baupraktische Umsetzung festgestellt wurden. Gleichzeitig ermöglicht die in der Pflanzenkohle dauerhaft gebundene Kohlenstoffmenge eine zusätzliche Senkung der Netto-Emissionen über den gesamten Lebenszyklus des Materials.

Die Ergebnisse verdeutlichen darüber hinaus, dass das Verfahren ein hohes Skalierungspotenzial besitzt und grundsätzlich für großtechnische Anwendungen geeignet ist. Insbesondere vor dem Hintergrund steigender $CO_2$-Kosten und der zunehmenden regulatorischen Anforderungen bietet die Substitution von Klinker durch Pflanzenkohle zudem ein wirtschaftliches Potenzial.

Insgesamt leisten die vorgestellten Untersuchungen einen Beitrag zur Entwicklung $CO_2$-reduzierter bis perspektivisch $CO_2$-neutraler Bindemittelsysteme, die den technischen Anforderungen des Spezialtiefbaus entsprechen und gleichzeitig den Zielen einer ressourcenschonenden und klimasensitiven Bauweise näherkommen. Damit eröffnet die Integration von Pflanzenkohle in zementgebundene Systeme einen relevanten Ansatzpunkt, um ökologische Optimierungsstrategien mit den praktischen Erfordernissen der Baupraxis zu verbinden.

**Literaturverzeichnis**

[1] N. n. S. u. V. (. Bundesministerium für Umwelt, Ersatzbaustoffverordnung (EBV) – Verordnung über das Inverkehrbringen und die stoffliche Verwendung von Ersatzbaustoffen, Berlin: BMUV, 2023.

[2] V. D. Z. e. V. (VDZ), Zementmerkblatt B1 – Zusammensetzung und Eigenschaften von Zementen nach DIN EN 197-1, Düsseldorf, 2019.

[3] E. C. f. S. (CEN), EN 12878:2011-03 – Pigments for the colouring of building materials based on cement and/or lime – Requirements and test methods, Brüssel: CEN, 2011.

[4] D. I. f. N. (DIN), DIN EN 197-1:2011-11 Zement – Teil 1: Zusammensetzung, Anforderungen und Konformitätskriterien für Normalzement., Berlin: Beuth Verlag, 2011.

[5] D. I. f. N. (DIN), DIN EN 15167-1:2007-05 Gemahlener Hüttensand für die Verwendung in Beton, Mörtel und Einpressmörtel – Teil 1: Definitionen, Anforderungen und Konformitätskriterien, Berlin: Beuth Verlag, 2007.

[6] D. I. f. N. (DIN), DIN EN 450-1:2013-02 – Flugasche für Beton – Teil 1: Definitionen, Anforderungen und Konformitätskriterien, Berlin: Beuth Verlag, 2013.

[7] D. I. f. N. (DIN), DIN EN 12620:2019-03 – Gesteinskörnungen für Beton – Anforderungen und Prüfverfahren, Berlin: Beuth Verlag, 2019.

[8] D. I. f. N. (DIN), DIN EN ISO 14025: Umweltkennzeichnungen und -deklarationen – Typ III Umweltdeklarationen – Grundsätze und Verfahren, Berlin: Beuth Verlag, 2011.

[9] D. I. f. N. (DIN), DIN EN 196-1:2016-11 Prüfverfahren für Zement – Teil 1: Bestimmung der Festigkeit., Berlin: Beuth Verlag, 2016.

[10] D. I. f. N. (DIN), DIN 18196:2019-11 – Baugrund – Bodenklassifikation für bautechnische Zwecke, Berlin: Beuth Verlag, 2019.

# Verwertung von Boden bei Infrastrukturprojekten – wie aus Abfall ein Produkt wird

**Prof. Dr.-Ing. Christoph Budach**
Technische Hochschule Köln, Fakultät für Bauingenieurwesen und Umwelttechnik, Institut für Baustoffe, Geotechnik, Verkehr und Wasser, Lehr- und Forschungsgebiet Geotechnik und Tunnelbau

**Dipl.-Geol. Markus Wachutka**
Technische Hochschule Köln, Fakultät für Bauingenieurwesen und Umwelttechnik, Institut für Baustoffe, Geotechnik, Verkehr und Wasser, Lehr- und Forschungsgebiet Geotechnik und Tunnelbau

**Zusammenfassung**
Beim Bau von Infrastrukturprojekten fallen große Mengen an Aushub und Ausbruchmaterial an, die bislang meist als Abfall angesehen werden. Angesichts des steigenden Bewusstseins von Nachhaltigkeitsaspekten und dem Ziel, eine zirkuläre Kreislaufwirtschaft zu ermöglichen, sollten Böden und Steine als Sekundärrohstoffe genutzt werden. Das Kreislaufwirtschaftsgesetz unterscheidet Verwertung und Beseitigung. Die Verwertung bietet ökologische Vorteile und kann die Entsorgungskosten erheblich reduzieren. Oftmals wird Boden als Abfall angesehen; Boden können aber auch den Status eines Nebenproduktes oder eines Produktes erlangen. Da das „Ende der Abfalleigenschaft“ derzeit nicht bundeseinheitlich geregelt ist, haben einzelne Länder landesspezifische Erlasse hierzu herausgegeben. Der Beitrag erläutert daher, wie Böden bei Infrastrukturvorhaben verwertet werden können und wie aus Boden als Abfall ein (Neben) Produkt werden kann, um dieses Material möglichst hochwertig verwerten zu können.

## 1. Einführung

Werden große Infrastrukturmaßnahmen realisiert, werden sehr häufig große Mengen an anstehenden Böden abgebaut. Diese können je nach geotechnischen Eigenschaften und umwelttechnischer Klassifizierung als wertvoller Roh- bzw. Baustoff genutzt werden.
Nach [1] wird zwischen der Entsorgung sowie der Verwertung und der Beseitigung (z. B. nach [2]) unterschieden. Zur Verwertung zählt die Vorbereitung zur Wiederverwertung, das Recycling und die sonstige Verwertung, insbesondere die Verfüllung. Bei der Verfüllung werden geeignete, aber nicht gefährliche Abfälle zur Rekultivierung von Abgrabungen oder zu bautechnischen Zwecken bei der Landschaftsgestaltung verwendet (vgl. [1]). Wenn Boden den Status Abfall hat und aus ökologischen oder ökonomischen Gründen nicht verwertet wird bzw. dieser beseitigt werden kann, muss dieser beseitigt werden. In Deutschland sind 2022 nach [3] insgesamt 207,9 Mio. t mineralische Bauabfälle angefallen, von denen 122,1 Mio. t bzw. 58,7 % dem Stoffstrom „Boden und Steine“ zugeordnet werden können (vgl. Abbildung 1). 14 Mio. t bzw. 11,5 % dieses Materials wurde als Bestandteil für Recycling-Baustoffe genutzt, mit 91,8 Mio. t bzw. 75,2 % wurde der größte Anteil für die Verwertung im übertägigen Bergbau und in anderen Maßnahmen, überwiegend im Deponiebau, eingesetzt und 16,3 Mio. t bzw. 13,3 % des anfallenden Materials wurden auf Deponien beseitigt.

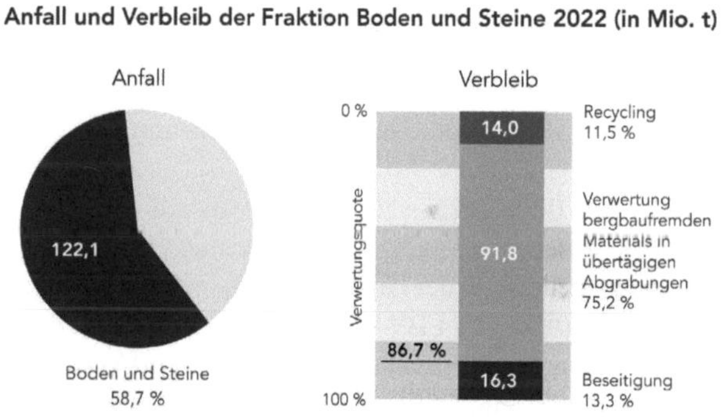


Abb. 1: Anfall und Verbleib der Fraktion Boden und Steine 2022 (in Mio. t) in Deutschland [3]

Bei Infrastrukturmaßnahmen werden oftmals große Volumen an Boden bewegt bzw. zur Entsorgung von der Baustelle abgefahren. Zudem fallen bei Baustellen von Infrastrukturmaßnahmen häufig große Massen unterschiedlicher Böden bzw. Böden mit verschiedenen geotechnischen und ggf. umwelttechnischen Eigenschaften in einem vergleichbar begrenzten Zeitraum an. Aus diesem Grund lohnt sich insbesondere bei diesen Projekten eine detaillierte Betrachtung zur Verwertung der anfallenden Bodenmassen.

## 2. Umwelttechnische Randbedingungen bei der Entsorgung von Boden bei Infrastruktur-projekten und Verwertungsmöglichkeiten

Gemäß Kreislaufwirtschaftsgesetz (KrWG) ist der Begriff „Entsorgung“ als Oberbegriff der Begriffe „Verwertung“ und „Beseitigung“ definiert [1]. „Verwertung“ wird laut KrWG §3 als „Verfahren, als dessen Hauptergebnis

die Abfälle (…) für andere Zwecke nutzbringend verwendet werden, indem sie andere Materialien ersetzen (…).“ bezeichnet [1]. „Beseitigung“ wird gemäß §1 der Deponieverordnung (DepV) als „Ablagerung von Abfällen auf einer Deponie (…)“ beschrieben [2].
Weiterhin gilt nach KrWG die nachfolgend dargestellte Abfallhierarchie, dass die Vermeidung (in Abbildung 2 grün dargestellt) vor den unterschiedlichen Stufen der Verwertung (gelb) – Vorbereitung zur Wieder-verwendung, Recycling und sonstige Verwertung insb. Verfüllung – und der Beseitigung (rot) steht.

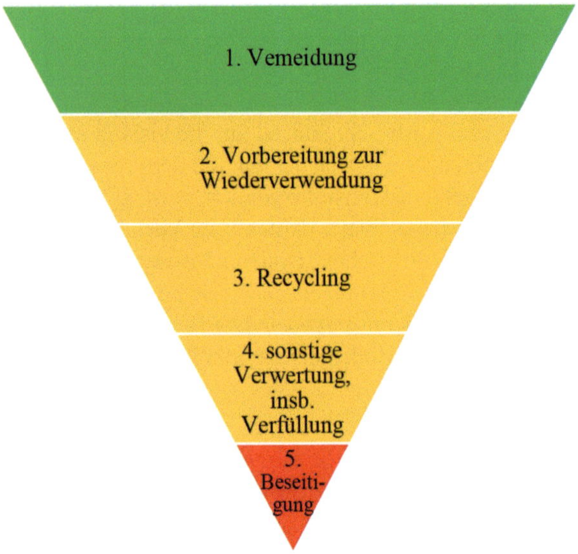


Abb. 2: Abfallhierarchie nach [1] in Anlehnung an [4]

Die seit dem 01.08.2023 geltende Ersatzbaustoff-verordnung (EBV) [5] ersetzt die bislang bundesweit uneinheitlich angewandte Mitteilung 20 der Länderarbeitsgemeinschaft Abfall (LAGA M20)[6]. Die EBV fordert einen erweiterten Parameterumfang, sowie ein anderes Wasser-Feststoff-Verhältnis bei der Eluaterstellung als die LAGA M20. Daher hat sich gezeigt, dass die bisherigen LAGA-Einstufungen nicht auf die Klassen der EBV übertragbar sind. Bodenmaterial wird nach EBV den Klassen BM-0, BM-0*, BM-F0*, BM-F1, BM-F2, BM-F3 zugeordnet, sofern die jeweiligen Grenzwerte eingehalten werden. Material, welches die Grenzwerte nach EBV nicht einhält, muss nach [2] beseitigt werden. Das Material, das die Grenzwerte nach EBV einhält, kann in einer der in der EBV beschriebenen 17 Einbauweisen sowie 26 Bahnbauweisen genutzt werden. Für die konkrete Nutzung des Materials spielen u. a. die Lage, die Art der Grundwasserdeckschicht und der Abstand zwischen Unterkante des einzubauenden Materials zum höchsten Grundwasserstand eine wichtige Rolle. Alle Einbau- und Bahnbauweisen sind dadurch gekennzeichnet, dass Bodenmaterial nach EBV nicht unterhalb des Grundwasserspiegels eingebaut werden darf.
Generell können die geotechnischen und umwelttechnischen Eigenschaften der abgebauten Böden durch die gewählte Verfahrenstechnik des Abbau- bzw. Förderprozesses beeinflusst werden. So weist z. B. bei Schlitzwandarbeiten mit suspensionsgestütztem Schlitz unterhalb des Grundwasserspiegels der Boden nach dem Aushub einen deutlich höheren Wassergehalt als der natürlich anstehende Boden auf. Diese verfahrensspezifischen Einflüsse, die sich in Abhängigkeit der Verfahren sowohl auf die geotechnischen als auch auf die umwelttechnischen Eigenschaften auswirken können, sind bei der Entsorgung von Boden zu beachten.
Bodenmaterial kann innerhalb oder außerhalb des eigentlichen Bauprojekts verwertet werden. So ist es möglich, dass Boden – ggf. erst nach einer Aufbereitung – als Zuschlagsstoff in der Industrie (z. B. Beton-, Keramik oder Ziegelindustrie), als Erdbaustoff (z. B. für Erdbauwerke wie Lärmschutzwälle oder Straßendämme) oder zur Renaturierung alter Gruben oder Steinbrüche genutzt werden. Der Deutsche Ausschusses für Unterirdisches Bauen (DAUB) e.V. hat in seiner Empfehlung zur „Verwertung von Tunnelausbruchmaterial“ diese Verwertungsmöglichkeiten berücksichtigt und eine Unterscheidung in eine der drei Verwertungsgruppen vorgesehen [7]:

- **Verwertungsgruppe 1** mit dem Fokus der Substitution von Rohstoffen, z. B. in der Ziegelindustrie,
- **Verwertungsgruppe 2** mit Verwendung als notwendiger Boden im Erd- und Verkehrswegebau, z. B. als Lärmschutzwall, und
- **Verwertungsgruppe 3** mit fakultativer Verwendung als Boden im Erdbau, z. B. zur Verfüllung ehemaliger Tagebaue.

In der Vergangenheit wurde Boden oftmals hochwertig verwertet (siehe u. A. [8]). Um auch zukünftig eine hochwertige Verwertung von Boden zu ermöglichen, eignet sich eine detaillierte Betrachtung des in einem Infrastrukturprojekt anfallenden Bodens und seiner Beeinflussung durch die Verfahrenstechnik. Aus diesem Grund wurde die nachfolgend dargestellte Ablaufgrafik entwickelt, die schrittweise erläutert wird. Dabei wird der Boden schon zu Beginn des Bauvorhabens als Rohstoff für den weiteren Einsatz angesehen. Aufgrund dessen können zusätzliche Untersuchungen erforderlich sein, um diese Böden adäquat zu charakterisieren.
Die nachfolgend beschriebene Vorgehensweise eignet sich aufgrund der Chancen und Potentiale besonders für große Infrastrukturprojekte, sie lässt sich aber auch auf mittlere und kleinere Bauprojekte übertragen, um den Boden bestmöglich zu verwerten.

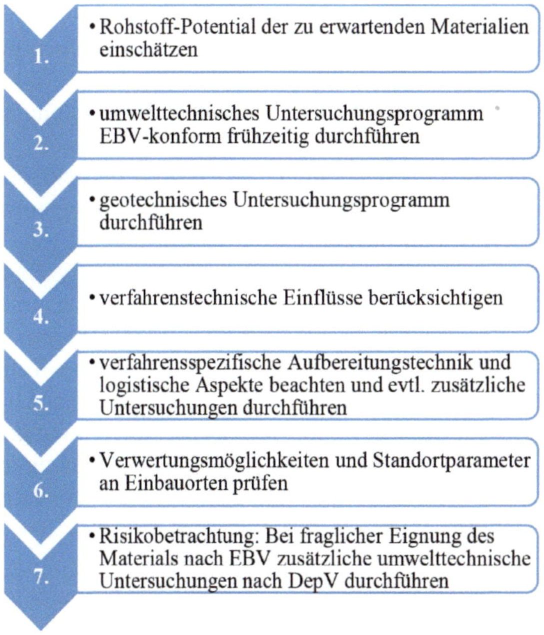


Abb. 3: Schrittweises Vorgehen zur hochwertigen Verwertung von Böden bei Berücksichtigung geo-, umwelt- und verfahrenstechnischer Aspekte

1. Bereits im Zuge der Vorplanung sollte das Rohstoff-Potential der zu erwartenden Materialien eingeschätzt werden. Da bereits kleine Änderungen in der Trassenführung große Auswirkungen auf die Menge an unterschiedlichen **Böden und damit auf die Verwertungsmöglichkeiten haben können,** ist bereits zu diesem Zeitpunkt das jeweilige Rohstoff-Potential einzuschätzen.
2. Zur späteren Betrachtung möglicher Einbauweisen von Bodenmaterial ist ein Untersuchungsprogramm entsprechend der EBV frühzeitig zu planen und umzusetzen. Dabei ist darauf zu achten, dass Probenmaterial in ausreichender Menge gewonnen wird und ggf. Rückstellproben für mögliche Nachuntersuchungen genommen werden. Sollte erkennbar sein, dass eine Verwertung nach EBV nicht möglich sein wird, sind Untersuchungen nach DepV durchzuführen.
3. Neben den umweltchemischen Untersuchungen sind geotechnische Untersuchungen durchzuführen, um z. B. die charakteristischen Kenngrößen und die Kennwerte für die Homogenbereiche festzulegen. Die Ergebnisse der geotechnischen Untersuchungen liefern wichtige Informationen zur Einschätzung des Materials als mineralischer Ersatzbaustoff (MEB), so dass abgeschätzt werden kann, bei welchen technischen Bauwerken dieses technisch sinnvoll eingebaut werden kann.
4. Sofern die Verfahrenstechnik einen Einfluss auf die geo- oder umwelttechnischen Eigenschaften des zu entsorgenden Boden haben kann, sind diese Einflüsse zu berücksichtigen. So kann durch die Nutzung einer Stützflüssigkeit bei Bohr-, Schlitz- oder Untertagebauarbeiten diese den Wassergehalt des Bodens wesentlich verändern und die Verwertung stark beeinflussen. Aus diesem Grund sind zusätzliche Untersuchungen, die über die Angabe in den Normen zur Beschreibung des Bodens hinsichtlich seines Zustands vor dem Lösens hinausgehen, als notwendig anzusehen. Dies können z. B. Untersuchungen zur Bestimmung der Scherfestigkeit feinkörniger Böden bei unterschiedlichen Konsistenzen sein (vgl. [9]). Zudem kann es erforderlich sein, weitere bautechnische Untersuchungen durchzuführen, sofern sich beispielsweise Boden als Rohstoff für die Ziegel- oder Betonindustrie genutzt werden soll. In diesem Fall sind beispielsweise Röntgen-diffraktometrieanalysen (XRD) oder Röntgen-fluoreszenzanalyse (XRF) durchzuführen, um Verwertungspotentiale zu ermitteln (vgl. u. a. [8] bzw. [9]).
5. Ist wie beispielsweise bei der Herstellung von Schlitzwänden oder bei der Nutzung von Tunnelbohrmaschinen mit flüssigkeitsgestützter Ortsbrust verfahrenstechnisch eine Aufbereitungstechnik durch den Einsatz einer Separationsanlage erforderlich, sind die Einflüsse dieser Technik auf die geo- und umwelttechnischen Eigenschaften des zu entsorgenden Materials zu beachten. So ist zu prüfen, welche Eigenschaften Böden bzw. Teile davon nach der Aufbereitung haben können. Es können z. B. separierte grobkörnige Fraktionen als Ausgangsmaterial **für** hochwertige Gesteinskörnungen im Beton- und Asphaltbau oder feinkörnige Fraktionen als Sekundärrohstoffen in der Keramik- oder Zementindustrie genutzt werden. Zudem können die Eigenschaften der zu entsorgenden Böden Einfluss auf die Logistik haben. Daher ist zu prüfen, welche Möglichkeiten des Transports des Materials auf bzw. von der Baustelle bestehen und ob spezielle Anforderungen an die Böden für den Transport einzuhalten sind. Neben häufigen Transporten mit LKW sollten aufgrund der geringen Umweltauswirkungen stets Bahn- oder Schiffstransport mit betrachtet werden. Gegebenenfalls können weitere Untersuchungen erforderlich sein, um zu prüfen, ob eine zusätzliche Aufbereitung die oben genannten verfahrensspezifischen Beeinflussungen kompensieren kann.
6. Die frühzeitige Prüfung von konkreten Verwertungsmöglichkeiten unter Berücksichtigung der zuvor genannten Punkte und insbesondere die Abschätzung der geo- und umwelttechnischen Eigenschaften des zu verwertenden Materials ist unablässig, um möglich viel Material möglichst hochwertig zu verwerten. Dabei sind sowohl Verwertungsmöglichkeiten innerhalb des eigentlichen Projekts bzw. der Baustelle aber auch außerhalb zu prüfen. Zudem sollten für konkrete Verwertungsmöglichkeiten Logistik- und Lagerflächen in ausreichendem Maß geplant werden.
7. Wenn mit erhöhtem Schadstoffpotential im Aushub zu rechnen ist, besteht das Risiko, dass das Material nicht wie vorgesehen verwertet werden kann und ggf. auf einer Deponie beseitigt werden muss. Damit es zu keinen Verzögerungen im Ablauf der Logistikkette kommt, sollten im Rahmen einer Risikobetrachtung mögliche Alternativen als Rückfallebene eingeplant werden. Analytische Doppelbestimmungen z. B. nach EBV und

DepV können sinnvoll sein, wenn während der Bauzeit ein Stillstand abgewendet werden kann. Die entsprechende Analysezeiten sind dabei zu beachten.

## 3. Möglichkeiten der Verwertung von Böden

### 3.1 Abfall

Die bei Infrastrukturprojekten in sehr große Mengen anfallende Böden haben häufig adäquate geotechnische und umwelttechnische Eigenschaften und können oftmals Primärrohstoffe ersetzen. Die Hürden für die Verwertung dieser Böden liegen überwiegend im genehmigungsrechtlichen Bereich. Ob das geförderte Material „Abfall" ist, hat einen entscheidenden Einfluss auf die Möglichkeit einer Verwertung. Dabei ist es nach [1] wichtig, ob beim Abfallbesitzer ein „Entledigungswille" vorliegt.
Wird beispielsweise ein Infrastrukturprojekt umgesetzt, hat der Bauherr/die Bauherrin das Ziel, eine Baugrube zu erstellen, einen Tunnel zu bauen oder vergleichbares zu errichten. Daher wird dem Bauherr/der Bauherrin in der Regel ein Entledigungswille unterstellt und das Bodenmaterial gilt als „Abfall". Würde hingegen aus einem benachbarten Steinbruch derselbe Boden abgebaut werden, hätte der Betreiber das Ziel, einen Rohstoff zu gewinnen. Daher liegt in diesem Fall kein Entledigungswille vor und das Material, welches die gleichen Eigenschaften aufweisen kann wie der Boden beim benachbarten Infrastruktur, ist kein Abfall.
Abfälle und die später beschriebenen (Neben-) Produkte unterliegen unterschiedlichen Regelungen u. a. für die Lagerung, den Transport und die Dokumentation, was einen erhöhten Aufwand für die Verwertung von Abfällen im Gegensatz zur Nutzung eines Produktes darstellt. Abfälle sind in der Regel unverkäuflich und müssen kostenpflichtig entsorgt werden. Das Kreislaufwirtschaftsgesetz sieht unter §5 für diese Fälle die Möglichkeit vor, solches Material weiter zu verwenden [1]. Elementar zum Ende der Abfalleigenschaft nach KrWG sind der Schutz von Mensch und Umwelt sowie ein positiver Marktwert und somit eine Nachfrage.
Im KrWG wird die Bundesregierung ermächtigt, das Ende der Abfalleigenschaft zu regeln, was bislang jedoch nicht erfolgt ist. Die geplante „Abfallende-Verordnung" liegt seit 2023 als Eckpunktepapier [10] vor, der Zeitpunkt des Erscheinens einer verbindlichen Verordnung ist derzeit offen. Aus diesem Grund haben einige Bundesländer länderspezifische Regelungen zum Abfallende und zum Produktstatus erlassen, die für die hochwertigsten Klassen der EBV unter bestimmten Voraussetzungen das Abfallende u. a. für Bodenmaterial rechtsicher ermöglichen.

### 3.2 Nebenprodukt

Ein Nebenprodukt ist nach KrWG ein Stoff oder Gegenstand, der bei einem Herstellungsprozess anfällt, dessen Hauptzweck nicht auf diesen Stoff gerichtet ist. Er gilt deshalb nicht als Abfall, wenn die folgenden vier Bedingungen erfüllt sind [1]:

1. seine Weiterverwendung ist sichergestellt,
2. keine über ein normales industrielles Verfahren hinausgehende Vorbehandlung ist erforderlich,
3. er entsteht als integraler Bestandteil des Herstellungsprozesses und
4. die weitere Verwendung ist rechtmäßig und führt insgesamt nicht zu schädlichen Auswirkungen auf Mensch und Umwelt.

In diesem Fall wird das anfallende Material erst gar nicht zu Abfall, sondern das Material ist bei Anfall bereits ein Nebenprodukt. Häufig erfüllen Böden, die bei Infrastrukturprojekten anfallen, diese Bedingungen. Allerdings zeigt die Praxis, dass seitens der Verwaltung hohe Anforderungen gestellt werden und einer Anerkennung von Böden als Nebenprodukt nur bisher selten stattgegeben wird.

### 3.3 Produkt

Nach [1] endet die Abfalleigenschaft eines Stoffes [...] wenn dieser ein Recycling- oder Verwertungsverfahren durchlaufen hat [...]
Das Ende der Abfalleigenschaft setzt voraus, dass das Material

1. üblicherweise für bestimmte Zwecke verwendet wird,
2. ein Markt bzw. eine Nachfrage besteht,
3. alle technischen Anforderungen sowie einschlägige Rechtsvorschriften/Normen erfüllt werden und
4. die Verwendung insgesamt nicht zu schädlichen Auswirkungen auf Mensch oder Umwelt führt .

Weiter wird nach [1] ausgeführt, dass „[...] Personen, die Stoffe oder Gegenstände, deren Abfalleigenschaft beendet ist, erstmals verwenden [...], [dafür zu sorgen haben], dass diese Stoffe oder Gegenstände den Anforderungen [...] des Produktrechts genügen."
Mineralische Abfälle, die die Anforderungen des Kreislaufwirtschaftsgesetz (§5 KrWG) erfüllen, können das Abfallregime verlassen und zu einem Produkt werden.

## 4. Vom Abfall zum Produkt

### 4.1 Abfall oder Produkt

Wird ein mineralischer Ersatzbaustoff zum frei handelbaren Produkt, vereinfacht sich der Marktzugang: Ein möglicher Produktstatus beeinflusst maßgeblich , ob mineralische Ersatzbaustoffe im Markt wie reguläre Baustoffe gehandelt und eingesetzt werden können oder ob sie weiterhin den Beschränkungen des Abfallrechts unterliegen. Entsorger-, Kreislaufverbände und die Bauindustrie sprechen sich für einen Produktstatus von mineralischen Ersatzbaustoffen aus [11, 12]. Ziel ist es, das Recycling zu stärken und die Verfüllung bzw. Deponierung zu reduzieren. Aus Sicht der Verbände sorgt der Produktstatus für mehr Marktakzeptanz, durch die positive Belegung des Begriffs „Produkt" gegenüber „Abfall", Außerdem würde die, Rechts- und Planungssicherheit erhöht sowie der bürokratische Aufwand verringert werden [13]. Der Abfallstatus gilt als Akzeptanzbarriere – aufwändig,

mit schlechtem Ruf, risikobehaftet und damit im Wettbewerbsnachteil gegenüber Primärrohstoffen. Aus diesem Grund sollte es das Ziel sein, dass ein Boden aus einem Infrastrukturprojekt den Status eines Produkts oder Nebenprodukts erhält, so dass dieses Material hochwertig, z. B. auch unterhalb des Grundwasserspiegels eingesetzt werden kann.
Die Praxis zeigt, dass der Begriff des Entledigungswillens häufig eng ausgelegt wird, so dass bei Infrastrukturprojekten sehr häufig Boden als Abfall im Sinne nach [1] anfällt. Entscheidend sollte nicht sein, ob die Aushubmaßnahme primär auf die Gewinnung eines Rohstoffs gerichtet ist, sondern ob für das Material eine gesicherte, technisch und umweltverträglich zulässige Weiterverwendung sowie eine Marktnachfrage besteht, so dass die Anforderungen als Nebenprodukt erfüllt werden (vgl. Abschnitt 3.2). Allein aus der Tatsache, dass der Aushub nicht mit dem vorrangigen Ziel der Rohstoffgewinnung erfolgt, sollte weder auf einen Entledigungswillen im Sinne des KrWG geschlossen werden, noch sollte sich daraus automatisch der Status als „Abfall“ ergeben. Maßgeblich sind vielmehr konkrete Verwendungsnachweise, Qualitätsprüfungen und die Einhaltung einschlägiger Umweltvorgaben. Dies bestätigt auch der EuGH im sogenannten „Porr Urteil“ [14]. Eine Möglichkeit, dass Boden bei Infrastrukturprojekten nicht den Status von Abfall erhält, könnte sein, dass bereits in den frühen Phasen des Projekts aufgezeigt wird, dass der Boden im Rahmen einer Rohstoffpotentialeinschätzung eine Eignung als Rohstoff besitzt und die Anforderungen an ein Nebenprodukt eingehalten werden.
Derzeit liegt die angekündigte Abfallende-Verordnung des Bundes nicht vor, weswegen mehrere Bundesländer Länderregelungen zum Ende der Abfalleigenschaft erlassen haben. Beispielhaft seien hier Baden-Württemberg [15], Bayern [16] oder Rheinland-Pfalz [17] genannt.
Um Boden aus dem Status eines Abfalls zu entlassen, stützen sich die genannten Ländererlasse jeweils auf das Kreislaufwirtschaftsgesetz, (§5 Abs. 1). Die unter Kapitel 3.3 genannten Kriterien erfüllen die Voraussetzungen zum Ende der Abfalleigenschaft nach [1]. Dies wäre beispielsweise in Baden-Württemberg für mineralische Ersatzbaustoffe für Bodenmaterial der Klassen 0 (BM-0) und 0* (BM-0*) (neben Recycling-Baustoff der Klasse 1 (RC-1), Gleisschotter der Klasse 0 (GS-0) oder Ziegelmaterial (ZM)) der Fall. Daher dienen diese Erlasse, das diese Materialien sinnvoll verwertet werden.

### 4.2 Ablaufschema

Basierend auf den oben geführten Erkenntnissen wurde ein Ablaufschema (siehe Abbildung 4) entwickelt, um eine möglichst hochwertige Verwertung für Boden aus Infrastrukturmaßnahmen zu ermöglichen und um zu verdeutlichen, wie Bodenmaterial verwertet werden kann.
Zu Beginn ist die Frage zu klären, ob bei ein Entledigungswille nach Kreislaufwirtschaft vorliegt. Sofern dieser vorliegt, ist das Bodenmaterial als Abfall einzustufen. Liegt der Entledigungswille nach Kreislaufwirtschaftsgesetz nicht vor, handelt es sich beim Bodenmaterial nicht um Abfall und es kann als Nebenprodukt oder Produkt verwertet werden (linker vertikaler Pfeil in Abbildung 4). Wenn das Bodenmaterial den Status eines Abfalls hat (rechter Bereich in Abbildung 4), sind umwelttechnische Untersuchungen durchzuführen und zu überprüfen, ob das Material in eine der Klassen nach EBV eingeteilt werden kann. Falls die umwelttechnischen Anforderungen nicht erfüllt werden, kann dieses Material nicht verwertet werden. In diesem Fall sind zusätzliche umwelttechnische Untersuchungen nach DepV durchzuführen und das Bodenmaterial muss beseitigt werden.
Wenn die umwelttechnischen Anforderungen eingehalten werden, ist zu prüfen, ob ein Ende der Abfalleigenschaft vorliegt. Dies kann auf Basis einer länderspezifischen Regelung aber auch gemäß einer behördlichen Einzelfallentscheidung oder gemäß Kreislaufwirtschaftsgesetz der Fall sein. Es wird erwartet, dass mit Einführung der „Abfallende-Verordnung“ eine einheitliche Regelung geschaffen wird.

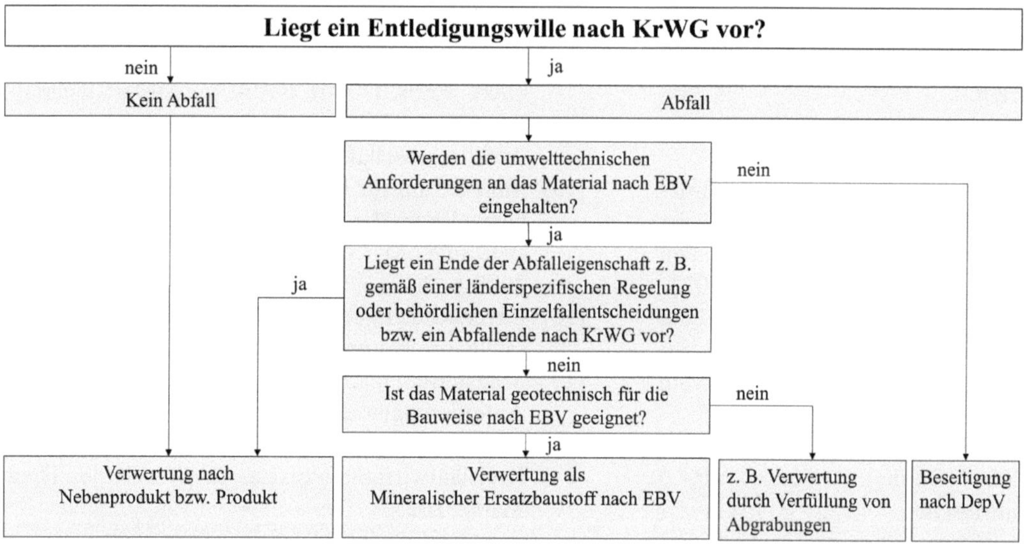


Abb. 4: Ablaufschema zur Entsorgung von Böden auf Basis verschiedener umwelt- und geotechnischen bzw. rechtlichen Fragestellungen

Wenn ein Ende der Abfalleigenschaft vorliegt, kann der Boden als Produkt genutzt werden und könnte z. B. bei Baumaßnahmen auch unterhalb des Grundwasserspiegels eingesetzt werden.
Liegt kein Abfallende vor, dann ist in einem nächsten Schritt zu überprüfen, ob das Material geotechnisch für eine der Bauweisen bzw. Bahnbauweisen nach EBV geeignet ist. So könnte zum Beispiel feinkörniges Material mit hohem Wassergehalt, welches nicht ausreichend verdichtet werden kann, nicht im Dammbau trotz ausreichender umwelttechnischer Eigenschaften für bestimmte Einbauklassen sinnvoll eingesetzt werden. In diesem Fall könnte dieses Material verwertet werden, wenn es zur Verfüllung von Abgrabungen genutzt wird und zusätzlich Randbedingungen der Bundes Bodenschutz-Verordnung eingehalten werden.
Ist das Material hingegen geotechnisch für die Bauweisen nach EBV geeignet, kann es als Mineralischer Ersatzbaustoff nach EBV verwertet werden.

## 5. Ausblick

Wenn ein Bodenmaterial bei einer Baumaßnahme anfällt, die Anforderungen nach Kreislaufwirtschaftsgesetz zum Ende der Abfalleigenschaft einhält und sich ein positiver Marktwert ergibt, sollte das Aushub- oder Ausbruchmaterial möglichst hochwertig verwertet werden. Durch die Kriterien zum Ende der Abfalleigenschaft im Kreislaufwirtschaftsgesetz bleibt jedoch ein gewisser Interpretationsspielraum, da die Formulierungen weit gefasst sind und somit eine gewisse Rechtsunsicherheit besteht, die viele Verwender scheuen. Dies zu konkretisieren und eine klare Regelung zum Abfallende auf Bundesebene würde hier Rechtsicherheit schaffen und dem Ressourcenschutz und der Kreislaufwirtschaft einen wichtigen Impuls geben. Die aktuellen Länderregelungen sind zwar als sehr hilfreich und vorbildlich anzusehen, sollten aber lediglich eine Übergangslösung sein.
Zielführend ist es, wenn zukünftig auch die möglichen geo- und umwelttechnischen Eigenschaften von zu entsorgenden Böden bestimmt werden, um so bereits frühzeitig möglichst hochwertige Verwertungs-möglichkeiten für die Materialien zu eruieren und möglichst viel Aushubmaterial zu verwerten.

## Literaturverzeichnis


[1] Bundesministerium der Justiz, Gesetz zur Förderung der Kreislaufwirtschaft und Sicherung der umweltverträglichen Bewirtschaftung von Abfällen (Kreislaufwirtschaftsgesetz – KrWG)., 2012/2023.

[2] Bundesministerium der Justiz, Verordnung über Deponien und Langzeitlager (Deponieverordnung), DepV, Berlin, 2009, letzte Änderung vom 03.07.2024.

[3] Kreislaufwirtschaft Bau, „14. Monitoring Bericht, Daten 2022," 2024. [Online]. Available: https://kreislaufwirtschaft-bau.de.

[4] Budach, C., Ausbruchmaterial beim Schildvortrieb – Teil 1: Geotechnische Eigenschaften und umwelttechnische Klassifizierung in Deutschland. Geomechanics and Tunnelling, 4/24, S. 332–340, 2024.

[5] Bundesumweltministerium (BMU), Verordnung über Anforderungen an den Einbau von mineralischen Ersatzbaustoffen in technischen Bauwerke (Ersatzbaustoffverordnung-ErsatzbaustoffV), 2023.

[6] Länderarbeitsgemeinschaft Abfall – LAGA (2004) – Anforderungen an die stoffliche Verwertung von mineralischen Abfällen – Technische Regeln – Teil II: Technische Regeln für die Verwertung – 1.2 Bodenmaterial und sonstige mineralische Abfälle.

[7] Deutscher Ausschuss für unterirdisches Bau, (DAUB), Empfehlung Verwertung von Tunnelausbruchmaterial, Köln: Deutscher Ausschuss für unterirdisches Bauen e.V, 2024.

[8] Budach, C., Ausbruchmaterial beim Schildvortrieb – Teil 2: Aufbereitungsmöglichkeiten und Beispiele der Verwertung in Deutschland, Geomechanik und Tunnelbau, 2024.

[9] Budach, C.; Müller, P.; Holzhäuser, J.; Feinendegen, M., Zusätzliche Laboruntersuchungen bei Tief- und Tunnelbauprojekten im Lockergestein – Anforderungen an die Probennahme und die Durchführung. Geotechnik, https://doi.org/10.1002/gete.202400037, 2025.

[10] Bundesumweltministerium (BMUV), Eckpunktepapier zur Abfallende-Verordnung für bestimmte mineralische Ersatzbaustoffe), 2023.

[11] Bundesverband Mineralischer Rohstoffe e.V., Geplanter Produktstatus nur für ausgewählte MEB führt zu weniger Kreislaufwirtschaft und mehr Deponierung, Berlin, 2024.

[12] Hauptverband der Deutschen Bauindustrie (HDB), Ein Jahr Ersatzbaustoffverordnung: Ziele der Politik nicht erreicht, 2024.

[13] Prognos Umfrage, Umfrage zum künftigen Einsatz von Mineralischen Ersatzbaustoffen, Berlin/Düsseldorf, 2024.

[14] EuGH, Vorlage zur Vorabentscheidung – Umwelt – Abfälle – Richtlinie 2008/98/EG – Art. 3 Nr. 1 – Art. 5 Abs. 1 – Art. 6 Abs. 1 – Aushubmaterial – Begriffe ‚Abfall' und ‚Nebenprodukt' – Ende der Abfalleigenschaft, Luxemburg, 2022.

[15] Ministerium für Umwelt, Klima, Baden-Württemberg, Ende der Abfalleigenschaft mineralischer Baustoffe, M. S. Hepting-Hug, Hrsg., Stuttgart, 2025, p. 2.

[16] Bayerisches Landesamt für Umwelt, FAQs zur Ersatzbaustoffverordnung, Augsburg, 2025, p. 42.

[17] Ministerium f. Klima- u. Umwelt, Rheinland-Pfalz, Anforderungen an das Ende der Abfalleigenschaft von mineralischen Ersatzbaustoffen gemäß § 5 Kreislaufwirtschaftsgesetz, D. W. Eberle, Hrsg., Mainz, 2025.

TAE

# Baugruben und Gründungen

# Erfahrungen bei der Beurteilung von Kurzzeitankern für die unplanmäßige Verlängerung der Einsatzdauer – Konsequenzen und Hinweise

**Dipl.-Ing. Klaus Dietz**
Dietz Geotechnik Consult GmbH, Hilden

**Dipl.-Ing. Florian Marano**
marano Ingenieur GmbH, München

**Zusammenfassung**
Die Anzahl der Baumaßnahmen, bei denen Kurzzeitanker gemäß DIN EN1537 unplanmäßig eine längere Einsatzdauer als die vorgesehenen 2 Jahre erfahren, steigt. Während der längeren Nutzungszeit fallen auch zusätzliche Kosten für Instandsetzung und Überwachung an. Die normativen Vorgaben werden erläutert. Anhand von konkreten Projektbeispielen werden die Einflussfaktoren auf die Nutzung der Kurzzeitanker und die Möglichkeit einer verlängerten Einsatzdauer vorgestellt. Zielführende Maßnahmen, um eine unplanmäßig längere Nutzung von Kurzzeitankern erlauben zu können, werden aufgezeigt. Abschließend werden Vorschläge für eine planmäßig längere Nutzung von bis zu 7 Jahren unterbreitet, die bereits in der Planung und Ausführung berücksichtigt werden können.

## 1. Einführung

Verzögerungen im Bauablauf durch baubetriebliche Probleme, Finanzierungslücken, Investorenwechsel oder Spekulantentum treten immer häufiger auf und führen dazu, dass die Einsatzdauer von Kurzzeitankern, gemäß DIN EN 1537 maximal 2 Jahre, in Baugrubenwänden unplanmäßig verlängert werden muss.
Eine unplanmäßige Verlängerung der Einsatzzeit von Kurzzeitankern ist auch mit einem erheblichen Auffand an Zusatzmaßnahmen und entsprechenden Kosten verbunden. Es sind daher zunächst die normativen Vorgaben zu beachten. Anhand beispielhaften Projekterfahrungen können wirtschaftliche Lösungsmöglichkeiten entwickelt werden.

## 2. Normative Regelungen

Die Ausführung von Verpressankern ist in DIN EN 1537:2014 [1] und der zugehörigen Ergänzung DIN/TS18537:2021 [2] geregelt. Beide Werke sind in die Musterverwaltungsvorschrift technischer Baubestimmung (MVV TB) [3] des Deutschen Instituts für Bautechnik (DIBt) aufgenommen und damit verbindlich in Deutschland anzuwenden.
In der Norm werden zwischen Kurzzeitankern mit einer Einsatzzeit von maximal 2 Jahren und Daueranker mit einer Einsatzzeit über 2 Jahre unterschieden. Für Daueranker werden hohe Anforderungen an den Korrosionsschutz des Zugliedes und des Ankerkopfes gestellt, die in Deutschland durch eine allgemeine Bauartgenehmigung nachgewiesen werden müssen.
Nachfolgend sind die relevanten Passagen aus den Normenwerken zusammengestellt, die den Korrosionsschutz von Kurzzeitankern betreffen. Die Passagen wurden dem Normenhandbuch Spezialtiefbau – Verpressanker [8] entnommen. In dieser Unterlage sind die Festlegungen der Norm DIN EN 1537 als Text ohne Hinterlegung und die zugehörigen Ergänzungen aus der DIN SPEC 18537:2017, deren Text in diesen Passagen deckungsgleich mit der neueren DIN/TS 18537:2021 ist, grau hinterlegt, zusammengefasst.
Zum Korrosionsschutz von Kurzzeitankern heißt es mit Nummerierung der Abschnitte gemäß DIN EN 1537:
*6.3.2.1 Die Stahlteile von Kurzzeitankern sind mit einem Korrosionsschutz zu versehen, der die Korrosion während der planmäßigen Nutzungsdauer von mindestens zwei Jahren hemmt oder verhindert.*
*Beispiele für einen Korrosionsschutz, der die oben aufgeführten Grundsätze des Korrosionsschutzes von Kurzzeitankern erfüllt, sind in Anhang C beschrieben.*
*Wird der Korrosionsschutz nicht entsprechend den Beispielen in Anhang C gewählt, ist ein gesonderter Nachweis der Brauchbarkeit nach 6.1.2 erforderlich.*

Tabelle C1 der Norm mit Beispielen für Korrosionsschutzmaßnahmen ist in Abbildung 1 zu sehen.
Zur Vorgehensweise bei unplanmäßig längeren Einsatzdauer von Kurzzeitankern wird ausgeführt:
*6.3.2.3 Wenn Kurzzeitanker unplanmäßig länger eingesetzt werden oder Veränderungen der Umgebungsbedingungen auftreten, die möglicherweise die Aggressivität des Bodens beeinflussen, sollten zum Nachweis der Funktionsfähigkeit geeignete regelmäßige Überwachungen erfolgen.*

*Wenn die Kurzzeitanker infolge unvorhergesehener Umstände länger als 2 Jahre im Einsatz bleiben, so ist die für die Bauaufsicht zuständige Stelle zu verständigen. Die erforderlichen Maßnahmen zur Vermeidung von Gefahren sind im Einzelfall festzulegen. Dabei ist gegebenenfalls ein Sachverständiger hinzuzuziehen. Mindestens sind in geeigneten Zeitabständen folgende Maßnahmen zu ergreifen:*
*– Inaugenscheinnahme der Anker, soweit zugänglich;*
*– Feststellen, ob die Anker noch unter Kraft stehen.*

Anforderungen an die Langzeitüberwachung sind im Abschnitt 9.10 formuliert:
*9.10 Langzeitüberwachung*
*9.10.1 Verpressanker können mit einer Überwachungseinrichtung ausgestattet werden.*
*9.10.2 Wenn ein Bauwerk auf Laständerungen oder Baugrundverformungen empfindlich reagiert, kann mit dieser Überwachungseinrichtung das Verhalten des Verpressankers während der geplanten Nutzungsdauer überwacht werden.*
*9.10.3 Die Notwendigkeit einer Überwachung sowie die Anzahl der zu überwachenden Verpressanker und die Messintervalle sind bei Entwurf und Bemessung festzulegen.*

*Die Entscheidung über die Notwendigkeit und über den Umfang, die Anzahl der zu prüfenden Anker und die zeitlichen Abstände der Überwachung ist unter Berücksichtigung der Ergebnisse der Eignungs- und Abnahmeprüfungen zu treffen. Dies gilt auch für Kurzzeitanker.*
*Die erforderliche Überwachung kann z. B. durch Beobachtung des Bauwerks und/oder Ankerkraftmessungen vorgenommen werden.*
*Die Ergebnisse sind in Protokollen festzuhalten.*

**Anhang C**
(informativ)

**Korrosionsschutzsysteme für Kurzzeit- und Daueranker sowie typische Einzelheiten zu Dauerankerköpfen**

**Tabelle C.1:** Beispiele für Korrosionsschutzsysteme für Kurzzeitanker

| |
|---|
| **1. Verankerungslänge des Zuggliedes**<br>Alle eingebauten Zugglieder sollten mindestens 10 mm Zementmörtelüberdeckung zur Bohrlochwand aufweisen. In aggressivem Baugrund kann es erforderlich sein, den Schutz, beispielsweise durch Anbringen eines einzelnen gerippten Kunststoffrohres um das Zugglied, zu verbessern.<br>Stahlzugglieder ohne Korrosionsschutzumhüllung müssen im Boden mindestens 20 mm Zementmörtelüberdeckung aufweisen. |
| **2. Freie Stahllänge**<br>Das Schutzsystem sollte geringe Reibungseigenschaften aufweisen und die Bewegung des Zuggliedes innerhalb des Bohrlochs zulassen. Dies kann durch eine der folgenden Maßnahmen erreicht werden:<br>a) Kunststoffhüllrohr um jedes einzelne Zugglied, am erdseitigen Ende gegen Wasserzutritt verschlossen;<br>b) Kunststoffhüllrohr um jedes einzelne Zugglied, vollständig mit Korrosionsschutzmasse gefüllt;<br>c) Kunststoff- oder Stahlhüllrohr um alle Zugglieder, am erdseitigen Ende gegen Wasserzutritt verschlossen;<br>d) Kunststoff- oder Stahlhüllrohr um alle Zugglieder, vollständig mit Korrosionsschutzmasse gefüllt.<br>b) oder d) ist für die Verwendung in aggressiver Umgebung geeignet.<br>Siehe Ergänzung/Präzisierung Zu 6.3.2.3. |
| **3. Übergang zwischen Ankerkopf und freier Länge (innerer Ankerkopf)**<br>Das Hüllrohr um die freie Ankerlänge kann gegenüber der Auflagerplatte/dem Ankerkopf abgedichtet sein oder ein Metall- oder Kunststoffhüllrohr kann an die Auflagerplatte dicht verbunden oder angeschweißt sein. Dieses Metall- oder Kunststoffhüllrohr sollte das Hüllrohr in der freien Ankerlänge überlappen und unter aggressiven Bedingungen am unteren Ende mit Korrosionsschutzmasse, Zement oder Harz gefüllt sein.<br>Eine der Varianten ist zu wählen. Siehe Ergänzung/Präzisierung Zu 6.3.2.3. |
| **4. Ankerkopf**<br>Ist der Ankerkopf für Überprüfungen und erneutes Beschichten zugänglich, sollte eine der folgenden Schutzmaßnahmen angewendet werden:<br>a) Beschichtung mit einer nicht flüssigen Korrosionsschutzmasse; oder<br>b) eine Umwicklung aus einer mit Korrosionsschutzmasse getränkten Binde.<br>Ist der Ankerkopf nicht zugänglich, sollte eine Metall- oder Kunststoffkappe angebracht und für den verlängerten Gebrauch mit Korrosionsschutzmasse gefüllt werden.<br>In aggressiver Umgebung sollte eine mit Korrosionsschutzmasse gefüllte Metall- oder Kunststoffkappe verwendet werden.<br>Siehe Ergänzung/Präzisierung Zu 6.3.2.3. |

Abb. 1: Tabelle C.1 aus DIN EN 1537 [1]

Die Norm verlangt gemäß den zitierten Abschnitten verbindliche, der geplanten Einsatzzeit der Kurzzeitanker und den spezifischen Randbedingungen der Baustelle, gewählte Korrosionsschutzmaßnahmen. Anhang C.1 der DIN EN 1557, enthält dazu konkrete Hinweise, siehe Abbildung 1.
Ein wesentliches Element der Schutzmaßnahmen ist eine der Norm entsprechende Ausführung des Ankerkopfes mit einem Schutz der freiliegenden Stahlteile der Spannelemente mittels Abdeckhaube und überlappendem Schutz des Übergangs von freier Ankerlänge und Ankerkopf z. B. mittels Dichttopf, siehe Beispiel in den Abbildungen 2 und 3.

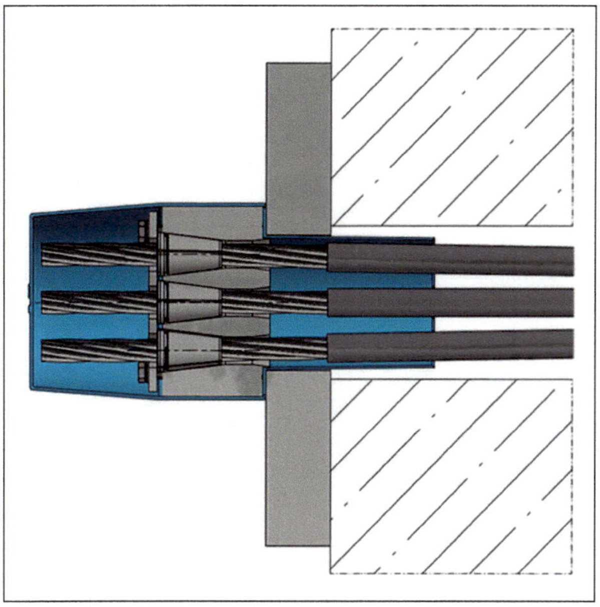

Abb. 2: Beispielzeichnung Ankerkopfausbildung Fa. BBV [https://www.bbvsystems. com/leistungen/ geotechnik/litzenanker-temporaer/]

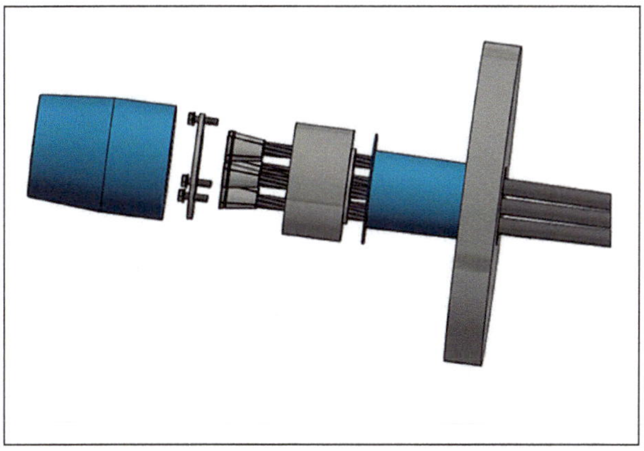

Abb. 3: Beispielzeichnung Ankerkopfausbildung Fa. BBV [https://www.bbvsystems.com/leistungen/ geotechnik/litzenanker-temporaer/]

Beim Einbau der Anker haben die ausführenden Firmen sicherzustellen, dass Ihre Mannschaften vor Ort die normativ zu treffenden Maßnahmen kennen und fachlich korrekt umsetzten. Der Bauherr, meist vertreten durch eine Bauüberwachung, ist in der Pflicht die Umsetzung auf der Baustelle zu kontrollieren und die korrekte Umsetzung durchzusetzen. Auch er muss über das Fachwissen verfügen, die durchzuführenden Arbeiten qualifiziert zu beurteilen.

## 3. Ausführungsbeispiele von Kurzzeitankern

### 3.1 Allgemeines

Für die Ausführung von Kuzzeitankern, auch Temporäranker genannt, wird weder eine allgemeine bauaufsichtliche Zulassung (abZ) noch eine allgemeine Bauartgenehmigung (aBG) benötigt, wenn die Anker gemäß den normativen Vorgaben ausgeführt werden. Lediglich für die Ankerköpfe ist eine aBZ vergleichbar zu Spannverfahren zwingend erforderlich.

### 3.2 fachlich korrekte Ausführung

Zunächst wird auf den nachfolgenden Abbildungen das Ergebnis einer fachlich richtigen Ausführung vorgestellt. Abbildung 4 zeigt einen sauberen eingeölten Keilträger. Darüber befindet sich ein Dichttopf, der unter den Keilträger in die Öffnung der Ankerplatte platziert wird. In den Dichttopf laufen überlappend die Hüllrohre der Einzellitzen ein, siehe Abbildungen 2,3 und 7.

Abb. 4: saubere Keilträger (eingeölt) und Dichttöpfe für die Überlappung (blau) (Foto dgc)

Die gelbe Haube, Abbildung 5, ist auf den Keilträger zu schieben schützt diesen mit den Keilen sowie den Litzenüberstand vor direkten Witterungseinflüssen.
Je nach Intensität der Sonneneinstrahlung können die Weimacher in 2 Jahren ausgeblichen sein, so dass die Hauben verspröden und zerspringen, da sie unter einer gewissen Spannung eingebaut werden. Es ist oft notwendig die Hauben nach 2 Jahren Nutzung auszutauschen.
Abbildung 6 zeigt zwei Keilträger nach dem Abnehmen der Hauben. Nach ca. 3 Jahren Nutzungszeit sind nur vereinzelt Flugrostansätze zu erkennen, die mit einem Lappen abgewischt werden können.

Abb. 5: Ankerkopf mit Schutzkappe (Foto marano Ingenieur)

Die Wirksamkeit der einfachen Schutzmaßnahmen „Ankerhaube aufsetzen“ ist damit bestätigt.

Abb. 6: Ankerköpfe nach Abnahme der Schutzkappen (Alter ca. 3 Jahre) (Foto dgc)

Abbildung 7 gewährt mittels Inspektionskamera einen Blick durch den Keilträger in den Dichttopf. Der Dichttopf ist trocken. An den Litzen sind nur vereinzelt, Flugrostanhaftungen zu sehen. Außerdem ist die Überlappung von Hüllrohr und Dichttopf nachvollziehbar.
Die beispielhaften Bilder bestätigen, dass bei einer normgerechten Ausführung von Kurzzeitankern, die vorgesehen Schutzmaßnahmen die sichere Funktionsfähigkeit der Ankerteile erlauben.

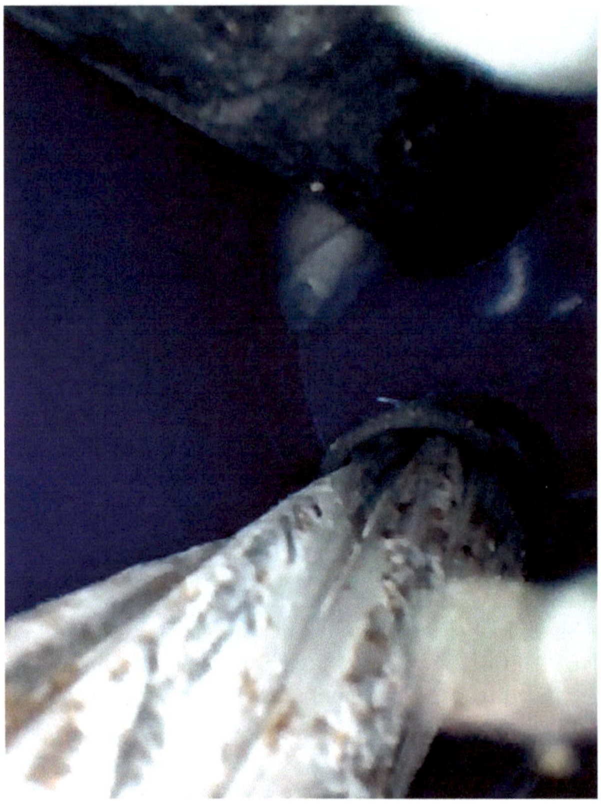

Abb. 7: Blick in einen Dichttopf im Überlappungsbereich mittels Inspektionskamera (Alter ca. 3 Jahre) (Foto dgc)

### 3.3 unqualifiziert hergestellte Kurzzeitanker

Die nachfolgenden Abbildungen zeigen, dass eine nicht den Vorgaben der Norm entsprechende Ausführung von Verpressankern dazu führt, dass die Korrosionsprozesse sofort nach dem Vorspannen einsetzten. Wird der Übergang zwischen Litzen und Ankerkopf nicht überlappend hergestellt, sind die Abnutzungserscheinungen schnell sichtbar. Eine Verlängerung der Einsatzzeit ist in diesen Fällen dann nicht möglich. Insbesondere dürfen verrostete Keilträger und Keile in keinem Fall in Gebrauch genommen werden!
Abbildung 8 verdeutlicht, dass Keilträger und Keile ungeschützt bereits nach einem Jahr deutliche Rostansätze zeigen. Dies ist auch auf den Litzen zu erkennen, die bei dem Blick unter den Keilträger in Abbildung 9 zu sehen sind. Die Ausführung dieses Ankerkopfes zeigt, dass wenn die normativ vorgesehenen Schutzmaßnahmen nicht umgesetzt werden, bereits nach kurzer Zeit Abnutzungserscheinungen am Ankerkopf und den Litzen auftreten.

Abb. 8: Ankerkopf ohne Schutzhaube oder Beschichtung mit Korrosionsschutzmasse (Alter ca. 1 Jahr) (Foto dgc)

Bei dieser Art der Ausführung ist eine längere Nutzungsdauer auszuschießen. In diesem Fall müssen Ersatzanker hergestellt werden.

Abb. 9: Blick unter den Keilträger, Übergang ohne geforderten Dichttopf (Alter ca. 1 Jahr) (Foto dgc)

Der bisher nicht genutzte Keilträger in Abbildung 10 ist nicht mehr verwendbar. Die Rostansätze in den Keilbohrungen verhindern, dass das beim Spannen notwendige Eingleiten der Keile so erfolgen kann, dass der Keilbiss ausreichend ermöglicht wird.

Abb. 10 : ungeschützter Keilträger (Alter 1 Jahr) (Foto dgc)

### 3.4 Kurzzeitanker im Einflussbereich von Wasser

Kurzzeitanker im Einflussbereich von Grundwasser oder in Wasserwechselzonen bedürfen schon bei der Ausführung besonderer Aufmerksamkeit. Der Einsatz von praxistauglichen Packersystemen zur Abdichtung des Zuflusses ist zwingend erforderlich. Dies erfordert eine durchdachte Planung und klare Ausschreibung, sowie eine Ausführung durch qualifiziertes Personal mit geeigneten Geräten. Abbildung 11 zeigt einen Ankerkopf nach einem 2 Jahren Einsatzdauer. Deutlich ist der negative Einfluss der wechselnden Benetzung auf die Litzen und den Keilträger mit Keilen erkennbar.

Abb. 11: Ankerkopf im Einfluss von Grundwasser/Wasserwechselzone (Alter ca. 2 Jahre) (Foto dgc)

## 3.5 Einsatz von gefetteten Litzen

Für die Ausführung von ausbaubaren Litzenankern werden von einigen Produktherstellern die Einzellitzen gefettet in Hüllrohren geliefert. Auch bei ausbaubaren Ankern kommt es zu verlängerten Einsatzzeiten.

Abb. 12: gefettete Litzen vor dem Ausbau (Alter ca. 6 Jahre) (Foto dgc)

Abbildung 12 zeigt zum Ausbauen vorbereitete gefettete Litzen mit einer Einsatzzeit von 6 Jahren. Auf den Litzen ist das dunkelbraune Korrosionsschutzfett sichtbar. Die Litzen zeigen keinerlei Anzeichen von Flugrost. Bei gefetteten Litzen kann abhängig von den Randbedingungen und der Qualität der Ausführung in der Regel eine verlängerte Einsatzzeit in Aussicht gestellt werden.

## 4. Maßnahmen während einer unplanmäßig verlängerten Einsatzdauer von Kurzzeitankern

Nach der Umsetzung der in Abschnitt 6.3.2.3 genannten Maßnahmen (Inaugenscheinnahme der Ankerköpfe und Abhebeversuche) sowie qualifizierte Beurteilung der Ergebnisse, müssen die weiteren Maßnahmen, für jede Baumaßnahme individuell auf die jeweiligen Randbedingungen angepasst, festgelegt werden.

Dabei haben sich, in Abhängigkeit von der angestrebten zusätzlicher Nutzungsdauer, zum Beispiel bewährt:

- nachträgliche Verbesserung des Korrosionsschutzes am Ankerkopf durch Füllen des Dichttopfes und der Ankerhaube mit einer Korrosionsschutzmasse
- Verformungsmessungen an den Verbauwänden mit abgestimmten Verformungsgrenzwerten und geplanten Notfallmaßnahem im Sinne der Beobachtungsmethode
- zusätzliche Aussteifungs-/Absteifungsmaßnahmen, falls die geplante verlängerte Nutzungszeit unrealistisch ist, oder sich immer wieder verschiebt.
- Vorschüttungen/Anschüttungen, um die Lasten auf die Verbauwand zu verringern

Falls die sachverständige Beurteilung der Anker gemäß 6.3.2.3 zu dem Ergebnis kommt, dass eine verlängerte Einsatzdauer auf Grund der Randbedingungen nicht möglich ist, müssen Ersatzanker hergestellt werden. Beispielhaft ist in Abbildung 13 das nachträgliche Aufbringen einer Korrosionsschutzmasse auf den Litzenüberstand dargestellt. Zuvor war der Dichttopf ebenfalls mit Korrosionsschutzmasse gefüllt worden.

Abb. 13: Verbesserung des Korrosionsschutzes, Füllung des Dichttopfes und Umhüllung des Litzenüberstands mit Korrosionsschutzmasse (Foto marano Ingenieur)

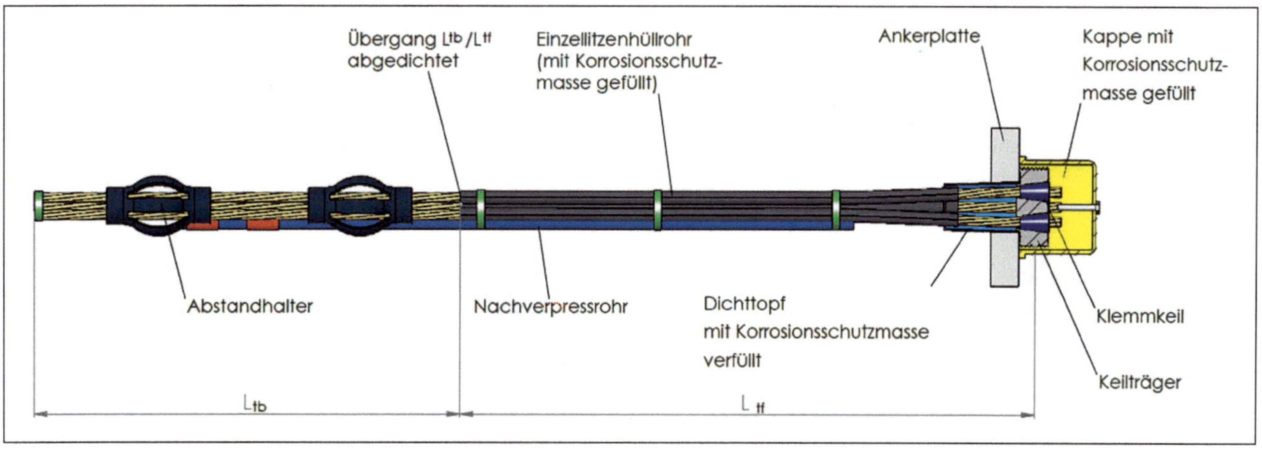


Abb. 14: Maßnahmen für die verlängerte Einsatzdauer von bis zu 7 Jahren (Skizze Bauer Spezialtiefbau GmbH

## 5. Vorschlag für ergänzende Regelungen für eine planmäßig verlängerte Einsatzdauer bis zu 7 Jahren

Da verschiedene Überwachungsstellen (PüZ-Stellen) über eine Häufung von Baustellen mit planmäßig verlängerter Einsatzzeit von Kurzzeitankern berichteten, hat sich der Normenausschuss „Verpressanker" (DIN-NA 005-05-17 AA) in mehreren Sitzungen mit der Formulierung von ergänzenden Festlegungen zu diesem Thema beschäftigt. Bei der Erstellung der Regeln wurden die in [12] gegebenen Empfehlungen berücksichtigt. In Abbildung 14 sind die abgestimmten Maßnahmen zusammenfassend dargestellt.

Nachfolgend werden die beschlossenen Zusatzmaßnahmen zitiert, die Hinweise beziehen sich auf die Abschnitte der DIN EN 1537:2014:

*„Zu 6.3.2.1*

*Abschnitt 6.3.2.1 wird präzisiert:*

*Wird der Korrosionsschutz nicht entsprechend den Beispielen in Anhang C gewählt, ist ein gesonderter Nachweis der Brauchbarkeit nach 6.1.2 erforderlich.*

*Eine planmäßig verlängerte Einsatzdauer länger als 2 Jahre bis maximal 7 Jahre ist zulässig, sofern folgende Voraussetzungen eingehalten sind:*

*1.) Der Ankeransatzpunkt muss oberhalb des Grundwasserspiegels und oberhalb der Wasserwechselzone liegen.*

*2.) Bezüglich der Aggressivität des Umfeldes nach DIN EN 206-1 in Verbindung mit DIN 1045-2 sind die Vorgaben für Daueranker entsprechend DIN/TS 18537, 4.2.18 einzuhalten.*

*3.) Folgende Korrosionsschutzmaßnahmen sind zu ergreifen:*

*Es sind Korrosionsschutzmassen zu verwenden, deren Eignung für Daueranker nachgewiesen ist.*

*– Freie Stahllänge:*

*a) Bei Litzenankern ist ein Kunststoffhüllrohr, um jedes einzelne Zugglied vorzusehen, welches vollständig mit Korrosionsschutzmasse gefüllt ist.*

*b) Bei Stabankern ist ein Kunststoffhüllrohr um das Zugglied vorzusehen, welches vollständig mit Korrosionsschutzmasse gefüllt ist. Alternativ kann das Zugglied mittels Schrumpfschlauch nach DIN EN 1537, Abschnitt 6.5.2 geschützt werden.*

*Der Übergang Ltb/Ltf ist gegen Wasserzutritt zu verschließen.*

*Übergang zwischen Ankerkopf und freier Stahllänge: Die Kunststoffhüllrohre um die freie Stahllänge müssen gegen die Auflagerplatte bzw. den Ankerkopf abgedichtet werden. Bei Verwendung von Metall- oder Kunststoffrohrstutzen müssen diese mit der Auflagerplatte dicht verbunden werden. Die gewählte Abdichtungsvariante muss das Hüllrohr in der freien Stahllänge überlappen und mit Korrosionsschutzmasse gefüllt sein.*

*– Ankerkopf: Es ist eine Metallkappe mit einer Wanddicke von mindestens 3 mm oder eine steife Kunststoffkappe mit einer Wanddicke von mindestens 5 mm und einer Flanschdicke von mindestens 10 mm zu verwenden. Diese ist mit Korrosionsschutzmasse zu verfüllen und dicht mit der Auflagerplatte zu verbinden.*

*Zu 6.3.2.3*

*Abschnitt 6.3.2.3 wird ergänzt und präzisiert:*

*Wenn die Kurzzeitanker infolge unvorhergesehener Umstände länger als 2 Jahre bzw. mit erweitertem Korrosionsschutz länger als 7 Jahre im Einsatz bleiben, so ist die für die Bauaufsicht zuständige Stelle zu verständigen. Die erforderlichen Maßnahmen zur Vermeidung von Gefahren sind im Einzelfall festzulegen. Dabei ist gegebenenfalls ein entsprechender Sachverständiger hinzuzuziehen. Mindestens sind in geeigneten Zeitabständen folgende Maßnahmen zu ergreifen:*

- *Inaugenscheinnahme der Anker, soweit zugänglich;*
- *Feststellen, ob die Anker noch unter Kraft stehen.*

*Zu 6.3.2.4*

*Abschnitt 6.3.2.4 wird ergänzt und präzisiert:*

*Beträgt die geplante Einsatzdauer eines Kurzzeitankers mehr als 2 Jahre bzw. mit erweitertem Korrosionsschutz länger als 7 Jahre sind Daueranker zu verwenden."*

Bei Einhaltung der genannten Zusatzmaßnahmen ist nach Auffassung des Normenausschusses Verpressanker der Einsatz von Kurzzeitankern bis zu 7 Jahren möglich. Damit wird dem Wildwuchs von nicht geregelten Zusatzmaßnahmen und verwirrenden Bezeichnungen wie „Semi-Permanentanker" entgegengetreten und Produktherstellern, Planern, Bauherrn und ausführenden Firmen klare Regeln zur Verfügung gestellt.

Die ergänzenden Festlegungen sollten der Fachwelt bereits in einer überarbeiteten Ergänzungsnorm oder einer DGGT-Richtlinie zur Verfügung gestellt werden. Da die Abstimmungsprozesse, wie die Veröffentlichung dieser Ergänzung für die erweiterte Einsatzzeit von Kurzzeitankern erfolgen kann, derzeit noch laufen, werden die Festlegungen hier erstmals veröffentlicht.

## 6. Zusammenfassung

Wenn Kurzzeitanker unplanmäßig eine verlängerte Einsatzdauer erfahren, müssen zusätzliche Maßnahmen getroffen werden, die auch einen erheblichen finanziellen Aufwand bedeuten können.

Insbesondere ist darauf zu achten, dass Planung und Ausführung von Kurzzeitankern gemäß den normativen Vorgaben erfolgt, da im Einzelfall bei grober Missachtung eine verlängerte Einsatzzeit nicht möglich ist und deshalb unmittelbar Ersatzanker gebohrt werden müssen.

Es müssen daher schon in der Planungsphase realistische Bauzeit-Szenarien bedacht werden.

Bei einer überschaubaren, planbaren Überschreitung von bis zu 5 Jahren – Gesamtnutzungsdauer 7 Jahre – sind die in Abschnitt 5 vorgestellten Maßnahmen bereits in der Planungsphase zu berücksichtigen und auszugeschreiben. Bei erheblich längeren zu erwarteten Einsatzzeiten sind sofort Daueranker zu planen und auszuschreiben.

Eine verlängerte Einsatzdauer von Kurzzeitankern gibt es nicht zum Nulltarif. Die Betreiber einer Baugrube mit verlängerter Einsatzdauer stehen in der Verantwortung und müssen gegenüber der Allgemeinheit ihre Verkehrssicherungspflicht wahrnehmen.

## Literatur

[1] DIN EN 1537:2014-07, Ausführung von Arbeiten im Spezialtiefbau – Verpressanker; Deutsche Fassung EN 1537:2013

[2] DIN SPEC 18537:2021-05, rgänzende Festlegungen zu DIN EN 1537:2014-07, Ausführung von Arbeiten im Spezialtiefbau – Verpressanker

[3] Muster-Verwaltungsvorschrift Technische Baubestimmungen 2025/1, Amtliche Mitteilungen des Deutschen Instituts für Bautechnik (DIBt), 20.05.2025

[4] DIN SPEC18537:2017-11, Ergänzende Fest-legungen zu DIN EN 1537:2014-07, Ausführung von Arbeiten im Spezialtiefbau – Verpressanker

[5] DIN EN 1997-1:2009-09, Eurocode 7 – Entwurf, Berechnung und Bemessung in der Geotechnik – Teil 1: Allgemeine Regeln; Deutsche Fassung EN 1997-1:2004 + AC:2009

[6] DIN EN 1997-1/NA:2010-12, Nationaler Anhang – National festgelegte Parameter – Eurocode 7: Entwurf, Berechnung und Bemessung in der Geotechnik – Teil 1: Allgemeine Regeln

[7] DIN 1054:2021-04, Baugrund – Sicherheits-nachweise im Erd- und Grundbau – Ergänzende Regelungen zu DIN EN 1997-1

[8] Normenhandbuch, Handbuch Spezialtiefbau – Band 4: Verpressanker, 2.Auflage 2018, Beuth Verlag Berlin

[9] Normenhandbuch Handbuch EUROCODES, – Handbuch Eurocode 7, Geotechnische Bemessung, Band 1: allgemeine Regeln, 2. Aktualisierte Auflage 2015, Beuth Verlag Berlin

[10] Empfehlungen des Arbeitskreises Baugruben (EAB), DGGT, 5. Auflage

[11] Beratungen DIN-NA 005-05-17 AA „Verpressanker“, unveröffentlicht

[12] Kit for rock and soil anchors using prestressing steel strand, European Assessment Document – EAD 160071-00-0102, EOTA

# Einfluss des Verpressdrucks und der Überlagerungsspannung auf die Grenztragfähigkeit von Verpressankern in nichtbindigen Böden

**Daniel Reinert, M. Sc.**
Bergische Universität Wuppertal

**Dr. Moritz Schwing**
Bundesanstalt für Wasserbau, Karlsruhe

**Dipl.-Ing. Eva Dornecker**
Bundesanstalt für Wasserbau, Karlsruhe

**Fabian Heidenreich, M. Sc.**
Bundesanstalt für Wasserbau, Karlsruhe

**Univ.-Prof. Dr.-Ing. Markus Herten**
Bergische Universität Wuppertal

**Zusammenfassung**
Bei der Prognose des Herauszieh-Widerstands von Verpressankern mithilfe der Ostermayer-Diagramme bleiben Faktoren wie der mögliche Einfluss des Herstellungsverfahrens und des Überlagerungsdrucks unberücksichtigt. Bisherige Erfahrungen aus Untersuchungs- und Eignungsprüfungen an Verpressankern zeigen eine große Streuung der Herauszieh-Widerstände, die zum Teil außerhalb der in den Ostermayer-Diagrammen dargestellten Bandbreite liegen. Zum besseren Verständnis der Einflussfaktoren wurden Modellversuche mit sehr dicht gelagertem Sand durchgeführt. Dazu wurden Verpressanker in einem Versuchsbehälter mit unterschiedlichen Überlagerungs- und Verpressdrücken hergestellt und anschließend die Herauszieh-Widerstände dieser Modellverpressanker durch modifizierte Untersuchungsprüfungen ermittelt. Es werden die ersten Versuchsergebnisse zum Einfluss des Überlagerungs- und Verpressdrucks auf die Herauszieh-Widerstände sowie die Entwicklung der Radialspannungen im Boden während der Herstellung der Verpressanker und der Untersuchungsprüfung vorgestellt.

## 1. Einführung

Die Ostermayer-Diagramme [1] sind seit mehreren Jahrzehnten ein zentrales Instrument zur Abschätzung des Herauszieh-Widerstands von Verpressankern. Die darin angegebenen Tragfähigkeitsbereiche basieren auf den Ergebnissen von Untersuchungsprüfungen aus den 1960er und 1970er Jahren. Für nichtbindige Böden hängt der Herauszieh-Widerstand in den Ostermayer-Diagrammen von der Verpresskörperlänge und einzelnen Bodenkenngrößen (Korngrößenverteilung und Lagerungsdichte) ab. Bisherige Erfahrungen aus Prüfungen an Verpressankern in nichtbindigen Böden zeigen zum Teil Herauszieh-Widerstände, die außerhalb der von Ostermayer angegebenen Bandbreite liegen. In den Ostermayer-Diagrammen werden einige Faktoren, wie z. B. der mögliche Einfluss des Verpressdrucks, des Herstellungsverfahrens und des Überlagerungsdrucks, nicht berücksichtigt.

## 2. Rechnerische Ansätze zur Abschätzung der Ankertragfähigkeit

### 2.1 Ansätze aus der Literatur

Seit Beginn der Verwendung von Verpressankern wurde versucht, die Ankertragfähigkeiten mithilfe bodenmechanischer Ansätze zu erklären. In der Literatur finden sich eine Vielzahl von Ansätzen (z. B. von Werner [2] oder Mayer [3]), die auf den Ausführungen von Zweck [4] basieren. In den Ansätzen werden die mittleren Schubspannungen $\tau_m$ entlang der Mantelfläche des Verpresskörpers ($\pi \cdot D \cdot L$) abgeschätzt und der Herauszieh-Widerstand $R_{cal}$ berechnet zu:

$$R_{cal} = \tau_m \cdot \pi \cdot D \cdot L \qquad (1)$$

Die mittleren Schubspannungen $\tau_m$ (Mantelreibung) werden bei diesen Ansätzen für nichtbindige Böden wie folgt berechnet:

$$\tau_m = \sigma'_{rad} \cdot tan\,(\varphi) \qquad (2)$$

Zweck [4] hat einen einfachen Berechnungsansatz aufgestellt, nach dem sich die Kontaktspannung $\sigma'_{rad}$ an der Kontaktfläche zwischen Verpresskörper und Boden in Abhängigkeit des durchschnittlichen effektiven Überlagerungsdrucks ergibt. Er zeigte in dem Zusammenhang jedoch, dass die nach diesem Ansatz ermittelte Mantelreibung ein Vielfaches kleiner ist als die Mantelreibungen, die sich aus der Rückrechnung aus den in den Prüfungen ermittelten Herauszieh-Widerständen ergeben.
Um diese Unterschiede zu erklären, wurden komplexere Ansätze entwickelt, die auch weitere Parameter berücksichtigen. Auf der Grundlage von Modellversuchen schätzte Werner [2] die Tragfähigkeit mit einer Kombination von Koeffizienten ab, die einen Einfluss des Überlagerungsdrucks, der Lagerungsdichte des Bodens sowie der Schlankheit (Verhältnis von Länge zu Durchmesser) des Verpresskörpers berücksichtigen.
Der Einfluss des Verpressdrucks wurde in anderen Veröffentlichungen behandelt. Mayer [3] ging in seiner Veröffentlichung von einem unterproportionalen Einfluss aus. Littlejohn [5] führte anstelle der Kontaktspannung $\sigma'_{rad}$ einen umfassenden Faktor ein. Dieser Faktor soll die Auswirkungen des Herstellungsverfahrens, des Überlagerungs- und Verpressdrucks, der Schlankheit des Verpresskörpers und des Dilatanzverhaltens des Bodens berücksichtigen. Littlejohn gab jedoch ohne eine weitere Differenzierung nach Einflussfaktoren nur eine Bandbreite des Faktors für alle Einflussfaktoren an.
Ein anderer Ansatz liegt der Theorie von Wernick [6] zugrunde, nach der die Überlagerungstiefe ab einem Grenzwert von mehreren Metern keinen relevanten Einfluss mehr auf die Ankertragfähigkeit hat. Nach dieser Theorie ist die Zunahme der Radialspannungen, infolge des dilatanten Verhaltens während des Ankerauszugs, der Hauptfaktor, der den Herauszieh-Widerstand von Ankern bestimmt. Wernick hebt den bedeutenden Einfluss der Lagerungsdichte des Bodens hervor, da diese das Dilatanzverhalten und folglich den Herauszieh-Widerstand maßgeblich beeinflusst. In [1] gab Ostermayer als Verhältnis der berechneten Schubspannungen aus Überlagerungsdruck und versuchstechnisch bestimmten Schubspannungen einen Wert von 2 bis 10 an. Dieses begründet er mit dem Dilatanzverhalten der dichten Böden.

### 2.2 Bewertung der Ansätze

Abgesehen von Werner [2] wurde in den zuvor aufgeführten Ansätzen jeweils eine einzelne Einflussgröße isoliert betrachtet. Diese wurde in den zugrunde liegenden Versuchsreihen variiert, während die anderen Parameter konstant gehalten wurden. Oft wurden diese Parameter dabei jedoch so definiert, dass sie in den Versuchen nicht realitätsnah sind. Es ist fraglich, ob die in den Versuchen ermittelten Auswirkungen der untersuchten und variierten Einflussgrößen auch unter realitätsnäheren Bedingungen auftreten würden. Werner [2] betrachtete beispielsweise unterschiedliche Überlagerungsdrücke, vernachlässigte dabei jedoch das Verpressen. Wernick [6] variierte die Lagerungsdichte, brachte aber bei seinen Versuchen keinen Überlagerungs- oder Verpressdruck auf. Mayer [3] variierte den Verpressdruck und brachte einen Überlagerungsdruck auf, variierte diesen jedoch nicht und beschränkte seine Versuche auch auf Anker oberhalb des Grundwasserspiegels.
Um das Tragverhaltens von Verpressankern besser zu verstehen, wurden neue Versuche durchgeführt.

## 3. Versuchsaufbau & -durchführung

### 3.1 Grundsätzliche Festlegungen

Bei den Untersuchungen lag der Fokus auf dem Einfluss des Überlagerungs- und Verpressdrucks. Bei allen Versuchen wurde als Versuchsboden ein Sand mit einer sehr hohen Lagerungsdichte eingebaut. Aufgrund des hohen versuchstechnischen Aufwands wurde auf die Herstellung des Ankers durch eine Bohrung verzichtet. Stattdessen wurde die Verrohrung bereits zu Beginn eingestellt und anschließend der Boden eingebaut. Um eventuelle Unterschiede in der Tragfähigkeit besser auf den Einfluss des Überlagerungs- und Verpressdrucks zurückführen zu können, wurden die radialen Spannungen im Boden im näheren Umfeld des Verpresskörpers während aller Herstellungsphasen sowie während des Auszugsversuchs gemessen.
Zusätzlich wurden zwei Herstellungsverfahren getestet. Zum einen ein vollständiges Ziehen der Verrohrung mit anschließendem Verpressen, (Kapitel 3.3) und zum anderen ein konstantes Ziehen der Verrohrung während dem Verpressen (Kapitel 3.4) in Anlehnung an die Versuche von Mayer [3]. Das vollständige Ziehen der Verrohrung in den Modellversuchen soll das in der Praxis angewendete schrittweise Ziehen der Verrohrung vor dem Verpressen von Teilabschnitten des Verpresskörpers simulieren und wird deshalb nachfolgendend als abschnittsweises Verpressen bezeichnet.

### 3.2 Versuchsaufbau und verwendete Materialien

Die Modellanker wurden in einem zylindrischen Versuchsbehälter mit einem Durchmesser von 105 cm und einer Höhe von ca. 95 cm, der von Heidenreich & Herten [7] konzipiert wurde, hergestellt (Abbildung 1).

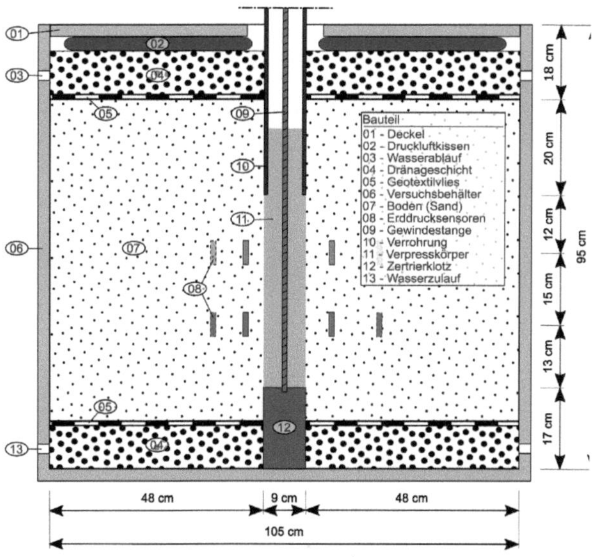


Abb. 1: Schematischer Aufbau des Versuchsstandes.

Die vertikalen Verpresskörper waren 40 cm lang und hatten einen Durchmesser von ca. 9 cm. Bei den Versuchen wurde ein eng gestufter Sand (0,063 – 2 mm) mithilfe eines Trichters mit konstanter Fallhöhe eingerieselt, sodass eine gleichmäßige Dichte über die gesamte Schichthöhe von ca. 70 cm erreicht wurde. Die tatsächlich erreichte mittlere Dichte wurde über die eingebaute Masse und das Volumen des Behälters berechnet. Anschließend wurde der Sand mit Wasser gesättigt und mit einer konstanten Fließgeschwindigkeit von $10^{-5}$ m/s und einer Wassertemperatur von 10°C durchströmt. Um eine gleichmäßige Durchströmung über den Querschnitt des Behälters zu ermöglichen, wurden oberhalb und unterhalb des Bodens Drainageschichten angeordnet. Den oberen Abschluss des Behälters bildete ein Druckluftkissen, mit dem verschiedene Auflastspannungen aufgebracht wurden.

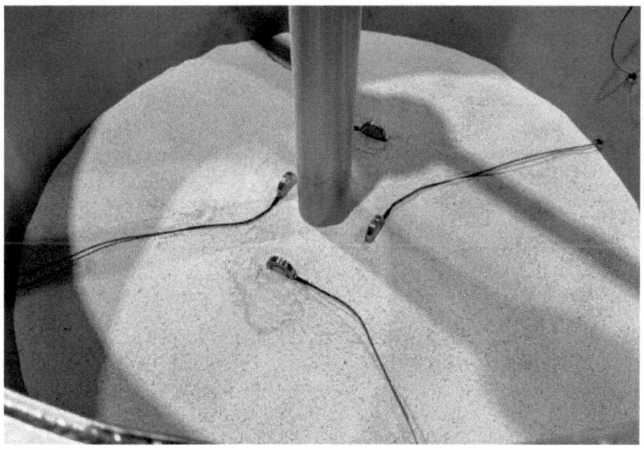

Abb. 2: Erddrucksensoren innerhalb einer Messebene.

Zur Messung der Radialspannungen $\sigma'_{rad}$ wurden jeweils vier Erdrucksensoren (Membranfläche: ∅46 mm) in zwei Messebenen angeordnet. Die untere Ebene befand sich 13 cm und die obere Ebene 28 cm über dem unteren Ende der Verpresskörper, in radialen Abständen von 3, 5, 10 und 15 cm zur Mantelfläche des Verpresskörpers. Abbildung 2 zeigt den Einbau der Sensoren in einer Messebene. Die Verpresskörper wurden mit einem Portlandzement und einem Wasserzementwert von 0,5 hergestellt. Als Zugglieder kamen Gewindestangen (nach DIN 976-1 [8]) zum Einsatz.

### 3.3 Herstellung mit abschnittsweisem Verpressen

Für die spätere Auswertung wurden der Herstellungsablauf und der Auszugsversuch in sechs Phasen unterteilt, wie in Abbildung 3 dargestellt.

Phase 1: Die Verrohrung mit glatter Oberfläche wurde zunächst mittig im Versuchsbehälter auf eine Folie auf einen Zentrierklotz gestellt, um Verbundspannungen zur Unterseite des späteren Verpresskörpers zu vermeiden. Anschließend wurde der Sand oberhalb der Drainageschicht eingerieselt. Das Einrieseln wurde dabei auf der Höhe der beiden Messebenen unterbrochen, um die Erddrucksensoren einzubauen und auszurichten. Nach dem vollständigen Einrieseln des Sandes wurde eine weitere Drainageschicht eingebaut und anschließend der Deckel mit dem darunterliegenden Druckluftkissen kraftschlüssig mit dem Behälter verbunden. Anschließend wurde der für den jeweiligen Versuch vorgesehene Überlagerungsdruck über das Druckluftkissen auf den Boden aufgebracht.

Phase 2: Der Versuchsbehälter wurde von unten mit Wasser aufgesättigt und anschließend an einen Kühlkreislauf angeschlossen. Das Wasser wurde auf die Zieltemperatur von 10 °C heruntergekühlt.

Phase 3: Die Gewindestange wurde mithilfe einer Zentriervorrichtung in der Mitte der Verrohrung fixiert. Anschließend wurde die Verrohrung im Kontraktorverfahren mit Zementleim befüllt und danach mit konstanter Geschwindigkeit 40 cm gezogen.

Phase 4: Der Verpressdruck wurde durch Druckluft über das obere Ende der Verrohrung auf den Zementleim aufgebracht. Der Druck wurde innerhalb von 10 Sekunden auf den Solldruck erhöht, für 5 Minuten konstant gehalten und dann wieder abgelassen.

Phase 5: Die Verpresskörper härteten sieben Tage im Versuchsbehälter mit gesättigtem Boden und konstanter Wassertemperatur aus.

Phase 6: Zur Bestimmung des Herauszieh-Widerstands des Modellankers wurde ein kraftgesteuerter Auszugsversuch durchgeführt. Bei diesem Versuch wurde die Kraft alle 5 min schrittweise um 1 kN bis auf 20 kN erhöht. Ab 20 kN wurde die Kraft weiter alle 5 min um 0,5 kN bis zum Versagen erhöht.

Nach dem Auszugsversuch wurde der Verpresskörper ausgegraben und dessen Durchmesser in Abständen von 5 cm über die gesamte Höhe gemessen.

### 3.4 Herstellung mit kontinuierlichem Verpressen

Bei diesem Herstellungsverfahren blieben die Phasen 1, 2, 5 und 6 unverändert. Die Phasen 3 und 4 wurden jedoch durch eine modifizierte Phase 4 ersetzt:

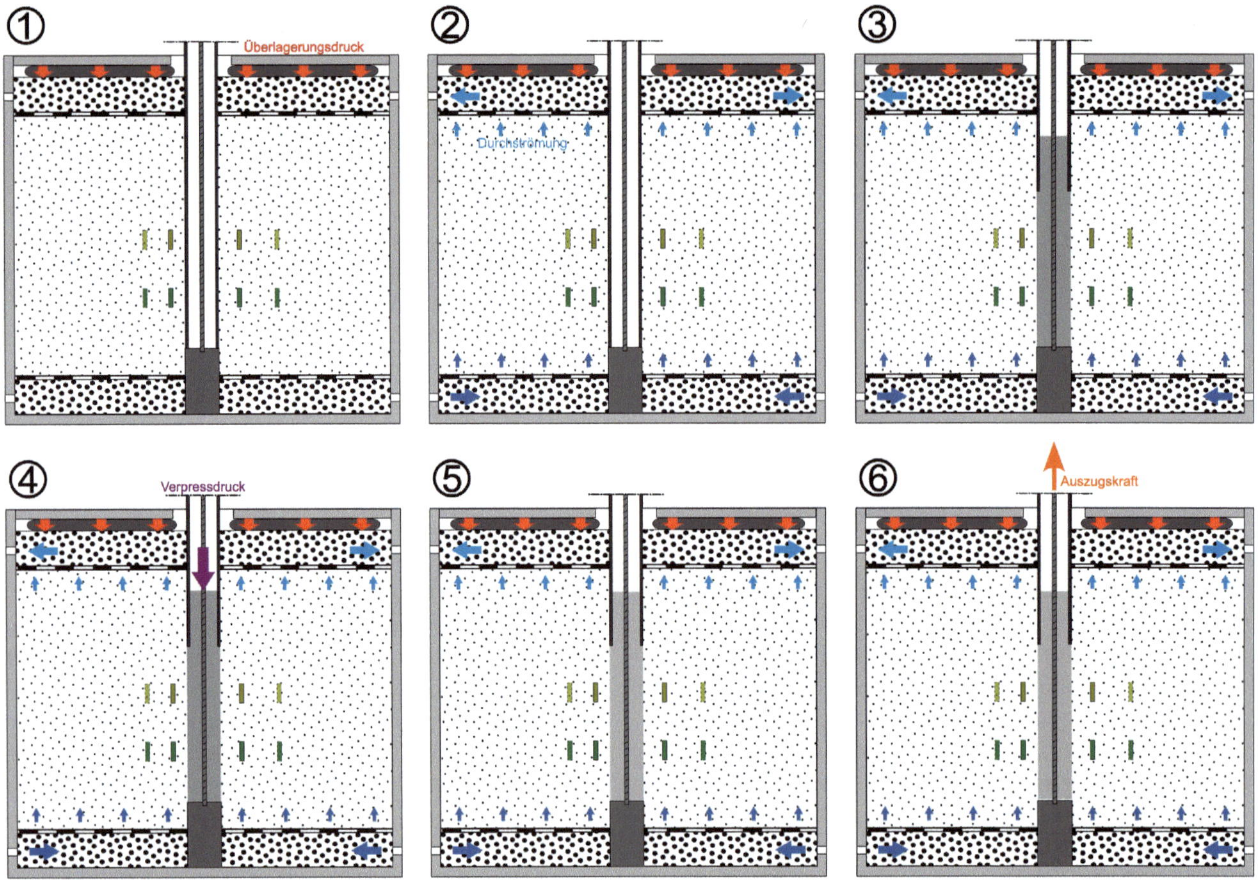


Abb. 3: Herstellungsablauf bei abschnittsweisem Verpressen und Auszugsversuch des Verpressankers unterteilt in sechs Phasen.

**Tab. 1: Variierte Einflussgrößen und weitere Kenngrößen der Modellversuche**

| Versuchs-nummer | Versuchs-bezeichnung | Mittlere Dichte in g/cm³ | Überlagerungs-druck in kN/m² | Verpressdruck in kN/m² | Verpressen | Herauszieh-Widerstand in kN |
|---|---|---|---|---|---|---|
| 1 | 100/300-1 | 1,80 | 100 | 300 | abschnittsweise | 21,0 |
| 2 | 300/300-1 | 1,82 | 300 | 300 | abschnittsweise | 38,9 |
| 3 | 100/600-1 | 1,81 | 100 | 600 | abschnittsweise | 19,9 |
| 4 | 300/300-2 | 1,81 | 300 | 300 | abschnittsweise | 35,9 |
| 5 | 300/300-3 | 1,80 | 300 | 300 | abschnittsweise | 38,5 |
| 6 | 300/300-4 | 1,79 | 300 | 300 | abschnittsweise | 36,4 |
| 7 | 100/100-1 | 1,78 | 100 | 100 | abschnittsweise | 18,0 |
| 8 | 100/600-2 | 1,79 | 100 | 600 | abschnittsweise | 20,4 |
| 9 | 500/600-1 | 1,78 | 500 | 600 | abschnittsweise | 49,2 |
| 10 | 300/300-5 | 1,78 | 300 | 300 | kontinuierlich | 49,3 |

Modifizierte Phase 4: Die Gewindestange wurde mithilfe einer Zentriervorrichtung in der Mitte der Verrohrung fixiert. Anschließend wurde die Verrohrung im Kontraktorverfahren mit Zementleim befüllt. Danach wurde der Verpressdruck durch Druckluft über das obere Ende der Verrohrung auf den Zementleim aufgebracht. Unter Verpressdruck wurde die Verrohrung mit konstanter Geschwindigkeit 40 cm gezogen. Danach wurde der Verpressdruck noch für fünf Minuten konstant gehalten und danach abgelassen.

## 4. Versuchsergebnisse

### 4.1 Vorbemerkungen

Insgesamt wurden bisher zehn Modellversuche durchgeführt: neun mit abschnittsweisem und einer mit kontinuierlichem Verpressen. In Tabelle 1 werden der Überlagerungs- und Verpressdruck (beide Einflussgrößen wurden während der Versuche variiert) sowie die mittlere Dichte des Bodens und die erreichten Herauszieh-Widerstände der Verpressanker aufgelistet. Die Versuche Nr. 1 – 4 wurden ohne die Erddrucksensoren und Wasserkühlung durchgeführt. Der Einbau der Sensoren in den Versuchen Nr. 5 – 10 führte dazu, dass der Sand eine etwas geringere, aber immer noch sehr dichte bezogene Lagerungsdichte ($I_D \approx 0{,}95$ statt $I_D \approx 1{,}0$ gemäß ISO 14688-2 [9]) hatte.

### 4.2 Herauszieh-Widerstände

Der Vergleich der Herauszieh-Widerstände der vier Modellversuche unter den Versuchsbedingungen 300/300 (Überlagerungs-/Verpressdruck) mit abschnittweisem Verpressen (Versuche 2, 4, 5 & 6 nach Tabelle 1) zeigt, dass der Versuchsaufbau unter diesen Versuchsbedingungen reproduzierbare Herauszieh-Widerstände liefert. Die Standardabweichung von 1,3 kN entspricht ca. 3 % des Mittelwerts.

In Abbildung 4 werden die Herauszieh-Widerstände der Versuche mit abschnittsweisem Verpressen in Abhängigkeit des Überlagerungsdrucks dargestellt. Es ist zu erkennen, dass der Überlagerungsdruck den Herauszieh-Widerstand signifikant beeinflusst. Die Versuchsergebnis deuten auf einen annähernd linearen Zusammenhang hin. Die lineare Korrelation ist mit $R^2 = 0{,}973$ sehr hoch.

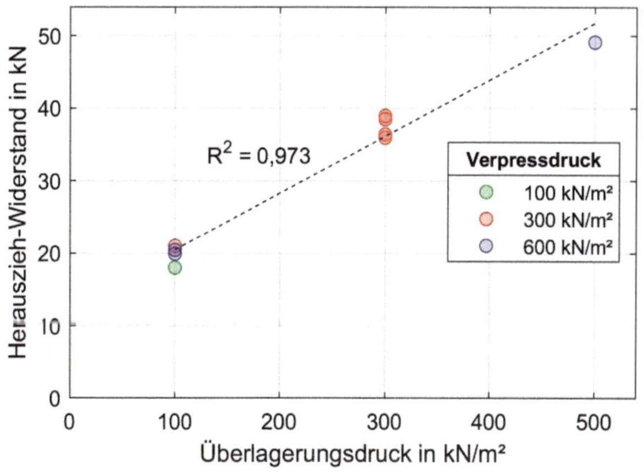


Abb. 4: Zusammenhang zwischen Überlagerungsdruck und Herauszieh-Widerstand bei Versuchen mit abschnittsweisem Verpressen.

Der Einfluss des Verpressdrucks wurde an vier Versuchen mit abschnittsweisem Verpressen und einem konstanten Überlagerungsdruck von 100 kN/m² untersucht (Versuche 1, 3, 7 & 8). Die Ergebnisse (Tabelle 1) zeigen keinen eindeutigen Zusammenhang zwischen dem Verpressdruck und dem Herauszieh-Widerstand. Es wird vermutet, dass dies durch die unrealistischen Versuchsbedingungen (sehr hohe Lagerungsdichte, sehr geringer hydrostatischer Druck des Zementleims), die beim Ziehen der Verrohrung zu einem Spannungsabfall im Boden führen, begründet ist.

Ein Vergleich des Herauszieh-Widerstands, der bei Versuch Nr. 10 mit kontinuierlichem Verpressvorgang ermittelt wurde, mit den Werten der anderen vier Versuche unter den Versuchsbedingungen 300/300 (Versuche 2, 4, 5 & 6) zeigt, dass die Art, wie der Verpressvorgang durchgeführt wurde, – zumindest unter diesen Versuchsbedingungen – einen signifikanten Einfluss auf den Herauszieh-Widerstand hat. Bei dem Versuch mit kontinuierlichem Verpressen wurde ein Herauszieh-Widerstand gemessen, der den mittleren Herauszieh-Widerstand der vier Versuche mit abschnittsweisem Verpressen um mehr als 30 % übersteigt.

Ein Effekt der Wasserkühlung auf die Tragfähigkeit konnte in separaten Auswertungen nicht festgestellt werden.

### 4.3 Verpresskörpergeometrie

In Abbildung 5 sind die gemessenen mittleren Radien der Verpresskörper (nachfolgend als Bezeichnung für Zementkörper mit anhaftenden Sandkörnern verwendet) in Abhängigkeit zur Höhe des Körpers dargestellt. Pro Messquerschnitt wurde ein Mittelwert aus den Messwerten der Versuche unter gleichen Versuchsbedingungen gebildet (der farblich hervorgehobene Bereich entspricht der Umhüllenden aller Messwerte unter diesen Versuchsbedingungen). Aus der Abbildung geht hervor, dass die Verpresskörper aus Versuchen mit gleichem Verpressdruck (bei abschnittsweisem Verpressen), aber höherem Überlagerungsdruck, kleinere Radien aufweisen.

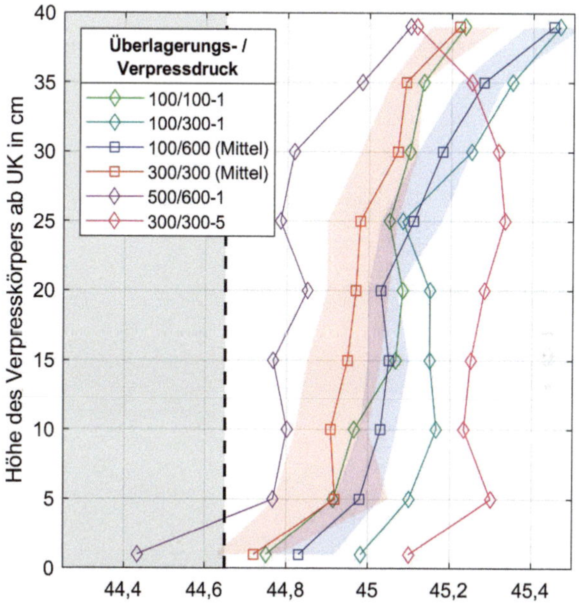


Abb. 5: Mittlere Radien der Verpresskörper in Abhängigkeit der Höhe (gestrichelte Line ≙ Außenkante der Verrohrung; farblich hervorgehobener Bereich ≙ Umhüllende).

Anhand der Darstellung in Abbildung 5 ist erkennbar, dass die abschnittsweise hergestellten Verpresskörper am oberen Ende eine Aufweitung gegenüber dem Mittelwert aufwiesen. Bei dem Verpresskörper, der unter kontinuierlichem Verpressen hergestellt wurde (Versuch 300/300-5), wurden im Bereich von 0 – 30 cm die größten Radien aller betrachteten Verpresskörper gemessen. Auffällig ist, dass die Radien dieses Verpresskörpers im oberen Bereich kleiner waren als im Bereich von 0 – 30 cm.

Auf die tatsächlichen Radien der Verpresskörper lässt sich jedoch nur eingeschränkt schließen, da die anhaftenden Sandkörner an dem Zementkörper in die Messungen einbezogen wurden. Somit lässt sich nicht eindeutig ableiten, ob sich das Bohrloch infolge des Verpressens aufgeweitet hat und wie groß die Unterschiede dabei zwischen den beiden untersuchten Herstellungsverfahren sind.

### 4.4 Erddruckspannungen bei Versuch 500/600-1

Die Auswertung der Erddruckspannungen soll Hintergründe für die unterschiedlichen Herauszieh-Widerstände und Verpresskörperradien aufzeigen. Dazu werden zunächst nur die Messwerte des Versuchs 500/600-1 betrachtet, um erste Systematiken in der Radialspannungsentwicklung während der sechs definierten Herstellungsphasen abzuleiten.

In Abbildung 6 sind die gemessenen Radialspannungen am Ende der Phasen 1 bis 6 in Abhängigkeit vom radialen Abstand zur Mantelfläche des Verpresskörpers dargestellt. Die Darstellung erfolgt getrennt nach unterer und oberer Messebene (13 & 28 cm über unterem Ende des Verpresskörpers angeordnet). Die in Abbildung 6 dargestellten Spannungen am Ende von Phase 4 wurden fünf Minuten nach dem Ablassen des Verpressdrucks gemessen und die Spannungen am Ende von Phase 6 wurden gemessen, als der maximale Herauszieh-Widerstand erreicht war.

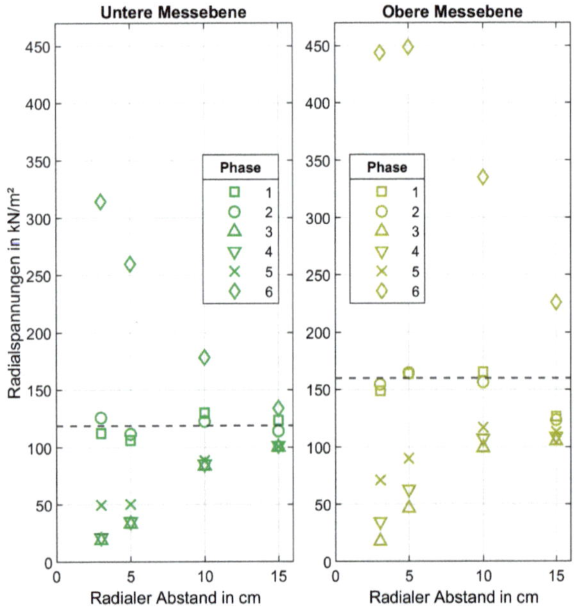


Abb. 6: Gemessene Radialspannungen im Boden bei Versuch 500/600-1 am Ende der Phasen 1 bis 6 in Abhängigkeit vom Abstand zur Mantelfläche des Verpresskörpers (gestrichelte Linie = mittlere Initialspannungen in Phase 2).

Die Ergebnisse zeigen, dass die mittleren, durch den Überlagerungsdruck hervorgerufenen, radialen Anfangsspannungen (in Phase 2 ermittelt und nachfolgend als Initialspannungen bezeichnet; gestrichelte Linien in Abbildung 6) in der unteren Messebene niedriger waren als in der oberen Messebene. Dies ist vermutlich auf eine Übertragung eines Teils der Spannungen auf die Verrohrung und die Behälterwände zurückzuführen und muss bei den weiteren Auswertungen berücksichtigt werden. Nach der Sättigung des Sandes verringerte sich die Varianz der Spannungen innerhalb einer Messebene im Vergleich zu Phase 1. Dies wird auf eine Verringerung der lokalen Inhomogenitäten im Sand um die Membranflächen der Sensoren durch die Aufsättigung zurückgeführt.

Nach dem Ziehen der Verrohrung (Phase 3, bei der nur der hydrostatische Druck im Zementleim wirkte) kam es zu einem starken Abfall der Radialspannungen in beiden Messebenen. In einem Abstand von 3 cm führte dies zu einer Spannungsreduktion um ca. 80 %, wobei dieser Abfall mit zunehmendem Abstand zur Verrohrung abnahm. Der durch den Verpressvorgang in Phase 4 verursachte Spannungsanstieg war kleiner als der vorherige Abfall durch das Ziehen. Auffällig ist, dass in der unteren Messebene praktisch kein Spannungszuwachs auftrat, während in der oberen Messebene ein leichter Anstieg erkennbar ist.

Um diesen Effekt genauer zu untersuchen, wird nachfolgend die Spannungsentwicklung in Phase 4 im Detail nach Beginn des Verpressvorgangs betrachtet. In Abbildung 7 ist die zeitliche Entwicklung der gemessenen Radialspannungen während der Aufbringung des Verpressdrucks dargestellt (die Zeitskala ändert sich nach 40 Sekunden).

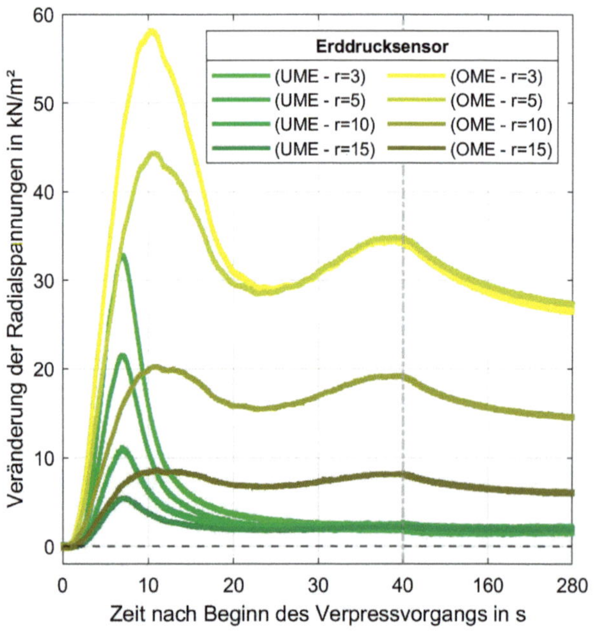


Abb. 7: Zeitliche Entwicklung der gemessenen Radialspannungen bei Versuch 500/600-1 nach Beginn des Verpressvorgangs (Phase 4) (UME = untere Messebene, OME = obere Messebene, r = radialer Abstand zum Verpresskörpermantel in cm).

Wie in Abbildung 7 dargestellt, schlug sich die Druckbeaufschlagung in den radialen Spannungen als Peak nieder. In der unteren Messebene fiel der radiale Spannungszuwachs nach wenigen Sekunden wieder auf nahezu den Anfangswert ab, obwohl der Druck weiterhin auf den Zementleim wirkte. In der oberen Messebene fiel der Druck ebenfalls ab, näherte sich dann aber asymptotisch einem höheren Spannungsniveau als in der unteren Messebene an. Abbildung 6 zeigt, dass die radialen Spannungen in der oberen Messebene, nachdem der Verpressdruck abgelassen wurde, leicht weiter auf die für Phase 4 dargestellten Werte sanken.

Die auf sieben Tage festgelegte Erhärtungszeit führte in beiden Messebenen zu einem Anstieg der Erdruckspannungen (Differenz zwischen den Werten der Phasen 4 und 5). Dies wurde besonders durch die Messungen in den radialen Abständen von 3 cm und 5 cm deutlich. Obwohl die Zunahme dort den Spannungszuwachs infolge des Verpressvorgangs überstieg, lagen die Spannungen noch unterhalb der Initialspannungen. Aufgrund der Spannungsdifferenzen wird angenommen, dass der Zementkörper (Verpresskörper ohne anhaftende Sandkörner) kleiner war als die Verrohrung.

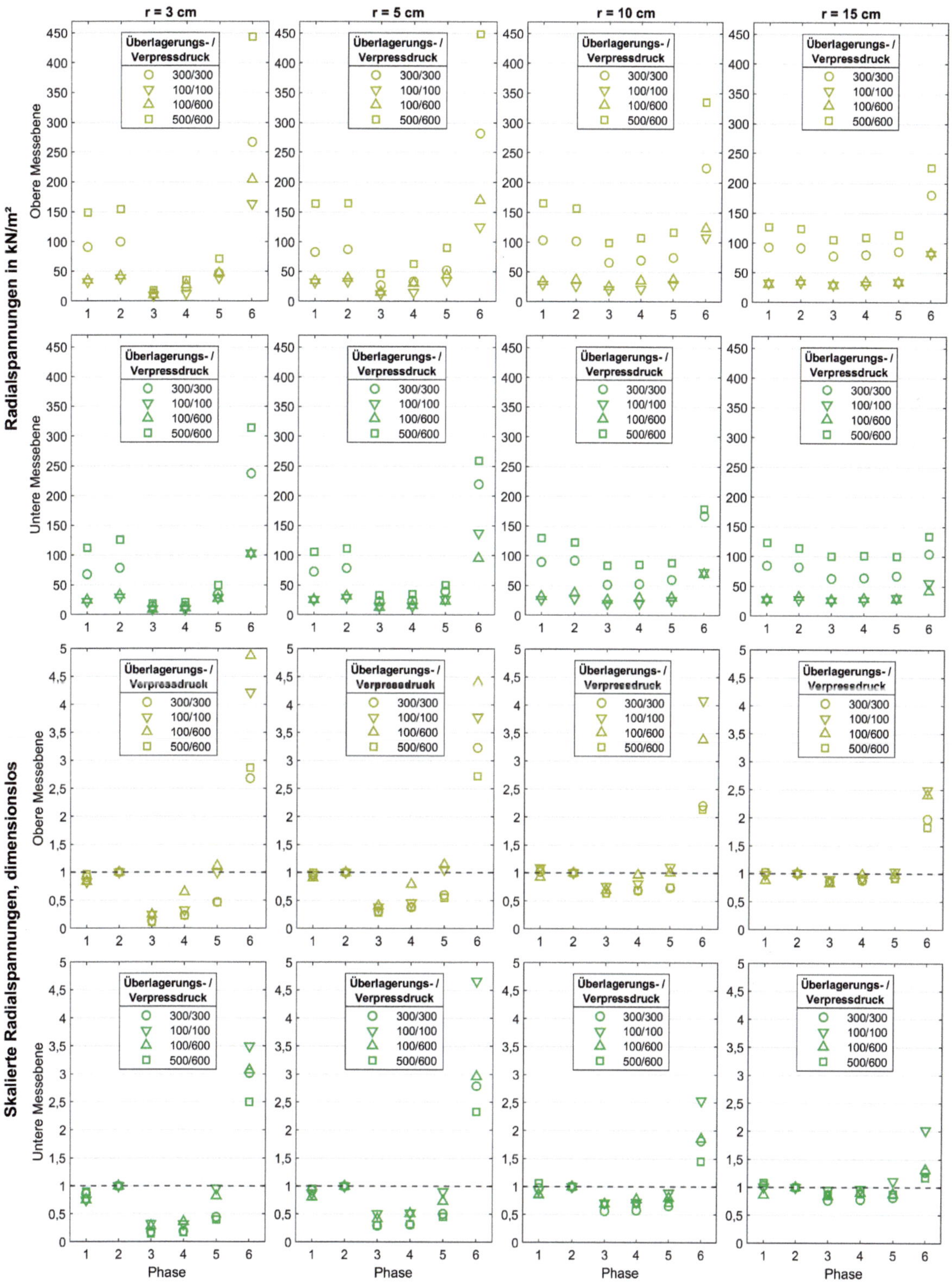


Abb. 8: Gemessene und skalierte Radialspannungen im Boden in den Abständen von 3, 5, 10 & 15 cm zur Mantelfläche der Verpresskörper am Ende der Phasen 1 bis 6 bei Versuchen mit abschnittsweisem Verpressen (gestrichelte Linie = mittlere radiale Initialspannungen).

Während des Auszugsversuchs in Phase 6 wurde ein signifikanter Spannungsanstieg gemessen, der mit den Beschreibungen von Wernick [6] und Mayer [3] übereinstimmt. Kurz vor dem Versagen des Verpressankers beim Erreichen des maximalen Herauszieh-Widerstands ergab sich ein Anstieg der Radialspannungen auf mehr als das Doppelte des Initialzustandes bis zu einem Abstand von 10 cm zur Verrohrung in der oberen Ebene bzw. bis zu 5 cm zu der Verrohrung in der unteren Ebene.

### 4.5 Versuchsübergreifende Auswertung der Erdruckspannungen

Um die Unterschiede in der Spannungsentwicklung infolge der Variation der Überlagerungs- und Verpressdrücke bei den Versuchen mit abschnittsweisem Verpressen zu veranschaulichen, wurden die Radialspannungen aus den Modellversuchen, die mit Erddrucksensoren durchgeführt wurden (Versuchsbedingungen 100/100, 100/600, 300/300 und 500/600), nach demselben Verfahren wie in Kapitel 4.4 ausgewertet.

In Abbildung 8 sind die Radialspannungen in den Phasen 1 bis 6 getrennt nach den Messebenen und den radialen Abständen der Erddrucksensoren zu dem Verpresskörper dargestellt. Die Diagramme in den beiden oberen Reihen der Abbildung zeigen die gemessenen radialen Spannungen. Um die Unterschiede der Initialspannungen in den beiden Messebenen auszugleichen, sind die Radialspannungen in den Diagrammen der unteren beiden Reihen auf diese Initialspannungen (Spannungen nach dem Aufsättigen in Phase 2) skaliert.

Die Ergebnisse zeigen, dass der in Versuch 500/600-1 in Phase 3 beobachtete Abfall der Spannungen bei allen untersuchten Kombinationen von Überlagerungs- und Verpressdruck auftrat und mit zunehmendem radialem Abstand geringer war. Betrachtet man die skalierten Radialspannungen, so fiel die Spannung im Abstand von 3 cm um ca. 70 – 80 % und im Abstand von 5 cm um ca. 50 – 70 % ab.

Hinsichtlich der Auswirkung des Verpressens in Phase 4 zeigen die Messungen, dass die Radialspannungen in der oberen Messebene bei allen Versuchen bis zum Abstand von 5 cm leicht anstiegen. Eine genauere Betrachtung der skalierten Spannungen hebt insbesondere den Modellversuch mit den Versuchsbedingungen 100/600 hervor. In der oberen Messebene wurde dabei in den Abständen von 3 und 5 cm eine Verdoppelung der Spannungen festgestellt. Bei diesem Versuch ist auch in der unteren Ebene ein leichter Spannungsanstieg erkennbar.

Die Betrachtung der Radialspannungen in Phase 5 zeigt, dass der Spannungsanstieg infolge der Erhärtung des Verpresskörpers für alle Versuchsbedingungen etwa gleich groß war. Bei den beiden Versuchen mit niedrigem Überlagerungsdruck (100/100 und 100/600) konnte das Niveau der Initialspannungen in der oberen Messebene in allen betrachteten radialen Abständen erreicht werden. Die maximalen Radialspannungen, die kurz vor dem Versagen der Verpressanker in Phase 6 gemessen wurden, waren bei allen Versuchen deutlich höher als in den vorherigen Phasen. Die skalierte Darstellung zeigt, dass die Radialspannungen zu diesem Zeitpunkt im Abstand von 3 cm alle mindestens das 2,5-fache der Initialspannungen erreichten. Es gab jedoch eine größere Streuung im Vergleich zu den Werten aus den zuvor betrachteten Phasen. Die Radialspannungen sind in der unteren Messeebene besonders im Abstand von 5 cm auffällig. Dort waren die Spannungen im Modellversuch 100/600 sogar niedriger als die in Versuch 100/100. Für die obere Messebene, in der eine Spannungserhöhung infolge des Verpressdrucks festgestellt wurde, ist zu erkennen, dass die Spannungen im Versuch 100/600 höher waren als in Versuch 100/100 (abgesehen von r = 10). Generell wurden in Phase 6 in der oberen Messebene bei den Versuchen mit niedriger Initialspannung höhere skalierte Radialspannungen gemessen. Der Spannungszuwachs infolge des Auszugs wurde in der unteren Messebene im Abstand von 10 und 15 cm nur noch in geringerer Ausprägung gemessen. In der oberen Messebene hingegen bildete sich der Spannungszuwachs in diesen Abständen stärker aus.

### 4.6 Vergleich der Erddruckspannungen zwischen beiden Herstellungsverfahren

Um die Unterschiede der Herauszieh-Widerstände und der mittleren Verpresskörperradien in Abhängigkeit des verwendeten Herstellungsverfahrens besser erklären zu können, werden nachfolgend die Erddruckspannungen der Versuche 300/300, die mit abschnittsweisem und kontinuierlichem Verpressen hergestellt wurden, analog zu Kapitel 4.5 dargestellt und ausgewertet. In Abbildung 9 sind hierfür die gemessenen Radialspannungen getrennt für beide Messebenen und die radialen Abstände dargestellt. Da bei dem kontinuierlichen Verpressen die Phasen 3 und 4 gleichzeitig erfolgten, wurden in den Diagrammen für diesen Versuch nur die Radialspannungen am Ende dieser kombinierten Phase herangezogen und bei Phase 4 aufgetragen.

Es zeigt sich, dass es auch während dem kontinuierlichen Verpressen zu einem Spannungsabfall in den radialen Abständen von 3 und 5 cm gegenüber dem Initialzustand kam. Dieser fiel mit einem ähnlichen Spannungsabfall von ca. 20 % in beiden Messebenen jedoch deutlich geringer aus als der Spannungsabfall infolge des zeitlich versetzten Ziehens und Verpressens beim abschnittsweisen Verpressen (dort 70 – 80 %). Darüber hinaus lässt sich ableiten, dass der Spannungszuwachs infolge der Erhärtung (Phase 4 zu 5) im Abstand von 3 cm beim kontinuierlichen Verpressen, insbesondere in der unteren Messebene, höher ausfiel als beim abschnittsweisen Verpressen.

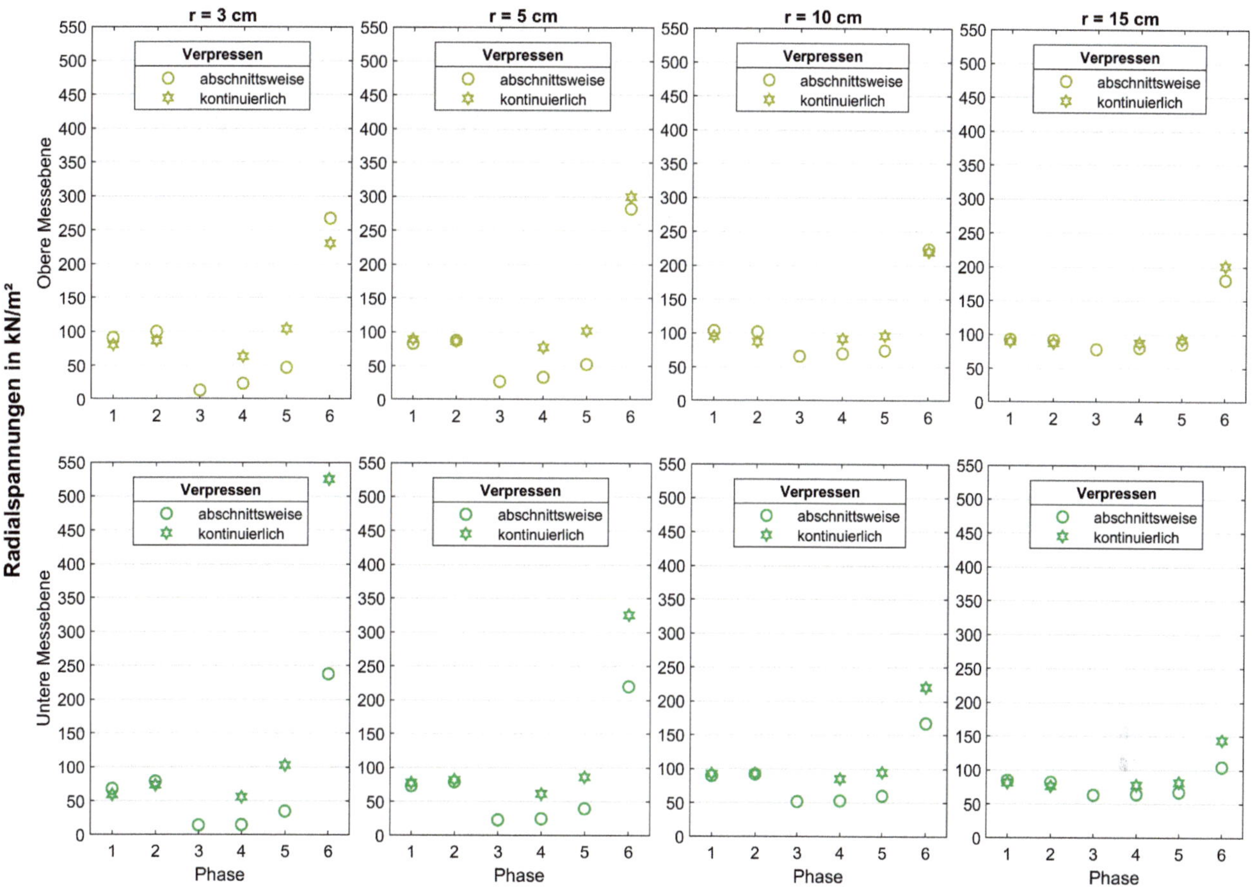


Abb. 9: Gemessene Radialspannungen im Boden in den Abständen von 3, 5, 10 & 15 cm zur Mantelfläche der Verpresskörper am Ende der Phasen 1 bis 6 bei beiden Herstellungsverfahren unter den Versuchsbedingungen 300/300 (Überlagerungs-/Verpressdruck).

Der Vergleich für Phase 6 macht die Unterschiede der radialen Spannungen zwischen den beiden Herstellungsverfahren am deutlichsten sichtbar. Während sich die beim Auszug aufgetretenen maximalen Spannungen in der oberen Messebene kaum unterscheiden, wurden in der unteren Messebene beim Versuch mit kontinuierlichem Verpressen vor allem im Abstand von 3 und 5 cm deutlich höhere Spannungen gemessen.

Im Abstand von 3 cm war die Maximalspannung mehr als doppelt so hoch wie im Versuch mit abschnittweisem Verpressen und übertraf sogar die Spannungen im selben Abstand in der oberen Messebene. Mit zunehmendem radialem Abstand verringerte sich jedoch dieser Unterschied.

Somit kann davon ausgegangen werden, dass der höhere Herauszieh-Widerstand bei dem Versuch, bei dem kontinuierlich verpresst wurde, auf die höheren Spannungen im Bereich der unteren Messebene zurückzuführen ist und diese durch den geringeren Spannungsabfall während des Ziehens der Verrohrung hervorgerufen wurden. Diese Vermutung deckt sich mit der Feststellung aus Kapitel 4.3, dass der Verpresskörper beim kontinuierlichen Verpressen im unteren Bereich einen größeren Radius als beim abschnittweisen Verpressen ausbildete und dort somit größere (Ver-)Spannungen im Boden hervorrief.

## 5. Zusammenfassung

Die Ergebnisse der Modellversuche in sehr dicht gelagertem Sand, bei denen abschnittweise verpresst wurde, führen zu den folgenden Schlussfolgerungen:

- Es wurde eine hohe Korrelation zwischen dem Überlagerungsdruck (Bereich: 100 – 500 kN/m²) und dem Herauszieh-Widerstand ermittelt.
- Eine signifikante Erhöhung des Herauszieh-Widerstands infolge eines höheren Verpressdrucks konnte für den Bereich der aufgebrachten Verpressdrücke (100 – 600 kN/m²) nicht festgestellt werden.
- Bei einem konstanten Verpressdruck führte ein höherer Überlagerungsdruck zu einer Verringerung der Radien der Verpresskörper.
- Das Ziehen der Verrohrung führte zu einem deutlichen Abfall der radialen Spannungen um 70 – 80 % in unmittelbarer Nähe zur Verrohrung.
- Eine Spannungszunahme infolge des Verpressens konnte nur in einem kurzen Abschnitt unterhalb der Verrohrung festgestellt werden. Diese war jedoch weitaus geringer als der Spannungsverlust durch das Ziehen, sodass das Spannungsniveau weiterhin unterhalb der Initialspannungen lag.
- Die Erhärtung des Verpresskörpers führte in den ersten sieben Tagen nach der Herstellung zu einer größeren Zunahme der Radialspannungen im Boden als der Verpressvorgang selbst.

- Die maximalen Radialspannungen wurden im Boden durch das dilatante Verhalten beim Auszug mobilisiert. Diese stiegen bis zum Versagen auf das etwa 2,5- bis 5-fache der Initialspannungen an.

Ein Vergleich der Ergebnisse der Versuche mit abschnittsweisem und kontinuierlichem Verpressen bei einem Überlagerungs- und Verpressdruck von 300 kN/m² (Versuche 300/300) führte zu folgenden weiteren Schlussfolgerungen:

- Der Herauszieh-Widerstand des Versuchs mit kontinuierlichem Verpressen war ca. 30 % höher als der Mittelwert der Versuche mit abschnittsweisem Verpressen bei ansonsten gleichen Versuchsbedingungen.
- Der Verpresskörper aus dem Versuch mit kontinuierlichem Verpressen wies einen über die Höhe relativ konstanten Radius auf, der lediglich im Bereich der Anschlussstelle zur Verrohrung geringer war. Alle Verpresskörper mit abschnittsweisem Verpressen wiesen abgesehen vom Bereich dieser Anschlussstelle einen kleineren Radius auf.
- Das kontinuierliche Verpressen führte dazu, dass der Spannungsabfall nach dem Verpressen deutlich geringer war als bei der Herstellung mit abschnittweisem Verpressen.
- Während des Auszugs der Verpresskörper konnten im Versuch mit kontinuierlichem Verpressen in der unteren Messebene bis einschließlich r = 5 cm deutlich mehr Radialspannungen im Boden mobilisiert werden als im Versuch mit abschnittweisem Verpressen. In der oberen Messebene unterschieden sich die Radialspannungen in dieser Phase hingehen kaum.

## 6. Abschließende Einordnung und Ausblick

Das Herstellungsverfahren mit abschnittweisem Verpressen, das in den meisten Versuchen angewendet wurde, kommt zwar auch in der Praxis zum Einsatz (dort mit mehreren Verpressabschnitten), wurde im Versuchsaufbau jedoch nicht realitätsnah nachgebildet. In situ ist der Erddruck im Ausgangszustand proportional zur Tiefe des Verpresskörpers im Baugrund. Da der hydrostatische Druck ebenfalls proportional zur Tiefe des Verpresskörpers unter Geländeoberkante ist, ist er meistens höher als die horizontale Komponente des Erddrucks.

In den Versuchen mit abschnittsweisem Verpressen war der hydrostatische Druck während des Ziehens der Verrohrung jedoch deutlich geringer als der Erddruck, sodass sich der Boden in Richtung des Ankerlochs entspannen konnte. Ein besonders starker Spannungsabfall wurde bei diesen Versuchen in beiden Messebenen nach dem Ziehen der Verrohrung beobachtet. Ein Einfluss des Verpressvorgangs auf die Radialspannungen konnten dort nur lokal unterhalb der Verrohrung gemessen werden.

Die Ergebnisse des Versuchs mit kontinuierlichem Verpressen, bei dem während des Ziehens ein Verpressdruck, der ähnlich hoch wie der Erddruck war, aufgebracht wurde, zeigen hingegen, dass ein gleichzeitiges Ziehen und Verpressen signifikante Unterschiede beim Herauszieh-Widerstand, der Geometrie des Verpresskörpers und den Erddruckspannungen sowie deren Entwicklungen hervorruft.

Um diesen Effekt weitergehend zu untersuchen, sind derzeit neue Versuche geplant. Damit soll untersucht werden, wie sich eine Variation des Verpressdrucks bei einer Herstellung mit kontinuierlichem Verpressen auf die Spannungen während der Herstellungsphasen sowie auf den endgültigen Herauszieh-Widerstand und die Radien des Verpresskörpers auswirkt. Zusätzlich soll festgestellt werden, ob sich Unterschiede zu den Erkenntnissen aus den Versuchsreihen mit abschnittsweisem Verpressen ergeben.

**Literatur**


[1] H. Ostermayer: Construction, Carrying Behavior and Creep Characteristics of Ground Anchors. London: Institution of Civil Engineers, Diaphragm walls & anchorages 1974, S: 141–151.

[2] H.-U Werner: Das Tragverhalten von gruppenweise angeordneten Erdankern. In: Die Bautechnik, 52(11) 1975, S. 387–390.

[3] G. Mayer: Untersuchungen zum Tragverhalten von Verpressankern in Sand. Berlin: 1983 (Dissertation).

[4] H. Zweck: Rückwärtige Verankerung von Baugrubenwänden. In: Haus der Technik 241 1970, S. 32–49.

[5] G. S. Littlejohn: Design Estimation of the Ultimate Load Holding Capacity of Ground Anchors. In: Ground Engineering, 13(8) 1980, S. 25–39.

[6] E. Wernick: Zusammenhänge zwischen der Mantelreibung von zylindrischen Ankern und Ergebnissen von direkten Scherversuchen. In: Die Bautechnik, 54(8) 1977, S. 263–267.

[7] F. Heidenreich, M. Herten: Auswirkungen von kalklösender Kohlensäure im Grundwasser auf den Neubau von fünf Schleusen an der Schleusentreppe Rheine. In: Technische Akademie Esslingen, 12. Kolloquium Bauen in Boden und Fels 2020, S. 367–367.

[8] Deutsches Institut für Normung: DIN 976-1 Mechanische Verbindungselemente – Gewindebolzen – Teil 1: Metrisches Gewinde. Berlin: 2016.

[9] Deutsches Institut für Normung: DIN EN ISO 14688-2 Geotechnische Erkundung und Untersuchung – Benennung, Beschreibung und Klassifizierung von Boden – Teil 2: Grundlagen für Bodenklassifizierungen. Berlin: 2020.

# Facettenreicher Baugrubenverbau im Hang

**Dr.-Ing. Thomas Barciaga**
Dr. Spang Ingenieurgesellschaft für Bauwesen, Geologie und Umwelttechnik mbH, Witten

**Zusammenfassung**
Der Beitrag thematisiert den geplanten facettenreichen Baugrubenverbau im Hang am Projektbeispiel einer Campuserweiterung in Bergisch Gladbach. Bautechnisch herausfordernd war dabei die Hanglage des Campus, so dass zur Erstellung des Neubaus ein Baugrubenverbau im Hang unmittelbar vor der Bestandsbebauung erforderlich wurde Neben der Vorstellung der Projektrandbedingungen, der objektplanerischen Anforderungen von Architekten und Bauherrn, des Baugrundaufbaus, bestehend aus Verwitterungslehm und verwittertem Sandstein und der Hydrogeologie, werden die Tragwerkslösungen zur Sicherung der bis zu 15,5 m tiefen Baugrube und zur späteren Tiefgründung von Teilen des Neubaus mittels Bohrpfählen vorgestellt.

## 1. Projektübersicht Campuserweiterung und Planungsauftrag

Die Ausgangssituation vor der Campuserweiterung ist in Abb. 1 visualisiert. Südwestlich der Bestandsbebauung von Haus 1 und Haus 2 sollte in Hanglage der Neubau von Haus 7 mit den Gebäudeteilen bis A bis F entstehen. Der Entwurf von Haus 7 fügte sich dabei in die bestehende Architektur des Campus ein. Aufgrund der Hanglage und der unmittelbar angrenzenden Bestandsbebauung von Haus 2 war eine Baugrube im Hang erforderlich. Eine erste Konzeption der Baugrube vom Objektplaner (extern) mit Böschungen und Baugrubensicherung mittels Verbau ist in Abb. 2 dargestellt. Der Neubau von Haus 7 war aufgeteilt in zwei Bauabschnitte mit den Gebäudeteilen 7A und 7B-F.

Abb. 1: Ausgangssituation vor Campuserweiterung

Der Planungsauftrag der Dr. Spang GmbH war die Erstellung einer ausführungsreifen Tragwerksplanung der Baugrube zur Campuserweiterung im Hang. Die Tragwerksplanung wurde dabei gefüttert mit den objektplanerischen Vorschlägen und Vorgaben des Bauherrn und der Architekten, sowie den Randbedingungen zu Geometrie, Geotechnik und Einwirkungen. Daraus ergab sich als Lösung ein facettenreicher Baugrubenverbau im Hang.

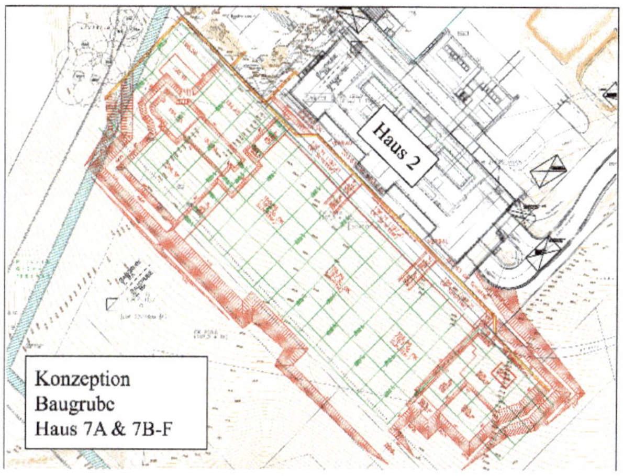


Abb. 2: Konzeption der Baugrube von Haus 7A-F des Objektplaners (extern)

## 2. Geotechnische und hydrogeologische Randbedingungen

Eine Übersicht der bisherigen Baugrunderkundungen aus vorherigen Baumaßnahmen auf dem Campus ist in Abb. 3 gegeben. Mit Ausnahme der Schürfe 1 und 2 waren weitere Baugrunderkundungen vom Bauherrn explizit nicht gewünscht, so dass vom Baugrundgutachter (extern) deswegen konservative Annahmen hinsichtlich des Baugrundaufbaus und der dazugehörigen Boden- und Felskennwerte getroffen werden mussten.

Es ist zu beachten, dass Erkenntnissen zum Festgestein ausschließlich über die drei Kernbohrungen im Bereich der Bestandsbebauung von Haus 2 und über vier Kernbohrungen der weiter nördlich liegenden Bestandsbebauung von Haus 4 getroffen werden konnten. Alle Rammkernsondierungen und Schweren Rammsondierungen lieferten lediglich Informationen über das Lockergestein und die Felslinie als Übergang zum Festgestein.

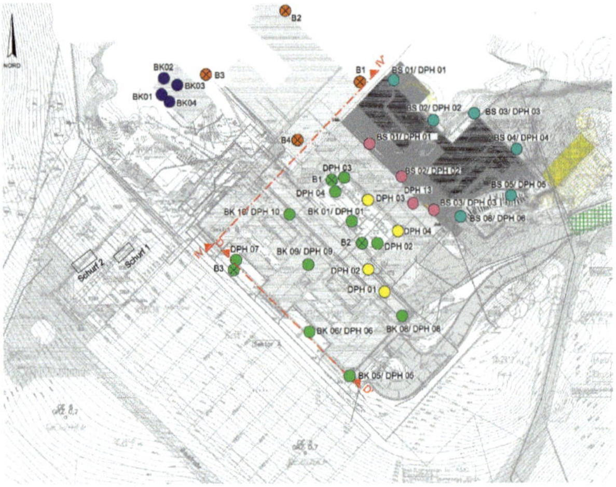


Abb. 3: Übersicht bisherige Baugrunderkundungen

Daraus folgernd wurde vom Baugrundgutachter basierend auf den Erkundungsergebnissen aus B3/DPH07 und den Schürfen 1 und 2 ein konservativer Baugrundaufbau vorgegeben.

- Verwitterungslehm SU* (schluffig-sandige und in der Tiefe schluffig-steinige Verwitterungslehme, mäßig tragfähig, sehr heterogen, Mächtigkeit ca. 3 – 6 m unter GOK)
- verwitterter Sandstein, tlw. Tonstein (unterdevonische Odenspieler-Schichten, plattige und bankige Sandsteine mit tlw. Tonstein-Einschaltungen, stark verwittert, klüftig, mürb, entfestigt, mit Tonverschmierungen auf den Kluftflächen)

Der angewitterte und unverwitterte Fels war gemäß Baugrundgutachten aufgrund der konservativen Abschätzung für die Bemessung der Baugrube über die gesamte Tiefe nicht anzusetzen.

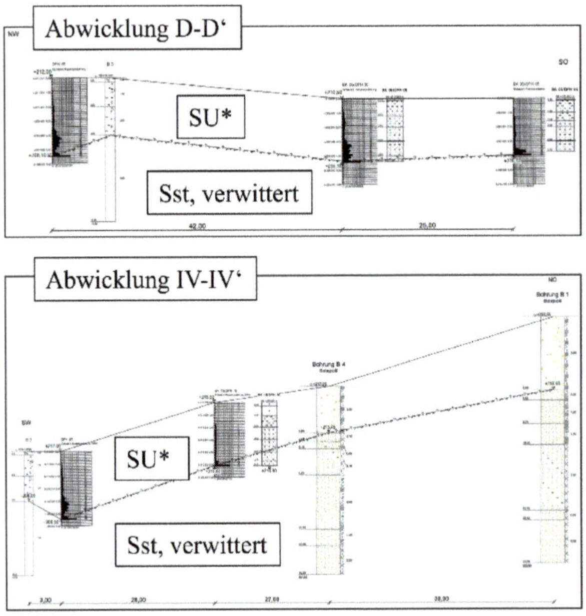


Abb. 4: Abwicklungen D-D' und IV-IV' mit Felslinie

Die Felslinie ist in diesem Beitrag somit definiert als Übergang vom Lockergestein zum verwitterten Fels. Abwicklung D-D' in Abb. 4 zeigt beispielhaft die nahezu konstante Felslinie von Nordwesten nach Südosten vor der Bestandsbebauung von Haus 2 und Abwicklung IV-IV' in Abb. 4 die Felslinie entlang des Hangs mit abfallender Felslinie nach Südwesten. Dabei ist anzumerken, dass die Felslinie im Südosten des Projektgebiets nach zunächst konstantem Verlauf auch nochmal signifikant abfällt.

Die vom Baugrundgutachter für die Bemessung vorgegeben Kennwerte (Feuchtwichte $\gamma_k$, effektiver Reibungswinkel $\varphi_k$', effektive Kohäsion $c_k$' und Steifemodul $E_{s,k}$) für den Verwitterungslehm SU* und den verwitterten Sandstein sind in Tab.1 aufgelistet. Dabei entsprechen die Kennwerte des verwitterten Sandsteins aufgrund des Verwitterungsgrads und den Klüften und Trennflächen eher einem Lockergestein als einem Festgestein.

Hinsichtlich der Scherfestigkeit wurden die unteren Werte aus dem Baugrundgutachten angenommen unter Berücksichtigung einer realistischen Kombination aus Reibungswinkel $\varphi_k$' und $c_k$'. Ein zunächst vorgeschlagener Ersatzreibungswinkel war für die statischen Berechnungen nicht zielführend.

**Tab. 1: Baugrundkennwerte**

| Parameter | SU* | Sst, verw. |
|---|---|---|
| $\gamma_k$ [kN/m³] | 20 | 20 |
| $\varphi_k$' [°] | 27,5 | 35 |
| $c_k$' [kN/m²] | 2 | 20 |
| $E_{s,k}$ [MN/m²] | 15 | 50 |
| $k_{sh,k}$ [MN/m³] | nicht angesetzt | 42 |
| $q_{b,k,Pfahl}$ [MN/m²] | nicht angesetzt | 3,5/2,5 |
| $q_{s,k,Pfahl}$ [kN/m²] | nicht angesetzt | 350/250 |
| $q_{s,k,Anker}$ [kN/m²] | 100 | 300 |

Die Werte des horizontalen Bettungsmoduls $k_{sh,k}$, des Pfahlspitzendrucks $q_{b,k,Pfahl}$ und der Pfahlmantelreibung $q_{s,k,Pfahl}$ beziehen sich dabei ausschließlich auf einen Bohrpfahl, da auch die Bohlträger der Trägerbohlwand in vorgebohrte Löcher eingestellt wurden und der Trägerfuß ausbetoniert wurde und somit der horizontale und vertikale Lastabtrag dem eines Bohrpfahls entspricht. Des Weiteren fällt auf, dass die horizontale Bettung und die äußere Tragfähigkeit zum vertikalen Lastabtrag im Verwitterungslehm SU* gemäß Baugrundgutachten in den statischen Berechnungen nicht anzusetzen war.

Aufgrund der deutlich geringeren Mantelreibung der Verpressanker $q_{s,k,Anker}$ im Verwitterungslehm SU* war es das Planungsziel die Rückverankerung, wenn möglich, im tragfähigeren verwitterten Fels abzusetzen.

Gemäß Baugrundgutachten lag mindestens bis zur Baugrubensohle kein offener Grundwasserspiegel vor, doch aufgrund der Hanglage war jedoch mit Schicht- und Sickerwasser zu rechnen. Um den rechnerischen Ansatz eines Wasserdrucks in den statischen Berechnungen zu vermeiden, war somit ein wasserdurchlässiger Baugrubenverbau zu planen und es waren je nach Ausfachungsart zusätzliche Drainageöffnungen vorzusehen.

## 3. Mehrfach rückverankerte Trägerbohlwand mit Holzausfachung

Die Baugrube im Bereich von Haus 7A wurde aufgrund der maximalen Baugrubentiefe von bis zu 15,5 m mit bis zu dreifach rückverankerten Trägerbohlwänden mit Holzausfachung gesichert (siehe Abb. 5). Im Bereich des Hangs wurde eine abgestufte Ausführung der Verbauhöhen mit baulogistischem Bedarf an mehreren Bohr- und Arbeitsebenen geplant und ausgeführt. Wegen der zu erwartenden Klüfte und Trennflächen wurden die Trägerfüße zur Gewährleistung der horizontalen Bettung und des vertikalen Lastabtrags bis zur BGS einbetoniert.

Abb. 5: Rückverankerte Trägerbohlwand mit Holzausfachung mit Baugrubentiefe von bis zu 15,5 m

- 63 Bohlträger
  - Abstand $\alpha_{\text{Träger}}$ = 1,6 m bis 2,0 m
  - ][ 300 bis ][ 400 und Zugband
  - Baugrubentiefe $H$ = 6 m bis 15,5 m
  - Einbindetiefe $t$ = 2,5 m bis 3 m
  - Trägerlänge $L_{\text{Träger}}$ = 8,5 m bis 18 m
  - Verrohrte Bohrung mit $D$ = 0,88 m
  - ca. 800 Bohrmeter
- Holzausfachung
  - $d_{\text{Holz}}$ = 6 cm bis 12 cm

Die Rückverankerung jedes einzelnen Bohlträgers (jeweils zusammengesetzt aus Doppel-U-Profilen) wurde mittels vorgespannten Litzenankern geplant und ausgeführt (siehe Abb. 6). Die dazugehörigen Eignungs- und Abnahmeprüfungen der Verpressanker nach DIN EN 1997-1, DIN EN 1537 und DIN SPEC 18537 wurden während der Ausführung von der Dr. Spang GmbH vor Ort begleitet und kontrolliert.

- 125 Litzenanker
  - 4x 0,6“, St 1570/1770
  - 1 bis 3 Ankerlagen
  - ca. 1.800 Bohrmeter
  - Ankerlänge $L_{\text{Anker}}$ = 9 m bis 22 m
  - Länge Verpresskörper $L_{\text{VK}}$ = 4 m bis 8 m
  - Durchmesser Verpresskörper $D_{\text{VK}}$ = 0,15 m
  - Ankerneigung $\alpha$ = 35° bzw. 15°
  - Max. Ankerkräfte $A_d$ = 730 kN

Abb. 6: Litzenanker und Spundbohlen-Gurtung wegen Bohrhindernis

Die Vorspannkraft der Verpressanker wurde in diesem Baugrubenbereich ohne setzungsempfindliche Bebauung zu 85 % der charakteristischen Ankerkraft angesetzt. Die sich deswegen einstellende Verformung des Baugrubenverbaus in Relation zur Wandhöhe und in Abhängigkeit von Verformungsfigur und Lagerungsdichte rechtfertigt somit den statischen Ansatz eines mobilisierten aktiven Erddrucks gemäß DIN 4085. Wichtig für die fachgerechte Ausführung der Litzenanker ist dabei, dass bereits in der Planung eine ausreichende Vorspannkraft bezogen auf die Anzahl der Litzen (hier: 60 kN je Litze) zur Gewährleistung des Keilbiss (kraftschlüssige Verkeilung) gewählt wird.

Im Bereich der einspringenden Baugrubenecke wurde in der Planung eine räumliche Kollisionsprüfung der Verpressanker unter Berücksichtigung der Genauigkeit der Lage des Bohransatzpunktes (75 mm) und den Bohrabweichungen (hier: 1/30 der Ankerlänge) gemäß DIN EN 1537 durchgeführt. Die Kollisionsprüfung führte in diesem Baugrubenbereich dazu, dass auch Verpressanker in der weniger tragfähigen Schicht aus Verwitterungslehm SU* angeordnet werden mussten und erklärt die teilweise sehr großen freien Ankerlängen, da die Verpresskörperachsen planmäßig mindestens 1,5 m Abstand aufweisen müssen, ohne dass bei Unterschreitung zusätzliche Gruppenprüfungen für das Tragverhalten gemacht werden müssen.

Darüber hinaus wurde im Bereich der einspringenden Baugrubenecke eine Abminderung der Mantelreibung der Verpressanker in der Planung berücksichtigt. Da sich in der Baugrubenecke jeweils der benachbarte, parallel zur Verankerung verlaufende Baugrubenverbau horizontal weg vom Verpressanker verformt, reduzieren sich dort die horizontalen Spannungen im Baugrund und somit auch die Mantelreibung der Verpressanker.

Aufgrund eines in der Ausführung angetroffenen Bohrhindernis konnte ein Verpressanker nicht gesetzt werden, so dass eine Umplanung mit Umlagerung der Kräfte auf die benachbarten Bohlträger mittels installierter Spundbohlen-Gurtung gemäß Abb. 6 erfolgte.

## 4. Trägerbohlwand mit Holzausfachung ausgesteift gegen Bestandsbebauung

Die Baugrube im Bereich von Haus 7A seitlich neben der Bestandsbebauung von Haus 2 wurde ebenfalls mittels Trägerbohlwand mit Holzausfachung gesichert. Aufgrund des geringen Arbeitsraums zwischen der geplanten Verbauachse und der Bestandsbebauung konnte der Baugrubenverbau nicht mittels Verpressankern rückverankert werden, da ein entsprechender Geräteeinsatz nicht möglich war. Daher wurde der Baugrubenverbau in diesem Bereich gegen die Geschossdecken der Bestandsbebauung von Haus 2 zweifach ausgesteift (siehe Abb. 7).

Abb. 7: Trägerbohlwand ausgesteift gegen die Bestandsbebauung von Haus 2

- 5 Bohlträger
  - Abstand $\alpha_{\text{Träger}} = 1{,}7$ m
  - HEB 300
  - Baugrubentiefe $H = 6$ m
  - Einbindetiefe $t = 2{,}5$ m
  - Trägerlänge $L_{\text{Träger}} = 9$ m (0,5 m Überstand)
  - Verrohrte Bohrung mit $D = 0{,}88$ m
- Holzausfachung
  - $d_{\text{Holz}} = 10$ cm
- 2x3 Steifen
  - HEB 300
  - $\alpha_{\text{Steife}} = 2{,}6$ m
  - $L_{\text{Steife}} = 3$ m
- 2x Gurtungen
  - HEB 300
- Konsolen HEB 200, Kopfplatten, Stegbleche, und Konstruktionsteile wie z. B. Stahlnasen

Die beengten Platzverhältnisse zwischen Bestand und Baugrubenverbau waren zu berücksichtigen, sowohl in der Planung bei der Steifenbemessung unter dem Lastfall Anprall nach EAB, EB 56, als auch in der Ausführung beim sorgsamen Baugrubenaushub unterhalb der Steifen. Eine planerische Besonderheit in diesem Baugrubenbereich war ein Verbindungsgang, der entlang der Bestandsbebauung von Haus 2 und dem Baugrubenverbau verlaufen sollte. Da die Wände des Verbindungsgangs in Sichtbeton ausgeführt werden sollten, war die untere Steifenlage auszubauen, sobald die Bodenplatte des Verbindungsgangs betoniert und ausgehärtet war, um dann den Baugrubenverbau auf die Bodenplatte umzusteifen. Die Bodenplatte des Verbindungsgangs war somit zur kraftschlüssigen Verbindung gegen die Bohlträger und zusätzliche Verankerungswinkel des Baugrubenverbaus zu betonieren. Diese Bauzustände wurden in der Planung berücksichtigt und die Aufnahme der Steifenkräfte aus dem Baugrubenverbau durch die Geschossdecken bzw. die Bodenplatte der Bestandsbebauung von Haus 2 wurde nachgewiesen.

## 5. Baugrubenböschungen mit Bermen

Der übrige Baugrubenbereich von Haus 7A wurde mittels Böschungen im Locker- und verwitterten Festgestein mit bis zu vier Bermen ausgeführt (siehe Abb. 8).

Abb. 8: Baugrubenböschungen mit bis zu vier Bermen

Die Standsicherheit der Böschungen im Grenzzustand der Tragfähigkeit (ULS, GEO-3) wurde gemäß DIN 4084 nachgewiesen. Das Verfahren mit kreisförmigen Gleitlinien nach Bishop war dabei ausreichend, da der verwitterte Fels hinsichtlich der Scherfestigkeit bereits bodenmechanisch als Lockergestein behandelt wurde. Im Festgestein mit erhöhten Gesteinskennwerten wären zusätzliche Zwangsgleitflächen entlang der Klüfte und Trennflächen mit reduzierter Scherfestigkeit zu berücksichtigen. Die Böschungsstandsicherheit konnte mit den geplanten Neigungen von ca. $\beta = 33{,}7°$ (1:1,5) im Verwitterungslehm SU* bzw. $\beta = 60°$ im verwitterten Fels nachgewiesen werden.

## 6. Rückverankerte Trägerbohlwand mit Spritzbetonausfachung vor Bestandsbebauung

Für die Baugrubensicherung im Bereich von Haus 7B-F vor der angrenzenden Bestandsbebauung von Haus 2, mit einem max. Abstand zur Baugrube von ca. 4 m, wurde eine rückverankerte Trägerbohlwand mit Spritzbetonausfachung geplant und ausgeführt (siehe Abb. 9 und 10).

Abb. 9: Rückverankerte Trägerbohlwand mit Spritzbetonausfachung unmittelbar vor der Bestandsbebauung von Haus 2

- 53 Bohlträger
  - Abstand $\alpha_{Träger} = 2{,}0$ m
  - ][ 300 und Zugband
  - Baugrubentiefe $H = 7$ m bis 7,5 m
  - Einbindetiefe $t = 2{,}5$ m
  - Trägerlänge $L_{Träger} = 9{,}5$ m bis 10 m
  - Verrohrte Bohrung mit $D = 0{,}88$ m
  - ca. 500 Bohrmeter

Die Rückverankerung jedes einzelnen Bohlträgers wurde wiederum mittels vorgespannten Litzenankern ausgeführt.

- 125 Litzenanker
  - 2x bis 4x 0,6“, St 1570/1770
  - 1 bis 3 Ankerlagen
  - ca. 900 Bohrmeter
  - Ankerlänge $L_{Anker} = 10$ m bis 11 m
  - Länge Verpresskörper $L_{VK} = 5$ m
  - Durchmesser Verpresskörper $D_{VK} = 0{,}15$ m
  - Ankerneigung $\alpha = 20°$ bis 25°
  - Max. Ankerkräfte $A_d = 370$ kN

Die Vorspannkraft wurde in diesem Baugrubenbereich unmittelbar neben der setzungsempfindlichen Bestandsbebauung von Haus 2 zu 100 % der charakteristischen Ankerkraft gewählt und daher der erhöht aktive Erddruck mit dem Faktor $f = 0{,}5$ in der Bemessung angesetzt. Der horizontale Erddruck ergibt sich somit zu $(1 - f) * E_{ah} + f * E_{0h}$.
Da in diesem Bereich die Litzenanzahl $n$ optimiert werden sollte (anstatt einer vorgegebenen Annahme von $n = 4$ bei der der NW Ankerausfall entfallen kann), war gemäß EAB, EB 86 nachzuweisen, dass bei Ausfall einer Litze die restlichen Litzen ($n$-1) in der Lage sind, die Bemessungsankerkraft zu übernehmen, wobei als Bemessungssituation BS-A angesetzt werden darf.
Die Wahl der Spritzbetonausfachung ergab sich daraus, dass aufgrund des geringen Abstands zur Bestandsbebauung von Haus 2 ein vollflächiger Kraftschluss zwischen Ausfachung und anstehendem Boden hinter dem Baugrubenverbau gewährleistet werden musste, ohne dass signifikante Verformungen im Baugrund auftreten.

- Spritzbetonausfachung
  - C20/25 (Mindestanforderung nach ZTV-ING, da temporär)
  - Ausfachungsdicke $d_{SB} = 15$ cm bis 20 cm
  - Bewehrungsmatte Q257A bis Q636A
  - Entwässerungsöffnungen $d_{Drain} = 100$ mm

Der massive Bewehrungsgrad der Spritzbetonausfachung resultierte aus dem Ansatz der Dimensionierung der Spritzbetonschale über eine Biegebemessung (gemäß Prüfanmerkung), da unter alternativer Annahme einer Gewölbewirkung der Ausfachung der auftretende Horizontalschub unter Verwendung von Doppel-U-Profilen nicht ohne Zusatzmaßnahmen aufgenommen werden kann.

Abb. 10: Bestandsbebauung von Haus 2

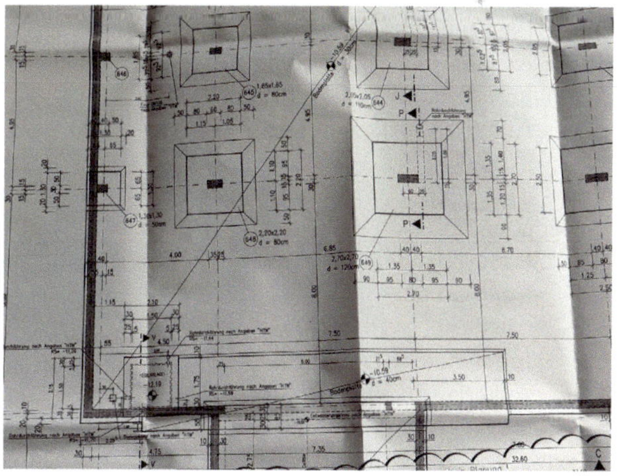

Abb. 11: Archivunterlagen zur Gründung der Bestandsbebauung von Haus 2

Die Informationen zur Gründung der Bestandsbebauung wurden über Akteneinsicht im Archiv des Bauherrn eingeholt (siehe Abb. 11), da noch keine digitalen Unterlagen vorlagen. Für die maßgebenden Einzelfundamente 647 & 648, die in Querrichtung zum Baugrubenverbau hintereinander liegen, wurde jeweils die begrenzte Flächenlast aus Stützenlast und Eigengewicht des jeweiligen Fundaments gemäß EAB, EB 3 unter Berücksichtigung eines Ausstrahlwinkels von 45° und dem Überschnitt der benachbarten Fundamente in eine entsprechende Ersatzstreifenlast auf den Baugrubenverbau umgerechnet. Es ergaben sich veränderliche Ersatzstreifenlasten in Höhe von $q_{k,F647}$ = 127 kN/m² und $q_{k,F648}$ = 187 kN/m². Die Neigung der Litzenanker resultierte aus den Anforderungen, dass der Verpresskörper mindestens 3 m unterhalb der Bestandsfundamente von Haus 2 liegen sollte und generell eine Mindestüberdeckung von 4 m aufzuweisen hat.

## 7. Monitoring der Verformungen des Baugrubenverbaus

Aufgrund des geringen Abstands zur Bestandsbebauung wurde der Baugrubenverbau messtechnisch überwacht, um die rechnerischen Verformungen mit den realen Verformungen während der Ausführung zu vergleichen. Die rechnerischen Wandverformungen beinhalten dabei die Trägerverformung und die Verformung aus der Bettung des Baugrunds im Bereich des Erdauflagers unterhalb der Baugrubensohle. Die Einbringung der Bohlträger und der Einbau der Ausfachung werden rechnerisch nicht berücksichtigt.

Das Monitoring wurde vom Vermesser insgesamt über einen Zeitraum von 6 Monaten durchgeführt, wobei die Vermessungsintervalle jeweils auf Basis der vorherigen Ergebnisse in Rücksprache mit der Dr. Spang GmbH als Tragwerksplaner angepasst wurden. Gemessen wurden horizontale und vertikale Verformungen der Trägerköpfe (und zusätzlich der Wand der Bestandsbebauung von Haus 2 über installierte Messbolzen). Die Messgenauigkeit des verwendeten Systems betrug ± 0,3 cm.

Der Fokus der hier vorliegenden Auswertung liegt exemplarisch auf den beiden folgenden Querschnitten:

- Schnitt XI-XI
  - Baugrubentiefe: 7,5 m
  - Ausfachung: Spritzbeton
  - Infrastruktur: 4 m Abstand zu Haus 2
  - Ankerlagen: 3
  - max. $u_{h,\text{Träger,Statik,XI}}$ = 1,2 cm
  - $u_{h,\text{Trägerkopf,Messung,XI}}$ = 0,5 cm bis 1,5 cm
- Schnitt VI-VI
  - Baugrubentiefe: 15,5 m und zusätzliche 2,5 m Kopfböschung
  - Ausfachung: Holz
  - Infrastruktur: Nutzfläche
  - Ankerlagen: 3
  - max. $u_{h,\text{Träger,Statik,VI}}$ = 3,8 cm
  - $u_{h,\text{Trägerkopf,Messung,VI}}$ = 0,5 cm bis 7,5 cm

Bei Schnitt XI-XI vor der Bestandsbebauung von Haus 2 zeigte sich während der Ausführung des Baugrubenverbaus, dass die tatsächlichen auftretenden Verformungen 0,5 cm ≤ $u_{h,\text{Trägerkopf,Messung,XI}}$ ≤ 1,5 cm zu den rechnerisch ermittelten maximalen Verformungen der Träger $u_{h,\text{Träger,Statik,XI}}$ = 1,2 cm passten.

Bei Schnitt VI-VI überstiegen die gemessenen Verformungen 0,5 cm ≤ $u_{h,\text{Trägerkopf,Messung,VI}}$ ≤ 7,5 cm gemäß Abb. 12 die rechnerischen ermittelten maximalen Verformungen der Träger $u_{h,\text{Träger,Statik,VI}}$ = 3,8 cm tlw. lokal im Bereich der zusätzlich installierten Spundbohlen-Gurtung, so dass zusätzliche Kontrollen aller Ankerköpfe in diesem Bereich angeordnet wurden, die bei weiterem Aushub danach aber keine Auffälligkeiten mehr zeigten.

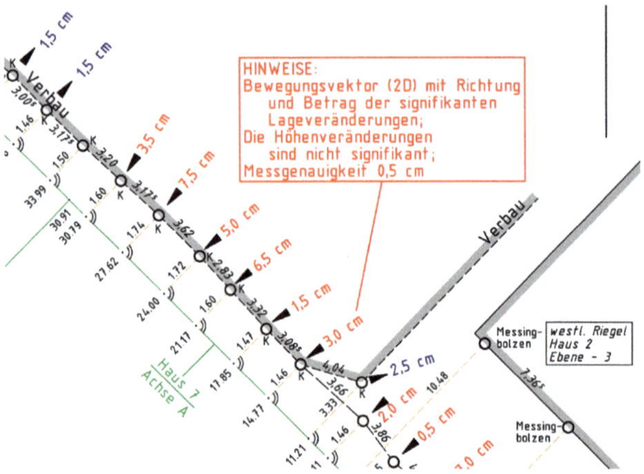


Abb. 12: Monitoring der Verformung, Schnitt VI-VI

## 8. Aufgelöste Bohrpfahlwand mit Spritzbetonausfachung mit Nutzung als spätere Tiefgründung

Im Bereich eines geplanten Medienkanals sollte der Baugrubenverbau von Haus 7B-F später auch dauerhaft als Auflagerung und Tiefgründung genutzt werden, so dass eine aufgelöste Bohrpfahlwand mit Spritzbetonausfachung geplant und ausgeführt wurde (siehe Abb. 13).

Abb. 13: Aufgelöste Bohrpfahlwand mit Spritzbeton

- 17 dauerhafte Bohrpfähle
  - Abstand $\alpha_{\text{Pfahl}}$ = 1,8 m
  - Baugrubentiefe $H$ = 5,5 m
  - Einbindetiefe $t$ = 6 m
  - Pfahllänge $L_{\text{Pfahl}}$ = 11,5 m
  - Pfahldurchmesser $D_{\text{Pfahl}}$ = 0,88 m
  - ca. 200 Bohrmeter
  - Expositionsklassen XC4, XF1, WF
  - C25/30

Die Einbindetiefe der Bohrpfähle von $t = 6$ m ergab sich dabei aus dem Vertikallastabtrag der Auflagerkräfte des Medienkanals in Höhe von $V_{g,k} = 638$ kN/Pfahl und $V_{q,k} = 456$ kN/Pfahl und aus der geotechnischen Randbedingung, dass die Felslinie mit Übergang vom Verwitterungslehm SU* zum verwitterten Fels in diesem Bereich der Baugrube stark abfällt.
Die Wahl der Spritzbetonausfachung resultierte aus baulogistische Randbedingungen, da im Vergleich zur Holzausfachung ein Rückbau beim Wiederverfüllen der Baugrube nicht erforderlich wird.

- Spritzbetonausfachung
  - C20/25
  - Ausfachungsdicke $d_{SB} = 10$ cm
  - Bewehrungsmatte Q188A (konstruktiv)
  - Entwässerungsöffnungen $d_{Drain} = 100$ mm

Der Bewehrungsgrad der Spritzbetonausfachung war in diesem Fall ausschließlich konstruktiv, da die Bohrpfähle den Gewölbeschub aufnehmen können und somit der Ansatz des Gewölbenachweises zur Bemessung der Ausfachung gerechtfertigt ist.
Die Längsbewehrung des Bohrpfahls (14x Ø 28 mm) berechnete sich aus dem maßgebenden Rissbreitennachweis für dauerhafte Bauteile mit einer Rissbreite von $w$=0,2 mm, wohingegen die Schubbewehrung über Wendel (Ø 10 mm mit Ganghöhe $s_w = 20$ cm) der Mindestbewehrung entspricht.

## 9. Bohrpfahlgründung Haus 7F und Schornsteintunnel

Als Besonderheit des Bauvorhabens sollte der Gebäudeteil 7F und der Schornsteintunnel im Südosten des Projektgebiets aufgrund der stark abfallenden Felslinie in diesem Bereich mittels Bohrpfählen tiefgegründet werden (siehe Abb. 14).

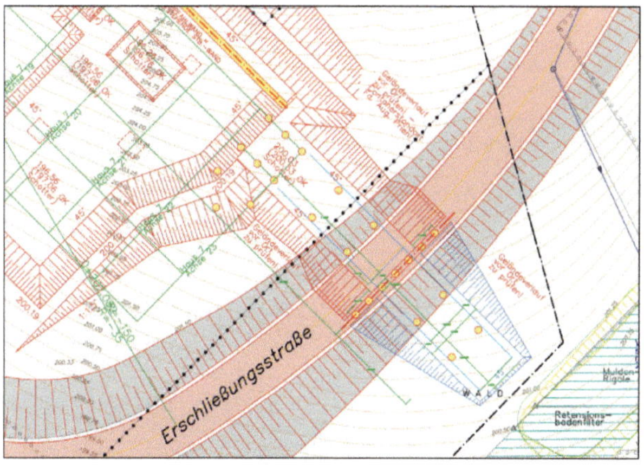


Abb. 14: Draufsicht Bohrpfahlgruppen Haus 7F und Schornsteintunnel und Verbaupfähle Baustraße

Alle übrigen Gebäudeteile wurden flachgegründet.
Es ergaben sich eine Bohrpfahlgruppe mit den Pfählen P1-P7 (siehe Abb. 15) und den Ergänzungspfählen EP1-EP2 für die Tiefgründung von Gebäudeteil 7F mit Pfahllängen von $L_{Pfahl} = 13$ m bis 16 m und eine Bohrpfahlgruppe mit den Pfählen KP1-KP10 für die Tiefgründung des Schornsteintunnels mit Pfahllängen von $L_{Pfahl} = 15$ m bis 20,5 m. Alle Bohrpfähle wurden mit einem Bohrpfahldurchmesser $D_{Pfahl} = 0{,}88$ m geplant und ausgeführt.

Abb. 15: Bohrpfahlgruppe P1-P7

Die Bemessung der Pfahlgruppe erfolgte iterativ mit dem Hochbauplaner des Gebäudeteils 7F und des Schornsteintunnels unter Berücksichtigung der Gruppenwirkung. Das bedeutet, es fand ein iterativer Austausch der Pfahllasten aus dem Federmodell des Hochbauplaners und der vertikalen Federsteifigkeiten aus der Last-Verformungskurve gemäß den Pfahlberechnungen der Dr. Spang GmbH statt.
Bezüglich der Pfahlberechnungen unter Berücksichtigung des Trag- und Verformungsverhaltens der Pfahlgruppe gemäß EAP ergaben sich folgende Anpassungen im Vergleich zum Einzelpfahl:

- Abminderung der äußeren vertikalen Tragfähigkeit aus Pfahlmantelreibung und Pfahlspitzendruck je Pfahltyp (Innenpfahl, Randpfahl, Eckpfahl) für die Pfahlgruppe P1-P7 und EP1-EP2 mit einem Verhältnis von Pfahlabstand zu Einbindetiefe von a/d = 0,39 über einen Gruppenfaktor von:
  - $G_{R,i,Innen} = 0{,}50\text{-}0{,}88$ (für $s$/D von 0,02-0,10)
  - $G_{R,i,Rand} = 0{,}62\text{-}0{,}88$ (für $s$/D von 0,02-0,10)
  - $G_{R,i,Eck} = 0{,}82\text{-}0{,}93$ (für $s$/D von 0,02-0,10)
- Aufgrund von $a/d = 1{,}05$ war bei der Pfahlgruppe KP1-KP keine Abminderung der vertikalen Pfahltragfähigkeit vorzunehmen.
- Abminderung der horizontalen Bettung in Abhängigkeit des Pfahlabstand in und quer zur Belastungsrichtung, der Lage des Pfahls innerhalb der Pfahlgruppe

und dem Verhältnis zwischen Pfahlabstand zu Pfahldurchmesser über einen Gruppenfaktor von $\alpha_i^{1,33}$ = 0,78 bis 0,92.

- Erhöhung der Setzungen über einen Gruppenfaktor von $G_s$ = 2,8 für die Pfahlgruppe P1-P7 und EP1-EP2 und über einen Gruppenfaktor von $G_s$ = 1,5 für die Pfahlgruppe KP1-KP10. Die maximale Setzung eines Einzelpfahls beträgt unter den hier vorliegenden geometrischen und geotechnischen Randbedingungen und Einwirkungen maximal $s_{E,max}$ = 0,7 cm.

Da auch während der Herstellung des Schornsteintunnels bauzeitlich die Zufahrt zur Gesamtbaugrube von Haus 7B-F jederzeit gewährleistet werden musste, war zusätzlich noch ein Baugrubenverbau mittels Bohrpfählen herzustellen. Dieser Baugrubenverbau ermöglichte es den Baustellenverkehr erst neben der Baugrube für den ersten und zweiten Bauabschnitt des Schornsteintunnel herzuführen, bevor der Baustellenverkehr im dritten Bauabschnitt dann über den bereits hergestellten Schornsteintunnel führte. Für den Baugrubenverbau wurden zwei Bohrpfähle der Tiefgründung des Schornsteintunnels genutzt und vier zusätzliche Bohrpfähle mit Längen von 20,5 m geplant und ausgeführt.

# Gründungssanierung der ältesten genutzten Kirche von Frankfurt am Main

**Prof. Dr.-Ing. Wolfgang Krajewski**
ö.b.u.v. Sachverständiger sowie Prüfsachverständiger für Geotechnik Darmstadt/Rossdorf
Hochschule Darmstadt (University of Applied Sciences)

**Zusammenfassung**
Das Projekt ist durch außergewöhnliche Randbedingungen geprägt. In etwa den Jahren 2000 bis 2010 war die denkmalgeschützte Kirche innen und außen saniert worden, ohne dass jedoch die Ursache für die vorhandenen erheblichen Risseschäden und Bauwerksschiefstellungen bis 1:50 untersucht oder gar beseitigt wurden. Erst anschließend wurden geotechnische Untersuchungen veranlasst. Aufgrund weiterer Widerstände konnten diese erst nach ca. 10 Jahren zum Abschluss gebracht werden. Es stellte sich heraus, dass bei der Kirchenerweiterung im 15. Jahrhundert eine Fehlgründung der nördlichen Außenwand in Weichböden/Friedhofserde vorgenommen worden ist. Um weitere Schäden und insbesondere einen Kollaps des Bauwerks zu vermeiden, wurde die Gründung mit dem Düsenstrahlverfahren ertüchtigt. Die zulässigen Verformungen des Bauwerks infolge dieser Maßnahme wurden auf ± 2 mm begrenzt. Die Ertüchtigung der Kirchengründung war erfolgreich und dürfte die Standsicherheit des Kirchengebäudes für weitere Jahrhunderte sicherstellen.

## 1. Einführung

Die Kirche St. Leonhardt ist die älteste noch genutzte Kirche von Frankfurt/Main. Sie ist eines der bedeutendsten Kulturdenkmale der Stadt. Im Jahr 1219 schenkte Kaiser Friedrich II aus seinem Besitz das Grundstück an der Buchgasse den Frankfurtern Bürgern, damit dort eine Kirche gebaut werden konnte. Inzwischen ist die Kirche über 800 Jahre alt. Die Kirche hatte bis weit über das Mittelalter hinaus eine wichtige Funktion als Zwischenstation und Pilgerkirche auf zwei bedeutenden Wallfahrtspfaden. Der eine war der besonders zur Zeit der Kreuzzüge und der Errichtung der Kirche wichtige Weg nach Jerusalem, der andere der historische Jakobsweg, ein Pilgerpfad, der über die Grabeskirche des Kirchenpatrones im französischen Saint-Léonard-de-Noblat nach Santiago de Compostela führt. Sichtbares Zeichen dieser Funktion ist das Tympanon des romanischen Pilgertores aus dem Jahr 1220.

Abb. 1: St. Leonardskirche, Blick vom Main
(Quelle: Mylius SA 3.0)

Abb. 2: Chor der Kirche (eigene Aufnahme)

In den vergangenen 25 Jahren wurde die Kirche zunächst außen und anschließend innen saniert. Das Augenmerk dieser Arbeiten lag in den Bereichen Architektur, Archäologie und Denkmalschutz. Es wurde dabei zunächst nicht erkannt, dass die Ursache für wesentliche Bauwerksschäden im Gründungsbereich liegen. Erst nachdem im Zuge der Innensanierung weitere Risseschäden auftraten, erfolgte eine geotechnische Untersuchung. Diese zeigte, dass der nördliche Teil der Kirche auf Weichböden abgesetzt wurde und nicht standsicher ist. Es erfolgte daraufhin eine Gründungssanierung mit dem Düsenstrahlverfahren.

## 2. Bauwerk und Historie

Die Kirche St. Leonhardt steht in der Innenstadt von Frankfurt am Main im ehemaligen Viertel der Buchhändler (Abb. 1). Der romanische Gründungsbau wurde als dreischiffige Basilika mit rechteckigem Chor und zwei Türmen gestaltet. In der ersten Hälfte des 15. Jahrhunderts wurde der Chor durch einen längeren dreiseitig geschlossenen Chor ersetzt, der in seiner Bausubstanz bis heute nahezu unverändert erhalten ist (Abb. 2). Um 1500 wurde das Langhaus grundlegend umgebaut. Es wurden zwei Seitenschiffe ergänzt. Der um 1520 vorhandene Bestand ist größtenteils erhalten und bestimmt den Gesamteindruck bis heute. Die Abb. 3 zeigt einen Grundriss der heutigen Kirche. Architektonisch herausragend sind die filigranen Gewölbekonstruktionen und insbesondere das „luftige" Hängegewölbe im nördlichen Anbau der Salvatorkapelle (Abb. 4). Im Jahr 1807 wurde die Kirche umfassend renoviert. Da die Kirche im Überflutungsgebiet des Mains liegt und es in der Vergangenheit immer wieder zur Überflutung der Kirche kam, wurde der Fußboden bei dieser Gelegenheit um ca. 0,9 m angehoben.

Im Zuge der seit etwa 2010 laufenden aktuellen Innensanierung wurden archäologische Grabungen durchgeführt. Das ursprüngliche tiefere Fußbodenniveau der Kirche wurde wieder hergestellt, was Maßnahmen zum Hochwasserschutz erforderte. Ferner wurden haustechnische Anlagen eingebaut. Die Bauwerkspfeiler wurden teilweise bis unter das Gründungsniveau freigelegt (Abb. 5). Untersuchungen zur verbleibenden Standsicherheit und zu den resultierenden Setzungen wurden nicht durchgeführt.

In der Folge entwickelten sich zu den bereits historisch aufgetretenen Rissen weitere Schäden. Das Bauwerk wurde daraufhin vermessen. Der Großteil der Kirche war unauffällig. Für den nördlichen Teil der Kirche, der in der Abb. 3 farblich markiert ist, wurden jedoch hohe Formänderungen festgestellt. Der Fußboden der Empore hatte sich auf der Nordseite ungleichmäßig um bis zu 15 cm abgesenkt. Die Fassade war auf ca. 10 m Höhe um bis zu 18 cm aus dem Lot verkippt, was einer Schiefstellung von etwa 1:50 entspricht (Abb. 6). Ursache war offensichtlich eine Absenkung und Verkippung der nördlichen Kirchenfundamente.

## 3. Baugrund und Gründung

Der großräumige Baugrundaufbau ist aus zahlreichen Baumaßnahmen im Umfeld der Frankfurter Innenstadt detailliert aufgeschlossen. Danach stehen oberflächennah jungzeitliche künstliche Auffüllungen mit einer Schichtmächtigkeit von mehreren Metern an. Darunter folgen quartäre Bodenbildungen des Mains und seiner Nebengewässer, die i. A. bis in Tiefen zwischen 6 m und 8 m reichen. Es handelt sich um sogenannte Hochflutlehme über Sanden und Kiesen. Unter den quartären Deckschichten folgen Tone, Schluffe und Sande der tertiären Wechselfolge der Hydrobienschichten (Frankfurter Ton) in welche nicht horizontbeständig Kalk- und Dolomitsteinbänke eingeschaltet sind. Ab einem Niveau von ca. 30 m unter Gelände werden die Hydrobienschichten i. A. von den felsartigen Inflaten- und Cerithienschichten (Frankfurter Kalke) unterlagert.

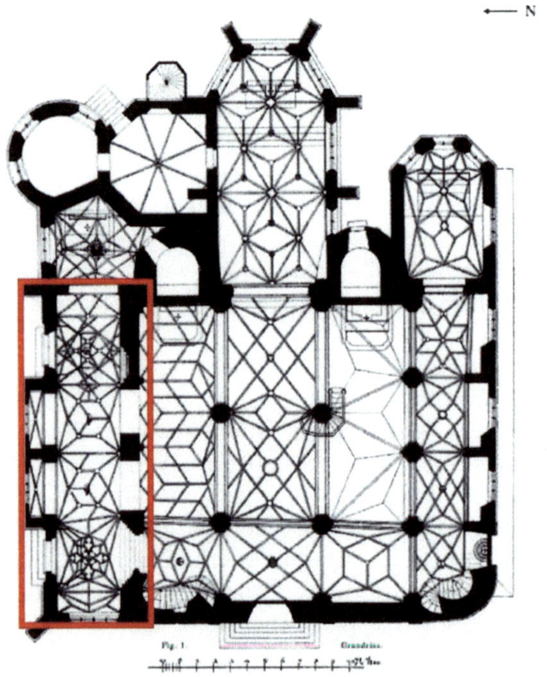


Abb. 3: Grundriss der Kirche

Abb. 4: Hängegewölbe der Salvatorkapelle (Quelle: BfB Karlsruhe)

Abb. 5: Im Zuge der Innensanierung frei gelegte Pfeilerfundamente

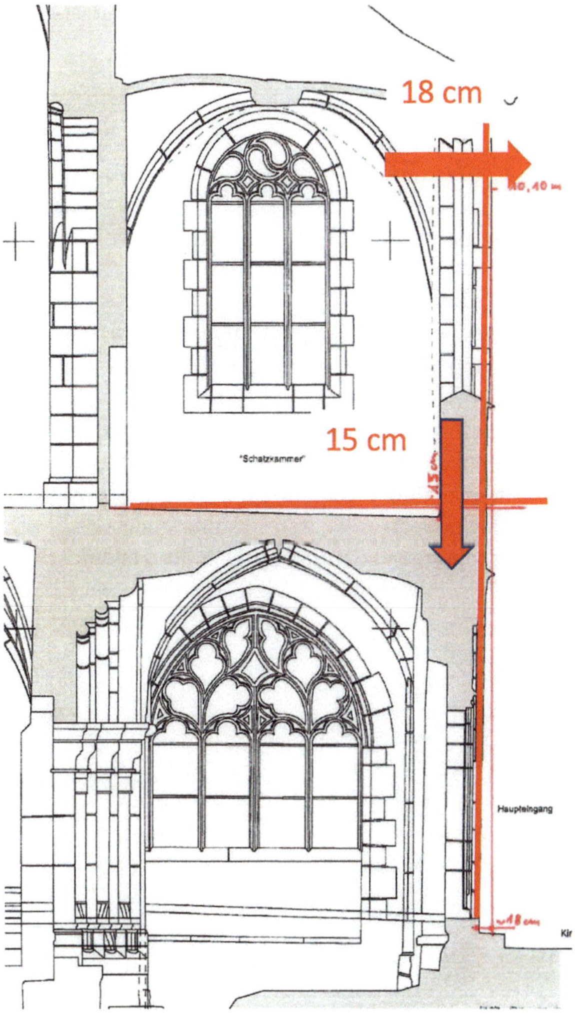


Abb. 6: Formänderungen Nordfassade

Zur Gründungstiefe lagen zu Beginn der Arbeiten lediglich einzelne Informationen vor. Diese ließen vermuten, dass der verkippte nördliche Anbau der Kirche in Friedhofserde und weichplastischen Hochflutlehmen abgesetzt ist. Auch für die Hauptkirche war zunächst aufgrund der vorliegenden spärlichen Aufschlüsse davon auszugehen, dass deren Tragpfeiler nicht in standfestem Baugrund gegründet sind. In dieser Phase war zunächst angedacht, die Kirchenfundamente mit Kleinbohrpfählen zu unterfangen, wobei in die Kopfplatte hydraulische Pressen integriert werden sollten mit welchen etwaige ungleichmäßige Setzungen ausgeglichen werden konnten (Abb. 7).

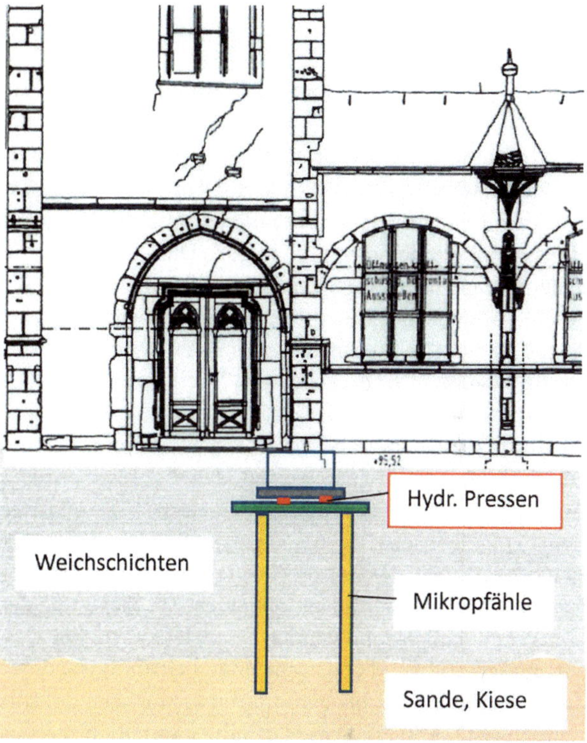


Abb. 7: Sanierungsvariante Unterfangung mit Kleinbohrpfählen und hydraulischen Pressen.

Da absehbar wurde, dass zur Sanierung erhebliche Kosten und große Eingriffe in die Bausubstanz erforderlich werden, führte dies zu einem Umdenken bei den Beteiligten. Endlich wurden die Baugrund- und Gründungsverhältnisse systematisch untersucht. Es wurden Bohrungen, Sondierungen und eine archäologisch betreute Grabung vorgenommen. Diese Aufschlüsse zeigten, dass die Hauptkirche, entgegen der ursprünglichen Annahme auf den gut tragfähigen quartären Sanden und Kiesen gegründet ist. Für die nördliche Außenwand wurden allerdings problematische Gründungsverhältnisse erkundet. Zwischen der Hauptkirche und der nördlichen Außenwand stehen bis unter das Gründungsniveau der Außenwand locker gelagerte bis weichplastische Böden in Form von Friedhofserde an. In diesen Böden wurden mehrere Skelette vorgefunden, die für die weiteren Arbeiten umgebettet wurden (siehe Abb. 8).

Abb. 8: Gründungsboden mit Skelettfunden.

Die Gründungssituation ist aus der Baugeschichte der Kirche zu verstehen. Ursprünglich bestand im Norden der Kirche lediglich eine leichte Vorhalle (möglicher Weise ein Holzbau als Wetterschutz für Pilger). Diese Halle wurde in der romanischen Periode mit einer niedrigen Mauer abgeschlossen, die in den anstehenden Weichböden abgesetzt wurde (siehe Abb. 9). Im 16. Jahrhundert wurde die Kirche im Norden um die in der Abb. 7 sichtbaren Gewölbekonstruktionen mit zwei neuen Stockwerken erhöht. Hierzu wurde die romanische Mauer um Pfeiler ergänzt, die allerdings ebenfalls in den Weichböden abgesetzt wurden. Das Rammprofil in der Abb. 10 verdeutlicht die ungünstigen Trageigenschaften des Baugrundes. Bereits in der Bauzeit verkippte dementsprechend die Konstruktion. Der Baumeister wurde gerügt und entlassen. Zur Sicherung der nördlichen Außenwand wurden Stützpfeiler errichtet, die vermutlich aufgrund des anstehenden Grundwassers jedoch ebenfalls nicht bis zum tragfähigen Boden geführt wurden (vgl. Abb. 9). Diese Gründungssituation war bis zu den aktuellen Sanierungsarbeiten gegeben. Sie führte zu den beschriebenen Verkippungen der Außenwand.

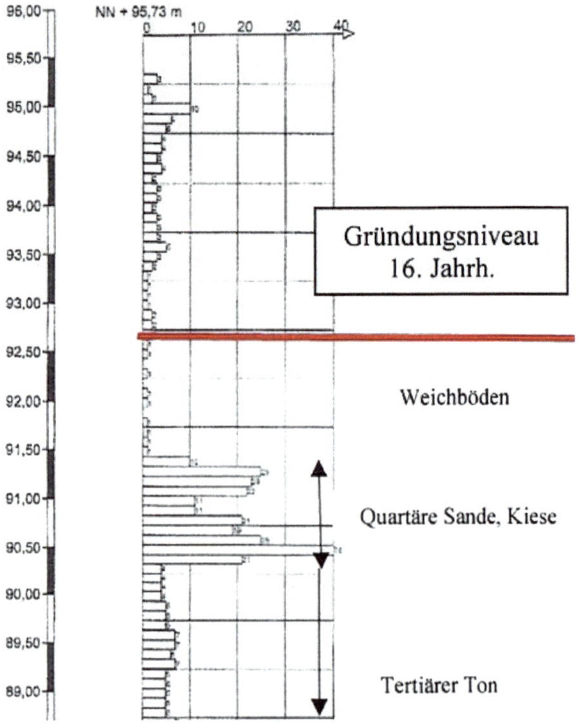


Abb. 10: Rammprofil (DPH) im Gründungsboden

## 4. Risikobewertung

Die Untersuchung der Gründungssituation zeigt, dass die Verkippungen der nördlichen Außenwand auf eine unsachgemäße Gründung des Baus zurückzuführen ist. Die Situation ist seit ca. 500 Jahren gegeben, ohne dass es zu einem globalen Tragwerksversagen infolge der Fundamentbewegungen gekommen wäre. Allerdings führen die Verformungen und daraus resultierenden Tragwerksbeanspruchungen auch im Bereich der Hauptkirche zu neuen Rissbildungen (Vgl. Abb. 11). Diese neuen Schä-

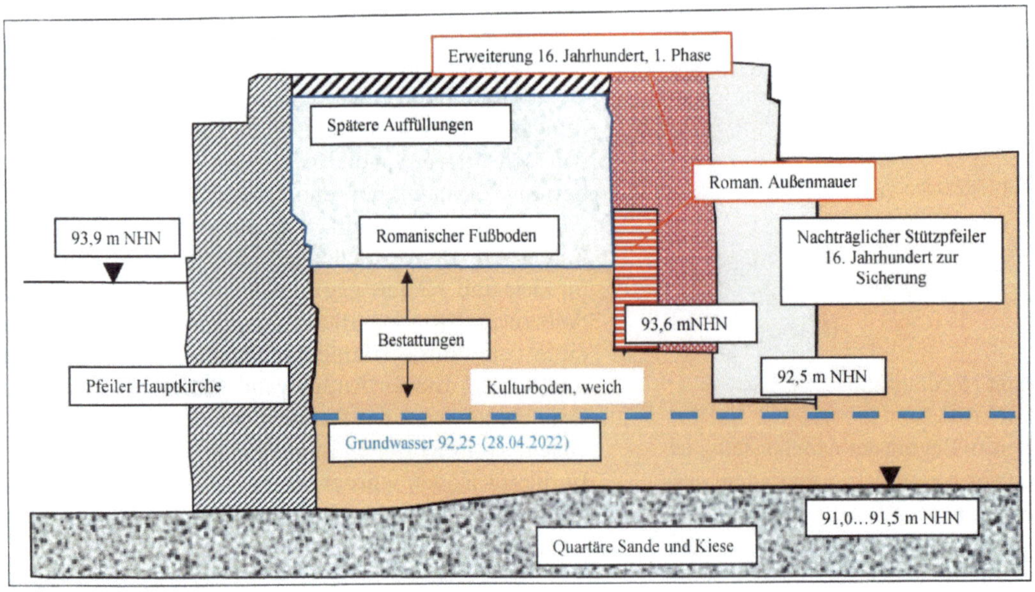


Abb. 9: Gründungssituation nördliche Außenwand.

den traten nicht kontinuierlich im Laufe der Zeit, sondern in erster Linie nach Hochwasserereignissen mehr oder weniger sprungartig auf. In diesem Zusammenhang war zu beachten, dass sich die Kirche im Hochwasserüberschwemmungsgebiet des Mains befindet (Abb. 12). Die Auswirkungen auf die Standsicherheit wurden vom Tragwerksplaner mit einem räumlichen Rechenmodell untersucht. Die Wände und Pfeiler wurden mit Scheibenelementen, die Gewölbe über dem Erd- und dem Obergeschoss als Stäbe in den Rippenachsen modelliert (siehe Abb. 13). Die Auswertung der Ergebnisse des Rechenmodells ergab, dass das Mauerwerk der südlichen Innenpfeiler und der nördlichen Außenwand mit ihren nachträglich vorgestellten Streben sowie der Gewölbe des Erd- und Obergeschosses ausreichend tragfähig sind, um die Belastungen aus Eigengewicht und Verkehrslasten aufzunehmen. Die Innenpfeiler zwischen dem Hallenraum und nördlichen Außenschiff erhalten jedoch von Süden her aus den nördlichen Gewölben des Hallenraums vertikale und horizontale Lasten, die eine unverträgliche Exzentrizität der Innenpfeiler bewirken.

Abb. 11: Neuere Rissbildungen im Inneren der Kirche

Abb. 12: St. Leonardskirche bei Mainhochwasser (Quelle: Stadt Frankfurt, ABI)

Die Notwendigkeit einer Sanierung wurde intensiv über mehrere Jahre diskutiert. Wesentlich für die Bewertung war die Tatsache, dass es sich bei der Kirche um eine Versammlungsstätte handelt, die nach Bauordnungsrecht zu bewerten ist. Als besonders kritisch wurde in diesem Zusammenhang bewertet, dass sich der Grenzzustand der Gebrauchstauglichkeit gemäß Eurocode 7, Abschnitt 6 für den Fall des Tragwerksversagens infolge Fundamentbewegung nicht führen ließ und insbesondere nach Hochwasserereignissen ein schlagartiges Versagen der Konstruktion mit entsprechender Gefährdung der Kirchenbesucher nicht ausgeschlossen werden konnte.
In Abwägung der Risiken für die Öffentlichkeit wurde daraufhin trotz Widerstand durch den Denkmalschutz und Finanzcontrolling entschieden, die Gründung der Kirche zu ertüchtigen. Hierzu wurden unterschiedliche Sanierungsvarianten entwickelt und hinsichtlich Ausführungsrisiken, Kosten sowie Aspekten des Denkmalschutzes bewertet. Im Ergebnis wurde entschieden, im Bereich der unzureichend gegründeten Bauwerksteile mit dem Düsenstrahlverfahren eine Bodenverbesserung auszuführen und den Kirchenanbau entsprechend nachzugründen.

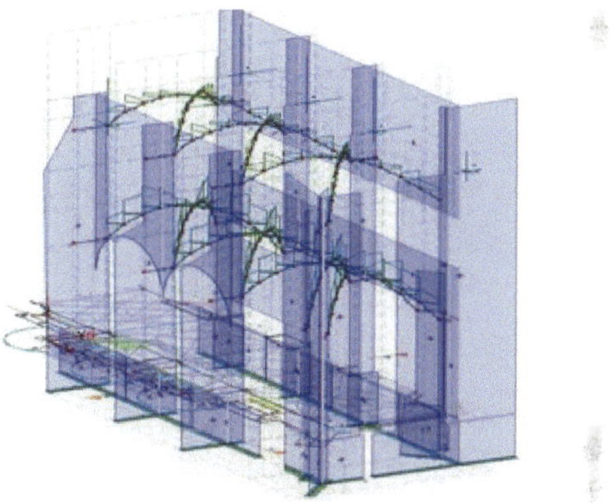

Abb. 13: Statisches Tragmodell der Kirche, Nordteil (Quelle: BfB Karlsruhe)

## 5. Bodenverbesserung mit dem Düsenstrahlverfahren (DSV)

Das betroffene Mauerwerk ist, wie erläutert, in mehreren Bauphasen zusammengefügt worden. Ein kraftschlüssiger Verbund war in größeren Abschnitten nicht gegeben (Abb. 15). Da mit der Bodenverbesserung und den einhergehenden (kleinen) Verformungen Lastumlagerungen im Tragwerk möglich waren, konnten schädliche weitere Auflockerungen des Mauerwerksverbundes nicht ausgeschlossen werden. Aus diesem Grund wurde das betroffene Mauerwerk zunächst vernadelt und verdolt. Hierzu wurden u. a. Injektionsmaueranker gesetzt.

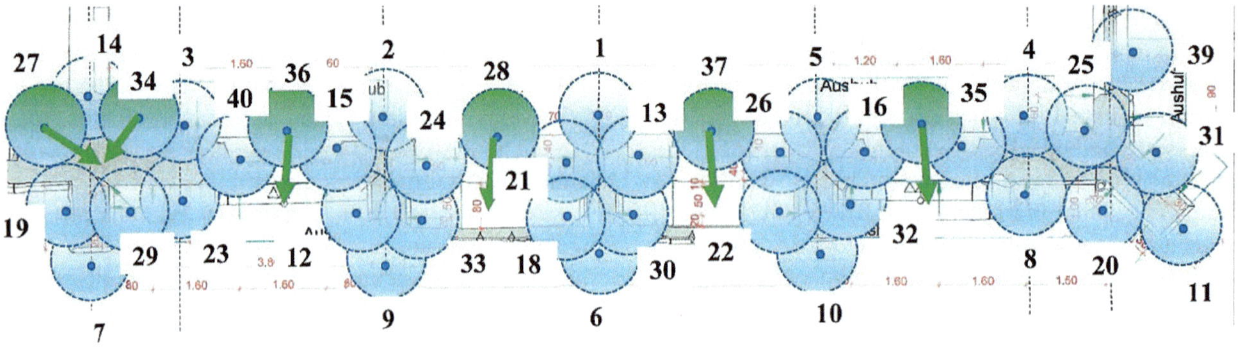


Abb. 14: Reihenfolge der Herstellung der DSV- Säulen

Die anschließenden Arbeiten zur Verbesserung des Gründungsbodens erfolgten gemäß DIN EN 12716 (Düsenstrahlverfahren). Zu Beginn der Sicherungsarbeiten wurden zwei Probesäulen mit unterschiedlichen Düsparametern ausgeführt. Angestrebt wurden DSV- Säulen mit einem Durchmesser von 1,0 m bzw. 1,4 m. Der erreichte Durchmesser wurde mit akustischen Tastmessungen geprüft und mit den gewählten Ausführungsparametern bestätigt.

Abb. 15 Aufgelockertes Mauerwerk

Für die anschließende Ausführung der DSV- Säulen unter dem Bestandsbauwerk wurden der auszuführende Säulendurchmesser sowie die Reihenfolge der Säulenherstellung sorgfältig zwischen der ausführenden Firma und den Planern abgestimmt. Im Grundsatz wurde festgelegt, dass der Flächenanteil der noch nicht erhärteten „Frischsäule" i. A. < 15 %, maximal 20 % der jeweiligen Fundamentfläche betragen durfte. Eine Nachbarsäule durfte erst nach Ansteifen der zunächst ausgeführten Säule hergestellt werden. Die erforderliche Warte- bzw. Erhärtungszeit wurde zu mindestens 24 h festgelegt. Um das Setzungsrisiko zu minimieren wurden an kritischen Stellen lediglich kleine Säulen mit einem planmäßigen Durchmesser von ca. 1,0 m ausgeführt. Außerhalb setzungskritischer Zonen betrug der planmäßige Durchmesser der DSV- Säulen 1,4 m. Die ausgeführte Reihenfolge der Ausführung ist im Plan der Abb. 14 angegeben. Um Schäden am denkmalgeschützten Bauwerk infolge der DSV- Maßnahme zu vermeiden, waren die zulässigen Vertikalverschiebungen auf ± 2 mm begrenzt worden. Die tatsächlichen Verformungen wurden mit einer elektronischen Schlauchwaage gemessen (vgl. Abb. 16). Im Zusammenhang mit dem Messprogramm wurde ein Alarm- und Handlungsplan aufgestellt. Die Verformungsvorgaben wurden jedoch stets eingehalten, so dass sich kein Handlungsbedarf ergab.

Abb. 16: Elektronische Schlauchwaage zur Überwachung der Bauwerkssetzungen

Abb. 17: Arbeitssituation im Inneren der Kirche

Das Kirchenbauwerk musste während der Bauarbeiten gegen Beschädigung und Verschmutzung geschützt werden. Hierzu wurden das Arbeitsfeld im Kircheninneren eingehaust und die Außenwände mit Folien abgehängt, wodurch sich erschwerte Arbeitsbedingungen ergaben (Abb. 17).

**6. Schlussbemerkung**

Die Sicherung der historischen Kirche mit einer Bodenverbesserung nach dem DSV-Verfahren ist sowohl technisch als auch wirtschaftlich planmäßig abgelaufen. Die Bedenken der Denkmalbehörde konnten vollständig ausgeräumt werden. Die Lösung dürfte auch für weitere historische Bauwerke im Rhein-Main-Gebiet mit ähnlichen Fragestellungen beispielgebend sein. Als ausgesprochen schwierig und aus fachlicher Sicht wenig nachvollziehbar war die Tatsache, dass die Ursachenfindung für die Bauwerksschäden und die dafür erforderlichen Baugrunduntersuchungen erst zu einem sehr späten Zeitpunkt und gegen erhebliche Widerstände angegangen wurden.

# Baugrundverformungen infolge großflächiger Grundwasserentspannungen im Frankfurter Ton – Erkenntnisse aus Langzeitmessungen im Zuge des Bauvorhabens U5

**Dr.-Ing. Heiko Huber**
CDM Smith SE, Bickenbach

**Dr.-Ing. Hendrik Ramm**
CDM Smith SE, Bickenbach

**Dipl.-Ing. Sven Kirchner**
SBEV – Stadtbahn Entwicklung und Verkehrsinfrastrukturprojekte Frankfurt GmbH, Frankfurt am Main

**Zusammenfassung**
Der Stadtteil Europaviertel in Frankfurt am Main soll mittels schienengebundenem ÖPNV unter der Bezeichnung „Stadtbahnstrecke B, TA3 Europaviertel“ erschlossen werden. Hierzu realisiert die SBEV den Bau der Verlängerung der U-Bahnlinie U5 im Europaviertel in Frankfurt am Main mittels Tunnelvortriebsmaschine.
Im Zeitraum zwischen Januar 2019 und Juli 2024 erfolgte in diesem Zusammenhang eine Grundwasserentspannung für die Herstellung und den Betrieb der Startbaugrube. Seit Juni 2022 erfolgt zudem eine Grundwasserentspannung für die etwa 250 m östlich gelegene Station Güterplatz. Hierbei werden die druckwasserführenden Kalksteinbänke und Sandlagen des anstehenden Frankfurter Tons mittels Förderbrunnen und Entspannungslanzen entspannt.
Die eintretenden Verformungen des Baugrundes werden durch ein großräumiges und umfangreiches Monitoring, bestehend u. a. aus geodätischen Messpunkten, erfasst.
Es lassen sich Korrelationen zwischen der Grundwasserentspannung und den eingetretenen Baugrundverformungen feststellen. Weiterhin können anhand der Messergebnisse Rückschlüsse auf die Lage von zwei vermuteten geologischen Verwerfungen gezogen werden.

## 1. Bauvorhaben

Durch eine zweigleisige Verlängerung der bestehenden Stadtbahnlinie U5 soll unter der Bezeichnung „Stadtbahnstrecke B, TA3 Europaviertel“ der derzeit neu entstehende Stadtteil Europaviertel in Frankfurt am Main mittels schienengebundenem ÖPNV erschlossen werden.

Die geplante U-Bahnstrecke führt vom Platz der Republik (Anschluss an den Bestand) über den Güterplatz im Kreuzungsbereich Hohenstaufenstraße/Osloer Straße. Der anschließende Abschnitt erreicht in Höhe von Warschauer und Stockholmer Straße die Mitte der Europa-Allee östlich der Emser Brücke (Boulevard Ost). Der Streckenverlauf ist in Abbildung 1 dargestellt.

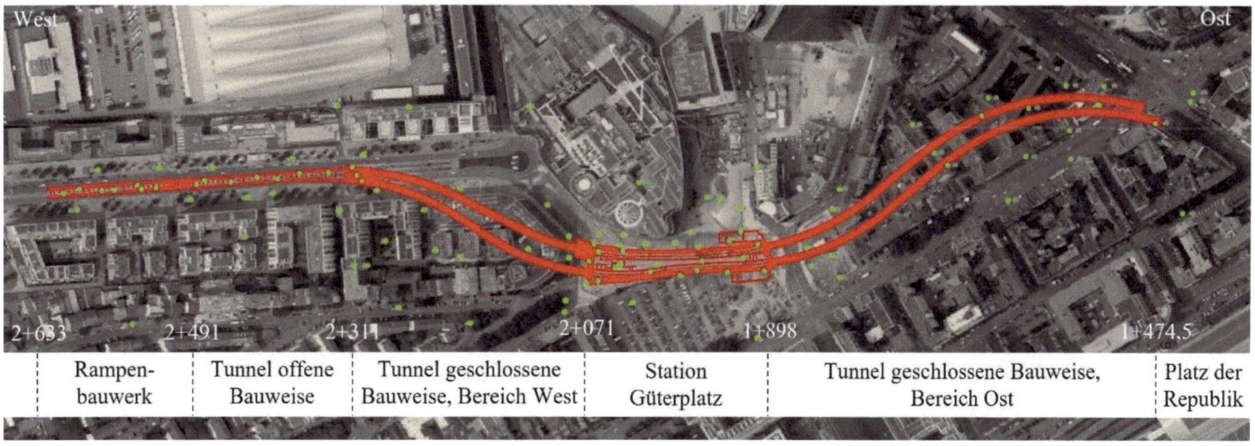


Abb. 1: Lageplan unterirdische Strecke

Die Tunnel im Bereich zwischen Station 1+474,5 und 2+311 wurden im Zeitraum zwischen August 2019 und Mai 2021 mittels Tunnelbohrmaschine von West nach Ost aufgefahren. Hierzu wurde eine Startbaugrube (Station 2+311 bis 2+389) hergestellt. Auswertungen zu Baugrundverformungen infolge Tunnelvortrieb werden in [1] gegeben.
Im Bereich zwischen Station 2+071 und 1+898 befindet sich die Station Güterplatz (St. GP). Die Baugrube der Station Güterplatz hat eine Länge von ca. 170 m und eine Breite von ca. 37 m. Die Gründungssohle der Baugrube liegt bei etwa 73,5 mNN und somit rund 23,5 m unter Geländeoberkante. Die Baugrube wird mit einer Schlitzwand (Dicke 1,2 m) gesichert, die in drei Lagen mittels Betonsteifen ausgesteift ist.

## 2. Baugrund- und Grundwasserverhältnisse

Gemäß der geologischen Karte Frankfurt am Main West stehen im Projektgebiet unterhalb der oberflächennahen Auffüllungen (Schicht 1) geringmächtige quartäre Deckschichten (Schicht 2) und quartäre San-de und Kiese (Schicht 3) bis etwa 6 m bis 8 m u. GOK an. Im Liegenden folgen tertiäre Schichten. Im Bereich der Station Güterplatz ist mit zwei Verwerfungen zu rechnen. Die genaue Lage dieser Verwerfungen war zu Beginn der Baumaßnahme nicht bekannt.
Auf Grundlage der durchgeführten Baugrunderkundungen und der Befunde an den freigelegten Baugrubenwänden stellt sich das Baugrundmodell wie folgt dar, siehe hierzu Abbildung 2: Östlich der Station Güterplatz sowie im östlichen und mittleren Stationsbereich treten unterhalb des Quartärs miozäne Hydrobienschichten („Frankfurter Ton“) auf. Die Schichtoberkante zeigt einen annähernd horizontalen bis schwach welligen Verlauf.

Der Frankfurter Ton besteht überwiegend aus Tonmergeln sowie vereinzelt aus reinen Tonen (Schicht 5b), die erfahrungsgemäß ausgeprägt plastisch (TA) vorliegen. In diesen Böden sind unregelmäßig und nicht horizontbeständig Hydrobiensande, Kalksande und Schneckensande (Schicht 5a) sowie Kalkstein- und Dolomitsteinbänke (Schicht 5c) eingeschaltet. Die Mächtigkeit der im Projektgebiet erkundeten Kalksteinbänke wurde vorrangig mit wenigen Dezimetern, vereinzelt bis rund 2 m erkundet.
Im westlichen Teil der Station Güterplatz finden sich unterhalb des Quartärs pliozäne Sande (Schicht 4a) und Schluffe (Schicht 4b). Die Oberfläche des miozänen Frankfurter Tons steht hier signifikant tiefer als im mittleren bzw. östlichen Baugrubenteil an. Der Versatz tritt innerhalb einer kurzen Distanz auf. Die Versatzhöhe beträgt etwa 15 m. Im weiteren Trassenverlauf nach Westen zeigt die Schichtoberfläche des Frankfurter Tons deutliche Ungleichmäßigkeiten.
Die Trasse durchfährt zwei Grundwasserstockwerke. In den quartären Sanden und Kiesen (Schicht 3) ist ein Porengrundwasserleiter ausgebildet, der im westlichen Bauabschnitt mit dem dort tief reichenden Pliozän (Schicht 4) hydraulisch in Kontakt steht.
Innerhalb der miozänen Schichtfolgen bilden die vorherrschenden Tone (Schicht 5b) Grundwassersperrschichten. Dagegen sind die eingeschalteten Sande (Schicht 5a) mäßig bis stark wasserführend. Die Kalksteine (Schicht 5c) bilden einen Kluftgrundwasserleiter, der sehr stark durchlässig vorliegen kann. Das Grundwasser in den wasserführenden Schichten des Frankfurter Tons steht gespannt an. Die Druckspiegel liegen etwa auf dem Niveau des freien Grundwassers in den Schichten 3 und 4.

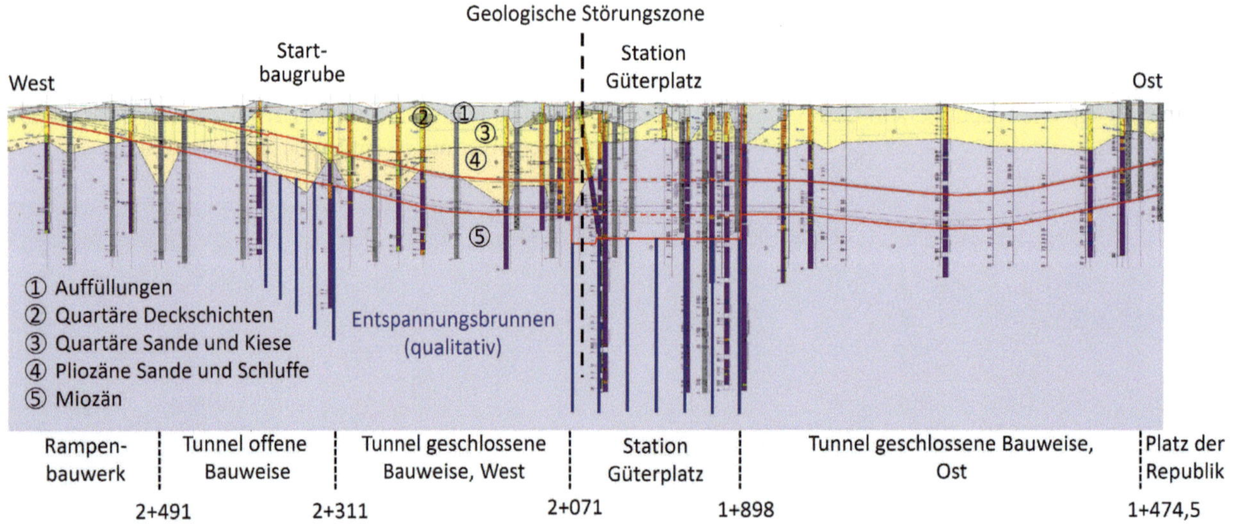


Abb. 2: Baugrundschnitt

## 3. Grundwasserentspannung

Im Bereich der Startbaugrube wurde im Zeitraum von Januar 2019 bis Juli 2024 eine Grundwasserentspannung betrieben. Zur Sicherung der Baugrubensohle gegen Auftrieb und hydraulischen Grundbruch wurden hierzu innerhalb der Baugrube vertikale Entspannungslanzen und mit Pumpen bestückte Entspannungsbrunnen bis in Tiefen von 54,5 mNN hergestellt (Abb. 2).

Ergänzend erfolgte im Juni 2022 die Inbetriebnahme der Entspannungswasserhaltung für die Baugrube der Station Güterplatz. Hierzu wurden in der Längsachse der Baugrube insgesamt 18 Entspannungsbrunnen mit einem Ausbaudurchmesser DN 300 und einer Tiefe von rund 55 m hergestellt (Abb. 2). Die Entspannungslanzen der Station Güterplatz wurden umlaufend vor der Baugrubenumschließung im Abstand von 4 m zueinander innerhalb der Baugrube hergestellt. Die Tiefe der rund 110 Entspannungslanzen (Ausbaudurchmesser DN 50) beträgt etwa 55 m.

Die Höhe der Entspannung wurde mit fortlaufendem Baugrubenaushub sukzessive angepasst und die maximale Absenkung des Grundwasserdruckniveaus im Juni 2024 erreicht. Die maximale Förderrate betrug im Oktober 2024 etwa 850 m³/d.

Mit voranschreitendem Ausbauzustand wird die Grundwasserentspannung auf das jeweils nötigste Maß reduziert. So wurde im November 2024 das Absenkziel auf etwa 74,5 mNN reduziert. Die Wasserhaltung wird voraussichtlich noch bis in das Jahr 2027 betrieben.

Mit den Entspannungsbrunnen und -lanzen wird ein Entspannen der druckwasserführenden Schichten (Kalksteinbänke, Sandlagen) innerhalb des miozänen Tons erzielt.

Im Nahbereich der Startbaugrube, der Station Güterplatz sowie in einem großflächigen Umfeld um das Tunnelbauprojekt werden die Grundwasserstände u. a. mittels Porenwasserdruckgebern gemessen. Nachfolgende Abbildung 3 zeigt den Isolinienplan der Grundwasserentspannung vom April 2021 im Bereich der Startbaugrube [3] vor der Inbetriebnahme der Entspannungswasserhaltung an der Station Güterplatz.

Demnach lässt sich eine räumliche Abgrenzung des Einflussbereichs der Entspannungswasserhaltungsmaßnahmen erkennen: Im Westen des Blattausschnittes zeigen sich annähernd kreisförmige Isolinien um die Startbaugrube. Östlich der Startbaugrube zeigen sich von Nord-West nach Süd-Ost verlaufende Isolinien mit Höhen von 84,0 mNN bis 92,0 mNN, die annähernd direkt aufeinander liegen. Sie verdeutlichen die Lage und den Einfluss der Verwerfung, die im Westen der Station Güterplatz sowohl mittels Bohrungen als auch im Zuge des Baugrubenaushubs erkundet wurde.

Die Startbaugrube liegt westlich der Verwerfung. Der Betrieb der Entspannungswasserhaltung in der Startbaugrube beeinflusst gemäß Abbildung 3 den Druckwasserspiegel in dem östlich der Verwerfung vorhandenen Frankfurter Ton nicht.

## 4. Verformungsmessungen

In Folge der Grundwasserentspannungen für die beiden Baugruben sowie der Tunnelbauaktivitäten ist im Projektgebiet mit Baugrundverformungen zu rechnen. Entsprechend wird ein umfangreiches Monitoring betrieben. Hierbei wurden u. a. an rund 700 geodätischen Messpunkten, die mitunter in über 100 Messquerschnitten im Nahbereich der Startbaugrube, an Gebäuden im Umfeld der Baumaßnahme und an Straßenbahnschienen angeordnet sind, die Verformungen in regelmäßigen Abständen erfasst.

Für die nachfolgenden Bewertungen ausgewählter Verformungsmessungen an Gebäuden im Umfeld der Station Güterplatz wurden die erfassten Verformungen mit Beginn der Entspannungswasserhaltung der Station Güterplatz zu null gesetzt. Einflüsse aus vorlaufenden Bauaktivitäten können somit annähernd ausgeschlossen werden. Innerhalb der Baugrube der Station Güterplatz wurden mittels Extensometern Hebungen im Bereich zwischen 24 mm und 107 mm festgestellt. Auf der Schlitzwand zeigten sich deutlich geringere Hebungen von 0 mm bis 15 mm. Bereits wenige Meter außerhalb der Baugrubenumschließung überlagern die Setzungen der Grundwasserentspannung die Hebungen der Aushubentlastung. So

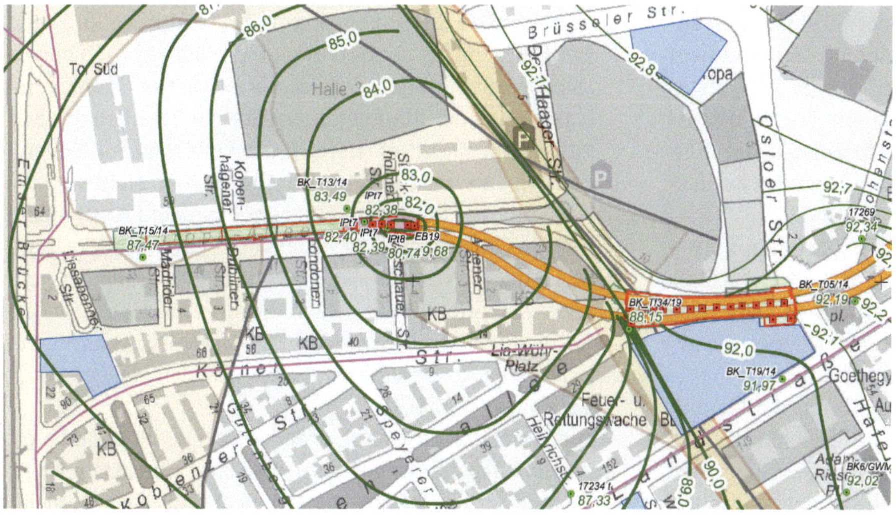


Abb. 3: Isolinienplan Grundwasserentspannung im Bereich Startbaugrube, April 2021 [3]

zeigt beispielsweise der Messquerschnitt QB18, der von Nord nach Süd in etwa durch die Baugrubenmitte verläuft, maximale Hebungen auf der nördlichen und südlichen Schlitzwandseite von 15 mm. In einem Abstand von etwa 5 m bzw. etwa 16 m wurden maximale Setzungen von 21 mm bzw. 34 mm erfasst. Es lässt sich zusammenfasen, dass die Hebungen der Aushubentlastung nur einen geringen räumlichen Einflussbereich aufweisen.

### 4.1 Verformungen im nord-östlichen Umfeld der Station Güterplatz

Etwa 20 m nördlich der Station Güterplatz befindet sich das rund 180 m hohe Wohnhochhaus Grand Tower. Der Grand Tower wurde auf einer Kombinierten Pfahl-Plattengründung mit Pfahllängen von bis zu 45 m gegründet. Etwa 30 m nord-östlich der Station Güterplatz befindet sich das Bürogebäude Osloer Straße 2, das derzeit von der Sparda-Bank Hessen genutzt wird. Das Gebäude hat sechs Obergeschosse und ist vermutlich flach gegründet. Genaue Angaben hierzu liegen nicht vor.

Infolge der Grundwasserentspannung der Station Güterplatz zeigen sich im Bereich des Grand Tower maximale Setzungen von etwa 31 mm bis 34 mm im Oktober 2024, siehe Abbildung 4.

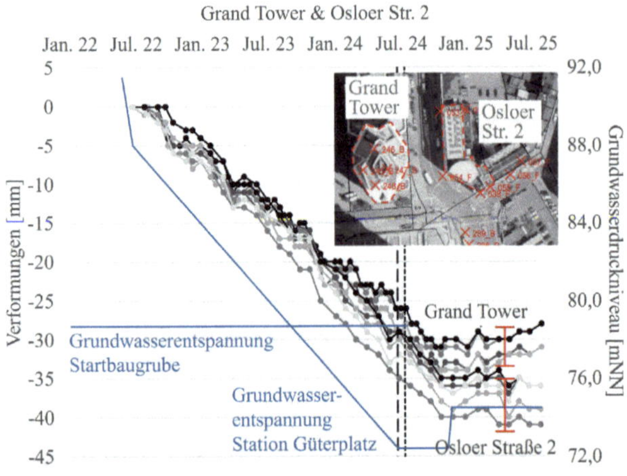


Abb. 4: Verformungen nord-östlich der Station Güterplatz

Im Bereich des Bürogebäudes Osloer Straße 2, das annähernd gleich weit entfernt zur Station Güterplatz liegt wie der Grand Tower, zeigen sich im Oktober 2024 etwas höhere Setzungen im Bereich von 35 mm bis 40 mm. Es ist zu vermuten, dass diese vergleichsweise hohen Setzungen auf die Flachgründung dieses Gebäudes zurückzuführen sind.

Beide Gebäude zeigen eine deutliche Korrelation zwischen Grundwasserentspannung der Station Güterplatz und der Zunahme der Setzungen. Etwa 4 Monate nach Erreichen des Absenkziels von 72,4 mNN zeigen die gemessenen Setzungen eine Stagnation.

Eine Beeinflussung beider Gebäude durch die Grundwasserentspannungsmaßnahmen im Bereich der Startbaugrube kann nicht festgestellt werden. Dies zeigt sich deutlich durch eine mangelnde Reaktion nach Abschaltung der Grundwasserentspannung der Startbaugrube im Juli 2024, vergleiche [1].

Bezogen auf die Höhe der Grundwasserentspannung der Station Güterplatz von etwa 19,1 m ergeben sich mittlere Setzungen von etwa 1,7 mm/m und maximale Setzungen von etwa 1,8 mm/m für den Grand Tower sowie mittlere Setzungen von etwa 1,9 mm/m und maximale Setzungen von etwa 2,1 mm/m für das Gebäude Osloer Str. 2.

### 4.2 Verformungen im nord-westlichen Umfeld der Station Güterplatz

Etwa 15 m nord-westlich der Station Güterplatz befindet sich das Einkaufszentraum Skyline Plaza. Das Gebäude weist eine Tiefgarage auf und ist auf einer Kombinierten Pfahl-Plattengründung mit Pfahllängen von bis zu 30 m gegründet.

Im Bereich des Gebäudes zeigt sich eine Korrelation zwischen Grundwasserentspannung der Station Güterplatz und der Zunahme der Setzungen. Etwa 4 Monate nach Erreichen des Absenkziels von 72,4 mNN zeigen die gemessenen Setzungen eine Stagnation, siehe nachfolgende Abbildung 5.

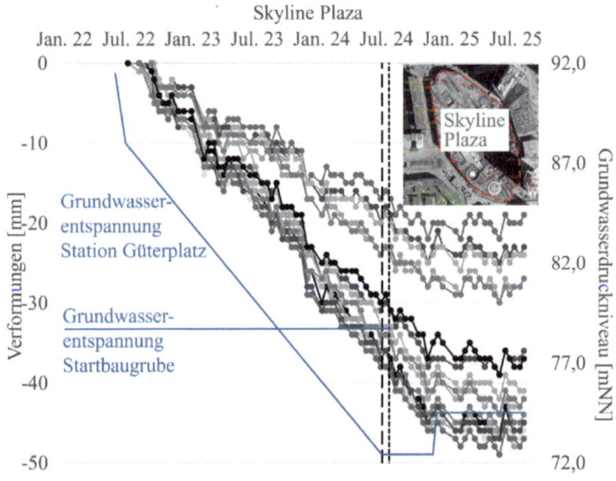


Abb. 5: Verformungen nord-westlich der Station Güterplatz

Infolge der Grundwasserentspannung der Station Güterplatz stellten sich im Bereich des Skyline Plaza Setzungen von etwa 20 mm bis 46 mm im November 2024 ein. Bei Betrachtung der Setzungs-Isolinien (Abb. 7) zeigen sich die maximalen Setzungen erwartungsgemäß im Nahbereich der Station Güterplatz. So betragen die Setzungen im südlichen Bereich des Gebäudes im November 2024 etwa 37 mm bis 46 mm. Jedoch stellt sich die Abnahme der Setzungen mit zunehmendem Abstand zur Station Güterplatz nicht nach Norden hin, sondern deutlich nach Westen hin dar, was auf eine Störung der geologischen Situation in diesem Bereich hindeutet.

Verdeutlicht wird diese Vermutung bei Betrachtung der Setzungen im Bereich des Gebäudes Den Haager Str. 5, vergleiche Kapitel 4.4.

Eine Beeinflussung des Gebäudes Skyline Plaza durch die Abschaltung der Grundwasserentspannungsmaßnahmen im Bereich der Startbaugrube kann nicht festgestellt werden.

Bezogen auf die Höhe der Grundwasserentspannung der Station Güterplatz von etwa 19,1 m ergeben sich im südlichen Bereich des Skyline Plaza mittlere Setzungen von etwa 2,2 mm/m und maximale Setzungen von etwa 2,4 mm/m.

### 4.3 Verformungen im südlichen Umfeld der Station Güterplatz

Der Hochhauskomplex The Spin und Eden Tower befindet sich etwa 10 m südlich der Station Güterplatz. Die Hochhäuser weisen 32 bzw. 27 Obergeschosse und je 2 Untergeschosse auf und wurden auf einer Kombinierten Pfahl-Plattengründung mit insgesamt 69 Pfählen mit Bohrpfahllängen bis zu 42 m gegründet.
Im Zentrum des Hochhauskomplexes wurden im Dezember 2024 Setzungen von bis zu 49 mm erfasst, die sich im Bereich des Gebäudekomplexes nach Süd-Westen und Süd-Osten auf etwa 22 mm kreisförmig verringern, siehe nachfolgende Abbildungen 6 und 7.

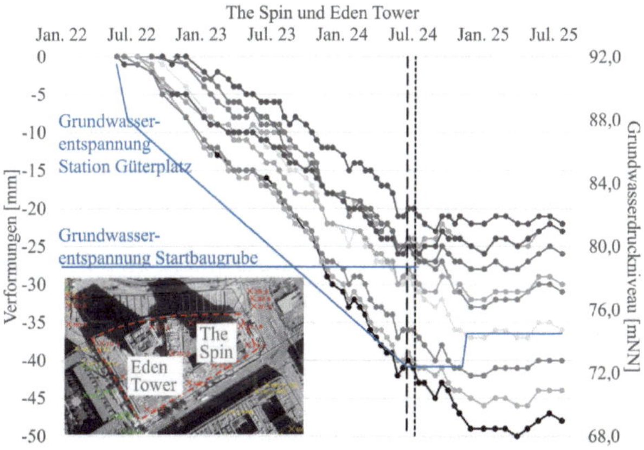


Abb. 6: Verformungen südlich der Station Güterplatz

Im Bereich des Hochhauskomplexes zeigt sich eine Korrelation zwischen Grundwasserentspannung der Station Güterplatz und der Zunahme der Setzungen. Etwa fünf Monate nach Erreichen des Absenkziels von 72,4 mNN zeigen die gemessenen Setzungen eine Stagnation.
Eine Beeinflussung des Hochhauskomplexes durch die Abschaltung der Grundwasserentspannungsmaßnahmen im Bereich der Startbaugrube kann nicht festgestellt werden.
Bezogen auf die Höhe der Grundwasserentspannung der Station Güterplatz von etwa 19,1 m ergeben sich mittlere Setzungen von etwa 1,9 mm/m und maximale Setzungen von etwa 2,6 mm/m.

### 4.4 Verformungen im weiteren Umfeld der Station Güterplatz

Nachfolgender Isolinienplan zeigt die Setzungen im Umfeld Entspannungswasserhaltung der Station Güteplatz.

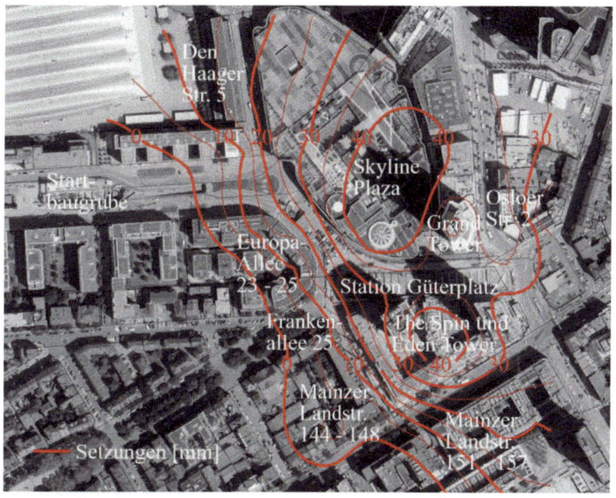


Abb. 7: Isolinienplan der Setzungen im Umfeld der Station Güterplatz

Wie vorstehend beschrieben, zeigen sich deutliche Korrelationen zwischen der Grundwasserentspannung der Station Güterplatz und den gemessenen Setzungen im Bereich des Grand Towers und der Osloer Straße 2, des Skyline Plaza sowie dem Hochhauskomplex The Spin und Eden Tower.
Südlich des Hochhauskomplexes The Spin und Eden Tower befinden sich die Gebäude Mainzer Landstraße 151, 153, 155 und 157 mit Abständen von etwa 80 m bis 250 m zur Station Güterplatz. Westlich des Hochhauskomplexes The Spin und Eden Tower befinden sich die Gebäude Mainzer Landstraße 144, 146 und 148 sowie Frankenallee 25 mit Abständen von etwa 30 m bis 130 m zur Station Güterplatz. Westlich des Skyline Plaza befindet sich das Gebäude Den Haager Straße 5 (Abb. 7).
Auch diese Gebäude zeigen eine Korrelation der gemessenen Setzungen und der Grundwasserentspannung der Station Güterplatz. Jedoch lässt sich hier eine unterschiedlich stark ausgeprägte Beeinflussung durch die Grundwasserentspannung der Startbaugrube erkennen. Dies wird verdeutlicht mit den nachfolgenden Abbildungen.
Abbildung 8 zeigt die Setzungen entlang einer Schnittführung durch die Punkte 628_B, 629_B und 630_B, die sich nördlich der Station Güterplatz im Bereich der Gebäude Skyline Plaza und Den Haager Straße 5 befinden. Trotz des geringen Abstands der Punkte zueinander von etwa 40 m (628_B zu 629_B) bzw. etwa 22 m (629_B zu 630_B) weisen die Punkte deutlich unterschiedliche Setzungsverläufe auf.
Mit Abschalten der Grundwasserentspannung der Startbaugrube im Juli 2024 zeigt der Messpunkt 630_B (Skyline Plaza) wie beschrieben keine Reaktion, während die anderen Messpunkte einen mäßigen (7 mm Hebungen bei 629_B) bzw. deutlichen (9 mm Hebungen bei 628_B) Rückgang der Setzungen erkennen lassen.

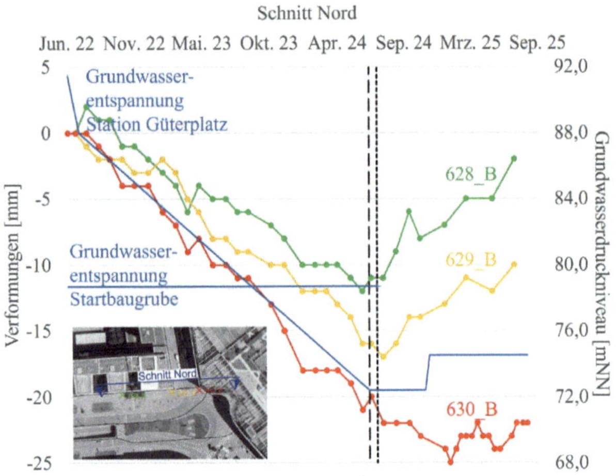


Abb. 8: Ausgewählte Messpunkte im Schnitt Nord

Abbildung 9 zeigt die Setzungen entlang einer Schnittführung durch die Punkte 033_F, 042_F und 263_B, die sich westlich der Station Güterplatz im Bereich der Frankenallee und des Gebäudes Europa-Allee 23 befinden. Trotz des geringen Abstands der Punkte zueinander von etwa 15 m (033_F zu 042_F) bzw. etwa 12 m (042_F zu 263_B) weisen die Punkte deutlich unterschiedliche Setzungsverläufe auf, die nicht auf eine unterschiedliche Gründungsart oder ähnliches zurückgeführt werden können.

Mit Abschalten der Grundwasserentspannung der Startbaugrube im Juli 2024 zeigt der Messpunkt 263_B keine Reaktion, während die anderen Messpunkte einen geringen (4 mm Hebungen bei 042_F) bzw. deutlichen (7 mm Hebungen bei 045_F) Rückgang der Setzungen erkennen lassen.

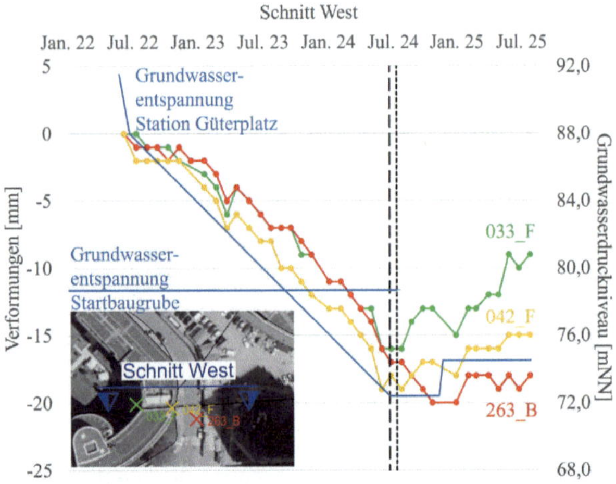


Abb. 9: Ausgewählte Messpunkte im Schnitt West

Abbildung 10 zeigt die Setzungen entlang einer Schnittführung durch die Punkte 045_F, 046_F und 370_B, die südlich der Station Güterplatz im Bereich der Gebäude Frankenallee 23 und dem Gebäudekomplex The Spin und Eden Tower befinden. Trotz des geringen Abstands der Punkte zueinander von etwa 47 m (045_F zu 046_F) und etwa 28 m (046_F zu 370_B) weisen die Punkte deutlich unterschiedliche Setzungsverläufe auf.

Mit Abschalten der Grundwasserentspannung der Startbaugrube im Juli 2024 zeigt der Messpunkt 370_B (Gebäudekomplex The Spin und Eden Tower) wie beschrieben keine Reaktion, während die anderen Messpunkte einen geringen (4 mm Hebungen bei 046_F) bzw. deutlichen (8 mm Hebungen bei 045_F) Rückgang der Setzungen erkennen lassen.

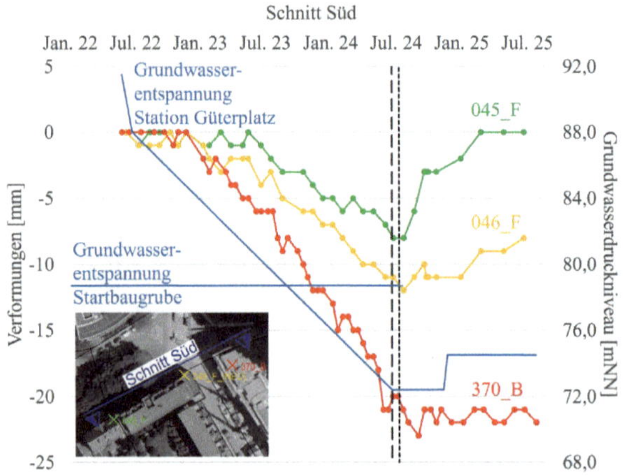


Abb. 10: Ausgewählte Messpunkte im Schnitt Süd

Insgesamt zeigen die vorstehenden Abbildungen 8 bis 10 jeweils auf einer Strecke von nur wenigen Metern deutliche Unterschiede des Einflussbereichs der Entspannungswasserhaltung der Startbaugrube auf verschiedene Messpunkte. Diese können nicht auf unterschiedliche Gründungsarten der aufgehenden Bebauung zurückgeführt werden. Es lässt sich vermuten, dass dies auf den Einfluss der Verwerfung zurückzuführen ist.

Durch Übertragung der vorstehend beschriebenen Vorgehensweise auf sämtliche Messpunkte im Projektgebiet lassen sich klar Bereiche im Projektgebiet unterscheiden, die eine deutliche, eine geringe bis mäßige oder keine Reaktion auf die Abschaltung der Grundwasserentspannung der Startbaugrube zeigen.

Nachfolgende Abbildung 11 zeigt zusammenfassend einen Lageplan des Einflussbereichs der Entspannungswasserhaltung der Startbaugrube. Hierin ist der Bereich der Messpunkte grün hinterlegt, die eine deutliche Reaktion auf die Abschaltung der Grundwasserentspannung der Startbaugrube zeigen. Rot hinterlegt ist der Bereich, in dem die Messpunkte keine Reaktion auf die Abschaltung der Grundwasserentspannung der Startbaugrube zeigen.

Zwischen diesen Bereichen zeigt sich eine schmaler Übergangsbereich in einer Größenordnung von etwa 20 m bis 50 m Breite, der ca. in Richtung NNW-SSE westlich des Skyline Plaza und des Gebäudekomplexes The Spin und Eden Tower verläuft (in Abbildung 11 gelb hinterlegt). Südlich des Gebäudekomplexes The Spin und Eden Tower zeigt sich ein weiterer Übergangsbereich der ca. in Richtung SW-NE verläuft (Abb. 11).

Abb. 11: Einflussbereich der Entspannungswasserhaltung Startbaugrube

Es wird vermutet, dass es sich hierbei um zwei Scherzonen bzw. die in der geologischen Karte (GK 25) ausgewiesenen Verwerfungen handelt, die das westliche Projektgebiet vom östlichen trennen. Durch die Scherzonen bzw. die Verwerfungen sind die wasserführenden Kalksteinbänke und Sandlagen innerhalb des miozänen Frankfurter Tons abgeschert und höhenmäßig versprungen. Eine hydrogeologische Interaktion der beiden Bereiche ist hierdurch weitestgehend unterbunden, was sich in den dargestellten Betrachtungen an den drei Schnitten zeigt.
In Abbildung 11 ist die Lage der in der GK 25 ausgewiesenen Verwerfungen strichliert in gelber Farbe dargestellt. Anhand der hier vorgelegten Messwerte und Erkenntnisse wird vorgeschlagen, den Verlauf der Verwerfungen wie in Abbildung 11 strichliert in roter Farbe dargestellt anzupassen. Demnach verläuft eine Verwerfung ca. in Richtung NNW-SSE, d. h. in Richtung der Querstörungen im Taunus/der Schollengrenzen im nördlichen Oberrheingraben. Hierbei handelt es sich um die Verwerfung, die schon im Zuge der geotechnischen Erkundung bzw. im Zuge des Baugrubenaushubs direkt aufgeschlossen wurde. Die nordöstliche Bruchscholle befindet sich dabei mit einer Versatzhöhe von ca. 15 m in Höhenlage gegenüber der westlichen Bruchscholle. Die zweite Verwerfung verläuft ca. in Richtung SW nach NE und somit in erzgebirgischer Streichrichtung. Diese Verwerfung ergibt sich ausschließlich aus den indirekten Messergebnissen.

## 5. Zusammenfassende Bewertung

### 5.1 Verformung in Abhängigkeit der Grundwasserentspannung

Anhand umfangreicher und langandauernder geodätischer Messungen im Zuge des Bauvorhabens U5 in Frankfurt am Main konnte die Zeitabhängigkeit der zu erwartenden Baugrundverformungen infolge großflächiger Grundwasserentspannungen im Frankfurter Ton anhand von Langzeitmessungen bestimmt werden.
Bezogen auf die Höhe der Grundwasserentspannung der Station Güterplatz von etwa 19,1 m, ergeben sich in Abhängigkeit der Entfernung der Messpunkte zur Grundwasserentspannung sowie in Abhängigkeit der Gründungsart maximale Setzungen zwischen etwa 1,8 mm/m und 2,6 mm/m.
Nachfolgende Tabelle 1 fasst die erfassten Setzungen ausgewählter Gebäude im Umfeld der Grundwasserentspannung der Station Güterplatz zusammen.

**Tab. 1: Setzungen ausgewählter Gebäude**

| Gebäude (ca.-Abstand zur Station Güterplatz) | Gründung (Tiefe max.) | Setzungen max. [mm] | Setzungen pro Entspannung [mm/m] |
|---|---|---|---|
| Grand Tower (20 m) | tief (45 m) | 34 | 1,8 |
| Osloer Str. 2 (30 m) | vermutlich flach | 40 | 2,1 |
| Skyline Plaza (15 m) | tief (30 m) | 46 | 2,4 |
| The Spin/ Eden Tower (10 m) | tief (42 m) | 49 | 2,6 |

Die ermittelten Setzungen treten großräumig und relativ gleichförmig um die Station Güterplatz auf. Differenzverformungen benachbarter Messpunkte sind gering, was insgesamt zu geringen Winkelverdrehungen führte. Bauwerksschäden an Gebäuden infolge der langjährigen und tiefreichenden Grundwasserentspannung der Station Güterplatz im Umfeld der Maßnahme konnten nicht festgestellt werden.

### 5.2 Hydrogeologische Störungszone

In der geologischen Karte von Frankfurt am Main West werden im Projektgebiet zwei Verwerfungen ausgewiesen.
Anhand der im Projektgebiet durchgeführten Baugrunderkundungen konnte der Verlauf der Verwerfungen/Scherzonen auf den westlichen Bereich der Station Güterplatz eingegrenzt werden.
Der Verlauf konnte im Zuge des Baugrubenaushubs der Station Güterplatz weiter präzisiert werden.
Anhand der umfangreichen geodätischen Messpunkte im Projektgebiet und Messungen von langer Laufzeit kann der großräumige Verlauf der Verwerfungen/Scherzonen weiterhin in einem höheren Detaillierungsgrad als bisher möglich abgeschätzt werden.

**Literatur**

[1] Huber, H., Schäfers, P., v. d. Werth, H. Kirchner, S., Grübl, F.: Erfahrungen aus dem ersten modernen maschinellen Tunnelvortrieb im Frankfurter Ton am Projekt U5, Mitteilungen des Institutes für Geotechnik der Technischen Universität Darmstadt, Heft Nr. 113, Vorträge zum 28. Darmstädter Geotechnik-Kolloquium am 09. März 2022.

[2] Huber H., Kirchner, S., v. d. Werth, H.: Langzeitabhängigkeit der Baugrundverformungen von Grundwasserentspannungen im Frankfurter Ton am Beispiel Projekt U5, TAE: 13. Kolloquium Bauen in Boden und Fels, 01.–02.02.2022.

[3] BGU Dr. Brehm & Grünz GbR: Monitoring zu den hydraulischen und hydrochemischen Auswirkungen des Baus der Grundstrecke B, Teilabschnitt 3 Europaviertel in Frankfurt am Main, Monatsbericht April 2021, 27.05.2021.

# Innovative Pfahlweiterentwicklung zur Einsparung von Ressourcen und zum klimafreundlichen Bauen

**Dipl.-Ing. Marcel Grave**
Implenia Civil Engineering GmbH, Essen

**Dr.-Ing. Stephan Gutjahr**
Geoteam Ingenieurgesellschaft mbH, Dortmund

**Zusammenfassung**
Zur Errichtung eines neuen Bauwerkes sind stets die Anforderungen an eine sichere Gründung zwingend erforderlich. Bei nicht ausreichend tragfähigem Baugrund für das zu errichtende Bauwerk sind Pfahlgründungen aus Stahlbeton eine bewährte Methode, um hohe Lasten in tieferliegende tragfähige Schichten abzutragen. Die Herstellung von Beton bindet wichtige Ressourcen und stellt einer der größten $CO_2$-Treiber im Bausektor dar. Zur Einsparung von Ressourcen und klimafreundlichen Bauen tragen innovative Lösungsansätze zum Erreichen von nachhaltiger zukunftsorientierter Bauweise bei.

## 1. Einführung

Im Zuge der urbanen Entwicklung im innerstädtischen Bereich werden immer mehr Hochhäuser gebaut, sowie Infrastruktur unterirdisch errichtet. Für die Errichtung von Hochhäusern ist eine sichere Gründung unabdingbar, insbesondere bei nicht ausreichend tragfähigem, anstehenden Baugrund und/oder hohen, abzutragenden Lasten. In der Planung werden, bedingt durch die oft inhomogene Streuung des Baugrundes, oft Mantelreibungs- und Spitzendruckwerte im unteren Tragfähigkeitsbereich für ein erhöhtes Sicherheitsniveau angegeben. Mit der hier vorgestellten innovativen Pfahlweiterentwicklung soll die Ausführbarkeit und das Last-Verformungserhalten an mantelverpressten Schneckenortbetonpfähle (SOB-Pfähle) untersucht werden und zur Optimierung der Gründung in vergleichbare Böden beitragen. Hierzu wurde bei einem Bauvorhaben in Köln, seitens Implenia Civil Engineering auf Eigeninitiative, ein Probefeld für eine Pfahlprobebelastung an zwei Probepfählen angelegt.

Ziele der Probebelastungen sind grundsätzlich die Machbarkeit des innovativen Ansatzes, eine Mantelverpressung an SOB-Pfähle auszuführen und belastbare Referenzen zu erhalten, sowie über die Pfahlprobebelastung die Entwicklung der axialen und lateralen Tragfähigkeit und der dabei mobilisierten Teilwiderstände, Mantelreibung und Spitzendruck für das eingesetzte Pfahlsystem, bestehend aus SOB-Pfahl mit Mantelverpressung unter den speziellen Baugrundbedingungen, zu ermitteln und damit eine vergleichsweise abgesicherte Basis für die weitere Dimensionierung der Tiefgründung zu schaffen.

## 2. Baugrundbeschreibung

Im Versuchsfeld Köln stehen, wie grundsätzlich im Kölner Stadtgebiet und auch in weiten Teilen im Rheinland, im oberen Bereich Auffüllungen an, darunter folgen oberflächennahe Hochflutablagerungen, die sich aus Hochflutsanden und Hochflutlehmen von 2,00 bis 3,00 m Mächtigkeiten zusammensetzen. Darunter stehend die gewachsenen Sande und Kiese der quartären Niederterrasse in unterschiedlicher Zusammensetzung. Ab einer Tiefe von ca. 25,00 m unter GOK (+ 20,50 m NHN) erfolgt der Übergang zum Tertiär, der hier aus einem braugrauen Feinsand besteht.

Für die Übertragbarkeit der Ergebnisse vom Probefeld auf das Rheinland mit vergleichbarem Baugrund wurden weitere umfangreiche Bodenerkundungsmaßnahmen in Form von Bohrung mit durchgehender Gewinnung von gekernter Proben in fester Hülle (Güteklasse 2) und Sondierungen mit der schweren Rammsonde im Versuchsfeld durchgeführt (Abbildung 1). Im bodenmechanischen Labor sind Index-Parameter wie natürliche und bezogene Lagerungsdichte über die gesamte Bohrstrecke und Kornverteilungsanalysen bestimmt worden.

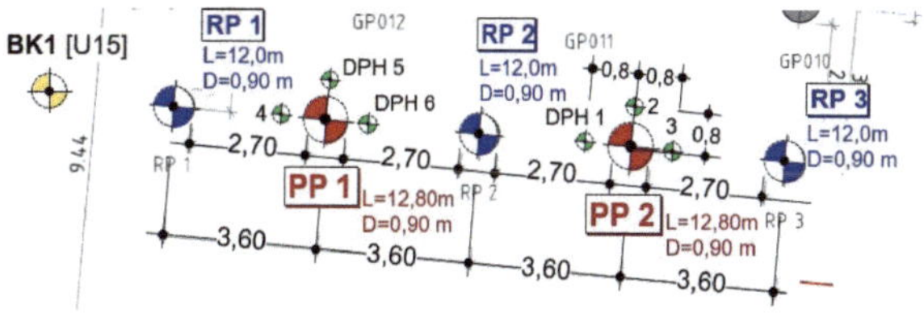


Abbildung 1: Baugrunderkundungen im Probefeld

Bei der Erkundungsbohrung BK 1 wurde eine Auffüllungsmächtigkeit von ca. 5,00 m erkundet, die darunter liegende Niederterrasse besteht aus einer Wechsellagerung aus quartären locker bis mitteldicht gelagerten Sanden und Kiesen (Abbildung 2 und 3).

Das Grundwasser lag bei Herstellung der Probepfähle ca. 5,00 m unter GOK (ca. + 37,00 m NHN).

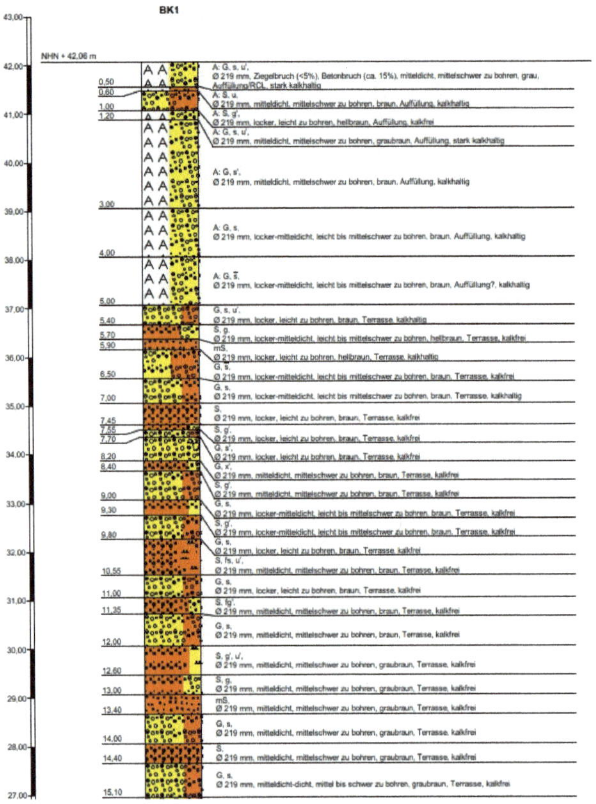


Abbildung 2: Erkundungsbohrung BK 1

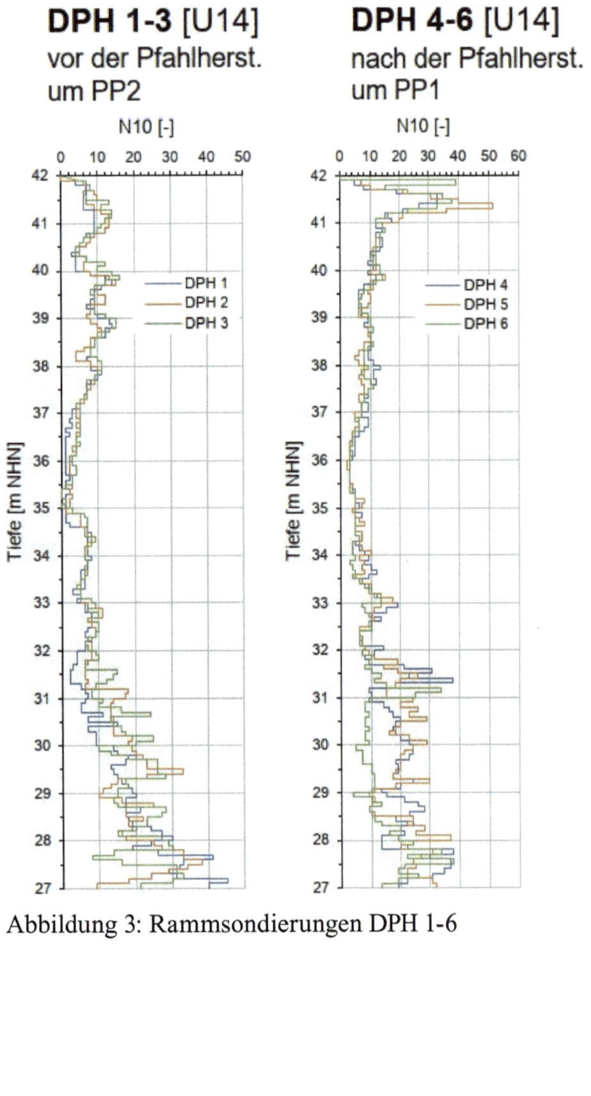


Abbildung 3: Rammsondierungen DPH 1-6

### 3. Versuchsaufbau der Pfahlprobebelastung

Grundlage für die Konzeptionierung des Probefeldes ist eine frühere Pfahlprobebelastung und bereits mehrfach erfolgreich zur Ausführung gebrachten mantel- und fußverpresster verrohrt hergestellter Bohrpfähle im Kelly-Bohrverfahren. Eine Zielsetzung des aktuellen Probefeldes ist es auch den Mantelwiderstand annähernd den gleichen Randbedingungen/-kriterien zu bestätigen.

Insgesamt wurden an zwei statische Pfahlprobebelastungen durchgeführt, so dass die Messwerte verifiziert und der Streuungsfaktor reduziert werden kann.

Auf Grund der örtlichen Platzverhältnisse wurde entschieden die Probe- und Reaktionspfähle in Reihe auszuführen (Abbildung 1). Mit dieser Anordnung wurde der Reaktionspfahl RP 2 zweimal für die Probebelastungen verwendet. Die drei Reaktionspfähle wurden alle ohne Mantelverpressung mit einer Länge von 12,00 m und einem Durchmesser $D_S = 90$ cm hergestellt. Die beiden Probepfähle mit einem Bohrdurchmesser von 90 cm weisen eine Gesamtlänge von 12,00 m auf, wobei die oberen 7,00 m des Pfahlschaftsbereiches mit einer gefetteten Stahlhülse zur Reduzierung des Mantelreibungswiderstandes ausgebildet wurde und die unteren verbleibenden 5,00 m mit Mantelverpressung versehen wurde. Mit dieser Ausbildung des Prüfpfahles ist die Prüflast auf 5 MN festgelegt worden.

Die Probepfähle wurde um ca. 80 cm über GOK hinaus mittels der Hülse im oberen Pfahlschaftsbereich verlängert. Für die Lasteinleitung in die Reaktionspfähle wurden je zwei GEWI-Stangen mit einem Durchmesser von 63,5 mm und einer Gesamtlänge von 11,00 m bestückt, hiervon waren 6,50 m in den Pfahl eingebunden und die restlichen 4,50 m für die Einbindung in die Traverse verwendet (Abbildung 4).

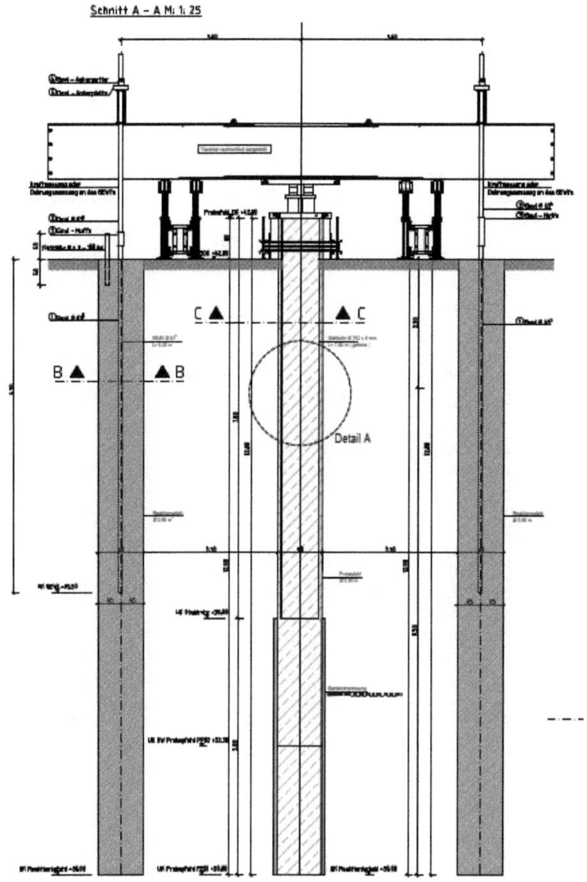

Abbildung 4: Ausführungsplanung der Probebelastung

## 4. Messtechnik

Die Instrumentierung der Probepfähle erfolgte in Anlehnung an die EA-Pfähle „hohe Anforderungen“, wobei verfahrensbedingt, bei nachträglichem Einbau der Bewehrung in den Frischbeton, der Pfahlspitzendruck nicht separat über Druckmesskissen erfasst werden konnte. An den Reaktionspfählen wurde die Pfahlkopfverschiebung gemessen.
Die eingeleiteten Kräfte am Pfahlkopf wurden über drei kalibrierte Lastzellen mit einem Messbereich von bis zu 10 MN erfasst. Zusätzlich wurde der Öldruck des Hydrauliksystems mit einem Absolutdruckaufnehmer überwacht. Zum Erfassen der vertikalen Pfahlkopfverschiebung wurden symmetrisch über den Umfang der Probepfähle Seilwegsensoren angeordnet und die Pfahlkopfbewegungen, quer zur Pfahlachse über zwei senkrecht zueinander angeordneter, induktive Wegaufnehmer gemessen. Für die Erfassung der Pfahldehnung respektive der Pfahlstauchung wurden über die Pfahllänge in den Messquerschnitten je drei Stück (im Kopfbereich vier Stück) Schwingsaitenaufnehmer über den Messquerschnitt radial angeordnet. Insgesamt wurde über die Pfahllänge fünf Messquerschnitte verteilt (Abbildung 5). Zusätzlich erfolgten an den Probepfählen Low-Strain-Integritätsprüfungen.

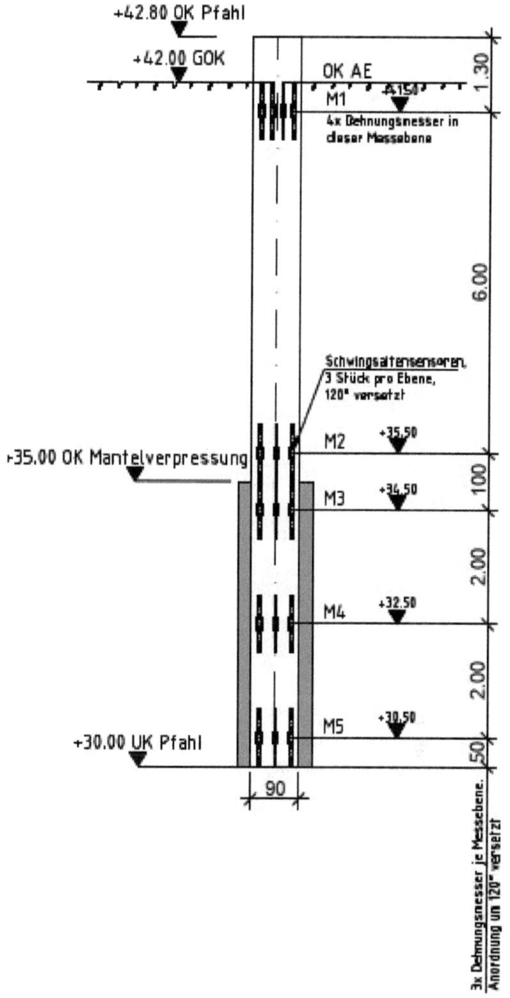

Abbildung 5: Schematische Darstellung der Messquerschnitte

## 5. Pfahlherstellung

Alle Pfähle wurden als Schneckenortbetonpfahl hergestellt. Für die Ausführung der SOB-Pfähle kam ein Großbohrgerät BG 30H zum Einsatz. Nach Erreichen der Solltiefe wurde der Beton durch das Seelenrohr der Bohrschnecke in das Bohrtiefste eingepumpt und kontinuierlich mit dem einstellenden Betonüberdruck die Bohrschnecke zurückgezogen und vollständig verfüllt. Im Anschluss wurde die Bewehrung in den Frischbeton eingebracht.
Zuerst erfolgte die Herstellung der Reaktionspfähle ohne Mantelverpressung, wobei zusätzlich zu dem Bewehrungskorb auch die GEWI-Stangen im Frischbeton eingestellt und via Schablone in Lage und Höhe gesichert wurden.
Nach Herstellung der Reaktionspfähle wurden die Probepfähle ausgeführt. Hierbei wurde mit dem Probepfahl PP 2 begonnen und sofort in den Frischbeton zunächst die Hülse zur Reduktion der Mantelwiderstandes eingebracht, sowie unmittelbar im Anschluss der Bewehrungskorb mit dem im Vorfeld fix montierten Schwingsaitenaufnehmern und Mantelverpressschläuchen (Abbildung 6). Hierbei konnte der Bewehrungskorb nicht auf die geplante Tiefe eingebracht werden, so dass der Bewehrungskorb an der GOK um ca. 2,50 m eingekürzt, sowie die vormontierten Schwingsaitenaufnehmer und

Verpressventile in Ihrer Lage um ca. 2,50 m nach oben verschoben wurde. Die im oberen Bereich befindlichen Betondehnungsgeber des Messquerschnittes MQ 1 wurden anschließend neu positioniert.

Abbildung 6: Bewehrungskörbe mit Dehnungsgeber und Mantelinjektionsschläuchen

Auf Grund der Einbauschwierigkeiten bei der Herstellung von Probepfahl PP 2 wurde bei dem Probepfahl PP 1 zunächst nach der Betonage der Bewehrungskorb mit den vormontierten Elementen in den Frischbeton auf die Solltiefe eingebracht und im Nachgang die Hülse über den Bewehrungskorb geführt (Abbildung 7).
An beiden Probepfählen wurden nach einem definierten Zeitraum die vormontierten Mantelverpressschläuche mittels Wasser aufgesprengt, sowie im Anschluss, in Anlehnung an die Kriterien der früheren Pfahlprobebelastung an mantel- und fußverpresster verrohrt hergestellten Bohrpfählen, mit Zementsuspension die Mantelverpressung ausgeführt.

Abbildung 7: Einbau des Bewehrungskorbes

## 6. Versuchsdurchführung

Für alle Probepfähle wurde das Lastregime in zwei Lastzyklen, mit einer Zwischenentlastung entsprechend der EA-Pfähle, aufgebracht. Die maximale Last des ersten Lastzyklus entspricht dem charakteristischen Wert der Pfahlbeanspruchung (Gebrauchslast) und die der acht Laststufen des zweiten Lastzyklus der geplanten Prüflast. Die Vorlast entspricht 10 % des charakteristischen Wertes der Beanspruchung. Zur Gewährleistung einer statischen Lastaufbringung erfolgte eine Laststeigung zwischen den Laststufen des ersten Lastzyklus erst, wenn die Verschiebungsgeschwindigkeit auf einen Wert ≤ 0,1mm/20 min und für alle weiteren Laststufen auf einen Wert von ≤ 0,1 mm/5 min abgeklungen war bzw., wenn sich auf den Messwerten ein Kriechmaß zuverlässig ermitteln ließ. Die Laststeigerung erfolgte unter Vermeidung von Stößen und Erschütterungen langsam mit einer Dauer von ca. 3–5 min. und gem. EA-Pfähle wurden die jeweiligen max. Lastwerte der Lastzyklen über min. 60 min konstant gehalten.
Für die axiale statische Pfahlprobebelastung gelten als Abbruchkriterien das Erreichen der Prüfkraft, ein ermitteltes Kriechmaß von > 2,0 mm oder das Erreichen der Grenzsetzung 0,1xD = 90 mm.
Für Pfahl PP 2 konnte das geplante Lastregime in zwei Lastzyklen bis zur geplanten Prüfkraft von 5,0 MN durchgeführt werden. In Abstimmung mit dem zuständigen Baugrundgutachter wurde die Prüfkraft für PP 1, infolge des während der Probebelastung von PP 2 beobachteten Tragverhaltens, auf 6,5 MN erhöht, welches der maximalen Tragkraft der GEWI-Stangen an den Reaktionspfählen entsprach. Die Belastung wurde über die ursprünglich geplante Prüfkraft von 5,0 MN hinaus sukzessive in Lastschritten von 300 kN gestei-

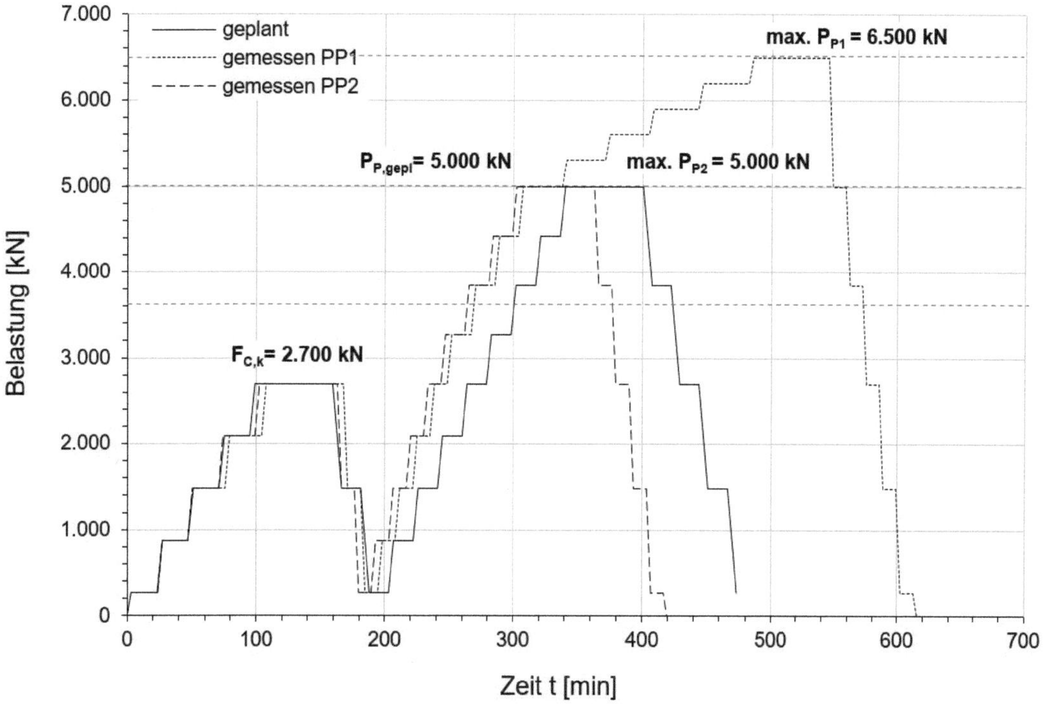


Abbildung 8: Lastregime der Probepfähle PP 1 und PP 2

gert. Die Beobachtungszeit wurde für eine zuverlässige Kriechmaßermittlung auf 15–20 min verlängert (Abbildung 8 und 9).

| | | P1 u. P2 | | P1 | | P2 | |
|---|---|---|---|---|---|---|---|
| | | geplant | | gemessen | | gemessen | |
| **LZ** | **LS** | Kraft | Zeit | Kraft | Zeit | Kraft | Zeit |
| [Nr.] | [Nr.] | [kN] | [min] | [kN] | [min] | [kN] | [min] |
| | $P_a$ | 270 | 5 | 270 | 20 | 270 | 20 |
| | 1 | 878 | 20 | 878 | 20 | 878 | 20 |
| 1 | 2 | 1.485 | 20 | 1.485 | 25 | 1.485 | 20 |
| | 3 | 2.093 | 20 | 2.093 | 25 | 2.093 | 25 |
| | **4** | **2.700** | **60** | **2.700** | **60** | **2.700** | **60** |
| | 5 | 3.275 | 15 | 3.275 | 15 | 3.275 | 15 |
| | 6 | 3.850 | 15 | 3.850 | 15 | 3.850 | 15 |
| | 7 | 4.425 | 15 | 4.425 | 15 | 4.425 | 15 |
| | **8** | **5.000** | **60** | **5.000** | **30** | **5.000** | **60** |
| 2 | **9** | | | 5.300 | 30 | | |
| | 10 | | | 5.600 | 30 | | |
| | 11 | | | 5.900 | 35 | | |
| | 12 | | | 6.200 | 35 | | |
| | 13 | | | **6.500** | **60** | | |

Abbildung 9: Geplante und gemessene Lasten und Beobachtungszeiten

## 7. Versuchsauswertung

Alle statischen Pfahlprobebelastungen konnten erfolgreich bis zu geplanten Prüfkraft durchgeführt werden. Bei keinem der geprüften Pfähle wurden die definierten Abbruchkriterien von Kriechmaß oder Grenzsetzung erreicht.

Zuerst erfolgt die Probebelastung an dem Pfahl PP 2 mit einer Prüfkraft bis max. 5.000 kN. Die aufgezeichnete Widerstands-Setzungs-Linie ist über das gesamte Belastungsintervall durch überproportionale Zunahme der Setzungen und einen hyperbolischen Verlauf geprägt. Bei dem charakteristischen. Beanspruchungswert von 2.700 kN wurden Setzungen von 4,11 mm gemessen und ein Kriechmaß von 0,133 mm ermittelt. Dies entspricht einer bezogenen Pfahlkopfverschiebung von $4/900 = 0{,}004 \cdot D_S$. Bei Versuchsende der geplanten Prüfkraft von 5.000 kN ergab sich eine gemessene Setzung von 10,6 mm und ein Kriechmaß von 0,555 mm (Abbildung 10). Die bezogene Pfahlkopfverschiebung beträgt $11/900 = 0{,}01 \cdot D_S$.

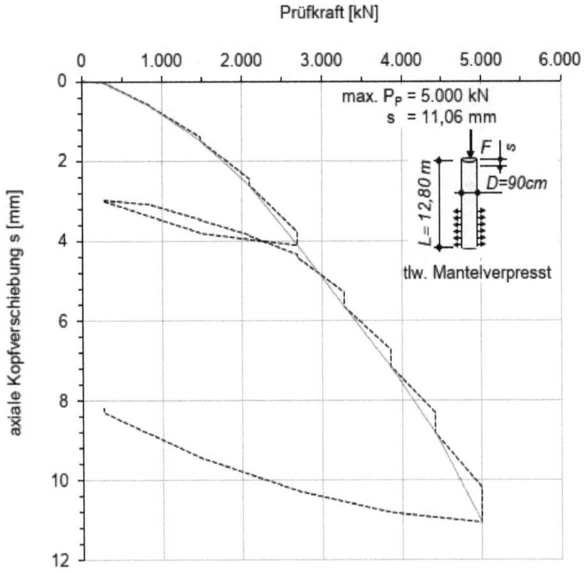

Abbildung 10: Widerstands-Setzungs-Linie PP 2

Mit den aus der Längsdehnungen rückgerechneten Normalkraft wurden segmentweise die ermittelten mobilisierten Mantelreibungsverläufe, zwischen den einzelnen Messquerschnitten, ermittelt (Abbildung 11). Die wechselnden Steigungen der Längskraftverläufe im Übergangsbereich Hülse-Pfahl sind wahrscheinlich auf veränderliche Steifigkeitsverhältnisse zurückzuführen. Die Entwicklung der mobilisierten Mantelreibungen in den analysierten Messquerschnitten ist qualitativ vergleichbar. Bei steigender Belastung nehmen die Änderungen der aus den Dehnungen ermittelten Mantelreibungswerte ab.

Im Messsegment 3 ergeben sich mit den idealen Pfahlquerschnittswerten z.T. negative Mantelreibungswerte, welche kritisch zu betrachten sind. Bei vorliegenden Baugrundverhältnissen ist negative Mantelreibung nicht erwartbar. Die lokale Verpressung des Pfahlmantels hat im Segment 3 möglicherweise zu einer unstetigen Gestalt des Pfahls geführt. Die Auswertung der Impedanzen (Integritätsprüfungen) steht hier noch aus.

Der in Messquerschnitt 5 ermittelte Pfahlspitzendruck zeigt mit der Setzung eine unterproportionale Zunahme. Allerdings liegt dieser Messquerschnitt ca. 3,00 m, begründet durch die beschriebene Herstellung, über dem Pfahlfuß und dient lediglich zur Orientierung.

Bei der maximalen Prüfkraft von 5 MN für den Probepfahl PP 2 setzt sich der Gesamtwiderstand zu 70 % aus dem Mantelwiderstand und zu 30 % aus dem Spitzendruck zusammen.

Im Anschluss an die Probebelastung PP 2 erfolgte die Probebelastung am Prüfpfahl PP 1. Bedingt durch die Erfahrungswerte aus dem Pfahl PP 2 wurde die Prüfkraft auf 6.500 kN erhöht. Auch beim PP 1 zeigt die aufgezeichnete Widerstands-Setzungs-Linie, über das gesamte Belastungsintervall, eine überproportionale Zunahme der Setzungen und einen hyperbolischen Verlauf. Bei einem charakteristischen Wert der Beanspruchung von 2.700 kN wurden Setzungen von 3,52 mm ($\approx 0{,}004 \cdot D_S$) gemessen und ein Kriechmaß von 0,100 mm ermittelt. Mit Erreichen der ursprünglich geplanten Prüfkraft von 5.000 kN konnte eine Setzung von 10,33 mm ($\approx 0{,}01 \cdot D_S$), sowie ein Kriechmaß von 0,631 mm, ermittelt werden. Mit Versuchsende der erweiterten geplanten Prüfkraft von 6.500 kN ergab sich eine gemessene Setzung von

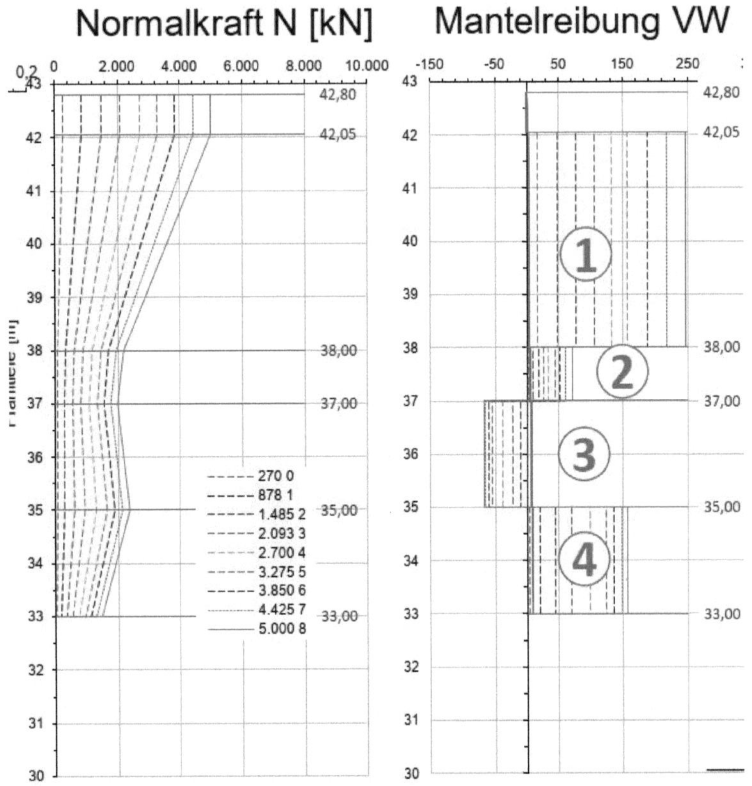

Abbildung 11: Normalkraftverlauf und mobilisierte Mantelreibung PP 2

16,28 mm (≈ 0,02·$D_S$) und ein Kriechmaß von 0,764 mm (Abbildung 12).

Als erste Erkenntnisse aus den beiden Probebelastungen können festgehalten werden, dass die Probepfähle deutlich geringere bezogene Pfahlkopfsetzungen aufweisen als klassische verrohrt hergestellte Bohrpfähle. Auch die Traglasten wurden weit höher als erwartet gemessen. Weiter kann festgestellt werden, dass eine Vergütung durch Mantelverpressung auch bei nachträglichem Einbau der Bewehrung möglich ist.

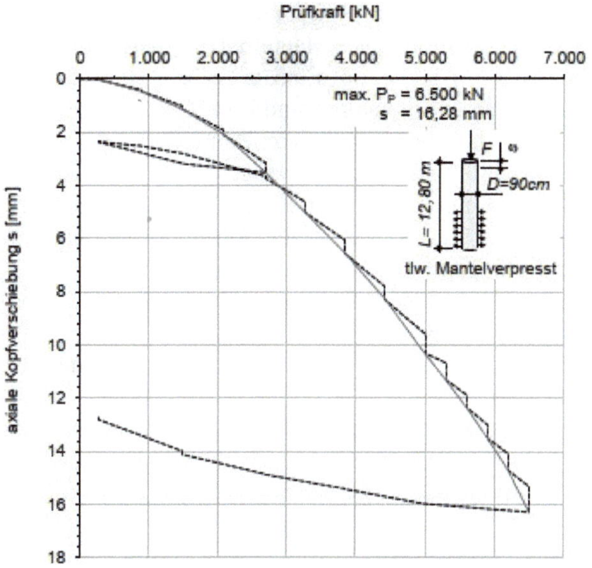


Abbildung 12: Widerstands-Setzungs-Linie PP 1

Analog zu der Probebelastungen PP 2, sind die aus der Längsdehnungen der Schwingsaitenaufnehmer segmentweise die mobilisierten Mantelreibungsverläufe zwischen den einzelnen Messquerschnitten ermittelt worden. Qualitativ sind die Entwicklungen der mobilisierten Mantelreibung in den analysierten Messquerschnitten vergleichbar. Mit zunehmender Laststeigerung nehmen die Änderungen der aus den Dehnungen ermittelten Mantelreibungswerte ab. Auch hier ergibt sich im Messsegment 3 nahezu keine mobilisierte Mantelreibung, welches mit den sich verändernden Pfahlschaftsquerdehnsteifigkeiten oder einer möglichen unsteten Gestalt erklärt werden kann.

Der in Messquerschnitt 5 ermittelter Pfahlspitzendruck zeigt mit der Setzung eine hyperbolische Zunahme und gibt die Lastumlagerungen zwischen den Mantelreibungssegment wieder. Mit Erreichen der erweiterten geplanten Prüfkraft von 6.500 kN lässt sich über die Dehnungsmessungen ein Spitzendruck von 1.995 kN/m² ableiten.

Bei der maximalen Belastung von 6,5 MN für den Probepfahl PP 1, setzt sich der Gesamtwiderstand der Messungen aus den ermittelten Einzelwiderständen, zu 80,5 % aus dem Mantelwiderstand und zu 19,5 % aus dem Spitzendruck zusammen.

In Abbildung 14 sind die Widerstands-Setzungs-Linien der beiden Probepfähle PP 1 und PP 2 zusammengefasst. In Abhängigkeit der mobilisierten Widerstände aus Mantelreibung und Spitzendruck variieren die Verläufe der Pfähle, sind allerdings miteinander qualitativ vergleichbar. Für den charakteristischen Beanspruchungswert von 2.700 kN

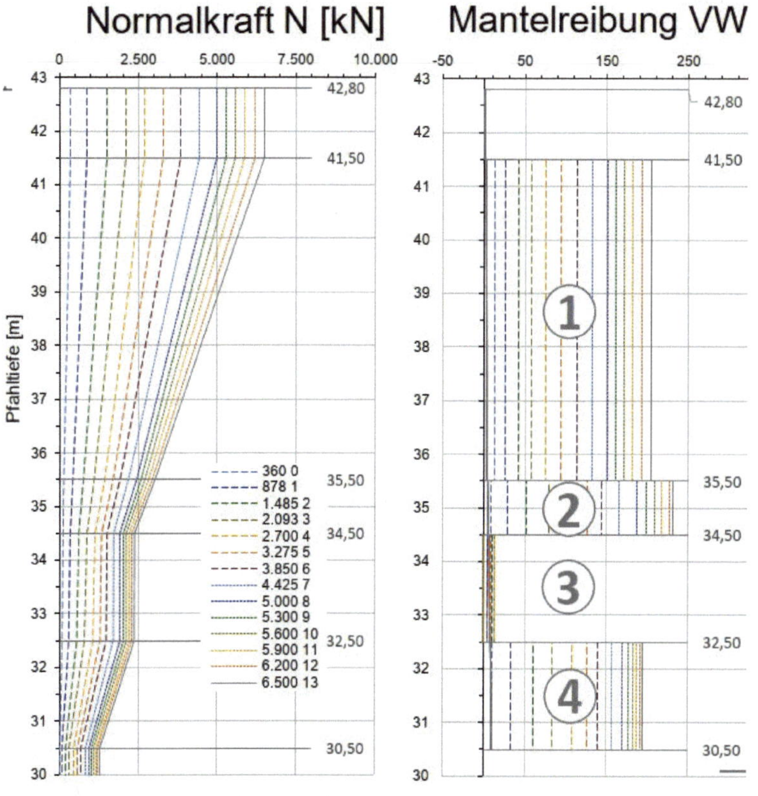


Abbildung 13: Normalkraftverlauf und mobilisierte Mantelreibung PP 1

lässt sich ein Setzungsunterschied von 0,58 mm und bei der ursprünglich geplanten Prüflast mit 5.000 kN von 0,73 mm entnehmen. Dies ist insoweit plausibel da die mantelverpresste Pfahllänge beim Probepfahl PP 1 mit 5 m doppelt so lang wie beim Probepfahl PP 2 mit 2,5 m.

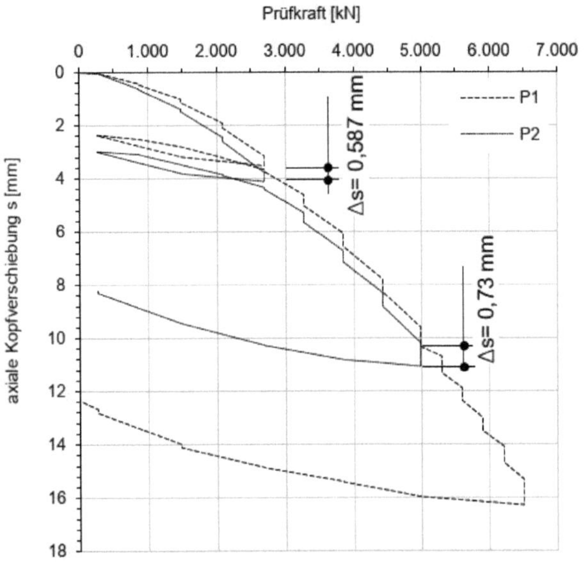


Abbildung 14: Zusammenfassung der Widerstands-Setzungs-Linie PP 1 und PP 2

## 8. Fazit

Für die gesetzten Nachhaltigkeitsziele sind alle am Bau Beteiligten dazu angehalten den $CO_2$-Ausstoß bestmöglich zu reduzieren. Hierfür ist es unabdingbar, für die Entwicklung der zukünftigen Baubranche, nach innovativen Lösungsansätzen zu suchen, sowie auf dem Markt zu etablieren. Mit der Durchführung des ausgeführten Probefeldes konnte grundsätzlich die Machbarkeit des innovativen Ansatzes zur Pfahlweiterentwicklung, durch die mantelverpressten Schneckenortbetonpfähle, bestätigt werden. Die Verfahrensweise und die gewonnenen Erkenntnisse zum Last-Verformungsverhalten sollen dazu beitragen, die erhobenen Mantelreibungsbeiwerte in vergleichbaren Böden zum Einsatz zu bringen und somit ein ressourcenschonendes und klimafreundliches Bauen, auch in der Gründung von Bauwerken oder anderweitigen Einsatzgebieten voranzutreiben. Zusätzlich ergeben sich mit der innovativen Pfahlweiterentwicklung auch monetäre Vorteile. Mit der Ausübung der Pfahlprobebelastung an mantelverpressten SOB-Pfählen liegt nun der Firma Implenia Civil Engineering erstmalig eine belastbare Referenz vor.

## Literatur

[1] Empfehlungen des Arbeitskreises Pfähle – EA-Pfähle, 2. Auflage, Deutsche Gesellschaft für Geotechnik e.V., Ernst & Sohn Verlag, 2012.

TAE

# Infrastrukturbau

# Maschineller Tunnelbau für den Stromnetzausbau – planerische Herausforderungen beim Ersatzneubau eines 380-kV-Kabeltunnels in Nürnberg-Katzwang

**Dipl.-Ing. (FH) Dennis Edelhoff, MBA**
BUNG-PEB Tunnelbau-Ingenieure GmbH, Dortmund

**Zusammenfassung**
Die TenneT TSO GmbH baut das Übertragungsnetz in Bayern mit einer leistungsstarken 380 kV-Leitung aus, zu der auch ein Abschnitt der Juraleitung in Nürnberg-Katzwang zählt. Der hier geplante Ersatzneubau stellt in mehrfacher Hinsicht eine besondere Herausforderung dar. In Katzwang ist die Wohnbebauung historisch bedingt so nah an die bestehende Leitung herangerückt, dass eine neue Freileitung an gleicher Stelle nicht in Frage kommt. Zudem muss ein Eingriff in das Gebiet des immateriellen UNESCO-Weltkulturerbes „Wässerwiesen" sowie weitere Schutzgebiete vermieden werden. Weitere technische und räumliche Randbedingungen ergeben sich durch den Main-Donau-Kanal, den Fluss Rednitz, eine DN 700-Fernwasserleitung sowie die Bahnstrecke Nürnberg–Roth, die gemeinsam den Einsatz einer technisch sinnvollen und umweltverträglichen Tunnelbauweise erforderlich machen.

## 1. Ausgangssituation

Der Übertragungsnetzbetreiber TenneT TSO GmbH plant das Übertragungsnetz in Bayern auszubauen und hierbei die vorhandene 220 kV-Freileitung durch eine leistungsstarke 380 kV-Leitung zu ersetzen. Das Vorhaben, der Ersatzneubau der sogenannten Juraleitung von Raitersaich nach Altheim, ist als Projekt Nr. 41 des Bundesbedarfsplangesetzes mit F-Kennzeichnung aufgeführt. Demnach darf für technisch und wirtschaftlich effiziente Teilabschnitte, zu denen der Abschnitt A-Katzwang im Regierungsbezirk Mittelfranken zählt, pilothaft eine Erdverkabelung erfolgen.

Der Abschnitt A-Katzwang hat eine Länge von ca. 3.325 m zwischen der Kabelübergabestation (KÜA) Wolkersdorf im Westen und der KÜA Katzwang Ost im Osten (Abbildung 1). Die Gesamtlänge teilt sich von West nach Ost auf in ca. 425 m Erdkabelabschnitt Wolkersdorf (offene Bauweise), ca. 2.280 m Tunnelabschnitt (geschlossene Bauweise, inkl. Schachtbauwerk) und ca. 620 m Erdkabelabschnitt Katzwang (offene Bauweise). Über die gesamte Länge sind insgesamt 12 Leiterkabel (2 Systeme mit je 3 Kabeln pro Tunnelröhre) mit je 3.200 mm$^2$ und einer Nennspannung von 380 kV (Drehstrom) zu installieren.

Mit dem Hauptbauwerk, den mit Tunnelbohrmaschine (TBM) und Tübbingausbau von Ost nach West aufzufahrenden zwei Tunnelröhren mit jeweils 3,60 m Innendurchmesser und 4,9 m lichtem Abstand, werden das Rednitztal, der Main-Donau-Kanal, eine Fernwasserleitung und die mehrgleisige S-Bahn-/DB-Strecke 5320/5971 gequert.

Abbildung 1: Trassenverlauf A-Katzwang (© Google Maps)

Die für die Projektrealisierung notwendigen Planungsaufgaben wurden im Jahr 2023 von der TenneT TSO GmbH gesamthaft der Ingenieurgemeinschaft Katzwangtunnel (IGKWT) übertragen, die aus den Unternehmen BUNG-PEB Tunnelbau-Ingenieure GmbH (Dortmund), BUNG Ingenieure AG (Heidelberg), Moll-prd GmbH & Co. KG (Schmalenberg) und Sweco GmbH (Berlin) besteht. Die beauftragten Leistungen umfassen den Ingenieurbau (Tunnel- und Tiefbau), den Hochbau, den Verkehrsanlagenbau, die Technische Gebäudeausrüstung und die Tragwerksplanung. Ebenso werden auch sämtliche logistischen- und kabelspezifischen Planungen durchgeführt. Zum Zeitpunkt der Berichterstellung befindet sich das Projekt im Planfeststellungsverfahren. Im vorliegenden Bericht werden die aktuelle Planung und die Planungsherausforderungen des Gesamtprojekts dargestellt.

## 2. Tunneltrasse und -gradiente, Querungen

Unter Berücksichtigung umfangreicher Trassierungsgrundsätze, wie z. B. Vermeidung von Beeinträchtigungen bestehender Nutzungen oder Minimierung von sensiblen Kreuzungen, wurde in einem iterativen Prozess die Lage von Tunnel und Schächten sowie die Tunnelgradiente entwickelt. Der Standort von Start- und Zielbaugrube respektive der späteren Betriebsgebäude basiert auf einem Variantenvergleich unter Abwägung technischer, raumverträglicher und umweltfachlicher Belange. Insbesondere stand hier ein ausreichender Abstand zur bestehenden Freileitung unter gleichzeitiger Berücksichtigung der möglichen verfahrenstechnischen Minimalradien für den Tunnelvortrieb im Fokus.

Für das Tunnelbauwerk wurden folgende Trassierungs-Anforderungen berücksichtigt, die finale Trasse ist in Abbildung 1 dargestellt:

- Positionierung von Start- und Zielbaugrube möglichst nah an Hauptverkehrsstraßen, um eine günstige Baustellenzugänglichkeit zu erreichen.
- Minimierung von Eingriffen in die Bestandsleitung.
- Maximierung der Entfernung von Schächten bzw. Betriebsgebäuden zur Wohnbebauung.
- Vermeidung von Beeinträchtigungen der zu kreuzenden und in Parallellage befindlichen Fernwasserleitung der infra fürth gmbh.
- Möglichst rechtwinklige Querung der DB-Strecken und des Main-Donau-Kanals.
- Keine Unterquerung von Gebäuden.
- Einhaltung der verfahrenstechnischen Minimalradien für den Tunnelvortrieb.

Bei der Entwicklung der Gradiente der Tunnel wurden folgende Anforderungen berücksichtigt:

- Gewährleistung der Standsicherheit der Ortsbrust (Abbaubereich während Tunnelvortrieb).
- Vermeidung eines Tunnelvortriebs in den Estherienschichten.
- Einhaltung der maximalen Steigung von 4,0 %, die mittels gleisgebundener Tunnellogistik mit Elektroantrieb realisiert werden kann.
- Einhaltung der vom Wasserstraßen- und Schifffahrtsamt (WSA) formulierten Mindestüberdeckung bei Unterquerung von sohlgedichteten Bundeswasserstraßen.
- Einhaltung der von der DB InfraGo AG geforderten Mindestüberdeckung zur Querung von Gleisanlagen.

Unter Berücksichtigung der genannten Randbedingungen und dem geplanten Bauverfahren (s. Kapitel 3) wurde die in nachfolgender Abbildung 2 dargestellte Gradiente entwickelt.

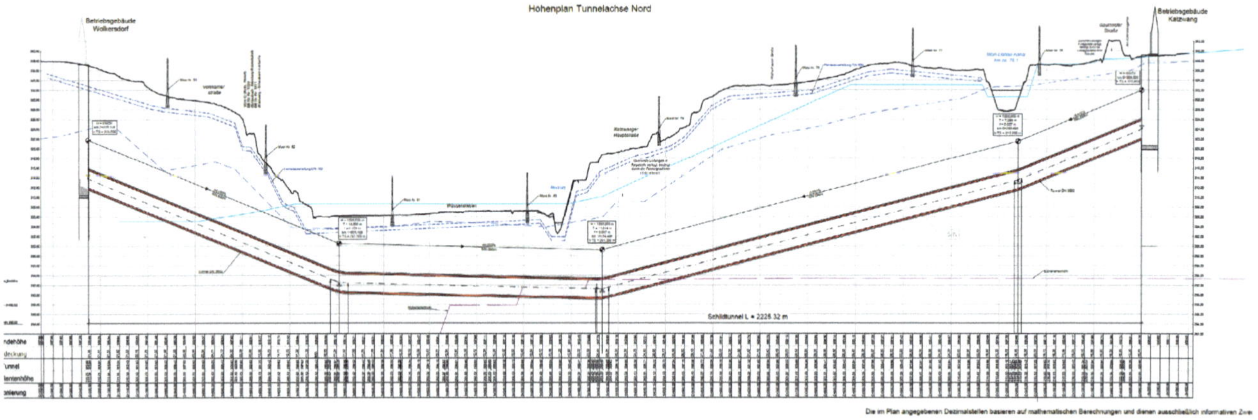


Abbildung 2: Gradiente/Höhenplan Tunnelachse Nord

Als besondere Herausforderungen im Projekt zählen die unterirdische Querung des Main-Donau-Kanals, der DN 700-Fernwasserleitung der infra fürth Gmbh, der Rednitz und der DB-Strecken 5971/5320.

Der Main-Donau-Kanal ist eine Bundeswasserstraße mit Sohldichtung, der mit einer Überdeckung des Ausbruchsquerschnitts von 12 m und einem Kreuzungswinkel von rund 60° unterquert wird. Wesentliche Anforderung ist hier die Einhaltung der Mindestüberdeckung von 2x $D_A$ (2 x Ausbruchdurchmesser). Mit dem geplanten Ausbruchdurchmesser von 4,5 m ergibt sich eine Reserve von 3 m zur Mindestüberdeckung. Zur Überwachung des Main-Donau-Kanals werden unter anderem kurz vor und nach dem Querungsbereich Messquerschnitte mit Mehrfach-Extensometern installiert mittels derer mögliche Baugrundverformungen direkt erkannt werden können. Im direkten Nahbereich des Main-Donau-Kanals wird der weiteren Vortriebsstrecke folgend eine DN700-Fernwasserleitung der infra fürth GmbH im Abstand von 20 m unterquert. Hierbei handelt es sich um eine Asbestzement-Leitung, die in offener Grabenverlegung mit 5 m -Rohrschüssen in den 1960er Jahren errichtet wurde. In Abstimmung mit dem Betreiber werden Beweissicherungs- und Monitoringmaßnahmen sowie ein Sicherungs- und Notfallkonzept aufgestellt. Die Baumaßnahme wurde seitens eines öffentlich bestellten und vereidigten Sachverständigen unter Berücksichtigung von Setzungsberechnungen und Erschütterungsemissionen der TBM sowie einer Zustandsfeststellung als verträglich für die Fernwasserleitung bewertet.

Der Tiefpunkt der Tunnelröhren liegt unterhalb des Flusses Rednitz, der bei der Gradientenfindung einen wesentlichen Zwangspunkt darstellte, da eine Mindestbodenüberdeckung aus vortriebstechnischer Sicht notwendig ist. Dies stellte insbesondere eine Herausforderung dar, da an gleicher Stelle unterlagernde Estherienschichten (Tonsteine, Schiefertone) existieren, die zwei Grundwasserstockwerke als Dichtschicht trennen. Ein hydraulischer Kurzschluss zwischen den Grundwasserstockwerken ist zwingend zu vermeiden. In umfangreichen Abstimmungen mit dem Wasserwirtschaftsamt Nürnberg konnte Einvernehmen zu einer maximalen Einbindung der Tunnelröhre von 2,5 m in diese Schicht hergestellt werden, da die verbleibende Mächtigkeit der Stauerschicht in diesem Bereich noch mindestens 6-8 m beträgt und so ein Kurzschluss sicher vermieden wird. Mit der Einbindung kann die notwendige Überlagerung für den Vortrieb unterhalb der Rednitz sichergestellt werden.

Ca. 350 m vor Erreichen des Zielschachtes in Wolkersdorf unterqueren die Tunnelbauwerke die Schienenwege der DB-Strecken 5320/5971 mit einem vertikalen Abstand von rund 21 m. Aufgrund verschiedener Abweichungen vom DB-spezifischen Regelwerk für Querungen Dritter, wird eine Unternehmensinterne Genehmigung (UiG) beantragt. Hierbei werden durch die DB InfraGo AG und beteiligte Prüfsachverständige objektspezifische Auflagen definiert. Unter anderem werden in solchen Fällen die ständige Begleitung der Baumaßnahmen von einem Bauüberwacher Bahn für den Zeitraum des Vortriebs im Einflussbereich der Schienenwege gefordert. Ebenfalls ist die bereits für den Katzwangtunnel geplante, messtechnische Überwachung der Gleisanlage ein wesentliches Instrument zur Sicherstellung der Betriebssicherheit.

Neben den dargestellten Querungsstellen bestehen einige weitere Herausforderungen beispielsweise bezüglich der Wasserver- und -entsorgung im Bereich der Baustelleneinrichtungsflächen und der Transportlogistik (Schleppkurvenanalyse für die Schwertransporte Kabelspulen und TBM), die im planerischen Kontext mit dem Vorhabenträger gelöst werden konnten.

Die spezifischen Planungen zum Tunnelbau und der Vortriebstechnik werden nachfolgend kurz erläutert.

## 3. Tunnelbau

Im Rahmen der Planung wurden verschiedene Bauverfahren technisch gegenübergestellt. Als Ergebnis wurde das Schildvortriebsverfahren mit Tübbingausbau als Vorzugslösung für die Realisierung des Erdkabelabschnittes Katzwang ausgewählt. Sowohl das Rohrvortriebsverfahren mit erforderlichem Zwischenschacht als auch die Umsetzung mittels Horizontalspülbohrverfahren sind aufgrund örtlicher bzw. geometrischer Randbedingungen nicht umsetzbar.

Die geplanten Vortriebe beim Katzwangtunnel finden innerhalb einer Wechsellagerung aus Sandstein mit Ton-/Schluffstein statt, die vereinzelt auch Breckzien und Konglomerate aufweist. Dieser Boden weist voraussichtlich Festgesteinscharakter auf. Im Bereich des Rednitztals werden zudem Lockergesteinsschichten in Form von quartären Sanden (Südröhre Firstbereich; Nordröhre bis etwa Tunnelachse) sowie eine Störungszone (Rednitztal-Verwerfung) durchfahren.

Unter Berücksichtigung der Empfehlungen in [3] kommen zur Auffahrung der Tunnelbauwerke in der oben beschriebenen Geologie und den weiteren Randbedingungen ein sogenanntes Flüssigkeitsschild oder eine Vortriebsmaschine mit einer kombinierten bzw. wechselbaren Förderung (Flüssigförderung/Schneckenförderung) sowie anpassbarem Stützmedium (flüssig/breiig) in Frage. Der tatsächlich zur Ausführung kommende Maschinentyp wird im Zuge der Vergabe der Bauleistungen gemeinsam mit dem Bauunternehmen final festgelegt.

Für die Planung der Vortriebslogistik (Flächen, Ver- und Entsorgung Baustelle) und die statischen Berechnungen wird ein Vortrieb mit Flüssigkeitsschild zugrunde gelegt. Die Festlegung der Abmessungen, wie z. B. Tunneldurchmesser, BE-Bestückung (Zentrifuge, Filterpressen, separate Sammelbecken/Abraumflächen etc.) erfolgt unter Berücksichtigung eines Flüssigkeitsschildes bzw. einer Vortriebsmaschine mit kombinierter Förderung.

Aus der statischen Berechnung zur Tübbingauskleidung resultiert eine erforderliche Tübbingstärke von 0,3 m. Der Innendurchmesser von 3,6 m resultiert aus bauverfahrenstechnischen und betrieblichen Anforderungen. Der Außendurchmesser ergibt sich damit zu 4,2 m zuzüglich Ringspaltverpressung. Die Länge der Tübbinge (Länge eines Rings in Tunnellängsrichtung) wurde aus logistischen Gründen auf 1,2 m festgelegt, damit sich während der Vortriebsphase in dem geplanten Tunnelquerschnitt und Einsatz einer Weichenkonstellation zwei Versorgungszüge begegnen können. Der Regelquerschnitt ist in Abbildung 3 dargestellt.

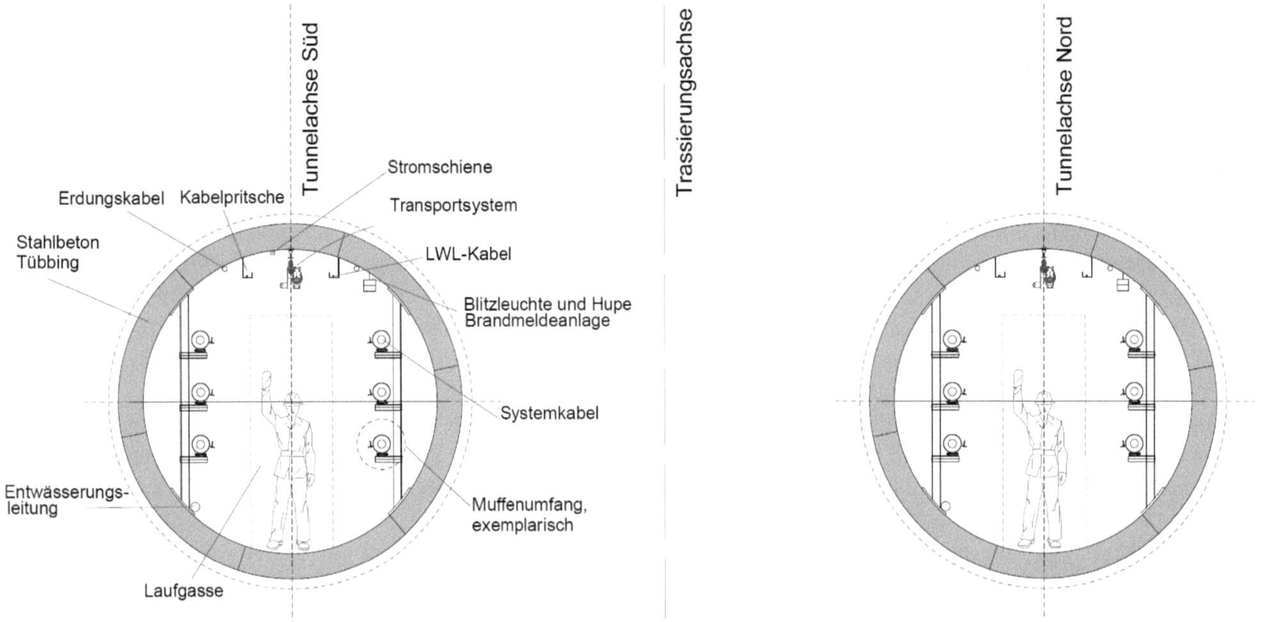


Abbildung 3: Regelquerschnitt Tunnelbauwerk

Die Dichtigkeit der Tunnelröhren wird durch umlaufende Kontaktdichtungen aus Elastomerrahmen an den Tübbingfugen sichergestellt. Die Längs- und Ringfugen sind als glatte Fugen vorgesehen, in denen Guiding Rods (Längsfugen) bzw. Steckdübel (Ringfugen) vorgesehen werden.

Die Hauptbaustelleneinrichtungsfläche liegt am Startschacht in Katzwang, die die allgemeine Baustelleneinrichtung, die Lagerflächen für Boden- und Oberbodenabtrag und die zusätzliche Baustelleneinrichtung für den Tunnelbau mit allen dazugehörigen Lager- sowie Zwischenlager- und Bereitstellungsflächen, Arbeitsflächen, Aufstellflächen, Werkstätten, Baucontainer und sonstigen Hilfsanlagen für alle notwendigen Gewerke umfasst. Es sind hier rund 33.500 m² eingeplant.

Im Bereich der Zielbaugrube erfolgt die allgemeine Baustelleneinrichtung zur Herstellung der Zielbaugrube, der Bergung der Vortriebsmaschine sowie den anschließenden Stahlbetonbauarbeiten zum Ausbau des Schachts. Ebenfalls dient die Fläche für die Zwischenlagerung von Bodenmaterial, Baumaterialien, Geräten etc. Darüber hinaus werden dort erforderliche Lager- und Zwischenlagerflächen, Arbeitsflächen, Werkstätten und sonstige Hilfsanlagen eingerichtet. Insgesamt werden ca. 15.750 m² für Zwecke der Baustelleneinrichtung genutzt.

Die für den Tunnelbau notwendigen Baugruben sowie die vor- und nachgelagerten Erdkabelstrecken und weitere Bauwerke des Gesamtprojekts werden nachfolgend beschrieben.

## 4. Baugruben, Zugangsbauwerke, Erdkabel

Das Baugruben-Design erfolgt nach dem notwendigen Bauraum für die Tunnelbohrarbeiten sowie nach den Anforderungen für den Einbau und Betrieb der Höchstspannungstrasse. Bei der Tiefe der Baugruben ist die Geometrie bzw. die Gradiente des Tunnels maßgebend.

Im Rahmen der Planung wurden für die Herstellung der Baugruben insbesondere das Verbauverfahren mittels überschnittenen Bohrpfählen sowie der Trägerbohlwandverbau (Abbildung 4) gegenübergestellt.

Auf Basis der geologischen und hydrologischen Erkenntnisse konnte abgeleitet werden, dass ein Verbau als Trägerbohlwandverbau wesentliche Vorteile in der technischen sowie zeitlichen und logistischen Abfolge bietet. Hierbei wurden gegenüber einer Baugrubensicherung mittels überschnittenen Bohrpfählen einige Vorteile identifiziert. Die zeitliche Minimierung lärmintensiver Arbeiten ist relevant, da für den Trägerbohlverbau ca. 50 % weniger Bohrlöcher herzustellen sind. Ebenso kann der Aushub der Baugruben durch vorauseilende Grundwasserabsenkung im trockenen Zustand erfolgen und ist damit technisch sowie zeitlich weniger aufwendig. Eine wesentlich bessere $CO_2$-Bilanz ergibt sich, da deutlich weniger Beton für die Baugrubenwand und Baugrubensohle in den Boden eingebracht werden muss. Insgesamt bestehen wirtschaftliche Vorteile durch schnellere Bauweise und verringerten Materialeinsatz.

Der jeweilige Durchfahrtsbereich der TBM wird mittels einer vorgesetzten und rückverankerten Wand aus Stahlbeton hergestellt. Der Baugrubenverbau wird nach Fertigstellung der Schachtbauwerke bis in eine Tiefe von ca. 2,50 m unter GOK zurückgebaut. Der tieferliegende Verbau verbleibt dauerhaft im Erdreich. Gleiches gilt auch für die Verpressanker.

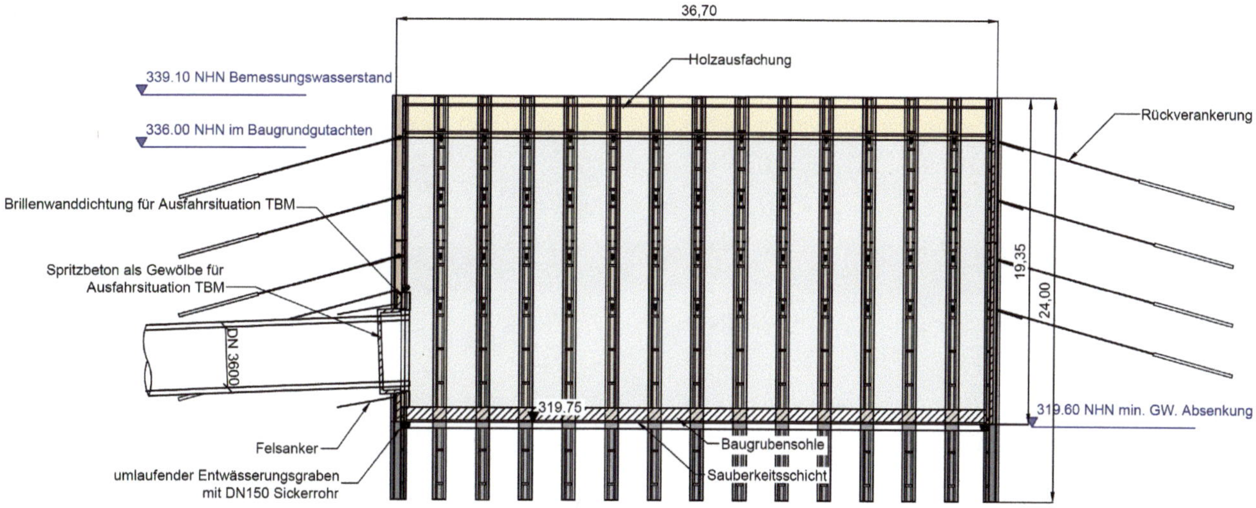


Abbildung 4: Startbaugrube mit Trägerbohlverbau

Nach Abschluss der Vortriebsarbeiten wird beidseits der Tunnelröhren je ein verbleibendes oberirdisches Zugangsbauwerk (Betriebsgebäude) sowie ein unterirdisches Stahlbetonbauwerk als Zugang in den Tunnel errichtet.

Das Schachtbauwerk bildet das abschließende und verbleibende unterirdische Bauwerk an den Tunnelköpfen, um im Betriebsfall Zugangs- und Wartungsmöglichkeiten an der Kabelanlage und/oder den Bauwerksteilen vornehmen zu können. Über das oberirdisch angeordnete Betriebsgebäude erfolgt der Zugang zum Schachtbauwerk.

Der Betrieb des Gesamtbauwerkes erfordert, dass die Bauwerke sowie Tunnelröhren zu jeder Zeit durch Wartungs- und Reparaturpersonal begangen werden können. In den Abbildungen 5 und 6 sind die Betriebsgebäude mit untertägigem Schachtbauwerk dargestellt.

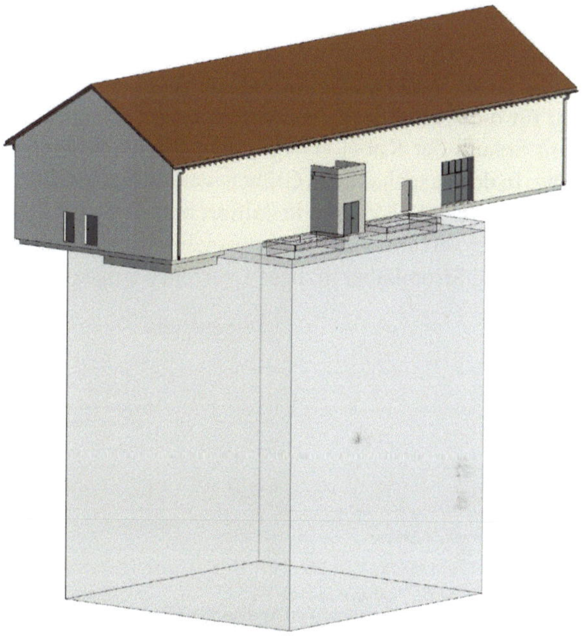

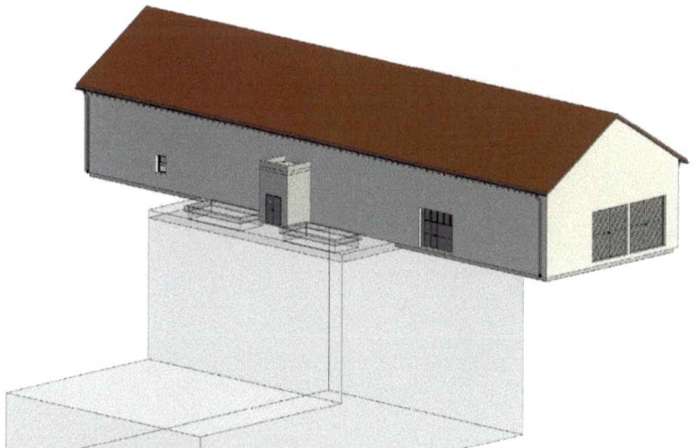

Abbildung 5: Zugangsbauwerk Katzwang
Abbildung 6: Zugangsbauwerk Wolkersdorf

Die Verbindung der Schacht-/Zugangsbauwerke mit den Kabelübergangsanlagen erfolgt über Erdkabelstrecken, die in Abbildung 7 dargestellt sind. Hierbei werden in den Abschnitten zwei parallele Kabelgräben, welche jeweils zwei Kabelsysteme mit je drei Hochspannungskabel sowie Steuer- und Monitoringkabel führen, hergestellt.

Abbildung 7: Erdkabelabschnitt Katzwang zwischen KÜA (rechts) und Startschacht (links)

Für den Bau der Kabelgräben wird ein Regelgrabenprofil (Abbildung 8) mit einem Böschungswinkel von 45° genutzt, dessen Grabensohle in 1,95 m Tiefe liegt. Die Mindestüberdeckung wurde mit einer Tiefe von 1,7 m gewählt. Die Verlege-Toleranz wurde auf 20 cm (-10/+10 cm) für die Ausführung der Bauarbeiten eingeschränkt. Zum Schutz der Kabel erfolgt keine direkte Erdverlegung. In den ausgehobenen Gräben werden Kabelschutzrohre aus PE-HD-Material installiert und dann der Graben wieder verfüllt. Zum Abschluss der Baumaßnahme werden die Stromkabel in diese Leerrohre eingezogen.

Querschnitt von 3.200 mm² zum Einsatz. Aufgrund der gesamten Abschnittslänge von rund 3.225 m muss eine Segmentierung der Kabelstränge erfolgen. Übliche Liefergrößen solcher Hochleistungskabel liegen bei 1.200 m, in Einzelfällen als Sonderfertigung bis 1.800 m. Des Weiteren ergeben sich bei langen Übertragungsstrecken Schirmverluste, die mittels sogenannter Cross-Bonding-Muffen (CB-Muffen) reduziert werden können. Diese werden pro Kabel zweimal im Tunnel angeordnet.
Die Verlegung der Einzelkabel im Tunnel erfolgt vertikal mit einem Abstand von 60 cm und auf Konsolen, die

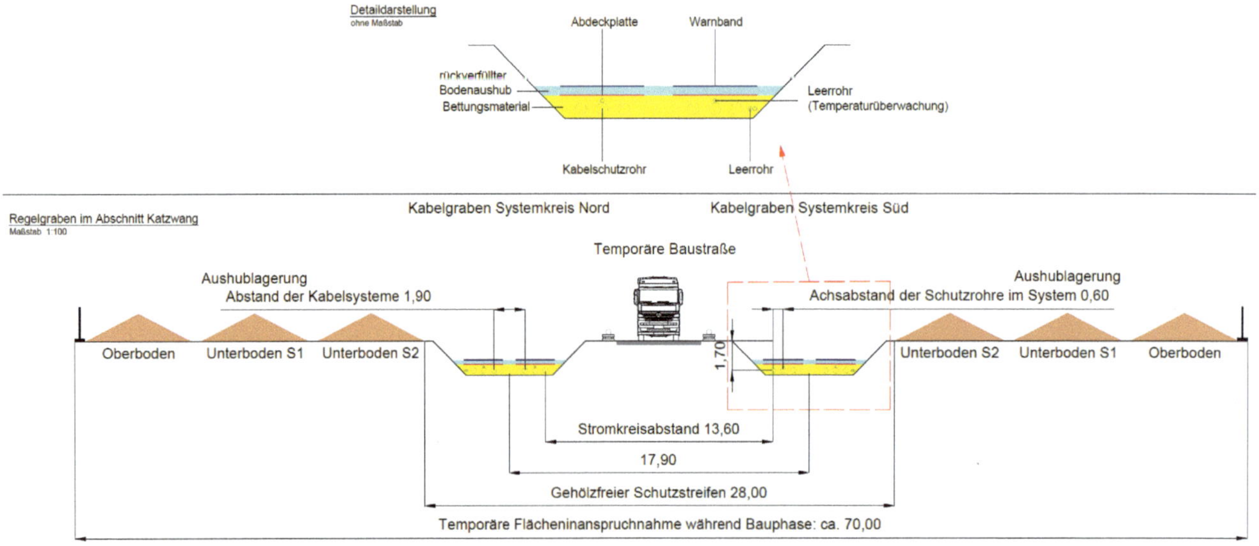


Abbildung 8: Kabelverlegung im Regelgraben

## 5. Kabelanlage

Das Herzstück des Ersatzneubaus im Abschnitt A-Katzwang ist die Primärkabelanlage bestehend aus erdverlegten und im Tunnel verlegten Teilen. Aufgrund der begrenzten Stromtragfähigkeit der Kabel verdoppelt sich die Systemanzahl im Vergleich zur Freileitung.
Die Kabel sind für eine Stromtragfähigkeit von 3.600 A bei einem Belastungsgrad von 1 ausgelegt und sollen eine temporäre Überlast von 4.000 A für mindestens 12 Stunden nach einer Vorbelastung von 3.200 A ermöglichen. Es kommt ein VPE-isoliertes Einleiterkabel mit einem

im Abstand von etwa 7,2 m an der Tunnelwand befestigt werden. Die sichere Führung und Überwindung der Höhendifferenz von 15-20 m von den Erdkabelstrecken über den Schacht in den Tunnel erfolgt über ein speziell anzufertigendes Stahltraggerüst. Dieses wird bereits bei der Installation der Kabel als Auflager zur Aufnahme von Rollenlagern genutzt. Ein schematischer Aufbau eines solche Gerüsts ist in Abbildung 9 dargestellt.

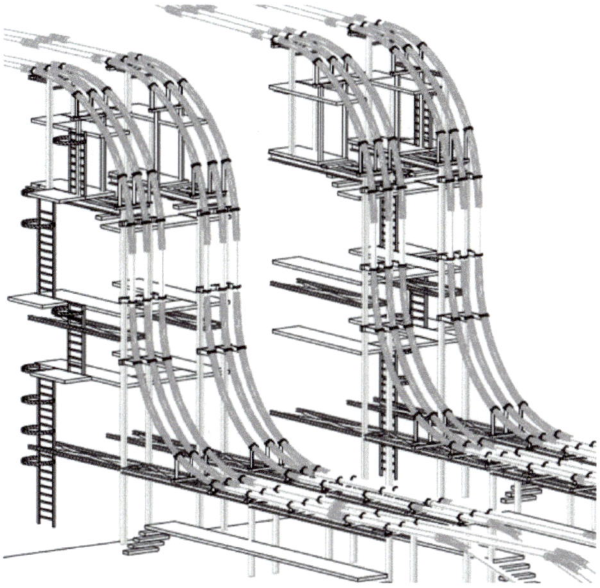

Abbildung 9: Stahltraggerüst mit 12 Kabelsträngen (Schema)

Für die Montage und den Endzustand sind die herstellerspezifischen Einzugs- und Biegeradien (4-6 m) der Kabelstränge einzuhalten. Insbesondere bei den Installationsarbeiten der Kabel, d. h. beim sogenannten Kabelzug sind diese Radien singulär und insbesondere auch in Kombination mit mehreren Richtungsänderungen zu berücksichtigen.

Dazu werden Kabelzugberechnungen durchgeführt und daraus resultierend der Einsatz der notwendigen Winden und Schubgeräte geplant. Im Abschnitt A-Katzwang werden die äußeren Kabelstränge jeweils von den KÜAs über die Erdkabelstrecken bis zu den CB-Muffen eingezogen. Die mittlere Strecke zwischen den CB-Muffen wird über die im Schachtbauwerk Katzwang vorgesehene Öffnung eingebracht.

Eine Herausforderung stellt der Transport der einzelnen Kabelstränge dar. Die insgesamt 36 Einzelkabel, die jeweils auf Kabelspulen ein Gewicht von rund 80 t haben, müssen mittels Schwerlasttransport zu den einzelnen Abspulplätzen transportiert werden. Hierfür wurden detaillierte Untersuchungen zu möglichen Transportrouten unter Berücksichtigung von Schleppkurven, Rückbaumaßnahmen von z. B. Lichtsignalanlagen und Belastungsklassen von Brücken durchgeführt. Entsprechende Routen konnten identifiziert und abgestimmt werden.

Die maximale Belastungstemperatur der Leiter (Kabel) beträgt 90 °C. Für die dauerhafte Einhaltung dieser Temperatur ist eine leistungsstarke, mechanische Lüftungsanlage vorgesehen, die den Schachtbereich und die Tunnelröhren belüftet. Im Zuge der ersten Leistungsphasen wurden umfangreiche Untersuchungen für die kabelmagnetischen und kabelthermischen Auswirkungen der gesamten Kabelanlage im Tunnel durchgeführt. In den nachstehenden Abbildungen 10 und 11 sind beispielhaft das Vorgehen (FEM-Modell) und ein Ergebnis (Temperaturverteilung bei eine Luftgeschwindigkeit von 2 m/s) dargestellt.

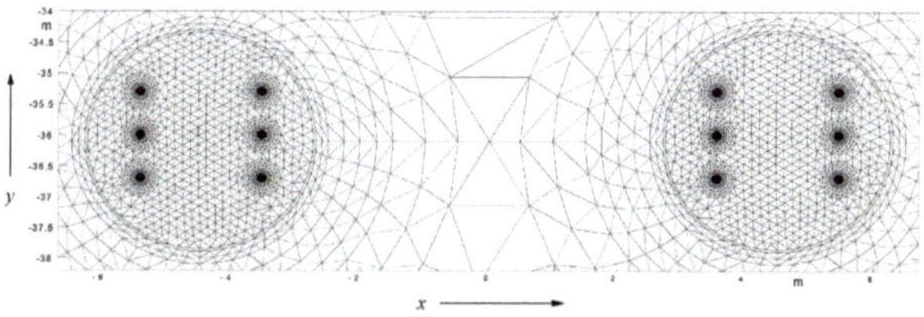

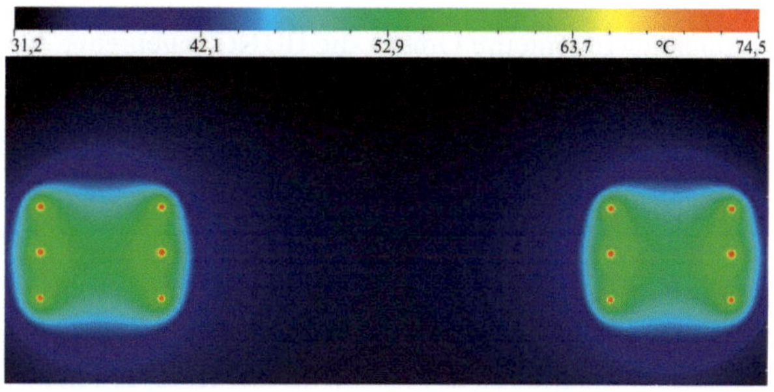


Abbildung 10: FEM-Modell der begehbaren Doppelröhre [2]
Abbildung 11: Temperaturverteilung, V = 2m/s [2]

Unter Berücksichtigung dieser Analysen und weiterer Randbedingungen (z. B. verschiedene Auslastungsgrade, maximale Außentemperatur von 45°C) wurde die Belüftungsanlage ausgelegt, die bei einem Kabelfehler den Tunnel innerhalb von 24 Stunden auf eine Temperatur von 35 °C für Revisionstätigkeiten herunterkühlen kann. Dabei sind die Lüfter nicht für einen Rauchabzug (Heißgase) im Brandfall vorgesehen, können jedoch zur Rauchableitung genutzt werden. Für jeden Tunnel sind separate Lüftungsanlagen mit jeweils einem Zuluft- und Abluftventilator sowie einem Bypass vorgesehen. Die Ventilatoren arbeiten im Normalfall mit etwa 50 % Last und sind für den Dauerbetrieb ausgelegt. Bei Lüfterausfall übernimmt der verbleibende Lüfter die Funktion, und der Bypass minimiert den Druckverlust über den ausgefallenen Lüfter. In bestimmten Szenarien wird die Übertragungsleistung je nach Außentemperatur und Dauer des Lüfterausfalls reduziert.

## 6. Forschungsprojekt

Im Betrieb erzeugen stromführende Kabel durch elektrische Verluste Wärme, die zur Erwärmung der Leiter führt. Um die Übertragungsverluste gering zu halten, muss diese Abwärme kontinuierlich aus dem Tunnel abgeführt werden. Dies erfolgt im Projekt Katzwangtunnel mittels der in Kapitel 5 beschriebenen Lüftungsanlage. Analog geschieht dies derzeit in vielen Projekten, bei denen Stromkabel in begehbaren Tunnel installiert sind. Neben der durch im Tunnelquerschnitt installierten Kabel entstehenden Abwärme trägt auch die Erdwärme zur Erwärmung der Tunnel bei – selbst dann, wenn keine elektrische Energie übertragen wird.

Die insgesamt in begehbaren Kabeltunneln entstehende Abwärme wird bislang ungenutzt in die Atmosphäre abgegeben, obwohl sie ggf. Potenzial für die kommunale Wärmeversorgung bietet. Kommunen, öffentliche Einrichtungen sowie Gewerbe- und Industriebetriebe entlang der Trassen könnten diese Wärme zur Gebäudebeheizung oder Prozesswärmenutzung einsetzen.

Die TenneT TSO ist als Allianzpartner eines Forschungskonsortiums seit 2025 an dem von der Deutschen Bundesstiftung Umwelt (DBU) geförderten Forschungsvorhaben „Effiziente Nutzung von Abwärme aus Kabeltunneln zur nachhaltigen Verwendung im regionalen Projektgebiet" beteiligt.
Neben der TenneT sind die Rheinland-Pfälzische Technische Universität Kaiserslautern (RPTU), die BUNG-PEB Tunnelbau-Ingenieure GmbH, die BUNG Ingenieure AG und die sta-fem GmbH sowie als weitere Allianzpartner die Amprion GmbH und die 50 Hertz Transmission GmbH beteiligt.
Das Ziel des Vorhabens ist ein Konzept zu entwickeln, das die Summe der vorhandenen Wärmequellen aus Kabeltunneln nutzt und diese zur Wärmenutzung, z. B. in öffentlichen Gebäuden, Wohnquartieren oder anderen gewerblichen Institutionen bereitstellt. Dabei werden neben den kabeltechnischen auch die örtlichen und infrastrukturellen Randbedingungen sowie anlagentechnischen Möglichkeiten berücksichtigt.

## 7. Zusammenfassung und Fazit

Das Projekt Katzwangtunnel mit den zugehörigen Erdkabelstrecken und Betriebsgebäuden im Abschnitt A-Katzwang ist Teil der Ersatzneubaumaßnahme der Juraleitung. Hierbei soll die bestehende 220 kV-Leitung der TenneT TSO GmbH durch eine leistungsstarke 380 kV-Leitung ersetzt werden. Aufgrund örtlicher, genehmigungsrechtlicher und technischer Randbedingungen sind planerisch zahlreiche Herausforderungen zu bewältigen. Hierzu zählen aus tunnelbautechnischer Sicht die verschiedenen Querungen von bestehender Infrastruktur wie dem Main-Donau-Kanal sowie die versorgungstechnischen und logistischen Möglichkeiten. Auch aus kabeltechnischer und ausrüstungstechnischer Perspektive sind einige komplexe Abhängigkeiten und Anforderungen zu bewältigen (z. B. kabelthermische/kabelmagnetische Restriktionen, Lüftungstechnik, Kabelzug). Im Zusammenwirken der an der Planung Beteiligten konnten die bisherigen Herausforderungen des Projekts für das Planfeststellungsverfahren und darüber hinaus in den weiteren Planungsphasen bewältigt werden. Bis zum geplanten Vergabeprozess der Bauleistungen werden vertiefte Ausführungsplanungen abgeschlossen und die umfangreichen Ausschreibungsunterlagen vorbereitet.

## Literatur

[1] Raitersaich-Ludersheim-Sittling-Altheim 380-kV-Ersatzneubauprojekt; Ltg.-Abschnitt A-Katzwang Raitersaich_West-Ludersheim_West; Planfeststellungsunterlage; TenneT TSO GmbH, 30.04.2025

[2] Studie: „Elektrische, thermische und magnetische Felder der 380 kV-Juraleitung im Bereich des Sonderbauwerks Katzwangtunnel", sta-fem GmbH, 02.12.2024

[3] „Empfehlungen für die Auswahl von Tunnelbohrmaschinen", Deutscher Ausschuss für unterirdisches Bauen e.V. (DAUB e. V.), 08/2025

# Kainzmühlsperre – Sanierung der Staumauer mit Kunststoffdichtungsbahn und Dichtungsschleier

**Dr.-Ing. Barbara Tönnis**
Tractebel GmbH, Weimar

**Dipl.-Ing. Bernd Aberle**
Geotechnik Aberle, Kelbra

**Zusammenfassung**
Die Kainzmühlsperre ist Teil der Kraftwerksgruppe Pfreimd. Die Kainzmühl- und die Trausnitzsperre sind die Unterbecken des Hochspeichers Rabenleite. Eigentümer/Betreiber ist die ENGIE Deutschland Erneuerbare GmbH. Die Kainzmühlsperre wurde in den Jahren 1923/1924 als Gewichtsstaumauer aus Beton errichtet. In den Jahren 1954/1955 wurden umfangreiche Sanierungsmaßnahmen im Zuge der Erhöhung der Staumauer durchgeführt. Bauzustandsuntersuchungen, Standsicherheitsberechnungen und Auswertungen des Bauwerksmonitorings dokumentierten den schlechten Zustand der Bausubstanz, so dass die Aufsichtsbehörde im Jahr 2019 eine Stauspiegelbegrenzung festgelegte. Seitdem wurde eine Sanierungsmaßnahme zur Wiederherstellung der Zuverlässigkeit der Staumauer geplant und im Jahr 2024 durchgeführt. Die Erfahrungen bei der Herstellung eines wasserseitigen Dichtungssystems mit einer Kunststoffdichtung und eines Dichtungsschleiers im Fels bei einer Bauausführung bei entleertem Stauraum ohne den Schutz eines Fangedammes werden erläutert. Mit der Sanierung der Staumauer wurde der normgerechte Zustand des Bauwerks hergestellt.

## 1. Vorhabenbeschreibung

Die Kainzmühlsperre ist Teil der Kraftwerksgruppe Pfreimd. Die Pumpspeicherkraftwerke Reisach und Tanzmühle nutzen als gemeinsames Oberbecken den Hochspeicher Rabenleite. Die Trausnitzsperre und die Kainzmühlsperre sind die zugehörigen Unterbecken.

Die Kainzmühlsperre wurde in den Jahren 1923/1924 als Gewichtsstaumauer aus Beton mit einer Kronenlänge von circa 120 m errichtet. In den Jahren 1954/1955 sind umfangreiche Sanierungsmaßnahmen im Zuge der Erhöhung der Staumauer durchgeführt worden. In den vergangenen Jahrzehnten erfolgten Bauzustandsuntersuchungen, Tragsicherheitsberechnungen und Auswertungen des Bauwerksmonitorings, die den allgemein schlechten Zustand der Bausubstanz dokumentieren. Im Ergebnis wurde im Jahr 2019 von der Aufsichtsbehörde schrittweise eine Stauspiegelbegrenzung angeordnet. Die letzte Begrenzung auf 456,40 m ü. NN, d. h. 1,6 m unterhalb des Vollstauziels, war bis zum baubedingten Abstau der Talsperre gültig.

In ihrer Verantwortung für die Talsperrensicherheit hat die ENGIE Deutschland Erneuerbare GmbH (EDEG) als Eigentümer und Betreiber.

- die Veränderungen von Messwerten untersuchen lassen,
- weitere Bauzustandsuntersuchungen durchgeführt und
- Sofortmaßnahmen zur Erhöhung der Tragsicherheit umgesetzt,

um auf diesen Erkenntnissen eine fundierte Entscheidung über ein Sanierungskonzept mit dem Ziel der Gewährleistung bzw. Wiederherstellung der normgerechten Zuverlässigkeit (Tragsicherheit, Gebrauchstauglichkeit und Dauerhaftigkeit) der Staumauer bei den genehmigten Stauzielen treffen zu können.

Durch die Sanierungsmaßnahmen müssen folgende Ziele erreicht werden:

- Verhinderung der Durchsickerung der Staumauer,
- Reduzierung des Sohlenwasserdruckes und des Eindringens von Wasser aus dem Untergrund in die Staumauer sowie
- die Anpassung der Anlagen der messtechnischen Bauwerksüberwachung.

Die umgesetzten Maßnahmen zur Wiederherstellung der Zuverlässigkeit sind

- Herstellung eines Dichtungsschleiers im Untergrund der Staumauer,
- Einbau eines Dichtungssystems mit Kunststoffdichtung an der Wasserseite der Staumauer,
- Ergänzung der messtechnischen Bauwerksüberwachung.

## 2. Sanierungsmaßnahmen an der Kainzmühlsperre

### 2.1 Beschreibung des Bauwerks

Die Kainzmühlsperre ist eine Gewichtsstaumauer aus Beton mit gerader Mauerachse, einer Kronenlänge von ca. 120 m und einer Bauwerkshöhe von ca. 22 m über der Gründungssohle. Der Mauerkörper wurde blockweise hergestellt. Block 1 befindet sich am linken Widerlager, Block 11 am rechten Widerlager. Zwischen den drei Wehrfeldern (Block 3a/3b, Block 4a/4b und Block 5) befinden sich die Wehrpfeiler 2 und 3. Im Wehrpfeiler 3 ist der Grundablass angeordnet.

Mit einem Stauvolumen von ca. 1,1 Mio. m³ ist die Kainzmühlsperre der Talsperrenklasse 1 nach DIN 19700-11 zuzuordnen.
Unter der Bezeichnung Pfreimdtalsperre wurde die Talsperre für die Stromerzeugung mit einer Ausbauleistung 1.800 kW betrieben. Im Zuge der Errichtung der „Pumpspeichergruppe Jansen“, heute Kraftwerksgruppe Pfreimd, wurde die Talsperre in den Jahren 1954/1955 umgebaut und erhielt die Bezeichnung Kainzmühlsperre.
Folgende wesentliche Anpassungen wurden 1954/1955 vorgenommen:

- Erhöhung des Vollstauziels von 455,00 m ü. NN auf 458,00 m ü. NN.
- Erhöhung der Staumauer (Mauerkrone auf 460,1 m ü. NN), verbunden mit dem Rückbau/Abbruch der nicht standfesten Betonflächen der alten Staumauer, der Injektion des alten Mauerkörpers (Kernbeton) und dem beidseitigen Einbau einer Vorsatzbetonschale. Zum besseren Verbund zwischen dem porösen Kernbeton und der neuen Vorsatzschale wurden Hafteisen Ø 14 mm Betonstahlgüte I, die auch als Schalungsverankerung dienten, eingebaut (s. Abb. 1).
- Außerbetriebsetzung des Kraftwerks der Pfreimdtalsperre, Nutzung des Gebäudes als Schalthaus bzw. Erholungsheim (nicht im Eigentum der EDEG).
- Neubau und Inbetriebnahme des Eulengrundstollens.

Abb. 1: Ansicht der Wasserseite während des Umbaus 1954/1955 [EDEG]

Im Ergebnis von Sicht- und Materialprüfungen seit 2019 wies der Beton starke Abwitterungen in der Wasserwechselzone auf. In den Fugenbereichen wurden tiefere Ausbrüche bis in den Dezimeterbereich festgestellt. Vorhandene Risse zeigten Wasserläufigkeiten, d. h. in der Mauer, insbesondere im porösen Kernbeton, steht Wasser. Messungen ergaben teilweise hohe Sohlenwasserdrücke in der Gründungsfuge.

### 2.2 Geplante Sanierungsmaßnahmen

Mit der Instandsetzung der Staumauer sollen die Tragsicherheit, Betriebssicherheit, Gebrauchstauglichkeit und die Dauerhaftigkeit bei den genehmigten Stauzielen wiederhergestellt und für einen Zeitraum von mindestens fünfzig Jahren gewährleistet werden.
Die Maßnahmen zur Wiederherstellung der Zuverlässigkeit umfassen im Wesentlichen:

- Herstellung/Sanierung eines Dichtungsschleiers im Untergrund,
- Einbau eines Dichtungssystems mit Kunststoffdichtungsbahn an der Wasserseite der Staumauer,
- Sanierung/Ergänzung der Anlagen der messtechnischen Bauwerksüberwachung.

Zusätzlich muss die vorhandene Steuerzelle auf der Mauerkrone durch einen Anbau erweitert werden.
Im Jahr 2022 wurden die erforderlichen Kartierungen am Standort ausgeführt und auf deren Grundlage die naturschutzfachlichen Gutachten erstellt. Der Genehmigungsantrag wurde am 31. März 2023 eingereicht.

## 3. Bauliche Umsetzung der Sanierungsmaßnahmen

### 3.1 Vorbereitende Maßnahmen

Auf der Luftseite wurde eine Baustelleneinrichtungsfläche hergestellt. Im Vorfeld der Sanierungsmaßnahmen wurde die Talsperre im September 2023 entleert und der überwiegende Teil der Fisch- und Krebsfauna sowie der Muscheln entnommen und in die unterhalb liegende Trausnitzsperre umgesetzt. Ohne erneute Befischung wurde die Talsperre im März 2024 abgestaut. Die Baumaßnahmen wurden von März bis Oktober 2024 umgesetzt.
Die Bautätigkeiten begannen mit der Beräumung und seitlichen Lagerung der Sedimente sowie der Herstellung der Baustraße im wasserseitigen Baufeld.
Bei der Einrichtung der Baustelle wurde festgestellt, dass auf der wasserseitigen Betonfläche ein PAK-haltiger Anstrich vorhanden war, der aufwändig durch Fräsen beseitigt werden musste.

### 3.2 Dichtungsschleier im Untergrund

Die Kainzmühlsperre liegt in der Moldanubischen Zone. Das Grundgebirge besteht überwiegend aus paläozoischen, metamorph überprägten Sedimentgesteinen (v. a. Cordieritgneis), in die später granitoide Gesteine intrudiert wurden. Laut geologischer Karte (GK 25, Tännesberg) treten im Sperrenbereich Sillimanitfleckengneis, Cordierit-Sillimanit-Flaser- und Zeilengneis sowie fein- bis kleinkörniger Granit auf.
Der Baugrundbericht von 1955 beschreibt den Sperrenuntergrund als gebankten, teils hellen, teils dunklen Gneis. Im Nordwesten sind die Klüfte meist eng (1–2 cm) und mit Kluftletten oder Gesteinszerreibsel verfüllt. Im Südosten dagegen enthalten sie weicheren, plastischen Letten; dort wurden zwischen den harten Gesteinsbänken bis zu 10 – 30 cm starke Schalen von angereichertem Kluftletten beobachtet.
Bei der Erhöhung der Mauer in den 1950iger Jahren hatte man im Hinblick auf die Sohlenwasserdrücke eine Vorspannung mit Stahlbündeln aus Rundstahl vorgesehen. Dies wurde jedoch nicht umgesetzt. Stattdessen wurde 1954/1955 ein Dichtungsschleier hergestellt.
Laut Bautagebuch wurde zusätzlich eine Untergrundinjektion ausgeführt, über deren genaue Lage und Ausführung jedoch keine gesicherten Informationen vorliegen. Dazu wurden Bohrungen von der Wasserseite durch den

Sporn der Staumauer bis etwa 5 m unter die Gründungssohle abgeteuft (s. Abb. 2). Die Bohrungen waren 24° zur Luftseite geneigt.

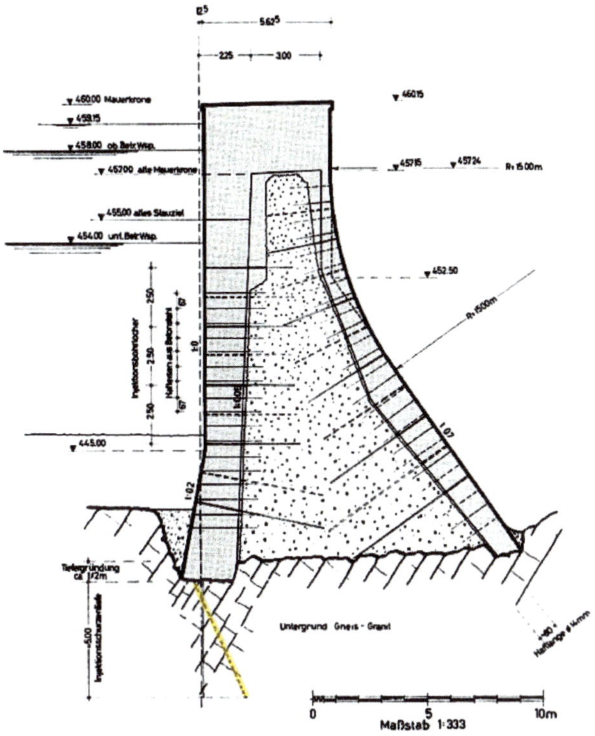


Abb. 2: Lage der Verpressbohrungen 1954 [EDEG]

Ziel der Injektion war eine Vergütung des Untergrundes und der Gründungssohle zur Begrenzung und Reduzierung der Sohlenwasserdrücke. Der Dichtungsschleier sollte möglichst nahe an der Wasserseite hergestellt werden. Dafür war im oberen Bohrbereich ein Verpresswiderlager erforderlich, um zu verhindern, dass die Zementsuspension unkontrolliert in den Zwickel zwischen Fels und Mauersporn austritt.

Im Zuge der Baumaßnahmen in 2024 wurden Suspensionsrückstände, die auf der Wasserseite vor der Staumauer ausgegraben (s. Abb. 3). In der obersten Lage wurden mehr als 30 Schichten gezählt.

Der Altbeton wurde mit einer Zementinjektion ertüchtigt. Dazu wurden rund 3.000 Bohrmeter mit einem Abstand von weniger als 2,5 m abgeteuft. Insgesamt wurden etwa 500 t Zement (W/Z-Verhältnis = 4:1) verpresst. Die mittlere Zementaufnahme betrug 117 kg/m³.

Abb. 3: Zementsuspensionsspuren aus 1954/1955

Bei den Sanierungsarbeiten in 2024 wurde der Dichtungsschleier einreihig, in zeitlich aufeinander folgenden Serien (A-, B-, C- und D-Serie) ausgeführt. Zur Verhinderung von Verbindungen der Bohrlöcher untereinander wurden zunächst die Primärbohrungen (A-Serie) mit einem Abstand von ca. 8 m hergestellt. Erst nach der Injektion der Primärbohrlöcher (A-Serie) wurden dazwischen die Sekundärbohrlöcher (B-Serie) und anschließend die Tertiärbohrungen (C-Serie) hergestellt. Nach Auswertung des bisher erreichten Dichtungserfolges wurde in einigen Abschnitten mit den D-Bohrungen der Bohrlochabstand auf 1 m reduziert.

Die Bohrungen wurden i. d. R. vom wasserseitigen Baufeld aus, zum Unterwasser geneigt, als Kernbohrungen ca. 8 m im Vorsatzschalenbeton und ca. 8 m im Fels mittels Kernbohrungen bzw. Im-Loch-Hammerbohrungen hergestellt.

Die Injektion wurde von unten nach oben mit Verpressstufen von 3 m Länge ausgeführt. Die Bezeichnung der Stufen wurde so gewählt, dass die Verpressung mit Stufe 5 – im Bohrlochtiefsten – beginnt (s. Abb. 4). Die Stufe 3 verpresst bei allen Bohrungen den Bereich von 1 m über der Gründungssohle bis 2 m unterhalb der Gründungssohle.

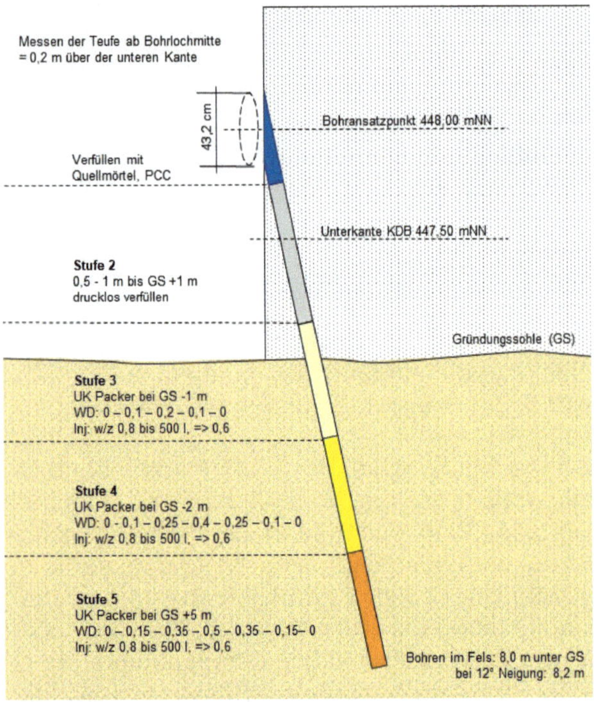


Abb. 4: Auszug aus der Arbeitsanweisung Injektion

Die Verpressung wurde beendet, wenn die Aufnahmemenge weniger als einen Liter pro Minute über eine Verpresszeit von 10 min erreicht hatte. Die Stufe 2, oberhalb der Gründungssohle wurde mit Zementsuspension drucklos bis ca. 0,5 m unter dem Bohransatzpunkt verfüllt. Mit Stufe 1 wurde der Abschnitt über Stufe 2 bezeichnet, der drucklos mit Quellmörtel verfüllt wurde.
Bei Umläufigkeiten wurde der Packer gelöst und 0,5 m bis 1,0 m höher eingebaut. Bei Aufnahmemengen größer 500 l wurde der W/Z-Wert auf 0,6 und nach weiteren 500 l auf 0,5 reduziert.
Für den Dichtungsschleier waren im Wesentlichen die folgenden Hauptpositionen zu erbringen:

| | |
|---|---|
| 1 | Baustelleneinrichtung |
| 1.710 | Injektionsbohrmeter in 112 Bohrungen |
| 550 | Kernbohrmeter von den 1.710 m |
| 300 | Injektionsstunden |
| ca. 11 | Tonnen, Liefern von Injektionszement |
| 390 | Einbau/Umsetzen von Packern |
| 60 | WD-Tests |
| 20 | Bohrlochverlaufsmessung |

Die Arbeiten erfolgten von April bis August 2024 im entleerten Becken ohne Fangdamm (s. Abb. 5).

Abb. 5: Herstellung des Dichtungsschleiers an der Wasserseite der Staumauer

Gemäß den Vergabeunterlagen wurden die ersten Bohrungen als Probeinjektionen ausgeführt. Die Suspensionseigenschaften, WD-Tests und Verpressergebnisse wurden direkt vor Ort ausgewertet. Auf Basis der Ergebnisse wurde die Verpressungen mit einem W/Z-Wert von 0,8 begonnen, und auf die Zugabe von Einpresshilfen und Stabilisatoren weitgehend verzichtet.
Bei den ersten beiden Bohrungen zeigte sich trotz 8 m Abstand eine Verbindung über eine steilstehende Trennfläche, die auch eine direkte Verbindung zu einer Pegelbohrung aufwies. Nach zwei Wochen wurden die Arbeiten im Regelbetrieb fortgeführt.
Der kritische Pfad lag im Abteufen der Bohrungen. Aufgrund des engen Arbeitsraums und des Pilgerschrittverfahrens war der Einsatz zusätzlicher Bohrgeräte nur eingeschränkt möglich.
Die gesamte Ausrüstung musste täglich nach Arbeitsende – sowie bei akuter Hochwassergefahr – vollständig aus dem Becken beräumt werden.
Die Bohr- und Injektionsarbeiten begannen auf der linken Seite am Einlauf des Eulengrundstollens.
In den ersten zwei Monaten verzögerte sich der Baufortschritt durch:
– mehrere Hochwasserereignisse,
– PAK-haltige Beläge auf der Maueroberfläche,
– geringen Bohrfortschritt bei Kernbohrungen

Im rechten Mauerabschnitt erschwerten bis zu 30 cm mächtige Quarzbänder im Gneis die Kernbohrungen. Daher wurde entschieden, den überwiegenden Teil der Kernbohrung im Gebirge durch Im-Loch-Hammerbohrungen zu ersetzen. Als weitere Beschleunigungsmaßnahme wurde festgelegt, dass die Bohrungen von der Mitte des Blockes 09 bis zum rechten Hang (Block 11) von der Mauerkrone aus abgeteuft werden.
Aufgrund der geringen Aufnahme in der C-Serie entfielen in der D-Serie auf der linken Seite der Staumauer neun Bohrungen und auf der rechten Seite sieben Bohrungen.
In den Blöcken 04b und 05 beidseitig des Wehrpfeilers 3 wurde der Untergrund unterhalb des Grundablasses mit zwei „Bohrfächern“ verpresst.

Für die Verpressung wurden 100 Bohrungen abgeteuft. Für den Dichtungsschleier wurden 195,1 Bohrmeter als Kernbohrung und 1.307,8 Bohrmeter als Im-Loch-Hammerbohrung abgeteuft. Die Bohrausrüstung bestand aus:

- 1 x Kernbohreinheit Hilti DD 500 CA mit Lafette
- 2 x Raupenbohrgeräte Morath BR400

Die Raupenbohrgeräte wurden durch elektrische Hydraulikaggregate angetrieben. Durch unterschiedliche Bohrköpfe konnten mit denselben Geräten sowohl Im-Loch-Hammerbohrungen also auch Kernbohrungen abgeteuft werden.
Für die Kernbohrungen wurde eine dünnwandige Diamantbohrkrone mit Doppelkernrohren (d = 86 mm) eingesetzt. Die Bohrkerne wurden gemäß den Vorgaben des Auftraggebers in Kernkisten gepackt.
Die Injektionsbohrungen wurden mit einem 3" Im-Loch-Hammer, Durchmesser 88 mm, abgeteuft. Als Gestänge kamen Bohrstangen mit 2 3/8" API-Gewinde zum Einsatz.
Die Bohrungen aus dem Stauraum wurden mit einer Neigung von 12° zur Vertikalen abgeteuft. Für die Bohrungen wurde der Beton des Mauerwerks durchteuft und die Bohrung bis 8 m unterhalb der Gründungssohle fortgesetzt. Die Bohrungen von der Mauerkrone wiesen eine Neigung von 4° zur Wasserseite auf. Die Bohrungen in der Wand der Kahntreppe wurden auch von der Mauerkrone mit dem gleichen Winkel abgeteuft.
Das Bindemittel wurde in einem hochtourigen Mischer (Kolloidalmischer) mit hohem Schergefälle aufbereitet. Für die Einhaltung des W/Z-Wertes wurde die Wasserzugabe über eine präzise Wasseruhr dosiert. Dem Mischer war ein Vorratsbehälter mit Rührwerk nachgeschaltet.
Für die Verpressarbeiten wurde zwei Injektionscontainer der Fa. Obermann (OM 100) mit jeweils 2 hydraulisch gesteuerten Pumpen eingesetzt. Damit konnten bei Bedarf größere Injektionsmengen in die Bohrungen eingebracht werden. Die Maschinensteuerung der Injektionsanlage berücksichtigt die gewählten Injektionsparameter wie maximaler Druck, Durchflussrate und Druckhaltezeit. Alle Injektionsparameter sowie Druck und Menge wurden kontinuierlich mit einem Logsystem (Log SG2) erfasst und gespeichert. Die Verpresseinrichtung wurde auf dem Vorplatz östlich der Mauerkrone und auf der rechten Mauerseite installiert. Damit wurden die Schlauchlängen von der Verpressstation und dem Bohrloch verringert.
Für das Einpressen wurden pneumatische Manschettenpacker eingesetzt. Die Parameter Druck, Durchflussrate, Abbruchkriterien usw. wurden vor Beginn der Arbeiten nach Vorgaben der Baubeschreibung festgelegt und bei Bedarf durch die Bauüberwachung an die Gegebenheiten vor Ort angepasst.
Als Injektionsgut wurde der Zement Variodur 50 des Herstellers Dyckerhoff eingesetzt. Von der ausführenden Firma wurde an jedem Verpresstag die Dichte der Suspension mit einem Aräometer und die Fließfähigkeit mit einem Marshtrichter bestimmt. Zusätzlich wurde das Absetzmaß in einem Standzylinder bestimmt. Die Verpressungen wurden mit einem W/Z-Wert von 0,8 begonnen. Bei größeren Aufnahmen wurde zuerst der Verpressdruck und später der W/Z-Wert reduziert. Die maximalen Drücke (MPa) bei den WD-Tests und Injektionen waren wie folgt begrenzt (s. Tab. 1).

**Tab. 1: Maximaldrücke WD-Test und Injektion**

| | **Druck WD-Test [MPa]** | **Injektion [MPa]** |
|---|---|---|
| Stufe 2 | kein Test | drucklos verfüllt |
| Stufe 3 (GS) | 0,0 – 0,1 – 0,2 – 0,1 – 0,0 | 0,2 |
| Stufe 4 | 0,0 – 0,2 – 0,4 – 0,2 – 0,0 | 0,4 |
| Stufe 5 | 0,0 – 0,35 – 0,5 – 0,35 – 0,0 | 0,5 |

Schlammwässer aus den Bohrungen und Spülwässer mit Zementrückständen wurden in ein Absetzbecken geleitet. Prozesswässer der Bohrspülung, WD-Tests und für die Reinigung der Verpressanlage wurde, soweit möglich, wiederverwendet, um die Kapazität der Absetzbecken zu erhöhen.
Zur Beurteilung der Injektionsarbeiten wurde das gesamte Verpressvolumen einer Stufe in eine Nettozementaufnahme pro Bohrmeter [kg/m] umgerechnet. Dabei wurden sowohl das Bohrlochvolumen als auch die zur Herstellung der Suspension erforderliche Wassermenge von der verpressten Gesamtmenge abgezogen.
In den Verpressstufen 3 bis 5 wurden insgesamt 21.618 kg Zement mit 24.645 l Suspension eingebracht. Die durchschnittliche Nettozementaufnahme betrug 15,5 kg/m bei einer erfassten Gesamtverpresszeit von 218,1 Stunden. (s. Abb. 6).

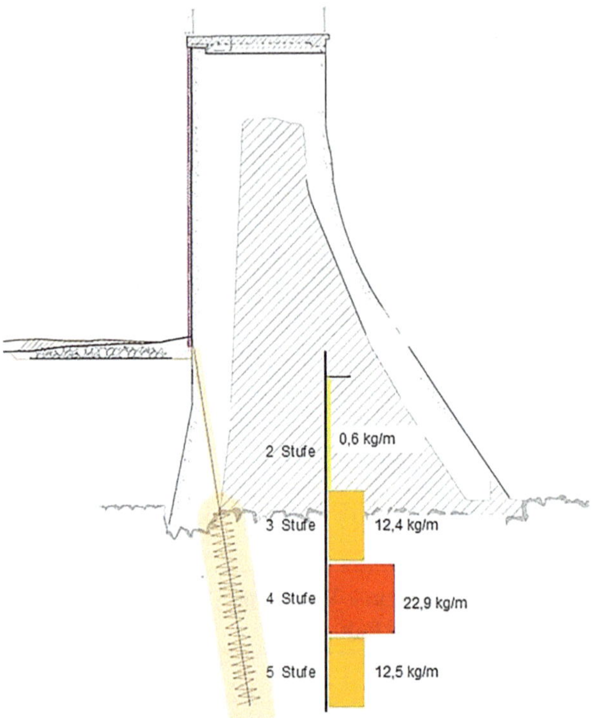


Abb. 6: Durchschnittliche Nettozementaufnahme über die Teufe

In der Stufe 2 wurde das Bohrlochvolumen drucklos verfüllt. Die geringe Aufnahmemenge von 0,6 kg/m zeigt, dass nur sehr geringe Mengen Suspension in die Vorsatzschale eingedrungen sind. Im Bereich der Gründungssohle wurde eine mittlere Aufnahme von 12,4 kg/m erzielt, was darauf hindeutet, dass Teile des bestehenden Dichtungsschleiers aus früheren Maßnahmen weiterhin wirksam sind (s. Abb. 6). In den tieferliegenden Felsbereichen (2–5 m unterhalb der Gründungssohle) wurden durchschnittlich 22,9 kg/m verpresst. Wie bei derartigen Arbeiten üblich, nimmt die Verpressmenge mit der nächst tieferen Stufe ab, da der Fels dort geringere Verwitterungsgrade und somit eine niedrigere Durchlässigkeit aufweist. Dieses Verhalten zeigt sich deutlich in den Zementaufnahmen der Stufe 5.

Bei der Injektionsmaßnahme 1954/1955 wurden die Bohrungen nur bis zu einer Tiefe von ca. 5 m unterhalb des Sporns abgeteuft. Mit der Stufe 5 wurde der Fels unterhalb des bestehenden Dichtungsschleiers vergütet.

In Abb. 7 ist die Verpressgutaufnahme der Blöcke grafisch als Abwicklung über die Mauerlängsachse dargestellt. Es zeigt sich, dass die Talflanken nur geringe Verpressmengen aufnahmen, während in den Zentralbereichen der Staumauer deutlich höhere Aufnahmen verzeichnet wurden. Auffällig ist eine erhöhte Zementaufnahme in Stufe 4 der Blöcke 03a und 03b. Bereits während der WD-Tests zu Beginn der Maßnahmen wurden hydraulische Verbindungen zwischen den Bohrungen 03a-A-06 und 03b-A-06 sowie zu den Messstellen BK 6 und BK 8 festgestellt. Die Bohrkerne zeigen ausgeprägte vertikale Trennflächen, die diesen Bereich durchörtern.

Unterhalb des Grundablasses im Block 05 wurden ebenfalls deutlich höhere Aufnahmemengen beobachtet. Dies lässt darauf schließen, dass die Maßnahme aus den 1950iger Jahren für einen Dichtungsschleier in diesem Bereich nicht mehr vollständig wirksam ist oder nicht vollständig umgesetzt wurde.

Die schematische Auswertung der Zementaufnahme nach Tiefenstufen und Mauerblöcken erfolgt in Abb. 8. Hierbei wurde Block 05 in die Teilbereiche 05.1 und 05.2 untergliedert. Die Grafik zeigt eine Abwicklung der Talsperre mit den Bohrungen. Eine dunklere Färbung bedeutet bei der Zementaufnahme und bei den WD-Tests einen höheren Lugeon-Wert gegenüber den helleren Feldern.

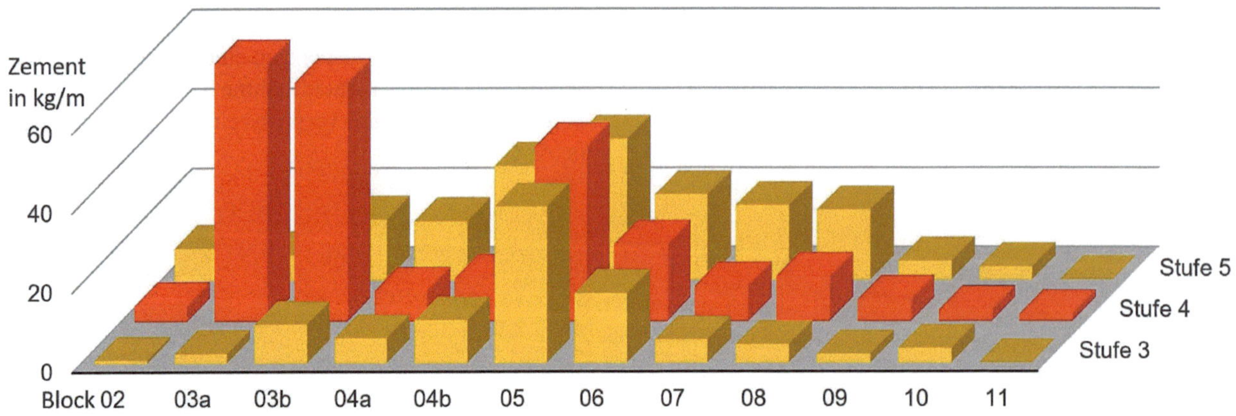


Abb. 7: Verpressgutaufnahme in den Stufen 3, 4 und 5 in den Blöcken (Abwicklung in Mauerlängsachse)

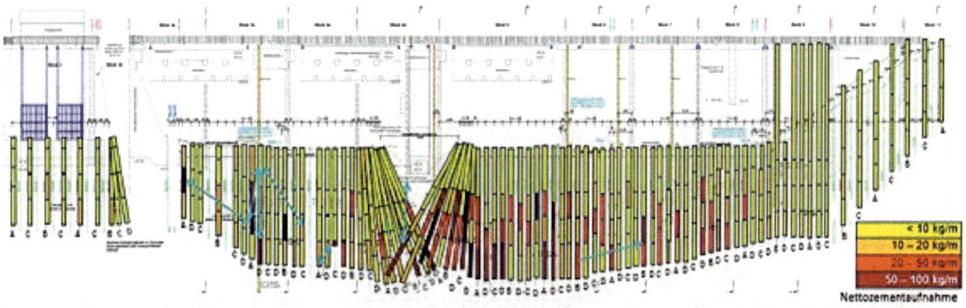


| Injektion | 02 | 03a | 03b | 04a | 04b | 05.1 | 05.2 | 06 | 07 | 08 | 09 | 10 | 11 |
|---|---|---|---|---|---|---|---|---|---|---|---|---|---|
| Stufe 3 | 0,7 | 2,3 | 9,7 | 6,2 | 10,8 | [illegible] | [illegible] | 17,5 | 5,8 | 4,6 | 2,2 | 3,7 | 0,0 |
| Stufe 4 | 4,1 | 68,3 | 60,1 | 7,7 | 10,9 | 56,6 | 32,97 | 19,4 | 8,9 | 11,3 | 5,5 | 2,9 | 1,9 |
| Stufe 5 | 7,9 | 6,2 | 15,2 | 14,7 | 28,7 | 44,1 | 27,2 | 21,4 | 18,7 | 17,6 | 4,7 | 3,2 | 0,0 |

Nettozementaufnahme in kg/lfd Bohrmeter

| WD- A | 02 | 03a | 03b | 04a | 04b | 05.1 | 05.2 | 06 | 07 | 08 | 09 | 10 | 11 |
|---|---|---|---|---|---|---|---|---|---|---|---|---|---|
| Stufe 3 | | 0,0 | 0,0 | 0,6 | | | 0,9 | | | | | 0,1 | 0,0 |
| Stufe 4 | | 40 | 16,5 | 17,7 | | | 0 | | | | | 0,0 | 0,2 |
| Stufe 5 | | 2,1 | 0,1 | 2,6 | | | 18,2 | | | | | 1,3 | 0,2 |

WD-Test in Lugeon in der A-Serie

| WD- D | 02 | 03a | 03b | 04a | 04b | 05.1 | 05.2 | 06 | 07 | 08 | 09 | 10 | 11 |
|---|---|---|---|---|---|---|---|---|---|---|---|---|---|
| Stufe 3 | | 0,1 | 0,1 | 1,1 | 2,3 | 5,9 | 3,5 | 0,6 | 0,7 | 0,0 | 0,0 | | |
| Stufe 4 | | 0,3 | 0,0 | 0,0 | 0,1 | 0,0 | 0,5 | 0,5 | 0,0 | 0,0 | 0,0 | | |
| Stufe 5 | | 0,0 | 0,0 | 20,1 | 0,7 | 3,4 | 5,6 | 1,0 | 1,1 | 1,0 | 1,3 | | |

WD-Test in Lugeon in der C- und D-Serie

Abb. 8: Gegenüberstellung Zementaufnahme und WD-Tests

Ein ähnliches Bild zeigt sich in der Zementaufnahme. Auch hier nimmt die Aufnahmemenge in der D-Serie ab. Nur in den Fächerbohrungen in Block 04b und 05 unterhalb des Grundablasses wurde in der C-Serie und D-Serie größere Mengen Zement verpresst. Die hohen Aufnahmen in Block 03a und 03b beschränken sich auf die Stufe 4 und sind ein Hinweis auf eine oder mehrere stark wasserführende Klüfte. Zu den Talflanken hin nehmen die Aufnahmen deutlich ab was auf dichtes, wenig durchlässiges Gestein hindeutet.

Der zentrale Bereich (Block 04b bis 05.2) bildet eine lokal begrenzte Zone, in der die Wasserdurchlässigkeit durch die Injektion reduziert werden konnte.

Die Sanierungsmaßnahmen an der Kainzmühlsperre wurden gemäß den planerischen und technischen Vorgaben vollständig und in der geforderten Ausführungsqualität umgesetzt. Ziel der Arbeiten war die dauerhafte Reduzierung des Sohlenwasserdrucks und die Wiederherstellung der Dichtheit der Gründungssohle unterhalb der Staumauer.

Die Untersuchung der Gründungssohle bestätigte im Wesentlichen die Ergebnisse der Erkundung von 2011, mit überwiegend gutem Verbund zwischen Beton und Fels. Die Verpressarbeiten verliefen technisch störungsfrei und zeigten eine deutliche Abnahme der Zementaufnahme von der A- zur D-Serie. Dies weist auf einen erfolgreichen Dichtungsanschluss und eine homogene Ausbildung des Dichtungsschleiers hin. Die durchschnittliche Nettozementaufnahme lag mit 15,5 kg/m im Bereich vergleichbarer Sanierungsprojekte an Stauanlagen und bestätigt die Wirksamkeit der Maßnahme.

Die WD-Testergebnisse belegen eine Verringerung der Durchlässigkeit. Der mittlere WD-Wert der Kontrollbohrungen liegt bei 1,1 l/min·m bei 1,0 MPa. 89 % aller Testetagen unterschreiten den zulässigen Grenzwert von 3,0 l/min·m. Damit ist die geforderte hydraulische Dichtigkeit des Dichtungsschleiers nachweislich erreicht. Die Bohr- und Injektionsarbeiten mussten aufgrund von Hochwasserereignissen mehrfach unterbrochen werden. Durch Umstellung des Bohrverfahrens auf Im-Loch-Hammerbohrung und Abteufen von Bohrungen von der Mauerkrone aus konnten die Arbeiten beschleunigt und somit fristgerecht fertig gestellt werden.

### 3.3 Dichtungssystem mit Kunststoffdichtungsbahn

Vor Einbau des Dichtungssystems mit Kunststoffdichtungsbahn erfolgten die Arbeiten zur Verpressung der Block- und der Arbeitsfugen im Mauerbeton. Größere Hohlräume wurden verfüllt. Weiterhin mussten die Bohrungen der Sickerwasserableitungsrohre fertiggestellt und ausgebaut sein, um zu gewährleisten, dass ggf. anfallendes Wasser hinter dem Dichtungssystem zur Luftseite der Staumauer kontrolliert abgeführt werden kann. Oberhalb der Grundablasses wurde in der Nische für den Revisionsverschluss ein Oberflächenschutzsystem auf den Vorsatzbeton aufgetragen.

Aufgrund der unplanmäßigen Fräsarbeiten an der Wasserseite der Staumauer zur Entfernung des PAK-haltigen Anstriches war die Ebenheit des Untergrundes für das Dichtungssystem mit KDB aus Sicht der Fremdüberwachung nicht ausreichend, so dass händisch herausstehende Ecken abgeschlagen und unterhalb des Drängitters ein zusätzliches Schutzvlies verlegt werden mussten. Weiter-

hin war es erforderlich, in den Bereichen der druckwasserdichten Befestigungen die raue Oberfläche mit Mörtel zu glätten.
Über dem Schutzvlies wurde ein kontrollierbares Dichtungssystem aus einer vlieskaschieren geosynthetischen Kunststoffdichtungsbahn aus PVC und einem Drängitter eingebaut. Die jeweiligen Bahnen sind flächig und überlappend mit linienhaften Befestigungssystemen aus Edelstahl montiert worden. Das Dichtungssystem kann feldweise über die Sickerwasserableitungsrohre überwacht werden.
Die KDB wurde über die Bohransatzpunkte geführt, so dass ein lückenloses Dichtungssystem von der Mauerkrone bis in den Fels entstand. In Abb. 9 sind eine vertikale Klemmleiste und die untere Klemmleiste der KDB zu erkennen. Die druckwasserdicht verfüllten Bohransatzpunkte (grau) liegen oberhalb der unteren Klemmleiste.

Abb. 9: Klemmleiste der KDB unterhalb der Bohransatzpunkte des Dichtungsschleiers

Die Montage des Dichtungssystems erfolgte von Hebebühnen aus, die an Traversen auf der Mauerkrone befestigt waren. Die Traversen konnten in U-Profilen, die auf der Mauerkrone positioniert wurden, horizontal verfahren werden. Die Arbeiten mussten aufgrund von Hochwasserereignissen kurzzeitig unterbrochen werden. Mit einer angepassten persönlichen Schutzausrüstung konnten die Arbeiten über den eingestauten Bereichen fortgeführt und fristgerecht beendet werden. Nach Abschluss der Dichtungsarbeiten wurden die Anbauten an der Wasserseite der Staumauer, z. B. Pegellatte, Eisluftfreihaltungsanlage, montiert.

### 3.4 Weitere Arbeiten

Zeitgleich mit den beschriebenen Arbeiten wurden durch neue Messstellen der Bauwerksüberwachung zusätzliche Messprofile geschaffen. Die Sanierungsmaßnahme wurde genutzt, die automatisierte Messanlage der Bauwerksüberwachung zu modernisieren und das trigonometrische Überwachungsnetz mit neuen Festpunkten zu optimieren. Die vorhandene Steuerzelle wurde durch einen Anbau erweitert.
Weiterhin erfolgten die Tiefbauarbeiten luftseitig der Staumauer für die Ableitung von ggf. anfallendem Sickerwasser hinter dem Dichtungssystem. Aufgrund nicht vorhandener Bestandsunterlagen sowie der Automatisierung der Messstellen und geänderten Kabelwegen gestalteten sich diese Arbeiten umfangreicher als geplant.
Der Probestau erfolgte gemäß Probestauprogramm vom 22.10.2024 bis zum 15.11.2024 (s. Abb. 10). Die Auswertung aller Messungen und Beobachtungen bestätigte das Erreichen der vorgesehenen Sanierungsziele und den Nachweis der normgerechten Zuverlässigkeit in den genehmigten Stauzielen.

Abb. 10: Wasserstand beim Probestau am 22.10.2024

## 4. Schlussfolgerungen und Ausblick

Die im Rahmen der Sanierung durchgeführten Maßnahmen haben zu einer Reduktion des Sohlenwasserdruckes geführt. Die Dauerhaftigkeit der Staumauer ist durch den niedrigeren Wasserstand im Bauwerk und die wesentlich geringere Durchsickerung des Bauwerks im Vergleich zum Zustand vor der Sanierung, wesentlich verbessert worden.
Sickerwasser aus dem wasserseitigen Dichtungssystem kann schadlos über die vorhandenen Sickerwasserableitungsrohre in der Staumauer zur Luftseite abgeführt werden. An den Sickerwasserableitungsrohren des Dichtungssystems mit Kunststoffdichtungsbahn treten sehr geringe Wassermengen aus (Tropfen). Die Zuverlässigkeit der Staumauer wird davon nicht ungünstig beeinträchtigt.
Die Absenkung des Sohlenwasserdrucks auf der Luftseite beträgt im Mittel 80 %. Somit zeigen sowohl der

neu hergestellte Dichtungsschleier als auch die ergänzende Kunststoffdichtungsbahn ihre volle Wirksamkeit.

Die Baumaßnahme konnte dank der konstruktiven Mitwirkung aller Beteiligten, d. h. Bauherr, Planer, Bauleitung des Bauherrn, ökologische Baubegleitung, Gutachter, SiGeKo, Behörden und Bauunternehmer im vertraglich vereinbarten Zeitrahmen und im vorgesehenen Kostenrahmen abgeschlossen werden.

Seit Sommer 2025 werden die Baumaßnahmen zur Schaffung einer zusätzlichen, unabhängig bedienbaren Verschlussebene im Grundablass umgesetzt. Sie umfassen neben Anpassungsmaßnahmen am Bestandsbauwerk im Wesentlichen:

- Herstellung eines Kastenfangedammes im Tosbecken als Kranstandort,
- Herstellung eines begehbaren Schachtbauwerkes auf der Luftseite,
- Einbau eines Rollschützes als zweiten Betriebsverschluss,
- Instandsetzung bestehender Stahlwasserbauteile,
- Verbesserung der Zugänglichkeit der Verschlüsse im Grundablassstollen.

Die Arbeiten sollen im Sommer 2026 abgeschlossen werden.

**Literatur**

[1] DIN 19700-11 Stauanlagen – Teil 11: Talsperren. Deutsches Institut für Normung e.V., Berlin Juli 2004

[2] Merkblatt DWA-M-512-2 Dichtungssysteme im Wasserbau – Teil 2 Flächenhafte Dichtungen an Massivbauwerken, Deutsche Vereinigung für Wasserwirtschaft, Abwasser und Abfall e.V., Hennef; Dezember 2016

# Ausführungsplanung von tiefen innerstädtischen Baugruben für die Notausgangsschächte der U5-Los 2 in Hamburg

**Raphael Baur, M. Eng.**
Ed. Züblin AG, Zentrale Technik, Stuttgart

**Zusammenfassung**
Mit der neuen U-Bahnlinie U5 wird in Hamburg das derzeit größte Infrastrukturprojekt im deutschen Nahverkehr umgesetzt. Auftraggeberin ist die HOCHBAHN U5 Projekt GmbH. Der Bau startete im Abschnitt „U5 Ost“ mit den beiden Losen 1 und 2. Das Los 2 gilt als besonders anspruchsvolle innerstädtische Baumaßnahme. Die Herstellung tiefer Baugruben auf engstem Raum – bei gleichzeitiger Aufrechterhaltung des öffentlichen Verkehrs – stellt dabei eine enorme Herausforderung dar. Der Leistungsumfang des Los 2 umfasst drei unterirdische Haltestellen, eine Start- und eine Zielbaugrube, vier Notausgangsschächte mit einer Tiefe von bis zu ca. 35 m, einen Tunnelabschnitt in offener Bauweise sowie eine zweigleisige Tunnelröhre. Diese wird im maschinellen Schildvortrieb aufgefahren und durchquert dabei alle Haltestellen und Notausgänge. Die Ausführung der Baugruben, des Ingenieurbaus und des Tunnelbaus wird durch die Arbeitsgemeinschaft Ed. Züblin AG, Wayss & Freytag und Züblin Spezialtiefbau GmbH realisiert. Die zugehörige Planungsleistung erfolgt durch die Zentrale Technik (ZT) der Ed. Züblin AG. Die Planung und Ausführung der Notausgangsschächte und des Zielschachts werden hier insbesondere in Bezug auf die Nebenangebote und die Optimierungen (wie z. B. der Entfall von Schlitzwandbaretten) im Detail beleuchtet. Durch eine enge, konstruktive Zusammenarbeit mit dem Bauherrn, Prüfingenieuren und geologischen Sachverständigen konnten nach Auftragserteilung zusätzliche Optimierungspotenziale erfolgreich umgesetzt werden.

## 1. Projektvorstellung

Das Los 2 im ersten Bauabschnitt der U-Bahnlinie U5 umfasst drei unterirdische Haltestellen, eine Start- und eine Zielbaugrube, vier Notausgangsschächte, einen Tunnelabschnitt in offener Bauweise sowie eine 3,4 Kilometer lange, zweigleisige Tunnelröhre mit einem Außendurchmesser von 10,7 Metern. Diese wird im maschinellen Schildvortrieb hergestellt und durchquert dabei alle Haltestellen und Notausgänge. Die Maßnahme ist Teil Gesamtmaßnahme neuen U-Bahnlinie U5 in Hamburg (Abb. 1 + 2).

Abb. 1: Gesamtübersicht U5 Hamburg (Hochbahn)

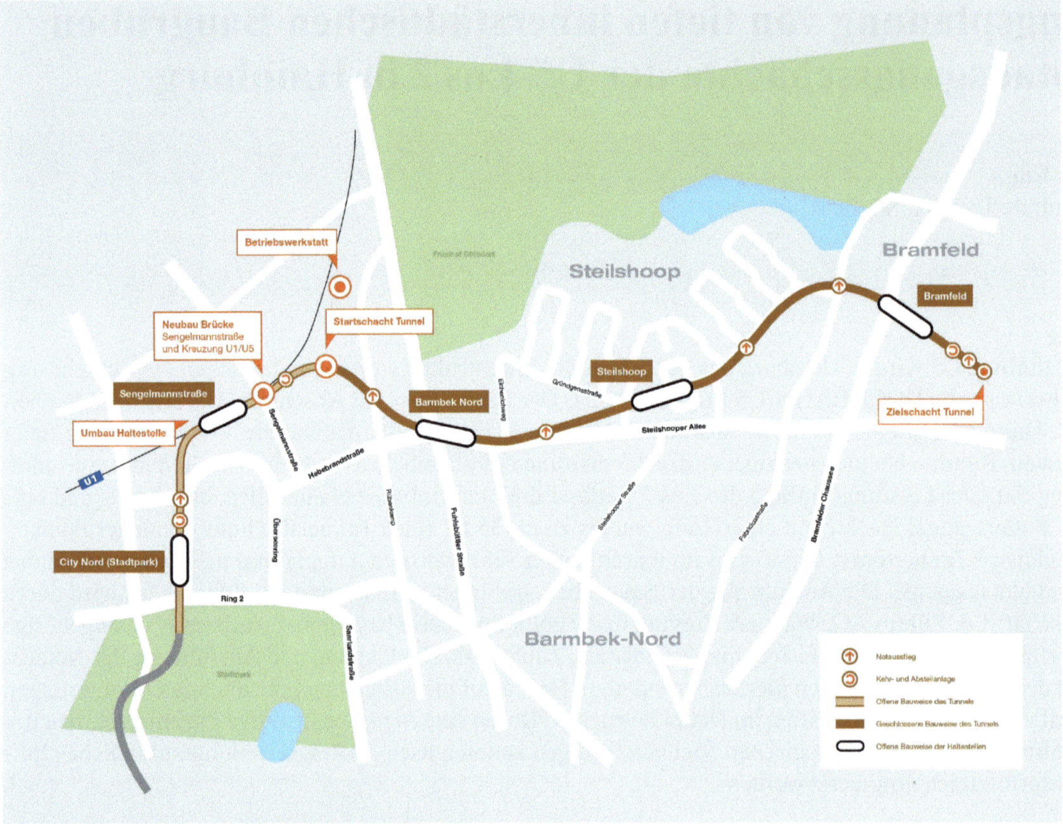


Abb. 2: Übersicht erster Bauabschnitt U5

Die Baugruben der Notausgangsschächte (Rübenkamp, Steilshooper Allee, Gründgensstraße, Fabriciusstraße und Heukoppel) werden als ausgesteifte Schlitzwandbaugruben hergestellt, wobei die Schlitz-wände eine Tiefe von bis zu ca. 50 m aufweisen. Die Baugrubentiefe beträgt hierbei zwischen 30 m und 35 m bei vergleichsweise hohen Grundwasserständen. Zusätzlich werden für die Ein- und Ausfahrsituationen der Tunnelbohrmaschine Kunstbodenblöcke (Dichtblöcke) als Einphasendichtwand vorgesehen. Die Aussteifungen werden als Stahlbetonaussteifungen geplant, welche teilweise im Zuge des Aushubs der Baugruben mittels Litzenheber abgelassen werden. Teile der Baugruben der Notausgangsschächte können im Trockenen ausgehoben werden. Für den Restaushub findet in der Regel ein Nassaushub inkl. der Herstellung einer rückverankerten Unterwasserbetonsohle statt. Für die Tunneldurchfahrt durch die Notausgangsschächte erfolgt eine Wiederverfüllung der Baugruben. Vor der Herstellung des Rohbaus erfolgt der Wiederaushub der Baugruben sowie der Rückbau der Tübbinge innerhalb der Schächte.

Die besonderen Herausforderungen stellen dabei die geometrischen Zwangspunkte der Schlitzwand-herstellung unter engsten innerstädtischen Platzverhältnissen (Abb. 3), die Nachweisführung der Schlitzwand und der Auftriebssicherung sowie die Abhängigkeiten zum maschinellen Tunnelvortrieb (inkl. der Berücksichtigung von GFK-Bewehrung) und zum Rohbau dar. Zusätzlich muss die Aufrechterhaltung des Straßenverkehrs, während der Schlitzwand- und Rohbauherstellung gewährleistet werden, wodurch Teilabdeckelungen der Baugruben notwendig werden. Die Baustelleneinrichtung und die Baulogistik müssen hier ebenfalls auf die beengten Platzverhältnisse abgestimmt werden.

Abb. 3: Platzverhältnisse bei der Schlitzwand-herstellung

## 2. Ausführungsplanung Notausgangsschächte

### 2.1 Notausgang Rübenkamp

Baugrund

Der Baugrund ist stark heterogen. Die Schichtfolge besteht aus Auffüllungen, geringmächtigem Geschiebelehm und -mergel sowie saaleeiszeitlichen Sanden mit eingeschalteten Beckenschlufflagen. Der Geschiebemergel erreicht Schichtmächtigkeiten zwischen 14 und 35 m. Darin treten Sand- und Kieslagen unterschiedlicher Stärke auf. Der Mergel ist sandig bis stark sandig und weist unter einem teils steifen Übergangsbereich meist halbfeste bis feste Konsistenzen auf. Der bauzeitliche Bemessungsgrundwasserstand befindet sich bei +12,0 mNHN etwa 10 m unter Gelände.

Bauablauf

Nach Herstellung der Leitwand erfolgt die Herstellung der Schlitzwand mit einer Schlitztiefe von ca. 45 m. Im Bereich der zukünftigen Tunneldurchfahrt erfolgt der Einbau der GFK-Bewehrung. Im Ein- und Ausfahrtsbereich erdseitig der bewehrten Schlitzwand werden Kunstbodenblöcke aus einer Einphasendichtwand hergestellt, welche als zusätzliche Abdichtungselemente nach der Durchfahrt der TBM dienen. Im Zuge des Trockenaushubs werden die Teilüberdeckelung sowie die Steifenlagen 1 bis 5 eingebaut. Danach erfolgt die Flutung der Baugrube und der weitere Nassaushub. Die 5. Steifenlage wird nach Flutung und im Zuge des Nassaushubs kontrolliert mittels Litzenhebern auf die geplante Solllage abgelassen und kraftschlüssig mit der Schlitzwand verbunden. Anschließend erfolgt der restliche Nassaushub bis zur Baugrubensohle, der Einbau der Mikropfähle und die Herstellung der Unterwasserbetonsohle. Nach dem Lenzen der Baugrube erfolgt die Verfüllung der Baugrube und der Rückbau der 5. Steifenlage, da diese im Bereich des zukünftigen Tunnelquerschnitts liegt. Nach Durchfahrt der TBM erfolgt der Wiederaushub der Baugrube inkl. Rückbau der Tübbinge sowie die Herstellung des Rohbaus.

Verkehrsführung

Die Aufrechterhaltung des Straßenverkehrs muss über die gesamte Bauzeit gewährleistet werden. Dazu wird die Baugrube mit einem dauerhaften Teildeckel aus Ortbeton versehen und zusätzlich wird die Straße leicht verschwenkt. Durch diese Optimierung konnte auf eine mehrfache Umverlegung der Straße sowie der Einsatz einer Hilfsbrücke über die Baugrube verzichtet werden.

Schlitzwandbewehrung

Aufgrund der Tiefe des Schachts von ca. 35 m und dem damit einhergehenden hohen Erd- und Wasserdruck wird eine mehrlagige Schlitzwandbewehrung erforderlich. Durch die hohen Steifenkräfte ergibt sich auch eine entsprechend große Querkraftbewehrung. Die Schlitzwandbewehrung besteht aus bis zu vier Korbteilen, die einzeln auf die Baustelle geliefert und unmittelbar eingebaut werden, da keinerlei Lagermöglichkeiten auf dem Baufeld vorhanden sind. In den Bereichen der Tunneldurchfahrt wird anstatt der Stahlbewehrung GFK (glasfaserverstärkter Kunststoff, Abb. 4) Bewehrung verbaut.

Abb. 4: Einbau der GFK-Bewehrung

Aussteifung

Die Aussteifungen der Schlitzwand werden aufgrund der hohen Belastungen aus Stahlbeton (Abb. 5) realisiert und weisen eine Bauteilhöhe von bis zu 1,8 m auf. Neben den hohen Lasten müssen die Belange des Trocken- und Nassaushubs, der GEWI-Herstellung, der Rückbau der Tübbinge und die Deckenebenen des Rohbaus (Rückbauzustände) berücksichtigt werden.

Abb. 5: Aussteifungen und Trockenaushub

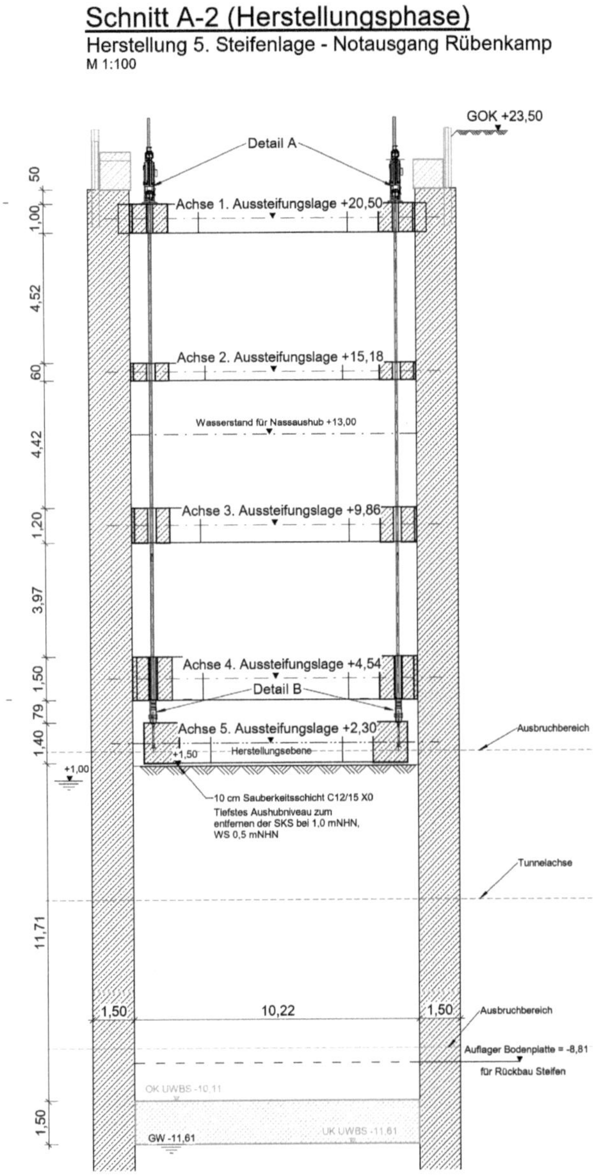


Abb. 6: Ablassvorgang 5. Steifenlage (Herstelllage)

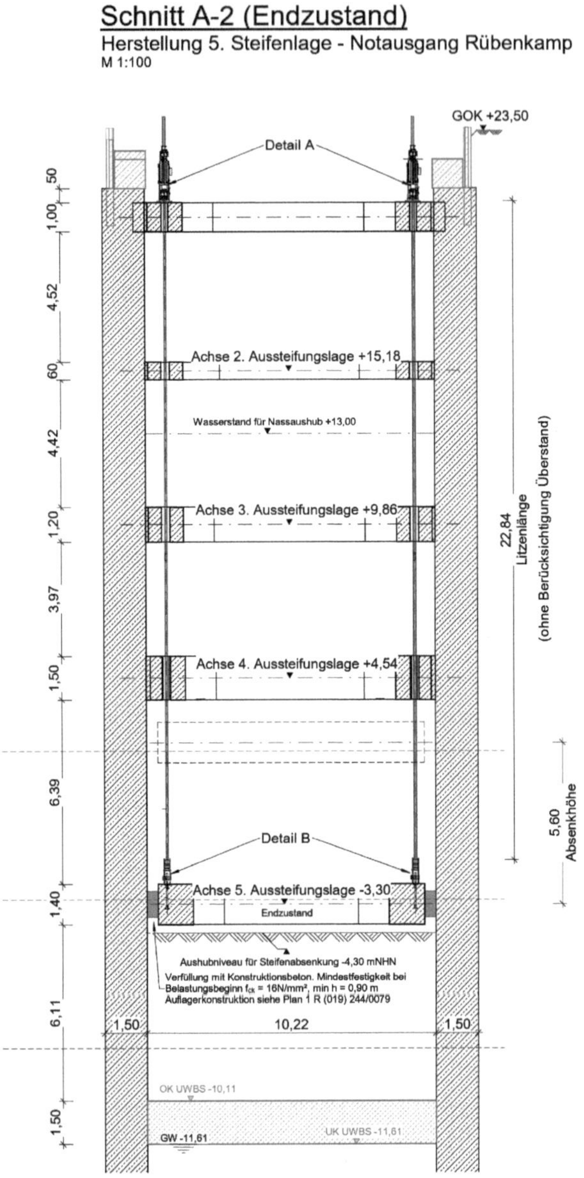


Abb. 7: Ablassvorgang 5. Steifenlage (Endzustand)

Zusätzlich ergeben sich Zwangspunkte aus der Ablassvorrichtung der 5. Steifenlage (5. SL) mittels Litzenheber. Die Abhängung der 5. SL erfolgt mit zwei Systemen. Die vertikale Lagerung der 5. SL in Herstell- und Endlage erfolgt durch eine GEWI-Abhängung. Das kontrollierte Absenken der 5. SL erfolgt dann mit Litzenhebern (Abb. 6 + 7). Bei beiden Systemen werden die Lasten aus Eigengewicht der 5. SL in die 1. Steifenlage eingeleitet. Für die Ablassvorrichtung werden massive Einbauteile in der 5. SL notwendig.

## 2.2 Notausgang Fabriciusstraße

Baugrund

Der Baugrund im Bereich des Notausgang Fabriciusstraße ist ebenfalls stark heterogen. Die Schichtfolge besteht aus Auffüllung, geringmächtigem Geschiebelehm und -mergel sowie saaleeiszeitlichen Sanden mit eingeschalteten Beckenschlufflagen. Im Bereich des Fußes der Schlitzwand steht der Lauenburger Ton an, welcher eine sehr geringe Tragfähigkeit und Steifigkeit aufweist. Der bauzeitliche Bemessungsgrundwasserstand befindet sich bei + 16,5 m NHN etwa 1 m unter GOK.

Optimierung und Ausführungsplanung

Der Ausschreibungsentwurf für die Baugrube sieht aufgrund der geringen Tragfähigkeit des Lauenburger Tons die Ausführung von Schlitzwandbaretten zur Stützung des Schlitzwandfußes vor. Dabei sollen fünf Barette in Längsrichtung und zwei Barette in Querrichtung eingebaut werden. Dadurch entstehen 10 Kreuzungspunkte der Schlitzwandbarette. Im Zuge der Angebotsbearbeitung wurde ein Nebenangebot entwickelt, mit dem die Anzahl der erforderlichen Schlitzwandbarette sowie der Kreuzungspunkte reduziert wurden, um den Ausführungsaufwand und die Risiken zu minimieren.

Im Zuge der Ausführungsplanung kann auch auf die verbleibenden Schlitzwandbarette verzichtet werden. Dies wird durch eine Optimierung der Aussteifungs-lagen realisiert. Die vierte Aussteifungsebene wird direkt unterhalb der dritten Lage hergestellt (Herstellebene) und zunächst über die erste Aussteifungslage abgehängt. Anschließend wird die Baugrube geflutet und der weitere Nassaushub vorgenommen.

Nach Erreichen des vorgesehenen Zwischenaushubniveaus auf Höhe der vierten Aussteifungslage (Einbauebene) wird diese mittels Litzenheberverfahren in ihre endgültige Position (analog Notausgang Rübenkamp) abgesenkt und kraftschlüssig mit der Schlitzwand verbunden (analog dem Vorgehen beim Notausgang Rübenkamp).

Ein weiterer Bestandsteil dieser Optimierung besteht in der Nachweisführung der Schlitzwand durch den Ansatz eines sogenannten „hängenden" Verbaus. Dabei wird die Fußstützung im Lauenburger Ton nicht angesetzt. Stattdessen werden vor Einbau der Unterwasser-betonsohle (Baugrube geflutet) sämtliche Erddruckkräfte oberhalb der Baugrubensohle allein durch die horizontale Aussteifung aufgenommen. Die erforderlichen Gleichgewichts- und Verformungs-nachweise werden sowohl analytisch als auch mithilfe von 2D- und 3D-Finite-Elemente-Berechnungen (Abb. 8) erbracht. Maßgebend war hier der maximale Trockenaushub vor Herstellung der 4. Stahlbetonsteifenlage unterhalb der bereits hergestellten 3. Lage (Abb. 9).

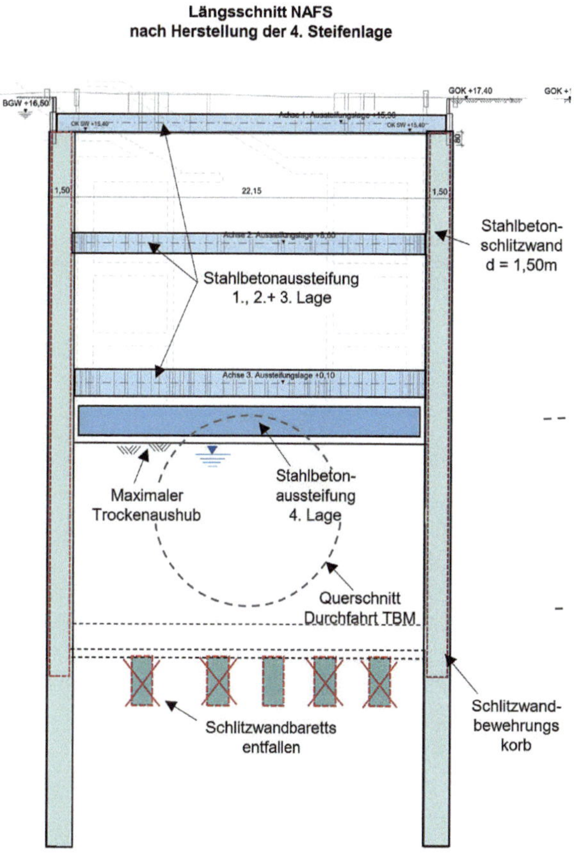


Abb. 9: Systemschnitt Fabriciusstraße (Herstelllage 4.SL)

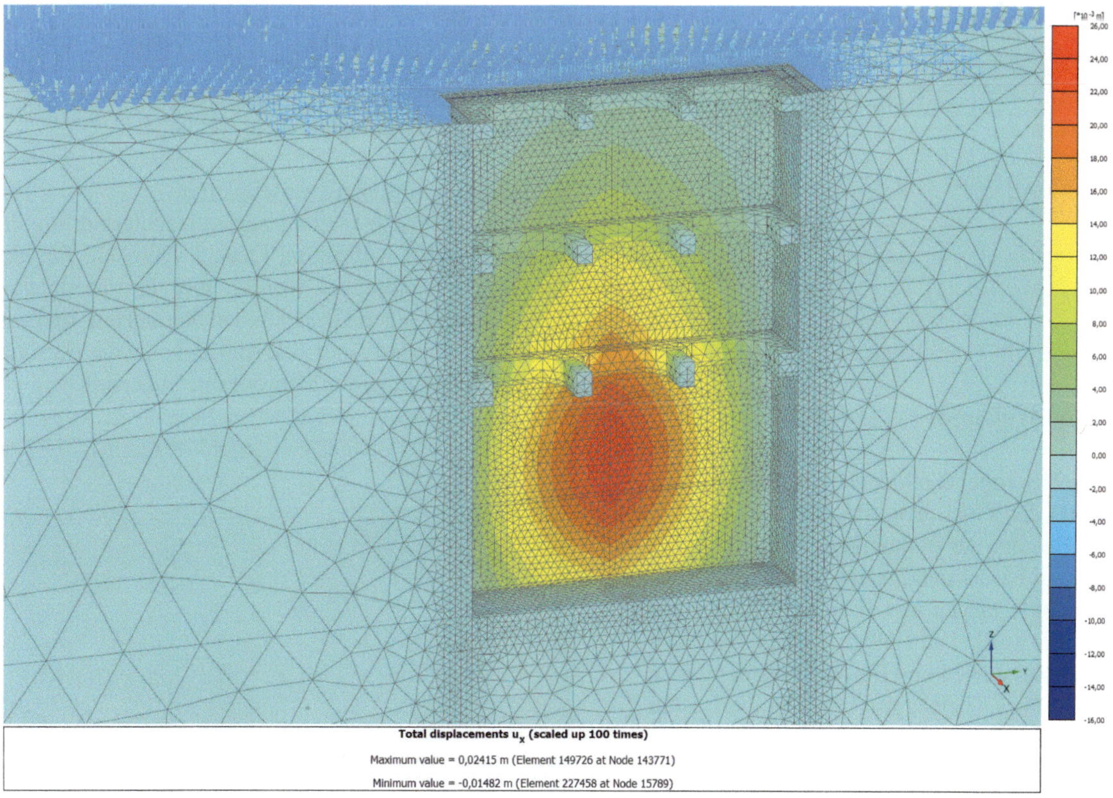


Abb. 8: 3D-FE Berechnung

Nach dem Absenken der 4. Steifenlage (Abb. 10) erfolgt der weitere Nassaushub sowie der Einbau der Unterwasserbetonsohle inkl. Mikropfähle. Vor der Tunneldurchfahrt erfolgt im Zuge der Verfüllung der Baugrube der Rückbau der 4. SL, da auch diese im Bereich des zukünftigen Tunnelquerschnitts zu liegen kommt.

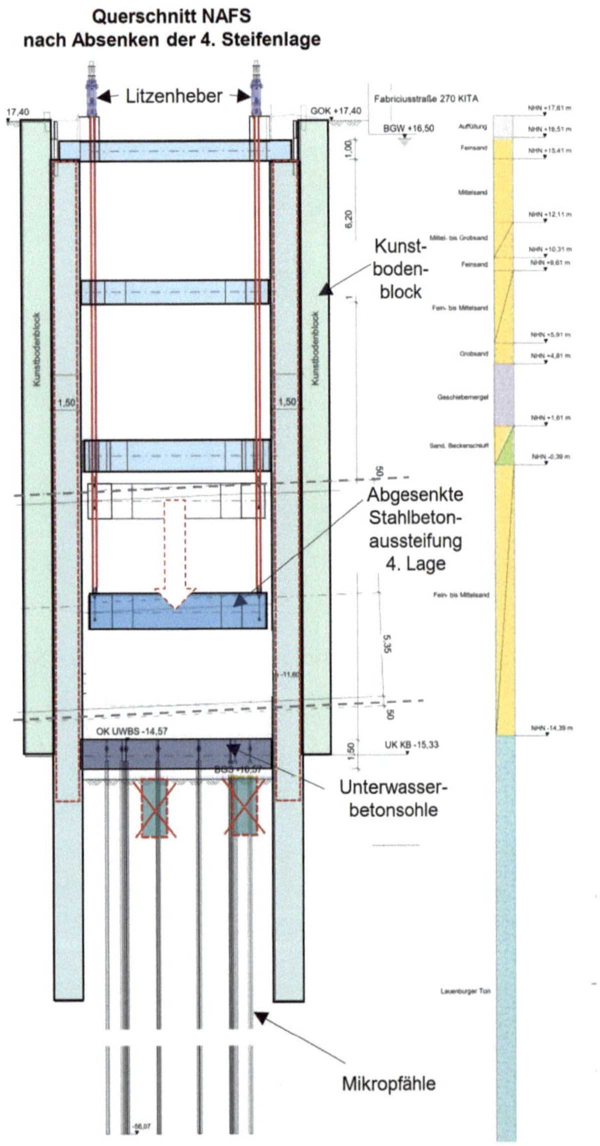


Abb. 10: Systemschnitt Fabriciusstraße (Endlage 4.SL)

### 2.3 Notausgang Heukoppel

Zielschacht

Der Notausgang Heukopppel bildet gleichzeitig den Zielschacht (Abb. 11) der TBM, wodurch hier die Randbedingungen und Belange der Demontage der TBM bei der Baugrubenplanung berücksichtigt werden müssen. Dies bedarf einer ca. 14 m langen und 12 m breiten Öffnung in der Aussteifung, was bei den hohen Auflagerlasten zu großen Bauteilabmessungen und Bewehrungsmengen in der Aussteifung führt. Gleichzeitig müssen die Lasten des Raupenkrans zur Demontage der TBM und der weiteren Geräte zum Abtransport der TBM berücksichtigt werden.

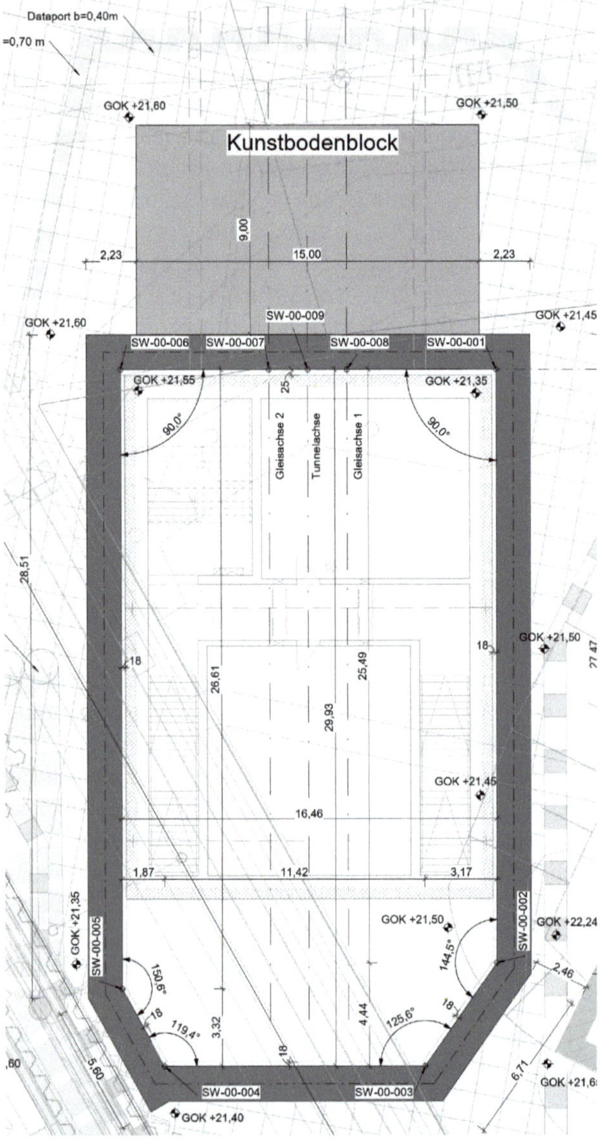


Abb. 11: Grundriss Notausgang Heukopel

Teildeckelung mittels Fertigteilplatten

Teile der Baugrube werden zur Aufrechterhaltung des Straßenverkehrs mit einem Deckel versehen. Für den Notausgang Heukoppel werden hier Fertigteilplatten (Abb. 12) verwendet. Diese können flexibel ein- und ausgebaut werden und sind so an die Belange des Aushubs und der Herstellung der Mikropfähle angepasst.

Abb. 12: Fertigteilplatten

### 2.4 Modellbasierte Arbeitsweise

Sämtliche Bauteile der Baugruben wurden modellbasiert geplant, wodurch vor allem bei komplexen geometrischen Randbedingungen Vorteile entstehen. Die Planableitung erfolgt aus den 3D-Modellen (Abb. 13) inklusive der zugehörigen Bauteiltabellen.

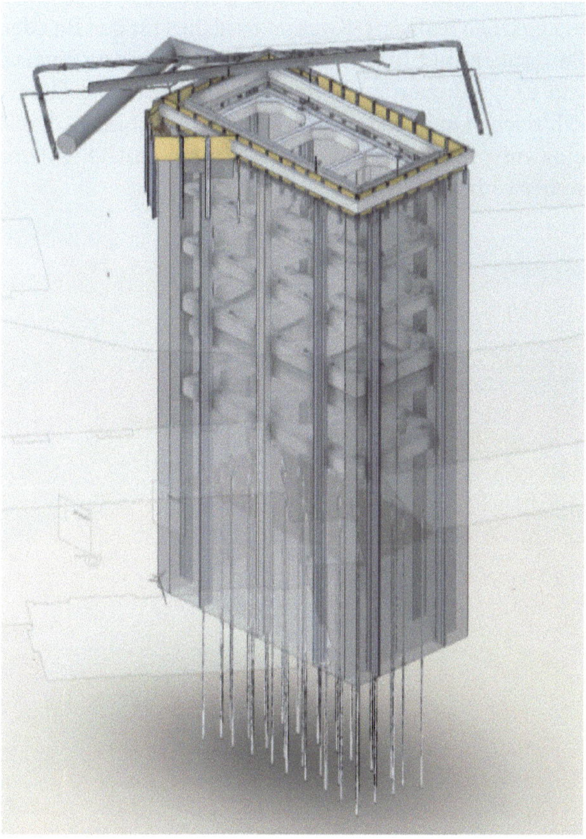

Abb. 13: 3D-Modell Notausgang Rübenkamp

## 3. Ausführung

Herstellung Schlitzwand und Baulogistik

Die Herstellung der Schlitzwände unter den beengten Platzverhältnissen (Abb. 14) erfordert eine intensive Abstimmung mit der Arbeitsvorbereitung. Hierbei sind die Gerätestandorte, die sonstige Baustelleneinrichtung sowie die Anlieferung und der Einbau der bis zu 19,5 m langen Teilstücke der Bewehrungskörbe (Abb. 15 + 16) zu berücksichtigen. Bei Abständen zur Bestandsbebauung von wenigen Dezimetern sowie der Aufrechterhaltung des Straßenverkehrs stellt die Herstellung der bis zu 48 m tiefen Schlitzwände eine große Herausforderung dar, welche nur mit Hilfe einer umfangreichen Arbeitsvorbereitung und einem sehr erfahrenen und eingespielten Team realisiert werden kann.

Abb. 14: Herstellung Schlitzwand

Abb. 15: Einbau Bewehrung

Abb. 16: GFK Bewehrung

Aushub und Herstellung der Aussteifung

Der Aushub erfolgt mittels Teleskopbagger (Abb. 17) durch die Öffnungen der Aussteifungen hindurch. Der Nassaushub und die Herstellung der Mikropfähle für die Unterwasserbetonsohle erfolgen ebenfalls von der Geländeoberkante.

Abb. 17: Einbau Bewehrung

Nachhaltigkeit

Der Neubau der U-Bahnlinie 5 setzt neue Maßstäbe im Klimaschutz: Bei dem Infrastruktur-Großprojekt liegt ein zentraler Fokus auf der gezielten Vermeidung und Einsparung von Kohlendioxid-Emissionen. Mit $CO_2$-reduzierten Baustoffen, nachhaltigen Bauprozessen und baubegleitender $CO_2$-Bilanzierung werden die Nachhaltigkeitsziele realisiert. Konkret wird dies für den Bau der Baugruben und Ingenieurbauwerke durch den Einsatz von $CO_2$ reduziertem Stahl und Beton erreicht. Durch zahlreiche Optimierungen konnte darüber hinaus durch eine entsprechende Masseneinsparung die $CO_2$-Bilanz weiter verbessert werden.

TAE

# Baugrund-
# erkundung

# Die neue Empfehlung Nr. 27 „Bestimmung der Zerfallsneigung von Gesteinen im kombinierten Befeuchtungs-Trocknungs-Verfahren mit Kristallisationsversuch“ des AK 3.3 „Versuchstechnik Fels“

**Dipl.-Geol. Dr. Marion Nickmann**
Technische Universität, München

**Dipl.-Ing. Tobias Baumgärtel**
Ingérop Deutschland GmbH, München

**Dipl.-Geol. Dr. Ralf J. Plinninger**
Dr. Plinninger Geotechnik, Bernried

In der Zeitschrift geotechnik 02/2025 hat der Arbeitskreis 3.3 „Versuchstechnik Fels“ der Deutschen Gesellschaft für Geotechnik (DGGT) in Zusammenarbeit mit dem Arbeitskreis 5.1.5 der Forschungsgesellschaft für Straßen- und Verkehrswesen (FGSV) seine Empfehlung Nr. 27 mit dem Titel „Bestimmung der Zerfallsneigung von Gesteinen im kombinierten Befeuchtungs-Trocknungs-Verfahren mit Kristallisationsversuch“ publiziert (Nickmann, et al. 2025). Zielsetzung des Verfahrens ist die Klassifizierung von Festgestein (Fels) hinsichtlich dessen Eigenschaft, auf Änderungen des Wassergehalts und/oder der Temperatur mit Festigkeitsreduzierung bis hin zum Zerfall zu reagieren. Diese Kenntnis ist für zahlreiche bautechnische Fragestellungen relevant. Das in der Empfehlung Nr. 27 beschriebene Verfahren ergänzt und erweitert dabei die Versuchsverfahren der 24-stündigen Wasserlagerung nach DIN EN ISO 14689 und des Siebtrommelversuchs nach DGGT-Empfehlung Nr. 20 (Herzel 2002). Im vorliegenden Beitrag soll die Untersuchungsprozedur vorgestellt und auf Unterschiede und Vorteile gegenüber den eingeführten Verfahren eingegangen werden.

## 1. Einleitung

In der Zeitschrift geotechnik 02/2025 hat der Arbeitskreis 3.3 „Versuchstechnik Fels“ der Deutschen Gesellschaft für Geotechnik e.V. (DGGT) seine Empfehlung Nr. 27 mit dem Titel „Bestimmung der Zerfallsneigung von Gesteinen im kombinierten Befeuchtungs-Trocknungs-Verfahren mit Kristallisationsversuch“ veröffentlicht [1]. In der Empfehlung wird ein Klassifizierungsversuch für veränderlich feste Gesteine aufgegriffen, der Ende der 2000er-Jahre an der Technischen Universität München entwickelt wurde [2] und seither weite Anwendung in der Baupraxis gefunden hat.

Die Empfehlung wurde in Zusammenarbeit mit dem Arbeitskreis 5.1.5 der Forschungsgesellschaft für Straßen- und Verkehrswesen e. V. (FGSV) bearbeitet, der dieses Verfahren bereits 2021 in seinem „Merkblatt über veränderlich feste Gesteine als Erdbaustoff“ verankert hatte [3], ohne jedoch auf Details der Versuchsdurchführung einzugehen. Da die Empfehlungen des AK 3.3 als Teil C der Technischen Prüfvorschriften für Straßenbau (TP-StB) auch bauaufsichtlich eingeführt werden, schließt die neue Empfehlung somit auch im Bereich des Straßenbaus die entstandene Normierungslücke.

## 2. Auswirkung der Zerfallsneigung von Gesteinen im Bauen

Festgesteine, die Zerfallsneigung zeigen, werden in der Ingenieurgeologie und Geotechnik als sogenannte „veränderlich feste“ Gesteine bezeichnet. Werden diese Gesteine freigelegt und den Atmosphärilien ausgesetzt, führen Änderungen des Spannungszustands, des Wassergehalts oder Kristallisationsdrücke zu einer deutlichen Reaktion, die von einer Festigkeitsreduzierung und langsamem Zerfall in Jahren bis Jahrzehnten bis hin zur unmittelbaren Desintegration reichen kann (Abb. 1).

Abb. 1: Tonschluffstein als Beispiel eines veränderlich festen Gesteins mit hoher Zerfallsneigung (Foto: Nickmann 2025).

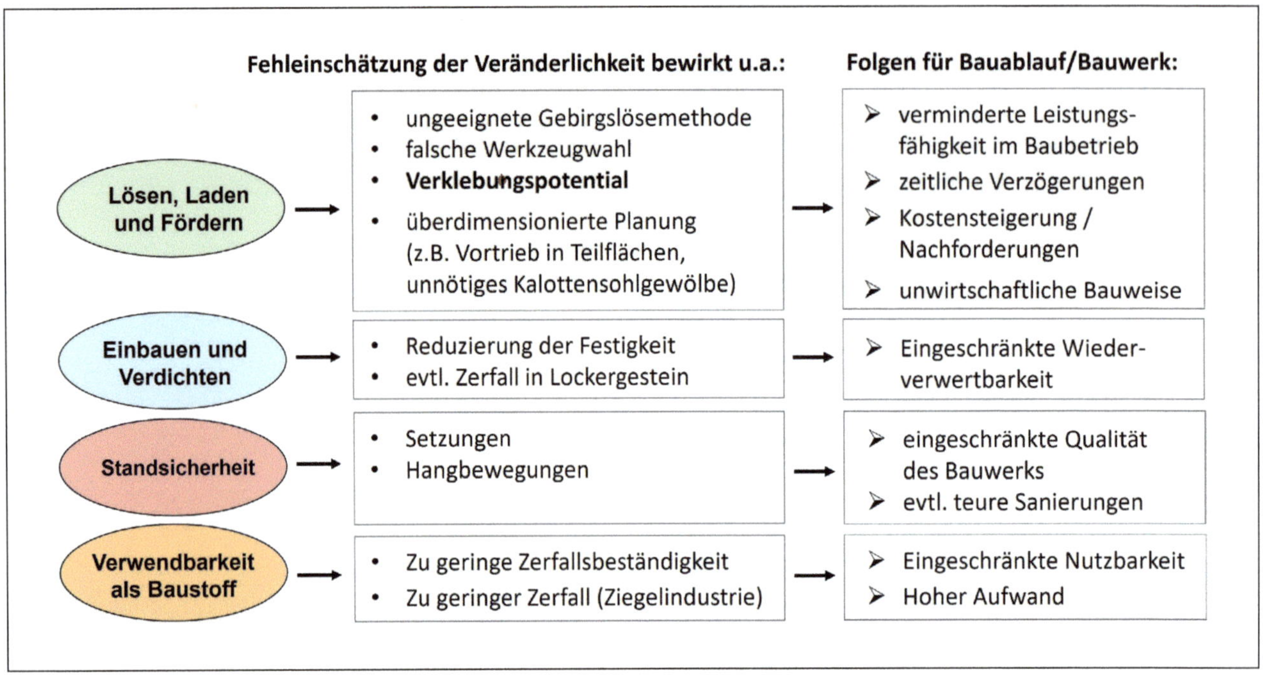


Abb. 2: Mögliche Auswirkungen einer Fehleinschätzung der Veränderlichkeit eines Gesteins in den verschiede-nen Phasen eines Bauprojekts.

Entscheidend für die Klassifikation im geotechnischen Sinne ist, dass diese Veränderungen innerhalb einer Zeitspanne stattfinden, die im Bauen relevant ist.

Die Zerfallsneigung von Gesteinen hat sich bei zahlreichen Bauprojekten als wichtiger Parameter erwiesen. Ist ein Gestein nicht beständig, muss dies bei vielen geotechnischen und bautechnischen Fragestellungen berücksichtigt werden, z. B. beim Lösen, Laden und Fördern, beim Einbauen und Verdichten, bei der Beurteilung der kurzfristigen und langfristigen Standsicherheit oder bei der Verwendbarkeit als Baustoff.

Wird die Veränderlichkeit eines Gesteins nicht beachtet oder falsch – d. h. zu positiv oder zu negativ – eingeschätzt, kann dies zu vielfältigen Problemen führen (Abb. 2): Durch die falsche Wahl der Lösemethode oder Lösewerkzeuge kann es zu einer verminderten Leistungsfähigkeit im Baubetrieb kommen, die zeitliche Verzögerungen und Kostensteigerungen/Nachforderungen mit sich bringt. Ein teilweise mit veränderlich festen Gesteinen verbundenes Verklebungspotential kann diese Probleme verstärken. Andererseits kann eine zu pessimistische Einschätzung zu unnötigem Aufwand führen. Eine deutliche Zerfallsneigung führt außerdem zu Einschränkungen bei der Verwendbarkeit oder Deponierbarkeit des gelösten Materials und letztendlich zu einer eingeschränkten Qualität des Bauwerks.

Bei Bauprojekten ist der Zerfall von gelöstem oder freigelegtem Gestein i.d.R. unerwünscht, in der Rohstoffindustrie wird er z. B. genutzt, um eine Gesteinskörnung zu „säubern“, indem diese über den Winter gelagert wird, um Mürbkorn zu zerstören. Auch die Ziegelindustrie nutzt den Zerfall, um Tonsteine natürlich zu zerkleinern, ehe sie der Aufbereitung zugeführt werden. Auch hier ist die zutreffende Prognose der Zerfallsneigung ein entscheidender Faktor. Für die Erkundung und Untersuchung derartiger Gesteine äußerst relevant ist zudem die Tatsache, dass veränderlich feste Gesteine oft geringe Festigkeiten aufweisen und ihre felsmechanischen Kennwerte stark vom Wassergehalt abhängig sind, so dass bei Probenahme, Transport, Herstellung der Probekörper und Prüfung derartiger Gesteine besondere Maßnahmen getroffen werden müssen, um im Labor auch wirklich zutreffende Kennwerte zu ermitteln [4].

## 3. Stand der Normung und Zielsetzung der Empfehlung E27

In der Baupraxis zeigt sich immer wieder, dass bereits das Erkennen einer Zerfallsneigung veränderlich fester Gesteine ein Problem darstellt, da dieser Eigenschaft nur eine untergeordnete Bedeutung beigemessen wird. Eine Klassifikation der Zerfallsneigung wird häufig nicht – oder mit unzureichenden Verfahren – vorgenommen, obwohl veränderlich feste Gesteine sehr unterschiedliche Gesteine umfassen und mit stark variierendem Zerfallsverlauf und -intensität aufwarten können. Grund hierfür ist offenkundig das weitgehende Fehlen geeigneter und genormter Versuchsverfahren. Für die Untersuchung der Veränderlichkeit von Festgesteinen existieren aktuell in der deutschen und europäischen Normenlandschaft nur wenige standardisierte Verfahren, die in den nachfolgenden Absätzen 3.1 und 3.2 umrissen werden.

### 3.1 Wasserlagerungsversuch

Der einzige DIN-genormte Versuch ist die Ermittlung der Veränderlichkeit in Luft oder unter Wasserbedeckung, der in der DIN EN ISO 14689 [5] in Kap. 5.5 und 5.6 enthalten ist. Während die Untersuchung an Luft ein einmaliges Austrocknen eines Gesteins umfasst, wird ein Probekörper beim sog. „Wasserlagerungsversuch“ für 24 h in Wasser gelegt und seine Reaktion beobachtet. Die Versuchspraxis zeigt jedoch, dass viele Ton-Schluff-Steine erst nach einer vorhergehenden (Teil-) Trocknung zerfallen und daher im DIN-konformen Verfahren nicht als veränderlich erkannt werden. Damit ist der Versuch ausschließlich dafür geeignet, die Sofortreaktion eines Gesteins bei Wasserkontakt zu ermitteln.

### 3.2 Siebtrommelversuch

Ein weiteres Verfahren zur Ermittlung der Zerfallsbeständigkeit stellt der Siebtrommelversuch dar, der in der Empfehlung Nr. 20 des AK 3.3 der DGGT [6] beschrieben ist. Hierbei erfährt das Gestein durch die Rotation in einer aus Siebdraht bestehenden Trommel eine mechanische Beanspruchung, kombiniert mit einer Beanspruchung durch Trocknung und Befeuchtung sowie Temperatureinwirkung (mehrere Zyklen mit Trocknung bei 105 °C). Damit simuliert der Versuch eine sehr spezielle Beanspruchung, die in der Praxis am ehesten im Zusammenhang mit maschineller Gesteinsbearbeitung (z. B. TVM-Vortrieb) auftritt. Zudem hat das Verfahren den Nachteil einer vorhergehenden Probentrocknung, welche es unmöglich macht, die Sofortreaktion des frischen Gesteins zu erfassen.

## 4. Normungslücke und Ziele der E27

Die genannten Verfahren zeigen, dass eine Lücke in der Untersuchung veränderlich fester Gesteine besteht, wenn das Verhalten eines Gesteins bei **einfacher Freilegung**, z. B. in einer Böschung oder auf einer Halde ermittelt werden soll. Die hier wirkenden Beanspruchungen entstehen durch Wasserzufuhr beim Lösen, Wechsel von Austrocknung an der Luft und Wiederbefeuchtung durch Regen sowie beim Gefrieren durch Frostsprengung. Für die meisten Fragestellungen ist zudem das Verhalten des **frischen, bergfeuchten Gesteins** entscheidend. Neben der **Sofortreaktion** sind meistens auch die **mittelfristige und die langfristige Zerfallsneigung** relevant.

Diese Lücke soll das im Folgenden vorgestellte, neue Verfahren schließen. Ziel ist eine Klassifizierung von Festgestein (Fels) hinsichtlich dessen Eigenschaft, auf Änderungen des Wassergehalts und/oder der Temperatur mit Festigkeitsreduzierung bis hin zum Zerfall zu reagieren. Damit soll die Prognose von Intensität und Geschwindigkeit des Zerfalls ermöglicht werden.

## 5. Durchführung des kombinierten Befeuchtungs-Trocknungs-Verfahrens mit Kristallisationsversuch (BTV-K)

### 5.1 Prinzip

Beim kombinierten Befeuchtungs-Trocknungs-Verfahren mit Kristallisationsversuch (BTV-K) handelt es sich um ein mehrstufiges Verfahren (Abb. 3). Zunächst wird das Gestein einem Befeuchtungs-Trocknungs-Verfahren unterzogen, das aus drei Zyklen besteht. Reagiert das Gestein hierbei mit Zerfall oder Aufweichen, ist der Versuch beendet und das Gestein ist als veränderlich fest einzustufen. Zeigt sich keine Reaktion, wird nachfolgend ein Kristallisationsversuch mit Glaubersalzlösung durchgeführt, der über zehn Zyklen läuft. Zerfällt das Gestein hierbei, wird es ebenfalls zu den veränderlich festen Gesteinen gestellt. Übersteht es auch diese deutlich stärkere Beanspruchung, ist es als dauerhaft fest zu bezeichnen. So können insgesamt sechs Veränderlichkeitsklassen (VK0 bis VK5) unterschieden werden.

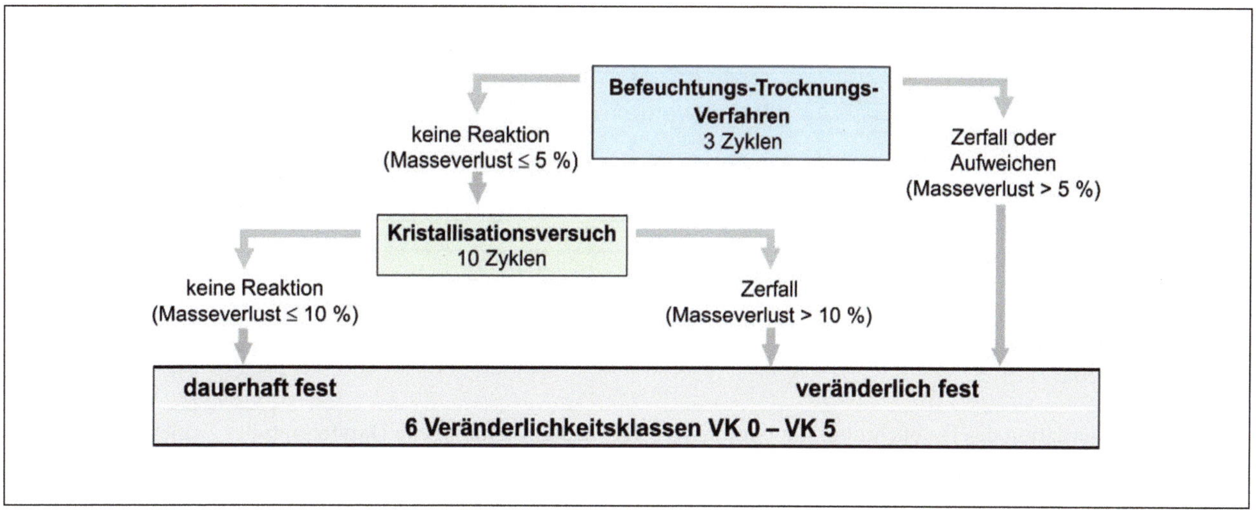


Abb. 3: Ablauf des kombinierten Befeuchtungs-Trocknungs-Verfahrens mit Kristallisationsversuch (nach [1]).

### 5.2 Probenart und -vorbereitung

Der Versuch wird an Handstücken mit einer Masse von ca. 800 g durchgeführt, die möglichst gedrungen sein sollten und schonend z. B. aus Bohrkernen oder Haufwerksproben gewonnen werden können. Da der Versuch das Zerfallsverhalten des frischen, anstehenden Gesteins erfassen soll, ist es wichtig, den natürlichen Wassergehalt zu erhalten. Eine Wassergehaltsänderung kann zu einem stark abweichenden Versuchsergebnis führen. Daher ist ein Austrocknen und/oder Befeuchten bei Probengewinnung, Transport und Formatierung zu verhindern, z. B. durch ein passendes Bohrverfahren, eine luftdichte Verpackung oder Versiegelung der Proben [4].

### 5.3 Durchführung

1. Schritt: Befeuchtungsversuch

Der erste Schritt des Verfahrens ist ein Befeuchtungsversuch, bei dem der Probekörper in einer Schale mit Deionat bedeckt wird. Hierbei wird zunächst die Sofortreaktion beobachtet und beschrieben, nach einer Befeuchtungsdauer von 24 h werden die Zerfallsprodukte des Probekörpers beschrieben. Bis hierhin entspricht das Verfahren weitgehend der Wasserlagerung nach DIN EN ISO 14689 [5].

Ergänzend wird anschließend mittels schonender Nasssiebung in Anlehnung an DIN EN ISO 17892-4 [7] die Korngrößenverteilung der entstandenen Zerfallsaggregate bestimmt. Nach der Trocknung der Siebrückstände im Trockenschrank bei 60 ± 5 °C werden sowohl die einzelnen Fraktionen als auch das größte verbleibende Stück $m_{BT1}$ gewogen. Danach werden alle Siebfraktionen eines Probekörpers wieder zu einer Gesamtprobe vereinigt.

2. Schritt: Befeuchtungs-Trocknungs-Wechsel

Dieses Vorgehen aus Befeuchtung und Trocknung wird zweimal wiederholt, so dass insgesamt drei Befeuchtungs-Trocknungs-Zyklen durchgeführt werden. Hierbei werden wiederum die Masse des größten verbleibenden Stückes (Messwerte $m_{BT2}$, $m_{BT3}$) sowie die Siebrückstände dokumentiert (Abb. 4). Da jeweils die gesamte Probe weiterverwendet wird, zeigen die Zerfallsprodukte jedes Zyklus bzw. deren Summenkurven die zunehmende Zerkleinerung der Ausgangsprobe. Der jeweils entstandene Feinkornanteil kann z. B. Hinweise auf ein mögliches Verklebungspotential liefern.

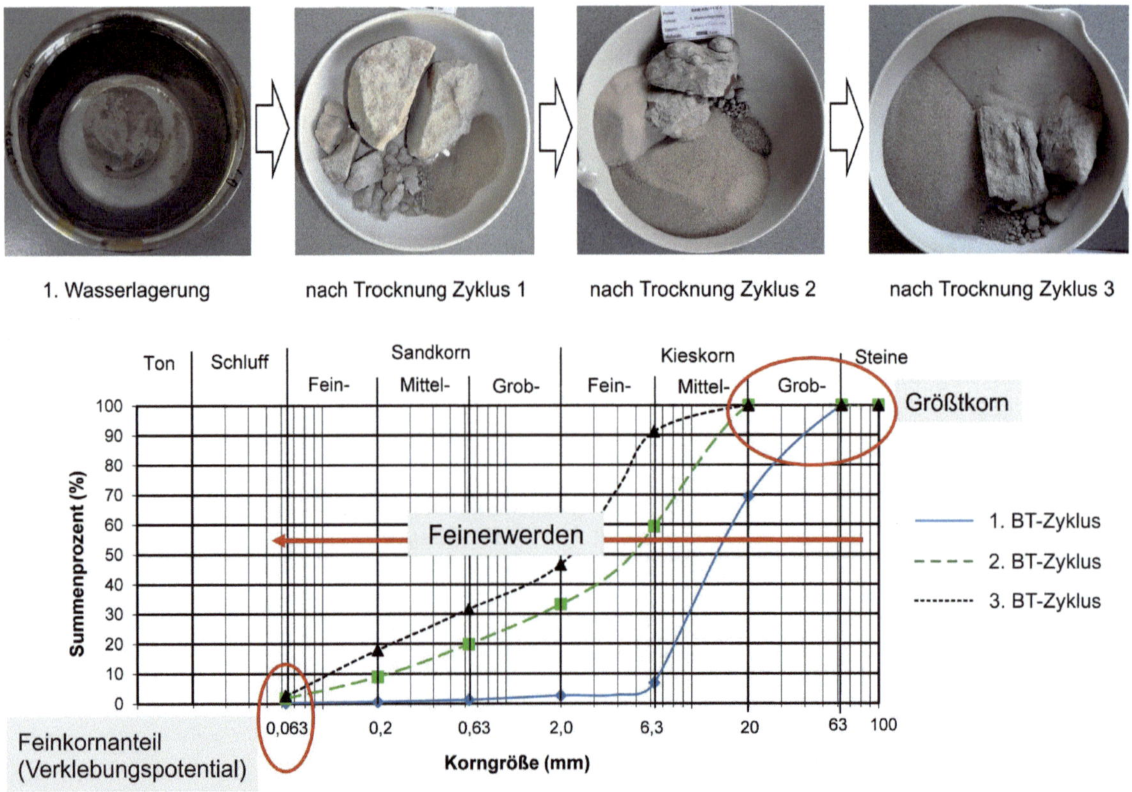


Abb. 4: Dokumentation des Befeuchtungs-Trocknungs-Verfahrens und graphische Darstellung der Zyklen.

3. Schritt: Kristallisationsversuch
Zeigt der Probekörper nach drei Befeuchtungs-Trocknungs-Zyklen keine nennenswerte Veränderung (d. h. Masseverlust ≤ 5 %) wird er nachfolgend einem Kristallisationsversuch in Anlehnung an DIN EN 12370 [8] unterzogen. Hierbei wird die Probe für 16 Stunden in eine gesättigte Glaubersalzlösung ($Na_2SO_4$ x 10 $H_2O$) getaucht, so dass ihre Poren mit der Lösung gefüllt werden. Danach wird sie im Trockenschrank bei 105 ± 5 °C für eine Dauer von 6 h getrocknet, wobei das Glaubersalz zu wasserfreiem Natriumsulfat umgewandelt wird. Während der anschließenden Abkühlzeit von 2 h nimmt das Salz Wasser aus der Luft auf, was mit einer Volumenvergrößerung bis zu 25 % einhergeht. Dadurch wird ein großer Kristallisationsdruck auf das Korngerüst ausgeübt. Insgesamt sind zehn Versuchszyklen durchzuführen, wobei immer das größte verbleibende Stück weiterverwendet wird. Dessen Masse wird über die Anzahl der Zyklen aufgetragen und zeigt das Zerfallsverhalten des Probekörpers an (Abb. 5).

Abb. 5: Beispiel für den Zerfall eines Sandsteins im Kristallisationsversuch. Das Diagramm zeigt den Zerfall in den jeweiligen Zyklen.

## 5.4 Auswertung und Klassifizierung

Die Auswertung des gesamten Verfahrens führt die Ergebnisse der drei Teilschritte zusammen.
Für jeden Befeuchtungs-Trocknungs-Zyklus $n$ ($n$ = 1 … 3) wird der Massenanteil $R_{BTn}$ (%) des größten verbleibenden Stücks gemäß Gl. 1 aus der Trockenmasse $m_{BTn}$ (g) und der Ausgangstrockenmasse $m_{d0}$ (g) des Probekörpers bestimmt:

$$R_{\mathrm{BT}n} = \frac{m_{\mathrm{BT}n}}{m_{\mathrm{d0}}} \cdot 100 \qquad [1]$$

Der nach Durchführung des Kristallisationsversuchs verbleibende Massenanteil $R_{K10}$ (%) wird gemäß Gl. 2 aus der Trockenmasse $m_{KW}$ (g) des Probekörpers nach Abschluss des Kristallisationsversuchs und der Trockenmasse $m_{BT3}$ (g) des Probekörpers vor Beginn des Kristallisationsversuchs bestimmt:

$$R_{\mathrm{K10}} = \frac{m_{\mathrm{KW}}}{m_{\mathrm{BT3}}} \cdot 100 \qquad [2]$$

Aus den Versuchsergebnissen wird der Veränderlichkeitsindex $I_V$ (%) gemäß Gl. 3 berechnet:

$$I_{\mathrm{V}} = R_{\mathrm{BT1}} + R_{\mathrm{BT3}} + R_{\mathrm{K10}} \qquad [3]$$

Die Klassifizierung der Zerfallsneigung erfolgt anhand des Veränderlichkeitsindexes $I_V$. Nach [1] werden sechs Veränderlichkeitsklassen VK 0 bis VK 5 definiert (Tab. 1). VK 1 bis VK 5 bezeichnen veränderlich feste Gesteine unterschiedlicher Zerfallsneigung. Gesteine, bei denen der Probekörper während des gesamten Verfahrens keinen nennenswerten Masseverlust ($I_V$ ≥ 285 %) zeigt, sind als dauerhaft fest zu klassifizieren (VK 0).

**Tab. 1: Klassifizierung der Zerfallsneigung VK mit Hilfe des Veränderlichkeitsindexes $I_V$ (nach [1]).**

| VK | Veränderlichkeitsindex $I_V$ (%) | Zerfallsneigung |
|---|---|---|
| VK 0 | 285 – 300 | nicht veränderlich (dauerhaft fest) |
| VK 1 | 190 – < 285 | gering veränderlich |
| VK 2 | 145 – < 190 | langsam veränderlich |
| VK 3 | 90 – < 145 | mäßig schnell veränderlich |
| VK 4 | 25 – < 90 | schnell und stark veränderlich |
| VK 5 | < 25 | unmittelbar und sehr stark veränderlich |

## 6. Vergleich und Einordnung

Gegenüber dem einmaligen **Wasserlagerungsversuch** nach DIN EN ISO 14689 [5] erlaubt das Verfahren somit neben der Ermittlung der Sofortreaktion auch eine Beurteilung von Gesteinen, die erst nach vorhergehender Trocknung zerfallen oder die eine mittel- bis langfristige Zerfallsneigung aufweisen.
Vergleicht man das neue Verfahren der E27 mit dem **Siebtrommelversuch** [6], so sind beide Versuchsverfahren zyklisch aufgebaut und enthalten eine Klassifikation in sechs Klassen. Daher wurde in mehreren Studien ([9], [10], [11]) untersucht, ob die Anwendung der beiden Verfahren für ein und dasselbe Gestein zu vergleichbaren Klassifizierungen führen, also ein Zusammenhang zwischen dem Veränderlichkeitsindex $I_V$ und dem Zerfallsbeständigkeitsindex $I_{d2}$ aus dem Siebtrommelversuch besteht. Die Ergebnisse sind in Abb. 6 dargestellt.

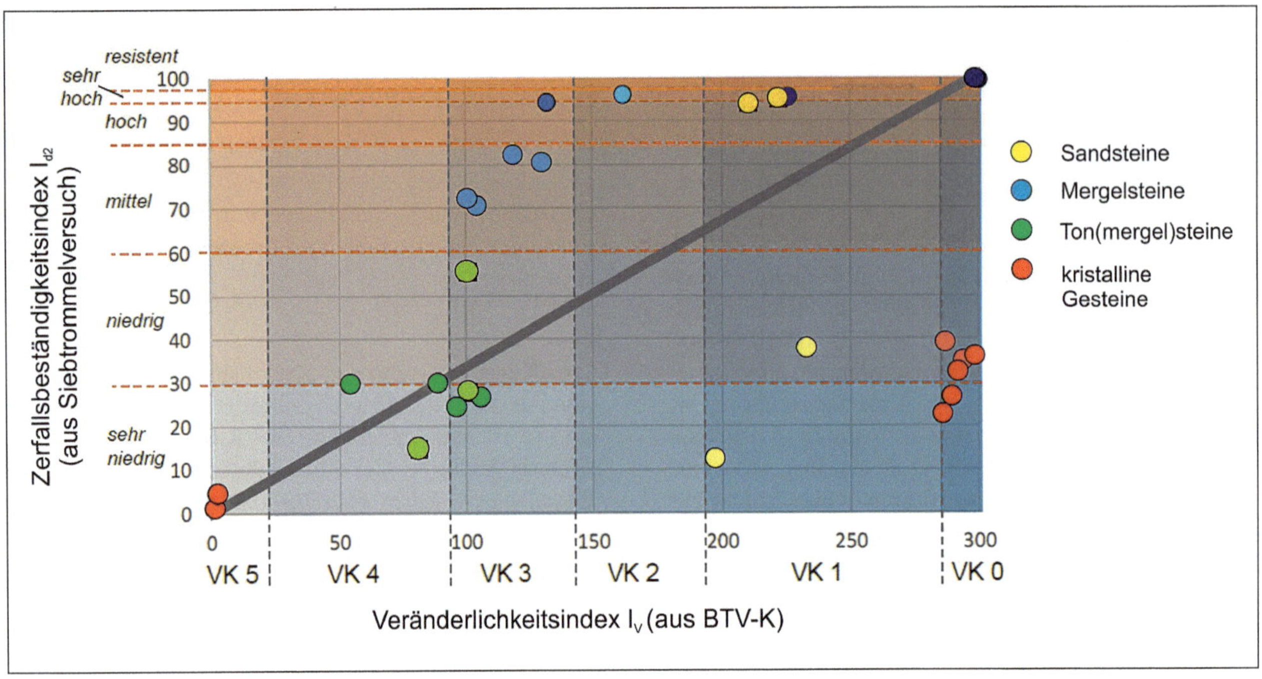


Abb. 6: Vergleich des Veränderlichkeitsindexes $I_V$ mit dem Zerfallsbeständigkeitsindex $I_{d2}$ (nach Kroll 2021, ergänzt durch Daten von Götz 2021 und Noflatscher 2021).

Nur die beständigen Gesteine und die extrem veränderlichen Gesteine reagieren in beiden Versuchen ähnlich und führen zu einer vergleichbaren Klassifizierung. Alle anderen Gesteine liegen nicht auf der Ausgleichsgeraden. Dies liegt an mehreren Gründen, die für die verschiedenen Gesteinsarten identifiziert wurden:

Viele **Sandsteine** zeigen im Siebtrommelversuch nur eine sehr geringe Reaktion, während sie im Verfahren nach E27 als eindeutig veränderlich fest klassifiziert werden. Erst die hohen Sprengdrücke der Salzkristallisation brechen die Kornbindungen auf und zeigen die Veränderlichkeit dieser Gesteine. Eine Empfindlichkeit gegenüber extremen Witterungsbedingungen kann also nur im Verfahren nach E27erfasst werden, während der Siebtrommelversuch hier eine zu optimistische Einschätzung abgeben würde.

Auch **Mergelsteine** zeigen im Siebtrommelversuch eine deutlich größere Beständigkeit als im Verfahren nach E27. Diese Gesteine zerbrechen zwar in der Siebtrommel, die Bruchstücke sind jedoch zu groß, um durch die engen Maschen des Siebgewebes zu fallen (Abb. 7, rechts). Damit erhöhen sie scheinbarerweise den Zerfallsbeständigkeitsindex und täuschen eine höhere Zerfallsbeständigkeit vor. Im Verfahren nach E27 geht dagegen nur das größte Reststück in die Bewertung ein, was zu einer realistischeren Einstufung führt.

Abb. 7: Beispiel für den Zerfall eines Mergelsteins im Befeuchtungs-Trocknungs-Verfahren (Zyklus 1, links) und im Siebtrommelversuch (1. Zyklus, rechts). In diesem zerfällt die Probe in Stücke, die größer als die Maschenweite des Siebgewebes sind (Fotos: Götz 2021).

Dagegen zeigen **sehr schwach gebundene Sandsteine und stark verwitterte Granite** v.a. im Siebtrommelversuch eine starke Reaktion. Im Verfahren nach E27 dagegen sind sie in VK 1 zu klassifizieren, obwohl die Proben bereits mit der Hand zerbrochen oder zerdrückt werden können. Dies ist auf den hohen Porenanteil mit großen Poren zurückzuführen, durch den Wasserdrücke keine Reaktion verursachen. Erst die Salzkristallisation füllt die Poren sukzessive und führt zur Sprengung. Das Verfahren nach E27 stuft diese Gesteine als zu beständig ein.

Fazit der Vergleichsuntersuchungen ist also, dass sich bei den meisten untersuchten Gesteinen kein direkter Zusammenhang zwischen beiden Verfahren nachweisen lässt. Beide Indices können also nicht direkt korreliert werden.

## 7. Zusammenfassung und Bewertung

Das kombinierte Befeuchtungs-Trocknungs-Verfahren mit Kristallisationsversuch gemäß der neuen DGGT-Empfehlung Nr. 27 [1] stellt ein zusätzliches und bewährtes Versuchsverfahren zur Verfügung, die Veränderlichkeit von Gesteinen zu bestimmen und zu klassifizieren. Es ermöglicht sowohl die Ermittlung des Sofortverhaltens, als auch der mittel- und langfristigen Zerfallsneigung. Der Versuch bedient sich laborüblicher Hilfsmittel und stellt keine besonderen Anforderungen an die Laborausstattung.

Anders als im Siebtrommelversuch der DGGT-Empfehlung Nr. 20 [6] erfolgt keine zusätzliche mechanische Einwirkung auf die Probe, daher simuliert das Verfahren andere Rahmenbedingungen und führt zu anderen Ergebnissen. Das Verfahren nach DGGT-Empfehlung Nr. 27 deckt damit eine Lücke ab, die bisher in der Beurteilung veränderlich fester Gesteine bestand und ergänzt somit die bisher üblichen Verfahren.

## Literaturverzeichnis

[1] Nickmann, M., Baumgärtel, T. & Plinninger, R. (2025): Empfehlung Nr. 27 des Arbeitskreises 3.3 – Versuchstechnik Fels der Deutschen Gesellschaft für Geotechnik – Bestimmung der Zerfallsneigung von Gesteinen im kombinierten Befeuchtungs-Trocknungs-Verfahren mit Kristallisationsversuch. Geotechnik, 48, 2: S. 126-139, Berlin: Ernst & Sohn.

[2] Nickmann, M. (2009): Abgrenzung und Klassifikation veränderlich fester Gesteine unter ingenieurgeologischen Aspekten. Münchner Geologische Hefte, B, H. 12, 148 S., München: Pfeil.

[3] FGSV (2021): Merkblatt über veränderlich feste Gesteine als Erdbaustoff. Arbeitsgruppe Erd- und Grundbau, 64 S., Köln: FGSV.

[4] Plinninger, R., Spaun, G. & Nickmann, M. (2012): Geotechnische Aspekte der Beprobung und Untersuchung veränderlich fester Gesteine. In: Vogt, C. & Moormann, C. (Hrsg.): Tagungshandbuch 8. Kolloquium „Bauen in Boden und Fels“ der TA Esslingen, S. 425–432, Esslingen: TAE.

[5] DIN EN ISO 14689 (2018): Geotechnische Erkundung und Untersuchung – Benennung, Beschreibung und Klassifizierung von Fels. Berlin: Beuth.

[6] Herzel, P. (2002): Empfehlung Nr. 20 des Arbeitskreises 3.3 – Versuchstechnik Fels der Deutschen Gesellschaft für Geotechnik – Zerfallsbeständigkeit von Gestein – Siebtrommelversuch. Bautechnik 79, 2, S. 101–105, Berlin: Ernst & Sohn.

[7] DIN EN ISO 17892-4 (2017): Geotechnische Erkundung und Untersuchung – Laborversuche an Bodenproben – Teil 4: Bestimmung der Korngrößenverteilung. Berlin: Beuth.

[8] DIN EN 12370 (2020-05): Prüfverfahren für Naturstein – Bestimmung des Widerstandes gegen Kristallisation von Salzen. Berlin: Beuth.

[9] Götz, P. (2021): Methoden zur Untersuchung von veränderlich festen Gesteinen – Vergleich des Veränderlichkeits- und des Siebtrommelversuchs. Bachelorarbeit, TU München (unveröff.).

[10] Kroll, I. (2021): Vergleich und Bewertung von Versuchen zur Ermittlung und Klassifizierung der Veränderlichkeit. Bachelorarbeit, TU München (unveröff.).

[11] Noflatscher, V. (2021): Die Linzer Sande und ihre ingenieurgeologischen und geotechnischen Eigenschaften. Masterarbeit, TU München (unveröff.).

# Zum Einfluss der Oberflächenbeschaffenheit auf das Ergebnis des CERCHAR-Abrasivitätsversuchs: bruchrau vs. sägerau

**Akad. Dir. Dipl.-Ing. Martin Feinendegen**
RWTH Aachen University, Geomechanik und Untergrundtechnik

**Dr. Ralf J. Plinninger**
Dr. Plinninger Geotechnik, Bernried

**Zusammenfassung**
Der CERCHAR-Versuch ist international als Standardversuch zur Bestimmung der Abrasivität von Festgestein eingeführt. Der Beitrag stellt zunächst die aktuellen nationalen und internationalen Regelwerke vor und gibt einen Überblick über die versuchsrelevanten Randbedingungen. Ein besonderer Fokus liegt hierbei auf die Oberflächenbeschaffenheit der Probe. Neben der Standardprüfung auf einer frischen, bruchrauen Oberfläche erlauben die aktuellen Prüfempfehlungen in Sonderfällen auch die Prüfung auf einer sägerauen Oberfläche. Die dabei vermeintlich zu niedrig bestimmten Messwerte müssen anschließend auf das zu erwartende Ergebnis auf bruchrauer Oberfläche korrigiert werden. Hierfür existieren international mehrere Ansätze auf der Grundlage unterschiedlicher empirischer Datensätze mit insgesamt etwa 80 Messwerten. Basierend auf einer bisher einzigartigen Datenbasis mit über 1.300 Messwerten aus Laborversuchen am Institut für Geomechanik und Untergrundtechnik (GUT) der RWTH Aachen sowie früheren Forschungsarbeiten werden der Einfluss der Oberflächenrauigkeit analysiert und die derzeit angewendeten Korrekturansätze neu bewertet.

## 1. Einleitung

### 1.1 Der CERCHAR-Versuch

Beim CERCHAR-Versuch handelt es sich um einen Indexversuch zur Bestimmung der Abrasivität von Festgestein, der in den 1980er Jahren am französischen *Centre d'Etudes et Recherches de Charbonnages de France* (CERCHAR, [4]) für den Steinkohlenbergbau entwickelt wurde.

Bei dem Versuch wird ein Prüfstift aus Stahl unter konstanter Auflast über eine Strecke von 10 mm über die Oberfläche eines Gesteinsprobekörpers gezogen wird. Zwei typische Versuchsgeräte sind in Abb. 1 dargestellt. Als Ergebnis erhält man den CERCHAR-Abrasivitäts-Index (CAI), der sich aus der Breite der am Prüfstift entstandenen kegelstumpfförmigen Verschleißfase als Mittelwert einer Serie von meist fünf Einzelversuchen errechnet.

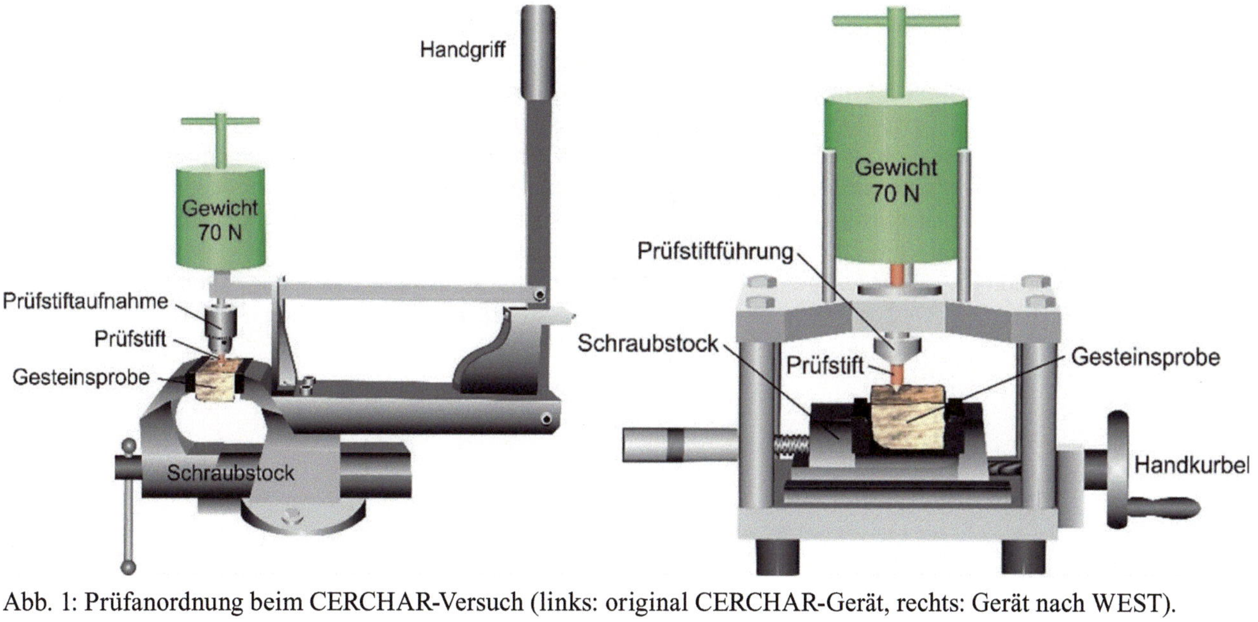


Abb. 1: Prüfanordnung beim CERCHAR-Versuch (links: original CERCHAR-Gerät, rechts: Gerät nach WEST).

### 1.2 Regelwerke

In Deutschland ist die Pflicht zur Beschreibung der Abrasivität von Festgesteinen mit dem CAI in den Allgemeinen Technischen Vertragsbestimmungen (ATV) der VOB/C verankert: Bohrarbeiten (DIN 18301), Untertagebauarbeiten (DIN 18312), Rohrvortriebsarbeiten (DIN 18319) sowie Horizontalspülbohrarbeiten (DIN 18324). Seit 2019 ist hier die Empfehlung Nr. 23 des AK 3.3 „Versuchstechnik Fels“ der Deutschen Gesellschaft für Geotechnik e.V. als anzuwendende Prüfrichtlinie referenziert [5]. In älteren Fassungen wurde auf die französische AFNOR NF P 94-430-1 [1] Bezug genommen. International wird für CERCHAR-Versuche neben der ISRM Suggested Method [7] auch der ASTM-Standard D7625 [3] angewendet.

### 1.3 Relevante Versuchsbedingungen

Bei der Analyse der einschlägigen Regelwerke hinsichtlich der relevanten versuchstechnischen Randbedingungen lässt sich für die praktische Durchführung des Versuchs und die Interpretation der Ergebnisse vereinfachend zwischen „Versuchskonstanten“ und „Versuchsvariablen“ unterscheiden. Als Versuchskonstanten im nationalen wie internationalen Kontext können angesehen werden:

- Auflast: 70N,
- Prüfstrecke: 10 mm,
- Stiftgeometrie: Zylinder mit 90° Konuswinkel.

Als Versuchsvariablen sind anzusehen:

- Prüfstifthärte,
- Oberflächenbeschaffenheit der Probekörper.

Hinsichtlich der Prüftstifthärte ist anzumerken, dass gemäß der deutschen DGGT-Empfehlung Nr. 23 [5] ausschließlich Prüfstifte mit einer nachgewiesenen Härte von HRC 55±1 verwendet werden dürfen und die Stifthärte damit als Versuchskonstante anzusehen ist. International werden allerdings teilweise auch andere (meist weichere) Stiftqualitäten verwendet (Versuchsvariable).
In welcher Größenordnung der ermittelte CAI variieren kann, wenn Versuche mit verschiedenen Stifthärten auf unterschiedlichen Probekörperoberflächen durchgeführt werden, ist in Abb. 2 veranschaulicht. Dieser Darstellung liegen die entsprechenden Korrekturvorschläge der ISRM Suggested Method [7] zugrunde.

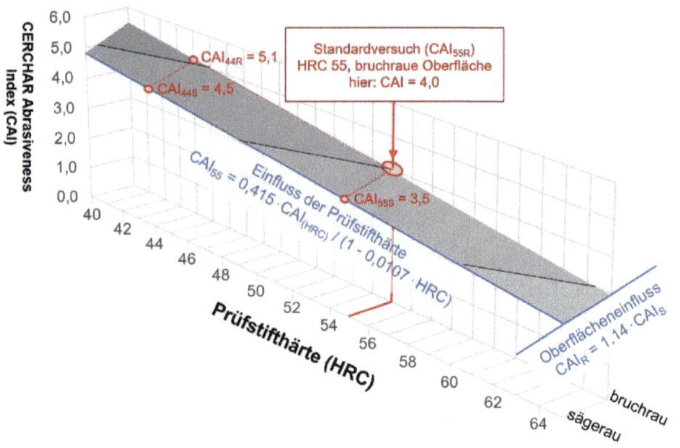


Abb. 2: Variation des CAI in Abhängigkeit von Prüfstifthärte und Oberflächenrauigkeit.

Da der Effekt variierender Prüfstifthärte in Deutschland keine Relevanz hat, wird im Folgenden nur auf den Effekt der Oberflächenbeschaffenheit eingegangen.

## 2. Oberflächenrauigkeit

### 2.1 Historie

Nach der ursprünglichen Verfahrensbeschreibung [4] wurden CERCHAR-Versuche zunächst ausschließlich auf „frischen“ und „bruchrauen“ Oberflächen durchgeführt. Eine derartige Probenoberfläche wird üblicherweise durch Aufspalten einer größeren Ausgangsprobe hergestellt und stellt auch heute noch den international referenzierten Standardfall dar ([1], [3], [5], [7]).
Da sich bei zahlreichen ausgeprägt anisotropen oder inhomogenen Gesteinen (z. B. Konglomerate, grobkörnige Granite, Glimmerschiefer oder feingeschichtete Kalk- oder Sandsteine) durch Aufspalten keine prüffähige Oberfläche herstellen ließ (siehe Beispiel in Abb. 3), wurden Ende der 1990er Jahre an der TU München Versuche mit alternativen Bearbeitungsverfahren, wie z. B. Sägen mit Diamantsäge oder Anschleifen mit Schleifpulver, durchgeführt.
Die Auswirkungen auf das Prüfergebnis wurden mittels Vergleichsuntersuchungen quantifiziert [9]. Ausgehend von diesen Erfahrungen wurde die Möglichkeit, in Ausnahmefällen auch sägeraue Oberflächen zu prüfen, 2003 in einer ISRM Technical Note vorgestellt [14]. Der damals zur Verfügung stehende Datensatz empirischer Messwerte umfasste 77 Proben (Abb. 4).

Abb. 3: Probenoberflächen bei einem flaserigen Kalkstein (oben: durch Aufspalten hergestellte, nicht zur Prüfung geeignete, „bruchraue“ Oberfläche, unten: durch trockenes Sägen hergestellte „sägeraue“ Probe).

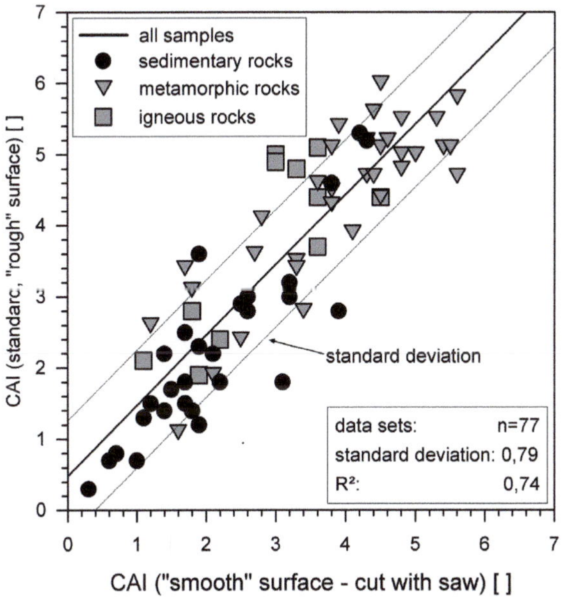


Abb. 4: Vergleich CAI an sägerauen und bruchrauen Oberflächen aus 2003 [14].

Bei der Betrachtung der linearen Regression über alle Proben (Linie „all samples“) erkennt man einen mehr oder weniger 1:1-Zusammenhang zwischen den an sägerauen und den -standardmäßig- an bruchrauen Oberflächen ermittelten CAI, mit einem „offset“ der Ausgleichsgeraden um einen Betrag von etwa 0,5 nach oben.

## 2.2 Berücksichtigung in Regelwerken

Ausgehend von den beschriebenen Vergleichsuntersuchungen wurden im Laufe der Jahre in verschiedenen Regelwerken verschiedene Korrekturvorgaben bei einer Prüfung auf sägerauen Oberflächen gemacht. Während die AFNOR NF P94-430-1 [1] aus dem Jahr 2000 noch keine Unterscheidung hinsichtlich der Oberflächenbeschaffenheit macht, müssen nach der ASTM D7625 aus 2010 [2] die auf sägerauer Oberfläche ermittelten Messergebnisse korrigiert, d. h. auf das zu vermutende Ergebnis auf bruchrauer Oberfläche umgerechnet werden. Hierbei wird die in der ISRM Technical Note [14] vorgeschlagene und in Tabelle 1 angegebene Korrekturgleichung verwendet.

**Tab. 1: Korrekturansätze**

| **Norm / Empfehlung** | **sägeraue Oberfläche zulässig** | **Korrektur erforderlich** | **Korrekturgleichung** |
|---|---|---|---|
| CERCHAR (1986) | nein | – | – |
| AFNOR NFP94-430-1 (2000) | ja | nein | – |
| ISRM Tech. Note (2003), ASTM D7625 (2010) | ja | ja | $CAI = 0{,}99 \times CAI_s + 0{,}48$ |
| ISRM (2014) | ja | ja | $CAI_S < 4{,}0$: $CAI = 1{,}14 \times CAI_S$<br><br>$CAI_S \geq 4{,}0$: n.a. |
| DGGT E23 (2016) | ja | ja | $CAI = 1{,}1 \times CAI_S$ |
| ASTM D7625 (2022) | ja | ja | $CAI_S < 4{,}0$: $CAI = 1{,}14 \times CAI_S$<br><br>$CAI_S \geq 4{,}0$: $CAI = 0{,}99 \times CAI_S + 0{,}48$ |

In der ISRM Suggested Method aus 2014 [7] wird eine Unterscheidung getroffen: für $CAI_S < 4,0$ ist eine Umrechnungsgleichung angegeben (vgl. Tab. 1), die aber für $CAI_S \geq 4,0$ nicht zu verwenden ist. Für diesen Bereich werden keine weiteren Angaben gemacht. In der DGGT-Empfehlung Nr. 23 [5] aus 2016 wird eine ähnliche Umrechnung, allerdings über den gesamten Wertebereich, empfohlen. Der ASTM Standard D7625 aus 2022 [3] kombiniert schließlich die Vorgabe der ISRM [7] für den Bereich $CAI_S < 4,0$ mit der Umrechnung aus der „alten" ASTM D7625 [2] für $CAI_S \geq 4,0$.
Die verschiedenen Korrekturgleichungen sind in Tabelle 1 zusammengestellt und in Abb. 5 grafisch aufgetragen. Es sei darauf hingewiesen, dass sie sämtlich auf dem gleichen, zuletzt 2010 veröffentlichten [10], empirischen Datensatz mit rd. 80 Werten beruhen!

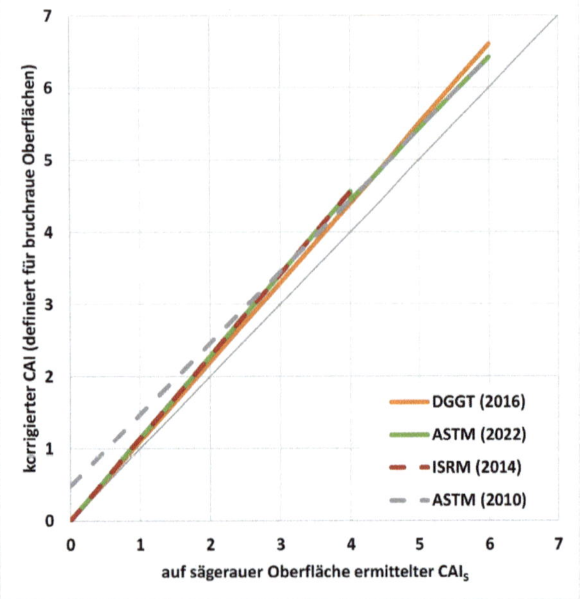


Abb. 5: Grafische Darstellung der in den verschiedenen Prüfempfehlungen enthaltenen Korrekturgleichungen.

## 2.3 Neue Datengrundlage

Seit der Einführung als Standardverfahren der Baugrunderkundung in der VOB/C ist in den letzten zehn Jahren die Anzahl durchgeführter CERCHAR-Versuche deutlich angestiegen. Für eine Analyse und Neubewertung des Einflusses der Oberflächenrauigkeit kann daher erstmals auf eine Basis von über 1.300 Datensätzen zurückgegriffen werden, die vorrangig auf den Untersuchungen am Institut für Geomechanik und Untergrundtechnik (GUT) der RWTH Aachen University basiert. Hierbei wurden vielfach auch wenig abrasive Sedimentgesteine untersucht, an denen früher nur in seltenen Ausnahmefällen CERCHAR-Versuche durchgeführt worden wären [8].
Ergänzend wurden ältere Daten, die u. a. anderem auch den Datensatz aus 2003 enthalten [15], die Ergebnisse bislang unveröffentlichter Masterarbeiten an der TU Darmstadt [6], [13] sowie Messdaten aus einem aktuellen TBM-Projekt einbezogen. Im Einzelnen standen für die Bewertung zur Verfügung:

- 198 Proben aus magmatischen Gesteinen,
- 84 Proben aus metamorphen Gesteinen,
- 563 Proben aus Sedimentgesteinen sowie
- 524 Proben, die mangels ausreichender Angaben nicht zugeordnet werden konnten.

Abb. 6 zeigt die Ergebnisse sämtlicher Versuche; jeder Datenpunkt entspricht dabei dem Mittelwert aus jeweils fünf Einzelversuchen an einer bruchrauen und fünf an einer sägerauen Oberfläche. In dem Diagramm sind zusätzlich zwei lineare Regressionen eingetragen, einmal rein aus den Messdaten (blaue Linie) und einmal durch den Nullpunkt gezwungen (rote Linie).

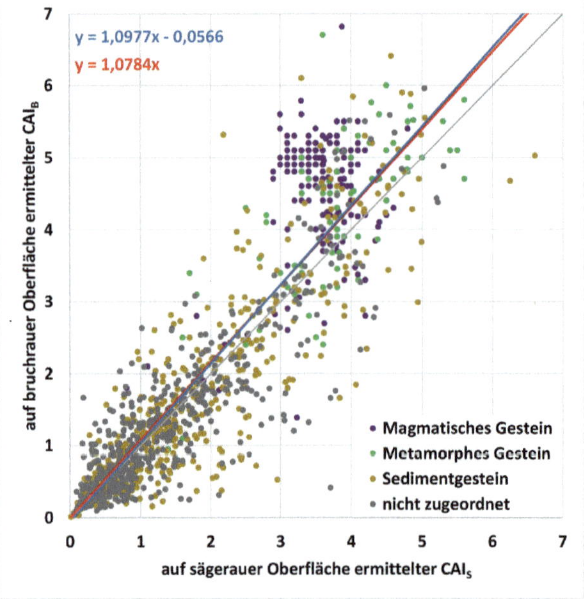


Abb. 6: Auftragung aller Versuchsergebnisse.

Es zeigt sich, dass über die Gesamtheit der untersuchten Proben ein Korrekturfaktor von 1,1, wie er in der DGGT-Empfehlung Nr. 23 [5] empfohlen wird, in einer plausiblen Größenordnung liegt. Gleichzeitig wird aber auch deutlich, dass es große Abweichungen, sowohl nach oben als auch nach unten, gibt. Bei Anwendung einer einfachen Umrechnungsformel kann also die aus dem Ergebnis eines auf sägerauer Oberfläche durchgeführten CERCHAR-Versuchs abgeleitete Angabe des -normgerecht an bruchrauer Oberfläche ermittelten- CAI sowohl signifikant zu hoch als auch signifikant zu niedrig ausfallen.
Besonders augenfällig wird dies bei der Betrachtung der Versuchsergebnisse an den magmatischen Gesteinen (Abb. 7). Während die auf einer sägerauen Oberfläche ermittelten $CAI_S$ überwiegend zwischen 3,0 und 4,0 liegen, betragen die auf der bruchrauen Oberfläche ermittelten Werte meist zwischen CAI = 4,5 und 5,5. Für die durch

den Nullpunkt gehende Regressionsgerade ergibt sich ein Faktor von 1,27. Insgesamt bedeutet dies, dass die auf sägerauer Oberfläche bestimmte Abrasivität in den meisten Fällen deutlich kleiner ist, als die normgerecht auf bruchrauer Oberfläche ermittelte.

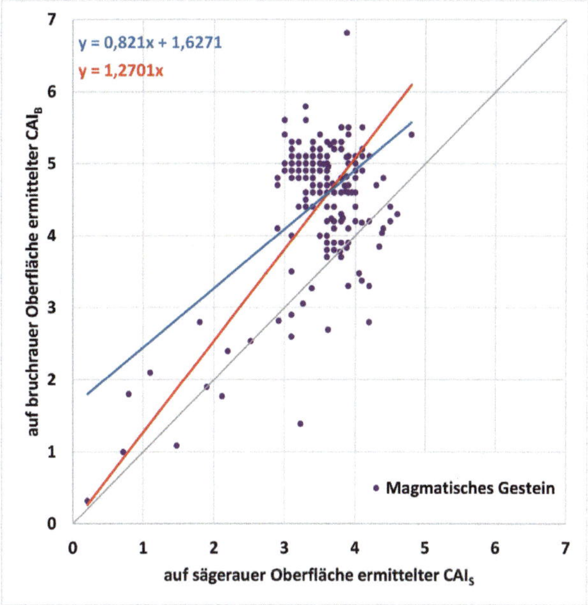


Abb. 7: Versuchsergebnisse für magmatische Gesteine.

Bei den untersuchten metamorphen Gesteinen ist dieser Effekt nicht so ausgeprägt, hier ergibt sich wiederum ein Faktor von etwa 1,1 (Abb. 8).

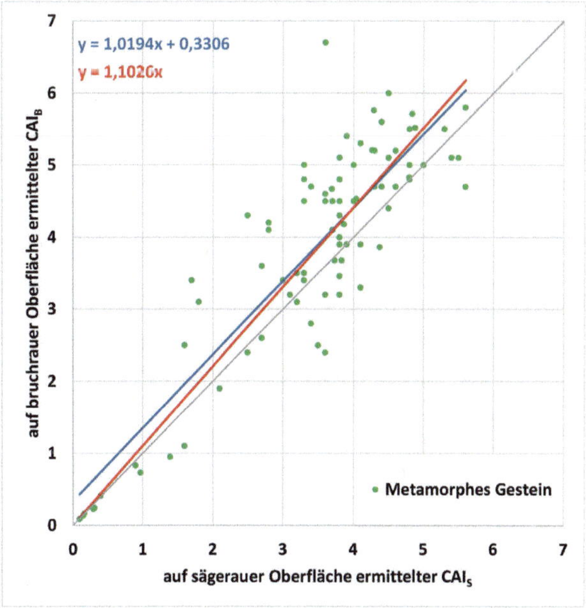


Abb. 8: Versuchsergebnisse für metamorphe Gesteine.

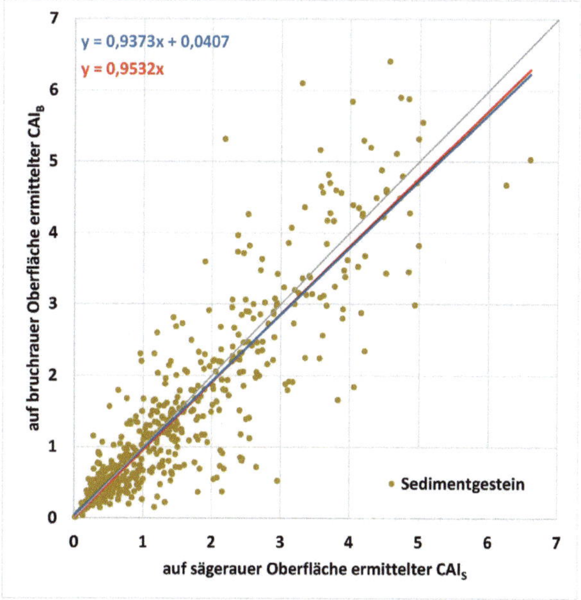


Abb. 9: Versuchsergebnisse für Sedimentgesteine.

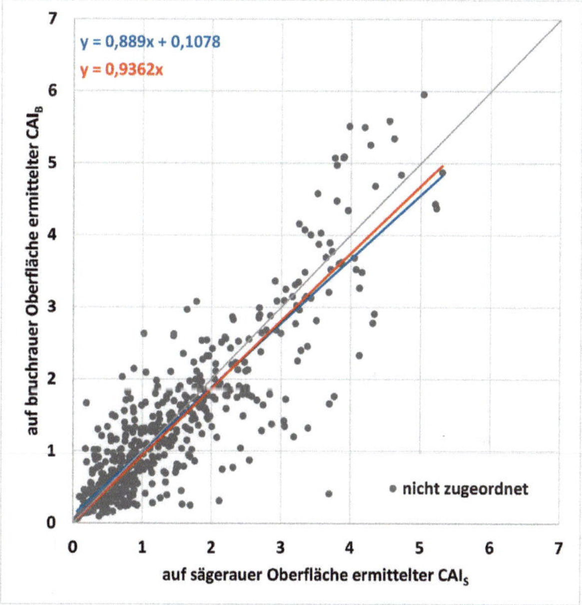


Abb. 10: Versuchsergebnisse der nicht zugeordneten Gesteine.

Bemerkenswert sind auch die Ergebnisse für die untersuchten Sedimentgesteine (Abb. 9) sowie die Proben, die keiner Gesteinskategorie zugeordnet werden konnten (Abb. 10). Für diese Daten ergeben sich für die Ausgleichsgeraden Verhältniswerte kleiner als 1,0, d. h. die auf bruchrauen Oberflächen ermittelten CAI-Werte fallen häufig niedriger aus, als die Messwerte auf sägerauer Oberfläche.

Dieser Umstand ist zunächst verwunderlich, kann aber mit den Eigenschaften dieser Gesteine plausibel erklärt werden. Da bei diesen Datensätzen überwiegend extrem niedrig bis niedrig abrasive Gesteine (CAI < 2,0) dominieren, welche meist auch nur eine (sehr) geringe Gesteinsfestigkeit aufweisen, kann vermutet werden, dass durch das höhere Relief der bruchrauen Oberfläche das in derartigen Gesteinen häufig zu beobachtende „Einpflügen" der Prüfstifte in die Probenoberfläche forciert wird. Unter solchen Bedingungen verteilt sich die Prüflast (70 N) auf eine größere Fläche des Prüfstifts und es findet eine zusätzliche Abnutzung an den Prüfstiftflanken statt, die bei der Ermittlung der Abnutzung an der Prüfstiftspitze nicht erfasst wird.

## 3. Bewertung

Der CERCHAR-Versuch hat sich in den vergangenen Jahrzehnten als Standardverfahren zur Abrasivitätsbewertung im Fels durchgesetzt. So enthalten beispielsweise zahlreiche Prognosemodelle für den Werkzeugverschleiß bei maschinellen Tunnelvortrieben den CAI als maßgeblichen Einflussparameter [17]. Für die Versuchsdurchführung liegen international [3], [7] und national [5] sinnvoll anwendbare Prüfempfehlungen vor. Dass mit dem Verfahren von verschiedenen Prüfinstituten unter vergleichbaren Ausführungsbedingungen auch vergleichbare Messergebnisse ermittelt werden, hat ein 2018 durchgeführter Ringversuch nachgewiesen [11], [12].

Die in allen aktuellen Versuchsempfehlungen enthaltene Möglichkeit, CERCHAR-Versuche nicht nur auf durch Aufspalten hergestellten bruchrauen Oberflächen durchzuführen, sondern ggf. auf die Prüfung gesägter d. h. sägerauer Oberflächen zurückzugreifen, erlaubt eine definierte Versuchsdurchführung auch für ausgeprägt anisotrope oder inhomogene Proben, bei denen sich durch Spalten keine prüffähige Oberfläche herstellen lässt.

Bei der Anwendung dieser „Sonderfall-Regelung" ist jedoch zu beachten, dass damit eine zusätzliche Variable in den Versuchsrahmenbedingungen eingeführt wird, für deren Berücksichtigung bzw. Korrektur international keine einheitliche Vorgehensweise vorliegt. Aus sägerauen Oberflächen abgeleitete CAI-Werte bergen daher stets die Gefahr einer signifikanten Unter- oder auch Überschätzung des Abrasivitäts-Messwerts. Die Prüfung sägerauer Oberflächen sollte daher stets nur einen Ausnahmefall bzw. eine „Rückfallebene" für die Standardprüfung auf bruchrauer Oberfläche darstellen.

Die Analyse und Neubewertung des Einflusses der Oberflächenrauigkeit auf das Messergebnis auf Basis eines bis dato einzigartigen Datenpools mit über 1.300 Messwerten zeigt, dass sich der Zusammenhang zwischen den Messergebnissen auf bruch- und sägerauen Oberflächen bei Weitem nicht so eindeutig darstellt, wie es die teilweise komplexen Korrekturformeln im internationalen Kontext suggerieren [16].

Die für alle Gesteine und über alle Messwerte abgeleitete lineare Regression zeigt, dass der in der DGGT-Empfehlung Nr. 23 [5] vorgeschlagene Korrekturfaktor von 1,1 global betrachtet in einer plausiblen Größenordnung liegt. Bei genauerer Bewertung der verschiedenen Lithologien zeigen sich allerdings auch deutliche Unterschiede:

- bei magmatischen Gesteinen wird die an bruchrauer Oberfläche ermittelte sehr hohe (CAI > 4,0) bis extrem hohe (CAI > 5,0) Abrasivität in den Versuchen auf sägerauer Oberfläche zum Teil deutlich unterschätzt;
- bei den gering abrasiven (CAI < 2,0) Sedimentgesteinen und Proben, die keiner Gesteinsart zugeordnet werden konnten, fallen die Ergebnisse auf sägerauer Oberfläche tendenziell sogar höher aus, als auf bruchrauer.

**Literatur**

[1] AFNOR – Association Française de Normalisation (2000): NF P 94-430-1: Roches – Détermination du pouvoir abrasif d'une roche, Partie 1: Essai de rayure avec une pointe, 9 Seiten, Paris.

[2] ASTM – American Society for Testing and Materials Standard (2010): ASTM D7625-10: Test Method for Laboratory Determination of Abrasiveness of Rock Using the CERCHAR Method, 6 Seiten, West Conshohocken.

[3] ASTM – American Society for Testing and Materials Standard (2022): ASTM D7625-22: Test Method for Laboratory Determination of Abrasiveness of Rock Using the CERCHAR Method, 6 Seiten, West Conshohocken.

[4] CERCHAR – Centre d'Etudes et Recherches de Charbonnages de France (1986): The Cerchar Abrasiveness Index, 12 Seiten, Verneuil.

[5] DGGT – Deutsche Gesellschaft für Geotechnik e.V: (2016): Empfehlung Nr. 23 des Arbeitskreises 3.3 „Versuchstechnik Fels" der Deutschen Gesellschaft für Geotechnik e.V: Bestimmung der Abrasivität von Gesteinen mit dem CERCHAR-Versuch, Bautechnik 93 (2016), Heft 6, S. 409-415, Ernst und Sohn.

[6] Fehre, D. (2019): Bestimmung der Abrasivität ausgewählter Festgesteine des Odenwalds mit dem CERCHAR-Versuch, XIII + 93 Seiten, Masterarbeit am Institut für Angewandte Geowissenschaften der TU Darmstadt (unveröffentlicht).

[7] ISRM – International Society for Rock Mechanics (2014): ISRM Suggested Method for Determining the Abrasivity of Rock by the CERCHAR Abrasivity Test, Rock Mechanics and Rock Engineering 47 (2014), S. 261–266.

[8] Jennen, N. (2023): Die Auswirkungen bruchrauher oder sägerauher Oberflächen auf die Ergebnisse von CAI-Versuchen, XII + 77 Seiten, Bachelorarbeit am Lehrstuhl für Geotechnik im Bauwesen der RWTH Aachen University (unveröffentlicht).

[9] Käsling, H. (2000): Der Cerchar-Abrasivitätstest: Aussagekraft und Verbesserungsmöglichkeiten eines Indextests zur Bestimmung der Gesteinsabrasivität, 47 Seiten + 9 Anlagen, Diplomarbeit am Lehrstuhl für Allgemeine, Angewandte und Ingenieurgeologie, TU München (unveröffentlicht).

[10] Käsling, H.; Thuro, K. (2010): Determining rock abrasivity in the laboratory, in: Proceedings of the European Rock Mechanics Symposium EUROCK 2010, Lausanne, Schweiz, 15.–18. Juni 2010, S. 425–428.

[11] Lange, T. (2018): Durchführung und Auswertung eines CERCHAR-Ringversuchs zur Validierung der Empfehlung Nr. 23 der Deutschen Gesellschaft für Geotechnik (DGGT) e.V., LI + 79 Seiten, Masterarbeit am Institut für Angewandte Geowissenschaften der TU Darmstadt (unveröffentlicht).

[12] Lange, T., Plinninger, R.J. & Henk, A. (2019): Ergebnisse eines Ringversuchs zur DGGT-Empfehlung Nr. 23 CERCHAR-Versuch, in: DGGT e.V. (Hrsg.): Tagungsband zu den Fachsektionstagen Geotechnik, Würzburg, 29./30. Oktober 2019, S. 286–291, Essen.

[13] Ören, E. (2021): Evaluation des Einflusses von intrinsischen Parametern und Prüfflächenbeschaffenheit auf den CERCHAR-Abrasivitäts-Index (CAI) von Sandsteinen, XIV + 88 Seiten, Masterarbeit am Institut für Angewandte Geowissenschaften der TU Darmstadt (unveröffentlicht).

[14] Plinninger, R.J., Käsling, H., Thuro, K. & Spaun, G. (2003): Testing conditions and geomechanical properties influencing the CERCHAR abrasiveness index (CAI) value, International Journal of Rock Mechanics and Mining Sciences 40 (2003), Heft 2, S. 259–263, Elsevier.

[15] Plinninger, R.J., Käsling, H. & Thuro, K. (2005): Praktische Aspekte der Abrasivitätsuntersuchung und Verschleißprognose mit dem Cerchar-Abrasivitätstest (CAI), in: Moser, M.: Veröffentlichungen von der 15. Tagung Ingenieurgeologie, Erlangen, 06.–09. April 2005, S. 371–375.

[16] Plinninger, R.J.; Feinendegen, M. (2025): Versuchstechnische Einflüsse beim CERCHAR-Abrasivitätsversuch: Überblick und Diskussion des nationalen und internationalen Stand der Technik, in: DGGT e.V. (Hrsg.): Tagungsband zu den Fachsektionstagen Geotechnik, Würzburg, 07./08. Oktober 2025, S. 226–231, Essen.

[17] Stopp, A,; Feinendegen, M. (2023): State of the Art der Verschleißprognose im maschinellen Tunnelbau, Geomechanics and Tunnelling 16 (2023), Heft 5, S. 573–597, Ernst und Sohn.

# Ein besonderes Baugrundrisiko – die Anhaftungsneigung eines durch das Bohren geänderten Baugrunds

**Marco Schwarzkopf, M. Sc.**
BAUER Spezialtiefbau GmbH, Schrobenhausen

**Dr.-Ing. Karsten Beckhaus**
BAUER Spezialtiefbau GmbH, Schrobenhausen

**Akad. Dir. Dipl.-Ing. Martin Feinendegen**
RWTH Aachen University

**Dr. Ralf J. Plinninger**
Dr. Plinninger Geotechnik, Bernried

**Zusammenfassung**
Das Verklebungspotenzial von Boden oder Fels ist – ebenso wie das Verschleißpotenzial – eine baugrundabhängige Eigenschaft, welche sich bei der Bohrpfahlherstellung erheblich auf die Leistung und ggf. auch den Werkzeugverschleiß auswirken kann. Aktuell bearbeitet der Arbeitskreis 1.11 der DGGT eine Empfehlung, die wesentliche Zusammenhänge darstellen und Regelungen u. a. *für eine detaillierte Bewertung* des Verklebungspotenzials vorschlagen soll. Diese Empfehlung soll den Bogen von der Baugrunderkundung bis zur Ausprägung auftretender Verklebungen in der Bauausführung spannen. Der aktuelle Status der Empfehlung wird im Kontext des Vortrags erläutert. Für einen typischen Fall aus der Praxis wird die Bedeutung eindeutiger Vorgehensweisen in der Beschreibung des Verklebungspotenzials des Baugrunds hervorgehoben und die Verantwortung der Beteiligten im VOB-Vertrag herausgearbeitet. Auch bei Problemen mit Verklebungen gilt, dass die umfängliche Baugrundbeschreibung Aufgabe des Bauherrn ist und die Auswirkungen eines unbekannten oder unerkannten Verklebungspotenzials auf die angebotene Leistung vom Bieter nicht eingeschätzt und einkalkuliert werden können.

## 1. Einleitung

Eine möglichst wirtschaftliche und nachhaltige Ausführung geotechnischer Bauleistungen setzt eine ausreichende Kenntnis des Baugrunds voraus. Entsprechend der Bauaufgabe und der geotechnischen Beschreibung wählt in aller Regel der Unternehmer ein geeignetes Bauverfahren aus. In einem später noch näher beschriebenen Fallbeispiel war das beispielsweise das Bohrverfahren zur Ausführung von Schneckenortbetonpfählen (SOB). Grundlage der Kalkulation ist die Beschreibung der relevanten Baugrundeigenschaften. Die Kennwerte der Homogenbereiche stellen hierfür die Mindestanforderungen in den jeweiligen ATVen der VOB/C, hier der DIN 18301, dar. Anders als bei der Bemessung des geotechnischen Bauwerks (gemäß EC7) sind derartige, für die Abschätzung der technischen Herstellleistung und des zugehörigen Verschleißes erforderliche Bodenkennwerte allerdings nicht als „charakteristische Werte" mit einem Sicherheitsfaktor anzugeben, sondern im besten Fall als tatsächlich (versuchstechnisch) ermittelte Kennwerte, möglichst mit Angabe der ermittelten Bandbreite bzw. der Häufigkeitsverteilung (Beckhaus et al, 2017) [1]. Die Forderung der Angabe realer Kennwerte wurde auch von der Arbeitsgruppe CEN/TC 288/WG 25 aufgenommen, welche derzeit an der Überarbeitung der „Bohrpfahlnorm" (EN 1536) arbeitet. Hier heißt es im Abschnitt über die für die Ausführung der Arbeiten erforderlichen Informationen: *„Different from the reason for design of geotechnical structures, for execution the average ground properties and their distribution are relevant to choose suitable work methods."*
Und weiter im Abschnitt zur geotechnischen Erkundung: *"The geotechnical investigation report shall include specific information regarding the following aspects, where relevant: [...] – ground properties necessary to determine work method, equipment and tools, and to estimate performance as well as wear and tear, e.g. strength, density, abrasivity."*
Auch die realistische Einschätzung möglicher Verklebungen gehört in diese Liste, da sie eine vom Baugrund verursachte Erschwernis darstellt, welche die Bauzeit ggf. signifikant verlängern und die Baukosten erheblich erhöhen kann. Im besten Fall wurde das Risiko auftretender Verklebungen einkalkuliert und mit geeigneten Maßnahmen „kontrolliert". Für eine im Wettbewerb neutrale Kalkulationsgrundlage sind also objektive und relevante Angaben für die in situ, d. h. real (!) zu erwartenden Baugrundverhältnisse erforderlich.

## 2. Verklebungen

Verklebungen an Bohr- oder Abbauwerkzeugen stellen eine häufige Ursache für Behinderungen bei der Ausführung von Spezialtief- und Tunnelbauarbeiten dar. In deutschen und internationalen Regelwerken wird zwar, wie oben erwähnt, grundsätzlich gefordert, dass sie zu beschreiben sind, wie dies faktisch zu erfolgen hat, bleibt allerdings unklar. Eine Zusammenfassung des auch 2025 im Wesentlichen noch gültigen Regelungsstands findet sich z. B. in Feinendegen & Ziegler (2016) [2].

Die Abschätzung bzw. Bewertung eines „Verklebungspotenzials" findet aktuell daher i. d. R. auf Basis der Erkenntnisse mehr oder weniger verbreiteter Forschungsarbeiten statt:

- Schlick (1989) hat sich erstmals intensiv mit der Adhäsion im Boden-Werkzeug-System beschäftigt und ein entsprechendes Bewertungsdiagramm, basierend auf der Plastizität und Konsistenz des anstehenden Bodens, entworfen [3].
- Thewes (1999) hat ein ähnliches Diagramm für maschinelle Tunnelvortriebe mit flüssigkeitsgestützter Ortsbrust entwickelt, das als „Thewes-Diagramm" in der Praxis weite Verbreitung gefunden hat [4].
- Hollmann (2015) [5] hat dieses Diagramm nach einer Erweiterung für Vortriebe im offenen Modus (Hollmann & Thewes, 2011) [6] zu einem „Allgemeinen Bewertungsdiagramm" weiterentwickelt.
- Budach et al. (2019) nehmen eine „Quantitative Bestimmung des Verklebungspotenzials feinkör-niger Böden auf Basis von Adhäsionsspannung" mit einem Stempelabzugversuch vor [7].
- de Oliveira (2018) [8] bewertet das Verklebungspotenzial mit dem so genannten ATUR Test, der aktuell weiterentwickelt wird (Burgtorf et al., 2025) [9].
- An der RWTH Aachen University werden seit fast 15 Jahren Konuszugversuche zur Bestimmung der Anhaftungsneigung von bindigen Böden und veränderlich festen Gesteinen durchgeführt (Feinendegen & Ziegler, 2016 [2] bzw. Feinendegen & Spagnoli, 2021) [10].

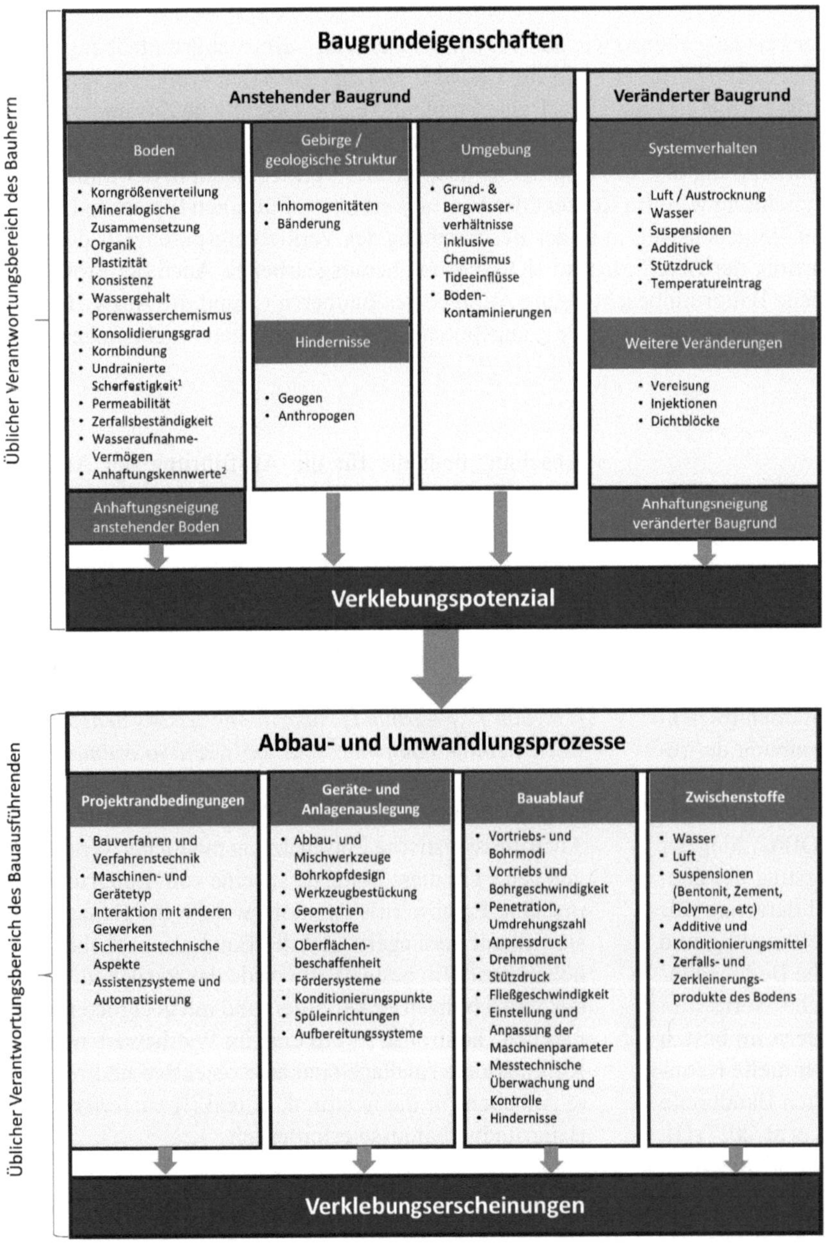


Abb. 1 : Einflussgrößen auf Verklebungen bei Arbeiten im Lockergestein (Spezialtiefbau und Tunnelbau)

Aufgrund der Vielzahl von Einflüssen sowohl aus dem anstehenden Baugrund als auch aus den mehr oder weniger unvermeidbaren projekt- und verfahrensspezifischen Abbau- und Umwandlungsprozessen gestaltet sich eine allgemein gültige Prognose von zu erwartenden Verklebungserscheinungen somit ausgesprochen schwierig. Verlässliche Methoden zur Abschätzung eines Verklebungspotenzials bei Spezialtiefbauarbeiten fehlen weiterhin (Prediger, 2023) [11].

Um hier zukünftig eine sowohl technisch als auch vertraglich referenzierbare Grundlage zu haben, arbeitet der Arbeitskreis 1.11 „Verschleiß und Verklebung" der DGGT seit 2019 an einer Empfehlung, in der die bisherigen Erkenntnisse zusammengefasst und bewertet werden sollen (Feinendegen et al., 2023) [12]. Das Einflussgrößendiagramm in Abb.1 bietet in diesem Zusammenhang eine erste Orientierung, auch hinsichtlich der Verantwortungsbereiche von Bauherren und -ausführenden.

## 3. Fallbeispiel SOB-Pfahlherstellung in Molassegesteinen

Das folgende Fallbeispiel stellt die Auswirkung unerwarteter Verklebungserscheinungen bei der Ausführung von Bohrpfahlarbeiten in veränderlich festen Molassegesteinen im süddeutschen Raum vor und diskutiert Rückschlüsse auf ein unerkanntes Verklebungspotenzial.

### 3.1 Projektrandbedingungen

Beim gegenständlichen Projekt handelt es sich um den Neubau eines Technologie- und Logistikgebäudes in Bayern. Hierfür wurden insgesamt 495 Bohrpfähle ∅ 1180 mm mit 20–22 m Bohrteufe erstellt. Die Bohrarbeiten wurden mit zwei Bohrgeräten, einer Bauer BG 39 für die Schneckenortbetonpfähle (SOB-Pfähle) und einer Bauer BG 30 für die Kelly-Pfähle ausgeführt.

Abb. 2 zeigt die BG 39 mit einer durchgehenden Bohrschnecke zur Ausführung des SOB-Verfahrens. Anders als beim Kelly-Verfahren mit diskontinuierlichem Bohrvorgang und einem zwischenzeitlich offenen Bohrloch kann beim SOB-Verfahren das Werkzeug nicht zwischendurch „geborgen" werden. Das Bohrloch wird durch die gefüllte Bohrschnecke gestützt und muss beim Ziehen der Schnecke kontinuierlich mit Beton gefüllt werden, der durch die Seele der Bohrschnecke nach unten gepumpt wird und dann die Stützfunktion übernimmt. Diese Besonderheit im Herstellprozess spielt im Weiteren eine entscheidende Rolle. Vergleichend sei an dieser Stelle auch angemerkt, dass – geeignete Bodenverhältnisse vorausgesetzt – mit dem SOB-Verfahren erfahrungsgemäß eine mehrfach höhere Herstellleistung erreicht werden kann.

Die Baugrundverhältnisse im Projektareal werden durch Gesteine des süddeutschen Molassebeckens geprägt, die in einer Tiefe von ca. 8 m bis 9 m unter jüngsten (holozänen) anthropogenen Auffüllungen, quartären Deckschichten (Schwemmsande, Aue-lehme) und quartären Donaukiesen anstehen.

Abb. 2: Ausführung von Bohrpfählen mit dem SOB-Verfahren

Unter den quartären Ablagerungen liegen zunächst tertiäre Sedimente der Oberen Brackwassermolasse (OBM) bzw. „Kirchberg-Formation" aus dem Miozän (Alter ca. 17 Mio. Jahre). Diese liegen als Wechselfolge von meist schlämmkornreichen Feinsanden im Wechsel mit ausgeprägt bindigen Schluff- und Mergellagen vor und enthalten auch dünne Braunkohlelagen. Im Liegenden der OBM stehen Sedimente der Oberen Meeresmolasse (OMM) bzw. „Grimmelfinger Schichten" aus einem älteren Abschnitt des Miozän (Alter ca. 17,5 Mio. Jahre) an. Diese werden durch vergleichsweise mächtige Schichtpakte von Fein- bis Mittelsanden geprägt, die durch unterschiedlich mächtige Schluff- und Tonlagen meist ohne horizontale Beständigkeit unterbrochen werden.

### 3.2 Probleme und Ursachenanalyse

Unmittelbar nach dem Beginn der Bohrpfahlarbeiten wurde bei über einem Viertel der SOB-Pfähle in den Tertiärschichten (OBM/OMM) ein ungewöhnlich niedriger Bohrfortschritt beobachtet [Abb. 3]. Gleichzeitig verliefen die Bohrarbeiten mit dem Kelly-Verfahren in den denselben Bodenschichten weitgehend planmäßig.

Die aufgetretenen Probleme wurden zunächst als Folge von in den Tertiärablagerungen auftretenden „Härtlingslagen" gedeutet. Derartige Lagen waren in der Vorerkundung erkannt und das Durchörtern im Leistungsverzeichnis mit einer Zulageposition verankert worden. Die daraufhin durchgeführten Anpassungen des Werkzeugbesatzes an der Schneide und am Piloten der Endlosschnecke verfolgten das Ziel, die Durchörterung dieser felsartigen Lagen zu verbessern. Die Maßnahmen zeigten jedoch keinerlei positive Veränderungen und die Hypothese der Härtlingslagen musste daher als Ursache für die aufgetretenen Probleme verworfen werden.

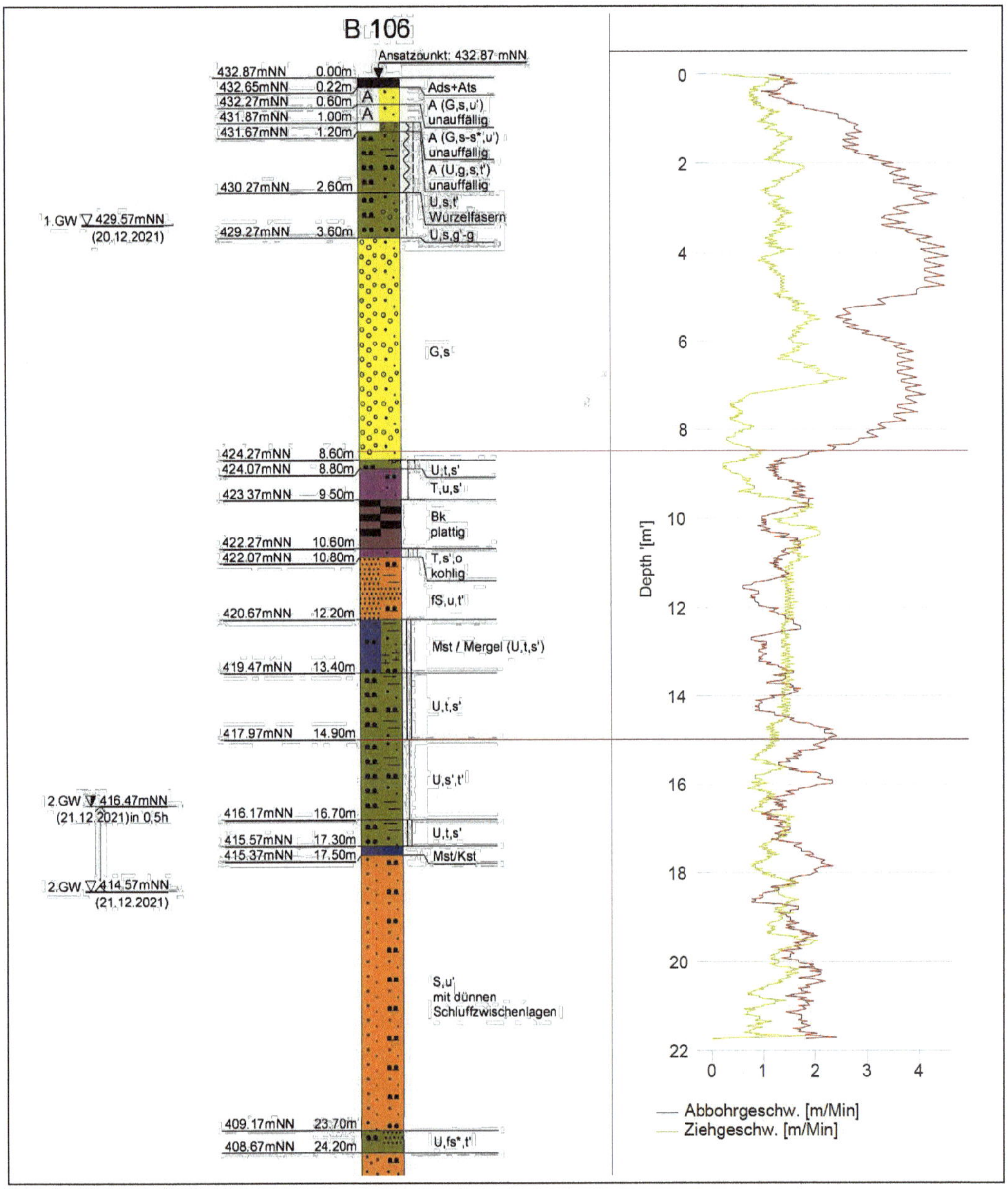


Abb. 3: Beispiel für das plötzliche Absinken der Abbohrgeschwindigkeit (rote Linie) bei Erreichen der tertiären Molasseablagerungen.

Nach dem Scheitern dieser ersten Maßnahmen wurden Adhäsions-, d. h. Anhaftungsphänomene zwischen Boden und Endlosschnecke in Erwägung gezogen, im allgemeingültigen Kontext der o. g. Empfehlung des DGGT-AK 1.11 also *„Verklebungserscheinungen"*. Der Bohrfortschritt beim SOB-Verfahren hängt nicht nur von der Überwindung des Bohrwiderstands an der Schneide ab, sondern auch davon, dass der gesamte gelöste Boden auf der Wendel der Endlosschnecke nach oben gefördert wird. Ein zu hoher Widerstand zwischen Bohrgut und Wendel kann dazu führen, dass der Boden in der Wendel verklebt und trotz Rotation und Andruck kein weiteres Bohrgut mehr in die Schnecke aufgenommen wird. Diese dreht dann „auf der Stelle", d. h. ohne Teufengewinn. In einem ersten Testlauf wurde daher versucht, über die hohle Seele der Endlosschnecke Wasser als „Schmierung" am Bohrkopf einzubringen. Es zeigte sich rasch, dass die Materialförderung durch die Wasserzugabe positiv beeinflusst wurde. Die weiteren Bohrarbeiten konnten mit dieser Maßnahme dann hinsichtlich der Bohrleistung weitgehend problemlos und innerhalb des vorgegeben Zeitrahmens abgewickelt werden.

### 3.3 Geotechnische Erklärungsansätze

Eine Übertragung der im Baugrundgutachten enthaltenen Laborergebnisse von Konsistenz und Plastizität in das Bewertungsdiagramm von Schlick (1989) [3] sowie Hollmann & Thewes (2011) [6] ergibt die in nachstehender Abb. 4 dargestellte Zuordnung.

Es ist festzustellen, dass die vorliegenden Laborergebnisse für alle drei Proben aus dem Tertiär (OBM und OMM) auf Basis der Bewertungsdiagramme eine niedrige Anhaftungsneigung im ungestörten Zustand nahelegen. Die aufgetretenen Probleme sind auf Basis der Eigenschaften des ungestörten Bodens also nicht auf Anhieb zu erklären.

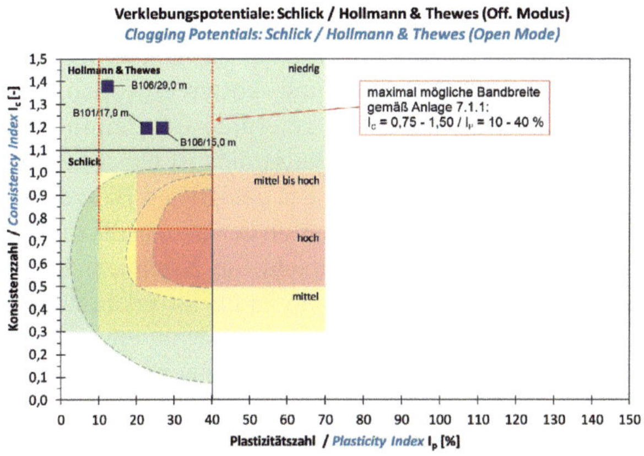


Abb. 4: Darstellung der für die bindigen Tertiärablagerungen vorliegenden Versuchsergebnisse der Ausschreibung [3], [6].

Eine Bewertung der Laborkennwerte im Allgemeinen Bewertungsdiagramm von Hollmann & Thewes (2011) [6] bzw. Hollmann (2015) [5] zeigt, dass bei den vorliegenden Böden bereits eine relativ geringe Erhöhung des Wassergehalts in einer Größenordnung von etwa 5–15 % eine signifikante Erhöhung des Verklebungspotenzials in einen Bereich mittlerer oder starker Verklebungen verursachen kann [Abb. 5]. Eine derartige Erhöhung des Wassergehalts ist beim SOB-Verfahren infolge potentieller Grundwasserzutritte und Wasserumläufigkeiten entlang der Wendel bei gleichzeitiger mechanischer Durchmischung des Bodens ein sehr wahrscheinliches Szenario. Hierbei ist zudem zu berücksichtigen, dass es für das Auftreten entsprechender Adhäsionsphänomene nicht zwingend erforderlich ist, den Wassergehalt des gesamten Bodens zu erhöhen. Ausreichend ist vielmehr bereits ein entsprechendes Aufweichen der mit dem Werkzeug in Kontakt stehenden Randbereiche, während im Kernbereich nach wie vor ein nahezu unveränderter Wassergehalt bzw. ein unverändert niedriges Verklebungspotenzial vorliegen kann.
Mit dem Allgemeinen Bewertungsdiagramm kann auch plausibel erklärt werden, warum sich unter den vorliegenden Verhältnissen bereits eine geringe weitere Wasserzugabe im Bereich des Bohrkopfs positiv auf das Verklebungspotenzial des Bohrguts und die aufgetretenen Bohrerschwernisse auswirken kann.

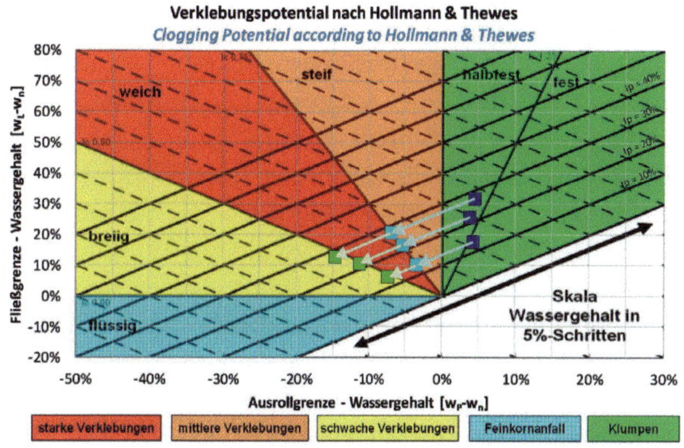


Abb. 5: Verklebungspotenzial der drei untersuchten Tertiärproben im ungestörten (dunkelblaue) und aufgebohrten Zustand (hellblaue) sowie nach künstlicher Wasserzugabe (grüne Punkte) im Allgemeinen Bewertungsdiagramm nach Hollmann & Thewes (2011) [6] bzw. Hollmann (2015) [5], farblich hinterlegt.

Mit der durch die Seele der SOB-Wendel zugegebenen Wassermenge konnte eine Erhöhung des Wassergehalts von rechnerisch (auf das Nennvolumen des Bodens bezogen) bis zu 10 % erreicht werden. Hierdurch wurde die Konsistenz des Bohrguts (zumindest in den maßgebenden Randbereichen entsprechender Bodenschollen) soweit verändert, dass nurmehr nur noch eine schwache Anhaftungsneigung vorhanden war und das Bohrgut wieder problemlos in der Wendel der Endlosschnecke aufgenommen werden konnte.

### 3.4 Schlüsse aus dem Fallbeispiel

Das Fallbeispiel zeigt, dass die aufgetretenen Verklebungserscheinungen im vorliegenden Fall nicht auf abweichende geologische Verhältnisse im eigentlichen Sinne zurückzuführen sind. Vielmehr handelt es sich um ein unvorhergesehen ungünstiges Zusammenwirken der sich verändernden Adhäsionseigenschaften des Bodens bei Wasserzutritt mit dem gewählten Bohrverfahren.
Die Autoren vertreten die Auffassung, dass Art und Umfang der beim Bohren mit dem SOB-Verfahren tatsächlich auftretenden Adhäsionsphänomene zum Zeitpunkt von Angebotsbearbeitung und Vertragsabschluss weder vom Auftraggeber bzw. Bauherrn noch von Auftragnehmer erkannt werden konnten. Eine realistische Prognose der Bohrleistung und insbesondere der spezifischen ausführungstechnischen Probleme infolge Verklebungserscheinungen ist auf Basis der aktuellen Regelwerke keinesfalls und selbst auf Basis des aktuellen Stands von Wissenschaft und Technik (noch) nicht zweifelsfrei möglich.
Das Fallbeispiel macht aber deutlich, dass ein mögliches Verklebungspotenzial im Vorfeld nicht nur für den ungestörten Boden, sondern auch für den durch den Bohrvorgang „veränderten Boden" untersucht werden sollte. Im Idealfall wäre für das grundsätzlich leistungsstärkere SOB-Verfahren eine unter den örtlichen Verhältnissen erhöhte Empfindlichkeit für wirksame Verklebungen als für das konventionelle und grundsätzlich langsamere Kellybohrverfahren erkannt worden. Für die Veränderung des Bodens und im Fallbeispiel offenbar damit erst mitverant-

wortlich für das Auftreten der Probleme sind nämlich offenbar die in Abb.1 genannten spezifischen „Abbau- und Umwandlungsprozesse“ des gewählten Bohrverfahrens mit zugehöriger Verfahrenstechnik. Mit der Wahl eines (Löse- bzw. hier:) Bohrverfahrens kann demnach nicht nur die Wirtschaftlichkeit, sondern auch die Veränderung des Bodens im Hinblick auf dessen Anhaftungsneigung beeinflusst werden.

Vor dem Hintergrund der üblichen Risikosphären-Zuordnung im Bauvertrag gemäß VOB sind derartige, letztlich vom Baugrund verursachten Probleme dennoch nicht in der Sphäre des Auftragnehmers anzusiedeln. Sie sind nach Überzeugung der Autoren als unvorhergesehen ungünstige Interaktion des vom Auftraggeber bereitgestellten Baugrunds und des gemeinsam von Auftraggeber und Auftragnehmer gewählten Bauverfahrens im Sinne eines „Baugrundrisikos“ auch der Risikosphäre des Auftraggebers zuzuordnen.

Diese Einschätzung wird auch von Feinendegen & Ziegler (2016) [2] vertreten: *„Die Verklebungsproblematik verbleibt also dem Grunde nach im Bereich des Baugrund- bzw. Gebirgsrisikos, womit sich aus Abschnitt 3.3.7 von DIN 18312, VOB/C: ATV – Untertagebauarbeiten ableiten lässt, dass die dadurch entstehenden Aufwendungen „Besondere Leistungen“ sind, die auch vergütet werden müssen“*, wird dort nämlich gleichzeitig auch gefordert, dass eine *„wesentliche Änderung der Eigenschaften und Zustände von Boden und Fels bei und nach dem Lösen, insbesondere in Verbindung mit Luft, Wasser, Stützflüssigkeit oder sonstigen Konditionierungsmitteln“* in der Baugrundbeschreibung anzugeben sind.

Die entsprechende Empfehlung, das Systemverhalten im Rahmen der Baugrunduntersuchung zu bewerten bzw. abzuprüfen, findet sich in Abb.1 im Block „Veränderter Baugrund“ wieder.

## 4. Schlussfolgerungen

Anhaftungen von Boden an Werkzeug oder an sonstigen Peripheriegeräten oder allgemein „Verklebungen“ können im Spezialtiefbau und Tunnelbau zu erheblichen technischen und wirtschaftlichen Problemen führen. Wenngleich für entstehende Probleme in der Regel bautechnische Lösungen gefunden werden, können die Auswirkungen auf Bauzeit und -kosten erheblich sein. Eine vorlaufende und praxisrelevante Beurteilung des Verklebungspotenzials des Baugrunds ist daher Grundvoraussetzung für die Wahl des geeigneten Bauverfahrens und eine seriöse Kalkulation der Bauausführung.

Das gezeigte Fallbeispiel macht die Komplexität des Sachverhalts deutlich. Nicht nur kann eine erkannte Anhaftungsneigung des Bodens die Auswahl eines Bohrverfahrens bedingen, umgekehrt kann auch die Verfahrenstechnik den Boden verändern und damit eine – im Vergleich zum ungestörten Boden – geänderte Anhaftungsneigung zur Folge haben. Ein solches Systemverhalten ist in der Baugrundbeschreibung zu beachten und bleibt im üblichen Verantwortungsbereich des Bauherrn.

Die im Beispiel aufgetretenen Probleme konnten durch eine gezielt herbeigeführte – nochmalige – Veränderung des Baugrunds überwunden werden. Infolge Wasserzugabe wurde die Anhaftungsneigung des Bodens offenbar in den unkritischen Zustand verschoben.

Der Arbeitskreis 1.11 der DGGT arbeitet an einer Empfehlung zu „Verschleiß und Verklebung im Lockergestein“. Diese soll allen an Arbeiten im Tunnel- und Spezialtiefbau beteiligten Parteien eine objektive Grundlage insbesondere dafür bieten, wie der zu lösende (und ggf. zu fördernde) Baugrund zu beschreiben ist, damit das richtige Bauverfahren ausgewählt und die Bauleistung seriös kalkuliert werden kann. Eine Kommunikation zwischen planenden und ausführenden Parteien ist insbesondere erforderlich, wenn das Systemverhalten des Bodens durch Abbau- und Umwandlungsprozesse aus dem (möglichen) Bauverfahren wesentliche Änderungen der Anhaftungsneigung zur Folge haben kann, welches letztlich eine Baugrundeigenschaft ist und damit in der Risikosphäre des Bauherrn bleibt.

Die Notwendigkeit zukünftig eine sowohl technisch als auch vertraglich referenzierbare Grundlage zu haben, wurde jüngst auf den DGGT Fachsektionstagen der Geotechnik erneut verdeutlicht [13].

**Literaturverzeichnis**


[1] Beckhaus, K.; Haugwitz, H.-G.; Paysen-Petersen, L.: Beschreibung von Boden und Fels und deren Einfluss auf Bohrleistung und Verschleiß. In: DGGT Fachsektionstage 2017, Würzburg

[2] Feinendegen, M.; Ziegler, M. (2016): Verklebungen beim maschinellen Tunnelvortrieb: Normative Regelungen, Klassifikation und Prognose. Bauingenieur (91), S. 350-359.

[3] Schlick, G. (1989): Adhäsion im Boden-Werkzeug-System. Dissertation Universität Karlsruhe, Institut für Maschinenwesen im Baubetrieb, Heft F39.

[4] Thewes, M. (1999): Adhäsion von Tonböden beim Tunnelvortrieb mit Flüssigkeitsschilden. Dissertation, Bergische Universität Wuppertal, Shaker Verlag.

[5] Hollmann, F. (2015): Bewertung von Boden und Fels auf Verklebungen und Feinkornfreisetzung beim maschinellen Tunnelvortrieb. Dissertation, Ruhr-Universität Bochum, Shaker Verlag.

[6] Hollmann, F.; Thewes, M. (2011): Bewertung der Neigung zur Ausbildung von Verklebungen und zum Anfall von gelöstem Feinkorn bei Schildvortrieben im Lockergestein. In: 18. Tagung für Ingenieurgeologie und Forum für junge Ingenieurgeologen 2011, Berlin, S. 237–244.

[7] Budach, C.; Placzek, D.; Kleen, E. (2019): Quantitative Bestimmung des Verklebungspotenzials feinkörniger Böden auf Basis von Adhäsionsspannung: Aktuelle Untersuchungen und neue Erkenntnisse. geotechnik (42), S. 2–10.

[8] de Oliveira, D. (2018): EPB Excavation and conditioning of cohesive mixed soils: clogging and flow evaluation. Dissertation, Queens's University.

[9] Burgtorf, S.; Kitscha, C.; Babendererde, T.; Schoesser, B.; Thewes, M. (2025): Comparative investigations for the determination of clogging potential in EPB-Tunneling adapting the improved testing device ATUR 2.0. In: ITA-AITES World Tunnel Congress 2025, Stockholm, S. 2595–2602.

[10] Feinendegen, M.; Spagnoli, G. (2021): Erkenntnisse aus zehn Jahren Verklebungsbewertung mit dem Konuszugversuch: Versuchsdurchführung, Aufbereitung der Proben, maßgebende Bewertungsfaktoren. In: STUVA-Tagung 2021, Karlsruhe, S. 194–202.

[11] Prediger, L. (2023): Verklebungen im Spezialtiefbau - Erfahrungen und Einschätzungen. In: DGGT Fachsektionstage 2023, Würzburg, S. 78–82.

[12] Feinendegen, M.; Babendererde, T.; Drucker, P.; Holzhäuser, J.; Langmaack, L., Richter, A. (2023): Empfehlung(en) „Verschleiß und Verklebung im Lockergestein“ – ein erster Ausblick. In: DGGT Fachsektionstage 2023, Würzburg, S. 268–273.

[13] Beckhaus, K.; Feinendegen, M.; Plinninger, R.: Verklebungspotenzial des Baugrunds bei der Bohrpfahlherstellung – unbekannt oder unerkannt? In: DGGT Fachsektionstage 2025, Würzburg, S. 72–77.

# Vergleichende Untersuchungen zur Bestimmung des Äquivalenten Quarzgehaltes von Lockergestein

**Dr. Pierre Müller**
TH Köln, Fakultät für Bauingenieurwesen und Umwelttechnik (F06), Institut für Baustoffe, Geotechnik, Verkehr und Wasser, Lehr- und Forschungsgebiet Geotechnik und Tunnelbau

**Prof. Dr. Christoph Budach**
TH Köln, Fakultät für Bauingenieurwesen und Umwelttechnik (F06), Institut für Baustoffe, Geotechnik, Verkehr und Wasser, Lehr- und Forschungsgebiet Geotechnik und Tunnelbau

**Naima von Taschitzki, M. Eng.**
TH Köln, Fakultät für Bauingenieurwesen und Umwelttechnik (F06), Institut für Baustoffe, Geotechnik, Verkehr und Wasser, Lehr- und Forschungsgebiet Geotechnik und Tunnelbau

**Zusammenfassung**

Der Äquivalente Quarzgehalt $F_{ÄQu}$ ist ein wichtiger Parameter zur Bewertung der Abrasivität von Gesteinen und Böden. Während Empfehlungen zur $F_{ÄQu}$-Bestimmung für Festgestein existieren, fehlen diese für Lockergesteine. Dennoch werden auch Lockergesteine untersucht, um entsprechende Kennwerte zu ermitteln. Um Ergebnisse unterschiedlicher Labore untersuchen zu können, wurde ein Ringversuch mit Lockergesteinen realisiert. Acht Labore führten für zwei grobkörnigen Quarzkies-Fraktionen (4,0 - 6,3 mm und 2,0 - 8,0 mm) $F_{ÄQu}$-Bestimmungen mittels Röntgendiffraktometrie (XRD) durch, die durch petrographische Analysen ergänzt wurden. Die Ergebnisse zeigten für beide Fraktionen eine vergleichsweise hohe Übereinstimmung. Die Untersuchungen bestätigen die Eignung der Ermittlung des $F_{ÄQu}$ auch in Lockergesteinen, jedoch besteht weiterer Forschungsbedarf hinsichtlich der Standardisierung der Methodik und der Ergänzung der $F_{ÄQu}$-Werte durch weitere Abrasivitätstests und Indexversuche.

## 1. Einführung

Der Äquivalente Quarzgehalt $F_{ÄQu}$ stellt einen wichtigen Parameter bei der Bewertung der Abrasivität von Gesteinen und Böden dar. Er quantifiziert den in einer Gesteins- oder Bodenprobe enthaltenen Anteil an verschleißintensiven Mineralien bezogen auf die Härte von Quarz [1]. Nach verschiedenen Normen (vgl. u. a. DIN 18312 [2], DIN 18319 [3]) ist die Abrasivität des Bodens mit dem $A_{BR}$-Wert anzugeben, der nach französischer Norm NF P 18–579 [4] bestimmt wird, oder im Festgestein der CAI-Wert nach [1]. Daneben hat sich der Äquivalente Quarzgehalt $F_{ÄQu}$ als Parameter zur Abschätzung der Abrasivität etabliert (z. B. [5–7]). So ist der Äquivalente Quarzgehalt u. a. bei der Auswahl von Tunnelbohrmaschinen im Lockergestein ein wesentliches Entscheidungskriterium (vgl. [8]).

Zur Bestimmung des Äquivalenten Quarzgehalts $F_{ÄQu}$ im Festgestein kann die Empfehlung Nr. 25 des Arbeitskreises 3.3 – Versuchstechnik Fels – der Deutschen Gesellschaft für Geotechnik herangezogen werden (vgl. [1]). Für die Bestimmung des Äquivalenten Quarzgehalts $F_{ÄQu}$ im Lockergestein bestehen aktuell keine Vorgaben. Erste Ansätze für die Bestimmung des $F_{ÄQu}$ im Lockergestein wurden in [9] aufgeführt.

Der $F_{ÄQu}$, dessen konzeptionelle Grundlage auf den Schleifversuchen von Rosiwal (1899) [10] basiert, quantifiziert den Gesamtgehalt an abrasiven Mineralen in einem Gestein oder Korngemisch. Er wird durch die gewichtete Summe der Volumenanteile der im Gestein enthaltenen Minerale mit deren spezifischen Rosiwal-Schleifhärten $H_R$ berechnet. Der Index ist auf Quarz (Mohs-Härte 7) normiert, dem eine Rosiwal-Härte von 100 % zugewiesen wird, weil Quarz ein sehr weit verbreitetes gesteinsbildendes Mineral ist, das eine hohe Verschleißwirkung aufweist. Der Versuch ist generell für Lockergesteine und Festgesteine geeignet.

In Festgestein erfolgt nach [1] die Bestimmung des Äquivalenten Quarzgehalts ($F_{ÄQu}$) je nach vorherrschendem Korngrößenbereich neben der röntgendiffraktometrischen Pulveranalyse (XRD) auch mittels makroskopischer Bestimmung oder Dünnschliffanalyse. Der $F_{ÄQu}$ korreliert im Festgestein angehend linear mit dem weit verbreiteten direkten Cerchar Abrasivitäts Index (CAI). Um die Einschränkungen dieses reinen Mineralindexes zu überwinden, insbesondere die Nichtberücksichtigung von Gefügeeinflüssen wie der Festigkeit des Gefügeverbands, der Kornform und der Korngröße, wird der $F_{ÄQu}$ als Schlüsselparameter in komplexere Verschleißindices integriert. Der Rock Abrasivity Index (RAI) kombiniert den $F_{ÄQu}$ mit der einaxialen Druckfestigkeit und berücksichtigt somit auch den Sprödbruch-Verschleiß des Gefüges [1].

Auch im Lockergestein ist der Äquivalente Quarzgehalt ein wesentlicher Parameter. Dennoch gibt es bislang keine spezifischen Anforderungen an die Probenvorbereitung von Lockergesteinsproben und die Durchführung

von XRD-Analysen von Lockergesteinen. Dies kann potenziell zu einer Variabilität der Ergebnisse zwischen verschiedenen Laboren führen und somit die Vergleichbarkeit und Interpretierbarkeit der Ergebnisse der Abrasivitäts beeinträchtigen.
Vor diesem Hintergrund zielt die vorliegende Studie darauf ab, die Anwendbarkeit und Zuverlässigkeit der röntgendiffraktometrischen Bestimmung des Äquivalenten Quarzgehalts von grobkörnigem Lockergestein zu untersuchen.

## 2. Methodik und Material

### 2.1 Ringversuch

Bei der Bestimmung mineralogischer Eigenschaften können Ringversuche eine entscheidende Rolle für die Sicherstellung der Qualität und Vergleichbarkeit von Analysedaten darstellen [11, 12]. Ringversuche dienen als fundamentales Instrument der externen Qualitätssicherung für Laboratorien. Im Kern eines Ringversuchs analysieren mehrere unabhängige Labore identische Proben unter vorgegebenen Bedingungen. Die Ergebnisse werden anschließend gesammelt, statistisch ausgewertet und miteinander verglichen. Auf diese Weise kann der Anwender die Ergebnisse einzelner Labore bewerten.
Die Ergebnisse des aktuellen Ringversuchs sollen Aufschluss über die Zuverlässigkeit und Vergleichbarkeit der $F_{ÄQu}$-Bestimmung in der Praxis geben und somit zur Verbesserung der Abrasivitätsbewertung von Lockergestein beitragen. Um die in der Praxis eingesetzten Methodiken zu betrachten, wurden bewusst keine Spezifikationen zur Probenaufbereitung, Gerätekonfiguration und Methodik der Rietveld-Verfeinerung zur Quantifizierung der kristallinen Phasen vorgegeben. Darüber hinaus wurde der $F_{ÄQu}$ für eine Referenzprobe auch mittels petrographischer Bildanalyse bestimmt, um einen Vergleichswert anderer Methodik zu erhalten.

### 2.2 Probenmaterial

Im Rahmen eines Ringversuchs wurden identische Materialproben eines homogenisierten, natürlich anstehenden, grobkörnigen Bodenmaterial der Korngrößenfraktionen 2,0 mm bis 8,0 mm (Probe A) sowie 4,0 mm bis 6,3 mm (Probe B) genutzt. Dieses Material wurde auch bei einem Ringversuch zur Bestimmung der Abrasivität mittels des LCPC-Versuchs mit Lockergesteinen eingesetzt (vgl. [13]). Das Material weist laut Herstellerangaben einen äquivalenten Quarzgehalt von annähernd 96 M.-% auf. Zur gezielten Untersuchung der Korngrößenabhängigkeit des $F_{ÄQu}$-Kennwertes wurden identische Materialproben mit den oben beschriebene Korngrößenverteilungen genutzt (vgl. [13, 14]). Auf Wunsch einzelner Labore wurden Proben vorab bereits zerkleinert und ihnen so zur Verfügung gestellt.
Um eine hohe Homogenität der Proben innerhalb der jeweiligen Korngrößenverteilung zu gewährleisten, wurden die Siebfraktionen separat gewonnen und zu den erforderlichen Korngrößenverteilungen zusammengemischt. Durch dieses Vorgehen können etwaige Abweichungen der Ergebnisse zwischen den Laboren auf verfahrensbedingte Unterschiede und nicht auf Materialvariationen zurückgeführt werden.

Die detaillierten Mischungsverhältnisse der beiden Hauptprüfmaterialien Probe A und Probe B sind der Tabelle 1 zu entnehmen. Die granulometrischen Verhältnisse und die Verteilung der Partikelgrößen der untersuchten Proben A und B sind im entsprechenden Körnungsliniendiagramm in Abbildung 1 dargestellt.

**Tab. 1: Zusammensetzungen der untersuchten Proben**

| Korngrößenfraktion [mm] | Anteil pro 0,5 kg für Probe A 2,0 - 8,0 mm | | Anteil pro 0,5 kg für Probe B 4,0 - 6,3 mm | |
|---|---|---|---|---|
| | in [%] | in [g] | in [%] | in [g] |
| 6,3 - 8,0 | 28,33 % | 141,67 | - | - |
| 5,6 - 6,3 | 11,67 % | 58,33 | 30,43 % | 152,17 |
| 4,0 - 5,6 | 26,67 % | 133,33 | 69,57 % | 347,83 |
| 3,15 - 4,0 | 14,17 % | 70,83 | - | - |
| 2,0 - 3,15 | 19,17 % | 95,83 | - | - |

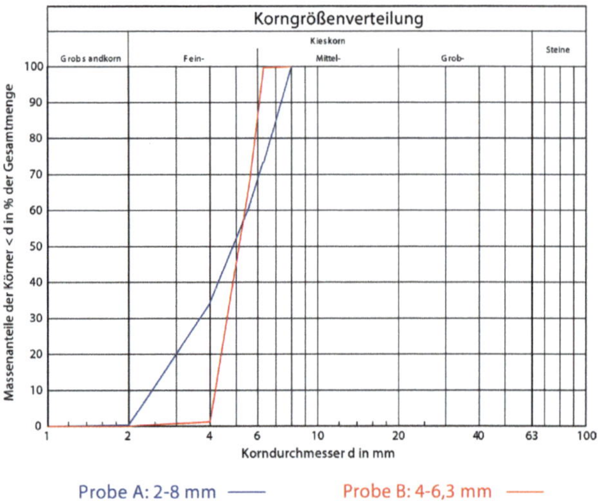


Abb. 1: Korngrößenverteilungen der untersuchten Proben.

### 2.3 Durchführung des Ringversuchs

Insgesamt acht externe Labore (im Folgenden anonymisiert als Labor 1 bis Labor 8) nahmen an dem Ringversuch teil. Jedes Labor erhielt jeweils eine repräsentative Probe von Material A (Korngrößenbereich 2,0 - 8,0 mm) und Material B (4,0 - 6,3 mm), mit dem Auftrag der Bestimmung des Äquivalenten Quarzgehalts ($F_{ÄQu}$) mittels Röntgendiffraktometrie (XRD). Hierbei wurden keine spezifischen Vorgaben hinsichtlich der Methodik der XRD-Messung und Quantifizierung der kristallinen Phasen mittels Rietveld-Verfeinerung gemacht. Dieses Vorgehen erfolgte, um die in der Praxis angewandte Bandbreite an Messparametern und Auswertungsverfahren für Lockergestein abzubilden. Somit oblag die Wahl der untersuchten Beugungswinkelbereiche, der Schrittweiten, der Messzeiten und der verwendeten Software zur Phasenanalyse und Quantifizierung den jeweiligen Laboren.

### 2.4 Petrographische Referenzanalyse

Zur Generierung eines Referenzwertes für den $F_{ÄQu}$ wurde eine zusätzliche Analyse einer repräsentativen Teilmenge des Ausgangsmaterials von einem externen Labor mittels petrographischer Bildanalyse in Anlehnung an [1] durchgeführt. Dieses Verfahren basiert auf der mikroskopischen Untersuchung des Probenmaterials und der quantitativen Bestimmung der Mineralphasenanteile durch Punktzählung oder Flächenanalyse nach Pettijohn [15]. Die Identifizierung und Quantifizierung der Minerale erfolgte hierbei nach gängigen optischen petrographischen Methoden [16]. Die Bestimmung des Quarzgehalts erfolgt dabei modal, d. h. durch das Auszählen von Mineralkörnern in einem bestimmten Rasterfeld (Punktzählverfahren). Der $F_{ÄQu}$ wurde anschließend auf Basis der identifizierten Mineralzusammensetzung berechnet.

### 2.5 Datenauswertung

Die von den acht teilnehmenden Laboren mittels XRD ermittelten $F_{ÄQu}$-Werte für die Proben A und B wurden nach Eingang tabellarisch erfasst und statistisch ausgewertet (s. Kapitel 3). Die statistische Auswertung der erlangten $F_{ÄQu}$-Werte beinhaltete u. A. die Berechnung der deskriptiven Statistiken wie Mittelwert, Median, Standardabweichung und Variationskoeffizient für jede Probenfraktion. Ziel der statistischen Analyse war es, die Streuung der Ergebnisse zwischen den Laboren zu quantifizieren und potenzielle systematische Unterschiede oder Ausreißer zu identifizieren. Die Ergebnisse der XRD-basierten Analysen wurden zudem mit dem mittels petrographischer Bildanalyse ermittelten Referenzwert verglichen, um die Übereinstimmung der verschiedenen Methoden zu bewerten.

## 3. Ergebnisse der Bestimmung des $F_{ÄQu}$ per XRD-Verfahren

### 3.1 Ergebnisse der Proben A und B

In Tabelle 2 sind die Ergebnisse der Bestimmung des $F_{ÄQu}$ für die Böden mit der Korngrößenverteilung 2,0 – 8,0 mm (Probe A) und 4,0 – 6,3 mm (Probe B) der einzelnen Labore aufgeführt.

**Tab. 2: Übersicht über per XRD-Analyse bestimmte Äquivalente Quarzgehalte der untersuchten Proben**

| $F_{ÄQu}$ per XRD-Analyse | | |
|---|---|---|
| | Probe A | Probe B |
| Labor 1 | 94,49 | 94,31 |
| Labor 2 | 97,14 | 97,27 |
| Labor 3 | 97,14 | 97,64 |
| Labor 4 | 94,77 | 95,01 |
| Labor 5 | 97,93 | 99,30 |
| Labor 6 | 96,60 | 96,14 |
| Labor 7 | 96,62 | 97,97 |
| Labor 8 | 96,44 | 97,09 |

Die für Probe A (Korngröße 2,0 - 8,0 mm) ermittelten $F_{ÄQu}$-Werte zeigten eine vergleichsweise geringe Spannweite (siehe Tabelle 2, links). Der Minimalwert betrug 94,49 %, während der Maximalwert bei 97,93 % lag.
Für die engere Korngrößenfraktion der Probe B (4,0 - 6,3 mm) wiesen die ermittelten $F_{ÄQu}$-Werte eine größere Spannweite auf (siehe Tabelle 2, rechts). Der Minimalwert lag bei 94,31 %, der Maximalwert erreichte 99,30 %. Generell wurde im Labor 5 jeweils der größte Wert beider Kornfraktionen festgestellt.

### 3.2 Statistische Analyse der Ergebnisse

Die quantitative Analyse der von acht Laboren mittels Röntgendiffraktometrie (XRD) ermittelten Äquivalenten Quarzgehalte ($F_{ÄQu}$) für die Proben A und B ermöglicht eine Bewertung der Interlaborvariabilität. Die zusammenfassende Gegenüberstellung dieser statistischen Bewertung beider Analyseverfahren ist der Übersicht in Tabelle 3 zu entnehmen.

**Tab. 3: Statistische Bewertung der Ergebnisse der per XRD-Verfahren bestimmten Äquivalenten Quarzgehalte $F_{ÄQu}$.**

| Bestimmung $F_{ÄQu}$ per XRD | | |
|---|---|---|
| | Probe A | Probe B |
| Anzahl n | 8 | 8 |
| Min | 94,49 | 94,31 |
| Max | 97,93 | 99,3 |
| Mean | 96,391 | 96,841 |
| Std. error | 0,419 | 0,574 |
| Variance | 1,404 | 2,637 |
| Stand. Dev. | 1,185 | 1,624 |
| Median | 96,610 | 97,180 |
| 25 percentile | 95,188 | 95,293 |
| 75 percentile | 97,140 | 97,888 |
| Skewness | -0,759 | -0,258 |
| Kurtosis | -0,343 | -0,404 |
| Geom. mean | 96,385 | 96,829 |
| Coeff. var | 1,229 | 1,677 |

Der arithmetische Mittelwert der acht Messungen der Probe A belief sich auf 96,39125 %. Die Streuung der Ergebnisse um diesen Mittelwert wurde durch eine Standardabweichung von 1,1851 % quantifiziert. Der resultierende Standardfehler des Mittelwerts betrug 0,419 %. Die Varianz der Messwerte für Probe A betrug 1,404355 $\%^2$. Der arithmetische Mittelwert der acht Messungen Probe B für betrug 96,84125 %. Die Standardabweichung der Ergebnisse um diesen Mittelwert war mit 1,6237 % höher als bei Probe A. Der Standardfehler des Mittelwerts für Probe B betrug 0,574 %, und die Varianz belief sich auf 2,636527 $\%^2$.

## 4. Ergebnisse der Bestimmung des Äquivalenten Quarzgehalts per petrographischer Referenzanalyse

Die Ergebnisse der petrographischen Analyse der Proben A und B zur Ermittlung des Äquivalenten Quarzgehalte ($F_{ÄQu}$) sind in Tabelle 4 dargestellt. Die in zwei unabhängigen Analyserunden ermittelten Werte für die Probe A bewegten sich dabei in einem engen Bereich zwischen 89,7 % und 90,8 %. Für diese Probe ergab sich ein Mittelwert des $F_{ÄQu}$ von 90,25 %.

Ähnlich zeigten sich die Ergebnisse für Probe B, welche einen mittleren $F_{ÄQu}$ von 92,1 % aufwies. Hier lagen die Einzelbestimmungen bei 91,9 % und 92,3 %.

**Tab. 4: Übersicht über bestimmte Äquivalente Quarzgehalte $F_{ÄQu}$ der untersuchten Proben per petrographischem Verfahren.**

| Bestimmung $F_{ÄQu}$ per petrographischem Verfahren | | |
|---|---|---|
| | Probe A | Probe B |
| Labor 1 | 89,7 | 91,9 |
| Labor 1 | 90,8 | 92,3 |

## 5. Diskussion

Die ermittelten statistischen Kennzahlen zeigen eine tendenziell hohe Übereinstimmung der mittels der XRD-Verfahren bestimmten $F_{ÄQU}$-Werte für beide Korngrößenfraktionen. Die geringe Standardabweichung und der niedrige Standardfehler des Mittelwerts für Probe A im Vergleich zu Probe B implizieren eine geringere Interlaborvariabilität bei der Analyse der breiteren Korngrößenfraktion an. Die größere Streuung der Ergebnisse für Probe B könnte möglicherweise auf eine stärkere Sensitivität der angewandten XRD-Methoden gegenüber Unterschieden in der Mineralverteilung innerhalb des engeren Korngrößenbereichs zurückzuführen sein, oder aber eine größere methodische Variabilität zwischen den Laboren bei der Analyse dieser Fraktion andeuten. Die berechneten Varianzen bestätigen die höhere Streuung der Messwerte für Probe B.

Die Ergebnisse zeigen, dass trotz des Fehlens standardisierter XRD-Protokolle für die $F_{ÄQu}$-Bestimmung eine vergleichsweise geringe Streuung der Messwerte für Probe A (2,0 – 8,0 mm) erzielt wurde, während die Variabilität für Probe B (4,0 - 6,3 mm) geringfügig höher ausfiel. Die für Probe A beobachtete relative Gleichartigkeit der $F_{ÄQu}$-Werte über die beteiligten Labore verdeutlicht die Anwendbarkeit der röntgendiffraktrometrischen in der Praxis. Dies deutet darauf hin, dass die Prinzipien der XRD-Analyse in verschiedenen Laboren auch ohne detaillierte methodische Vorgaben zu vergleichbaren Ergebnissen führen können. Die geringere Variabilität könnte darauf zurückzuführen sein, dass die breitere Fraktion eine repräsentativere Mischung der mineralogischen Bestandteile des Ausgangsmaterials darstellt und somit weniger anfällig für lokale Inhomogenitäten innerhalb der Probe ist.

Unterschiede in der Präparation, der Messgeometrie oder den Auswertungsparametern könnten bei der Analyse einer engeren Fraktion zu stärker abweichenden Ergebnissen führen. Alternativ könnten auch unterschiedliche Kalibrierungsansätze oder die abweichende Identifizierung und Quantifizierung spezifischer silikatischer Minerale bei der Quantifizierung der Mineralanteile mithilfe der Rietveld-Methode in verschiedenen Laboren zu einer erhöhten Variabilität beigetragen haben.

Generell ist zu sagen, dass die Ergebnisse der mittels XRD-Analysen ermittelten $F_{ÄQU}$ der betrachteten Materialien zwar untereinander voneinander abweichen, jedoch in einem engen Bereich liegen.

Der mittels petrographischer Bildanalyse für das Ausgangsmaterial ermittelte Referenzwert bietet einen Vergleichsmaßstab. Ein direkter Vergleich dieses Wertes mit den Mittelwerten der XRD-basierten Analysen für Probe A und B kann Aufschluss über potenzielle systematische Über- oder Unterschätzungen des $F_{ÄQU}$ durch unterschiedliche Untersuchungsmethoden geben. In Abbildung 2 sind die Ergebnisse der per unterschiedlichen Verfahren bestimmten Werte $F_{ÄQu}$ per XRD-Analyse und per petrographischer Analyse dargestellt.

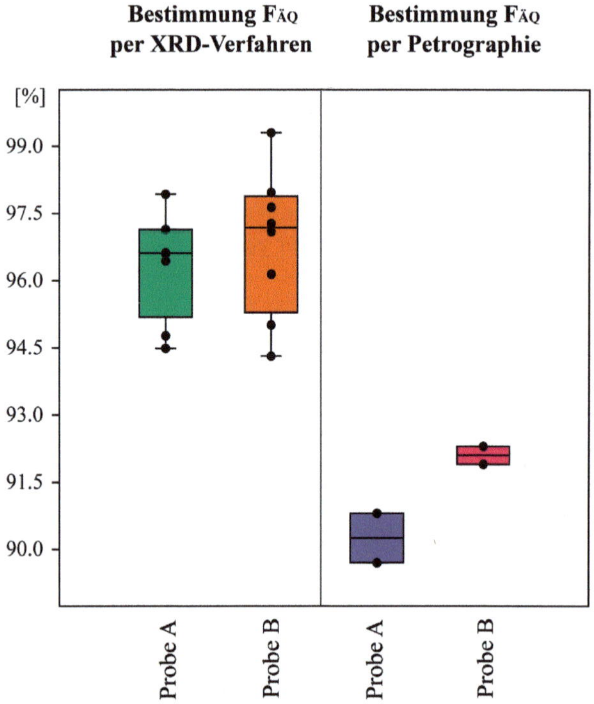


Abb. 2: Vergleich der per unterschiedlichen Verfahren bestimmten Werte $F_{ÄQu}$ per XRD-Analyse (links) und per petrographischer Analyse (rechts).

Der petrographisch ermittelte Äquivalente Quarzgehalt für Probe A zeigte mit 90,25 % eine Abweichung von den Ergebnissen der Röntgendiffraktometrie (XRD). Die XRD-Analysen der beteiligten Labore lieferten eine Spannweite von 94,5 % bis 97,9 %, mit einem Mittelwert von 96,4 %. Der signifikant niedrigere Wert aus der petrographischen Bestimmung liegt mit einer Abweichung des Mittelwerts von mehr als 6 % demnach klar außerhalb des durch die XRD-Messungen abgedeckten Be-

reichs. Bei der Analyse von Probe B zeigte der petrographisch ermittelte Äquivalente Quarzgehalt einen Wert von 92,1 %, welcher ebenso eine Diskrepanz zu den per Röntgendiffraktometrie gewonnenen Ergebnissen aufwies. Die von den beteiligten Laboren durchgeführten XRD-Messungen für dieselbe Probe B ergaben eine breitere Spannweite von 94,3 % bis 99,3 %, mit einem Mittelwert von 96,8 %. Bemerkenswert ist, dass auch hier der durch die petrographische Analyse festgestellte $F_{ÄQu}$-Wert nicht nur außerhalb des per XRD-Verfahren ermittelten Bereichs lag, sondern mit einer Abweichung von über 4 Prozentpunkten vom XRD-Mittelwert auch deutlich niedriger ausfiel.
Diese Abweichung kann verschiedene Ursachen haben. Auf mikroskopischer Bildanalyse oder Punktzählverfahren basierende petrographische Verfahren zur $F_{ÄQu}$-Bestimmung sind durch die subjektive Interpretation des Bearbeiters hinsichtlich der qualitativen mineralogischen Zusammensetzung und die geringe Probenrepräsentativität im Auszählverfahren limitiert [1]. Zudem kann die Unterscheidung von Quarz und optisch ähnlichen Mineralen oder opakem und amorphem Material unter dem Mikroskop insbesondere bei komplexen Mineralvergesellschaftungen herausfordernd sein. Im Gegensatz dazu erfasst die XRD-Analyse den Gesamtquarzgehalt der gesamten aufbereiteten Probe durch die Messung der kristallinen Struktur [1], wodurch eine robustere Quantifizierung ermöglicht wird. Die festgestellte Differenz unterstreicht die Notwendigkeit, in der Praxis potenzielle Abweichungen bei der Bewertung von Abrasivitätskennwerten zu berücksichtigen und kritisch zu beleuchten.

## 6. Zusammenfassung und Ausblick

Die Ergebnisse der Untersuchungen ermöglichen generell die Vergleichbarkeit der Ergebnisse von mittels XRD-Untersuchungen am Lockergestein und somit des Äquivalenten Quarzgehalts als relevanten Parameter zur Bewertung der Abrasivität. Die Ergebnisse der röntgendiffraktometrischen Analysenergebnisse der teilnehmenden Labore verdeutlichen eine vielversprechende Methodenrobustheit. Dennoch besteht die Notwendigkeit weiterer Forschung und potenzieller Standardisierungsansätze, um Ergebnisse besser vergleichen zu können.
Zudem wurde deutlich, dass die Ergebnisse abhängig von der gewählten Methodik sein können, da die Ergebnisse der mittels petrographischer Analyse signifikant geringer waren als die Werte, die mittels XRD untersucht wurden. Da jedoch die mittels petrographischer Analyse Werte nur in einem Labor bestimmt wurden, bieten sich weitere Versuche hierzu an.
Zukünftige Untersuchungen sollten sich auf die Identifizierung kritischer methodischer Parameter bei der XRD-Analyse konzentrieren, um die Interlaborvergleichbarkeit der $F_{ÄQU}$-Bestimmung weiter zu verbessern. Zusätzlich kann eine Harmonisierung der Probenpräparationsverfahren (Einführung standardisierter Vorgaben für Siebung, Trocknung und Homogenisierung der Proben) ein weiterer notwendiger Schritt zur Verbesserung der Vergleichbarkeit der Ergebnisse bei mineralogischen und petrographischen Analysen in unterschiedlichen Laboren sinnvoll sein, wodurch die aktuell bestehende Methodenvariabilität reduziert werden kann.
Zudem sollte in zukünftigen Untersuchungen Bodenmaterial genutzt werden, welches eine deutlich größere Bandbreite an Korngrößenverteilung hat, als oben beschrieben, um auch beispielsweise Sandfraktionen mit zu betrachten. Zudem sollte das zukünftig zu untersuchende Material aus unterschiedlichen Mineralien bestehen, um so praxisnahe Böden zu betrachten.
Es sollten weitere Labore insbesondere zur Bestimmung des $F_{ÄQU}$ mittels petrographischer Analyse eingebunden werden, um entsprechende Ergebnisse bewerten zu können.
Nachfolgend sind die erforderlichen Variationen zukünftiger Untersuchungen aufgeführt:

- Betrachtung größerer Korngrößenbereiche (z. B. Sande und Kiese)
- Betrachtung von Böden mit unterschiedlicher mineralogischer Zusammenfassung
- Einbeziehung weiterer Labore (insb. mittels petrographischer Analyse)
- Berücksichtigung unterschiedlicher Randbedingungen bei der Durchführung von XRD-Analysen

Dieser erste laborübergreifende Vergleich liefert wertvolle Einblicke in die aktuelle Praxis der $F_{ÄQu}$-Bestimmung und unterstreicht die Möglichkeiten zur Anwendung dieses Parameters für die Abrasivitätsbewertung bei Lockergesteinen.
Die Ergebnisse bekräftigen aber auch die Notwendigkeit, den $F_{ÄQu}$ als Parameter zur Beschreibung der Mineralogie zu berücksichtigen und gleichzeitig die Methodik seiner Bestimmung weiter zu prüfen. Für eine adäquate Beschreibung der Abrasivität des Bodens ist die Kombination des Äquivalenten Quarzgehalts mit weiteren Kenngrößen unerlässlich. Die $F_{ÄQu}$-Ergebnisse sollten idealerweise mit direkten Abrasivitätstests (wie dem LCPC-Test nach NF P 18-579 [4] oder dem Wiener Abrasimeter nach [17, 18] und weiteren bodenmechanischen Indexversuchen (z. B. zur Kornform) ergänzt werden (siehe [9]).

## Literatur


[1] Plinninger, R.J.; Käsling, H.; Popp, T.: Bestimmung der Abrasivität von Gesteinen mit mineralogisch-petrographischen Verfahren: Empfehlung Nr. 25 des Arbeitskreises 3.3–Versuchstechnik Fels–der Deutschen Gesellschaft für Geotechnik eV. In: geotechnik 44 (2021), Heft 2, S. 123-135. https://doi.org/10.1002/gete.202100003.

[2] DIN 18312, VOB Vergabe- und Vertragsordnung für Bauleistungen — Teil C: Allgemeine Technische Vertragsbedingungen für Bauleistungen (ATV) — Untertagebauarbeiten.

[3] DIN 18319, VOB Vergabe- und Vertragsordnung für Bauleistungen — Teil C: Allgemeine Technische Vertragsbedingungen für Bauleistungen (ATV) — Rohrvortriebsarbeiten.

[4] NF P 18-579:2013-02 (2013) Granulats: Détermination des coefficients d'abrasivité et de broyabilité (Gesteinskörnungen – Bestimmung der Koeffizienten der Abrasivität und Mahlbarkeit).

[5] Thuro, K., Singer, J. Käsling, H. Bauer, M.: Abrasivitätsuntersuchungen an Lockergesteinen im Hinblick auf die Gebirgslösung. In: Deutsche Gesellschaft für Geotechnik: Beiträge zur 29. Baugrundtagung, 27. - 29. Sept. 2006 in Bremen (2006), S. 283-290.

[6] Thuro, K., Käsling, H.: Classification of the abrasiveness of soil and rock. In: Geomechanics and Tunnelling 2 (2009), Heft 2, S. 179-188. https://doi.org/10.1002/geot.200900012.

[7] Plinninger, R.; Alber, M.: Abrasivitätsuntersuchung von Boden und Fels im Kontext der neuen VOB/C. In: Bauingenieur (2016), Heft 91, S. 200-207.

[8] Deutscher Ausschuss für unterirdisches Bauen e. V. (DAUB), German Tunnelling Committee (Hrsg.): Empfehlungen zur Auswahl von Tunnelbohrmaschinen, 2021.

[9] Budach, C.; Müller, P.; Holzhäuser, J. et al.: Anforderungen an die Probennahme und Durchführung zusätzlicher Laboruntersuchungen beim maschinellen Tunnelbau im Lockergestein; 1. Auflage Ausgabe 2024.

[10] Kaspar, M.; Latal, C.: Der äquivalente Quarzgehalt–Historischer Rückblick und seine Zukunft in der Anwendung der Abrasivitätsprognose. In: geotechnik 2022, 45 (2), S. 86-97.

[11] Dunkl, I.; von Eynatten, H.; Andò, S. et al.: Comparability of heavy mineral data – The first interlaboratory round robin test. In: Earth-Science Reviews 211 (2020), S. 103210. https://doi.org/10.1016/j.earscirev.2020.103210.

[12] Raven, M.D.; Self, P.G.: Outcomes of 12 years of the Reynolds Cup quantitative mineral analysis round robin. In: Clays and Clay Minerals 2017, Heft 65, S. 122-134.

[13] Budach, C., von Taschitzki, N., Erdmann, P., Katrakova-Krüger, D. (Hrsg.): Prüfung der Abrasivität von Lockergestein: Ergebnisse des Forschungsprojekts „Verschleißreduzierung an Werkzeugen von mobilen Arbeitsmaschinen" (VerA) und des LCPC-Ringversuchs, 2024.

[14] Budach, C.; Taschitzki, N. von; Katrakova-Krüger, D. et al.: Abrasiveness in soft soil: New results of research project and round robin LCPC test. In: Johansson, F.; Ansell, A.; Johansson, D. et al. (eds.): Tunnelling into a sustainable future -- methods and technologies – Proceedings of the ITA-AITES World Tunnel Congress 2025 (WTC 2025), 9-15 May 2025, Stockholm, Sweden. CRC Press, Boca Raton, FL, 2025, pp. 961-968.

[15] Pettijohn, F.J.; Potter, P.E.; Siever, R.: Petrographic Classification and Glossary. In: Pettijohn, F.J.; Potter, P.E.; Siever, R. (eds.): Sand and Sandstone, Springer Study Edition. Springer, New York, NY, 1973, pp. 149-174.

[16] Weltje, G.: Quantitative analysis of detrital modes: statistically rigorous confidence regions in ternary diagrams and their use in sedimentary petrology. In: Earth-Science Reviews 57 (2002), 3-4, S. 211-253. https://doi.org/10.1016/S0012-8252(01)00076-9.

[17] ÖBV - Österreichische Bautechnik Vereinigung: Merkblatt „Abrasivitätsbestimmung von grobkörnigem Lockergestein" Ausgabe Oktober 2025.

[18] Feinendegen, M., Babendererde, T., Drucker, P., Holzhäuser, J., Langmaack, L., Richter, A.: Empfehlung(en) „Verschleiß und Verklebung im Lockergestein" - ein erster Ausblick. In: Fachsektionstage Geotechnik 2023 in Würzburg, Deutsche Gesellschaft für Geotechnik (2023), S. 268-273.

TAE

# Simulationen und Berechnungsverfahren

# Untersuchung der Bauwerk-Baugrund-Interaktion einer integralen Brücke – Vergleichsberechnungen verschiedener Gründungsvarianten mittels 3D-FEM

**Tim Spotka, M. Eng.**
Hochschule für Technik, Stuttgart
Dr. Spang Ingenieurgesellschaft für Bauwesen, Geologie und Umwelttechnik mbH, Esslingen

**Prof. Dr.-Ing. Thomas Benz**
Hochschule für Technik, Stuttgart

**Dr.-Ing. Thomas Barciaga**
Dr. Spang Ingenieurgesellschaft für Bauwesen, Geologie und Umwelttechnik mbH, Witten

**Zusammenfassung**
Der Einfluss der Gründungsvariante auf ein integrales Brückentragwerk wird exemplarisch mittels 3D-FEM betrachtet. Es werden eine Flachgründung sowie eine Brunnengründung und eine Bohrpfahlgründung vergleichend untersucht. Anhand der numerischen Modellantworten Erddruck und Verformung wird die Rotationsfähigkeit der Widerlager bewertet und die auftretenden Setzungen am Übergang des Bauwerks zur freien Strecke abhängig von der Gründungsvariante analysiert. Zusätzlich werden der Einfluss der Kontaktflächenmodellierung zwischen Bauwerk und Baugrund, sowie der Einfluss zusätzlicher Lasten aus Verkehr auf die numerischen Modellantworten untersucht. Die Unterschiede der Gründungsvarianten werden diskutiert und mit den analytischen bzw. empirischen Lösungsverfahren nach den geltenden Richtlinien verglichen. Im untersuchten Beispiel ist die Rotationsfähigkeit der Widerlager für die unterschiedlichen Gründungsvarianten vergleichbar – dies spiegelt sich in den numerischen Modellantworten wider.

## 1. Einführung

Integrale Brücken besitzen keine Dilatationsfugen. Brückenüber- und Unterbau sind monolithisch miteinander verbunden. Längenänderungen der Brücke, beispielsweise durch Temperatureinfluss, führen bei dieser Brückenbauweise zu lateralen Verschiebungen und Verdrehung der Widerlager und somit zu einer zyklischen Beanspruchung der Hinterfüllung und Gründungselemente. Weiterhin nimmt Steifigkeit der Gründung Einfluss auf entstehende Zwangskräfte im Überbau. Daraus folgt, dass integrale Brücken nicht unabhängig von der Baugrundsituation sowie der Gründungsvariante bemessen werden können [1].
Analytische Berechnungsverfahren stoßen aufgrund der zu berücksichtigenden Boden-Bauwerk-Interaktion und des räumlichen Trag- und Verformungsverhaltens im Fall von integralen Brücken an ihre Grenzen. Numerische Berechnungen mit der Methode der Finiten Elemente hingegen sind in der Lage, die Bauwerk-Baugrund-Interaktion integraler Brücken realitätsnah abzubilden.
In diesem Beitrag wird der Einfluss der Gründungsvariante der Widerlager integraler Brücken auf die Bauwerk-Baugrund-Interaktion untersucht und mit analytischen Lösungen bzw. empirischen Ansätzen verglichen. Dafür werden zunächst die Berechnungsgrundlagen für analytische Verfahren gemäß den geltenden Regelwerken beschrieben. Bisherige Erkenntnisse bei der numerischen Modellierung des Anwendungsfalls integraler Brücken werden in der Untersuchung überprüft.
Auf dieser Grundlage wird ein Praxisbeispiel mit der Finite Elemente Methode und unter Ansatz des „Hardening Soil Small"-Materialmodell räumlich modelliert und verschiedene Gründungsvarianten auf ihren Einfluss auf die Erddrücke auf die Widerlager, die Verformungen und die Rotationsfähigkeit der Widerlager, die Setzungen der Hinterfüllung, sowie die Zwangskräfte des Überbaus untersucht.

## 2. Verformungen integraler Bauwerke

Jede Brücke, egal welcher Bauart, unterliegt auftretenden Verformungen. Bei konventionellen Brücken werden diese über Lager zwischen Über- und Unterbau ausgeglichen. Dadurch werden Zwangskräfte im Bauteil weitestgehend vermieden. Besagte Ausdehnungen und Verkürzungen müssen bei integralen Brücken von der Gründung und der Hinterfüllung der Widerlager aufgenommen werden können.
Der Großteil der Verformungen bei Brücken resultiert aus der Verformungseigenschaft der Baustoffe Stahl und Beton infolge von Temperatur. Einwirkungen aus Temperatur werden als äußere veränderliche Einwirkung verstanden. Temperaturdifferenzen entstehen sowohl aus täglichen (Tag/Nacht), als auch aus jahreszeitlichen Schwankungen (Sommer/Winter).

Neben den Verformungen aus dem zyklischen Temperatureinfluss, treten auch Längenänderungen aus inneren Einwirkungen auf. Diese resultieren hauptsächlich aus Schwinden des Betons im Zuge der Hydratation sowie Kriechen des Betons unter Druckbeanspruchung, diese werden in der nachfolgenden numerischen Simulation nicht berücksichtigt.
Die Folge der oben beschriebenen Verformungen sind veränderliche Erddruckmobilisierungen im Hinterfüllbereich der Widerlager. In analytischen Berechnungen sind diese als ständige Einwirkungen anzusetzen, die sich abhängig von Zeit, Verschiebungsrichtung und Verschiebungsgröße der integralen Brücke ändern [2]. Erddrücke auf die Gründungselemente werden nicht als Einwirkung, sondern als Teil der Lagerungsbedingungen verstanden [3]. In numerischen Modellierungen ergeben sich Erddrücke infolge der Bauwerk-Baugrund-Interaktion.

**Sommerposition**
Im Sommer kommt es aufgrund von Erwärmung zu einer positiven Wandverschiebung der Widerlagerwände, vgl. Abb. 1. Hierbei werden hauptsächlich im oberen Bereich der Widerlagerwand Teile des passiven Erddrucks mobilisiert.

**Winterposition**
Im Winter findet aufgrund von Abkühlung des Bauwerks eine negative Wandbewegung der Widerlagerwand vom Hinterfüllbereich weg statt, vgl. Abb. 1. Dabei werden Teile des aktiven Erddrucks mobilisiert.

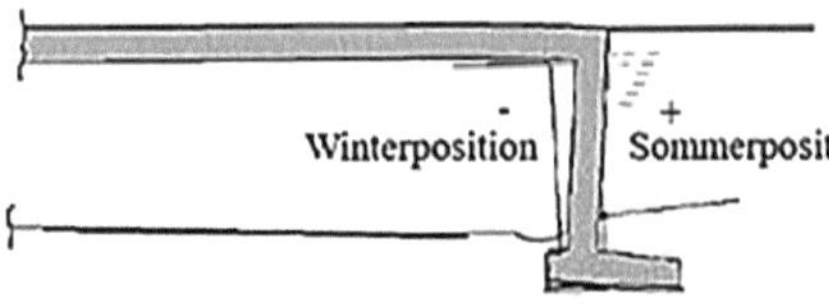


Abb. 1: Brücke in Winter-Sommerposition nach [2]

## 3. Auswirkung zyklischer Einwirkung aus Temperatur auf integrale Brückenbauwerke

Die jahreszeitlich bedingten veränderlichen Verformungen der Brücke aus zyklischer Temperaturbeanspruchung treten über die gesamte Lebensdauer des Bauwerks in annähernd gleicher Größe auf [4]. Die resultierende zyklische Beanspruchung der Widerlagerhinterfüllung erhöht deren Lagerungsdichte und Steifigkeit mit Anzahl der Lastzyklen [5].
Die abnehmende Porenzahl des Hinterfüllmaterials führt zu sich akkumulierenden Setzungen an der Oberfläche. Dies stellt ein Problem am Übergang von Bauwerk zu freier Strecke dar, welchen mit baulichen Lösungen begegnet werden kann [3]. Eine Möglichkeit ist die Anordnung von Schleppplatten im Bereich hinter den Widerlagerwänden.
Die Erhöhung der Lagerungsdichte und Steifigkeit des Hinterfüllmaterials resultiert in einem stetigen Anstieg der horizontalen Spannungen mit jedem Jahreszyklus. Der Großteil dieser Spannungserhöhungen findet innerhalb der ersten drei Jahre statt. Im Laufe der Jahre steigt somit die Belastung auf die Widerlagerwände an [3].

## 4. Analytischer Berechnungsansatz

Zur Untersuchung der Bauwerk-Baugrund-Interaktion werden seitens der RE-ING [2] und der DIN EN 1991-1-5 [6] analytische Berechnungsansätze zur Bestimmung der Ausdehnung infolge Temperatur sowie den anzusetzenden Erddruck hinter den Widerlagerwänden gegeben.

### 4.1 Verformung des Brückenüberbaus infolge Temperatur

Die infolge der Temperaturunterschiede entstehenden Längenänderungen können mithilfe der DIN EN 1991-1-5 [6] folgendermaßen ermittelt werden:

$$\Delta L = \Delta T * \alpha_T * l_{\text{Brücke}} \qquad [1]$$

Hierbei geht die Länge der Brücke $l_{Brücke}$, die Differenz der minimalen und maximal erreichbaren Querschnittstemperaturen $\Delta T$ sowie der Temperaturausdehnungskoeffizient $\alpha_T$ der jeweiligen Brückenbauweise ein.

### 4.2 Erddruck auf die Widerlagerwände

Die RE-ING [2] gibt Berechnungsgrundlagen für den Ansatz der Einwirkungen aus Erddruck an. Dieser ist als ständige Einwirkung anzusehen und je nach Jahreszeit mit den folgenden Ansätzen zu berücksichtigen [2].

**Sommerposition**
In der Sommerposition ist die Erddruckbelastung mit einem teilweise passiven Erddruck bei einer Fußpunktverdrehung zu ermitteln. In der RE-ING [2] wird zur Abbildung dieser Situation der Ansatz des mobilisierten Erddrucks nach Vogt [7] vorgeschlagen. Dieser setzt sich aus dem Erdruhedruckbeiwert $K_0$ sowie dem passivem Erddruckbeiwert $K_{ph}$ zusammen. Zudem geht die Horizontalverschiebung $v(z)$ in der Tiefe z, die Tiefe unter Wandoberkante $z$, sowie ein Baugrundmodellfaktor $\alpha$ ein. Für den passiven Erddruckteil wird ein Wandreibungswinkel von $\delta = -2/3\varphi$ angesetzt.

$$K_{ph,mob} = K_0 + (K_{ph} - K_0) * \frac{\frac{v(z)}{z}}{a + \frac{v(z)}{z}} \qquad [2]$$

Wird die Hinterfüllung nach der vorgegebenen Richtzeichnung Was 7 [8] ausgeführt, kann der Modellfaktor $\alpha$ mit 0,02 angenommen werden [2].
Die Horizontalverschiebung $v(z)$ in der Tiefe $z$, darf gemäß der Gleichung

$$v(z) = s_h * \left(1 - \frac{z}{H}\right) \qquad [3]$$

mit:
$s_h$ = Betrag der horizontalen Kopfpunktverschiebung,
$H$ = Wandhöhe und
$z$ = Tiefe

ermittelt werden. Die mobilisierte passive Erddruckordinate $e_{ph,mob}$ wird dann in Abhängigkeit der Wichte $\gamma$ des Hinterfüllmaterials ermittelt:

$$e_{ph,mob} = K_{ph,mob}(z) * \gamma * z \qquad [4]$$

Der maximal mobilisierte Erddruck ist abhängig von der Bewegungsart der Wand. Gemäß der RE-ING darf bei flachgegründeten sowie auch näherungsweise bei tiefgegründeten Widerlagern eine Fußpunktverdrehung angenommen werden. Dies wird im beschriebenen Erddruckansatz nach Vogt berücksichtigt [2].
In Abb. 2 sind normierte Erddruckverteilungen bei einer Fußpunktverdrehung in Abhängigkeit der Wandkopfverschiebung *sh* zur Wandhöhe *h* abgebildet.

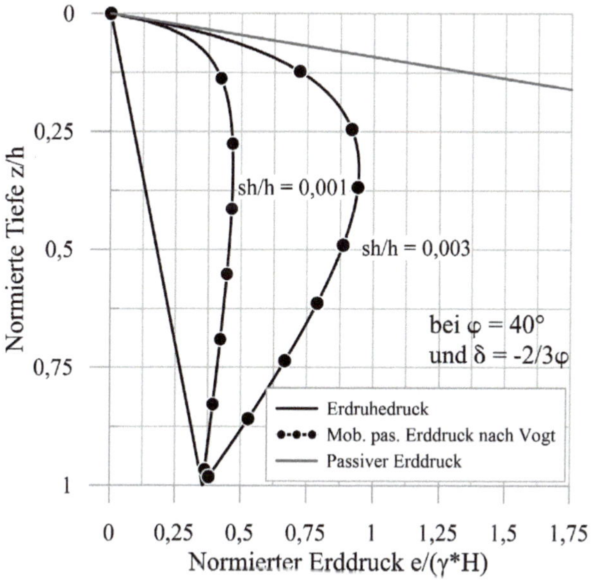


Abb. 2: Normierter Erddruck auf Widerlagerwand exemplarisch für sh/h = 0,001 bzw. 0,003 nach [2]

**Winterposition**
In der Winterposition ist die Erddruckbelastung mit dem Erdruhedruck e0 zu ermitteln. Sollte ein Ansatz mit 50 % des aktiven Erddrucks $e_{ah}$ ungünstiger wirken, so ist der Erddruck mit 0,5 $e_{ah}$ anzusetzen. Der Erdruhedruck sowie der aktive Erddruck können gemäß DIN 4085 „Berechnung des Erddrucks" ermittelt werden [9].

## 5. Numerische Modellierung

Eine numerische Abbildung der Bauwerk-Baugrund-Interaktion integraler Brücken ist aufgrund der starken gegenseitigen Abhängigkeiten sinnvoll. Besondere Aufmerksamkeit erfordert im vorliegenden Fall die Wahl des Materialmodells für das zyklisch belastete Hinterfüllmaterial und den Baugrund unterhalb des Widerlagers sowie die Kontaktflächenmodellierung zwischen Bauwerk und Boden.

### 5.1 Materialmodell Baugrund und Hinterfüllung

Das in der numerischen Simulation verwendete Materialmodell für das Hinterfüllmaterial und den Baugrund unterhalb der Widerlager sollte idealerweise die zyklische Akkumulation irreversibler Dehnungen abbilden können. In kommerziell verfügbaren Softwareprogrammen sind solche Materialmodelle derzeit nicht, oder nur eingeschränkt (benutzerdefinierte Modelle mit höherer Anforderung an die Parameterbestimmung und Kalibrierung) verfügbar. Sollen nur der erste Belastungszyklus (oder die ersten Zyklen) des Bauwerks berechnet werden, können auch Materialmodelle die ausschließlich zwischen Erstbelastung und Wiederbelastung unterscheiden zum Einsatz kommen. In der hier vorliegenden Studie wird das „Hardening Soil Small" (HSS) Modell [10] verwendet. Das HSS-Modell ermöglicht es, neben der spannungspfadabhängigen Steifigkeit für die Erst- und Widerbelastung auch die erhöhte Steifigkeit bei kleinen Dehnungen zu berücksichtigen.

### 5.2 Kontaktflächenmodellierung

An Kontaktflächen zwischen Bauwerk und Hinterfüllung müssen in FE-Berechnungen Kontaktelemente vorgesehen werden [11]. In den nachfolgenden Berechnungen kommen hierfür *zero thickness interfaces* zum Einsatz. Diese Interface- oder Kontaktflächenelemente bestehen aus Knotenpaaren, wobei ein Knoten auf der Bauwerksstruktur, einer auf der Seite des Baugrunds gesetzt wird. Die gedoppelten Knoten sind durch die Elementsteifigkeitsmatrix gekoppelt. Je nach Belastung- und Steifigkeitsdefinition, kann es bei diesen Elementen zu Gappingeffekten oder auch zu unphysikalischen Interpenetrationseffekten kommen.
Tschuchnigg & Stastny untersuchten in [12] Interpenetrations- und Gappingeffekte an Interfaceelementen im Zuge ihrer Untersuchungen an integralen Eisenbahnbrücken. Als Gappingeffekt wird ein Ablösen des Interfaces von der bewegenden Bauwerksstruktur bei Erreichen der maximal zulässigen Zugspannung (*tension cut off criterion*) bezeichnet. Interpenetrationseffekte beschreiben hingegen ein Überlappen der Bauwerksstruktur und den Volumenelementen des Baugrunds bei hohen Normalspannungen bei gleichzeitig zu geringer Normalsteifigkeit des Interfaces. Beide Effekte können zu einer Unterschätzung der Erddruckkraft hinter den Widerlagern führen.

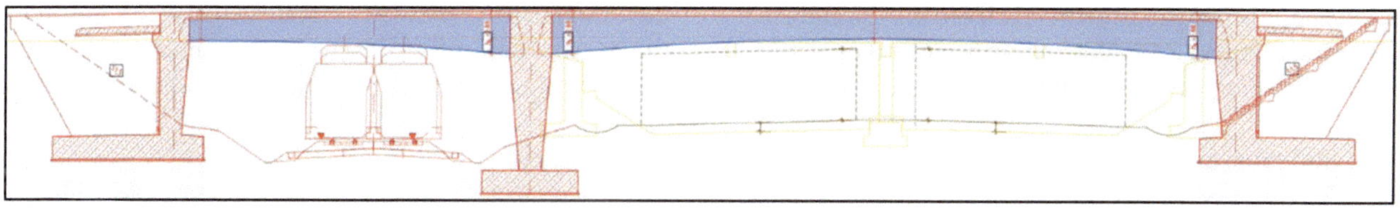

Abb. 3: Bauwerksskizze der Straßenüberführung nach [14]; links: Widerlager Ost, rechts: Widerlager West

Tschuchnigg & Stastny [12] empfehlen deshalb zur Vermeidung potenzieller Gapping- und Interpenetrationseffekte, die Interface Steifigkeit in Normalrichtung der Kontaktfläche im Vergleich zu den allgemein verwendeten empirischen Ansätzen für Interfacesteifigkeiten, signifikant zu erhöhen.
Eine Alternative zur Verwendung von Interfaceelementen stellt die Verwendung von Kontaktflächenalgorithmen dar. Hier sollte dann als Äquivalent zum beschriebenen Vorgehen bei den Interfaceelementen ein harter Kontakt gewählt werden.

## 6. Praxisbeispiel einer integralen Brücke

Um den Einfluss der Gründungsvariante auf die oben beschriebenen Effekte darzustellen, wird im Folgenden eine 3D FE-Berechnung einer geplanten Straßenüberführung innerhalb des Neubaustreckenprojekts „Karlsruhe – Basel" der Deutschen Bahn AG herangezogen. Hierbei handelt es sich um eine 2-feldrige, asymmetrische, circa 70 m lange integrale Brücke über die Bahnstrecke sowie die danebenliegende BAB 5, vgl. Abb. 3.

### 6.1 Baugrund- und Grundwasserverhältnisse

Der für die Gründung relevante anstehende Baugrund kann mit folgender nahezu horizontal verlaufender Schichtenfolge beschrieben werden:

- Quartäre bindige Deckschichten (Ton) mit geringer Scherfestigkeit/Steifigkeit
- Neuenburg-Formation (Kies/Sand)

Der Grundwasserstand wird bei circa 2,0 m unterhalb der Geländeoberkante festgelegt.

## 7. Numerische Modellierung

Für die numerische Modellierung der Bauwerk-Baugrund-Interaktion zwischen integralem Brückenbauwerk, anstehendem Baugrund und der Hinterfüllung der Widerlager wird das Finite Elemente Programm Plaxis 3D [13] verwendet. Es werden drei Gründungsvarianten untersucht, eine Flachgründung, eine Brunnengründung, sowie eine Tiefgründung mittels Bohrpfählen. Diese Varianten werden in Bezug auf ihren Einfluss auf folgende numerische Modellantworten ausgewertet:

- Vertikale Verformungen,
- Erddrücke,
- Auftretende Kräfte im Überbau.

Das Bauwerk wird als vollständiges 3D Modell in der Berechnung erfasst, vgl. Abb. 4. Es befindet sich mittig im, nach EANG [11] gewählten Berechnungsausschnitt. Mithilfe der Modellierung des vollständigen Tragwerks inklusive Überbaus und ohne Verwendung vereinfachter Festhaltungen, ist es möglich ein realistisches Verformungsverhalten der Widerlager zu erhalten.

### 7.1 Bodenparameter

Das Spannungs-Dehnungsverhalten des anstehenden Baugrunds und der Hinterfüllung wird mit dem Hardening Soil Small Modell [10] beschrieben. Die im Modell verwendeten Parameter der Baugrundschichten sind in Tabelle 1 zusammengestellt. Grundlage für die Kennwerte ist der für das Projekt erstellte geotechnische Bericht [14]. Die für das HSS-Modell zusätzlich benötigten Kennwerte werden gemäß [10] mithilfe [15] [16] [17] und [18] ermittelt.

**Tab. 1: Kennwerte der Baugrundschichten**

| | **Quartäre Deckschicht (Ton)** | **Neuenburg-Formation (Kies/Sand)** | **Hinterfüllmaterial** |
|---|---|---|---|
| Modell | HSS | HSS | HSS |
| Drainage Type | drained | drained | drained |
| $\gamma_{sat}$ [kN/m³] | 21 | 22 | 22 |
| $\gamma_{unsat}$ [kN/m³] | 19 | 20 | 20 |
| φ' [°] | 25 | 32,5 | 40 |
| ψ' [°] | 0 | 2,5 | 10 |
| $c_{ref}$ [kN/m²] | 10 | 0 | 1 |
| $E_{50}^{ref}$ [kN/m²] | 8.000 | 70.000 | 45.000 |
| $E_{oed}^{ref}$ [kN/m²] | 8.000 | 70.000 | 45.000 |
| $E_{ur}^{ref}$ [kN/m²] | 24.000 | 210.000 | 135.000 |
| m [-] | 0,90 | 0,55 | 0,55 |
| $\nu_{ur}$ [-] | 0,2 | 0,2 | 0,2 |
| $K_0^{NC}$ [-] | 0,577 | 0,463 | 0,357 |
| $\gamma_{0,7}$ [-] | 0,0003 | 0,0001 | 0,0001 |
| $G_0^{ref}$ [kN/m²] | 62.500 | 192.500 | 200.000 |

$p_{ref}$ = 100 kN/m²

Die verwendeten Parameter des Hinterfüllmaterials orientieren sich an gewählten HSS-Parametern aus [19] an integralen Eisenbahnbrücken. Diese entsprechen einem Hinterfüllmaterial welches gemäß [20] als Widerlagerhinterfüllung im Eisenbahnverkehr verwendet werden kann. Diese Parameter erfüllen ebenso die Anforderungen an Hinterfüllmaterial im Straßenbau und können somit beim vorliegenden Projekt verwendet werden.

### 7.2 Unterbau

Die Widerlager, Pfeiler sowie die Gründungselemente des Bauwerks sind aus Stahlbeton geplant. Die Bauteile des Unterbaus sind im Modell als Volumenelemente modelliert. Der Beton wird als linearelastisch angenommen. Die Steifigkeit entspricht einem Beton der Festigkeitsklasse C30/37.

**Flachgründung (FG)**
Bei dieser Gründungsvariante wird der nicht tragfähige Boden der Quartären Deckschicht unter der Gründungssohle der Widerlager, durch tragfähigen Boden der Neuenburg-Formation (Kies) bis in eine Tiefe von 4 m ausgetauscht.

**Brunnengründung (BG)**
Bei dieser Art der Gründung werden die anstehenden gering tragfähigen und setzungsempfindlichen Schichten mittels Schachtringen durchstoßen und beispielsweise mit Mineralbeton gefüllt. Somit werden Lasten in tiefere tragfähigere Baugrundschichten, abgeleitet. Die modellierten Schachtringe sind 3-reihig à vier Brunnen angeordnet, besitzen einen Durchmesser von 2,0 m und eine Tiefe von 5,0 m. Alle Schächte binden ausreichend tief in die tragfähige Schicht (Neuenburg-Formation) ein.

**Tiefgründung (TG)**
Die Tiefgründung wird als Bohrpfahlgründung geplant. Die Bohrpfähle (C30/37) besitzen einen Durchmesser von 1,5 m und eine Länge von 24 m unter den Widerlagern. Die Pfähle unter den Widerlagern sind 3-reihig à vier Pfähle angeordnet.

### 7.3 Überbau

Haupttragelement des Überbaus sind parabelförmige Stahlträgerhohlkästen. Diese werden als geometrisch vereinfachte Volumenelemente modelliert, so dass in der verwendeten FE-Software die Temperaturbelastung, in Form einer Volumenzunahme der Elemente, aufgebracht werden kann.
Die komplexe Geometrie der Träger des Überbaus wurde durch zwei Trägerelemente konstanter Höhe vereinfacht. Diese besitzen die gleichen Abmessungen wie die Träger des tatsächlichen Überbaus an dem jeweils höchsten, sowie niedrigsten Punkt der Parabelform. Somit wird der Angriffspunkt der späteren Ausdehnung exakt berücksichtigt. Das mechanische Verhalten von Stahlbauteilen kann mit einem linear-elastischen Materialmodell ausreichend abgebildet werden. Um das Eigengewicht der Hohlkastenträger zu modellieren, werden über das Stahlvolumenverhältnis der Hohlkastenbleche und der Vollvolumen eine angepasste Ersatzwichte bestimmt. Die Dehn- und Biegesteifigkeit der Hohlträgerkästen wird mithilfe der geplanten Blechdicken errechnet.
Aufgrund der gewählten vereinfachten Diskretisierung der Träger ist eine jeweils exakte Simulation der Dehn- und Biegesteifigkeit (EI, EA) der realen Träger nicht möglich. Aufgrund der später aufgebrachten Dehnung wird eine möglichst exakte Abbildung der Dehnsteifigkeit mit den Ersatzquerschnitten mit einem Fehler von maximal 1 % angestrebt. Die Biegesteifigkeit wird bei der gewählten geometrischen Vereinfachung mit einer Genauigkeit von ca. 50 % bis 65 % gegenüber der realen Geometrie ausreichend genau bestimmt.
Gemäß Planunterlagen wird eine Ortbetonergänzung oberhalb der Träger hergestellt, auf welcher später der Fahrbahnbelag aufgebracht wird. Die Betonplatte besitzt eine Dicke d = 0,35 m. Mittig dieser Platte wird zusätzlich ein Schalenelement zur späteren Auswertung von Zwangskräften im Überbau modelliert.

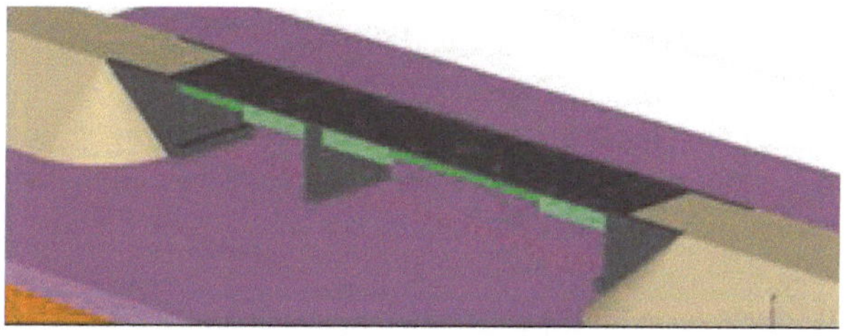

Abb. 4: 3D-FE-Modell der Straßenüberführung

### 7.4 Kontaktflächen

Die Kontakteigenschaften (Scherfestigkeit zusammengesetzt aus Reibungswinkel und Kohäsion) der Interfaceelemente wurden jeweils vom anliegenden Material über einen Reduktionsfaktor ($R_{inter}$) von 0,7 übernommen. Zusätzlich wird im Interface in Anlehnung an [12] eine signifikant erhöhte Steifigkeit angesetzt. Die Steifigkeitserhöhung wird mit dem Faktor 20 bis 200 angesetzt.

## 8. Berechnung

Unter Verwendung der numerischen Berechnungsergebnisse werden die Einflüsse verschiedener Faktoren (Lastansatz auf Tragwerk, Modellierung der Interfaces) auf die numerischen Modellantworten (Erddruck auf die Widerlager, Setzungen des Hinterfüllmaterials, Verformungen des Widerlagers, Zwangskräfte im Überbau) in Abhängigkeit der drei Gründungsvarianten untersucht.

## 9. Berechnungsergebnisse

### 9.1 Widerlagerverformungen infolge Temperatureinfluss

Im Rahmen der hier vorliegenden Studie liegt das Hauptaugenmerk auf den Verformungen der Widerlager resultierend aus der Relaxation und Kontraktion des Überbaus aus Temperatureinfluss. Hierbei wird ein Temperaturzyklus (Sommer 1, Winter 1, Sommer 2) betrachtet.
Um die Rotationsbewegung der Widerlager darzustellen, werden in Abb. 6 die vertikalen Verformungen der Widerlagersohle in Abhängigkeit der Gründungsvariante abgebildet.
Die bereits in vorherigen Berechnungsphasen auftretenden Setzungen aus der zuvor ausgeführten Hinterfüllung der Widerlager zur Straßendammherstellung werden zu Beginn der ersten Sommerperiode in den numerischen Berechnungen zurückgesetzt und somit von der weiteren Auswertung der Verformungen aus Temperatureinfluss entkoppelt.
Bei Vergleich der vertikalen Verformungen der Gründungsvarianten gemäß Abb. 6 treten in allen Berech-

nungsphasen mit Temperatureinwirkung die größten Werte bei der Flachgründung auf.
Grund für die vertikalen Verformungsdifferenzen zwischen den beiden Widerlagern West und Ost, ist die höhere Zwangsauslenkung des Kopfbereichs des Widerlagers West in x-Richtung aus Temperatureinfluss, gegenüber dem Widerlager Ost. Die unterschiedliche Auslenkung des Kopfbereichs resultiert dabei aus dem außermittigen Verformungsruhepunkt infolge der Asymmetrie des Bauwerks. Die Baugrundverhältnisse unter den beiden Widerlagern sind nahezu identisch.
Die Unterschiede in den horizontalen Bewegungen des Widerlagers, bei Vergleich der Gründungsvarianten, belaufen sich auf unter 3 mm.

**Widerlagerverformungen infolge zusätzlicher Last**
Zusätzliche Verkehrslasten auf dem Brückenüberbau führen in der Sommerperiode zu einer Umkehr der Verformungsrichtung des Überbaus (von Überhöhung zu Durchbiegung) und somit zu einer verringerten Verformung am Widerlagerkopf und einer verstärkten translatorischen Bewegung an beiden Widerlagern, vgl. Abb. 5. Während der Winterperioden wird die bereits bestehende Verformungsfigur (Durchbiegung) des Überbaus in derselben Verformungsrichtung verstärkt, so dass auch die Verformung am Widerlagerkopf erhöht wird.

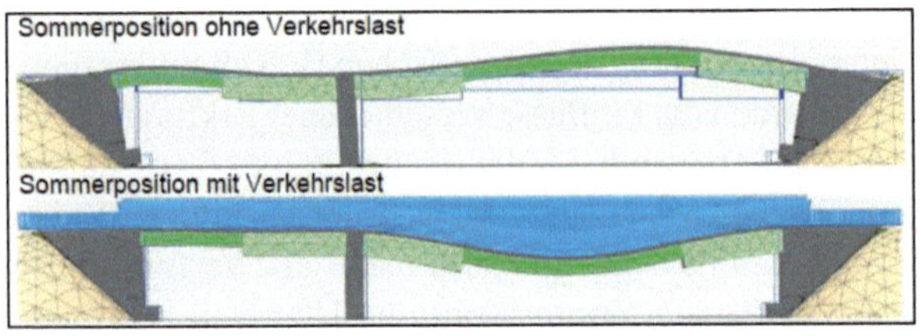

Abb. 5: Verformungsfigur Brücke infolge Last (LM1)

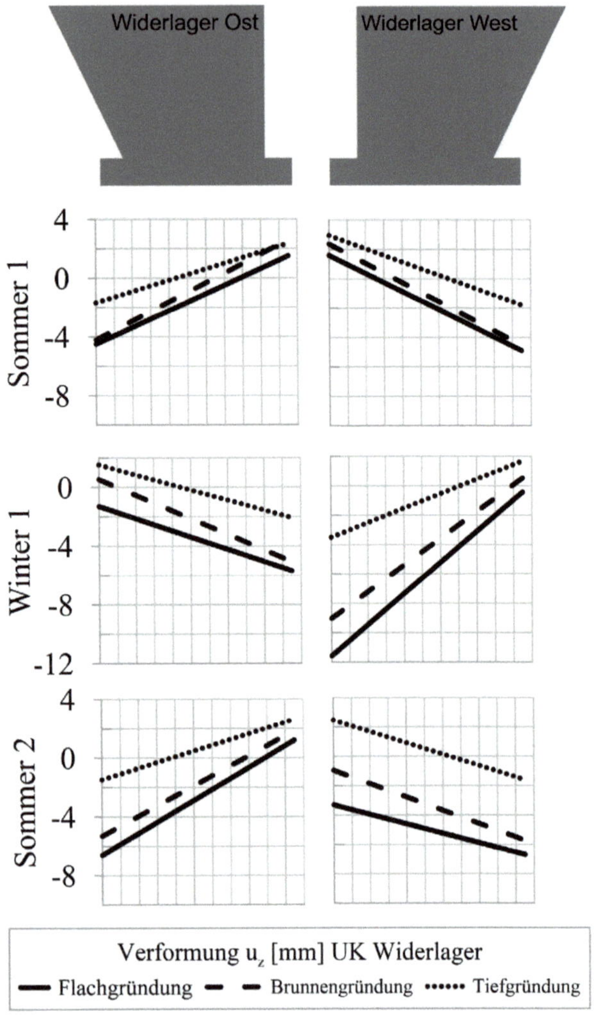

Abb. 6: Akkumulierte vertikale Verformungen der Widerlagersohlen infolge Temperatureinfluss

## 9.2 Erddruck auf Widerlagerwände infolge Temperatureinfluss

Für die nachfolgende Auswertung des Erddrucks auf die Widerlagerwände wird der maßgebende Bereich des Widerlagers West herangezogen, da bei größeren Wandverformungen höhere Erddruckmobilisierungen zu erwarten sind. Die Abweichung der Ergebnisse zum Widerlager Ost werden jeweils prozentual angegeben.
Zur Beurteilung der numerischen Ergebnisse des Erddrucks werden diese mit den analytischen Berechnungsverfahren gemäß RE-ING [2] verglichen, siehe Abb. 7a) bzw. vergleiche Abschnitt 4.2. Die Auswertung des Erddrucks hinter den Widerlagerwänden bei der numerischen Berechnung erfolgt über die ausgegebenen effektiven Normalspannungen $\sigma'_N$ der verwendeten Interfaceelemente mittig der Widerlagerwand.

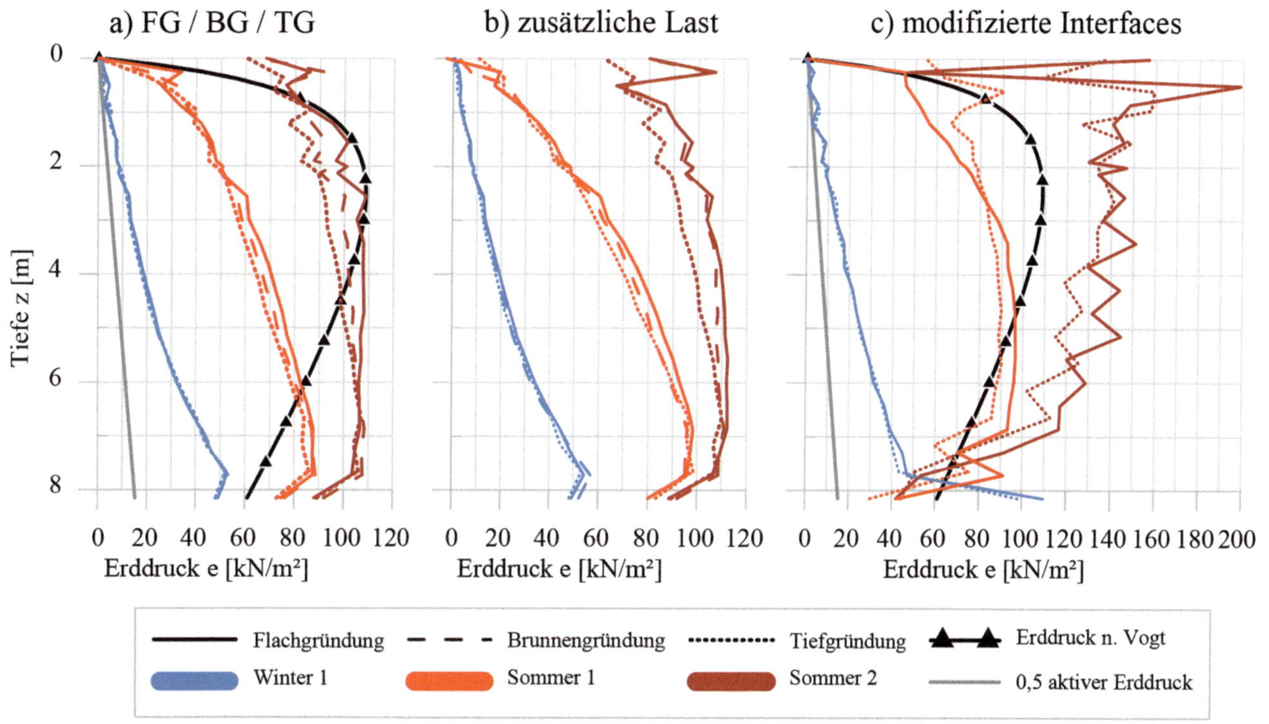


Abb. 7: Erddruck auf Widerlagerwand West a) infolge Temperatureinfluss b) infolge Temperatureinfluss und zusätzlicher Last c) infolge Temperatureinfluss unter Ansatz modifizierter Interfaces nach [12]

Am Verlauf des numerisch ermittelten Erddrucks während der ersten Sommerperiode (S1 in hellrot) lässt sich ein starker Anstieg im Bereich der Wandoberkante erkennen. Der Verlauf flacht anschließend ab und bewegt sich nahezu parallel zum Erdruhedruck. Kurz vor der maximalen Tiefe kommt es zum maximalen Erddruck und anschließend zu einem Abfallen des Erddrucks bei allen Gründungsvarianten.

In der ersten Winterkontraktion (W1 in blau) kommt es zu einem Abfall des Erddrucks im Vergleich zur ersten Sommerperiode und es stellt sich ein annähernd linearer Verlauf des Erddrucks ein. Während der zweiten Sommerperiode (S2 in dunkelrot) kommt es zu einem starken Anstieg des Erddrucks mit einem nahezu konstanten Verlauf über die komplette Tiefe des Widerlagers. Vergleicht man die Gründungsvarianten untereinander, ist qualitativ ein sehr ähnlicher Verlauf bei allen Varianten zu erkennen. Der mobilisierte passive Erddruck der Flachgründung übersteigt dabei die restlichen Varianten in fast allen Tiefen marginal (max. 8 %). Die geringsten Erddrücke werden bei Ansatz der Tiefgründung errechnet. Die Ergebnisse der Brunnengründung liegen in den Sommerperioden dabei konstant zwischen denen der Flach- und Tiefgründung. In den Winterperioden ist kein nennenswerter Unterschied zwischen den Gründungsvarianten feststellbar.

Unabhängig von der Gründungsvariante kommt es aufgrund der geringeren Auslenkung im Kopfbereich beim Vergleich der Widerlager zu 6 % bis 10 % geringeren Erddruckwerten im Bereich des Widerlagers Ost in den Sommerpositionen. In der Winterposition entstehen keine Differenzen des Erddrucks beim Vergleich der Widerlager.

**Erddruckverlauf infolge zusätzlicher Last**

Um den Temperatureinfluss auch unter zusätzlichen Verkehrslasten auf der Brücke zu ermitteln, wurde auf das Tragwerk in allen Berechnungsphasen die maximale Verkehrslast (Lastmodell 1 gemäß DIN EN 1991-2 [21]) von 52,0 kN/m² angesetzt. Bei allen Gründungsvarianten führt die zusätzliche Verkehrslast auf das Brückenbauwerk in den Sommerperioden zu einer Verringerung des Erddrucks bis ca. 2,5 m unter Wandoberkante. Mit zunehmender Tiefe kommt es zu einem erhöhten Erddruck gegenüber der Berechnung ohne zusätzliche Last. Die zusätzliche Last hat aufgrund der generell sehr kleinen Wandverformungen keinen signifikanten Einfluss auf die Erddruckbelastung während der Winterperiode. Die ermittelten Erddruckverläufe können der Abb. 7b) entnommen werden.

**Einfluss Interfaces mit erhöhter Steifigkeit**

Entsprechend den Empfehlungen [12] wird an der Kontaktfläche Widerlagerwand – Hinterfüllung ein möglicher Interpenetrationseffekt des Interfaces untersucht. Um einen potenziellen Interpenetrationseffekt zu erkennen, werden beispielhaft an der Tiefgründung die Verschiebungen der Knoten des Interfaces und der Widerlagerwand in x-Richtung gegenübergestellt. Die Auswertung der Verschiebungen erfolgt in Wandmitte.

Es ist erkennbar, dass es beim Ansatz der zunächst verwendeten *zero thickness interfaces* ($R_{inter}$ = 0,7) zu Interpenetrationseffekten bereits im zweiten Sommer kommt, vgl. Abb. 8.

Die Steifigkeit der modifizierten Interfaces besitzen eine 200, 100, und 20-fache höhere Steifigkeit als die des zuvor verwendeten Interfaces. Um Iterationsprobleme an

der Oberfläche aufgrund zu hoher Steifigkeitsdifferenzen zu vermeiden, werden jeweils die obersten 50 cm der Widerlagerwand mit einer 50 % Reduzierung der Interface Steifigkeit versehen.
Der Interpenetrationseffekt kann beim Verwenden von Interfaces mit 200-facher Steifigkeit vermieden werden. Beim Ansatz von Interfaces mit 20-fach erhöhter Steifigkeit kann der Effekt bereits stark reduziert werden.
Mittels der modifizierten Interfaces werden somit in den Sommerperioden über die fast gesamte Wandhöhe höhere Erddrücke ermittelt, siehe Abb. 7c). In der Winterperiode kommt es zu keinen nennenswerten Unterschieden im Erddruckverlauf.

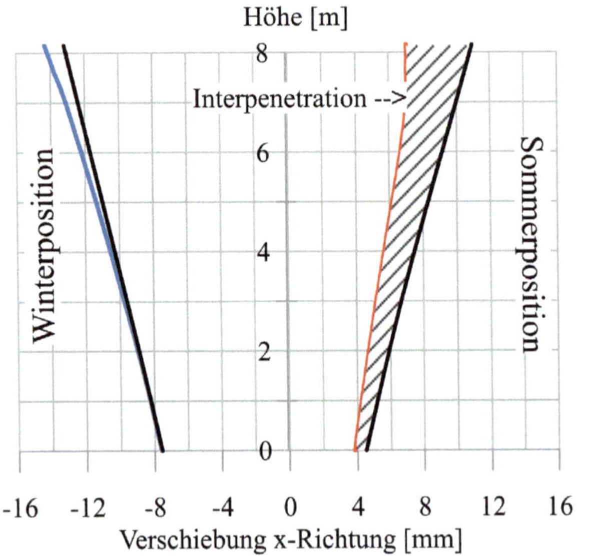


Abb. 8: Untersuchung horizontale Auslenkung Bauwerk/Interfaceelement (Widerlager West)

In Tabelle 2 werden die Abweichungen der Erddruckresultierenden der verschiedenen Erddruckfiguren am Beispiel der Tiefgründung gegenübergestellt.

**Tab. 2: Vergleich numerische Erddruckfiguren mit analytischer Erddruckfigur anhand Tiefgründung**

| Erddruckfigur | $E_{gh}$ [kN/m] | $K_{mob}$ [-] | Abweichung Vogt [%] |
|---|---|---|---|
| Vogt | 719,10 | 0,980 | - |
| $R_{inter}$ *0,7* | 500,32 | 0,684 | - 30,4 |
| Modifiziertes IF Faktor 200 | 630,67 | 0,862 | - 12,3 |
| Modifiziertes IF Faktor 100 | 648,59 | 0,888 | - 9,8 |
| Modifiziertes IF Faktor 20 | 633,34 | 0,866 | - 11,9 |

## 9.3 Setzungen des Hinterfüllmaterials infolge Temperatureinfluss

Für die nachfolgende Auswertung der Setzungen des Hinterfüllmaterials wird der maßgebende Hinterfüllbereich des Widerlagers West herangezogen, da bei größerer Wandverformung weg vom Hinterfüllmaterial größere Setzungen des Hinterfüllmaterials zu erwarten sind. Die Abweichung der Ergebnisse zum Widerlager Ost werden jeweils prozentual angegeben.
Die maximalen Setzungen von ca. 16 mm bei der Flachgründung, ca. 14 mm bei der Brunnengründung und ca. 8 mm bei der Tiefgründungvariante werden in der Winterperiode sowie in der zweiten Sommerperiode ermittelt, vgl. Abb. 9.
In allen Berechnungsphasen kommt es bei der Tiefgründung zu den geringsten, bei der Flachgründung zu den höchsten Setzungen. Dies lässt Rückschlüsse auf die Steifigkeitsunterschiede der beiden Varianten zu. Es ist zu beachten, dass keine Schleppplatte für die Berechnungen angesetzt wurde. Beim Vergleich der Setzungen an der Oberfläche hinter den Widerlagern Ost und West, werden im Sommer knapp 20 % geringere Werte am Widerlager Ost errechnet. In Winterposition kommt es zu knapp 10 % geringeren Werten.

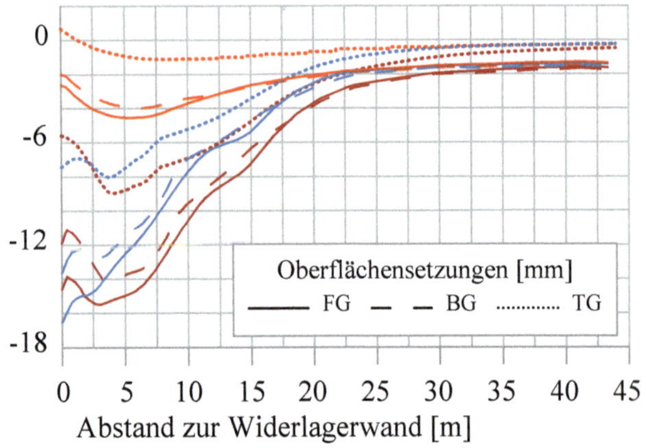


Abb. 9: Oberflächensetzungen hinter Widerlager West

### 9.4 Zwangsschnittgrößen

Als Folge der Erddruckeinwirkung entstehen Zwangsschnittkräfte im Überbau der Brücke, vgl. Tab. 3.

**Tab. 3: Resultierende Zwangsschnittkräfte im Brückenüberbau**

| Normalkraft [kN/m] | | | |
|---|---|---|---|
| | FG | BG | TG |
| S1 | 5.902 | 5.923<br>+ 0,4 % | 5.882<br>- 0,3 % |
| S2 | 5.593 | 5.678<br>+ 1,5 % | 5.746<br>+ 2,7 % |
| W1 | -5.547 | - 5.473<br>- 1,3 % | - 5.262<br>- 5,1 % |
| **Biegemoment [kNm/m]** | | | |
| S1 | 57,0 | 57,0<br>0 % | 49,0<br>- 14,0 % |
| S2 | 55,0 | 56,0<br>+ 1,8 % | 47,0<br>- 14,5 % |
| W1 | 61,4 | 61,0<br>- 0,7 % | 53,0<br>- 13,7 % |

Die maximalen Normalkräfte im Überbau während der Sommerperioden werden im Bereich des Widerlagers West erreicht. Die maximale Zwangsnormalkraft tritt im Bereich der westlichen Feldmitte auf. Das maximale Biegemoment wird hingegen in allen Berechnungsphasen im Bereich der Stütze erreicht.

## 10. Ergebnisinterpretation

### Verformungen

Die beobachteten Kopfverformungen des Widerlagers im Sommer erreichen ca. 86 % bis 89 % der freien Ausdehnung. Dies stimmt mit den Untersuchungen in [22] überein.

Aus den auftretenden Verformungen der Widerlagersohlen geht eine höhere Rotationsfähigkeit der flach gegründeten Widerlager gegenüber der tief gegründeten Variante hervor.

Bei allen Gründungsvarianten kommt es, anders als beim analytischen Ansatz angenommen, nicht nur zu einer Fußpunktverdrehung, sondern auch zum Teil zu einer translatorischen Bewegung der Widerlager. Diese Bewegungsart konnte bereits in [23] festgestellt werden.

### Erddruck

Als Folge der höheren Rotationsfähigkeit werden bei der Flachgründungsvariante tendenziell höhere Erddrücke über die Höhe der Widerlagerwand im Vergleich zur Tiefgründungsvariante mobilisiert. Bei der Brunnengründung werden Erddruckwerte zwischen denen der Flach- und Tiefgründung ermittelt.

Als Folge der Verkehrslasten steigen die Erddrücke an und verschieben sich in tiefere Bereiche der Widerlagerwand. Wie bereits festgestellt, kommt es bei Ansatz mit Verkehrslast zu einem erhöhten Anteil der translatorischen Bewegung. Die veränderte Bewegungsart führt zu einem verminderten Erddruck im Kopfbereich, jedoch gleichzeitig zu einem Anstieg im unteren Bereich der Wand. Dieser beobachtete Effekt deckt sich mit den Erddruckansätzen nach [7].

Übereinstimmend mit den Ergebnissen der Untersuchungen in [12] zu *zero thickness interfaces* konnte mittels erhöhter Interfacesteifigkeit der Interpenetrationseffekt verhindert werden. Der Gappingeffekt tritt in der hier vorliegenden Studie nicht auf.

Bei der reinen Untersuchung der Bauwerk-Baugrund-Interaktion (nicht zyklisch) ist ein Ansatz der Interfaces mit 20-fach erhöhten Steifigkeiten ausreichend, um den Interpenetrationseffekt zu verhindern. Somit kann eine geringere Rechendauer des Modells erreicht werden.

Beim Ansatz der Interfaces mit erhöhten Steifigkeiten wurde ein deutlich höherer Erddruck ermittelt. Der Verlauf ist vergleichbar mit Ergebnissen aus bisherigen Untersuchungen [22]. Die mithilfe der modifizierten Interfaces ermittelte Erddruckkraft zeigt gegenüber den Standard-Interfaces ($R_{inter}$ 0,7) eine bessere Übereinstimmung mit dem analytischen Ansatz nach Vogt, siehe Abb. 7c), sowie mit den Ergebnissen eines Langzeitmonitorings einer integralen Brücke [23].

### Setzungen

Es wurden plausible Setzungen an der Oberfläche hinter den Widerlagern ermittelt. Die Unterschiede der Setzungen zwischen den Gründungsvarianten kann primär auf die vertikalen Verformungsunterschiede der Widerlagersohlen zurückgeführt werden, vgl. Abb. 6. Zusätzlich kommt es infolge der jahreszeitlich bedingten Schwankungen des Erddrucks zu zunehmenden plastischen Dehnungen (Sommer) bzw. Entlastungszuständen (Winter).

### Zwangskräfte

Es lässt sich kein konsistenter Zusammenhang der Normalkräfte in Abhängigkeit von der Gründungsvariante feststellen. Erwartungsgemäß sollten die auftretenden Normalkräfte, aufgrund des höheren Verformungspotentials der Flachgründung bei dieser Variante geringer ausfallen als bei der potenziell steiferen Tiefgründung. Diese Abweichung kann auf die Position des Schalenelements, in welcher die Kräfte ausgegeben werden, zurückgeführt werden. Bestenfalls sollten die Kräfte auf Höhe der Systemlinie des Überbaus ausgewertet werden.

In allen Berechnungsphasen werden bei den Flachgründungsvarianten höhere Biegemomente ermittelt als bei der Tiefgründung. Dies entspricht den Erwartungen, da bei der Tiefgründungsvariante geringe Verformungen errechnet werden. Die absoluten Werte der Biegemomente sind aufgrund der nicht exakten Abbildung der Biegesteifigkeit der Stahlträger ungenau.

Mit der Berücksichtigung von Verkehrslasten steigen die Zwangskräfte innerhalb des Überbaus in der Sommerposition stark an. Übereinstimmend mit der Ergebnisinterpretation des Erddrucks, kommt es zu einer Änderung der Verformungsfigur der Brücke, welche entgegen der aufgebrachten Längenänderung des Überbaus wirkt und somit weitere Zwangskräfte aktiviert.

## 11. Schlussfolgerungen

Die hier untersuchten Gründungsvarianten führen bei der vorliegenden Baugrundsituation zu vergleichbarer Rotationsfähigkeit der Widerlager. Die Zwangskräfte im Brückenüberbau sowie die Erddrücke auf die Widerlagerwände werden primär von der Verdrehung der Widerlager bestimmt. Im untersuchten Beispiel ist der Einfluss der Gründungsvarianten auf diese Parameter somit gering.
Die hinter dem Bauwerk auftretenden Setzungen an der Oberfläche sind bei der Flachgründung am größten, bei der Tiefgründung am kleinsten. Dies erklärt sich aus der vertikalen Steifigkeitsunterschiede der Gründungsvarianten.
Aus den vorliegenden Berechnungen wird ersichtlich, dass die Kontaktflächenmodellierung großen Einfluss auf die Ergebnisse nehmen kann. Die stimmt mit den Erkenntnissen aus [12] überein.
Abschließend ist zu bemerken, dass integrale Brücken immer öfter auch bei längeren Spannweiten eingesetzt werden. Hierbei kommt es aufgrund der höheren Bewegungsamplituden der Widerlager zu einer noch stärken Ausprägung der Bauwerk-Baugrund-Interaktion. Um diese präzise abzubilden, sollten im Zweifelsfall Finite-Elemente Berechnungen angesetzt werden. Dabei muss geprüft werden, ob eine 2-dimensionale oder 3-dimensionale Modellierung nötig ist. Für die verwendeten Materialmodelle sollte bereits während der Erkundung des Baugrunds eine möglichst genaue und präzise Erfassung der Baugrundsituation und Baugrundparameter stattfinden.

## Literatur


[1] Melsbach M., Vogt L., & Stastny A. (2023). Gründung von integralen und semi-integralen Brückenbauwerken. Der Eisenbahningenieur.

[2] Bundesministerium für Digitales und Verkehr. (2024). Richtlinien für den Entwurf, die konstruktive Ausbildung und Ausstattung von Ingenieurbauten; RE-ING.

[3] Geier, R., Angelmaier, V., Graubner, C.-A., & Kohoutek, J. (2017). Integrale Brücken: Entwurf, Berechnung, Ausführung, Monitoring. Wilhelm Ernst & Sohn.

[4] Pilch, E., & Tue, N. V. (2016). Integrale Brücken: Interaktion Bauwerk Baugrund. Verlag der Technischen Universität Graz.

[5] Stastny, A., Stein, R., & Tschuchnigg, F. (2025). Integral railway bridges with different transition zone designs. Transportation Geotechnics, 51.

[6] Deutsches Institut für Normung. (2010a, Dezember). DIN EN 1991-1-5:2010-Einwirkungen auf Tragwerke – Teil 1–5: Allgemeine Einwirkungen Temperatureinwirkungen. Beuth.

[7] Vogt N. (1983). Erdwiderstandsermittlung bei monotonen und wiederholten Wandbewegungen in Sand. Stuttgart.

[8] Bundesanstalt für Straßenwesen & Bundesministerium für Digitales und Verkehr. (2023). Richtzeichnungen für Ingenieurbauten (RiZ-ING).

[9] Deutsches Institut für Normung. (2017). DIN 4085-Baugrund-Berechnung des Erddrucks. Beuth.

[10] Benz, T. (2007). Small-strain stiffness of soils and its numerical consequences. Institut für Geotechnik, Stuttgart.

[11] Deutsche Gesellschaft für Geotechnik. (2014). Empfehlungen des Arbeitskreises Numerik in der Geotechnik-EANG. Wilhelm Ernst & Sohn Verlag für Architektur und Technische Wissenschaften. [12] Tschuchnigg F. & Stastny A. (2022). Numerical studies on the use of zero thickness interfaces in cyclic soil structure interaction analysis. ISS-MGE.

[13] Plaxis 3D (Version 2024.1.0.1060). (o. J.). [Software]. Bentley Systems.

[14] Großprojekt NBS Karlsruhe – Basel Planungsabschnitt 7.2 NBS-SÜ Ichenheimer Straße Niederschopfheim, Baugrundgutachten und Umwelttechnisches Gutachten

[15] Janbu N. (1963). Soil Compressibility as Determined by Oedometer and Triaxial tests. ECSMFE, volume 1. Wiesbaden.

[16] Alpan, I. (1970). The geotechnical properties of soils. Earth-Science Reviews.

[17] Seed, H.B. & Idriss, I.M. (1970). Soil Moduli and Damping Factors for Dynamic Response Analysis. EERC.

[18] Vucetic, M., & Dobry, R. (1991). Effect of Soil Plasticity on Cyclic Response. Journal of Geotechnical Engineering.

[19] Stastny, A., & Tschuchnigg, F. (2023). Numerical Studies on Soil Structure Interaction of Integral Railway Bridges with Different Backfills. In M. Barla, A. Di Donna, D. Sterpi, & A. Insana (Hrsg.), Challenges and Innovations in Geomechanics (Bd. 288, S. 338–345). Springer International Publishing.

[20] DB InfraGo AG. (2022). Ril 836-Erdbauwerke und sonstige geotechnischen Bauwerke planen, bauen, und instand halten.

[21] Deutsches Institut für Normung. (2010a). DIN EN 1991-2:2010-Einwirkungen auf Tragwerke – Teil 2: Einwirkungen auf Brücken. Beuth.

[22] J. M. LaFave, L. A. Fahnestock, Beth A. Wright, Joseph K. Riddle, Matthew W. Jarrett, Jeffrey S. Svatora, Huayu An, & Gabriela Brambila. (2016). Integral Abutment Bridges under thermal loading: Numerical Simulations and parametric Study. University of Illinois at Urbana-Champaign.

[22] Stastny, A., Emera, A., Galavi, V., & Tschuchnigg, F. (2025). Cyclic soil-structure interaction of integral railway bridges. Frontiers in Built Environment, 11.

[23] Stastny A. & Tschuchnigg F. (2022). Long-term monitoring of the transition zone of an integral railway bridge in Germany.

# Numerische Berechnungen zu den Montagekavernen für die maschinellen Vortriebe des Brenner Basistunnels

**Dipl.-Ing. Dr. techn. Tassilo Weifner**
Brenner Basistunnel BBT SE, Innsbruck, Österreich

**Zusammenfassung**
Für die maschinellen Haupttunnelvortriebe des Brenner Basistunnels sind vier Montagekavernen auf österreichischem und zwei auf italienischem Staatsgebiet nötig. Diese Montagekavernen, welche nach dem Ausbruch temporär durch Spritzbetonaußenschalen gesichert wurden, sollten aus aerodynamischen Gründen im Endzustand nicht mit Innenschalen über den gesamten Querschnitt versehen werden, sondern als Tunnel-in-Tunnel Konstruktion in Ortbeton ausgeführt werden, was eine Verfüllung des Restquerschnittes bedingt. Die ursprüngliche Planung sah hier eine Teilauffüllung vor, womit sich ein schwer zu inspizierender, permanenter Hohlraum von bis zu ca. 6 m unter dem First der Montagekaverne ergeben hätte. Da ein Versagen der Spritzbetonschale während der Betriebsphase des Brenner Basistunnels nicht ausgeschlossen werden konnte, wurden numerische Berechnungen durchgeführt, um die Auswirkungen eines solchen Versagens zu untersuchen. Bei diesen numerischen Modellierungen zeigten sich Hebungen in der Tunnelsohle durch Spannungsumlagerungen, welche mit dem zukünftigen Bahnbetrieb nicht zu vereinbaren gewesen wären. Daher wurde eine neue, optimierte Variante für die Ausführung der definitiven Auskleidung der Montagekavernen vorgeschlagen, welche hier erläutert wird. Im Beitrag werden auch die Berechnungsverfahren mittels eines Finite Elemente Programmes erläutert, sowie auf die entsprechenden Berechnungsannahmen und die Modellbildung eingegangen, und die Ergebnisse der Optimierung werden detailliert beschrieben und interpretiert.

## 1. Einführung

Der BBT bildet das Herzstück des Skandinavisch–Mediterranen TEN-Korridors von Helsinki (Finnland) nach Valletta (Malta) und ist im TEN-Strategieplan als Teil des Nord-Süd-Korridors Nr. 5 vorgesehen. Eine besondere Bedeutung nimmt der Brenner Basistunnel als staatenverbindendes Projekt zwischen Österreich und Italien ein. Der Brenner Basistunnel zwischen Tulfes (Österreich) und Franzensfeste (Italien) weist eine Gesamtlänge von 64 km auf, womit die weltlängste unterirdische Eisenbahnverbindung entsteht [1].

In Österreich sind zwei maschinelle Vortriebe ausgehend vom Ahrental bei Innsbruck Richtung Süden (Baulos H41 Sillschlucht – Pfons) im Gange und von Steinach am Brenner ausgehend weitere zwei Vortriebe Richtung Norden (Baulos H53 Pfons – Brenner). Des Weiteren wurden noch zwei weitere maschinelle Haupttunnelvortriebe auf italienischem Staatsgebiet ausgehend von Mauls Richtung Brenner (Baulos H61 Mauls 2+3) durchgeführt, welche bereits vollständig abgeschlossen sind (vgl. Abb. 1).

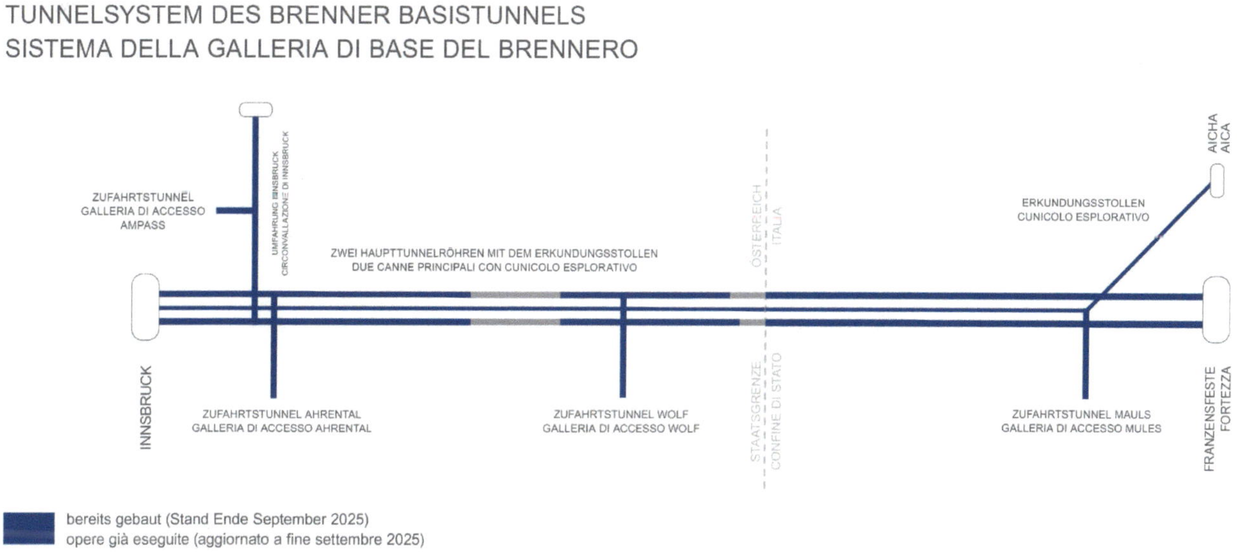


Abb. 1: Regelprofil der Montagekaverne im Endzustand gemäß Ausschreibungsplanung, Baulos H41.

Für diese maschinellen Vortriebe wurden vier Montagekavernen in Österreich errichtet, davon je zwei im Baulos H41 und im Baulos H53 und weitere zwei Montagekavernen in Italien (Baulos H61), siehe Abb. 1, rote Rechtecke). Diese Montagekavernen wurden nach dem Ausbruch temporär durch Spritzbetonaußenschalen gesichert. Da aus aerodynamischen Gründen eine Querschnittserweiterung im Bereich der Montagekaverne und eine anschließende Querschnittsverengung ungünstig ist, war in der Ausführungsplanung vorgesehen, im Endzustand den gesamten Querschnitt nicht mit Innenschalen zu versehen, sondern im Inneren der Montagekavernen eine Tunnel-in-Tunnel Konstruktion aus Ortbeton auszuführen und den Restquerschnitt mit Kies zu verfüllen.

Die ursprüngliche Planung sah hier eine Teilauffüllung vor, womit sich ein schwer zu inspizierender, permanenter Hohlraum von bis zu ca. 6 m unter dem First der Montagekaverne ergeben hätte (vgl. Abb. 2).

Hierbei lehnte sich der Planer an jene Lösung an, welche im Baulos Bodio des Gotthard-Basistunnels zur Anwendung kam (siehe Abb. 3).

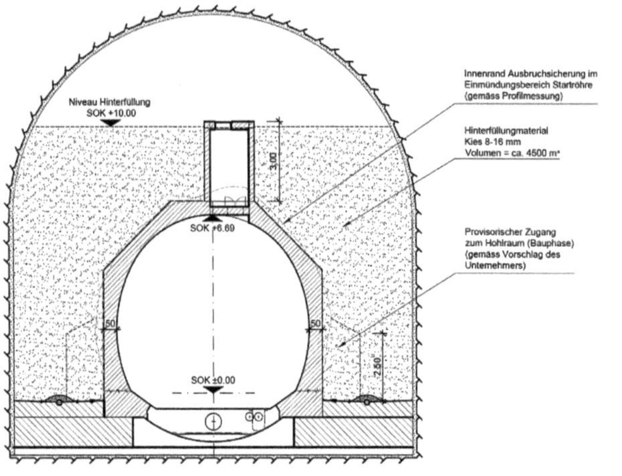


Abb. 3: Regelprofil der Montagekammer West Tunnel Bodio, – Verkleidungsbauwerk, Los 554, Gotthard-Basistunnel.

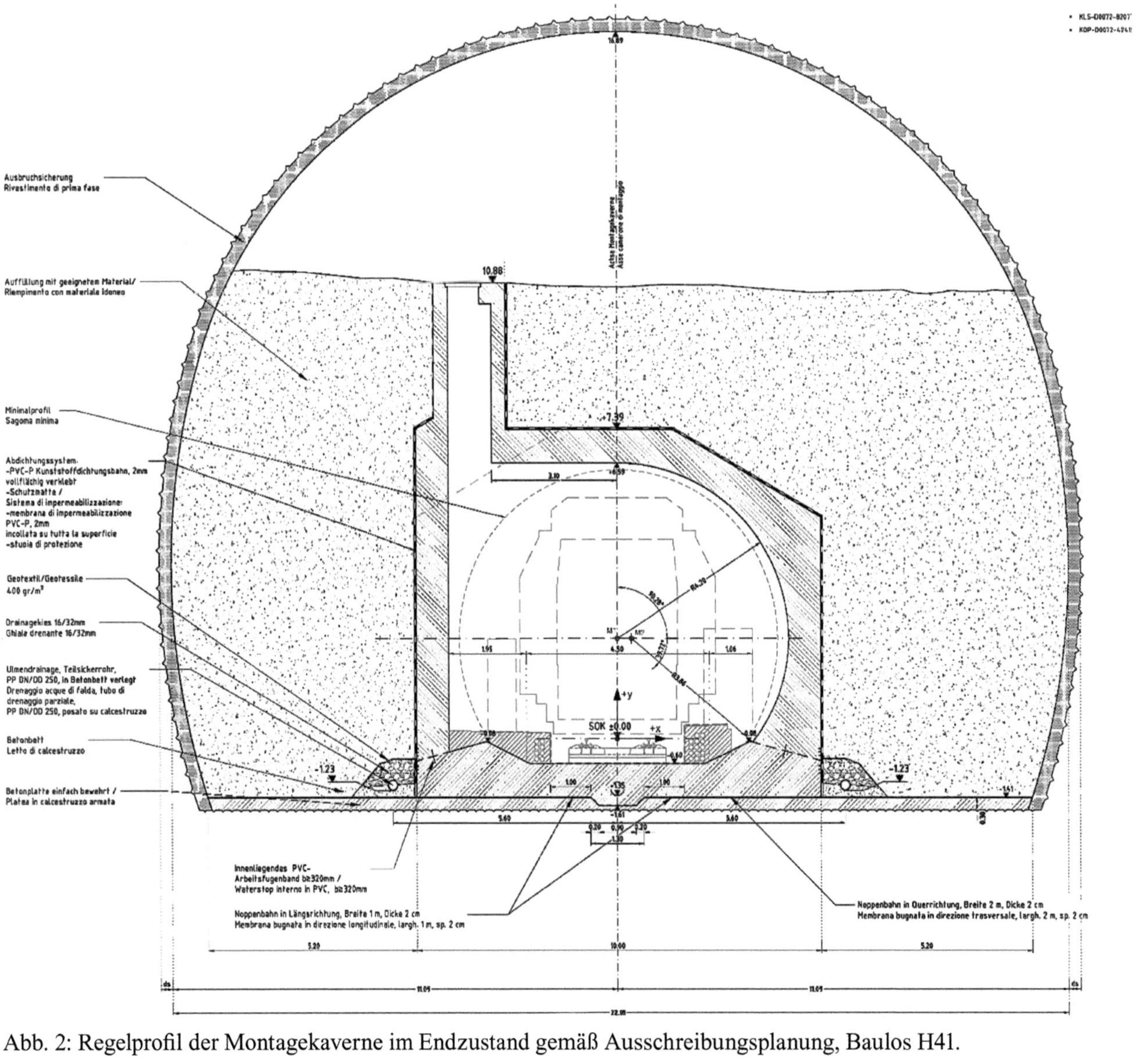


Abb. 2: Regelprofil der Montagekaverne im Endzustand gemäß Ausschreibungsplanung, Baulos H41.

Wesentliche Unterschiede der Situation beim BBT im Vergleich zum Gotthard-Tunnel sind der größere Ausbruchquerschnitt der Montagekaverne sowie die Situierung des vertikalen Zugangsschachtes, welcher sich beim BBT nicht mittig des Haupttunnels, sondern seitlich und damit direkt über dem Wartungs- und Serviceweg befindet.
Im Unterschied zu Österreich war bei den zwei Montagekavernen auf italienischem Staatsgebiet (Baulos H61) die Teilverfüllung des Restquerschnittes über die Zufahrt mittels einer Rampe von einem benachbarten Stollen aus vorgesehen, sodass einerseits eine bessere Verdichtung mittels Verdichtungsgeräten möglich war und andererseits eine bessere Zugänglichkeit des verbleibenden Hohlraums für Inspektionszwecke möglich war. Außerdem waren die Gebirgsverhältnisse (Brixner Granit) wesentlich besser als in Österreich und die während des Vortriebs gemessenen Konvergenzen waren unter 15 mm. Daher wurde diese ursprüngliche Lösung in Italien umgesetzt (siehe Abb. 4).
Da während der Betriebsphase des Brenner Basistunnels ein Versagen der temporären Außenschale aus Spritzbeton nicht ausgeschlossen werden kann, stellte sich aufgrund der schlechten Zugänglichkeit des Hohlraums über der Teilverfüllung bei den Montagekavernen in Österreich die Frage der Standsicherheit des Hohlraums über der Teilverfüllung. Daher wurde beschlossen, die geomechanischen Auswirkungen eines solchen Versagens der Tunnelaußenschale mittels numerischer Berechnungen in einem Finite Elemente Modell zu untersuchen.
Hierbei zeigte sich, dass diese ursprüngliche Lösung zu Hebungen der Tunnelsohle führen kann. Es wurde daher nach einer alternativen Variante für die Verfüllung des Hohlraums gesucht, welche in diesem Beitrag erläutert wird.

Abb. 4: Errichtung der Tunnel-in-Tunnel Konstruktion in Mauls (Baulos H61 Mauls 2+3).

## 2. Finite Elemente Modell

### 2.1 Modellierung

Der Tunnel wurde im Programm PLAXIS 2D [2] mit Dreieckselementen modelliert. PLAXIS 2D ist ein Finite Elemente Programm, welches auch die Berücksichtigung verschiedener Berechnungsphasen ermöglicht.
Die zweidimensionale Tunnelberechnung ist bei diesem Programm durch die Eingabe einer Vorentspannung beim Ausbruch vor Einbau der Spritzbetonschale möglich.
Die Größe des rechteckigen Berechnungsgebietes weist eine Breite von 150 m und eine Höhe von 130 m auf.
An den seitlichen Rändern des Berechnungsgebietes wurden vertikal verschiebliche Lagerungsbedingungen angesetzt und die Primärspannungen aus der Überlagerung am oberen Rand durch einen elastischen Balken mit erhöhter Dichte eingeprägt [3].
Die Primärspannung wurde entsprechend der Überlagerungshöhe über dem First der Montagekaverne und unter Berücksichtigung einer Überlagerungswichte des Gebirges von 27 kN/m³ angesetzt.
Das Finite Elemente Modell ist in Abb. 5 dargestellt.

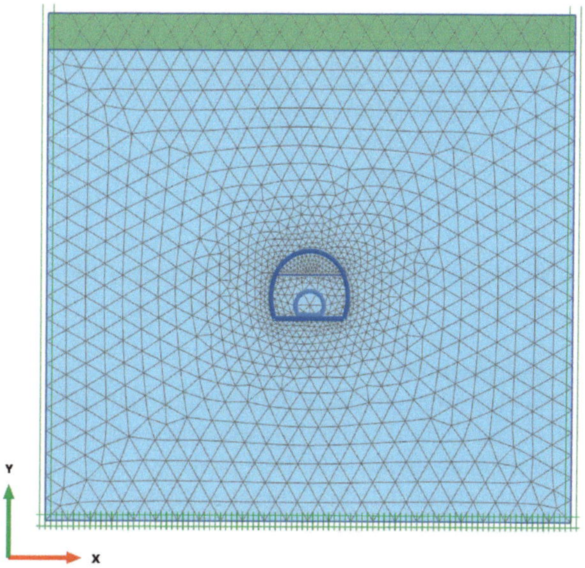


Abb. 5: Finite Elemente Modell

### 2.2 Berechnungsphasen

Es wurden insgesamt 6 Berechnungsphasen angesetzt. Diese umfassen den Primärzustand und 5 Phasen für den Ausbruch und den Ausbau der Montagekaverne, der Errichtung der Tunnel-in-Tunnel Innenschale, der Verfüllung und als schließlich den Ausfall der Außenschale.
Um den zeitverzögerten Einbau des Ausbaus zu simulieren, wurde eine Vorentspannung des Ausbruchsquerschnitts nach Vlachopoulos [4] um 90 % der ursprünglichen Gebirgsspannung durchgeführt. Danach erfolgte in einer weiteren Phase die Aktivierung der Spritzbetonschale, wobei für den Spritzbeton aufgrund des ausgeprägten Kriechverhaltens und der Berücksichtigung der größeren Nachgiebigkeit im Zuge der Aushärtung ein reduzierter E-Modul von 15.000 MPa angesetzt wurde.
Danach wurde die Errichtung der Tunnel-in-Tunnel Innenschale mit einer Dicke von 80 cm modelliert. In einer weiteren Berechnungsphase erfolgt die Auffüllung bis auf 3,40 m über den First der Innenschale.
In der letzten Phase wurde der Ausfall der Außenschale simuliert. Hierbei wird die Spritzbetonschale durch das umgebende Gebirge ersetzt.

Die Berechnungsphasen sind in der Tab. 1 detailliert angeführt.

**Tab. 1: Berechnungsphasen**

| Phase | Beschreibung | Vorent-spannung | Außen-schale aktiv |
|---|---|---|---|
| 1 | Primärzustand | – | |
| 2 | Ausbruch der Montagekaverne | 90 % | |
| 3 | Außenschale der Montagekaverne | – | ja |
| 4 | Tunnel-in-Tunnel Innenschale | – | ja |
| 5 | Verfüllung | – | ja |
| 6 | Ausfall der Außen-schale der Montage-kaverne | – | nein |

## 3. Montagekavernen im Baulos Sillschlucht-Pfons (H41)

### 3.1 Allgemeines

Die beiden Montagekavernen im Baulos H41 befinden sich in einer Störungszone im Gebirgsbereich des Innsbrucker Quarzphyllites. Im Bereich der Montagekaverne Ost wurden mit 154 mm größere Konvergenzen gemessen als in der Montagekaverne West; daher wurde die Berechnung exemplarisch für die östliche Montagekaverne durchgeführt.

### 3.2 Gebirgskennwerte

Aufgrund der Ortsbrustaufnahmen und unter Berücksichtigung der beim Vortrieb aufgetretenen Konvergenzen von bis zu 154 mm wurden für die im Bereich der Montagekaverne Ost (vorherrschende Gebirgsart IQP-GS-2f, Innsbrucker Quarzphyllit) folgende in Tab. 2 zusammengefasste Parameter für die Berechnungen angesetzt, entnommen aus dem geotechnischen Längenschnitt [5] bzw. dem technischen Bericht der Gebirgsarten [6].
Für die Berechnungen wurde das Stoffgesetz von Mohr Coulomb verwendet.
Die Überlagerung oberhalb der Firste der Montagekaverne beträgt 980 m. Der Ruhedruckbeiwert $k_0$ wurde aufgrund der hier vorherrschenden Gebirgsdruckverhältnisse mit 1,0 angenommen.

### 3.3 Kennwerte des Verfüllmaterials

Das Ausführungsprojekt sah eine Teilverfüllung des Querschnitts über der Tunnel-in-Tunnel Konstruktion aus Ortbeton ohne besondere Verdichtungsmaßnahmen vor. Daher wurde der Elastizitätsmodul relativ konservativ mit 50 MPa angesetzt. Die Kennwerte für das Verfüllmaterial sind in der nachfolgenden Tabelle (Tab. 3) zusammengefasst.

**Tab. 2: Gebirgskennwerte, Gebirgsart Innsbrucker Quarzphyllit IQP-GS-2f, Stoffgesetz von Mohr-Coulomb**

| Parameter | Einheit | Wert |
|---|---|---|
| E | MPa | 3.200 |
| ν | – | 0,18 |
| φ' | ° | 34 |
| c | MPa | 2,8 |
| ψ | ° | 5 |
| γ | kN/m³ | 27 |

**Tab. 3: Kennwerte des Verfüllmaterials, Stoffgesetz von Mohr-Coulomb**

| Parameter | Einheit | Wert |
|---|---|---|
| E | MPa | 50 |
| ν | – | 0,2 |
| φ‘ | ° | 30 |
| c | MPa | 0 |
| ψ | ° | 0 |
| γ | kN/m³ | 19 |

### 3.4 Kennwerte des Ausbaus

Die Außenschale der Montagekaverne aus Spritzbeton C20/25 wurde mit einer Dicke von 30cm ausgeführt.
Ein ausgehärteter Beton der Festigkeitsklasse C20/25 hat einen E-Modul von 30.000 MPa. Aufgrund des ausgeprägten Kriechverhaltens und des Schwindens des Spritzbetons wurde jedoch nur ein reduzierter E-Modul von 15.000 MPa angesetzt.
Für den Ortbeton der Tunnel-in-Tunnel Konstruktion wurde eine Dicke von 80 cm angesetzt. Die Kennwerte des Spritzbetons und des Ortbetons sind in Tab. 4 angegeben.

**Tab. 4: Kennwerte Spritzbeton, Ortbeton**

| Parameter Einheit | Bezeichnung | $E_c$, $E_s$ N/mm² | $f_{ck}$, $f_{yk}$ N/mm² |
|---|---|---|---|
| **Spritzbeton Außenschale** | C20/25 | 15.000 | 20 |
| **Ortbeton Tunnel-in-Tunnel** | C30/37 | 37.000 | 30 |
| **Baustahl** | B550B | 200.000 | 550 |

### 3.5 Berechnungsergebnisse

Für die Auswertung der Ergebnisse und deren Beurteilung sind die Verschiebungen interessant, welche sich nach der Verfüllung der Kaverne ergeben.
Daher wurden die Verschiebungen zu Beginn der Berechnungsphase 6 auf null gestellt; die Verschiebungen in dieser Phase ergeben sich daher nur aufgrund des Ausfalls der Außenschale. Die Verschiebungen für die Berechnungsphase 6 sind in Abb. 6 dargestellt.
Es ergeben sich maximale Konvergenzen von 95 mm im Firstbereich und maximale Hebungen von ca. 20mm im Bereich der Sohle der Tunnel-in-Tunnel Innenschale.

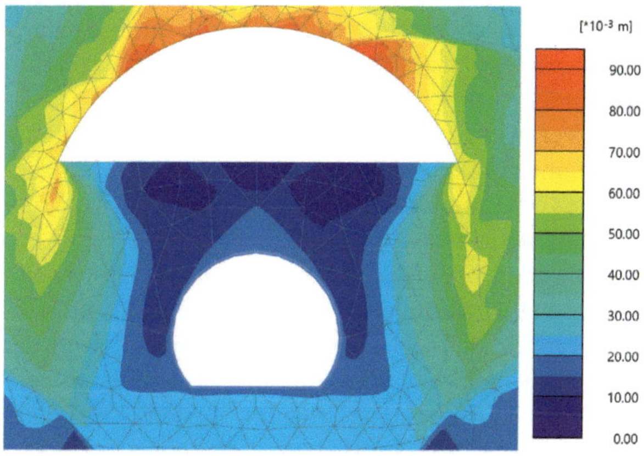


Abb. 6: Verschiebungen Montagekaverne H41 Ost mit Tunnel-in-Tunnel Konstruktion und Verfüllung, Berechnungsphase 6 (nach Ausfall der Spritzbetonschale).

## 4. Montagekavernen im Baulos Pfons-Brenner (H53)

### 4.1 Allgemeines

Die beiden Montagekavernen im Baulos H53 befinden sich im regulären Gebirgsbereich des Bündner Schiefers außerhalb von Störungszonen. Im Bereich der Montagekaverne West wurden mit 45 mm größere Konvergenzen gemessen als in der Montagekaverne Ost; daher wurde die Berechnung hier für die westliche Montagekaverne durchgeführt.

### 4.2 Gebirgskennwerte

Unter Berücksichtigung der beim Vortrieb aufgetretenen Konvergenzen von bis zu 45 mm und der Ortsbrustaufnahmen wurden für die im Bereich der Montagekaverne West (vorherrschende Gebirgsart SH-KS-5e, Bündner Schiefer) folgende in Tab. 5 zusammengefasste Parameter für die Berechnungen angesetzt, welche aus dem geotechnischen Längenschnitt [7] bzw. dem technischer Bericht der Gebirgsarten [8] entnommen wurden.
Die Überlagerung beträgt hier weniger als im Baulos H41, ca. 700 m. Der Ruhedruckbeiwert $k_0$ wurde aufgrund der hier vorherrschenden Gebirgsdruckverhältnisse, welche vergleichbar mit jenen im Baulos H41 waren, ebenfalls mit 1,0 angenommen.

**Tab. 5: Gebirgskennwerte, Bündner Schiefer SH-KS-5e, Stoffgesetz von Mohr-Coulomb**

| Parameter | Einheit | Wert |
|---|---|---|
| E | MPa | 5.000 |
| ν | – | 0,18 |
| φ' | ° | 36 |
| c | MPa | 1,8 |
| ψ | ° | 5 |
| γ | kN/m³ | 27 |

### 4.3 Ausbau, Verfüllung

Der Ausbau der Montagekaverne im Baulos H53 und die Verfüllung des Hohlraums erfolgte analog zum Baulos H41; die Kennwerte des Verfüllmaterials und des Ausbaus wurden wie in den Abschnitten 3.3 und 3.4 angesetzt.

### 4.4 Berechnungsergebnisse

Es ergeben sich aus der Berechnung geringere Konvergenzen als bei den Montagekavernen im Baulos H41, nämlich maximale Konvergenzen von 8 mm im Firstbereich und maximale Hebungen von ca. 1mm im Bereich der Sohle der Tunnel-in-Tunnel Innenschale. Die Verschiebungen für die Berechnungsphase 6 sind in Abb. 7 dargestellt.
Diese Ergebnisse sind durch das kompetentere Gebirge und die geringere Überlagerung gegenüber den Montagekavernen im Baulos H41 zu erklären.
Aufgrund dieser geringen Werte sind hier Hebungen in Folge des Ausfalls der Außenschale praktisch vernachlässigbar und es ist von keinen negativen Auswirkungen auf den künftigen Bahnbetrieb auszugehen.

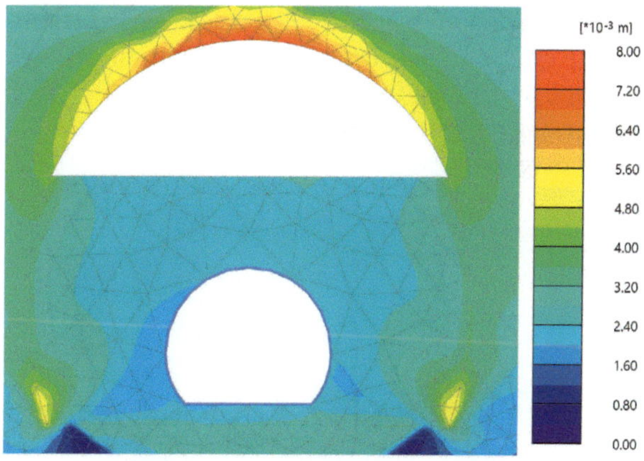


Abb. 7: Verschiebungen Montagekaverne H53 West mit Tunnel-in-Tunnel Konstruktion und Verfüllung, Berechnungsphase 6 (nach Ausfall der Spritzbetonschale).

## 5. Variante zementgebundene Verfüllung

### 5.1 Allgemeines

Aufgrund der bei den Montagekavernen im Baulos H41 rechnerisch ermittelten großen Hebungen im Bereich der

Tunnelsohle wurde eine Ausführungsvariante mit einer zementgebundenen Verfüllung (Annahme 100 kg Zement pro m³ Zuschlag) angedacht. Der dieser Lösung zugrunde liegende Gedanke war, dass einer höhere Scherfestigkeit und einer geringere Verformbarkeit der zementgebundenen Verfüllung eine Entspannung des Hohlraums verhindert und es somit zu geringeren Hebungen im Bereich der Tunnelsohle kommt.

### 5.2 Kennwerte der zementgebundenen Verfüllung

Für das zementgebundene Verfüllmaterial wurden folgende Kennwerte angesetzt, welche einem Magerbeton mit einer geringen Festigkeit C3/4 (vgl. Tab. 6) entsprechen.

Die restlichen Kennwerte des Ausbaus und des Gebirges wurden unverändert belassen.

**Tab. 6: Kennwerte des zementgebundenen Verfüllmaterials, Magerbetongüte entsprechend ca. C3/4, Stoffgesetz von Mohr-Coulomb**

| Parameter | Einheit | Wert |
|---|---|---|
| E | MPa | 1.000 |
| ν | – | 0,2 |
| φ' | ° | 35 |
| c | MPa | 200 |
| ψ | ° | 0 |
| γ | kN/m³ | 20 |

### 5.3 Berechnungsergebnisse

Aufgrund der zementgebundenen Verfüllung und der somit wesentlich höheren Scherfestigkeit gegenüber der ungebundenen Verfüllung ergeben sich nun wesentlich geringere maximale Konvergenzen von ca. 32 mm im Firstbereich (ursprünglich 95 mm) und maximale Hebungen von ca. 1 mm statt ursprünglich 20 mm im Bereich der Sohle der Tunnel-in-Tunnel Innenschale.

Die Verschiebungen für die Berechnungsphase 6 sind in Abb. 8 dargestellt.

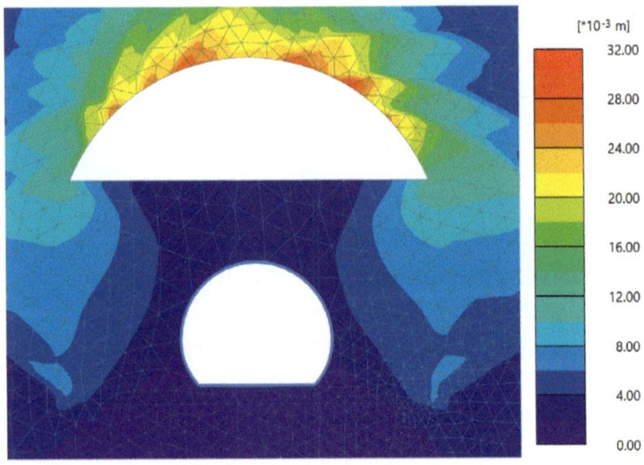


Abb. 8: Verschiebungen Montagekaverne H41 Ost mit Tunnel-in-Tunnel Konstruktion und Verfüllung, Berechnungsphase 6 (nach Ausfall der Spritzbetonschale).

## 6. Zusammenfassung

Der Einfluss eines eventuellen Ausfalls der Spritzbetonschale auf die in der Ausschreibungsplanung vorgeschlagene Tunnel-in-Tunnel Konstruktion für die Montagekavernen der Baulose H41 Sillschlucht-Pfons und H53 Pfons-Brenner wurde mittels finite Elemente Berechnungen mit dem Programm PLAXIS 2D untersucht.

Hierbei ergaben sich bei den Montagekavernen der jeweiligen Baulose aufgrund anderer geologischer Verhältnisse unterschiedliche Ergebnisse.

Bei den Montagekavernen im Baulos H41, wo beim Bau relativ hohe Konvergenzen gemessen wurden, ergeben sich aus den Berechnungen Hebungen von bis zu 2 cm in der Sohle der vorgeschlagene Tunnel-in-Tunnel Konstruktion, welche zu Problemen im Betrieb (Gleislage) führen würden.

Unter Verwendung einer zementgebundenen Verfüllung (Annahme 100 kg Zement pro m³ Zuschlag, Magerbetongüte C3/4) können diese Hebungen aber auf ca. 1 mm reduziert werden.

Im Falle der Montagekavernen im Baulos H53, wo beim Bau wesentlich geringere Konvergenzen gemessen wurden, ergeben sich Hebungen von nur ca. 1 mm in der Sohle der vorgeschlagenen Tunnel-in-Tunnel Konstruktion. Hier war daher keine zementgebundene Verfüllung notwendig.

## Literatur

[1] Brenner Basistunnel BBT SE (2025) Homepage, www.bbt-se.com

[2] PLAXIS 2D (2025), Version 2025.1.0.1991

[3] Weifner, T. (2020). The Selection of Suitable Boundary Conditions for Finite Element Simulations of Deep Tunnels. Civil Engineering Research Journal (CERJ) 10(4): 55–57.

[4] Vlachopoulos, N. & Diederichs, M. S. (2009) Improved longitudinal displacement profiles for convergence confinement analysis of deep tunnels. Rock Mech. Rock Eng. 42, S. 131–146.

[5] BBT SE (2020) Geotechnischer Längenschnitt, H41 Haupttunnel Ahrental-Pfons, 01-H41-GP-002-GTB-36550-55

[6] BBT SE (2020) Technischer Bericht Gebirgsarten, H41 Haupttunnel Ahrental-Pfons, 01-H41-GP-002-GTB-36551-56

[7] ILF Consulting engineers (2021) Geotechnischer Längenschnitt H53 Haupttunnel, kontinuierlicher Vortrieb, Abschnitt Nord, 01-H53-XX-001-D1496-GLS-23028-50

[8] ILF Consulting engineers (2021) Technischer Bericht Gebirgsarten H53, Haupttunnel, kontinuierlicher Vortrieb, Abschnitt Nord, 01-H53-XX-001-D1496-GTB-23029 51

TAE

# Baugrund-
# verbesserung

# Straßendamm auf gering tragfähigem Untergrund – Vorbelastung und Monitoring

**Dr.-Ing. Olaf Düser**
Dr. Ebel & Co. GmbH, Bad Wurzach – Arnach

**Dr. rer. nat. Michael Strohmenger**
Dr. Ebel & Co. GmbH, Betzigau

**Zusammenfassung**
Für die Anrampungsdämme eines Brückenbauwerks, das auf gering tragfähigem Untergrund (Beckenablagerungen) gegründet werden sollte, wurden Vorbelastungen mit Dammschüttungen vorgenommen. Vor, während und nach erfolgter Dammbauphase wurde die zeitliche Entwicklung der vertikalen und horizontalen Untergrundverformungen sowie der Porenwasserdrücke in den bindigen Weichschichten erfasst. Inzwischen sind die Dämme im Bereich der Brückenwiderlager teilweise zurückgebaut worden.
Es wird auf die angewandten Messverfahren eingegangen, die Messergebnisse werden vorgestellt, und es werden vorbehaltlich der noch laufenden Detailauswertungen erste Feststellungen getätigt.

## 1. Einführung

Nördlich von Kempten ist der Ersatzneubau einer Brücke über die Iller geplant. Im Untergrund des Bauvorhabens stehen unter einer geringmächtigen Überdeckung (Aueablagerungen, Talkies) kompressible Sedimente des ehemaligen Kemptener Sees (Beckenschluffe, Beckentone) in einer Gesamtmächtigkeit von mehr als 50 m an. Darunter folgen glaziäre Sedimente (i.W. Grundmoräne und Molasse). Es herrschen artesische Grundwasserverhältnisse vor. Die Festigkeitseigenschaften des Baugrunds wurden mit direkten und indirekten Aufschlüssen sowie umfangreichen bodenmechanischen Laboruntersuchungen ermittelt. Die Gründung des Brückenbauwerks erfolgt schwebend mit Verdrängungspfählen. Die Anrampungen der Widerlager werden mit 5÷8 m hohen Erdbauwerken ausgeführt. Auf geotechnische Voruntersuchungen und erdstatische Betrachtungen folgte die Empfehlung, die Erdbauwerke deutlich vor Beginn der Tiefgründungsmaßnahmen herzustellen. Es wurde eine Vorlaufzeit für eine zumindest teilweise Konsolidation des gering tragfähigen Untergrunds von etwa einem Jahr prognostiziert. Ein Teil der Dammbauwerke wird im Bereich der Widerlager planmäßig zurückgebaut. Die abschließende Hinterfüllung erfolgt mit Leichtbaustoffen.
Vor dem Beginn des Dammbaus wurde ein umfangreiches geotechnisches Monitoringprogramm installiert, um die Untergrundverformungen sowie die Erddruck- und Porenwasserdruckentwicklungen während des Dammaufbaus und danach erfassen zu können. Die Beobachtungen sind inzwischen abgeschlossen.
In Abb. 1 sind für ein Brückenwiderlager der oberflächennahe Baugrundaufbau mit der Überschüttung sowie den Messeinrichtungen dargestellt.
Um den Untergrundbereich möglichst großräumig vorbelasten zu können, wurde der Dammkörper bis nahe an die Uferböschung des Fließgewässers geführt. Zwischen Dammkrone und Gewässersohle entstand damit ein Höhensprung von etwa 13 m. Die Dammstandsicherheit war bei einer derartig hohen Überschüttung über diverse Zusatzmaßnahmen sicherzustellen. Dazu wurden die gering tragfähigen Deckschichten (Aueablagerungen) aus- und unter Zugabe von hydraulisch wirkendem Mischbindemittel wieder eingebaut. Anschließend wurde der Dammkörper – ebenfalls bindemittelstabilisiert – errichtet. In den unteren Dammkörperbereich wurden mehrere Lagen dehnsteife Geogitter integriert.

## 2. Geotechnische Messeinrichtungen

In der Abb. 1 ist die prinzipielle Anordnung der Messeinrichtungen dargestellt. Das Vertikalinklinometer sowie die Porenwasserdruckaufnehmer wurden vor und die Setzungspegel sowie die Erddruckaufnehmer zu Beginn der Dammbaumaßnahme eingebaut. Die Messsysteme werden im Folgenden beschrieben.

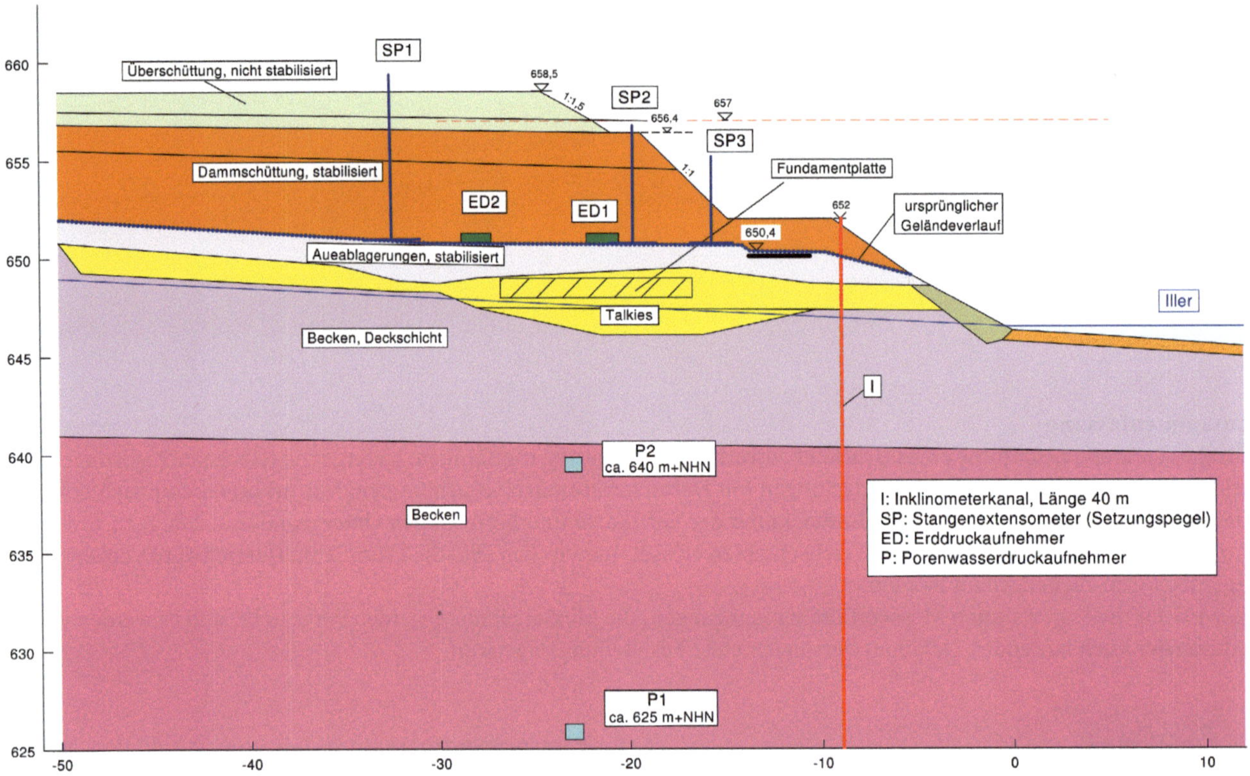


Abb.1: Geotechnischer Schnitt mit prinzipieller Anordnung der Messeinrichtungen

***Inklinometer***

Zur Beobachtung vorwiegend horizontaler Baugrunddeformationen beispielsweise natürlicher Böschungen mit Feststellung des etwaigen Gleithorizonts im Untergrund werden unter anderem Vertikalinklinometer eingesetzt. Das System besteht aus einem mobilen Neigungsmessgerät (Neigungsmesssonde, Datenerfassung, Messkabel) und einem fest im Baugrund installierten Messkanal. In dem Messkanal kann eine Neigungssonde tiefen- und richtungsorientiert geführt werden. Über Neigungsänderungen im Zuge mehrmaliger Messungen in zeitlichem Abstand können Untergrundverformungen ermittelt werden.

Die Messstelle wurde hier rd. zehn Monate vor Baubeginn eingerichtet. Der Messkanal wurde so installiert, dass die zu erwartende Hauptverformungsrichtung böschungsabwärts (Verschiebungsrichtung w) erfasst werden konnte. Die Nullmessung im Kanal wurde zweifach ca. zwei Monate nach Installation der Messeinrichtung vorgenommen.

***Porenwasserdruck***

Ungefähr 10 m unter der Dammaufstandsfläche wurde in den weichen und noch einmal 15 m tiefer in den eher steifen Beckenablagerungen je ein Porenwasserdruckaufnehmer eingebaut. Der Einbau wurde in den Löchern großkalibriger Bohrungen ca. zehn Monate vor Baubeginn vorgenommen. Die Datenerfassung erfolgte mit einer automatisch registrierenden Speichereinheit. Zeitgleich mit den Porenwasserdrücken wurde der Luftdruck erfasst.

***Stangenextensometer (Setzungspegel)***

Zur Erfassung der Vertikalverformmungen im Bereich der Dammaufstandsfläche, also auf der Schicht der stabilisierten Aueablagerungen, wurden drei Stangenextensometer installiert und mit Schüttung des Erdkörpers verlängert (Grundplatte ca. 0,5 m x 0,5 m aus verzinktem Stahl, 1“-Verlängerungsstangen aus verzinktem Stahl, mobiler Anfahrschutz (z. B. Stahlbetonrohr) der mit der Schüttung jeweils hochgesetzt wird). Die Extensometer wurden im Zuge des Dammaufbaus regelmäßig geodätisch überwacht, beispielsweise vor und nach Aufbau einer Schüttlage sowie in Schüttpausen.

***Erddruck***

Ebenfalls im Bereich der stabilisierten Dammaufstandsebene wurden im Nahbereich der Stangenextensometer Erddruckaufnehmer angeordnet. Mit den Aufnehmern wurde der lotrechte Erddruck auf den stabilisierten Untergrund infolge der sich entwickelnden Dammauflast erfasst. Auch hier erfolgte die Datenerfassung mit einer automatisch registrierenden Speichereinheit.

***Geodätische Messpunkte***

Auf der fertig hergestellten Dammoberfläche wurden diverse, frostsicher gegründete Messpunkte gesetzt. Damit wurde das Verformungsverhalten des gesamten Dammkörpers ermittelt. Diese Messpunkte sind in der Abb. 1 nicht mit dargestellt.

## 3. Messergebnisse

***Inklinometer***

Die Messergebnisse sind in den Abb. 2 zusammengestellt. Zur Auswertung wurde die Annahme getroffen, dass der Fußpunkt des Messkanals unverschieblich war. Vor Beginn der Dammbaumaßnahme (rd.sieben Monate nach der Nullmessung) wurde die erste Folgemessung ausgeführt. Deren Ergebnisse lagen im Bereich der Messunsicherheit für dieses System.

Die weiteren Messungen Nr. 2 bis Nr. 6 wurden während des Dammaufbaus vorgenommen. Die maximalen Kopfverformungen wurden mit bis zu etwa 13,5 cm registriert. Es ist deutlich zu erkennen, dass die hauptsächlichen Verschiebungen im Bereich der Talkiese im Überhang zu den darunter anstehenden Beckenablagerungen auftraten (vgl. Baugrundaufbau in Abb. 1). Zur Tiefe sind nur geringe Verformungen von unter 0,5 cm gegenüber der Nullmessung aufgetreten. Die großen Verformungen sind hauptsächlich auf die dynamischen Einwirkungen der Bautätigkeit (Verdichtungsarbeiten, Baustellenverkehr nahe der Böschung) zurückzuführen.

Nach Fertigstellung des Dammkörpers wurden die weiteren Messungen Nr. 7 bis Nr. 10 ausgeführt. Um hier die Verformungen nach Dammfertigstellung besser herausstellen zu können, wurde als neue Nullmessung diejenige Messung herangezogen, die zeitnah nach Dammfertigstellung vorgenommen worden war (Messung Nr. 6). In diesem Zeitraum erfolgten weitere erschütterungsintensive Baumaßnahmen im Umfeld des Dammbauwerks (Schwerlastverkehr, Wegebau mit intensiven Verdichtungsarbeiten). Nach Abschluss dieser Arbeiten wurden keine weiteren Verformungen registriert.

Im Zuge der beginnenden Baumaßnahmen für das Widerlager musste die Messstelle aufgegeben werden. Diese wurde dabei fachgerecht verschlossen.

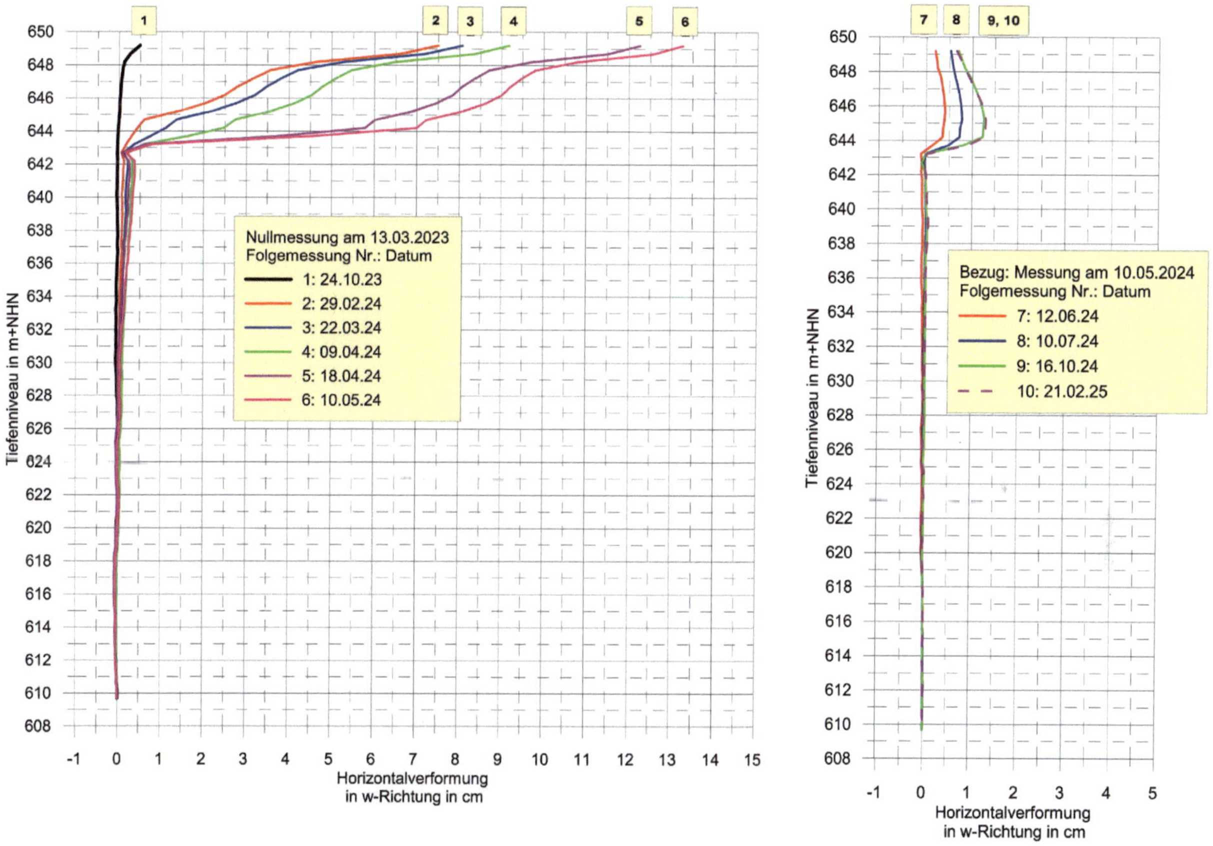


Abb. 2: Ergebnisse der Inklinometermessungen. Das linke Diagramm zeigt die Ergebnisse vor und während, das rechte Diagramm nach erfolgtem Dammbau. Die positive Verschiebungsrichtung zeigt böschungsabwärts.

***Porenwasser- und Erddruck***

Der Messbeginn des Porenwasserdrucks erfolgte ca. sechs Monate nach Installation der Messwertaufnehmer. In der Abb. 3 sind die Ergebnisse sowie die Entwicklungen des Erddrucks im Zuge des Dammaufbaus und der jeweils herrschende Luftdruck dargestellt.

In Abb. 4 sind die zeitlichen Entwicklungen des Porenwasserdruckabbaus nach Dammfertigstellung dargestellt. Zum Ende der Messkampagne wurde der Dammkörpers bis hinter die Baugrube für das Brückenwiderlager zurückgebaut. Diese Entlastung machte sich unmittelbar in einer Reduzierung der Porenwasserdrücke bemerkbar.

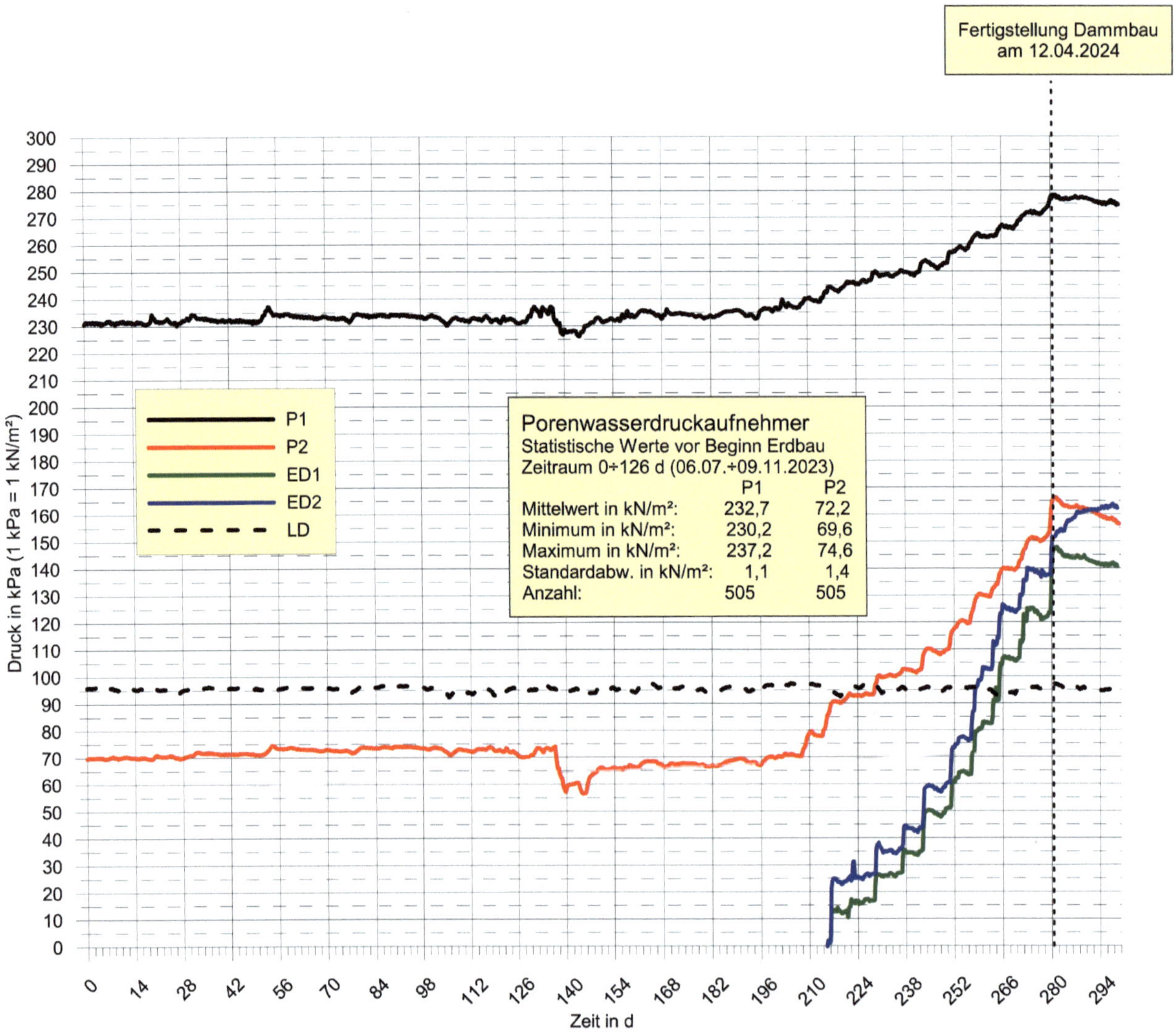


Abb. 3: Messergebnisse zum Porenwasser- (P1 und P2), Erd- (ED1 und ED2) und Luftdruck (LD).

Im Zeitraum von Beginn der Aufzeichnungen des Porenwasserdrucks (06.07.2023) bis vor Beginn der Dammbaumaßnahme (09.11.2023) sind die Messwerte annähernd konstant. Geringe Schwankungen resultieren aus wechselnden Wasserständen der Iller. Die Schwankungsbereiche sowie die mittleren Porenwasserdrücke für diesen Zeitraum sind in Abb. 3 angegeben.

Zu Beginn des Dammbaus wurden zunächst die Aueablagerungen ausgebaut. Als Folge der Gewichtsentlastungen wurden Porenwasserdruckreduzierungen registriert. Der anschließende Wiedereinbaus der verbesserten Aueablagerungen zog sich witterungs- und urlaubsbedingt über einen längeren Zeitraum hin.

Mit Aufbau des Dammkörpers (Beginn der Erddruckaufnahmen) wurde unverzüglich der Anstieg der Porenwasserdrücke registriert.

Unter Berücksichtigung der mittleren Porenwasserdruckspannungen in den Beckenablagerungen vor Beginn der Dammbaumaßnahme und den Messwerten nach Fertigstellung der Dammbaumaßnahme lassen sich die entstandenen Porenwasserüberdrücke ableiten. Der zeitliche Abbau dieser Überdrücke ab Fertigstellung des Dammbauwerks ist in Abb. 5 dargestellt.

Im Bereich der weich konsistenten Beckenablagerungen baute sich der Porenwasserüberdruck bei P2 von zunächst rd. 94 kN/m² auf 35 kN/m² innerhalb von 350 Tagen ab. Der Abbau liegt in diesem Zeitraum bei rd. 63 %. Im Bereich des tiefer in den Beckenablagerungen verbauten Porenwasserdruckaufnehmers P1 reduzierte sich der Überdruck von 45 kN/m² auf 26 kN/m² um rd. 42 %.

Für die aufgebrachte Dammlast ist der Untergrund im Beobachtungszeitraum mithin nur teilweise konsolidiert worden.

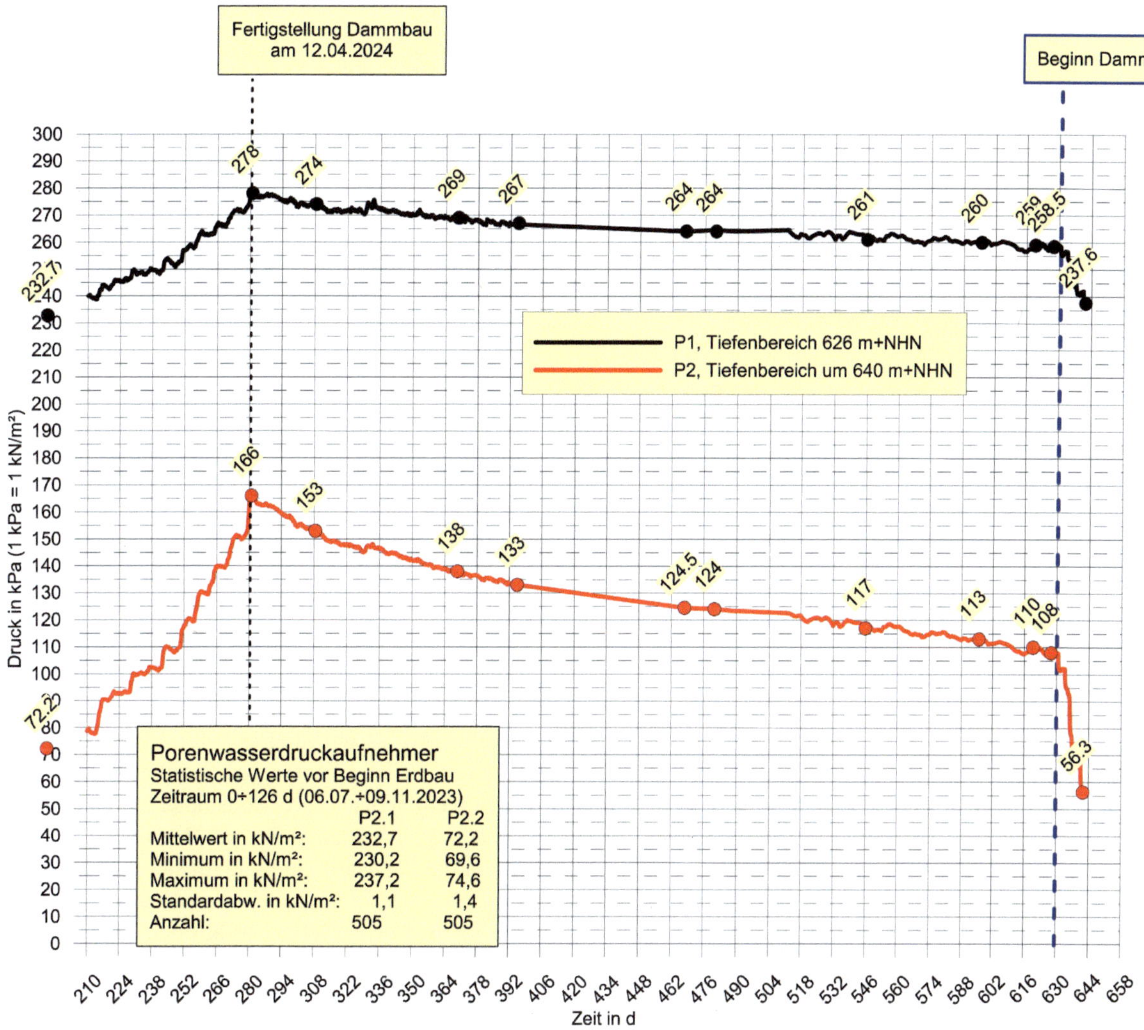


Abb. 4: Allmählicher Abbau des Porenwasserdrucks nach der Dammfertigstellung bis zum Ende der Datenerfassung.

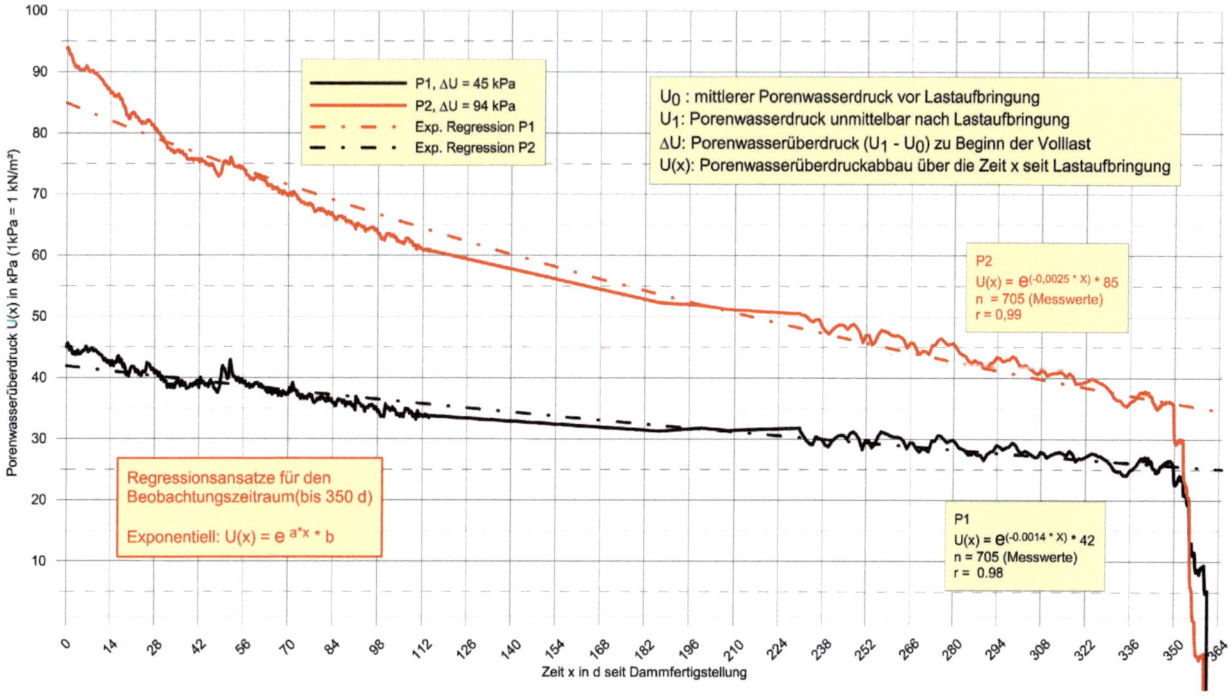


Abb. 5: Abbau des Porenwasserüberdrucks im Beobachtungszeitraum seit Fertigstellung des Dammkörpers bis zum Rückbau. Wahl eines einfachen exponentiellen Regressionsansatzes.

Im Zuge der Aushubarbeiten für die Baugrube des Widerlagers wurden die Erddruckaufnehmer geborgen. Für die Kabelverbindungen zu den Porenwasserdruckaufnehmern gab es keine Rettung; die Verbindungen waren irreparabel gekappt.

***Vertikalverformungen in der Dammaufstandsfläche***
Die geodätischen Messungen wurden mit Installation der Stangenextensometer aufgenommen. Die Messergebnisse sind der Abb. 6 zusammengestellt. Die Vertikalverformungen sind an den drei Messstellen unterschiedlich hoch. Die größten Verformungen wurden im Bereich mit der größten Lasteinflussfläche und Auflast des Dammkörpers festgestellt. Zum Rand der Aufschüttung, mithin verringerter Dammauflast reduzieren sich die festgestellten Vertikalverformungen ebenfalls. Mit Abtrag des Dammkörpers wurden die Messstellen rückgebaut.

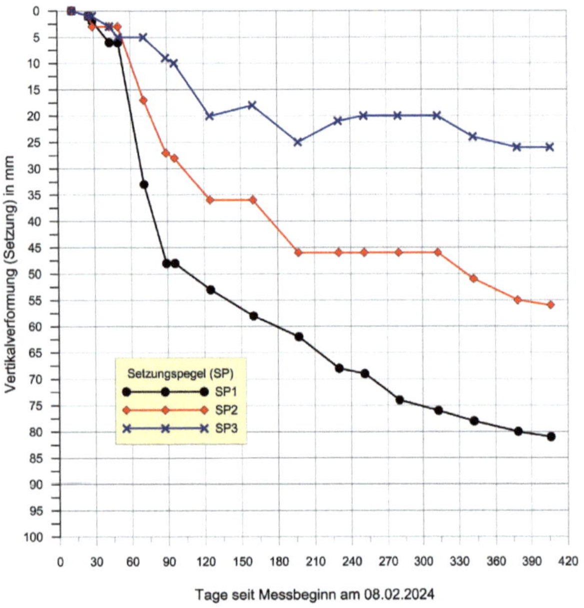


Abb. 6: Vertikalverformungen des Dammuntergrunds im Bereich der Stangenextensometer.

## 4. Feststellungen

Alle Messsysteme haben während der Beobachtungsphase ohne Einschränkungen trotz teilweisem Ausfall der Speichereinheiten funktioniert.
Für die weiteren noch nicht abgeschlossenen Interpretationen lassen sich grundsätzlich folgende Feststellungen treffen:

- Durch die Dammauflast wurden im Bereich der tieferen Beckenablagerungen nur sehr geringe Horizontalverformungen festgestellt. Nach Rückbau der Dammlast im Nahbereich des zukünftigen auf Rammpfählen gegründeten Widerlagers sind aus den verbleibenden Dammlasten keine Horizontalwirkungen zu erwarten, zudem der Widerlagerbereich und die anschließende Anrampung aus Leichtbaustoffen aufgebaut werden.
- Durch die vorübergehende Dammlastwirkung wurde der Baugrund nur teilweise vorkonsolidiert. Da das Widerlager auf Rammpfählen abgesetzt wird, sind hier keine negativen Auswirkungen z. B. hinsichtlich zusätzlicher Vertikalverformungen zu erwarten.
- Der Untergrund des verbleibenden Dammkörpers im Anrampungsbereich hinter dem zukünftigen Brückenwiderlager hingegen ist wegen der dort später geringeren Auflastwirkung (ein Teil der Überschüttung wurde zurückgebaut) als konsolidiert anzusehen.
- Mit einem einfachen Regressionsmodell mit der Funktion $f(x) = e^{a \cdot x} \cdot b$ konnte für den Beobachtungszeitraum ein guter Zusammenhang hinsichtlich des zeitlichen Abbaus des Porenwasserüberdrucks entwickelt werden. Eine Extrapolation bis auf den Zeitraum, zu dem der Überdruck vollständig abgebaut wäre, dürfte mit diesem Ansatz allerdings nicht plausibel sein. Es steht zu vermuten, dass durch den Einfluss eines hydraulischen Stagnationsgradienten in den Beckensedimenten der vollständige Abbau der entstandenen Porenwasserüberdrücke verhindert wird. Dieses Thema soll in ergänzenden bodenmechanischen Laborversuchen an weitestgehend ungestörtem Probenmaterial zukünftig näher betrachtet werden.

# Weiterentwicklung eines Bodenmischverfahrens für Trag- und Dichtelemente

**Dipl.-Ing. Sebastian Böhm**
Implenia ICS, Frankfurt am Main

**Dipl.-Ing. Thomas Schmitt**
Implenia ICS-TCC, Mannheim

**Dr.-Ing. Jörg Menke**
Implenia ICS-TCC, Mannheim

**Zusammenfassung**
Bodenmischverfahren sind seit Jahrzehnten international etabliert, wurden jedoch seit der Einführung nur in Details weiterentwickelt. Lange Zeit wurden die Bodenmischverfahren in Deutschland selten und nur von wenigen Firmen eingesetzt. Im Rahmen des Nachhaltigkeitsgedankens gelangen die Bodenmischverfahren jedoch wieder in den Fokus der Anwender. Implenia hat das Verfahren weiterentwickelt, um schneller, nachhaltiger und günstiger produzieren zu können. Das Implenia-Soil-Mixing (ISM) genannte Verfahren ist der nächste Entwicklungsschritt in der Produktion von Trag- und Dichtelementen im Bodenmischverfahren.

## 1. Einführung

Im Bodenmischverfahren werden Dichtwände, Baugrubensicherungen und Baugrundverbesserungen hergestellt. Der anstehende Boden wird durch ein Bohr- und Mischwerkzeug aufgebrochen, umgelagert und die Porenräume mit Bindemittelsuspension gefüllt. Der Boden wird dabei direkt im Untergrund, ohne Aushub und Abfuhr und Entsorgung von Bohrgut bearbeitet. Als statisch wirksame Tragelemente können Stahlträger oder Betonfertigteile eingestellt und bei Bedarf auch rückverankert oder ausgesteift werden. Nach dem Aushärten des Boden-Bindemittelgemisches entsteht ein dichter und stabiler Körper aus hydraulisch gebundenem Material. Durch die Verwendung des Bodens als Zuschlagsstoff werden Antransporte zur Baustelle (z. B. Transportbeton) und Abtransporte von der Baustelle (Bodenaushub) deutlich reduziert. Im Vergleich zu anderen Verbauverfahren ist das Bodenmischverfahren in der Regel nachhaltiger, schneller und kostengünstiger.

## 2. Historie

Mit der Entwicklung von Bodenmischverfahren ist in den 1950er Jahren in den USA begonnen worden. Auch Japan und Skandinavien sind bekannte Anwendungsregionen. Die Entwicklung erfolgte in beiden Regionen unabhängig voneinander. In Japan wurde das Nassmischverfahren entwickelt, in Skandinavien das Trockenmischverfahren. In Deutschland haben sich erst ab den 90-er Jahren Nassmischverfahren etabliert. Vorreiter in diesem Bereich war die Firma Bauer mit dem Mixed-in-Place-Verfahren (MiP) und Sidla & Schönberger mit dem Fräs-Misch-Injektions-Verfahren.

Abb. 1: Herstellung Bodenmischwand ISM

## 3. Normung und Zulassung

Das Bodenmischverfahren ist in der Norm DIN EN 14679:2005 Ausführung von besonderen geotechnischen Arbeiten (Spezialtiefbau) Tiefreichende Bodenstabilisierung geregelt. Damit entfällt auch das Erfordernis der früher üblichen Zulassung der ausführenden Firmen.
Dies ist so auch in der Mitteilung des Deutschen Instituts für Bautechnik DIBt, Bauaufsichtliche Anforderungen an Baugrubenumschließungen Stand: 03. November 2020 festgelegt:
„Gemäß MBO sind Baugrubenumschließungen als Hilfseinrichtungen zur statischen Sicherung von Bauzuständen zu betrachten und somit eine bauliche Anlage. Die Einhaltung (Erfüllung) der sich daraus ergebenen bauaufsichtlichen Anforderungen lässt sich insgesamt für Baugrubenumschließungen, hergestellt mit typischen geotechnischen Gründungs- und Sicherungselementen, anhand Technischer Baubestimmungen und allgemein anerkannter Regeln der Technik nachweisen. Daher sind bis auf wenige Ausnahmen für Baugrubenumschließungen Verwendbarkeitsnachweise für die verwendeten Bauprodukte und Bauartgenehmigungen für die Bauverfahren nicht erforderlich. Es ist lediglich sicherzustellen, dass die statische Bemessung fachkundig aufgestellt und hinreichend geprüft wurde und die Ausführung der bzw. die fertige Baugrubenumschließung für die Dauer der Maßnahme der Baustellenüberwachung unterliegt."
Das DIBt fasst weiterhin zusammen:
„Der vorübergehende Einsatz der Tragelemente (im Allgemeinen < 2 Jahre) zur Baugrubenumschließung ist ohne bauaufsichtlichen Ver- bzw. Anwendbarkeitsnachweis zulässig. Diese Tragelemente können in Anlehnung an DIN 4093 „Bemessung von verfestigten Bodenkörpern – Hergestellt mit Düsenstrahl-, Deep-Mixing- oder Injektions-Verfahren" bemessen werden. Der Einsatz der Verfahren zur Baugrundverbesserung ist bauaufsichtlich zulässig und bedarf keiner Bauartgenehmigung." (www.dibt.de Stand 18.11.2025)

## 4. Vorteile und Einsatzgrenzen

Im Bodenmischverfahren können kostengünstige und nachhaltige Dicht- und Verbauwände bzw. Bodenverbesserungen ausgeführt werden. Besonders große Kostenvorteile können beim Bauen in kontaminierten Bereichen realisiert werden. Da der anstehende Boden den Bauelementen als Zuschlagsstoff in-situ untergemischt wird, reduziert sich die Menge zu entsorgenden Bodens erheblich. Es reduzieren sich sowohl Transporte zur Entsorgung von Boden als Aushub als auch solche zur Andienung von Zuschlagsstoffen für die Herstellung der Trag- bzw. Dichtelemente.
Darüber hinaus ist die Ausführung in der Regel schneller als bei anderen Bauverfahren. Im Gegensatz zu ebenfalls kostengünstigen und nachhaltigen gerüttelten Gründungen oder Verbauten erfolgt die Herstellung im Bodenmischverfahren erschütterungsärmer und leiser.
Im Vergleich mit Gründungen oder Verbauvarianten aus Beton sind die Bauteile, die im Bodenmischverfahren hergestellt werden, systembedingt jedoch in der Regel weniger tragfähig und verformungsanfälliger. Dieser Nachteil kann auch durch eng eingestellte Tragelemente oder zusätzliche Aussteifungen/Rückhaltesysteme nur bedingt ausgeglichen werden. Insbesondere mit bewehrte Betonbauteilen lassen sich in der Regel deutlich steifere und tragfähigere Bauteile herstellen.
Auch beim Vorhandensein großer Bohr-Hindernisse gelangt das Bodenmischverfahren an seine Grenzen. Das Durchörtern von Hindernissen bzw. die Einbindung in felsigen Untergrund gelingt mit den Bohrwerkzeugen des Bodenmischverfahrens nur bedingt. Die Vorteile des Verfahrens werden durch die dann erforderlichen Vorabmaßnahmen meist konterkariert.

## 5. ISM – Implenia Soil Mixing

Durch innovative Neuerungen und konsequente Weiterentwicklungen und den Einsatz modernster Geräte- und Messtechnik ist es Implenia gelungen, das Bodenmischverfahren insbesondere für die Herstellung tragender Bauteile wesentlich zu verbessern. Die wesentlichen Innovationen werden nachfolgend vorgestellt.
Um die Vorteile des Bodenmischverfahrens perfekt zu nutzen, empfiehlt es sich, Verbauwände und Gründungen in sehr guter Qualität, d. h. möglichst homogen, geometrisch exakt und in hoher Festigkeit herzustellen. Die Einhaltung der vorgenannten Parameter hängt wesentlich davon ab, mit welcher Genauigkeit gearbeitet wird und wie gut der Boden mit dem eingebrachten Bindemittel versetzt und vermischt wird.
Durch innovative Neuerungen, konsequente Weiterentwicklungen und den Einsatz modernster Geräte- und Messtechnik ist es Implenia gelungen, das Bodenmischverfahren insbesondere für die Herstellung tragender Bauteile wesentlich zu verbessern. Diese Innovationen werden nachfolgend vorgestellt.

### 5.1 Trägergerät und Antrieb

Für die Produktion setzt Implenia besonders leitungsstarke Liebherr-Ramm-Drehbohrgeräte Typ LRB 355 ein. Jedes der drei nebeneinander angeordneten Bodenmischwerkzeuge wird mit einem Hydraulikmotor angetrieben. Fallweise wird mit zwei unterschiedlich leistungsstarken Bodenmischantrieben gearbeitet. Der Standardantrieb mit 65 kNm Drehmoment eignet sich für geringere Bohrtiefen von 12–15 m. Diese Konfiguration ist in Europa auch noch bei anderen Spezialtiefbaufirmen vorhanden. Für größere Tiefen und schwieriger zu bearbeitende Böden ist zudem – nur bei Implenia – ein Bodenmischantrieb mit der Drehmomentleistung von 100 kNm verfügbar. Dies ist der aktuell stärkste verfügbare Antrieb für das Mischen von Verbau- und Dichtwänden. Damit können auch schwierigen Bodenformationen Bohrtiefen von bis zu 20 m erreicht werden.
Das Trägergerät LRB 355 kann weiterhin neben dem ISM-Bodenmischverfahren auch als Bohrgerät zur Herstellung von Pfählen und als Rammgerät für Spundwände und Träger verwendet werden, so dass auf einem Baufeld verschiedene anstehende Bauaufgaben mit demselben Gerät ausgeführt werden können.

Abb. 2: Trägergerät LRB 355 mit Bodenmischwerkzeug ISM

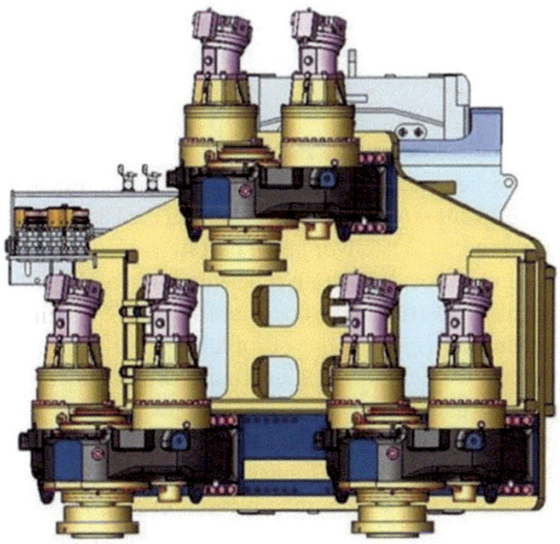
Abb. 3: Drehantrieb 3MA100, Anordnung Hydraulikmotore

## 5.2 Bohr-Misch-Werkzeuge

Die drei nebeneinander angeordneten Bohr-Mischstränge setzen sich (von unten nach oben) jeweils aus den Haupt-Komponenten Zentrierpilot, Schneidleiste, Suspensionszuführung, Mischpaddel und Homogenisierungsbereich zusammen. Der Zentrierpilot und die Schneidleisten brechen den gewachsenen Boden auf und erlauben das schnelle Eindringen in den Bodenkörper. In diesem Bereich erfolgt auch die Suspensionszuführung, um das Abbohren zu erleichtern und um im nachfolgenden Mischbereich die Suspension in den Boden einzuarbeiten. Durch den konzipierten Mischbereich ergibt sich auch die Möglichkeit, stärker bindige Bodenschichten zu bearbeiten. Darüber ist die erste Parallelführung der Mischstränge angeordnet. Diese Führung besitzt Abstreifelemente, um die einspringenden Zwickel zwischen den drei runden Bohrquerschnitten aus dem Boden auszubrechen und ebenfalls in das Bodenmischgut zu fördern. Bei Bedarf kann hier auch eine Probeentnahmevorrichtung montiert werden, um In-Situ Proben des frischen Bodenmischgutes aus der Tiefe zu entnehmen. Der darüber befindliche restliche Bereich des Mischwerkzeuges setzt sich aus abwechseln angeordneten Schneckenteilen und Führungen zusammen. Dieser Bereich dient zur weiteren Homogenisierung des bereits gemischten Materials.

Der nominelle Bohrdurchmesser der drei Mischwerkzeuge beträgt 58 cm. In Längsrichtung ergibt sich mit einem Achsabstand 60 cm so eine Arbeitslänge von ca. 180 cm für das gesamte Werkzeug.

Abb. 4: Bodenmischwerkzeug ISM

## 5.3 Verfahren

Beim ISM-Verfahren erfolgt bereits kurz nach dem Eindringen des Bohr-Mischwerkzeuges in den Bodenkörper die Zugabe der Bindemittelsuspension. Hierdurch wird nicht nur der Abbohrvorgang vereinfacht, sondern auch direkt während des Abteufens der eigentliche Mischvorgang gestartet. Dadurch kann die gesamte Dauer, in der sich der Mischstrang im Boden befindet, zum Mischen und Homogenisieren genutzt werden. Die Zugabe der Mischsuspension erfolgt – im Gegensatz zu bislang üblichen Methoden mit Zugabe nur über den mittleren Strang – beim ISM-Verfahren über alle drei Mischstränge gleichzeitig. Dies wird möglich, weil die Seelen der Bohrschnecken nicht mit Messtechnik bestückt sind (siehe hierzu auch 5.5. Messtechnik). Die Suspensionszugabe

kann für jeden Strang einzeln gesteuert werden, so dass auf unvorhergesehene Situation direkt reagiert werden kann. Die Zugabe von Suspension erfolgt üblicherweise nur während des Abbohrvorgangs. Bei Bedarf kann jedoch auch während des Ziehens Suspension zugegeben werden. Zur sorgfältigen Durchmischung auch der tiefsten Bereiche kann durch ein- oder mehrfaches Rückziehen und Wiedereinfahren der Bohr-Mischwerkzeuge der untere Mischbereich und mögliche Einbindung der Bodenmischwand in bindige Schichten bearbeitet werden. Die Ausführung von Verbauwänden in einem erweiterten Pilgerschritt kann damit in der Regel entfallen.
Die Herstellreihenfolge der einzelnen Wandelemente ist in sogenannte Primär- und Sekundärstiche unterteilt. Zunächst werden mehrere Primärstiche tangierende abgebohrt und gemischt. Anschließend werden versetzte Sekundärstiche in die abgebohrt. So werden eventuelle noch unbearbeitete Zwischenbereiche zwischen benachbarten Stichen zuverlässig bearbeitet und eine durchgängige Wand erzeugt. Aufgrund der gleichzeitigen Bindemittelzugabe in alle drei Bohrstränge entfällt ein sonst notwendiger dritter Mischvorgang zur homogenen Herstellung.

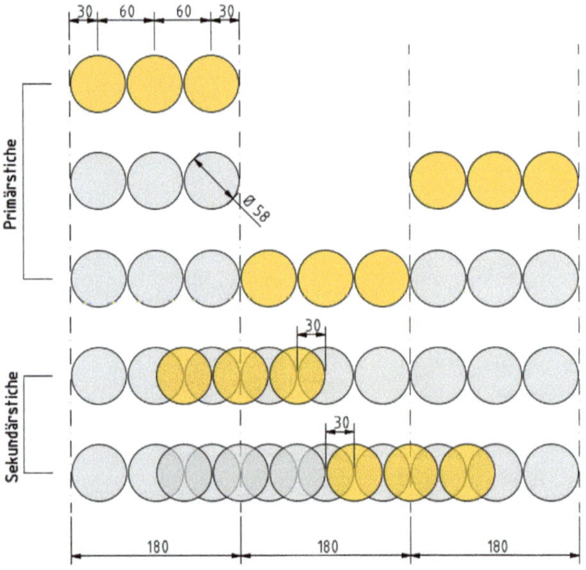


Abb. 5: Herstellablauf Standard ISM mit Primär- und Sekundärstichen

### 5.4 Dokumentation

Die Herstellparameter werden vom Bohrgerät während dem Bohr- und Mischvorgang kontinuierlich erfasst und gespeichert. Die Daten werden online in das Liebherr-Auswerteprogramm „My Jobsite“ übertragen und können dort begutachtet werden, ohne dabei direkt vor Ort anwesend sein zu müssen. Dies erleichtert die fachtechnische Begleitung der Bauausführung deutlich.
Die erfassten Daten werden als umfassendes Herstellprotokoll normgerecht dargestellt.

### 5.5 Messtechnik

Eine wesentliche Verbesserung der bislang verfügbaren Messtechnik wurde durch Einsatz des firmeneigenen Kombinierten Inklinometer-Kreisel-Systems (KIKS) erzielt. Dieses System besteht aus elektronischen Neigungssensoren zur Messung der Vertikalität in Wandlängs- und Querrichtung sowie einem Gyrokreisel zur Erfassung einer möglichen Verdrehung der drei Bohr-Mischwerkzeuge über die Bohrtiefe.
Die beim Abbohren und Ziehen erfassten Daten werden am Ende des Mischvorganges dem Gerätefahrer direkt angezeigt und gespeichert. Der Gerätefahrer kann somit direkt die ordnungsgemäße Herstellung kontrollieren und bei eventuellen Abweichungen über der vorgegebenen Toleranz sofort zusätzliche Mischpunkte zur Korrektur und Sicherstellung einer durchgängig homogenen Wand ausführen.

Abb. 6: Messsystem KIKS

## 6. Qualitätssicherung

Die Qualitätssicherung ist ein integraler Bestandteil des Qualitätsmanagements. Sie umfasst organisatorische und technische Maßnahmen, die dazu dienen, die festgelegte Qualität des Produkts sicherzustellen, zu überprüfen und zu optimieren.

### 6.1 Eingangskontrolle Baustoffe

Die angelieferten Baustoffe werden vor dem Anmischen einer Eingangskontrolle unterzogen und die Übereinstimmung mit den Bestellvorgaben bestätigt. Von jeder Lieferung wird eine Rückstellprobe entnommen und bis zur Abnahme frostfrei und trocken aufbewahrt.
Angelieferte Tragelemente (Profilgröße, Länge, Anzahl, Güte etc.) werden ebenfalls auf Übereinstimmung mit der Bestellvorgabe überprüft.

### 6.2 Anmischen der Suspension

Die einzelnen Mischchargen werden in einem Mischer WIMI 2300 oder MCM 2500 registriert und können ausgelesen werden. (Zeit Start-Ende, Einwaagen kg, Mischzeit, Entleerzeit).

### 6.3 Suspensionsparameter

Es werden täglich frische Suspensionsproben gezogen und nachfolgende Parameter untersucht und im Formblatt „Frischsuspensionsprüfung“ dokumentiert.

- spez. Gewicht
- Marsh-Auslaufzeit

### 6.4 Bohrparameter

Die Aufzeichnung der relevanten Bohrparameter erfolgt durch das Bohrgerät und wird später ausgelesen und in einem Protokoll dargestellt. Folgende Herstellparameter werden dokumentiert:

- Datum, Uhrzeit Beginn, Ende
- Element Nummer
- Bindemittelart, Zusammensetzung
- Suspensionsdruck
- Tiefe
- Bohr- und Ziehrate
- Umdrehungen Abbohren/Ziehen
- Suspensionsmenge

### 6.5 Vertikalität und Verdrehung

Sofern technisch erforderlich, kann bei dem 3-fach Mischwerkzeug die Neigung und Verdrehung gemessen werden und nach Beendigung des Stiches im Gerät angezeigt und ausgelesen werden.

### 6.6 Prüfung Bodenmischgut

Die Prüfung des Bodenmischgutes erfolgt durch Schöpfproben aus dem frisch hergestellten Bodenmischkörper oder mittels Kernbohrungen aus dem erhärteten Bodenmischkörper.

Sofern nicht anders festgelegt werden nach DIN 4093 (Anhang A) je 500 $m^3$ Verfestigungskörper = 1 Serie = 4 Probekörper die erforderlichen Druckfestigkeiten nachgewiesen. In Tonen, Sand-Ton Gemischen, Kies-Ton-Gemischen oder schwach organischen Böden ist die Anzahl Probekörper zu verdoppeln.

Die Proben aus dem frischen Bodenmischgut dienen als interne baubegleitende Kontrolle. Nach Aushärtung der Bodenmischproben und Ermittlung der Druckfestigkeiten dienen diese auch für den statischen Nachweis von Voraushubzuständen (z. B. Voraushub auf Ankerlagen).

**Probenentnahmegerät**

Mit einem Probenentnahmegerät kann aus einer frisch gemischten ISM-Wand aus definierter Tiefe eine frische Probe entnommen werden. Hierzu wird z. B. ein Probenentnahmegerät an der unteren Lagerbrille des 3-fach Mischwerkzeugs befestigt. Das Bohrwerkzeug fährt langsam drehend nochmals in die ISM-Wand auf die gewünschte Tiefe ein. Beim Einfahren öffnen sich die untere und obere Klappe des Probenentnahmegerätes, das Bodenmischgut strömt vertikal durch den Behälter. Beim Rückzug schließen sich beide Klappen den Behälter. Die maximale Entnahmetiefe ist konstruktiv bedingt circa 3 m über der Endtiefe der ISM-Wand. An der Oberfläche wird der Behälter geöffnet und die Bodenmischprobe beprobt oder abgefüllt.

**Kernbohrung**

Aufgrund der geringen Festigkeiten sind vertikal durchgehende Kernbohrungen in Bodenmischelementen sehr schwierig und erfordern spezielles Kernbohrwerkzeug und gut ausgebildetes Personal. Vertikale Kernbohrungen sollten möglichst vermieden werden. Kurze, horizontale Kernbohrungen an freigelegten Elementen sind ausführbar und können zur nachträglichen Ermittlung der Druckfestigkeit genutzt werden. Die horizontale Kernbohrung kann dabei auch nur bis zu einer begrenzten Tiefe in dem Bodenmischelement erfolgen. Die Bohrkernentnahme ist möglichst nur oberhalb des Grundwasserniveaus vorzusehen.

Bei Kernbohrungen allgemein ist die mögliche Reduktion der Kernqualität durch den Bohrvorgang zu berücksichtigen. Es ist – abhängig vom maximalen Korndurchmesser – in der Regel ein Mindestkerndurchmesser von 80 bis 100 mm zu empfehlen. Der Probendurchmesser sollte mindestens der 6-fache Korndurchmesser sein. In sehr grobkörnigen Böden ist dies nicht immer umsetzbar, hieraus bedingte Abweichungen sind zu dokumentieren.

**Linerprobe**

Zwei ineinander liegende Stahl- oder Kunststoffrohre mit mindestens 100 mm Durchmesser sind am Fuß gegeneinander abgedichtet. Der Liner wird senkrecht in das frische Bodenmischgut eingedrückt oder z. B. mit Hilfe einer Rüttelkappe einvibriert. Nach dem Aushärten wird das Innenrohr gezogen, der Kern entnommen und beprobt.

# 20 Jahre Cutter Soil Mixing (CSM) – gestern, heute, morgen

**Dipl.-Ing. Franz-Werner Gerressen**
BAUER Maschinen GmbH, Schrobenhausen

**Dipl.-Ing. (FH) Thomas Vohs**
BAUER Maschinen GmbH, Schrobenhausen

**Zusammenfassung**

Die Entwicklung des Cutter Soil Mixing (CSM) Verfahrens begann in einem Joint Venture von BAUER Maschinen GmbH und Soletanche Bachy im Jahr 2003. Erstmals wurde das System 2004 auf der BAUMA in München vorgestellt. Seit der Präsentation im Jahr 2004 hat sich die Gerätetechnik erheblich weiterentwickelt. Entweder getrieben durch Projektanforderungen oder durch die Intention des Herstellers. Die 2004 vorgestellte CSM-Anlage ermöglichte damals eine Mischbreite von 500 mm und eine Tiefe von 13 m. Inzwischen sind Mischbreiten bis zu 1524 mm und Mischtiefen bis zu 80 m realisiert worden. Die CSM-Technik bietet erweiterte Einsatzmöglichkeiten für die Bodenmischtechnik. Entweder in der Tiefe oder in Bodenverhältnissen, die in ihrer Anwendung zuvor begrenzt waren. Daher kann die CSM-Methode als ein wertvoller Beitrag zum Bodenmischen angesehen werden. In den letzten 20 Jahren wurden das CSM-Verfahren in etwa 20 Ländern weltweit in den Markt gebracht. Dieser Beitrag gibt einen Einblick in projekt- und ausrüstungsbezogene Meilensteine in Bezug auf CSM. Darüber hinaus wird ein Überblick über die Anfänge des CSM-Verfahrens, den aktuellen technischen Stand und ein Ausblick auf zukünftige Entwicklungen gegeben.

## 1. Einführung

Es gab in den letzten 20 Jahren nur wenige größere Innovationen im Bereich der Bodenmischverfahren. Eine dieser Innovationen ist das Verfahren CSM – Cutter Soil Mixing. Das Verfahren und die notwendige Gerätetechnik wurden erstmals während der BAUMA 2004 in München, Deutschland, präsentiert. Seitdem hat sich die Gerätetechnik deutlich weiterentwickelt. Am CSM-Verfahren hat sich in den vergangenen 20 Jahren dagegen wenig geändert. Noch immer basiert CSM auf der Idee, bekannte Bodenmischtechnik mit den Vorzügen der Schlitzwandfräsentechnik zu kombinieren.

## 2. Wie alles begann

Zu Beginn der Entwicklung stand die Idee, die Vorteile der Schlitzwandfräsentechnik auch für die Bodenmischverfahren nutzbar zu machen. Zu diesen zählen insbesondere die hohe Genauigkeit hinsichtlich Vertikalität sowie die Herstellung rechteckiger Elemente im Boden. Darüber hinaus erlaubt die Frästechnik auch das Bearbeiten und damit dann auch das Mischen härterer Bodenformationen.
Anfangs bestand bei der Entwicklung des CSM ein Joint Venture zwischen der BAUER Maschinen GmbH und Soletanche Bachy.
Die ersten CSM-Tests wurden von Dezember 2003 bis Januar 2004 auf dem Firmengelände der BAUER Maschinen GmbH, ausgeführt, siehe Abbildung 1. Die Test CSM Einheit bestand aus einer BCM 3 (BCM steht für „BAUER Cutter Mixer“ und ist die Bezeichnung für den Mischkopf) und einer BAUER BG 22H. Hierbei wurde unter anderem ein „runder“ Schacht aus 7 Primär- und 7 Sekundärlamellen hergestellt. Die Lamellentiefe betrug 20 m, die Mischbreite 500 mm. Insgesamt wurden ca. 1000 m² Wandfläche während der Tests ausgeführt. Abbildung 1 zeigt den während des Tests hergestellten Schacht.

Abb. 1: CSM-Einheit, Testphase im Januar 2004

## 3. BAUMA 2004 und erste Baustellen

Auf der BAUMA in München, Deutschland, wurde im April 2004 das CSM-Verfahren erstmals öffentlich präsentiert. Während dieser Veranstaltung wurde das CSM-Verfahren mit dem BAUMA Innovationspreis ausgezeichnet. Ausgestellt wurde eine CSM-Einheit bestehend aus einer BG 15H und BCM 3. Mit dieser Einheit konnte eine maximale Mischtiefe von 13 m erreichet werden. Die Idee dieses Verfahrens überzeugte so, dass die ausgestellte CSM-Maschine bereits im Mai 2004 erstmals auf einer Baustelle in Valkenburg, Niederlande, durch einen Kunden eingesetzt wurde.

Abb. 2: Erste CSM-Baustelle, Niederlande 2004

Für den Bau eines Mehrfamilienhauses muss eine 700 m² große Verbauwand die Baugrube für ein zweistöckiges Untergeschoss an drei Seiten stützen. Die zu mischenden Böden bestanden aus schluffigem Feinsand mit tonigen Linsen. Grundwasser war nicht vorhanden. Die maximale Mischtiefe betrug 10 Meter. Der Zementgehalt wurde mit 250 kg/m³ behandelten Bodens definiert. Unter der Annahme, dass vertikale Stahlträger (270 x 280 mm und ein axialer Abstand von 1 m) die horizontalen Lasten übertragen, wurde keine spezifische Zielfestigkeit definiert.

Abb. 3: Freigelegte CSM-Wand, Niederlande 2004

Dieser Kunde ist dem CSM-Verfahren bis heute treu geblieben und betreibt derzeit 4 CSM-Einheiten.
Ebenfalls im Mai 2004 wurde das erste Mal eine CSM-Einheit in Japan eingesetzt. Hierfür wurde ebenfalls eine BCM 3 verwendet, allerdings angebaut an ein lokales Trägergerät des japanischen Kunden. Bei diesem Einsatz wurde eine maximale Einfahrtiefe von 20 m erreicht. Auf Basis der auf den ersten Baustellen gesammelten Erfahrungen wurden im November 2004 die erste BCM 5 und im März 2005 die erste BCM 10 vorgestellt und bei Kunden in Betrieb genommen. Die BCM 5 und BCM 10 wiesen im Gegensatz zur BCM 3 deutlich gesteigerte maximale Drehmomente als auch größere Lamellenlängen auf. Die technischen Daten der verschiedenen BCMs sind in Tabelle 1 angegeben.

**Tab. 1: Technische Daten BCMs – 2005.**

| | BCM 3 | BCM 5 | BCM 10 |
|---|---|---|---|
| Erscheinungsjahr | 2004 | 2004 | 2005 |
| Max. Drehmoment [kNm] | 30 | 50 | 100 |
| Max. Drehzahl [rpm] | 40 | 35 | 30 |
| Lamellenlänge [mm] | 2.200 | 2.400 | 2.800 |
| Lamellenbreite [mm] | 500 | 550–1.000 | 640–1.200 |

## 4. Verfahren

Die bei den BCM-Mischköpfen verwendeten Getriebe zum Antreiben der Mischräder können unabhängig voneinander gesteuert werden. Dabei können sowohl die Drehrichtung als auch die Drehgeschwindigkeit durch den Gerätefahrer je Getriebe eingestellt werden. Somit wird es dem Gerätefahrer ermöglicht auf sich ändernde Bodenverhältnisse oder andere örtliche Gegebenheiten zu reagieren, sei es durch Drehrichtungswechsel der Mischräder oder durch variierende Drehgeschwindigkeiten. Bei der Entwicklung des CSM-Verfahrens ist man davon ausgegangen, dass die Hauptdrehrichtung von „innen nach außen" sein wird, siehe Abbildung 2. Schnell zeigte sich jedoch, dass auf vielen Baustellen die Drehrichtung „von außen nach innen" die Hauptdrehrichtung ist, da hierbei häufig eine bessere Mischwirkung und oder höhere Einfahrgeschwindigkeit erreicht wurde. Auch wenn es eine Hauptdrehrichtung gibt, ist es auf den meisten Baustellen so, dass während des Einfahrens auf Endtiefe mehrfach die Drehrichtung geändert wird.

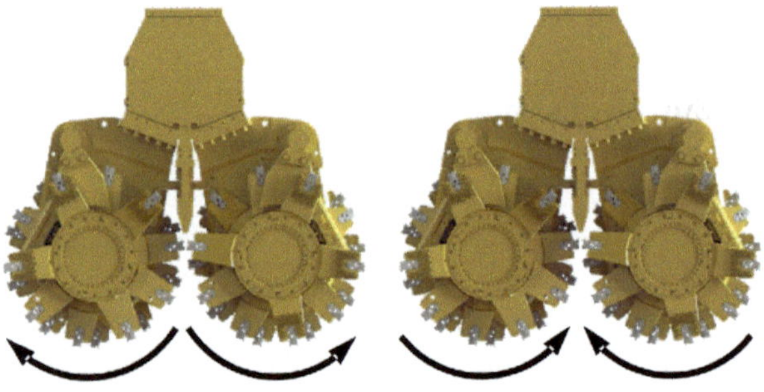


Abb. 4: Drehrichtungen beim CSM

Eine durchgehende Wand (Abb. 5) kann durch eine Serie von sich überlappenden Primär und Sekundärelementen geformt werden. Überschneiden von frischen, noch nicht erhärteten Primärelementen wird „frisch in frisch", überschneiden von bereits erhärteten Primärelementen wird „hart in hart" genannt.

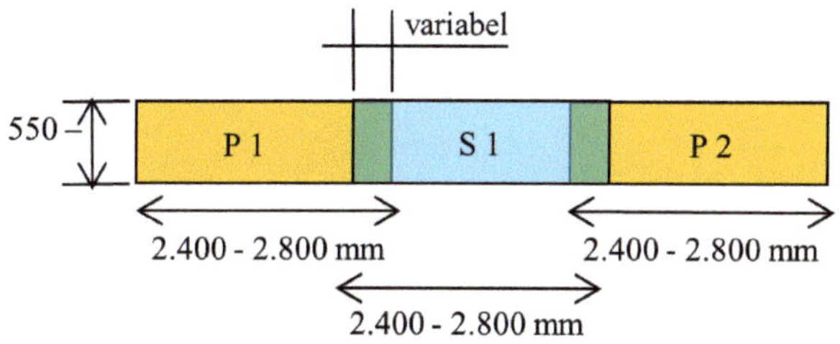


Abb. 5: Generales Layout für eine durchgehende Wand

CSM kann auf 2 verschiedene Weisen ausgeführt werden. Zum einen im 1-Phasen Verfahren und zum anderen im 2-Phasen Verfahren. Beim 1-Phasen Verfahren wird während des gesamten Mischprozesses einer Lamelle, vom Beginn des Einfahrens bis zum Ende des Ziehens, dieselbe selbsterhärtende Bindemittelsuspension mit dem Boden vermischt. Im Gegensatz dazu wird beim 2-Phasen Verfahren zwischen mehreren Suspensionen während des Mischprozesses einer Lamelle gewechselt. Im Regelfall wird beim 2-Phasen Verfahren zur Verflüssigung des Bodens beim Einfahren bis zur Zieltiefe eine nicht erhärtende Suspension zugegeben. Beim anschließenden Herausziehen wird eine selbsterhärtende Bindemittelsuspension zugegeben. Die nichterhärtende Suspension kann je nach lokaler Bodenbeschaffenheit Bentonitsuspension oder Wasser sein.

Die Ausführung des 1-Phasen Verfahren ist zumeist einfacher, da nicht zwischen verschiedenen Suspensionen gewechselt wird. Wenn bei der Planung eines Projektes die zu erwartende Herstellungszeit eines Mischelements in die Nähe der Erstarrungszeit des Bindemittel-Boden-Gemisches kommt, sollten geeignete Maßnahmen, wie z. B. der Wechsel zum 2-Phasen Verfahren vorgesehen werden. Beim 2-Phasen Verfahren besteht das fertige Bodenmischelement aus einem Gemisch aus dem lokalen Boden, der nicht erhärtenden Suspension sowie der erhärtenden Bindemittelsuspension

## 5. Evolutionen

### 5.1 Seilgeführte BCM's

Neben der BCM wurde auch das Handling der BCM weiterentwickelt. Zu Beginn bestand nur die Möglichkeit die BCM über ein rundes Stahlrohr mit dem Vorschubschlitten des Trägergerätes zu verbinden. Da das Stahlrohr nicht teleskopierbar ist, ist die erreichbare Einfahrtiefe direkt von der maximalen Schlittenhubhöhe des Trägergerätes abhängig.

Für ein Projekt in Italien war es im Jahr 2006 jedoch notwendig eine Mischtiefe von 30 m zu erreichen. Für die Umsetzung des „Mose" Projekts zum Schutz Venedigs vor Hochwassern musste eine Dichtwand hergestellt werden. Um die notwendige Mischtiefe mit dem CSM-Verfahren erreichen zu können wurde eine „freihängende" BCM 10 entwickelt. Hierzu wurde die BCM in einen Stahlrahmen eingebaut. Dieser wurde analog zu Schlitzwandfräsen an Stahlseilen geführt. Abbildung 6 zeigt die die CSM-Einheit während der Projektausführung. Als Trägergerät wurde eine BAUER BG 28 verwendet.

Abb. 6: Freihängende BCM 10 Einheit, Italien 2006

Das CSM-Verfahren wurde hier verwendet um eine Dichtwand um den Hafen „Bocca di Lido" herzustellen und diesen hierdurch zeitweise in eine Art „Trockendock" umzufunktionieren. In diesem wurden Stahlbetonfertigteile hergestellt, die zur Herstellung des Sturmflutsperrwerkes zum Schutz der Lagune von Venedig benötigt wurden. Die geologischen Verhältnisse sind wie folgt zu beschreiben: der natürliche Grund beginnt bei -8 m. zunächst steht dort eine 4 m mächtige Schicht aus schluffigen Sanden an. Danach folgt einen 6 m mächtige Schicht die wechselweise aus schluffigen Tonen und tonigen Schluffen besteht. Anschließend folgt wiederum eine 5 m mächtige Schicht aus schluffigen Feinsanden bevor die als ausreichend dicht angenommene tonige Schluff Schicht größerer Mächtigkeit bei einer Tiefe von – 23 m beginnt. Dem natürlichen Boden übergelagert steht bis 3 m über NN eine 11 m mächtige Schicht aus sandiger Auffüllung im Bereich der späteren Dichtwandachse an. Die Einbindung in den dichten Horizont wurde mit einem Meter festgelegt.

Um die Baugrube entsprechend wasserdicht zu gestalten war es folglich notwendig eine Dichtwand bis in eine Tiefe von 28 m in den als dicht angenommenen Schluff Horizont abzuteufen.

Die Spezifikation für die Dichtwand wurde mit einer zulässigen Durchlässigkeit von kleiner $1x10^{-8}$ m/s und einer einaxialen Druckfestigkeit von mind. 500 kPa definiert.

Abbildung 7 zeigt die CSM-Einheit während der Ausführung 2006 und Abbildung 8 den Bereich des „Trockendocks" nach Abpumpen des Wassers.

Abb. 7: Luftaufnahme der Baustelle während der Herstellung

Abb. 8: Luftaufnahme der Baustelle während der Herstellung

Die maximal gemessenen Abweichungen während der Produktion wurden mit 0,3 % (entspricht 84 mm) in x-Richtung sowie 0,2 % (entspricht 56 mm) in y-Richtung dokumentiert. Das Überschneidungsmaß der Sekundärlamellen lag mit den veranschlagten 300 mm somit klar auf der sicheren Seite.
Aus Japan kam die Anforderung CSM-Einheiten zu konstruieren, die sehr kompakt sind und gleichzeitig Mischtiefen bis zu 60 m ermöglichen. Als Ergebnis wurde 2006 der sogenannte QuattroCutter präsentiert, siehe Abbildung 9.

Abb. 9: „QuattroCutter“, Japan, 2006

Eine Besonderheit des QuattroCutter war, dass der an Stahlseilen geführte CSM Mischkopf aus zwei zusammengesetzten BCM 5 Einheiten bestand. Somit besaß er vier BCM-Getriebe, was namensgebend für das Gerät war. Die oberen Mischräder sollten mehrere Aufgaben erfüllen:

- Falls sich Boden oberhalb des Mischkopfes absetzt, sollte dieser beim Herausziehen des Mischkopfes durch die oberen Mischräder beseitigt werden.
- Durch die zusätzlichen, sich drehenden Mischräder sollte die Mischqualität erhöht werden.

Das Gerät wurde gut auf dem japanischen Markt angenommen, auch, da es durch seine geringe Gerätehöhe unter Brücken und anderen Hindernissen eingesetzt werden konnte, was gerade bei urbanen Baustellen von Vorteil war.
Eine Weiterentwicklung des QuattroCutter stellte der SideCutter da. Auch der SideCutter wurde auf Anregung japanischer Kunden entwickelt. Im Gegensatz zum Trägergerät des QuattroCutter war der SideCutter mit einer zusätzlichen Verdreheinrichtung für den Ausleger ausgestattet. Somit konnte neben dem Oberwagen des Trägergerätes gearbeitet werden, was wiederum sehr schmale Baustellen ermöglicht. Hierdurch müssen z. B. bei urbanen Straßenbaustellen weniger Fahrspuren gesperrt werden.
Im August 2008 wurde die erste Baustelle mit einem SideCutter in Japan begonnen, siehe Abbildung 10. Bei dieser wurde bei einer Mischbreite von 80 cm eine Mischtiefe von 40 m erreicht.

Abb. 10: SideCutter (Trägergerät), Japan, 2008

Nach dem die gewünschten Mischbreiten sich immer weiter von 800 mm über 1.000 mm bis 1.200 mm entwickelten, war das Drehmoment der BCM 5 Getriebe relativ gering. Daher wurde 2012 eine seilgeführte BCM 10 Variante für die QuattroCutter und SideCutter Trägergeräte entwickelt, siehe Abbildung11, welche Tandem Cutter genannt wurde.

Abb. 11: TandemCutter, Deutschland, 2012

Im Jahr 2016 wurde ein neuer Tiefenrekord für CSM aufgestellt. Auf Wunsch eines chinesischen Kunden wurde eine CSM-Einheit entwickelt, die im September 2016 eine Mischtiefe von 80 m bei einer Mischbreite von 1200 mm erreichte.
Die Baustelle befand sich in Shanghai, China. Als Trägergerät kam ein modifizierter BAUER MC 64, zusammen mit dem Tandem Cutter (seilgeführte BCM 10) zum Einsatz, siehe Abbildung 12. Die CSM-Einheit hatte in der verwendeten Ausführung eine minimale Höhe von lediglich 6,6 m. Der Boden bestand bis 44 m Tiefe aus weichem bis steifen schluffigem Ton, welcher zwischen 44 bis 48 m Tiefe in einen steifen bis sehr steifen schluffigem Ton überging. Unterhalb von 48 m herrschte dichter bis sehr dichter, teilweise extrem dichter schluffiger Sand vor. Verwendet wurde das 2-Phasen Verfahren. In den Tonschichten bis 48 m Tiefe wurde beim Einfahren Wasser eingemischt. In den darauffolgenden Sandschichten wurde Bentonit verwendet. Beim Ziehen wurde über die komplette Tiefe Zementsuspension eingemischt. Die Design-Überschnittlänge zwischen den CSM-Lamellen betrug 30 cm.

Abb. 12: TandemCutter auf MC 64, Shanghai, 2016

### 5.2 Kellygeführte BCMs

Auch bei den kellygeführten CSM-Einheiten gab es Weiterentwicklungen. Die erste, auf der BAUMA 2004 vorgestellte, CSM-Einheit war mit einer Rundrohr-Mono-Kelly ausgestattet. Diese, beim CSM verwendeten, Kellystangen sind nicht teleskopierbar und somit ist die erreichbare Mischtiefe direkt von der Schlittenhubhöhe des Trägergerätes abhängig. Als weitere Limitierung kommen die maximal mögliche Transportlänge sowie die begrenzte Steifigkeit des 368 mm Kellystangenrohrs als einschränkende Faktoren hinzu. Daher wurde ein weiteres CSM Kellystangensystem mit „Rechteckkelly" entwickelt. Dieses besteht aus rechteckigen Rohrsegmenten, die auf der Baustelle miteinander verbunden werden. Die einzelnen Kellysegmente haben einen Querschnitt von 340 x 600 mm und eine maximale Länge von 11 m. Durch den größeren Querschnitt wird eine höhere Steifigkeit erreicht. Ein spezielles Nachfasssystem ermöglicht es, dass die Rechteckkellystange nach oben über den Mast des Trägergerätes herausragen kann. Somit kann bei kellygeführten eine maximale Einfahrtiefe erreicht werden, die über der Schlittenhubhöhe liegt.

Das erste Mal wurde die Rechteckkelly bei einer RG 23S im Jahr 2006 für eine Baustelle in den USA verwendet. Mit dieser Maschine konnte trotz einer begrenzten Schlittenhubhöhe von ca. 23 m eine Einfahrtiefe von 30 m erreicht werden. Kurze Zeit später wurden auch die Trägergeräte BG 28 und BG 40 mit Rechteckkellys an Kunden ausgeliefert. Mit der BG 28 waren Einfahrtiefen bis 35 m und mit der BG 40 Einfahrtiefen bis 43 m möglich.

Eine weitere Steigerung der möglichen Einfahrtiefe mit kellygeführten CSM-Einheiten wurde 2015 erreicht. Für den Rückbau des unterirdischen Atomreaktors „Humboldt Bay Power Plant" sollte ein runder Schacht erstellt werden. Hierzu war die Herstellung einer bis zu 53 m tiefen Dicht- und Verbauwand notwendig, siehe Abbildung 13.

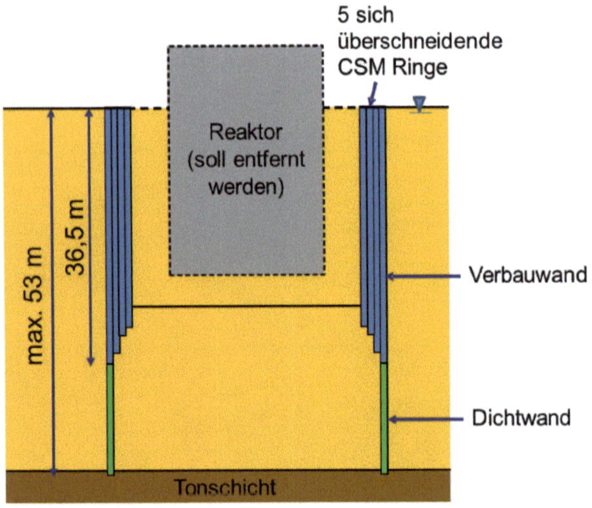


Abb. 13: CSM design

Der Boden bestand zum größten Teil aus dicht bis sehr dicht gelagert, verschiedenen Schichten von schluffigem Sand, kiesigem Sand sowie dünner Ton Schichtenmit Sandeinlagerungen. Bei ca. 50 m Tiefe folgte eine Tonschicht.

Zur Herstellung der Dicht- und Verbauwand wurde das CSM-Verfahren ausgewählt. Um die geforderte Tiefe zu erreichen, wurde erstmals eine BAUER BG 50 als Trägergerät für CSM verwendet, siehe Abbildung 14. Um auch bei so hohen Mischtiefen die Abweichungen möglichst gering zu halten und gleichzeitig die Performance zu erhöhen, wurde diese Maschine mit Steuerklappen zwischen der BCM und der Rechteckkelly ausgestattet. Mit dieser kann der Gerätefahrer genauso wie bei den seilgeführten BCMs den Verlauf der y-Achse der Lamelle direkt aktiv beeinflussen.

Abb. 14: BG 50 mit BCM 10 für 53 m Mischtiefe

Bei diesem Projekt wurden mit zwei CSM-Einheiten ein Schacht bestehend aus fünf sich überlappender Ringe hergestellt. Die Wandstärke betrug jeweils 1000 mm, was unter Berücksichtigung des Überschnittes in eine maximale Wandstärke des Schachtes von ca. 4,57 m resultierte. Die Aushubtiefe im Inneren des Schachtes betrug ca. 24 m. Auf Grund der Ausführung des Schachtes als Kreis konnte auf den Einbau einer Stahlbewehrung komplett verzichtet werden. Die Mischtiefe der einzelnen Ringe stieg von innen nach außen an. Bis in eine Tiefe von 36,5 m musste eine Verbauwandfunktion erfüllt werden. Zwischen 36,5 m und der maximalen Tiefe von 53 m hatte die Wand eine reine Dichtwandfunktion. Gearbeitet wurde im 2-Phasen Verfahren. Beim Einfahren bis zur maximalen Tiefe wurde Bentonitsuspension über die BCM zugegeben. Erst beim Herausziehen wurde eine Zementsuspension eingemischt. Im Tiefenbereich der reinen Dichtwandfunktion wurde eine geringe Menge Zementsuspension eingebracht, da hier nur eine geringe Festigkeit erforderlich war. Im Tiefenbereich mit Verbauwandfunktion wurde eine höhere Menge Zementsuspension eingebracht, um neben

der notwendigen Dichtigkeit die erforderliche Festigkeit zu erreichen. Die Zielfestigkeit nach 56 Tagen im Bereich der Verbauwand betrug ca. 6,89 N/mm². Insgesamt wurden 255 CSM-Lamellen hergestellt. Um die Qualität des hergestellten CSM Rings zu verifizieren, wurden Tests zur Wasserdichtigkeit der Konstruktion ausgeführt. Hierbei wurde ein Wasserzufluss von lediglich 64 bis 75 l/min festgestellt. Insgesamt wurden zur Qualitätsüberwachung der CSM-Wand 2.300 Proben genommen.
Aufgrund der im Boden möglicherweise vorhandenen Kontaminationen spielte es eine große Rolle die Menge des zu entsorgenden Aushubmateriales so gering wie möglich zu halten. Die Verwendung des 2-Phasen Verfahrens hat den Vorteil, dass der nicht mit Zementsuspension versetzte Rückfluss nach einer Regeneration wiederverwendet werden konnte. Die Regeneration bestand darin, die Bentonitsuspension vom Bodenmaterial zu trennen. Wenn eine Wiederverwendung nicht mehr möglich war, wurde der Rückfluss durch die Verwendung von Entsandungsanlagen, Desiltern und Decantern in Klarwasser und Feststoff getrennt.

### 5.3 Neuer Mischkopf BCM 5L und BCM 5S

Im Herbst 2022 wurden auf der BAUMA in München erstmals die BCM 5L und BCM 5S präsentiert. Tabelle 2 zeigt die technischen Daten aller 3 aktuellen BCMs – Stand 2025.

**Tab. 2: Technische Daten BCMs – 2025.**

| | BCM 5S 3 | BCM 5L | BCM 10 |
|---|---|---|---|
| Erscheinungsjahr | 2022 | 2022 | 2005 |
| Max. Drehmoment [kNm] | 50 | 50 | 100 |
| Max. Drehzahl [rpm] | 40 | 35 | 30 |
| Lamellenlänge [mm] | 2.400 | 2.800 | 2.800 |
| Lamellenbreite [mm] | 550–1.000 | 550–1.000 | 640–1.200 |

Im Mai 2023 wurde die BCM 5L erstmals auf einer Baustelle eingesetzt. Der erste Teil dieser Baustelle wurde mit einer RG 21T als Trägergerät und einer BCM 5 ausgeführt. Direkt im Anschluss wurde der zweite Teil mit demselben Trägergerät und der BCM 5L ausgeführt, siehe Abbildung 15.

Abb. 15: BCM 5L während des ersten Baustelleneinsatzes

Die Mischbreite betrug sowohl für die BCM 5 als auch für die BCM 5L 550 mm. Die Mischtiefe betrug 17,3 m. Verwendet wurde das 1-Phasen Verfahren.
Der Boden bestand aus sandigem Schluff und schluffigem Sand sowie einer steifen Tonschicht, in die ca. 2 m eingebunden werden musste. Hergestellt wurden Gründungselemente bestehend aus Einzellamellen.
Abbildung 16 zeigt einen Vergleich der mit der BCM 5L und BCM 5 erzielten Produktivität. Hierbei wurde die durchschnittliche Produktivität der mit der BCM 5 hergestellten Referenzlamellen als 100 % angesetzt. Trotz einer im Diagramm deutlich erkennbaren „Lernkurve“ konnten im Durchschnitt über alle mit der BCM 5L hergestellten Lamellen eine Produktivitätssteigerung von ca. 52 % gegenüber der BCM 5 erreicht werden. Die Produktivität bezieht sich hierbei auf das Bruttovolumen gemischter Boden je aktiver Stunde (Nettomischzeit) der BCM.

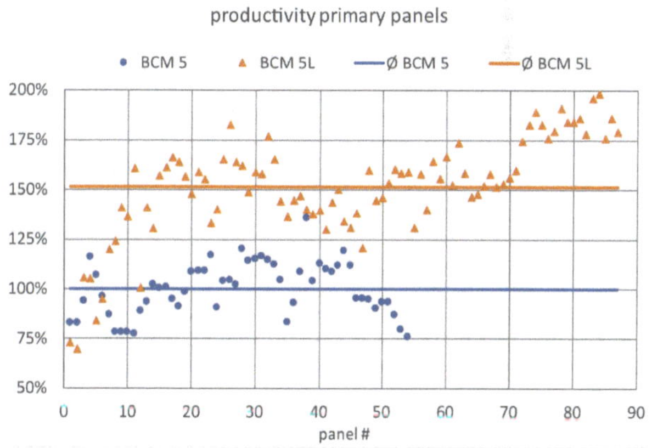


Abb. 16: Vergleich der Produktivität BCM 5L mit BCM 5 auf der ersten Baustelle mit BCM 5L

Im September und Oktober 2023 wurde eine weitere Baustelle in den Niederlanden ausgeführt, auf der ein direkter Vergleich zwischen BCM 5 und BCM 5L stattfand. Wieder wurde der erste Abschnitt der Baustelle mit einer RG 21T und BCM 5 ausgeführt und der zweite Abschnitt direkt anschließend mit derselben RG 21T und BCM 5L ausgeführt. Hergestellt wurde eine zwischen 13,2 und 15,5 m tiefe Verbauwand in überwiegend weichem, sandigem Schluff. Die Mischbreite betrug 550 mm. In Abbildung 17 wird die auf dieser Baustelle erreichte Produktivität der BCM 5L mit der BCM 5 verglichen. Die Durchschnittliche Produktivität der BCM 5 wurde als Referenz und somit auf 100 % gesetzt. Im Vergleich zur BCM 5 erreichte die BCM 5L eine um 56 % höhere Produktivität.
Durch die Steigerung der Produktivität bei der Verwendung der BCM 5L konnte auf beiden zuvor vorgestellten Baustellen deutliche Kostensenkungen erreicht werden. Gleichzeitig konnte der Dieselverbrauch je m³ gemischten Boden um 40 bis 50 % reduziert werden.

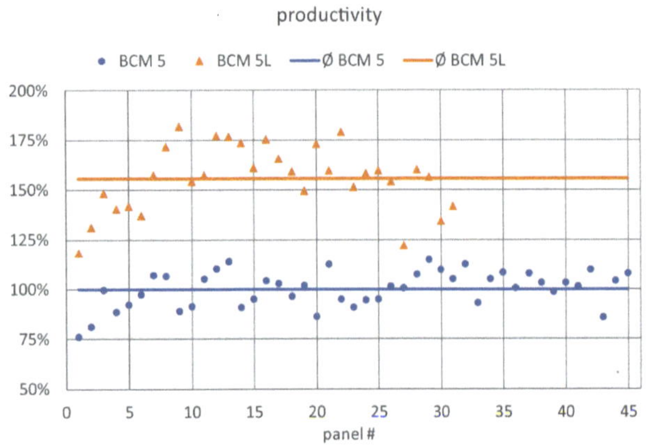


Abb. 17: Vergleich der Produktivität BCM 5L mit BCM 5 auf der zweiten Baustelle mit BCM 5L

### 5.4 Mischraddesign

Das Design der Mischräder hat sich seit der ersten Präsentation auf der BAUMA 2004 mehrfach geändert und dem Erfahrungsstand angepasst. Zu Beginn wurden Räder verwendet, die speziell auf leicht mischbare Böden angepasst waren. Abbildung 18 zeigt ein Designbeispiel. Jedoch wurde schnell festgestellt, dass auf Grund der Baustellenanforderungen Mischräder erforderlich sind, die flexibel in „allen“ Böden einsatzbar sind. Daher wurde ein Mischrad entwickelt, das stark an das bekannte Schlitzwandfräsraddesign erinnert, siehe Abbildung 19.

Abb. 18: CSM Mischrad speziell für „leichte Böden“, 2004

Abb. 19: CSM Mischrad, angelehnt an Schlitzwand Fräsraddesign

2014 wurde ein komplett geändertes CSM-Mischraddesign vorgestellt. Hauptintention war es, Mischräder zu haben, die in beide Drehrichtungen gleich gut arbeiten. Dies wurde mit einem „symmetrischen“ Mischraddesign erreicht, siehe Abbildung 20. Zusätzlich wurden in diesem Zuge Fräszähne mit Hartmetalbesatz entwickelt, die für wechselnde Drehrichtungen geeignet sind, siehe Abbildung 21.

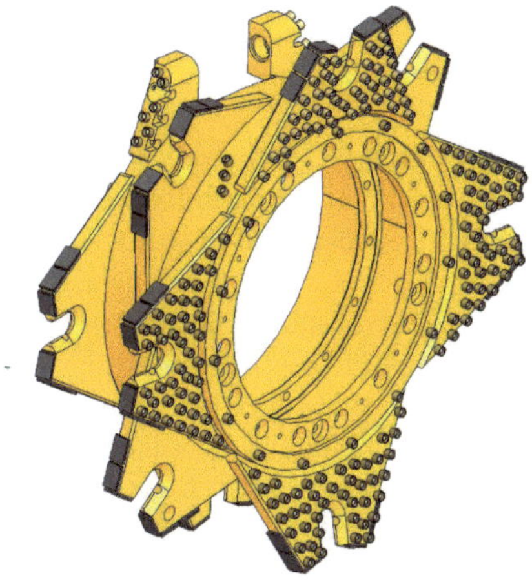

Abb. 20: Symmetrisches CSM Mischrad

Abb. 21: Zähne mit Hartmetallbesatz für beide Drehrichtungen

## 5.5 Verbreitung

In den vergangenen 20 Jahren wurden das CSM-Verfahren weltweit in mehr als 20 Ländern eingeführt. Schwerpunkte sind Westeuropa, Nordamerika, Australien und Japan.

## 6. Zukunft

Bodenmischen boomt. Waren es früher im Wesentlichen die Monetären Einsparpotentiale, die im Vordergrund standen, so ist heutzutage auch die Einsparung im Carbon Footprint ein an Bedeutung zunehmender Aspekt. So ist in den letzten Jahren eine Zunahme an Projekten erkennbar, bei denen Bodenmischverfahren eine sinnvolle Option darstellen. Natürlich wird das CSM-Verfahren nicht für all diese Projekte das optimale Verfahren darstellen. Jedoch wird gerade das CSM-Verfahren durch die immer weiter steigenden Ansprüche, z. B. größere zu erreichende Mischtiefen und damit verbunden geringere Toleranzen bei den Abweichungen, für mehr Projekte interessant.

Ein weiteres Zukunftsthema ist der Trend zur Elektrifizierung der Spezialtiefbaumaschinen mit dem Ziel diese lokal emissionsfrei betreiben zu können. Auch hier gibt es Bemühungen, zukünftig mehr Lösungen in Verbindung mit dem CSM-Verfahren zu bieten. Um derzeit eine lokalemissionsfreie CSM-Maschine zu betreiben, besteht die Möglichkeit als Trägergerät eine eBG 33 zu verwenden. Die eBG 33 ist ein elektrisch kabelgebundenes Bohrgerät und kann mit Kellystangen geführte BCM-Mischköpfe betreiben.

Zukünftig wird auch die Möglichkeit bestehen seilgeführte CSM-Einheiten mit elektrisch betriebenen Trägergeräten zu betreiben. Abbildung 22 zeigt ein Konzept, mit dem Mischtiefen von 70 m erreicht werden können.

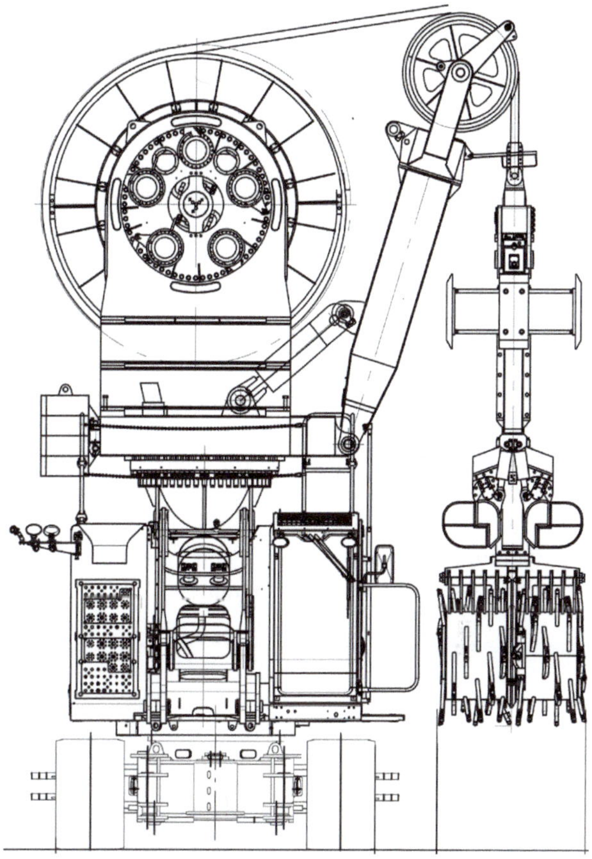

Abb. 22: Konzept einer seilgeführte BCM mit elektrisch betriebenem Trägergerät für bis zu 70 m Einfahrtiefe

Ein weiteres Konzept sieht vor den RTG „Track Piler" als Trägergerät für CSM zu verwenden. Beim „Track Piler" handelt es sich um ein schienengebundenes Multifunktionales Bohr - und Rammgerät, siehe Abbildung 23. Der „Track Piler" ermöglicht ein hoch effizientes Arbeiten in sonst schwierig zu erreichenden Bereichen von Bahntrassen.

Abb. 23: Schienengebundenes multifunktionales Bohr- und Rammgerät „Track Piler“

Neben der Entwicklung verschiedener Trägersysteme zur Nutzung des CSM-Verfahrens ist ein logischer weiterer Schritt die Elektrifizierung der Mischeinheit selbst. Die sogenannte eBCM (Abb. 24). Hierbei wird elektrische statt hydraulischer Technologie für mehr Effizienz und Nachhaltigkeit eingesetzt, wobei zwei leistungsstarke Elektromotoren die Mischräder antreiben. Dadurch fällt die Hydraulik weg, so dass die Gefahr von Leckagen im Prinzip ausgeschlossen werden kann.

Abb. 24: Demonstrator eBCM auf Bauma 2025

Erste Tests lassen darauf schließen, dass hier zum einen höhere Eindringraten, zum anderen ein geringerer Energieverbrauch zu erwarten sind.

## 7. Zusammenfassung

In den 20 Jahren seit der ersten Präsentation hat sich in der Entwicklung viel getan und es wurden viele interessante Projekte mit dem CSM-Verfahren ausgeführt. Das CSM-Verfahren gehört somit zu den in der Welt etablierten Mischverfahren. Und deren Entwicklung geht weiter. Die neu vorgestellte BCM 5L zeigte bei ihren bisherigen Einsätzen, dass mit ihr eine deutliche Steigerung der Produktivität möglich ist. Und auch für die Zukunft gibt es Ansätze bzw. Konzepte wie sich das CSM-Verfahren weiter entwickeln kann, um sowohl produktiver als auch nachhaltiger zu werden.

## Literatur

[1] F.-W. Gerressen, M. Schöpf, E. Stötzer, (2008): Venedig macht dicht -Das CSM Verfahren Cutter-Soil-Mixing als Teil des Hochwasserschutzkonzeptes MOSE, Bauen in Boden und Fels 2008, Esslingen, Deutschland.

[2] F.-W. Gerressen, M. Schöpf, E. Stötzer, (2009): CSM-Cutter Soil Mixing – Worldwide experiences of a young soil mixing method, Deep Mixing 2009, Okinawa, Japan.

[3] F.-W. Gerressen, T. Vohs, (2024): 20 years of Cutter Soil Mixing (CSM) – Yesterday, Today, Tomorrow, Deep Mixing 2024, Tokio, Japan.

TAE

# Digitalisierung und BIM

# Großräumige 3D-Untergrundmodelle für die Anwendung in der geotechnischen Planung unter Verwendung von Daten der Staatlichen Geologischen Dienste

**Dr. Rouwen Lehné**
Hessisches Landesamt für Naturschutz, Umwelt und Geologie (HLNUG), Wiesbaden

**Prof. Dr.-Ing. Sascha Richter**
Hochschule RheinMain, Wiesbaden

**Zusammenfassung**
Die Staatlichen Geologischen Dienste Deutschlands (SGD) sammeln seit ca. 150 Jahren geologische Informationen, um diese entsprechend dem Stand der Technik aufzubereiten, auszuwerten und öffentlich bereitzustellen. Den umfassendsten Datenbestand stellen hierbei neben nahezu flächendeckenden Kartenwerken im Maßstab 1:25.000 auch und besonders Bohrschichtbeschreibungen dar, von denen eine 7-stellige Zahl in die länderspezifischen Bohrdatenbanken eingepflegt ist, oft assoziiert mit durchgeführten Analysen wie z. B. Schwermineralgehalt, Durchlässigkeit, Wärmeleitfähigkeit oder auch geotechnische Parameter. Ergänzt wird der Datenbestand weiterhin u. a. durch geophysikalische Daten sowie zunehmend geologische 3D-Modelle. Die öffentliche Bereitstellung der bei den SGD vorliegenden Daten erfolgt entsprechend des Geologiedatengesetzes (GeolDG) und erfährt eine zunehmende Nachfrage. Dabei ist festzustellen, dass die zunehmende Nachfrage auch und besonders mit Fragestellungen in urbanen Räumen in Verbindung steht, die wiederum neben Infrastrukturmaßnahmen (Straßenbau, Ver- und Entsorgung, Gebäude) in steigendem Umfang die gesamtheitliche Entwicklung des urbanen Raumes im Kontext des Klimawandels bzw. der erforderlichen Anpassung an den Klimawandel adressieren (z. B. Schwammstadt, Produktion und Speicherung von Energie). Herausfordernd für den in diesem Bereich aktiven Dienstleistungssektor (Planungs- und Ingenieurbüros) ist der Umstand, dass die von den SGD bereitgestellten Informationen den durch die Fragestellungen definierten Anforderungen oft nicht adäquat entsprechen. Gründe hierfür sind in der vorhandenen Datendichte, der heterogenen Qualität, den unterschiedlichen Landesstandards, oft fehlenden Kennwerten sowie in einer nur unzureichenden Interoperabilität mit Arbeitsumgebungen Dritter zu finden. Der zunehmende Nutzungsdruck auf den oberflächennahen Untergrund bei einhergehender Zeitkritikalität sowie erforderlicher Ressourceneffizienz (Personal, Budgets) lässt daher eine Systematisierung der Zusammenarbeit zwischen den SGD (regionalgeologische Expertise und Daten) mit Forschung (Entwicklung und Umsetzung von Methoden), dem Dienstleistungssektor (lokalgeologische Expertise und Daten) sowie Kommunen (Definition von Anforderungen, Nutzung der Ergebnisse) als präferabel erscheinen. Das hier vorgestellte Projekt soll exemplarisch die Möglichkeiten der kontextbezogenen Zusammenarbeit eines SGD (hier das Hessische Landesamt für Naturschutz, Umwelt und Geologie (HLNUG)) mit einer Forschungseinrichtung (hier Hochschule Rhein-Main) sowie der kreisfreien Landeshauptstadt Wiesbaden aufzeigen.

## 1. Einführung

Die Planung von Baugrunderkundungen oder frühe Planungsphasen eines Projektes erfordern in vielen Fällen bereits zu Beginn eine möglichst umfängliche Zusammenschau und Auswertung verfügbarer Geofachdaten. Neben den beim Auftragnehmer vorhandenen Datenbeständen werden deshalb in vielen Fällen auch Daten beim zuständigen Geologischen Landesdienst angefragt, der diese entsprechend des länderspezifischen Erfassungsstandards bereitstellt.

Bei den bereitgestellten Daten handelt es sich zumeist um Bohrungen und Kartenwerke, die seit mehr als 150 Jahren durch die Geologischen Landesdienste nicht selbst erhoben, jedoch gesammelt, archiviert und dauerhaft verfügbar gemacht werden. Aktuell umfasst z. B. der Bohrdatenbestand in Hessen mehr als 120.000 Bohrungen (= ca. 1.000.000 Schichten), die zum weitaus größten Teil durch Dritte abgeteuft wurden. Die an den Geologischen Landesdienst berichteten Bohrungen werden durch Landesgeolog*innen erfasst und in die Hessische Bohrdatenbank (BDH) überführt.

Gleichzeitig bleibt festzuhalten, dass von Geologischen Landesdiensten bereitgestellte Daten auf länderspezifischen Erfassungsstandards und Datenmodellen aufbauen und in den meisten Fällen nur eine petrographische und/oder stratigraphische Beschreibung umfassen. In der Konsequenz obliegt es den Datenempfängern, die Bohrschichten entsprechend der gegebenen Fragestellung zu bewerten und mit dem Ziel einer räumlichen Modellierung zu parametrisieren.

Die Hochschule RheinMain widmet sich unter Verwendung der durch das HLNUG bereitgestellten Bohrungen der Erstellung eines Baugrundmodells für Teile der Stadt Wiesbaden, mit einem Fokus auf der Anwendbarkeit des Modells bei bautechnischen Planungen. Durch eine systematische Vereinfachung der vorhandenen feingliedrigen

stratigrafischen Informationen der Bohrungen sollen hieraus Homogenbereiche abgeleitet werden, denen z. B. Wertebereiche geotechnischer Kennwerte zugeordnet werden sollen.
Erschwert wird dieser Prozess durch heterogene Datenbestände (Ansprache, Detailliertheit, Qualität), die z. B. laterale Korrelationen oder die Definition von Homogenkörpern kaum ermöglichen. Die Weiterverarbeitung der aufbereiteten Eingangsdaten im 3D-Raum hebt die Frage zur Belastbarkeit von Ergebnissen bzw. mit diesen in Verbindung stehenden Unsicherheiten auf eine höhere Komplexitätsebene und erfordert eine entsprechende Spiegelung der Modellierarbeiten am lokal- bzw. regionalgeologischen Kenntnisstand.
Fehlende oder nicht angewendete Standards bei der Parametrisierung von Geofachdaten führen zu einer starken Einschränkung der Rekapitulierbarkeit und Vergleichbarkeit von Arbeitsergebnissen und stellen damit eine weitere Verarbeitungsbarriere dar.
In Verbindung mit der zunehmend erforderlichen Zusammenschau von Geofachdaten mit anderen Fachdaten (z. B. Grundwasser, technische Infrastruktur) in einem BIM-Kontext sowie der digitalen Transformation und einer damit einhergehenden erforderlichen Auflösung sektoraler Datensilos ergibt sich hier ein Handlungsfeld, das ein möglichst abgestimmtes Vorgehen unter den Interessensvertretern aus Forschung, Industrie und Landes- sowie der Kommunalverwaltung präferabel macht. Der Spannungsbogen reicht hierbei von der Datenaufbereitung über deren Verarbeitung bis hin zu einer möglichst niederschwelligen Bereitstellung über offene Schnittstellen und Austauschformate.
Im Rahmen der hier vorgestellten Kooperation streben die Hochschule RheinMain und das HLNUG die Adressierung der Themenfelder 3D-Modellierung, Parametrisierung und Interoperabilität an, u. a. durch die Initiierung und Durchführung studentischer Abschlussarbeiten, der Prüfung und Bewertung von Parametrisierungsansätzen sowie einer engen Zusammenarbeit mit der Stadt Wiesbaden.

## 2. Verfügbare Eingangsdaten

In der Bohrdatenbank Hessen (BDH) befinden sich mit Stand November 2025 ca. 120.000 digitale Schichtenverzeichnisse. Aktuell kommen jedes Jahr ca. 1.000 – 1.500 neue Bohrungen hinzu. Der allergrößte Teil der gesammelten und vorgehaltenen Schichtenverzeichnisse hat seinen Ursprung in Aktivitäten Dritter. Die dem HLNUG zumeist von Bohrfirmen übermittelten Bohrergebnisse werden hinsichtlich ihrer Lage plausibilisiert und durch Landesgeolog*innen inhaltlich nach dem Hessischen Erfassungsstandard beschrieben, stratifiziert und dann strukturiert in die BDH überführt. Im Ergebnis liegt so ein bestmöglich harmonisierter Datenbestand vor, der durch einige Dutzend, vom HLNUG initiierten und durchgeführten, Forschungsbohrungen ergänzt wird. Die Forschungsbohrungen haben zum Ziel, die Lagerungsfolge so detailliert wie möglich zu erfassen und das Bohrgut relevanten wissenschaftlichen Fragestellungen zuzuführen. Gleichzeitig dienen die Forschungsbohrungen als Referenzbohrungen und können so einen wichtigen Beitrag zur inhaltlichen Einordnung anderer Bohrungen leisten.
Für die Erstellung von Baugrundmodellen in urbanen Räumen stehen für die jeweiligen Zielräume unterschiedlich viele Bohrungen zur Verfügung. Tabelle 1 veranschaulicht dies für die größten hessischen Städte. Demnach schwankt die Anzahl der verfügbaren Bohrungen von 915 für Rüsselsheim bis 8.118 für Frankfurt. Unter Berücksichtigung der Gebietsausdehnung der betrachteten Städte ergibt sich eine Bohrdichte je km$^2$ von 11,82 für Marburg bis 45,10 für Kassel.

**Tab. 1: Übersicht der für ausgewählte Städte in Hessen verfügbaren Bohrungen**

| Stadt | Anzahl Bohrungen | Dichte je km$^2$ |
|---|---|---|
| Darmstadt | 2.892 | 23,6 |
| Frankfurt/Main | 8.118 | 32,69 |
| Fulda | 1.283 | 12,33 |
| Gießen | 1.217 | 16,77 |
| Kassel | 4.817 | 45,10 |
| Marburg | 1.465 | 11,82 |
| Offenbach/Main | 1.034 | 23,03 |
| Rüsselsheim | 915 | 15,69 |
| Wiesbaden | 6.093 | 29,88 |

Die variierende Bohrdichte je km$^2$ wird begleitet von einer ebenso variablen durchschnittlichen Bohrtiefe (Tab. 2). Diese schwankt von 10,95 m für Wiesbaden bis zu 25,04 m in Rüsselsheim (hier begünstigt durch eine sehr tiefe Bohrung). Die Verteilung der Bohrtiefen ist in allen Fällen zum größten Teil auf die oberen 20 m konzentriert.

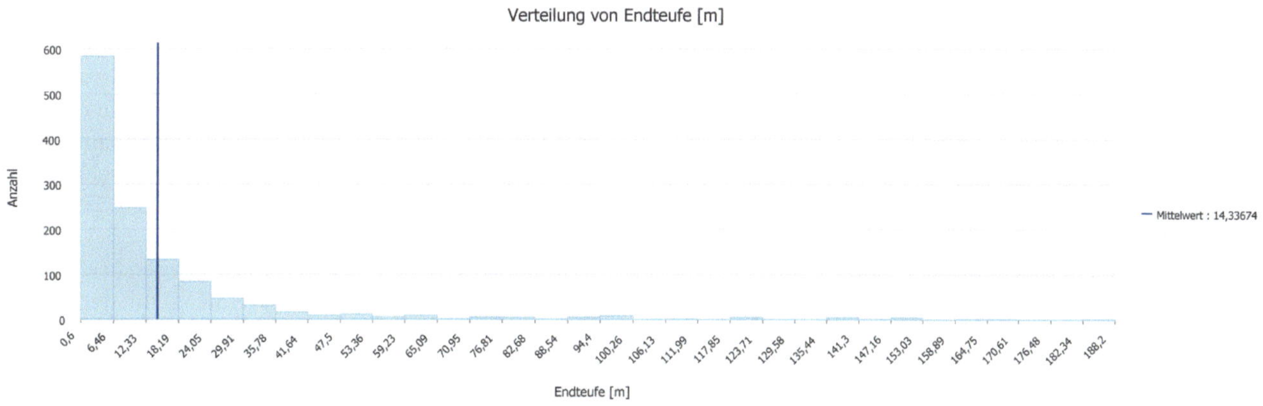


Abb. 1: Verteilung der Endteufe der 1.217 für das Stadtgebiet Gießen verfügbaren Bohrungen

Die mit einem geologischen 3D-Modelle (alias Baugrundmodell) in Verbindung gebrachten Fragestellungen müssen daher immer auch an der vertikalen Auflösung der verfügbaren Eingangsdaten gespiegelt werden, bei einem gleichzeitigen Inkaufnehmen steigender Modellunsicherheiten bei zunehmender Tiefe.

**Tab. 2: Übersicht der Tiefenerstreckung der für ausgewählte Städte in Hessen verfügbaren Bohrungen**

| Stadt | Max. Tiefe [m] | Durchschnitt [m] |
|---|---|---|
| Darmstadt | 857,5 | 21,09 |
| Frankfurt/Main | 1.060 | 18,95 |
| Fulda | 651,70 | 23,98 |
| Gießen | 188,20 | 14,33 |
| Kassel | 1.316 | 15,80 |
| Marburg | 201 | 13,20 |
| Offenbach/Main | 319,8 | 13,24 |
| Rüsselsheim | 2.492 | 25,04 |
| Wiesbaden | 236 | 10,95 |

Über die statistischen Kennwerte für die verfügbaren Bohrungen hinaus ist auch eine signifikante Heterogenität in der inhaltlichen Beschreibung der Bohrungen gegeben und dies sowohl im Detailgrad wie auch in der Ansprache, so beispielhaft illustriert in Abb. 2. Die beiden gezeigten Bohrungen (kleine grüne Punkte oben auf der geteilten Bohrsäule) im Stadtgebiet Darmstadt liegen ca. 15 m auseinander. Die inhaltliche Heterogenität erschwert ein laterales Korrelieren deutlich. Auch die Interpolation zugewiesener Parameter in einem 3D-Volumen wird durch die nur bedingt gegebene Vergleichbarkeit im Ergebnis negativ beeinträchtigt.
Alle zuvor beschriebenen Randbedingungen, die sich mit den verfügbaren Bohrungen verbinden, erfordern in der Aufbereitung der Eingangsdaten sowie deren Prozessierung und der Nutzung bzw. Interpretation der Ergebnisse eine entsprechende Sensibilität bei den Bearbeitenden und damit auch das Wissen um Unsicherheiten in den Modellergebnissen.

Abb. 2: Inhaltlicher Vergleich zweier Bohrungen, die in einem Abstand von ca. 15 m im Stadtgebiet Darmstadt abgeteuft wurden

## 3. Erstellung von 3D-Untergrundmodellen für den oberflächennahen Untergrund

### 3.1 3D-Modellierung – Übersicht und Zielsetzung

Die geologische 3D-Modellierung ist bei allen staatlichen geologischen Diensten (SGD) Stand der Technik. Dabei werden sowohl eigene geologische 3D-Modelle erarbeitet (nach Definition Geologiedatengesetz = staatliche Modelle) wie auch geologische 3D-Modelle Dritter übernommen oder auch bewertet (nach Definition Geologiedatengesetz = nichtstaatliche Modelle). Zum Einsatz kommen bei den geologischen Diensten sehr unterschiedliche 3D-Modellierwerkzeuge. Sowohl bzgl. der verfügbaren (Eingangsdaten) bzw. adressierten (Zielsetzung) Inhalte wie auch der eingesetzten Ressourcen zeigt sich dabei eine große Bandbreite. Für nahezu alle Bundesländer liegen mittlerweile sogenannte Landesmodelle vor, deren inhaltliche Detaillierung sich meist an geologischen Übersichtskarten im Maßstab 1:200.000 bis 1:500.000 orientiert. Während diese Modelle ursprünglich überwiegend stratigraphischer Natur waren – also primär die Modellierung von Schichtgrenzen umfassten – wurden in den vergangenen 10 bis 15 Jahren vermehrt parametrisierte geologische Volumenmodelle entwickelt. Diese Modelle verfügen in der Regel über einen thematischen oder projektbezogenen Fokus und bilden die zentrale Grundlage für weiterführende Arbeiten. Zum Beispiel kann das tiefengeothermische Potenzial auf dieser Basis modelliert und bewertet werden. Mit der fortschreitenden Entwicklung der geologischen 3D-Modellierung rückten zunehmend auch mitteltiefe und oberflächennahe Fragestellungen in den Vordergrund. Parametrisierte Volumenmodelle ermöglichen hierbei eine deutlich höhere räumliche und inhaltliche Auflösung und dienen als integratives Werkzeug zur Bearbeitung relevanter Themen wie z. B. Grundwasserbewirtschaftung oder oberflächennahe Geothermie. Die Erarbeitung von parametrisierten geologischen 3D-Modellen für den oberflächennahen Untergrund (= Baugrundmodelle) auf einer lokalen Skala (z. B. in urbanen Räumen) zur Unterstützung von Planungs- und Genehmigungsverfahren auf kommunaler Ebene sowie zur allgemeinen öffentlichen Information komplettieren das Arbeitsspektrum bei den SGD. Alle genannten Modellierungen bauen bisher auf expliziten (z. B. GOCAD) oder impliziten (z. B. Leapfrog oder SKUA) Ansätzen auf und verarbeiten einen "statischen" Datensatz (= zu einem bestimmten Zeitpunkt verfügbare Daten). Das HLNUG befasst sich seit 2015 mit der 3D-Modellierung des oberflächennahen Untergrundes in urbanen Räumen in Hessen. Aktuell liegen derartige Inhalte für die Städte Darmstadt und Kassel vor. Für die Stadt Gießen sind entsprechende Arbeiten in Vorbereitung. Mit einer Zielauflösung der parametrisierten Volumenmodelle von 100 x 100 x 0,5 m bieten die Inhalte eine deutlich detailliertere Sicht auf den Aufbau und die Eigenschaften des oberflächennahen Untergrundes, wobei sich der Betrachtungsraum bis maximal 100 m unter der Geländeoberkante erstreckt, primär jedoch die oberen 30 m adressiert. Wenngleich die Auflösung im Vergleich zu den bisherigen 3D-Modellen damit hoch ist, ersetzen diese Inhalte explizit nicht die gleichgelagerten Arbeitsansätze in der Forschung oder bei privaten Dienstleistern. Vielmehr können die vom HLNUG erarbeiteten und bereitgestellten Inhalte als „Basisdaten" verstanden werden, die Arbeiten Dritter unterstützen können bzw. an denen Arbeiten Dritter gespiegelt werden können.

Für Anwendungen von 3D-Untergrundmodellen in der Bauwirtschaft (3D-Baugrundmodelle) sind die oberflächennahen Bereiche wesentlich. Oberflächennah kann – je nach Projekt – eine Tiefe von 10 m (z. B. Hochbau mit geringen Lasten) oder auch 100 m (z. B. große Tiefgründungen) bedeuten.

Im Rahmen studentischer Abschlussarbeiten beschäftigt sich die Hochschule RheinMain (HSRM) mit der Erstellung großräumiger 3D-Untergrundmodelle für die Landeshauptstadt Wiesbaden. Wie oben bereits angeführt, liegen für das Stadtgebiet ca. 6.000 Bohrungen mit Tiefen von < 10 m bis > 200 m vor.

Ziel sollen Modelle sein, die auf Basis der zahlreichen beim HLNUG verfügbaren Bohrungen einen ersten Überblick zu den erwartbaren Baugrund- und ggf. Grundwasserverhältnissen im Stadtgebiet liefern. Solche Modelle können in frühen Planungsphasen von Bauprojekten zum Zwecke der Grundlagenermittlung genutzt werden.

### 3.2 3D-Modellierung – methodisches Vorgehen

Die Bohrlochdaten des HLNUG enthalten petrografische und stratigrafische Informationen. Für die petrografische Beschreibung des Lockergesteins werden ca. 340 Bezeichnungen benutzt, um die gesamte Bandbreite der potenziell vorkommenden Lockergesteine zu beschreiben. Im Folgenden sind zwei petrografische Begriffe inkl. Beschreibung beispielhaft aufgeführt:

- *Kiesführender Sand*: Kurzform (k)s, Beschreibung: carbonatfreies Lockergestein (Carbonatgeh. < 2 %) Feinbodenhauptgruppe s mit einem Grobbodenhauptgruppenanteil (Kiese) von 2 bis < 25 %.
- *Lehmmergel*: Kurzform lc, Beschreibung: carbonatreiches Lockergestein, Carbonatgehalt 10 bis 85 %, Feinbodenhauptgruppe l, Grobboden < 2 Vol. %

Die petrografische Beschreibung liefert eine Beschreibung des Stoffbestands, gibt aber keine unmittelbare Auskunft über die zeitliche Einordnung der Schichten. Die stratigrafische Beschreibung nutzt ca. 1.600 Bezeichnungen, um Periode, Epoche und Stufe vom Kambrium bis zur holozänen Auffüllung zu benennen. Zusätzlich werden lithostratigrafische Beschreibungen gegeben. Im Folgenden zwei gewählte Beispiele:

- *Künstliche Aufschüttung (techn. Material)*: Kurzform qh[y], Inhaltsdefinition: anthropogen abgelagertes Material verschiedener Korngröße, Holozän
- *Pliozän*: Kurzform tpl

Als Startpunkt für die Erstellung eines großräumigen Untergrundmodells wurden 140 Bohrungen im Umfeld der Hochschule RheinMain genutzt. Die Lage der Bohrungen ist in Abb. 3 gezeigt. Als Werkzeug zur Modellerstellung findet das Programm Leapfrog Works Anwendung.

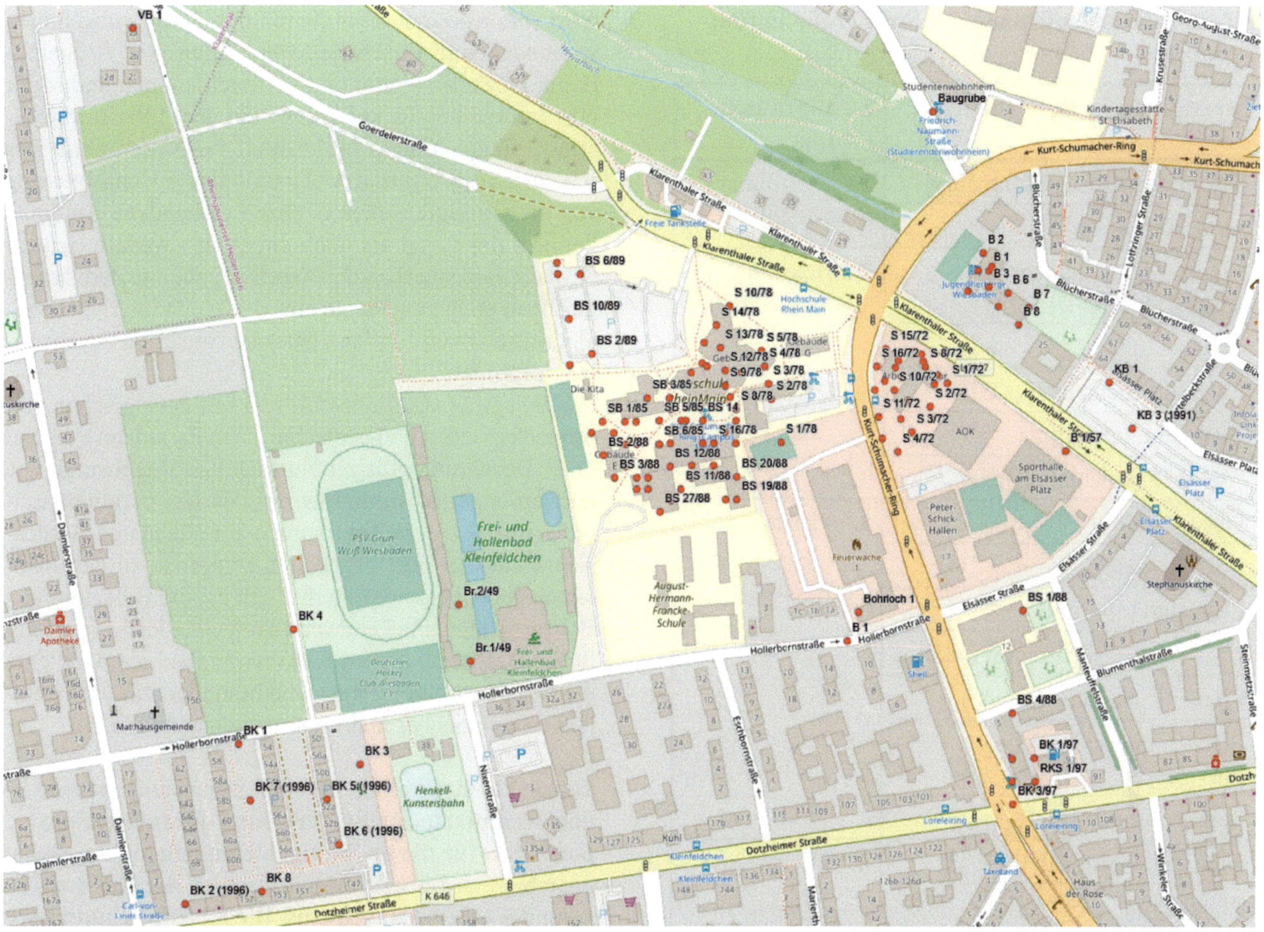


Abb. 3: Lage der Bohrungen (rote Punkte) im Umfeld der Hochschule RheinMain, Campus Kurt-Schumacher-Ring

Die petrografische Beschreibung des Untergrunds ist den einschlägigen Normen im Bauingenieurwesen (z. B. DIN EN ISO 14688-1 [1]; Benennung von Haupt- und Nebenanteilen) verwandt, was einer Modellerstellung für geotechnische Zwecke entgegenkommt. Allerdings führt die unveränderte Übernahme der Petrografie im konkreten Fall zu 74 unterschiedlichen petrografischen Einheiten und zu ungeordneten Bohrprofilen, die als Basis für eine 3D-Modellerstellung nicht brauchbar sind. Eine Zusammenfassung zu petrografischen Gruppen, z. B. Lehmkies + Schluffkies + Geröllkies … → Gruppe Kies, reduziert die Anzahl der Einheiten, es fehlt aber nach wie vor die Information zur Schichtabfolge. Diese ist für die 3D-Modellerstellung bei den hier anstehenden Sedimentgesteinen unabdingbar.

Aus diesem Grund wird für die Modellerstellung auf die stratigrafische Beschreibung zurückgegriffen. Für den hier untersuchten Bereich liegen in den ca. 140 Bohrlöchern 24 stratigrafische Einheiten vor. Basierend auf den lokalen Erfahrungen wurden diese Stratigrafien zu fünf Gruppen zusammengefasst: Gruppe 1 umfasst die künstlichen Auffüllungen. Gruppe 2 setzt sich im Wesentlichen aus den holozänen Auenlehmen zusammen. Gruppe 3 wird durch den im Mainzer Becken weit verbreiteten Löss charakterisiert. Gruppe 4 repräsentiert die Schichten des Pliozäns, welches im Bereich der Hochschule als fluviatiles sandig-kiesiges Taunusmaterial auftritt. Gruppe 5 fasst die Schichten des Miozäns und Oligozän zusammen und enthält u. a. die Hydrobienschichten (Wiesbaden-Formation). Die Möglichkeit der Differenzierung zwischen den tertiären Tonen und den eigentlichen Hydrobienschichten innerhalb von Gruppe 5, die aus geotechnischer Sicht wünschenswert wäre, ist noch zu prüfen.

Die im Liegenden anstehenden Cyrenen-Mergel wurde in den ausgewerteten Bohrlöchern nicht erkundet.

Die Zusammenfassung der Stratigrafie zu den genannten Gruppen ist in 3 wiedergegeben.

**Tab. 3: Zusammenfassung der Stratigrafie zu fünf Gruppen**

| Stratigrafische Bezeichnung | Stratigrafische Gruppe |
|---|---|
| Künstliche Aufschüttung qh[y] | 1 – Auffüllung (künstlich) |
| Aufschüttung qh[A] | |
| Holozäne Deckschicht ungegliedert [qhD] | 2 – Holozän |
| Holozän [qh] | |
| Jüngerer Auenlehm [qhTaj] | |
| Auenlehm [qhDhl] | |
| Älterer Auenlehm [qhTaae] | |
| Pleistozän [qp] | 3 – Pleistozän |
| Löss [qpWilo] | |
| Lösslehm [qpWilol] | |
| Löss und Lösslehm [qpWilolol] | |
| Fließerde ungegliedert [qpFl] | |
| Schwemmlöss/-lösslehm [qpVslos] | |
| Terrasse ungegliedert [qpT] | |
| Plio- und Pleistozän [tpl-qp] | 4 – Pliozän |
| Pliozän [tp] | |
| Oberoligozän [tolo] | 5 – Miozän/ Oligozän |
| Oligozän und Miozän [tol/mi] | |
| Hyrobien-Schichten [tmiuH] | |
| Oberoligozän bis Untermiozän []tolo/miu] | |
| Untermiozän [tmiu] | |

## 4. Parametrisierung

Ein wichtiger Schritt zur Erarbeitung eines möglichst belastbaren und breit nutzbaren geologischen 3D-Modells ist die Parametrisierung eines Volumens, das sich im günstigsten Fall an den zuvor (oder parallel) modellierten lithostratigraphischen Grenzen (= Zielhorizonten) orientiert. Mit Hilfe der so gegebenen „Randbedingungen", insbesondere entlang der Z-Achse, können die den Bohrschichten zugewiesenen Kennwerte besser in ihrem Gültigkeitsbereich gefasst werden, was eine zielführende Interpolation der Parameter unterstützt. Diesem Ansatz wird vorausgesetzt, dass die mit den Ablagerungsfolgen verbundenen Eigenschaften von Zielhorizont zu Zielhorizont bisweilen signifikant variieren können und somit eine Interpolation von Kennwerten über lithostratigrafische Grenzen hinweg im Idealfall vermieden wird. Der mit einer vorgelagerten oder parallellaufenden Ableitung von lithostratigrafischen Grenzen verbundene Aufwand kann in der Regel als hoch angesehen werden, jedoch wird die Belastbarkeit der Arbeitsergebnisse dadurch signifikant erhöht und damit eine durch den Interpolationsalgorithmus verursachte „Überinterpretation" bestmöglich minimiert.

Die Belegung von Bohrschichten mit geologischen, hydrogeologischen und geotechnischen Parametern erfolgt unter Beachtung gültiger Normen und Regelwerke wie auch in enger Abstimmung mit den Kooperationspartnern (insbesondere Kommunen) zur adäquaten Berücksichtigung der dort gegebenen Expertise zu den lokalen Gegebenheiten. Weiterhin gilt es, die Belegung von Bohrschichten mit Kennwerten mit einer leicht verständlichen Beschreibung im Klartext zu flankieren, so dass die Arbeitsergebnisse auch und besonders für Fachfremde nachvollziehbar und verständlich sind (Tab. 4).

**Tab 5: Für das Volumenmodell Darmstadt verwendete Kennwerte zur Beschreibung des Infiltrationspotenzials für die im Stadtgebiet in den oberen 30 m anstehenden Lockergesteine westlich der Randstörung des Oberrheingrabens. Die Klassifizierung erfolgte in enger Abstimmung mit Vertretern der Stadt Darmstadt**

| Durchlässigkeitsbeiwert $k_f$ [m/s] | $k_f$-Klasse Interpolation | Beschreibung Infiltrationspotenzial |
|---|---|---|
| $1 \cdot 10^{-3} – 5 \cdot 10^{-5}$ | 1 | sehr gut geeignet |
| $< 5 \cdot 10^{-5} – 1 \cdot 10^{-6}$ | 2 | Geeignet |
| $< 1 \cdot 10^{-6} – 1 \cdot 10^{-8}$ | 3 | bedingt geeignet |
| $< 1 \cdot 10^{-8}$ | 4 | ungeeignet |

Ein Vorteil bei der Parametrisierung von Bohrschichten kann sich weiterhin in einer damit einhergehenden Aggregierung des Informationsstandes hin zu einer besseren lateralen Korrelierbarkeit ergeben [2][3]. So aufbereitete Bohrschichtinformationen können dann sowohl die „Kartierung" von Homogenbereichen wie auch deren Zuordnung zu z. B. Faziesräumen, geologischen oder strukturgeologischen Einheiten unterstützen.

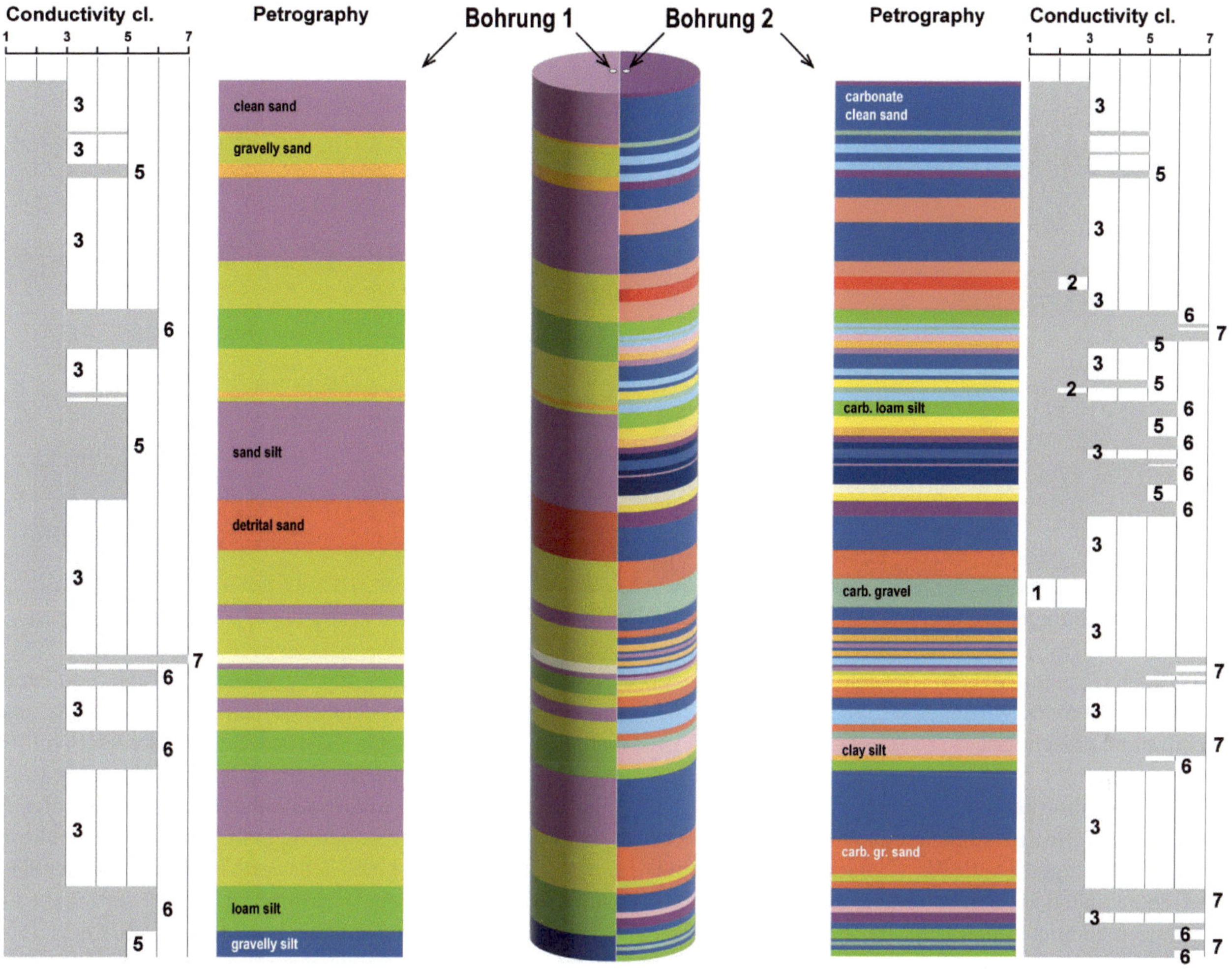


Abb. 4: Parametrisierung und damit einhergehende Aggregierung von Bohrschichtinformationen (hier Permeabilität) hin zu einer besseren lateralen Korrelierbarkeit

Im Rahmen des hier vorgestellten Projektes soll das zu erarbeitende 3D-Modell in enger Abstimmung mit Vertretern der Stadt Wiesbaden mit Kennwerten angereichert werden. Entsprechende Abstimmungen sind für das erste Quartal 2026 geplant.

## 5. Ergebnisse

Zum Zeitpunkt der Manuskripterstellung befindet sich das Projekt in einer frühen Phase. Nach der zielführenden Gruppierung der verwendeten Eingangsdaten (vgl. Tab. 3) liegt aktuell ein erstes Baugrundmodell für den Betrachtungsraum vor. Das Modell wird sukzessive räumlich erweitert, wobei z. B. die Abbildung vorhandener Verwerfungen eine besondere Herausforderung darstellt.

Abb. 5: Großräumiges Untergrundmodell im Umfeld der Hochschule RheinMain, basierend auf 5 Schichtkomplexen.

Erste Ergebnisse sind im Laufe des Jahres 2026 zu erwarten. Im Rahmen des Vortrages wird der dann gegebene Arbeitsstand präsentiert.

## 6. Interoperabilität

Die hier skizzierte Zusammenarbeit wie auch die modernen Anforderungen an die Verfügbarkeit von 2D- und 3D-Geofachdaten lässt zunehmend auch die Frage der Datenbereitstellung und des Datenaustauschs in den Fokus rücken. Dabei kommt insbesondere der Interoperabilität von Daten eine immer wichtigere Rolle zu, da die Anforderungen sowohl an die Datenhaltung wie auch an die Zusammenschau und Verschneidung von 3D-Daten aus verschiedenen Fachdisziplinen die Auflösung sektoraler Datensilos unter Verwendung von offenen Schnittstellen und Austauschformaten erfordert [4] [5]. Die Projektpartner streben daher auch die Nutzung einer bei den SGD in der Implementierung befindlichen Infrastruktur an. Diese sieht eine dienstebasierte Bereitstellung der 3D-Daten vor, die auf der strukturierten Ablage der Inhalte in hierfür geeigneten Datenbanksystemen (z. B. GST) aufbaut und standardisierte Schnittstellen (z. B. OGC 3D-Geovolumes, OGC Features, OGC Styles) sowie Austauschformate (z. B. I3S, IFC, 3D-Tiles, GeoJSON) nutzt.

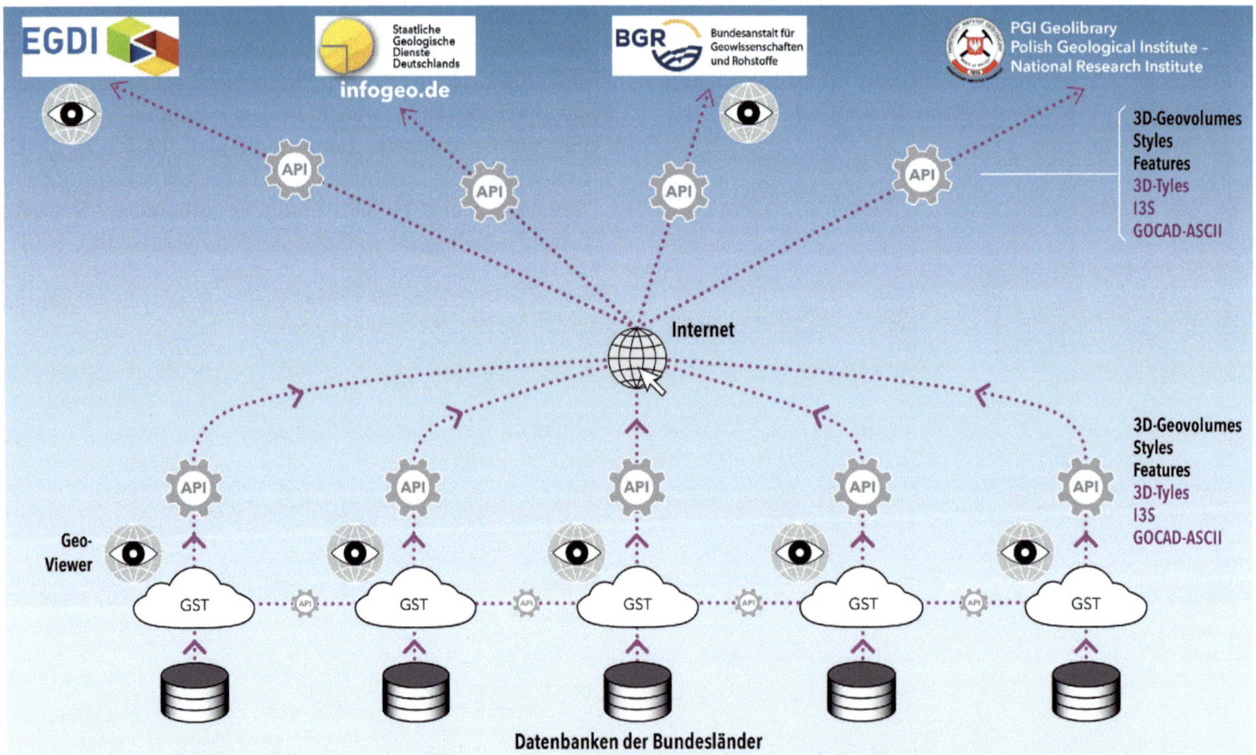


Abb. 6: Derzeit in der Implementierung befindliche IT-Infrastruktur bei den Staatlichen Geologischen Dienste.

So verfügbare Daten können niederschwellig und performant in 2D- und 3D-Arbeitsumgebungen Dritter, hier der Stadt Wiesbaden, eingespielt werden. Umgekehrt besteht für Dritte, hier die Hochschule RheinMain, die Möglichkeit, dem HLNUG die Modelliererergebnisse zu überspielen und damit auch die aus dem Geologiedatengesetz resultierenden Pflichten zur Übermittlung von Untersuchungsergebnissen zu erfüllen.

## 7. Synthese

Das hier vorgestellte Projekt verfolgt erstmalig das Ziel einer kollaborativen 3D-Modellierung des oberflächennahen Untergrundes in einem urbanen Raum, hier Wiesbaden.

Von besonderem Interesse ist das Anreichern eines 3D-Volumens mit Parametern.

Die Kollaboration soll die bei allen Projektpartnern vorhandenen methodischen, geologischen und geotechnischen Expertisen bündeln und helfen, kontextbezogene Fragestellungen belastbarer und schneller bearbeiten zu können.

Unter Verwendung der beim HLNUG implementierten IT-Infrastruktur sollen die Projektergebnisse strukturiert abgelegt und interoperabel bereitgesellt werden.

Die im Projekt zu erwartenden methodischen Erkenntnisgewinne sollen allgemein verfügbar gemacht werden und so zur Adaption durch Dritte anregen.

## Literatur

[1] DIN EN ISO 14688-1:2020-11, Geotechnische Erkundung und Untersuchung – Benennung, Beschreibung und Klassifizierung von Boden – Teil 1: Benennung und Beschreibung; Deutsches Institut für Normung e.V.

[2] HOSELMANN, C. & LEHNÈ, R. (2013): Neue Lithostratigraphie und ein geologisches 3D-Modell des nördlichen Oberrheingrabens. – Jahresbericht 2012 des Hessischen Landesamtes für Umwelt und Geologie, 77-87, Wiesbaden.

[3] WÄCHTER, J., LEHNÉ, R., PREIN, A, HOSELMANN, C. & SCHÜTH, C. (2018): Zusammenführung von Bohrschichtinformationen zur bundeslandübergreifenden 3D-Modellierung im nördlichen Oberrheingraben. Grundwasser – Zeitschrift der Fachsektion Hydrogeologie, 23(4): 337-346, Berlin (Springer), https://doi.org/10.1007/s00767-018-0400-9.

[4] LEHNÉ, R., WÄCHTER, J., HABENBERGER, C., MEWES, L. & HEGGEMANN H. (2018): Geologische 3D-Modellierung als Teilkomponente eines integrierten 3D-Informationssystems für den oberflächennahen Untergrund – Pilotstudie Darmstadt_3D. – Jahresbericht 2017 des Hessischen Landesamtes für Naturschutz, Umwelt und Geologie, 127–136, Wiesbaden (HLNUG).

[5] LEHNÉ, R., ROY, S., HEGGEMANN, H. & SCHUETH, C. (2024): Urban geology as part of 3D city models – challenges and solutions, EGU General Assembly 2024, Vienna, Austria, 14–19 Apr 2024, EGU24-22240, https://doi.org/10.5194/egusphere-egu24-22240, 2024.

# BIM-Fachmodell Baugrund – Erfahrungen aus Infrastrukturmaßnahmen

**Oliver Bernecker**
GrundWerk GmbH & Co.KG, Stuttgart

**Pascal Geisert**
GrundWerk GmbH & Co.KG, Stuttgart

**Zusammenfassung**
Der Einsatz der BIM-Methodik im Bereich der Geotechnik wird seitens der institutionellen Auftraggeber gerade in Projekten für große Infrastrukturmaßnahmen angestrebt. Mehr und mehr ist die Anwendung der BIM-Methodik Voraussetzung zur Erfüllung der Eignungskriterien im Rahmen der VgV-Verfahren. Geotechnische Ingenieurbüros stehen damit vor der Aufgabe die BIM-Methodik im Büro zu implementieren. Damit verbunden sind, je nach Bürogröße, große wirtschaftliche Herausforderungen in Form von Investitionen in Personal und Software. Mit dem Bericht sollen erste Erfahrungen zur Anwendung der Methodik, den damit verbundenen veränderten Workflows im Unternehmen sowie dem Nutzen diskutiert werden.

## 1. Einleitung

Die Methode des Building Information Modelling (BIM) ist seit Januar 2021 für die Vergabe öffentlicher Aufträge im Infrastrukturbau des Bundes verpflichtend. Der Stufenplan Digitales Planen und Bauen [1] gibt hierfür seit 2025 flächendeckend die BIM-Anwendung vor. Seit Ende 2022 ist die Nutzung der BIM-Methodik im Bundeshochbau ein Muss [2].
Das Bundesministerium für Verkehr (BMV) will damit das digitale Bauen in den Bereichen Straßen-, Wasserstraße und Schienenprojekten voranbringen. Während die planenden Ingenieurbüros schon weitergehende Erfahrungen mit der Umsetzung der BIM-Methodik gesammelt haben, hat für die Fachingenieurdisziplin der Geotechnik der Start mit Verzögerung begonnen. Aus Wahrnehmung des Ingenieurbüros ist erst in jüngster Zeit die Forderung nach dem Fachmodell Baugrund verstärkt über VgV-Verfahren gefordert.
Für Geotechnische Ingenieurbüros bedeutet dies, dass eine Teilnahme an interessanten Infrastrukturprojekten der Zukunft ohne die sichere Anwendung der BIM-Methodik in der Geotechnik kaum oder gar nicht mehr möglich ist.
Während für die planenden Fachdisziplinen die Erweiterung der 3D-Planungsprozesse bzw. zur BIM-Methodik womöglich einen „einfachen" Evolutionsschritt darstellen, ist die Ausgangssituation in den meisten geotechnischen Büros eine andere. Hier erfolgt die Datenerfassung, -auswertung und Darstellung der Ergebnisse im Regelfall analog. Vielfach werden eher einfache Darstellungsmethoden eingesetzt. Die Umstellung auf die notwendigen digitalen Prozesse führt zu wesentlichen Veränderungen des Arbeitsprozesses und erfordert die notwendigen Kompetenzen im Team. Der Geotechnische Fachingenieur wird Bestandteil des Gesamtprozesses und hat seine Arbeitsmethodik an die Struktur des geforderten BIM-Datenaustausches anzupassen.
Im vorliegenden Beitrag soll nicht auf alle Grundbegriffe der BIM-Methodik eingegangen werden. Hierzu liegen verschiedene allgemeine Veröffentlichungen zum Thema, u. a. der Bundesingenieurkammer [3] vor.

## 2. Der Modellaufbau und seine Herausforderungen

Wie die übrigen Fachmodelle wird auch das Fachmodell Baugrund über den gesamten Lebenszyklus des Projektes fortgeschrieben. So ist es notwendig, die einzelnen Entwicklungsschritte oder -stufen über die Projektentwicklung festzuhalten. Kein Schritt wird aus dem Modell entfernt oder gelöscht. So lässt sich das entstehende Modell in dessen Entwicklung und Historie archivieren. Eine einheitliche Festlegung für die einzelnen zu durchlaufenden Entwicklungsstufen des Fachmodells Baugrund liegt nicht vor. Der Arbeitskreis 2.14 der DGGT gibt, in Anlehnung an VDI 2552 Blatt 4 [4] mögliche Entwicklungsstufen, einzelnen Leistungsphasen der HOAI folgend, an.
Im Wesentlichen kennzeichnen die Entwicklungsstufen die Fortschreibung vom ersten Vorplanungsmodell bis zur Fertigstellung des Bauprojektes und schließlich dem Dateneingang aus Betriebserfahrungen (z. B. Setzungsbeobachtungen).
Das Modell der Stufe „Vorplanung" wird auf Basis grober Untergrundinformationen wie Literatur- und Kartenstudien sowie Altaufschlüssen entwickelt. Ergänzend zu den Empfehlungen des AK 2.14 ist es sinnvoll, dieses der Planung der Baugrundaufschlüsse sowie der Planung von Trassenvarianten dienende Modell, um die Informationen zu Altablagerungen, Kampfmittelverdachtsflächen, Schutzgebiete etc. zu erweitern. Die Datenerfassung kann zwar auch in den gängigen GIS-Anwendungen erfolgen, wird aber sinnvollerweise bereits im BIM-Modell (zusätzlich) angelegt.
Mit Durchführung der Baugrundaufschlüsse können die Schichten unter Berücksichtigung von Diskontunitä-

ten (z. B. Abgrenzung von Auffüllungen, auslaufen oder auskeilen einzelner Schichten, Störungszonen) abgeleitet werden. Daraus lassen sich die Modelle der Entwurfs- und Genehmigungsplanung geotechnisch entwickeln.
Mit der Entwicklung der ersten Stufe sind bereits die ersten Herausforderungen an die Abläufe und die Organisation im Ingenieurbüro verbunden. Stellt die Datenrecherche zu den einzelnen Themen noch eine Arbeit der analogen Routine dar, so ist der Aufbau des Modells, zu dem auch ein übernahmefähiges Digitales Geländemodell (DGM) gehört mit den notwendigen Abstimmungen zur einheitlichen Modellbildung verbunden. Nicht selten treffen dabei Planungen auf Basis (veralteter) Gauß-Krüger-Koordinatenbasis auf ein DGM, dass auf dem aktuell gültigen UTM-Standard aufbaut. Eine gesicherte Grundlage ist jedoch Voraussetzung für ein zielgerichtetes Erkundungsprogramm. Bei Infrastrukturmaßnahmen müssen z. B. im Trassenbereich Dammlagen der Straße oder Schiene sowie Einschnittsituationen in Ausdehnung und Höhe bzw. Tiefe klar zu entnehmen sein. Dann lassen sich die erforderlichen Mindestaufschlusstiefen planen. Dies wird nur erreicht, wenn das Vorplanungsmodell Straße oder Schiene lage- und höhenmäßig eindeutig innerhalb des DGM verortet werden kann.

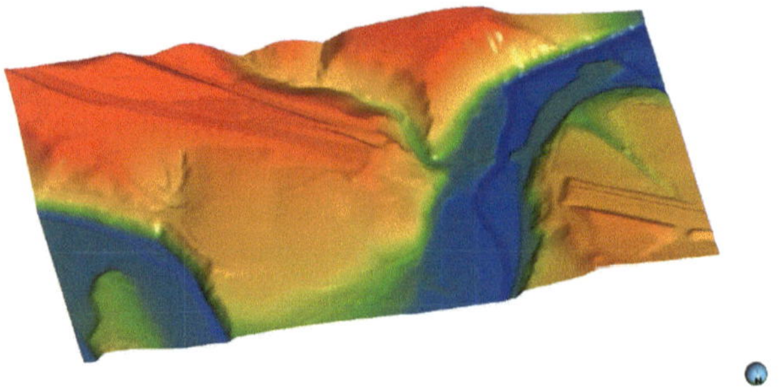

Abbildung 1: DGM-Darstellung der Topografie im BIM-Modell

Ist die Hürde der Grunddaten in Form eines DGM und der Erfassung der Planungsinformationen (Trassenverlauf, Höhenlage, ggf. Orthofotos etc.) genommen, sind neben den Daten aus Literatur- und Kartenrecherche auch Altbohrungen zu erfassen. Diese liegen üblicherweise aus vorangegangenen Erkundungskampagnen und Bohrarchiven vor. Dabei handelt es sich im besten Falle um pdf-Dateien der Bohrprofile, teilweise auch um handschriftliche Schichtenverzeichnisse. Die Digitalisierung der oft großen Datenmengen erfolgt dann händisch und/oder unter Zuhilfenahme Künstlicher Intelligenz (KI). Abhängig vom Zeitpunkt, zu dem sich der Auftraggeber zur Umsetzung der BIM-Methode entscheidet, liegen wenige bis teilweise erhebliche Datenmengen aus Altbohrungen bzw. vorangegangener Erkundungskampagnen vor.
In einem durch die Verfasser bearbeiteten Infrastrukturprojekt müssen in der ersten Stufe insgesamt ca. 800 lfm Altbohrungen aus der Trassenvorerkundung in das BIM-Modell übernommen werden.
Wie bei Planungsprojekten oder komplexen FEM-Berechnungen, stellt auch für BIM-Projekte der erste Schritt, also das Initialmodell einen erheblichen Bearbeitungsaufwand dar.
Mit der Datenerhebung im Zuge der Erkundungsphase(n) und der laufenden Durchführung von Feld- und Labortests wächst die Datenmenge, gerade bei großen Infrastrukturprojekten rasch stark an. Dies erfordert eine kontinuierliche Erweiterung des BIM-Modells die der Datenerhebung unmittelbar folgt.

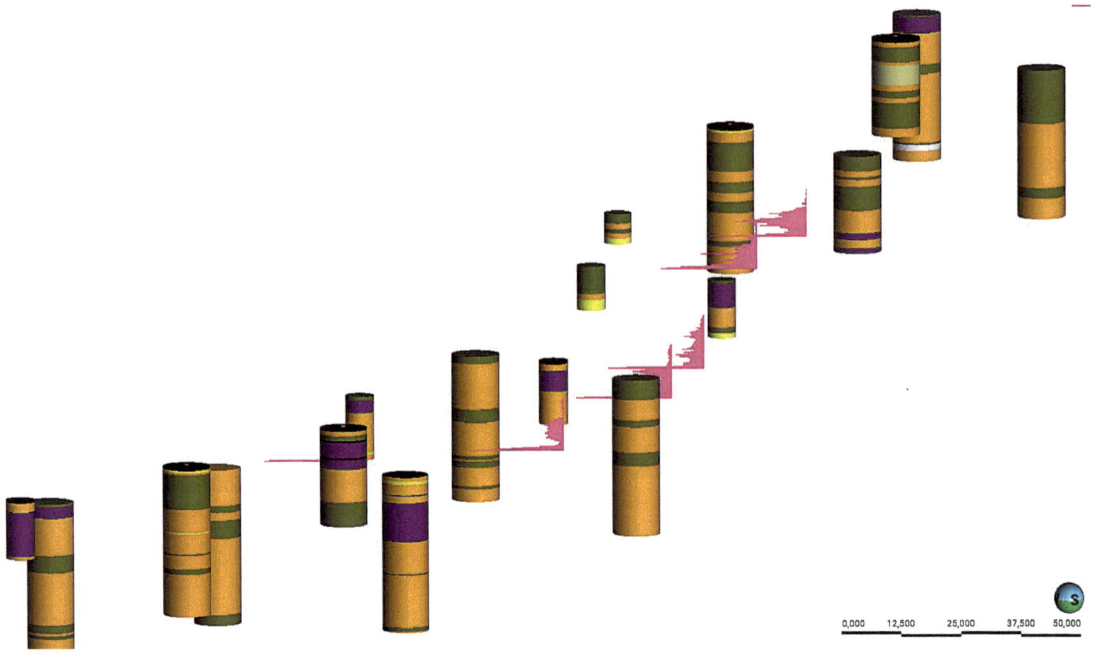


Abbildung 2: Baugrundaufschlüsse im wachsenden BIM-Modell

Die Datensätze sind dem BIM-Programm, bei GrundWerk Leapfrog Works, über gängige csv-Dateien zur Verfügung zu stellen. Da die Daten im Feld derzeit noch analog erzeugt werden, sind Zwischenschritte zur Datenaufbereitung erforderlich. Für Ausgabe von Schichtenverzeichnissen bieten manche Programmhersteller den Datenexport bequem als csv-Dateien an. Komfortabel ist es, wenn dabei nicht für jede Bohrung eine einzelne Datentabelle entsteht, sondern der Export aller Bohrungen möglich ist. Im anderen Falle ergeben sich weitere Bearbeitungsschritte des Zusammenführens der Vielzahl von Bohrdaten.

Da die Übergabe digitaler Datensätze aus den bodenmechanischen und umweltchemischen Labors ebenfalls noch nicht durchgängig stattfindet, ist auch für diese Daten meist die händische Nachbereitung zur Überführung in csv-Daten erforderlich. Die benannten Arbeitsgänge stellen mögliche Fehlerquellen dar und erfordern ein intern stringent organisiertes Qualitätsmanagement. Für ein Straßen-Infrastrukturprojekt mit einer Streckenlänge von ca. 10 km entstand so eine Arbeitsmappe mit 12.870 datenbefüllter Zellen und 1.266 Formeln.

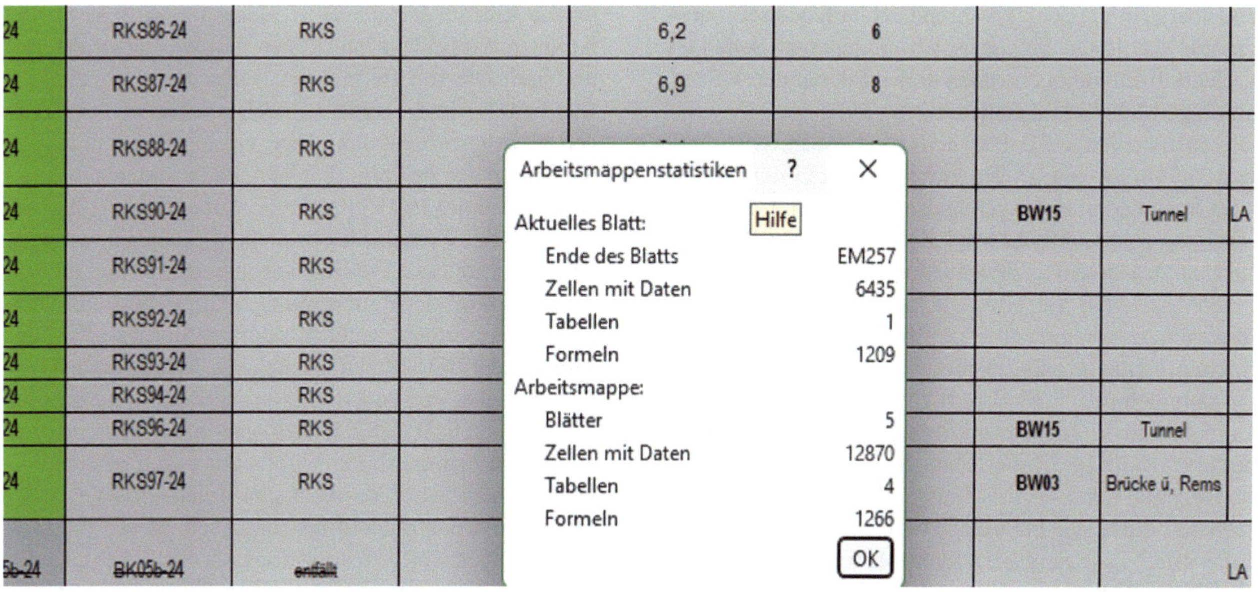


Abbildung 3: Ausschnitt Arbeitsmappe zur Datenbevorratung

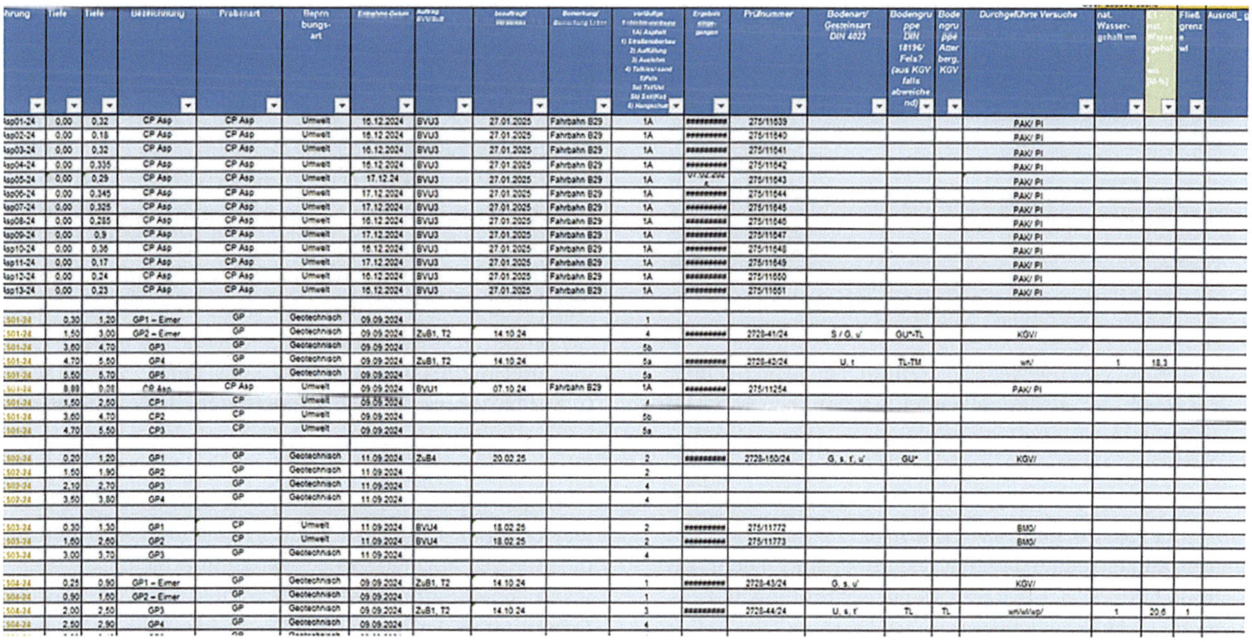

Abbildung 4: Ausschnitt Tabelle zur Datenbevorratung

Die Arbeitsmappe für die Laborversuche enthält in diesem Projekt 77.110 datenbefüllte Zellen und 14.422 Formeln.
Selbstverständlich entstehen diese Datenmengen nicht deswegen, weil die BIM-Methode angewendet wird. Die Datenmenge fällt auch bei der herkömmlichen, analogen Bearbeitungsmethode an. Die BIM-Methodik ermöglicht es nun, die entstehenden großen Datenmengen jeder einzelnen Bohrung zuzuordnen, diese übersichtlich in 3D darzustellen und innerhalb des Programms eine Auswahl an Daten vorzunehmen. Somit stehen diese Informationen dem bearbeitenden geotechnischen Ingenieur rasch und übersichtlich bereits während der laufenden Kampagne zur Verfügung. So lassen sich auf der einen Seite Lücken der Erkundung erkennen und auf der anderen Seite unnötige Mehrfachuntersuchungen vermeiden.
Die anschließende 3D-Bearbeitung der Schichtverläufe kann gerade bei großen Infra-Projekten der Straße oder Schiene nur dann gelingen, wenn auch die Datenerhebung eine räumliche Modellbildung ermöglicht. Die für den Straßenbau anzuwendenden Vorgaben sind dem FGSV-Merkblatt 511, M GUB [5] zu entnehmen. Darin wird u. a. vorgegeben, dass **direkte Aufschlüsse** als Stichproben so umfangreich durchzuführen sind, dass ein räumliches Bild als Baugrundmodell erstellt werden kann. Für die Linienbauwerke Straße, Schiene werden in der Praxis, analog den Vorgaben der DIN 1997-2:2010-10 im Regelfall mittlere Aufschlussabstände von ca. 150 m realisiert. Im besten Falle entsteht so ein mäandrierendes 2D-Modell. Eine räumliche Interpolation ist damit nicht gesichert möglich.
Gemäß den Vorgaben der DB AG [6] sind die Modellgrenzen an den Bohrungen zu orientieren. Extrapolationen sind nicht zulässig und aus Sicht der Verfasser fachlich auch nicht vertretbar.

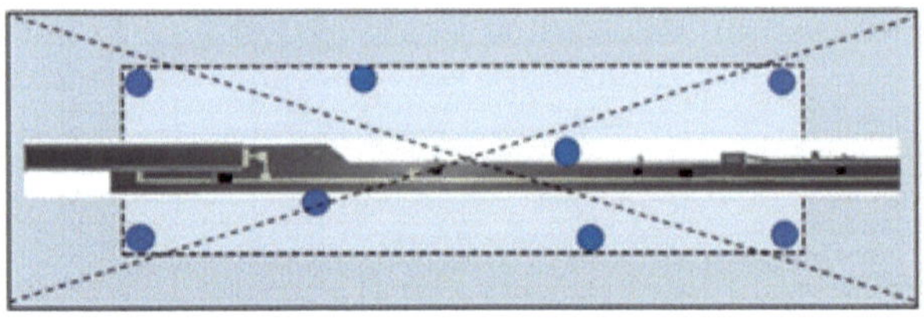

Abbildung 5: Unzulässige Extrapolation [6]

Zum Aufbau eines gesicherten räumlichen Modells über den Bereich des geländegleichen Straßenkörpers ist es deshalb notwendig das Untersuchungsprogramm den Anforderungen an die Anwendungsfälle des Fachmodells Baugrund anzupassen. Dies setzt voraus, dass diese bereits mit Projektbeginn, spätestens zur Durchführung der Baugrundhauptuntersuchung festgelegt sind. Dient das Fachmodell z. B. der späteren Mengenermittlung und Zuordnung zu Homogenbereichen, ist das räumliche Erfassen der Schichtgrenzen bzw. Homogenbereichsgrenzen unabdingbar.
Das Verdichten des Aufschlussrasters im Bereich von Erd- und Ingenieurbauwerken ist unter Beachtung erforderlicher Hilfsbauwerke wie z. B. Verbauten, Rückverankerungen, Traggerüste, Brunnenanlagen etc. so vorzunehmen, dass die Grundlagen einer gesicherten räumlichen Planung und Ausschreibung der Baumaßnahmen zur Verfügung stehen. Dies erfordert zum einen ein hohes Maß an bautechnischer Kompetenz beim geotechnischen Fachingenieur sowie ein Verständnis der Anwendungsmöglichkeiten des Fachmodells Baugrund bei den Auftraggebern und übrigen Planungsbeteiligten.

## 3. BIM-Workflow vs. analoger Bearbeitung

... oder die Frage, wie beeinflusst die BIM-Arbeitsweise die herkömmlichen Abläufe im Geotechnischen Büro. Für das klassische geotechnische Ingenieurbüro bedeutet die Einführung der BIM-Methodik, dass sämtliche Arbeitsprozesse zu hinterfragen und klar zu strukturieren sind. Die für die meisten Büros gewohnte analoge Bearbeitung findet meist weitgehend isoliert vom übrigen Planungsprozess statt. Das „Geologische Gutachten“ wird durch den Auftraggeber beim Baugrundgutachter bestellt. Nach der Festlegung des Erkundungsprogrammes auf Basis der vorliegenden (analogen) Planungsunterlagen der Trasse und der Erd- und Ingenieurbauwerke, die oftmals aus Lageplänen und wenigen Querschnitte besteht, folgt die Ausarbeitung der zugehörigen Berichte. Mit Einführung der BIM-Methodik rückt die Fachdisziplin Geotechnik näher an den Planungsprozess und wird integraler Bestandteil. Dies führt dazu, dass die Arbeitsprozesse auf den in Planungsbüros bereits seit vielen Jahren üblichen digitalen Workflow umzustellen sind. Es ist neben der digitalen bürointernen Infrastruktur wie Server, Internetverbindungen, Softwareausstattung, IT-Sicherheit auch für dafür zu sorgen, dass die Datenhistorie und -bevorratung klar strukturiert organisiert wird. Zudem stellen sich neue Fragen: Wie werden Daten Dritter, z. B. externer Labore übermittelt und intern weiterverarbeitet, wie sind Daten der Felderkundung zu erfassen, zu katalogisieren und auf die Anforderungen der BIM-Software aufzubereiten? Wie und wann werden die erforderlichen Qualitätssicherungsprozesse zwischen geschaltet?
Ein zentrales Charakteristikum der BIM-Modellierung besteht darin, dass die Daten nicht nur erfasst, sondern für die Weiterverarbeitung im jeweiligen BIM-System strukturiert aufbereitet werden müssen. Sämtliche Datensätze sind hierzu in Bezug auf Datentyp, Struktur und Semantik an die Vorgaben des eingesetzten BIM-Programms anzupassen. Um eine konsistente und effiziente Formatierung zu gewährleisten, ist die Automatisierung der entsprechenden Arbeitsschritte erforderlich. Dies setzt die Entwicklung standardisierter Masken bzw. Vorlagen voraus, die auf einheitlich definierten Grundlagen basieren. Eine zusätzliche Herausforderung besteht darin, diese Formatierung sowohl an projektspezifische Rahmenbedingungen als auch an die vom Auftraggeber formulierten Anforderungen (z. B. hinsichtlich Nomenklatur und Semantik) anzupassen.
Die Bearbeitung des BIM-Modells erfordert im Vergleich zur analogen 2D-Planerstellung deutlich vertiefte Kenntnisse der verwendeten Modellierungssoftware. Geringfügige Anpassungen, wie sie in klassischen CAD-Programmen häufig auch von wenig geschulten Anwenderinnen

und Anwendern vorgenommen werden können, sind im BIM-Modell nur in eingeschränktem Umfang möglich. Demgegenüber lässt sich die Ableitung zweidimensionaler Planunterlagen (z. B. geotechnischer Schnitte) aus dem dreidimensionalen Modell mit vergleichsweise geringem Aufwand generieren. Die nachgelagerte Bearbeitung dieser Pläne in der vertrauten Zeichnungssoftware – etwa zum Einfügen eines Trassenbands bei Infrastrukturprojekten, zur anforderungs- und normgerechten Darstellung von Bohrprofilen oder lediglich zur Anpassung an das unternehmensspezifische Layout – bleibt jedoch weiterhin erforderlich.

Zusammengefasst benötigt der BIM-Bearbeiter Kenntnis über BIM-Modellierungssoftware (Firmenintern), CAD-Software (Firmenintern), Kollaborationssoftware (variiert je Projekt), CDE (variiert je Projekt) und Kenntnisse über den IFC-Quellcode. Nicht zuletzt ist auch das übrige Personal an der verwendeten Software zu schulen und mit den (neuen) Projektabläufen vertraut zu machen. Dies erfordert neben der klaren Erfassung der einzelnen Schritte auch das Bewusstsein darüber, dass nicht alles beim Alten bleiben kann. Hier erzwingt der Einsatz moderner digitaler Technik die Digitalisierung des Büroalltags.

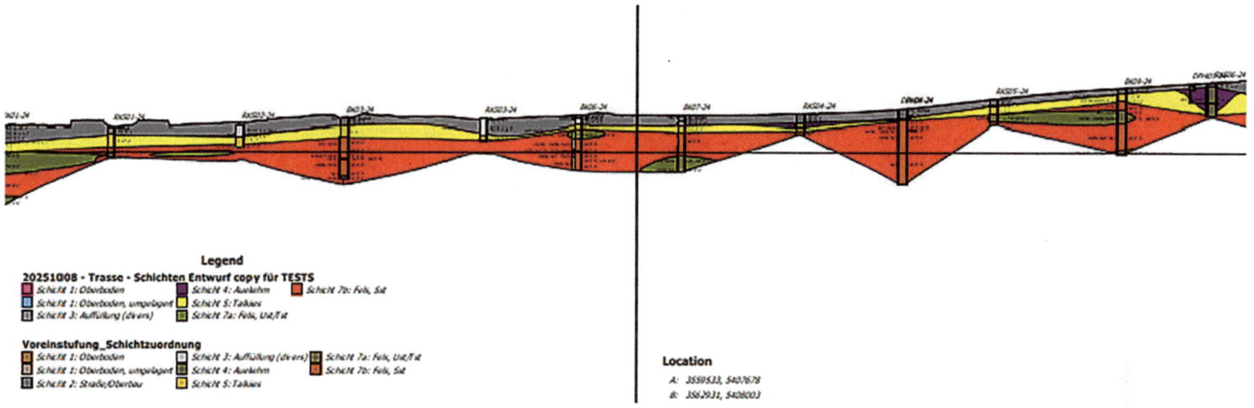

Abbildung 6: Geotechnischer Schnitt aus dem BIM-Modell

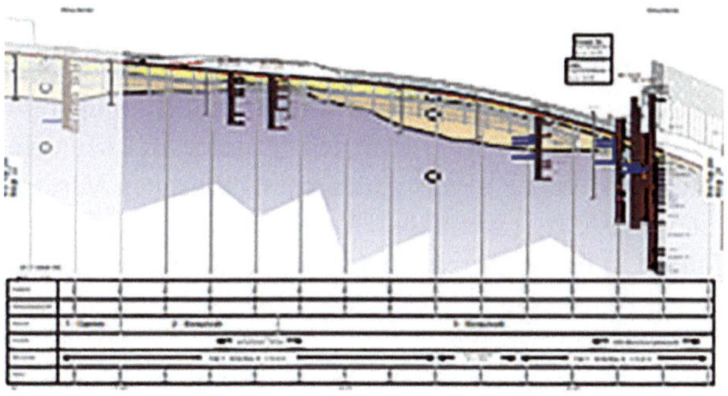
Abbildung 7: Geotechnisches Trassenband

Während geotechnische Ingenieurbüros in konventionellen 2D-Planungsprozessen weitgehend autonom arbeiten konnten, erfordert die Anwendung von BIM-Methoden einen deutlich engeren Austausch mit dem Auftraggeber (AG). IFC-Modelle besitzen eine hohe Informationsdichte, deren Bearbeitung in der Regel spezialisierte Software voraussetzt. Der AG definiert hierfür Anforderungen an Attribuierung und Semantik des Modells, die mit Standardfunktionen der BIM-Autorensysteme meist nicht vollständig abgebildet werden können und daher eine Nachbearbeitung mittels Drittsoftware oder im IFC-Quellcode erfordern. Einheitliche, allgemein akzeptierte Vorgaben liegen derzeit nicht vor.

Die AG-seitige Qualitätssicherung erfolgt in der Regel über ein Issue-Management innerhalb einer vom Auftraggeber vorgegebenen Kollaborationssoftware. Da die eingesetzten Systeme variieren, ist jeweils eine separate Einarbeitung erforderlich. Entsprechendes gilt für die jeweilige gemeinsame Datenumgebung (Common Data Environment, CDE), über die die Projektunterlagen verwaltet werden.

## 4. Ausblick und Anregung

Für große Infrastrukturprojekte der Schiene und Straße liegen bei den Verfassern Projekterfahrungen vor. Mit der bürointernen Einführung der BIM-Methodik wurden viele Prozesse bereits angepasst. Dies erfolgt schrittweise und der Prozess ist ein ständig fortschreitender Lernprozess für alle. Nicht einfach umsetzbar ist die unmittelbare Datenintegration externer Dienstleister wie z. B. bodenmechanischer und umweltchemischer Labore. Hier sind noch vielfach händische Übertragungen der ankommenden Daten in digital weiter verarbeitbare Formate erforderlich. Da dies naturgemäß fehleranfällig ist, sind auch diese Vorgänge in der Zukunft weiter anzupassen. Hierzu bedarf es auch der Mitwirkung der Lieferanten sowie der Softwarehersteller.

Aus Sicht der Verfasser ist mit der Entscheidung pro digitale Transformation eben auch die büroeigene Transformation verbunden. Die eingeführten Prozesse werden sinnvollerweise dann auch auf geotechnische Projekte angewendet, die nicht zwingend BIM erfordern. Beispielhaft sei auf die Vorteile der einfachen und schnellen Erfassung öffentlich zugänglicher digitaler Geländedaten hingewiesen. Diese ermöglichen es, die notwendigen Erkundungsprogramme zur Planung der notwendigen Untersuchungen in Lage und Tiefe optimal an die Erfordernisse des Bauwerks anzupassen. Im ersten Modell eingepflegte Altbohrungen oder allgemeine geologische Daten lassen den erwarteten Untergrund bereits in der frühen Projektphase visualisieren. Den Objekt- und Tragwerksplanern und der Bauherrschaft kann das Ergebnis im Anschluss leicht vermittelt werden.

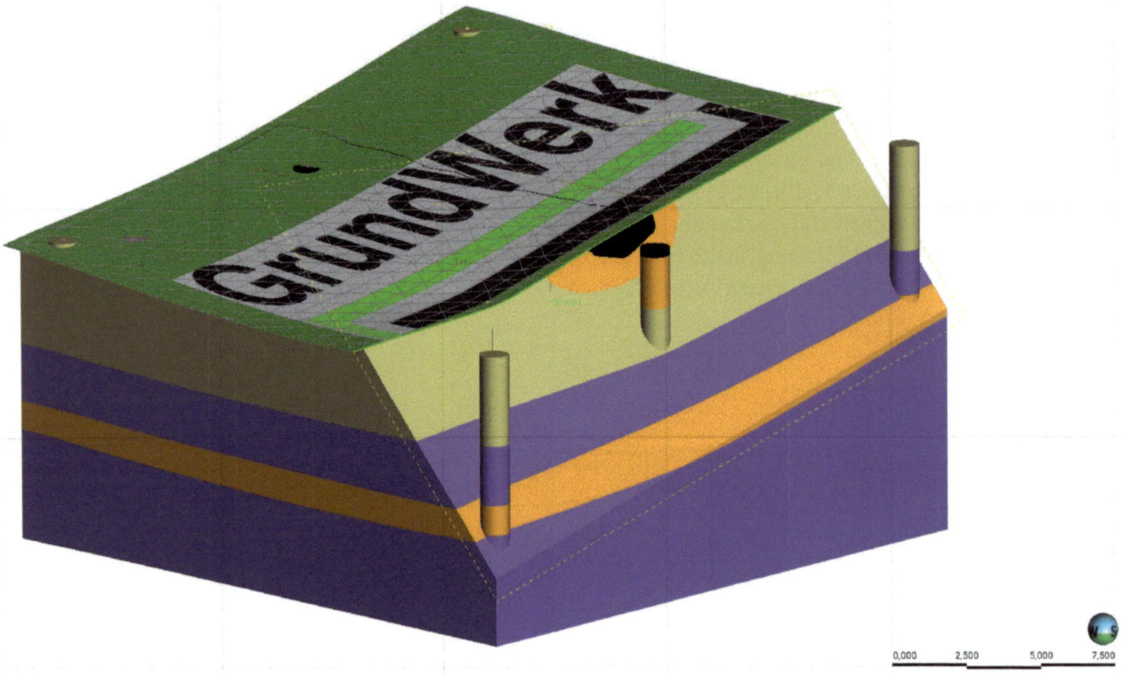


Abbildung 8: Visualisierung Baugrund

Bei der Fachplanung von Lösungen im Spezialtiefbau bietet sich GrundWerk, als geotechnischem Ingenieurbüro, mit dem Einsatz der BIM-Methodik die Möglichkeit der direkten Übernahme des Baugrundmodells z. B. innerhalb der 3D-Baugrubenplanung an.

Die vorgenannten Fragestellungen und die damit verbundene Neuorganisation der internen Büroabläufe sowie der Einsatz moderner BIM-Software verursachen wiederkehrend erheblichen zeitlichen und monetären Aufwand im Unternehmen. Dieser ist dann sinnvoll und gerechtfertigt, wenn der regelmäßige und durchgängige Einsatz der BIM-Anwendungen im Ingenieurbüro gelingt. Dies setzt, neben eigenen Anstrengungen zur Auftragsbeschaffung, auch die notwendigen Auftragschancen in Form von Projekten voraus. Hier zeichnet sich erst in jüngster Vergangenheit ab, dass zumindest für große Infrastrukturmaßnahmen die Bereitschaft zur stringenten Umsetzung der BIM-Methodik bis in den für Bauwerke maßgebenden Baugrund vorhanden ist.

Die Einführung der BIM-Methode in der Geotechnik führt, unabhängig von der Bürogröße, zu erheblichen Kosten. Die Entscheidung darüber, ob die digitale Transformation in der Breite des geotechnischen Marktes gelingt, hängt maßgebend von einer positiven Kosten-Nutzen-Analyse und der Investitionsbereitschaft der einzelnen Büros auf dem Markt ab. Ausgehend davon, dass ausreichend Kapital nur ab einer Mindestbürogröße zur Verfügung stehen dürfte und dem Umstand, dass der Markt noch durch zahlreiche Kleinunternehmen geprägt ist, ist zu erwarten, dass die digitale Bearbeitung nur durch eine stark begrenzte Anzahl an geotechnischen Ingenieurbüros und Ingenieurkonzernen zur Verfügung gestellt werden kann.

Ein sinnvoller BIM-Einsatz im Baugrund ist mit den damit verbundenen erhöhten Projektkosten für den Auftraggeber dann gerechtfertigt, wenn sich daraus ein Mehrwert generiert. Dies ist bereits in Teilen gegeben. So lassen sich Gründungen an die räumliche Modellbildung des Baugrunds anpassen, was bei fachkompetenter Umsetzung zu wirtschaftlich optimierten Lösungen führt. Auf die zu erwartenden bautechnischen Verfahren abgestellte räumliche Homogenbereichsbildungen führen in der weiteren Kostenbetrachtung zu realitätsnahen Prognosen.

Es sei darauf hingewiesen, dass die Qualität der räumlichen Modelle und somit der Prognosen selbstverständlich und nach wie vor, vom Untersuchungsaufwand abhängig ist. Dieser ist gegenüber der analogen Herangehensweise deutlich erhöht. Nur so lassen sich realistische und einen Mehrwert bildende Baugrundmodelle mit den erforderlichen Attributen erzeugen. Der sukzessive Modellaufbau, der den einzelnen Planungsphasen folgt, bietet den Vorteil der schrittweisen Modellverfeinerung, die dem Planungsfortschritt angepasst ist. Dies ist bei großen Infrastrukturmaßnahmen sinnvoll. Bei herkömmlichen Einzelbaumaßnahmen für Brücken, oder Hochbauten ist es zielführend, die vollständigen Daten bereits mit einem Untersuchungsschritt mit der geotechnischen Hauptuntersuchung zu erfassen. Dies sollte in den Anwendungsüberlegungen der verschiedenen Arbeitskreise bedacht werden.

Für die geotechnischen Ingenieurbüros ist die konsequente Anwendung der BIM-Methode erst dann umsetzbar, wenn auch die weiterführenden Werkzeuge eine softwareunabhängige Nutzung der Modelle insbesondere für Berechnungszwecke ermöglicht. Hier zeichnet sich

für die Verfasser auf dem Markt derzeit eher eine gegenteilige Tendenz ab.
Auch für die Datenübernahme an der Schnittstelle der Datenerfassung im Feld und Übergabe in die BIM-Anwendung besteht erheblicher Bedarf an open-source Lösungen.

## 5. Schlussbemerkungen

Die Einführung der BIM-Methodik im Baugrund bietet den geotechnischen Ingenieurbüros Chancen, auch künftig an großen Infrastrukturmaßnahmen in Deutschland mitzuwirken. Da nach eigener Einschätzung davon auszugehen ist, dass auch bei der Planung von größeren Gebäuden oder einzelnen Brückenbauwerken BIM im Baugrund Einzug halten wird, ist es für geotechnische Ingenieurbüros angezeigt, sich der Herausforderung der digitalen Transformation zu stellen.
Die Problematik: Bei erheblichen Investitionskosten in diese Technologie bestehen große wirtschaftliche Risiken.
Die Übernahme dieser Risiken stellt die meisten Ingenieurbüros im Bereich der Geotechnik vor Herausforderungen. Es ist unternehmerisch abzuwägen, ob man künftig nur noch einen begrenzten, von den großen Büros unabhängigen, Zugang zu Projekten in Kauf nimmt und die Chancen in einem kleiner werdenden Markt sieht oder ob man sich den digitalen Aufgaben der Zukunft stellt und somit auch die Chance auf die eigene Zukunftsentwicklung ergreift. Hierzu sind grundsätzliche Strategieüberlegungen notwendig.
*„Fortschritt besteht nicht in der Verbesserung dessen, was war, sondern in der Ausrichtung auf das, was sein wird.“ (Khalil Gibran) [7]*
Für **GrundWerk** ist die Entscheidung bereits vor einige Zeit gefallen.

**Quellen:**


[1] ***Bundesministerium für Verkehr und digitale Infrastruktur (2015):*** *Stufenplan Digitales Planen und Bauen.*

[2] ***Bundesministerium des Innern, für Bau und Heimat (2021):*** *Masterplan BIM für Bundesbauten.*

[3] ***Bundesingenieurkammer (2022):*** *BIM-Start für Ingenieurbüros.*

[4] ***DGGT (2021):*** *Entwicklungsstufen und Attribuierung des Fachmodells Baugrund, Geotechnik 3/21.*

[5] ***FGSV 511 (2018):*** *Merkblatt über geotechnische Untersuchungen und Bemessungen im Verkehrswegebau.*

[6] ***DB InfraGo (2024):*** *Vorgaben zur Anwendung der BIM-Methodik, Version 3.1.*

[7] ***Internet:*** *libanesischer Künstler und Dichter 1883–1931, Quelle: https://beruhmte-zitate.de/zitate*

# Vom Baugrundmodell zum Digitalen Zwilling – Erste Ergebnisse aus dem Forschungsvorhaben DARTS

**David Schneider, M. Eng.**
Technische Hochschule Köln, Fakultät für Bauingenieurwesen und Umwelttechnik

**Prof. Dr.-Ing. Niels Bartels**
Technische Hochschule Köln, Fakultät für Bauingenieurwesen und Umwelttechnik

**Prof. Dr.-Ing. Christoph Budach**
Technische Hochschule Köln, Fakultät für Bauingenieurwesen und Umwelttechnik

**Dr.-Ing. Christian Thienert**
Studiengesellschaft für Tunnel und Verkehrsanlagen – STUVA e.V., Geschäftsbereich Tunnelbau & Bautechnik, Köln

**Dipl.-Ing. Frank Leismann**
Studiengesellschaft für Tunnel und Verkehrsanlagen – STUVA e.V., Geschäftsbereich Tunnelbau & Bautechnik, Köln

**Dr.-Ing. Felix Nagel**
SOCOTEC Ingenieure AG, Bochum

**Dipl.-Inform. Jens Seiler**
SOCOTEC Ingenieure AG, Bochum

**Timotheus Knödler, M. Sc.**
SOCOTEC Ingenieure AG, Bochum

**Zusammenfassung**
Das Forschungsprojekt „Datenbasiertes Routing von Trassen für unterirdische Energietransfer-Infrastrukturen (DARTS)“, gefördert vom Bundesministerium für Forschung, Technologie und Raumfahrt (BMFTR), beschäftigt sich mit der Entwicklung digitaler Werkzeuge zur Unterstützung der Energiewende in Deutschland. Ziel ist die Verbesserung von Infrastrukturprojekten durch die Nutzung digitaler Technologien zur präzisen Planung und Risikoanalyse unterirdischer Energieinfrastrukturen, wie Strom- und Wasserstoffnetzen. Digitale Werkzeuge in Kombination mit dem Digitalen Zwilling ermöglichen hierbei eine umfassende Modellierung und Analyse der Baugrundbedingungen, um die Integration von Daten aus unterschiedlichen Quellen zu fördern sowie die Zusammenarbeit zwischen Beteiligten zu optimieren. Ein Schwerpunkt des Projekts liegt auf der Entwicklung eines digitalen Untergrundmodells auf Basis von Building Information Modelling (BIM), das eine parametrisierte, dreidimensionale Darstellung der Gegebenheiten bietet. Dieses Baugrundmodell bildet zusammen mit konsolidierten infrastrukturellen und umwelttechnischen Daten die Grundlage für einen Digitalen Zwilling, der die Planungsprozesse und Trassensimulationen verbessert, indem er ganzheitliche Informationen bereitstellt. Die Herausforderungen und Chancen der digitalen Baugrundmodellierung sowie deren Einbindung in den Digitalen Zwilling werden in dieser Studie analysiert und Lösungsansätze diskutiert.

## 1. Einführung

Die erfolgreiche Umsetzung der Energiewende ist eine der zentralen Herausforderungen für Deutschland im 21. Jahrhundert. Ein wesentlicher Baustein hierfür ist der massive und zügige Ausbau der Infrastrukturen für den Energietransfer. Dies betrifft sowohl die Schaffung eines neuen Stromübertragungsnetzes auf Basis der Hochspannungs-Gleichstrom-Übertragungstechnik (HGÜ), den Aufbau eines zukünftigen Wasserstoffnetzes, als auch den Ausbau vorhandener konventioneller Netze. Ein Großteil dieser Leitungen soll als Erdkabel oder Pipeline unterirdisch verlegt werden, um die Akzeptanz in der Bevölkerung zu erhöhen und das Landschaftsbild zu schonen [1]. In der Praxis erweisen sich jedoch die zugehörigen Planungs- und Genehmigungsprozesse als erheblicher Engpass, der die dringend benötigten Projekte oft um Jahre verzögert [2].

Verursacht werden Verzögerungen oft durch die Notwendigkeit, eine optimale Trassenvariante zu finden, die eine Vielzahl unterschiedlicher und oft widersprüchlicher Belange abwägt. Kriterien wie Ökologie, Baukosten, technische Machbarkeit, Sicherheit und die Anliegen von Bürgerinnen und Bürgern müssen in einem transparenten Prozess berücksichtigt werden [3]. Eine maßgebliche Einflussgröße ist dabei die Beschaffenheit des Untergrunds. Die Planung erfordert die Integration und Bewertung einer enormen Menge heterogener Daten. Diese reichen von geologischen Karten, Bohrprofilen und bodenmechanischen Kennwerten bis hin zu Informationen über bestehende Infrastruktur, und Randbedingungen wie Kampfmittelbelastung, archäologische Fundstätten und Schutzgebiete. Bislang erfolgt diese anspruchsvolle Aufgabe überwiegend manuell und ohne durchgängige digitale Werkzeuge. Dies führt zu intransparenten Entscheidungsprozessen, die für die Öffentlichkeit schwer nachvollziehbar sind und somit die Akzeptanz für Infrastrukturprojekte gefährden.

An dieser Stelle setzt das Forschungsprojekt DARTS (Datenbasiertes Routing von Trassen für unterirdische Energietransfer-Infrastrukturen) an. Das übergeordnete Ziel ist die Entwicklung und Demonstration neuer digitaler Werkzeuge, um den Planungsprozess für unterirdische Leitungstrassen signifikant zu verbessern und zu beschleunigen. Der Kern des Forschungsansatzes ist die Entwicklung eines Workflows/Algorithmus, der automatisiert einen optimierten Trassenverlauf im Untergrund ermittelt. Hierfür werden relevante, georeferenzierte Informationen akquiriert und in einem multikriteriellen Entscheidungsprozess parametrisiert, um verschiedene Belange objektiv abzuwägen.

Um dieses Ziel zu erreichen, stützt sich das Projekt auf vier zentrale Innovationssäulen, die einen bruchfreien digitalen Informationsfluss gewährleisten sollen:

- Ein Digitales Untergrundmodell auf Basis von Building Information Modelling (BIM) als zentrale, dreidimensionale Datenbasis.
- Ein Multikriterieller Entscheidungsprozess (z. B. der sogenannte Analytische Hierarchieprozess), der Untergrunddaten und komplexe Randbedingungen gewichtet und dadurch in funktionale, bewertbare Kennwerte überführt. Diese Kennwerte können als Widerstände interpretiert werden, die einer Trassenführung entgegenwirken.
- Ein Routing-Algorithmus, der auf Basis der bewerteten Widerstände den „Weg des geringsten Widerstands“ und somit die optimale Trasse und geeignete Alternativen zwischen Start- und Endpunkt findet.
- Letztlich ein Digitaler Zwilling, der die Ergebnisse, inklusive potenzieller Kollisions-punkte mit bestehender Infrastruktur, plakativ visualisiert und die Entscheidungsfindung auch für Laien nachvollziehbar und transparent darstellt.

Die vorliegende Veröffentlichung erläutert die technologischen Grundlagen und den Gesamtprozess, also den Weg von georeferenzierten Daten und dem Baugrundmodell letztlich bis zum Digitalen Zwilling.

## 2. Grundlagen des Digitalen Zwillings

Der Digitale Zwilling stellt ein zentrales Werkzeug für die Digitalisierung und Optimierung von Infrastrukturprojekten im Boden- und Felsbau dar. Im Rahmen des Projekts DARTS wird diese Technologie genutzt, um sämtliche planungs-, ausführungs- und betriebsrelevanten Informationen in einem konsistenten, digitalen Modell zu integrieren. Die Funktion des Digitalen Zwillings, gemäß der Definition in DIN SPEC 91607 (2024), beruht auf der digitalen Abbildung des Zustands, Verhaltens und der fortlaufenden Veränderungen eines physischen Systems, das fortlaufend überwacht und analysiert werden kann. Diese Kopplung hebt solche Modelle von herkömmlichen, geometrischen Repräsentationen oder statischen Datenbanken ab und ermöglicht, dass Veränderungen im physikalischen System unmittelbar und transparent im Digitalen Zwilling abgebildet werden [5]. Herzstück des Ansatzes ist die umfassende Integration von Geodaten, Betriebsdaten, Bauwerksdaten sowie Umweltdaten, die mit geometrischen Elementen verknüpft werden. Diese werden so kombiniert, dass sie eine realitätsnahe und dynamische Datenbasis für die Planung, Ausführung und Überwachung der Bauvorhaben bereitstellen. Die Flexibilität solcher Modelle liegt in der Fähigkeit, verschiedene Projektstadien abzubilden, sowohl den geplanten („as-planned“) als auch den tatsächlich realisierten („as-built“) Zustand [6]. Damit eröffnen sich weitreichende Möglichkeiten zur Analyse von Abweichungen, Qualitätssicherung, Prognose zukünftiger Entwicklungen und Erstellung von Entscheidungsgrundlagen für das Projektmanagement.

Eine Analyse von klassischen Planungsprojekte im Rahmen des Projekts DARTS ergab, dass eine Vielzahl von Stakeholdern involviert sind, z. B. Bauherren, Behörden, Planungs- und Ingenieurbüros, Versorgungsunternehmen und viele mehr. Jeder Akteur bringt eigene Datenquellen, Formate und Anforderungen mit, was die heterogene Ausgangslage unterstreicht. Hinzu kommen verschiedene Übertragungswege der benötigten Daten, die eine hohe Flexibilität und Kompatibilität bei der Datenintegration erfordern.

Die Herausforderung steigert sich durch den Einsatz unterschiedlicher Softwarelösungen und den daraus resultierenden Austauschformaten. Häufig werden proprietäre Formate genutzt, deren Interoperabilität beschränkt ist. Trotz der Empfehlung und Verbreitung des herstellerneutralen IFC-Formats zeigen sich in der Praxis noch Defizite, insbesondere bei der Implementierung der aktuellen Version in bestehende Softwaresysteme und Workflows. Solche Defizite führen dazu, dass eine vollautomatisierte, verlustfreie Datenfusion, also die Zusammenführung zu einem gesamtheitlichen Digitalen Zwilling, nicht immer gegeben ist.

Zur Lösung dieser Herausforderungen setzt DARTS auf ein mehrstufiges Vorgehen: (1) Zunächst wird bei der Datenbeschaffung auf offene Geodatenportale und spezialisierte Fachdatenbanken zurückgegriffen. (2) Für spezielle Aufgaben, wie das Routing der Trasse, wird ein Koordinatenraster herangezogen, das mit entscheidungsrelevanten Attributen (z. B. Bebauung, Schutzgebiete, Verkehrsinfrastruktur) bestückt wird. (3) Die Effizienzsteigerung wird durch automatisierte Attribuierungsverfahren realisiert, die den Massendatenimport, die Aktualisierung und das Auslesen objektspezifischer Attribute ermöglichen.

Auch im Bereich der Modellierung des Untergrunds werden automatisierte Integrationsworkflows imple-mentiert. Insbesondere bei geotechnischen Daten, etwa Bohrprofilen oder Aufschlussmessungen, ist dies aufgrund nicht standardisierter Bezeichnungen, Datentiefen und Übermittlungswegen eine zeitintensive Aufgabe. Zusätzlich haben die inkonsistenten Deklarationen neben der aufwendigen manuellen Aufbereitung auch eine höhere Fehleranfälligkeit zu Folge. Hier werden Verfahren entwickelt, die sowohl die strukturierte Extraktion als auch die Vereinheitlichung für das Baugrundmodell sicherstellen.

(etwa Bestandsleitungen, Flächen oder Bauwerke) und Planungsmodellen (z. B. geplante Tunnel, Schutzrohre oder Leitungen) bildet das Rückgrat einer ganzheitlichen Nachbildung der Realität.

Insgesamt zeigt sich, dass der konsequente Einsatz von offenen Standards, automatisierten Workflows und die prozessorientierte Abstimmung der Datenschnittstellen dazu beitragen, den Digitalen Zwilling als fortschrittliches Werkzeug zur Planung, Ausführung und Steuerung von Infrastrukturprojekten zu etablieren. Der Mehrwert äußert sich in erhöhter Planungssicherheit, besserer Nachvollziehbarkeit des Baugeschehens sowie einer nachhaltigeren Dokumentation über den gesamten Lebenszyklus komplexer Bauvorhaben.

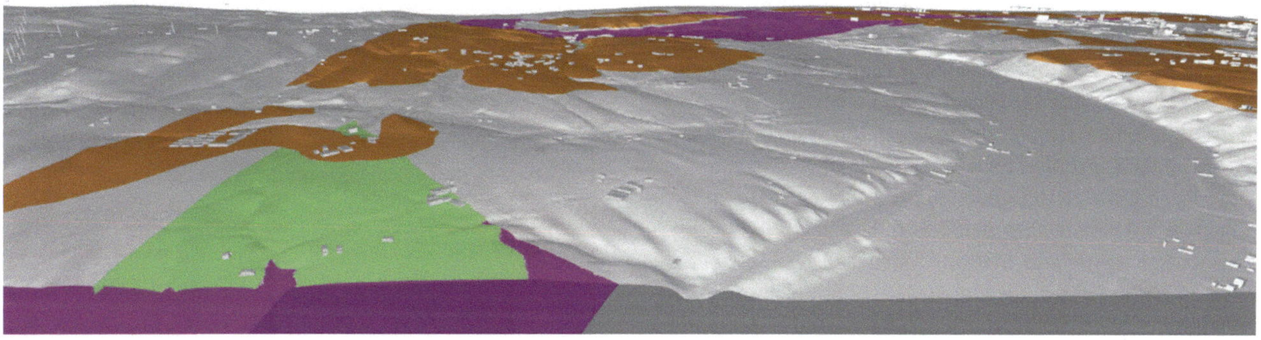

Abb. 1: Ausschnitt aus dem Baugrundmodell kombiniert mit den Digitalen Gebäudemodellen

Für die Dokumentation, den Austausch und die Weiterverarbeitung der einzelnen Datensätze bilden standardisierte Datenschnittstellen die Grundlage: Der Import oder Export von Planungsdaten erfolgt je nach Anwendungsfall über standardisierte CSV- oder IFC-Dateien. IFC hat den Vorteil, dass es als universelles Modell zur Integration geometrischer, fachlicher und betrieblicher Informationen fungiert, sodass Fach- und Subfachmodelle im Rahmen des Zwillings zusammengeführt und konsistent ausgewertet werden können. Ein Beispiel für eine solche Datenkonsolidierung ist in Abb. 1 dargestellt, wo das Fachmodell Baugrund und die Digitalen Gebäudemodelle der Bestandsbebauung zusammengeführt sind. Das Zusammenwirken von Objekten aus dem Bestand

## 3. Datenkonsolidierung und Modellierung

Der erste Schritt erfolgt mit der Identifikation von relevanten Daten, die für die Lösung der entsprechenden Aufgabenstellung erforderlichen sind. Neben der Festlegung von Start- und Zielpunkt (Definition des Untersuchungsraumes) sowie des zu verlegenden Mediums, stellen folgende konsolidierte infrastrukturelle und umwelttechnische Datensätze mit entsprechenden Inhalten die Grundlage für den Digitalen Zwilling dar.

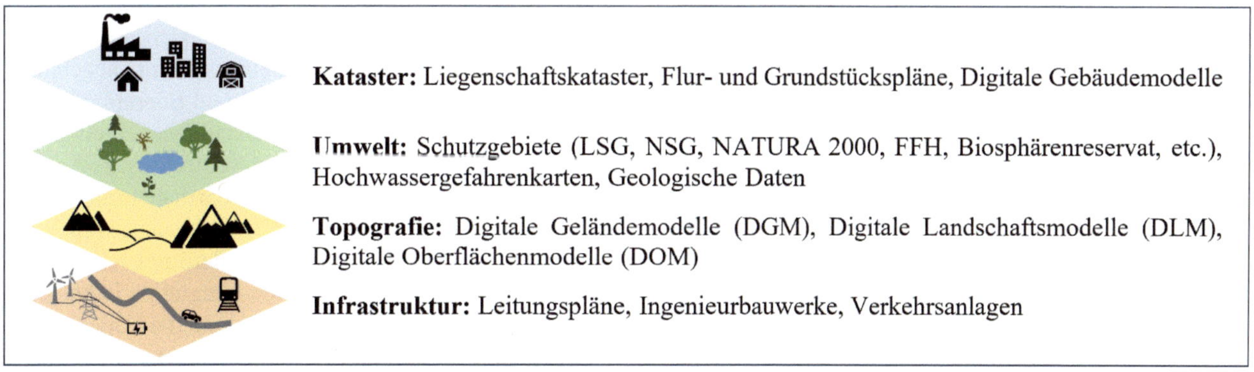



Abb. 2: Symbolhafte Darstellung der eingebundenen Datensätze

Die Abb. 2 zeigt eine strukturierte Schichtdarstellung, in der unterschiedliche Datensätze als aufeinanderliegende Layer visualisiert sind. Dabei bündeln die einzelnen Layer thematisch zusammengehörige Datengruppen: Der Kataster-Layer fasst flächenbezogene Informationen zu Grundstücken und Gebäuden zusammen, die essenzielle Grundlagen für die räumliche Zuordnung bilden. Der Umwelt-Layer integriert relevante ökologische und geologische Daten, die wichtige Schutz- und Risikoaspekte abbilden. Der Topografie-Layer liefert die dreidimensionale Basisstruktur der Landschaft, auf der alle weiteren Informationen aufgebaut werden. Schließlich fasst der Infrastruktur-Layer sämtliche Bau- und Versorgungseinrichtungen zusammen, die für Planung, den Bau und den Betrieb von Bedeutung sind. Diese modulare Aufteilung ermöglicht eine flexible Analyse und Visualisierung für den Digitalen Zwillings, indem einzelne Aspekte selektiv ein- oder ausgeblendet werden können.
Die Daten können entweder lokal als Download, oder über WMS-Dienste automatisiert über das amtliche Liegenschaftskatasterinformationssystem (ALKIS) bezogen werden. Diese Grundlagendaten werden mit Nennung der jeweiligen Layer/Layergruppen in Fach- und Submodelle unterteilt. Die Datensätze können mit GIS-Software (z. B. QGIS, Civil3D) als Vectorlayer eingeladen und aufbereitet werden. Hierbei werden die Daten auf den exakten Untersuchungsraum beschnitten, die Auswahl der relevanten Layergruppen getroffen und im Anschluss die Daten als IFC exportiert. Im nächsten Schritt können über eine Koordinationssoftware (z. B. VDC Manager früher: Desite BIM) alle Fachdaten und Modelle zusammengeführt und über die JavaScript-Schnittstelle für den Algorithmus verfügbar gemacht werden.

## 4. Erweiterung des digitalen Modells

Die Weiterentwicklung des Digitalen Zwillings im Projektkontext DARTS bedeutet, dass das digitale Baugrundmodell schrittweise mit zusätzlichen, fachlich relevanten Datenquellen angereichert wird. Der Fokus liegt dabei insbesondere auf geologischen, umwelttechnischen und laboranalytischen Informationen, um einen möglichst umfassenden Eindruck von den Randbedingungen und Risiken eines Projekts zu erhalten. Geologische und umweltbezogene Eingangsdaten stellen hierbei eine kritische Grundlage für die Planung von Bauwerken im Untergrund dar. Hierzu zählen u. a. Informationen über Bodenarten, Schichtgrenzen, Grundwasserstände, Schadstoffbelastungen sowie Ergebnisse aus Feld- und Laboruntersuchungen. Der Digitale Zwilling ermöglichen es diese Informationen in einem Modell zu visualisieren und damit einen Fokus auf Points of Interest zu setzen.
Die Aufnahme und Übertragung dieser Informationen in den Digitalen Zwilling beruht auf etablierten wie auch neuen digitalen Austauschformaten. IFC unterstützt dabei den durchgängigen Austausch von Daten über alle Phasen des Lebenszyklus eines Bauwerks, von der Planung und Konstruktion über Betrieb und Wartung bis hin zum Rückbau. Für die Integration geotechnischer Daten bietet IFC spezielle Klassen wie IfcGeotechnicalElement, IfcGeomodel und IfcBorehole, in denen beispielsweise Bohrprofile und Geländeabschnitte abgebildet werden können. Die Struktur dieser Klassen ist in Abbildung 2 dargestellt. Über sogenannte Property Sets (PSets) lassen sich Attribute zu geologischen Schichten, Materialkennwerten und weiteren Eigenschaften zuweisen. Die Attribute zur Beschreibung der Klassen IfcBorehole, IfcGeomodel und IfcGeoslice umfassen in erster Linie allgemeine Informationen und Daten zum Entwurf des Objekts, während die tatsächlichen Bodeneigenschaften durch die Attribute von IfcGeotechnicalStratum definiert werden können. Über Verknüpfungen können Informationen aus IfcGeotechnicalStratum dann mit den in der Abbildung 2 lila gefärbten Klassen verbunden werden [7].

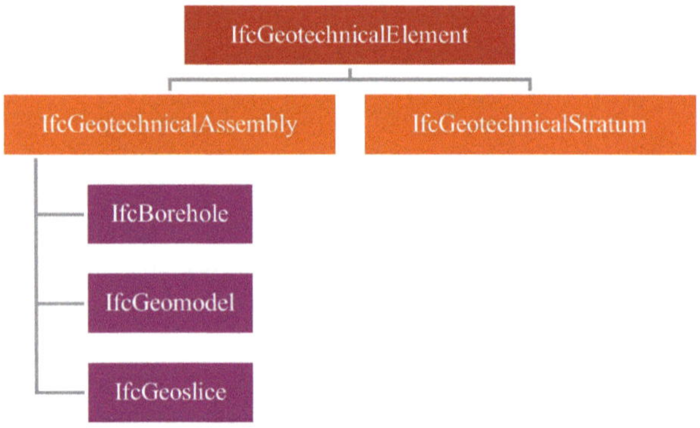


Abb. 3: Struktur der verfügbaren geotechnischen Klassen in IFC 4.3 [7]

Allerdings zeigten Analysen im Rahmen von DARTS, dass IFC im Bereich der Geotechnik noch nicht alle Anforderungen vollständig abdeckt. Zwar können grundlegende Informationen zur Beschreibung des Baugrunds und der Untergrundschichten hinterlegt werden, jedoch fehlt es bislang an der Möglichkeit, Spannweiten für Parameter zu erfassen oder Laborproben und deren Analysedaten strukturiert zu integrieren. Insbesondere Parameter wie die Korngrößenverteilung, Dichte, Konsistenzgrenzen, Bindigkeit oder die chemische Kontamination des Bodens sind für den Fachbereich essenziell, werden aber im aktuellen IFC-Standard nur eingeschränkt abgebildet. Spezialformate wie AGS, DIGGS und BoreholeML bieten hier eine größere Tiefe und Detailgenauigkeit, da sie speziell für geotechnische und umwelttechnische Anwendungen konzipiert wurden. Diese Formate ermöglichen die strukturierte Ablage von Laboruntersuchungen, Feldversuchen und Probentransport. Allerdings fehlt diesen Formaten häufig die umfassende Integration in bautechnisch-parametrisierte 3D-Modelle und die Verknüpfung mit anderen Gewerken, wie sie IFC bietet.
Der Mehrwert des Digitalen Zwillings kommt insbesondere dann zur Geltung, wenn Geodaten, Umwelt- und Laborwerte systematisch integriert und kontinuierlich gepflegt werden. Mit zunehmender Anreicherung steigt die Aussagekraft des Modells in Bezug auf die Realitätsnähe und die Basis für die Einbindung von Monitoringdaten im späteren Betrieb. Eine nicht zu unterschätzende Aufgabe

besteht darin, über alle Projektphasen hinweg die Harmonisierung und Standardisierung der gesammelten Parameter zu gewährleisten. Unterschiedliche Benennungen, Maßeinheiten oder Dateiformate zwischen Fachdisziplinen können die automatische Weiterverarbeitung behindern. Hier sind projektspezifische Kataloge und digital festgehaltene Definitionsregeln nötig, die von Anfang an im System gepflegt werden.
Die Erweiterung des Modells führt auch dazu, dass immer mehr Fachbereiche von den Visualisierungen und Auswertungen im Digitalen Zwilling profitieren: So kann die Erstellung des Leistungsverzeichnisses vom Erdbau durch das präzise Untergrundmodell mit Materialeigenschaften erfolgen. Umweltplaner profitieren von den Informationen zu Schutzgebieten und Immissionsrisiken und Netzbetreiber erhalten Kennwerte für spätere Wartungs- und Überwachungsaufgaben. Spezielle Funktionen zur Kollisionskontrolle, die Visualisierung räumlicher Zusammenhänge und für Laien verständliche Darstellungen unterstützen zudem den Austausch mit Genehmigungsbehörden, Öffentlichkeit oder Fachplanern anderer Disziplinen.
Von der Anreicherung der Planungsdaten mit weiteren raumbezogenen Informationen in einem gesamtheitlichen Modell werden sich mehrere Vorteile versprochen. Deshalb soll ein dynamisches Modell entstehen, das die Verbindung von einem klassischen Planungsinstrument hin zur zentralen Steuerungs- und Dokumentationsplattform für die gesamte Lebensdauer eines Infrastrukturprojekts bildet.
Zusammenfassend bietet die fortlaufende Anreicherung des Digitalen Zwillings mit geologischen, umwelttechnischen, laboranalytischen und betriebstechnischen Daten die Grundlage für eine noch genauere und verlässlichere Planung und Nachverfolgung von Infrastrukturprojekten. Gleichzeitig legt dieser Ansatz Schwächen im Status quo der Standardisierung offen, insbesondere was die vollständige Integration von Laborproben und Umweltanalysen betrifft.

## 5. Herausforderungen und Chancen

Die Einführung des Digitalen Zwillings im Rahmen von DARTS eröffnet erhebliche Chancen zur Verbesserung von Planungs-, Ausführungs- und Betriebsprozessen. So liegen die Vorteile in der Möglichkeit, größere Datenmengen verschiedener Herkunft effizient zu bündeln, fachübergreifend auszuwerten und damit die Planungsqualität sowie die Abstimmung zwischen den Akteuren grundlegend zu verbessern. Durch die Zusammenführung von Geodaten, Betriebsinformationen und baubezogenen Parametern können Kollisionen zwischen bestehenden und geplanten Infrastrukturen frühzeitig erkannt und vermieden werden. Die automatisierte Integration dieser Informationen reduziert Planungszeiten und macht Entscheidungsprozesse transparenter.
Gleichzeitig fordert der Digitale Zwilling einen grundlegenden Wandel im Umgang mit Daten. Eine der zentralen Hürden ist die Vielzahl an Beteiligten und Datenquellen, von Bauherren über Behörden bis hin zu technischen Dienstleistern und Netzbetreibern. Jeder Akteur bringt spezialisierte Daten, Formate und eigene Softwarelösungen ein. Der Koordinationsaufwand ist hoch, und zwischen Einreichung, Kontrolle und Weiterverarbeitung der unterschiedlichen Informationspakete sind zahlreiche Abstimmungen erforderlich.
Ein weiteres Hemmnis ist die noch unvollständige Implementierung moderner Austauschformate in der Praxis: Zwar ist das IFC-Format als Standard für die digitalisierte Baubranche etabliert, doch neuere Versionen sind oft sogar in den weitverbreiteten Softwaresystemen nicht verfügbar. Fehlende Kompatibilität erschwert die automatische Datenübernahme und erhöht den Aufwand für Konvertierung und Harmonisierung der Daten. Hinzu kommt, dass gerade bei geotechnischen und umweltbezogenen Daten die Klassifikationen und Benennungen nicht immer konsistent vorliegen, sodass eine manuelle Verarbeitung zur Standardisierung und Segmentierung notwendig werden.
Die technische Herausforderung bei der Automatisierung der Datenintegration wird durch die unterschiedliche Leistungsfähigkeit der Werkzeuge verstärkt. Erste Versuche mit bestehenden Softwareerweiterungen, wie das Plug-in Dynamo für Civil 3D von Autodesk, führten teils zu langen Rechenzeiten und geringer Wirtschaftlichkeit. Der Wechsel im Forschungsprojekt auf GIS-basierte Lösungen, die eine direkte Verarbeitung von standardisierten Geodaten ermöglichen, hat hier Effizienzgewinne gebracht und erschließt zudem neue Möglichkeiten zur Weiterverarbeitung und Attribuierung großer Datenmengen. Für das Routing von Trassen wurde zum Beispiel ein Punktraster mit eindeutigen Kennungen und umweltrelevanten Attributen als Austauschformat entwickelt, das den Austausch und die Automatisierung der Planung deutlich erleichtert.
Die Erfahrungen aus dem Projekt zeigen, dass der Digitale Zwilling als Plattform für eine einheitliche, aktuelle und fachübergreifend nutzbare Datenbasis unerlässliche Vorteile bietet. Er vereinfacht Abstimmungsprozesse erheblich, hebt die Qualität der Planungsgrundlagen, erhöht die Transparenz für alle Beteiligten und ermöglicht einen effizienteren Ressourceneinsatz.

## 6. Schlussfolgerungen und Ausblick

Die bisherigen Ergebnisse belegen die zentrale Rolle des Digitalen Zwillings als Innovationstreiber in der Bauindustrie. Die Fähigkeit, heterogene Datenquellen zu bündeln, die Prozesse der Planung, der Ausführung und des Betriebs unter Beteiligung verschiedenster Akteure effizient zu koordinieren und zugleich eine transparente und aktuelle Datenbasis bereitzustellen, ermöglicht eine erhebliche Qualitäts- und Effizienzsteigerung.
Die kontinuierliche Weiterentwicklung des Digitalen Zwillings wird maßgeblich davon abhängen, inwieweit Standardformate wie IFC sowie flexible Schnittstellentechnologien flächendeckend implementiert und von allen Beteiligten genutzt werden. Nur so kann das volle Potenzial einer durchgängigen Automatisierung und modularen Erweiterung der Modelle realisiert werden. Künftig

wird der Fokus verstärkt auf der Optimierung der Datenintegration, der weiteren Automatisierung von Klassifikationsprozessen, etwa bei Boden- und Umweltdaten, sowie dem Ausbau der Funktionalitäten zur Visualisierung und Analyse komplexer Sachverhalte liegen.
Ein weiterer Entwicklungsschritt ist die Berücksichtigung von Nachhaltigkeitsaspekten und Lebenszyklusanalysen. Ziel ist den Digitalen Zwilling mit Informationen aus der Nachhaltigkeitsbetrachtung eines Bauvorhabens anzureichern. Dabei soll er die Einbindung von Informationen zu Energieverbrauch, Stoffströmen und Emissionen ermöglichen, wodurch auch die Betrachtung von ökologischen Projektzielen erfolgen kann.
Insgesamt repräsentiert der Digitale Zwilling die kommende Generation des Infrastrukturmanagements. Er transformiert die Art und Weise, wie Projekte geplant, umgesetzt und betreut werden, und eröffnet Perspektiven für eine umweltgerechtere, ressourcenschonendere und langfristig effizientere Baupraxis. Die Verbreitung von Best-Practice-Modellen in Wissenschaft und Praxis fördert zudem die zügige Etablierung dieser Technologien und Prozesse in der gesamten Bauwirtschaft. So wird der Digitale Zwilling zu einem Schlüsselelement für die nachhaltige, vernetzte und innovative Zukunft der Bau- und Infrastrukturplanung.

## Danksagung

Die Autoren dieses Beitrags möchten an dieser Stelle dem BMFTR ihren Dank aussprechen, das diese Arbeit und das Projekt „DARTS“ im Rahmen des Programms Geoforschung für Nachhaltigkeit (GEO:N) maßgeblich unterstützt hat.
Es sei an dieser Stelle ebenfalls dem assoziierten Partner, der RheinNetz GmbH, besonderer Dank ausgesprochen. Dies betrifft die Bereitstellung von Geodaten sowie die Begleitung des Projekts.

## Literatur

[1] F. Weber und J. Dittel, „Stromnetzausbau in Deutschland und Landschaft,“ *Handbuch Landschaft*, S. 1211–1223, 2024. doi: 10.1007/978-3-658-42136-6_93. [Online]. Verfügbar unter: https://link.springer.com/chapter/10.1007/978-3-658-42136-6_93

[2] J. Nitsch *et al.*, *Langfristszenarien und Strategien für den Ausbau der erneuerbaren Energien in Deutschland bei Berücksichtigung der Entwicklung in Europa und global*, 2012. [Online]. Verfügbar unter: https://www.researchgate.net/profile/michael-sterner/publication/259895385_langfristszenarien_und_strategien_fur_den_ausbau_der_erneuerbaren_energien_in_deutschland_bei_berucksichtigung_der_entwicklung_in_europa_und_global/links/570c089e08aee0660351aa71/langfristszenarien-und-strategien-fuer-den-ausbau-der-erneuerbaren-energien-in-deutschland-bei-beruecksichtigung-der-entwicklung-in-europa-und-global.pdf

[3] T. Frey, J. Manser, P. Bieri und A. Oostlander, „Digitale Trassierung von Stromleitungen: Freileitungen und Erdkabel automatisiert planen,“ *bulletin Electrosuisse*, Early Access.

[4] *Digitale Zwillinge für Städte und Kommunen*, DIN SPEC 91607, Berlin, Nov. 2024.

[5] C. Liu, P. Zhang und X. Xu, “Literature review of digital twin technologies for civil infrastructure,” *Journal of Infrastructure Intelligence and Resilience*, Jg. 2, Nr. 3, S. 100050, 2023, doi: 10.1016/j.iintel.2023.100050.

[6] N. Bartels, *Strukturmodell zum Datenaustausch im Facility Management*, 1. Aufl. (Springer eBook Collection). Wiesbaden: Springer Fachmedien Wiesbaden; Imprint Springer Vieweg, 2020.

[7] buildingSMART International. „IFC4.3.2.0 Documentation.“ Zugriff am: 23. Mai 2024. [Online.] Verfügbar: https://standards.buildingsmart.org/IFC/RELEASE/IFC4_3/index.html

# Digitale Baugrundmodelle und automatisierte Workflows als integrale Bestandteile geotechnischer Planung im BIM–Prozess

**Edwin Machleit, M. Sc.**
GTU Mobility GmbH & Co. KG, NL Karlsruhe

**Dr.-Ing. Johannes Labenski**
GTU Mobility GmbH & Co. KG, NL Karlsruhe

**Albert Riehm, M. Sc.**
GTU Mobility GmbH & Co. KG, NL Karlsruhe

**Friedemann Kötzel, M. Sc.**
GTU Mobility GmbH & Co. KG, NL Stuttgart

**Dr.-Ing. Jannik Beuße**
GTU Mobility GmbH & Co. KG, NL Hamburg

**Zusammenfassung**
Die Geotechnik befindet sich im Wandel hin zu datenbasierten und digital gestützten Workflows. Das digitale Baugrundmodell (DBGM) dient dabei als zentrale, georeferenzierte Datenquelle und ermöglicht eine konsistente Verarbeitung heterogener Bestands- und Erkundungsdaten. Automatisierte Workflows unterstützen Modellierung, Attribuierung und Unsicherheitsanalyse und beschleunigen insbesondere Infrastrukturgroßprojekte. Modellbasierte Auswertungen – bis hin zu 3D-Boden-Bauwerk-Interaktionen – erhöhen die Planungsrobustheit und Transparenz. Eine strukturierte Datenbank erleichtert zudem den Wissenstransfer. Insgesamt steigert der Einsatz von DBGM und (teil-)automatisierten Workflows die Qualität und Effizienz geotechnischer Projekte deutlich.

## 1. Einführung

Die Geotechnik erlebt derzeit einen Paradigmenwechsel durch Digitalisierung: Etablierte Prozesse werden zunehmend durch digitale Werkzeuge und automatisierte Workflows hinterfragt und ergänzt. Die Geotechnische Fachwelt hat längst den Nutzen der Digitalisierung erkannt und diskutiert diesen regelmäßig im Rahmen nationaler und internationaler Fachkonferenzen [1] – [4]. Auch das sog. Fachmodell Baugrund [5] – [7] ist dem Grunde nach bereits im BIM-Prozess und Projekten angekommen, wenngleich sich Auftraggeber Anforderungen, Umsetzbarkeit und praktischer Einsatz längst noch nicht auf einer Wellenlänge befinden. Dabei ist das digitale Baugrundmodell in Kombination mit automatisierten Workflows aus Sicht der Autoren ein, wenn nicht sogar der integrale Baustein zur effizienten Abwicklung heutiger Geotechnischer (Groß-)Projekte und Planungen. Grundlage dafür ist lediglich, dass Daten strukturiert, georeferenziert und wiederverwendbar abgelegt werden [8] – [10].

Gerade Großprojekte leiden in der Umsetzung häufig unter unklaren Baugrunddaten, Medienbrüchen und langen Iterationen zwischen Baugrunderkundung, Datenauswertung und anschließender Planung. In den aktuell bearbeiteten Projekten der Autoren wird daher ein durchgängig digitaler Workflow implementiert, in dessen Mittelpunkt das digitale Baugrundmodell (DBGM) als zentrale Single Source of Truth (SSOT) steht und sämtliche fachtechnischen Daten konsistent führt. Die Verarbeitung der Daten erfolgt dabei sowohl im Pre- als auch Postprocessing mindestens teilautomatisiert mit dem Ziel mittelfristig vollständig automatisierte Workflows zu etablieren.

## 2. Workflow

In Abb. 1 ist der vereinfachte, digitale Workflow für den Einsatz und die Nutzung des DBGM darstellt. Im Zentrum steht das DBGM, welches mittels *Leapfrog Works* der Fa. Seequent erstellt wird. Die Daten für das DBGM sollten grundsätzlich aus einer Datenbank kommen, sodass immer ein aktueller Datenbestand genutzt wird. Über teilautomatisierte Workflows lässt sich das DBGM in verschiedenen Datenformaten in Berechnungsmodellen, z. B. 2D/3D FEM-Berechnungen und Parametrischen Bemessungsmodellen, nutzen. Die Bereitstellung des DBGM erfolgt über eine Datenaustauschplattform (CDE) mit dem Auftraggeber. Dabei kann die Bereitstellung des DBGM in Form von attribuierten IFC-Modellen, CAD kompatiblen Schichtflächen und 2D Schnittdarstellungen, z. B. in den Geotechnischen Berichten, erfolgen. Insbesondere der Aufwand der Attribuierung kann je nach Anforderungen der Auftraggeber stark variieren. Hier empfehlen sich automatisierte Workflows, z. B. über Python, die ganze 3D Modelle innerhalb kürzester Zeit in ein holistisches Datenmodell verwandeln.

Der komplizierteste und aufwendigste Teil des gesamten Workflows ist die Datenerhebung und -verarbeitung. Ausgangspunkt sind hier in der Regel heterogene Bestände: Altbohrungen und -gutachten des Auftraggebers, Daten der Geologischen Landesdienste, Vermessung (CRS/Höhen), Digitale Geländemodelle (DGM) sowie parallel laufende Baugrunderkundungen inkl. entsprechender Laborversuche der aktuellen Leistungsphase. Viele Bestandsdaten liegen oft nur als PDF, viele geologische Karten oft schon in einem GIS-Format vor. Immer öfter können auch Baugrunddaten in Form von z. B. Access Datenbanken oder .bop Dateien übergeben werden, insofern die Datenübergabe in vorangegangen Leistungsphasen durch den Auftraggeber mitbeauftragt wurde. Während PDF-Dateien vor Nutzung zunächst aufwendig, oft noch per Hand, digitalisiert werden müssen, können offene (Datenbank-)Formate bereits teilautomatisiert verwertet werden, um sie für die eigene Datenbankstruktur nutzbar zu machen. Vor sinnvoller Nutzung sämtlicher Daten ist in jedem Fall eine Dubletten- und Plausibilitätsprüfung erforderlich. Insbesondere die Plausibilitätsprüfung ist ein wichtiger Schritt des gesamten Prozesses, um fehler- bzw. zweifelhafte Daten von vornerein auszuschließen. Dabei stellt die Überprüfung der Vermessungsdaten den ersten und mitunter wichtigsten Schritt der Plausibilitätsprüfung dar. Im 3D Raum falsch referenzierte Bohrungen und Sondierungen führen unmittelbar zu einer falschen Interpretation des Baugrunds, unabhängig davon, ob im DBGM oder auf „klassische" Weise gearbeitet wird.

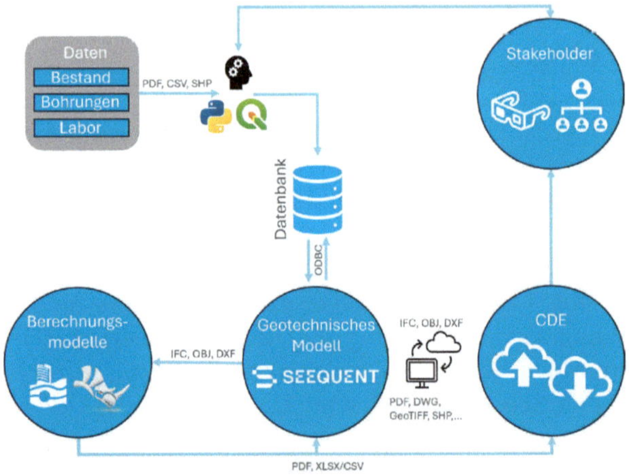


Abb. 1: BIM in der Geotechnik – Workflow

Die Erhebung der eigenen Felddaten erfolgt über hauseigene, oft GIS-basierte Apps, um Datenübertragungsfehler von vornerein auszuschließen. Die Datenausgabe erfolgt dabei strukturiert (z. B. CSV/JSON) und fließt ohne Medienbruch in die Datenbank ein. Der initiale Aufwand für die Umsetzung eines solchen Workflows kann geringgehalten werden, indem man auf den *minimum valuable product* Ansatz zurückgreift. Zu Berücksichtigen ist, dass man den Aufwand i. d. R. nur einmal treiben muss und dann konsistent in Projekten darauf zurückgreifen kann, sodass sich die Projektmitarbeiter auf die fachliche Arbeit fokussieren können.

Auch wenn die Prozesse und Workflows, wie in Abb. 1 dargestellt, digitaler werden und man in Projekten zunehmend mit BIM-Anforderungen konfrontiert wird, bleibt die fachliche Rolle des Sachverständigen für Geotechnik essenziell für die Auswertung und Bewertung der Baugrunddaten. Es ändern sich *lediglich* die Werkzeuge, die fachliche Expertise und Erfahrung bleibt beim Sachverständigen für Geotechnik.

## 3. Infrastrukturgroßprojekte

Im folgenden Abschnitt wird exemplarisch aufgezeigt, wie das DGBM und automatisierte Workflows in aktuellen Infrastrukturgroßprojekten eingesetzt werden, um Entscheidungen in Erkundung, Planung und Dokumentation zu beschleunigen, transparenter zu gestalten und risikobewusst zu steuern.

### 3.1 Anforderungen

Infrastrukturgroßprojekte haben im Vergleich zu kleinräumigen, klassischen Projekten einige besondere Anforderungen an die Projektarbeit und damit einhergehend an das DGBM.

In der Regel ist nicht mit homogenen Baugrundbedingungen über das gesamte Projektgebiet zu rechnen. Aufgrund der Weitläufigkeit und Lage mancher Projekte ergeben sich allein aus den Informationen aus den Geologischen Karten heterogene Baugrundbedingungen, die bei der Modellierung und der Datenauswertung zu berücksichtigen sind.

Zu Beginn eines Projekts ist die Datenbasis oft dürftig (i.d.R. nur Archivbohrungen sowie Altgutachten; partiell auch Erkundungsergebnisse aus einer Vorerkundung), der Termindruck im Projekt aber gleichzeitig sehr hoch. Um den anvisierten Ausführungszeitraum nicht zu gefährden sind die planerischen Leistungsphasen oft dicht hintereinander getaktet, oftmals mit einem (zu) geringen Zeitfenster für die notwendigen Baugrunderkundungen und die Erstellung der Geotechnischen Berichte. Vom Geotechnischen Sachverständigen wird dann oft erwartet möglichst schnell relevante Angaben für die weitere Planung zu liefern, um ein Stoppen des Planungsprozess zu verhindern. Dabei liegen für die Planung der Baugrunderkundungen teilweise noch nicht einmal genaue Planunterlagen vor. Das DGBM ist damit per-se bereits ein Modell, welches nicht einmal erstellt wird, sondern ein Modell, welches mit dem Projekt wachsen und entstehen muss. Initiales Modell ist dabei das sogenannte Bestandsmodell, welches zunächst alle verfügbaren Informationen in einem Grobmodell vereinheitlicht.

Initiale Aussagen, wenn auch deutlich als „vorbehaltlich" gekennzeichnet, müssen daher auch in Kombinationen mit Modellunsicherheiten klar und verständlich dargestellt werden, damit sowohl Fachingenieure als auch fachfremde Projektbeteiligte die Datenlage und die Grenzen der Prognose nachvollziehen können.

### 3.2 Modellierung

Für die Modellierung des DBGM ist es erforderlich und unerlässlich, dass sämtliche direkten und indirekten Aufschlüsse sowie die Ergebnisse von Laborversuchen in strukturierter Form genutzt werden. Erste Ansätze dazu zeigen Labenski et al. [5]. Die strukturierte Datengrundlage ermöglicht eine semiautomatische Clusterbildung als Basis für die Modellierung der lithologischen Abfolge. Diese wird mit Deckungsmaßen verknüpft und räumlich so umgesetzt, dass geologische Zusammenhänge nachvollziehbar werden. Anschließend werden indirekte, numerische Daten, z. B. Ergebnisse von Ramm- und Drucksondierungen, für die geotechnische Interpretation der geologischen Schichten genutzt. Numerische Daten liegen zum Projektstart mitunter noch nicht vor und können somit erst sukzessive nach Vorliegen weiterer Erkundungsergebnisse genutzt werden. Sie sind aber auch hinsichtlich des Termindrucks in Infrastrukturgroßprojekten besonders wertvoll, da sie i. d. R. vor den direkten Aufschlüssen durchgeführt werden müssen und direkt für die weiteren Arbeiten genutzt werden können.

Zum Projektstart entsteht auf Basis der vorhandenen Daten und Unterlagen das Grobmodell (vgl. Abb. 2). Das Grobmodell kann bereits aus mehreren hundert Baugrundaufschlüssen unterschiedlicher Qualität bestehen. Partiell ist es sogar möglich, dass aufgrund von Nachbarprojekten Bereiche mit einem dichteren Cluster aus Erkundungspunkten, einem höher aufgelösten Bereich, vorliegen. Diese Bereiche sind für das initiale Modell und die weitere Modellbetrachtung besonders wertvoll, da hier bereits Detail- und nicht nur Grobinformationen für die weitere Interpretation vorliegen. Das Grobmodell kann in Kombination mit einer Darstellung für die Modellunsicherheit (vgl. folgender Abschnitt) auch für die Planung der notwendigen Baugrunderkundungen herangezogen werden.

Nach Vorliegen erster Ergebnisse aus der aktuellen Baugrunderkundungskampagne kann das initiale Grobmodell unmittelbar *on-the-fly* erweitert werden. In Abhängigkeit von der Qualität der historischen Daten können mitunter rein durch numerische Daten Bereiche soweit ausgewertet und verfeinert werden, dass erste (vorbehalt-

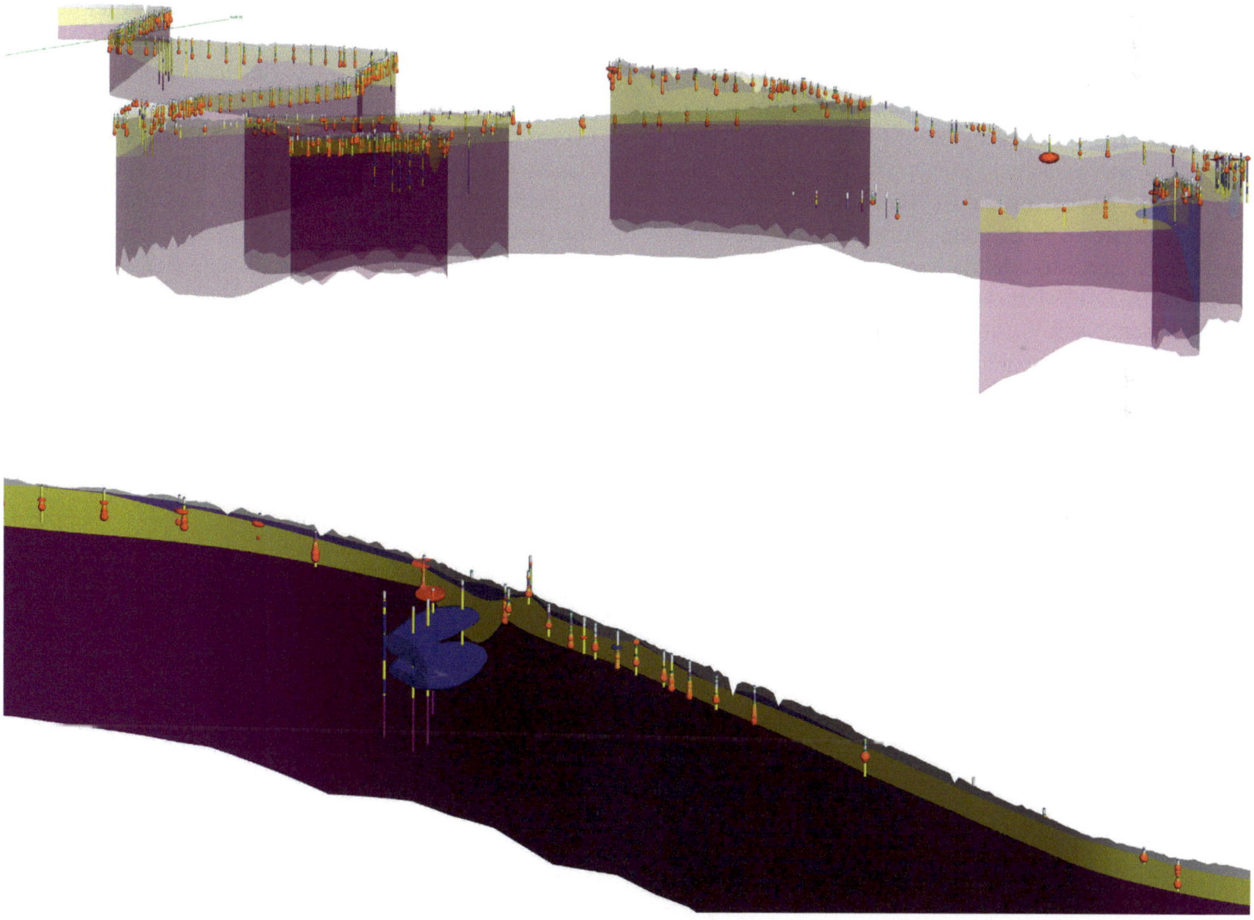

Abb. 2: Initiales Grobmodell; (oben und unten) Georeferenzierte Darstellung direkter und indirekter Baugrundaufschlüsse entlang eines Geotechnischen Längsschnitts; (unten) Darstellung einer vermeintlichen Bodenlinse in einem höher aufgelösten Bereich

liche) belastbare Aussagen möglich werden. Der Prozess der Modellerstellung folgt dabei immer dem gleichen, zu Beginn dieses Abschnitts beschriebenen, Prozess.
Bei der Erstellung des Modells wird vom Groben ins Feine gearbeitet und während der Erkundung iterativ fortgeführt. Auf Basis der Zwischenstände können damit grundsätzlich auch zu jedem Zeitpunkt Vorabaussagen getätigt und der Planungsprozess beschleunigt werden.

Abb. 3: Auszug aus dem 3D Modell mit Darstellung der untersten Bodenschicht (lila), der direkten und indirekten Baugrundaufschlüsse ($N_{10}$ in farbiger Abstufung) sowie zwei Geotechnischen Bauwerksschnitten

Neben den zeitlichen Vorteilen für den Auftraggeber, die sich bei der Arbeit mit dem DBGM ergeben, kann aber auch der Geotechnischen Sachverständige zeitliche Vorteile bei der Arbeit mit dem DBGM und teilautomatisierten Workflows generieren. Workflows und Automatisierungen, genauso wie die Lage von Geotechnischen Schnitten im DBGM müssen nur einmal im Projekt etabliert werden. Nach Vorliegen neuer Daten und Auswertungen können insbesondere die Schnitte und Modelle in kürzester Zeit neu in aktualisierter Form exportiert werden.
Außer den zeitlichen Aspekten, die Großprojekte heutzutage mitunter erst möglich machen, ergeben sich für den Geotechnischen Sachverständigen aber auch fachliche Vorteile bei der Arbeit mit dem DBGM. Die vorliegenden Daten können holistisch, widerspruchsfrei ausgewertet und dargestellt werden (vgl. Abb. 3, Darstellung eines Quer- und Längsschnitts, die an den Schnittlinien absolut widerspruchsfrei sind).

### 3.3 Modellunsicherheit

Die Unsicherheiten des Modells können anhand zweier Faktoren dargestellt werden:

(1) Datendichte und
(2) Interpolationspfade.

Diese Informationen können trassierungs- bzw. bauwerksnah visualisiert und mit Entwurfsständen kombiniert werden. Längsschnitte und einfache 3D-Perspektiven zeigen Variabilität, blinde Flecken und die räumliche Stützung der Modellbereiche. Beispielhaft ist dies in Abb. 4 dargestellt.
Automatische SOLL-/IST-Abgleiche heben Unterschiede zwischen Bestands- und fortgeschriebenem Modell hervor. Diese Rückmeldungen fließen in kurze Review-Zyklen ein und bilden die Grundlage für eine nachvollziehbare Definition der erforderlichen Erkundungsdichte. Die transparente Darstellung der Unsicherheiten erleichtert Abstimmungen mit dem Auftraggeber, den Planern und weiteren Stakeholdern und kann das Baugrundrisiko in der Planung und Ausführung merklich reduzieren.

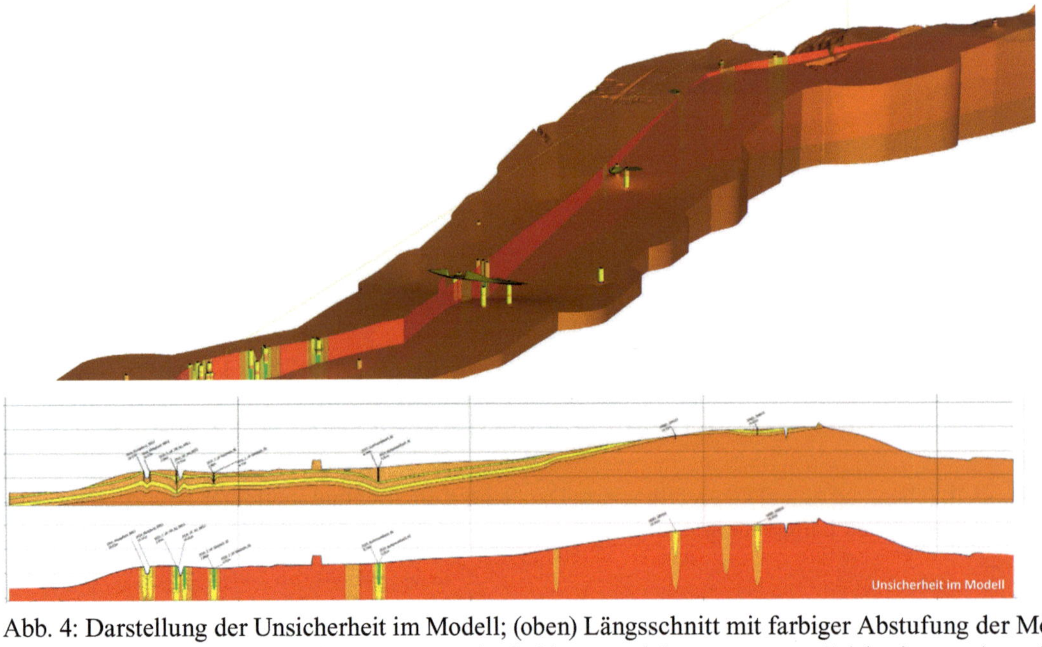


Abb. 4: Darstellung der Unsicherheit im Modell; (oben) Längsschnitt mit farbiger Abstufung der Modellunsicherheit sowie Darstellung der vorhandenen Baugrundaufschlüsse und des vermuteten Felshorizonts; (unten) Geologischer Längsschnitt im direkten Vergleich mit der Modellunsicherheit im gleichen Schnitt

### 3.4 Attribuierung

Die Attribuierung des Modells erfolgt weitgehend automatisiert und stützt sich auf ein eigens entwickeltes Tool, das Schicht- und Lageinformationen direkt aus den tabellarischen Daten ableitet. Eigenschaften wie lithologische Einheit, Tiefe, oder bodenmechanische Parameter werden regelbasiert in das Modell übernommen und konsistent strukturiert abgelegt.

Inkonsistenzen – etwa unvollständige Angaben oder widersprüchliche Klassifikationen – werden automatisiert erkannt und können anschließend gezielt fachlich geprüft werden. Dadurch wird die Modellpflege erheblich entlastet, ohne die notwendige ingenieurgeologische Bewertung zu vernachlässigen.

Auf Grundlage definierter Attributsätze werden die Daten zusätzlich semiautomatisch geclustert. Diese Cluster dienen nicht nur der Schichtmodellierung, sondern auch der Ableitung von Maßnahmenpaketen, etwa für Erkundungsbohrungen, Sondierungen oder ergänzende Untersuchungen. Die Zuweisung erfolgt regelbasiert und reagiert unmittelbar auf Änderungen im Datenbestand.

Durch die konsistente, strukturierte und automatisierte Attribuierung bleiben das Untergrundmodell und seine Ableitungen jederzeit prüfbar, reproduzierbar und zuverlässig weiter verarbeitbar – sowohl für die geometrische Modellbildung als auch für die modellgestützte Fachkoordination nach etablierten Standards.

## 4. Komplexe Ingenieurbauwerke

Der Nutzen von DBGM in komplexen Ingenieurbauwerken wurde unter Anderem von Labenski et al. [5] und Voigt et al. [12] plakativ anhand praktischer Projektbeispiele vorgestellt.

Bei komplexen Ingenieurbauwerken ist die Planung und die Bemessung der Bauwerke oftmals Getrieben vom Grenzzustand der Gebrauchstauglichkeit. Insbesondere bei z. B. integralen Brückenbauwerken oder Maschinenfundamenten spielen Setzungsdifferenzen eine, wenn nicht sogar die maßgebende Rolle in der Bemessung. Dafür sind oftmals umfangreiche realitätsnahe Boden-Bauwerk-Interaktionsberechnungen notwendig. Für diese Berechnungen muss unbedingt auch der erkundete Schichtenverlauf realitätsnah berücksichtigt werden. Folglich sollte das DBGM, da es ohnehin vorliegt, auch für die Geotechnischen Berechnungen genutzt werden.

Der Prozess für die Erstellung des DBGM folgt dabei in den Wesentlichen Schritten aus dem vorhergehenden Abschnitt mit dem Unterschied, dass das DBGM nicht iterativ erstellt werden muss, sondern es einmalig nach Durchführung der Baugrunderkundung aufgesetzt wird und die wesentlichen Geotechnischen Erkenntnisse daraus abgeleitet werden.

Der Prozess, das DBGM in das Berechnungsmodell, z. B. in Plaxis 3D, zu importieren, folgt dabei keinen klaren Regeln. Durch den Hersteller existiert bisher keine direkte Schnittstelle, sodass eigene Workflows erforderlich werden. Durch die Autoren wird dafür ein kombinierter Workflow aus Python und Rhino3D eingesetzt. Dieser Workflow ist sodann projektspezifisch anzupassen. In Abhängigkeit von der Größe des DBGM bzw. des zu untersuchenden Modellausschnitts erfordert er zudem mal mehr mal weniger Rechenleistung.

In Abb. 5 und Abb. 6 sind beispielhaft Auszüge aus einem Projekt dargestellt, in denen die Boden-Bauwerk Interaktion einer Eisenbahngroßbrücke untersucht wurde. Ziel war es den Einfluss der erdbaulichen Maßnahmen auf den Bestand bzw. den Neubau zu untersuchen sowie eine numerische Optimierung der Pfahllängen vorzunehmen, für die sich unter Ansatz des „klassischen“ Ansatzes nach EA-Pfähle Pfahllängen > 50 m ergeben hätten. Aufgrund der komplexen, heterogenen Untergrundbedingungen, u. a. mit empfindlichen Seetonen, war der Einsatz des DBGM auch in den 3D FE-Berechnungen unabkömmlich.

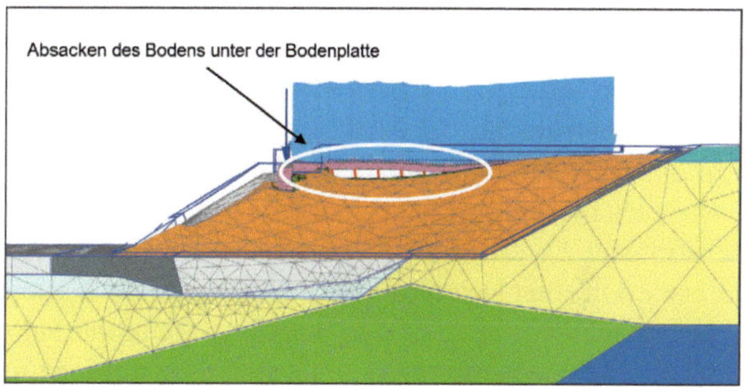


Abb. 5: Risikoanalyse zur Abschätzung von zeitlichen Verformungen infolge des Bauablaufs

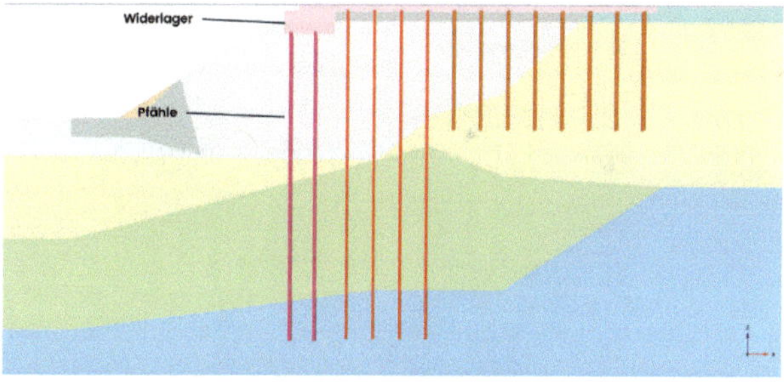


Abb. 6: Optimierung der Pfahllängen auf Basis umfangreicher 3D-FEM-Berechnungen

Ein weiteres Projekt, bei welchem die Kombination aus DBGM und 3D Boden-Bauwerk Interaktions-berechnungen zum Einsatz kam, ist in Abb. 7 zu sehen. Dieses Beispiel stellt ein besonders anspruchsvolles Projekt dar. Die Gründung eines neuen Brückenwiderlagers sollte unter laufendem Schienen- und Straßenverkehr zunächst erkundet, dann aber auch ausgeführt werden. Das neue Brückenwiderlager musste in unmittelbarer Nähe zum bestehenden Widerlager und unter stark begrenzten innerstädtischen Platzverhältnissen errichtet werden. Zur Bewertung des Trag- und Verformungsverhaltens wurde die Pfahl-Boden-Interaktion anhand einer 3D FE-Analyse untersucht. Grundlage für die Kalibrierung und Validierung des Rechenmodells war eine vor Ort ausgeführte statische Pfahlprobebelastung, deren Ergebnisse zur Optimierung des Pfahllayouts und der erforderlichen Pfahllängen genutzt wurden. Die heterogene und herausfordernde Baugrundschichtung machte ebenfalls den Einsatz eines DBGM, auch in den Berechnungen, notwendig.

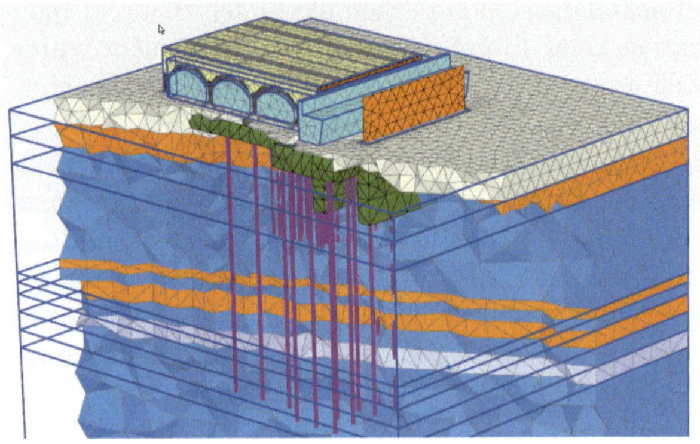

Abb. 7: Pfahl-Boden-Interaktionsberechnungen eines Brückenwiderlagers

## 5. Wissenstransfer

Ein entscheidender Baustein des digitalen Workflows, wenn auch in Abb. 1 nicht explizit dargestellt, ist der Wissenstransfer. Da sämtliche Daten strukturiert und georeferenziert in einer Datenbank vorliegen, lässt sich Wissen sehr einfach an neue und/oder junge Kollegen innerhalb des Unternehmens weitergeben. Idealerweise werden die Baugrunddaten ergänzt um Projektmetadaten, wie z. B. den Bauwerkstyp.

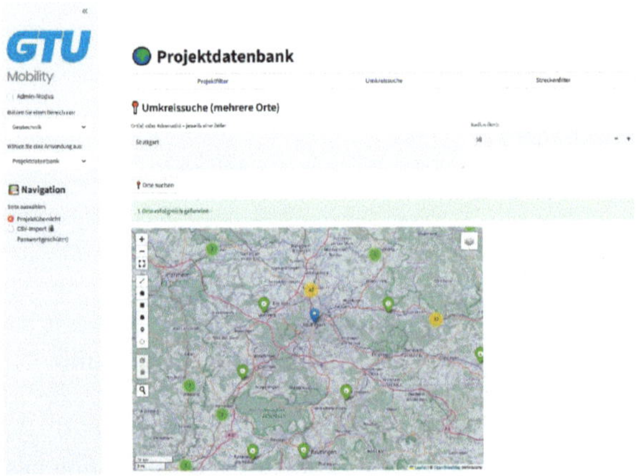


Abb. 8: Unternehmenseigene Projektdatenbank – Darstellung von ausgewählten Projekten aus dem Großraum Stuttgart

Zur Sicherstellung des eigenen Wissenstransfers wurde durch die Autoren eine Projektdatenbank entwickelt, die neben den Projektinformationen und einer Verknüpfung zu den Baugrunddaten auch auf Informationen zu Bahn- und Autobahnstrecken zurückgreift. Sämtliche Informationen können in einer Karte im Webbrowser dargestellt werden. Es ist aber auch möglich nach z. B. Bahnstrecken oder Autobahnen zu filtern und sich nur Projekte in relevanten Bereichen anzeigen zu lassen (vgl. Abb. 8). Die Umsetzung erfolgte über eigene Python Skripte sowie eine unternehmensinterne SQL Datenbank.

## 6. Resümee

Die Digitalisierung führt in der Geotechnik aktuell zu einem grundlegenden Wandel. Etablierte Arbeitsweisen werden zunehmend durch digitale Werkzeuge, strukturierte Datenhaltung und automatisierte Workflows ergänzt. Das Fachmodell Baugrund ist dabei bereits in vielen BIM-Prozessen angekommen, allerdings unterscheiden sich Anforderungen, Umsetzungsgrad und Reife bei Auftraggebern noch deutlich. Aus technischer Sicht stellt das digitale Baugrundmodell (DBGM) in Verbindung mit automatisierten Prozessen jedoch einen zentralen Baustein für die effiziente Bearbeitung geotechnischer Planungs- und Großprojekte dar. Voraussetzung ist eine konsistente, georeferenzierte und wiederverwendbare Datenhaltung.

Großprojekte sind häufig von heterogenen Baugrundverhältnissen, unvollständigen Bestandsdaten und engen Terminvorgaben geprägt. Medienbrüche und lange Iterationsschleifen zwischen Erkundung, Auswertung und Planung führen dabei regelmäßig zu Verzögerungen und erhöhten Risiken. Durch die Einführung eines durchgängig digitalen Workflows, bei dem das DBGM als Single Source of Truth fungiert, können diese Herausforderungen systematisch adressiert werden. Daten aus Bestandsquellen, laufender Erkundung und Laborversuchen werden strukturiert erfasst, qualitätsgesichert und modellgestützt ausgewertet. Pre- und Postprocessing-Schritte werden weitgehend teil- bzw. vollautomatisiert umgesetzt.

Das DBGM ermöglicht dabei eine frühzeitige Identifikation von Informationslücken, eine transparente Darstellung der Modellunsicherheit und eine effiziente Ableitung von Varianten, Maßnahmenpaketen und Abstimmungsunterlagen. In Kombination mit automatisierten Attribuierungs- und Exportprozessen entsteht ein

konsistentes, jederzeit fortschreibbares Daten- und Modellfundament, das sowohl für geotechnische Berichte als auch für numerische Berechnungen genutzt werden kann. Beispiele aus aktuellen Infrastruktur- und Ingenieurbauprojekten zeigen, dass modellbasierte Auswertungen – bis hin zur 3D-Boden-Bauwerk-Interaktion – wesentlich zu einer Risikoreduktion, Planungsrobustheit und Beschleunigung der Projektbearbeitung beitragen.
Ein weiterer Kernaspekt digitaler Workflows ist der Wissenstransfer: Eine zentrale, georeferenzierte Datenbank ermöglicht eine nachhaltige Nutzung projektbezogener Erkenntnisse und unterstützt den organisationsweiten Kompetenzaufbau. Insgesamt zeigt sich, dass das DBGM – kombiniert mit strukturierten Datenprozessen – einen entscheidenden Beitrag zur Qualität, Effizienz und Nachvollziehbarkeit geotechnischer Planung leisten kann und den Weg für zukünftige, stärker automatisierte Arbeitsweisen ebnet.
Die Digitalisierung und die Entwicklung projektspezifischer Automatisierungsworkflows waren nie so zugänglich wie heute. Moderne Werkzeuge wie Leapfrog Works sowie flexible Skriptsprachen wie Python ermöglichen einen effizienten Einstieg und führen bereits nach kurzer Zeit zu messbaren Fortschritten beim Einsatz digitaler Baugrundmodelle und der Automatisierung geotechnischer Workflows.

## Literatur


[1] Labenski, J., Kötzel, F., Schnell, S., Vogel, H. (2022): Die Transformation vom klassischen 2D zum digitalen 3D Beratungs- und Planungsprozess in der Geotechnik. 13. Kolloquium Bauen in Boden und Fels.

[2] Labenski, J., Kötzel, F., Schnell, S., Neumann, M. (2022): Wandel vom analogen zum volldigitalen Planungsprozess in der Geotechnik – Beispiel für eine anwendungsorientierte Herangehensweise. 28. Darmstädter Geotechnik Kolloquium

[3] Labenski, J., Kötzel, F., Schnell, S., Vogel, H. (2022): Transformation from Classical 2D to Digital 3D Thinking Process in the Design of Geotechnical Structures: Perspective of a Geotechnical Consultant. 2022 DFI/EFFC International Conference on Deep Foundations and Ground Improvement: Smart Construction for the Future.

[4] Labenski, J., Poenaru, A., Treffeisen, T., Schnell, S. (2024): Innovative Baugrunderkundungsmethoden und digitale Datenaufbereitung am Beispiel des Großprojektes 2. Rheinbrücke Wörth/Karlsruhe. 29. Darmstädter Geotechnik Kolloquium.

[5] Molzahn, M., Bauer, J., Henke, S., Tilger, K. (2021): Das Fachmodell Baugrund – Empfehlungen des Arbeitskreises 2.14 der DGGT „Digitalisierung in der Geotechnik“. geotechnik 44(1), 41–51. https://doi.org/10.1002/gete.202000040

[6] Molzahn, M., Bauer, J., Henke, S., Tilger, K. (2022): Anwendungsfälle des Fachmodells Baugrund – Empfehlung Nr. 3 des Arbeitskreises 2.14 der DGGT „Digitalisierung in der Geotechnik“. geotechnik 45(2), 111–116. https://doi.org/10.1002/gete.202100026

[7] Bauer, J., Henke, S., Klügel, S., Molzahn, M., Tilger, K. (2023): Rollenverteilung bei Erstellung, Fortschreibung und Nutzung des Fachmodells Baugrund – Empfehlung Nr. 4 des Arbeitskreises 2.14 der DGGT „Digitalisierung in der Geotechnik“. geotechnik, 46(2), 128–138. https://doi.org/10.1002/gete.202300006

[8] Hollermann, S. & Melzner, J. (Hrsg.) (2025): BIM auf der Baustelle: Zwischen Modell und Realität. Wiesbaden: Springer Vieweg. https://doi.org/10.1007/978-3-658-48854-3

[9] DIN EN ISO 19650–1 (2019): Organisation und Digitalisierung von Informationen zu Bauwerken – Informationsmanagement mit BIM – Teil 1: Konzepte und Prinzipien. Berlin: Beuth.

[10] VDI 2552 Blatt 1 (2020): Building Information Modeling (BIM) – Grundlagen. Düsseldorf: VDI.

[11] Voigt, J., Labenski, J., Koch, L., Maier-Rotter, M. (2024): Schwierige Untergrundverhältnisse im Riffkalkstein erfordern Umplanung zu einer Kombinierten Pfahlplattengründung beim Neubau einer Chipfabrik in Wetzlar. 29. Darmstädter Geotechnik Kolloquium.

# Digitalisierung, Visualisierung und Automatisierung der Fachbauüberwachung im Rahmen von Erdbaumaßnahmen

## Digitale Erfassung, Auswertung und Darstellung von Prüfwerten im Erdbau in einem Geoinformationssystem

**Jonas Vorschel, M. Eng.**
Arcadis Germany GmbH, Darmstadt

**Prof. Dr.-Ing. Jürgen Schmitt**
Hochschule Darmstadt, Darmstadt

**Dr.-Ing. Torben Treffeisen**
Arcadis Germany GmbH, Darmstadt

**Zusammenfassung**
Die Digitalisierung eröffnet neue Möglichkeiten für die Fachbauüberwachung im Erdbau, die bislang durch analoge, langsame und fehleranfällige Prozesse geprägt war. Der vorgestellte Workflow beschreibt eine durchgängige digitale Prozesskette: von der Vorbereitung mit zentraler Datenbank und versuchsartspezifischen Eingabemasken über die direkte digitale Erfassung vor Ort mittels GIS und mobiler Endgeräte bis hin zur automatisierten Auswertung in einer konsolidierten Datenbank und innovativen, visuellen Verifikation. Die Visualisierung im GIS ermöglicht eine lagegenaue Darstellung der Versuchspunkte, eine Symbolisierung nach Versuchsart und Bearbeitungsstand sowie eine Aggregation zu Prüfflächen für eine flächenhafte Bewertung der Bauqualität. Damit wird die Fachbauüberwachung effizienter, transparenter und nachvollziehbarer. Der für den Erdbau entwickelte Ansatz ist auf andere (Fach-)Bauüberwachungsbereiche übertragbar und schafft die Grundlage für standardisierte digitale Verfahren, die die digitale Transformation der Geotechnik nachhaltig vorantreiben.

### 1. Einführung

Die Digitalisierung hat das Bauwesen in den letzten Jahren maßgeblich verändert. Dies deckt sich mit den Ergebnissen einer Branchenumfrage, in der die größten Digitalisierungspotenziale innerhalb der Bauwirtschaft in der Logistik und der Bauausführung gesehen werden, bei der Bauausführung in Form von Automation [1]. Während sich Building Information Modeling (BIM) im Hochbau bereits etabliert hat, wird die Geotechnik bislang nur punktuell in digitale Prozesse eingebunden. Der Arbeitskreis 2.14 der Deutschen Gesellschaft für Geotechnik (DGGT) widmet sich seit 2018 der Entwicklung von BIM-Baugrundmodellen und leistet damit einen wichtigen Beitrag zur digitalen Transformation des Fachgebiets [2].

Ein bislang wenig beleuchteter Bereich ist die Fachbauüberwachung im Erdbau – ein zentrales Element der geotechnischen Qualitätssicherung. Gerade bei großflächigen Geländeaufschüttungen ist eine präzise und nachvollziehbare Kontrolle der Verdichtungsqualität unerlässlich. In der Praxis ist die Fachbauüberwachung jedoch häufig durch analoge, nicht standardisierte und fehleranfällige Prozesse geprägt. Die manuelle Erfassung und Auswertung von Prüfprotokollen sowie die fehlende Lagebezugnahme erschweren die Nachvollziehbarkeit und verzögern den Informationsfluss.

Durch die zunehmende Verfügbarkeit digitaler Werkzeuge wie BIM, GIS und cloudbasierter Anwendungen ergeben sich neue Möglichkeiten, die Fachbauüberwachung effizienter und transparenter zu gestalten. Ein digitaler, automatisierter und visuell unterstützter Workflow kann die Qualität der Dokumentation verbessern und die Kommunikation zwischen den Projektbeteiligten erleichtern.

Ziel dieses Beitrags ist die Vorstellung eines idealisierten digitalen Workflows für die Fachbauüberwachung im Erdbau. Der Ansatz basiert auf technischen und organisatorischen Überlegungen und beschreibt einen übertragbaren Prozess zur lagegenauen Erfassung, automatisierten Auswertung und intuitiven Visualisierung geotechnischer Prüfwerte.

### 2. Idealisierter Workflow

Die nachfolgenden Kapitel erläutern die Anforderungen an eine moderne Fachbauüberwachung, die technischen Komponenten des Workflows sowie die sich daraus ergebenden Potenziale für die geotechnische Praxis.

## 2.1 Vorbereitung

Für einen reibungslosen Ablauf der digitalen Dokumentation der Fachbauüberwachung ist eine sorgfältige Vorbereitung unerlässlich. Insbesondere die Erfassung und Verwaltung geotechnischer Versuchsdaten stellt hohe Anforderungen an die Struktur und Qualität der zugrunde liegenden Datenbasis. Informationen müssen dabei maschineninterpretierbar abgelegt sein und nicht ausschließlich in textlicher Form [3].

Da die geotechnische Qualitätssicherung im Erdbau überwiegend auf Prüfverfahren basiert, entsteht eine große Menge an Messdaten. Zur strukturierten Erfassung und Verwaltung dieser Daten empfiehlt sich die Nutzung einer zentralen Datenbank, die alle relevanten Informationen zusammenführt und für die weitere Verarbeitung bereitstellt [4].

Für eine intuitive und fehlerarme Dateneingabe sollte die Datenbank auf die wesentlichen Informationen beschränkt sein. Gleichzeitig müssen die unterschiedlichen Versuchsarten berücksichtigt werden, die je nach Projektanforderung zum Einsatz kommen. Um trotz dieser Vielfalt eine benutzerfreundliche Eingabe zu ermöglichen, bieten sich versuchsartspezifischer Eingabemasken an, die mit Teil-Datenbanken verknüpft sind. Diese enthalten jeweils nur die relevanten Parameter.

Diese Teil-Datenbanken können automatisiert in eine zentrale Datenbank konsolidiert werden [s. Abb. 1], wodurch sowohl eine detaillierte Einzelbetrachtung als auch eine übergreifende Gesamtdarstellung der Prüfwerte ermöglicht wird. Die Konsolidierung wird erheblich erleichtert, wenn alle Teil-Datenbanken ein einheitliches Layout aufweisen – insbesondere hinsichtlich Struktur, Feldnamen und Datenformaten.

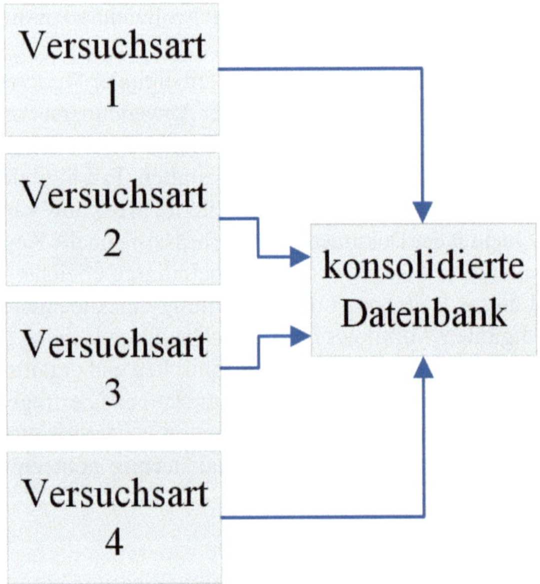


Abb. 1: Zusammenführen von Teil-Datenbanken für im Erdbau relevante Versuchsarten zu einer Gesamtdatenbank

Daher empfiehlt es sich, die Datenstruktur der zentralen Datenbank vorab als Vorlage zu entwerfen und daraus die Teil-Datenbanken abzuleiten. Die benutzer-freundliche Eingabe kann anschließend durch das Ausblenden irrelevanter Felder in den jeweiligen Eingabemasken realisiert werden. So bleibt die Eingabe übersichtlich und auf das Wesentliche fokussiert, ohne die Konsistenz der Datenbasis zu gefährden. Gleichzeitig fungiert sie für den Bearbeiter als eine Art „Guidance", sodass dieser durch alle für die Auswertung relevanten Felder geführt wird.

Die konsolidierte Datenbank sichert zum einen alle relevanten Daten, digital und zentral. Zum anderen bildet sie die Grundlage für die automatisierte Visualisierung im GIS. Sie ermöglicht die Verknüpfung von Attributdaten mit räumlichen Informationen und schafft damit die Voraussetzung für eine transparente und nachvollziehbare Darstellung des geotechnischen Qualitätsstandes. Darüber hinaus schafft die zentrale digitale Datenbasis die Voraussetzung für weiterführende Automatisierungen, beispielsweise bei der Auswertung geotechnischer Daten oder der teilautomatisierten Erstellung prüfungsrelevanter Berichte und Pläne.

## 2.2 Datenerfassung

Die Erfassung geotechnischer Versuchsdaten ist ein zentraler Bestandteil der Fachbauüberwachung im Erdbau. In der aktuellen Praxis erfolgt sie häufig manuell: Versuchspunkte werden im besten Fall eingemessen, in vielen Fällen jedoch lediglich auf Papierplänen markiert. Versuchsergebnisse werden in PDF-Protokollen bereitgestellt und relevante Kennwerte anschließend händisch in – wenn vorhanden – Excellisten oder Datenbanken übertragen. Diese Vorgehensweise ist fehleranfällig, zeitaufwendig und nicht mehr zeitgemäß. Insbesondere bei umfangreichen Projekten mit einer hohen Prüfanzahl steigt der Aufwand erheblich, zumal die Datenaufbereitung oft nicht durch die prüfende Person selbst erfolgt, wodurch Übertragungsfehler häufiger auftreten können.

Ein zentraler Bestandteil eines modernen Workflows ist daher der Einsatz eines Geoinformationssystems (GIS), das die lagegenaue Dokumentation der Versuchspunkte ermöglicht und gleichzeitig als Plattform für die Visualisierung und Auswertung dient [s. Abb. 2]. Die manuelle Erfassung auf Papierplänen sollte durch eine direkte digitale Erfassung ersetzt werden – idealerweise über mobile Endgeräte mit GPS-Funktionalität. So lassen sich Versuchspunkte bereits während der Durchführung der Prüfungen präzise verorten und im Idealfall direkt und automatisiert in die dahinterliegende GIS-Datenbank überführen.

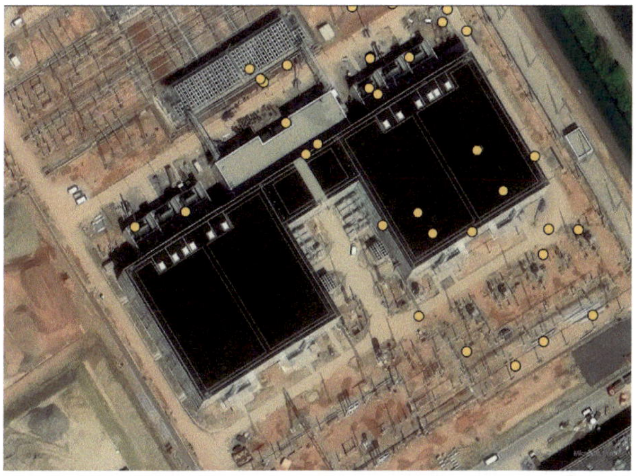

Abb. 2: Visualisierung georeferenzierter Versuchspunkte in ein digitales GIS-Modell zur Qualitäts-sicherung im Erdbau

Darüber hinaus sollte auch die Eingabe der Prüfwerte direkt am Ort der Bauausführung erfolgen. Anstatt die Ergebnisse zunächst handschriftlich zu notieren und später manuell in digitale Formate zu übertragen, bietet sich eine strukturierte, georeferenzierte und digitale Eingabe in die Teil-Datenbank an. Die direkte Eingabe durch die prüfende Person reduziert nicht nur den zeitlichen Aufwand, sondern minimiert auch potenzielle Fehlerquellen bei der Datenübertragung. Gleichzeitig stehen die Daten in Echtzeit für Auswertungen und Visualisierungen zur Verfügung.

Technisch lässt sich dies durch den Einsatz mobiler Endgeräte wie Tablets oder Smartphones realisieren, die mit geeigneter Software ausgestattet sind. GIS-basierte Field-Apps ermöglichen die Kombination aus GPS-gestützter Lageerfassung und strukturierter Eingabe prüfungsrelevanter Kennwerte. Die Versuchspunkte werden automatisch georeferenziert und mit den zugehörigen Attributdaten verknüpft.

Die direkte digitale Erfassung der Versuchspunkte und Prüfwerte stellt somit einen entscheidenden Schritt zur Effizienzsteigerung in der Fachbauüberwachung dar. Durch die Kombination aus GPS-gestützter Lageerfassung und strukturierter Eingabe prüfungsrelevanter Kennwerte wird nicht nur die Datenqualität verbessert, sondern auch der Informationsfluss erheblich beschleunigt. Die erfassten Daten stehen unmittelbar für die weitere Verarbeitung zur Verfügung und bilden die Grundlage für eine konsistente, transparente und automatisierte Auswertung im weiteren Verlauf des digitalen Workflows.

### 2.3 Automatisierte, visuelle Auswertung

Sobald die Versuchsdaten direkt vor Ort digital erfasst wurden, beginnt der nächste Schritt im idealisierten Workflow: die automatisierte Auswertung der Prüfwerte mit anschließender Visualisierung. Das Ziel besteht darin, die geotechnischen Informationen nicht nur tabellarisch, sondern auch räumlich und visuell aufzubereiten – verständlich für Fachleute ebenso wie für fachfremde Projekt-Beteiligte.

Die automatisierte Auswertung in der konsolidierten Datenbank basiert auf vordefinierten Prüfregeln, die je nach Versuchsart und projektspezifischen Anforderungen hinterlegt sind. Diese Regeln prüfen beispielsweise, ob Verdichtungsgrade eingehalten wurden, ob die Korngrößenverteilung den Vorgaben entspricht oder ob Verformungsmodule innerhalb der zulässigen Toleranzen liegen. Somit ist für jeden Versuch nachvollziehbar, ob die Vorgaben eingehalten oder nicht eingehalten sind.

Für die Verständlichkeit sollten die Attributdaten, aus der konsolidierten Datenbank so ins GIS importiert werden, dass nur die für die jeweilige Versuchsart relevanten Daten übertragen werden. Bei einer Abfrage der Versuchspunkte im GIS ist dadurch sichergestellt, dass die einzelnen Punkte nicht mit irrelevanten Attributen überladen sind.

Die visuelle Darstellung erfolgt über ein GIS, das die Versuchspunkte lagegenau auf digitalen Lageplänen oder Luftbildern abbildet. Jeder Versuchspunkt wird dabei mit einer Symbolisierung versehen, die sowohl die Versuchsart als auch den Auswertungsstatus repräsentiert. Die Wahl unterschiedlicher Formen für die Versuchsarten ermöglicht eine klare visuelle Unterscheidung [s. Tab. 1].

**Tab. 1: Symbolisierung von Versuchsarten durch geometrische Formen**

| Versuchsart 1 | Versuchsart 2 | Versuchsart 3 | Versuchsart 4 |
|---|---|---|---|
| ■ | ▲ | ● | ⬟ |

Die Färbung der Formen nach Auswertungsstatus erlaubt eine schnelle Interpretation, ob ein Versuchspunkt die erforderlichen Richtwerte eingehalten hat oder nicht. [s. Tab. 2]

**Tab. 2: Symbolisierung vom Auswertungsstatus durch Farben**

| Versuchsart 1 | Versuchsart 2 | Versuchsart 3 | Versuchsart 4 |
|---|---|---|---|
| ■ (grün) Ja | ▲ (grün) Ja | ● (grün) Ja | ⬟ (grün) Ja |
| ■ (rot) Nein | ▲ (rot) Nein | ● (rot) Nein | ⬟ (rot) Nein |

Die reine Visualisierung des Auswertungsstatus deckt jedoch die Komplexität und Vielfalt der realen Szenarien nicht ausreichend ab. Daher sind praxisnahe Bearbeitungsstände zu definieren, die typische Situationen aus der Baupraxis berücksichtigen und eine differenziertere Betrachtung der Versuchspunkte ermöglichen, z. B.:

- Bestanden
- Nicht Bestanden
- Toleranzbereich
- Veraltet

Wie die Bearbeitungsstände „Bestanden“ und „Nicht Bestanden“, die dem Auswertungsstatus entsprechen, werden auch die weiteren Bearbeitungsstände anhand der Attributdaten automatisiert ermittelt.
Beim Bearbeitungsstand „Toleranzbereich“ können vereinbarte Abweichungen von den Anforderungen berücksichtigt werden.
Der Bearbeitungsstand „Veraltet“ tritt auf, wenn infolge nicht bestandener Versuche, eine Nachbearbeitung der Fläche durch die ausführende Firma stattgefunden hat und anschließend eine Nachprüfung durchgeführt wurde. Dadurch ist der ursprüngliche Versuch nicht mehr aktuell und somit irrelevant.
Die automatisierte Ermittlung des Bearbeitungsstands für einen Versuchspunkt lässt sich anhand eines Flussdiagramms darstellen [s. Abb. 3].

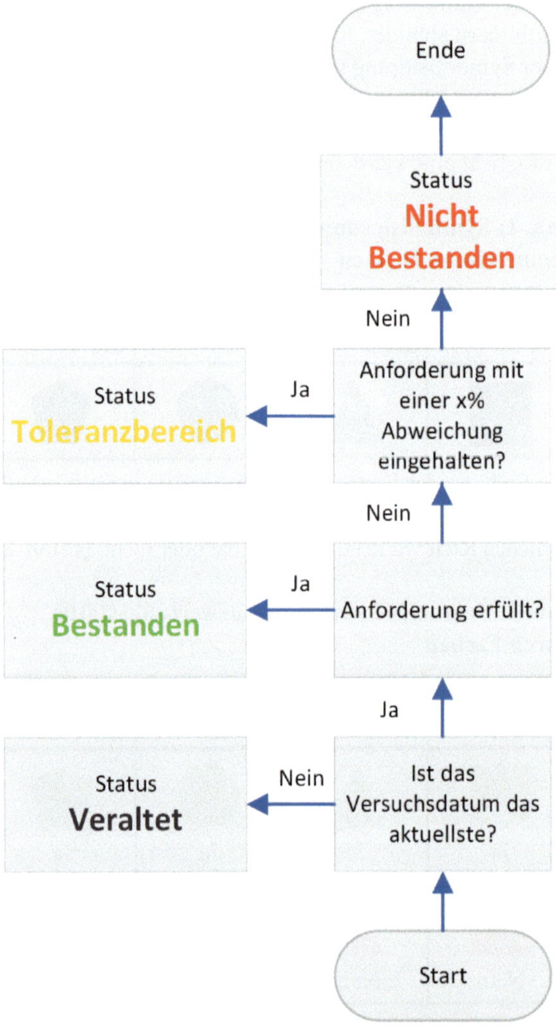


Abb. 3: Flussdiagramm für die automatisierte Ermittlung des Bearbeitungszustands eines Versuchspunkts

Für die visuelle Differenzierung erhält jeder Bearbeitungsstand eine eigene Farbe, dies verbessert die Übersichtlichkeit bei einer großen Anzahl von Versuchspunkten gegenüber einer reinen Berücksichtigung des Auswertungsstatus [s. Abb. 4].

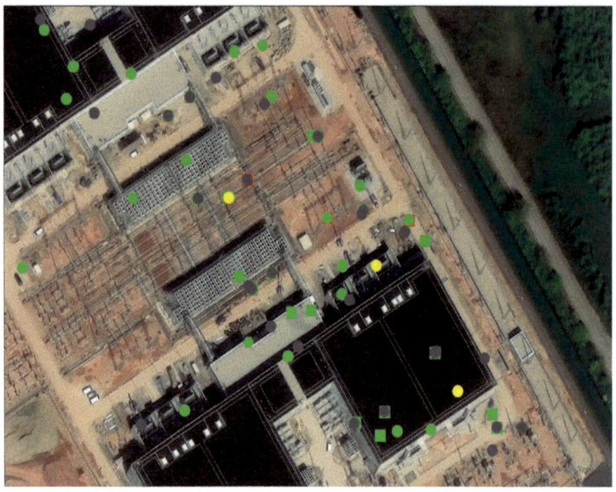

Abb. 4: Symbolisierung nach Versuchsart und Bearbeitungsstand

Darüber hinaus können die Versuchspunkte zu Prüfflächen zusammengefasst werden, die als Flächenobjekte im GIS dargestellt werden. Die Aggregation der Versuchsergebnisse innerhalb eines Prüfloses erlaubt eine flächenhafte Bewertung der Bauqualität [s. Abb. 5].

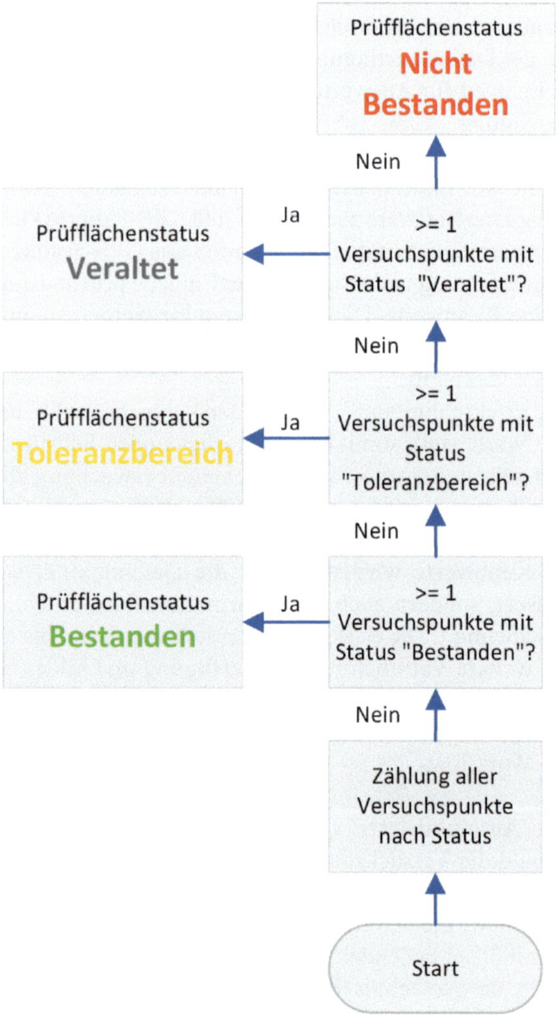


Abb. 5: Flussdiagramm für Bestimmung des Bearbeitungstands für Prüfflächen

Auch hier erfolgt die Visualisierung automatisiert und richtet sich nach dem gültigen Status der enthaltenen Prüfungen [s. Abb. 6].

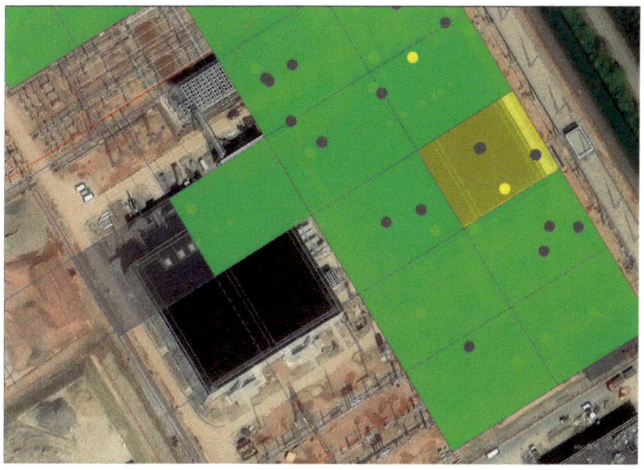

Abb. 6: Symbolisierung des Bearbeitungsstands der Prüfflächen anhand Versuchsart 3

## 3. Fazit

Der vorgestellte Workflow zeigt, wie sich die Fachbauüberwachung im Erdbau durch den Einsatz digitaler Prozesse effizienter, transparenter und weniger fehleranfällig gestalten lässt. Die direkte digitale Erfassung vor Ort, die zentrale Datenhaltung und die automatisierte Auswertung bilden eine durchgängige Prozesskette, die den Informationsfluss erheblich beschleunigt und die Qualität der Dokumentation verbessert. Ein entscheidender Bestandteil ist die visuelle Aufbereitung der Ergebnisse im GIS: Sie ermöglicht eine lagegenaue Darstellung der Versuchspunkte, eine intuitive Symbolisierung nach Versuchsart und Bearbeitungsstand sowie die Aggregation zu Prüflosen für eine flächenhafte Bewertung der Bauqualität in Echtzeit.

Über den hier dargestellten Workflow hinaus verdeutlicht der Ansatz einen generellen Trend in der Geotechnik: die zunehmende Integration von GIS, Datenbanken und Automatisierung in die Baupraxis. Diese Entwicklung bringt nicht nur Vorteile für einzelne Projekte mit sich, sondern legt die Grundlage für standardisierte digitale Verfahren, die branchenweit eingesetzt werden können.

Dadurch wandelt sich die Fachbauüberwachung von einem analogen, fragmentierten Prozess zu einem integralen Bestandteil der digitalen Bauwerksdokumentation. Dies eröffnet neue Möglichkeiten für Qualitätssicherung, Kommunikation und Nachvollziehbarkeit und trägt dazu bei, die digitale Transformation im Bauwesen auch in der Geotechnik nachhaltig voranzutreiben.

**Literatur**

[1] Roland Berger (2023): Digitalisierung der europäischen Bauwirtschaft – Der europäische Weg zu Construction 4.0.

[2] digital-magazin.de: Digitalisierung - Was ist das? Die Definition, einfach erklärt, https://digital-magazin.de/digitalisierung-definition/, Abfragedatum: 10.11.2025.

[3] Bartnitzek, L.; Tilger, K. (2023): Anforderungen an den Datenaustausch Baugrundmodell, Bundesanstalt für Wasserbau, Kolloquium Digitalisierung in der Geotechnik, 23. Januar 2020, Karlsruhe, S. 57-63.

[4] DVW e. V. – Gesellschaft für Geodäsie, Geoinformation und Landmanagement (Hrsg.) (2025): Leitfaden Geodäsie und BIM, Version 5.0.

# Sensorbasiertes Frühwarnsystem zur Felsüberwachung im Mittelrheintal

## Einblicke in die Nutzung eines autarken, innovativen und modularem Frühwarnsystems zur Überwachung von Auffangzäunen und Felsbewegungen

**Christian Steffes, M. Sc.**
Infrasolute GmbH, Boppard

**Zusammenfassung**
Im steilen Mittelrheintal zwischen Koblenz und Mainz gefährdet ein instabiler Felsvorsprung oberhalb einer Bundesstraße und einer stark frequentierten Bahnstrecke die öffentliche Sicherheit. Da ein geplanter Felsabtrag erst in mehreren Jahren erfolgen kann, wurde eine temporäre Sicherung notwendig, die nicht nur passiv durch Fangzäune, sondern aktiv durch ein sensorbasiertes Überwachungssystem ergänzt wird. Der Beitrag stellt ein innovatives Frühwarnsystem vor, das kleinste Bewegungen am Fels sowie Veränderungen an den Auffangzäunen in Echtzeit erfasst und bei kritischen Ereignissen sofortige Alarmmeldungen an die Infrastrukturbetreiber übermittelt. Dabei kommen hochauflösende Wegaufnehmer, robuste Seilzugsensoren und modular installierte Sensorleitungen zum Einsatz, die redundant durch solarversorgte Gateways ausgewertet und über LTE und GSM-R vernetzt sind. Das System gewährleistet eine vollständig autarke, wartungsarme Funktionalität im Gelände und minimiert die Reaktionszeit im Ernstfall durch automatisierte Notfallkommunikation. Neben dem akuten Schutz ermöglicht die kontinuierliche Datenanalyse eine langfristige Risikobewertung. Der Beitrag beleuchtet sowohl die technischen Komponenten als auch die geologischen Rahmenbedingungen, Herausforderungen bei Umsetzung und Betrieb sowie die Bedeutung integrierter Monitoringlösungen im Kontext zunehmender Naturgefahren.

Abb. 1: Mittelrheintal

## 1. Einführung

Der felsige Mittelrhein ist durch schieferreiches Gestein gekennzeichnet, das durch Frost-Tau-Wechsel und starke Niederschläge zunehmend instabil wird. Felsstürze zählen in solchen Geländebereichen zu den gravierendsten Naturgefahren und stellen ein erhebliches Risiko für Leib und Leben sowie die kritische Infrastruktur dar. Besonders im engen Mittelrheintal, einer dicht besiedelten und wirtschaftlich wichtigen Verkehrsachse, sind Bundesstraße und Eisenbahnlinie gefährdet. Der Klimawandel mit häufigeren Extremniederschlägen erhöht zusätzlich die Bedeutung zuverlässiger Erkennungssysteme für Hangbewegungen.

Vor diesem Hintergrund wird am Beispiel eines aktuellen Projekts im Mittelrheintal gezeigt, wie moderne Sensorik und Frühwarntechnik zur Absicherung eines absturzgefährdeten Felsvorsprungs eingesetzt werden können. Der genaue Standort unterliegt auftraggeberseitig der Geheimhaltung.

Das Mittelrheintal zwischen Mainz und Koblenz weist vielfach sehr steile Flanken auf. Das dort vorherrschende Schiefergestein (Taunus- bzw. Moselschiefer) liegt oft dicht aufgerichtet vor und ist stark klüftig. Am Projektstandort selbst sind die Schichten nahezu senkrecht gestellt, wobei härtere Quarzitklippen aus dem Hang ragen. Diese ausgeprägten Schwächezonen begünstigen das Entstehen von Felsplatten und -rippen, die sich durch Wetter und Krafteinträge lösen können. Die Folge sind unregelmäßige Steinschläge und Felsstürze. Bereits in der Vergangenheit haben sich in diesem Streckenabschnitt mehrere Felsabbrüche ereignet, bei denen Blöcke auf die darunterliegenden Verkehrswege stürzten. (www.lgb-rlp.de)

Die beschriebenen geologischen Bedingungen machen den Hangbereich akut absturzgefährdet und erfordern daher eine sorgfältige Überwachung sowie bauliche Sicherungsmaßnahmen.

## 2. Projektüberblick

Eine geologische Begutachtung ergab, dass insbesondere ein überhängender Felssporn mit mehreren offenliegenden, feuchtigkeitsdurchlässigen Klüften ein Absturzrisiko darstellt. Die Lage verschärft sich durch den direkten Gefährdungspfad: Etwa 120 Höhenmeter unterhalb des potenziellen Absturzortes verläuft die Bahntrasse der Deutschen Bahn AG, die sowohl für den nationalen Fern- als auch Güterverkehr von strategischer Bedeutung ist. Nur wenige Meter weiter talwärts liegt die Bundesstraße, die täglich von tausenden Fahrzeugen befahren wird. Die Kombination aus potenziell hochenergetischen Felsbewegungen, beengten topografischen Verhältnissen und der Nähe zu lebens- und betriebsrelevanter Infrastruktur ergibt eine hochgradig sicherheitskritische Situation. Ein einzelner Felssturz könnte nicht nur erhebliche Sachschäden verursachen, sondern durch plötzlichen Einschlag auf Gleise oder Fahrzeuge auch katastrophale Personenunfälle nach sich ziehen. Angesichts der Tatsache, dass sich der geplante Felssicherungsabtrag aus logistischen und planerischen Gründen auf mehrere Jahre verzögert, war eine sofortige, temporäre Sicherung mit gleichzeitiger Überwachung der Hangstabilität unabdingbar – sowohl zur Risikominimierung als auch zur Wahrung des regulären Verkehrsflusses auf Straße und Schiene.

Abb. 2: Projektskizze

Bereits Anfang der 1980er-Jahre wurden im betroffenen Steilhangbereich zwei passive Steinschlagschutzsysteme installiert, um die darunterliegende Bundesstraße und die parallel verlaufende Bahnstrecke vor direkten Felsabgängen zu schützen. Die bauliche Maßnahme bestand aus zwei höhenversetzten Fangzaunebenen, deren Konstruktion auf Basis damaliger technischer Standards und geologischer Einschätzungen ausgelegt wurde. Die Zäune wurden als mehrlagige Drahtseilkonstruktionen mit elastisch verformbaren Brems- und Fangelementen errichtet und sollten die Energie typischer Einzelblockabstürze – vornehmlich im Bereich bis 500 kJ – aufnehmen. Rückverankerte Stahlstützen sicherten die Konstruktionen im felsigen Untergrund, während die Zaunfelder so angeordnet waren, dass sie die ermittelten Hauptsturzbahnen abdeckten. (www.lgb-rlp.de)

Im Laufe der Jahrzehnte zeigte sich jedoch, dass die getroffenen Maßnahmen allein nicht ausreichten, um ein verlässliches Sicherheitsniveau zu gewährleisten. Zum einen haben sich die klimatischen Randbedingungen – insbesondere durch häufigere Starkregenereignisse und ausgeprägtere Frostwechsel – verändert, was die Dynamik und Frequenz potenzieller Felsbewegungen verstärkten. Zum anderen wurde im Zuge neuer geologischer Untersuchungen deutlich, dass sich im Bereich der Felsköpfe oberhalb der Zaunanlagen neue Klüftungssysteme und Lockerungszonen ausgebildet hatten. Auch die Materialermüdung und potenzielle Überalterung der bestehenden Zaunkonstruktionen rückten zunehmend in den Fokus.

Besonders kritisch: Im Ernstfall – etwa bei unkontrolliertem Blockversagen – war unklar, ob die bestehenden passiven Systeme eine ausreichende Rückhaltewirkung für moderne Sicherheitsanforderungen entfalten würden. Die Unsicherheit über das tatsächliche Schutzpotenzial, kombiniert mit der Unmöglichkeit, rein visuell frühzeitig Gefahrenentwicklungen zu erkennen, machte deutlich, dass ein zusätzliches, aktives Überwachungssystem notwendig war.

So entstand die Entscheidung, die bestehenden passiven Schutzbauwerke durch ein, sensorbasiertes Monitoringsystem zu ergänzen. Ziel war es, einerseits auf ein Ereignis zu reagieren, andererseits bereits präventiv zu detektieren – sei es durch mikroskopische Bewegungen im Fels oder durch mechanische Veränderungen an den Zaunelementen selbst. Die aktive Komponente sollte die Schwächen rein baulicher Maßnahmen ausgleichen und die Schutzfunktion in ein ganzheitliches Gefahrenmanagement überführen, das auch langfristig dem steigenden Sicherheitsanspruch moderner Infrastrukturnetze gerecht wird.

Ein zentrales Element war dabei die Integration in bestehende sicherheitsrelevante Kommunikationssysteme. Besonders für den Schienenverkehr wurde eine Schnittstelle zum GSM-R-Netz (Global System for Mobile Communications – Railway) der Deutschen Bahn realisiert. Dadurch wird im Fall einer detektierten Zaunbeanspruchung oder einer kritischen Hangbewegung eine automatisierte Notfallmeldung ausgelöst, die innerhalb von Sekunden eine Streckensperrung bzw. eine Zugnotbremsung einleitet. Diese direkte Anbindung an die Betriebsleittechnik ermöglicht eine lückenlose Alarmierungskette – von der mechanischen Auslösung vor Ort über die digitale Verarbeitung bis hin zur sicherheitstechnischen Reaktion im Bahnverkehr.

## 3. Technische Umsetzung

Zur Erfassung von Felsbewegungen und Zaunbeanspruchungen wurde eine redundante Sensorsystemarchitektur aufgebaut. Die eingesetzten Sensoren erfassen jeweils unterschiedliche Gefahrenaspekte.

Ein wesentlicher Bestandteil der aktiven Überwachungslösung sind die an ausgewählten Felsspalten installierten Risssensoren. Dabei handelt es sich um lineare Wegaufnehmer, die zur Detektion kleinster Bewegungen entlang klüftiger Strukturen im Gestein eingesetzt werden. Ihre Positionierung erfolgt gezielt an potenziell kritischen Trennflächen, die im Rahmen der geologischen Vorerkundung als relevant für ein mögliches Felsversagen identifiziert wurden. Aufgrund der Steilheit und Exponiertheit des Geländes war die Montage nur durch seiltechnisch ausgebildete Spezialkräfte möglich, die sich unter Beachtung umfangreicher Sicherheitsmaßnahmen an den Hang abseilten.

Die eingesetzten Sensoren sind vollständig gekapselt, wasserdicht nach Schutzart IP68 und damit für den dauerhaften Einsatz in rauer, ungeschützter Außenumgebung geeignet. Ihre Energieversorgung erfolgt über ein integriertes Solarpanel in Kombination mit einem internen Akkupuffer, wodurch ein autarker Betrieb ohne externe Stromzufuhr gewährleistet ist. Die Datenaufzeichnung erfolgt automatisiert in einem festen Intervall von 15 Minuten – auch nachts, da die gespeicherte Energie eine durchgehende Messbereitschaft sicherstellt.

Der standardmäßige Messbereich beträgt ±10 mm, kann jedoch je nach Einbausituation vor Ort angepasst werden, um auch größere Öffnungsbewegungen oder Setzungsprozesse abzubilden. Die Auflösung des Systems liegt bei 0,003 mm, womit auch sehr geringe, mikroskopische Bewegungen erfasst werden können. Auf diese Weise lassen sich sowohl kurzfristige Dehnungen – etwa infolge thermischer oder hygrischer Einwirkungen – als auch langfristige Verlagerungstendenzen dokumentieren.

Abb. 3: NB-IoT-Wegaufnehmer

Die kontinuierlich erfassten Daten werden zur zentralen Auswertung an die Monitoringplattform übertragen und ermöglichen eine grafisch aufbereitete Nachverfolgung der Spaltentwicklung. In Kombination mit den übrigen Sensorkomponenten des Systems liefert die Rissüberwachung wertvolle Informationen zur Beurteilung des mechanischen Zustands des Hanges und unterstützt die frühzeitige Identifikation von potenziellen Instabilitäten.

Zur direkten Überwachung mechanischer Einwirkungen auf die bestehende Zaunstruktur wurden an jeder Zaunebene Seilzugsensoren installiert. Diese Sensoren dienen der Erfassung von strukturellen Verformungen, wie sie typischerweise durch Steinschläge oder andere Krafteinwirkungen auf die Zaunkonstruktion entstehen. Das Funktionsprinzip basiert auf einem im wetterbeständigen Sensorgehäuse verbauten Seilzugmechanismus, bei dem ein dünnes, flexibles Stahlseil mit der Fangnetzkonstruktion verbunden ist. Wird die Zaunstruktur durch ein äußeres Ereignis lokal deformiert oder verschoben, führt dies zu einer Relativbewegung zwischen Sensorgehäuse und Befestigungspunkt, die eine definierte Längenzugbewegung am Seil auslöst.

Abb. 4: Seilzugsensor

Diese Bewegung wird mechanisch aufgenommen und über einen integrierten Sensor in ein elektrisches Signal umgewandelt. Die Messung erfolgt dabei mit einer Frequenz von 1 Hz, also einmal pro Sekunde, wodurch auch kurzzeitige dynamische Belastungen zuverlässig erfasst werden. Die Sensorik ist so konfiguriert, dass bereits geringe Auslenkungen des Seils mit hoher Wiederholgenauigkeit detektiert werden können. Dabei ist die Ansprechschwelle so gewählt, dass ausschließlich relevante Ereignisse – etwa infolge eines Gesteinseintrags – eine Signalauslösung verursachen. Durch diese mechanisch bedingte Auslösung wird das Risiko von Fehlalarmen deutlich reduziert. Die Messdaten werden unmittelbar an das zugeordnete Gateway übermittelt und dort in Echtzeit verarbeitet.

Die Sensoren sind in robusten, druck- und UV-beständigen Gehäusen untergebracht und für den ganzjährigen Außeneinsatz konzipiert.

Ergänzend zu den punktuell wirkenden Seilzugsensoren wurden an beiden Fangzaunebenen vertikal verlaufende Sensorleitungen installiert, die flächig über die gesamte Zaunhöhe verteilt sind. Je Zaunabschnitt wurden vier dieser Leitungsstränge in gleichmäßigen Höhenabständen montiert, sodass eine kontinuierliche Überwachung der gesamten Netzstruktur in vertikaler Richtung möglich ist. Die Sensorleitungen bestehen aus modular aufgebauten, UV- und witterungsbeständigen Kabelsystemen mit integrierter Bruchdetektion, die speziell für den dauerhaften Außeneinsatz an flexiblen Fangsystemen entwickelt wurden.

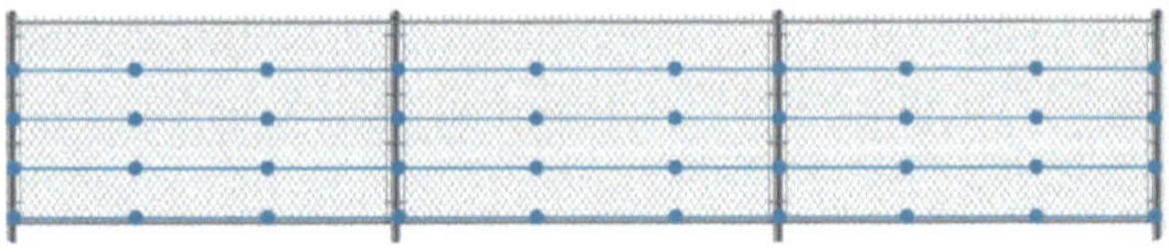

Abb. 5: Skizze Sensorleitungen

Die technische Funktionsweise basiert auf dem Prinzip der Leitfähigkeit. Wird ein Zaunabschnitt durch einen Steinschlag oder eine andere mechanische Belastung stark verformt oder durchdrungen, kann es zur physikalischen Trennung oder Dehnung der Leitung kommen. Diese Unterbrechung wird vom angeschlossenen Gateway sofort als Ereignis erkannt und als Störung oder Alarm klassifiziert. Durch die vertikale Anordnung der Leitungen kann dabei nicht nur der Zeitpunkt, sondern auch die ungefähre Höhe bzw. Eintrittsebene des Auftreffens im Zaunsystem nachvollzogen werden.

Abb. 6: Sensorleitung

Die Sensorleitungen sind vollständig gegen Wasser und Staub geschützt (IP68) und für mechanische Belastungen durch Schwingungen, Temperaturschwankungen oder Materialbewegungen ausgelegt. Aufgrund des modularen Stecksystems lassen sie sich bei Beschädigungen schnell austauschen, ohne dass die gesamte Anlage demontiert werden muss. Die Montage erfolgt über speziell entwickelte Klemmsysteme, die eine sichere Befestigung an der Zaunstruktur gewährleisten und zugleich die Beweglichkeit des Netzes nicht einschränken.

Abb. 7: Sensorleitung

Die Zustandsabfrage der Leitungen erfolgt kontinuierlich mit einer Abtastrate von 1 Hz, sodass Störungen oder Leitungsunterbrechungen in Echtzeit erkannt und gemeldet werden.

Ein zentrales Kriterium bei der Auslegung des gesamten Überwachungssystems war die konsequente Umsetzung von Redundanzprinzipien auf mehreren Ebenen – sowohl hardwareseitig als auch hinsichtlich der Datenerfassung und -übertragung. Ziel war es, die Systemverfügbarkeit und Ausfallsicherheit unter realen Geländebedingungen zu maximieren und sicherzustellen, dass auch bei Teilausfällen einzelner Komponenten weiterhin eine vollständige Überwachung gewährleistet ist.

Im Bereich der Sensorik bedeutet dies, dass alle sicherheitsrelevanten Messgrößen durch mindestens zwei voneinander unabhängige Sensorprinzipien erfasst werden. So werden beispielsweise mechanische Deformationen an den Fangzäunen sowohl durch Seilzugsensoren als auch durch vertikal angeordnete Sensorleitungen detektiert. Während die Seilzugsensoren lineare Bewegungen erfassen, reagieren die Sensorleitungen auf materielle Trennungen im Zaungeflecht. Durch die parallele Auswertung beider Signalquellen kann die Belastungssituation differenziert interpretiert und potenziellen Fehlinterpretationen vorgebeugt werden.

Auch im Bereich der Datenübertragung wurde eine redundante Architektur umgesetzt: Pro Zaunebene sind zwei autarke Gateway-Einheiten installiert, die jeweils unabhängig voneinander mit allen zugehörigen Sensoren verbunden sind. Diese Gateways verfügen über eine doppelte Kommunikationsschnittstelle – bestehend aus einer LTE-Verbindung zur zentralen Datenschnittstelle sowie einer GSM-R-Verbindung zur sicherheitsgerichteten Alarmübertragung an die Betriebsleitstelle der Deutschen Bahn. Sollte eine Kommunikationsverbindung temporär ausfallen, übernimmt die jeweils andere Verbindung die Übertragung. Zusätzlich überwacht jedes Gateway kontinuierlich den Zustand der jeweils anderen Einheit (Heartbeat-Prinzip), sodass bei Ausfall eines Geräts automatisch ein Eskalationssignal ausgelöst wird.

Die Energieversorgung der Systemkomponenten erfolgt über solarbetriebene Akkueinheiten, die ebenfalls doppelt abgesichert sind: Neben einem Hauptakku steht ein Pufferakku zur Verfügung, der bei Ausbleiben der Solarladung den Betrieb über mehrere Tage aufrechterhalten kann. Der Ladezustand sowie die Funktion der Energieversorgungseinheiten werden ebenfalls permanent überwacht und an die Leitstelle übermittelt.

Abb. 8: Schaltschrank mit Solarpanel

Darüber hinaus ist auch auf der Serverseite ein redundantes Konzept umgesetzt: Alle erhobenen Sensordaten und Systemstatusinformationen werden parallel an zwei voneinander unabhängige Rechenzentren übertragen, die geografisch getrennt betrieben werden. Dadurch ist sichergestellt, dass selbst im Falle eines teilweisen Serverausfalls oder infrastruktureller Störungen die Datenverfügbarkeit und Zugriffsfähigkeit vollständig erhalten bleibt. Die Verarbeitung, Visualisierung und Alarmierung erfolgt synchronisiert über beide Standorte, sodass ein kontinuierlicher Echtzeitbetrieb gewährleistet ist – auch bei Wartungsarbeiten oder technischen Ausfällen auf einer der Plattforminstanzen.

Diese redundante Gesamtkonfiguration ermöglicht eine robuste und fehlertolerante Betriebsweise, die speziell auf den Einsatz in schwer zugänglichem, wartungsarmem Gelände abgestimmt ist. Sie stellt sicher, dass auch unter widrigen Umweltbedingungen oder im Störungsfall eine kontinuierliche Gefahrenüberwachung gewährleistet bleibt – ein entscheidender Aspekt für sicherheitskritische Infrastrukturen wie Bahntrassen oder stark frequentierte Verkehrsachsen.

Die zentrale Datendrehscheibe des Gesamtsystems bildet eine cloudbasierte Monitoring- und Warnplattform, über die sämtliche erfassten Messdaten, Zustandsinformationen und Systemereignisse in Echtzeit zusammengeführt, visualisiert und archiviert werden. Die Plattform fungiert

dabei als übergeordnetes Management- und Analyseinstrument und ist sowohl für Fachanwender aus dem Bereich Geotechnik als auch für sicherheitsverantwortliche Stellen wie Leitstellen oder Betreiberinfrastrukturen zugänglich.
Alle Sensorwerte – darunter Messdaten der Rissaufnehmer, Signalzustände der Seilzugsensoren, Statusmeldungen der Sensorleitungen sowie Energie- und Kommunikationsparameter der Gateways – werden zyklisch mit einer Abtastrate von 1 Hz in die Plattform übertragen. Die Daten werden dort strukturiert aufbereitet und grafisch visualisiert, etwa in Form von Zeitreihen, Schwellenwertverläufen oder interaktiven Systemübersichten. Ein wesentlicher Bestandteil der Plattform ist das integrierte Alarmmanagement. Dieses ermöglicht die Konfiguration von Ereignisschwellen, differenzierte Ereignisfilter sowie die automatische Weiterleitung kritischer Zustände an definierte Empfängerkreise.
Zur Optimierung der Bedienbarkeit ist die Plattform mit einer interaktiven Kartendarstellung ausgestattet, über die sich alle Sensorstandorte lagegenau lokalisieren und deren aktueller Zustand visuell erfassen lässt. Zusätzlich werden pro Gateway und Sensorstatus technische Betriebsdaten wie Akkuspannung, Temperatur, Signalqualität und Kommunikationsverbindung kontinuierlich überwacht und angezeigt. Dies erlaubt eine zuverlässige Systemdiagnose und vereinfacht Wartungsplanung und Fehleranalyse.
Alle Systemvorgänge, Zustandsänderungen und Nutzerinteraktionen werden in einem manipulationssicheren Ereignisprotokoll dokumentiert. Dieses erfüllt die Anforderungen an die Nachvollziehbarkeit sicherheitsrelevanter Meldungen und bietet eine belastbare Grundlage für spätere Analysen, Audits oder Gutachten. Durch die permanente Verfügbarkeit über gesicherte Webschnittstellen kann die Plattform standortunabhängig aufgerufen werden – auch mobil, etwa durch Einsatzkräfte oder technische Dienste im Gelände.
In ihrer Gesamtheit stellt die Daten- und Warnplattform somit das zentrale Element für die operative Nutzung des Monitoringsystems dar.
Die technischen Komponenten des Überwachungssystems stammen von der Infrasolute GmbH mit Sitz in Boppard. Das Unternehmen ist auf die Entwicklung und Integration sensorbasierter Überwachungslösungen für bauliche und geotechnische Infrastrukturen spezialisiert. Zu den Anwendungsfeldern zählen unter anderem Brücken, Tunnel, Stützmauern und Hanglagen. Im Rahmen des Projekts lieferte Infrasolute sowohl die eingesetzte Sensorik als auch die zugehörige Datenplattform und Kommunikationsstruktur.

## 4. Herausforderungen bei Umsetzung und Betrieb

Bei der Implementierung traten mehrere typische Herausforderungen auf: Zum einen erschwerten die steilen und teils bewaldeten Hänge die Positionierung der Sensoren – sowohl die Montage als auch künftige Wartungsarbeiten sind logistisch aufwändig.

Abb. 9: Installation unter erschwerten Bedingungen

Zum anderen stellt die Stromversorgung in abgelegenem Gelände hohe Anforderungen: Trotz Solarpaneelen schwankten Ladevorgang und Verbrauch je nach Wetter, was ein intelligentes Energiemanagement erforderlich macht. Auch die Sicherstellung einer stabilen Funkverbindung (LTE/GSM-R) im engen Tal ist nicht trivial, da sich Tallagen teilweise funkabschirmend verhalten. Schließlich war die nahtlose Integration in bestehende Betriebsprozesse eine Hürde: Das System musste so konzipiert werden, dass Alarmmeldungen unmittelbar in das Bahnbetriebsleitstellensystem einfließen (via GSM-R) und vor Ort ansprechbare Abläufe (Evakuierungen, Streckensperrung) anstoßen.
Technisch gesehen erforderte die hohe Zuverlässigkeit, dass Fehlalarme praktisch ausgeschlossen sind. Durch den Einsatz mechanischer Seil- und Leitungssensoren und eine ausgeklügelte Logik werden nur echte Krafteinwirkungen (z. B. Steinschläge) erkannt. Die modulare Sensorbauweise und regelmäßige Ferntests tragen dazu bei, Ausfälle früh zu entdecken und den Wartungsaufwand zu minimieren. Insgesamt steht das System für hohe Betriebssicherheit und minimale Wartungszyklen – wichtige Eigenschaften in dieser sensiblen Anwendung.

## 5. Nutzen für Betreiber und Übertragbarkeit

Das realisierte System bietet umfangreiche Vorteile für Betreiber und Behörden: Die kontinuierliche Live-Erfassung relevanter Bewegungsdaten ermöglicht eine sofortige Reaktionsmöglichkeit bei einem Zwischenfall. Im Alarmfall können Züge noch vor Eintritt des Schadens gestoppt werden – ein potenziell lebensrettender Eingriff. Darüber hinaus liefert die Plattform wertvolle historisierte Daten für die langfristige Gefahreneinschätzung und Unterhaltsplanung. Durch lückenlose Protokolle und Analysefunktionen lässt sich die Wirksamkeit der Sicherungsmaßnahmen dauerhaft überprüfen.

Ein weiterer Nutzen liegt in der Übertragbarkeit: Die entworfene Monitoring-Architektur ist modular und kann für vergleichbare Steinschlag-Szenarien an anderen Standorten wiederverwendet werden. Erfahrungsgemäß ist das System auch für andere Gefahren- und Infrastrukturtypen adaptierbar (z. B. Lawinennetze, Erdrutschschutz). Die Kombination aus Sensorik, drahtloser Kommunikation und digitaler Plattform stellt einen Standardansatz für künftige Frühwarnsysteme in ganz Deutschland dar, der dazu beiträgt, die Sicherheit im Alpen- und Mittelgebirgsraum signifikant zu erhöhen.

## 6. Fazit und Ausblick

Das umgesetzte Monitoringsystem im Steilhangbereich des Mittelrheintals zeigt exemplarisch, wie sich moderne Sensortechnologie und digitale Infrastruktur in ein bestehendes geotechnisches Sicherungskonzept integrieren lassen, um den Schutz kritischer Verkehrsachsen unter schwierigen topografischen Bedingungen signifikant zu verbessern. Insbesondere die Kombination aus passiver Fangzaundämpfung und aktiver, ereignisgesteuerter Überwachung erlaubt eine situationsadaptive Reaktion auf potenzielle Gefährdungen – sowohl im Ereignisfall als auch im Rahmen präventiver Gefahrenbeobachtung.

Technisch zeigt das System eine hohe Funktionssicherheit durch redundante Sensorik, autarke Energieversorgung, doppelt ausgelegte Datenkommunikation und serverseitige Ausfallsicherheit. Die kontinuierliche Erfassung und Übertragung strukturmechanischer Messdaten, ergänzt durch die automatisierte Auslösung von Alarmen bei Grenzwertüberschreitungen oder Funktionsstörungen, schafft die Grundlage für eine schnelle Entscheidungsfindung und unmittelbar umsetzbare Schutzmaßnahmen.

Besonders im Bereich der Bahnleit- und Sicherheitstechnik stellt die Anbindung an das GSM-R-Netz eine essenzielle Schnittstelle dar, um kritische Ereignisse nicht nur zu detektieren, sondern unmittelbar in operative Steuerbefehle – wie Streckensperrungen – zu überführen.

Darüber hinaus bietet die systematische Erfassung langzeitlicher Bewegungsmuster im Bereich der Felsklüfte eine belastbare Datenbasis für geotechnische Bewertungen. Diese können in Planungs- und Instandhaltungsprozesse einfließen und unterstützen Fachgutachter bei der Entwicklung nachhaltiger Sicherungskonzepte. Die vollständige Dokumentation über die zentrale Plattform erlaubt zudem eine lückenlose Rückverfolgung technischer Zustände und Ereignisverläufe, was sowohl für die Betreiberhaftung als auch für wissenschaftlich-analytische Zwecke von Bedeutung ist.

Mit Blick auf die Übertragbarkeit zeigt sich, dass der modulare Systemaufbau eine flexible Adaption auf andere Gefahrenstellen ermöglicht. Sowohl in ähnlichen Steilhangsituationen entlang bestehender Verkehrswege als auch in alpinen Räumen mit erhöhter Felssturz- oder Lawinenaktivität kann das Systemprinzip mit vergleichbaren Komponenten angewendet werden. Auch für temporäre Überwachungsszenarien bei Bau- oder Rückbauarbeiten an exponierten Lagen bietet die Lösung ein praktikables Instrument zur risikobasierten Zustandskontrolle.

Zukünftige Entwicklungen könnten die Integration weiterer Sensortypen – etwa geophone Messpunkte oder Wetterdatenmodule – sowie die automatisierte Auswertung mittels KI-gestützter Analysemethoden umfassen. Ebenso denkbar ist eine noch engere Kopplung an Verkehrsleitsysteme, um sicherheitsrelevante Reaktionen wie Fahrplananpassungen, Warnanzeigen oder Evakuierungsszenarien automatisiert auszulösen. Insgesamt zeigt das Projekt, dass digitalisierte Monitoringlösungen in Verbindung mit robuster, feldtauglicher Sensorik einen wirksamen Beitrag zur Erhöhung der infrastrukturellen Resilienz leisten können – insbesondere unter sich wandelnden klimatischen und geologischen Rahmenbedingungen.

TAE

# Messtechnik und Monitoring

# Die Beobachtungsmethode als unterstützendes Instrument der Nachweisführung – veranschaulicht an Praxisbeispielen

**Sarah Heinrichs, M. Sc.**
Prof. Quick und Kollegen – Ingenieure und Geologen GmbH, Darmstadt

**Prof. Dr.-Ing. Simon Meißner**
Prof. Quick und Kollegen – Ingenieure und Geologen GmbH, Darmstadt

**Maximilian Kies, M. Eng.**
Prof. Quick und Kollegen – Ingenieure und Geologen GmbH, Darmstadt

**Zusammenfassung**
Die Beobachtungsmethode nach DIN EN 1997-1 ist ein unterstützendes Instrument in der geotechnischen Nachweisführung. Die Einsatzgebiete und Anwendungsmöglichkeiten der Beobachtungsmethode sind vielseitig und werden unter anderem in der DIN EN 1997-1, in den Empfehlungen der Arbeitskreise Geomesstechnik und Baugruben, in der KPP-Richtlinie sowie in der ZTV-ING festgehalten. Die Anwendung der Beobachtungsmethode ist in Form eines Messkonzeptes umfangreich zu planen sowie durch erfahrene Geotechniker zu begleiten. Hierbei entstehen in der Praxis häufig diverse Herausforderungen. Die vorliegende Veröffentlichung widmet sich den theoretischen Grundlagen der Beobachtungsmethode und veranschaulicht deren Einsatzgebiete und Anwendungsmöglichkeiten anhand von drei Praxisbeispielen aus Frankfurt am Main sowie Berlin. Dabei wird ebenfalls auf mögliche Herausforderungen und Schwierigkeiten und daraus resultierende Erkenntnisse eingegangen. Anhand der Erfahrung vergangener Bauprojekte und Praxisbeispiele lassen sich wichtige Erkenntnisse über Anwendungsgrenzen und Fehlerquellen möglicher Messverfahren, die Grundlagen numerischer Modellierungen oder auch mögliche Einflussgrößen auf Messverfahren und Messergebnisse sammeln, welche für die Planung neuer Projekte herangezogen werden können. Dies ermöglicht eine kontinuierliche Verbesserung geotechnischer Planung und führt zu einer sicheren und nachhaltigeren Lösung.

## 1. Einführung

Die Nachweisführung in der Geotechnik ist im Wesentlichen von den Kenntnissen über den anstehenden Baugrund abhängig. Hierbei spielen zum einen für das Bauprojekt spezifisch durchgeführte Baugrunderkundungen sowie die geotechnische Erfahrung vergleichbarer und benachbarter Bauvorhaben eine wichtige Rolle. Dennoch lässt sich das Verhalten des Baugrundes niemals vollständig vorhersagen. Die Geotechnik ist daher darauf angewiesen, die angewendeten Berechnungsansätze, getroffene Annahmen bei der Planung uvm. immer wieder zu überprüfen und gegebenenfalls durch neue Erkenntnisse weiter fortzuschreiben. Dies gilt sowohl für die Planung eines neuen, die Auswertung eines abgeschlossenen als auch für die kontinuierliche Überwachung der Bauausführung eines noch im Bau befindlichen Bauvorhabens. Ein wichtiger Punkt in diesem Vorgang ist die begleitende Beobachtungsmethode nach DIN EN 1997-1 [1] sowie DIN 1054:2021-04 [2]. Die Beobachtungsmethode kann in diesem Sinne als unterstützendes Instrument der geotechnischen Nachweisführung angesehen werden.
Erste geotechnische Messungen in Deutschland wurden z. B. in den 1920er Jahren durchgeführt. Mit Hilfe von pneumatischen und akustischen Druckmessdosen wurden Sohldruckmessungen an Pfeilern der Kanalbrücke des Schiffshebewerkes in Niederfinow durchgeführt. Die daraus resultierenden Erkenntnisse über die Sohldruckverteilung wurden bereits 1932 beim Strompfeiler der Rheinbrücke in Mannheim/Ludwigshafen angewendet. [3]
Die Anwendungsmöglichkeiten sowie der Nutzen von geotechnischen Messungen sind vielfältig, werden jedoch oft unterschätzt oder aufgrund einer fehlerhaften Anwendung nicht vollständig ausgeschöpft. Insbesondere durch den technischen Fortschritt sowie die vermeintliche sichere Anwendung der heutigen Messtechnik entstehen häufig Herausforderungen bei deren Einsatz. Neben rein technischen Fehlern treten dabei auch Nutzer-verursachte Probleme auf. Trotz der großen Auswahl an Messinstrumenten und der computergestützten Datenverarbeitung ist ein Verständnis der Messinstrumente und geotechnischen Aufgabenstellung sowie eine ingenieurtechnische Auswertung durch erfahrene Geotechniker von Bedeutung. Die geotechnische Mess- und Beweissicherung im Sinne der Beobachtungsmethode ist daher mehr als der reine Einsatz von Messtechnik, sondern ein umfangreicher, schrittweiser Prozess, der die Fähigkeiten des Messinstrumentes mit denen des Geotechnikers vereint. [4] Die Anwendung der Beobachtungsmethode beruht daher auf einer ganzheitlichen und systematischen Betrachtung des Bauvorhabens sowie auf interdisziplinären Fachkenntnissen und Erfahrungen [5].
Nachfolgend werden anhand verschiedener Praxisbeispiele in Frankfurt am Main sowie in Berlin die Anwendungsmöglichkeiten bzw. Anwendungsbeispiele der Be-

obachtungsmethode, die damit zusammenhängenden Probleme und Schwierigkeiten als auch die daraus resultierenden Erkenntnisse aufgezeigt. Ziel ist das Aufzeigen des Mehrwertes sowie von Anwendungshinweisen für die Umsetzung und Planung geotechnischer Projekte unter Anwendung der Beobachtungsmethode.

## 2. Die Beobachtungsmethode

Die Beobachtungsmethode kann gemäß [1] zur Untersuchung von Grenzzuständen (ULS und SLS) herangezogen werden. Dies gilt insbesondere für Situationen bzw. Bauzustände, für die der Grenzzustand nicht mit den bekannten und zuverlässigen Rechenmodellen nachgewiesen werden kann oder eine zuverlässige Vorhersage des geotechnischen Verhaltens nicht möglich ist [1]. Dies ist im Gegensatz zu anderen Fachdisziplinen notwendig, da es sich beim Baugrund, anders als bei Stahl oder Beton, nicht um einen normativ geregelten und einheitlichen Baustoff handelt [5].

Auch bei wesentlichen Wechselwirkungen zwischen dem anstehenden Baugrund und dem geplanten Bauwerk sowie Stützbauwerken wird sie empfohlen. Bei Baumaßnahmen der geotechnischen Kategorie 3 (GK3) sollte die Beobachtungsmethode zwingend angewendet werden. [2] Vorgaben zur Anwendung der Beobachtungsmethode bzw. geotechnischer Messungen sind zudem für die Gründung mittels einer Kombinierten Pfahl-Plattengründung in [6] sowie allgemein für Ingenieurbauten in [7] enthalten. Dabei wird vorausgesetzt, dass das Versagen des Bauwerkes im Vorhinein zu erkennen ist bzw. abgeschätzt werden kann. Andernfalls ist der Einsatz der Beobachtungsmethode für die Durchführung von Standsicherheitsbetrachtungen ausgeschlossen. [2]

Die Beobachtungsmethode ist als „*eine Kombination der üblichen geotechnischen Untersuchungen und Berechnungen (Prognosen) mit der laufenden messtechnischen Kontrolle des Bauwerkes und des Baugrundes während dessen Herstellung und ggf. auch während dessen Nutzung*" [2] zu verstehen. Bei Auftreten von kritischen Situationen sind diese mittels vorher definierter sowie geeigneter Maßnahmen zu kompensieren [2].

Die Planung der Beobachtungsmethode und der dafür erforderlichen Messtechnik sollte bereits früh in der bautechnischen Planung sowie der Planung der Bauausführung berücksichtigt werden, um spätere Behinderungen oder Ausfälle zu vermeiden. Die Planung der notwendigen Messtechnik beginnt dabei mit der Definition der Ziele, d. h. mit der Definition konkreter Fragestellungen, die sich aus einem Informationsdefizit über das Verhalten von Bauwerk oder Baugrund oder dem Ist-Zustand des Baugrundes ergeben. Anhand dieser Fragestellungen können die notwendigen, auszuführenden Messungen und darüber hinaus die notwendige Messtechnik und das Messverfahren abgeleitet werden. [5] Dabei ist insbesondere auf die Robustheit sowie die Genauigkeit und die Zuverlässigkeit des Messverfahrens zu achten [1]. Die gewählte Messtechnik und das Messverfahren sind in einem Messkonzept festzuhalten, welches in Abhängigkeit des Planungsstandes fortzuschreiben ist. Neben der notwendigen Messtechnik sind im Messkonzept die zulässigen Grenzen des Bauwerkverhaltens festzuhalten. Diese sind im Vorfeld durch numerische Berechnungen und unter Zugrundelegung von realistischen Annahmen zu ermitteln. [5] Anschließend ist ein entsprechendes Konzept für die Durchführung der Messungen zu erarbeiten, mit denen die Einhaltung dieser Grenzen erkannt und überprüft werden kann. Die durchgeführten Messungen müssen ermöglichen, dass kritische Veränderungen früh genug erkannt werden und die vorher definierten Gegenmaßnahmen rechtzeitig eingesetzt werden können. [1] Für die Überprüfung der Einhaltung der definierten Grenzen des Bauwerksverhaltens sind gemäß [5] die sogenannten Schwellen-, Eingreif- und Alarmwerte zu definieren. Der Schwellenwert entspricht dabei meist dem erwarteten Wert, ab dessen Überschreitung eine erhöhte Aufmerksamkeit erforderlich ist. Der Eingreifwert legt den Messwert fest, ab welchem sofortige Maßnahmen zu ergreifen sind. Der Alarmwert kann anschließend als Erreichen eines Grenzzustandes angesehen werden, bei dem sofortige Sicherungsmaßnahmen durchzuführen sind. In Einzelfällen ist eine hiervon abweichende Nomenklatur möglich sowie zusätzliche Vorgaben zum Grenzverhalten in Abhängigkeit von beispielsweise benachbarten Objekten, verbauten Komponenten oder Vorgaben aus Gutachten denkbar. Diese haben jedoch keinen Einfluss auf die grundsätzliche Notwendigkeit der Kontrolle der Messwerte und die Definition von Gegenmaßnahmen. [5]

Im Anschluss an die Durchführung der Messungen ist die Datenaufbereitung sowie Datenanalyse von besonderer Bedeutung. Die Messwerte unterliegen meist dem Einfluss von Umwelt und Umgebung (äußere Einflüsse) im Zusammenspiel mit dem Messinstrument und sind daher auf Plausibilität sowie Vollständigkeit zu überprüfen. Ziel ist die Erzeugung von bereinigten Messergebnissen aus den Rohdaten der Messwerte, welche für die Interpretation herangezogen werden können und frei von fehlerhaften Daten, äußeren Einflüssen und Ausreißern sind. [5] Zur Überprüfung ist eine Redundanz von Messwerten zu empfehlen, welche die Beurteilung der Plausibilität und Messwerte ermöglicht. [8] Die Beurteilung und Bewertung der Messergebnisse sollte in regelmäßigen Abständen erfolgen, sodass im Notfall ein Ersatz oder eine Ergänzung der Messinstrumente möglich ist [1].

Eine Übersicht zum Ablaufschema der Beobachtungsmethode mit Angabe möglicher Messverfahren ist in Abb. 1 dargestellt.

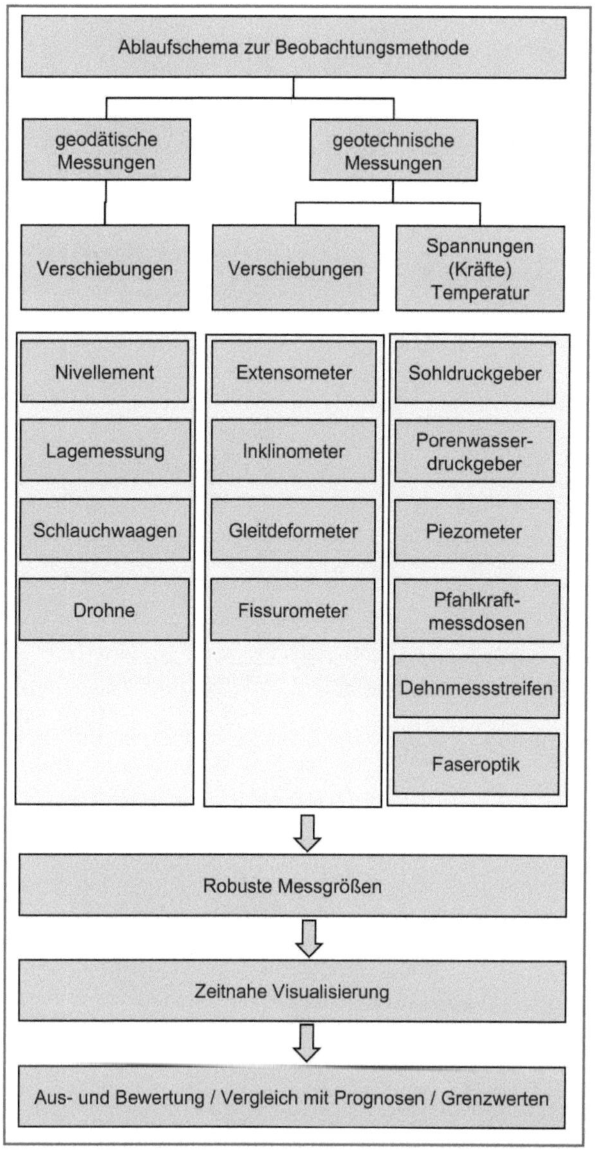


Abb. 1: Übersicht Ablaufschema zur Beobachtungsmethode [9]

Anhand der Erkenntnisse der Messauswertung ist im Fall von günstigeren Verhältnissen eine Optimierung der im Vorfeld durchgeführten Bemessung für den weiteren Bauablauf im Sinne der Nachhaltigkeit denkbar [2]. Zudem können diese Erkenntnisse für nachfolgende, vergleichbare Projekte herangezogen werden, um so eine Bemessung entsprechend den Regeln der Technik zu ermöglichen [5]. Typische Fehlerquellen bei der Anwendung der Beobachtungsmethode sind oftmals bereits in der Planung und Vorbereitung zu finden. Hierzu gehört beispielsweise die Definition eines lokalen Koordinatensystems für die jeweiligen Messinstrumente. Dies vereinfacht im Nachhinein die Auswertung der Messwerte. Auch die im Vorfeld geplanten Messintervalle können meist nicht eingehalten werden. Hierbei ist auf ein möglichst regelmäßiges Intervall zu achten sowie sicherzustellen, dass in allen kritischen Phasen verlässliche Messungen durchgeführt werden. Beim Einbau von Messinstrumenten ist auf eine genaue Dokumentation zu achten. Hierzu zählt unter anderem die genaue Lage, die Einbaurichtung und die Bezeichnung des entsprechenden Messwertes. Nur durch eine sorgfältige Dokumentation ist eine korrekte Auswertung der Messwerte möglich. Des Weiteren ist eine durchgehende Stromzufuhr bei entsprechenden Messsystemen sicherzustellen. Insbesondere bei einer automatischen Übertragung von Messwerten führt ein Stromausfall bspw. durch beschädigte Kabel zu einem vermeidbaren Verlust an Messungen. Bei der Übergabe und Auswertung von Messwerten ist eine Angabe zum zugehörigen Bauzustand von Bedeutung, um eine Bewertung der Messwerte vornehmen zu können. Diese Fehlerquellen sind bei der Anwendung der Beobachtungsmethode grundsätzlich zu berücksichtigen. Weitere mögliche Herausforderungen werden nachfolgend im Kontext mit den Randbedingungen des jeweiligen Projektes veranschaulicht.

## 3. Praxisbeispiele

### 3.1 Hochhaus MYND in Berlin

Das Hochhaus MYND ist ein 145 m hohes Hochhaus mit Riegelbauwerk am Alexanderplatz in Berlin. Für den Neubau wurde im Jahr 2022 ein Teil des bestehenden Warenhauses abgerissen, sodass der Neubau direkt daran anschließt. Das Hochhaus steht auf einer Kombinierten Pfahl-Plattengründung, wobei die Bestandsbodenplatte des Kaufhofs in die Gründung integriert wurde. Neben der direkt angrenzenden Bestandsbebauung des Kaufhofes wird das Baufeld des Hochhauses von den Tunneln der U-Bahn-Linien U2 und U8 umschlossen. Im Südwesten befindet sich zudem die S-Bahnstation Alexanderplatz. Diese Bestandsbebauung galt es bei der Planung der Gründung und insbesondere bei der Erstellung des Mess- und Beweissicherungsprogramms zu berücksichtigen. Ein Luftbild der Bestandbebauung mit Lage des geplanten Hochhauses ist in Abb. 2 dargestellt. [10]

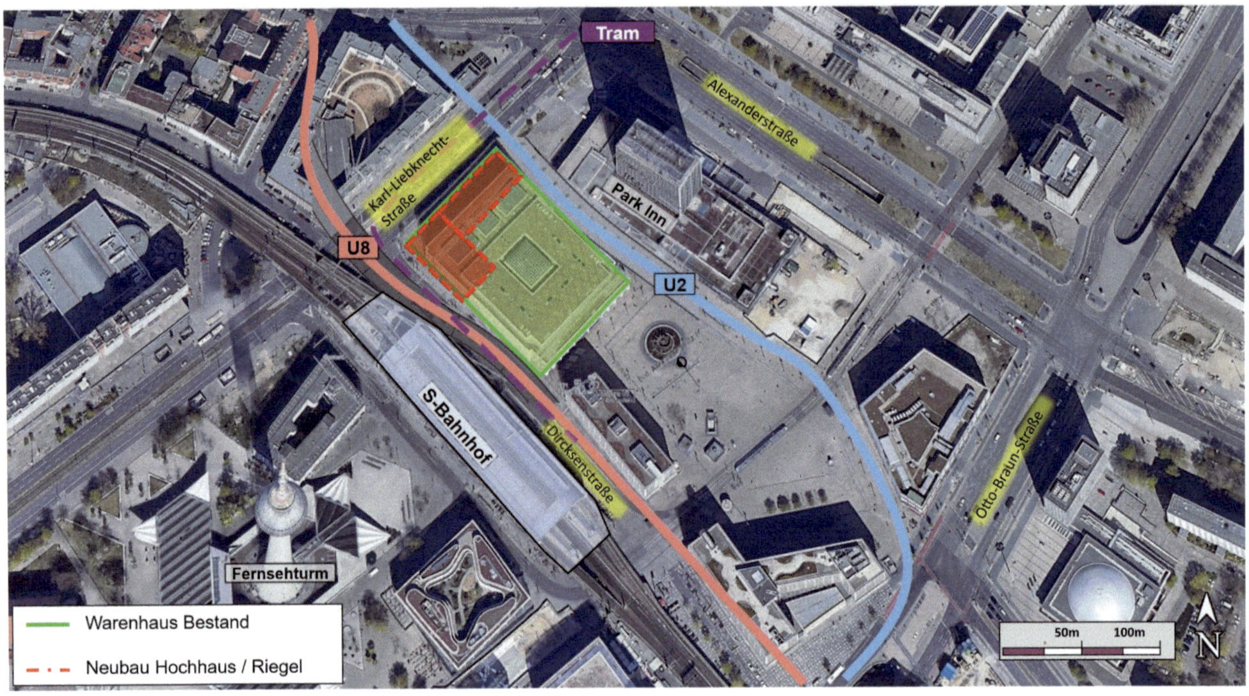


Abb. 2: Lageplan des Bauvorhabens MYND

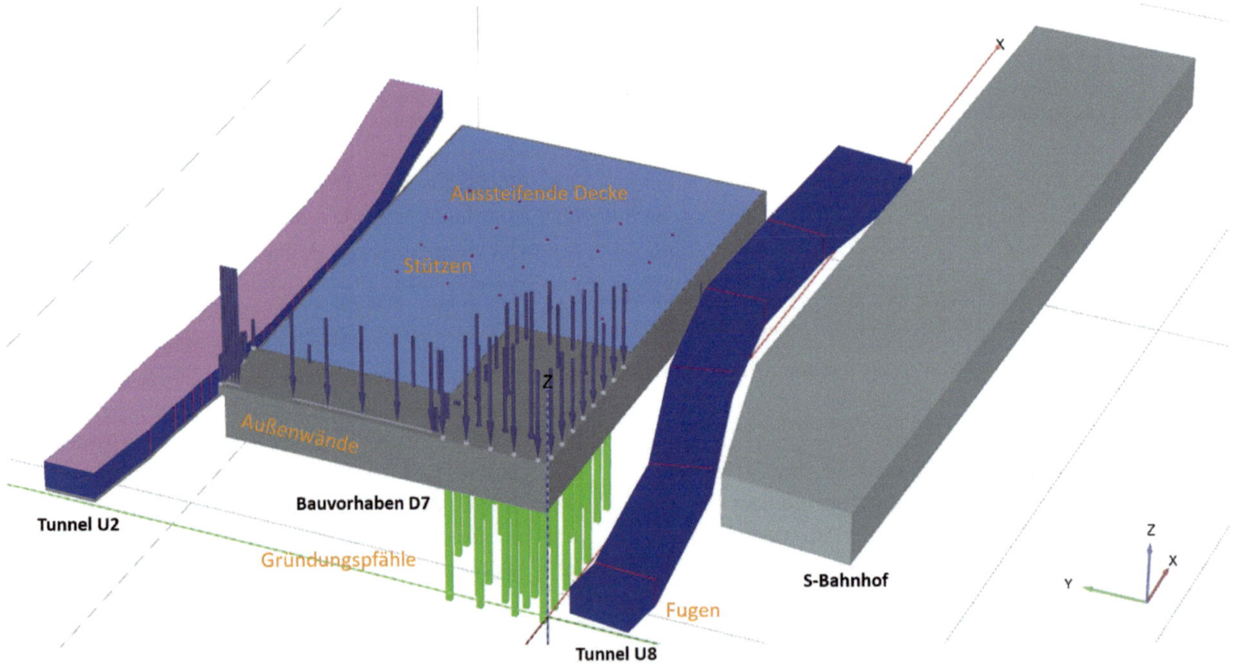


Abb. 3: Numerisches Modell zum Bauvorhaben MYND

Im Rahmen der Planung der Gründung wurden umfangreiche Untersuchungen des Einflusses des Neubaus auf die Bestandsbebauung durchgeführt. Hierzu wurden dreidimensionale FE-Berechnungen durchgeführt, die neben der geplanten Neubebauung auch die Bestandsbebauung mit abbildete (s. Abb. 3).
Hieraus wurden insbesondere für die beiden U-Bahntunnel mögliche sowie wahrscheinliche Setzungen ermittelt und ein Warnwert definiert. Diese von [5] abweichende Vorgehen wurde projektspezifisch mit dem Eigentümer der Bahntunnel im Vorfeld abgestimmt.

Für den Tunnel der U8 sind die ermittelten möglichen und wahrscheinlichen vertikalen Verschiebungen sowie der Warnwert des Tunnels als auch des Hochhauses über die Bauzeit in Abb. 4 dargestellt.

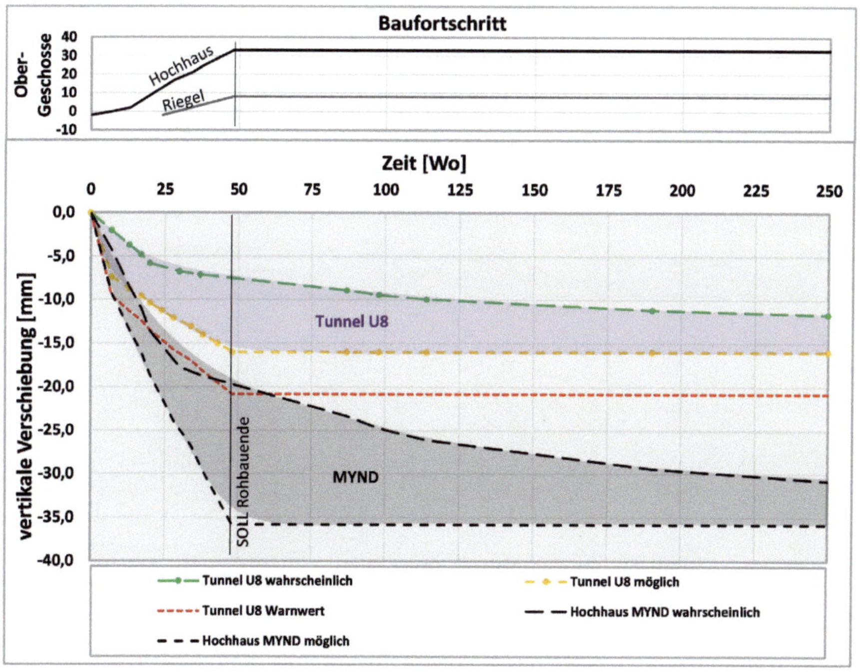


Abb. 4: Zeit-Setzungsprognose des Hochhauses MYND und der U8 inklusive Definition des Warnwertes

Zur Beurteilung der Auswirkungen der Neubebauung wurde ein umfangreiches Mess- und Beweissicherungsprogramm der Bestands- und Nachbarbebauung geplant und umgesetzt. Hierzu wurde sowohl die Gründung des Hochhauses selbst als auch die Bestandsbebauung mit Messeinrichtungen ausgestattet. In den U-Bahntunneln wurden jeweils zwei Schlauchwaagensysteme an den Tunnelaußenwänden angebracht, um vertikale Verschiebungen der Tunnel entlang der Tunnelachse sowie die daraus ableitbare Winkelverdrehung in Tunnel-Längsrichtung dokumentieren zu können. Vorteil der Schlauchwaagen ist grundsätzliche das kontinuierliche Aufzeichnen von Verschiebungen mit einer variablen Anzahl an Messpunkten sowie die digitale Übertragung der Messdaten in Echtzeit. Die Schlauchwaagen wurden nach dem Teilabriss des Warenhauses im August 2022 installiert und liefern seitdem Messwerte zu den vertikalen Verschiebungen der Tunnel. Aufgrund der Insolvenz des Bauherrn im Jahr 2023 wurden die Bauarbeiten am geplanten Neubau gestoppt, nachdem die Gründung des Hochhauses bereits hergestellt wurde. Erst ein Jahr später wurden die Bauarbeiten wieder aufgenommen. In dieser Zeit stand die bereits ausgehobene Baugrube leer und die Mess- und Beweissicherung wurde weitergeführt. Aus diesem Grund stehen zum jetzigen Zeitpunkt Messwerte aus mehr als drei Jahren zur Verfügung, wobei Phasen mit als auch ohne Bauaktivität aufgezeichnet werden konnten. Aus der mehrjährigen Laufzeit der Messungen konnten bereits diverse Herausforderungen im Zusammenhang mit den installierten Schlauchwaagen sowie bei der Auswertung zu berücksichtigende Effekte beobachtet werden.

In Abb. 5 ist beispielhaft ein Auszug aus den Messwerten des Tunnels U2 dargestellt. Augenscheinlich kann auf den ersten Blick erkannt werden, dass die eine Hälfte der Messpunkte Setzungen aufgezeigt wohingegen die andere Hälfte Hebungen aufweist. Diese Hebungen und Setzungen sind jedoch nicht kontinuierlich ansteigend, sondern verhalten sich bzw. schwanken wellenartig. Bei genauerer Betrachtung dieser Schwankungen ist zu erkennen, dass sich diese zeitlich gleichmäßig in jedem Jahr der Aufzeichnung wiederholt haben. Während in der 2. Jahreshälfte die Messwerte der Punkte auseinander streuen, reduzieren sich die Differenzverschiebungen in der ersten Jahreshälfte und nähern sich wieder ihrem Ausgangswert an. Um eine mögliche Interpretation dieser Messwerte durchzuführen, ist die Lage der Messpunkte zu beachten. Der Tunnel U2 befindet sich im Norden bzw. Nordosten des Baufeldes und somit auf der Seite des Riegelbauwerkes. Das Hochhaus befindet sich auf der dem Tunnel abgewandten Seite des Baufeldes. Mit den Bauarbeiten im Bereich des Riegelbauwerkes wurde erst im Frühjahr 2025 begonnen. Der Abriss des Bestandsgebäudes war im Herbst 2022 abgeschlossen. Alle Messwerte, die dazwischen aufgezeichnet wurden, sind daher ohne Einfluss einer Bautätigkeit im Nahbereich. Die vorliegenden Messergebnisse zeigen daher, dass der U-Bahn-Tunnel bzw. die mit der Schlauchwaage aufgezeichneten Messwerte auch ohne Bauaktivität ein sogenanntes Grundrauschen bzw. eine jahreszeitliche Schwankung aufweisen können. Dieses ist bei der Auswertung zu berücksichtigen und konnte auch bereits bei vergleichbaren Projekten mit angrenzenden Tunnelbauwerken beobachtet werden. Des Weiteren wird ersichtlich, dass eine Langzeitbetrachtung derartiger Bauwerke bzw. eine Überwachung von Bestandsbebauung bereits vor Beginn von Bauarbeiten Vorteile und neue Erkenntnisse über das Grundverformungsverhalten dessen liefern kann.

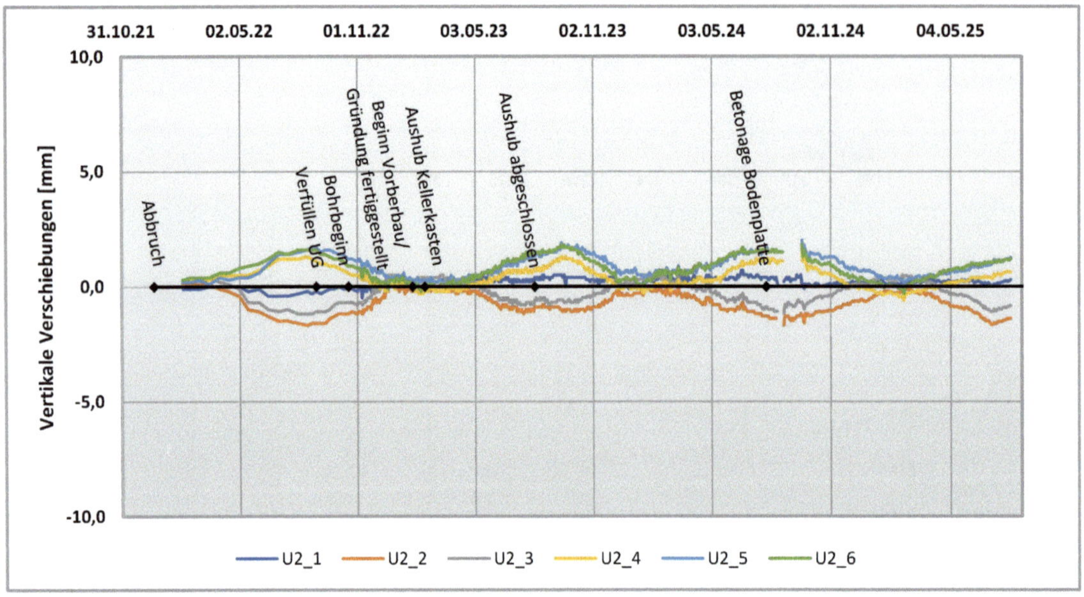


Abb. 5: Messauswertung der Schlauchwaage in der U2

Neben den bereits genannten grundsätzlichen Vorteilen der Schlauchwaage sind in diesem Zusammenhang jedoch auch Nachteile bzw. Schwierigkeiten bei der Anwendung zu erwähnen. Wie bereits in Abb. 5 zu erkennen, treten in den aufgezeichneten Messwerten vereinzelte Lücken auf. Diese sind vorwiegend auf messtechnische Störungen zurückzuführen. Das Messprinzip der Schlauchwaage basiert auf gemessenen Wasserdrücken. Dementsprechend besteht das System der Schlauchwaage aus einem Wasserkreislauf, welcher anfällig für Schwankungen im Wasserstand infolge von Undichtigkeiten ist. Insbesondere mit fortschreitender Messdauer konnten derartige Undichtigkeiten sowie daraus resultierende abfallende Messwerte zunehmend beobachtet werden. Erfahrungsgemäß kann sich eine solche Undichtigkeit und ein abfallender Wasserstand meist bereits über mehrere Tage verteilt in den Messwerten ankündigen. Der Verlauf der Rohdaten der Schlauchwaage kurz vor dessen Ausfall ist in Abb. 6 dargestellt. Es ist zu erkennen, dass meist kein schlagartiger Ausfall der Schlauchwaage eintritt, sondern über mehrere Tage verteilt mehrere Punkte nacheinander absacken, ehe die Messwerte unrealistische Größen erreichen oder die Messwertübertragung abbricht.

Ein solcher Abfall der Messwerte löst meist die definierten Schwellen-, Eingreif- und Alarmwerte bzw. hier den Warnwert aus und kann daher schnell zum Auslösen des Alarm- und Handlungsplans führen, obwohl sich der Tunnel selbst nicht verschoben hat und keine bautechnischen Maßnahmen erforderlich wären. Dies verdeutlicht die notwendige Interpretation und Einordnung der Messwerte im Kontext mit äußeren Einflüssen sowie möglichen technischen Defekten, um schnell und der Situation entsprechend richtig reagieren zu können.

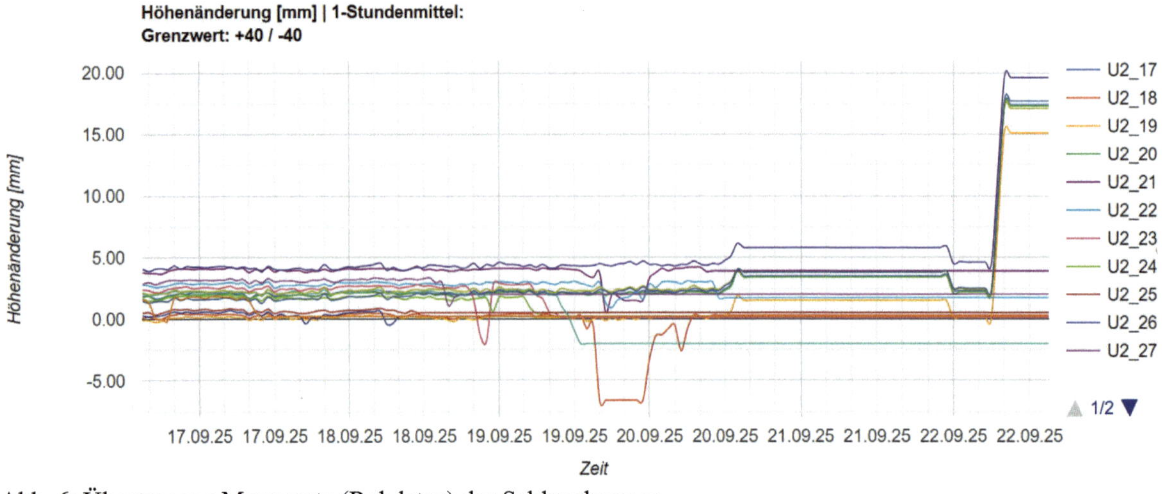


Abb. 6: Übertragene Messwerte (Rohdaten) der Schlauchwaage

### 3.2 Bauvorhaben Four in Frankfurt am Main

Das Bauvorhaben Four in Frankfurt am Main umfasst den Bau von vier Hochhäusern (25 bis 57 Obergeschosse, 100 bis 233 m Höhe) auf einer gemeinsamen Tiefgarage mit 4 Untergeschossen und einer Grundfläche von ca. 14.300 $m^2$. Die Hochhäuser wurden als Kombinierte-Pfahl-Plattengründung auf einer gemeinsamen Bodenplatte mit 377 Gründungspfählen gegründet. Die bis zu 20 m tiefe Baugrube wurde als Schlitzwandverbau in Deckelbauweise ausgeführt. Aufgrund der Größe des Baufeldes, der direkt angrenzenden Nachbarbebauung sowie dem Gründungskonzept wurden umfangreiche Untersuchungen der Tragfähigkeit sowie Gebrauchstauglichkeit der geplanten Neubebauung durchgeführt. Für den Baugrubenverbau wurden sowohl 2D-FE-Berechnungen als auch bereichsweise 3D-FE-Berechnungen der verschiedenen Berechnungsschnitte durchgeführt. Zudem wurde eine vollständiges 3D-FE-Modell der geplanten Gründung erstellt. Aus diesen Berechnungsmodellen wurden unter anderem Prognosewerte für die Setzungen der Hochhäuser sowie für die horizontalen Verschiebungen des Baugrubenverbaus abgeleitet. In Abb. 7 ist ein bereichsweises 3D-FE-Berechnungsmodell dargestellt, welches für die Ermittlung der Schlitzwandverschiebungen genutzt wurde, abgebildet.

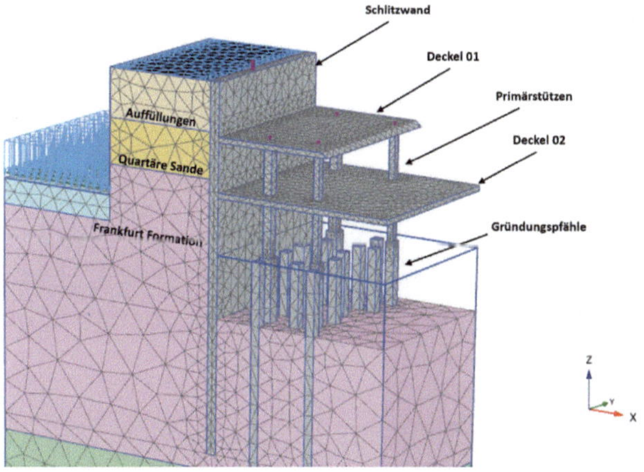


Abb. 7: numerisches 3D-Modell zur Ermittlung der Schlitzwandverschiebungen

Zur Messung und Beurteilung dieser Verschiebungen wurde ein umfangreiches Messprogramm erarbeitet. Der Baugrubenverbau wurde mit insgesamt 17 geodätischen Messbolzen am Schlitzwandkopf, 18 Inklinometern sowie fünf Ankerkraftmessdosen überwacht. Die Gründung wurde mit zehn Kraftmessdosen am Pfahlkopf sowie zehn Kraftmessdosen am Pfahlfuß, 30 Dehnmessstreifen, acht Sohldruckgebern und sieben Porenwasserdruckgebern ausgestattet. Außerdem wurden die Primärstützen mit geodätischen Messpunkten versehen. Die Messwerte wurden zum einen manuell ermittelt und zum anderen digital ausgelesen und übermittelt. Die Messwerte wurden dabei in regelmäßigen Abständen sowie nach Erreichen definierte Meilensteine festgehalten und in Messberichten unter Berücksichtigung der definierten Prognosen aufbereitet und ausgewertet.

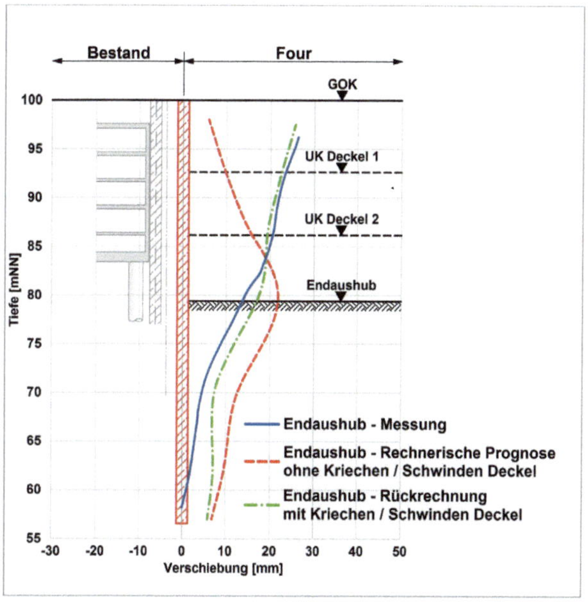


Abb. 8: Auswertung der Inklinometermessung inklusive rechnerischer Prognose und Ergebnis der Rückrechnung [9]

In Abb. 8 ist beispielhaft die gemessene Verschiebung eines Inklinometers zum Zeitpunkt des Endaushubs sowie die zugehörige Prognose der Verschiebungen und das Ergebnis einer nachträglich erstellten Rückrechnung dargestellt. Es ist zu erkennen, dass die Messwerte des Inklinometers deutlich vom prognostizierten Verlauf abweichen. Dies betrifft sowohl die Größe der Verschiebungen als auch den Verlauf der Verschiebungsfigur über die Tiefe. Aufgrund dieser grundsätzlichen Abweichung der Prognose von den gemessenen Verschiebungen wurden nachträglich 3D-FE-Berechnungen (Rückrechnungen) durchgeführt, in denen verschiedene Randbedingungen und Eingabeparameter angepasst wurde. Hierzu wurden unter anderem neue Erkenntnisse aus der Bauausführung herangezogen. Im 3D-FE-Modell für die Herleitung der Prognosewerte wurden die Geschossdecken des Untergeschosses erfahrungsgemäß als vergleichsweise steif angenommen, da diese im Fall der Deckelbauweise als horizontales Aussteifungselement angesehen wurden. Sie wurden dementsprechend als horizontale Festhaltung modelliert. Dies führte zur in Abb. 8 dargestellten Prognose, die insbesondere im Bereich des Verbauwandkopfes deutlich geringere Verschiebungen aufweist. Um eine realistischere Verschiebungsfigur der Schlitzwand ermitteln zu können, musste daher auch die horizontale Aussteifung detaillierter abgebildet werden. Durch Deckenspannweiten von über 100 m sowie die aus logistischen Gründen notwendigen Deckenöffnungen wurde nachträglich der Einfluss des Kriechens und Schwindens auf das Verformungsverhalten im 3D-FE-Modell im Endaushub untersucht. Hierdurch konnte bei der Rückrechnung die Verschiebungsfigur entsprechend Abb. 8 ermittelt werden, welche eine deutlich bessere Übereinstimmung mit den Messwerten erzielte. Dies verdeutlicht die Notwendigkeit einer konsequenten Auswertung sowie dem Vergleich von Messwerten mit den vorher definierten Prognosen und die ggf. notwendige Rückrechnung im Anschluss für den Fall, dass Messwerte und Prognose nicht übereinstimmen. Mit Hilfe der Rückrechnungen wurde gezeigt, dass im Fall der Deckelbauweise die Verformungen der Deckenscheiben bei der Ermittlung der Schlitzwandverschiebungen zu berücksichtigen sind, um eine realistische Abschätzung dieser zu ermöglichen.

auf diese Weise eine Verschiebungsfigur, welche ebenfalls mit der Prognose bzw. mit den angesetzten Verschiebungen während der Bemessung verglichen werden kann. Zudem können derartige Darstellungen meist automatisch für verschiedene Messzeitpunkte erstellt werden, sodass Veränderungen der Messwerte ebenfalls direkt und optisch ausgewertet werden können. Dies verdeutlicht den Mehrwert, den die Aufbereitung und die grafische Auswertung von Messwerten bei der Anwendung

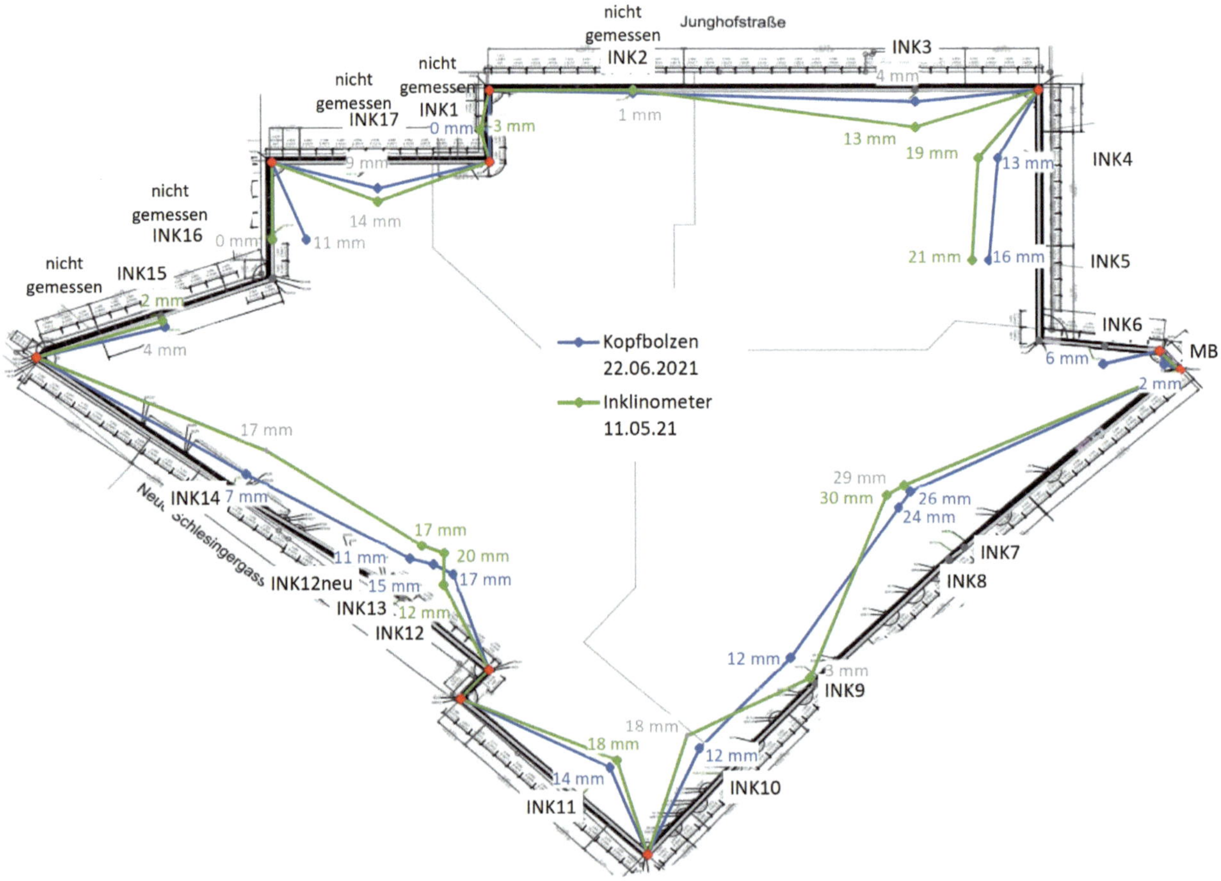


Abb. 9: Horizontale Verschiebung der Inklinometer und Messbolzen im Grundriss

Für die Auswertung der Inklinometer wurde neben der Schnittdarstellung (s. Abb. 8) auch eine Darstellung im Grundriss der gesamten Baugrube gewählt. In der Schnittdarstellung ist das Ergebnis eines einzelnen Inklinometers über die Tiefe darstellbar. Dabei lassen sich neben dem Messergebnis auch der zugehörige Aushubzustand sowie die Geometrie des Verbaus im Diagramm darstellen. Die wichtigsten Informationen, die zur Einordnung der Messung erforderlich sind, sind so direkt mit der Messung selbst abgebildet, was eine ganzheitliche Auswertung und Interpretation ermöglicht. Die Darstellung im Grundriss ist in Abb. 9 dargestellt. Dies stellt die Ergebnisse aller Inklinometer bzw. deren Kopfverschiebung einander gegenüber und ermöglicht so unter anderem einen Vergleich der einzelnen Messwerte, um mögliche Messfehler zu erkennen. Des Weiteren ergibt sich

der Beobachtungsmethode liefert. Neben den praktischen Vorteilen bei der ingenieurtechnischen Auswertung eignen sich solche Darstellungen ebenfalls, um die Messergebnisse gegenüber Dritten zu präsentieren.

Neben den horizontalen Verschiebungen der Schlitzwand wurden auch die vertikalen Verschiebungen der gesamten Gründung überwacht. Aufgrund der unterschiedlichen Höhen der Hochhäuser und der gemeinsamen Gründung auf einer Bodenplatte ergab sich bereits früh während der Planung die Frage nach der Gebrauchstauglichkeit und den Differenzsetzungen sowie Verkantungen der vier Hochhäuser. Aus dem hierzu erstellten vollständigen 3D-FE-Modell der Gründung wurde daher die in Abb. 10 dargestellte Verteilung der rechnerisch ermittelten Setzungen bestimmt.

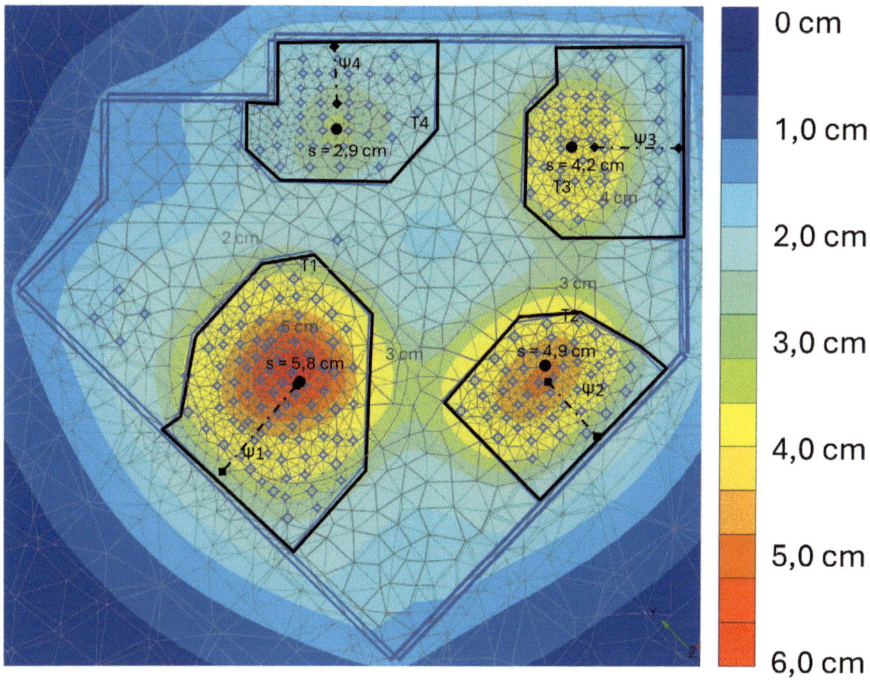


Abb. 10: Numerische Setzungsberechnung

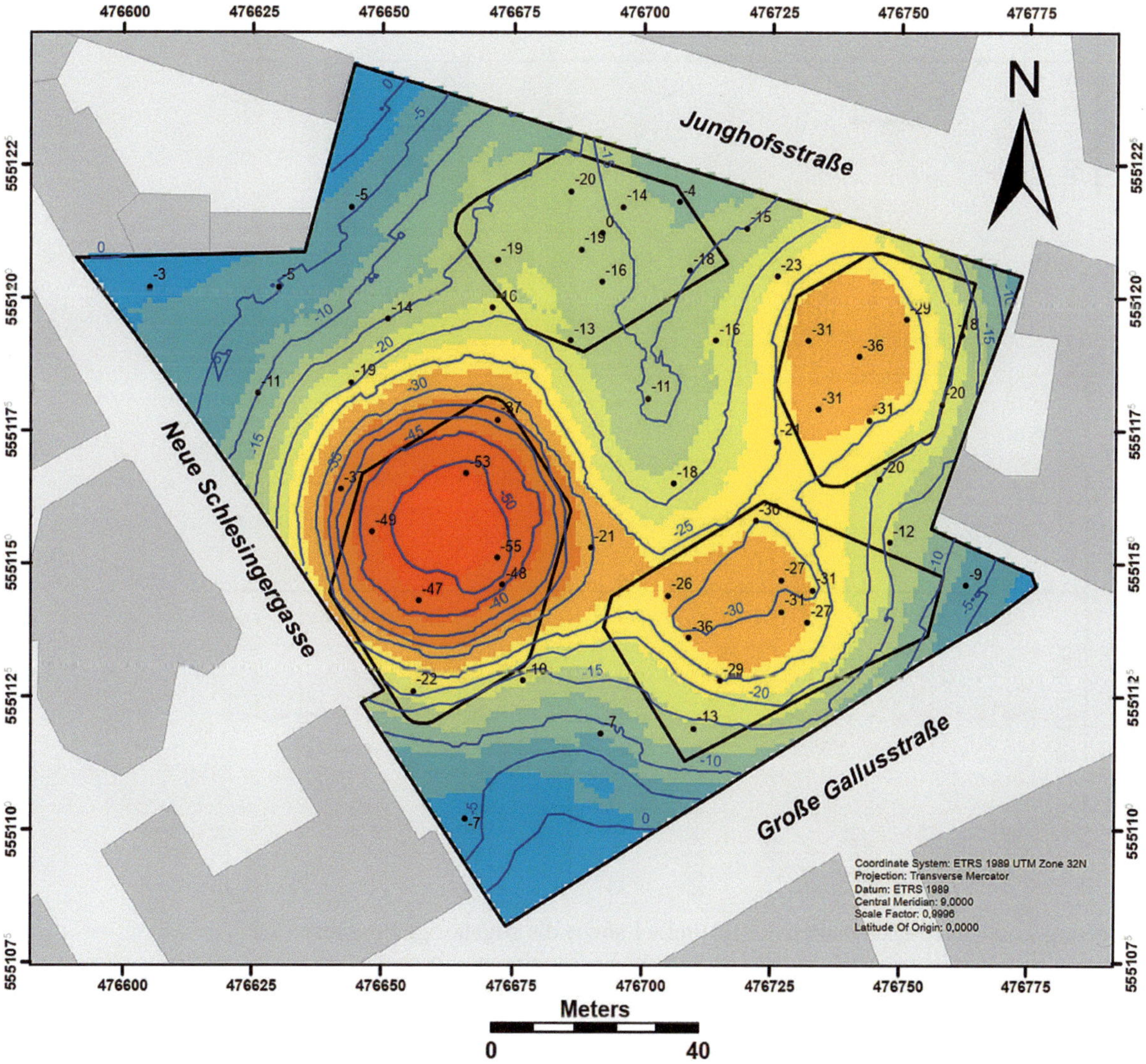


Abb. 11: Isolinienplan der Setzungsmessungen des Hochhauses Four (Stand August 2024)

Zum Vergleich der numerischen Setzungsberechnung mit den tatsächlich eingetretenen Setzungen wurden die Messwerte der installierten Messbolzen in einen Isolinienplan überführt. Dieser ist in Abb. 11 zum Zeitpunkt sechs Monate nach Fertigstellung der Fassade des Realteils 1 dargestellt. Durch die Überführung der Messwerte in den Isolinienplan ist ein direkter und einfacher Vergleich der Werte mit den Ergebnissen der numerischen Setzungsberechnung möglich. Es ist zu erkennen, dass die eingetretenen Setzungen mit den berechneten Setzungen gut übereinstimmen. Des Weiteren wurden die aufgetretenen Hebungen und Setzungen des Realteils 1 über die Zeit ausgewertet. Dies ist in Abb. 12 dargestellt. Die prognostizierten Hebungen und Setzungen aus dem numerischen Modell wurden in Rot ergänzt. Auch hier ist eine gute Übereinstimmung der Werte zu erkennen. Lediglich die Hebungen wurden erfahrungsgemäß im numerischen Modell leicht überschätzt. Die absoluten Setzungen infolge der Neubebauung wurden jedoch bestätigt.

Die Auswertung der Setzungsmessungen kann in diesem Fall daher als Bestätigung der gewählten Randbedingungen und Kennwerte für die numerische Modellierung des Gründungssystems gesehen werden. Auf Grundlage dieser Bestätigung können die numerische Modellierung bzw. die verwendeten Kennwerte für zukünftige, vergleichbare Projekte herangezogen werden.

### 3.3 Bauvorhaben GoWest in Berlin

Das Bauvorhaben GoWest befindet sich im Berliner Stadtteil Schmargendorf und sieht den Bau mehrerer Gebäudekomplexe mit bis zu sechs Obergeschossen und drei Untergeschossen auf einer Grundstücksfläche von ca. 420 m × 240 m vor. Für die Herstellung der Untergeschosse sind mehrere Teilbaugruben geplant. Der Baugrubenverbau an der Nord- und Ostseite des Baufeldes wurde dabei als Schlitzwandverbau mit Schrägsteifen hergestellt. Eine horizontale Sicherung der Schlitzwand durch Verpressanker war an diesen Baufeldgrenzen aufgrund von fehlenden Gestattungen nicht möglich. [11]

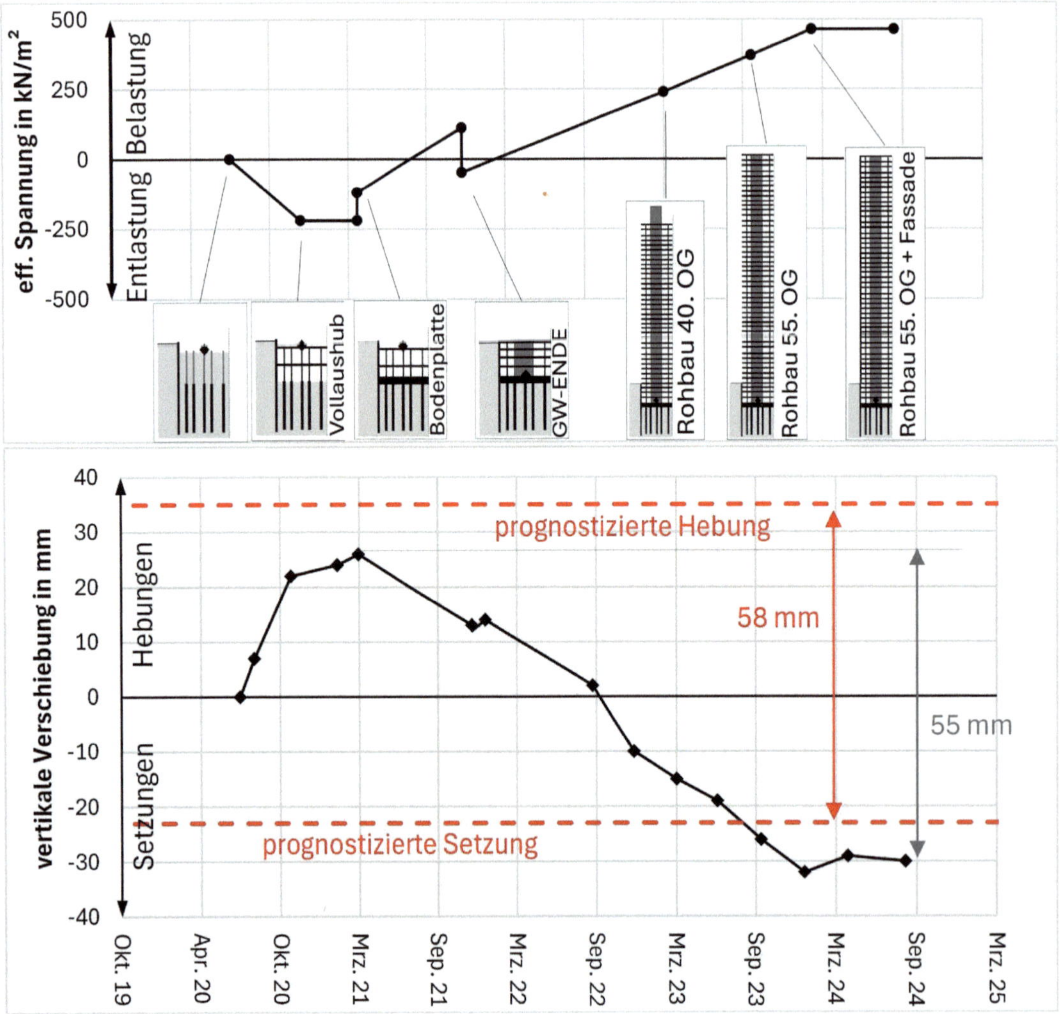


Abb. 12: Hebungs- und Setzungsverhalten des Realteils 1 sowie die zugehörige Prognose

In Abb. 13 ist die Ausbildung der Steifen in diesem Bereich dargestellt.
Zur Kontrolle der ermittelten und angesetzten Steifenkräfte bei der Bemessung des Baugrubenverbaus und der Erstellung der Ausführungsplanung wurde im Sinne der Beobachtungsmethode ein Messkonzept erarbeitet. Entsprechend diesem Messkonzept wurde eine Steife mit vier Dehnungsmessstreifen ausgestattet, welche kontinuierlich die Längenänderung der Steife aufzeichnen sollten. Aus diesen wurde die resultierende Kraft in der Steife umgerechnet. Zusätzlich wurde die Temperatur an den Dehnmessstreifen aufgezeichnet.

Abb. 13: Ausbildung der Schrägsteifen

Ziel der Messungen war eine kontinuierliche Überwachung und Überprüfung der Steifenkräfte, wobei jedoch Schwierigkeiten bei der Auswertung der Messungen auftraten. Zum einen konnten aufgrund von Problemen bei der Stromversorgung keine durchgängigen Messungen aufgezeichnet werden. Zum anderen wurden die Verschiebungen des Baugrubenverbaus am Angriffspunkt der Steife sowie die Verschiebungen des Auflagerpunktes der Steife in der Baugrube nicht mit gemessen. Bei der Auswertung der Messwerte ergab sich dadurch die Fragestellung, inwiefern die gemessenen Messwerte durch gegebenenfalls abweichende Verschiebungen an den beiden Enden der Steifen beeinflusst wurden und ob eine entsprechende Korrektur der Messwerte vorgenommen werden müsste. Ohne Messwerte war eine Beurteilung, welcher Auflagerpunkt sich steifer verhielt und wie hoch der Einfluss auf die Steifenkraft war, nicht möglich.
Ein Ausschnitt aus dem Verlauf der gemessenen Steifenkräfte und der Temperatur ist in Abb. 14 dargestellt. Daraus ist zu erkennen, dass die gemessenen Steifenkräfte erwartungsgemäß einer deutlichen Schwankung unterlagen. Diese Schwankungen, die täglich auftraten, können mit den Temperaturschwankungen in Einklang gebracht werden. Eine Korrektur bzw. Auswertung der Messwerte unter Berücksichtigung der Temperatur gestaltete sich jedoch als schwierig, da auch dieser Einfluss auf die Steifenkraft nur bedingt abgeschätzt werden konnte. Im Zusammenspiel mit den fehlenden Verformungsmessungen war eine abschließende Auswertung der gemessenen Steifenkräfte aufgrund der vielfältigen und in der Höhe nicht abschätzbaren äußeren Einflüsse nicht zielführend und möglich.
Anhand dieses Projektbeispiels ist die Bedeutung des gegenseitigen Einflusses von Messgrößen und deren gegenseitige Abhängigkeit erkenntlich. Dies ist bei der Planung und Durchführung eines Messprogramms zu berücksichtigen. Erst durch Aufzeichnung der quantifizierbaren Einflüsse, lassen sich diese später bei der Messauswertung berücksichtigen. Wird das Fehlen von Messwerten erkannt, ist in vielen Fällen eine nachträgliche Einrichtung entsprechender Messinstrumente nicht mehr möglich. Dies gilt insbesondere für Verformungsmessungen, deren Nullmessung vor Beginn der Beeinflussung erfolgen muss, um belastbare Messwerte zu erhalten. Des Weiteren unterliegen viele Messwerte auch nicht oder nur bedingt quantifizierbaren Einflüssen (z. B. Temperatureinfluss). Dies ist ebenfalls im Vorfeld zu berücksichtigen und Maßnahmen zu ergreifen, um diese Einflüsse gering zu halten oder auch vollständig ausschließen zu können.

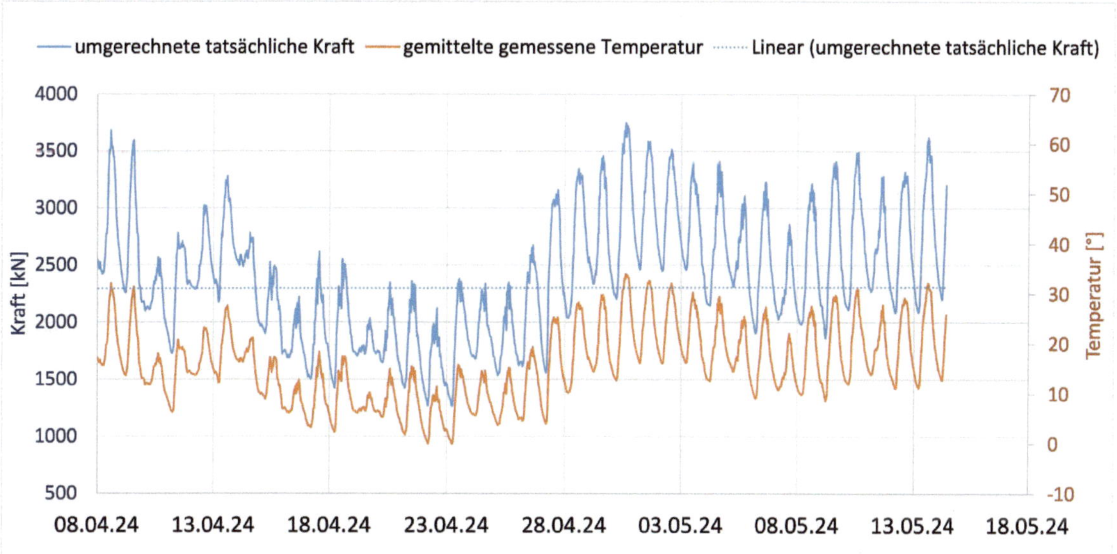


Abb. 14: Verlauf der gemessenen Steifenkraft und Temperatur für einen Zeitraum von ca. anderthalb Monaten

## 4. Zusammenfassung und Fazit

Anhand der aufgeführten Projektbeispiele konnten diverse Anwendungsbeispiele der Beobachtungsmethode aufgezeigt werden. Neben der reinen Überwachung von Bauwerken in Bezug auf das prognostizierte Verhalten, kann die Beobachtungsmethode sowohl zum Bestätigen angesetzter Randbedingungen bei der Bemessung als auch zur Korrektur dieser und zum Herleiten von neuen Ansätzen für zukünftige Projekte auch im Sinne der Nachhaltigkeit genutzt werden. Die aufgeführten Projektbeispiele verdeutlichen die Wichtigkeit einer vollumfänglichen Planung der Beobachtungsmethode und deren gesamtheitlichen Aus- und Bewertung unter Berücksichtigung projektinterner als auch äußerer Randbedingungen. Zudem werden vermeintliche Schwierigkeiten bei der Umsetzung und Auswertungen von Messungen aufgezeigt. Die wichtigsten Erkenntnisse können folgendermaßen zusammengefasst werden:

- Der Beginn der Aufzeichnung der geotechnischen Messungen muss ausreichend früh vor Beginn der Bauaktivität geplant und gewählt werden. Hierdurch ergeben sich Kenntnisse über den „natürlichen“ Verlauf und das Verhalten der Messwerte ohne den für die Messung maßgebenden Einfluss infolge der Bauaktivität. Diese sind für die Interpretation späterer Messwertveränderungen und deren Einordnung von Bedeutung.
- Die wenigsten Messverfahren können während der Ausführung durchgehend störungsfrei betrieben werden. Die Kenntnis von möglichen Störungsquellen eines Messverfahrens ermöglicht die Definition möglicher Gegenmaßnahmen bereits im Vorfeld sowie eine schnellere Reaktion im Fall auftretender Störungen.
- Im Idealfall entsprechen die Messergebnisse in guter Näherung den Prognosewerten, die im Vorfeld durch z. B. numerische Berechnungen ermittelt wurden. Daraus ergibt sich eine Bestätigung der zugrunde gelegten Randbedingungen und Annahmen. Aber auch im Fall von Abweichungen können die Messergebnisse herangezogen werden. Durch nachträgliche Rückrechnungen der Messergebnisse lassen sich neue Erkenntnisse über eine realitätsnähere Abbildung des Systems im numerischen Modell erhalten. Diese können ebenfalls für zukünftige Projekte herangezogen werden.
- Messwerte unterliegen in der Regel einer Vielzahl von äußeren Einflüssen. Darunter auch Einflüsse, welche selbst durch geeignete Messverfahren aufgezeichnet werden können. Dies ist bei der Planung von Messprogrammen zu berücksichtigen, um eine Bereinigung der Messwerte im Rahmen der Messauswertung zu ermöglichen. Sind äußere Einflüsse auf eine Messung nicht selbst messbar, ist je nach Einfluss und Messverfahren eine Gegenmaßnahme zur Eliminierung des Einflusses denkbar. Dies vereinfacht die Interpretation und ermöglicht eine realitätsnähere Einordnung der Messwerte und des Messergebnisses.

## Literatur


[1] DIN EN 1997-1:2014-03: Eurocode 7 – Entwurf, Berechnung und Bemessung in der Geotechnik – Teil 1: Allgemeine Regeln. DIN Deutsches Institut für Normung e.V.

[2] DIN 1054:2021-04: Baugrund – Sicherheitsnachweise im Erd- und Grundbau – Ergänzende Regelungen zu DIN EN 1997-1. DIN Deutsches Institut für Normung e.V.

[3] Kany, M. (1974): Berechnungen von Flächengründungen – Berechnungsverfahren zur Bestimmung der Sohldrücke, Biegemomente und Verformungen von Streifen- und Plattenfundamenten. 2. Auflage. Verlag von Wilhelm Ernst & Sohn KG. Berlin. München. Düsseldorf.

[4] Dunnicliff, J. (1998): Geotechnical instrumentation for monitoring field performance. John Wiley & Sons Inc. New York.

[5] Arbeitskreis 2.10 „Geomesstechnik“ der Deutschen Gesellschaft für Geotechnik e.V. DGGT und des DVW – Gesellschaft für Geodäsie, Geoinformation und Landmanagement e.V. (2022): Empfehlungen des Arbeitskreises „Geomesstechnik“. Wilhelm Ernst und Sohn, Verlag für Architektur und technische Wissenschaften GmbH & Co. KG. Berlin.

[6] Arbeitskreis „Pfähle“ der Deutschen Gesellschaft für Geotechnik e.V. (DGGT) (2001): Richtlinie für den Entwurf, die Bemessung und den Bau von Kombinierten Pfahl-Plattengründungen (KPP) (KPP-Richtlinie). Ernst & Sohn Verlag für Architektur und technische Wissenschaften GmbH. Berlin.

[7] Bundesministerium für Digitales und Verkehr (2022): Zusätzliche Technische Vertragsbedingungen und Richtlinien für Ingenieurbauten „ZTV-ING“.

[8] Arbeitskreis 2.4 „Baugruben“ der Deutschen Gesellschaft für Geotechnik e.V. DGGT (2021): Empfehlungen des Arbeitskreises „Baugruben“ (EAB). Wilhelm Ernst und Sohn, Verlag für Architektur und technische Wissenschaften GmbH & Co. KG. Berlin.

[9] Arslan, U., Meißner, S. (2025). Baugrund-Tragwerk-Interaktion. In: Zilch, K., *et al.* Handbuch für Bauingenieure. Springer Vieweg, Wiesbaden. https://doi.org/10.1007/978-3-658-21749-5_71-1

[10] Meißner, S., Kies, M., Richter, T., Prohl, B. (2022): Hochhaus MYND – Komplexer Spezialtiefbau in einem Bestandsgebäude. 37. Baugrundtagung der DGGT.

[11] Meißner, S., Allinger, M., Cronen, B., Lemmer, M. (202): Reality Capturing - Innovativer Einsatz von Drohnen bei der Planung, Dokumentation und Beweissicherung im Spezialtiefbau. Veröffentlichung Geotechnik 3/2024 geotechnik Zeitschrift. DOI: 10.1002/gete.202400024

# Zerstörungsfreie Untersuchungsverfahren taugen nichts – oder doch?

**Dr.-Ing. Bernd Kister**
geotechnical engineering and research, Neckargemünd

**Zusammenfassung**
Zerstörungsfreie Untersuchungsverfahren werden für sehr unterschiedliche Aufgabenstellungen eingesetzt. Bei der Auswahl eines Messverfahrens für eine Aufgabenstellung sind die physikalischen Grundlagen der Messmethoden zu beachten. Hinzu kommt, dass die messtechnisch erfassten Daten nicht die Wirkgrößen darstellen und somit keine direkte Aussage über Aufbau oder Zustand eines untersuchten Objekts zulassen. Die Messungen unterliegen zudem einer Reihe von Einflüssen, die das Messergebnis beeinflussen (Messanordnung, Signalerzeugung, Signalempfang, Störsignale, etc.). Letztlich bedarf es einer Aufbereitung und Interpretation der Messdaten in der Regel mit Hilfe von mathematisch-physikalischen Modellvorstellungen. Im Beitrag wird auf einige Eigenheiten sowie mögliche Fallstricke bei einer Auswahl von Messverfahren eingegangen. Im Einzelnen sind dies die Verfahren Georadar, die Spektralanalyse von Oberflächenwellen (Spectral Analysis of Surface Waves: SASW) und das Impact-Echo Verfahren. Zudem wird auf Besonderheiten bei Potentialmessverfahren am Beispiel der Gravimetrie eingegangen.

## 1. Einführung

Unter dem Begriff zerstörungsfreie Untersuchungsverfahren werden alle Prüf- und Messmethoden zusammengefasst, bei denen das Untersuchungsobjekt nicht beschädigt oder zerstört wird. Anwendungsgebiete der zerstörungsfreien Prüf- und Messmethoden sind:

- Baugrunderkundung
- Qualitätssicherung während der Erstellung von Bauwerken
- Qualitätserhaltung während der Lebensdauer von Bauwerken
- Bauwerkserkundung

Bei der Baugrunderkundung geht es in erster Linie um die Ermittlung von Strukturdaten, d. h. um den Aufbau des Baugrundes.

Bei der Qualitätssicherung in der Bauphase soll überprüft werden, ob die geforderten Materialeigenschaften auf der Baustelle erreicht werden. Im Erd- und Straßenbau sind dies z. B. die Einbaudichte und der Wassergehalt der eingebrachten Böden.

Von zunehmender Bedeutung ist die Qualitätserhaltung während der Lebensdauer von Bauwerken. Hier kommt es darauf an nachteilige Veränderungen in der Substanz, aber auch in der Struktur, möglichst frühzeitig zu erkennen, um zum einen Gefährdungen auszuschließen und zum anderen dann mit geeigneten Maßnahmen die Funktionstüchtigkeit des Bauwerks zu erhalten und damit die Lebensdauer zu verlängern.

Zudem können zerstörungsfreien Prüf- und Messmethoden bei fehlenden oder unzureichenden Bauwerksunterlagen unterstützen.

Die vorstehend beschriebenen Aufgabenstellungen sind sehr unterschiedlich und nicht jedes Prüf- oder Messverfahren ist daher für die Lösung einer bestimmten Aufgabenstellung geeignet. Für die richtige Auswahl eines geeigneten Verfahrens für eine bestimmte Aufgabenstellung sind daher Kenntnisse über die physikalischen Grundlagen der Messmethoden, aber auch über ihre Grenzen notwendig.

Ein Beispiel hierzu: Bei einer Besprechung bei der DB zur Erkundung des Baugrunds für zwei Tunnelbauwerke in einem Gebiet mit Verkarstung wurde vom Planer vorgeschlagen als Erkundungsverfahren das Georadar zu verwenden. Die Begründung dazu lautete, dass mit dem Georadar auch noch Karsthohlräume von einem Meter Durchmesser in einer Tiefe von 50 m erkundet werden könnten. Offenbar war bekannt, dass das Georadar eine hohe Auflösung besitzt. Nicht bekannt war wohl, dass die Eindringtiefe des Georadars in den Baugrund je nach anstehendem Material und Wassergehalt sehr begrenzt sein kann (siehe Kap. 5, Georadar). Die Entdeckung eines Karsthohlraums mit einer Größe von 1 m in einer Tiefe von 50 m mit Georadar ist nicht als realistisch anzusehen, selbst wenn der Hohlraum lufterfüllt ist und damit eine hohe Dichtedifferenz im Untergrund vorhanden wäre.

## 2. Wirkgrößen und Messgrößen

Zerstörungsfreie Untersuchungsverfahren basieren in den meisten Fällen darauf, dass es im zu untersuchenden Objekt Änderungen bei den Materialparametern, z. B. Dichte oder elektrische Leitfähigkeit, gibt. Diese Größen werden hier als Wirkgrößen bezeichnet. Die Wirkgrößen können jedoch nicht direkt gemessen werden. Andererseits sind die Wirkgrößen für die Auswahl eines Untersuchungsverfahrens von großer Bedeutung und sind letztlich für eine erfolgreiche Untersuchung ausschlaggebend. Änderungen bei den Materialparametern im zu untersuchenden Objekt können nur indirekt über andere messbare Größen, wie z. B. die Laufzeit von Wellen, erfasst werden. Die mit den Messgeräten erfassten Größen müssen daher mittels mathematisch-physikalischer Modelle umgerechnet und interpretiert werden. In Tabelle 2 sind die Wirkgrößen und die Messgrößen einiger Verfahren gegenübergestellt.

**Tab. 1: Einige zerstörungsfreie Untersuchungsverfahren und ihre Wirk- und Messgrößen**

| Verfahren | Wirkgrößen | Messgrößen |
|---|---|---|
| Seismik und Ultraschall | Dichte ρ, elastische Parameter E, υ | Laufzeit t |
| Georadar | relative Permittivität $\varepsilon_r$ | Laufzeit t |
| Gravimetrie | Dichte ρ | Beschleunigung b |
| Geomagnetik | Magnetisierung I | magnetische Feldstärke H |
| Geoelektrik | elektrischer Widerstand $\rho_{el}$ | elektrische Spannung U |
| radioaktive Strahlung | Absorptionskoeffizient | Anzahl Impulse |
| Infrarot-Thermographie | Emissionsgrad ε, Temperatur T | Strahlungsleistung P |
| AE (Acoustic Emission) Schallemission | Bruchspannung σ | Ankunftszeit $t_A$ |
| NEMR (Natural Electro-Magnetic Radiation) | Bruchspannung σ Spannungsänderung Δσ | Anzahl Impulse |

Sind große Kontraste der Wirkgrößen in verschiedenen Bereichen im Untersuchungsgebiet vorhanden, so führen diese auch zu entsprechenden Veränderungen bei den Messgrößen im Vergleich zu einem homogenen Untersuchungsgebiet. Auf diese Weise können Informationen zum strukturellen Aufbau des Untersuchungsobjekts abgeleitet werden. Sind die Kontraste in den Wirkgrößen hingegen sehr gering, so werden sich auch bei den Messgrößen nur geringe oder gar keine messbaren Änderungen ergeben, so dass es in solchen Fällen nicht gelingt Informationen zum strukturellen Aufbau zu gewinnen.

## 3. Aktive und passive Messverfahren

In der Regel werden dem zu untersuchenden Objekt künstlich Signale aufgeprägt – man spricht hier von aktiven Verfahren. Beispiele hierfür sind Verfahren mit Wellenausbreitung (z. B. Seismik, Georadar). Aktive Verfahren benötigen einen Sender und einen Empfänger für das Messsignal. Der Vorteil aktiver Verfahren besteht darin, dass sowohl der Startzeitpunkt als auch der Ankunftzeitpunkt des Signals bekannt ist und sie praktisch jederzeit ausgeführt und auch wiederholt werden können.
Werden bestehende natürliche Eigenschaften genutzt und gemessen spricht man von passiven Verfahren. Vertreter passiver Verfahren sind die Messung von Schallemissionen (Acoustic Emissions: AE) und die Erfassung von natürlicher elektromagnetischer Strahlung (Natural ElectroMagnetic Radiation: NEMR). Diese Verfahren basieren auf Bruchvorgängen bzw. Spannungsänderungen. Der Startzeitpunkt des Signals ist nicht bekannt, sondern lediglich die Ankunftzeit des Signals.

## 4. Verfahren mit Wellenausbreitung

Zu den Verfahren, die am häufigsten zur Untersuchung von Bauwerken, Bauwerksteilen oder dem Baugrund, eingesetzt werden, gehören Untersuchungsmethoden, die auf der Ausbreitung von Wellen basieren. Zu unterscheiden sind:

- Verfahren mit akustischen Wellen (wie z. B. Ultraschallwellen) und
- Verfahren mit elektromagnetischen Wellen (wie z. B. Georadar, Abb. 1)

Bei der Verwendung von Wellen zur Untersuchung von Baugrund oder Bauwerken sind eine Reihe von Faktoren von Bedeutung:

- Signalerzeugung
- Dämpfung
- Reflexion und Transmission
- Streuung
- Verhältnis von Nutzsignal zu Störsignal

Abb. 1: Einsatz einer Georadarantenne am Mauerwerksprobekörper an der Hochschule Luzern

### 4.1 Signalerzeugung

Bei akustischen Wellen kann dies im einfachsten Fall durch ein Fallgewicht oder einen Schlag mit einem Hammer erfolgen. Bei elektromagnetischen Wellen wird ein Signal über eine Antenne auf das zu untersuchende Objekt abgestrahlt (Abb. 1).

### 4.2 Dämpfung und Dispersion

Wenn eine Welle Materie durchläuft, findet eine Wechselwirkung zwischen Welle und Materie statt, d. h. es gibt einen Energieverlust, die Welle erfährt eine Dämpfung. Diese Dämpfung der Welle ist umso stärker, je höher die Frequenz der Welle ist. Die Dämpfung ist maßgeblich mitbestimmend für den Weg, den die Welle in der Materie zurücklegen kann (Abb. 2).

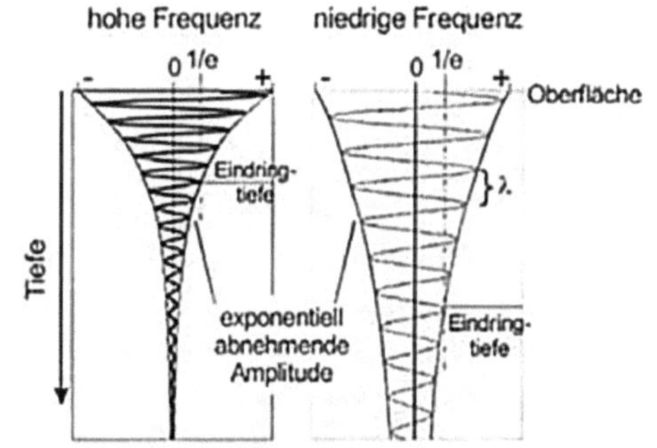


Abb. 2: Dämpfung: Hohe Frequenzen werden stärker gedämpft als niedrige Frequenzen (Lüscher, 1971)

Bei zerstörungsfreien Untersuchungsverfahren ist der Energieeintrag engbegrenzt (z. B. Hammerschlag) und man geht von einer Punktquelle aus. Ausgehend von dieser Punktquelle bildet sich eine sphärische Wellenfront aus. Die kugelförmige Oberfläche der Wellenfront wird mit zunehmendem Abstand von der Punktquelle immer größer und die Amplitude der Welle nimmt umgekehrt proportional zur Distanz ab. Die Energie der Welle nimmt umgekehrt proportional zum Quadrat der Distanz ab. Dieser Effekt wird als geometrische Divergenz bezeichnet.

Bei der Signalerzeugung wird kein monochromes Signal, sondern ein Wellenpaket mit einem bestimmten Frequenzumfang erzeugt. Der Zusammenhang zwischen der Frequenz f einer Welle und ihrer Ausbreitungsgeschwindigkeit v ist gegeben durch:

$$f = \frac{v}{\lambda}$$

wobei λ die Wellenlänge darstellt. Dies führt dazu, dass Wellenpakete mit zunehmendem Abstand vom Entstehungsort „auseinanderlaufen“ (Abb. 3). Man unterscheidet daher zwischen Phasen- und Gruppengeschwindigkeit bei einem Signal. Als Phasengeschwindigkeit wird die Geschwindigkeit einer Phase einer monochromen Welle, d. h. eines Wellenmaximums oder Wellenminimums bezeichnet. Die Gruppengeschwindigkeit bezeichnet hingegen die Geschwindigkeit mit der sich das Wellenpaket bewegt, d. h. seine Einhüllende.

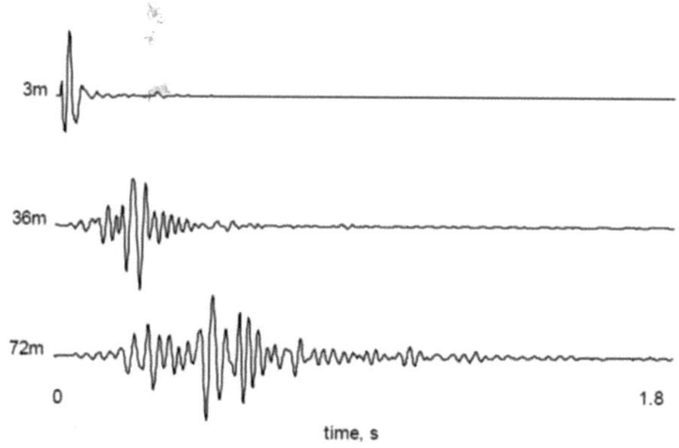


Abb. 3: Dispersion: Signal eines Fallgewichts, aufgenommen in verschiedenen Abständen von der Quelle (Foti, 2000)

### 4.3 Reflexion und Transmission

An Grenzflächen zwischen zwei Materialien findet eine Aufteilung der Welle statt, d. h. ein Teil der Wellenenergie wird reflektiert, ein Teil der Wellenenergie wird transmittiert. Beide Teilwellen besitzen somit nur noch einen Bruchteil der Energie der Welle vor dem Kontakt mit der Grenzfläche. Je mehr Grenzflächen die ausgesandte Welle passieren muss, umso geringer ist damit die Energie der reflektierten bzw. transmittierten Welle.

### 4.4 Streuung und Beugung

Wellen können sowohl an Inhomogenitäten im Untersuchungsgebiet als auch an unregelmäßigen Grenzflächen gestreut werden. Dies führt ebenfalls zu einer Reduzierung der Amplitude bzw. der Energie des Nutzsignals. Man spricht hier von Streudämpfung.

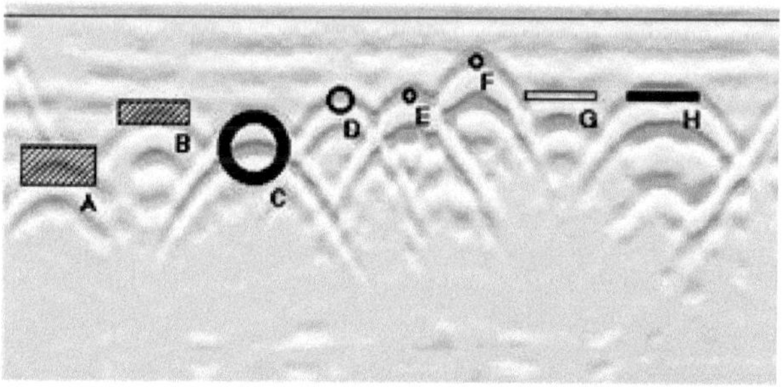


Abb. 4: Diffraktionshyperbeln verursacht durch verschiedene Fremdkörper im Untergrund bestehend aus Kunststoff (A, B, D), Beton (C), Eisen (E, F, H) und Holz (G) im Boden (Quelle: Prospekt Fa. Mala Geoscience).

Bei der Ortung von Objekten innerhalb eines Festkörpers, z. B. Hohlräume oder Rohre, spielt die Diffraktion, d. h. die Beugung von Wellen an Objekten, eine große Rolle. Abb. 4 zeigt einige Beispiele für Diffraktionshyperbeln in einem Radargramm, wie sie durch verschiedene Rohre bzw. Fremdkörper aus unterschiedlichen Materialien im Untergrund erzeugt werden.

### 4.5 Verhältnis von Nutzsignal zu Störsignal

Am Empfänger wird nicht nur das gesendete Signal (Nutzsignal) aufgenommen, sondern auch Signale aus dem Umgebungsbereich des Empfängers (Störsignale). Diese können bei akustischen Wellen durch Schallabstrahlungen z. B. infolge von Verkehr, Wind oder Regentropfen erfolgen.

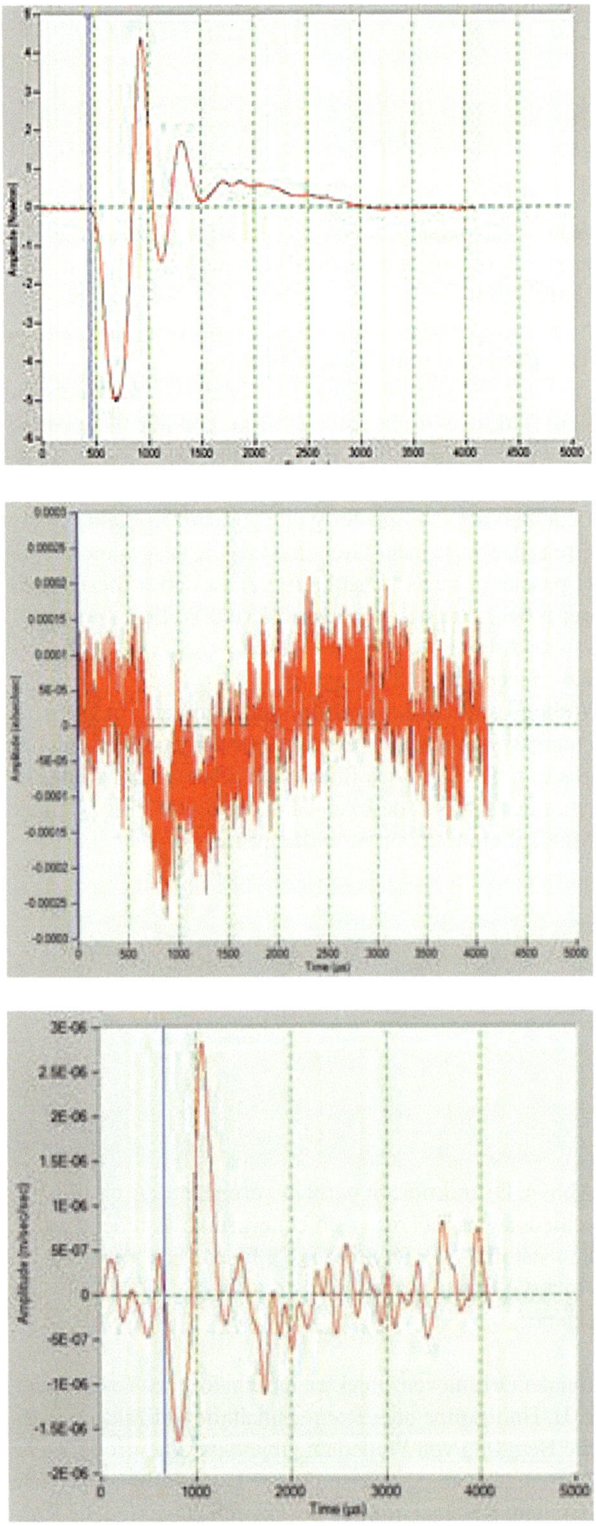


Abb. 5: Indirekte Transmissionsmessung an einer Stützmauer, akustische Welle: Oben: Erzeugtes Signal, Mitte: Empfangenes Signal ohne Filterung, unten: Signal nach Bandpass-Filterung mit 1000 Hz – 5000 Hz

Bei elektromagnetischen Messverfahren können Störsignale durch Radiosender, Telefonie, etc. auftreten. Auch Eigenschaften des Messgeräts selbst können Einfluss auf das erfasste Signal haben. Bei der Signalverarbeitung wird man bestrebt sein diese Störsignale durch Filterung zu minimieren. Mehrfachmessungen und Überlagerung der gemessenen Signale (stacking) können ebenfalls helfen das Verhältnis von Nutz- zu Störsignalen zu verbessern, da dadurch das Nutzsignal verstärkt wird und stochastische Störsignale sich abschwächen.
Bei akustischen Wellen muss der Aufnahmesensor direkt an dem Untersuchungsobjekt angebracht werden. Bei Bauwerken bzw. Bauwerksteilen, insbesondere wenn sie eine raue Oberfläche besitzen, kommen dann sogenannte Kopplungsmaterialien zum Einsatz, die die Verbindung zwischen Untersuchungsobjekt und Sensor herstellen (Abb. 6). Diese Kopplungsmaterialien sollen eine bestmögliche Signalübertragung zwischen Untersuchungsobjekt und Sensor herstellen. Sie können aber auch einen Einfluss auf die Signalübertragung haben (Abb. 7).

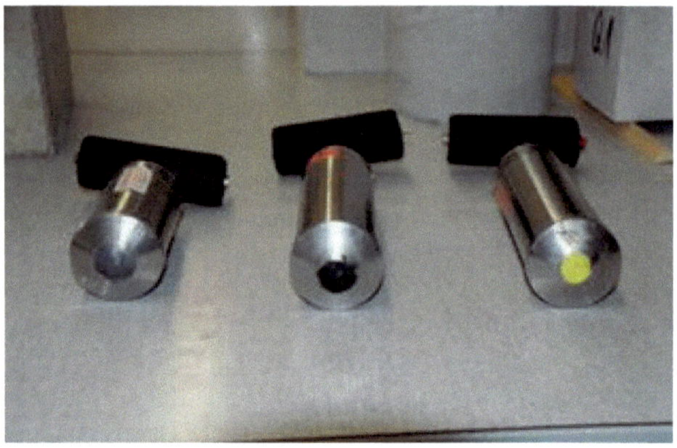

Abb. 6: Einsatz verschiedener Ankopplungsmittel bei Sensoren der Impact-Echo Methode, von links nach rechts: Bleiplättchen, HBM-Kitt, FIMO Soft gelb

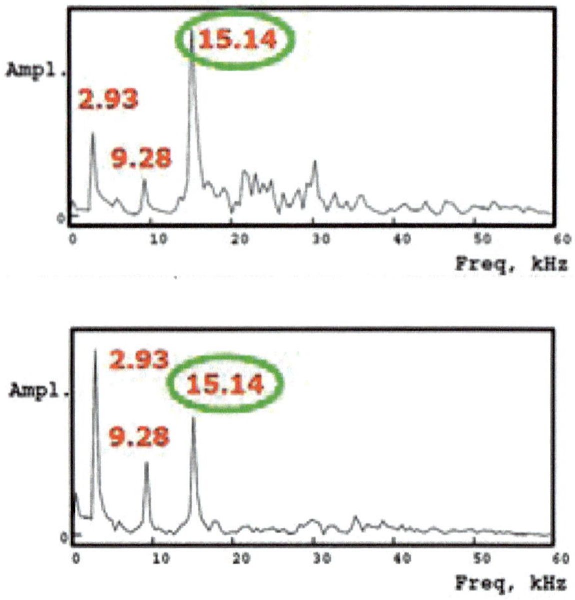


Abb. 7: Einfluss verschiedener Ankopplungsmittel auf das Frequenzspektrum: oben HBM-Kitt, unten FIMO Soft gelb

## 4.6 Verwendete Verfahren

Bei Messungen mit akustischen oder elektro-magnetischen Wellen wird in der Regel die Laufzeit zwischen Absendung und Empfang eines Signals gemessen. Dabei ist zu beachten, dass eine Welle auf unterschiedlichen Wegen vom Sender zum Empfänger gelangen kann (Abb. 8). Es wird unterschieden zwischen

- Transmissionsverfahren,
- Reflexionsverfahren und
- Refraktionsverfahren.

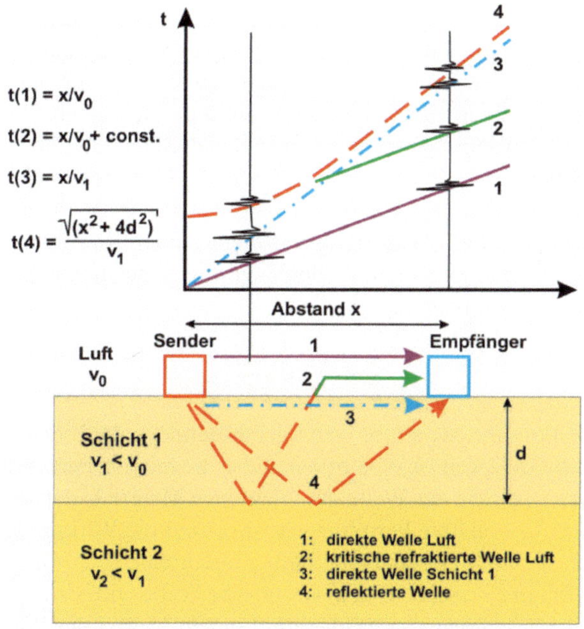


Abb. 8: Laufwege (ohne Multiple) und Laufzeitkurven am Beispiel von Radarwellen (nach Annan, 2003)

Bei den Transmissionsverfahren (bei akustischen Wellen spricht man auch von Durchschallung) wird auf der einen Seite eines Bauwerks bzw. Bauteils eine Welle erzeugt und auf der anderen Seite mit einem Sensor das ankommende Signal gemessen, d. h. die Welle durchläuft das zu untersuchende Bauwerk bzw. Bauteil von einer Seite zur anderen. Aus der gemessenen Laufzeit des Signals $\Delta t$ und dem bekannten Abstand s zwischen Sender und Empfänger lässt sich die Wellengeschwindigkeit v ermitteln zu

$$v = \frac{s}{\Delta t}$$

Eine Variation der Wellengeschwindigkeit an unterschiedlichen Messorten kann dann z. B. Hinweise auf den Zustand eines Bauwerks geben.

Zur Baugrunderkundung können Transmissionsverfahren z. B. zwischen zwei Bohrungen ausgeführt werden.

Bei den Reflexionsverfahren wird die Welle an einer physikalischen Grenzfläche, z. B. einem Hohlraum oder einem Materialwechsel infolge geologischer Schichtung, reflektiert. Sender und Empfänger des Signals befinden sich auf der Gelände- bzw. Bauwerksoberfläche. Es lassen sich Messkonfigurationen mit unterschiedlichen Anordnungen von Sender und Empfänger realisieren (vgl. z. B. Telford et al., 1978, ASTM 2004):

- Reflection Profiling Methode (Abb. 9)
- Common Midpoint (CMP) Sounding (Abb. 10)
- Wide Angle Reflection Sounding (Abb.11)

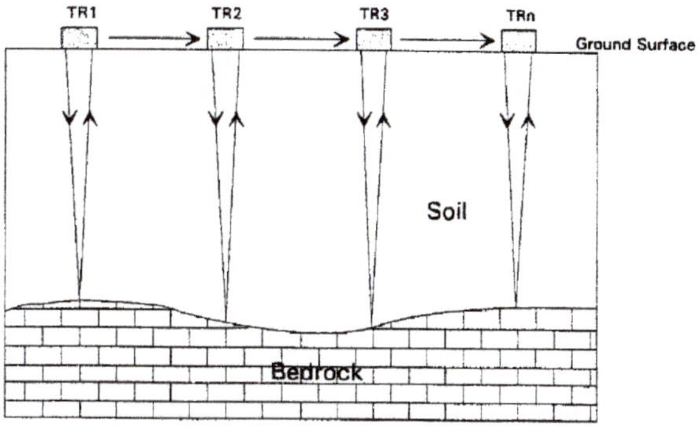


Abb. 9: Reflection Profiling Methode (ASTM, 2004)

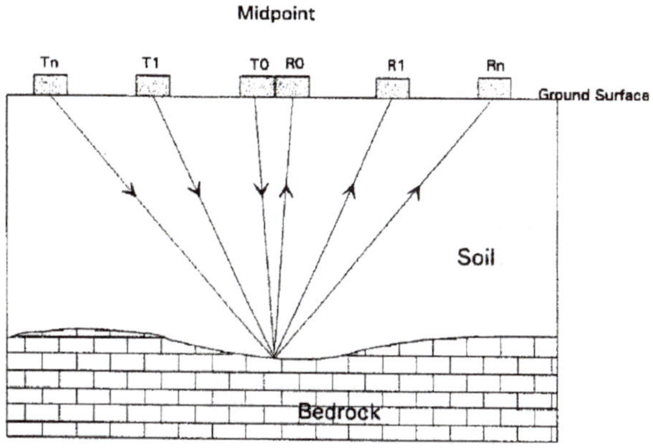


Abb. 10 Common Midpoint (CMP) Sounding (ASTM, 2004)

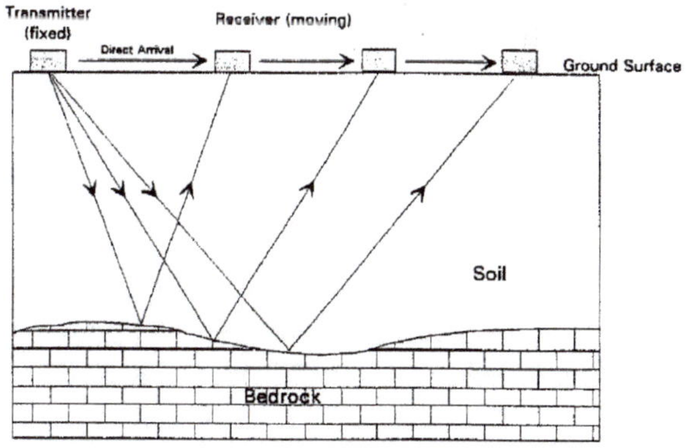


Abb. 11: Wide Angle Reflection Sounding (WAR) (ASTM, 2004)

Gemessen wird die Laufzeit t des ausgesandten Signals vom Sender zum Reflektor und wieder zurück zum Empfänger.

Bei der Reflection Profiling Methode ist der Abstand zwischen Sender und Empfänger klein (Abb. 9). Ist die Wellengeschwindigkeit v bekannt, dann lässt sich die Tiefenlage d des Reflektors einfach nach der Gleichung

$$d = \frac{1}{2} v \cdot t$$

bestimmen.

Bei der Common Midpoint Methode, die auch als Common Depth Point Methode bezeichnet wird (Abb. 10), geht es darum eine Mehrfachüberdeckung für einen Reflexionspunkt im Untergrund zu erhalten. Auf diese Weise lässt sich das Verhältnis von Nutzsignal zu Störsignal verbessern.
Bei der Wide Angle Reflection Methode (Abb. 11) werden unterschiedliche Winkel genutzt, um eine mittlere Wellengeschwindigkeit des Untergrunds zu ermitteln. Stark variierende oder geneigte Schichten (Reflektoren) führen zu Fehlern bei der Bestimmung der Wellengeschwindigkeit und der Tiefenlage des Reflektors.
Sowohl bei der Common Midpoint Methode als auch bei der Wide Angle Reflection Methode sind Sende- und Empfangsgerät über einen größeren Abstand voneinander getrennt und es werden meist mehrere Empfangsstationen gleichzeitig eingesetzt. Diese Messanordnungen sind daher mit einem höheren Aufwand sowohl bei der Messtechnik als auch bei der Auswertung verbunden.
Refraktionsverfahren werden verwendet, wenn das zu untersuchende Objekt einen geschichteten Aufbau besitzt, wobei die höher liegende Schicht jeweils eine geringere Wellengeschwindigkeit aufweist als die darunter liegende Schicht. In der unteren Schicht bildet sich dann eine sogenannte Kopfwelle (Mintropwelle) aus, die Energie nach oben abstrahlt und aufgrund der höheren Wellengeschwindigkeit in der unteren Schicht ab einem bestimmten Abstand von der Signalquelle früher am Empfänger ankommt als die reflektierte Welle. Dies nutzt man, um die Schichtmächtigkeit der oberen Schicht zu bestimmen.

### 4.7 Wellenlänge und Auflösungsvermögen

Das Auflösungsvermögen einer Messmethode, die auf der Ausbreitung von Wellen basiert, ist in hohem Ausmaß von der verwendeten Wellenlänge abhängig. Generell lässt sich sagen, je größer die Wellenlänge, umso geringer ist das Auflösungsvermögen und umgekehrt.
Abb. 12 veranschaulicht diesen Zusammenhang für die vertikale Auflösung. Im Fall der niederfrequenten Welle ist die Wellenlänge λ größer als die Schichtdicke ΔD. Die von den beiden Schichtgrenzen reflektierten Signale liegen so nahe beieinander, dass sie beim empfangenen Signal nicht einzeln aufgelöst werden können. Die Schicht mit der Schichtdicke ΔD wird daher nicht erkannt. Im Falle der hochfrequenten Welle ist die Wellenlänge λ kleiner als die Schichtdicke. In dem empfangenen Signal c lassen sich die beiden Reflexionsantworten erkennen und die Schichtdicke ΔD kann ermittelt werden.

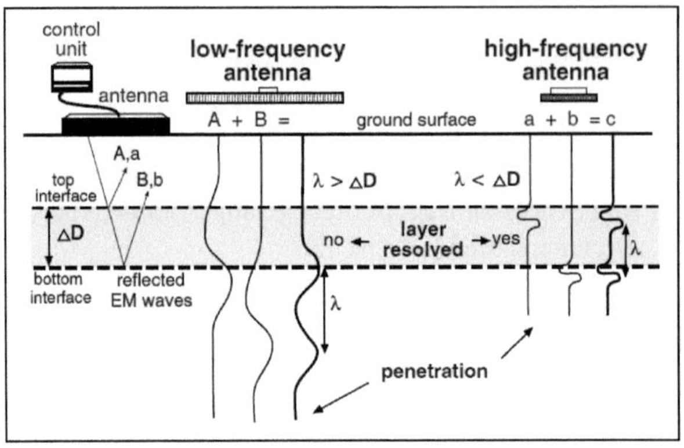


Abb. 12: Schematische Darstellung zur Veranschaulichung der Auflösung von Radarwellen mit großer und kleiner Wellenlänge λ bezogen auf die Mächtigkeit ΔD einer horizontalen Schicht (Buynevich & FitzGerald, 2017)

Das vertikale Auflösungsvermögen einer Radarwelle wird mit einer halben Wellenlänge angegeben und es gilt der Zusammenhang:

$$\frac{\lambda}{2} = \frac{v}{2f} = \frac{c}{2f\sqrt{\varepsilon_r}}$$

wobei f die Mittenfrequenz der Antenne, c die Lichtgeschwindigkeit (0,2998 m/ns) und $\varepsilon_r$ die relative Permittivität des von der Welle durchlaufenen Materials darstellen. Die relative Permittivität ist hierbei die Wirkgröße, da sie die Materialeigenschaften beschreibt.
Für eine akustische bzw. seismische Welle wird das vertikale Auflösungsvermögen mit einem Viertel der Wellenlänge λ angegeben.
Das laterale Auflösungsvermögen für Inhomogenitäten im Untergrund ergibt sich mit Hilfe der Prinzipien von Huygens und Fresnel aus der Größe der innersten Fresnelschen Zone. Ist eine Inhomogenität kleiner als diese innerste Fresnelsche Zone kann sie nicht mehr aufgelöst werden.
Der Radius R dieser Zone in einer Tiefe z lässt sich näherungsweise nach der folgenden Formel berechnen

$$R \approx \sqrt{\frac{\lambda z}{2}} = \sqrt{\frac{vz}{2f}}$$

wobei z die Tiefenlage des Reflektors ist.
Bei einer Wellengeschwindigkeit v von 3000 m/s und einer Tiefenlage des Reflektors z von 50 m müsste die Frequenz somit mindestens 3000 Hz betragen, um einen Hohlraum mit einem Durchmesser von 5 m zu detektieren.

### 4.8 Messpunkteabstand

Die Durchführung von Messungen mit akustischen oder elektromagnetischen Wellen wird meist in Form von Profilen mit einem regelmäßigen Messpunkteabstand ausgeführt. Bei solchen Messungen hat der Abstand der Messpunkte ebenfalls einen Einfluss auf die Auflösung. Mit einem geringeren Abstand der Messpunkte lassen sich in den Profilen die Untergrundstrukturen meist besser erkennen (Abb. 13). Der geringere Messpunkteabstand ist allerdings mit einem erhöhten Aufwand sowohl bei der Messung als auch bei der Auswertung verbunden.

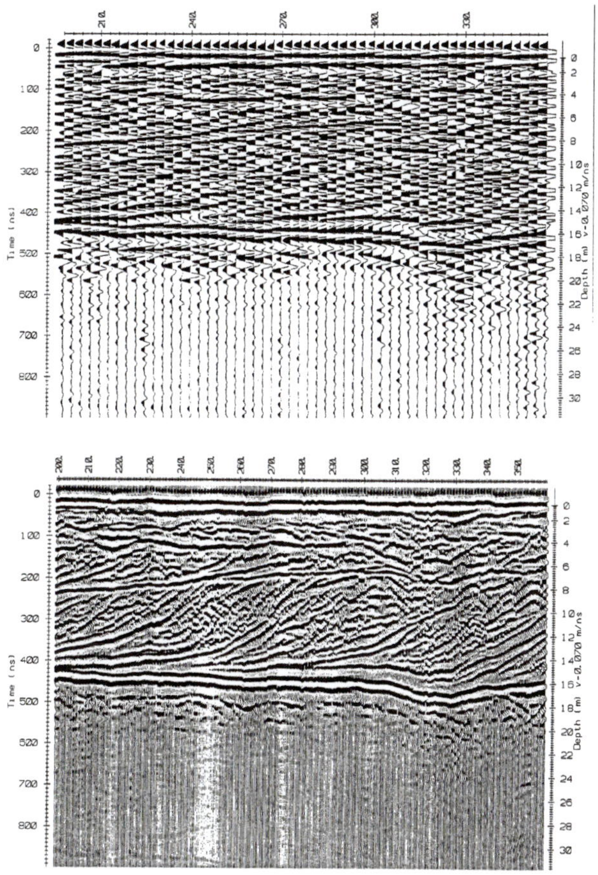

Abb. 13: Beispiel für den Einfluss des Messpunkteabstands auf die Auflösung in einem Georadarprofil, Aufnahme des gleichen Profils mit einer 50 MHz Antenne, einmal mit einem Messpunkteabstand von 3 m (oben) und einmal mit einem Messpunkteabstand von 0.5 m (unten) (Annan & Cosway, 1991)

## 5. Georadar

Das Georadar, für das auch die Bezeichnungen Bodenradar, Ground Penetrating Radar (GPR), Ground Probing Radar, Impuls Radar oder auch Subsurface Interface Radar verwendet werden, kann sowohl für Transmissions- und Reflexionsmessungen als auch für Tomographie eingesetzt werden. Die Radarwelle reagiert auf Veränderungen der Parameter relative Permittivität, elektrische Leitfähigkeit und magnetische Permeabilität, ohne dass eine dieser Größen mit dem Verfahren direkt gemessen werden kann. Die magnetische Permeabilität ist jedoch für die meisten Anwendungen des Georadars von untergeordneter Bedeutung.

**Tab. 2: Typische Werte für die relative Permittivität $\varepsilon_r$, die elektrische Leitfähigkeit $\sigma_{el}$ und die Wellengeschwindigkeiten $c_m$ von Radarwellen bei 100 MHz für einige Materialien (Davis & Annan, 1989).**

| **Material** | $\varepsilon_r$ [-] | $\sigma_{el}$ [mS/m] | $c_m$ [m/ns] |
|---|---|---|---|
| Luft | 1 | 0 | 0.3 |
| Wasser | 80 | 0.5 | 0.033 |
| Eis | 3 – 4 | 0.01 | 0.16 |
| Send, trocken | 3 – 5 | 0.01 | 0.15 |
| Sand, gesättigt | 20 – 30 | 0.1 – 1.0 | 0.06 |
| Ton | 5 – 40 | 2 – 1000 | 0.06 |
| Granite | 4 – 6 | 0.01 – 1 | 0.13 |
| Kalkstein | 4 – 8 | 0.5 – 2 | 0.12 |

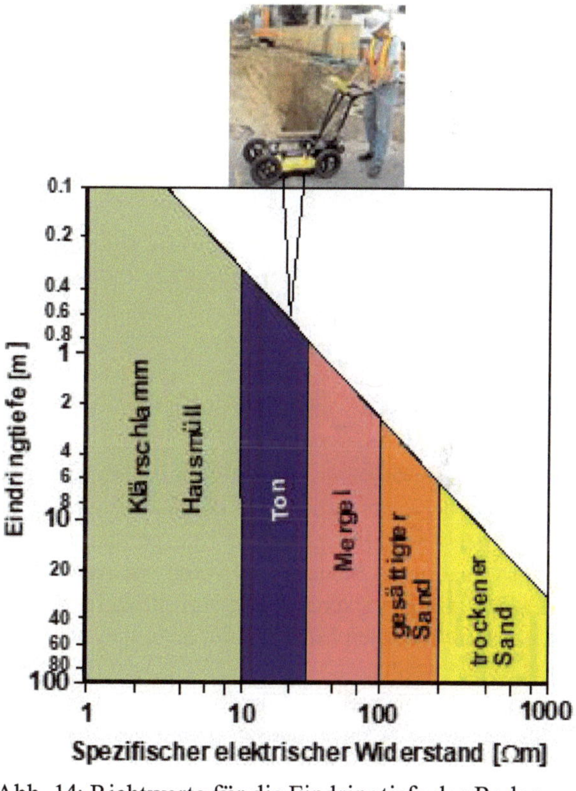


Abb. 14: Richtwerte für die Eindringtiefe des Radarsignals in Abhängigkeit vom spezifischen elektrischen Widerstand, abgeschätzt nach der Faustformel von Annan (Borus, 1999, modifiziert)

Mit Frequenzen zwischen 50 und 5000 MHz und Wellenlängen im Meter- bis Zentimeterbereich hat das Georadar eine deutlich höhere Auflösung als die Seismik und ist damit die geophysikalische Methode mit der höchsten Auflösung.

Die hohe Auflösung aufgrund der kurzen Wellenlängen wird jedoch mit einer deutlich geringeren Eindringtiefe als bei der Seismik erkauft. Unter günstigen Bedingungen beträgt die Eindringtiefe des Georadars etwa das 50-fache der Wellenlänge. Die Eindringtiefe kann sich je-

doch, da es sich um eine elektro-magnetische Welle handelt, bei gut leitendem Untergrund signifikant reduzieren. Richtwerte für die Eindringtiefe des Radarsignals in Abhängigkeit vom spezifischen elektrischen Widerstand sind in Abb. 14 dargestellt.
Unter der Annahme, dass die räumliche Auflösung etwa 25 % der Eindringtiefe betragen soll, lassen sich nach Annan & Cosway (1991) folgende grobe Schätzwerte angeben:

**Tab. 3: Schätzwerte für die Eindringtiefe einer Radarwelle bei verschiedenen Arbeitsfrequenzen nach Annan & Cosway (1991)**

| Tiefe [m] | Arbeitsfrequenz [MHz] |
|---|---|
| 0.5 | 1000 |
| 1.0 | 500 |
| 2.0 | 200 |
| 5.0 | 100 |
| 10.0 | 50 |
| 50.0 | 10 |

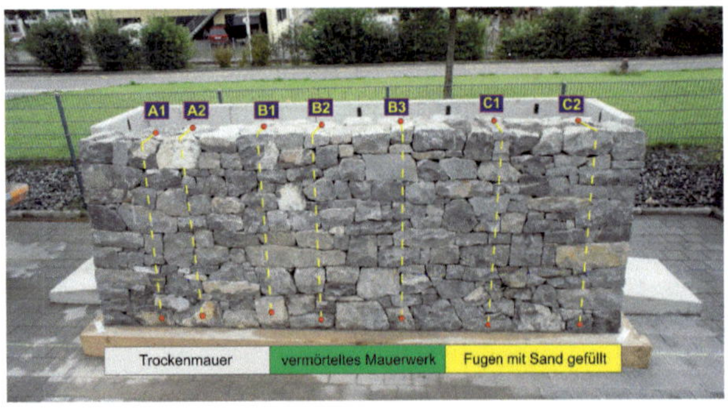


Abb. 15: Mauerwerksprobekörper der Hochschule Luzern erstellt in drei Segmenten: Trockenmauerwerk (links), vermörteltes Mauerwerk (Mitte), Mauerwerk dessen Fugen mit trockenem Sand verfüllt wurden (rechts). Die vertikalen Linien geben die Lage von Messprofilen wieder.

Abb. 16 zeigt 2 Radargramme, aufgenommen mit 2 Radarantennen am Mauerwerksprobekörper an der Hochschule Luzern (Abb. 15). Die Aufnahmen mit einer 400 MHz-Antenne zeigen deutliche Reflexionen von der abgestuften Bauwerksrückseite. Informationen zum Aufbau des Mauerwerks, d. h. zu den Steinstärken, konnten mit der 400 MHz-Antenne jedoch nicht gewonnen werden. In den Aufnahmen der 1.5 GHz-Antenne lassen sich Reflexionen, resultierend von den Rückseiten der ersten Steinlage, erkennen, die Rückschlüsse auf den Aufbau des Bauwerks zulassen. Informationen zur Bauwerksrückseite konnten mit dieser Antenne allerdings nicht gewonnen werden.

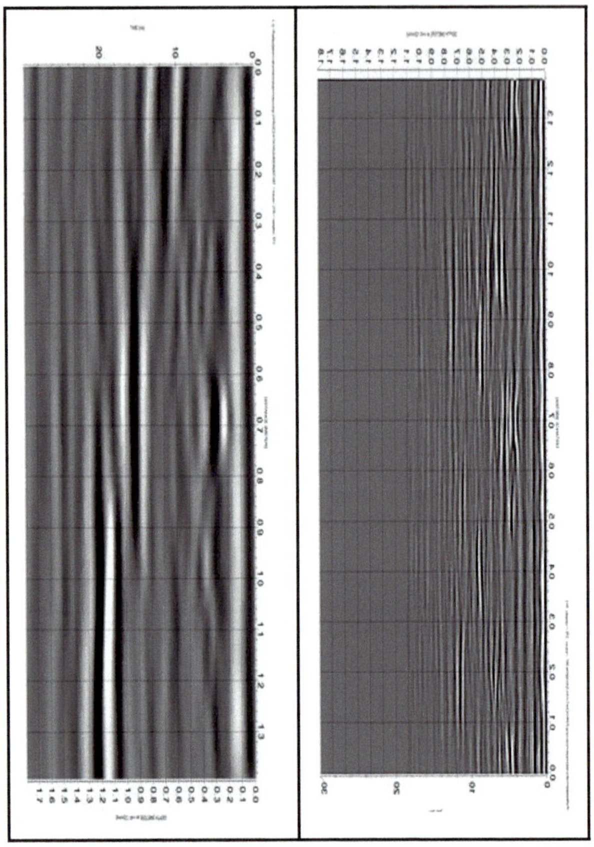

Abb. 16: Radargramme für ein vertikales Profil am Mauerwerksprobekörper der Hochschule Luzern, links mit einer 400 MHz-Antenne und deutlichen Reflexionen an der abgestuften Bauwerksrückseite, rechts mit einer 1.5 GHz-Antenne und Reflexionen an den vorderen Steinlagen, Informationen zur Bauwerksrückseite konnten mit der 1.5 GHz-Antenne nicht gewonnen werden (Kister & Hugenschmidt, 2014a).

Die Messungen bestätigen die Schätzwerte von Annan & Cosway (1991) für Eindringtiefe und Arbeitsfrequenz auch für Mauerwerk und zeigen zugleich, dass in solchen Fällen in denen Informationen sowohl zur Gestalt des Bauwerks als auch zum Aufbau des Bauwerks gewonnen werden sollen, Messungen mit nur einer Antenne nicht ausreichend sind.
Bei der Auswahl der zu verwendenden Arbeitsfrequenz besteht zudem ein Zielkonflikt zwischen möglichst guter räumlicher Auflösung, großer Eindringtiefe und der Handhabbarkeit der Anlage. Es gilt: Je niedriger die Frequenz, umso größer ist die Abmessung der Antenne. Je größer die Antenne, umso aufwändiger wird deren Handhabung
Abb. 17 zeigt das Messergebnis mit Georadar an einem horizontalen Schnitt an dem Mauerwerksprobekörper der Hochschule Luzern (Abb. 15). Der Mauerwerksprobekörper wurde in drei Segmenten erstellt. Der linke Teil des Bauwerks wurde als Trockenmauer erstellt, der mittlere Teil bestand aus vermörteltem Mauerwerk und im rechten Teil wurden die Fugen mit trockenem Sand verfüllt. Erwartet wurde vor den Messungen mit dem Georadar, dass die deutlichsten Reflexionen im Mittelteil auftreten

würden, da dieser Bereich mit vermörteltem Mauerwerk am kompaktesten war.
Das Messergebnis in Abb. 17 zeigt jedoch im rechten und im linken Teilbereich des Bauwerks deutliche Reflexionen in einer Tiefe von ca. 0.6 m. Dies entspricht der Wandstärke des Bauwerks in dieser Höhe. Im Mittelteil mit vermörteltem Mauerwerk sind hingegen die Reflexionen nur sehr gering ausgeprägt. Für den Mittelteil wurde ein Kalkmörtel nach historischem Vorbild verwendet. Dieser Kalkmörtel führte zu einer starken Dämpfung bei der Radarwelle.

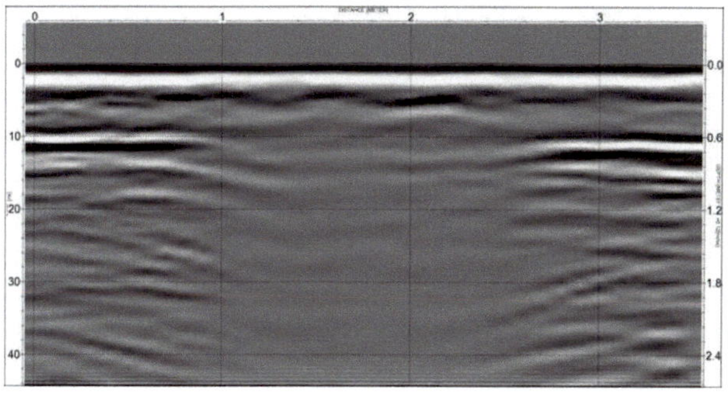


Abb. 17: Radargramm von einem horizontalen Schnitt an dem Mauerwerksprobekörper an der Hochschule Luzern bestehend aus den drei Abschnitten Trockenmauerwerk (links), vermörteltes Mauerwerk (Mitte) und Mauerwerk dessen Fugen mit trockenem Sand verfüllt sind (rechts). Der mittlere Teil des Radargramms weist deutlich geringere Reflexionen für die Bauwerksrückseite auf (Kister & Hugenschmidt, 2014a).

Francke veröffentlichte 2018 ein Beispiel für ein Profil, welches mit einer leistungsstarken Radaranlage aufgenommen wurde. Abb. 18a zeigt das Profil der ungefilterten Rohdaten. Hiernach scheint das Georadar bis in eine Tiefe von ca. 50 m zu reichen. Nach einer Filterung der Daten, die niederfrequente induktive Phänomene und Einflüsse des dynamischen Bereichs der Messeinrichtung entfernte, ergab sich die Darstellung in Abb. 18b mit einer realistischen Eindringtiefe des Georadars von ca. 25 m.

## 6. Spectral Analysis of Surface Waves (SASW)

In den letzten Jahren hat die Spektralanalyse von Oberflächenwellen (Spectral Analysis of Surface Waves: SASW) zunehmend an Bedeutung gewonnen. Dieses Verfahren basiert auf der Messung der Ausbreitung von Rayleigh-Wellen und wird z. B. für die Baugrunderkundung in geschichtetem Untergrund oder im Verkehrswegebau benutzt, um dort die Mächtigkeiten von Deck- und Tragschichten zerstörungsfrei zu ermitteln.
Oberflächen- oder Grenzflächenwellen breiten sich an der Grenze zweier Medien aus, z. B. entlang der Erdoberfläche, aber auch z. B. an der Grenzfläche von Kohleflöz und Nebengestein. Man unterscheidet zwischen Rayleigh-Wellen und Love-Wellen. Für Erkundungsverfahren werden meist Rayleigh-Wellen verwendet, da in der Regel Messsensoren verwendet werden, die nur Bewegungen senkrecht zur Oberfläche registrieren, was der Schwingungsrichtung der Rayleigh-Welle entspricht (Abb. 19).

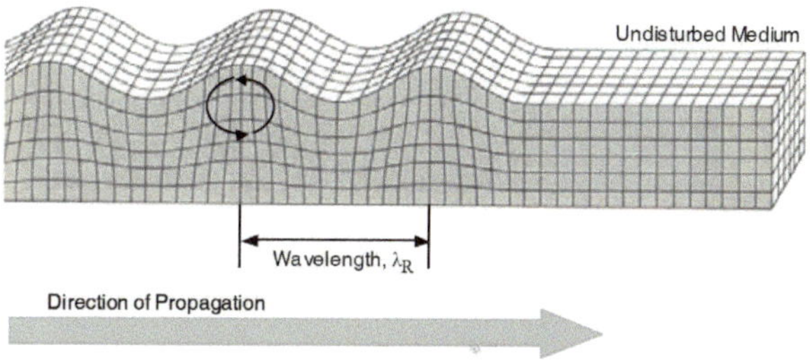


Abb. 19: Darstellung der Schwingungsrichtung bei einer Rayleigh-Welle (Stokoe et al., 2004)

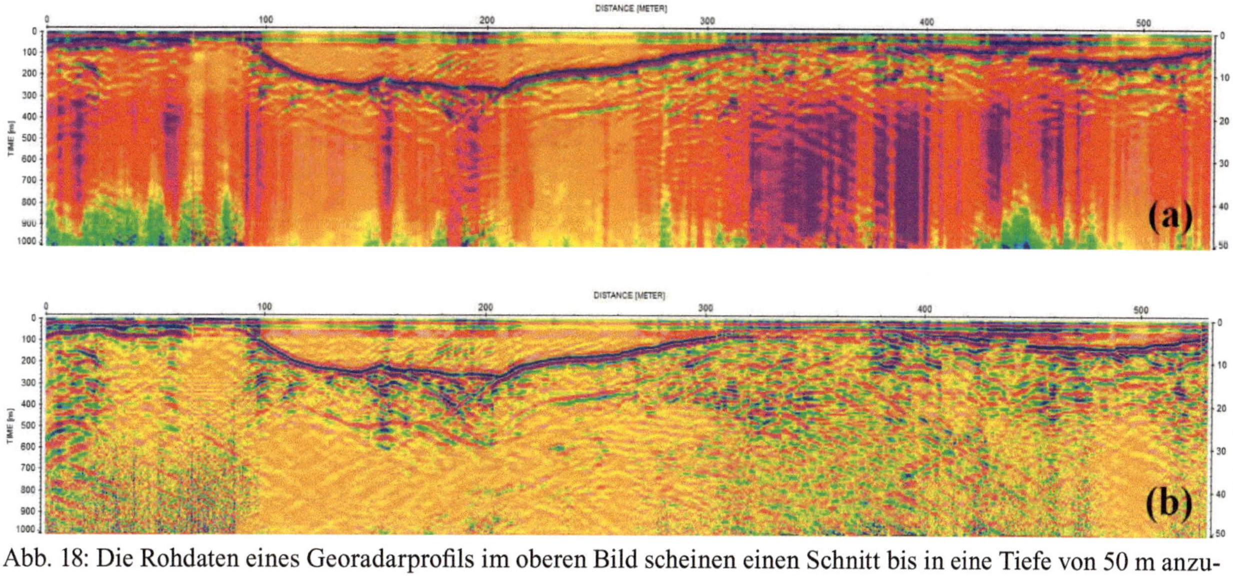


Abb. 18: Die Rohdaten eines Georadarprofils im oberen Bild scheinen einen Schnitt bis in eine Tiefe von 50 m anzuzeigen. Nach Filterung des Niederfrequenzanteils ergibt sich die Darstellung im unteren Bild mit einer realistischen Eindringtiefe des Georadars von ca. 25 m (Francke, 2018).

In einem homogenen isotropen Halbraum ist die Wellengeschwindigkeit der Rayleigh-Wellen konstant. Da die Amplitude der Rayleigh-Wellen jedoch eine exponentielle Abnahme mit der Tiefe erfährt ergibt sich im Falle von geschichteten Medien eine Änderung der Wellengeschwindigkeit in Abhängigkeit von der Wellenlänge und damit in Abhängigkeit von der Frequenz. Die Änderung der Wellengeschwindigkeit mit der Wellenlänge bzw. Frequenz wird als Dispersion bezeichnet. Diesen Effekt kann man nutzen, um Rückschlüsse auf das von der Welle durchlaufene Medium zu ziehen (Abb. 20).

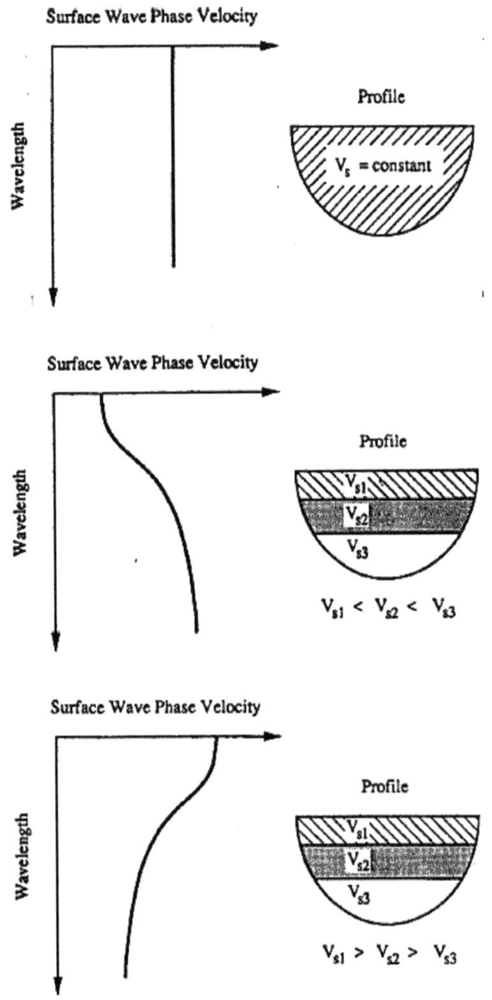


Abb. 20: Schematische Darstellung der Dispersionskurven eines homogenen Halbraums (oben), eines geschichteten Halbraums mit einer Zunahme der Wellengeschwindigkeit mit der Tiefe (Mitte) und eines geschichteten Halbraums mit einer Abnahme der Wellengeschwindigkeit mit der Tiefe (unten) (Rix et al., 1991)

Abb. 21 zeigt schematisch eine SASW-Messanordnung mit einer Signalquelle und 2 Signalaufnehmern (Geophone oder Accelerometer). Die dort dargestellte Messanordnung wird als common-receivers midpoint geometry bezeichnet (Stokoe & Santamarina, 2000). Bei dieser Anordnung bleibt der Mittelpunkt zwischen den beiden Signalaufnehmern fix während die Signalquelle sowohl auf der einen als auch auf der anderen Seite der Anordnung der beiden Signalaufnehmer angesetzt werden kann, ohne dabei die Signalaufnehmer umsetzen zu müssen. Dieses Verfahren, welches in der Geophysik auch als Schuss und Gegenschuss bezeichnet wird, erlaubt es zum einen Phasenverzerrungen der Signalaufnehmer zu kompensieren und zum anderen Effekte aus lokalen Störungen und lateralen Inhomogenitäten abzumildern (Foti, 2000).

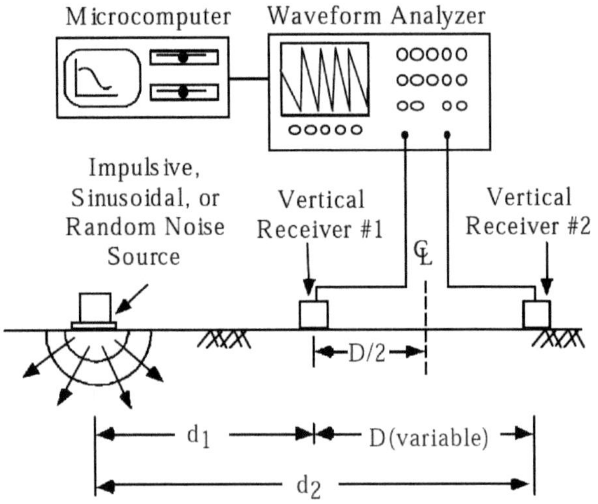


Abb. 21: Schema einer SASW-Messanordnung mit 2 Signalaufnehmern, common-receivers midpoint geometry (Stokoe & Santamarina, 2000)

**Tab. 3: Kriterien für die Abstände zwischen dem Schlagpunkt und dem ersten Signalaufnehmer d1 und zwischen den beiden Signalaufnehmern D nach verschiedenen Autoren, $\lambda_R$ ist die vorherrschende Wellenlänge der Rayleigh-Welle (aus: Ganji et al., 1998)**

| Quelle: | Abstand d1 | Abstand D |
|---|---|---|
| Lysmer (1966) | $2.5\ \lambda_R < d_1$ | - |
| Heisey (1982) | $d_1 = D$ | $1/3\ \lambda_R \leq D \leq 2\ \lambda_R$ |
| Sanchez-Salinero et al. (1987) | $d_1 = D$ | $2\ \lambda_R < D$ |
| Roesset et al. (1989) | $0.5\ \lambda_R < d_1 < 2\ \lambda_R$ | $0.5\ d_1 < D < d_1$ |
| Gucunski & Woods (1992) | - | $0.5\ \lambda_R < D < 4\ \lambda_R$ |
| Tokimatsu et al. (1991) | $0.25\ \lambda_R < d_1 < D/2$ | $0.0625\ \lambda_R < D < \lambda_R$ |

Für die Wahl der Abstände D und $d_1$ bei einer SASW-Messanordnung gibt es keine einheitlichen Vorgaben. In der Literatur finden sich unterschiedliche Kriterien für die Wahl von $d_1$ und D. In Tabelle 3 sind einige dieser Kriterien zusammengestellt. Am häufigsten wird eine SASW-Messanordnungen gewählt bei der der Abstand $d_1$ zwischen Schlagpunkt und dem ersten Signalaufnehmer dem Abstand D zwischen den beiden Signalaufneh-

mern gleichgesetzt wird (vgl. z. B. Heisey et al., 1982 oder Stokoe et al., 1994). Werden mehr als 2 Signalaufnehmer verwendet, spricht man auch von Multichannel Analysis of Surface Waves (MASW).
Um die Mächtigkeit einer Schicht mit dem SASW-Verfahren bestimmen zu können, müssen Wellen mit Wellenlängen $\lambda$ erzeugt und gemessen werden, die sowohl größer als auch kleiner sind als die Mächtigkeit der Schicht. Weiterhin ist zu beachten, dass aufgrund verschiedener Faktoren, wie z. B. Dämpfung, räumliches Aliasing, Nahfeldeffekte, etc., mit einer bestimmten Schlagpunkt-Signalaufnehmer-Konfiguration lediglich Informationen zu einem begrenzten Frequenzbereich gewonnen werden können. Da die Mächtigkeit der Schicht jedoch nicht bekannt ist und mit Hilfe der Messungen erst ermittelt werden soll, folgt daraus, dass bei SASW-Messungen gegebenenfalls mehrere Signalquellen mit unterschiedlichem Frequenzumfang und mehrere Konfigurationen von Schlagpunkt und Signalaufnehmer verwendet werden müssen, um die experimentelle Dispersionskurve zu erhalten.
Nachdem das SASW-Verfahren am Mauerwerksprobekörper der Hochschule Luzern zunächst erfolgreich auch für vermörteltes Mauerwerk getestet worden war, sollte es auch bei einer bestehenden Stützmauer zur Bestimmung der Wandstärke eingesetzt werden. Abb. 22 zeigt einen Abschnitt der Stützmauer Eggental im Kanton Uri, Schweiz. Da in diesem Abschnitt im Haupt die Fugen weitestgehend vermörtelt waren, wurde von einem vermörtelten Mauerwerk ausgegangen. Die Messungen führten jedoch zu keinen auswertbaren Messresultaten. Der spätere teilweise Rückbau der Mauer Eggental zeigte auf, dass die Mauerwerksfugen lediglich bis in eine Tiefe von einigen Zentimetern mit Mörtel verfüllt waren, es sich bei der Mauer Eggental also eigentlich um ein Trockenmauerwerk handelt für das sich das SASW-Verfahren nicht eignet.
In der Mauer Eggental befanden sich jedoch einige Steine mit einer großen horizontalen Abmessung an denen das SASW-Verfahren eingesetzt werden konnte. Einen dieser Steine zeigt Abb. 23. Abb. 24 zeigt die zugehörige Dispersionskurve. Die Steintiefe konnte hier mit ca. 80 cm ermittelt werden.

Abb. 22: SASW-Messanordnung an der Mauer Eggental, S6 und S5 Positionen der Accelerometer, x: Positionen der Schlagpunkte

Abb. 23: Anordnung der Accelerometer für Messungen am Stein Egg-2 zur Ermittlung der Wellengeschwindigkeit und der Steintiefe nach dem SASW-Verfahren

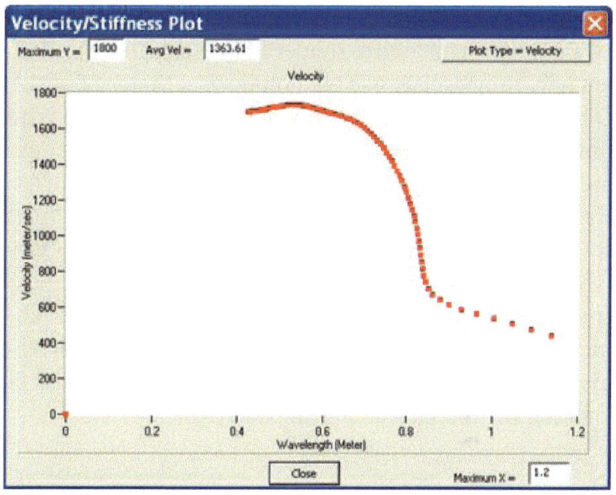

Abb. 24: Dispersionskurve des Steins Egg-2, Stützmauer Eggental

Im Falle eines Mediums mit lediglich zwei Schichten und mit einer starken Änderung der Wirkgrößen (Dichte, elastische Parameter) an der Schichtgrenze ergibt sich eine einfache Dispersionskurve an deren Verlauf die Tiefenlage der Schichtgrenze einfach zu ermitteln ist (vgl. Abb. 24). Bei einem komplexeren Aufbau des Untersuchungsobjekts wird versucht den Schichtenaufbau mit Hilfe von Inversionsverfahren aus der Dispersionskurve abzuleiten (Abb. 25). Hierzu wurde inzwischen eine große Anzahl von Inversionsverfahren entwickelt. Solche Inversionsverfahren liefern jedoch oft keine eindeutigen Lösungen, d. h. es gibt meist mehrere Schichtenmodelle, die zu annähernd gleichen Dispersionskurven führen.

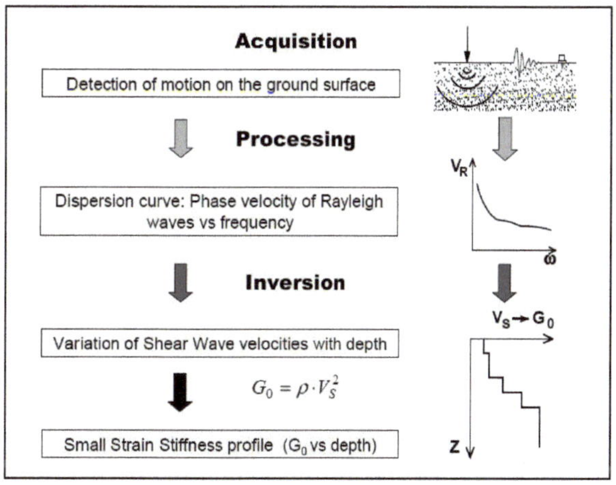

Abb. 25: Ablaufschema einer Baugrunderkundung mit Rayleigh-Wellen (Foti et al., 2011)

## 7. Impact-Echo Verfahren

Das Impact-Echo Verfahren wurde entwickelt, um Fehlstellen und Risse in Beton zu detektieren. Am National Bureau of Standards in den USA stellte man fest, dass mit Stahlkugeln mit einem Durchmesser zwischen 4 und 15 mm, die mit einer Geschwindigkeit von 2 bis 10 m/s auf Beton geschlagen werden, Ultraschallwellen erzeugt werden können, mit denen man Betonkonstruktionen mit bis zu einer Stärke von ca. 1.5 m untersuchen kann. Die mit diesen Stahlkugeln, den sogenannten Impaktoren, erzeugten Wellenlängen sind derart, dass das Grösstkorn im Beton nicht mehr als einzelnes Objekt von den Wellen „wahrgenommen" wird, sondern der Beton für die Wellen näherungsweise, wie ein homogenes Material wirkt. Die mit einem Impaktor erzeugte akustische Welle wird mit einem Accelerometer aufgenommen und aus der gemessenen Ereignis-Zeit-Funktion wird mittels Fouriertransformation das Spektrum berechnet. Abb. 26 zeigt schematisch die Vorgehensweise beim Impact-Echo Verfahren.

Im Falle eines Untersuchungskörpers, dessen eine Abmessung signifikant kleiner ist als die beiden anderen Abmessungen ergibt sich im Frequenzspektrum ein signifikant hervortretender Frequenzpeak (Abb. 26).

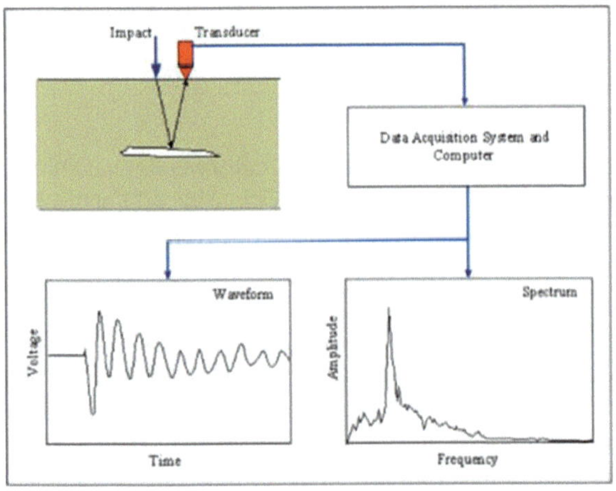


Abb. 26: Schematische Darstellung der Vorgehensweise beim Impact-Echo Verfahren (Sansalone & Streett, 1997)

Nach Sansalone lässt sich die Plattendicke d bzw. der Abstand bis zu einer Materialdiskordanz innerhalb der Platte mit Hilfe dieser Frequenz f nach der Formel

$$d = \frac{0.96\ v_p}{2f}$$

bestimmen (vgl. z. B. Sansalone & Streett, 1997). Damit die Bauteildicke d bzw. die Tiefenlage einer Materialdiskordanz nach dieser Formel bestimmt werden kann, muss jedoch die Wellengeschwindigkeit $v_p$ bekannt sein bzw. vorgängig bestimmt werden.

Ist bei dem zu untersuchenden Körper jedoch lediglich eine Abmessung signifikant größer als die beiden anderen Abmessungen, wie z. B. bei einem Balken, so tritt im Frequenzspektrum nicht mehr nur ein Frequenzpeak hervor, sondern es treten mehrere solcher Peaks auf (Abb. 27).

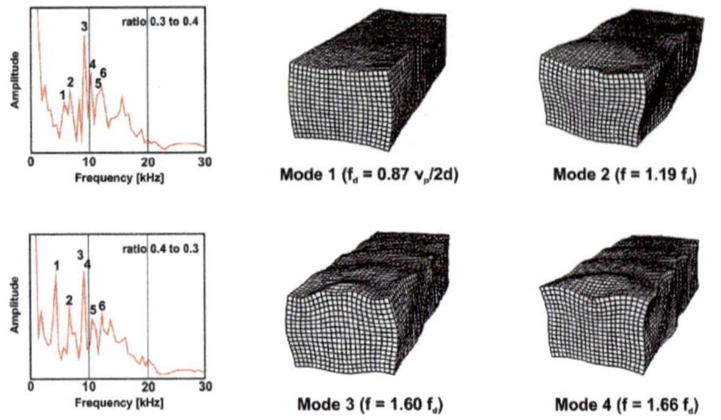


Abb. 27: Frequenzspektren eines Impact-Echo Tests an einem Betonbalken mit einem rechteckigen Querschnitt, Verhältnis Höhe zu Breite 0.75 (links oben) bzw. 1.33 (links unten) und Darstellung der berechneten Eigenmoden für den Balken mit dem Verhältnis Höhe zu Breite 0.75 (vgl. Lin & Sansalone, 1992b)

Lin & Sansalone haben diesen Frequenzpeaks verschiedene Moden oder Eigenwerte zugewiesen und kommen zu einer Formel für den Zusammenhang zwischen der 1. Eigenfrequenz $f_1$ und der Höhe des Betonbalkens H, die der Formel von Sansalone für die Platte sehr ähnlich ist:

$$f_1 = \frac{\beta v_p}{2H}$$

Der Parameter β ist gemäss Lin & Sansalone in diesem Fall jedoch keine Konstante, sondern ist abhängig von dem Verhältnis Höhe H zu Breite B des Balkenquerschnitts (Abb. 28). Lin & Sansalone geben zudem an, dass die Formel lediglich dann gültig ist, wenn die Länge des Balkens mindestens das Doppelte der größeren Querschnittsabmessung beträgt.

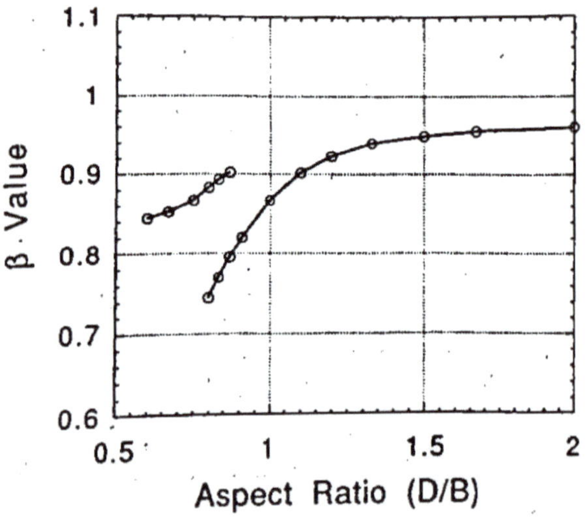


Abb. 28: Abhängigkeit des Parameters β nach Lin & Sansalone (1992b) vom Verhältnis Höhe zu Breite bei Betonbalken mit einer rechteckigen Querschnittsform

Kister verwendet die Lösung der Helmholtz-Gleichung für einen Quader zur Berechnung der Eigenfrequenzen (Kister & Hugenschmidt, 2014a und b):

$$f(l, m, n) = \frac{v_p}{2} \cdot \sqrt{\frac{l^2}{L_x^2} + \frac{m^2}{L_y^2} + \frac{n^2}{L_z^2}},$$
$$l, m, n = 0, 1, 2, 3, \ldots$$

In Tabelle 4 sind die von Lin & Sansalone im Impact-Echo Test ermittelten Eigenfrequenzen den nach der Helmholtz-Gleichung berechneten Eigenfrequenzen der 3 axialen Moden (1, 0, 0), (0, 1, 0) und (0, 0, 1) sowie des ersten Raummodes (1, 1, 1) gegenübergestellt.
Kister konnte aufzeigen, dass bei Anwendung der Helmholtz-Gleichung auf das Impact-Echo Verfahren für quaderförmige Untersuchungsobjekte, das Verhältnis von gemessenen Eigenfrequenzen zu den nach der Lösung der Helmholtz-Gleichung berechneten Eigenfrequenzen konstant ist und den Wert 0,937 annimmt (Abb. 29).

**Tab. 4: Vergleich der von Lin & Sansalone (1992b) an einen Betonbalken mit den Abmessungen Lx = 3 m,**
**Ly = 0.4 m und Lz = 0.3 m gemessene Eigenfrequenzen mit den nach der Helmholtz-Gleichung berechneten Eigenfrequenzen.**

| Lin & Sansalone D/B = 0.75 | Lösung Helmholtz-Gleichung | l | m | n |
|---|---|---|---|---|
| - | 675 Hz | 1 | 0 | 0 |
| 5900 Hz | 5063 Hz | 0 | 1 | 0 |
| 6800 Hz | 6750 Hz | 0 | 0 | 1 |
| 9300 Hz | 8464 Hz | 1 | 1 | 1 |
| Lin & Sansalone D/B = 1.33 | Lösung Helmholtz-Gleichung | l | m | n |
| - | 675 Hz | 1 | 0 | 0 |
| 4400 Hz | 5063 Hz | 0 | 1 | 0 |
| 6800 Hz | 6750 Hz | 0 | 0 | 1 |
| 9300 Hz | 8464 Hz | 1 | 1 | 1 |

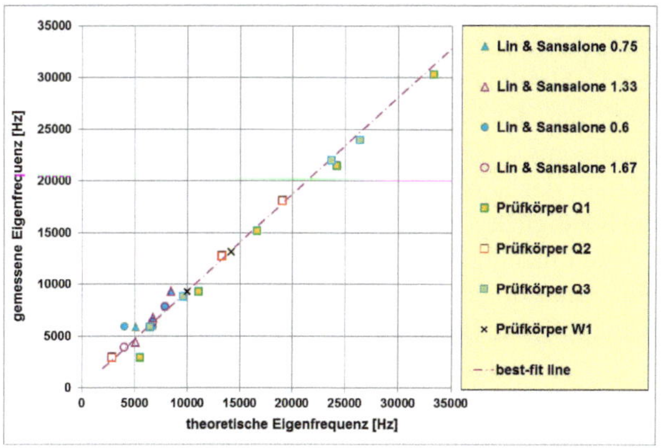


Abb. 29: Vergleich zwischen gemessenen und theoretischen Eigenfrequenzen (axiale Raummoden 1. Ordnung und diagonale Raummoden) für die Betonbalken von Lin & Sansalone sowie aus Impact-Echo Versuchen an Standardprüfkörpern aus Beton. Als Regressionsgerade ergibt sich y = 0.937 x

Die in Abb. 28 dargestellte Abhängigkeit ist vielmehr auf eine Fehlinterpretation bei den Eigenfrequenzen zurückzuführen (vgl. Kister & Hugenschmidt, 2014 a und b).
Sind zwei der Abmessungen des Untersuchungsobjekts bekannt, lässt sich die dritte Abmessung mit Hilfe der gemessenen Eigenfrequenzen und der Lösung der Helmholtz-Gleichung ermitteln. Hierzu reicht es in der Regel aus die Eigenfrequenzen der 3 axialen Moden (1, 0, 0), (0, 1, 0) und (0, 0, 1) sowie des ersten Raummodes (1, 1, 1) in dem gemessenen Frequenzspektrum zu identifizieren und die theoretischen Eigenfrequenzen nach der Lösung der Helmholtz-Gleichung unter Berücksichtigung der Gleichung y = 0.937 x zu berechnen.
In einem Iterationsprozess wird die gesuchte Abmessung so lange variiert bis die Wertepaare aus gemessenen und theoretischen Frequenzen auf der Geraden y = 0.937 x liegen. Auf diese Weise ist es möglich die Steintiefen von Mauerwerkssteinen in einem bestehenden Mauerwerk zu ermitteln, ohne dieses zu öffnen.
Bei der Stützmauer Eggental sollten mit dem Impact-Echo Verfahren zum einen die Steintiefen von Mauerwerksteinen ermittelt werden und zum anderen aber auch die Wandstärke der Mauer. Abb. 30 zeigt Mauerwerkssteine an denen Impact-Echo Messungen ausgeführt wurden. Zum Einsatz kamen zwei Messeinrichtungen verschiedener Fabrikate. Jedoch konnte nur mit einer Messeinrichtung eine ausreichende Auflösung im Frequenzspektrum erzielt werden. Es wurden Messungen mit Abtastraten von 5 µs und 10 µs ausgeführt.
Abb. 31 zeigt die Spektren von 9 Impact-Echo Messungen am Stein Egg_S20 (Abb. 30) mit einer Abtastrate von 5 µs. In den Spektren lassen sich alle axialen Raummoden 1. und 2. Ordnung sowie der diagonale Raummode (1,1,1) identifizieren. Abb. 32 zeigt, dass sich für die Wertepaare aus gemessenen Frequenzen und den mit der Helmholtz-Gleichung berechneten Frequenzen eine Gerade y = 0.937 x ergibt, wenn die gesuchte Steintiefe für den Stein Egg_S20 einen Wert von ca. 65 cm annimmt. Die Wellengeschwindigkeit des Gesteins beträgt $v_p$ = 5200 m/s.
Der Frequenzpeak bei f = 1.95 kHz in Abb. 31 ist der Wandstärke zuzuordnen. Mit der geschätzten mittleren p-Wellengeschwindigkeit $v_{p,MW}$ = 4500 m/s für das Mauerwerk erhält man mit der Plattenformel von Sansalone die Wandstärke d = 1.11 m. In den Messungen mit der Abtastrate $\Delta t$ = 10 µs ergab sich der Frequenzpeak bei f = 1.76 kHz. In diesem Fall ergibt sich für die Wandstärke d = 1.23 m.
Während des teilweisen Rückbaus der Stützmauer Eggental konnte die Wandstärke direkt gemessen werden (Abb. 33). Die Messungen ergaben Werte zwischen ca. 0.9 m und ca. 1.05 m von der Vorderkante des Mauerwerks bis zum anstehenden sogenannten Faulfels.
An 10 der in Abb. 30 dargestellten Mauerwerkssteinen konnten in den Spektren „Wandfrequenzen" identifiziert werden. Mit einer aus den unterschiedlichen Gesteinsgeschwindigkeiten gemittelten Wellengeschwindigkeit $v_{p,MW}$ = 3900 m/s für das Mauerwerk lassen sich Wandstärken zwischen 0.78 m und 1.06 m berechnen, was sehr

gut mit der tatsächlichen Wandstärke übereinstimmt. Allerdings konnten nicht in allen Impact-Echo Messungen „Wandfrequenzen“ identifiziert werden.

Abb. 30: Mauerwerkssteine der Stützmauer Eggental an denen Impact-Echo-Messungen mit dem Messgerät der Fa. Germann Instruments ausgeführt wurden.

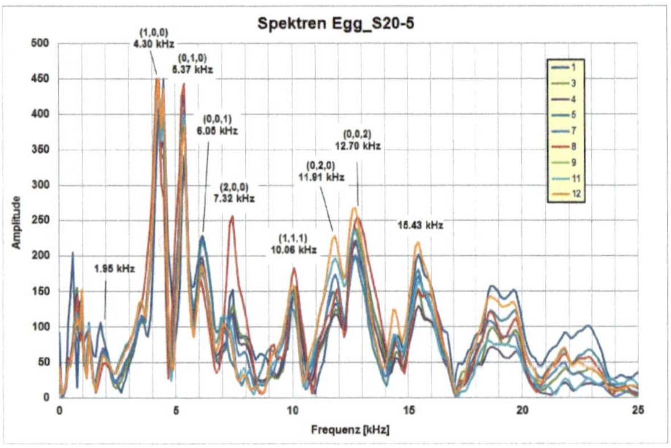


Abb. 31: Spektren von 9 Impact-Echo Messungen am Stein Egg_S20, Abtastrate: 5 µs

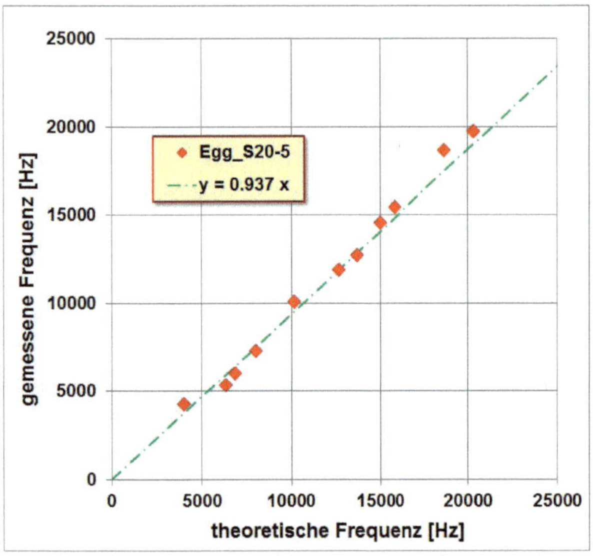


Abb. 32: Graphik zum Verhältnis von gemessenen und theoretischen Eigenfrequenzen des Mauerwerkssteins Egg_S20

Abb. 33: Messung der Wandstärke der Stützmauer Eggental während des teilweisen Rückbaus des Bauwerks. Mörtel ist lediglich bis in eine geringe Tiefe von wenigen cm vorhanden.

## 8. Potentialmessverfahren

Zu den Potentialmessverfahren in der Geophysik zählen die Gravimetrie, die Geomagnetik und die Geoelektrik. Stellvertretend für Potentialmessverfahren wird nachfolgend nur auf die Gravimetrie eingegangen.

Die Gravimetrie wird in der angewandten Geophysik meist dann eingesetzt, wenn es darum geht Hohlräume im Untergrund zu finden. Diese Hohlräume können einen natürlichen Ursprung haben, wie z. B. Karsthohlräume oder menschengemacht sein, wie beim Altbergbau. Da es sich hierbei um relativ kleine Schwereanomalien handelt spricht man auch von Microgravimetrie.

Für den einfachen 2D-Fall eines Hohlraums mit einem Kreisquerschnitt (Abb. 34) lässt sich die Anomalie nach der Formel (Telford et al., 1976)

$$b = \frac{4\pi f(\rho_1 - \rho_2)a^3}{3} \frac{z}{(x^2 + z^2)^{3/2}}$$

berechnen. f ist die Gravitationskonstante, $\rho_1$ und $\rho_2$ sind die Dichten von Untergrund bzw. „Störkörper“ und a ist der Radius des Hohlraums. Abb. 35 zeigt die Änderung des Schwerefeldes für einen kreisförmigen Hohlraum im Untergrund, der sich in einer Tiefe z von 10 m unterhalb der Geländeoberfläche befindet. Für einen Durchmesser des Hohlraums von 10 m ergibt sich eine signifikante Änderung des Beschleunigungswertes b im Bereich des Hohlraums.

Beträgt der Durchmesser des Hohlraums hingegen jedoch lediglich 4 m, so stellt sich nur noch eine geringfügige Eindellung der Kurve im Bereich des Hohlraums ein. Daraus folgt, dass es sehr schwierig ist kleine Objekte in größeren Tiefen mit der Gravimetrie aufzufinden.

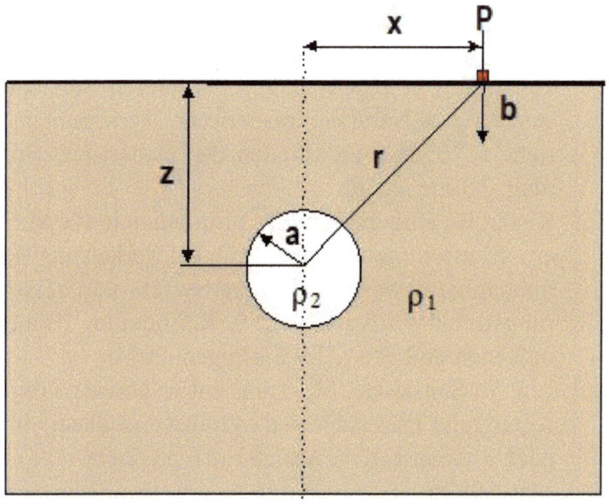


Abb. 34: 2D-Fall eines kreisförmigen Hohlraums im Untergrund.

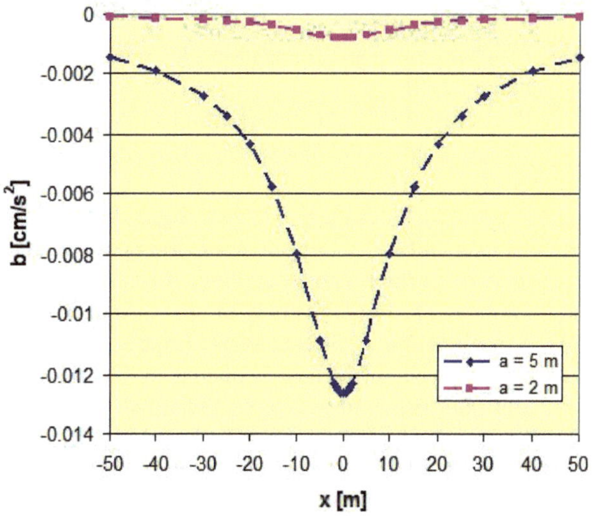


Abb. 35: Änderung des Schwerefeldes für einen kreisförmigen Hohlraum in 10 m Tiefe mit einem Durchmesser 2a von 10 m respektive 4 m.

Die mathematische Grundlage von Potentialverfahren ist die Laplace- oder Potentialgleichung: $\Delta U = 0$. Daraus ergibt sich, dass Potentialverfahren zu keinen eindeutigen Aussagen führen. Verschiedene Verteilungen der Dichteanomalie im Untergrund können bei der Gravimetrie zu derselben Kurve für die Schwereanomalie an der Erdoberfläche führen (Abb. 36). Größe und Ort des die Anomalie verursachenden Objekts lassen sich nicht gleichzeitig bestimmen, d. h. man muss entweder die Tiefenlage oder die Objektgröße mit der Hilfe eines anderen Verfahrens bestimmen. Wird z. B. die Tiefenlage des Störkörpers mit seismischen Messungen ermittelt, lässt sich dann die Größe mit Hilfe der Gravimetrie bestimmen.

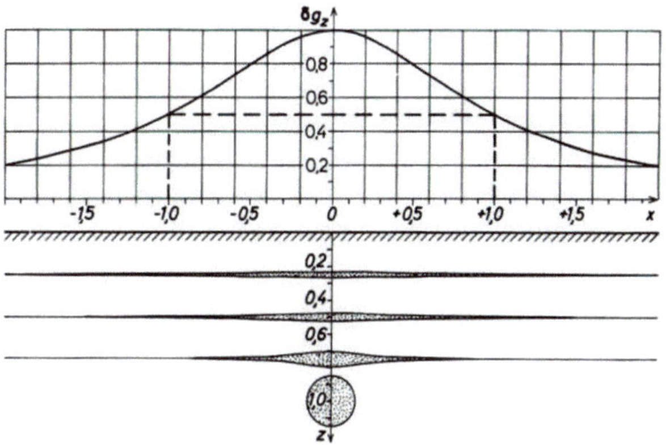


Abb. 36: Dichteanomalien mit unterschiedlichen Ausformungen in unterschiedlichen Tiefen können an der Erdoberfläche die gleiche Kurve für die Schwereanomalie erzeugen (Griffiths & King, 1981).

## 9. Zusammenfassung

Bei der Auswahl von zerstörungsfreien Untersuchungsverfahren ist zu beachten welche Wirkgrößen diesen Verfahren zu Grunde liegen. Um Heterogenitäten im Untersuchungsobjekt ermitteln zu können, sind signifikante Unterschiede bei den Wirkgrößen erforderlich. Schleichende Übergänge können in der Regel mit den zerstörungsfreien Untersuchungsverfahren nicht erfasst werden. Die Wirkgrößen können nicht direkt gemessen werden. Die mit den verschiedenen Methoden gemessenen Größen – Messgrößen – müssen mit Hilfe von mathematisch-physikalischen Modellen interpretiert werden. Dabei ist zu beachten, dass diese Modelle die Realität nur näherungsweise wiedergeben.

Die Messgrößen unterliegen zudem verschiedenen Störeinflüssen, die die Messergebnisse beeinflussen. Diese können sowohl externer Natur sein als auch durch die Messanordnung und/oder das Messgerät selbst verursacht werden.

Mehrfachmessungen können erforderlich sein um zum einen das Verhältnis von Nutz- und Störsignal zu Verbessern. Zum anderen können auch mehrere Messungen mit unterschiedlichen Messanordnungen oder unterschiedlichen Signalquellen erforderlich sein, um eine Aufgabenstellung zu lösen.

Bei Potentialverfahren gibt es keine eindeutige Lösung, d. h. man kann mit so einem Verfahren nicht gleichzeitig Tiefenlage und Größe eines Störkörpers im Untergrund ermitteln. In solchen Fällen muss man ein zweites Verfahren einsetzen mit dessen Hilfe man zunächst eine der gesuchten Größen bestimmen kann.

Auch bei der Verwendung von Inversionsverfahren zur Auswertung und Interpretation von Messungen mit Oberflächenwellen kann es zu Mehrdeutigkeiten kommen.

**Literatur**


[1] Annan, A. P.: Ground Penetrating Radar - Principles, Procedures & Applications, Sensors & Software Inc., 2003

[2] Annan, A. P.; Cosway, S.W.: Ground Penetrating Radar survey design, 53rd annual meeting of the European Association of Exploration Geophysicists, Florenz, Italien, 26. – 30. Mai 1991

[3] ASTM: Standard Guide for using the Surface Ground Penetrating Radar Method for Subsurface Investigation, D 6432 – 99, 2004

[4] Borus, H.: Einsatz geophysikalischer Messverfahren zur Abschätzung der hydraulischen Durchlässigkeit tonhaltiger Sedimente – ein Beitrag zum Grundwasserschutz, Dissertation, Christian-Albrechts-Universität zu Kiel, 1999.

[5] Buynevich, V; FitzGerald, D. M.: Ground-Penetrating Radar, 2017

[6] Davis, J. L.; Annan, A. P.: Ground penetrating radar for high-resolution mapping of soil and rock stratigraphy, Geophysical Prospecting, Vol. 37, 1989

[7] Foti, S.; Lai, C. G.; Rix, G. J.; Strobbia, C.: Surface Wave Methods for Near-Surface Site Characterization, CRC Press, 2015

[8] Foti, S.: Surface Wave Testing for Geotechnical Characterization, in: Surface Waves in Geomechanics: Direct and Inverse Modelling for Soils and Rocks, Springer, 2005

[9] Foti, S.: Multistation methods for geotechnical characterization using surface waves, Thesis, Politecnico di Torino, 2000

[10] Francke, J.: Realistic Expectations for Deep Ground Penetrating, Radar Performance, ASEG Extended Abstracts,1, 1-7, DOI: 10.1071/ASEG2018ab M2_3E, 2018

[11] Ganji, V.; Gucunski, N. Nazarian, S.: Automated inversion procedure for spectral analysis of surface waves, Journal of Geotechnical and Geoenvironmental Engineering, pp 757–770, 1998

[12] Griffiths, D. H.; King, R. F.: Applied Geophysics for Geologists and Engineers, Pergamon Press, 1981

[13] Heisey, J. S.; Stokoe, K. H.; Hudson, W. R.; Meyer, A.H.: Determination of in situ shear wave velocities from spectral analysis of surface waves, Research Report Number 256-2, Study of New Technologies for Pavement Evaluation, Research Project 3-8-80-256, conducted for Texas State Department of Highways and Public Transportation in cooperation with the U. S. Department of Transportation Federal Highway Administration, December 1982

[14] Kister, B.; Hugenschmidt, J.: Der Einsatz von zerstörungsfreien Prüfverfahren zur Bestimmung der konstruktiven Eigenschaften bei älteren Stützbauwerken aus Natursteinmauerwerk, Forschungsbericht 1120785/1 zu Händen der Gebert-Rüf-Stiftung, 2 Teile, 2014a

[15] Kister, B.; Hugenschmidt, J.: Ein-Blick in die Mauer – Beurteilung von alten Stützbauwerken aus Natursteinmauerwerk mit Rating-System und zerstörungsfreien Prüfverfahren, 9. Kolloquium „Bauen in Boden und Fels“, TA Esslingen, 2014b

[16] Lin, Y.; Sansalone, M.: Transient response of thick rectangular bars subjected to transverse elastic impact, J. Acoust. Soc. Am., 91 (5), pp. 2674 – 2685, May 1992b

[17] Lin, Y.; Sansalone, M.: Transient response of thick circular and square bars subjected to transverse elastic impact, J. Acoust. Soc. Am., 91 (2), pp. 885 – 893, Feb. 1992a

[18] Lüscher, E.: Experimentalphysik, Wissenschaftskolleg, 1971

[19] Reynolds, J. M.: An Introduction to Applied and Environmental Geophysics, JohnWiley & Sons, 2011

[20] Rix, G. J.; Stockoe, K. H.; Roesset, J. M.: Experimental study of factors affectting the Spectral-Analysis-of-Surface-Waves method, Research Report Number 1123-5, University of Texas, Austin, 1991

[21] Sansalone, M. J.; Streett, W. B.: Impact Echo Nondestructive Evaluation of Concrete and Masonry. – Bullbrier Press, Ithaca, N.Y., 339, 1997

[22] Stokoc, K. H.; Wright, S. G.; Bay, J. A.; Roësset, J. M.: Characterization of geotechnical sites by SASW method, ISSMFE Technical Committee # 10 for XIII ICSMFE, Geophysical characteristics of sites, A. A. Balkema Publishers/Rotterdam & Brookfield, Netherlands, pp. 15–25, 1994

[23] Stokoe, K. H.; Santamarina, J. C.: Seismic-wave-based testing in geotechnical engineering, International Conference on Geotechnical and Geological Engineering, GeoEng 2000, Melbourne, Australia, pp. 1490–1536, November 2000

[24] Stokoe, K. H.; Joh, S-H.; Woods, R. D.: Some contributions of in situ geophysical measurements to solving geotechnical engineering problems, International Conference on Site Characterization (ISC-2), Porto, Portugal, Sept. 19-22, 2004

[25] Telford, W. M.; Geldardt, L.P.; Sheriff, R. E.; Keys, D. A.: Applied Geophysics, Cambridge University Press, 1978

TAE

Innovation
und Forschung

# Untersuchungen zur mechanischen Gleichwertigkeit von Erdbeton und Beton – Analyse zweier Versuchsbaustellen

**Michael Ried, M. Eng.**
OTH Regensburg, Geotechnisches Labor der Fakultät Bauingenieurwesen

**Florian Leusink, B. Eng.**
OTH Regensburg, Geotechnisches Labor der Fakultät Bauingenieurwesen

**Sebastian Hussendörfer, M. Eng.**
OTH Regensburg, Geotechnisches Labor der Fakultät Bauingenieurwesen

**Prof. Dr.-Ing. Thomas Neidhart**
OTH Regensburg, Geotechnisches Labor der Fakultät Bauingenieurwesen

**Zusammenfassung**
In den vorliegenden Untersuchungen wurde ein neuartiges Bodenmischverfahren untersucht, bei dem die Baustoffeigenschaften des Erdbetons in den Kontext eines Betons gesetzt wurden. Es wurden sowohl Verfahrensspezifika als auch baustofftechnische Herstellparameter und deren Auswirkungen auf die Erdbetonqualität untersucht. Für die Bewertung dienten zwei geeignete großmaßstäbliche Versuchsbaustellen als Grundlage. Durch die Analyse verschiedener mechanischer Kennwerte konnten Erkenntnisse über die Einflüsse der Herstellung gewonnen werden. Insbesondere einaxiale Druckfestigkeit, E-Modul und Spaltzugfestigkeit wurden untersucht. Die mechanischen Kennwerte wurden einerseits anhand kleinmaßstäblicher Kern- und Rückstellproben gewonnen und andererseits anhand originalmaßstäblicher Großversuche im Labor. Die Druckfestigkeit des Materials wurde teils mit mehr als 40 N/mm² ermittelt. Auch der E-Modul erreichte mit 18.000 N/mm² – 33.000 N/mm² Steifigkeiten, die in den Bereich eines Ortbetons fallen. Es konnte unter Berücksichtigung der Herstellparameter gezeigt werden, wie sich die mechanischen Kennwerte des Baustoffs verändern und wie sich die Qualität des Erdbetons optimieren lässt.

## 1. Einführung

Seit einigen Jahrzenten halten zunehmend Bodenmischverfahren im Spezialtiefbau Einzug. Das Verwenden des anstehenden Bodens als Zuschlagsstoff, der mit einer Bindemittelsuspension vermischt wird, kann bedeutende Vorteile gegenüber klassischem Beton bieten [1]. Im Zuge stärker schwindender Ressourcen wie Sand und Kies sowie klimaökologischer Nachhaltigkeit wird es zunehmend erforderlich, Baustoffe und Bauverfahren im Sinne der Kreislaufwirtschaft zu optimieren [2]. Bei der Herstellung von Tiefbauwerken in herkömmlicher Ortbetonbauweise fallen große Mengen Aushubmaterial an. Der Aushub muss in vielen Fällen deponiert oder aufwendig aufbereitet werden [1]. Gleichermaßen entstehen in Abhängigkeit des Ortes der Baustelle und auch der Abfallklasse große Transportwege. Durch die großen Massen sind die Transportwege des Abfalls ein wesentlicher Treibhausemittent. Nicht nur der Transport des Aushubs geht hierbei in die Bilanzierung ein, sondern auch der Transport des Ortbetons aus entfernten Betonwerken auf die Baustelle [3]. Eine Möglichkeit die Abfallmengen und die emittierte $CO_2$-Menge zu reduzieren, besteht in der Verwendung eines Erdbetons. Erdbeton stellt dabei allerdings einen den natürlichen Gegebenheiten unterworfenen Baustoff dar. Der anstehende Baugrund bestimmt maßgeblich die Produkteigenschaften und die damit verbundene Qualität [4]. Bei der Herstellung eines Tiefbauelementes mit einem Erdbeton wird der anstehende Boden als Zuschlagsstoff verwendet und mit einer Bindemittelsuspension zu einer möglichst homogenen Masse vermischt. Nach DIN 4093 stellt die obere Bemessungsgrenze eines Erdbetons oder „Verfestigten Bodenkörpers“ eine maximale einaxiale Druckfestigkeit von $f_{m,k} \leq 12$ N/mm² dar. Kommen hohe Zementmengen zum Einsatz, kann die Druckfestigkeit des Erdbetons diesen Grenzwert weit übersteigen. Das Materialverhalten über Festigkeit und Steifigkeit nähert sich hierbei dem eines Betons an. Geotechnische Tiefbauelemente aus Erdbeton nach DIN 4093 werden damit teilweise massiv unterschätzt und der Ressourceneinsatz ineffizient genutzt. Durch diesen Grenzbereich wurde innerhalb dieser Untersuchung das Material einerseits unter geotechnischen und andererseits unter betontechnologischen Gesichtspunkten gesehen und bewertet.

## 2. Bodenmischverfahren

Durch das Einmischen einer Bindemittelsuspension in den anstehenden Baugrund entsteht ein Erdbeton. Für den dafür notwendigen Homogenisierungsprozess stehen unterschiedliche Verfahren zur Verfügung. Über Schnecken, Fräsen, rotierende Paddel oder durch (Hochdruck)-injektionen ist es möglich einen Erdbetonkörper herzustellen [1]. Das Verfahren ist für die Qualität des Baustoffs von großer Bedeutung. Für unterschiedliche Homogenbereich sind unterschiedliche Werkezuge zweckdienlich [5], [6]. Das Ziel bei der Herstellung eines Erdbetons ist ein möglichst einheitliches Stoffgemisch, sodass die planerischen und wirtschaftlichen Anforderungen erfüllt werden können. Für die Beurteilung kann die Mischungsenergie oder der Mischungsfaktor herangezogen werden [7]. Starke Inhomogenitäten wie Kiesnester, Hohlräume oder Agglomerate vermindern den mechanischen inneren Widerstand bzw. die innere Tragfähigkeit des Tiefbauelementes [1]. Nur durch eine adäquate Homogenisierung kann ein annähernd gleichmäßiges Stoffgemisch erzeugt werden und das Materialverhalten über punktuelle Qualitätsprüfungen einheitlich beschrieben werden [8]. Das Materialverhalten des Baustoffs hängt im Wesentlichen von Zuschlagsstoff, Bindemittel, w/b-Wert und Verfahrensspezifika ab [9]. Bindige Böden lassen sich aufgrund der Kohäsion schwerer homogenisieren als nichtbindige Böden. Die große spezifische Oberfläche oder das Quellvermögen des Bodens nimmt gleichermaßen Einfluss auf die mechanischen Eigenschaften des späteren Erdbetons [10]. Hydraulische, latent-hydraulische oder puzzolanische pH-Wert abhängige Reaktionen führen zur Festigkeit des Baustoffs, weshalb das Bindemittel in Verbindung mit dem anstehenden Boden und seinen Bestandteilen zu sehen ist. Der Einsatz einer Luftspülung zur Reduktion der Viskosität während des Mischens oder das anstehende Grundwasser bestimmen den Porenraum und die spätere Festigkeit des Erdbetons [1], [11]. Parameter wie die Suspensionsdichte nehmen dabei nicht nur Einfluss auf die Qualität des Baustoffs, sondern auch auf den Herstellprozess. Eine geringere Suspensionsdichte führt zu einer geringen Viskosität und damit zu geringeren Drehmomenten von rotierenden Mischwerkzeugen. Sie führt aber auch zu geringeren Festigkeiten durch einen erhöhten w/b-Wert und zu geringeren Bindemittelzugaben pro Kubikmeter Erdbeton [9]. Während durch eine geringe Suspensionsdichte hohe überflüssige Zementzugaben vermieden werden, kann sich im Herstellprozess durch die geringe Viskosität ein starker Suspensionsverlust in durchlässigen Böden einstellen [12]. Es wird dabei ersichtlich, dass baustoffliche und verfahrenstechnische Aspekte gleichermaßen Einfluss auf das mechanische Verhalten des Tiefbauelements nehmen. Entsprechend der Anforderungen lässt sich damit das Materialverhalten durch baustoff- und verfahrenstechnische Stellschrauben steuern. Eine baustoff- und verfahrenstechnische Konzeptionierung muss daher immer in enger Verzahnung gesehen werden. Zur Eignung und Bewertung des Erdbetons können hierbei einaxiale Druckfestigkeit [13], Spaltzugfestigkeit [14], E-Modul nach [15], E-Modul nach [13], Dichte und Porengehalt nach [16] und weitere Parameter herangezogen werden.

Bei dem für die hier vorzustellenden Versuchsbaustellen verwendeten Verfahren kam ein Mischwerkzeug zum Einsatz, das eine gewendelte spezielle Endlosschnecke verwendet. Die Schnecke ist dabei nicht wie normalerweise im Doppelkopfbohrverfahren ein Förderwerkzeug, sondern vielmehr ein Mischwerkzeug. Die Homogenisierung soll durch spezielle Mischelemente über die Länge des Werkzeugs gewährleistet werden.

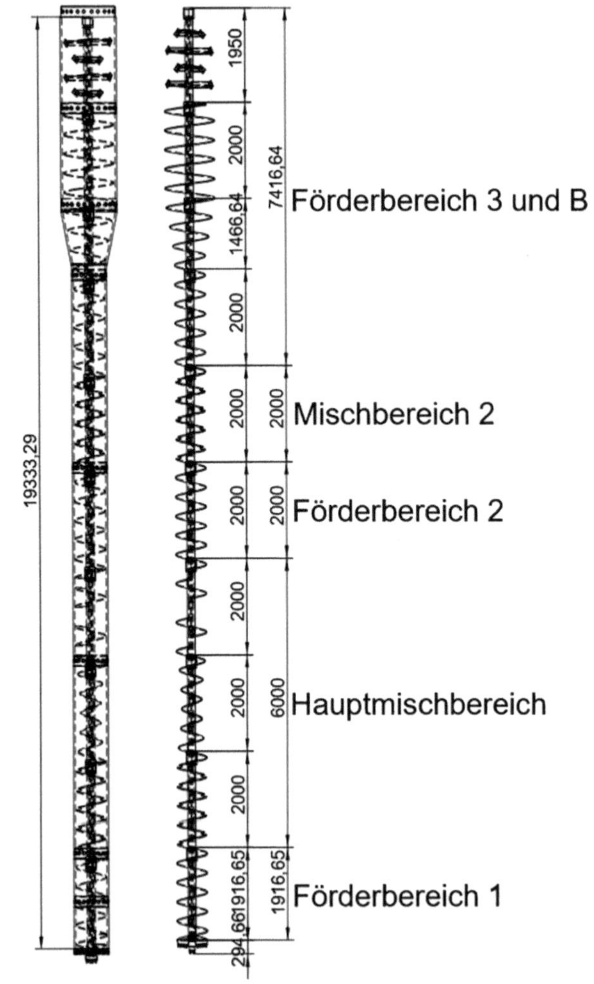


Abbildung 1: Erdbetonmischwerkzeug mit Verrohrung und Unterteilung in Misch- und Förderbereiche, Fa. Gollwitzer Spezialtiefbau GmbH

Die Durchmischung wird über ein Bohrgerät erreicht, dessen gewendelte Anbauschnecke verrohrt abgeteuft wird. Durch die Zugabe einer Bindemittelsuspension durch das Seelenrohr wird im Bohrvorgang das Bindemittel eingebracht. Die eingebrachte Suspension vergrößert das zu durchmischende Volumen. Gleichzeitig verdrängt das Mischwerkzeug den Erdbeton, weshalb eine Bevorratung am Kopf des Systems notwendig ist – vgl. Abbildung 1. In der Mischphase wird die Drehrichtung der Schnecke immer wieder geändert und ein homogenes Stoffgemisch angestrebt. Durch die Verrohrung wird eine klar vom anstehenden Boden abgegrenzte Erdbetonsäule mit bekanntem Volumen hergestellt. Hierdurch lässt sich das zu mischende Bodenvolumen genau definieren, wobei der Zementgehalt pro Kubikmeter über den Durchfluss gesteuert werden kann.

## 3. Versuchsbaustelle zur verfahrenstechnischen Untersuchung

### 3.1 Versuchsfeld Berlin Spandau

Auf einem Testfeld in Berlin im Stadtteil Spandau wurden Pilotversuche im Maßstab 1:1 zur Untersuchung und Weiterentwicklung des Bodenmischverfahrens angestellt – vgl. Kap. 2. Hierbei wurden in einem bestimmten Raster 29 Erdbetonsäulen (d = 750 mm) hergestellt, bei denen verschiedene Parameter variiert wurden. Diese sollten nach Kap. 2 Einflüsse der Verfahrenstechnik aber auch der Baustofftechnik abbilden. Zuvor wurde eine Eignungsprüfung des anstehenden Bodens durchgeführt und verschiedene Mischungsrezepturen für den Erdbeton entwickelt. Der enggestufte homogene Mittelsand des Warschau-Berliner-Urstromtals eignet sich aufgrund seiner Korngrößenverteilung und Homogenität über eine Tiefe von 10 m für systematische Parametervariationen in situ. Die untersuchten Einflussparameter beschränkten sich auf folgende Variationen:

- Mischdauer
- w/b-Wert der Suspension
- Suspensionsmenge und Zementgehalt
- Verwendung zusätzlicher Luft im Mischvorgang
- Einfluss des Bodens durch künstliche Bodenschichtungen
- Vergleich Rückstellproben und Bohrkernproben

Die anschließende Bewertung im Labor wurde an Rückstellproben, die im Herstellprozess entnommen wurden, durchgeführt aber auch an Bohrkernen der später ausgehärteten Erdbetonsäulen. Hierdurch konnten Einflüsse der Hydratationsbedingungen untersucht werden, die für das Materialverhalten des Erdbetons einen signifikanten Faktor darstellen [17]. Die Qualifizierung und Quantifizierung der Einflussparameter wurden über die einaxiale Druckfestigkeit, die Steifigkeit, die Trockendichte sowie der Porosität vorgenommen.

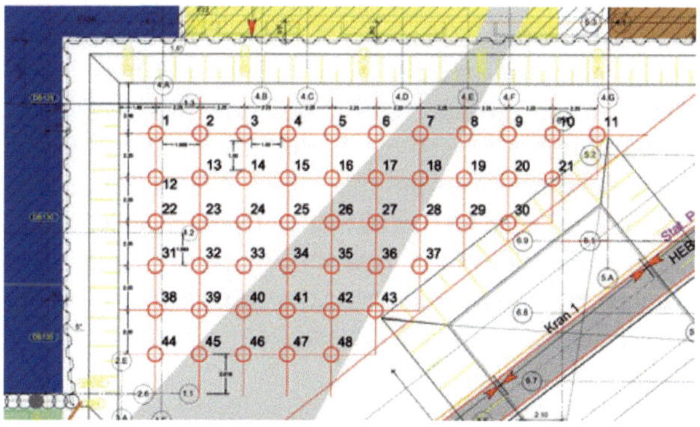


Abbildung 2: Versuchsfeld Berlin Spandau

#### 3.1.1 Luftspülung

Zur Unterstützung der Homogenisierung des Erdbetons wurde bei den meisten Säulen eine Luftspülung eingesetzt. Durch die verringerte Viskosität lässt sich der Erdbeton besser verarbeiten, wodurch für den Homogenisierungsprozess eine geringere Suspensionsmenge erforderlich ist [18]. Um den Boden ausreichend mit der Zementsuspension vermischen zu können, werden zum Herabsetzen der Viskosität alternativ hohe Flüssigkeitsmengen benötigt, die in der Regel mit einem hohen Bindemittelsuspensionsvolumen erreicht werden. Hierdurch werden in Abhängigkeit des w/b-Wertes der Suspension hohe Bindemittelmengen eingebracht, welche die klimaökologische und wirtschaftliche Bilanz verschlechtern. Der Nachteil des Einsatzes einer Luftspülung kann allerdings ein höherer Luftporenraum sein, der sowohl Festigkeit als auch Steifigkeit beeinflusst. Beim Ziehen des Mischwerkzeugs entweicht zwar ein Teil der eingeblasenen Luft, ein gewisser Anteil verbleibt jedoch als Luftporen im Erdbeton. Aufgrund der hohen Viskosität der Erdbetonmischung und einer mangelnden Verdichtungsenergie kann das Gasgemisch nicht entweichen [19]. Eine der untersuchten Säulen wurde ohne Luftspülung hergestellt. Zur Ermittlung der Porosität der mit und ohne Luftspülung hergestellten Säulen wurde zunächst die Trockendichte der Proben bestimmt. Anschließend wurden die Proben vollständig gesättigt und deren Sättigungsdichte bestimmt. Durch die Massendifferenz und der bekannten Dichte des Wassers konnte auf die Porosität rückgeschlossen werden. Die Porosität der mit Luftspülung hergestellten Säulen betrug im Mittel 32,08 Vol.-%. Die ohne Luftspülung hergestellte Säule 4 wies eine Porosität von 26,79 Vol.-% auf, eine Verminderung des Porenraums um 16 %. Der E-Modul nach geotechnischer Normung [13] der Säule 4 erreichte trotz gleichen w/b-Wertes einen überdurchschnittlichen Wert von 1000 N/mm², was den Einfluss der Luftspülung auf die Erdbetonherstellung unterstreicht. Die Festigkeit fm nach DIN 17892 betrug 13 N/mm². Das komprimierfähige Gasgemisch provoziert ein weicheres Materialverhalten. Optisch zeigte sich bei den Kernproben mit Luftspülung i. d. R. ein deutlich vergrößerter Porenraum – vgl. Abbildung 3.

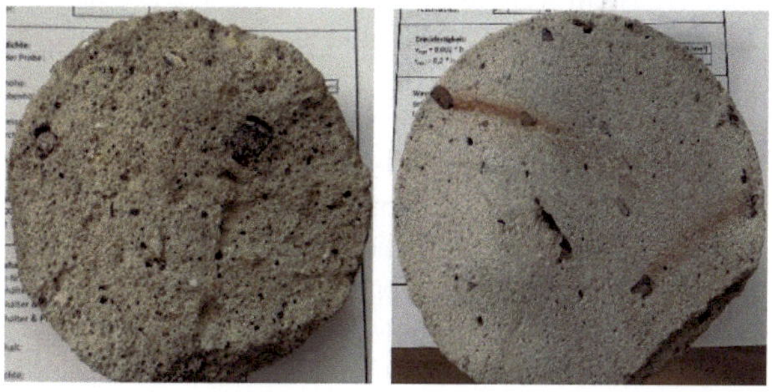

Abbildung 3: erhöhte Porosität links durch den Einsatz einer Luftspülung, rechts geringe Porosität ohne den Einsatz der Luftspülung; Probendurchmesser d = 120 mm

#### 3.1.2 Bodenfeuchte und Grundwasser

Beim Herstellen von Bodenmischsäulen liefert der Wassergehalt des Bodens bzw. das anstehende Grundwasser einen erheblichen Teil des Wassers der Erdbetonmischung. Das Wasser geht damit in den w/b-Wert der Erdbetonmischung ein und hat signifikanten Einfluss auf die Festigkeit des Materials. Liegt der Boden unterhalb des Grundwasserspiegels, ist der Effekt besonders ausgeprägt, da der Porenraum des Bodens vollständig mit Wasser gefüllt ist (Sr = 1). Durch den großen Massenanteil des Porenwassers gelangt während des Mischvorgangs eine größere Wassermenge in den Erdbeton, was ohne adäquate vorherige Berücksichtigung den w/b-Wert deutlich erhöht und den späteren Materialwiderstand negativ beeinflusst. Vor diesem Hintergrund wurden der w/b-Wert der Erdbetonmischung über den Wassergehalt des Bodens und den w/b-Wert der Bindemittelsuspension rechnerisch ermittelt. Für den Boden oberhalb des Grundwasserspiegels wurde der in der Eignungsprüfung ermittelt Wassergehalt von 8,0 % angenommen. Für den Boden unterhalb des Grundwasserspiegels ein ermittelter Wassergehalt von 15 % des gesättigten Sandes. Die vorangegangene Betrachtung bezieht sich auf den Zustand während der Herstellung, solange die Außenverrohrung noch im Boden verbleibt. Ist zusätzlich strömendes Grundwasser vorhanden, besteht insbesondere für stark durchlässige Böden nach dem Zeihen der Verrohrung die Gefahr, dass Zementsuspension ausgewaschen wird. Im Extremfall können sich Zementfahnen bilden, die die Integrität der Säule beeinflussen [20].

Aus den Untersuchungen ging hervor, dass im unteren Teil der Bodenmischsäulen eine verminderte Trockendichte und Druckfestigkeit bestand. Es erscheint hierbei so, dass der Erdbeton nicht vollständig über die Höhe homogenisiert werden konnte, sodass sich ein erhöhter w/b-Wert über die Tiefe der Säulen ergab. Durch das in 3,5 m anstehende Grundwasser wies der Erdbeton ein ungünstiges Wasser zu Bindemittelverhältnis auf, was die Trockendichte reduzierte und damit die Porosität des Materials erhöhte. Die Trockendichte eines bindemittelversetzten granularen Stoffes steht in engem Zusammenhang mit der Druckfestigkeit. Bei den Versuchen der Kernproben, die in unterschiedlichen Tiefen entnommen wurden, konnte damit ein deutlicher Abfall der Druckfestigkeit festgestellt werden – vgl. Abbildung 4. Die einaxiale Druckfestigkeit der Proben nahe der GOK wiesen konsequent höhere Festigkeiten als die tieferliegenden Kernproben auf.

Nachdem nicht nur der w/b-Wert in die Festigkeit einfließt, sondern auch die Zementmenge pro Kubikmeter Erdbeton wurde innerhalb dieser Untersuchung ein Verhältniswert der Zementmenge zm [kg/m³] und der einaxialen Druckfestigkeit $f_m$ [MN/m²] eingeführt.

Mithilfe dieses Verhältnisses lässt sich der Ressourceneinsatz bewerten. Große Zementmengen bei niedriger Druckfestigkeit lassen auf baustofftechnologische und verfahrenstechnische ungünstige Randbedingungen schließen. Ein niedriges Verhältnis zm/fm bedeutet einen effizienten Einsatz des Bindemittels. Hierdurch lassen sich sowohl wirtschaftliche als auch klimaökologische Aspekte besser bewerten. Aus dem vorliegenden Fall geht hervor, dass in dem Verhältniswert auch der w/b-Wert mit eingeht, da ein hoher w/b-Wert eine niedrige Festigkeit und damit ein ungünstigeres $z_m/f_m$-Verhältnis bedeutet.

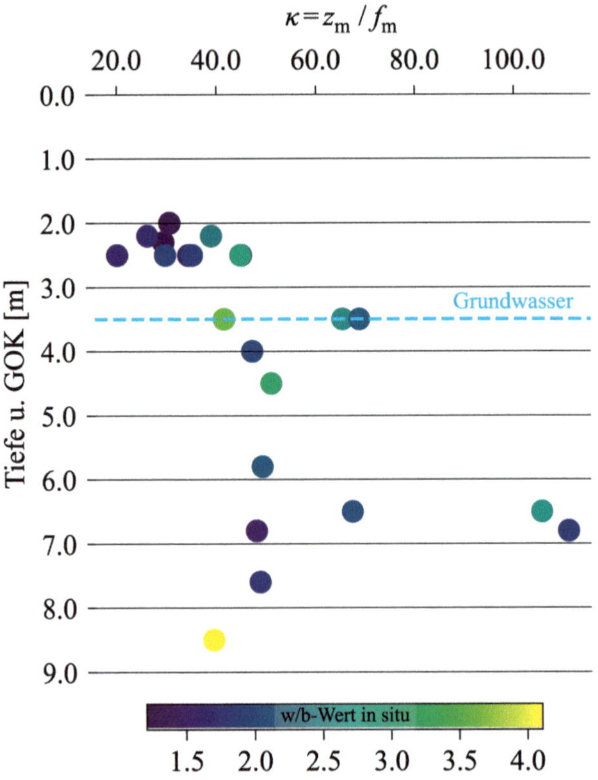


Abbildung 4: Darstellung des $z_m/f_m$-Verhältnisses in Beziehung zu Tiefe und w/b-Wert

Der in situ w/b-Wert der zugrundeliegenden Erdbetonsäulen der Versuchsbaustelle in Berlin Spandau wurde aufgrund der Verfahrenstechnik und des Grundwasserspiegels rückgerechnet und inhomogen angenommen. In die Berechnung floss die Suspensionsmenge, der w/b-Wert der Bindemittelsuspension, der Boden und dessen Wassergehalt ein. Entsprechend des Hauptmisch- und der Förderbereiche nach Abbildung 1 wurde ein erhöhter w/b-Wert unterhalb des Grundwasserspiegels angenommen. Gleichermaßen wurde die absolute Suspensionsmenge fkür den Hauptmischbereich gemittelt und in Beziehung zu Wassergehalt und w/b-Wert gesetzt. Ein klassischer Ortbeton mit optimierter Sieblinie und Wasser-Bindemittel-Verhältnis weist ein Verhältnis von 10 – 20 auf. Die untersuchten Kernproben oberhalb des Grundwasserspiegels liegen hierbei zwischen 15 – 50. Die Kernproben unterhalb des Grundwasserspiegels zeigen deutlich erhöhte Ergebnisse von teils über 100. Das Bindemittel wurde hierbei ineffizient eingesetzt.

### 3.1.3 Rückstellproben

Unmittelbar nach der Herstellung der Erdbetonsäulen wurde mithilfe eines Tiefenschöpfers Rückstellproben entnommen. Rückstellproben stellen ein wesentliches Instrument der Qualitätssicherung und Überwachung dar, vergleichbar mit der Prüfung von Betonprobewürfeln im Hoch- und Ingenieurbau, die den Anforderungen der Betonüberwachungsklasse 2 oder 3 unterliegen. Nach der Entnahme wurden die Schöpfproben luftdicht verschlossen und so bis zur Druckprüfung vor Austrocknung geschützt gelagert. Die Kernproben hingegen wurden nach der Entnahme ohne weitere Schutzvorkehrungen gegen Feuchtigkeitsverlust in Kernkisten gelagert. Die Hydratation des Zementes, die maßgeblich für die Festigkeitsentwicklung des Erdbetons verantwortlich ist, kann nur in wassergefüllten Kapillaren stattfinden. Trocknen diese Kapillaren aus, ohne dass Feuchtigkeit nachgeführt wird, kommt die Hydratation zum Erliegen [21]. Dadurch steigt die Porosität und die erreichbare Festigkeit wird reduziert. Durch Luftzutriff insbsondere bei stark porösen Strukturen ein Festigkeitsdefizit entstehen, gleichermaßen können allerdings auch Karbonatisierungsprozesse in Anwesenheit von $CO_2$ die Festigkeit steigern. Die unterschiedlichen Hydratationsbedingungen spiegeln sich auch in den Wassergehalten der Proben zum Zeitpunkt der Druckfestigkeitsprüfung wider. Bei den Rückstellproben betrug der mittlere Wassergehalt 14,9 %, die Bohrkernproben wiesen lediglich durchschnittlich 8,6 % auf. Die Lagerungsbedingungen von Rückstellproben sollte daher im Kontext der Umgebungsbedingungen in Boden gesehen und darauf abgestimmt werden. Andernfalls können die inneren Widerstände des Tiefbauelements unterschätzt oder überschätzt werden.

## 4. Versuchsbaustelle zur Untersuchung der Gleichwertigkeit von Beton und Erdbeton

### 4.1 Versuchsfeld Oldenburg

Die innere Tragfähigkeit der Säulen hängt im Wesentlichen vom anstehenden Boden, den verwendeten Bindemitteln, dem w/b-Wert und der Verfahrenstechnik ab – vgl. Kap 3. Für die Bewertung der inneren Tragfähigkeit und dem Materialverhalten einer Erdbetonsäule dienen bislang ausschließlich Probemischungen aus in situ Beprobungen und Eignungsprüfungen. Diese Untersuchungen lassen sich zwar auf das punktuelle Materialverhalten der Säule implizieren, jedoch können Maßstabseffekte und Fehlstellen die Gesamttragfähigkeit der Säule beeinflussen. Vor diesem Hintergrund wurde eine Pilotbaustelle im Oldenburger Sand konzeptioniert, auf der nicht nur Kernbohrungen aus den hergestellten Erbetonsäulen gezogen wurden, sondern auch ganze Säulenabschnitte geborgen wurden und anschließend labortechnisch untersucht werden sollten.

| | |
|---|---|
| Masseanteil Steine, Blöcke nach DIN EN ISO 14688-1 | ≤ 2 % |
| Bodengruppe DIN 18196 | SE, (SU) |
| Lagerungsdichte lD nach DIN EN ISO 14688-1 | ≥ 0,35 mittel bis sehr dicht |

Für die Herstellung der Säulen wurde ein CEM II/B-V 42,5 verwendet. Dieser wurde mit einer Suspensionsmenge von ca. 310 l/m und einer Zementleimdichte von 1,91 kg/l in den anstehenden Boden eingemischt [4].

### 4.2 Grundlagen

### 4.3 Versuchsaufbau und Methodik

Zur Untersuchung des mechanischen Verhaltens der Erdbetonsäulen wurden einerseits kleinmaßstäbliche Laborversuche und anderseits originalmaßstäbliche Großversuche durchgeführt.

| | |
|---|---|
| **Säulenversuche** | E-Modulprüfung, Kriechversuche, zyklische Belastung |
| **Bohrkernproben** | E-Modulprüfung, einaxiale Druckfestigkeit, Spaltzugversuche, Kriechversuche, zyklische Belastung |

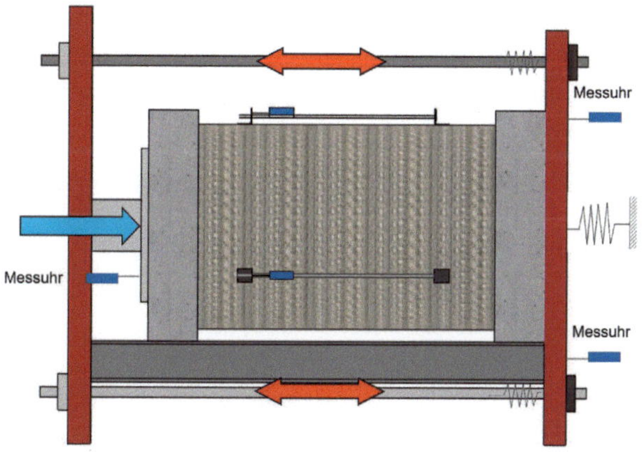


Abbildung 5: Messeinrichtung (OTH Regensburg) zur Ermittlung des E-Moduls der Erdbetonsäulen mit drei in den Drittelspunkten radial angebrachten Dehnungsmesser

Für die Säulenprüfung standen fünf zylindrische Probekörpersäulen mit einer Länge von ca. 120 cm und einem Durchmesser von ca. 80 cm zur Verfügung. Diese Probekörper wurden mit Kopfplatten aus Stahlbeton ergänzt. Hiermit sollte eine gleichmäßige Krafteinleitung sichergestellt werden. Die Kopfplatten sind dabei exakt planparallel betoniert worden. Die vorbereiteten Probekörper wurden in einem horizontale Versuchstand der OTH Regensburg geprüft – siehe Abbildung 5. Die Stauchung der Erdbetonsäule, während der einaxialen Belastung wurde mit Messuhren mit einer Messgenauigkeit von 1/1000 mm aufgezeichnet. Dabei wurde die Messlänge $L_0$ in Anlehnung an DIN EN 12390-13 [15] gewählt. Sie wurde über drei Punkte radial ($\alpha$ = 120°) während der Versuchsdurchführung gemessen. Die Längenänderung wurde anschießend geprüft und gemittelt.

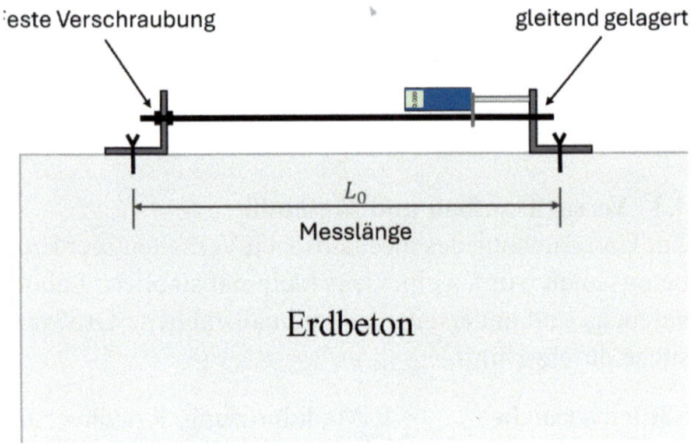


Abbildung 6: Messeinrichtung zur Ermittlung der Stauchung; radial 3x in Drittelspunkten zur Ermittlung der durchschnittlichen Dehnung

Nach den Untersuchungen der origialmaßstäblichen Säulenprobekörper wurden zur Überprüfung der Ergebnisse Kernproben axial und radial ausgebohrt. Hierfür wird analog zu [22] der Säulenquerschnitt in drei Zonen eingeteilt, um Inhomogenitäten durch die Säulenherstellung zu bewerten.

Abbildung 7: Querschnittseinteilung für die Beprobung der Erdbetonsäulen

Die entnommenen Kernproben wurden analog den Säulenversuchen zunächst hinsichtlich ihres E-Moduls untersucht.

### 4.3.1 E-Modulprüfung in Anlehnung an DIN EN 12390-13

Für die Bemessung der Erdbetonsäulen dienen nach aktueller Normung u. a. die DIN 4093 und der EC7. Die wichtigsten Materialparameter von mit bindemittelbefestigten Baugruben- und Gründungselementen sind neben der Druck- und Zugfestigkeit auch der Elastiziätsmodul. Der Elastizitätsmodul ermittelt nach [13] ist allerdings ein stark vereinfachtes Verfahren, um die Steifigkeit des Materials zu ermitteln. Nachdem die Erdbetonsäulen einen Vergleich zu klassischem Beton zulassen sollten, wurde sich daher auf die Konvention in der Betontechnologie berufen. Die normative Grundlage zur Ermittlung des E-Moduls stellt DIN EN 12390-13 dar. Hierbei wird in eine E-Modulermittlung nach Variante A und B unterschieden.

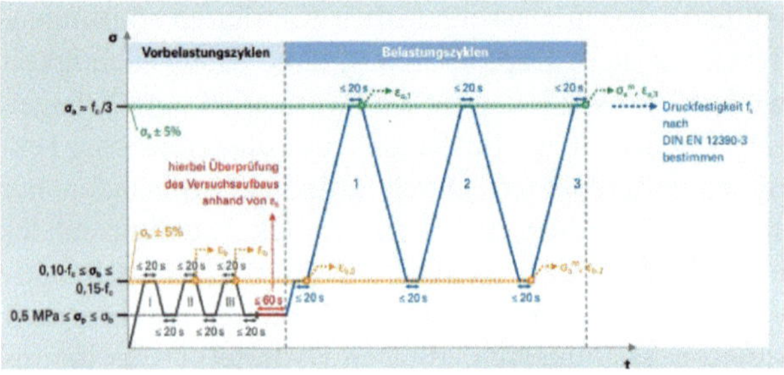


Abbildung 8: Belastungsregime, [23].

Die beiden Varianten stellen hierbei den anfängliche E-Modul in den Vorbelastungszyklen und den stabilisierte E-Modul während den eigentlichen Belastungszyklen mit einer höheren Unter- und Oberspannung. Der anfängliche E-Modul $E_{c,0}$ lässt sich mit folgender Gleichung ermitteln:

$$E_{c,0} = \frac{\Delta\sigma}{\Delta\varepsilon_0} = \frac{\sigma_b - \sigma_p}{\varepsilon_{b,1} - \varepsilon_{p,0}} \qquad \text{Gl. 1}$$

Der stabilisierte E-Modul $E_{c,s}$:

$$E_{c,s} = \frac{\Delta\sigma}{\Delta\varepsilon_s} = \frac{\sigma_a - \sigma_b}{\varepsilon_{a,3} - \varepsilon_{b,2}} \qquad \text{Gl. 2}$$

Mit:

$E_{c,0}$ anfänglicher E-Modul [N/mm²]
$E_{c,s}$ stabilisierter E-Modul [N/mm²]
$\sigma_a$ obere Prüfspannung: $f_c/3$
$\sigma_b$ untere Prüfspannung: $0{,}10 \times f_c \leq \sigma_b \leq 0{,}20 \times f_c$
$\sigma_p$ Vorbelastungsspannung: $0{,}5\ \text{MPa} \leq \sigma_p \leq \sigma_b$
$\varepsilon_x$ Dehnung bzw. Längenänderung während der aufgebrachten Spannung (Index)

Der Messwert der Stauchung $\varepsilon_{a,3}$ für den stabilisierten E-Modul wird durch die Verformung während der letzten Belastungsstufen und $\varepsilon_{b,2}$ durch die Verformung während der letzten Entlastungsstufe ermittelt. Analog hierzu wird $\varepsilon_{a,1}$ und $\varepsilon_{b,2}$ während den jeweils letzten Be- und Entlastungen der Vorbelastungsstufe ermittelt. Aufgrund der Limitation in der Belastungseinrichtung von 1500 kN wurden die Prüfspannungen über die Maximalspannung der Prüfeinrichtung gewählt, wobei $\sigma_a = 2{,}98$ N/mm², $\sigma_b = 1{,}34$ N/mm², $\sigma_p = 0{,}50$ N/mm² galt. Die Haltephasen wurden aufgrund beobachteter Kriechprozesse mit 120 s und 240 s länger gewählt als der normative Grenzwert. Daher wurden in der Vorbelastung überdies 4 Belastungszyklen mit einer Oberspannung $\sigma_b = 1{,}34$ MPa durchgeführt.

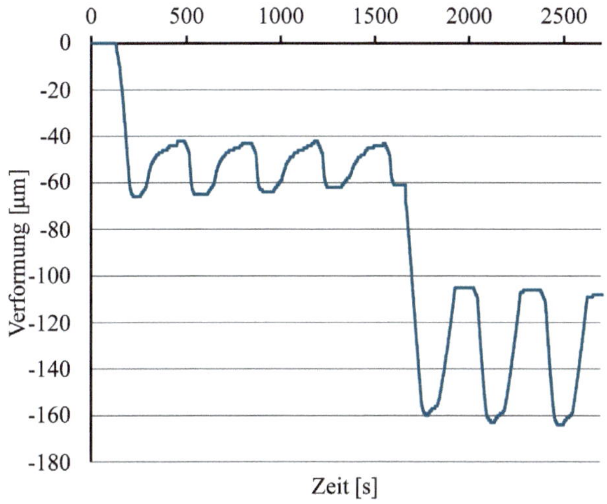


Abbildung 9: exemplarische Versuchsdurchführung mit definierten Krafthaltephasen von 120 s in der Vorbelastung und 240 s und der Hauptbelastung

Die Ergebnisse der Versuche sind in Abbildung 10 dargestellt. Der anfängliche und stabilisierte E-Modul unterschied sich teilweise signifikant, was mit Spannungsumlagerungen und Mikrorissbildungen erklärt werden kann. Insbesondere bei Säule 4 konnte in der Ermittlung des stabilsierten E-Moduls mit einer Oberspannung von 2,96 N/mm² ein Längsriss durch den Erdbetonkörper beobachtet werden, was zu einem signifikanten Spannungsabfall führte. Die Versuche im Maßstab 1:1 zur E-Modulermittlung ergaben Steifigkeitskennwerte von mindestens 18.581 N/mm² und erreichten im Maximum 35.559 N/mm². Den Versuchen lagen konsequent mindest drei Versuchsdurchführungen zugrunde, aus denen ein Mittelwert gebildet wurde.

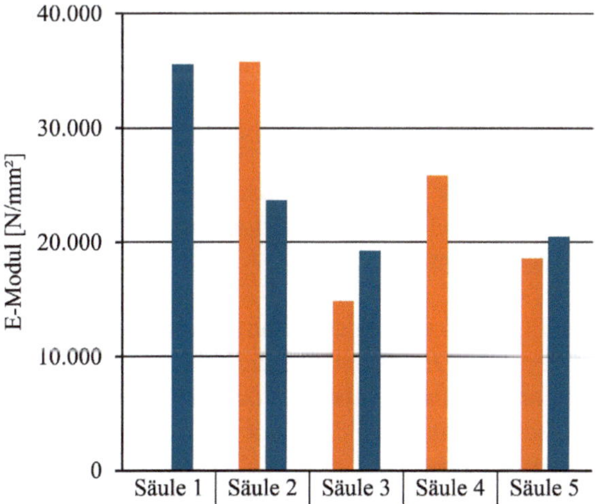


| | Säule 1 | Säule 2 | Säule 3 | Säule 4 | Säule 5 |
|---|---|---|---|---|---|
| an. E-Modul | | 35.783 | 14.889 | 25.804 | 18.581 |
| stab. E-Modul | 35.559 | 23.662 | 19.234 | | 20.487 |

Abbildung 10: anfänglicher E-Modul $E_{c,0}$ und stabilisierter E-Modul $E_{c,s}$ der großmaßstäblichen Säulenversuche

Für den Vergleich der Steifigkeit im Maßstab 1:1 zu punktuellen E-Modulen wurden die entnommenen Kernproben ebenfalls nach DIN EN 12390-13 Variante A geprüft. Die Steifigkeitswerte aller Erdbetonkernproben lagen hierbei über 20 GPa. Der Mittelwert der stabilisierten E-Module aller 20 Kernproben nach drei Versuchsdurchführungen lag bei 24.615 N/mm². Die anfänglichen Steifigkeitswerte lagen mit durchschnittlich 26.602 N/mm² annähernd exakt bei dem durchschnittlichen stabilisierten Wert für $E_{c,s}$.

Abbildung 11: exemplarischer Versuchsaufbau zur E-Modul Ermittlung an Erdbetonkernproben

Der Vergleich der originalmaßstäblichen Säulenversuche zeigt, die grundsätzliche Korrelation der Großversuche mit den kleinmaßstäblichen Laborversuchen. Es wird allerdings deutlich, dass die Großversuche in ihrer Tendenz etwas geringere E-Modulen aufwiesen. Diese Tendenz kann einerseits auf Maßstabeffekte zurückgeführt werden, andererseits auf die Unterschiede der Spannungsniveaus. Die Niveaus wurden entsprechend Abbildung 8 ($f_m$ = 24 mit $\sigma_a$ = 13,34 N/mm², $\sigma_b$ = 8 N/mm², $\sigma_p$ = 4N/mm²) definiert und lagen damit deutlich über den Spannungsniveaus der Versuche im Maßstab 1:1, die durch die Prüfeinrichtung limitiert waren. Auch Effekte aus der großmaßstäblichen Vorbelastung können die Messwerte an den Kernproben beeinflusst haben.

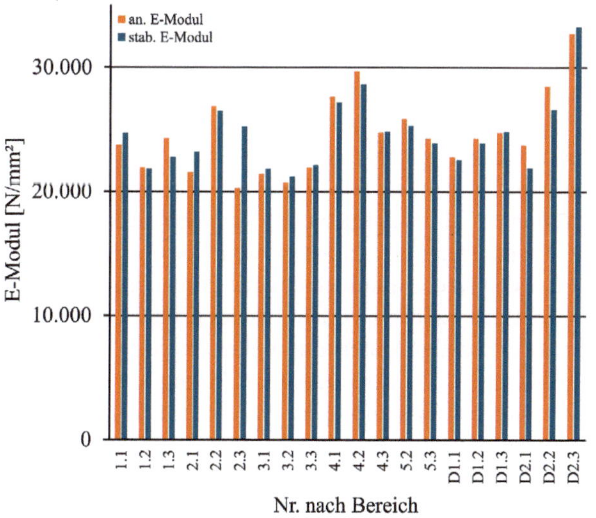


Abbildung 12: anfänglicher E-Modul $E_{c,0}$ und stabilisierter E-Modul $E_{c,s}$ der Versuche an Bohrkernproben der Erdbetonsäulen

Zusammenfassend ergibt sich sowohl für die großmaßstäblichen als auch kleinmaßstäblichen Steifigkeiten der Erdbetonsäulen ein sehr steifes Materialverhalten, das dem eines Ortbetons gleicht. Ein signifikanter Unterschied über den Säulenquerschnitt nach Abbildung 7 konnte über die Abschnitte I–III nicht festgestellt werden.

### 4.3.2 Zyklische Belastung

An zwei Säulen wurden zyklische Versuche mit Be- und Entlastungsphasen durchgeführt. Die Periodenlänge eines Belastungszyklus war dabei durch die Großtechnik auf 480 s limitiert. Die obere Prüfspannung wurde mit 2,98 N/mm² und die untere Prüfspannung mit 1,34 N/mm² definiert, analog der E-Modulprüfung. Das Ziel der Versuche war das Steifigkeitsverhalten unter zyklischer Belastung zu untersuchen. Die wiederholte Lastbeanspruchung dient der Charakterisierung der Rissbildung, Rissausbreitung und letztendlich auch des Materialversagens [24] [25].

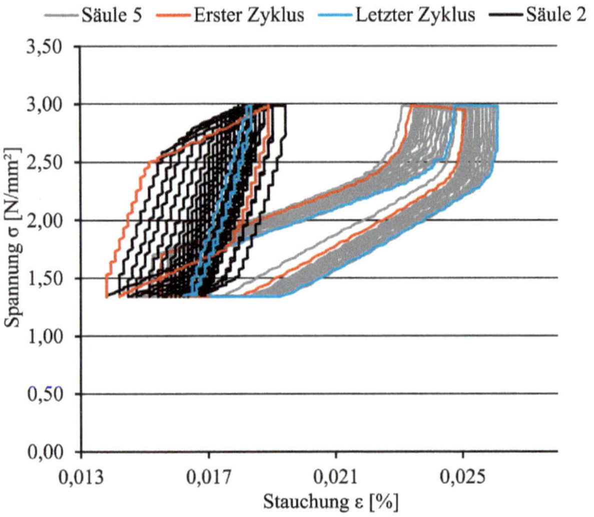


Abbildung 13: Lastzyklen an zwei großmaßstäblichen Säulen mit unterschiedlichem E-Modul – vgl. Kap. 4.3.1

Abbildung 13 zeigt deutlich das zyklenabhängige Materialverhalten mit steigender Periodenzahl. Säule 2 wies nach Kap. 4.3.1 einen deutlich höheren E-Modul auf als Säule 5, was zu einem unterschiedlichen steifigkeits- und dämpfungsverhalten führt. Der weichere Probenkörper lässt ein nicht-lineares Materialverhalten erkennen. Sowohl in Be- als auch Entlastung können Kriech- und Relaxationstendenzen erkannt werden. Die drei Messbereiche in den Drittelspunkten um den Probekörper ergaben hierbei den gleichen Verlauf, wobei leichte Unterschiede in der radialen Materialsteifigkeit festgestellt wurden. Die Kurven stellen analog Kap. 4.3.1 den Mittelwert der drei radialen Messpunkte dar. Vergleicht man den E-Modul über die Versuchsdauer ergab sich eine Verminderung der Steifigkeit.

Der im vorherigen Kapitel ermittelte stabilisierte E-Modul $E_{c,s}$ = 20.487 MPa sank auf 18.886 MPa. Vergleicht man den Anfangszyklus mit dem Endzyklus erkennt man deutlich eine Verschiebung der Hysterese und damit plastische Verformungen, die auf eine Entfestigung schließen lassen. Die Hysteresefläche der Säule 2 nimmt mit Anzahl der Zyklenzahl deutlich ab. Damit versteifte sich die Erdbetonsäule, was auch in den verminderten Dehnungsamplituden erkannt werden konnte.

### 4.3.3 Druckfestigkeit

Die Druckfestigkeit ist ein wesentlicher Kennwert von Beton und Erdbeton. Zur Einordnung der Belastungsfähigkeit der Erbetonsäulen wurden an kleinmaßstäblichen Kernbohrproben eine einaxiale Druckprüfung durchgeführt. Die Druckfestigkeit lag hierbei konsequent über 25 N/mm² und erreichte im Maximum über 40 N/mm². Insbesondere Säule 2 mit einem der höchsten gemessenen E-Modulwerte wies bei der Prüfung dreier Probeköper im Mittel 40,4 MPa auf. Die durchschnittliche Bruchlast aller 14 Kernproben belief sich auf 34,42 MPa. Die stirnseitig gebohrten Proben der Säule 1 wiesen sandige vertikale Einschlüsse auf und ergaben vergleichsweise niedrige Festigkeiten. Die radialen Probekörper D1 dieser Säule ergaben einerseits deutlich höhere einaxiale Druckfestigkeiten und andererseits überdies eine deutlich höhere Steifigkeit. Es kann damit ein richtungsabhängiges Festigkeits- und Steifigkeitsverhalten gezeigt werden.

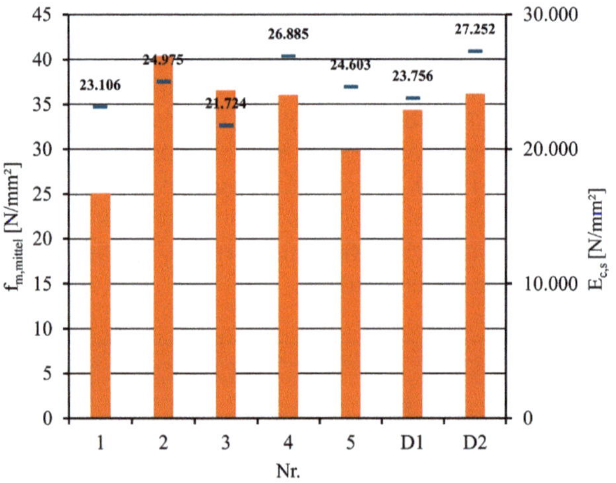


Abbildung 14: Durchschnittliche einaxiale Druckfestigkeit $f_{m,mittel}$ und der dazugehörige stabilisierte E-Modul $E_{c,s}$ der Kernproben

Der Einfluss kann mit dem Homogenisierungsprozess erklärt werden. Es können überdies auch Einflüsse aus dem umgebenden horizontalen Erddruck bzw. dem Suspensionsdruck innerhalb der Säule während des Erstarrens eine Rolle spielen.

Der charakteristische Festigkeitswert $f_{m,k}$ nach DIN 4093 kann für das Erdbetonmaterial mit 25,6 N/mm² angegeben werden. Es wird ersichtlich, dass sowohl Festigkeit und die dazugehörige Steifigkeit dem Widerstand eines Betons C25/30 ähneln.

### 4.3.4 Spaltzugfestigkeit

Die Zugfestigkeit von Beton ist eine wesentliche mechanische Kenngröße zur Bemessung von Beton- und Stahlbetonbauteilen. Besonders für die Rissbreitenbegrenzung bei wasserundurchlässigen Bauteilen und zur Berechnung einer notwendigen Bewehrung in biegebeanspruchten Bauteilen kann die versuchstechnische Abschätzung der Zugfestigkeit von Bedeutung sein. Die Zugfestigkeit von Beton kann über den Spaltzugversuch abgeschätzt werden, der über DIN EN 12390-6:2025-05 normativ geregelt ist. Innerhalb des Versuchs werden die zylindrischen Probekörper radial bis zum Bruch belastet.

$$f_{ct} = \frac{2 \cdot F}{\pi \cdot L \cdot D} \; [N/mm^2] \qquad \text{Gl. 3}$$

Über die Bruchlast F [N] und die Mantelfläche [mm²] lässt sich nach Gl. 4 die Spaltzugfestigeit $f_{ct}$ berechnen.

Abbildung 15: Versuchsaufbau Spaltzugversuch mit zylindrischer Probe d = 100 mm

Der Auswertung der Spaltzugfestigkeit liegen sechs Versuchsergebnisse zu Grunde. Die Spannweite der Ergebnisse liegt zwischen 3,57 N/mm² und 1,42 N/mm². Das für die Bemessung relevante 5 % - Quantil konnte mit 1,59 N/mm² ermittelt werden – vgl. Abbildung 16. Die ermittelten Spaltzugfestigkeiten lagen trotz auffälliger optischer Inhomogenitäten im Bereich von Ortbeton [26].

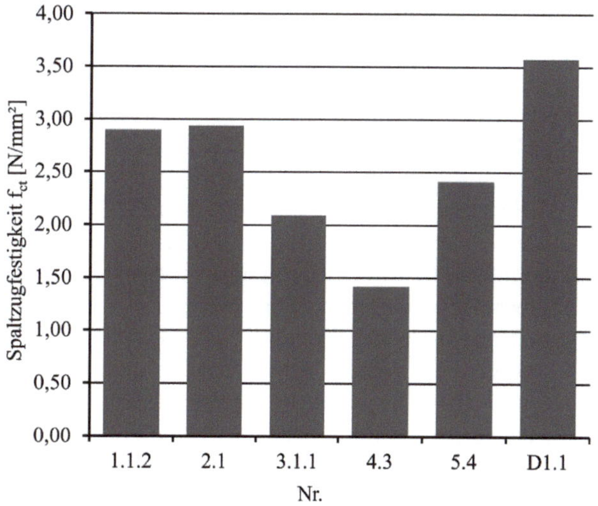


Abbildung 16: Auswertung der Spaltzugfestigkeit fct des Erdbetons der unterschiedlichen Säulen

## 5. Fazit

Die Versuchsbaustellen lassen eine umfassende und detaillierte Bewertung des verwendeten Bodenmischverfahrens und der Erbetonherstellung zu. Es wurde ersichtlich, dass durch planerische und konzeptionelle Vorbereitungen sich der Ressourceneinsatz deutlich optimieren lässt. Durch einen adäquaten Einsatz des Bindemittels können Festigkeitsgrößen des Erdbetons denjenigen eines Ortbetons entsprechen. Für die hohen Steifigkeiten und Festigkeiten waren teils deutlich größere Bindemittelmengen als in herkömmlichen Beton notwendig. Durch eine Optimierung der Verfahrenstechnik aber auch der baustofftechnischen Planung lassen sich signifikant Ressourcen einsparen und dabei ausreichende mechanische Widerstände des Tiefbauelementes mobilisieren. So kann beispielsweise durch den Einsatz von Fließmittel die Viskosität herabgesetzt werden und das w/b-Verhältnis verbessert werden. Mit den Erfahrungen und den zugrundliegenden Untersuchungen besteht zur Weiterentwicklung der Bodenmischtechnik in der breiten Bauausführung weiter ein hoher Erkenntnisbedarf.

## 6. Literatur

[1] H.-G. Haugwitz und M. Pulsdorf, „Pfahlwände, Schlitzwände, Dichtwände,“ in Grundbau Taschenbuch Teil 3: Gründungen und geotechnische Bauwerke, K. J. Witt, Hrsg., Berlin, Ernst & Sohn, 2018, pp. 823-907.

[2] Kreislaufwirtschaft Bau c/o Bundesverband Baustoffe – Steine und Erden e.V., „Mineralische Bauabfälle Monitoring 2022 – Bericht zum Aufkommen und zum Verbleib mineralischer Bauabfälle im Jahr 2022,“ Berlin, 2022.

[3] F. Spirkl, M. Ried und T. Neidhart, „CO2-Einsparpotenzial alternativer Bauverfahren am Beispiel von Spezialtiefbau und Rohrgrabenverfüllung,“ in Neue Herausforderungen in der Geotechnik – Nachhaltigkeit, Energiewende & Klimawandel; Beiträge zum 38. Christian Veder Kolloquium, Graz, 2024.

[4] F. Reinhold, „Elastic Behavior of Soil-Cement Mixtures,“ Highway Research Board, Nr. 108, pp. 128–137, 1955.

[5] BAUER Maschinen GmbH, „CSM – Cutter Soil Mixing,“ Schrobenhausen, 2023.

[6] BAUER Maschinen GmbH, „SCM und SCM-DH – Einzelsäulenmischen,“ Schrobenhausen, 2017.

[7] DIN – Deutsches Institut für Normung, „DIN EN 14679:2005-07 – Ausführung von besonderen geotechnischen Arbeiten (Spezialtiefbau) – Tiefreichende Bodenstabilisierung,“ DIN Media GmbH.

[8] DIN – Deutsches Institut für Normung, „DIN 4093:2015-11 – Bemessung von verfestigten Bodenkörpern – Hergestellt mit Düsenstrahl-, Deep-Mixing- oder Injektions-Verfahren,“ DIN Media GmbH.

[9] S. Gupta und S. Kumar, „A state-of-the-art review of the deep soil mixing technique for ground improvement,“ Innovatie Infrastructure Solutions, p. 8:129, 26 03 2023.

[10] D. Verastegui, W. F. Van Impe und G. Di. Emidio, „Small-Strain Seahr Modulus and Strength Increase of Cement-Treated Clay,“ in Geotechnical Testing Journal, 2014.

[11] X. He, Y. Chen, X. Tan, S. Wang und L. Liu, „Determining the water content and void ratio of cement-treated dredged soil from the hydration degree of cement,“ Engineering Geology, 07 11 2020.

[12] T. Triantafyllidis, Planung und Bauausführung in der Schlitzwand- und Dichtwandtechnik, 1. Auflage Hrsg., Berlin: Ernst & Sohn, 2024.

[13] DIN – Deutsches Institut für Normung, „DIN EN 12390-6:2024-05 – Prüfung von Festbeton – Teil 6: Spaltzugfestigkeit von Probekörpern,“ DIN Media GmbH.

[14] DIN – Deutsches Institut für Normung, „DIN EN 12390-13:2021-09 – Prüfung von Festbeton – Teil 13: Bestimmung des Elastizitätsmoduls unter Druckbelastung (Sekantenmodul),“ DIN Media GmbH.

[15] DIN – Deutsches Institut für Normung, „DIN EN ISO 17892-7:2018-05 – Geotechnische Erkundung und Untersuchung – Laborversuche an Bodenproben – Teil 7: Einaxialer Druckversuch (ISO 17892-7: 2017),“ DIN Media GmbH.

[16] DIN – Deutsches Institut für Normung, „DIN 18126:2022-10 – Baugrund, Untersuchung von Bodenproben – Bestimmung der Dichte nicht bindiger Böden bei lockerster und dichtester Lagerung,“ DIN Media GmbH.

[17] B. H. Vo, H. L. Dinh und N. L. Dang, „Materials Characteristics of Soil-cement Samples under Various Maintenance Conditions,“ in IOP Conf. Series: Materials Science and Engineering 1289, 2023.

[18] Deutsche Gesellschaft für Geotechnik, Empfehlungen des Arbeitskreises Numerik in der Geotechnik – EANG, Berlin: Ernst & Sohn, 2014.

[19] S. Yoon und M. Abu-Farsakh, „Laboratory investigation on the strength characteristics of cement-sand as base material,“ KSCE Journal of Civil Engineering, pp. 15–22, 01 2009.

[20] C. Fierenkothen, F. Grebien, M. Pulsfort und M. Herten, „Einfluss von strömendem Grundwasser auf die Frischbeton-Integrität von Ortbetonpfählen,“ in Geotechnik und Wasser – Planung, Berechnung und Ausführung: Tagungsband zum 11. Ruhr-Geo-Tag am 26.03.2020 in Essen, Essen, 2020.

[21] A. M. Neville und J. J. Brooks, Concrete Technnology – Second Edition, Harlow, England: Pearson, 2010.

[22] J. J. Hessouh, J. Eslami, A.-L. Beaucour, A. Noumowe, F. Mathieu und P. Gotteland, „Physical and mechanical characterization of deep soil mixing (DSM) materials: Laboratory vs construction site,“ Construction and Building Materials, 03 03 2023.

[23] DIN – Deutsches Institut für Normung, DIN 1054:2021-04 – Baugrund – Sicherheitsnachweise im Erd- und Grundbau – Ergänzende Regelungen zu DIN EN 1997.1, DIN Media GmbH.

[24] Heidelberg Materials AG, Betontechnische Daten, 2022.

[25] J. Hegger, T. Roggendorf, C. Goralski und W. Roeser, Ermüdungsverhalten von Beton unter zyklischer Beanspruchung aus dem Betrieb von Windkraftanlagen, Stuttgart: Fraunhofer IRB Verlag, 2014.

[26] F. Spirkl, „Untersuchungen und Analyse des Verhaltens von Böden und Boden-Bindemittel-Gemischen unter zyklischer Belastung,“ in Promotionszentrum integrales Bauen – Forschungskolloquium, Landshut, 2025.

[27] J. Bonzel, „Über de Spaltzugfestigkeit des Betons,“ Betontechnische Berichte, Bd. 3, pp. 59–96, 1964.

[28] M. Viktoria, Ermittlung der Betonzugfestigkeit aus dem Spaltzugversuch an zylindrischen Betonproben, Karlsruhe: Karlsruher Instiut für Technologie (KIT), 2011.

TAE

# Erdbau und Geotextilien

# Herausfordernde Erkundung und geotechnische Überwachung einer kriechenden Anschüttung

**Dipl.-Ing. Max Kumm**
gbm Gesellschaft für Baugeologie und -meßtechnik mbH - Baugrundinstitut, Ettlingen

**Lars Titze**
DB InfraGO AG, Karlsruhe

**Dipl.-Ing. Ingo Kessel**
gbm Gesellschaft für Baugeologie und -meßtechnik mbH - Baugrundinstitut, Ettlingen

**Zusammenfassung**
Seit mehreren Jahrzenten sind Gleissenkungen auf einem ca. 140 m langen Abschnitt der Schwarzwaldbahn beobachtet worden. Geodätische Messungen bestätigten kriechende, talwärts gerichtete Verschiebungen der bis zu 40 m hohen Anschüttung von bis zu 2 cm pro Jahr. Im Rahmen umfangreicher Baugrunduntersuchungen wurde ein geotechnisches Messprogramm durchgeführt, welches im Zuge mehrerer Erkundungskampagnen fortlaufend erweitert wurde. Neben der Erkundung des Baugrundaufbaus konnten dadurch Erkenntnisse zur räumlichen und zeitlichen Verformungscharakteristik der Massenbewegung gewonnen werden. Die Erkenntnisse bildeten die Planungsgrundlage für die zwischen April 2023 bis Juni 2024, unter laufendem Bahnbetrieb hergestellte Böschungssicherung. Die messtechnische Überwachung wurde während der Bauzeit zur Anwendung der Beobachtungsmethode intensiviert. Die Stagnation der talwärts gerichteten Verschiebungen bestätigt den Erfolg der Sicherungsmaßnahme. Es wird erwartet, dass das in der Betriebsphase fortgesetzte Geomonitoring planmäßig in den kommenden Jahren beendet werden kann.

## 1. Einführung

Die zweigleisige „Schwarzwaldbahn" (DB Strecke 4250) verbindet das Oberzentrum Offenburg mit der Bodenseemetropole Konstanz. Die von Robert Gerwig (*1820 – †1885) erdachte, durch mehrere Kehrtunnel und -schleifen verlängerte Trassenführung machte mit einer maximalen Steigung von 20 ‰ den Mittelgebirgsrücken des Schwarzwaldes auch für die damals verfügbaren Lokomotiven und ohne Zahnradtechnik passierbar. In der 8-jährigen Bauzeit (1865 – 1873) wurden hierfür insgesamt 37 Tunnel und eine Vielzahl von Brücken und Dämmen hergestellt.

Im betreffenden Streckenabschnitt im „Seelenwald" überbrückt die Trasse eine Talklinge auf einer bis zu 40 m hohen Anschüttung. Unmittelbar davor und dahinter schließen sich die Voreinschnitte der angrenzenden Tunnel an (siehe Abb. 1). Das ca. 140 m lange Erdbauwerk gründet auf einer natürlichen Hangschutthalde, deren abrutschendes Granitgeröll bereits in historischen Dokumenten aus Zeiten des Bahnbaus dokumentiert wurde [1]. Seit 1988 werden Verschiebungen im Erdbauwerk registriert, welche sich in Schiefstellungen und Setzungen der talseitigen Oberleitungsmasten sowie in Gleislagefehlern äußerten.

Abb. 1: Vogelperspektive der Anschüttung

Die Untersuchungen des Erdbauwerks erfolgten in mehreren Etappen. Einer ersten gutachterlichen Einschätzung zur Standsicherheit folgten zwei Erkundungskampagnen, in denen umfangreiche geotechnische Messtechnik installiert wurde. Die Untersuchungsergebnisse bildeten die Planungsgrundlage für die bauliche Sicherung des Erdbauwerks. Dabei kam der messtechnischen Erfassung der Kriechverformungen des Schüttmaterials für die Einschätzung der Standsicherheitsreserven eine besondere Bedeutung zu. Aufgrund der komplexen geotechnischen Gegebenheiten wurde die Böschungssicherung unter Anwendung der Beobachtungsmethode hergestellt und die messtechnische Überwachung der Anschüttung über die Bauzeit hinaus in der Betriebsphase fortgesetzt.

Im Folgenden werden die einzelnen Etappen der Baugrunderkundung sowie die messtechnische Überwachung geschildert und die daraus abgeleiteten baulichen und betrieblichen Maßnahmen erläutert.

## 2. Ausgangslage

### 2.1 Beschreibung des Bauwerkes

Die ca. 45° geneigte Anschüttung übersteilt das mit ca. 35° nord-nordwestlich einfallende Ursprungsgelände. Sie bildet den Unterbau des in einem Rechtsbogen mit einem Radius von 296 m verlaufenden Streckenabschnittes (siehe Abb. 1). Die Außenhaut der Anschüttung ist mittels einem Böschungspflaster aus unvermörtelt gesetzten Bruchsteinen des lokal anstehenden Triberggranits gegen Erosion geschützt. Eine im Schwarzwald typische Bauweise für Erdbauwerke der Gebirgsstrecken dieser Epoche. Gemäß der Bauwerksunterlagen [2] seien erste Bauwerksverschiebungen nach einem Sturm im Jahre 1988 bemerkt worden. In der Folgezeit wurden Setzungen und Schiefstellungen der talseitigen Oberleitungsmasten sowie Senkungen, vornehmlich des talseitigen Gleises der 2-gleisigen Strecke, festgestellt. Zusätzlich zu den turnusmäßigen Messungen der Gleislage veranlasste der Betreiber jährliche geodätische Folgemessungen an Oberleitungsmasten und an Messmarken auf der Oberfläche der Anschüttung. Dabei wurden talwärts gerichtete Verschiebungen von bis zu 2 cm pro Jahr festgestellt (siehe Abb. 2). Ein erhöhter Instandhaltungsaufwand des Streckenabschnitts mit regelmäßigen Stopfarbeiten zur Wiederherstellung der Gleis-Soll-Lage waren die Folge.

### 2.2 Gutachterliche Ersteinschätzung

Der Betreiber beauftragte daher die geotechnische Begutachtung des Erdbauwerks. Im Vorfeld der Detailerkundung war zunächst jedoch eine Ersteinschätzung der o. g. Deformationen des Anschüttkörpers hinsichtlich bahnbetrieblicher Belange zu erstellen. Neben einer ersten Aufnahme der ingenieurgeologischen Situation sowie des Studiums vorhandener Bauwerksunterlagen wurden hierfür die bisherigen geodätischen Messreihen seit 2005 ausgewertet. Diese zeigten neben zeitweise beschleunigten talwärts gerichteten Verschiebungen auch Zeiträume mit annähernd konstanten oder kurzfristig abnehmenden Verschiebungsraten (siehe exemplarisch Abb. 2).

Die Bauwerksgeschichte, die eine lockere Schüttung aus dem Ausbruchmaterial der benachbarten Tunnel vermuten ließ und die Geländemorphologie plausibilisieren die beobachtete kriechende Verformungscharakteristik. Gravitativ induzierte und durch Verwitterungsprozesse hervorgerufene Massenbewegungen, bzw. Setzungen sind ein bekanntes Phänomen bei Steinschüttungen [5][6][7]. Die Messergebnisse deuteten auf ein duktiles Materialverhalten hin. Dies gab Anlass zur Einschätzung, dass der Bahnbetrieb unter den vorherrschenden Randbedingungen und Deformationsraten kurzfristig sicher fortgeführt werden konnte, dass jedoch die weitere verfeinerte messtechnische Beobachtung sowie vertiefte Baugrunduntersuchungen unerlässlich sind, um Prognosen zum weiteren Verformungsgeschehen sowie zur Standsicherheit und Gebrauchstauglichkeit abgeben zu können. Neben der Bildung des Baugrundmodells mit Bestimmung der Bodenkennwerte galt es insbesondere mögli-

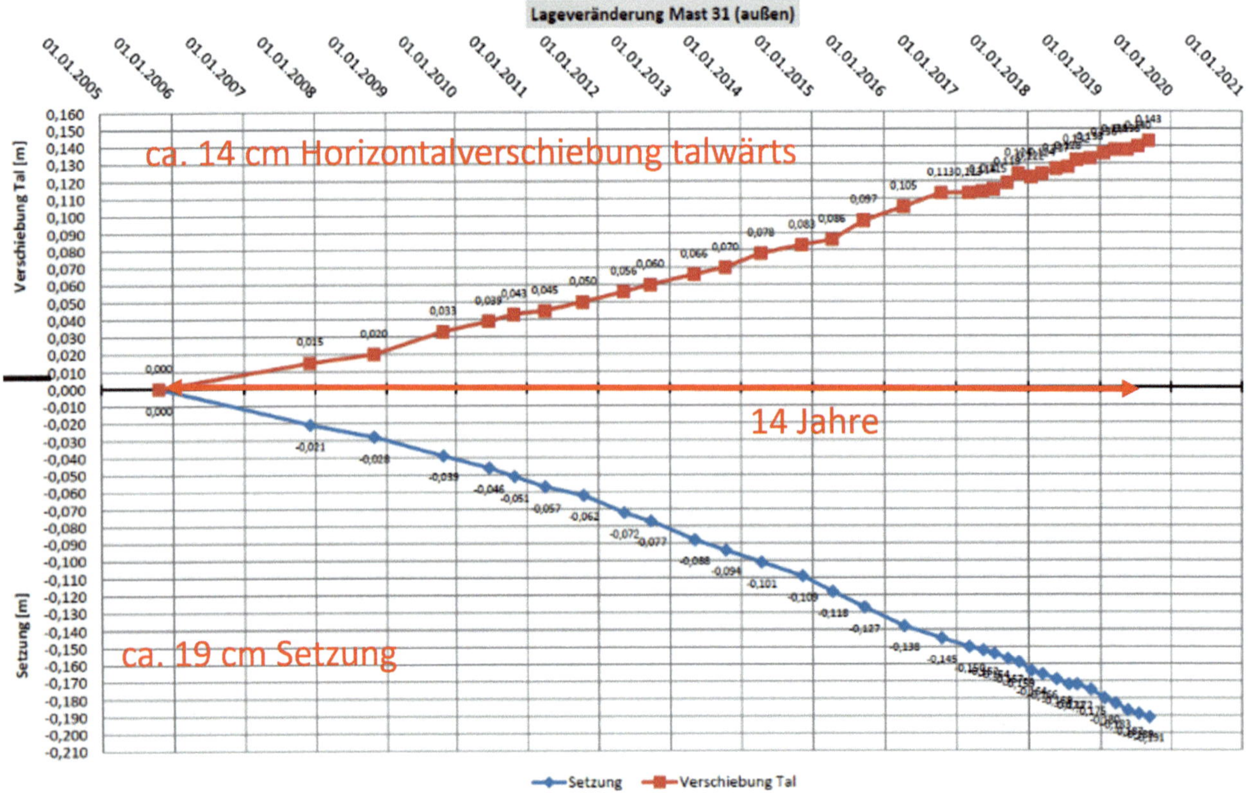


Abb. 2: Darstellung der Setzungen und Querverschiebungen eines talseitigen Oberleitungsmastfundaments in Anschüttungsmitte in den Jahren 2005 – 2019

che Abhängigkeiten der Verschiebungsraten von äußeren Einflüssen zu identifizieren. Die messtechnische Überwachung der Anschüttung hinsichtlich ihrer zeitlichen und räumlichen Auflösung sowie der Messgenauigkeit war zu verfeinern, um Veränderungen des Verformungsgeschehens frühzeitig erkennen zu können.

## 3. Erstes Erkundungsprogramm

### 3.1 Bohrarbeiten und Logistik

Das erste Erkundungsprogramm umfasste unter anderem 11 durchgängig gekernte Erkundungsbohrungen mit 6 bis 16 m Bohrtiefe (siehe Lageplanskizze in Abb. 3).

Für die tiefer in der Böschung gelegenen Bohrstellen wurden Bühnen angefertigt, die als sichere Arbeitsflächen für das Bohrpersonal sowie für die Aufstellung der Bohrgeräte dienten. Die Andienung der Bohrstellen in der steilen Böschung erfolgte per Hubschrauber (Abb. 5). Aufgrund deren beschränkter Traglast mussten die Bohrgeräte teilweise in Einzelteilen eingeflogen und auf den Arbeitsbühnen zusammengebaut werden (Abb. 6).

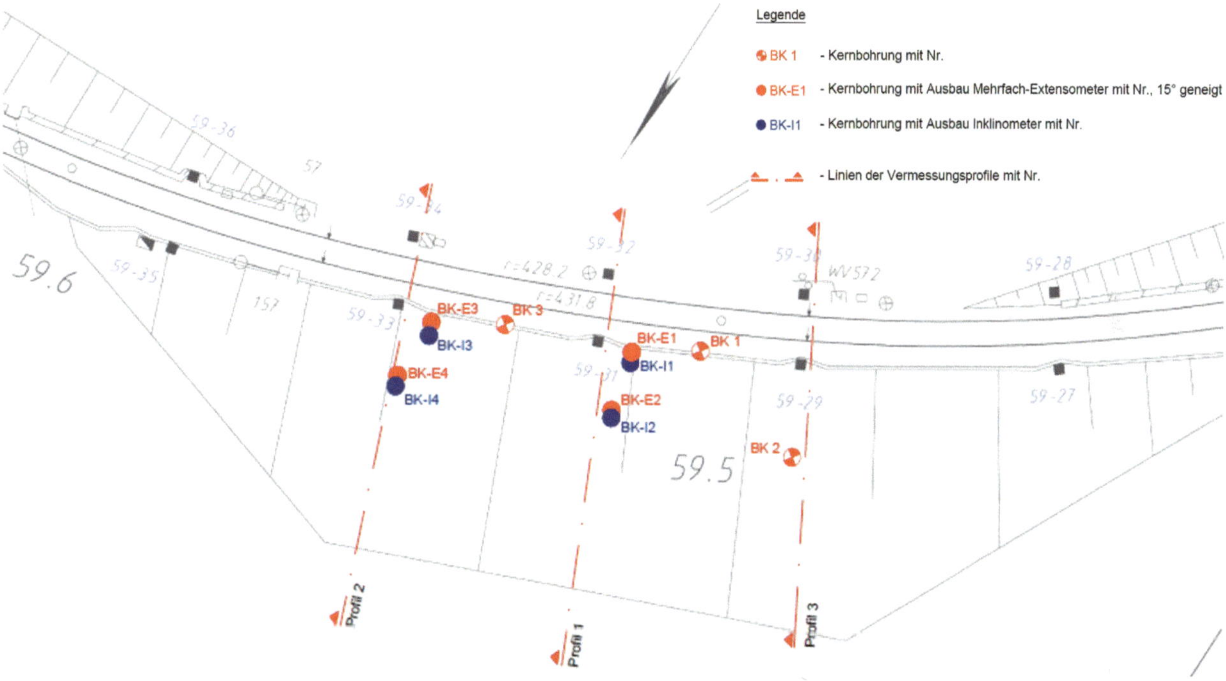


Abb. 3: Lageplan mit Bohrstellen des ersten Erkundungsprogramms

Die Erkundungsarbeiten gestalteten sich in vielerlei Hinsicht äußerst anspruchsvoll. Insbesondere die Logistik erforderte besondere Vorbereitungen. Da das Erdbauwerk über keinen Fahrweg erschlossen ist, schied eine straßengebundene Andienung aus. Die nahe des Gleises gelegenen Bohrstellen wurden daher mittels einer auf einem Flachwagen montierten Bohrlafette hergestellt (Abb. 4). Die Materialien und Bohrkerne wurden gleisgebunden per Arbeitszug befördert.

Abb. 4: Bohrlafette auf Flachwagen

Abb. 5: Andienung der Bohrstellen per Hubschrauber

Bei den Bohrungen bestätigte sich der vermutete Aufbau der Anschüttung. Der steinige Blockschutt aus lokal anstehendem Triberggranit mit hohlraumreicher gemischtkörniger Zwischenfüllung zeugt von der lockeren Schüttung des in den benachbarten Tunneln gewonnen Ausbruchmaterials. Nur unscharf lässt sich der darunter anstehende natürliche Hangschutt abgrenzen, der aus dem gleichen Festgestein besteht und dessen Oberkante ca. die ehemalige natürliche Geländeoberfläche abbildet. An der höchsten Stelle der Anschüttung überlagern diese Lockergesteine den anstehenden Grundfels mit über 10 m Mächtigkeit. Mit 7 vertikalen und 4 mit 15° zur Horizontalen geneigten Kernbohrungen wurde dieses heterogene Material durchteuft, um den Grundfels darunter bis zu 4 weiteren Metern aufzuschließen. Die Herstellung der geneigten Erkundungsbohrungen mit teilweise über 12 m verrohrter Lockergesteinsstrecke vor Erreichen der Grundfelsoberkante erforderte dabei besondere Sorgfalt.

Abb. 6: Bohrgerät auf Plattform in übersteilter Böschung der Anschüttung

Die hohen einaxialen Druckfestigkeiten des Festgesteins von bis zu 200 Mpa und der stete Wechsel von Blöcken und gemischtkörniger Matrix stellten die Bohrarbeiten vor große Herausforderungen. Hohlräume, die sich über mehrere Dezimeter Bohrlänge erstreckten und durchfallendes Bohrgestänge waren keine Seltenheit. Die damit einhergehende hohe Durchlässigkeit der Schüttung bedingte hohe Verluste an Spülwasser, welches zur Kühlung der hoch beanspruchten Kernbohrkronen dringend erforderlich war.

### 3.2 Messtechnik

Die bis dato in mehrmonatigen Abständen durchgeführten, geodätischen Folgemessungen an oberirdischen Messmarken und der Gleislage lieferten einen groben Überblick über oberflächliche Verformungsgeschwindigkeiten. Um zusätzlich Erkenntnisse über das Verformungsgeschehen innerhalb des Erdkörpers mit hoher Messgenauigkeit zu erhalten, wurden 8 der 11 Erkundungsbohrungen zu geotechnischen Messstellen ausgebaut (siehe Tab. 1).

**Tab. 1: Auflistung der geotechnischen Messstellen des ersten Erkundungsprogramms 2015**

| Aufschluss | Erkundungstiefe | Neigung Bohrloch | Messstellenausbau |
|---|---|---|---|
| | [m u. GOK] | [°] | |
| BK E1 | 16,0 | 15 | Extensometer |
| BK E2 | 11,5 | 15 | Extensometer |
| BK E3 | 14,0 | 15 | Extensometer |
| BK E4 | 8,0 | 15 | Extensometer |
| BK I1 | 14,0 | 90 | Inklinometer |
| BK I2 | 10,0 | 90 | Inklinometer |
| BK I3 | 12,0 | 90 | Inklinometer |
| BK I4 | 8,9 | 90 | Inklinometer |

Die Auslesung der Messtellen erfolgte alle zwei Monate mittels Messuhren (Extensometer), bzw. mit händisch geführter Inklinometersonde. Diese dauerhafte Überwachung der Hangdeformationen mittels periodischer Messungen bildete die erste Stufe des Geomonitorings, das in der Folgezeit bedarfsabhängig erweitert wurde.

### 3.3 Ergebnisse des ersten Erkundungsprogramms und der messtechnischen Überwachung

- Der Aufbau der Anschüttung und des darunter anstehenden Gebirges wurde in zwei Querprofilen in einem ersten Schichtmodell identifiziert (siehe Abb. 8).
- Auf Basis der ersten Messergebnisse der Inklino- und Extensometermessstellen kann eine Beschleunigung der Verschiebungsgeschwindigkeiten nicht ausgeschlossen werden.
- Ein Ingenieurbauwerk zur Absicherung der Anschüttung wird erforderlich [2].
- Die messtechnische Überwachung ist räumlich und zeitlich zu verdichten, um mögliche Korrelationen der Böschungsbewegung mit äußeren Einflüssen, wie z. B. Niederschlag oder Eisenbahnverkehr, überprüfen zu können.

## 4. Zweites Erkundungsprogramm

### 4.1 Durchgeführte Erkundungsmaßnahmen

Mit dem Beschluss zur Sicherung der Anschüttung wurden im Rahmen einer Machbarkeitsstudie Varianten möglicher Sicherungsbauwerke überprüft. Mit dem 2. Erkundungsprogramm sollten demnach die Grundlagen für die weiteren Planungsschritte geschaffen werden. Dazu wurden im Sommer 2018 16 weitere Erkundungsbohrungen abgeteuft und die messtechnische Überwachung intensiviert. 4 der nunmehr 10 Inklinometermessstellen wurden mit automatischen Messketten instrumentiert, die engmaschige Verschiebungsmessungen erlauben. Die mit Solarpane-

len ausgestatteten Übertragungsstationen ermöglichen die Echtzeitübertragung der durch die Neigungssensoren ermittelten Messdaten. Die Messergebnisse werden seither permanent aufgezeichnet und auf einer für alle Projektbeteiligten zugänglichen Onlineplattform dargestellt.
Die Baugrunduntersuchungen wurden mit geophysikalischen Messungen ergänzt. Mittels Hammerschlag-Refraktionsseismik wurde die Mächtigkeit der Lockergesteinsauflage aus Anschüttung und unterlagerndem Hangschutt bzw. das Tiefenrelief des Grundfels erkundet. Durch Georadarbefahrungen wurde die Dicke des Gleisschotterpakets im Bereich der Anschüttung erkundet, welches durch die zahlreichen Stopfgänge im ständig absinkenden Anschüttungsbereich über Jahre hinweg angewachsen war. Optische Bohrlochscans mit automatisierter Kluftgefügekartierung ermöglichten die felsmechanische Charakterisierung des Grundgebirges, dessen detaillierte Beschreibung insbesondere bezüglich der Einbindung, bzw. Verankerung von Traggliedern wesentlich ist.

## 4.2 Ergebnisse des 2. Erkundungsprogramms

Die Verdichtung der geotechnischen Messungen in räumlicher und zeitlicher Auflösung erlaubte die genauere Bewertung möglicher Ursachen für die anhaltenden Kriechbewegungen.
Ein Vergleich der aus den automatischen Neigungsmessungen abgeleiteten Verschiebungsraten der Anschüttmasse mit den Betriebsdaten der Strecke (Lasttonnen) zeigte keinen eindeutigen Zusammenhang. Die Verschiebungen setzten sich selbst in mehrwöchigen Sperrpausen fort. Auch die Korrelation der Verschiebungsraten mit meteorologischen Einflüssen ließ keine Abhängigkeiten erkennen. Demzufolge muss von einer vorwiegend gravitativ induzierten Kriechbewegung des Anschüttkörpers ausgegangen werden. Die Vertikalanteile der Verschiebungsvektoren der Messstellen lassen zudem Setzungen erkennen, die auf eine andauernde Kompaktion der hohlraumreichen Schüttung hindeuten.

Alle Inklinometermessungen zeigen in ähnlicher Ausprägung, dass sich die Verschiebungen innerhalb einer ausgeprägten Scherzone ereignen (siehe Abb. 7 und Abb. 8). Diese verläuft oberhalb der ursprünglichen Geländelinie und damit innerhalb der Anschüttung und ist etwa gleich bzw. geringfügig flacher als die Böschungsoberfläche geneigt. Eine ca. 4 bis 6 m mächtige Scholle kriecht somit auf einer wenige Meter mächtigen plastifizierten Scherzone zu Tale.

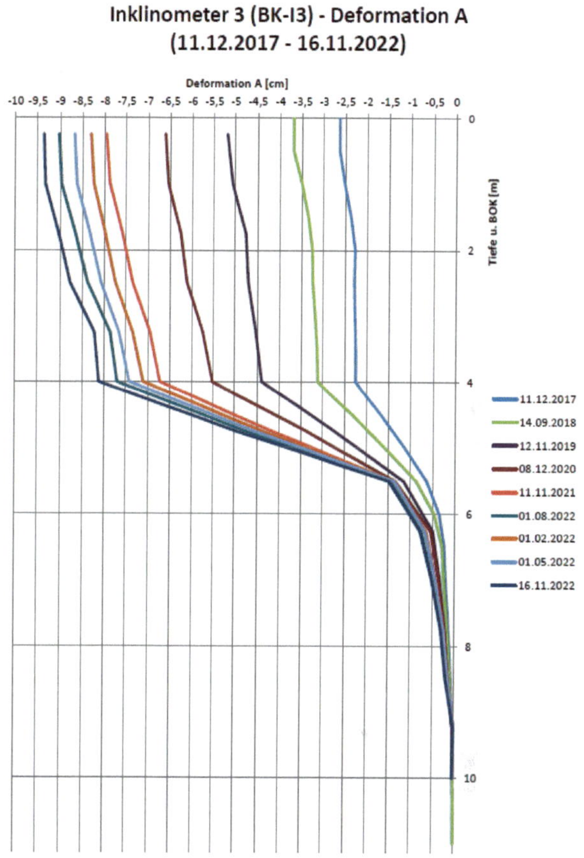


Abb. 7: Biegelinien des Inklinometers BK-I3 der Messepochen im Zeitraum 2017– 2022

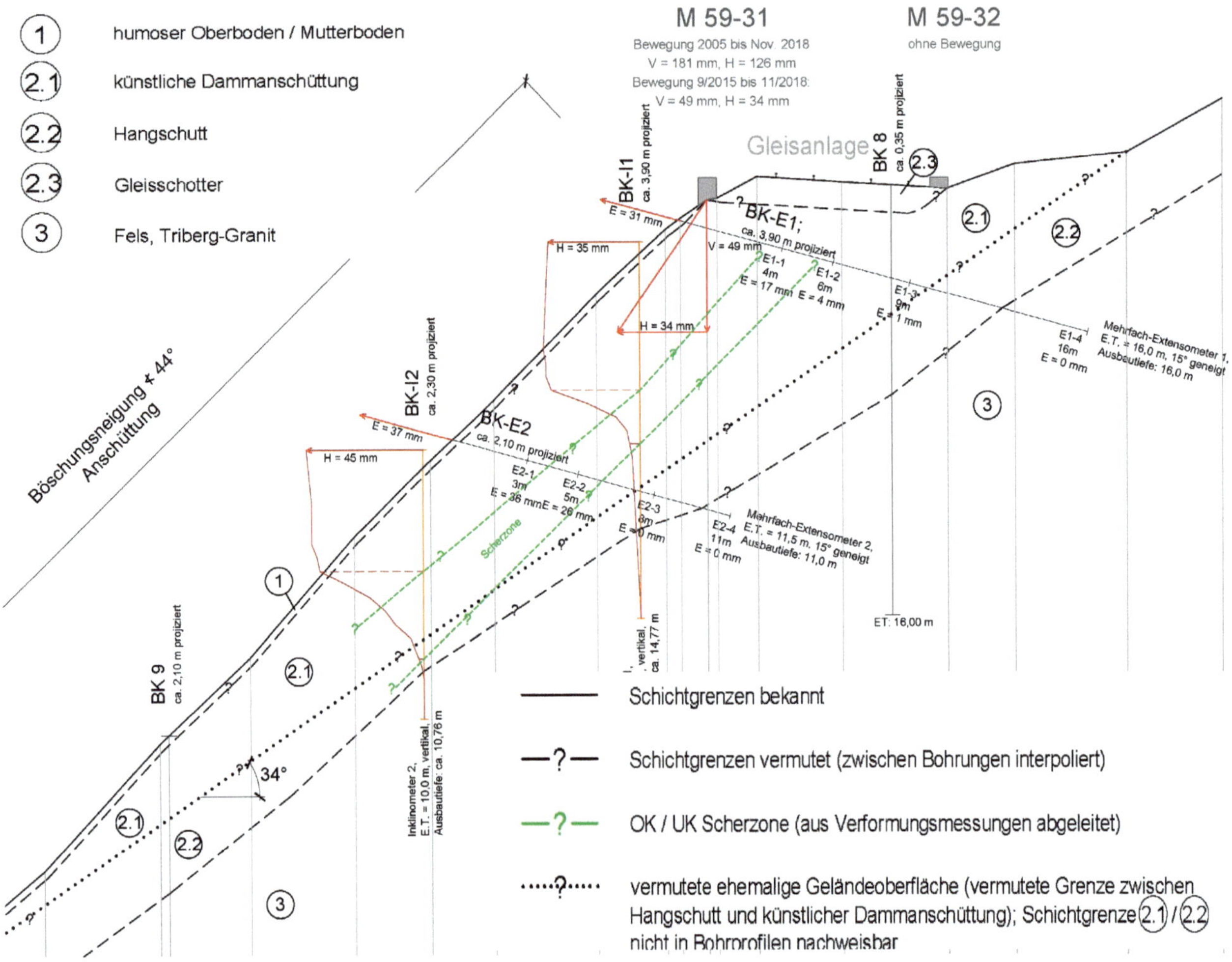


Abb. 8: Querprofil mit Schichteneinteilung und Darstellung der geotechnischen Messstellen. Ergebnisse aus dem ersten und zweiten Erkundungsprogramm

Mit diesen Erkenntnissen wurde ein Baugrundmodell entwickelt. Mit den verwendeten, üblichen Bohrdurchmessern von 146 mm ließen sich aus dem blockigen Lockergestein der Anschüttung und des darunterliegenden Hangschutts aufgrund der großen Korngrößen keine repräsentativen Proben in ausreichender Menge und Qualität zur labormäßigen Ermittlung der Scherparameter gewinnen. Die Scherparameter des Lockergesteins mussten daher mittels Rückrechnungen der Böschungsstandsicherheit und unter Berücksichtigung der Ergebnisse der Bohrerkundung abgeleitet werden. Zur Abschätzung der Standsicherheit und zur Rückrechnung der Scherparameter von kriechenden, kohäsionslosen Böschungen bestehen verschiedene Lösungsansätze, die zu weit unterschiedlichen Ergebnissen führen können [9][10]. Kriecherscheinungen in Böschungen können bereits bei nicht voll ausgereizter rechnerischer Sicherheit gegen Geländebruch gemäß DIN 4084 [8] (d. h. $\mu < 1$) auftreten. Der Ausnutzungsgrad in situ kann lediglich abgeschätzt werden. Für die vorliegende seit Jahren kriechende Böschung ist der Grenzgleichgewichtszustand (Ausnutzungsgrad $\mu = 1$) als konservative Abschätzung anzusehen. Mit dieser Annahme wurden in einem ersten Schritt analytische Geländebruchberechnungen in ebenen Schnitten durchgeführt. In mehreren Rechenläufen wurden dabei Gleitlinienkonfigurationen variiert, die in der in situ nachgewiesenen Scherzone zu liegen kommen. Damit erfolgte eine Rückrechnung des charakteristischen Wertes des Winkels der Gesamtscherfestigkeit. Um die insbesondere bei Steinschüttungen beobachtete Verzahnungsfestigkeit [11] zu berücksichtigen, wurden im nächsten Schritt weitere Rechenläufe unter Ansatz geringer Kohäsionswerte durchgeführt und die entsprechenden Ausnutzungsgrade für den Mehrkörpermechanismus mit der geringsten Standsicherheit ermittelt.

Aus der so ermittelten Spanne von möglichen Scherparameterkombinationen und entsprechender Ausnutzungsgrade wurden die charakteristischen Scherparameter der Lockergesteine unter Beachtung der ingenieurgeologischen Erkenntnisse aus den Erkundungskampagnen gemäß folgender Tabelle 2 festgelegt. Die Fortschreibung dieser Werte auf Grundlage von Rückrechnungen mittels numerischer Rechenmethoden und unter Anwendung höherwertiger Stoffgesetze wurde dabei ausdrücklich offengelassen.

**Tab. 2 charakteristische Kennwerte für Lockergesteine**

| Schicht | Bezeichnung | Wichte [kN/m³] | ϕ' [°] | c' [kPa] |
|---|---|---|---|---|
| [2.1] | künstl. Anschüttung aus scharfkantigem Granitmaterial, Blöcke und Steine mit wechselndem Kies-, Sand- und Feinkorngehalt | 20,0 | 42,5° | 0… 2 |
| [2.2] | Hangschutt, aus kantengerundetem Granitmaterial, sandig – kiesig, steinig, blockhaltig, lokal mit geringem Feinkorngehalt und organischem Material | 22,0 | 37,5° | 0… 2 |

## 5. Planung

Seitens des Betreibers wurden u. A. folgende Anforderungen an die Planung des Ingenieurbauwerks zur Sicherung der kriechenden Anschüttung gestellt:

- Die Strecke muss während der Bauzeit mindestens eingleisig betrieben werden können.
- Die Gebrauchstauglichkeit der Strecke ist durch das Sicherungsbauwerk derart herzustellen, dass Setzungen des Gleises nach dessen Herstellung in den regulären Instandhaltungsintervallen ausgeglichen werden können.

Die genannten Randbedingungen machten die Anwendung numerischer Berechnungsverfahren erforderlich, um das Sicherungsbauwerk im Hinblick auf die Gebrauchstauglichkeitsanforderungen wirtschaftlich dimensionieren zu können. Insbesondere die Prognose der zeitabhängigen Verschiebungen bedingt Materialmodelle mit zforderlichen Materialparameter wurden anhand der seit mehreren Jahren in situ gewonnenen Messwerte kalibriert [12] und die Scherparameter von Tab. 2 fortgeschrieben.

Unter den vorgenannten Randbedingungen wurde als Ergebnis der Vorplanung eine Böschungssicherung mittels Verpressankern als Vorzugsvariante identifiziert (siehe Abb. 9).

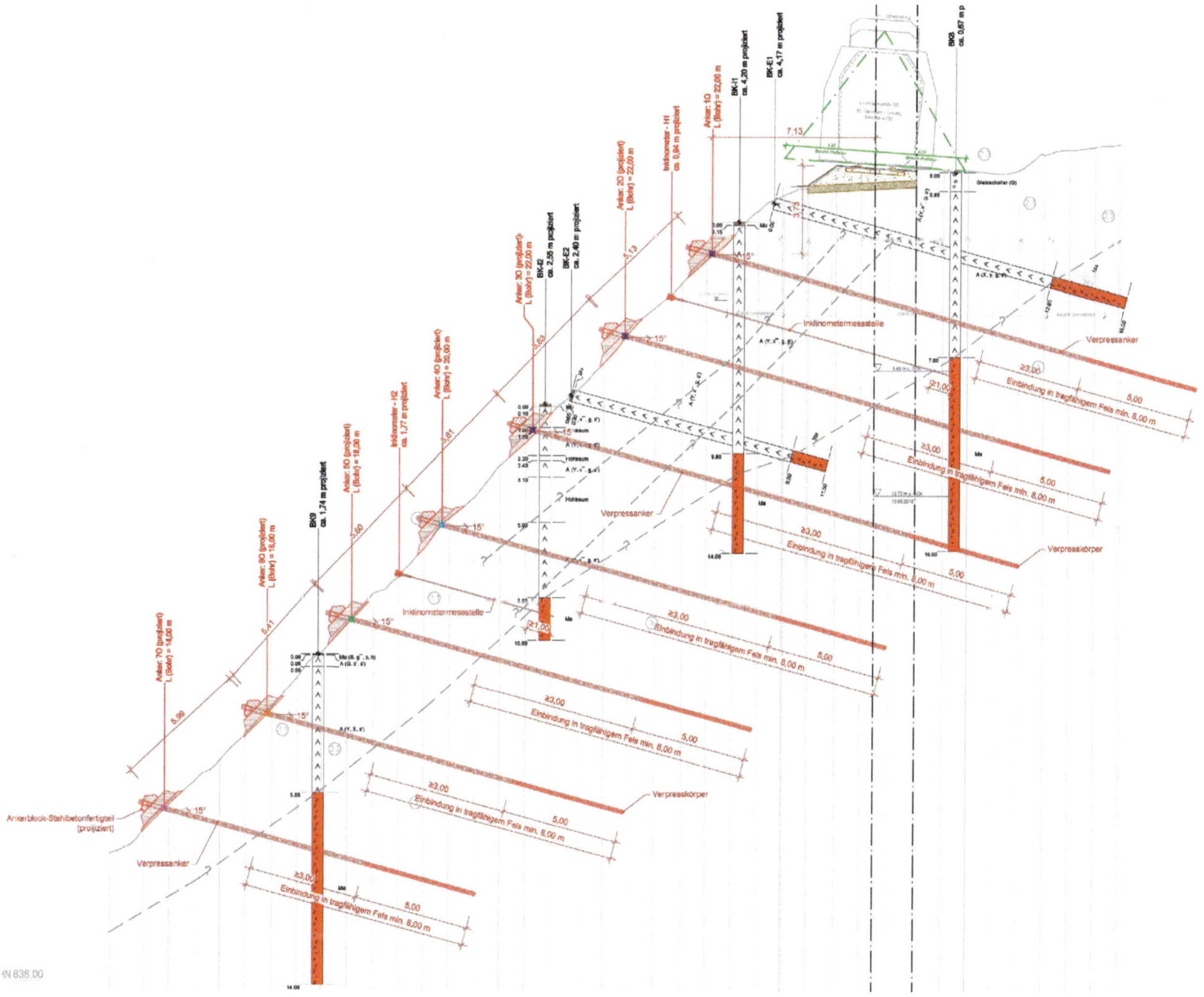


Abb. 9: Querprofil der Ausführungsplanung (Variante 2.1c)

Die Wirksamkeit der geplanten Verankerung im Hinblick auf den Nachweis der Gebrauchstauglichkeit wurde unter Variation verschiedener Ankerkonfigurationen mittels numerischer 2D-FEM Analysen prognostiziert [13]. In Abb. 10 sind die Setzungen bzw. vertikalen Verschiebungen für die Ausführungsvariante 2.1c mit 7 Lagen von 15° zur Horizontalen geneigten, mit 750 kN vorgespannten Ankern 100 Jahre nach dem Anspannen dargestellt. Bei allen Varianten sind andauernde Verschiebungen zu erwarten, deren Raten jedoch mit der Zeit abklingen (vgl. Abb. 14).

Mit dem gewählten Ankerraster von 5,5 x 5,5 m wurde eine Verzögerung der Kriechdeformationen prognostiziert, welche nach 25 Jahren zu ca. 3,5 cm Horizontalverschiebungen und 8,5 cm Setzungen des talseitigen Gleises führen würden. Am Ende der Lebenszeit des Bauwerks von 100 Jahren würden sich ca. 5 cm Horizontalverschiebung und 13 cm Setzungen einstellen. Diese, für den Bahnbetrieb und reguläre Instandhaltungszyklen verträglichen, Verschiebungswerte wurden mit dem Auftraggeber abgestimmt.

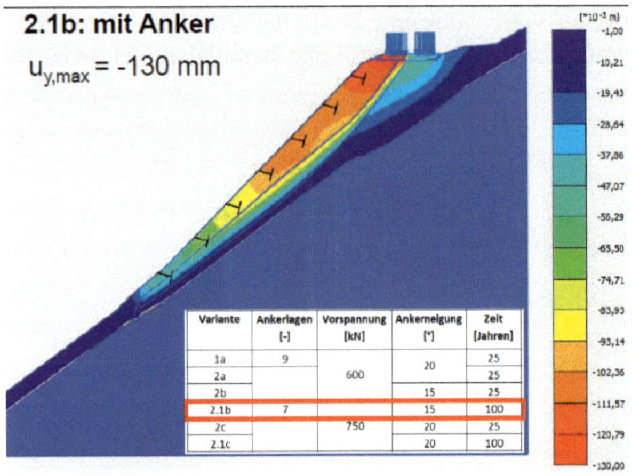


| Variante | Ankerlagen [-] | Vorspannung [kN] | Ankerneigung [°] | Zeit [Jahren] |
|---|---|---|---|---|
| 1a | 9 | 600 | 20 | 25 |
| 2a | | | | 25 |
| 2b | | | 15 | 25 |
| 2.1b | 7 | | 15 | 100 |
| 2c | | 750 | 20 | 25 |
| 2.1c | | | 20 | 100 |

Abb. 10: Darstellung der Setzungen 100 Jahre nach Anspannen der Anker [13].

Die Tragfähigkeit der Verpressanker war über die gesamte Lebensdauer nachzuweisen. Hierfür wurde neben der Prognose der Ankerkräfte auch die Verträglichkeit möglicher andauernder Scherverformungen mit dem Zugglied in dessen Freispiellänge untersucht. Dem erwarteten Umstand der schwierig vorhersagbaren Ankerkraftentwicklungen wurde planerisch durch deren nachspann- und nachlassbare Ausführung Rechnung getragen.

Die Böschungssicherung wurde in der Bauzeit von April 2023 bis Juli 2024 realisiert (Abb. 12). Hierfür wurden 136 Verpressanker mit jeweils 6 Litzen und Längen von 14 – 22 m im Grundfels verankert und mittels Ankerkopfkonstruktionen aus Betonfertigteilen auf der Böschungsoberfläche mit 750 kN vorgespannt.

Abb. 12: Herstellung der Bohrungen für die Verpressanker mittels Schreitbagger

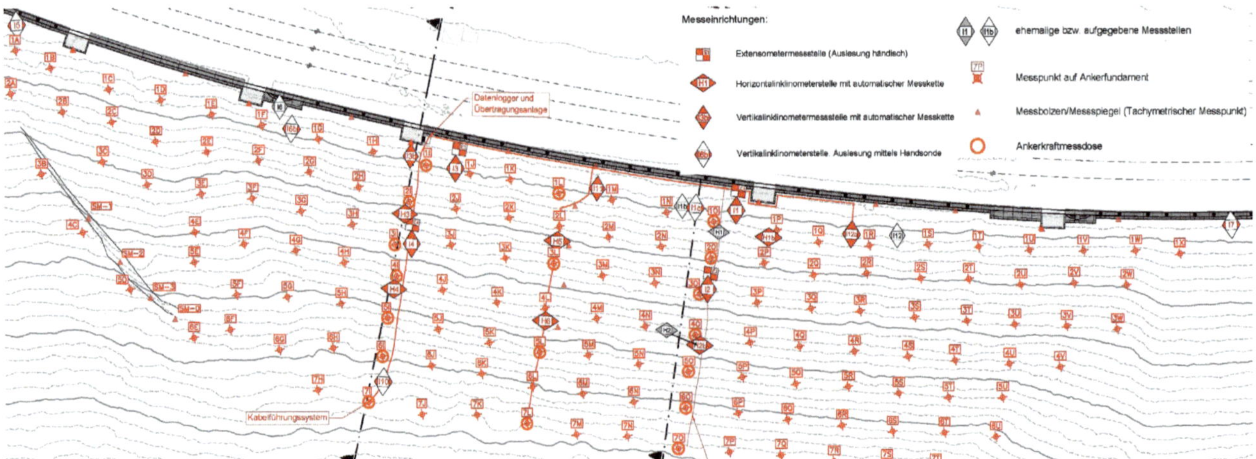


Abb. 11: Lageplan der Verpressanker mit Kennzeichnung der Messstellen

## 6. Beobachtungsmethode

Die komplexen Kriechvorgänge können durch die numerischen Berechnungsverfahren nur näherungsweise abgeschätzt werden. Die Prognose der Wirksamkeit der Sicherungsmittel zum Nachweis des Gebrauchszustands setzt eine Korrelation bzw. Verifizierung der Berechnungsergebnisse mit in situ gewonnenen Messdaten hinsichtlich Verformungen und Ankerkräften voraus. Damit lagen die in der Ril 836.3001 Abs. 1 (7) aufgeführten komplexen Randbedingungen vor, welche die Anwendung der Beobachtungsmethode nach DIN EN 1997-1 in Verbindung mit DIN 1054:2010-12 Kap. 2.7 für die Absicherung des Gebrauchszustands unter Betrieb zulassen. Hierfür wurden die erforderliche Unternehmensinterne Genehmigung (UiG) der DB und die Zustimmung im Einzelfall (ZiE) des Eisenbahnbundesamtes (EBA) erwirkt.

Im Rahmen der Ausführungsplanung wurde ein Geotechnisches Messprogramm gemäß den Empfehlungen des Arbeitskreises Geomesstechnik [14] erstellt.

Im Zuge der Herstellung der Böschungssicherung wurden die bereits bestehenden geotechnischen Messsysteme ergänzt. Im Lageplan in Abb. 11 sind alle 197 geodätischen Messpunkte sowie die 42 geotechnische Messstellen verzeichnet und in Tabelle 3 zusammengestellt.

**Tab. 3: Zusammenstellung geodätischer Messpunkte und geotechnischer Messstellen**

| Messeinrichtung / Feldmessgerät (Anzahl) | Zweck | Durchführung der Messung |
|---|---|---|
| Vertikalinklinometer (14) | Monitoring der Horizontalverschiebung. | 7 Stk., mit autom. Messketten, permanente Datenübertragung.<br>7 Stk. Messung mit Handsonde. |
| Horizontalinklinometer<br>(15° fallend; entsprechend Neigung Verpressanker) (6) | Monitoring der Verschiebungen quer zu Zuggliedachsen. Überwachung minimaler Biegeradien, bzw. zulässiger Querverformungen. | Mit autom. Messketten permanente Datenübertragung. |
| Extensometer<br>(15° fallend; entsprechend Neigung Verpressanker) (4) | Monitoring der Verschiebungen in Richtung der Zuggliedachsen. | 4-fach Stangenextensometer, händische Auslesung. |
| Ankerkraftmessung mit elektrischem Kraftaufnehmer (KMD mit DMS) (18) | Monitoring der Ankerkräfte. Überwachung der minimal und maximal zulässigen Ankerkräfte. | Fest installierte Messeinrichtung. Automatische Datenerfassung, permanente Übertragung. |
| Messbolzen<br>(136 Ankerköpfe)<br>(20 Inklinometerköpfe)<br>(21 in Gassen)<br>(17 Randbalken)<br>(3 Stützmauer) | Flächige Überwachung der Verschiebungen. Nachweis oberflächennaher Standsicherheit in Gassen zwischen Ankern. | Händische Messung: Geodätische Erfassung der Lage und Höhe. |

## 7. Aktuelle Entwicklungen

Die Böschungssicherung wurde im Juli 2024 fertiggestellt (siehe Abb. 13) und die Strecke wieder 2-gleisig in Betrieb genommen.

Abb. 13: Fertiggestellte Böschungssicherung (BauIN Consult GmbH)

Die ersten Messergebnisse der nunmehr über eineinhalbjährigen Betriebsphase lassen sich wie folgt zusammenfassen:

Die gemessenen Verschiebungen lassen, vorbehaltlich der vergleichsweise kurzen Beobachtungsdauer, eine erste gute Übereinstimmung mit der numerischen Prognose erkennen, bzw. liegen leicht unter den erwarteten Werten (Abb. 14).

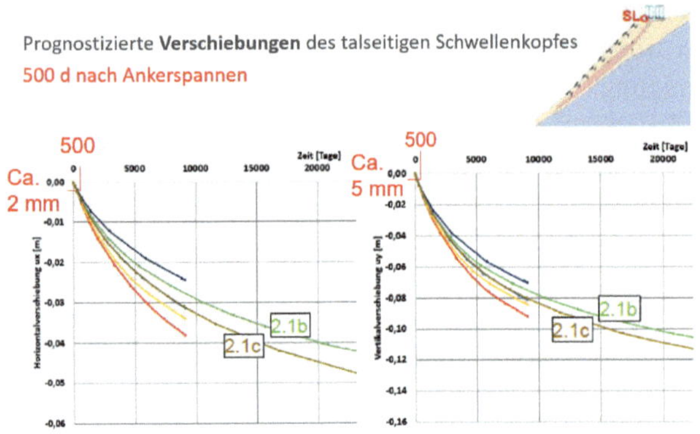


Abb. 14: Vergleich der nach 500 Tagen Betriebszustand gemessenen In-Situ-Verformungen der talseitigen Böschungsschulter mit den Prognosen der Verschiebungen aus den numerischen Berechnungen verschiedener Ankerkonfigurationen (links: Horizontalverschiebungen talseits; rechts: Setzungen).

Unmittelbar nach dem Festlegen der Anker auf die planmäßige Vorspannkraft von 750 kN wurden Ankerkraftverluste von 4 bis 35 % festgestellt. Die Kraftverlustraten klingen seitdem tendenziell ab und nehmen Werte des prognostizierten Verhaltens an.

## 8. Fazit

Die bisher im Betriebszustand gewonnenen Messdaten bestätigen den Erfolg der Maßnahme. Die im Rahmen des Geomonitoring erhobenen Messdaten zeigen, dass die talwärts gerichteten Kriechbewegungen zum Erliegen gekommen sind und der Gleiskörper in Soll-Lage verbleibt. Es wird daher davon ausgegangen, dass die intensive messtechnische Überwachung der Böschungssicherung planmäßig spätestens nach 5-jähriger Betriebszeit abgeschlossen werden kann.

## Literatur


[1] Schwarzwaldbahn Erlebnispfad, Stadtverwaltung Triberg, 2024

[2] Betriebliche Aufgabenstellung, Ingenieurbauwerk im Bereich des Hangabschnittes Seeelenwald, DB Netz AG, 2017

[3] Ril 836, Erdbauwerke und sonstige geotechnische Bauwerke planen, bauen und instandhalten, DB InfraGo AG, 2025

[4] Normenhandbuch Eurocode 7, Band 1: „Allgemeine Regeln", DIN EN 1997-1:2009 einschließlich DIN EN 1997-1/NA_2012-12 (Nationaler Anhang) und DIN 1054:2010-12 (Baugrund – Sicherheitsnachweise im Erd- und Grundbau – ergänzende Regeln zu Din EN 19997-1)

[5] Sowers, G.F.; Williams, R.C.; Wallace, T.S.: Compressibility of broken rock and settlement of rockfills. In: Proc. 6th ICSMFE, Montreal (1965), Heft 2, S. 561–565.

[6] Dascal, O.: Postconstruction Deformations of Rockfill Dams. In: Journal of Geotechnical Engineering 113 (1987), Heft 1, S. 46–59. https://doi.org/10.1061/(ASCE)0733-9410(1987)113:1(46).

[7] Alonso, E.E.; Oldecop, L.; Pinyol, N.M.: Long term behaviour and size effects of coarse granular media, S. 255-281. https://doi.org/10.1007/978-3-642-03578-4_12.

[8] DIN 4084:2021-11, Baugrund –Geländebruchberechnungen

[9] Fellin, W. (2011): Abschätzung der Standsicherheit von annähernd unendlich langen Kriechhängen. In: geotechnik, H. 1, S. 22–31

[10] Marte, R., Hofmann, R. (2020): Kriechförmig verlaufende Großmassenbewegungen – Charakterisierung und Bewertung des Sicherheitszustands. Geomechanik und Tunnelbau 13, H. 1, S. 32–51

[11] v. Wolffersdorff, P.-A. (2010), Ausgewählte Probleme zu statischen und dynamischen Standsicherheitsberechnungen von Staudämmen, Beiträge zum 25. Christian Veder Kolloquium, Technische Universität Graz, S. 163–182, Graz.

[12] Kanz, E., Auswertung geotechnischer Messdaten und numerische Analyse eines Steilhangs, Master Thesis, Technische Universität Darmstadt, Juni 2021

[13] Brosz, F., Machaček, J., Zachert, H., Numerische Untersuchung zur Sicherung des Hangs „Seelenwald", Technische Universität Darmstadt, Juni 2021, interner Bericht

[14] Deutsche Gesellschaft für Geotechnik e.V. (Hrsg.), Empfehlungen des Arbeitskreises Geomesstechnik, September 2021

# Das innovative Berechnungsmodell T-Value zur Erfassung der Grundbruchsicherheit geogitterstabilisierter Tragschichten

**PhD, Andrew S. Lees, CEng, MICE**
Tensar International, Nicosia, Zypern

**Kalliopi Fotiadou, M. Eng.**
Tensar International GmbH, Bonn

**Zusammenfassung**

Ungebundene Tragschichten werden oft über gering tragfähigen Böden hergestellt, um die Grundbruchsicherheit von Flächen zu gewährleisten, welche von hohen Lasten beansprucht werden. Der Einsatz von Geogittern innerhalb von ungebundenen Tragschichten kann den Grundbruchwiderstand signifikant erhöhen und erlaubt in der Regel geringere Schichtdicken. Bei dem Entwurf solcher Verbundtragsysteme müssen planende Ingenieure jedoch eine Hürde überwinden, und zwar die der rechnerischen Nachweisführung. Vorhandene Berechnungsansätze berücksichtigen die tragfähigkeitserhöhende Wirkung von Geokunststoffen oft nur dadurch, dass deren Zugfestigkeit – zum Teil abgemindert durch entsprechende Faktoren und Teilsicherheitsbeiwerte – in die Gleichgewichtsbetrachtung einfließt. Das Verbundsystem aus Boden und Geogitter wird damit rechnerisch entkoppelt. Diese Vorgehensweise mag ansatzweise für bewehrende Geokunststoffe brauchbare Ergebnisse liefern, ist jedoch für Geogitter mit stabilisierender Funktion entsprechend DIN EN ISO 10318 [1] nicht anwendbar. Insbesondere für diese Funktion ist das Interaktionsverhalten aller Komponenten (Boden/Geogitter/Schüttmaterial) von entscheidender Bedeutung. Geogitterstabilisierte Tragschichtsysteme dürfen daher nicht als entkoppelte Systeme betrachtet werden. Das innovative Berechnungsmodell „T-Value" von Dr.-Ing. Lees (2019) [2] geht exakt auf diesen Sachverhalt ein und bietet planenden Ingenieuren eine verifizierte Möglichkeit, geogitterstabilisierte Verbundtragsysteme rechnerisch zu erfassen. Planende Ingenieure können mit dem neuen Berechnungsmodell „T-Value" die Grundbruchsicherheit von geogitterstabilisierten Tragschichten zielgerichtet nachweisen. Die Nachweisführung erfolgt wissenschaftlich fundiert und wurde durch umfangreiche Untersuchungen und Feldversuche bestätigt. Damit bietet die „T-Value"-Methode eine zuverlässige Grundlage für wirtschaftliche Gründungskonzepte mit stabilisierenden Geogittern. In diesem Beitrag wird die Herangehensweise der Methode sowie deren Entwicklungsschritte beschrieben.

## 1. Einführung

Das Bauen über gering tragfähigem Untergrund ist kein seltenes Ereignis und stellt planende Ingenieure und Bauherren immer vor einer Herausforderung dar. Insbesondere Fundamente und Gründungsebenen sind bei diesen Randbedingungen – aufgrund der konzentrierenden Einwirkungen – stark betroffen. Die begleitenden Ingenieure und Tragwerksplaner werden mit der Aufgabe konfrontiert eine wirtschaftliche und sichere Lösung auszusuchen, welche die Anforderungen an Tragfähigkeit und Gebrauchstauglichkeit über der gesamten Nutzungsdauer gewährleisten. Für die gewählte Lösung sind entsprechende Berechnungsmethoden anzuwenden, um die erforderlichen Nachweise durchzuführen.

## 2. Ungebundene Tragschichten als Gründungslösung

Eine sehr bekannte Bauweise für die Gründung über gering tragfähigem Untergrund, ist die Herstellung einer Tragschicht aus ungebundenem Schüttmaterial. Das Korngerüst der Tragschicht ermöglicht großflächigere und effektivere Umlagerung der einwirkenden Lasten. Dies führt zur Erhöhung des Grundbruchwiderstands der belasteten Fläche. Die geplante Tragschicht ist so zu dimensionieren, dass einen ausreichenden Widerstand gegen Grundbruch bietet. Hierfür ist das Grundbruchversagen zu untersuchen und durch Einsatz der entsprechenden Teilsicherheitsfaktoren eine normkonforme Sicherheit nachzuweisen. Ein Grundbruchversagen Fall bedingt in diesem Fall einen Scherbruch innerhalb der ungebundenen Tragschicht und einen Grundbruchmechanismus des darunterliegenden gering tragfähigen Untergrunds. Bei dickeren Tragschichten kann jedoch nicht ausgeschlossen werden, dass das Versagen nur innerhalb der ungebundenen Tragschicht als Scherversagen auftritt. Die Geometrie des Versagens wird in der Abb. 1 als Querschnitt prinzipiell aufgezeigt. Die Bedeutung der Abkürzungen wird in der Tab. 1 beschrieben.

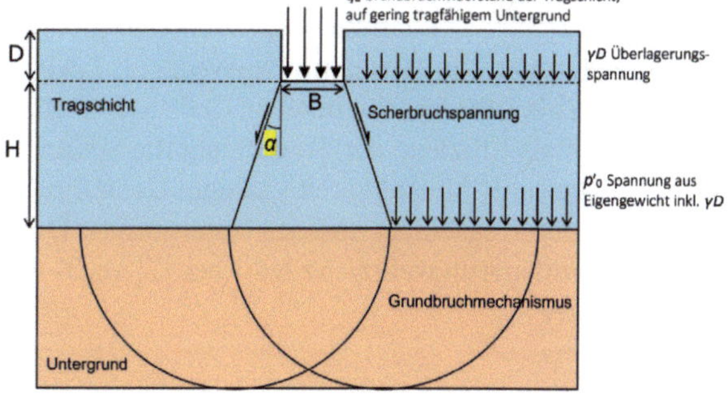


Abb. 1: Geometrie und Begrifflichkeiten

**Tab. 1: Abkürzungen und Bedeutung der Begriffe der Grundbruchberechnung**

| Abkürzung | Bedeutung |
|---|---|
| B | Breite oder Durchmesser der belasteten Fläche |
| D | Einbindung der belasteten Fläche |
| H | Höhe zwischen Belastungsebene und Untergrund |
| L | Länge der belasteten Fläche |
| T | Effizienz der Spannungsumlagerung innerhalb der Tragschicht (T-Value) |
| $p'_0$ | Effektive Vertikalspannung auf UK der Tragschicht resultierend aus Eigengewicht |
| $q_g$ | Grundbruchwiderstand der Tragschicht bei unendlicher Tiefe |
| $q_s$ | Grundbruchwiderstand des gering tragfähigen Untergrunds |
| $q_u$ | Grundbruchwiderstand der ungeb. Tragschicht über gering tragfähigem Untergrund |
| $s_u$ | Undränierte Scherfestigkeit des Untergrunds |
| $\alpha$ | Lastausbreitungswinkel |
| $\gamma$ | Wichte der Tragschicht |
| $\phi'$ | Innerer Reibungswinkel der Tragschicht |

Die vorhandenen Berechnungsansätze zur Nachweisführung von Tragschichten aus ungebundenen Schüttmaterialien über gering tragfähigem Untergrund basieren häufig auf einer semi-empirischen Methode wie z. B. die von Meyerhof [3] bzw. die von Hannah und Meyerhof [4] oder die der Lastausbreitung. Beispielsweise, beim Berechnungsansatz der Lastausbreitung wird angenommen, dass die Tragschicht aus ungebundenem Schüttmaterial die Lasten gleichmäßig in den Untergrund verteilt, wobei die Scherfestigkeit der Tragschicht außer Acht gelassen wird [5], [6]. Der Winkel $\alpha$ der Lastausbreitung wird von der Vertikalen aus gemessen und wird dabei gleich dem Scherflächenwinkel angenommen. Die Untersuchungen von Brocklehurst [7] und Ballard [8] haben jedoch gezeigt, dass der Winkel $\alpha$ nicht allein von der ungebundenen Tragschicht abhängig ist, sondern auch von der Scherfestigkeit des darunterliegenden Untergrunds. Der angemessener Winkel $\alpha$ kann also weder als Lastverteilung noch als Scherbruchwinkel ausgedruckt werden, sondern eher als Effizienz der Tragschicht die Spannungen umzulagern in Abhängigkeit von dem Grundbruchwiderstand der Tragschicht und des Untergrunds. Diese Spannungsumlagerungseffizienz hat Lees [2] als T- Value bezeichnet.

### 3: T-Value als Effizienz der Spannungsumlagerung innerhalb von Tragschichten über gering tragfähige Böden

Im Jahr 2019 hat sich Lees mit der Spannungsumlagerungseffizienz von Tragschichten über gering tragfähige Böden beschäftigt. Hierfür hat er über mehrere durchgeführten Untersuchungen und Forschungen (Okamura et al. 1997 [9] und 1998 [10]; Tani und Craig 1995 [11]; Shiau et al. 2003 [12]) den Grundbruch für unterschiedliche Tragschichtdicken, Einbindungstiefen, Gründungsgeometrien (Streifen, Rechteck oder Kreis) und Tragfähigkeit des Untergrunds analysiert.

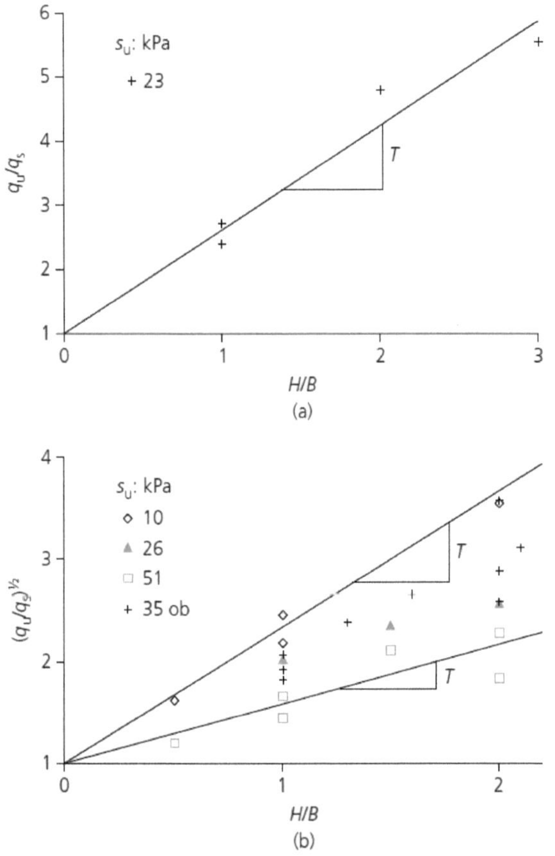


Abb. 2: Darstellung der undränierten Scherfestigkeit des Untergrunds gegenüber dem Verhältnis H/B aus [9] für (a) Streifengründung und (b) rechteckige und kreisförmige Gründung

Aus den gesammelten Daten und über numerische Analysen (FEM) konnte er eine einheitslose Beziehung zwischen dem Verhältnis $q_u/q_s$ und der Spannungsumlagerungseffizienz herleiten.
Bei Streifengründungen:

$$\frac{q_u}{q_s} = 1 + T\frac{H}{B} \leq \frac{q_g}{q_s}$$

Bei rechteckigen oder kreisförmigen Gründungen:

$$\frac{q_u}{q_s} = \left(1 + T\frac{H}{B}\right)^2 \leq \frac{q_g}{q_s}$$

Die o.g. Gleichungen können sowohl für dränierten als auch undränierten Baugrundzuständen angewendet werden und ermöglichen die Durchführung einer einfachen Berechnung des Grundbruchwiderstands anhand der Scherfestigkeiten der Schichten, ohne auf empirische Diagramme zurückgreifen zu müssen. Lees ist mit seinem Ansatz einen weiteren Schritt gegangen, indem er den Einfluss von Stabilisierungsgeogittern auf den Grundbruchwiderstand integriert hat.

## 4. Geogitterstabilisierte Tragschichten als Gründungsebenen

Der Einbau von Geogittern in ungebundenen Tragschichten zur Verbesserung des gesamten Tragfähigkeitsverhaltens wird seit Jahrzehnten erfolgreich ausgeführt. Die Geogitter mit der Funktion „Stabilisieren" sind strukturbedingt in der Lage die Bewegungen der Kornpartikel innerhalb der ungebundenen Tragschicht so zu beschränken, dass ein höheres Tragfähigkeitsverhalten ermöglicht wird. Das Interaktionsverhalten zwischen Geogitter und Kornpartikel ist dabei ein wichtiger Indikator über den Einfluss der Geogitter auf die Tragfähigkeit. In den vorhandenen Berechnungsmethoden wird dieser jedoch nicht berücksichtigt, sodass das Verbesserungspotential von Stabilisierungsgeogittern rechnerisch nicht vollständig erfasst werden kann. Bussert und Cavanaugh [13] haben festgestellt, dass sich die stabilisierende Wirkung bis mind. 0,30 m über, und auch unter der Geogitterebene erstreckt. Um diesen Effekt besser rechnerisch zu erfassen, haben Lees und Clausen [14] großmaßstäbliche Triaxialversuche mit 0,50 m Durchmesser und 1,0 m Höhe durchgeführt. Getestet wurde ein Schottermaterial mit einem Körnungsband 0/40, mit und ohne Geogitter. Bei dem Geogitter handelte es sich, um ein gestrecktes, multiaxiales Geogitter der Funktion Stabilisieren. Das Geogitter wurde in der Mitte eingebracht. Die Proben wurden zum Bruch bei unterschiedlichen Seitenspannungen gebracht. In der Abb. 3 wird die Deviatorspannung q in Abhängigkeit von der axialen Stauchung $\varepsilon_a$ für die unterschiedlichen Seitenspannungen dargestellt [15].

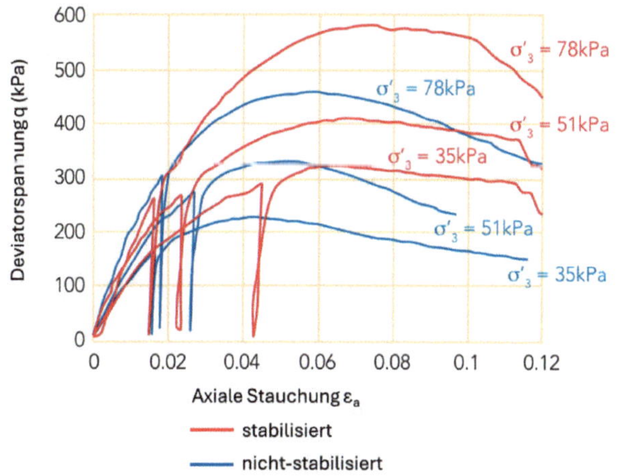


Abb. 3: Ergebnisse aus dem Triaxialversuch; Deviatorspannung q und axiale Stauchung $\varepsilon_a$ bei Proben mit Geogitter (rot) und ohne Geogitter (blau)

Bei den Proben mit Geogittern sind zum einen der gestiegene Höchstwert der Scherfertigkeit und zum anderen der nicht lineare Verlauf eindeutig zu erkennen. Diese Effekte sind auf die Immobilisierung der Kornpartikel in den Geogitteröffnungen und des entstehenden Interaktionsverhalten zurückzuführen. Während die Immobilisierung an der Ebene des Geogitters am wirksamsten ist sind, nimmt diese mit dem Abstand an Intensivität ab (s. Abb. 4). Im Berechnungsmodel wird daher eine an die jeweils betrachtete Höhe über dem Geogitter angepasste Bruchbruchbedingung berücksichtigt.

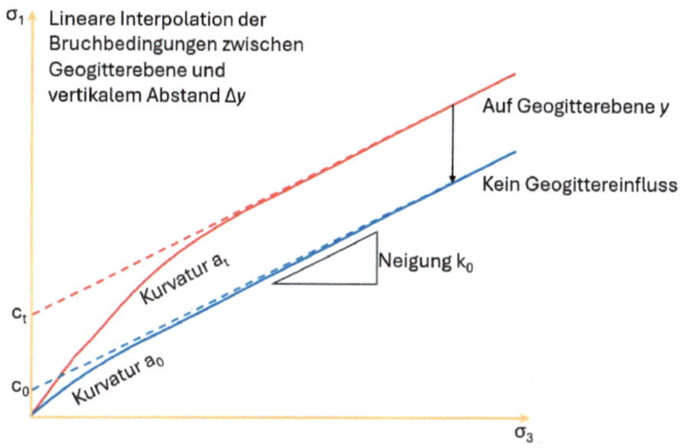


Abb. 4: Bruchbedingung der geogitterstabilisierten Tragschicht

Ein grundlegendes linear elastisch, ideal plastisches Stoffmodel (TSSM – Tensar Stabilised Soil Model) wurde entwickelt und in einer FEM Software implementiert. Basierend auf diesem Stoffmodel wurden die Triaxialversuche simuliert und rückgerechnet. Dabei konnte eine sehr gute Übereinstimmung zwischen Berechnung und Triaxalversuchen bestätigt werden.

Mithilfe dieser Daten hat Lees den Einfluss der multiaxialen Geogitter auf den Grundbruchwiderstand im Rahmen einer numerischen Analyse projiziert (s. Abb. 5).

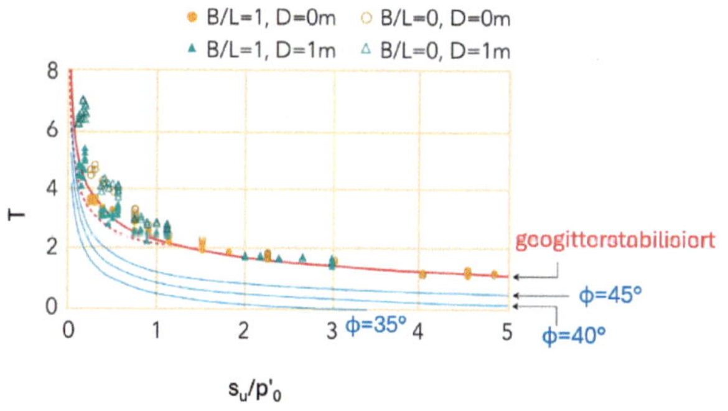


Abb. 5: T-Value abhängig von $s_u/p'_0$ für Tragschichten aus Schüttmaterialien mit Reibungswinkel ϕ und für eine geogitterstabilisiere Tragschicht

## 5. Validierung

Die Leistungsfähigkeit geogitterstabilisierter Tragschichten beruht im Wesentlichen auf einer Erhöhung der Verbundscherfestigkeit resultierend aus der Interaktion zwischen Geogitter und Tragschichtmaterial. Aus diesem

Grund ist der T-Value-Ansatz abhängig von dem Untergrund, dem Geogittertyp und das Schüttmaterial der Tragschicht abhängig. Der T-Value-Ansatz musste ein aufwendigen Validierungsprozess unterzogen werden. Über diesem Weg konnte sichergestellt werden, dass die Berechnungsergebnisse aus diesem Ansatz das tatsächliche Tragverhalten akkurat prognostizieren kann. Die Validierung erfolgte über mehrere großmaßstäblichen Versuche. Unter anderem wurden im Jahr 2018 Plattendruckversuche mit einem Plattendurchmesser von 600 mm auf einer 400 mm dicken Tragschicht, stabilisiert mit multiaxialem Geogitter durchgeführt. Der Untergrund bestand aus Klei mit sandigen Bestandteilen und einer gemessenen undränierten Scherfestigkeit von su = 20 kPa. Für die gegebenen Randbedingungen wurde der T-Value-Ansatz und das entwickelte Stoffmodel für das geplante multiaxiales Geogitter verwendet, um den Grundbruchwiderstand zu prognostizieren. Entsprechend der Berechnung wurde ein Grundbruchwiderstand von 585 kPa ermittelt. Die Ergebnisse der Plattendruckversuche sind in der Abb. 6 zu entnehmen [15].

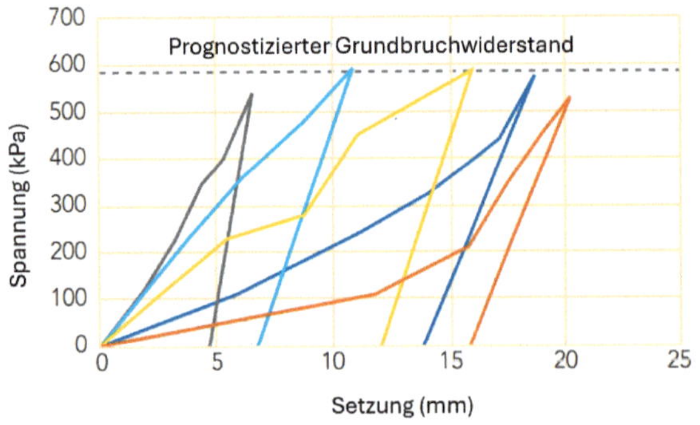


Abb. 6: Ergebnisse der Plattendruckversuche [15]

Die abgebildeten Ergebnisse zeigen, dass die aufgebrachte Spannung während des Tests bis zu 600 kPa reichte, ohne dass ein Grundbruch oder signifikante Verformungen auftraten. Dies lässt darauf schließen, dass der Berechnungsansatz sowie das Stoffmodel mit ausreichender Sicherheit die Realität abbilden konnten, während gleichzeitig noch Tragfähigkeitsreserven vorhanden sind.

## 6. Fazit

Mit dem T-Value-Ansatz bekommen planende Ingenieure die Möglichkeit die Grundbruchsicherheit von geogitterstabilisierten Tragschichten über gering tragfähigem Untergrund nachzuweisen. Die Nachweiseführung erfolgt über einer wissenschaftlich fundierten Grundlage, die wiederrum von umfangreichen Untersuchungen und Probefeldern bestätigt worden ist. Einem wirtschaftlichen Gründungskonzept für Geogitter mit der Funktion „Stabilisieren" steht somit nichts mehr im Wege.

## Literatur


[1] DIN EN ISO 10318-1:2018-10: Geokunststoffe – Teil 1: Begriffe (ISO 10318-1:2015 + Amd 1:2018); Dreisprachige Fassung EN ISO 10318-1:2015 + A1:2018

[2] Lees, A.S. (2019): The bearing capacity of a granular layer on clay. Proceedings of the Institution of Civil Engineers – Geotechnical Engineering, https://doi.org/10.1680/jgeen.18.00116

[3] Meyerhof GG (1974) Ultimate bearing capacity of footings on sand layer overlying clay. Canadian Geotechnical Journal 11(2): 223–229

[4] Hanna AM and Meyerhof GG (1980) Design charts for ultimate bearing capacity of foundations on sand overlying soft clay. Canadian Geotechnical Journal 17(2): 300–303

[5] Terzaghi K and Peck RB (1948) Soil Mechanics in Engineering Practice, 1st edn. Wiley, New York, NY, USA.

[6] Yamaguchi H (1963) Practical formula of bearing value for two layered ground. Proceedings of the 2nd Asian Regional Conference of Soil Mechanics and Foundation Engineering, Tokyo, Japan (Kogakkai D (ed.)) Kenkyusha, Tokyo, Japan, pp. 99–105

[7] Brocklehurst CJ (1993) Finite Element Studies of Reinforced and Unreinforced Two-Layer Soil Systems. DPhil thesis, University of Oxford, Oxford, UK

[8] Ballard JC, Delvosal P, Yonatan P, Holeyman A and Kay S (2011) Simplified VH equations for foundation punch-through sand into clay. Frontiers in Offshore Geotechnics II (Gourvenec Sand White D (eds)). CRC Press, Boca Raton, FL, USA, pp. 655–660

[9] Okamura M, Takemura J and Kimura T (1997) Centrifuge model tests on bearing capacity and deformation of sand layer overlying clay. Soils and Foundations 37(1): 73–88

[10] Okamura M, Takemura J and Kimura T (1998) Bearing capacity predictions of sand overlying clay based on limit equilibrium methods. Soils and Foundations 38(1): 181–194

[11] Shiau JS, Lyamin AV and Sloan SW (2003) Bearing capacity of a sand layer on clay by finite element limit analysis. Canadian Geotechnical Journal 40(5): 900–915

[12] Tani K and Craig WH (1995) Bearing capacity of circular foundations on soft clay of strength increasing with depth, Soils and Foundations 35(4): 21–35

[13] Bussert, F.; Cavanaugh, J. (2010): Recent research and future implications of the actual behaviour of geogrids in reinforced soil. ASCE Earth Retention Conference (ER2010), 1-4 August, Bellevue, Washington, pp. 460-477

[14] Lees, A. S.; Clausen, J. (2019): The strength envelope of granular soil stabilised by multi-axial geogrid in large triaxial tests. Canadian Geotechnical Journal. Online: https://doi.org/10.1139/cgj-2019-0036 In press

[15] Lees, A. S.; Matthias, P. (2019): Bearing capacity of a geogrid-stabilised granular layer on clay. Technical paper

TAE

# Georisiken, Hang-sicherungen und Naturgefahren

# Geotechnische Risiken durch Starkregenereignisse – Untersuchungen zur Gesamtstandsicherheit und Gefahrenabschätzung für Verkehrswege

**Prof. Dr.-Ing. Carola Vogt-Breyer**
Hochschule für Technik, Stuttgart

**Dipl.-Geol. Dr. Martin Brodbeck**
Smoltczyk & Partner GmbH, Stuttgart

**Zusammenfassung**
Starkregenereignisse wirken sich auf unterschiedliche Weise in geneigtem Gelände und in Böschungssituationen auf die Gesamtstandsicherheit aus und führen verstärkt zu Schadensfällen, von denen insbesondere Verkehrswege betroffen sind. Zur Beurteilung der Risiken werden verschiedene Szenarien untersucht. In einem ersten Fall werden geologische Verhältnisse mit latenten Gleitflächen betrachtet. Stauendes Sickerwasser auf Gleitflächen sowie Wassereintritte an einer Abrisskante führen zu einer Verringerung der Standsicherheit. Um zu einer belastbaren Bewertung der Situation zu kommen, sind in solchen Fällen angepasste Erkundungs- und Berechnungsverfahren notwendig. Eine weitere typische Situation sind Verkehrswegen in relativ steilen Hanglagen mit Wasserzutritten. Auch hierfür werden typische Versagensmechanismen analysiert und Maßnahmen zur Risikominderung aufgezeigt. Als drittes Szenario befassen sich die Autoren mit Erosionserscheinungen in Flussläufen, die dicht an Verkehrswegen liegen. Auf der Grundlage der durchgeführten Analysen können Gegebenheiten hinsichtlich ihres Risikos eingeordnet, laufende Unterhaltsmaßnahmen geplant und Neuplanungen resilient angelegt werden.

## 1. Einführung

In letzter Zeit erreichen uns vermehrt Meldungen über Schadensfälle infolge von Unwettern. Stark- und Dauerniederschläge wirken sich in unterschiedlicher Weise auf den Untergrund und dessen Stabilität aus. Eindringendes Wasser kann zu einer Durchfeuchtung bis hin zur vollständigen Wassersättigung des Bodens, zu einem Anstieg des Grundwasserspiegels und zu erhöhten Porenwasserdrücken führen. Oberflächenwasser kann zudem durch Erosion Bodenmaterial abtragen und so die Geländegeometrie nachteilig verändern. Daher sind wesentliche Faktoren für das Schadenspotential von Verkehrswegen die boden- und felsmechanischen Eigenschaften der anstehenden Schichten, die Grundwassersituation und Wasserwegigkeiten, das Vorliegen latenter Gleitfugen aber auch die Topographie, menschliche Eingriffe sowie insbesondere im Straßenbau der Zustand und die bauliche Ausbildung des Straßenkörpers.

## 2. Grundlagen zu Starkregen und Dauerregen

Gemäß dem Deutschen Wetterdienst DWD [1] bezeichnet man große Niederschlagsmengen, die in einem kurzen Zeitintervall fallen, als Starkniederschlag. Aufgrund der regional sehr unterschiedlichen Bedingungen existiert keine Starkregen-Definition, die weltweit einheitlich verwendet wird. Schadensrelevant können sowohl intensive Ereignisse kurzer Dauer wie auch länger andauernde Ereignisse sein, bei denen es zu einer Akkumulation großer Wassermengen in einer Region kommt. Der DWD unterscheidet daher aktuell in seinem Warnwesen zwischen Starkregen und Dauerregen. Vor Starkregen wird in 3 Stufen gewarnt, wenn ein Überschreiten der Schwellenwerte in Tabelle 1 vorhersagt wird.

**Tab. 1: Warnstufen des DWD bei Starkregen**

| | in 1 h [l/m2] | in 6 h [l/m2] | Warnstufe und -bezeichnung |
|---|---|---|---|
| Starkregen | 15 – 25 | 20 – 35 | 2 – Markante Wetterwarnung |
| Heftiger Starkregen | 25 – 40 | 35 – 60 | 3 – Unwetterwarnung |
| Extrem heftiger Starkregen | > 40 | > 60 | 4 – Warnung vor extremem Unwetter |

Vor Dauerregen wird ebenfalls in 3 Stufen gewarnt, wenn die Schwellwerte der Tabelle 2 überschritten werden. Starker und ergiebiger Regen fällt meist aus konvektiver Bewölkung (z. B. Cumulonimbuswolken). Eine Erhöhung der Oberflächentemperatur führt daher zu einer Veränderung der Niederschlagsereignisse. Da warme Luft mehr Wasserdampf aufnehmen kann und durch eine höhere Verdunstung zusätzlicher Wasserdampf in die Atmosphäre gelangt, steht bei Wetterlagen mit Niederschlag mehr Wasser zur Verfügung. Zusätzlich verändern sich durch den Klimawandel das Verhalten von Hoch- und Tiefdruckgebieten.

**Tab. 2: Warnstufen des DWD bei Dauerregen**

| | in 12 h [l/m2] | in 24 h [l/m2] | in 48 h [l/m2] | in 72 h [l/m2] | Warnstufe |
|---|---|---|---|---|---|
| Dauerregen | 25 – 40 | 30 – 50 | 40 – 60 | 60 – 90 | 2 |
| Ergiebiger Dauerregen | 40 – 70 | 50 – 80 | 60 – 90 | 90 – 120 | 3 |
| Extrem ergiebiger Dauerregen | > 70 | > 80 | > 90 | > 120 | 4 |

Die Erwärmung in der Arktis führt u. a. zu einer Abschwächung des Jetstreams und damit bewegen sich Tiefdruckgebiete zum Teil langsamer und die Niederschlagsereignisse werden ergiebiger. Auswertung des DWD haben ergeben, dass die Intensität und die Häufigkeit von Starkniederschlägen in den letzten 70 Jahren, insbesondere im Winter, zugenommen haben.

## 3. Geotechnische Risiken und Schadensfälle

Es gibt seit einigen Jahren verschiedene Ansätze, Gefahrenkarten für von Starkregen und Dauerregen betroffene Gebiete zu erstellen. Diese basieren meist auf hydrologischen Modellen und befassen sich mit dem Oberflächenabfluss, dem Entstehen von Überflutungen und der Wirkung von Speicherung. Für die Geotechnik von Bedeutung ist, dass es durch Starkregen auf der Geländeoberfläche je nach Topographie zu hohen Fließgeschwindigkeiten kommt, wodurch Boden erodiert wird. In Oberflächengewässern steigen die Wasserspiegel, die in den Tälern häufig mit dem Grundwasser korrespondieren. Zunehmende Fließgeschwindigkeiten und höhere Wasserspiegel in Flüssen und Bächen führen zu Erosion im Uferbereich, wodurch sich vorhandene Böschungen versteilen und lokal versagen. In hydrologischen Modellen wird selten der Grundwasserabfluss berücksichtigt, da dessen Einfluss auf Überschwemmungen aufgrund der Zeitverzögerung als gering angesehen wird. Wassereintrag in den Untergrund, insbesondere aus Dauerregen, erhöht jedoch abhängig von der Bodenbeschaffenheit die Durchfeuchtung bis Durchnässung und die Porenwasserdruckverhältnisse. Dies und die oben genannten Effekte führen zu einer Reduktion der Gesamtstandsicherheit. Meist finden sowohl eine Erhöhung der Einwirkungen als auch eine gleichzeitige Reduktion des Widerstands aus der Scherfestigkeit des Untergrunds statt. Je nach Gegebenheiten reagieren die Systeme unterschiedlich empfindlich auf derartige Änderungen. Ein Ziel der vorliegenden Untersuchungen ist daher u. a. festzustellen, wie sich Änderungen durch Starkregen und Dauerregen in der jeweiligen Situation auf geotechnische Risiken, insbesondere auf das vorhandene Sicherheitsniveau, auswirken.
Schadensfälle aus der Vergangenheit zeigen, dass in sehr unterschiedlichen Geologien Bruchzustände eingetreten sind, die sich nur bedingt vorhersagen lassen.
So haben beispielsweise die Stark- und Dauerniederschläge vom 30.05. bis 03.06.24 im Rems-Murr-Kreis zu massiven Schäden geführt. In 5 Tagen gab es örtlich mehr als 250 l/m² Niederschlag (2,4fache des Mai Regens, ¼ des Jahresniederschlags), anfangs als Dauerregen, dann gefolgt von kleinräumigen schweren Gewittern und Starkniederschlägen. Neben der Überflutung der Gemeinden kam es an zahlreichen Straßenabschnitten zu Hangrutschungen Ein typisches Schadensbild entstand u. a. an der K1883 mit einem talseitigen Abbruch, s. Abb 1.

Abb. 1: Böschungsbruch an der K1883

Im Süddeutschen Schichtstufenland haben wir oft eine Wechselfolge aus veränderlich festen Gesteinen mit härteren witterungsunempfindlichen Kalk- und Sandsteinzwischenlagen. Harte, wasserführende und stufenbildende Schichten wirken hangversteilend, darunter liegende, witterungsanfällige Gesteine werden entfestigt und plastifiziert. Ablaugungs- und lösungsfähige Gesteine führen zu Verkarstung, Holraumbildung, tief reichende Gefügelockerung und Zerklüftung. Etwa 145 Millionen Jahre Festland bei wechselndem Klima mit Abtragung und chemisch-physikalischer Verwitterung erzeugen örtlich mächtige Verwitterungsschichten. Im Laufe der jüngsten Erdgeschichte entstanden übersteilte Hänge. Im eiszeitlichen Klima entwickelte sich ein breiiges Bodenfließen oder Wanderschuttdecken.

## 4. Rechnerische Analyse ausgewählter Szenarien

Anhand dreier typischer Szenarien wird im Folgenden aufgezeigt, wie sich Stark- und Dauerniederschläge konkret in der Umgebung eines Verkehrsweges auf die Gesamtstandsicherheit auswirken und welche rechnerischen Verfahren zur Modellierung geeignet sind.

### 4.1 Verkehrsweg in flachem Hang mit latent vorhandener Gleitfläche

In flachen Hängen mit latent vorhandener Gleitfläche werden meist über sehr lange Zeiträume Bewegungen festgestellt, die oft bereits messtechnisch überwacht werden. Hierzu können neben ingenieurgeologischen Kartierungen klassische geodätische und geotechnische Messverfahren, aber auch Laserscans und Dohnenaufnahmen zum Einsatz kommen. Für die rechnerische Analyse wurde eine vereinfachte Geometrie in Anlehnung an die Situation am Wildenberger Hang im Gipskeuper gewählt (Abb. 2).

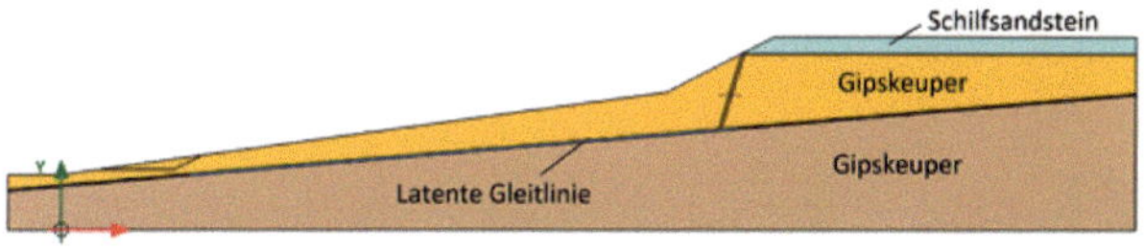


Abb. 2: Geometrie und Baugrundschichten

Der flache Hang hat eine Neigung von etwa 7°, die latente Gleitfuge verläuft noch etwas flacher unter 5°. In etwa 300 m Entfernung vom Hangfuß liegt am Übergang zum Schilfsandstein eine unter 25° geneigte Böschung vor. Um den Einfluss von Stark- und Dauerregen auf eine derartige Böschung zu analysieren, wurden drei Einwirkungen separat betrachtet:

- Flächiger Wassereintrag in den Untergrund aus Dauerregen
- Wassereintritt an der Abrisskante
- Menschlicher Eingriff: kleine Böschung am Hangfuß

Es wird davon ausgegangen, dass der zeitliche Verlauf ausreicht, um von dränierten Verhältnissen auszugehen. Die langfristigen Kriechverformungen werden für den hier verfolgten Zweck im Stoffgesetz nicht berücksichtigt, es wird jedoch angenommen, dass durch die vorangegangenen Kriechbewegungen in der Gleitfuge nur noch eine deutlich reduzierte Restscherfestigkeit vorliegt.

Die Untersuchung der Standsicherheit kann mit einer numerischen Methode erfolgen, z. B. mit der in Plaxis implementierten j/c-Reduktion, aus der sich der maßgebende Bruchmechanismus durch Iteration ergibt. Für den Ausgangszustand ist die obere, steilere Böschung maßgebend, die einen Sicherheitsfaktor FOS von 1,45 aufweist. Für dieselbe Geometrie wurde vergleichend softwareunterstützt die Hangstabilität nach der Bishop-Methode bestimmt. Hierbei handelt es sich um eine Grenzzustandsmethode (Limit Equilibrium LE), die in der Praxis für kreisförmige Scherflächen sehr häufig angewendet wird. Diese Methode berücksichtigt zwar das vertikale Kräftegleichgewicht, jedoch sind nicht alle Gleichgewichtsbedingungen vollständig erfüllt. Verschiedene Studien haben gezeigt, dass die LE-Methode im Vergleich zu den aus PLAXIS erhaltenen Ergebnissen den Sicherheitsfaktor FOS überschätzt (z. B. Aryal [2]). Für Standardfälle ist diese Abweichung meist vertretbar gering, für die untersuchte Geometrie an der steileren Böschung mit ähnlichen Bruchmechanismen liegt sie bei nur 3 %. D. h., dort, wo ein nahezu kreisförmiger Bruchmechanismus zu erwarten ist, liefert das häufig verwendete Verfahren nach Bishop i.d.R. ausreichend zutreffende Ergebnisse.

Der erste zu untersuchende Fall eines flächigen Wassereintrags aus Dauerregen wurde nun in der numerischen Berechnung als vollständig gekoppelte Strömungs-Verformungsanalyse modelliert, die es ermöglicht, die gleichzeitige Entwicklung von Verformungen und Porenwasserdruck aus sich ändernden hydraulischen Bedingungen zu ermitteln. Das Sicherheitsniveau wurde jeweils in einer separaten, nachgeschalteten j/c-Reduktion bestimmt.

Die Auswertung der Ergebnisse zeigt beispielhaft, dass bei einem betrachteten Zeitraum von 30 Tagen sich bereits bei einem recht geringen Wassereintrag (abhängig von der Durchlässigkeit, der Großteil von Niederschlägen läuft oberirdisch ab) die Sicherheit der Gesamtböschung auf 1,0 reduziert wird und in der Folge mit einem Versagen zu rechnen ist. Der Bruchmechanismus verläuft entlang der latenten Gleitfuge und geht nur im oberen Bereich in ein Kreissegment über, Abb. 3.

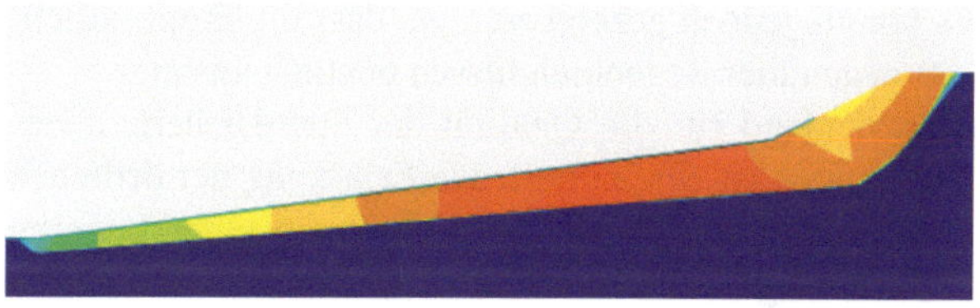

Abb. 3: Versagensmechnismus bei flächigem Wassereintrag

Mit derartigen Berechnungen kann somit analysiert werden, welche Bereiche von einem Versagen betroffen sind und wie empfindlich die Gegebenheiten auf Wassereintrag reagieren.

Als weitere mögliche Einwirkung wurde ein Wassereintrag an der Abrisskante im Bereich der oberen steileren Böschung betrachtet. Hierzu wurde in der numerischen Berechnung ein schmaler Riss angenommen, der bis zur latenten Gleitfuge reicht und zum Teil mit Wasser gefüllt ist. Es entsteht ein mit der Tiefe zunehmender Porenwasserdruck im Riss, der sich in der Gleitlinie fortsetzt. Die Sicherheit reduziert sich dadurch von FOS = 1,45 auf 1,1. Es wird deutlich, dass selbst geringe Wassermengen bei einem Eintrag an ungünstiger Stelle für die Gesamtstandsicherheit kritisch werden und bei einer latent vorhandenen Gleitfläche auch bei geringen Neigungen zu großflächigem Versagen führen können.

Als dritte mögliche Einwirkung wird die Herstellung einer relativ kleinen Einschnittsböschung von 5 m Höhe am Hangfuß simuliert, die beispielsweise für einen Verkehrsweg benötigt wird. Der maßgebende Bruchmechanismus liegt dann nicht mehr in der oberen, steileren Böschung, sondern verläuft entlang der latenten Gleitfuge. Das Sicherheitsniveau ist direkt abhängig von der dort vorliegenden Restscherfestigkeit. Mit einem Versagen ist für diesen Beispielfall bei einer Restscherfestigkeit kleiner etwa 10° Reibung zu rechnen.

In Kombination mit den oben beschriebenen Einwirkungen wird die Böschung mit Einschnitt am Fuß jedoch deutlich empfindlicher. Bereits bei kurzen Regenereignissen oder geringem Anstieg des Porenwasserdrucks in der Gleitfuge kommt es zu einem rechnerischen Versagenszustand.

Zusammenfassend kann für den flachen Hang mit latenter Gleitfuge festgestellt werden, dass die für Standardfälle oft verwendeten Verfahren mit kreisförmiger Gleitlinie hier nicht geeignet sind und zumindest mehrere Bruchkörper mit geraden Gleitlinien zu betrachten sind. Hinsichtlich der Einwirkungen, die sich aus ergiebigen Regenfällen ergeben, zeigt sich, dass bereits ein recht geringer, flächiger Wassereintrag für die Standsicherheit entscheidend wird, wenn er über einen längeren Zeitraum stattfindet. Für die Gesamtstandsicherheit kritisch ist auch ein Wassereintrag an einer nahezu vertikalen Abrisskante, da sich hier auch bei geringen Wassermengen ein maßgeblicher und ungünstig wirkender Wasserdruck aufbaut. Die Auswirkungen menschlicher Eingriffe, wie z. B. Einschnittsböschungen, hängen stark von den lokalen Gegebenheiten ab und werden maßgeblich von Kriecheffekten geprägt, die hier nicht untersucht wurden. Es konnte jedoch gezeigt werden, dass die Empfindlichkeit gegenüber Regenereignissen deutlich ansteigt.
Entscheidend für die Qualität der Standsicherheitsberechnungen ist eine zutreffende Erfassung der örtlichen Untergrundverhältnisse. Das Vorliegen einer latenten Gleitfläche deutet sich in manchen Fällen bereits durch vorangegangene Hangbewegungen an, die durch Verformungen im Gelände oder Säbelwuchs sichtbar werden und im Idealfall bereits messtechnisch erfasst wurden. Falls keine vorangegangenen Bewegungen erkennbar sind, ist anhand der geologischen Verhältnisse zu prüfen, ob Zonen geringer Scherfestigkeit oder Stauhorizonte zu erwarten sind. Soweit aufgrund der örtlichen Situation möglich, kann bei diesen Untergrundverhältnissen ein Baggerschurf zur Erkundung wertvolle Erkenntnisse liefern, da schmale Schichtungen erkannt werden, die wahrscheinlich bei einer hochwertigen Kernbohrung schwerer zu identifizieren sind.

## 4.2 Verkehrsweg in steilem Hang

Bei Verkehrswegen in steilen Hanglagen ist die Entwässerung dieser Flächen ein entscheidender Parameter für die langfristige Standsicherheit. Nicht jeder Schadensfall kann direkt auf eine unzureichende Entwässerung zurückgeführt werden – meist ist die Schadensursache eine Kombination mehrerer Einflüsse – jedoch kann das Endringen von Wasser in den Untergrund die Standsicherheit maßgeblich herabsetzen. Hierzu wurde auf der Grundlage von Erkundungen bei Schadensfällen ein beispielhaftes Rechenmodell abgeleitet, das hinsichtlich der Untergrundverhältnisse und Geometrien typisch für den süddeutschen Raum ist.
Der tiefere Untergrund besteht aus Fels, der von einem Hangschutt, einer Verwitterungsschwarte oder ähnlichem kohäsiven Material überlagert ist. Die Straße schneidet hangseitig leicht in den Hang ein und liegt talseitig in Dammlage auf einer kleinen Auffüllung.

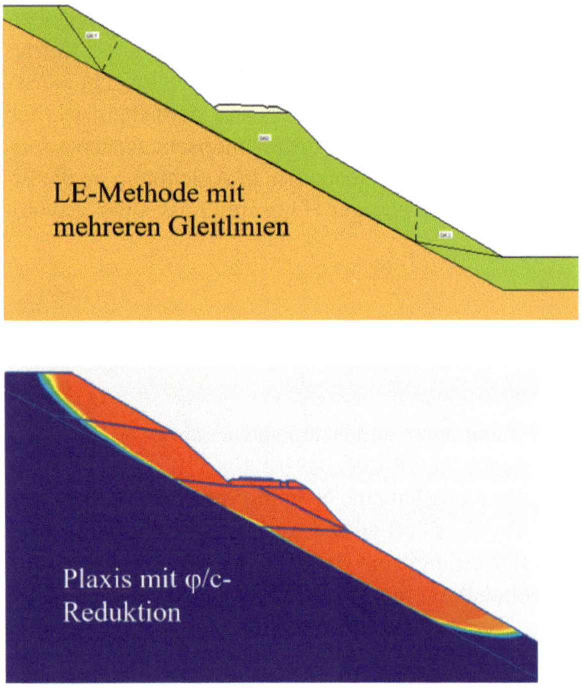


Abb. 4: Vergleich des Versagensmechnismus

Diese Situation wurde unter Berücksichtigung typischer Verkehrslasten mit der φ/c-Reduktion in Plaxis untersucht und es ergibt sich ein Sicherheitsfaktor von 1,25 für die Gesamtstandsicherheit, der den geforderten Teilsicherheiten gemäß EC 7 und DIN 1054 im Grenzzustand GEO-3 für Reibung und Kohäsion entspricht. Vergleichend wurde dieselbe Situation mit einem Verfahren mit zusammengesetzten Starrkörperbruchmechanismen und mehreren geraden Gleitlinien berechnet; kreisförmige Gleitlinien bilden im vorliegenden Fall einen unzutreffenden Bruchmechanismus ab und ergeben deutlich zu hohe Sicherheitsfaktoren. Die maßgebenden Gleitlinien sind Abbildung 4 zu entnehmen und die Ähnlichkeit zum mit Plaxis ermittelten Bruchmechanismus ist erkennbar. Der rechnerische Sicherheitsfaktor gegen diesen Versagenszustand beträgt 1,37 und liegt damit knapp 10 % über dem mit Plaxis berechneten Wert, siehe auch Abschnitt 4.1.
In Situationen, in denen der unterlagernde Fels eine geringere Durchlässigkeit als die Deckschicht aufweist, stellt sich nach Regenfällen eine annähernd böschungsparallele Durchströmung ein. Die Mächtigkeit der durchströmten Schicht bzw. der Anteil der Deckschicht, der einer Strömung ausgesetzt ist, steht in direktem Zusammenhang mit den eingetragenen Wassermengen und wächst bei anhaltenden und ergiebigen Regenfällen an. Kritisch wird dieser Zusammenhang, wenn durch vorangegangene Niederschlagsperioden der Untergrund nahezu gesättigt ist und kaum noch Porenvolumen für die Aufnahme weiterer Wassermengen zur Verfügung steht. Anhaltender Niederschlag führt dann zu einer raschen Zunahme der Strömung und damit zu einer Reduktion der Gesamtstandsicherheit. Im betrachteten Beispiel reduziert sich die Gesamtstandsicherheit um 20 %, wenn die halbe Deckschicht als durchströmt angesetzt wird, und erreicht damit fast den Versagenszustand.

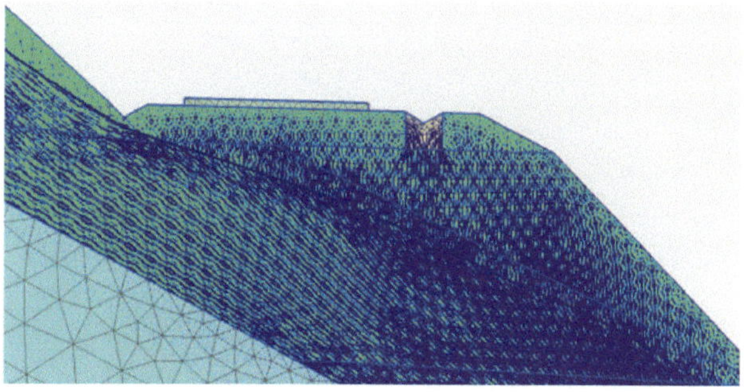

Abb. 5: Simulation eines zusätzlichen Wasserzutritts neben der Fahrbahn

Ein etwas anderes Szenario mit ähnlichem Ergebnis ergibt sich, wenn die Entwässerung der Straße nicht ausreicht, um anfallende Wassermenge aufzunehmen und neben der Straße erhebliche Wassermengen einsickern. Auch hier kommt es zu einer Sättigung und einer Durchströmung, die die Gesamtstandsicherheit deutlich herabsetzt. Es konnte durch rechnerische Analysen (LE mit mehreren geraden Gleitlinien und vergleichend Plaxis) gezeigt werden, dass bei einem hohen Sättigungsgrad des Bodens ein weiterer Wasserzutritt, siehe Abbildung 5, bei einer anfänglich ausreichend standsicheren Böschung, zum Versagen führen kann.

Eine weitere Ursache für Böschungsversagen bei der dargestellten beispielhaften Geometrie sind Wasserführungen in Zwischenschichten oder ausgelaugten Hohlräumen des anstehenden Festgesteins. Hier kommt es nach Niederschlägen zu Wasserzutritten aus dem tieferen Untergrund in die Deckschichten, wodurch sich ähnliche Effekte wie oben beschrieben ergeben.

Aus den geschilderten Betrachtungen für eine Straße an einem relativ steilen Hang kann gefolgert werden, dass die Ursachen für Schadensfälle zwar vielfältig sein können, ein zusätzlicher Wassereintrag aber immer die Standsicherheit erheblich verschlechtert. Als Maßnahme zur Sicherung von Verkehrswegen erscheint es daher sinnvoll, generell die Wasserwegigkeiten im Untergrund möglichst zutreffend zu erfassen und somit Bereiche zu identifizieren, in denen nach Niederschlägen eine starke Durchnässung zu erwarten ist. Dort, wo es möglich ist, kann der Strömungsdruck im Untergrund durch dränierende Maßnahmen reduziert werden. Gegebenenfalls können mit im Horizontalspülbohrverfahren hergestellten Hangentwässerungen auch schlecht zugängliche Bereiche dräniert werden, siehe Abbildung 6.

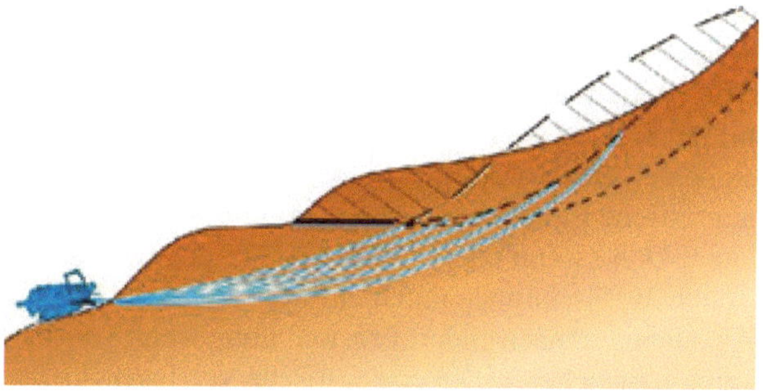

Abb. 6: Hangentwässerung im Horizontalspülbohrverfahren [3]

Entlang der Straße ist insbesondere in diesen kritischen Abschnitten auf eine gut funktionierende und ausreichend dimensionierte Entwässerung zu achten und ggfs. ein erhöhter Wartungsaufwand vorzusehen. In Relation zum Aufwand einer Sanierung nach eingetretenem Schadensfall sind Vorsorgemaßnahmen zur Vermeidung von stauendem Wasser relativ überschaubar. Ein möglicher Nachteil einer gut funktionierenden Hang- und Straßenentwässerung könnte sein, dass dem Vorfluter die Niederschläge schneller zugeführt und das Rückhaltevermögen des Bodens nur vermindert genutzt werden kann. Daher sind am Fuße von Steillagen evtl. entsprechende Retensionsmöglichkeiten vorzusehen.

### 4.3 Verkehrsweg neben Uferböschung mit Erosion

Straßen entlang von Flussläufen haben dort ein erhöhtes Potential durch Erosion beschädigt zu werden, wo sie im Bereich eines Prallhangs verlaufen. Um aufzuzeigen, wie empfindlich derartige Böschungen auf Ausspülungen reagieren, wurde anhand einer gegebenen Situation mit den Rechenwerten aus dem zugehörigen geotechnischen Bericht numerisch untersucht, wie sich die Standsicherheit mit fortschreitender Erosion reduziert. Im Ausgangszustand kann mit einer j/c-Reduktion in Plaxis eine Sicherheit von 1,4 nachgewiesen werden. Zur Simulation der Erosion wurde in einem nächsten Schritt ein Bodencluster am Fuß der Böschung deaktiviert und für diese geänderte Geometrie eine erneute j/c-Reduktion durchgeführt. Diese beiden Schritte wurden dreimal wiederholt. Abbildung 7 ist zu entnehmen, welcher Zustand welche Sicherheit aufweist. Bei einer Abbruchkante 2 m über dem Wasserspiegel kommt es für die hier untersuchten Verhältnisse zu einem Versagen.

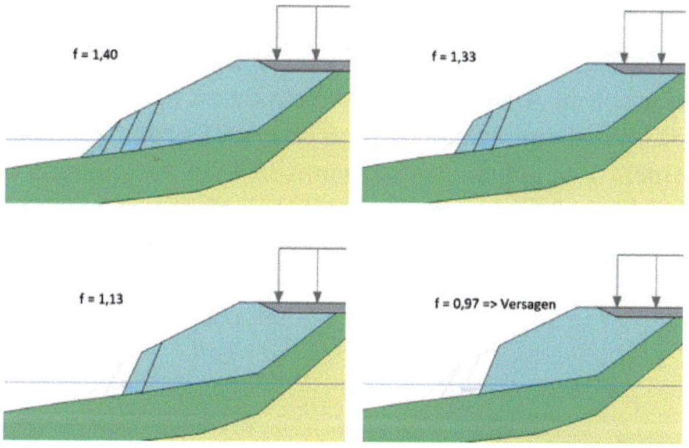


Abb. 7: Simulation von Erosion und zugehörige Sicherheitsfaktoren

Das Ergebnis verdeutlicht, dass relativ geringe Veränderungen der Geometrie in einer für Prallhänge typischen Situation zu einem Verlust der Standsicherheit führen können. Es zeigt aber auch, dass bei Einsatz geeigneter Verfahren mit vertretbarem Aufwand für eine numerische Simulation eine Situation bewertet werden kann. D. h., wenn nach Hochwasserereignissen die betroffenen Böschungen durch einfache Befahrungen auf Anzeichen einsetzender Erosion untersucht werden, kann in manchen Fällen eine kritische Verringerung der Standsicherheit vorhergesehen und Maßnahmen getroffen werden, um ein Fortschreiten der Erosion zu verhindern. Die Standsicherheit wird häufig wesentlich durch die Beschaffenheit der zum Straßenbau eingebrachten Auffüllung bestimmt. Ohne entsprechende Erkundungen können jedoch keine belastbaren Kennwerte gewonnen werden. In den beispielhaften Berechnungen nicht berücksichtigt wurde der Einfluss aus dem Bewuchs der Uferböschung, der sowohl vor Erosion schützt als auch den Widerstand gegen Versagen erhöhen kann.

Ein weiteres Szenario, wo Erosion für Verkehrswege eine Rolle spielt, ergibt sich aus der Renaturierung von Fließgewässern, bei der sich aus einem ehemals begradigten Gewässerverlauf nun ein leicht pendelnder Verlauf und Prallhangstrukturen ergeben. Derartige Entwicklungen und die daraus resultierenden Strukturen sind aus gewässerökologischer Sicht hochwertig und schützenswert. Nahegelegene Verkehrswege können hierdurch jedoch gefährdet werden, s. Abb. 8.

Abb. 8: Renaturierung eines Fließgewässers neben einer Straße [4]

Die Forderung nach ökologischen Uferumgestaltungen und -aufwertungen erfordert für das Vermeiden von Gefährdungen eine differenzierte Betrachtung verschiedener Faktoren.

Um für einen typischen bindigen Untergrund (TM, steif, $\varphi' = 25°$, $c' = 10\ kN/m^2$) Anhaltswerte für die Standsicherheit in Abhängigkeit der Erosion zu liefern, wurde das Diagramm in Abbildung 9 erzeugt. Es zeigt, dass bei einem 1 m hohen Straßendamm sich ein Ausnutzungsgrad von 0,64 (entspricht einer Sicherheit von 1/0,64 = 1,56) ergibt, wenn der Straßendamm 2 m entfernt ist und das Gewässer 2 m ins Gelände einschneidet.

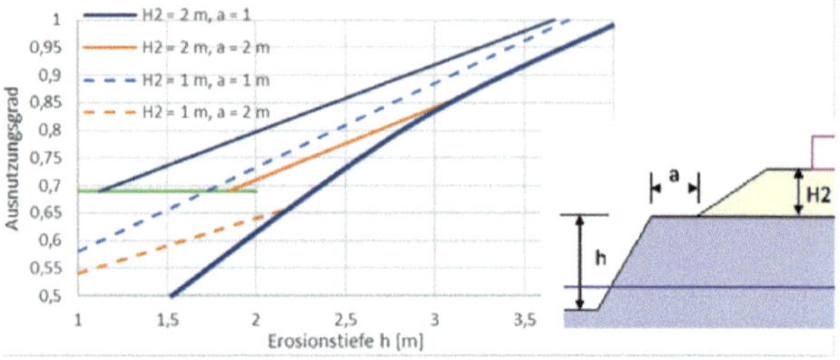


Abb. 9: Zusammenhang zwischen Erosionstiefe und Gesamtstandsicherheit

Bei größeren Einschnittstiefen h wird allein die Böschung am Gewässer für die Standsicherheit entscheidend; Ab einer Einschnittstiefe h von etwa 2,8 m wird die nach Norm geforderte Sicherheit von 1,25 (Ausnutzungsgrad $\mu = 0,8$) unterschritten. Reduziert sich der Abstand a zwischen Dammfuß und Böschungskante durch Erosion auf 1 m, wird die erforderliche Sicherheit bereits bei einer Einschnittstiefe von etwa 2,5 m unterschritten. Bei einem 2 m hohen Straßendamm verschieben sich diese Grenzen auf Einschnittstiefen von 2 m (Abstand a = 1 m) bzw. 2,7 m (Abstand a = 2 m).

Auch wenn die Betrachtung sehr vereinfacht und schematisiert wurde, verdeutlich sie dennoch, dass in der Kombination von nahegelegenem Verkehrsweg und Prallhang eines Fließgewässers Einschnittstiefen zwischen 2 m und 3 m kritisch werden können, insbesondere, wenn sich durch Erosion der Abstand zur Straßenböschung verringert. (Zum Vergleich: Ohne Wasser und seitliche Auflast dürfte eine Baugrubenböschung in derartigem Baugrund unter 60° bis 5 m Höhe als Regelböschung ohne rechnerischen Nachweis der Standsicherheit ausgeführt werden).

## 5. Schlussfolgerungen

Stark- und Dauerniederschläge können auf unterschiedliche Weise die Gesamtstandsicherheit in der Umgebung von Verkehrswegen ungünstig beeinflussen. Je nach Situation gibt es verschiedene Anzeichen, die auf eine reduzierte Standsicherheit hinweisen. Mit geeigneten Vorgehensweisen bei der Erkundung, der Qualität des Baugrundmodells, der rechnerischen Analyse und auch beim Betrieb der Verkehrswege können in einigen Fällen Schadensfälle verhindert werden. Hierbei ist der Aufwand zum Vermeiden eines Schadens meist deutlich geringer als eine Sanierung, die oftmals auch mit ökologisch negativen Auswirkungen verbunden ist.

## Literatur


[1] Deutscher Wetterdienst, https://www.dwd.de

[2] Aryal (2006): Slope Stability Evaluations by Limit Equilibrium and Finite Element Methods, Doctoral Thesis at NTNU, Department of Civil and Transport Engineering

[3] Bayer, H.-J. (2017): HDD-Praxishandbuch: Grundlagen und vielfältige Anwendungen. Vulkan Verlag

[4] LUBW (2022): Gewässerunterhaltung – Ziele und rechtliche Grundlagen, Verlagspublikation Umweltverwaltung Baden-Württemberg

# Wirtschaftliche und ökologische Nachhaltigkeit von Böschungsstabilisierungsmaßnahmen mit Drahtgeflechten aus hochfestem Stahldraht

**Lucian Lenz, BSc (TU)**
RWTH Aachen, Aachen

**Dipl. Geol. Eberhard Gröner**
Geobrugg AG, Romanshorn, Schweiz

**Helene Lanter, MSc Geol.**
Geobrugg AG, Romanshorn, Schweiz

**Zusammenfassung**
Flexible Felssicherungen mit hochfesten Drahtgeflechten können für eine Vielzahl von Anwendungen im Fels und Lockergestein zum Schutz von Infrastrukturen, wie z. B. Bahn und Straße, eingesetzt werden. Sie ermöglichen einen kosteneffektiven, rationellen und naturnahen Schutz vor Steinschlag und Hangbewegungen [1]. Geflechte, Nägel und andere metallische Komponenten sind permanent korrosiven Einflüssen aus der Umgebung ausgesetzt, die lokal variieren und einen wesentlichen Einfluss auf die Nutzungsdauer der Bauwerke haben. Im Rahmen einer Masterarbeit wird untersucht, wie gross die Unterschiede in der zu erwartenden Nutzungsdauer von Zn/Al beschichteten Geflechten und solchen aus rostfreiem Stahl (Edelstahl) sind. Auch die Felsnägel, mit verschiedenen Korrosionsschutzniveaus, werden verglichen. Darauf aufbauend wird anhand von Beispielprojekten ein Life Cycle Sustainability Assessment erstellt, welches eine Ökobilanz sowie eine ökonomische Lebenszyklusbetrachtung beinhaltet. Dabei werden finanzielle Aspekte sowie die Treibhausgasemissionen anhand von Beispielprojekten quantifiziert, die durch die längere Haltbarkeit von Komponenten aus Edelstahl entstehen.
In Zeiten jährlich wachsender Schäden durch Naturgefahren begünstigt durch den Klimawandel und durch die Zunahme von Extremwetterereignissen [2], nimmt die Bedeutung der Sicherung von Böschungen immer mehr zu. Um die verbindlich vereinbarten Klimaziele des Pariser Abkommens zu erreichen [3], sind alle Bereiche der Wirtschaft, so auch die Akteure im Bereich der Felssicherung gefordert. Für die Reduktion von Treibhausgasemissionen und anderen schädlichen Umweltauswirkungen, muss als erster Schritt deren Quantität ermittelt werden. Die Vergleichbarkeit von Produkten durch eine einheitliche Datengrundlage in diesem Bereich ist durch die Verwendung von Werten aus produktspezifischen Umweltproduktdeklarationen (EPD) möglich. EPDs werden von unabhängigen Dritten mit den Daten aus einer zuvor nach den Standards ISO 14040 [4] und ISO 14044 [5] durchgeführten Lebenszyklusbilanz (LCA) des Produkts wie in der EN 15804 [6] für EPD Typ III für Bauprodukte vorgesehen, erstellt. Auf diese Weise können neben den bisher bekannten Eigenschaften von Produkten wie Abmessungen, Materialaufwand oder Kosten auch deren Umweltauswirkungen verglichen werden. Durch die Datengrundlagen aus EPDs und Umweltdatenbanken, wie beispielsweise Ecoinvent [7] oder Bilan Carbone [8], ist es möglich, die Umweltauswirkungen von gesamten Baumaßnahmen zu kalkulieren und so, verschiedene Varianten hinsichtlich ihrer ökologischen Nachhaltigkeit zu vergleichen. Dies stellt die Grundlage zum Erreichen der gesetzten Klimaziele im Allgemeinen wie auch im Felsbau im Speziellen dar.
Anhand von zwei Praxisbeispielen (Abb. 1, 4, 8) zeigen wir auf, welche Vorteile auf lange Sicht durch die Verwendung von Drahtgeflechten aus rostfreiem Stahl 1.4462 (Edelstahl) im Vergleich zum Korrosionsschutz Zn/Al min. 255 g/m$^2$ entstehen können. Dazu wird die zu erwartende Nutzungsdauer der Sicherungsmaßnahmen, abhängig von der atmosphärischen Korrosivität am Standort und den verwendeten Materialien berechnet.
Zusätzlich werden mit Hilfe von EPDs die ökologischen Auswirkungen der Baumaßnahmen in den verschiedenen Ausführungen ermittelt und die Kosten abgeschätzt und über einen langen Zeithorizont verglichen.

## 1. Was sind EPDs und was beinhalten sie?

EPDs liefern standardisierte, objektive, transparente und vergleichbare Informationen über die Umweltauswirkungen eines Produkts oder einer Dienstleistung. In Projektausschreibungen und bei der Erfüllung von Umweltzertifizierungsstandards wie LEED [9], BREEAM [10] und DGNB [11] spielen sie eine wichtige Rolle. Auch helfen sie in der Verbesserung der Nachhaltigkeitsstrategie von Unternehmen und deren Kommunikation gegenüber Auftraggebern und Behörden.
Sie enthalten eine Vielzahl von Parametern, die alle auf eine vergleichbare normierte Einheit bezogen sind. Für Böschungsstabilisierungen mit Drahtgeflechten z. B. auf 1 m$^2$ Geflecht, 1 Meter Bodennagel und 1 Tonne Ankermörtel.

In der EPD wird unter anderem das Globale Erwärmungspotential (GWP) einschliesslich fossiler Emissionen und Landuse – Landuse – Change ausgewiesen. Es wird in der Einheit $CO_2$-Äquivalent gemessen. Das GWP umfasst sowohl das Kohlenstoffdioxid, und auch andere Treibhausgase wie Methan ($CH_4$), Lachgas ($N_2O$) und fluorierte Gase wie FKW. Diese werden zwar in geringeren Mengen als $CO_2$ emittiert, führen jedoch zu vielfach stärkeren Treibhausgaswirkungen und haben eine teils deutlich längere Verweilzeit in der Atmosphäre als $CO_2$. Zur besseren Vergleichbarkeit werden alle diese Gase in ihrer Klimawirkung auf $CO_2$ umgerechnet, wodurch sich das $CO_2$-Äquivalent ($CO_2e$) ergibt [4].

Andere in EPDs enthaltene Werte sind: das Ozon-Depletionspotenzial (ODP), die durch das Produkt entstandene Meeresversäuerung, der Wasserverbrauch, der entstandene Abfall (konventionell, Sonderabfälle), der Energieverbrauch, der Ressourcenverbrauch (ADP, Abiotic Depletion Potential) oder das Eutrophierungspotential von Gewässern.

Zur zeitlichen Einteilung enthalten EPDs die zuvor genannten Werte aufgeschlüsselt nach Phasen des gesamten Produktlebenszyklus (Cradle-to-Grave-Ansatz). Dies sind die Phasen A: Herstellung, Transport und Einbau, B: Betrieb, C: Rückbau, D: Wiederverwertung [12].

Phase A1, A2 und A3 bilden jeweils die Werte für Rohstoffe, den Transport zum verarbeitenden Betrieb und die dortige Produktion ab. In diesen Phasen entstehen in der Herstellung von Drahtgeflechten die grössten Umweltauswirkungen. A4 und A5 umfassen den Transport vom Werkstor des Produzenten zum Bestimmungsort und den Einbau. Viele Produkte enthalten hier keine Werte, da diese sich jeweils individuell für die jeweilige Baustelle und der Baumethode unterscheiden können. Ebenfalls selten definiert in der Felssicherung sind die Phasen B1 (Nutzung), B2 (Unterhalt), B3 (Reparatur), B4 (Ersatz), B5 (Refurbishment), B6 (Energieverbrauch in der Nutzung) und B7 (Wasserverbrauch im Betrieb). Wiederum von unterschiedlicher Relevanz für Hangsicherungssysteme sind die Punkte C1 – C4 und D, die das Ende des Produktlebenszyklus beschreiben (Abbau, Transport, Abfallbehandlung, Ablagerung sowie die Wiederverwendung, welche zumeist positiv den ansonsten negativen Auswirkungen entgegenwirkt). Dies ist darauf zurückzuführen, inwieweit Hangsicherungssysteme am Ende ihres Lebenszyklus wieder demontiert werden können und einer sortenreinen Wiederverwertung zugeführt werden können.

Abb. 1: Netzsicherung Lerici / Ligurien (Italien) direkt am Mittelmeer (Wasserfläche unten rechts). Die Herstellung der Nägel erfolgt unter dem Schutz des Drahtgeflechtes.

## 2. Zu erwartende Nutzungsdauer bei atmosphärischer Korrosivität

Die Nutzungsdauer von Sicherungsmaßnahmen mit Drahtgeflechten, wie sie in der Böschungsstabilisierung eingesetzt werden, wird im Wesentlichen von umweltbedingten und materialbezogenen Faktoren beeinflusst. Eine entscheidende Rolle spielen dabei die Qualität des verwendeten Materials, die Art der Beschichtung, die Beanspruchung durch mechanische Kräfte und die Umgebungsbedingungen. Grundsätzlich hängt die Lebensdauer eines Drahtgeflechts von der Art des Stahls, der Qualität und Dicke der Korrosionsschutzschicht sowie von den Einflüssen der Witterung ab. Auch die regelmäßige Wartung und Inspektion sind von großer Bedeutung, da Beschädigungen oder beginnende Korrosionserscheinungen frühzeitig erkannt und behoben werden können, bevor sie die Tragfähigkeit der Konstruktion beeinträchtigen.

Ein wesentlicher Einflussfaktor auf die Lebensdauer ist die Korrosivität der Umgebung, also das Mass, in dem die Umgebung auf metallische Bauteile korrosionsfördernd wirkt. Die Korrosivität wird häufig nach der Norm DIN EN ISO 9223 [14] und DIN EN ISO 12944-2 [15] in Kategorien von C1 bis CX eingeteilt (Tab. 1). In sehr trockenen Innenräumen mit geringer Luftfeuchtigkeit (C1) ist die Korrosionsbelastung äußerst gering, während in stark industriell geprägten oder küstennahen Gebieten (C5/CX) eine sehr hohe Korrosionsaktivität herrscht.

**Tab. 1: Massen- und Schichtdickenverluste in Abhängigkeit der Korrsivitätskategorie in Anlehnung an DIN EN ISO 14713-1 [16] und DIN EN ISO 12944-2 [15].**

| Korrosivitäts-kategorie | Zink Massen : Dickenverlust pro Jahr in $g/m^2/a$ : µm/a |
|---|---|
| Beispiele typischer Aussenumgebungen (nur informativ) | |
| **C1 sehr niedrig** | **≤ 0,7 : ≤ 0,1** |
| trockenes oder kaltes Klimagebiet, atmosphärische Umgebung mit sehr niedriger Luftverunreinigung und geringer Zeit mit Nässe, z. B. bestimmte Wüsten, zentrale arktische/antarktische Bereiche | |
| **C2 niedrig** | **> 0,7 bis 5 : > 0,1 – 0,7** |
| gemäßigtes Klimagebiet, atmosphärische Umgebung mit geringer Luftverunreinigung ($SO_2$ < 5 µg/m³), z. B. ländliche Bereiche, Kleinstädte. Trockenes oder kaltes Klimagebiet, atmosphärische Umgebung mit kurzzeitiger Nässe, z. B. Wüsten, subarktische Bereiche | |
| **C3 mittel** | **> 5 bis 15 : > 0,7 – 2,1** |
| gemäßigtes Klimagebiet, atmosphärische Umgebung mit mittlerer Verunreinigung ($SO_2$: 5 µg/m³ bis 30 µg/m³) oder leichte Chloridbelastung, z. B. städtische Bereiche, Küstenbereiche mit niedriger Chloridablagerung. Subtropische und tropische Klimagebiete mit Atmosphären mit geringer Verunreinigung | |
| **C4 hoch** | **> 15 bis 30 : > 2,1 – 4,2** |
| gemäßigtes Klimagebiet, atmosphärische Umgebung mit hoher Verunreinigung ($SO_2$: 30 µg/m³ bis 90 µg/m³) oder beträchtliche Chloridbelastung, z. B. verunreinigte städtische Bereiche, industrielle Bereiche, Küstenbereiche ohne Versprühen von Salzwasser, starke Tausalzbelastung, subtropische und tropische Klimagebiete mit Atmosphäre mit mittlerer Verunreinigung | |
| **C5 sehr hoch** | **> 30 bis 60 : > 4,2 – 8,4** |
| gemäßigte und subtropische Klimagebiete, atmosphärische Umgebung mit sehr hoher Verunreinigung ($SO_2$: 90 µg/m³ bis 250 µg/m³) und/oder wesentliche Chloridbelastung, z. B. industrielle Bereiche, Küstenbereiche, Schutzhütten an der Küste | |
| CX extrem | > 60 bis 180 : > 8,4 – 25 |
| subtropische und tropische Klimagebiete (sehr lange Nässeeinwirkungszeiten), atmosphärische Umgebung mit sehr hoher ($SO_2$) Verunreinigung (mehr als 250 µg/m³), inklusive begleitender und durch Produktion bedingte Faktoren und/oder starke Chloridbelastung, z. B. extreme industrielle Bereiche, Küsten- und Offshore-Bereiche mit gelegentlichem Salzsprühkontakt | |

Die Korrosionsrate beschreibt, wie schnell ein Metall oder eine Beschichtung in einer bestimmten Umgebung abgetragen wird, meist angegeben in Mikrometern pro Jahr oder Gramm je Quadratmeter und Jahr (Tab. 1). Sie bestimmt direkt die Schutzdauer der Beschichtung und damit die Gesamtnutzungsdauer des Drahtgeflechts. Beispielsweise kann eine Zinkschicht mit 70 Mikrometern Dicke in einer Umgebung mit mittlerer Korrosivität (C3) und einer Abtragsrate von etwa 1,5 Mikrometern pro Jahr theoretisch über 40 Jahre Schutz bieten. In der Praxis fällt die tatsächliche Lebensdauer jedoch geringer aus, da oft die Einflüsse des Untergrundes nicht berücksichtigt werden. Sobald die Beschichtung vollständig aufgebraucht ist, beginnt der Stahlkern zu korrodieren. Da ungeschützter Stahl eine deutlich höhere Korrosionsrate aufweist, kann der tragende Querschnitt rasch an Festigkeit und Stabilität verlieren.

Neben der allgemeinen Korrosivität beeinflussen weitere Umweltfaktoren den Korrosionsprozess maßgeblich. Besonders kritisch ist der Einfluss von Salzen, wie sie in Meeresnähe oder durch Tausalze auftreten, da Chloridionen den Abtrag der Passivschicht auf metallischen Oberflächen erheblich beschleunigen.

Um die Nutzungsdauer von Drahtgeflechten unter solchen Bedingungen zu verlängern, werden verschiedene Schutzmaßnahmen eingesetzt. Eine häufige Methode ist die Verwendung von Zink-Aluminium-Legierungen wie GALFAN, die im Vergleich zu reinem Zink eine bis zu dreimal höhere Beständigkeit gegenüber atmosphärischer Korrosion mit Chloridbelastungen aufweisen [17] [18]. Schließlich sollte die Ausführung der Sicherungsmaßnahme stets an die Korrosivitätskategorie des Einsatzortes angepasst werden, etwa durch eine dickere Beschichtung oder den Einsatz besonders beständiger Materialien wie rostfreiem Stahl, den es in verschiedenen Qualitäten bis zur Anwendung in hochkorrosiven Umgebungen gibt.

## 3. Korrosivitätskategorien für Wasser und Boden

Das hochfeste TECCO System wurde vor 25 Jahren zur Stabilisierung von Fels- und Lockergesteinsböschungen eingeführt. Durch die Erfahrungen über diesen Zeitraum kann für die atmosphärische Korrosivität davon ausgegangen werden, dass die Bestimmung der Korrosivität und der Festlegung des Korrosionsschutzes sehr gut für die Standorte bestimmt werden kann [19], wie im vorigen Kapitel beschrieben.

Jedoch werden mittlerweile global gesehen 2 – 3 „Schadenfälle" je Jahr an uns herangetragen. Wir werden damit konfrontiert, dass Korrosion durch Rotrost auftritt und der von uns gelieferte Korrosionsschutz ungeeignet sei (Abb. 2).

Abb. 2: Lokale Korrosion hervorgerufen durch korrosive Medien im Untergrund nach ca. 10 Jahren, was einer Einordnung in C4 (Zink) und C5 (Zn/Al) entspricht.

Detaillierte Untersuchungen des Untergrundes, des pH-Wert von Wasser und Boden sowie der Korrosionsprodukte haben gezeigt, dass Stoffe aus dem Untergrund und im Wasser für den beschleunigten Abtrag der metallischen Beschichtung zum Schutz vor Korrosion verantwortlich sind [20]. Ungünstig sind Salz- und Schwefelhaltige Gesteine, Lösungsauszüge davon und sehr niedrige pH-Werte (< 4.5) des Wassers (Abb. 3).

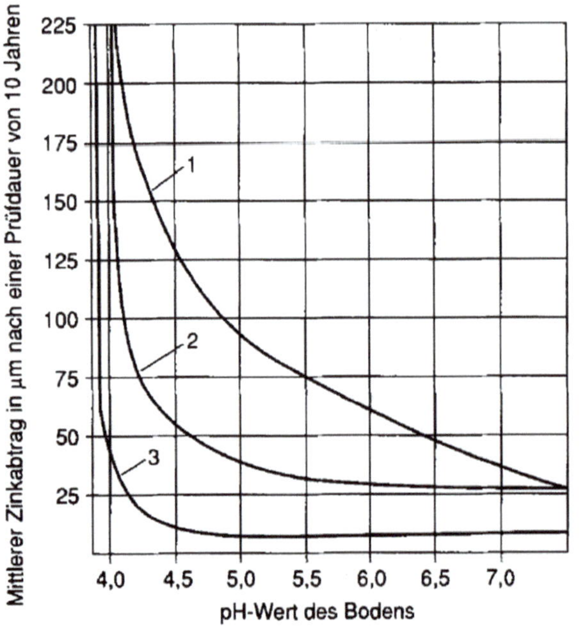


Abb. 3: Mittlerer Zinkabtrag an feuerverzinkten Bauteilen nach 10-jähriger Auslagerung im Erdboden in Abhängigkeit vom pH-Wert des Bodens und der Bodenart [21]. 1 – Belüftung: schlecht, Spez. Bodenwiderstand: 1300….5000Ωcm Wassergehalt: 27 %, Luftgehalt: 9 %; 2 – Belüftung: gut, Spez. Bodenwiderstand: > 5000 Ωcm Wassergehalt: 30 %, Luftgehalt: 17 %; 3 – Belüftung: sehr gut, Spez. Bodenwiderstand: >10000 Ωcm, Wassergehalt: 8 %, Luftgehalt: 36 %.

Die DIN EN ISO 12944-2 ermöglicht eine Einordnung in Im-Kategorien (Im1 – Im4) für Wasser- und Bodenumgebungen. Sie gibt jedoch keine Abtragswerte für Zink in den Im-Kategorien an.
Verfügbar sind Literaturwerte und Werte von Feldstudien, die eine sehr große Streuung zeigen und stark abhängig sind von Temperatur, Sauerstoffgehalt, Salinität, Bodenchemie, Feuchtigkeit, Mikro-Biologie, kathodischem Schutz usw.
Ungefähre Anhaltspunkte, liefert die American Galvanizers Association [22]. Es werden Abtragwerte für verschiedene Chloridgehalte, Bodenfeuchten und pH-Werte angegeben. Für reine Zinkbeschichtungen mit einer Dicke von 75 µm kann bei den ungünstigsten Bedingungen mit einem hohen Chloridgehalt (> 20 ppm) und einer hohen Bodenfeuchte von Nutzungsdauern zwischen 30 – 50 Jahren ausgegangen werden. Unsere Erfahrungen haben gezeigt, dass in sehr wenigen Fällen eine deutlich höhere Korrosivität vorhanden sein kann. Wir empfehlen in solchen Fällen, die chemische Zusammensetzung von Boden und Wasser im Vorfeld der Baumaßnahme zu untersuchen. So kann, wenn erforderlich, ein besserer Korrosionsschutz gewählt werden wie z. B. das TECCO System in Edelstahlausführung. Auch könnten andere Sicherungsmaßnahmen wirtschaftlicher sein.

## 4. Vergleichsprojekte und deren atmosphärische Korrosivität

Um die Gesamtkosten und die ökologischen Auswirkungen von Felssicherungsmaßnahmen quantifizieren zu können, muss zunächst die zu erwartende Nutzungsdauer der verschiedenen Varianten ermittelt werden.
Hierfür wurden zwei vergleichende Berechnungen für die Felssicherungsmaßnahmen Bremm an der Mosel in Deutschland und Lerici (SP) / Ligurien in Italien (direkt am Meer) verwendet.
Beim Projekt Bremm handelt es sich um eine geklüftete Felsböschung mit Kluftkörpern im Dezimeter bis Meter-Bereich. Die Böschung liegt direkt oberhalb der Bundesstraße B49. Die zu sichernde Fläche beträgt ca. 530 m², bei Böschungsneigungen von 45° – 90°. Teilweise sind überhängende Bereiche zu finden, welche einen Hinweis auf die mögliche Grösse von instabilen Kluftkörpern geben. Die Umsetzung der Planung und der Herstellung der Sicherungsmaßnahme wurde im Rahmen des BIM smartROCK Forschungsprojekts, gefördert von mFund und durch das Bundesministerium für Digitales und Verkehr (BMDV), durchgeführt. Weitere Details dazu können unter [23] und [24] gefunden werden.

Abb. 4: Montagearbeiten beim Referenzprojekt Bremm.

Zur Ermittlung der atmosphärischen Korrosivität wurden 1 Jahr vor der Baumaßnahme 5 Stück GUARD Korrosionssensoren im Projektperimeter installiert. Die Abtragraten Zink in g/m$^2$ und Jahr liegen zwischen 1,3 und 3,2 (im Mittel 1,9; Stand Nov. 2025). Nach DIN EN ISO 12944-2 entspricht dies C2, einer geringen bis mässigen Korrosivität (Abtragsraten Zink von 0.7 bis 5 g/m$^2$/Jahr). Beim Projekt Lerici handelt es sich um massig ausgeprägte Kalksteine mit einem, bereichsweise Trennflächengefüge im Dezimeter bis Meter-Bereich. Die Neigung im Hauptbereich liegt bei 70° – 90°. Die zu sichernde Fläche beträgt ca. 730 m$^2$. Die Sicherungsmaßnahme befindet sich in unmittelbarer Nähe zum Meer und dient zum Schutz der Nutzer des darunterliegenden Kiesstrands, der eine Breite von bis zu ca. 4 m hat. Aufgrund der Nähe zum Meer ist der Kontakt von salzhaltigem Wasser mit der Sicherungsmaßnahme zu erwarten (Abb. 1). Der Planer geht von einer Korrosivitätskategorie C4, bei der mit Abtragsraten Zink von 15 bis 30 g/m$^2$/Jahr ausgegangen werden kann, aus. Eine Einordnung in die Korrosivitätskategorie C5 wäre aufgrund der Nähe zum Meer auch möglich.
Beide Vergleichsprojekte wurden mit dem TECCO STAINLESS System in Kombination mit einer Felsvernagelung gesichert. Als Vergleich wurde das TECCO SUPERCOATING A mit einer Zn/Al Beschichtung von 255 g/m$^2$ herangezogen.
Die Bemessung erfolgte jeweils für oberflächennahe Instabilitäten nach dem RUVOLUM Konzept [25] [26] [27].

## 5. Zu erwartende Nutzungsdauer der Vergleichsprojekte

Verglichen werden verschiedene Arten von Korrosionsschutz. Hier wird unterteilt in die Bauteile an der Oberfläche wie Drahtgeflechte, Randseile, den Krallplatten und den dazugehörigen Verbindungsmitteln (Zubehör) und der Felsvernagelung, mit der die Kräfte in den Untergrund eingeleitet werden. Die Nägel sind mit einer Vermörtelung in den Boden eingebunden. Die Mörtelüberdeckung bietet einen ausreichenden Schutz vor Korrosion. Jedoch der Kopfbereich der Felsnägel liegt frei und ist den Umwelteinflüssen ausgesetzt. Für die Berechnung der zu erwartenden Nutzungsdauer wird deshalb der Korrosionsschutz am Nagelkopf betrachtet. Im Folgenden ist die Zusammenfassung der Berechnungen für die Beispielprojekte.

**Bremm an der Mosel:**
Die Korrosivitätskategorie C2 hat Abtragraten Zink von > 0.7 bis ≤ 5 g/m$^2$/Jahr und > 0,1 bis ≤ 0,7 µm.
Bauteile an der Oberfläche und Betrachtung Drahtgeflecht
- TECCO G65/3 SUPERCOATING A (255 g/m$^2$) → zu erwartende Nutzungsdauer von 150 bis > 1000 Jahre im Mittel 270 Jahre (ø Abtrag 2,85 g/m$^2$/Jahr x3) [17] [18].
- TECCO STAINLESS G65/3 (rostfreier Stahl 1.4462) → angenommene Nutzungsdauer als Berechnungsgrundlage 300 Jahre.

Bauteile Felsvernagelung
- GEWI 28, feuerverzinkt nach ISO 1461 Mindestzinkschichtdicke 70 µm → zu erwartende Nutzungsdauer von 100 bis 700 Jahre im Mittel 175 Jahre (ø Abtrag 0,4 µm).
- Edelstahlnägel 1.4462 → angenommene Nutzungsdauer als Berechnungsgrundlage 300 Jahre.

Für die verwendeten Bodennägel ist dementsprechend auf eine Feuerverzinkung zu achten; Nägel aus Edelstahl sind hier nicht unbedingt nötig.
Um festzustellen, ob eine Felssicherungsmaßnahme der Korrosionsschutzklasse C2 zugeordnet werden kann, sind nicht nur die atmosphärischen Umgebungsbedingungen zu beachten, sondern sollten auch die vorhergegangenen Untersuchungen des Gesteins miteinbezogen werden.

**Lerici, Ligurien (Italien):**
Die Korrosivitätskategorie C4 hat Abtragraten für Zink von > 15 bis ≤ 30 g/m$^2$/Jahr und > 2,1 bis ≤ 4,2 µm.
Bauteile an der Oberfläche und Betrachtung Drahtgeflecht
- TECCO G65/3 SUPERCOATING A (255 g/m$^2$) → zu erwartende Nutzungsdauer von 26 bis 51 Jahre im Mittel 34 Jahre (ø Abtrag 22,5 g/m$^2$/Jahr x3) [17] [18].
- TECCO STAINLESS G65/3 (rostfreier Stahl 1.4462) → angenommene Nutzungsdauer als Berechnungsgrundlage 120 Jahre.

Bauteile Felsvernagelung
- GEWI 28, feuerverzinkt nach ISO 1461 Mindestzinkschichtdicke 70 µm → zu erwartende Nutzungsdauer von 16 bis 33 Jahre im Mittel 22 Jahre (ø Abtrag 3,15 µm).
- Edelstahlnägel 1.4462 → angenommene Nutzungsdauer als Berechnungsgrundlage 120 Jahre.

Würde diese Maßnahme ohne Komponenten aus Edelstahl ausgeführt, wären bei einem Einsatz von verzinkten Nägeln bei den angenommenen Mittelwerten die Nägel alle 22 Jahre auszutauschen. Sind die Krallplatten, die die Nagelkräfte auf das Netz verteilen, ebenfalls aus verzinktem Stahl, wären diese nach der gleichen Zeitspanne von Rost befallen. Wenn ein Abrostungszuschlag von 2 mm miteinkalkuliert würde (z. B. GEWI 32 statt 28), würde sich die Haltbarkeit auf weit mehr als die erforderlichen 120 Jahre erhöhen, ehe der statisch notwendige Durchmesser von 28 mm von Rost betroffen wäre.

## 6. Wirtschaftlichkeitsbetrachtung

In den Beispielprojekten machten die Gesamtkosten für Geflechte Zn/Al inkl. Zubehör und deren Einbau (A1–A5) 30 % (Bremm) bzw. 33 % (Lerici) aus.
Edelstahlgeflechte sind im Allgemeinen ca. 30 – 40 % teurer als Zn/Al-Geflechte.
Bei Betrachtung der Gesamtmaßnahme machen die Mehrkosten für Edelstahlgeflechte 16.1 % des gesamten Projektvolumens in Bremm und 10.3 % in Lerici aus.
Bohrarbeiten, Nägel und deren Einbau lagen bei 37 % (Bremm) bzw. 50 % (Lerici) der Gesamtkosten.

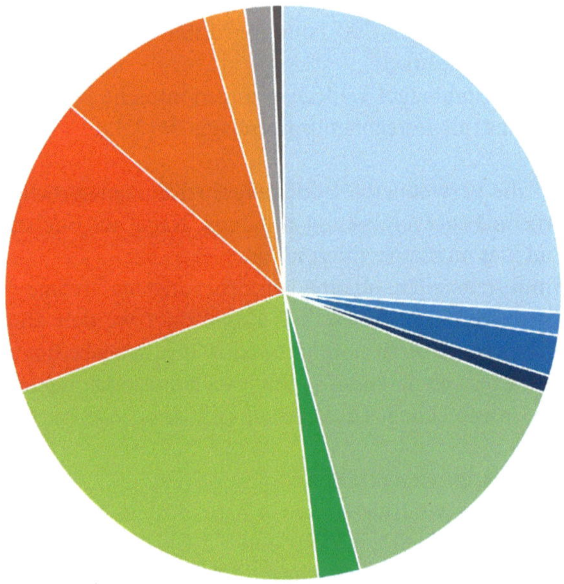


Abb. 5: Kostenaufteilung der Baustelle smartROCK: blau sind die Kosten für Baustelleneinrichtung und Felsberäumung (ca. 30 %); grün für Bohrungen, Nägel und deren Einbau (ca. 40 %); rot/orange für Geflecht, Randseil und Zubehör sowie dessen Einbau (30 %).

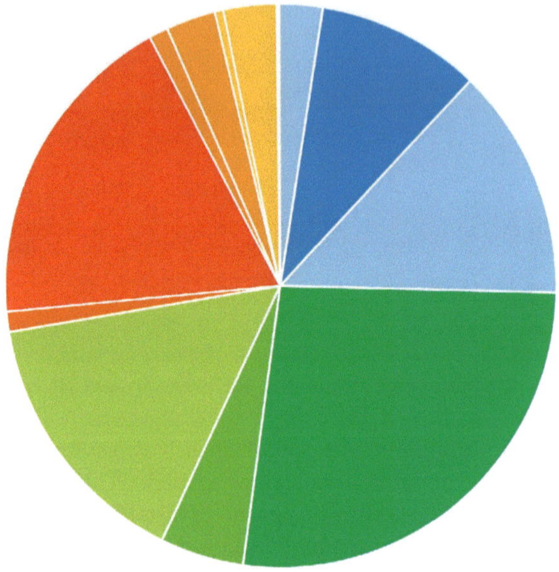


Abb. 6: Kostenaufteilung der Baustelle Lerici: blau sind die Kosten für Baustelleneinrichtung und Felsberäumung (ca. 25 %); grün für Bohrungen, Nägel und deren Einbau (ca. 55 %); rot/orange für Geflecht, Randseil und Zubehör sowie dessen Einbau (ca. 20 %).

Die übrigen Kosten entfielen auf die Baustelleneinrichtung, Beräumung der Felswand und Absicherung der Arbeiten. Über längere Zeiträume betrachtet erhöht sich die Wirtschaftlichkeit von Böschungsstabilisierungssystemen aus Edelstahl, da durch die längere zu erwartende Nutzungsdauer keine Ersatzmaßnahmen oder Neubauten notwendig sind.

## 7. Treibhausgasemissionen

In Bauausführung und Abläufen unterscheiden sich die Verwendung von Komponenten aus verzinktem Stahl und Edelstahl kaum. Jedoch liegt der Treibhausgasausstoss der Gesamtbaumaßnahme bei Systemen, die in rostfreiem Stahl ausgeführt werden, 32 % höher, basierend auf den Berechnungen für Bremm. Dadurch lägen für die Baustelle in Lerici die zunächst geringeren Emissionen aus dem ersten Einbau in der Gesamtsicht bereits nach spätestens 17 Jahren höher, als wenn von Anfang an rostfreie Komponenten verwendet worden wären.

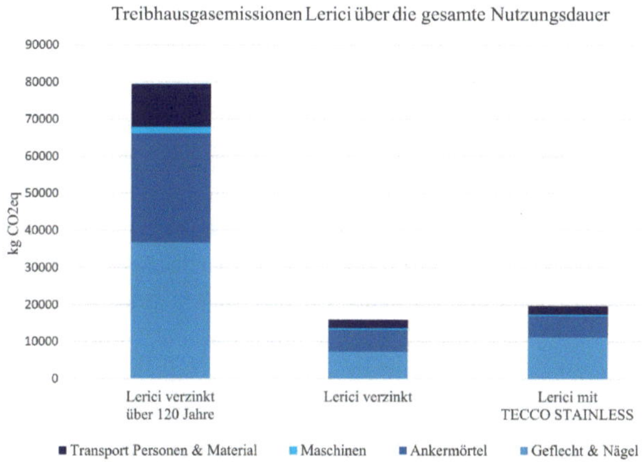


Abb. 7: Rechts die kumulierten Treibhausgasemissionen bei Verwendung des Systems TECCO STAINLESS, in der Mitte die Emissionen mit SUPERCOATING. Über den betrachteten Zeitraum von 120 Jahren erhöhen sich die Emissionen für die nicht rostfreie Variante durch den regelmässig nötigen Austausch der Komponenten um das Fünffache.

## 8. Fazit und Ausblick

Somit lässt sich abschliessend zusammenfassen, dass gerade in Umgebungen mit erhöhter Korrosivität die Verwendung von Komponenten und insbesondere von Geflechten aus Edelstahl sowohl aus Gründen der Nachhaltigkeit als auch aus wirtschaftlichen Erwägungen langfristig Sinn ergibt. Ressourcen können geschont und Emissionen in der Zukunft vermieden werden durch den Entfall von Reparatur- und Ersatzmaßnahmen. Die sonst dafür benötigten Kapazitäten für Planung und Genehmigung können an anderen Stellen sinnvoller eingesetzt werden. Und nicht zuletzt werden Anwohner oder in der Nähe der Sicherungsmaßnahme verlaufende Straßen oder Schienenwege ebenso vor den Belastungen durch wiederkehrende Baumaßnahmen verschont und zusätzlich die Flora und Fauna, die sich in der Böschung angesiedelt hat.

Abb. 8: Das Hangsicherungssystem in Bremm drei Monate nach Ende der Bauarbeiten im September 2025

## Literatur


[1] Gröner, E., Lanter, H., Brunn, M.: Relevanz von Umweltproduktdeklarationen (EPD) in der Felssicherung und die Herausforderungen bei der fachlichen Bewertung. Beitrag zu den Fachsektionstagen Würzburg 2025.

[2] Naturkatastrophen in 2024. https://www.munichre.com/de/unternehmen/media-relations/medieninformationen-und-unternehmensnachrichten/medieninformationen/2025/naturkatastrophen-2024.html. Zuletzt aufgerufen am 14.11.2025.

[3] PariserKlimaabkommen,https://unfccc.int/process-and-meetings/the-paris-agreement. Zuletzt aufgerufen am 14.11.2025.

[4] DIN ISO 14040:2021-02, Umweltmanagement – Ökobilanz – Grundsätze und Rahmenbedingungen (ISO 14040:2006 +Amd 1:2020)

[5] DIN EN ISO 14044:2018-05, Umweltmanagement – Ökobilanz – Anforderungen und Anleitungen (ISO 14044:2006 + Amd 1:2017)

[6] DIN EN 15804:2022-03, Nachhaltigkeit von Bauwerken – Umweltproduktdeklarationen – Grundregeln für die Produktkategorie Bauprodukte (EN 15804:2012+A2:2019+AC:2021)

[7] Ecoinvent Centre. Ecoinvent website. http://www.ecoinvent.org/database/database.html. Zuletzt aufgerufen am 14.11.2025.

[8] Agence de la transition écologique – Bilan Carbone. https://www.data.gouv.fr/datasets/base-carbone-complete-de-lademe-en-francais-v17-0/. Zuletzt aufgerufen am 14.11.2025.

[9] Leadership in Energy and Environmental Design https://www.german-gba.org/leed. Zuletzt aufgerufen am 14.11.2025.

[10] Building Research Establishment Environmental Assessment Methodology https://breeam.com. uletzt aufgerufen am 14.11.2025.

[11] Deutsche Gesellschaft für Nachhaltiges Bauen e.V. https://www.dgnb.de/de. Zuletzt aufgerufen am 14.11.2025.

[12] Treibhausgase. https://www.umweltbundesamt.de/themen/klima-energie/treibhausgas-emissionen/die-treibhausgase, zuletzt aufgerufen am 14.11.2025.

[13] Geobrugg AG (2024): Environmental Product Declaration for: high-tensile chain-link mesh. https://www.environdec.com/library/epd6298. Zuletzt aufgerufen am 14.11.2025.

[14] DIN EN ISO 9223:2012-05, Korrosion von Metallen und Legierungen – Korrosivität von Atmosphären – Klassifizierung, Bestimmung und Abschätzung (ISO 9223:2012)

[15] DIN EN ISO 12944-2:2018-04, Beschichtungsstoffe – Korrosionsschutz von Stahlbauten durch Beschichtungssysteme – Teil 2: Einteilung der Umgebungsbedingungen (ISO 12944-2:2017)

[16] DIN EN ISO 14713-1:2017-08, Zinküberzüge – Leitfäden und Empfehlungen zum Schutz von Eisen- und Stahlkonstruktionen vor Korrosion –

Teil 1: Allgemeine Konstruktionsgrundsätze und Korrosionsbeständigkeit (ISO 14713-1:2017)

[17] Nünninghoff, R.: long-term experience with Galfan; Wire 3/2003.

[18] Nünninghoff R.: Vergleichende Korrosionskurzzeit-Tests an feuerverzinkten und galfan-verzinkten Stahldrähten; Bergische Universität Wuppertal, 1998.

[19] Gröner E.; Roduner, A.: Zu erwartende Nutzungsdauer von „Steinschlagschutznetzen“: Korrosionsschutz, Langzeitverhalten, Perspektiven. Weiterbildungsseminar der Forschungsstelle Rutschungen, Mainz 2013.

[20] Sorg, M.: Recherche unveröffentlicht. Korrosion in Erdböden, Verhalten von verzinktem und nichtrostenden Stahl, 2022.

[21] Kunze, E.: Korrosion und Korrosionsschutz, Wiley-VCH Verlag GmbH, Weinheim, 2001

[22] American Galvanizers Association: “Service Life of Galvanized Steel Articles in Soil Applications”, 2011.

[23] Ernst, C., Gröner, E., Drozdzynski, S.: smartROCK Felssicherung goes BIM – Zeitgemäße Planung von Sicherungsbauwerken. Fachsektionstage Würzburg 2025.

[24] https://smartrock.wittundpartner.com/. Zuletzt aufgerufen am 18.11.2025.

[25] Rüegger, R.; Flum, D.; Haller, B.: Hochfeste Geflechte aus Stahldraht für die Oberflächensicherung in Kombination mit Vernagelungen und Verankerungen (Ausführliche Bemessungshinweise). Technische Akademie Esslingen, Beitrag für 2. Kolloquium „Bauen in Boden und Fels“, Januar 2002.

[26] Flum, D.; Stolz, M.; Roduner, A.: Grossfeldversuche mit flexiblen Böschungsstabilisierungssystemen. Technische Akademie Esslingen, Beitrag für 7. Kolloquium „Bauen in Boden und Fels“, Januar 2014.

[27] Cala, M.; Flum, D.; Rüegger, R.; Roduner, A.; Wartmann, S.: TECCO Slope Stabilization System and RUVOLUM Dimensioning Method. Geobrugg AG, Romanshorn 2020.

# Bahndamm Feldkirchen-Westerham – Innovative Hangsicherung inmitten eines Naturschutzgebietes


**Dr.-Ing. Raoul Hölter**
Dr. Spang GmbH, KC-Planung Statik, Witten

**Sarah Hägele, M. Sc.**
Dr. Spang GmbH, Geotechnik, München

**Dipl.-Ing. (FH) Achilles Häring**
Dr. Spang GmbH, KC-Planung Statik, Esslingen

**Prof. Dr. Paul Gehwolf**
Dr. Spang GmbH, Geotechnik, München



**Zusammenfassung**

Seit Jahren konnten in einem ca. 100 m langen Abschnitt in Hanglage der Bahnstrecke 5622 nordwestlich von Westerham kontinuierlich Gleislagefehler festgestellt werden, die durch wiederholtes Nachstopfen der Gleise kurzfristig behoben wurden. Um die Ursache dieser Bewegungen zu verstehen und gezielt Gegenmaßnahmen ergreifen zu können, wurde im Jahr 2023 ein umfassendes geotechnisches Monitoring eingerichtet. Im Rahmen dieses Beitrages sollen die komplexen örtlichen geologischen und hydrogeologischen Verhältnisse dargestellt werden, die durch das Monitoring als Ursache der Hangbewegungen identifiziert wurden und die es bei der Wahl des Lösungskonzeptes zu berücksichtigen galt. Anschließend sollen die Überlegungen vorgestellt werden, die zu dem Sicherungskonzept geführt haben. Hierbei soll einerseits auf die Vorgaben des Naturschutzes eingegangen werden, andererseits jedoch auch auf die Vorgabe, dass die Baumaßnahme in unmittelbarer Nähe zum Gleis und unter rollendem Rad erfolgen muss.


## 1. Einführung

Die eingleisige elektrifizierte Bahnstrecke 5622 verläuft in Bereich zwischen km 11,7 und 11,9 in einseitiger Dammlage ca. 18 m oberhalb eines Prallhangs der Mangfall. Die Strecke weist aufgrund von Böschungs- und Hangbewegungen in diesem Bereich immer wieder Gleislagefehler auf. Auch in der parallel ca. 8 m unterhalb der Bahntrasse verlaufenden Straße wurden zunehmende Rissbildungen dokumentiert. Zudem zeigten sich sowohl neben der Bahnlinie als auch der Straße großflächige Vernässungszonen.

Abb. 1: Blick über das Projektgebiet, idyllisch gelegen inmitten des FFH-Gebietes „Mangfalltal“

Eine Sanierung des Rutschhanges wurde als zwingend erforderlich angesehen, wobei neben den gängigen geometrischen und hydrogeologischen Randbedingungen insbesondere Aspekte des Natur- und Unweltschutzes aufgrund der Lage des Rutschhanges in einem FFH- (Fauna-Flora-Habitat) Gebiet berücksichtigt werden mussten.

## 2. Monitoring

Aufgrund der deutlich sichtbaren Ausprägung eines Rutschbereichs und der regelmäßig gemessenen Gleislagefehler wurde im Zuge der Gefährdung der Betriebssicherheit vorläufig eine 200 m lange LA-Fahrstelle (30 km/h) im o.g. Bereich eingerichtet. Für den Nachweis der gleichen Sicherheit und Aufrechterhaltung des Betriebs wurde als Sofortmaßnahme ein umfassendes online aufgeschaltetes Mess- und Monitoringsystem mittels Inklinometer- und Grundwassermessstellen, Tiltmetern installiert und zur Absicherung dieser Messungen werden geodätischen Kontrollmessungen durchgeführt.

Zur Erfassung der Umweltbedingungen wurden Temperatur und Luftdruck über integrierte Sensoren aufgezeichnet, während ergänzende Niederschlags- und Temperaturdaten von der Wetterstation „Feldkirchen-Westerham-Lenzmühle“ herangezogen wurden. Entlang der Schienen zwischen km 11,805 und km 11,910 wurden jeweils rund 105 m lange horizontale Ketteninklinometer installiert, die im Stundentakt Neigungsänderungen erfassen und daraus vertikale Gleisverformungen ableiteten. Die Hangbewegungen wurden durch drei vertikale Ketteninklinometer überwacht, die links der Bahn sowie rechts der Bahn eingebaut worden waren. Mit Sensorabständen von 1,0 m beziehungsweise 0,5 m und Messintervallen von drei Stunden bzw. einer Stunde erfassten sie Neigungen sowohl in hang- als auch in gleisparalleler Richtung. Ergänzend wurden drei Tiltmeter installiert, die lokale Neigungsänderungen entlang quer- und längsgerichteter Achsen erfassten. Zur Validierung der kontinuierlichen Messsysteme wurde seit August 2023 zudem eine etwa monatliche geodätische Vermessung durchgeführt, bei der rund 62 Prismen entlang der Bahntrasse sowie weitere Punkte an ausgewählten Messstellen und am OLA-Mast dreidimensional bestimmt wurden.

## 3. Projektrandbedingungen

### 3.1 Geologie und Hydrogeologie

Das Projektgebiet zeichnet sich durch die Lage im Mangfalltal durch großflächige Rutschungs- und Erosionsprozesse aus, welche den o.g. Abschnitt auch lokal prägen. Daher wird der Baugrund von einer vielschichtigen Abfolge quartärer und tertiärer Sedimente geprägt, die ein heterogenes geologisches und hydrogeologisches System ausbilden. Die anstehenden Schichten umfassen Auffüllungen, Kiese und Sande sowie nichtbindige Sedimente, welche auch teilweise stark verfestigt anstehen. Diese Einheiten fungieren überwiegend als Kluft- bzw. Porengrundwasserleiter mit geringer bis mäßiger Durchlässigkeit und zumeist geringer bis mittlerer Ergiebigkeit. Je nach Feinanteil variieren ihre Filtereigenschaften von gering bis mäßig. Unterlagernd treten Sande der Oberen Süßwassermolasse auf, die als Porengrundwasserleiter mit geringen Ergiebigkeiten und einem mäßigen bis hohen Filtervermögen einzustufen sind.

Die basalen tertiären Tone und Schluffe besitzen zwar generell eine geringe Durchlässigkeit, können jedoch infolge vorhandener Harnisch- und Kluftflächen lokal wasserführend sein. Diese Strukturen belegen episodische Bewegungen innerhalb der Schichten, die zu temporären Öffnungen und erhöhten Durchlässigkeiten führen können.

Hydrogeologisch wird das Gebiet durch ein quartäres Grundwasserstockwerk geprägt, dessen Fließrichtung nach Südosten orientiert ist. Der nächstgelegene Vorfluter ist die Mangfall (ca. 552 m NHN), die südwestlich am Böschungsfuß verläuft.

Die eingerichtete GWM neben dem Gleis zeigte über den gesamten Beobachtungszeitraum bis Januar 2024 keine Wasserführung. In der Messstelle auf Niveau der Straße hingegen wurde unmittelbar nach Installation ein mittlerer Grundwasserstand von 555,9 m NHN erfasst, der geringmächtig über der stauenden Schicht der tertiären Tone ansteht. Bei Niederschlag konnte in beiden Messstellen ein Aufspiegeln des Wassers festgestellt werden. Auf Basis der vorliegenden Messdaten sowie der geologischen Situation – insbesondere des Übergangs von nichtbindigen quartären Schichten zu bindigen Tertiärschichten – wurde die bau- und bemessungsrelevante Grundwassersituation bewertet.

Neben dem Grundwasser sind oberflächennahe Sicker- und Schichtwasserzutritte relevant. Diese können saisonal infolge der geringen Durchlässigkeit oberflächennaher Auffüllungen und bindiger quartärer Sedimente auftreten. Hinweise auf Vernässungszonen ergeben sich durch Vegetationsmerkmale (u. a. Schachtelhalm, Sichelwuchs), beobachtete Wasserzutritte sowie Wasseranstau in lokalen Mulden und Gräben. Besonders ausgeprägt ist eine Vernässungszone oberhalb des Projektgebietes im Bereich km 11,825, wo ein Wasserzutritt in Richtung Bahndamm abfließt (s. Abb. 2). Eine weitere Vernässungszone unterhalb eines Rohrdurchlasses ist auf den unzureichend gefassten Ablauf zurückzuführen (s. Abb. 3).

Die Kombination aus Hanglage, heterogenen Sedimentabfolgen und lokalem Wasseraufstau führt zu einer geotechnisch relevanten Schwächung einzelner Schichten. Die Analyse der Erkundungsdaten zeigt das Vorliegen eines großflächigen, tief liegenden Rutschkörpers, dessen Gleitfläche im Übergang zu den tertiären Tonen liegt. An dieser Grenzfläche kann ein Wasseraufstau erfolgen, der zu Durchnässung und einer lokalen Reduktion der Scherfestigkeit beiträgt und somit die Hangstabilität beeinflusst.

### 3.2 Technisch- geometrische Randbedingungen

Die mittlere Neigung der insgesamt ca. 18 m hohen Böschung beträgt nur 22° ist jedoch aufgrund der o.g. hydrogeologischen Randbedingungen rechnerisch nicht als standsicher nachweisbar.

Zwischen der Bahntrasse und der am bahnrechten Böschungsfuß liegenden Mangfall befindet sich in etwa auf halber Höhe bei 560 m NHN die bahnparallel verlaufende Straße zwischen Westerham und dem Bahnübergang bei km 11,3. Als Bemessungslasten sind somit die Verkehrslasten der Bahn als vereinfachtes Lastmodell der Ril 836 und der Straße gemäß LM1 des EC-1.

Abb. 2: Obere Vernässungszone mit charakteristischem Ackerschachtelhalmbewuchs neben dem Gleis

Abb. 3: Untere Vernässungszone zwischen Straße und Gleis

Auf die Gesamtstandsicherheit des Dammes haben beide Verkehrslasten einen eher untergeordneten Einfluss, jedoch galt es insbesondere unterhalb der Straße ein lokales Versagen zu berücksichtigen und somit ebenfalls zu sichern.
Bauzeitlich galt es zu beachten, dass eine Verfahrenstechnik zu wählen war, die den temporären Zustand des Hanges nicht weiter verschlechtert. Rammverfahren galt es ebenso zu vermeiden, wie Bohrverfahren mit Wasserspülung oder die zu schweres Gerät erfordern. Zudem galt es zu beachten, dass, mit Ausnahme einer kurzen Sperrpause, der Bahnbetrieb, während der Arbeiten aufrechterhalten werden sollte. Auch hierauf waren Planung und mögliche Verfahrenstechnik hin abzustimmen.

### 3.3 Umwelt- und Naturschutz

Da sich das Planungsgebiet im FFH (Fauna-Flora-Habitat) -Gebiet Nr. 8236-371 „Mangfalltal" befindet, war durch eine entsprechende Vorprüfung zu untersuchen, ob durch die geplante Maßnahme eine so erhebliche Beeinträchtigung der Erhaltungsziele des Schutzgebietes vorliegt, dass eine vertiefte Natura 2000- Verträglichkeitsprüfung erforderlich wird. Um eine solche Verträglichkeitsprüfung und Beeinträchtigungen des Schutzgebietes zu vermeiden, gelt es frühzeitig die Tragwerks- und Entwässerungsplanung für den Bau- und Endzustand mit einer Naturschutzfachplanung abzustimmen. So wurden Mikropfähle als Element der Hangsicherung nicht ausgeschlossen, jedoch die üblicherweise zughörige vollflächige Oberflächensicherungen durch eine Spritzbetonschale ebenso ausgeschlossen wie eine Übernetzung.
Auch im Bauablaufplan waren Belange des Naturschutzes zu berücksichtigen. So galt es zu beachten, dass die Projektgebiet angetroffenen Zauneidechsen sich in den kalten Monaten in Winterstarre befinden. Von Flächen, die bei Arbeiten in dieser Zeit für die Arbeiten benötigt wurden, wenn auch nur temporär als Baustraßen, mussten die Tiere vorab vergrämt werden.

### 3.4 Schadensbilder

Im gesamten Untersuchungs- und Böschungsbereich wurden vielfältige Schadensbilder und morphologische Auffälligkeiten auf, die sowohl auf lokale als auch auf großräumige (teilweise nicht aktive) Hanginstabilitäten hinweisen. Besonders im direkten Umfeld der Bahntrasse sowie im Übergangsbereich zur Hangböschung sind deutliche Deformationen erkennbar. Teilweise konnten Schadensbereiche visuell bei den Erstbegehungen nicht festgestellt werden und nur durch das Monitoring identifiziert werden. Durch die anhaltende Bewegung wurden diesem im Projektverlauf visuell sichtbar.

*Schadensbilder im Gleis- und Schotterbereich*
Links der Bahn, bei km 11,837, befindet sich unmittelbar an den Schotterkörper anschließend eine etwa 8 m lange, mehrere Dezimeter tiefe Senke, die sich in Richtung Gleis absenkt. Zusätzlich zeigt sich im Gleisschotter eine leichte Absackung. Diese Struktur wurde als potenzielle Anrisskante interpretiert, die auf Bewegungen im Untergrund unmittelbar unterhalb des Gleisbereichs hindeutet. Die rasche Wiederetablierung von Schachtelhalmbewuchs nach Freischnittmaßnahmen bestätigt einen zeitweiligen Wasseranstau innerhalb der Senke.

*Deformationen im Randweg und Bahnseitenbereich*
Rechts der Bahn befand sich ein unmittelbar an den Schotter anschließender Randweg, der über eine Länge von rund 45 m ab km 11,810 hangabwärts geneigt ist. Der Weg war in mehreren Abschnitten deutlich abgesackt und verkippt. Besonders markante Absenkungen treten bei km 11,815, km 11,835 und km 11,845 auf. Bereits ältere Begutachtungen seit 2004 dokumentierten diese Formveränderungen, sodass von einer sehr langsam kriechenden Hangbewegung ausgegangen werden konnte. Ein deutlicher Hinweis auf die laufende Bewegung ist der stark nach außen geneigte OLA-Mast 11/8 bei ca. km 11,850.
Zwischen der Bahnstrecke und der Straße zeichnete sich ein möglicher Rutschkörper ab, der durch eine wulstartige Stirnseite sowie eine angedeutete Anrisskante unterhalb des Randwegs erkennbar war. Verkippte Bäume mit Sichelwuchs und eine vorgewölbte bzw. abgesenkte Berme unterstrichen den Verdacht einer aktiven Böschungsbewegung.

*Schäden an der Straße*
Die oberhalb des Böschungsbereichs verlaufende Straße weist über die gesamte Länge des Untersuchungsabschnitts eine deutliche Neigung sowie eine horizontale Auswölbung in Richtung Mangfall auf. Am Straßenkörper sind zahlreiche mehrere Meter lange und bis zu 2 cm breite Risse sichtbar (s. Abb. 4) Obwohl der Straßenbelag ersichtlich erst vor kurzem erneuert worden war, hatten sich bereits neue Risse gebildet, was auf eine weiterhin aktive Hangbewegung hindeutete. Im Rahmen der Baumaßnahme hat sich gezeigt, dass im Straßenbereich bereits bis zu 70 cm Asphalt lageweise aufgebracht waren.

*Schadensbilder unterhalb der Straße und im Uferbereich*
Unterhalb der Straße zeigt sich eine Vielzahl verkippter Bäume, teils mit ausgeprägtem Sichelwuchs. Zudem

lassen sich mehrere Rutschkörper anhand wulstartiger Stirnseiten identifizieren. Im Uferbereich der Mangfall treten deutliche Unterspülungen auf, die aufgrund der schwierigen Zugänglichkeit nicht vollständig erfasst werden konnten. Es ist jedoch davon auszugehen, dass die Unterspülung stellenweise mehr als 1 m in den Hang hineinreicht. In diesem Abschnitt stehen Nagelfluhbänke an, deren Erosionsanfälligkeit und die Einwirkung der Fließgewässerdynamik zur lokalen Destabilisierung beitragen. Die Gesamtheit der Schadensbilder deutete auf ein komplexes, großräumiges Hanginstabilitätssystem hin, das durch geologische Heterogenität, Wasserzutritte und topographische Randbedingungen gesteuert wurde.

Abb. 4: Rissbildung in der Straße

### 3.5 Interpretation

Die beobachteten Schäden sowie die Auswertung der Messergebnisse der Inklinometer ließen auf eine lokale, vermutlich (auf den Gesamthang bezogene) flachgründige Rutsch- bzw. Kriechbewegung schließen, welche sich auf den Bereich km 11,825 bis km 11,855 beschränkt und ihr Anrissgebiet direkt unterhalb des Bahndammes bzw. direkt links der Bahn anschließend (km 11,830 – km 11,845) hat und bis zum Böschungsfuß unterhalb der Straße reicht. Die genaue Tiefenlage der Gleitfläche im oberen Hangbereich bzw. im Bereich der Gleisanlage ist nicht bekannt. Diese können im Übergangsbereich von nicht bindigen zu bindigen Böden, im Übergangsbereich der bindigen Auffüllungen zu den anstehenden tertiären Tonen und Schluffen oder innerhalb der tertiären Tone und Schluffe liegen. Letzteres kann u. a durch Wasserwegigkeiten innerhalb von Klüften bzw. der Ausbildung von großflächigen Harnische bzw. der temporären Öffnung dieser innerhalb der Tone begünstigt werden.

Am Übergangsbereich von nicht bindigen Auffüllungen und bindigen Auffüllung wurde das Potenzial von Stauwasserhorizonten erkannt, was dort zudem die Ausbildung einer Gleitfläche verursachen könnte. Das Inklinometer im Straßenbereich zeigte seit Dezember 2023 leichte hangabwärts gerichtete Verformungen und eine Ausbildung einer Scherfläche bei ca. 3,5 m bis 4,0 m u. GOF. Diese Scherfläche lag im Übergangsbereich der quartären Kiese zu den wasserstauenden tertiären Tonen.

## 4. Lösungsansatz

Aufgrund der beschriebenen Schadensbilder waren bauliche Maßnahmen erforderlich, um den Zustand der dauerhaften Standsicherheit zu erreichen, die die genannten Randbedingungen berücksichtigen und sowohl bauzeitlich als auch dauerhaft eine minimale Auswirkung auf die örtliche Umwelt haben sollten. Hierfür wurde in der Vorplanung eine umfangreiche Variantenanalyse durchgeführt, welche in folgendem Lösungskonzept geendet hat. Das Lösungskonzept sah daher zwei Komponenten vor: um weitere Bewegungen zu vermeiden bzw. zu minimieren, war zum einen eine konstruktive Sicherung des Bahndamms mittels Mikropfählen unterhalb der Bahnstrecke und zum anderen der Einbau von gleisparallelen Rigolen oberhalb und unterhalb des Bahndamms als Abfangsammler für Oberflächen- und Sickerwasser geplant

### 4.1 Böschungssicherung

Die Sicherung des Hanges oberhalb der Straße am Bahndamm und unterhalb der Straße an der Böschung zur Mangfall wurde mittels Mikropfählen geplant. Eine solche Verwendung von Mikropfählen zur Hangsicherung ist ein gängiges Verfahren, jedoch gilt es hierbei das grundsätzliche Tragverhalten eines Mikropfahls zu beachten, der ausschließlich auf axiale Lasten bemessen werden darf, während eine Beanspruchung auf Schub oder Biegung nicht berücksichtigt wird. Schneidet eine potenzielle Bruchfigur einen Pfahl, so wird die stabilisierende Wirkung des Pfahls durch eine in Achsrichtung wirkende Kraft berücksichtigt, die maximal so groß ist, wie die Mantelfläche des Mikropfahls die außerhalb der Bruchfigur liegt, multipliziert mit der Mantelreibung des anstehenden Bodens. Im Umkehrschluss muss jedoch die nun im Mikropfahl wirkende Zugkraft auch auf die gleiche Weise auf den Bruchkörper übertragen werden. Reicht die Länge des Mikropfahls innerhalb der Bruchfigur hierfür nicht aus, so erfolgt üblicherweise ein entsprechender Kraftübertrag vom Mikropfahl auf die verwendete Oberflächensicherung, z. B. eine Spritzbetonschale oder eine Übernetzung. Aufgrund der Anforderungen an den Umweltschutz, musste auf eine solche flächige Oberflächensicherung verzichtet werden.

Als Lösung wurden daher vergrößerte Kopfplatten der Mikropfähle bemessen, die einen Lastübertrag der verbleibenden Pfahlkraft am Mikropfahlkopf lokal auf den Boden ermöglichen. Die maximale Pfahlkraft wurde mit 25 kN festgelegt, die über die Kopfplatte mit 0,5 m x 0,5 m auf den Boden übertragen werden sollte. Neben der inneren Bemessung dieser Platten war nachzuweisen, dass kein Grundbruchversagen unter der Kopfplatte entsteht. Aufgrund des bindigen Bodens und der flachen Neigung der Böschung war kein oberflächennahes Versagen zu erwarten, sodass keine weitere Sicherung der Oberfläche erforderlich wurde.

Der Korrosionsschutz der Mikropfähle wurde gewährleistet, indem wie bei rückverhängten Übernetzungen die Kopf- und Keilplatten sowie die Anker- und sind genauso wie der oberste Meter der Stahlzugglieder werkseitig zu verzinken waren. Als Mikropfahlart wurden SN-

Anker gewählt, die, anders als Selbstbohranker, in einem verrohrten Verfahren mit Luftspülung hergestellt werden können. Gegenüber Selbstbohranker stellt dies einen Mehraufwand dar, der angesichts der Projektrandbedingungen gerechtfertigt ist: die Verrohrung mit Luftspülung ermöglicht eine Stützung des Bohrloches ohne Zementspülung, die unweigerlich eine Verschmutzung des Hanges verursacht hätte und zugleich eine höchstmögliche Stabilisierung des Bohrloches ermöglichte, was eine Herstellung der Mikropfähle auch unter rollendem Rad zuließ. Die alternative Spülung mit Wasser wäre aus umwelttechnischer Sicht möglich gewesen, galt es jedoch ebenfalls zu vermeiden, um den Hang nicht durch Wassereintrag zusätzlich zu destabilisieren.
Das Pfahlraster wurde dahingehend optimiert, dass möglichst wenige Pfähle erforderlich waren, um den Umwelteingriff zu minimieren, andererseits jedoch die von der Kopfplatte zu übertragende Last 25 kN nicht überschritten wurde.
Die in Kapitel 3.4 beschriebenen tiefliegenden Bruchfiguren wurden bei den Berechnungen der Globalen Standsicherheit im Grenzzustand GEO-3 als maßgebend bestätigt. Um diese sehr großen Bruchkörper mittels Mikropfählen rückzuverhängen, wurden, Mikropfählen von ca. 18 m Länge erforderlich. Unmittelbar unterhalb der Straße wurden zudem 2 Reihen von Mikropfählen einer Länge von ca. 9 m Länge vorgesehen, um ein dortiges lokales Versagen zu vermeiden. Der Horizontalabstand der Pfähle unterhalb der Straße wurde zu 1,5 m festgelegt und oberhalb der Straße zu 1,75 m. Die Vertikalabstände betrugen einheitlich 1,0 m. Die Pfahlköpfe waren ca. 20 cm unterhalb der Geländeoberfläche unterhalb des Oberbodens zu erstellen. Nach Herstellung der Ankerköpfe sollten diese mit dem zwischengelagerten Oberboden angedeckt werden, sodass im Endzustand die Maßnahme keine sichtbaren Spuren hinterlässt (s. Abb. 5).

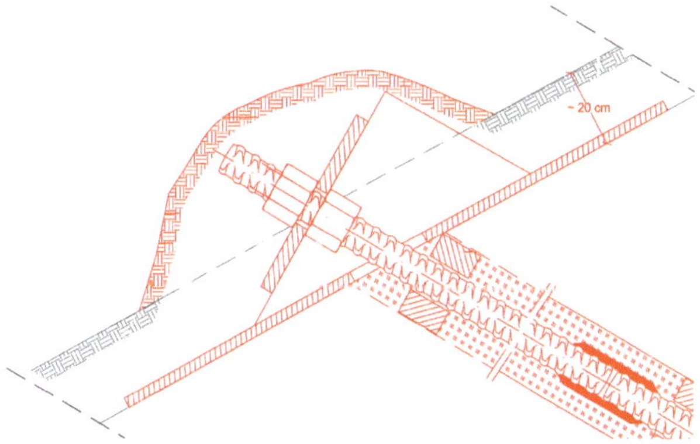


Abb. 5: Schematische Darstellung des Pfahlkopfes (nicht maßstäblich)

Da der Zweck der Mikropfähle nicht die oberflächennahe Sicherung war, konnte eine horizontale Abweichung von max. 0,5 m zugelassen werden, um die Ansatzpunkte der Mikropfähle an die örtlichen Gegebenheiten anzupassen. Im Bereich der Bahnböschung oberhalb der Straße befanden sich zu Baubeginn keine Bäume. Im Bereich unterhalb der Straße lag jedoch schützenswerter Buchenwald vor. Hier wurden daher im Rahmen einer Begehung die Ansatzpunkte der Mikropfähle durch Statiker, Vermesser und Umweltplanung gemeinsam einzeln eingemessen und so ausgewählt, dass Baumfällungen möglichst minimiert werden konnten. Besonderes Augenmerk wurde auf die Erhaltung älterer Buchen gelegt und es konnte ausgeschlossen werden, dass Höhlenbäume betroffen sind. Die Erstellung der Mikropfählen im unteren Hangbereich zwischen Straße und Mangfall sollte nicht wie in solchen Fällen üblich mittels Schreitbaggern im Hang erfolgen, sondern möglichst von Arbeitsbühnen von der Straße aus.
Entwässerung
Der Einbau, der im vorherigen Kapitel beschriebenen Mikropfähle war nicht ausreichend, um eine ausreichende Standsicherheit der Böschung. Grundsätzlich war auch allen Projektbeteiligten klar, dass der Einbau der Mikropfähle letztendlich nur die Symptome nicht jedoch die Ursachen, der in Kap. 3.4 beschriebenen Schadensbilder beheben bzw. minimieren konnte. Als zweites Element der Böschungssicherung wurde daher eine Tiefenentwässerung mittels Rigolen geplant, die auf Basis der umfangreichen, vorausgehenden Erkundungen gezielt im Bereich des Wasseraufstaus auf den Schichtgrenzen angeordnet wurde.
Die erste Rigole wurde östlich, bahnlinks des Gleises bis in einer Tiefe von ca. 5,5 m unterhalb der GOF vorgesehen. Die Länge betrug ca. 30 m im Bereich von. Bahn-km 11,840 und somit genau in dem Bereich größten gemessenen Verformungen des Gleises und der Inklinometer sowie der bahnlinken Vernässungszone. Die Tiefe der Rigole wurde so gewählt, dass die Schicht der tertiären Schluffe und Tone erreicht wird. Da diese Schicht eine sehr geringe Durchlässigkeit hat, wird das aus nordöstlicher Richtung zufließende Wasser somit am Eindringen in den Bahndamm gehindert und in der Rigole gebunden. Auf diese Weise konnte der Wasserstand in den Berechnungen der Standsicherheit entsprechend niedriger auf Höhe der Sohle der Rigole angesetzt werden, was in Kombination mit den in Kap. 4.1 beschriebenen Mikropfählen ermöglichte, die Standsicherheit der Böschung zu gewährleisten.
Um wie ein Riegel den Wasserzufluss zu behindern, wurden die Rigolen über ihre komplette Höhe mit Natursteinschotter ohne Feinanteil verfüllt und mit einem Vlies umhüllt vorgesehen. In der Sohle der Rigole wird eine Vollsickerrohr mit geringer Neigung verlegt. Die Erstellung der Rigole sollte im Schutze eines Systemverbaus erfolgen, der sukzessive mit dem Verfüllfortschritt wieder gezogen werden kann. Hierbei galt es zu beachten, dass aufgrund seiner Einbringtechnik ein Systemverbau gewisse Verformungen des Baugrundes verursacht, weswegen die Rigole außerhalb des Druckbereiches des Gleises geplant wurde. Auf diese Weise kann die Erstellung parallel zum Bahnbetrieb erfolgen. Das in der Rigole gefasste Wasser wird über eine neu zu erstellende Rohrleitung durch den Bahnbahndamm und unterhalb der Straße geführt, um letztendlich in einem Raubettgerinne der am Böschungsfuß liegenden Mangfall als Vorfluter zugeführt zu werden.

Eine zweite Rigole wurde zwischen Gleis und Straße bei Bahn-km 11,780 in dem Bereich geplant wo die zweite große Vernässungszone (s. Abb. 3) im Projektgebiet angetroffen wurde. Die grundsätzliche Bauweise ist die gleiche, jedoch reichte in diesem Bereich eine Rigolentiefe von 1,5 m, da die dort stauende Schicht der bindigen quartären Hangrutschungsablagerungen nur in Oberflächennähe auftritt. Die in der Rigole verlegte Entwässerungsleitung wurde an ihrem nördlichen Ende an einen Sammelschacht angeschlossen, in den ebenfalls ein neu zu errichtendes Kaskadenbauwerk mündet, dass an den bestehenden jedoch unzureichend gefassten Durchlass bei Bahn-km 11,764 angeschlossen wird. Von diesem Schacht aus wird das gefasste Wasser ebenfalls unter der Straße hindurchgeführt und anschließend mittels Raubettgerinne der Mangfall zugeführt. Damit die am Übergang von geschlossener zu offener Wasserführung befindliche Wirbelkammer nicht für Amphibien oder andere Kleintiere zur Gefahr wird, wurde ein Kopfstück mit Rückstauklappe eingeplant.

## 5. Fazit

Die Lage des Projektgebietes in einem Naturschutzgebiet oberhalb der Mangfall stellte besondere Anforderungen an Planung und Durchführung baulicher Maßnahmen: es wurde ein Hangsicherungskonzept entwickelt, das nicht nur auf die Symptome, in Form der messbaren Rutschbewegungen, sondern gezielt auf die Ursachen, der Durchfeuchtung des Bodens und dem tieferliegenden Wasseraufstau, der Hangbewegung abzielte.

Das in tiefliegenden Rigolen gefasste Wasser wird zunächst in tiefliegenden Rohrleitungen und anschließend mittels Raubettsohle zur Mangfall geführt. Zusätzlich wurde jedoch auch der Einbau von tiefgreifenden Mikropfählen geplant, die den Rutschhorizont durchdringen und die Stabilität des Hangs nachhaltig sichern sollen. Auf eine klassische Oberflächensicherung wie eine Spritzbetonschale oder Übernetzung wurde bewusst verzichtet, da diese mit den Anforderungen des Naturschutzes nicht vereinbar war. Stattdessen kam ein innovativer Ansatz mit vergrößerten Pfahlkopfplatten zum Einsatz, der eine flächige Lastverteilung ermöglicht und sich naturnah in die Umgebung integrieren lässt.

# Anhang

## Programmausschuss

Der Programmausschuss für die Fachtagung Bauen in Boden und Fels setzt sich aus anerkannten Experten aus Forschung und Entwicklung, Industrie und Praxis zusammen. Zu seinen Aufgaben gehören die Formulierung der Zielsetzung und Festlegung der Themenschwerpunkte der Fachtagung, die Begutachtung und Auswahl der eingereichten Vortragsvorschläge für das Tagungsprogramm und die fachliche Beratung des Veranstalters.

### Vorsitzende

**Univ.-Prof. Dr.-Ing. habil. Christian Moormann**
Universität Stuttgart

**Prof. Dr.-Ing. Carola Vogt-Breyer**
Hochschule für Technik Stuttgart

### Mitglieder

**Dipl.-Ing. (FH) Bernd Göhner**
Dr. Spang GmbH, Esslingen

**Prof. Dr.-Ing. Manfred W. Keuser**
BUNG Ingenieure AG, München

**Dr.-Ing. Bernd Kister**
geotechnical engineering and research, Neckargemünd

**Prof. Dr.-Ing. Wolfgang Krajewski**
Roßdorf

**OR i. R. Dipl.-Ing. Otto Leibniz, MSc. h. c.**
Leibniz GEO Geotechnische Beratung, Hart bei Graz (Österreich)

**Prof. Dr.-Ing. Sascha Richter**
Hochschule RheinMain, Wiesbaden

**Dr.-Ing. Thomas Rumpelt**
Smoltczyk & Partner GmbH, Stuttgart

**Dr. Moritz Schwing**
Bundesanstalt für Wasserbau, Karlsruhe

**Dr.-Ing. Thomas Voigt**
Stuttgart

**Dr.-Ing. Christian Wawrzyniak**
Sachverständiger für Geotechnik, Tunnel- und Felsbau, Vaihingen an der Enz

# Autorenverzeichnis